8개년 기출문제집

팔 팔 한

팔개년 기출문제

팔일만에

한번에 합격하는

8

용접기능사

[특수용접기능사 포함]

머리말

이 교재는 기능사 자격을 취득하고자 하는 수험생들이 다른 이론 서적들을 참고하지 않아도 필기시험에 한번에 합격할 수 있도록 구성되었습니다. 특히 한국산업인력공단의 출제기준에 맞게 이론을 정리하였고 기출(복원)문제에도 상세한 해설을 첨부하였습니다. 국가기술자격의 필기시험은 문제은행방식으로, 기출문제가 반복적으로 출제되기 때문에 과년도 기출(복원)문제를 분석해서 풀어보고 이와 관련된 이론을 공부하는 것이 가장 효과적인 학습방법입니다. 그래서 수험생들이 이와 같은 방법으로 공부할 수 있는 가장 최적의 구성으로 본 교재를 출간하였습니다.

이 책의 특징

1. 최근 11년간의 기출(복원)문제를 분석하여 시험에 꼭 나오는 핵심이론만 요약 정리하여 수록하였습니다.
2. 기능사는 과년도 기출(복원)문제가 합격 키워드라는 합격 공식을 내세워 최대 8개년 기출문제를 실어 수험생들이 다양한 문제 유형에 완벽 적응할 수 있도록 하였습니다.
3. 각 문제마다 실린 '저자쌤의 핵직강'을 통해 각 문제에 해당하는 이론을 바로바로 공부할 수 있도록 하였습니다.
4. 'Plus One'을 통해 변형되거나 응용된 문제에도 대비하여 마지막 1문제까지 맞출 수 있도록 하였습니다.
5. 각 문제마다 '저자쌤의 핵직강' + '정답' + '해설' + 'Plus One'으로 구성하여 수험생들이 좀 더 편리하게, 쉽게 공부할 수 있도록 하였습니다.

기능사 시험은 60점만 받으면 합격할 수 있습니다. 그렇기 때문에 최대한 기출(복원)문제를 많이 풀어보고 자주 등장하는 어휘나 관련 이론들에 익숙해지는 것이 중요합니다. 본서에 나오는 8개년 기출문제를 반복적으로 풀어보고, 각 문제마다 실려 있는 저자쌤의 핵직강과 해설을 꼼꼼히 읽어본다면 분명 단기간에 필기시험에 합격할 수 있을 것입니다.

팔개년 기출문제로 팔일만에 한번에 합격할 수 있도록 이 교재가 수험생 여러분들의 길잡이가 되어줄 것입니다. 수험생 여러분들의 합격을 진심으로 기원합니다.

마지막으로 본 교재가 출간될 수 있도록 도와주신 (주) 시대고시기획 사장님과 편집자에게 감사드립니다.

편저자 씀

■ 용접기능사 출제기준

필기과목명	주요항목	세세항목
용접일반, 용접재료, 기계제도(비절삭부분)	용접일반	• 용접의 원리 • 용접의 장 · 단점 • 용접의 종류 및 용도
		• 피복아크 용접기기 • 피복아크 용접용 설비 • 피복아크 용접봉 • 피복아크 용접기법
		• 가스 및 불꽃 • 가스 용접 설비 및 기구 • 산소, 아세틸렌 용접기법
		• 가스절단 장치 및 방법 • 플라스마, 레이저 절단 • 특수가스절단 및 아크절단 • 스카핑 및 가우징
		• 서브머지드 용접 • TIG 용접, MIG 용접 • 이산화탄소가스 아크용접 • 플럭스 코어드 용접 • 플라스마 용접 • 일렉트로슬랙, 테르밋 용접 • 전자빔 용접 • 레이저 용접 • 저항 용접 • 기타 용접
	용접시공 및 검사	• 용접 시공계획 • 용접 준비 • 본 용접 • 용접 전 · 후처리(예열, 후열 등) • 열영향부 조직의 특징과 기계적 성질 • 용접 결함, 변형 및 방지대책
		• 자동화 절단 및 용접 • 로봇 용접
		• 인장시험 • 굽힘시험 • 충격시험 • 경도시험 • 방사선투과시험 • 초음파탐상시험 • 자분탐상시험 및 침투탐상시험 • 현미경조직시험 및 기타 시험
	작업안전	• 작업안전, 용접 안전관리 및 위생 • 용접 화재방지 – 연소이론 – 용접 화재방지 및 안전
	용접재료	• 탄소강 · 저합금강의 용접 및 재료 • 주철 · 주강의 용접 및 재료 • 스테인리스강의 용접 및 재료 • 알루미늄과 그 합금의 용접 및 재료 • 구리와 그 합금의 용접 및 재료 • 기타 철금속, 비철금속과 그 합금의 용접 및 재료
		• 열처리 • 표면경화 및 처리법
	기계제도(비절삭부분)	• 일반사항(양식, 척도, 문자 등) • 선의 종류 및 도형의 표시법 • 투상법 및 도형의 표시방법 • 치수의 표시방법 • 부품번호, 도면의 변경 등 • 체결용 기계요소 표시방법
		• 재료기호 • 용접기호 • 투상도면해독 • 용접도면

목 차

제1편 팔팔한 핵심이론

제1과목 용접일반

제2과목 용접재료

제3과목 기계제도(비절삭부분)

8개년 기출문제로 8일만에 한번에 합격하자!

팔팔한 용접기능사

제1과목 용접일반

용접기능사 Craftsman Welding/Inert Gas Arc Welding

1 용접일반

01 용접개요

1. 용접의 원리

(1) 용접의 개념

① 정의 및 원리

㉠ 용접이란 2개의 서로 다른 물체를 접합하고자 할 때 사용하는 기술이다.

㉡ 용접의 원리는 금속과 금속을 서로 충분히 접근 시키면 금속원자 간에 인력(引力)이 작용하여 스스로 결합하게 된다.

② 용접의 분류

융 접	접합부위를 용융시켜 여기에 만든 용융 풀에 용가재인 용접봉을 넣어가며 접합시키는 방법
압 접	접합부위를 녹기 직전까지 가열한 후 압력을 가해 접합시키는 방법
납 땜	모재를 녹이지 않고 모재보다 용융점이 낮은 금속(은납)을 녹여 접합부에 넣어 표면장력(원자간 확산침투)으로 접합시키는 방법

③ 용접의 작업 순서

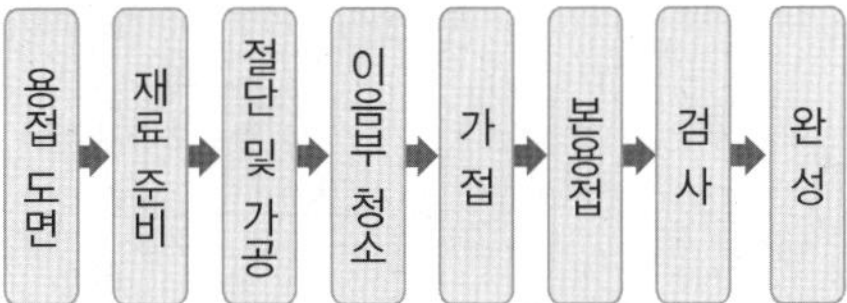

④ 용접 후 수축에 따른 작업 시 주의사항

철이 열을 받으면 부피가 팽창하고, 냉각이 되면 부피가 수축된다. 따라서 변형을 방지하기 위해서는 반드시 "용접 후 수축이 큰 이음부"를 먼저 용접한 뒤 "수축이 작은 부분"을 해야 한다.

⑤ 용접 자세(Welding Position)

자 세	KS규격	ISO	AWS
아래보기	F(Flat Position)	PA	1G
수 평	H(Horizontal Position)	PC	2G
수 직	V(Vertical Position)	PF	3G
위보기	OH(Overhead Position)	PE	4G

[아래보기자세(F)]	[수직자세(V)]
[수평자세(H)]	[위보기자세(OH)]

⑥ 용접(야금적 접합법)과 기타 금속 접합법과의 차이점

구 분	종 류	장점 및 단점
야금적 접합법	용접 (융접, 압접, 납땜)	• 결합부에 틈이 발생하지 않아서 이음효율이 좋다. • 영구적 결합법으로 한 번 결합 시 분리가 불가능하다.
기계적 접합법	리벳, 볼트, 나사, 핀, 키, 접어잇기 등	• 결합부에 틈이 발생하여 이음효율이 좋지 않다. • 일시적 결합법으로 잘못 결합 시 수정이 가능하다.
화학적 접합법	본드와 같은 화학물질에 의한 접합	• 간단하게 결합이 가능하다. • 이음강도가 크지 않다.

※ 야금이란 광석에서 금속을 추출하고 용융 후 정련하여 사용목적에 알맞은 형상으로 제조하는 기술

(2) 용접 용어

모 재	용접 재료
용 입	용접부에서 모재 표면에서 모재가 용융된 부분까지의 총 거리
아크 (Arc)	용접봉과 모재 사이에 전원을 연결한 후 용접봉을 모재에 접촉시킨 다음 약 1~2mm 정도 들어 올리면 불꽃 방전에 의하여 청백색의 강한 빛이 Arc 모양으로 생기는데 온도가 가장 높은 부분(아크 중심)이 약 6,000℃이며, 보통 4,000~5,000℃ 정도이다.
용융지	모재가 녹은 부분(쇳물)
아크분위기	아크 주위에 피복제에 의해 기체가 미치는 영역
용착 금속	용접 시 용접봉의 심선으로부터 모재에 용착한 금속
슬래그	피복제와 모재의 용융지로부터 순수 금속만을 빼내고 남은 찌꺼기 덩어리로 비드의 표면을 덮고 있다.
심 선	용접봉의 중앙에 있는 금속으로 모재와 같은 재질로 되어 있으며 피복제로 둘러싸여 있다.
피복제 (Flux)	용재나 용가재로도 불리며 용접봉의 심선을 둘러쌓고 있는 성분으로 용착 금속에 특정 성질을 부여하거나 슬래그 제거를 위해 사용된다.
용접봉	금속 심선(Core Wire) 위에 유기물, 무기물 또는 양자의 혼합물로서 만든 피복제를 바른 것으로 아크 안정 등 여러 가지 역할을 한다.
용 락	모재가 녹아 쇳물이 흘러내려서 구멍이 발생하는 현상
용 적	용융방울이라고도 하며 용융지에 용착되는 것으로서 용접봉이 녹아 이루어진 형상
용접길이	용접 시작점과 크레이터(Crater)를 제외한 용접이 계속된 비드 부분의 길이

① 피복 금속 아크 용접의 구조

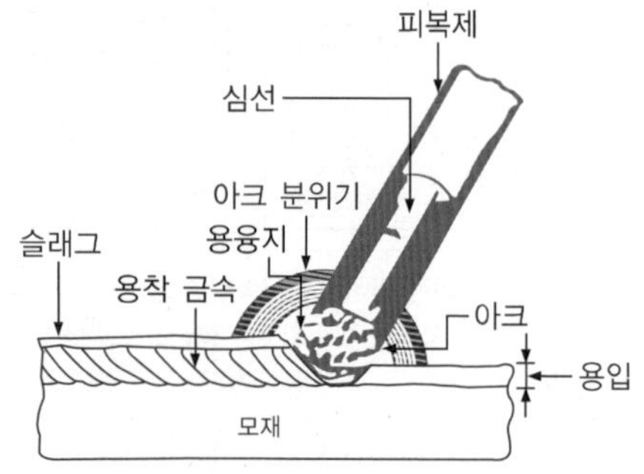

② 용접선, 용접축, 다리길이

용접선	
용접축	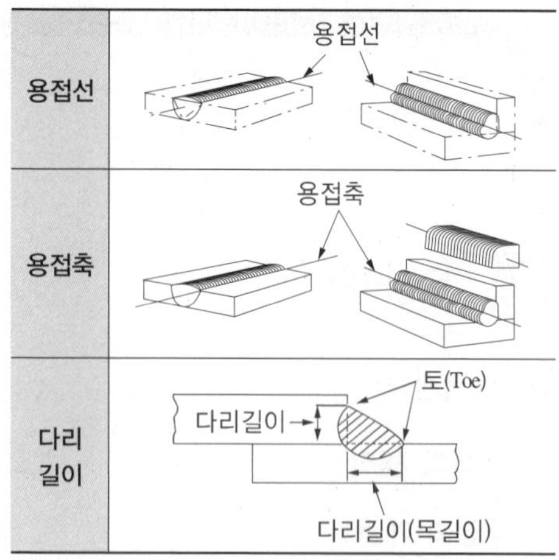
다리 길이	

㉠ 용접선 : 접합 부위를 녹여서 서로 이은 자리에 생기는 줄

㉡ 용접축 : 용접선에 직각인 용착부의 단면 중심을 통과하고 그 단면에 수직인 선

㉢ 다리길이 : 필릿 용접부에서 모재 표면의 교차점으로부터 용접 끝부분까지의 길이

③ 다공성

다공성이란 금속 중에 기공(Blow Hole)이나 피트(Pit)가 발생하기 쉬운 성질을 말하는데 질소, 수소, 일산화탄소에 의해 발생된다. 이 불량을 방지하기 위해서는 용융된 강 중에 녹아 있는 산화철(FeO)을 적당히 감소시켜야 한다.

(3) 용접 모재의 홈(Groove) 형상

① 용접부의 형상 및 명칭

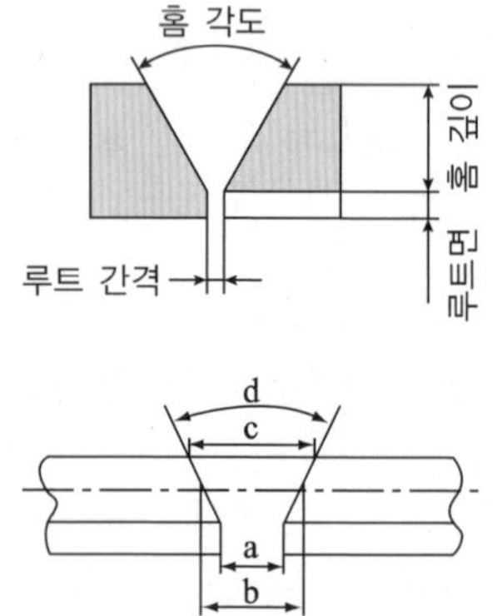

- a : 루트간격
- b : 루트면 중심거리
- c : 용접면 간격
- d : 개선각(홈각도)

② 용접 이음의 종류

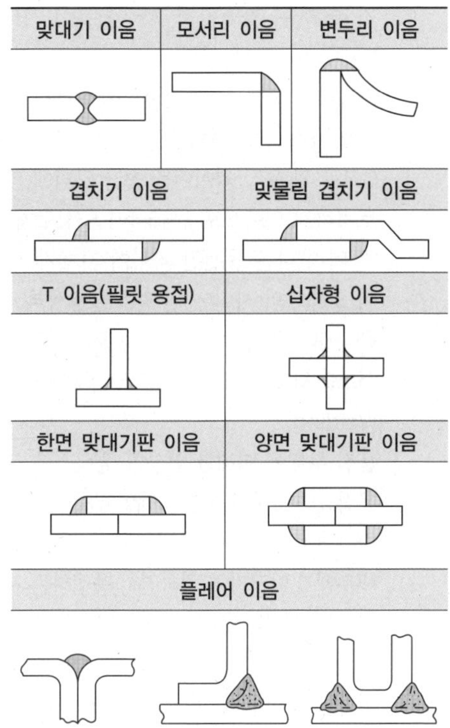

③ 맞대기 이음의 종류

I형	V형	X형
U형	H형	⌿형
K형	J형	양면 J형

④ 용접부 홈(Groove)의 선택 방법

홈의 모양은 용접부가 되며, 홈 가공이 용이하고 용착량이 적게 드는 것이 좋다.

㉠ 홈의 형상에 따른 특징

홈의 형상	특 징
I 형	• 가공이 쉽고 용착량이 적어서 경제적이다. • 판이 두꺼워지면 이음부를 완전히 녹일 수 없다.
V 형	• 한쪽 방향에서 완전한 용입을 얻고자 할 때 사용한다. • 홈 가공이 용이하나 두꺼운 판에서는 용착량이 많아지고 변형이 일어난다.
X 형	• 후판(두꺼운 판) 용접에 적합하다. • 홈가공이 V형에 비해 어렵지만 용착량이 적다. • 양쪽에서 용접하므로 완전한 용입을 얻을 수 있다.
U 형	• 홈 가공이 어렵다. • 두꺼운 판에서 비드의 너비가 좁고 용착량도 적다. • 두꺼운 판을 한쪽 방향에서 충분한 용입을 얻고자 할 때 사용한다.
H 형	두꺼운 판을 양쪽에서 용접하므로 완전한 용입을 얻을 수 있다.
J 형	한쪽 V형이나 K형 홈보다 두꺼운 판에 사용한다.

㉡ 홈의 형상 선택 시 주의사항

- 홈의 폭이 좁으면 용접 시간은 짧아지나 용입이 나쁘다.
- 루트 간격의 최댓값은 사용 용접봉의 지름을 한도로 한다.

㉢ 맞대기 용접 홈의 판 두께

형 상	I형	V형	⌿형	X형	U형
적용 두께	6mm 이하	6~19 mm	9~14 mm	18~28 mm	16~50 mm

2. 용접의 장 · 단점

(1) 용접의 장점 및 단점

용접의 장점	• 이음효율이 높다. • 재료가 절약된다. • 제작비가 적게 든다. • 이음 구조가 간단하다. • 유지와 보수가 용이하다. • 재료의 두께 제한이 없다. • 이종재료도 접합이 가능하다. • 제품의 성능과 수명이 향상된다. • 유밀성, 기밀성, 수밀성이 우수하다. • 작업 공정이 줄고 자동화가 용이하다.
용접의 단점	• 취성이 생기기 쉽다. • 균열이 발생하기 쉽다. • 용접부의 결함 판단이 어렵다. • 용융부위 금속의 재질이 변한다. • 저온에서 쉽게 약해질 우려가 있다. • 용접 후 변형 및 수축에 따라 잔류응력이 발생한다. • 용접 기술자(용접사)의 기량에 따라 품질이 달라진다. • 용접 모재의 재질에 따라 영향을 크게 받는다.

※ 이음효율
용접은 리벳과 같은 기계적 접합법보다 이음 효율이 좋다.

$$이음효율(\eta) = \frac{시험편인장강도}{모재인장강도} \times 100\%$$

3. 용접의 종류 및 용도

※ 용접법의 분류

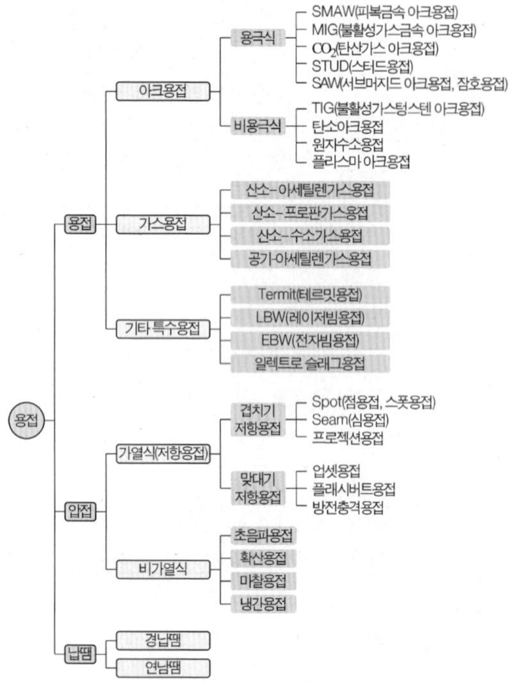

① 피복 금속 아크 용접(SMAW ; Shielded Metal Arc Welding)

보통 전기 용접, 피복아크 용접이라고도 하며 피복제로 심선을 둘러쌓은 용접봉과 모재 사이에 발생하는 아크열(약 6,000℃)을 이용하여 모재와 용접봉을 녹여서 용접하는 용극식 용접법이다.

② 가스용접(Gas Welding)

사용하는 가스의 종류에 따라 산소-아세틸렌 용접, 산소-수소 용접, 산소-프로판 용접, 공기-아세틸렌 용접 등이 있으나, 가장 많이 이용되는 것은 산소-아세틸렌가스이므로 가스 용접은 곧 산소-아세틸렌가스 용접을 의미하기도 한다.

③ 불활성가스 아크 용접

TIG 용접과 MIG 용접이 불활성가스 아크 용접에 해당되며, 불활성가스(Inert Gas)인 Ar을 보호가스로 하여 용접하는 특수 용접법이다. 불활성가스는 다른 물질과 화학반응을 일으키기 어려운 가스로서 Ar(아르곤), He(헬륨), Ne(네온) 등이 있다.

④ CO_2가스 아크 용접(이산화탄소가스 아크용접, 탄산가스 아크 용접)

Coil로 된 용접 와이어를 송급 모터에 의해 용접 토치까지 연속으로 공급시키면서 토치 팁을 통해 빠져 나온 통전된 와이어 자체가 전극이 되어 모재와의 사이에 아크를 발생시켜 접합하는 용극식 용접법

⑤ 서브머지드 아크 용접(SAW ; Submerged Arc Welding)

용접 부위에 미세한 입상의 플럭스를 도포한 뒤 용접선과 나란히 설치된 레일 위를 주행대차가 지나가면서 와이어를 용접부로 공급시키면 플럭스 내부에서 아크가 발생하면서 용접하는 자동 용접법이다. 아크가 플럭스 속에서 발생되므로 용접부가 눈에 보이지 않아 불가시 아크 용접, 잠호 용접이라고 불린다. 용접봉인 와이어의 공급과 이송이 자동이며 용접부를 플럭스가 덮고 있으므로 복사열과 연기가 많이 발생하지 않는다. 특히, 용접부로 공급되는 와이어가 전극과 용가재의 역할을 동시에 하므로 전극인 와이어는 소모된다.

⑥ 일렉트로 슬래그 용접

용융된 슬래그와 용융 금속이 용접부에서 흘러나오지 못하도록 수랭동판으로 둘러싸고 이 용융 풀에 용접봉을 연속적으로 공급하는데 이때 발생하는 용융 슬래그의 저항열에 의하여 용접봉과 모재를 연속으로 용융시키면서 용접하는 방법이다.

⑦ 스터드 용접(STUD Welding)

점용접의 일부로서 봉재나 볼트 등의 스터드를 판 또는 프레임의 구조재에 직접 심는 능률적인 용접 방법이다. 여기서 스터드란 판재에 덧대는 물체인 봉이나 볼트 같이 긴 물체를 일컫는 용어이다.

⑧ 원자 수소 아크 용접

2개의 텅스텐 전극 사이에서 아크를 발생시키고 홀더의 노즐에서 수소가스를 유출시켜서 용접하는 방법으로 연성이 좋고 표면이 깨끗한 용접부를 얻을 수 있으나, 토치 구조가 복잡하고 비용이 많이 들기 때문에 특수 금속 용접에 적합하다. 가열

열량의 조절이 용이하고 시설비가 싸며 박판이나 파이프, 비철합금 등의 용접에 많이 사용된다.

⑨ 전자 빔 용접

고밀도로 집속되고 가속화된 전자빔을 높은 진공(10^{-4}~10^{-6}mmHg) 속에서 용접물에 고속도로 조사시키면 빛과 같은 속도로 이동한 전자가 용접물에 충돌하여 전자의 운동에너지를 열에너지로 변환시켜 국부적으로 고열을 발생시키는데, 이때 생긴 열원으로 용접부를 용융시켜 용접하는 방식이다. 텅스텐(3,410℃)이나 몰리브덴(2,620℃)과 같이 용융점이 높은 재료의 용접에 적합하다.

⑩ **저온 용접** : 일반 용접의 온도보다 낮은 100~500℃에서 진행되는 용접 방법

⑪ **열풍 용접** : 용접 부위에 열풍을 불어넣어 용접하는 방법으로 주로 플라스틱 용접에 이용되는 용접 방법

⑫ **마찰 용접** : 접합물을 서로 맞대어 접촉시키면 접촉면에서 발생하는 마찰열에 의해 접합하는 방법

⑬ **고주파 용접** : 용접부 주위에 감은 유도 코일에 고주파 전류를 흘려서 용접 물체에 2차적으로 유기되는 유도전류의 가열작용을 이용하여 용접하는 방법

⑭ **필릿 용접** : 2장의 모재를 T자 형태로 맞붙이거나 겹쳐 붙이기를 할 때 생기는 코너 부분을 용접하는 것

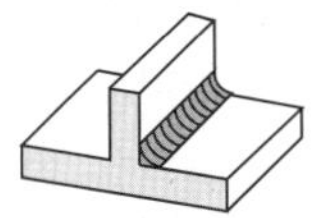

㉠ 하중 방향에 따른 필릿 용접의 종류

하중 방향에 따른 필릿 용접	형상에 따른 필릿 용접
전면 필릿 이음	연속 필릿
측면 필릿 이음	단속 병렬 필릿

하중 방향에 따른 필릿 용접	형상에 따른 필릿 용접
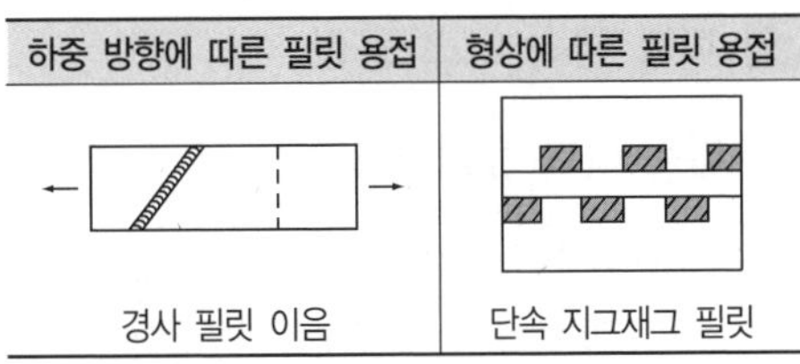	
경사 필릿 이음	단속 지그재그 필릿

㉡ 주요 필릿 용접의 정의

- 전면 필릿 용접 : 응력의 방향인 힘을 받는 방향과 용접선이 직각인 용접
- 측면 필릿 용접 : 응력의 방향인 힘을 받는 방향과 용접선이 평행인 용접
- 경사 필릿 용접 : 응력의 방향인 힘을 받는 방향과 용접선이 평행이나 직각 이외의 각인 용접

(3) 납땜(Brazing, Soldering)

① 정 의

납땜이란 금속의 표면에 용융금속을 접촉시켜 양 금속 원자 간의 응집력과 확산작용에 의해 결합시키는 방법으로, 고체금속 면에 용융금속이 잘 달라붙는 성질인 Wetting성이 좋은 납땜용 용제의 사용과 성분의 확산현상이 중요하다.

② 납땜용 용제가 갖추어야 할 조건

㉠ 금속면의 표면이 산화되지 않아야 한다.

㉡ 모재나 땜납에 대한 부식작용이 최소이어야 한다.

㉢ 용제의 유효온도 범위와 납땜의 온도가 일치해야 한다.

㉣ 땜납의 표면장력을 맞추어서 모재와의 친화력이 높아야 한다.

㉤ 납땜 후 슬래그 제거가 용이해야 한다.

㉥ 전기 저항 납땜에 사용되는 용제는 도체이어야 한다.

③ 납땜용 용제의 종류

구분		
경납용 용제 (Flux)	• 붕 사 • 불화나트륨 • 은 납 • 인동납 • 양은납	• 붕 산 • 불화칼륨 • 황동납 • 망간납 • 알루미늄납
연납용 용제 (Flux)	• 송 진 • 염 산 • 염화암모늄 • 카드뮴–아연납	• 인 산 • 염화아연 • 주석–납 • 저융점 땜납

02 피복 금속 아크 용접

1. 피복 아크 용접기기

(1) Arc(아크)의 성질

① 아크(Arc)

양극과 음극 사이의 고온에서 이온이 분리되면 이온화된 기체들이 매개체가 되어 전류가 흐르는 상태가 되는데 용접봉과 모재 사이에 전원을 연결한 후 용접봉을 모재에 접촉시킨 후 약 1~2mm 들어 올리면 불꽃 방전에 의하여 청백색의 강한 빛이 Arc모양으로 생기는 데 이것을 아크라고 한다. 청백색의 강렬한 빛과 열을 내는 이 Arc는 온도가 가장 높은 부분(아크 중심)이 약 6,000℃이며, 보통 4,000~5,000℃ 정도이다.

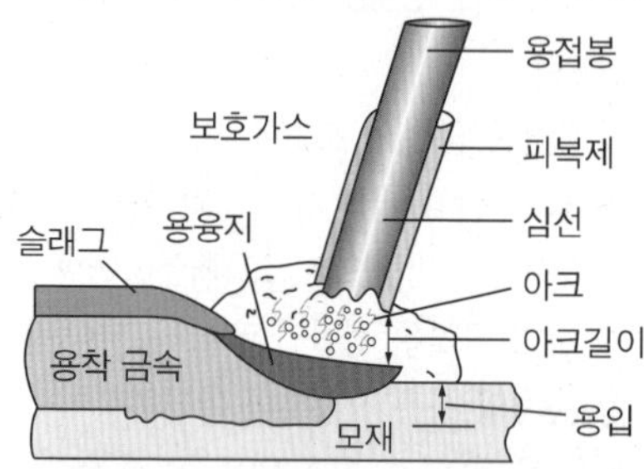

② 아크 길이

모재에서 용접봉 심선 끝부분까지의 거리(아크 기둥의 길이)로 용접봉의 직경에 따라 표준 아크 길이를 적용하는 것이 좋다.

아크 길이가 짧을 때	아크 길이가 길 때
• 용접봉이 자주 달라붙는다. • 슬래그 혼입 불량의 원인이 된다. • 발열량 부족에 의한 용입 부족이 발생한다.	• 아크 전압이 증가한다. • 스패터가 많이 발생한다. • 열의 발산으로 용입이 나쁘다. • 언더컷, 오버랩 불량의 원인이 된다. • 공기의 유입으로 산화, 기공, 균열이 발생한다.

③ 표준 아크 길이

봉의직경(ϕ)	전류(A)	아크길이(mm)	전압(V)
1.6	20~50	1.6	14~17
3.2	75~135	3.2	17~21
4.0	110~180	4.0	18~22
4.8	150~220	4.8	18~24
6.4	200~300	6.4	18~26

※ 최적의 아크 길이는 아크 발생 소리로도 판단이 가능하다.

④ 아크 전압(V_a)=음극전압강하(V_k)+양극전압강하(V_A)+아크 기둥의 전압강하(V_P)

아크의 양극과 음극 사이에 걸리는 전압으로 아크의 길이에 비례하여 증가하며 피복제의 종류나 아크 전류의 크기에도 큰 영향을 받는다.

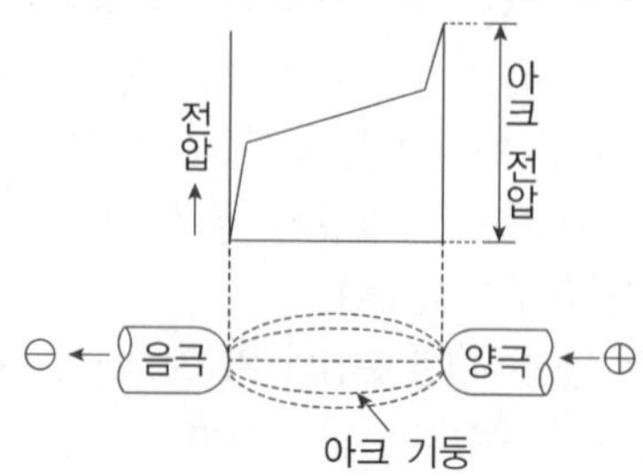

⑤ 아크 쏠림(Arc Blow, 자기 불림)

용접봉과 모재 사이에 전류가 흐를 때 그 주위에는 자기장이 생기는데, 이 자기장이 용접봉에 대해 비대칭으로 형성되어 아크가 한쪽으로 쏠리는 현상이다. 아크 쏠림 현상이 발생하면 아크가 불안정하고, 기공이나 슬래그 섞임, 용착 금속의 재질 변화 등의 불량이 발생한다.

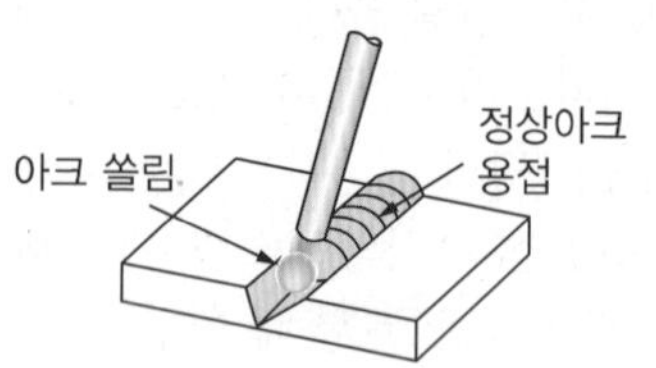

㉠ 아크 쏠림에 의한 영향
- 아크가 불안정하다.
- 과도한 스패터를 발생한다.
- 불완전한 용입이나 용착기공, 슬래그 섞임 불량을 발생시킨다.
- 용접 부재의 끝부분에서 주로 발생한다.
- 크레이터 결함의 원인이 되기도 한다.

㉡ 아크 쏠림의 원인
- 비 피복 용접봉 사용 시
- 철계 금속을 직류를 사용해서 용접 시
- 아크 전류에 의해 용접봉과 모재 사이에 형성된 자기장에 의해서

㉢ 아크 쏠림 방지대책
- 용접 전류를 줄인다.

- 교류용접기를 사용한다.
- 접지점을 2개 연결한다.
- 아크 길이는 최대한 짧게 유지한다.
- 접지부를 용접부에서 최대한 멀리한다.
- 용접봉 끝을 아크쏠림의 반대 방향으로 기울인다.
- 용접부가 긴 경우 가용접 후 후진법(후퇴 용접법)을 사용한다.
- 받침쇠, 긴 가용접부, 이음의 처음과 끝에 엔드 탭을 사용한다.

⑥ 핫스타트 장치

㉠ 핫스타트 장치의 정의

아크 발생 초기에 용접봉과 모재가 냉각되어 있어 아크가 불안정하게 되는데 아크 발생을 더 쉽게 하기 위해 아크 발생 초기에만 용접전류를 특별히 크게 하는 장치이다.

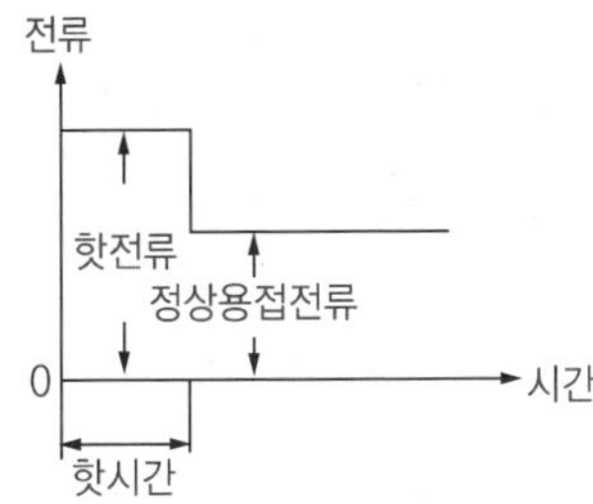

㉡ 핫스타트 장치의 특징

- 기공 발생을 방지한다.
- 아크 발생을 쉽게 한다.
- 비드의 이음을 좋게 한다.
- 아크 발생 초기에 비드의 용입을 좋게 한다.

(2) 피복 금속 아크 용접기

① 피복 금속 아크 용접기의 구조

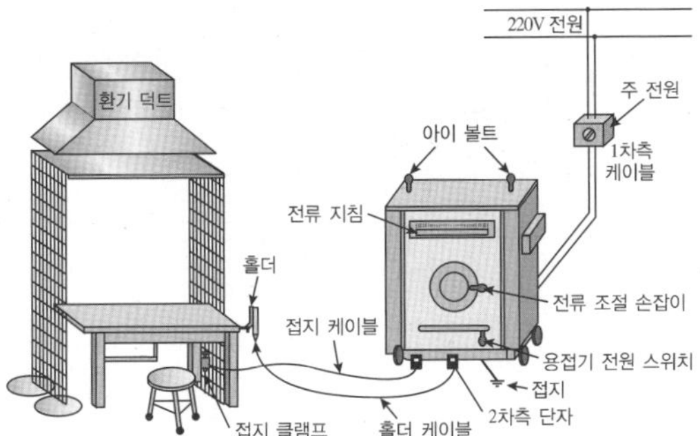

아크 용접 시 열원을 공급해 주는 기기로서 용접에 알맞은 낮은 전압으로 대전류를 흐르게 해주는 설비이다. 그 종류로는 전원의 종류에 따라 직류 아크 용접기와 교류 아크 용접기로 나뉜다.

② 아크 용접기의 구비조건

㉠ 내구성이 좋으며 구조 및 취급이 간단해야 한다.

㉡ 아크 안정을 위해 외부 특성 곡선을 따라야 한다.

㉢ 전류조정이 용이하며 단락되는 전류가 크지 않아야 한다.

㉣ 역률과 효율이 높아야 하고 사용 중 온도상승이 작아야 한다.

㉤ 적당한 무부하 전압이 있어야 한다(AC : 70~80V, DC : 40~60V).

㉥ 전격방지기가 장착되고 아크 발생이 쉬우며 아크가 안정되어야 한다.

③ 피복 아크 용접기의 종류

직류 아크 용접기	발전기형	전동발전식
		엔진구동형
	정류기형	셀 렌
		실리콘
		게르마늄
교류 아크 용접기	가동철심형	
	가동코일형	
	탭전환형	
	가포화리액터형	

④ 직류 아크 용접기 vs 교류 아크 용접기의 차이점

특 성	직류 아크 용접기	교류 아크 용접기
아크 안정성	우 수	보 통
비피복봉 사용여부	가 능	불가능
극성변화	가 능	불가능
아크쏠림방지	불가능	가 능
무부하 전압	약간 낮음(40~60V)	높음(70~80V)
전격의 위험	적다.	많다.
유지보수	다소 어렵다.	쉽다.
고 장	비교적 많다.	적다.
구 조	복잡하다.	간단하다.
역 률	양 호	불 량
가 격	고 가	저 렴

⑤ 직류 아크 용접기의 종류별 특징

발전기형	정류기형
고가이다.	저렴하다.
구조가 복잡하다.	소음이 없다.
보수와 점검이 어렵다.	구조가 간단하다.
완전한 직류를 얻는다.	취급이 간단하다.
전원이 없어도 사용이 가능하다.	전원이 필요하다.
소음이나 고장이 발생하기 쉽다.	완전한 직류를 얻지 못한다.

⑥ 교류 아크 용접기의 종류별 특징

㉠ 가동 철심형
- 현재 가장 많이 사용된다.
- 미세한 전류조정이 가능하다.
- 광범위한 전류 조정이 어렵다.
- 가동 철심으로 누설 자속을 가감하여 전류를 조정한다.

㉡ 가동 코일형
- 아크 안정성이 크고 소음이 없다.
- 가격이 비싸며 현재는 거의 사용되지 않는다.
- 용접기의 핸들로 1차 코일을 상하로 이동시켜 2차 코일의 간격을 변화시켜 전류를 조정한다.

㉢ 탭 전환형
- 주로 소형이 많다.
- 탭 전환부의 소손이 심하다.
- 넓은 범위는 전류 조정이 어렵다.
- 코일의 감긴 수에 따라 전류를 조정한다.
- 미세 전류를 조정 시 무 부하 전압이 높아서 전격의 위험이 크다.

㉣ 가포화 리액터형
- 조작이 간단하고 원격 제어가 된다.
- 가변 저항의 변화로 용접 전류를 조정한다.
- 전기적 전류 조정으로 소음이 없고 기계의 수명이 길다.

⑦ 교류 아크 용접기의 규격

종 류	정격 2차 전류(A)	정격 사용률 (%)	정격부하 전압(V)	사용 용접봉 지름 (mm)
AW200	200	40	30	2.0~4.0
AW300	300	40	35	2.6~6.0
AW400	400	40	40	3.2~8.0
AW500	500	60	40	4.0~8.0

⑧ 용접기의 외부특성곡선

㉠ 외부특성곡선의 정의

용접기는 아크의 안정을 위해서 외부특성을 나타낸 외부특성곡선을 필요로 한다. 외부특성곡선이란 부하 전류와 부하 단자 전압과의 관계를 곡선으로 나타낸 것으로 피복 금속 아크 용접(SMAW)에는 수하특성을, MIG나 CO_2용접에는 정전압특성이나 상승특성이 이용된다.

㉡ 외부특성곡선의 종류
- 정전류특성(CC특성 ; Constant Current) : 전압이 변해도 전류는 거의 변하지 않는다.
- 정전압특성(CP특성 ; Constant Potential (Voltage) : 전류가 변해도 전압은 거의 변하지 않는다.
- 수하특성(DC특성 ; Drooping Characteristic) : 전류가 증가하면 전압이 낮아진다.
- 상승특성(RC특성 ; Rising Characteristic) : 전류가 증가하면 전압이 약간 높아진다.

⑨ 피복금속 아크용접(SMAW)의 회로 순서

용접기 → 전극케이블 → 용접봉홀더 → 용접봉 → 아크 → 모재 → 접지케이블

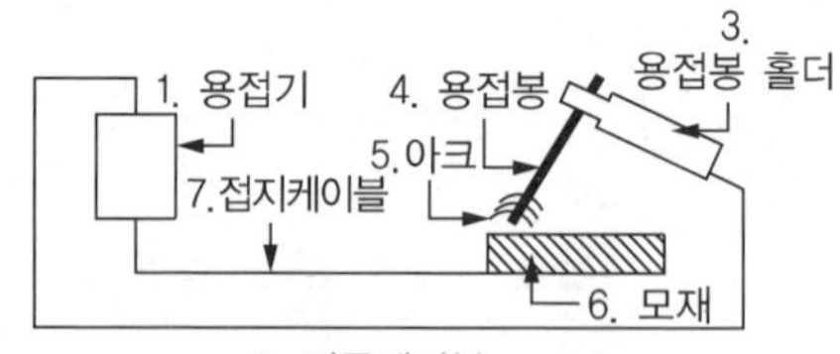

(3) 피복 금속 아크 용접기의 사용률(Duty Cycle), 역률 구하기

① 사용률(Duty Cycle)

용접기의 사용률은 용접기를 사용하여 아크 용접을 할 때 용접기의 2차측에서 아크를 발생하는 시간을 나타내는 것으로, 사용률이 40%이면 아크를 발생하는 시간은 용접기가 가동된 전체 시간의 40%이고 나머지 60%는 용접작업 준비, 슬래그 제거 등으로 용접기가 쉬는 시간의 비율을 나타낸 것이다. 이는 용접기의 온도 상승을 방지하여 용접기를 보호하기 위해서 구하는 것이다.

㉠ 사용률(%)

$$= \frac{\text{아크 발생 시간}}{\text{아크 발생 시간 + 정지 시간}} \times 100$$

㉡ 교류 아크 용접기의 정격사용률(KS C 9602)

종 류	정격사용률(%)	종 류	정격사용률(%)
AWL – 130	30%	AW – 200	40%
AWL – 150		AW – 300	
AWL – 180		AW – 400	
AWL – 250		AW – 500	50%

※ 고주파 발생 장치

① 아크 용접기의 고주파 발생 장치

교류 아크 용접기의 아크 안정성을 확보하기 위하여 상용 주파수의 아크 전류 외에 고전압(2,000~ 3,000V)의 고주파 전류를 중첩시키는 방식이며 라디오나 TV 등에 방해를 주는 결점도 있으나 장점이 더 많다.

② 고주파 발생장치의 특징

㉠ 아크 손실이 작아 용접이 쉽다.

㉡ 무부하 전압을 낮게 할 수 있다.

㉢ 전격의 위험이 적고 전원입력을 작게 할 수 있으므로 역률이 개선된다.

㉣ 아크 발생 초기에 용접봉을 모재에 접촉시키지 않아도 아크가 발생된다.

② 아크 용접기의 허용사용률

$$\text{허용사용률} = \frac{(\text{정격 2차 전류})^2}{(\text{실제 용접 전류})^2} \times \text{정격사용률(\%)}$$

③ 역률(Power Factor)

역률이 낮으면 입력에너지가 증가하며, 전기 소모량이 낮아진다. 또한 용접 비용이 증가하고, 용접기 용량이 커지며 시설비도 증가한다.

④ 퓨즈 용량

용접기의 1차 측에는 작업자의 안전을 위해 퓨즈(Fuse)를 부착한 안전 스위치를 설치해야 한다. 단, 규정값보다 크거나 구리로 만든 전선을 사용하면 안 된다.

$$\text{퓨즈 용량} = \frac{\text{전력(kVA)}}{\text{전압(V)}}$$

⑤ 용접 입열

$$H = \frac{60EI}{v} \text{ (J/cm)}$$

H : 용접 단위길이 1cm당 발생하는 전기적 에너지

E : 아크 전압(V)

I : 아크 전류(A)

v : 용접속도(cm/min)

※ 일반적으로 모재에 흡수된 열량은 입열의 75~85% 정도이다.

(4) 피복 금속 아크 용접기의 극성

① 용접기의 극성

㉠ 직류(Direct Current) : 전기의 흐름방향이 일정하게 흐르는 전원

㉡ 교류(Alternating Current) : 시간에 따라서 전기의 흐름방향이 변함

② 용접기의 극성에 따른 특징

직류 정극성 (DCSP : Direct Current Straight Polarity)	• 용입이 깊고 비드 폭이 좁다. • 용접봉의 용융속도가 느리다. • 후판(두꺼운 판) 용접이 가능하다. • 모재에는 (+)전극이 연결되며 70% 열이 발생하고, 용접봉에는 (–)전극이 연결되며 30% 열이 발생한다.
직류 역극성 (DCRP : Direct Current Reverse Polarity)	• 용입이 얕고 비드 폭이 넓다. • 용접봉의 용융속도가 빠르다. • 박판(얇은 판) 용접이 가능하다. • 주철, 고탄소강, 비철금속의 용접에 쓰인다. • 모재에는 (–)전극이 연결되며 30% 열이 발생하고, 용접봉에는 (+)전극이 연결되며 70% 열이 발생한다.
교류(AC)	• 극성이 없다. • 전원 주파수의 1/2사이클마다 극성이 바뀐다. • 직류 정극성과 직류 역극성의 중간적 성격이다.

③ 용접 극성에 따른 용입이 깊은 순서
DCSP > AC > DCRP

(6) 용접 홀더

① 용접 홀더의 구조

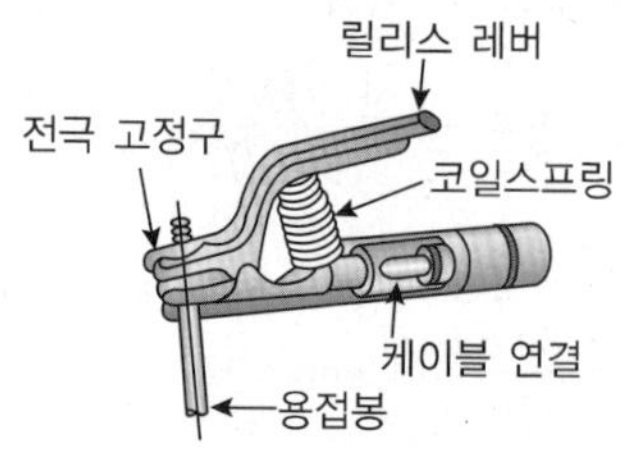

② 용접 홀더의 종류(KS C 9607)

종 류	정격 용접 전류(A)	홀더로 잡을 수 있는 용접봉 지름(mm)	접촉할 수 있는 최대 홀더용 케이블의 도체공칭 단면적(mm^2)
125호	125	1.6~3.2	22
160호	160	3.2~4.0	30
200호	200	3.2~5.0	38
250호	250	4.0~6.0	50
300호	300	4.0~6.0	50
400호	400	5.0~8.0	60
500호	500	6.4~10.0	80

③ 안전 홀더의 종류
㉠ A형 : 안전형으로 전체가 절연된 홀더이다.
㉡ B형 : 비안전형으로 손잡이 부분만 절연된 홀더이다.

2. 피복 아크 용접봉

(1) 피복 금속 아크 용접봉

① 피복 금속 아크 용접봉의 종류
㉠ E4301 : 일미나이트계
㉡ E4303 : 라임티타늄계
㉢ E4311 : 고셀룰로오스계
㉣ E4313 : 고산화티탄계
㉤ E4316 : 저수소계
㉥ E4324 : 철분 산화티탄계
㉦ E4326 : 철분 저수소계
㉧ E4327 : 철분 산화철계

② 용접봉의 건조 온도
용접봉은 습기에 민감해서 건조가 필요하다. 습기는 기공이나 균열 등의 원인이 되므로 저수소계 용접봉에 수소가 많으면 특히 기공을 발생시키기 쉽고 내균열성과 강도가 저하되며 셀룰로오스계는 피복이 떨어진다.
㉠ 일반용접봉 : 약 100℃로 30분~1시간
㉡ 저수소계 용접봉 : 약 300~350℃에서 1~2시간

③ 용접봉의 용융속도
단위시간당 소비되는 용접봉의 길이나 무게로 용융속도를 나타낼 수 있는데, 아크 전류는 용접봉의 열량을 결정하는 주요 요인이다.
용융속도=아크전류×용접봉 쪽 전압강하

④ 연강용 피복 아크 용접봉의 규격(저수소계 용접봉인 E4316의 경우)

E	43	16
Electrode (전기용접봉)	용착 금속의 최소 인장강도(kgf/mm^2)	피복제의 계통

⑤ 용접봉의 선택
모재의 강도에 적합한 용접봉을 선정하여 인장강도와 연신율, 충격값 등을 알맞게 한다.

⑥ 용접봉의 표준지름
KS규격에 규정된 용접봉의 표준 지름은 ϕ1.0, ϕ1.4, ϕ2.0, ϕ2.6, ϕ3.2, ϕ4.0, ϕ4.5, ϕ5.5, ϕ6.0, ϕ6.4, ϕ7.0, ϕ8.0, ϕ9.0 등이 있다.

⑦ 연강용 용접봉의 시험편 처리(KS D 7005)

SR	625±25℃에서 응력 제거 풀림을 한 것
NSR	용접한 상태 그대로 응력을 제거하지 않은 것

(2) 피복 금속 아크 용접용 피복제(Flux)

① 피복제(Flux)
용제나 용가재로도 불리며 용접봉의 심선을 둘러싸고 있는 성분으로 용착 금속에 특정 성질을 부여하거나 슬래그 제거를 위해 사용된다.

② 피복제(Flux)의 역할
㉠ 용융 금속과 슬래그의 유동성을 좋게 한다.
㉡ 용적(쇳물)을 미세화하여 용착효율을 높인다.
㉢ 아크를 안정시키며 아크의 집중성을 좋게 한다.
㉣ 슬래그 제거를 쉽게 하여 비드의 외관을 좋게 한다.

ⓜ 전기 절연 작용을 하며 용착 금속의 급랭을 방지한다.

ⓗ 보호가스를 발생시키며 탈산작용 및 정련작용을 한다.

ⓢ 적당량의 합금 원소 첨가로 금속에 특수성을 부여한다.

ⓞ 중성 또는 환원성 분위기를 만들어 질화나 산화를 방지하고 용융금속을 보호한다.

ⓙ 쇳물이 쉽게 달라붙을 수 있도록 힘을 주어 수직자세, 위보기 자세 등 어려운 자세를 쉽게 한다.

ⓒ 피복제는 용융점이 낮고 적당한 점성을 가진 슬래그를 생성하게 하여 용접부를 덮어 급랭을 방지하게 해준다.

③ 피복 배합제의 종류

배합제	용 도	종 류
고착제	심선에 피복제를 고착시킨다.	규산나트륨, 규산칼륨, 아교
탈산제	용융 금속 중의 산화물을 탈산, 정련한다.	크롬, 망간, 알루미늄, 규소철, 톱밥, 페로망간, 페로실리콘, 망간철, 소맥분(밀가루)
가스 발생제	중성, 환원성 가스를 발생하여 대기와의 접촉을 차단하여 용융 금속의 산화나 질화를 방지한다.	아교, 녹말, 톱밥, 탄산바륨, 셀룰로이드, 석회석, 마그네사이트
아크 안정제	아크를 안정시킨다.	산화티탄, 규산칼륨, 규산나트륨, 석회석
슬래그 생성제	용융점이 낮고 가벼운 슬래그를 만들어 산화나 질화를 방지한다.	석회석, 규사, 산화철, 일미나이트, 이산화망간
합금 첨가제	용접부의 성질을 개선하기 위해 첨가한다.	페로망간, 페로실리콘, 니켈, 몰리브덴, 구리

3. 피복 금속 아크 용접 기법

(1) 용착 방법에 의한 분류

① 전진법 : 한쪽 끝에서 다른 쪽 끝으로 용접을 진행하는 방법으로 용접 길이가 길면 끝부분 쪽에 수축과 잔류응력이 생긴다.

② **후퇴법** : 용접을 단계적으로 후퇴하면서 전체 길이를 용접하는 방법으로서, 수축과 잔류응력을 줄이는 용접 기법이다.

③ **대칭법** : 변형과 수축응력의 경감법으로 용접 전 길이에 걸쳐 중심에서 좌우로 또는 용접물 형상에 따라 좌우 대칭으로 용접 기법이다.

④ **스킵법(비석법)** : 전체를 짧은 용접 길이 5군데로 나누어 놓고, 간격을 두면서 1-4-2-5-3 순으로 용접하는 방법으로 잔류응력을 적게 해야 할 경우 사용한다.

(2) 다층 용접법에 의한 분류

① **덧살올림법(빌드업법)** : 각 층마다 전체의 길이를 용접하면서 쌓아올리는 방법

② **전진블록법** : 한 개의 용접봉으로 살을 붙일 만한 길이로 구분해서 한층 완료 후 다른 층을 쌓는 방법

③ **캐스케이드법** : 한 부분의 몇 층을 용접하다가 이것을 다음 부분의 층으로 연속시켜 전체가 단계를 이루도록 용착시켜 나가는 방법

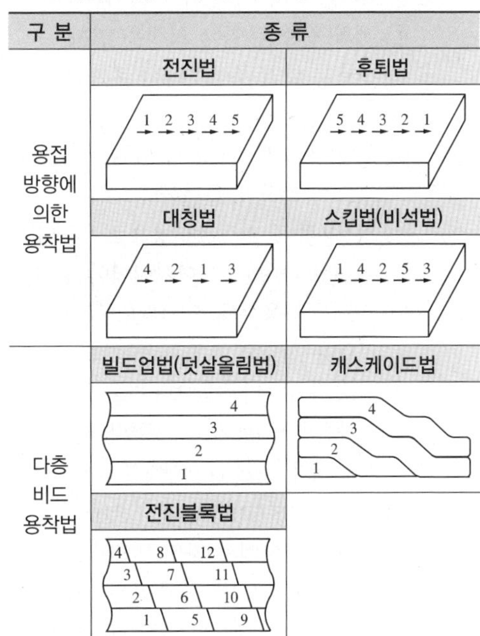

03 가스용접

1. 가스 및 불꽃

(1) 가스 용접용 가스의 종류

① 가스 용접용 가스의 분류

조연성 가스	다른 연소 물질이 타는 것을 도와주는 가스	산소, 공기
가연성 가스 (연료 가스)	산소나 공기와 혼합하여 점화하면 빛과 열을 내면서 연소하는 가스	아세틸렌, 프로판, 메탄, 부탄, 수소
불활성 가스	다른 물질과 반응하지 않는 기체	아르곤, 헬륨, 네온

② 가스의 특징

㉠ 가스 용접에 사용되는 가스는 조연성 가스와 가연성 가스를 혼합하여 사용한다.

㉡ 연료가스는 연소속도가 빨라야 원활하게 작업이 가능하며 매끈한 절단면 및 용접물을 얻을 수 있다.

③ 산소가스(Oxygen, O_2)

㉠ 무색, 무미, 무취의 기체이다.

㉡ 액화 산소는 연한 청색을 띤다.

㉢ 산소는 대기 중에 21%나 존재하기 때문에 쉽게 얻을 수 있다.

㉣ 고압 용기에 35℃에서 150kgf/cm^{2}의 고압으로 압축하여 충전한다.

㉤ 가스용접 및 가스 절단용으로 사용되는 산소는 순도가 99.3% 이상이어야 한다.

㉥ 순도가 높을수록 좋으며 KS규격에 의하면 공업용 산소의 순도는 99.5% 이상이다.

㉦ 산소 자체는 타지 않으나 다른 물질의 연소를 도와주어 조연성 가스라 부른다. 금, 백금, 수은 등을 제외한 원소와 화합하면 산화물을 만든다.

④ 아세틸렌가스(Acetylene, C_2H_2)

㉠ 400℃ 근처에서 자연 발화한다.

㉡ 카바이드(CaC_2)를 물에 작용시켜 제조한다.

㉢ 구리나 은 등과 반응할 때 폭발성 물질이 생성된다.

㉣ 가스 용접이나 절단 등에 주로 사용되는 연료가스이다.

㉤ 산소와 적당히 혼합 연소시키면 3,000~3,500℃의 고온을 낸다.

㉥ 아세틸렌가스는 비중이 0.906으로써, 비중이 1.105인 산소보다 가볍다.

㉦ 아세틸렌가스는 불포화 탄화수소의 일종으로 불완전한 상태의 가스이다.

㉧ 각종 액체에 용해가 잘된다(물-1배, 석유-2배, 벤젠-4배, 알코올-6배, 아세톤-25배).

㉨ 아세틸렌가스의 충전은 15℃, 1기압 하에서 15kgf/cm^{2}의 압력으로 한다. 아세틸렌가스 1L의 무게는 1.176g이다.

㉩ 순수한 카바이드 1kg은 이론적으로 348L의 아세틸렌가스를 발생하며, 보통의 카바이드는 230~300L의 아세틸렌가스를 발생시킨다.

㉪ 순수한 아세틸렌가스는 무색, 무취의 기체이나 아세틸렌가스 중에 포함된 불순물인 인화수소, 황화수소, 암모니아 등에 의해 악취가 난다.

㉫ 아세틸렌이 완전 연소하는 데는 이론적으로 2.5배의 산소가 필요하나, 실제는 아세틸렌에 불순물이 포함되어 산소가 1.2~1.3배 필요하다.

㉬ 가스병 내부가 1.5기압 이상이 되면 폭발위험이 있고 2기압 이상으로 압축하면 폭발한다. 아세틸렌은 공기 또는 산소와 혼합되면 폭발성이 격렬해지는데 아세틸렌 15%, 산소 85% 부근이 가장 위험하다.

⑤ 액화 석유 가스(LPG ; Liquified Petroleum Gas)

㉠ 일명 프로판이라고도 부른다.

㉡ 프로판(C_3H_8)과 부탄(C_4H_{10})이 주성분이다.

㉢ 열효율이 높은 연소 기구의 제작이 가능하다.

㉣ 사용 전 환기시키고 사용 중 점화를 확인해야 한다.

㉤ 프로판 + 산소 → 이산화탄소 + 물 + 발열반응을 낸다.

㉥ 연소할 때 필요한 산소량은 산소 : 프로판 = 4.5 : 1이다.

㉦ 상온에서는 기체 상태이고 무색, 투명하며 약간의 냄새가 난다.

㉧ 쉽게 기화하며 발열량이 높고 폭발 한계가 좁아 안전도가 높다.

㉧ 액화가 용이하여 용기에 충전하여 저장할 수 있다(1/250 정도로 압축할 수 있다).

⑥ LP가스

석유나 천연 가스를 적당한 방법으로 분류하여 제조한 것으로는 프로판(C_3H_8)이 대부분을 차지하며, 프로판 이외에 에탄, 부탄(C_4H_{10}), 펜탄(C_5H_{12}) 등이 혼합되어 있다.

㉠ 발열량이 높아서 열효율이 높은 연소 기구의 제작이 쉽다.

㉡ 액화하기 쉽고 수송이 편리하며 안전도가 높아서 관리하기 쉽다.

⑦ 수소(Hydrogen, H_2)

㉠ 물의 전기 분해로 제조한다.

㉡ 무색, 무미, 무취로서 인체에 해가 없다.

㉢ 비중은 0.0695로서 물질 중 가장 가볍다.

㉣ 고압 용기에 충전한다(35℃, 150kgf/cm^2).

㉤ 산소와 화합하여 고온을 내며 아세틸렌가스 다음으로 폭발 범위가 넓다.

㉥ 연소 시 탄소가 존재하지 않아 납의 용접이나, 수중 절단용 가스로 사용된다.

⑧ 아세틸렌과 LP가스의 비교

아세틸렌가스	LP가스
• 점화가 용이하다. • 중성 불꽃을 만들기 쉽다. • 절단 시작까지 시간이 빠르다. • 박판 절단 때 속도가 빠르다. • 모재 표면에 대한 영향이 적다.	• 슬래그의 제거가 용이하다. • 절단면이 깨끗하고 정밀하다. • 절단 위 모서리 녹음이 적다. • 두꺼운 판(후판)을 절단할 때 유리하다. • 포갬 절단에서 아세틸렌보다 유리하다.

⑨ 공기 중 가스 함유량

가스의 종류	공기 중 가스 함유량(%)
수 소	4~74
메 탄	5~15
프로판	2.4~9.5
아세틸렌	2.5~80

⑩ 용접용 가스가 가스용접이나 가스 절단에 사용되기 위한 조건

㉠ 용융 금속과 화학 반응을 일으키지 않을 것

㉡ 발열량이 크고 불꽃의 온도가 높을 것

㉢ 연소 속도가 빠르고 취급이 쉽고 폭발 범위가 작을 것

⑪ 혼합 기체의 폭발 한계

가스의 종류	공기 중 가스 함유량(%)
수 소	4~74
메 탄	5~15
프로판	2.4~9.5
아세틸렌	2.5~80

⑫ 주요 가스의 화학식

㉠ 부탄 : C_4H_{10}

㉡ 프로판 : C_3H_8

㉢ 펜탄 : C_5H_{12}

㉣ 에탄 : C_2H_6

⑬ 착화온도(Ignition Temperature) : 불이 붙거나 타는 온도를 나타낸다.

가 스	착화온도(발화온도)
수 소	570℃
일산화탄소	610℃
아세틸렌	305℃
휘발유	290℃

(2) 가스불꽃의 종류

① 가스별 불꽃의 온도 및 발열량

가스 종류	불꽃 온도(℃)	발열량(kcal/m^3)
아세틸렌	3,430	12,500
부 탄	2,926	26,000
수 소	2,960	2,400
프로판	2,820	21,000
메 탄	2,700	8,500

② 산소-아세틸렌가스 불꽃의 종류

산소와 아세틸렌가스를 대기 중에서 연소시킬 때는 산소의 양에 따라 다음과 같이 4가지의 불꽃이 된다.

불꽃의 종류 및 명칭	산소 : 아세틸렌 비율
적황색(매연) 아세틸렌 불꽃(산소 약간 혼입)	-
담백색 탄화불꽃(아세틸렌과잉)	0.05~0.95 : 1

불꽃의 종류 및 명칭	산소 : 아세틸렌 비율
백심(회백색) $C_2H_2=2C+H_2$ $C_2H_2+O_2=2CO+H_2$ 바깥 불꽃(투명한 청색) $2CO_2+O_2=2CO_2$ $H_2+\frac{1}{2}O_2=H_2O$	1 : 1
중성불꽃(표준불꽃)	
	1.15~1.70 : 1
산화불꽃(산소과잉)	

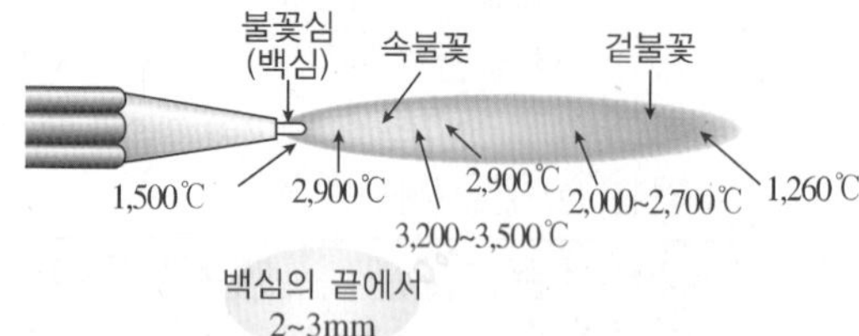

③ 불꽃의 이상 현상

㉠ 인 화

팁 끝이 순간적으로 막히면 가스의 분출이 나빠지고 가스 혼합실까지 불꽃이 도달하여 토치를 빨갛게 달구는 현상이다.

㉡ 역 류

토치 내부의 청소가 불량할 때 내부 기관에 막힘이 생겨 고압의 산소가 밖으로 배출되지 못하고 압력이 낮은 아세틸렌 쪽으로 흐르는 현상이다.

㉢ 역 화

토치의 팁 끝이 모재에 닿아 순간적으로 막히거나 팁의 과열 또는 사용가스의 압력이 부적당할 때 팁 속에서 폭발음을 내면서 불꽃이 꺼졌다가 다시 나타나는 현상. 불꽃이 꺼지면 산소 밸브를 차단하고, 이어 아세틸렌 밸브를 닫는다. 팁이 가열되었으면 물속에 담가 산소를 약간 누출시키면서 냉각한다.

2. 가스 용접 설비 및 기구

(1) 가스 용접기

① 가스 용접기의 구조

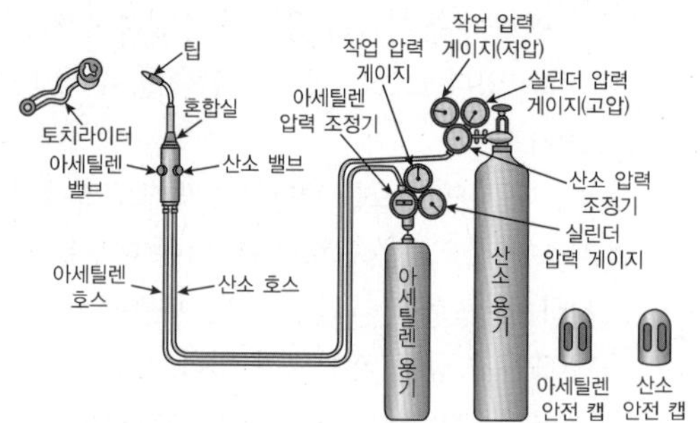

② 산소 용기(Oxygen Bomb) 취급 시 주의사항

㉠ 용기를 굴리거나 충격을 가하는 일이 없도록 한다.

㉡ 용기 밸브에 이상이 생겼을 때는 구매처에 반환한다.

㉢ 사용이 끝난 용기는 밸브를 잠그고 "빈병"이라고 표시한다.

㉣ 용기의 밸브에는 그리스(Grease)나 기름 등을 묻혀서는 안 된다.

㉤ 이동 시 밸브를 닫고 안전캡을 씌워 밸브가 손상되지 않도록 한다.

㉥ 비눗물로 반드시 누설 검사를 하고, 화기에서 5m 이상 거리를 유지한다.

㉦ 용기의 밸브 개폐는 핸들을 천천히 돌리되, 1/4~1/2 회전 이내로 한다.

㉧ 통풍이 잘되고 직사광선이 없는 곳에 보관하며, 항상 40℃ 이하를 유지한다.

㉨ 겨울에 용기 밸브가 얼어서 산소의 분출이 어려울 경우 화기를 사용하지 말고 더운물로 녹여서 사용한다.

③ 산소용기의 각인 사항

㉠ 용기 제조자의 명칭

㉡ 충전가스의 명칭

㉢ 용기제조번호(용기번호)

㉣ 용기의 중량(kg)

㉤ 용기의 내용적(L)

㉥ 내압시험압력(TP ; Test Pressure), 연월일

㉦ 최고충전압력(FP ; Full Pressure)

㉧ 이음매 없는 용기일 경우 "이음매 없는 용기" 표기

④ 용기 속의 산소량 = 내용적 × 기압

⑤ 용접 가능 시간 구하기

$$\text{용접가능시간} = \frac{\text{산소용기 총가스량}}{\text{시간당 소비량}}$$

$$= \frac{\text{내용적} \times \text{압력}}{\text{시간당 소비량}}$$

> ※ 가변압식 팁 100번은 단위 시간당 가스 소비량이 100L이다.

⑥ 일반 가스 용기의 도색 색상

가스명칭	도 색	가스명칭	도 색
산 소	녹 색	암모니아	백 색
수 소	주황색	아세틸렌	황 색
탄산가스	청 색	프로판(LPG)	회 색
아르곤	회 색	염 소	갈 색

> ※ 산업용과 의료용의 용기 색상은 다르다(의료용의 경우 산소는 백색).

⑦ 가스 호스의 색깔

용 도	색 깔
산소용	검정 or 녹색
아세틸렌용	적 색

⑧ 아세틸렌 용기(Acetylene Bomb) 취급 시 주의사항

㉠ 용기는 충격이나 타격을 주지 않도록 한다.

㉡ 저장소의 전등 및 전기 스위치 등은 방폭 구조이어야 한다.

㉢ 가연성 가스를 사용하는 경우는 반드시 소화기를 비치하여야 한다.

㉣ 가스의 충전구가 동결되었을 때는 35℃ 이하의 더운물로 녹여야 한다.

㉤ 저장소에는 인화 물질이나 화기를 가까이 하지 말고 통풍이 양호해야 한다.

㉥ 용기 내의 아세톤 유출을 막기 위해 저장 또는 사용 중 반드시 용기를 세워두어야 한다.

⑨ 아세틸렌가스량(L) 구하기

L = 가스용적(병 전체 무게 − 빈 병의 무게)
=905(병 전체 무게 − 빈 병의 무게)

⑩ 아세틸렌가스의 사용 압력

㉠ 저압식 : 0.07kgf/cm^2 이하

㉡ 중압식 : 0.07~1.3kgf/cm^2

㉢ 고압식 : 1.3kgf/cm^2 이상

(2) 가스 용접용 용접봉

① 가스 용접용 용접봉

가스 용접용 용접봉은 용가재(Filler Metal)라고도 하는데 용접할 재료와 동일 재질의 융착금속을 얻기 위해 모재와 조성이 동일하거나 비슷한 것을 사용한다. 용접 중 용접열에 의하여 성분과 성질이 변화되므로 용접봉 제조 시 필요한 성분을 첨가하거나 제조하는 경우도 있다.

② 가스 용접용 용접봉의 특징

㉠ 산화 방지를 위해 경우에 따라 용제(Flux)를 사용하기도 하나 연강의 가스용접에서는 용제가 필요 없다.

㉡ 일반적으로 비피복 용접봉을 사용하지만, 보관 및 사용 중 산화 방지를 위해 도금이나 피복된 것도 있다.

③ 가스 용접봉의 표시

예 GA46 가스 용접봉의 경우

G	A	46
가스 용접봉	용착 금속의 연신율 구분	용착 금속의 최저 인장강도 (kgf/mm^2)

④ KS상 연강용 가스 용접봉의 표준치수

ϕ1.0	ϕ1.6	ϕ2.0	ϕ2.6	ϕ3.2	ϕ4.0	ϕ5.0	ϕ6.0

⑤ 가스 용접봉 선택 시 조건

㉠ 용융 온도가 모재와 같거나 비슷할 것

㉡ 용접봉의 재질 중에 불순물을 포함하고 있지 않을 것

㉢ 모재와 같은 재질이어야 하며 충분한 강도를 줄 수 있을 것

㉣ 기계적 성질에 나쁜 영향을 주지 말 것

⑥ 연강용 가스 용접봉의 성분이 모재에 미치는 영향

㉠ C(탄소) : 강의 강도를 증가시키나 연신율, 굽힘성이 감소된다.

㉡ Si(규소, 실리콘) : 기공은 막을 수 있으나 강도가 떨어지게 된다.

㉢ P(인) : 강에 취성을 주며 연성을 작게 한다.

㉣ S(황) : 용접부의 저항력을 감소시키며 기공과 취성을 발생할 우려가 있다.

㉤ FeO_4(산화철) : 강도를 저하시킨다.

> 참 고
> - SR : 응력제거풀림을 한 것
> - NSR : 용접한 그대로 응력제거풀림을 하지 않은 것
>
> 예 "625±25℃에서 1시간 동안 응력을 제거했다."=SR

⑦ 가스 용접봉 지름

$$\text{가스 용접봉 지름}(D) = \frac{\text{판두께}(T)}{2} + 1$$

(3) 가스 용접용 용제

① 가스 용접용 용제(Flux)

용제는 분말이나 액체로 된 것이 있으며, 분말로 된 것은 물이나 알코올에 개어서 용접봉이나 용접 홈에 그대로 칠하거나, 직접 용접 홈에 뿌려서 사용한다.

② 가스 용접에서 용제를 사용하는 이유

금속을 가열하면 대기 중의 산소나 질소와 접촉하여 산화 및 질화 작용이 일어난다. 이때 생긴 산화물이나 질화물은 모재와 융착 금속과의 융합을 방해한다. 용제는 용접 중 생기는 이러한 산화물과 유해물을 용융시켜 슬래그로 만들거나, 산화물의 용융 온도를 낮게 한다. 그러나 가스소비량을 적게 하지는 않는다.

③ 가스 용접용 용제의 특징

㉠ 용융온도가 낮은 슬래그를 생성한다.

㉡ 모재의 융점보다 낮은 온도에서 녹는다.

㉢ 불순물을 제거하므로 용착금속의 성질을 좋게 한다.

㉣ 용접 중에 생기는 금속의 산화물 또는 비금속 개재물을 용해한다.

④ 가스 용접용 용제의 종류

재 질	용 제
연 강	용제를 사용하지 않는다.
반경강	중탄산소다, 탄산소다
주 철	붕사, 탄산나트륨, 중탄산나트륨
알루미늄	염화칼륨, 염화나트륨, 염화리튬, 플루오린화칼륨
구리합금	붕사, 염화리튬

3. 산소, 아세틸렌 용접기법

(1) 산소-아세틸렌가스 용접 기기

① 산소 압력 조정기

산소 압력 조정기 형태	설 치
	저압 게이지, 고압 게이지, 연결 너트, 용기 밸브, 조절 손잡이, 호스 연결구

산소 압력 조정기의 압력 조정 나사를 오른쪽으로 돌리면 밸브가 열린다.

② 아세틸렌 압력 조정기

아세틸렌 압력 조정기 형태	설 치
	저압 게이지, 고압 게이지, 죔 방향, 왼나사, 호스 연결구

아세틸렌 압력 조정기는 시계 반대 방향(왼나사)으로 회전시켜 단단히 죄어 설치한다.

(2) 산소-아세틸렌가스 용접

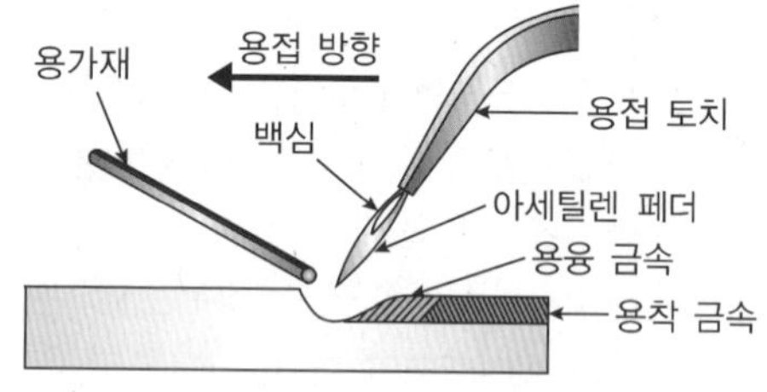

① 산소-아세틸렌가스 용접의 장점

㉠ 응용 범위가 넓으며, 운반 작업이 편리하다.

㉡ 전원이 불필요하며, 설치 비용이 저렴하다.

㉢ 아크 용접에 비해 유해 광선의 발생이 적다.

㉣ 열량 조절이 비교적 자유롭기 때문에 박판 용접에 적당하다.

② 산소-아세틸렌가스 용접의 단점

㉠ 열효율이 낮아서 용접 속도가 느리다.

㉡ 아크 용접에 비해 불꽃의 온도가 낮다.

㉢ 열 영향에 의하여 용접 후 변형이 심하게 된다.

㉣ 고압가스를 사용하므로 폭발 및 화재의 위험이 크다.

㉤ 용접부의 기계적 성질이 떨어져서 제품의 신뢰성이 적다.

③ 용접 토치의 운봉법

㉠ 팁과 모재와의 거리는 불꽃 백심 끝에서 2~3mm로 일정하게 한다.

㉡ 용접 시 토치는 오른손으로 가볍게 잡고, 용접선을 따라 직선이나 작은 원, 반달형을 그리며 전진시켜 용융지를 형성한다.

④ 용접 토치 운봉법의 종류

가스 용접은 용접 비드 및 토치의 진행 방향에 따라 전진법과 후진법으로 나뉜다.

㉠ 전진법(좌진법)

- 판 두께 5mm 이하의 박판 용접에 주로 사용하며 용접 토치를 오른쪽, 용접봉을 왼손에 잡은 상태에서 용접 진행 방향이 오른쪽에서 왼쪽으로 나가는 방법이다.
- 전진법은 토치의 불꽃이 용융지의 앞쪽을 가열하기 때문에 모재가 과열되기 쉽고 변형이 많으며 기계적 성질도 저하된다.

㉡ 후진법(우진법)

- 용접 변형이 전진법에 비해 작고 가열 시간이 짧아 과열되는 현상이 적다.
- 토치를 왼쪽에서 오른쪽으로 이동하며, 용접 속도가 빨라서 두꺼운 판 및 다층 용접에 사용된다.

㉢ 가스 용접에서의 전진법과 후진법의 차이점

구 분	전진법	후진법
토치 진행 방향	오른쪽 → 왼쪽	왼쪽 → 오른쪽
열 이용률	나쁘다.	좋다.
비드의 모양	보기 좋다.	매끈하지 못하다.
홈의 각도	크다(약 80°).	작다(약 60°).
용접속도	느리다.	빠르다.
용접변형	크다.	적다.
용접 가능 두께	두께 5mm 이하의 박판	후판
가열시간	길다.	짧다.
기계적 성질	나쁘다.	좋다.
산화 정도	심하다.	양호하다.
토치진행 방향 및 각도	좌 우 ← 45° 45°	좌 우 → 30° 75~90°

04 절단 및 가공

1. 가스절단장치 및 방법

(1) 절단법의 종류

① 절단법의 열원에 의한 분류

종 류	특 징	분 류
아크 절단	전기 아크열을 이용한 금속 절단법	산소 아크 절단
		피복 아크 절단
		탄소 아크 절단
		아크 에어 가우징
		플라스마 제트 절단
		불활성 가스 아크 절단
가스 절단	산소가스와 금속과의 산화 반응을 이용한 금속 절단법	산소-아세틸렌가스 절단
분말 절단	철분이나 플럭스 분말을 연속적으로 절단 산소 속에 혼입시켜서 공급하여 그 반응열이나 용제작용을 이용한 절단법	

② 절단법의 종류 및 특징

㉠ 산소창 절단 : 가늘고 긴 강관(안지름 3.2~6mm, 길이 1.5~3m)을 사용해서 절단 산소를 큰 강괴의 심부에 분출시켜 창으로 불리는 강관 자체가 함께 연소되면서 절단되는 방법

㉡ 포갬 절단 : 판과 판 사이의 틈새를 0.1mm 이상으로 포개어 압착시킨 후 절단하는 방법

㉢ 분말 절단 : 철분이나 플럭스 분말을 연속적으로 절단, 산소 속에 혼입시켜서 공급하여 그 반응열을 이용한 절단 방법

㉣ 피복 아크 절단 : 피복 아크 용접봉을 이용하는 것으로 토치나 탄소 용접봉이 없을 때나 토치의 팁이 들어가지 않는 좁은 곳에 사용하는 방법

㉤ 금속 아크 절단 : 탄소 전극봉 대신 절단 전용 특수 피복제를 입힌 전극봉을 사용하여 절단하는 방법. 직류 정극성이 적합하며, 교류도 사용이 가능하다. 절단면은 가스 절단면에 비해 거칠고 담금질 경화성이 강한 재료의 절단부는 기계 가공이 곤란하다.

㉥ 산소 아크 절단 : 산소 아크 절단에 사용되는 전극봉은 중공의 피복봉으로 발생되는 아크열을 이용하여 모재를 용융시킨 후, 중공

부분으로 절단 산소를 내보내서 절단하는 방법. 산화발열효과와 산소의 분출압력 때문에 작업 속도가 빠르며, 입열 시간이 적어 변형이 적다. 또한 전극의 운봉이 거의 필요 없고, 전극봉을 절단 방향으로 직선이동시키면 된다. 그러나 전단면이 고르지 못한 단점이 있다.

ⓢ 플라스마 아크절단 : 플라스마 절단에서는 플라스마 기류가 노즐을 통과할 때 열적 핀치 효과를 이용하여 20,000~30,000℃의 플라스마 아크를 만들어 내는데, 이 초고온의 플라스마 아크를 절단 열원으로 사용하여 가공물을 절단하는 방법

ⓞ 아크 에어 가우징 : 탄소봉을 전극으로 하여 아크를 발생시킨 후 절단을 하는 탄소 아크 절단법에 약 5~7kgf/cm^{2}인 고압의 압축 공기를 병용한다. 용융된 금속을 탄소봉과 평행으로 분출하는 압축 공기를 계속 불어내서 홈을 파내는 방법이다. 용접부의 홈 가공, 뒷면 따내기(Back Chipping), 용접 결함부 제거 등에 많이 사용된다.

ⓙ 가스 가우징 : 용접 결함이나 가접부 등의 제거를 위하여 사용하는 방법으로서 가스 절단과 비슷한 토치를 사용해서 용접 부분의 뒷면을 따내든지 U형, H형의 용접 홈을 가공하기 위하여 깊은 홈을 파내는 가공방법

③ 아크 절단과 가스 절단의 차이점

아크 절단은 절단면의 정밀도가 가스 절단보다 못하나, 보통의 가스 절단이 곤란한 알루미늄, 구리, 스테인리스강 및 고합금강의 절단에 사용할 수 있다.

(2) 가스절단

① 가스 절단을 사용하는 이유

자동차를 제작할 때는 기계 설비를 이용하여 철판을 알맞은 크기로 자른 뒤 용접을 한다. 하지만 이는 기계적인 방법이고 용접에서 사용하는 절단은 열에너지에 의해 금속을 국부적으로 용융하여 절단하는 가스 절단을 이용한다. 이는 철과 산소의 화학 반응열을 이용하는 열절단법이다.

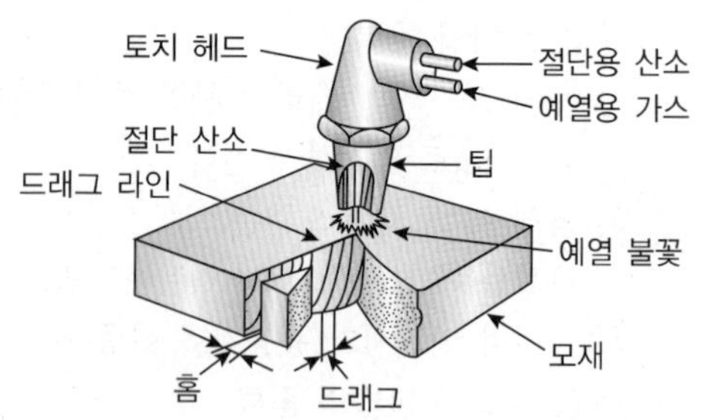

② 가스 절단의 원리

가스 절단 시 절단 속도가 알맞아야 하는데, 이 절단속도는 산소의 압력, 모재의 온도, 산소의 순도, 팁의 형태에 따라 달라진다. 특히 절단 산소의 분출량과 속도에 크게 좌우된다.

③ 산소-아세틸렌가스 용접봉 토치별 사용압력

저압식	0.07kgf/cm^2 이하
중압식	0.07~1.3kgf/cm^2
고압식	1.3kgf/cm^2 이상

④ 절단팁의 종류

절단 팁의 종류에는 동심형팁(프랑스식)과 이심형팁(독일식)이 있다.

㉠ 동심형팁(프랑스식)

동심원의 중앙 구멍으로 고압 산소를 분출하고 외곽 구멍으로는 예열용 혼합가스를 분출한다. 가스 절단에서 전후, 좌우 및 직선 전달을 자유롭게 할 수 있다.

㉡ 이심형팁(독일식)

고압 가스 분출구와 예열 가스 분출구가 분리되고 예열용 분출구가 있는 방향으로만 절단이 가능하다. 작은 곡선, 후진 등은 절단이 어려우나 직선 절단의 능률이 높고, 절단면이 깨끗하다.

⑤ 다이버전트형 절단팁

가스를 고속으로 분출할 수 있으므로 절단 속도를 20~25% 증가시킬 수 있다.

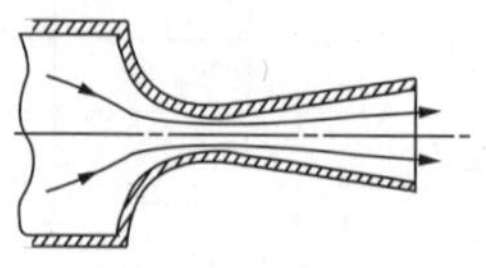

[다이버전트형 팁]

⑥ 표준 드래그 길이(mm) = 판 두께의 20%

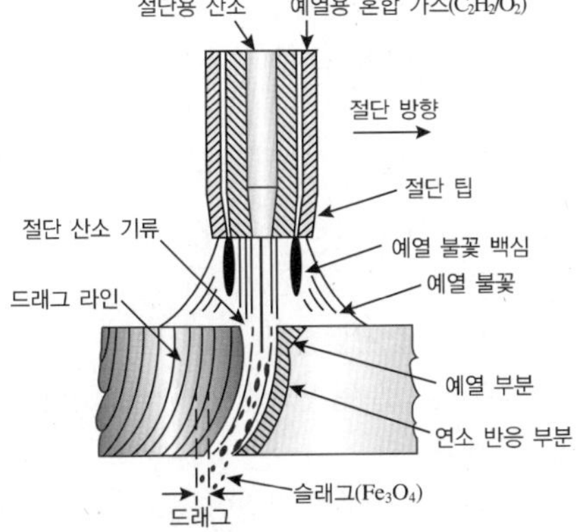

⑦ 드래그량

$$\text{드래그량}(\%) = \frac{\text{드래그 길이}}{\text{판 두께}} \times 100(\%)$$

⑧ 가스 절단의 절단속도
㉠ 산소의 순도가 높으면 절단속도가 빠르다.
㉡ 절단속도는 모재의 온도가 높을수록 고속 절단이 가능하다.
㉢ 절단속도는 절단산소의 순도와 분출 속도에 따라 결정된다.
㉣ 절단속도는 절단산소의 압력과 산소 소비량이 많을수록 증가한다.

⑨ 양호한 절단면을 얻기 위한 조건
㉠ 드래그가 될 수 있으면 작을 것
㉡ 경제적인 절단이 이루어지도록 할 것
㉢ 절단면 표면의 각이 예리하고 슬래그의 박리성이 좋을 것
㉣ 절단면이 평활하며 드래그의 홈이 낮고 노치 등이 없을 것

⑩ 절단 산소의 순도가 떨어질 때의 현상
㉠ 절단면이 거칠고, 절단 속도가 늦어진다.
㉡ 산소 소비량이 많아지고, 절단 개시 시간이 길어진다.
㉢ 슬래그가 잘 떨어지지 않고(박리성이 떨어짐), 절단면 홈의 폭이 넓어진다.

⑪ 가스 절단이 잘 안 되는 금속과 절단 방법
㉠ 주 철
주철의 용융점이 연소 온도 및 슬래그의 용융점보다 낮고, 주철 중의 흑연은 철의 연속적인 연소를 방해하므로 가스 절단이 곤란하다.
㉡ 스테인리스강, 알루미늄 등
절단 중 생기는 산화물의 용융점이 모재보다 고융점이므로 끈적끈적한 슬래그가 절단 표면을 덮는다. 이 슬래그가 산소와의 산화반응을 방해하여 가스절단이 곤란하다.
㉢ 주철 및 스테인리스강, 알루미늄의 절단 방법 : 산화물을 용해, 제거하기 위해서는 적당한 분말 용제(Flux)를 산소 기류에 혼입하거나 미리 절단부에 철분을 뿌린 다음 절단한다.

⑫ 가스 절단이 원활히 이루어지게 하는 조건
㉠ 모재 중 불연소물이 적을 것
㉡ 산화물이나 슬래그의 유동성이 좋을 것
㉢ 산화 반응이 격렬하고 열을 많이 발생할 것
㉣ 산화물이나 슬래그의 용융온도가 모재의 용융온도보다 낮을 것
㉤ 모재의 연소 온도가 그 용융온도보다 낮을 것(철의 연소온도 : 1,350℃, 용융온도 : 1,538℃)
㉥ 절단 속도가 알맞아야 한다. 절단속도는 산소의 압력, 모재의 온도, 산소의 순도, 팁의 형에 다라 달라진다. 특히 절단 산소의 분출량과 속도에 따라 크게 좌우된다.
㉦ 가스 절단 시 예열 불꽃이 강하면 절단면이 거칠며 열량이 많아서 모서리가 용융되어 둥글게 되며, 철과 슬래그의 구분이 어려워진다. 반대로 약하면 절단속도가 늦어지고 드래그 길이가 증가한다.

⑬ 수중 절단용 가스의 특징
㉠ 연료가스로는 수소가스를 가장 많이 사용한다.
㉡ 일반적으로는 수심 45m 정도까지 작업이 가능하다.
㉢ 수중 작업 시 예열 가스의 양은 공기 중에서의 4~8배로 한다.
㉣ 수중 작업 시 절단 산소의 압력은 공기 중에서의 1.5~2배로 한다.
㉤ 연료가스로는 수소, 아세틸렌, 프로판, 벤젠 등의 가스를 사용한다.

⑭ 가스 절단에 영향을 미치는 요소
㉠ 예열 불꽃
㉡ 후열 불꽃
㉢ 절단 속도
㉣ 산소 가스의 순도
㉤ 산소 가스의 압력
㉥ 가연성 가스의 압력
㉦ 가스의 분출량과 속도

2. 스카핑 및 가우징(가스 가공법)

(1) 스카핑(Scarfing)

① **원리** : 스카핑(Scarfing)이란 강괴나 강편, 강재 표면의 홈이나 개재물, 탈탄층 등을 제거하기 위한 불꽃 가공으로 가능한 얇으면서 타원형의 모양으로 표면을 깎아내는 가공법이다. 종류로는 열간 스카핑, 냉간 스카핑, 분말 스카핑이 있다.

② **스카핑 속도** : 재료가 냉간재와 열간재에 따라서 스카핑 속도가 달라진다.
㉠ 냉간재 : 5~7m/min
㉡ 열간재 : 20m/min

(2) 가스 가우징

① 원 리

가스 가우징은 용접 결함이나 가접부 등의 제거를 위하여 사용하는 방법으로서 가스 절단과 비슷한 토치를 사용해서 용접 부분의 뒷면을 따내든지 U형, H형의 용접 홈을 가공하기 위하여 깊은 홈을 파내는 가공법이다.

② 가스 가우징의 특징
㉠ 가스 절단보다 2~5배의 속도로 작업할 수 있다.
㉡ 약간의 진동에서도 작업이 중단되기 쉬어 상당한 숙련이 필요하다.

(3) 아크 에어 가우징(Arc Air Gauging)

① 원 리

탄소 아크 절단법에 약 5~7kgf/cm^2 인 고압의 압축 공기를 병용하는 것으로 용융된 금속에 탄소봉과 평행으로 분출하는 압축 공기를 전극 홀더의 끝부분에 위치한 구멍을 통해 연속해서 불어내서 홈을 파내는 방법이다. 용접부의 홈 가공, 뒷면 따내기(Back Chipping), 용접 결함부 제거 등에 많이 사용된다.

② 특 징
㉠ 사용전원은 직류 역극성이다.
㉡ 소음이 적고 토치의 구조와 조작 방법이 간단하다.
㉢ 비용이 저렴하다.
㉣ 흑연으로 된 탄소봉에 구리 도금한 전극을 사용한다.
㉤ 용접 결함부의 발견이 쉽고 응용 범위가 넓고 경비가 저렴하다.
㉥ 용융된 금속을 순간적으로 불어내어 모재에 악영향을 주지 않는다.
㉦ 철이나 비철금속에 모두 사용이 가능하며 작업능률이 가스 가우징보다 2~3배 높다.

③ 아크 에어 가우징의 구성요소
㉠ 가우징봉
㉡ 가우징 머신
㉢ 가우징 토치
㉣ 컴프레서(압축공기)

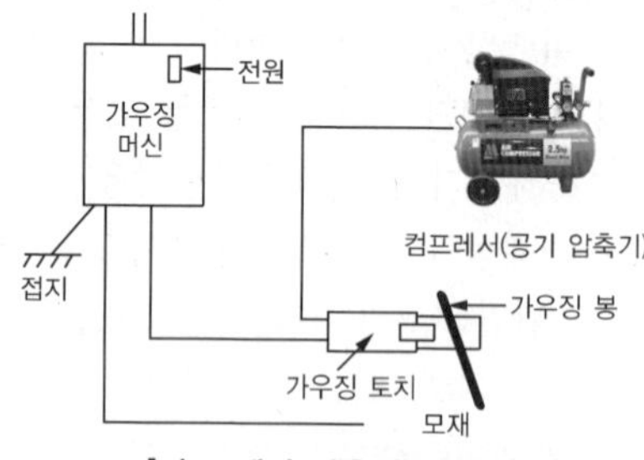

[아크 에어 가우징의 구성]

05 특수용접 및 기타 용접

1. 서브머지드, 스터드 용접

(1) 서브머지드 아크 용접(SAW ; Submerged Arc Welding, 잠호 용접)

① 원 리

서브머지드 아크 용접(SAW)은 용접 부위에 미세한 입상의 플럭스를 도포한 뒤 와이어 릴에 감겨 있는 와이어가 이송 롤러에 의하여 연속적으로 공급된다. 동시에 용제 호퍼에서 용제가 다량으로 공급되기 때문에 와이어 선단은 용제에 묻힌 상태로 모재와의 사이에서 아크가 발생하여 용접이 이루어진다. 이때 아크가 플럭스 속에서 발생되므로 불가시 아크 용접, 잠호 용접, 개발자의 이름을 딴 케네디 용접, 그리고 이를 개발한 회사의 상품명인 유니언 멜트 용접이라고도 한다.

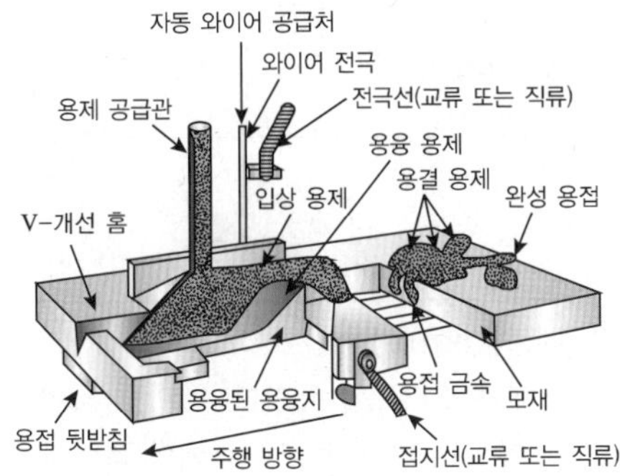

② 특 징

㉠ 용접 속도가 빠른 경우 용입이 낮아지고, 비드 폭이 좁아진다.

㉡ Flux가 과열을 막아주어 열 손실이 적으며 용입도 깊어 고능률 용접이 가능하다.

㉢ 아크 길이를 일정하게 유지시키기 위해 와이어의 이송 속도가 적고 자동적으로 조정된다.

㉣ 용접 전류가 커지면 용입과 비드 높이가 증가하고, 전압이 커지면 용입이 낮고 비드 폭이 넓어진다.

③ 장 점

㉠ 내식성이 우수하다.

㉡ 이음부의 품질이 일정하다.

㉢ 후판일수록 용접속도가 빠르다.

㉣ 높은 전류밀도로 용접할 수 있다.

㉤ 용접 조건을 일정하게 유지하기 쉽다.

㉥ 용접 금속의 품질을 양호하게 얻을 수 있다.

㉦ 용제의 단열 작용으로 용입을 크게 할 수 있다.

㉧ 용입이 깊어 개선각을 작게 해도 됨으로 용접변형이 적다.

㉨ 용접 중 대기와 차폐되어 대기 중의 산소, 질소 등의 해를 받지 않는다.

㉩ 용접 속도가 아크 용접에 비해서 판 두께 12mm에서는 2~3배, 25mm일 때 5~6배 빠르다.

④ 단 점

㉠ 설비비가 많이 든다.

㉡ 용접시공 조건에 따라 제품의 불량률이 커진다.

㉢ 용제의 흡습성이 커서 건조나 취급을 잘해야 한다.

㉣ 용입이 크므로 모재의 재질을 신중히 검사해야 한다.

㉤ 용입이 크므로 요구되는 이음가공의 정도가 엄격하다.

㉥ 용접선이 짧고 복잡한 형상의 경우에는 용접기 조작이 번거롭다.

㉦ 아크가 보이지 않으므로 용접의 적부를 확인해서 용접할 수 없다.

㉧ 특수한 장치를 사용하지 않는 한 아래보기, 수평자세 용접에 한정된다.

㉨ 입열량이 크므로 용접금속의 결정립이 조대화되어 충격값이 낮아지기 쉽다.

⑤ 서브머지드 아크 용접용 용제(Flux)

㉠ 서브머지드 아크 용접에서 사용하는 용제의 종류

- 용융형 : 흡습성이 가장 적으며, 소결형에 비해 좋은 비드를 얻는다.
- 소결형 : 흡습성이 가장 좋다.
- 혼성형 : 중간의 특성을 갖는다.

㉡ 제조방법

용제의 종류	제조과정
용융형 용제 (Fused Flux)	• 원광석을 아크 전기로에서 1,300℃ 이상에서 용융하여 응고시킨 후 분쇄하여 알맞은 입도로 만든 것이다.
소결형 용제 (Sintered Flux)	• 원료와 합금 분말을 규산화나트륨과 같은 점결제와 함께 낮은 온도에서 소정의 입도로 소결하여 제조한 것이다. 기계적 성질을 쉽게 조절할 수 있다.

㉢ 용융형 용제의 특징

- 비드 모양이 아름답다.
- 고속 용접이 가능하다.
- 미용융된 용제의 재사용이 가능하다.
- 화학적으로 안정되어 있다.
- 조성이 균일하고 흡습성이 작아서 가장 많이 사용한다.

- 입도가 작을수록 용입이 얕고 너비가 넓다.
- 작은 전류에는 입도가 큰 거친 입자를, 큰 전류에는 입도가 작은 미세한 입자를 사용한다. 작은 전류에 미세한 입자를 사용하면 가스 방출이 불량해서 Pock Mark 불량의 원인이 된다.

㉣ 소결형 용제의 특징

- 흡습성이 뛰어난 결점이 있다.
- 용융형 용제에 비해 용제의 소모량이 적다.
- 페로실리콘이나 페로망간 등에 의해 강력한 탈산 작용이 된다.
- 분말형태로 작게 만든 후 결합하여 만들어서 흡습성이 가장 높다.
- 고입열의 자동차 후판용접, 덧살 붙임 용접, 조선의 대판계 용접, 고장력강 및 스테인리스강의 용접에 유리하다.

⑥ 서브머지드 아크 용접과 일렉트로 슬래그 용접과의 차이점

일렉트로 슬래그 용접은 처음 아크를 발생시킬 때 모재 사이에 공급된 Flux 속에 와이어를 밀어 넣고 전류를 통하면 순간적으로 아크가 발생되는데, 이 점은 서브머지드 아크 용접과 같다. 그러나 서브머지드 아크 용접은 처음 발생된 아크를 플럭스 속에서 계속 열을 발생시키지만, 일렉트로 슬래그 용접은 처음 발생된 아크가 꺼져 버리고 저항열로서 용접이 진행된다는 점에서 다르다.

(2) 스터드 용접(Stud Welding)

① 원 리

아크용접의 일부로서 봉재, 볼트 등의 스터드를 판 또는 프레임 등의 구조재에 직접 심는 능률적인 용접 방법이다. 여기서 스터드란 판재에 덧대는 물체인 봉이나 볼트 같이 긴 물체를 일컫는 용어이다.

② 스터드 용접의 진행순서

모재에 Stud 고정 및 Stud를 둘러싸고 있는 페룰에 의한 통전	Stud를 들어올려 Arc 발생	통전을 단절하고 가압스프링으로 가압	Stud 용접 완료

③ 페룰(Ferrule)

모재와 스터드가 통전할 수 있도록 연결해 주는 것으로 아크 공간을 대기와 차단하여 아크 분위기를 보호한다. 아크열을 집중시켜 주며 용착금속의 누출을 방지하고 작업자의 눈도 보호해준다.

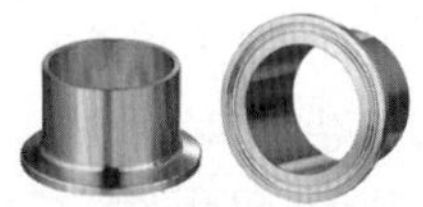

2. TIG용접, MIG용접

(1) TIG용접(Tungsten Inert Gas Arc Welding, 불활성 가스 텅스텐 아크 용접)

① 원 리

텅스텐 재질의 전극봉으로 아크를 발생시킨 후 모재와 같은 성분의 용가재를 녹여가며 용접하는 특수 용접법으로 비용극식 또는 비소모성 전극 용접법이라고 한다.

※ Inert Gas : 불활성 가스를 일컫는 말로 주로 아르곤(Ar) 가스가 사용되며 헬륨(H), 네온(Ne) 등이 있다.

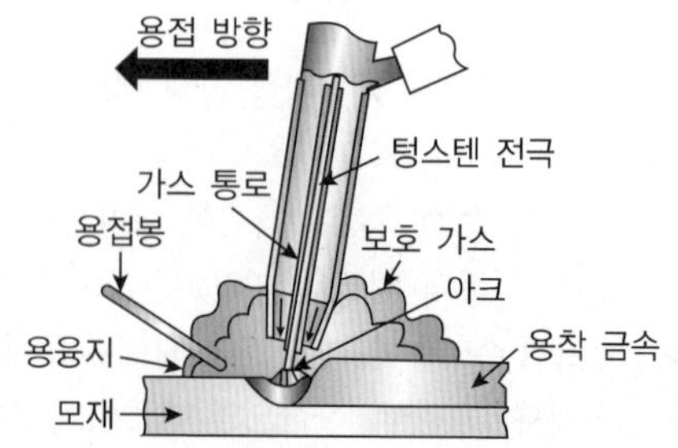

② 특 징

㉠ 모든 용접자세가 가능하며, 박판용접에 적합하다.

㉡ 용접 전원으로 DC나 AC가 사용되며 직류에서 극성은 용접 결과에 큰 영향을 준다.

㉢ 직류 정극성(DCSP)에서는 음전기를 가진 전자가 전극에서 모재 쪽으로 흐르고 가스 이온은 반대로 모재에서 전극쪽으로 흐르며 깊은 용입을 얻는다.

㉣ 직류 역극성에서는 청정작용이 있어 알루미늄과 마그네슘과 같은 강한 산화막이나 용융점이 높은 금속의 용접에 적합하다.

㉤ 교류에서는 아크가 끊어지기 쉬우므로 용접 전류에 고주파의 약전류를 중첩시켜 양자의 특징을 이용하여 아크를 안정시킬 필요가 있다.

㉥ 불활성 가스의 압력 조정과 유량 조정은 불활성가스 압력 조정기로 하며 일반적으로 1차 압력은 150kgf/cm^2, 2차 조정 압력은 140kgf/cm^2 정도이다.

③ TIG 용접용 토치의 구조

㉠ 롱 캡

㉡ 헤 드

㉢ 세라믹 노즐

㉣ 콜릿 척

㉤ 콜릿 바디

④ TIG 용접용 토치의 종류

분 류	명 칭	내 용
냉각방식에 의한 분류	공랭식 토치	200A 이하의 전류 시 사용
	수랭식 토치	650A 정도의 전류까지 사용
모양에 따른 분류	T형 토치	가장 일반적으로 사용
	직선형 토치	T형 토치 사용이 불가능한 장소에서 사용
	가변형 머리 토치 (플렉시블)	토치 머리의 각도를 조정할 수 있음

⑤ 텅스텐 전극봉의 식별용 색상

텅스텐봉의 종류	색 상
순 텅스텐봉	녹 색
1% 토륨봉	노란색
2% 토륨봉	적 색
지르코니아봉	갈 색

⑥ 아르곤 가스

㉠ 특 징

- 단원자 분자의 기체로 반응성이 거의 없어 불활성 기체라 한다.
- 공기보다 약 1.4배 무겁기 때문에 용접에 이용 시 용접부를 도포하여 산화 및 질화를 방지하고 용접부의 마무리를 잘해주어 TIG 용접 및 MIG 용접에 주로 이용된다.

㉡ 화학적 특성

- 물에 용해된다.
- 불활성이며 불연성이다.
- 무색, 무취, 무미의 성질을 갖는다.
- 특수강 정련 및 특수 용접에 사용된다.
- 대기 중 약 0.9%를 차지한다(불활성 기체 중 가장 많음).

㉢ 물리적 특성

- 녹는점 : −189.35℃
- 끓는점 : −185.85℃
- 밀도 : 1,650kg/m^3

⑦ TIG 용접기의 구성

㉠ 용접토치

㉡ 용접전원

㉢ 제어장치

㉣ 냉각수 순환 장치

㉤ 보호가스 공급장치

(2) MIG용접(Metal Inert Gas Arc Welding, 불활성 가스 금속 아크 용접)

① MIG 용접의 원리

용가재인 전극와이어(1.0~2.4ϕ)를 연속적으로 보내어 아크를 발생시키는 방법으로 용극식 또는 소모식 불활성 가스 아크 용접법이라 한다. Air Comatic, Sigma, Filler Arc, Argonaut용접법 등으로도 불린다. 불활성 가스로는 주로 Ar을 사용한다.

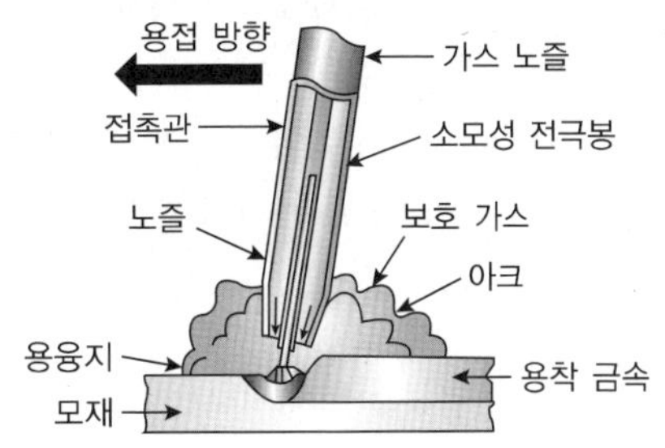

② MIG 용접의 용접 전원

MIG 용접의 전원은 직류 역극성(DCRP, Direct Current Reverse Polarity)이 이용되며 청정작용이 있기 때문에 알루미늄이나 마그네슘 등은 용제가 없이도 용접이 가능하다.

③ MIG 용접의 장점

㉠ 분무 이행이 원활하다.
㉡ 열영향부가 매우 적다.
㉢ 전 자세 용접이 가능하다.
㉣ 용접기의 조작이 간단하다.
㉤ 아크의 자기 제어 기능이 있다.
㉥ 직류 용접기의 경우 정전압 특성 또는 상승특성이 있다.
㉦ 전류밀도가 아크 용접의 4~6배, TIG 용접의 2배 정도로 매우 높다.
㉧ 전류가 일정할 때 아크 전압이 커지면 용융속도가 낮아진다.
㉨ 용접부가 좁고, 깊은 용입을 얻으므로 후판(두꺼운 판) 용접에 적당하다.
㉩ 전자동 또는 반자동식이 많으며 전극인 와이어는 모재와 동일한 금속을 사용한다.
㉪ 전원은 직류 역극성이 이용되며 Al, Mg 등에는 청정작용이 있어 용제 없이도 용접이 가능하다.
㉫ 용접봉을 갈아 끼울 필요가 없어 용접 속도를 빨리할 수 있으므로 고속 및 연속적으로 양호한 용접을 할 수 있다.
㉬ 알루미늄이나 마그네슘 등은 청정작용으로 용제 없이도 용접이 가능하다.
㉭ 용착 효율은 약 98%이다.

④ MIG 용접의 단점

㉠ 장비 이동이 곤란하다.
㉡ 장비가 복잡하고 가격이 비싸다.
㉢ 보호가스 분출 시 외부의 영향이 없어야 하므로 방풍 대책이 필요하다.
㉣ 슬래그 덮임이 없어 용금의 냉각속도가 빨라서 HAZ 부위의 기계적 성질에 영향을 미친다.

⑤ MIG 용접기의 와이어 송급 방식

㉠ Push 방식 : 미는 방식
㉡ Pull 방식 : 당기는 방식
㉢ Push-Pull 방식 : 밀고 당기는 방식

⑥ MIG 용접의 제어 장치 기능

㉠ 예비가스 유출시간 : 아크 발생 전 보호가스 유출로 아크 안정과 결함의 발생을 방지
㉡ 스타트 시간 : 아크가 발생되는 순간 전류와 전압을 크게 하여 아크 발생과 모재 융합을 돕는 제어 기능
㉢ 크레이터 충전시간 : 크레이터 결함 방지
㉣ 번 백 시간 : 크레이터 처리에 의해 낮아진 전류가 서서히 줄어들면서 아크가 끊어지는 제어기능으로 용접부가 녹아내리는 것을 방지한다.
㉤ 가스지연 유출시간 : 용접 후 5~25초 정도 가스 유출로 크레이터부의 산화를 방지한다.

⑦ 용착금속의 보호방식에 따른 분류

㉠ 가스 발생식 : 피복제 성분이 주로 셀룰로오스이며 연소 시 가스를 발생시켜 용접부를 보호
㉡ 슬래그 생성식 : 피복제 성분이 주로 규사, 석회석 등 무기물로 슬래그를 만들어 용접부를 보호하며 산화 및 질화를 방지
㉢ 반가스 발생식 : 가스 발생식과 슬래그 생성식의 중간

⑧ MIG 용접 시 용융금속의 이행방식 종류

이행 방식	이행 형태	특 징
단락 이행 (Short Circuiting Transfer)		• 박판용접에 적합하다. • 입열량이 적고 용입이 얕다. • 저전류의 CO_2 및 MIG용접에서 솔리드 와이어를 사용할 때 발생한다.
입상 이행 (글로뷸러) (Globular Transfer)		• Globule은 용융방울인 용적을 의미한다. • 깊고 양호한 용입을 얻을 수 있어서 능률적이나 스패터가 많이 발생한다. • 초당 90회 정도의 와이어보다 큰 용적으로 용융되어 모재로 이행된다.

이행 방식	이행 형태	특 징
스프레이 이행		• 용적이 작은 입자로 되어 스패터 발생이 적고 비드가 외관이 좋다. • 가장 많이 사용되는 것으로 아크기류 중에서 용가재가 고속으로 용융되어 미입자의 용적으로 분사되어 모재에 옮겨가면서 용착되는 용적이행이다. • 고전압, 고전류에서 발생하며, 아르곤가스나 헬륨가스를 사용하는 경합금 용접에서 주로 나타나며 용착속도가 빠르고 능률적이다.
맥동 이행 (펄스아크)		연속적으로 스프레이 이행을 사용할 때 높은 입열로 인해 용접부의 물성이 변화되었거나 박판 용접 시 용락으로 인해 용접이 불가능하게 되었을 때 낮은 전류에서도 스프레이 이행이 이루어지게 하여 박판용접을 가능하게 한다.

⑨ 아크의 자기 제어

㉠ 어떤 원인에 의해 아크 길이가 짧아져도 이것을 다시 길게 하여 원래의 길이로 돌아오는 제어 기능이다.

㉡ 동일 전류에서 아크 전압이 높으면 용융속도가 떨어지고, 와이어의 송급 속도가 격감하여 용접물이 오목하게 패인다. 아크 길이가 길어짐으로써 아크 전압이 높아지면 전극의 용융 속도가 감소하므로 아크 길이가 짧아져 다시 원래 길이로 돌아간다.

⑩ 공랭식 MIG 용접토치의 구성요소

㉠ 노 즐

㉡ 토치바디

㉢ 콘택트팁

㉣ 전극와이어

㉤ 작동스위치

㉥ 스위치케이블

㉦ 불활성 가스용 호스

3. 이산화탄소 가스 아크 용접

(1) 이산화탄소 아크 용접(CO_2 가스 아크 용접, 탄산가스 아크 용접)

① 원 리

이산화탄소 아크 용접은 CO_2 용접, 탄산가스 아크 용접이라고도 하며, Coil로 된 용접 와이어를 송급모터에 의해 용접 토치까지 연속으로 공급시키면서 토치 팁을 통해 빠져 나온 통전된 와이어 자체가 전극이 되어 모재와의 사이에 아크를 발생시켜 접합하는 용극식 용접법이다.

② 불활성 가스대신 CO_2를 보호가스로 사용하는 이유

㉠ 불활성 가스를 연강 용접 재료에 사용하는 것은 비경제적이며, 또한 기공을 발생시킬 우려가 있다.

㉡ 이산화탄소는 불활성 가스가 아니므로 고온 상태의 아크 중에서는 산화성이 크고 용착금속의 산화가 심하여 기공 및 그 밖의 결함이 생기기 쉬워 망간, 실리콘 등의 탄산제를 많이 함유한 망간-규소계 와이어와 값싼 이산화탄소, 산소 등의 혼합가스를 사용하는 용접법 등이 개발되었다.

③ CO_2 가스 아크 용접의 장점

㉠ 조작이 간단하다.

㉡ 가시 아크로 시공이 편리하다.

㉢ 모든 용접자세로 용접이 가능하다.

㉣ 용착금속의 강도와 연신율이 크다.

㉤ MIG 용접에 비해 용착금속에 기공의 생김이 적다.

㉥ 보호가스가 저렴한 탄산가스로서 경비가 적게 든다.

㉦ 킬드강, 세미킬드강은 물론 림드강도 쉽게 용접된다.

㉧ 아크 및 용융지가 눈에 보이므로 정확한 용접이 가능하다.

㉨ 산화 및 질화가 되지 않은 양호한 용착 금속을 얻을 수 있다.

㉩ 용접 전류밀도가 커서 용입이 깊고 용접속도를 빠르게 할 수 있다.

㉠ 용착 금속 내부의 수소 함량이 어떤 용접보다 적어 은점이 생기지 않는다.

㉡ 용제(Flux)가 사용되지 않으므로 슬래그 잠입 현상이 적고, 슬래그를 제거하지 않아도 된다.

㉢ 아크 특성에 적합한 상승 특성을 갖는 전원 기기를 사용하므로 스패터 발생이 적고 안정된 아크를 얻을 수 있다.

㉣ 서브머지드 아크 용접에 비해 모재 표면의 녹이나 오물 등이 있어도 큰 지장이 없으므로 용접 시 완전한 청소를 하지 않아도 된다.

④ CO_2 가스 아크 용접의 단점

㉠ 비드 외관이 타 용접에 비해 거칠다.

㉡ 탄산가스(CO_2)를 사용하므로 작업량에 따라 환기를 해야 한다.

㉢ 고온의 아크 중에서는 산화성이 크고 용착 금속의 산화가 심하여 기공 및 그 밖의 결함이 생기기 쉽다.

㉣ 일반적으로 탄산가스 함량이 3~4%일 때 두통이나 뇌빈혈을 일으키고, 15% 이상이면 위험상태가 되고, 30% 이상이면 중독되어 생명이 위험하다.

⑤ 이산화탄소 아크 용접의 전진법과 후진법 비교

전진법	후진법
• 용접선이 잘 보여 운봉이 정확하다. • 높이가 낮고 평탄한 비드를 형성한다. • 스패터가 비교적 많고 진행 방향으로 흩어진다. • 용착 금속이 아크보다 앞서기 쉬워 용입이 얕다.	• 스패터 발생이 적다. • 깊은 용입을 얻을 수 있다. • 높이가 높고 폭이 좁은 비드를 형성한다. • 용접선이 노즐에 가려 운봉이 부정확하다. • 비드 형상이 잘 보여 폭, 높이의 제어가 가능하다.

⑥ 와이어 돌출 길이에 따른 특징

㉠ 돌출 길이 : 팁 끝부터 아크 길이를 제외한 선단까지의 길이

와이어 돌출 길이가 길 때	와이어 돌출 길이가 짧을 때
• 용접 와이어의 예열이 많아진다. • 용착 속도가 커진다. • 용착 효율이 커진다. • 보호 효과가 나빠지고 용접 전류가 낮아진다.	• 가스 보호는 좋으나 노즐에 스패터가 부착되기 쉽다. • 용접부의 외관이 나쁘며, 작업성이 떨어진다.

⑦ CO_2 용접의 맞대기 용접 조건

판두께(mm)	1.0	2.0	3.2	4.0
와이어지름(mm)	0.9	1.2	1.2	1.2
루트간격(mm)	0	0	1.5	1.5
용접전류(A)	90~100	110~120	110~120	110~120
아크전압(V)	17~18	19~21	19~21	19~21
용접속도(m/min)	80~90	45~50	40~45	40~45

⑧ 팁과 모재와의 적정 거리

㉠ 저전류 영역(약 200A 미만) : 10~15mm

㉡ 고전류 영역(약 200A 이상) : 15~25mm

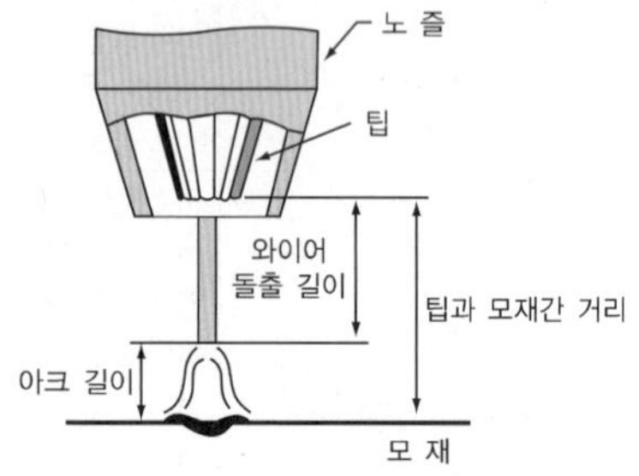

⑨ CO_2 가스 아크 용접에서의 아크 전압(V)

아크 전압이 높으면 비드가 넓고 납작해지며 기포가 발생하고 아크길이가 길어진다. 반대로 아크 전압이 낮으면 아크가 집중되어 용입이 깊어지고 아크길이는 짧아진다.

구분	식
박판의 아크전압(V)	0.04×용접전류(I)+(15.5±10%)
	0.04×용접전류(I)+(15.5±1.5)
후판의 아크전압(V)	0.04×용접전류(I)+(20±10%)
	0.04×용접전류(I)+(20±2)

⑩ 이산화탄소 아크 용접에서 와이어 송급 방식

㉠ Push 방식 : 미는 방식

㉡ Pull 방식 : 당기는 방식

㉢ Push-Pull 방식 : 밀고 당기는 방식

⑪ 솔리드 와이어 혼합 가스법의 종류

㉠ CO_2+CO법

㉡ CO_2+O_2법

㉢ CO_2+Ar법

㉣ CO_2+Ar+O_2법

⑫ 사용 와이어에 따른 용접법의 분류

솔리드 와이어 (Solid Wire)	CO_2법
	혼합가스법
복합 와이어 (FCW ; Flux Cored Wire)	아코스 아크법
	유니언 아크법
	퓨즈 아크법
	NCG법
	S관상 와이어
	Y관상 와이어

⑬ 솔리드 와이어와 복합(플럭스) 와이어의 차이점

솔리드 와이어	• 기공이 많다. • 용가재인 와이어만으로 구성되어 있다. • 동일전류에서 전류밀도가 작다. • 용입이 깊다. • 바람의 영향이 크다. • 비드의 외관이 아름답지 않다. • 스패터 발생이 일반적으로 많다. • Arc의 안정성이 작다.
복합 (플럭스) 와이어	• 기공이 적다. • 와이어의 가격이 비싸다. • 비드의 외관이 아름답다. • 동일전류에서 전류밀도가 크다. • 용제가 미리 심선 속에 들어 있다. • 탈산제나 아크 안정제 등의 함금원소가 포함되어 있다. • 바람의 영향이 작다. • 용입의 깊이가 얕다. • 스패터 발생이 적다. • Arc 안정성이 크다.

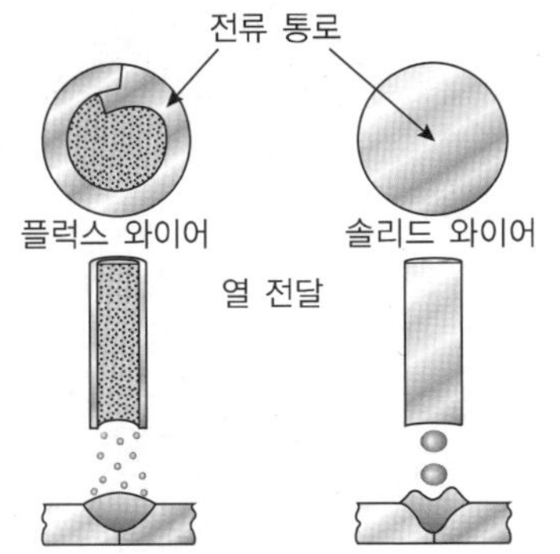

⑭ CO_2 가스 아크 용접에서 기공발생의 원인

㉠ CO_2 가스 유량이 부족하다.

㉡ 바람에 의해 CO_2 가스가 날린다.

㉢ 노즐과 모재 간 거리가 지나치게 길다.

⑮ CO_2 가스 아크 용접용 토치구조

㉠ 노 즐

㉡ 가스디퓨저

㉢ 스프링라이너

4. 일렉트로 슬래그, 테르밋 용접

(1) 일렉트로 슬래그 용접

① 원 리

용융된 슬래그와 용융 금속이 용접부에서 흘러나오지 못하도록 수랭동판으로 둘러싸고 이 용융 풀에 용접봉을 연속적으로 공급하는데, 이때 발생하는 용융 슬래그의 저항열에 의하여 용접봉과 모재를 연속적으로 용융시키면서 용접하는 방법이다.

② 일렉트로 슬래그 용접의 장점

㉠ 용접이 능률적이다.

㉡ 후판 용접에 적당하다.

㉢ 전기 저항열에 의한 용접이다.

㉣ 용접 시간이 적어서 용접 후 변형이 작다.

③ 일렉트로 슬래그 용접의 단점

㉠ 손상된 부위에 취성이 크다.

㉡ 가격이 비싸며, 용접 후 기계적 성질이 좋지 못하다.

㉢ 냉각하는데 시간이 오래 걸려서 기공이나 슬래그가 섞일 확률이 적다.

④ 일렉트로 슬래그 용접부의 구조

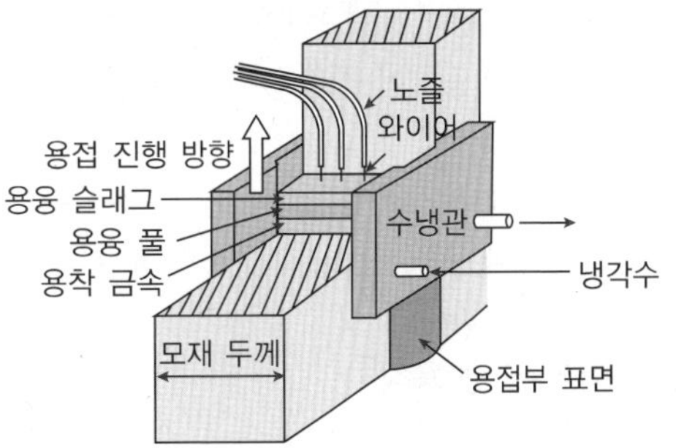

⑤ 일렉트로 가스 아크 용접의 특징

㉠ 숙련을 요하지 않는다.

㉡ 단층으로 상진 용접을 한다.

㉢ 스패터와 가스 발생이 많다.

㉣ 판의 두께가 두꺼울수록 경제적이다.

㉤ 용접장치가 간단하며 취급하기 쉽다.

㉥ 용접 작업 시 바람의 영향을 많이 받는다.

⑥ 일렉트로 슬래그 용접 이음의 종류

맞대기 이음		모서리 이음	
T 이음		+자 이음	
필릿 이음		변두리 이음	
플러그 이음		덧붙이 이음	
중간 이음		겹침 이음	

(2) 테르밋 용접

① 원 리

테르밋 용접은 금속 산화물과 알루미늄이 반응하여 열과 슬래그를 발생시키는 테르밋반응을 이용하는 용접법이다. 강을 용접할 경우 산화철과 알루미늄 분말을 3 : 1로 혼합한 테르밋제를 만들어 냄비의 역할을 하는 도가니에 넣고 점화제를 약 1,000℃로 점화시키면 약 2,800℃의 열이 발생되어 용접용 강이 만들어지게 되는데 이 강을 용접 부위에 주입 후 서랭하여 용접을 완료한다.

② 특 징

㉠ 설비비가 저렴해서 용접비용이 싸다.
㉡ 홈 가공이 불필요하며 용접작업이 단순하다.
㉢ 전기 공급이 필요 없어서 이동이 용이하여 현장에서 직접 사용된다.
㉣ 차량이나 선박, 접합단면이 큰 구조물의 용접과 구조, 단조, 레일 등의 용접 및 보수에 이용한다.

③ 테르밋 반응식

㉠ $3FeO + 2Al \rightleftarrows 3Fe + Al_2O_3 + 199.5kcal$
㉡ $Fe_2O_3 + 2Al \rightleftarrows 2Fe + Al_2O_3 + 198.3kcal$
㉢ $3Fe_3O_4 + 8Al \rightleftarrows 9Fe + 4Al_2O_3 + 773.7kcal$

④ 테르밋 점화제의 종류

㉠ 마그네슘
㉡ 과산화바륨
㉢ 알루미늄분말

5. 플라스마 아크 용접과 전기 저항 용접

(1) 플라스마 아크 용접(플라스마 제트 용접)

① 플라스마

기체를 가열하여 온도가 높아지면 기체의 전자는 심한 열운동에 의해 전리되어 이온과 전자가 혼합되면서 매우 높은 온도와 도전성을 가지는 현상을 말한다.

② 원 리

높은 온도를 가진 플라스마를 한 방향으로 모아서 분출시키는 것을 일컬어 플라스마 제트라고 부르며, 이를 이용하여 용접이나 절단에 사용하는 용접 방법이다. 설비비가 많이 드는 단점이 있다.

③ 플라스마 아크 용접과 플라스마 제트 용접의 차이점

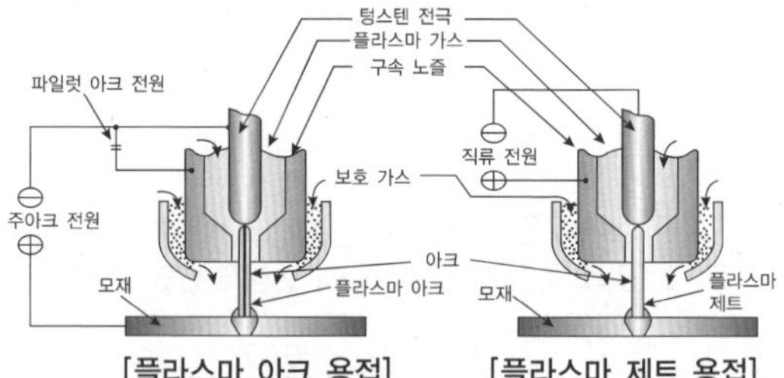

[플라스마 아크 용접] [플라스마 제트 용접]

④ 플라스마 아크 용접의 특징

㉠ 용접 변형이 작다.
㉡ 용접의 품질이 균일하다.
㉢ 용접부의 기계적 성질이 좋다.
㉣ 용접 속도를 크게 할 수 있다.
㉤ 용입이 깊고 비드의 폭이 좁다.
㉥ 용접장치 중에 고주파 발생장치가 필요하다.
㉦ 용접 속도가 빨라서 가스 보호가 잘 안 된다.
㉧ 무부하 전압이 일반 아크 용접기보다 2~5배 더 높다.
㉨ 핀치효과에 의해 전류밀도가 크고, 안정적이며 보유 열량이 크다.
㉩ 아크 용접에 비해 10~100배의 높은 에너지 밀도를 가짐으로써 10,000~30,000℃의 고온의 플라스마를 얻으므로 철과 비철 금속의 용접과 절단에 이용된다.
㉪ 스테인리스강이나 저탄소 합금강, 구리합금, 니켈합금과 같이 용접하기 힘든 재료도 용접이 가능하다.

㉢ 판 두께가 두꺼울 경우 토치 노즐이 용접 이음부의 루트면까지의 접근이 어려워서 모재의 두께는 25mm 이하로 제한을 받는다.

⑤ 열적 핀치 효과

아크 플라스마의 외부를 가스로 강제 냉각을 하면 아크 플라스마는 열손실이 증가하여 전류를 일정하게 하며 아크전압은 상승한다. 아크 플라스마는 열손실이 최소한이 되도록 단면이 수축되고 전류밀도가 증가하여 상당히 높은 온도의 아크 플라스마가 얻어지는 것

⑥ 자기적 핀치 효과

아크 플라스마는 고전류가 되면 방전전류에 의하여 생기는 자장과 전류의 작용으로 아크의 단면이 수축되고 그 결과 아크단면이 수축하여 가늘게 되고 전류밀도가 증가하여 큰 에너지를 발생하는 것

(2) 전기 저항 용접

① 원 리

용접하고자 하는 2개의 금속면을 서로 맞대어 놓고 적당한 기계적 압력을 주며 전류를 흐르게 하면 접촉면에 존재하는 접촉 저항 및 금속 자체의 저항 때문에 접촉면과 그 부근에 열이 발생하여 온도가 올라간다. 그 부분에 가해진 압력 때문에 양면이 완전히 밀착하게 되며, 이때 전류를 끊어서 용접을 완료한다. 전기 저항 용접은 용접부에 대전류를 직접 흐르게 하여 이 때 생기는 열을 열원으로 접합부를 가열하고, 동시에 큰 압력을 주어 금속을 접합하는 방법이다.

② 저항 용접의 3요소

㉠ 용접전류

㉡ 가압력

㉢ 통전시간

③ 전기저항 용접의 발열량

발열량(H)=$0.24I^2RT$

(I : 전류, R : 저항, T : 시간)

④ 저항 용접의 장점

㉠ 작업자의 숙련이 필요 없다.

㉡ 작업 속도가 빠르고 대량 생산에 적합하다.

㉢ 산화 및 변질 부분이 적고, 접합 강도가 비교적 크다.

㉣ 용접공의 기능에 대한 영향이 적다(숙련을 요하지 않는다).

㉤ 가압 효과로 조직이 치밀하며, 용접봉, 용제 등이 불필요하다.

㉥ 열손실이 적고, 용접부에 집중열을 가할 수 있어서 용접 변형 및 잔류응력이 적다.

⑤ 저항 용접의 단점

㉠ 용융점이 다른 금속 간의 접합은 다소 어렵다.

㉡ 대전류를 필요로 하며 설비가 복잡하고 값이 비싸다.

㉢ 서로 다른 금속과의 접합이 곤란하며, 비파괴 검사에 제한이 있다.

㉣ 급랭 경화로 용접 후 열처리가 필요하며, 용접부의 위치, 형상 등의 영향을 받는다.

⑥ 저항 용접의 종류

겹치기 저항 용접	맞대기 저항 용접
• 점용접(스폿용접) • 심용접 • 프로젝션 용접	• 버트 용접 • 퍼커션 용접 • 업셋 용접 • 플래시 버트 용접 • 포일심 용접

⑦ 심 용접(Seam Welding)

㉠ 원 리

원판상의 롤러 전극 사이에 용접할 2장의 판을 두고, 전기와 압력을 가하며 전극을 회전시키면서 연속적으로 점용접을 반복하는 용접

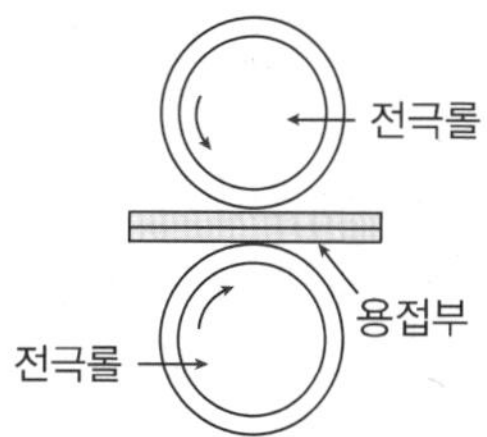

㉡ 심 용접의 종류

• 맞대기 심 용접

• 머시 심 용접

• 포일 심 용접

㉢ 심 용접의 특징

• 얇은 판의 용기 제작에 우수한 특성을 갖는다.

• 수밀, 기밀이 요구되는 액체와 기체를 담는 용기 제작에 사용된다.

• 점 용접에 비해 전류는 1.5~2배, 압력은 1.2~1.6배가 적당하다.

⑧ 점 용접법

㉠ 원 리

재료를 2개의 전극 사이에 끼워 놓고 가압하는 방법이다.

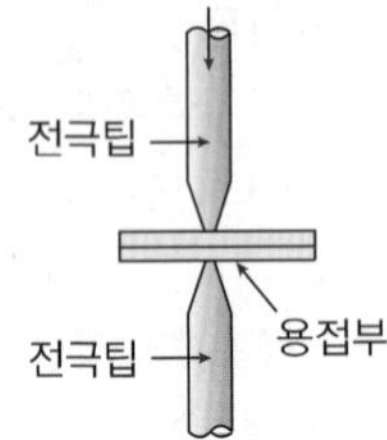

㉡ 특 징

• 공해가 극히 적다.
• 작업속도가 빠르다.
• 내구성이 좋아야 한다.
• 고도의 숙련을 요하지 않는다.
• 재질은 전기와 열전도도가 좋아야 한다.
• 고온에서도 기계적 성질이 유지되어야 한다.
• 구멍을 가공할 필요가 없고 변형이 거의 없다.

㉢ 점 용접법의 종류

• 단극식 점 용접 : 점 용접의 기본적인 방법으로 전극 1쌍으로 1개의 점 용접부를 만든다.
• 다전극 점 용접 : 전극을 2개 이상으로 2점 이상의 용접을 하며 용접 속도 향상 및 용접 변형 방지에 좋다.
• 직렬식 점 용접 : 1개의 전류 회로에 2개 이상의 용접점을 만드는 방법. 전류 손실이 많다. 전류를 증가시켜야 하며 용접 표면이 불량하고 균일하지 못하다.
• 인터랙 점 용접 : 용접 전류가 피용접물의 일부를 통하여 다른 곳으로 전달하는 방식이다.
• 맥동 점 용접 : 모재 두께가 다른 경우에 전극의 과열을 피하기 위해 전류를 단속하여 용접한다.

⑨ 프로젝션 용접

㉠ 원 리

프로젝션 용접은 모재의 평면에 프로젝션인 돌기부를 만들어 평탄한 동전극의 사이에 물려 대전류를 흘려보낸 후 돌기부에 발생된 열로서 용접한다.

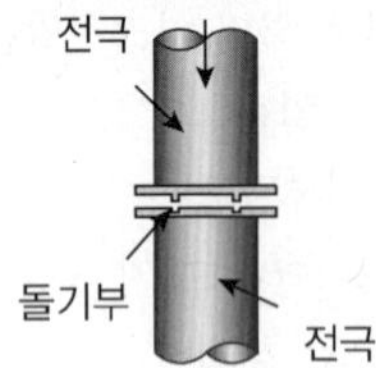

㉡ 프로젝션 용접의 특징

• 스폿 용접의 일종이다.
• 열의 집중성이 좋다.
• 전극의 가격이 고가이다.
• 대전류가 돌기부에 집중된다.
• 표면에 요철부가 생기지 않는다.
• 용접 위치를 항상 일정하게 할 수 있다.
• 좁은 공간에 많은 점을 용접할 수 있다.
• 돌기를 미리 가공해야 하므로 원가가 상승한다.
• 전극의 형상이 복잡하지 않으며 수명이 길다.
• 두께, 강도, 재질이 현저히 다른 경우에도 양호한 용접부를 얻는다.

6. 전자빔, 레이저 빔 용접

(1) 전자빔 용접

① 원 리

고밀도로 집속되고 가속화된 전자빔을 높은 진공 속에서 용접물에 고속도로 조사시키면 빛과 같은 속도로 이동한 전자가 용접물에 충돌하여 전자의 운동 에너지를 열에너지로 변환시켜 국부적으로 고열을 발생시키는데, 이때 생긴 열원으로 용접부를 용융시켜 용접한다.

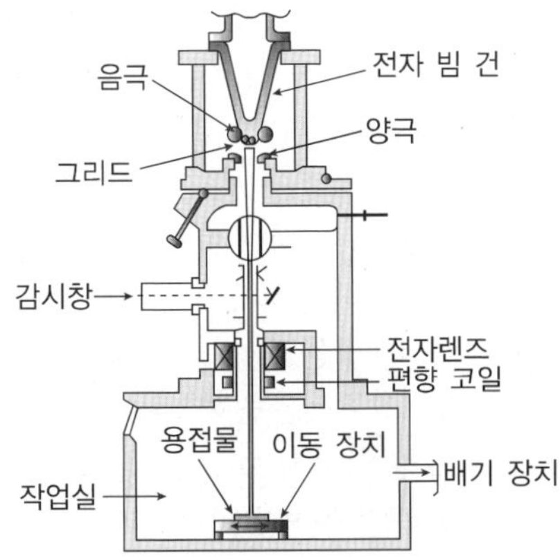

② 장 점

㉠ 에너지 밀도가 크다.

㉡ 용접부의 성질이 양호하다.

㉢ 아크 용접에 비해 용입이 깊다.

㉣ 활성 재료가 용이하게 용접이 된다.

㉤ 고 용융점 재료의 용접이 가능하다.

㉥ 아크빔에 의해 열의 집중이 잘된다.

㉦ 고속절단이나 구멍 뚫기에 적합하다.

㉧ 얇은 판에서 두꺼운 판까지 용접할 수 있다(응용 범위가 넓다).

㉨ 높은 진공상태에서 행해지므로 대기와 반응하기 쉬운 재료도 용접이 가능하다.

㉩ 진공 중에서도 용접하므로 불순가스에 의한 오염이 적고 높은 순도의 용접이 된다.

㉪ 용접부가 작아서 용접부의 입열이 작고 용입이 깊어 용접 변형이 적고 정밀 용접이 가능하다.

③ 단 점

㉠ 용접부 경화 현상이 생긴다.

㉡ X선 피해에 대한 특수 보호 장치가 필요하다.

㉢ 진공 중에서 용접하기 때문에 진공 상자 크기에 따라 모재 크기가 제한된다.

④ 전자빔 용접(Electron Beam Welding, EBW)의 가속전압

㉠ 고전압형 : 60~150kV. 일부 전공서에는 70~150kV로 되어 있음

㉡ 저전압형 : 30~60kV

(2) 레이저 빔 용접

① 원 리

㉠ 레이저 : 유도 방사에 의한 빛의 증폭이란 뜻이며 레이저에서 얻어진 접속성이 강한 단색 광선으로서 강렬한 에너지를 가지고 있다. 이때의 광선 출력을 이용하여 용접을 하는 방법이다.

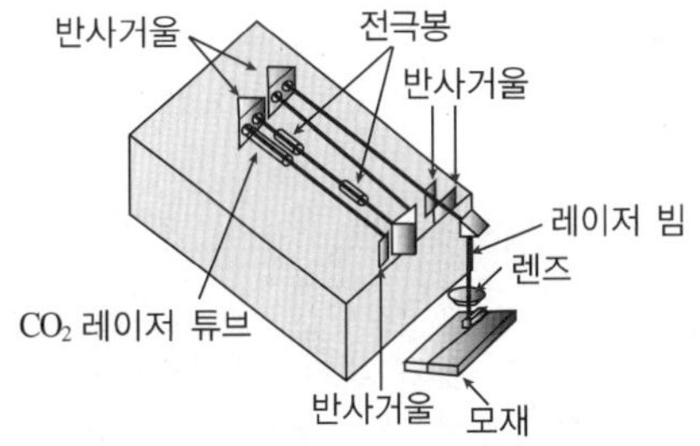

② 특 징

㉠ 접근이 곤란한 물체의 용접이 가능하다.

㉡ 전자빔 용접기의 설치비용보다 설치비가 저렴하다.

㉢ 전자부품과 같은 작은 크기의 정밀 용접이 가능하다.

㉣ 용접 입열이 대단히 작으며, 열영향부의 범위가 좁다.

㉤ 용접될 물체가 불량도체인 경우에도 용접이 가능하다.

㉥ 에너지 밀도가 매우 높으며, 고융점을 가진 금속의 용접에 이용한다.

㉦ 열원이 빛의 빔이기 때문에 투명재료를 써서 어떤 분위기(공기, 진공) 속에서도 용접이 가능하다.

7. 초음파 용접과 기타용접

(1) 초음파 용접(압접)

① 원 리

초음파 용접은 용접물을 겹쳐서 용접 팁과 하부의 앤빌 사이에 끼워놓고 압력을 가하면서 초음파주파수(약 18kHz 이상)로 직각방향으로 진동을 주면서 그 마찰열로 금속 원자간 결합이 이루어져 압접을 실시하는 접합법이다.

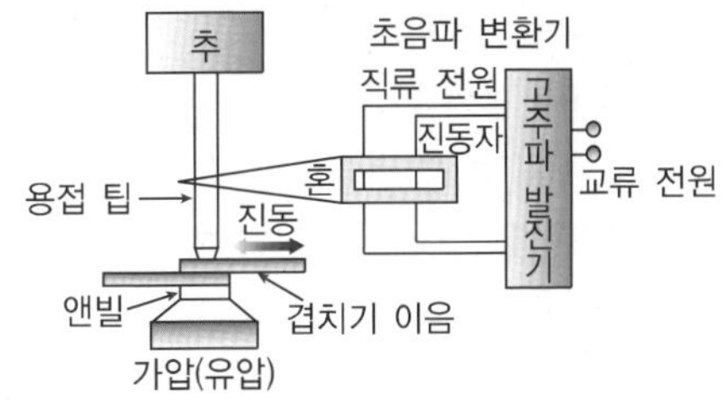

② 특 징

㉠ 교류 전류를 사용한다.

㉡ 이종 금속의 용접도 가능하다.

㉢ 판의 두께에 따라 용접 강도가 많이 변한다.

㉣ 필름과 같은 극히 얇은 판도 쉽게 용접할 수 있다.

㉤ 냉간압접에 비해 주어지는 압력이 작아 용접물의 변형도 작다.

㉥ 금속이나 플라스틱 용접 및 모재가 서로 다른 종류의 금속 용접에 적당하다.

㉦ 금속은 0.01~2mm, 플라스틱 종류는 1~5mm의 두께를 가진 것도 용접이 가능하다.

(2) 기타 용접법

① MAG 용접(Metal Active Gas Arc Welding)

㉠ 원 리

MAG 용접은 용접 시 용접 와이어가 연속적으로 공급되며, 이 와이어와 모재 간에 발생하는 아크가 지속되며 용접이 진행한다. 용접 와이어는 아크를 발생시키는 전극인 동시에 그 아크열에 의해서 스스로가 용해되어 용접 금속을 형성해 나간다. 이때, 토치 끝부분의 노즐에서 유출되는 실드가스(Shield Gas)가 용접 금속을 보호하여 대기의 악영향을 막는다. 용접 와이어에는 솔리드 와이어나 용융제가 포함된 와이어 전극이 사용된다. 이 경우, 용접 작업성이나 용접 금속의 기계적 성질에 차이가 생긴다.

> ※ MAG 용접은 최근에 실드 가스의 종류와 특성을 고려해 정의된 것으로, 용접 원리는 미그 용접이나 탄산 가스아크 용접과 같다.

㉡ MAG 용접의 특징

- 용착속도가 크기 때문에 용접을 빨리 완성할 수 있다.
- 용착효율이 높기 때문에 용접 재료를 절약할 수 있다.
- 용융부가 깊기 때문에 모재의 절단 단면적을 줄일 수 있다.

② MIG 용접과 MAG 용접의 차이점

연속적으로 공급되는 Solid Wire를 사용하고 불활성 가스를 보호가스로 사용하는 경우는 MIG, Active Gas를 사용할 경우 MAG 용접으로 분류된다. MAG 용접은 두 종류의 가스를 사용하기보다는 여러 가스를 혼합하여 사용한다. 일반적으로 Ar 80%, CO_2 20%의 혼합비로 섞어서 많이 사용하며 여기에 산소, 탄산가스를 혼합하여 사용하기도 한다.

③ 논 가스 아크 용접

논 가스 아크 용접은 솔리드 와이어 또는 플럭스가 든 와이어를 써서 보호 가스 없이도 공기 중에서 직접 용접하는 방법이다. 비피복 아크 용접이라고도 하며 반자동 용접으로서 가장 간편한 방법이다. 보호 가스가 필요치 않으므로 바람에도 비교적 안정되어 옥외 용접도 가능하다.

2 용접 시공 및 검사

01 용접 시공

1. 열영향부 조직의 특징과 기계적 성질

(1) 열영향부(HAZ ; Heat Affceted Zone) 조직의 특징

① 열영향부

열영향부는 용접할 때의 열에 영향을 받아 금속의 성질이 본래 상태와 달라진 부분이다.

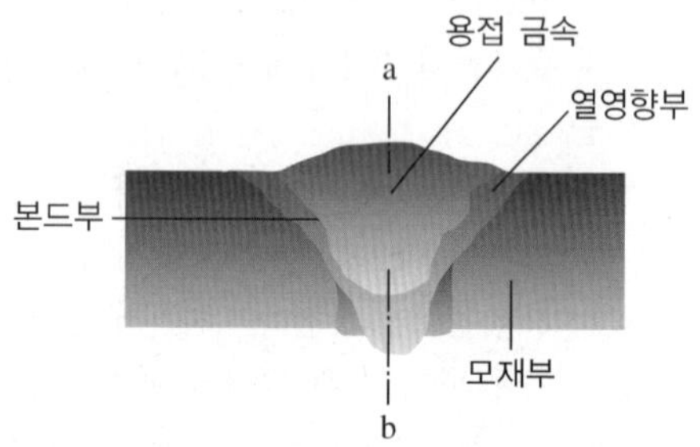

② 열영향부의 특징

㉠ 용융면 주변의 수 mm 구역은 매크로부식(Macro-Etching)으로 관찰할 경우 모재의 원질부와 명확하게 구분되는 구역을 열영향부라고 한다.

㉡ 열영향부의 기계적 성질과 조직의 변화는 모재의 화학 성분, 냉각 속도, 용접 속도, 예열 및 후열 등에 따라서 달라지므로 변질부라고도 한다.

2. 용접 전·후처리(예열, 후열 등)

(1) 용접 전처리(용접 예열)

① 예열의 목적

㉠ 변형 및 잔류응력 경감

㉡ 열영향부(HAZ)의 균열 방지

㉢ 용접 금속에 연성 및 인성 부여

㉣ 금속 내부의 가스를 방출하여 균열 방지

② 예열 불꽃의 세기

예열 불꽃이 너무 강할 때	예열 불꽃이 너무 약할 때
• 절단면이 거칠어진다. • 절단면 위 모서리가 녹아 둥글게 된다. • 슬래그가 뒤쪽에 많이 달라붙어 잘 떨어지지 않는다. • 슬래그 중 철 성분의 박리가 어려워진다.	• 역화를 일으키기 쉽다. • 드래그가 커지게 된다. • 절단 속도가 느려지며, 절단이 중단되기 쉽다.

③ 예열 및 절단

예열 시 팁의 백심에서 모재까지의 거리는 1.5~2.0mm가 되도록 유지하며 모재의 절단 부위를 예열한다. 약 900℃가 되었을 때 고압의 산소를 분출시키면서, 서서히 토치를 진행시키면 모재가 절단된다.

④ 예열방법

㉠ 물건이 작거나 변형이 큰 경우에는 전체 예열을 실시한다.

㉡ 국부 예열의 가열 범위는 용접선 양쪽에 50~100mm 정도로 한다.

㉢ 오스테나이트계 스테인리스강은 가능한 용접 입열을 작게 해야 하므로 용접 전 예열을 하지 않아야 한다.

㉣ 국부 예열일 경우 용접선 양쪽에서 50~100mm로 해야 하므로 물건이 작거나 변형이 큰 경우에는 전체 예열을 실시해야 한다.

(2) 용접 후처리

① 용접 후 재료내부의 잔류 응력 제거법

잔류 응력 제거 방법으로는 노내 풀림법, 국부 풀림법, 저온 응력 완화법, 기계적 응력 완화법, 피닝법 등이 있다.

㉠ 노 내 풀림법 : 가열 노(Furnace) 내에서 유지온도는 625℃ 정도이며 노에 넣을 때나 꺼낼 때의 온도는 300℃ 정도로 한다. 판 두께가 25mm일 경우에 1시간 동안 유지하는데 유지온도가 높거나 유지시간이 길수록 풀림 효과가 크다.

㉡ 국부 풀림법 : 노 내 풀림이 곤란한 경우에 사용하며 용접선 양측을 각각 250mm나 판 두께가 12배 이상의 범위를 가열한 후 서랭한다. 유도가열 장치를 사용하며 온도가 불균일하게 실시하면 잔류응력이 발생할 수 있다.

㉢ 기계적 응력 완화법 : 용접부에 하중을 주어 소성변형을 시켜 응력을 제거하는 방법

㉣ 저온 응력 완화법 : 용접선 좌우 양측을 정속으로 이동하는 가스 불꽃에 의하여 약 150mm의 폭을 약 150~200℃로 가열한 후 수랭하는 방법. 용접선 방향의 인장응력을 완화시키기 위해서 사용한다.

㉤ 피닝법 : 끝이 둥근 특수 해머를 사용하여 용접부를 연속적으로 타격하며 용접 표면에 소성변형을 주어 인장 응력을 완화시킨다.

3. 용접 결함, 변형 및 방지대책

(1) 용접 결함

① 용접 결함의 종류

결함의 종류	결함의 명칭	
치수상결함	변 형	
	치수불량	
	형상불량	
구조상결함	기 공	
	은 점	
	언더컷	
	오버랩	
	균 열	
	선상조직	
	용입불량	
	표면결함	
	슬래그 혼입	
성질상결함	기계적 불량	인장강도 부족
		항복강도 부족
		피로강도 부족
		경도 부족
		연성 부족
		충격 시험값 부족
	화학적 불량	화학성분 부적당
		부식(내식성 불량)

② 용접부 결함과 방지 대책

모 양	원 인	방지대책
언더컷	• 전류가 높을 때 • 아크 길이가 길 때 • 용접 속도 부적당 시 • 부적당한 용접봉 사용 시	• 전류를 낮춘다. • 아크 길이를 짧게 한다. • 용접 속도를 알맞게 한다. • 적절한 용접봉 사용
오버랩	• 전류가 낮을 때 • 운봉, 작업각과 진행각 불량 시 • 부적당한 용접봉 사용 시	• 전류를 높인다. • 작업각과 진행각 조정 • 적절한 용접봉 사용
용입불량	• 이음 설계 결함 • 용접속도가 빠를 때 • 용접 전류가 낮을 때 • 부적당한 용접봉 사용 시	• 루트간격 및 치수를 크게 함 • 용접속도를 적당히 조절한다. • 전류를 높인다. • 적절한 용접봉 사용
균 열	• 이음부의 강성이 클 때 • 부적당한 용접봉 사용 시 • C, Mn 등 합금성분이 많을 때 • 과대 전류, 속도가 클 때 • 모재에 유황 성분이 많을 때	• 예열, 피닝 등 열처리 • 적절한 용접봉 사용 • 예열 및 후열한다. • 전류 및 속도를 적절하게 조정한다. • 저수소계 용접봉 사용
기 공	• 수소나 일산화탄소 과잉 • 용접부의 급속한 응고 시 • 용접 속도가 빠를 때 • 아크길이 부적절	• 건조된 저수소계 용접봉 사용 • 적당한 전류 및 용접 속도 • 이음 표면을 깨끗이 하고 예열을 한다.
슬래그 혼입	• 용접 이음의 부적당 • 모든 층의 슬래그 제거 불완전 • 전류 과소, 불완전한 운봉 조작	• 슬래그를 깨끗이 제거 • 루트 간격을 넓게 한다. • 전류를 약간 세게 하며 적절한 운봉조작

③ 균열의 종류

㉠ 저온균열 : 상온까지 냉각한 다음 시간이 지남에 따라 균열이 발생하는 불량으로 일반적으로는 200℃ 이하의 온도에서 발생하나 200~300℃에서 발생하기도 한다. 잔류응력이나 용착금속 내의 수소가스, 철강 재료의 용접부나 HAZ(열영향부)의 경화현상에 의해 주로 발생한다.

㉡ 루트균열 : 맞대기 용접 이음의 가접이나 비드의 첫 층에서 루트면 근방 열영향부(HAZ)의 노치에서 발생하여 점차 비드 속으로 들어가는 균열(세로균열)로 함유 수소량에 의해서도 발생하는 저온균열의 일종이다.

㉢ 크레이터균열 : 용접 루트의 노치에 의한 응력 집중부에 생기는 균열이다.

㉣ 설퍼균열 : 유황의 편석이 층상으로 존재하는 강재를 용접하는 경우, 낮은 융점의 황화철 공정이 원인이 되어 용접금속 내에 생기는 1차 결정 입계균열

(2) 용접 변형

① 용접변형의 종류

㉠ 세로 굽힘 변형(Longitudinal Deformation)
용접선의 길이 방향으로 발생하는 굽힘 변형으로 세로방향의 수축 중심이 부재 단면의 중심과 일치하지 않을 경우에 발생한다.

㉡ 가로 굽힘 변형(Transverse Deformation)
각변형이라고도 하며 양면 용접을 동시에 수행하면 용접 시 온도변화는 양면에 대칭되나 실제는 한쪽면씩 용접을 수행하기 때문에 수축량 등이 달라져 가로 굽힘 변형이 발생한다.

㉢ 좌굴변형
박판의 용접은 입열량에 비해 판재의 강성이 낮아 용접선 방향으로 작용하는 압축응력에 의해 좌굴형식의 변형이 발생한다.

② 용접 변형 방지

용접물에는 용접 시 발생되는 열이 식으면서 철의 수축작용에 의해 용접 변형이 생기는데, 이러한 변형을 방지하는 방법으로는 세 가지가 있다.

㉠ 억제법 : 지그설치 및 가접을 통해 변형을 억제하도록 한 것

㉡ 도열법 : 용접 중 모재의 입열을 최소화하기 위해 주위에 물을 적신 동판을 대어 열을 흡수하도록 한 것

㉢ 역변형법 : 용접 전에 변형을 예측하여 반대 방향으로 변형시킨 후 용접을 하도록 한 것

> ※ 라미네이션
> 라미네이션 불량은 모재의 재질 결함으로써 강괴일 때 기포가 내부에 존재해서 생기는 결함이다. 설퍼 밴드와 같은 층상으로 편해하여 강재 내부에 노치를 형성한다.
>
> ※ 모재의 단면적과 응력의 상관관계
> 응력(σ)= $\frac{작용 힘(하중, F)}{단면적(A)}$ 이므로, 부재의 단면적을 높게 계산할수록 작용하는 응력은 낮게 설정되어 안전상의 문제가 발생한다. 따라서 안전상을 이유로 단면적은 얇은 쪽 부재의 두께로 계산해야 한다.

02 파괴, 비파괴 검사

1. 용접부 검사

(1) 용접부 검사방법

① 용접부 검사방법의 종류

비파괴 시험	내부결함	방사선투과시험(RT)
		초음파탐상시험(UT)
	표면결함	외관검사(VT)
		자분탐상검사(MT)
		침투탐상검사(PT)
		누설검사(LT)
		와전류탐상검사(ET)
파괴 시험 (기계적 시험)	인장시험	인장강도, 항복점, 연신율 계산
	굽힘시험	연성의 정도 측정
	충격시험	인성과 취성의 정도 조사
	경도시험	외력에 대한 저항의 크기 측정
	매크로시험	조직 검사
	피로시험	반복적인 외력에 대한 저항력 시험

> ※ 굽힘 시험은 용접부위를 U자 모양으로 굽힘으로써, 용접부의 연성 여부를 확인할 수 있다.

② 비파괴검사의 기호 및 영어표현

명 칭	기 호	영어표현
방사선투과시험	RT	Radiography Test
침투탐상검사	PT	Penetrant Test
초음파탐상검사	UT	Ultrasonic Test
와전류탐상검사	ET	Eddy Current Test
자분탐상검사	MT	Magnetic Test
누설검사	LT	Leaking Test
육안검사	VT	Visual Test

2. 인장시험, 충격시험

(1) 인장시험

① 정 의

만능시험기를 이용하여 규정된 시험편에 인장하중을 가하여 재료의 인장 강도 및 연신율 등을 측정하는 시험법

② 인장응력 : 재료에 인장하중이 가해질 때 생기는 응력

$$인장능력(\sigma)=\frac{하중(F)}{단면적(A)}\ kgf/cm^2$$

③ 인장 시험편

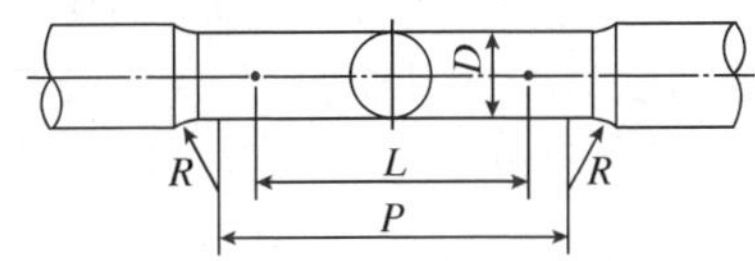

단위 : mm

지름(D)	표점 거리(L)	평행부의 길이(P)	어깨부의 반지름(R)
14	50	60	15 이상

④ 인장 시험을 통해 알 수 있는 사항

㉠ 인장 강도

시험편이 파단될 때의 최대 인장 하중을 평행부의 단면적으로 나눈 값

㉡ 항복점

인장 시험에서 하중이 증가하여 어느 한도에 도달하면 하중을 제거해도 원위치로 돌아가지 못하고 변형이 남는 순간의 하중

㉢ 연신율(ε)

시험편이 파괴되기 직전의 표점거리와 원표점 거리와이 차를 변형량이라고 하는데, 연신율은 이 변형량을 원표점 거리에 대한 백분율로 표시한 것

$$\varepsilon = \frac{L_1 - L_0}{L_0} \times 100\%$$

㉣ 단면 수축률(α)

시험편이 파괴되기 직전의 최소 단면적(A)과 시험 전 원단면적과의 차가 단면 변형량이다. 단면 수축률은 변형량을 원단면적에 대한 백분율(%)로 표시한 것

$$\alpha = \frac{A_0 - A_1}{A_0} \times 100\%$$

(2) 충격 시험(Impact Test)

① 충격 시험의 목적

충격력에 대한 재료의 충격 저항인 인성과 취성을 시험하는 데 있다. 재료에 충격력을 가해 파괴하려 할 때 재료가 잘 파괴되지 않는 성질인 인성, 파괴가 잘 되는 성질인 메짐(취성)의 정도를 알아보는 데 있다.

② 충격 시험 시 유의사항

충격 시험은 충격값이 낮은 주철, 다이캐스팅용 합금 등에는 적용하지 않는다.

③ 충격 시험 방법

충격시험은 시험편에 V형 또는 U형의 노치부를 만들고 이 시편에 충격을 주어 충격량을 계산하는 방식의 시험법으로써 시험기의 종류에 따라 샤르피식과 아이조드식으로 나뉜다.

④ 충격 시험의 종류

㉠ 샤르피식 충격 시험법

샤르피 충격 시험기를 사용하여 시험편을 40mm 떨어진 2개의 지지대로 지지하고, 노치부를 지지대 사이의 중앙에 일치시킨 후 노치부 뒷면을 해머로 1회만 충격을 주어 시험편을 파단시킬 때 소비된 흡수 에너지(E)와 충격값(U)를 구하는 시험방법

$$E = WR(\cos\beta - \cos\alpha)\ \text{kgf} \cdot \text{m}$$

- E : 소비된 흡수 에너지
- W : 해머의 무게(kg)
- R : 해머의 회전축 중심에서 무게 중심까지의 거리(m)
- α : 해머의 들어 올린 각도
- β : 시험편 파단 후에 해머가 올라간 각도

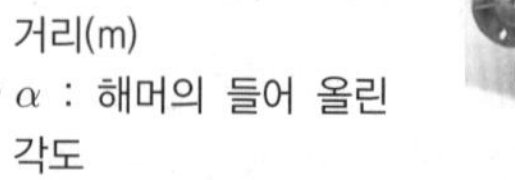

$$U = \frac{E}{A_0}\ \text{kgf} \cdot \text{m/cm}^2$$

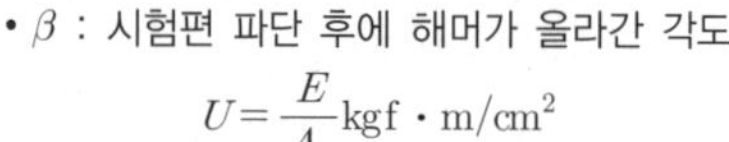

A_0 : 소비된 흡수 에너지

㉡ 아이조드식 충격 시험법

아이조드 충격 시험기를 사용하여 시험편의 한 끝을 노치부에 고정하고 다른 끝을 노치부에서 22mm 떨어져 있는 위치에서 노치부와 같은 쪽의 면을 해머로 1회 충격으로 시험편을 판단하고 그 충격값을 구하는 시험방법

아이조드 시험기

3. 굽힘시험과 경도시험

(1) 굽힘 시험법

① 굽힘 시험 측정 이유

용접부의 연성을 조사하기 위해 사용되는 시험법으로 보통 180°까지 굽힌다.

② 굽힘 시험 표면 상태에 따른 분류

- 표면 굽힘 시험
- 이면 굽힘 시험
- 측면 굽힘 시험

③ 굽힘 방법

- 자유 굽힘
- 롤러 굽힘
- 형틀 굽힘

④ 굽힘 시험용 형틀의 형상

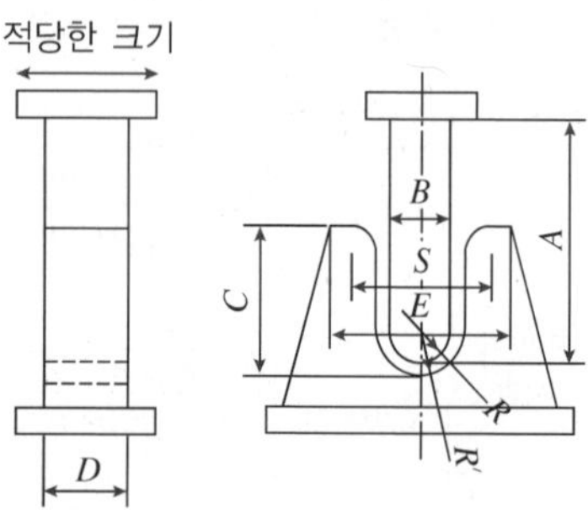

(2) 경도 시험법

① 경도 시험의 측정 이유

경도는 기계적 성질 중에서 단단한 정도인데 경도시험은 이 단단한 정도를 시험한다. 경도값을 통해서 내마모성을 알 수 있으며 단단한 재료일수록 연신율이 작다.

② 경도 시험법의 원리

시험편 위에 강구나 다이아몬드와 같은 압입자에 일정한 하중을 가한 후 시험편에 나타난 자국에 의하여 시험편 재료의 경도를 측정한다.

③ 경도 시험법의 종류

종 류	시험 원리	압입자
브리넬 경도	압입자에 하중을 걸어 자국의 크기로 경도를 조사한다.	강 구
비커스 경도	압입자에 하중을 걸어 자국의 대각선 길이로 조사한다.	136°인 다이아몬드 피라미드 압입자

종 류	시험 원리	압입자
로크웰 경도	압입자에 하중을 걸어 홈의 깊이를 측정한다. 예비하중 : 10kg	B스케일 : 강구 C스케일 : 120° 다이아몬드(콘)
쇼어 경도	추를 일정한 높이에서 낙하시켜, 이 추의 반발높이를 측정한다.	다이아몬드 추

4. 방사선 투과 시험, 초음파 탐상 시험

(1) 방사선 투과 시험

① 방사선 투과 시험법의 원리

방사선 투과시험은 용접부 뒷면에 필름을 놓고 용접물 표면에서 X선이나 γ선을 방사하여 용접부를 통과시키면, 금속 내부에 구멍이 있을 경우 그만큼 투과되는 두께가 얇아지고 필름에 방사선의 투과량이 그만큼 증가한다. 이를 통해 다른 곳보다 검게 됨을 확인하여 불량을 검출하는 시험법이다.

② 방사선 투과 시험의 특징

기공, 균열, 융착 불량, 슬래그 섞임 등의 투과량이 모두 다 다르므로 검게 되는 정도를 확인함으로써 결함의 종류와 위치를 찾을 수 있다.

③ 방사선 투과 시험의 기계 및 기구

㉠ X선 발생 장치
㉡ 투과도계
㉢ 필름 배지
㉣ 필름 식별판
㉤ 방사선 표지판
㉥ 현상용 탱크
㉦ 증감지
㉧ 서베이미터

④ 방사선의 종류

㉠ X선
- 얇은 판 투과시 사용
- 물체 투과 시 일부는 물체에 흡수됨

㉡ γ선
- 두꺼운 판 투과

⑤ 방사선 투과시험의 결함 등급

종 별	결함의 종류
제1종	기공(블로홀) 및 이와 유사한 둥근 결함
제2종	가는 슬래그 개입 및 이와 유사한 결함
제3종	터짐 및 이와 유사한 결함

(2) 초음파 탐상 시험(UT ; Ultrasonic Test)

① 초음파 탐상 시험의 원리

초음파 탐상 시험은 사람이 들을 수 없는 매우 높은 주파수의 초음파를 사용하여 검사 대상물의 형상과 물리적 특성을 검사하는 방법이다. 4~5MHz 정도의 초음파가 경계면, 결함표면 등에서 반사되어 되돌아오는 성질을 이용하는 방법으로서 반사파의 시간과 크기를 스크린으로 관찰하여 결함의 유무, 크기, 종류 등을 평가하는 시험법이다.

② 초음파 탐상 시험의 특징

㉠ 주파수가 높고 파장이 짧아 저항성이 크다.
㉡ 용접결함 등 불연속부에서 반사되는 성질이다.
㉢ 초음파는 특정 재질에서 일정한 속도로 전파되는 특성이 있다.

③ 장 점

㉠ 인체에 무해하다.
㉡ 미세한 Crack을 감지한다.
㉢ 대상물에 대한 3차원적인 검사가 가능하다.
㉣ 균열이나 용융부족 등의 결함을 찾는 데 탁월하다.

④ 단 점

㉠ 기록 보존력이 떨어진다.
㉡ 결함의 경사에 좌우된다.
㉢ 검사자의 기능에 좌우된다.
㉣ 검사 표면을 평평하게 가공해야 한다.
㉤ 결함의 위치를 정확하게 감지하기 어렵다.
㉥ 모재의 두께가 약 6.4mm 이상이 되어야 한다.
㉦ 결함의 형상을 정확하게 감지하기 어렵다.

⑤ 초음파 탐상 방법의 종류

㉠ 투과법 : 초음파 펄스를 시험체의 한쪽 면에서 송신하고 반대쪽 면에서 수신하는 방법이다.
㉡ 펄스반사법 : 불연속부와 같은 경계면에서는 투과 및 굴절 또는 반사를 하는데 불연속부에서 반사하는 초음파를 분석하여 검사하는 방법이다.
㉢ 공진법 : 시험체에 가해진 초음파의 진동수와 시험체의 고유진동수가 일치할 때 진동의 폭이 커지는 현상으로 공진현상을 이용하여 시험체의 두께 측정에 이용하는 방법이다.

5. 자분 탐상 시험 및 침투탐상시험

(1) 자기 탐상 시험(자분 탐상 시험, MT)

① 원 리

철강 재료 등 강자성체를 자기장에 놓았을 때 시험편 표면이나 표면 근처에 균열이나 비금속 개재물과 같은 결함이 있으면 결함 부분에는 자속이 통하기 어려워 공간으로 누설되어 누설 자속이 생긴다. 이 누설 자속을 자분(자성 분말)이나 검사 코일을 사용하여 결함의 존재를 검출하는 검사방법이다.

전류를 통하여 자화가 될 수 있는 금속재료 즉 철, 니켈과 같이 자기변태를 나타내는 금속 또는 그 합금으로 제조된 구조물이나 기계부품의 표면부에 존재하는 결함을 검출하는 비파괴시험법이나 알루미늄, 오스테나이트 스테인리스강, 구리 등 비자성체에는 적용이 불가능하다.

② 자분 탐상 시험의 특징

㉠ 취급이 간단하다.

㉡ 인체에 해롭지 않다.

㉢ 내부결함 및 비자성체에서 사용이 곤란하다.

㉣ 교류는 표면에 직류는 내부에 수직하게 사용한다.

㉤ 미세한 표면결함 및 표면직하 결함 탐지에 뛰어나다.

③ 자분 탐상 시험의 방법(습식법)

표면청소 – 형광체 Screen액 도포 – 습식 자분 도포 – 자화

④ 자분 탐상 시험의 종류

㉠ 극간법 : 시험편의 전체나 일부분을 전자석 또는 영구 자석의 자극 사이에 놓고 직선 자화시키는 방법

㉡ 직각통전법 : 시험편의 축에 대해 직각인 방향에 직접 전류를 흘려서 전류 주위에 생기는 자장을 원형으로 자화시키는 방법으로, 축에 직각인 방향의 결함을 검출하는 방법

㉢ 축통전법 : 시험편의 축방향 끝에 전극을 대고 전류를 흘려 원형으로 자화시키는 방법으로, 축방향인 전류에 평행한 결함을 검출하는 방법

㉣ 관통법 : 시험편의 구멍에 철심을 통해 교류 자속을 흘려 그 주위에 유도 전류를 발생시켜 그 전류가 만드는 자기장에 의해 결함을 검출하는 방법

㉤ 코일법 : 시험편을 전자석으로 자화시키고 시험편에 따라 탐상 코일을 이동시키면서 전자 유도 전류로 검출하는 직선자화방법

(2) 침투 탐상 시험(PT)

① 침투 탐상 시험의 원리

검사하려는 대상물의 표면에 침투력이 강한 형광성 침투액을 도포 또는 분무하거나 표면 전체를 침투액 속에 침적시켜 표면의 흠집 속에 침투액이 스며들게 한 다음 이를 백색 분말의 현상제(MgO, $BaCO_3$)를 뿌려서 침투액을 표면으로부터 빨아내서 결함을 검출하는 방법이다.

② 침투탐상시험의 특징

㉠ 물체의 표면에 균열, 홈, 핀홀 등 개구부를 갖는 결함에 대해서만 유효한 방법이다. 비자성 재료의 표면결함검출에 효과가 있다.

㉡ 점성이 높은 침투액은 결함 내부로 천천히 이동하며 침투속도를 느리게 한다. 온도가 낮을수록 점성이 커지게 되기 때문에 검사온도는 15~50℃ 사이에서 약 5분간 시험을 해야 한다.

㉢ 점성이란 서로 접촉하는 액체 간 떨어지지 않으려는 성질로 이것은 온도에 따라 바뀐다. 이 성질은 침투력 자체에는 영향을 미치지 않으나 침투액이 용접 결함의 속으로 침투하는 속도에 영향을 준다.

㉣ 시험방법이 간단하여 초보자도 쉽게 검사할 수 있으므로, 검사원의 경험과는 큰 관련이 없다.

6. 현미경 조직시험 및 기타 시험(와전류 탐상 시험)

(1) 현미경 조직검사

① 현미경 조직 검사의 원리

금속 조직은 동일한 화학 성분이라도 주조 조직이나 가공조직, 열처리 조직이 다르며 금속의 성질에 큰 영향을 미친다. 따라서 현미경 조직 검사는 조직을 관찰하고 결함을 파악하는 데 사용한다.

② 현미경 조직 검사의 방법

순 서	검사 방법	내 용
1	시료 채취 및 제작	검사부위 채취(결함 검사) 시 결함부에서 가까운 부분을 25mm 크기로 절단한다.
2	연 마	현미경 관찰이 용이하도록 평활한 측정면을 만드는 작업이다.
3	부식(Etching)	검사할 면을 부식시킨다.
4	조직 관찰	금속 현미경을 사용하여 시험편의 조직을 관찰한다.

④ 현미경 조직시험의 순서

시험편 채취 → 마운팅 → 샌드페이퍼 연마 → 폴리싱 → 부식 → 현미경 조직검사

⑤ 연마(Grinding-polishing)

㉠ 연마의 종류

- 거친 연마
- 중간 연마
- 미세 연마
- 광택 연마

㉡ 연마 작업 시 주의 사항

- 각 단계로 넘어갈 때마다 시험편의 연마 흔적이 나타나지 않도록 먼저 작업한 연마 방향에 수직 방향으로 연마를 하며 평면이 되게 한다.
- 광택 연마는 미세한 표면 홈을 제거하여 매끄러운 광택의 표면을 얻기 위한 최종 연마로 회전식 연마기를 사용하여 특수 연마포에 연마제를 뿌려가며 광택을 낸다.

㉢ 연마제의 종류

- 일반재료 : Fe_2O_3, Cr_2O_3, Al_2O_3
- 경합금 : Al_2O_3, MgO
- 초경합금 : 다이아몬드 페이스트

⑥ 부식제의 종류

부식할 금속	부식제
철강용	질산 알코올 용액과 피크르산 알코올 용액, 염산, 초산
Al과 그 합금	플루오린화 수소액, 수산화 나트륨 용액
금, 백금 등 귀금속의 부식제	왕 수

(2) 와전류 탐상 시험(ET)

① 와전류 탐상 검사 : 도체에 전류가 흐르면 그 도체 주위에는 자기장이 형성되며, 반대로 변화하는 자기장 내에서는 도체에 전류가 유도된다. 표면에 흐르는 전류의 형태를 파악하여 검사하는 방법으로 깊은 부위의 결함은 찾아낼 수 없다.

② 와전류 탐상 검사의 장점

㉠ 표면결함의 검출능력이 우수하다.

㉡ 고온, 고압과 같은 조건에서도 검사가 가능하다.

㉢ 유지비가 저렴하고 검사 결과의 기록보존이 가능하다.

㉣ 비접촉법으로 검사 속도가 빠르며 자동화검사가 가능하다.

③ 와전류 탐상 검사의 단점

㉠ 강자성의 금속에는 적용이 어렵다.

㉡ 결함의 종류 및 형상의 판별이 어렵다.

㉢ 두꺼운 재료의 내부 결함검사는 불가능하다.

㉣ 주변의 전기적, 기계적 요인에 의해 검사 결과가 달라진다.

3 작업안전

01 작업 및 용접안전

1. 작업안전, 용접안전관리 및 위생

(1) 안전율 및 안전기구

① 안전율 : 외부 하중에 견딜 수 있는 정도를 수치로 나타낸 것으로써 $\frac{극한강도}{허용응력}$로 나타낸다.

㉠ 정하중 : 3

㉡ 동하중(일반) : 5

㉢ 동하중(주기적) : 8

㉣ 충격 하중 : 12

② 용접의 종류에 따른 차광번호

아크가 발생될 때 눈을 자극하는 빛인 적외선과 자외선을 차단하는 것으로, 번호가 클수록 빛을 차단하는 차광량이 많아진다.

③ 안전모

㉠ 안전모의 거리 및 간격 상세도

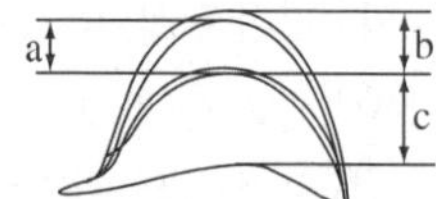

- a : 내부 수직거리
- b : 외부 수직거리
- c : 착용 높이

㉡ 안전모 각 부의 명칭

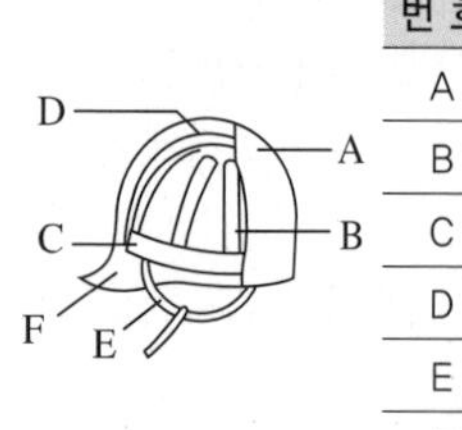

번 호	명 칭	
A	모 체	
B	착장체	머리받침끈
C		머리고정대
D		머리받침고리
E	턱 끈	
F	챙(차양)	

④ 안전모의 일반 기준

㉠ 안전모는 모체, 착장제 및 턱끈을 가질 것

㉡ 착장체의 머리고정대는 착용자의 머리부위에 적합하도록 조절할 수 있을 것

㉢ 턱끈은 사용 중 탈락되지 않도록 확실히 고정되는 구조일 것

㉣ 안전모의 착용높이는 85mm 이상이고, 외부수직거리는 80mm 미만일 것

㉤ 안전모의 내부수직거리는 25mm 이상 50mm 미만일 것

㉥ 안전모의 수평간격은 5mm 이상일 것

㉦ 머리받침끈이 섬유인 경우 각각의 폭은 15mm 이상, 교차되는 끈의 폭의 합은 72mm 이상일 것

㉧ 턱끈의 폭은 10mm 이상일 것

㉨ 안전모의 모체, 착장체를 포함한 질량은 440g을 초과하지 않을 것

㉩ 안전모는 통기를 목적으로 모체에 구멍을 뚫을 수 있으며 총 면적은 150mm^2 이상, 450mm^2 이하일 것

⑤ 안전모의 기호

기 호	사용구분
A	물체의 낙하 및 비래에 의한 위험을 방지 또는 경감시키기 위한 것
AB	물체의 낙하 또는 비래 및 추락에 의한 위험을 방지 또는 경감시키기 위한 것
AE	물체의 낙하 또는 비래에 의한 위험을 방지 또는 경감하고, 머리부위 감전에 의한 위험을 방지하기 위한 것
ABE	물체의 낙하 또는 비래 및 추락에 의한 위험을 방지 또는 경감하고, 머리부위 감전에 의한 위험을 방지하기 위한 것

⑥ 소화기

포소화기에서 포는 물로 되어 있기 때문에 감전의 위험이 있어 사용이 불가능하며 가연성의 액체를 소화할 때 사용한다. 무상강화액소화기도 액체로 되어 있으나, 무상(안개모양)으로 뿌리기 때문에 소화용으로 사용은 가능하다.

※ 소화 약제에 의한 분류

약 제	종 류
물(수계)	물 소화기, 산, 알칼리 소화기, 강화액 소화기, 포 소화기
가스계	이산화탄소, 할로겐
분말계	분말소화기

⑦ 귀마개를 작용하지 않아야 하는 작업자

강재 하역장의 크레인 신호자는 지표면에 있는 수신자의 호각소리에 주의를 기울이며 협력해야 한다.

(2) 전격방지기

① 전 격

전격이란 강한 전류를 갑자기 몸에 느꼈을 때의 충격을 말하며, 용접기에는 작업자의 전격을 방지하기 위해서 반드시 전격방지기를 용접기에 부착해야 한다.

② 전격방지기의 역할

㉠ 용접작업 중 전격의 위험을 방지한다.

㉡ 작업을 쉬는 중 용접기의 2차 무부하전압을 25V로 유지하고 용접봉을 모재에 접촉하면 순간 전자개폐기가 닫혀서 보통 2차 무부하전압이 70~80V로 되어 아크가 발생되도록 한다. 용접을 끝내고 아크를 끊으면 자동적으로 전자개폐가 차단되어 2차 무부하전압이 다시 25V로 된다. 이와 같이 작업을 쉬는 동안에 2차 무부하전압이 항상 25V 정도로 유지되도록 하면 전격을 방지할 수 있다.

(3) 가스용기 취급상 주의사항

① 산소용기의 취급상 주의사항

㉠ 산소용기에 전도, 충격을 주어서는 안 된다.

㉡ 산소와 아세틸렌 용기는 각각 별도로 지정한다.

㉢ 산소용기 속에 다른 가스를 혼합해서는 안 된다.

㉣ 산소용기, 밸브, 조정기, 고정구는 기름이 묻지 않게 한다.

㉤ 다른 가스에 사용한 조정기, 호스 등을 그대로 재사용해서는 안 된다.

㉥ 산소용기를 크레인 등으로 운반할 때는 로프나 와이어 등으로 매지 말고 철제상자 등 견고한 상자에 넣어 운반하여야 한다.

② 아세틸렌 용기의 취급상 주의사항

㉠ 온도가 높은 장소는 피한다.

㉡ 용기는 충격을 가하거나 전도되지 않도록 한다.

㉢ 불꽃과 화염 등의 접근을 막고 빈병은 빨리 반납한다.

㉣ 가스의 출구는 완전히 닫아서 잔여 아세틸렌이 나오지 않도록 한다.

㉤ 세워서 사용한다. 눕혀서 사용하면 용기 속의 아세톤이 가스와 함께 유출된다.

㉥ 압력조정기와 호스 등의 접속부에서 가스가 누출되는지 항상 주의하며 누출검사는 비눗물을 사용한다.

(4) 유해 가스가 인체에 미치는 영향

① 전류(Ampere)량에 따라 사람의 몸에 미치는 영향

전류량	인체에 미치는 영향
1mA	전기를 조금 느낌
5mA	상당한 아픔을 느낌
20mA	스스로 현장을 탈피하기 힘듦. 근육 수축
50mA	심장마비 발생, 사망의 위험이 있음

② CO_2 가스가 인체에 미치는 영향

CO_2 농도	증 상	대 책
1%	호흡속도 다소 증가	무 해
2%	호흡속도 증가, 지속 시 피로를 느낌	
3~4%	호흡속도 평소의 약 4배 증대, 두통, 뇌빈혈, 혈압상승,	환 기
6%	피부혈관의 확장, 구토	
7~8%	호흡곤란, 정신장애, 수분 내 의식불명	
10% 이상	시력장애, 2~3분내 의식을 잃으며 방치 시 사망	30분 이내 인공호흡, 의사의 조치 필요
15% 이상	위험 상태	즉시 인공호흡 의사의 조치 필요
30% 이상	극히 위험, 사망	

③ CO(일산화탄소) 가스가 인체에 미치는 영향

농 도	증 상
0.01% 이상	건강에 유해
0.02~0.05%	중독 작용
0.1% 이상	수시간 호흡하면 위험
0.2% 이상	30분 이상 호흡하면 극히 위험, 사망

(5) 작업 안전 준수 사항

① 산업안전보건법에 따른 안전・보건표지의 색채, 색도기준 및 용도

색 상	용 도	사 례
빨간색	금 지	정지신호, 소화설비 및 그 장소, 유해행위 금지
	경 고	화학물질 취급장소에서 유해・위험 경고
노란색	경 고	화학물질 취급장소에서의 유해・위험 경고 이외의 위험 경고, 주의표지 또는 기계방호물
파란색	지 시	특정 행위의 지시 및 사실의 고지
녹 색	안 내	비상구 및 피난소, 사람 또는 차량의 통행표지
흰 색		파란색이나 녹색에 대한 보조색
검정색		문자 및 빨간색, 노란색에 대한 보조색

② 응급처치의 구명 4단계

㉠ 1단계(기도 유지) : 질식을 막기 위해 기도 개방 후 이물질 제거, 호흡이 끊어지면 인공호흡을 한다.

㉡ 2단계(지혈) : 상처부위의 피를 멈추게 하여 혈액 부족으로 인한 혼수상태를 예방한다.

㉢ 3단계(쇼크 방지) : 호흡곤란이나 혈액 부족을 제외한 심리적 충격에 의한 쇼크를 예방한다.

㉣ 4단계(상처의 치료) : 환자의 의식이 있는 상태에서 치료를 시작하며, 충격을 해소시켜야 한다.

2. 용접 화재방지

(1) 용접 화재 방지 및 안전

① 화재의 종류에 따른 사용 소화기

분 류	A급 화재	B급 화재
명 칭	일반(보통) 화재	유류 및 가스화재
가연물질	나무, 종이, 섬유 등의 고체 물질	기름, 윤활유, 페인트 등의 액체 물질
소화효과	냉각 효과	질식 효과
표현색상	백 색	황 색
소화기	물 분말소화기 포(포말)소화기 이산화탄소소화기 강화액소화기 산, 알칼리소화기	분말소화기 포(포말)소화기 이산화탄소소화기
사용불가능 소화기	–	–
분 류	**C급 화재**	**D급 화재**
명 칭	전기 화재	금속 화재
가연물질	전기설비, 기계 전선 등의 물질	가연성 금속 (Al분말, Mg분말)
소화효과	질식 및 냉각효과	질식 효과
표현색상	청 색	–
소화기	분말소화기 유기성소화기 이산화탄소소화기 무상강화액소화기 할로겐화합물소화기	건조된 모래 (건조사)
사용불가능 소화기	포(포말)소화기	물(금속가루는 물과 반응하여 폭발의 위험성이 있다)

② 화상의 등급

㉠ 1도 화상 : 뜨거운 물이나 불에 가볍게 표피만 데인 화상. 붉게 변하고 따가운 상태

㉡ 2도 화상 : 표피 안의 진피까지 화상을 입은 경우. 물집이 생기는 상태

㉢ 3도 화상 : 표피, 진피, 피하지방까지 화상을 입은 경우. 살이 벗겨지는 매우 심한 상태

③ 화상에 따른 피부의 손상 정도

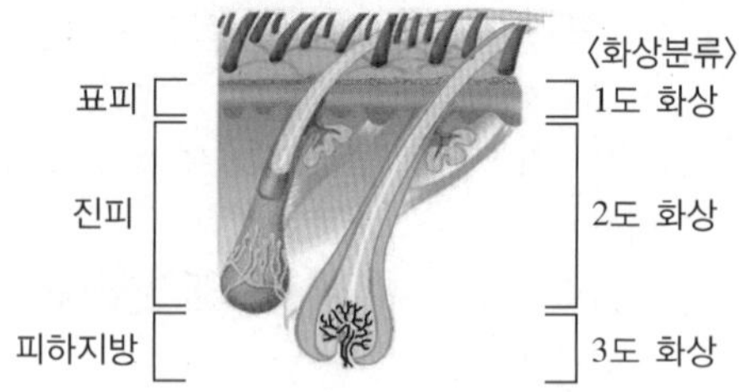

④ 상처의 정의

㉠ 찰과상 : 넘어지거나 긁히는 등의 마찰에 의하여 피부 표면에 입는 수평적으로 생기는 외상

㉡ 타박상 : 외부의 충격이나 부딪침 등에 의해 연부 조직과 근육 등에 손상을 입어 통증이 발생되며 피부에 출혈과 부종이 보이는 경우

㉢ 화상 : 불이나 뜨거운 물, 화학물질 등에 의해 피부 및 조직이 손상된 것

㉣ 출혈 : 혈관의 손상에 의해 혈액이 혈관 밖으로 나오는 현상

제2과목 용접재료

1 용접재료

01 용접재료 및 각종 금속 용접

1. 금속의 개요

(1) 금속의 일반적인 성질

① 금속의 특성

㉠ 비중이 크다.

㉡ 전기 및 열의 양도체이다.

㉢ 금속 특유의 광택을 갖는다.

㉣ 상온에서 고체이며 결정체이다(단, Hg 제외).

㉤ 연성과 전성이 우수하여 소성변형이 가능하다.

② 철의 결정구조

종 류	기 호	성 질	원 소
체심입방격자	BCC	• 강도가 크다. • 용융점이 높다. • 전연성이 적다.	W, Cr, Mo, V, Na, K
면심입방격자	FCC	• 가공성이 우수하다. • 연한 성질의 재료이다. • 장신구로 많이 사용된다. • 전연성과 전기전도도가 크다.	Al, Ag, Au, Cu, Ni, Pb, Pt, Ca
조밀육방격자	HCP	• 전연성이 불량하다. • 가공성이 좋지 않다.	Mg, Zn, Ti, Be, Hg, Zr, Cd, Ce

※ 결정구조란 3차원 공간에서 규칙적으로 배열된 원자의 집합체를 말한다.

③ 합금(Alloy)

㉠ 합금의 일반적 성질

• 경도가 증가한다.
• 주조성이 좋아진다.
• 용융점이 낮아진다.
• 전성, 연성은 떨어진다.
• 성분 금속의 비율에 따라 색이 변한다.
• 성분 금속보다 강도 및 경도가 증가한다.
• 성분을 이루는 금속보다 우수한 성질을 나타내는 경우가 많다.

④ 금속의 비중

경금속		중금속			
Mg	1.7	Sn	5.8	Ag	10.4
Be	1.8	V	6.1	Pb	11.3
Al	2.7	Cr	7.1	W	19.1
Ti	4.5	Mn	7.4	Au	19.3
		Fe	7.8	Pt	21.4
		Ni	8.9	Ir	22
		Cu	8.9		

※ 경금속과 중금속을 구분하는 비중의 경계 : 4.5

⑤ 열전도율이 높은 순서

Ag > Cu > Au > Al > Mg > Zn > Ni > Fe > Pb > Sb

⑥ 용융 금속의 응고과정

결정핵 생성 → 수지상 결정(수지상정) 형성 → 결정립계(결정립경계) 형성 → 결정입자 구성

(2) 기계 가공법

① 소성가공

금속재료에 힘을 가해서 형태를 변화시켜 갖가지 모양을 만드는 가공방법으로서 압연, 단조, 인발 등의 가공방법이 속한다.

② 절삭가공

절삭공구로 재료를 깎아 가공하는 방법으로 Chip이 발생되는 가공법이다. 절삭가공에 사용되는 공작기계로는 선반, 밀링, 드릴링 머신, 세이퍼 등이 있다.

③ 열간가공

재결정 온도 이상에서 하는 소성가공법이다. 열간가공으로는 가공 경화가 일어나지 않으며 연속하여 가공을 할 수 있고, 조밀하고 균질한

조직이 되어 안정된 재질을 얻을 수 있으나 냉간가공에 비해 치수는 부정확하다.

※ 금속의 재결정 온도

금 속	온도(℃)	금 속	온도(℃)
주석(Sn)	상온 이하	은(Ag)	200
납(Pb)	상온 이하	금(Au)	200
카드뮴(Cd)	상 온	백금(Pt)	450
아연(Zn)	상 온	철(Fe)	450
마그네슘(Mg)	150	니켈(Ni)	600
알루미늄(Al)	150	몰리브덴(Mo)	900
구리(Cu)	200	텅스텐(W)	1,200

④ 냉간가공

강철을 720℃(재결정 온도) 이하로 가공하는 방법으로 강철의 조직은 치밀해지나, 가공도가 진행 될수록 내부 변형을 일으켜 점성을 감소시키는 결점이 있다. 또 200~300℃ 부근에서는 청열취성이 발생되므로 이 온도 부근에서는 가공을 피해야 한다. 경량의 형강이 냉간 가공으로 제조된다.

열간가공에 의해 형성된 강재를 최종 치수로 마무리하는 경우에 압연, 인발, 압출, 판금 가공에 의해 실시된다.

㉠ 냉간가공의 특징

- 수축에 의한 변화가 없다.
- 가공 온도와 상온과의 차가 적다.
- 표면의 마무리를 깨끗하게 할 수 있다.
- 재료 표면의 산화가 없기 때문에, 치수 정밀도를 향상할 수 있다.
- 냉간 가공에 의해 적당한 내부 변형이 발생하여 금속을 경화하여 재질을 강하게 할 수 있다.
- 강을 200℃~300℃의 범위에서 냉간 가공하면 결정격자에 변형을 발생시켜 재료가 무르게 되기 때문에 가공이 어렵게 되는데 이 현상을 청열취성(Blue Shortness)이라고 한다.

⑤ 가공 경화

소성 변형을 부여하면 이후 같은 종류의 응력이 가해질 때마다 항복점이 상승하여 다음의 소성 변형을 일으키는데 필요한 저항이 증가하는데 이와 같은 현상을 가공 경화라고 한다.

2. 탄소강 · 저합금강의 용접 및 재료

(1) 탄소강 및 합금강의 개요

① 철강의 분류

성 질	순 철	강	주 철
영어 표현	Pure Iron	Steel	Cast Iron
탄소 함유량	0.02% 이하	0.02~2.0%	2.0~6.67%
담금질성	담금질이 안 됨	좋 음	잘되지 않음
강도/경도	연하고 약함	크 다	경도는 크나 잘 부서짐
활 용	전기재료	기계재료	주조용 철
제 조	전기로	전 로	큐폴라

② 탄소강의 정의

순철은 너무 연해 구조용 강으로 부적합하기에 규소와 망간, 인 등을 첨가하여 강도를 높인 것을 탄소강이라 하며 연강으로도 불린다.

③ 탄소강의 표준조직

탄소강의 표준조직은 철과 탄소(C)의 합금에 따른 평형 상태도에 나타나는 조직을 말하며 종류로는 페라이트, 펄라이트, 오스테나이트, 시멘타이트, 레데뷰라이트가 있다.

④ 탄소주강의 종류

㉠ 저탄소 주강 : 0.2% 이하의 C가 합금된 주조용 재료

㉡ 중탄소 주강 : 0.2~0.5%의 C가 합금된 주조용 재료

㉢ 고탄소 주강 : 0.5% 이상의 C가 합금된 주조용 재료

⑤ 저탄소강의 용접성

저탄소강은 연하기 때문에 용접 시 특히 문제가 되는 것은 노치 취성과 용접터짐이다. 저탄소강은 어떠한 용접법으로도 가능하나, 노치 취성과 용접 터짐의 발생우려가 있어서 용접 전 예열이나 저수소계와 같이 적절한 용접봉을 선택해서 사용해야 한다.

⑥ 탄소량에 따른 모재의 예열 온도(℃)

탄소량(%)	0.2 이하	0.2~0.3	0.3~0.45	0.45~0.8
예열온도(℃)	90 이하	90~150	150~260	260~420

⑦ 강괴의 종류

㉠ 킬드강 : 평로, 전기로에서 제조된 용강을 Fe-Mn, Fe-Si, Al 등으로 완전히 탈산시킨 강

㉡ 세미킬드강 : Al으로 림드강과 킬드강의 중간 정도로 탈산시킨 강

㉢ 림드강 : 평로, 전로에서 제조된 것을 Fe-Mn으로 가볍게 탈산시킨 강

㉣ 캡트강 : 림드강을 주형에 주입한 후 탈산제를 넣거나 주형에 뚜껑을 덮고 리밍 작용을 억제하여 내부를 조용하게 응고시키는 것에 의해 강괴의 표면 부근을 림드강처럼 깨끗한 것으로 만듦과 동시에 내부를 세미킬드강처럼 편석이 적은 상태로 만든 강

⑧ 탄소강의 질량효과

탄소강을 담금질하였을 때 강의 질량(크기)에 따라 조직과 기계적 성질이 변하는 현상을 질량효과라고 한다. 질량이 무거운 제품을 담금질 시 질량이 큰 제품일수록 내부의 열이 많기 때문에 천천히 냉각되며, 그 결과 조직과 경도가 변한다.

⑨ 철의 동소체 : α철, γ철, δ철

(2) 탄소강에 함유된 합금원소의 영향

① 탄소(C)

㉠ 충격치 저하

㉡ 인성과 연성 감소

㉢ 항복점 증가

② 규소(Si)

㉠ 연신율 감소

㉡ 용접성 저하

㉢ 탈산제로 사용

㉣ 인장강도, 탄성한도, 경도 상승

㉤ 결정립의 조대화로 충격값과 인성 저하

③ 망간(Mn)

㉠ 인장강도 증가

㉡ 탈산제로 사용

㉢ 인성 및 점성 증가

㉣ MnS의 형태로 황(S)을 제거

㉤ 강의 담금질 효과를 증가시켜 경화능 향상

※ 경화능이란 담금질함으로써 생기는 경화의 깊이 및 분포의 정도를 표시하는 말로써, 경화능력이 클수록 담금질이 잘 된다는 의미이다.

④ 인(P)

㉠ 상온취성의 원인

㉡ 불순물을 제거한다.

㉢ 강도와 경도를 증가시킨다.

㉣ 연신율과 충격값을 저하시킨다.

㉤ 결정립의 크기를 조대화시킨다.

⑤ 황(S)

㉠ 인성 저하

㉡ 불순물 제거

㉢ 편석의 원인

㉣ 고온취성인 적열취성의 원인

⑥ 비금속 개재물

강 중에는 Fe_2O_3, FeO, MnS, MnO_2, Al_2O_3, SiO_2 등 여러 가지의 비금속 개재물이 섞여 있다. 이러한 비금속 개재물은 재료 내부에 점 상태로 존재하여 인성 저하와 열처리 시 균열의 원인이 되며, 산화철, 알루미나, 규산염 등은 단조나 압연 중에 균열을 일으키기 쉬우며, 적열 메짐의 원인이 된다.

3. 주철 · 주강의 용접 및 재료

(1) 주철 및 주강

① 주 철

용광로에 철광석, 석회석, 코크스를 장입하여 열원을 넣어주면 쇳물이 나오는데 이 쇳물은 보통 4.5% 정도의 탄소가 함유된다. 이 쇳물을 보통 주철(Cast Iron)이라고 하며 Fe에 탄소가 2~6.67%까지 함유된다.

② 주철의 종류

㉠ 보통주철(GC 100~GC 200)

회주철로서 인장강도가 100~200N/mm^2 (10~20kgf/mm^2) 정도로 기계가공성이 좋고 값이 저렴한 것이 특징이며 기계 구조물의 몸체 등의 재료로 사용된다. 회주철은 주조성이 좋으나 취약하여 연신율이 거의 없다.

㉡ 고급주철(GC 250~GC 350)
편상 흑연 주철 중 인장강도가 250N/mm^2 이상의 주철로 조직이 펄라이트로서 펄라이트 주철이라고 한다. 고강도, 내마멸성을 요구하는 기계 부품에 쓰인다.

㉢ 미하나이트주철
바탕은 펄라이트조직으로 인장강도는 350~450MPa 정도이며 담금질이 가능하고 인성과 연성이 크다.

㉣ 구상흑연주철
주철 속 흑연이 완전히 구상이고 그 주위가 페라이트조직으로 되어 있는데 이 형상이 황소의 눈과 닮았다고 해서 불스아이 주철로도 불린다.

㉤ 칠드주철
주조 시 주형에 냉금을 삽입하여 주물의 표면을 급랭시켜 조직을 백선화하고 경도를 증가시킨 내마모성 주철이다. 칠드된 부분은 시멘타이트 조직으로 되어 경도가 높아지고 내마멸성과 압축강도가 커서 기차바퀴나 분쇄기롤러 등에 사용된다.

㉥ 가단주철
백주철의 고온에서 장시간 열처리하여 시멘타이트 조직을 분해하거나 소실시켜 조직의 인성과 연성을 개선한 주철이다.
- 가단주철의 종류
  - 흑심 가단 주철 : 흑연화가 주목적
  - 백심 가단 주철 : 탈탄이 주목적
  - 특수 가단 주철
  - 펄라이트 가단주철

㉦ 고규소주철 : C(탄소)가 0.5~1.0%, Si(규소)가 14~16% 정도 합금된 주철로서 내식용 재료로 화학 공업에 널리 사용된다. 경도가 높아 가공성이 곤란하며 재질이 여린 결점이 있다.

③ 주철의 특징
㉠ 압축 강도와 경도가 크다.
㉡ 기계 가공성이 좋고 값이 싸다.
㉢ 고온에서 기계적 성질이 떨어진다.
㉣ 용융점이 낮고 주조성이 좋아서 복잡한 형상을 쉽게 제작한다.
㉤ 주철 중 탄소의 흑연화를 위해서는 탄소량과 규소의 함량이 중요하다.
㉥ 주철을 파면상으로 분류하면 백주철, 반주철, 회주철로 구분할 수 있다.
㉦ 강에 비해 탄소의 함유량이 많기 때문에 취성과 경도가 커지고 인장강도는 작아진다.

④ 주 강
주강은 주조할 수 있는 강(Steel)으로 C(탄소)가 0.1~0.5% 함유되어 있는데 전기로에서 녹여 주조용 용강을 만든다. 주철에 비해 용융점이 높아서 주조하기가 힘들며 용접 후 수축이 큰 단점이 있어서 주조 시 입구에 압탕을 설치해야 한다. 모양이 크거나 복잡하여 단조가공이 곤란하거나 대형 기어 등에 주로 사용한다.

⑤ 탄소 주강품의 기계적 성질

종 류	인장강도(N/mm^2)	탄소함유량(%)
SC360	360 이하	0.20 이하
SC410	420 이하	0.30 이하
SC450	450 이하	0.35 이하
SC480	480 이하	0.40 이하

⑥ 주철의 보수용접 작업의 종류
㉠ 비녀장법
균열부 수리나 가늘고 긴 부분을 용접할 때 용접선에 직각이 되게 지름이 6~10mm 정도인 ㄷ자형의 강봉을 박고 용접하는 방법
㉡ 버터링법
처음에는 모재와 잘 융합이 되는 용접봉으로 적정 두께까지 용착시킨 후 다른 용접봉으로 용접하는 방법
㉢ 로킹법
스터드 볼트 대신에 용접부 바닥에 홈을 파고 이 부분을 걸쳐서 힘을 받도록 하는 방법

⑦ 주철의 장·단점

장 점	단 점
• 용점이 낮고, 유동성이 양호하다. • 마찰 저항이 좋다. • 절삭성이 우수하다. • 압축강도가 크다. • 가격이 싸다.	• 충격에 약하다. • 취성이 크고, 소성변형이 어렵다. • 담금질, 뜨임이 불가능하다.

⑧ 흑연화

Fe_3C 상태에서는 불안정하게 되어 Fe과 흑연으로 분리되는 현상

⑨ 탄소강의 표현

SC 360에서 SC는 Steel Carbon의 약자로써 탄소강을 의미한다. 360은 인장강도가 360 (N/mm^2)을 나타낸다.

⑩ 주철의 성장

주철을 600℃ 이상의 온도에서 가열과 냉각을 반복하면 부피가 증가하여 파열되는데, 이 현상을 주철의 성장이라고 한다.

㉠ 주철 성장의 원인

- 흡수된 가스에 의한 팽창
- 시멘타이트의 흑연화에 의한 팽창
- A_1변태에서 부피 변화로 인한 팽창
- 불균일한 가열로 생기는 균열에 의한 팽창
- 페라이트 중 고용된 Si(규소)의 산화에 의한 팽창

⑪ 마우러 조직도

주철의 조직을 지배하는 주요 요소인 C와 Si의 함유량에 따른 주철의 조직의 관계를 나타낸 그래프이다.

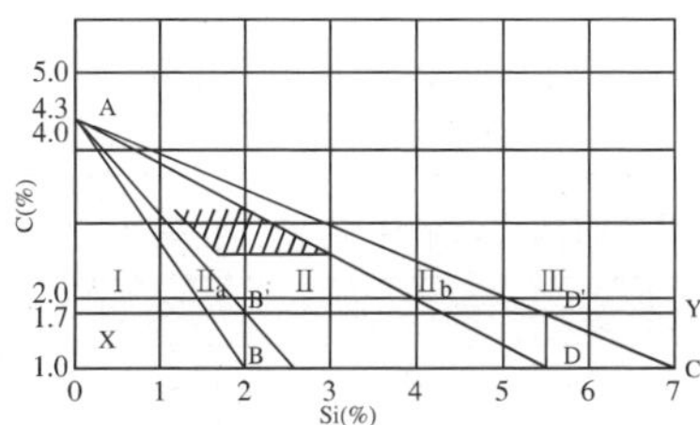

※ 빗금 친 부분은 고급주철이다.

영 역	주철 조직	경 도
I	백주철	최대 ↕ 최소
II_a	반주철	
II	펄라이트 주철	
II_b	회주철	
III	페라이트 주철	

(2) 공구 재료

① 공구 재료의 구비 조건

㉠ 열처리와 가공이 쉬워야 한다.

㉡ 성형성이 용이하고 가격이 저렴해야 한다.

㉢ 고온 경도와 내마모성, 강인성이 커야 한다.

② 공구 재료의 종류

㉠ 탄소공구강

절삭열이 300℃에서도 경도 변화가 적으며 열처리가 쉽고 값이 싸나 강도가 작아서 고속 절삭용으로는 부적합하다.

㉡ 합금공구강

절삭열이 600℃에서도 경도 변화가 적으며 탄소강에 W, Cr, W-Cr 등의 원소를 합금하여 제작한다. 바이트나 다이스, 탭, 띠톱 등의 재료로 사용된다.

㉢ 고속도강

W-18%, Cr-4%, V-1%이 합금된 것이 많이 사용되며 600℃ 정도에서도 경도 변화가 없다. 강력 절삭 바이트나 밀링 커터 등에 사용된다.

㉣ 주조 경질 합금

스텔라이트라고도 하며 800℃까지도 경도 변화가 없다. 청동이나 황동의 절삭 재료로 사용된다. 열처리가 불필요하며 고속도강보다 2배의 절삭속도로 가공이 가능하나 내구성과 인성이 작다.

㉤ 초경합금

WC, Tic, Tac 분말에 Co나 Ni 분말을 함께 첨가한 후 1,400℃ 이상의 고온으로 가열하면서 프레스로 소결시켜 만든다. 고속도강의 4배 정도로 절삭이 가능하다. 1,100℃까지도 경도변화가 없다.

㉥ 세라믹

무기질의 비금속 재료를 고온에서 소결한 것으로 절삭 열이 1,200℃까지도 경도 변화가 없다.

㉦ 공구는 절삭작용을 하기 위해 제작된 것으로써, 절삭 시 발생하는 열에 의해 재료가 손상되게 된다. 고온경도란 접촉 부위의 온도가 높아지더라도 경도를 유지할 수 있는 성질을 말한다.

③ 공구강의 고온 경도가 높은 순서

다이아몬드 > 입방정 질화붕소 > 세라믹 > 초경합금 > 주조경질합금(스텔라이트) > 고속도강 > 합금공구강 > 탄소공구강

4. 스테인리스강의 용접 및 재료

(1) 스테인리스강(Stainless Steel)개요

① 스테인리스강

일반 강 재료에 Cr을 12% 이상 합금하여 만든 내식용 재료이다.

② 스테인리스강의 분류

구 분	종 류	주요 성분	자 성
Cr계	페라이트계 스테인리스강	Fe+Cr 12% 이상	자성체
	마텐자이트계 스테인리스강	Fe+Cr 13%	자성체
Cr+Ni계	오스테나이트계 스테인리스강	Fe+Cr 18%+Ni 8%	비자성체
	석출경화계 스테인리스강	Fe+Cr+Ni	비자성체

③ 스테인리스강의 일반적인 특징

㉠ 내식성이 우수하다.

㉡ 대기 중이나 수중에서 녹이 발생하지 않는다.

㉢ 황산, 염산 등의 크롬 산화막에 침식되어 내식성을 잃는다.

④ 오스테나이트 스테인리스강 용접 시 유의사항

㉠ 짧은 아크를 유지한다.

㉡ 아크를 중단하기 전에 크레이터 처리를 한다.

㉢ 낮은 전류값으로 용접하여 용접 입열을 억제한다.

(2) 스테인리스강의 종류별 특징

① 페라이트계 스테인리스강

㉠ 자성체이다.

㉡ 체심입방격자(BCC)이다.

㉢ 열처리에 의해 경화되지 않는다.

㉣ 순수한 Cr계 스테인리스강이다.

㉤ 유기산과 질산에는 침식되지 않는다.

㉥ 염산, 황산 등과 접촉하게 되면 내식성을 잃어버린다.

㉦ 오스테나이트계 스테인리스강에 비하여 내산성이 낮다.

㉧ 표면이 잘 연마된 것은 공기나 물 중에 부식되지 않는다.

② 마텐자이트계 스테인리스강

㉠ 자성체이며 체심입방격자이다.

㉡ 순수한 Cr계 스테인리스강이며 열처리에 의해 경화된다.

③ 오스테나이트계 스테인리스강

㉠ 비자성이고 비경화성이다.

㉡ 면심입방격자이며 내식성이 크다.

㉢ 용접성이 좋지 않으며 염산이나 황산에 강하다.

④ PH형 스테인리스강(석출경화계)

Precipitation Hardening의 약자로서 Cr-Ni계 스테인리스강에 Al, Ti, Nb, Cu 등을 첨가하여 석출경화를 이용하여 강도를 높인 스테인리스강의 총칭이다.

5. 알루미늄과 그 합금의 용접 및 재료

(1) 알루미늄과 그 합금

① 알루미늄의 성질

㉠ 비중 : 2.7이고 용융점은 : 660℃이다.

㉡ 담금질 효과는 시효경화로 얻을 수 있다.

㉢ 염산이나 황산 등의 무기산에 잘 부식된다.

㉣ 면심입방격자이며 비강도와 주조성이 우수하다.

㉤ 열과 전기의 양도체이며 내식성 및 가공성이 양호하다.

> ※ 시효경화란 열처리 후 시간이 지남에 따라 강도와 경도가 증가하는 현상이다.

② 알루미늄 합금의 종류 및 특징

분 류	종 류	구성 및 특징
주조용(내열용)	실루민	• Al+Si(10~14% 함유), 알팍스로도 불린다. • 해수에 잘 침식되지 않는다.
	라우탈	• Al+Cu 4%+Si 5% • 열처리에 의하여 기계적 성질을 개량할 수 있다.
	Y합금	• Al+Cu+Mg+Ni • 내연기관용 피스톤, 실린더 헤드의 재료로 사용된다.
	로-엑스 합금(Lo-Ex)	• Al+Si 12%+Mg 1%+Cu 1%+Ni • 열팽창 계수가 작아서 엔진, 피스톤용 재료로 사용된다.
	코비탈륨	• Al+Cu+Ni에 Ti, Cu 0.2% 첨가 • 내연기관의 피스톤용 재료로 사용된다.

분 류	종 류	구성 및 특징
가공용	두랄루민	• Al+Cu+Mg+Mn •고강도로서 항공기나 자동차용 재료로 사용된다.
	알클래드	고강도 Al합금에 다시 Al을 피복한 것이다.
내식성	알 민	Al+Mn, 내식성, 용접성이 우수하다.
	알드레이	Al+Mg+Si 강인성이 없고 가공변형에 잘 견딘다.
	하이드로날륨	Al+Mg, 내식성, 용접성이 우수하다.

(2) 알루미늄의 용접 등

① 알루미늄 및 알루미늄 합금의 용접성이 불량한 이유

㉠ 용접 후 변형이 적고 균열이 생기지 않는다.

㉡ 색체에 따른 가열 온도 판정이 불가능하다.

㉢ 응고 시 수소 가스를 흡수하여 기공이 발생한다.

㉣ 용융점이 660℃로 낮아서 지나치게 용융되기 쉽다.

㉤ 산화알루미늄의 용융온도가 알루미늄의 용융온도보다 높아서 용접성이 좋지 못하다.

② 알루미늄은 철강에 비하여 일반 용접봉으로는 용접이 극히 곤란한 이유

㉠ 비열 및 열 전도도가 크므로, 단시간에 용접 온도를 높이는 데에는 높은 온도의 열원이 필요하다.

㉡ 강에 비해 팽창계수가 약 2배, 응고수축이 1.5배 크므로, 용접변형이 클 뿐 아니라, 합금에 따라서는 응고균열이 생기기 쉽다.

㉢ 산화 알루미늄의 비중(4.0)은 보통 알루미늄의 비중(2.7)에 비해 크므로, 용융금속 표면에 떠오르기가 어렵고, 용착금속 속에 남는다.

㉣ 액상에 있어서의 수소 용해도가 고상 때보다 대단히 크므로, 수소가스를 흡수하여 응고할 때에 기공으로 되어 용착금속 중에 남게 된다.

㉤ 산화 알루미늄의 용융점은 알루미늄의 용융점(658℃) 에 비하여 매우 높아서(약 2,050℃) 용융되지 않은 채로 유동성을 해치고, 알루미늄 표면을 덮어 금속 사이의 융합을 방지하는 등 작업을 크게 해친다.

③ 알루미늄 합금의 열처리방법

알루미늄 합금은 변태점이 없기 때문에 담금질이 불가능하기 때문에 시효경화나 석출경화를 이용하여 기계적 성질을 변화시킨다.

6. 구리와 그 합금의 용접 및 재료

(1) 구리와 그 합금

① 구리(Cu)의 성질

㉠ 비중 8.96, 용융점 1,083℃, 끓는점 2,560℃이다.

㉡ 비자성체이며 내식성이 좋고 전기전도율이 우수하다.

㉢ 전기와 열의 양도체이며 전연성이 좋아 가공이 용이하다.

㉣ 건조한 공기 중에서 산화하지 않으나 황산, 염산에 용해되며 습기, 탄소가스, 해수에 의해 녹이 생긴다.

㉤ 수소병이라 하여 환원 여림의 일종으로 산화구리를 환원성 분위기에서 가열하면 수소가 구리 중에 확산 침투하여 균열이 발생한다. 질산에는 급격히 용해된다.

② 구리 합금의 종류

㉠ 청동 : Cu+Sn, 구리+주석

㉡ 황동 : Cu+Zn, 구리+아연

③ 구리 용접이 어려운 이유

㉠ 구리는 열전도율이 높고 냉각속도가 크다.

㉡ 수소와 같이 확산성이 큰 가스를 석출하여, 그 압력 때문에 더욱 약점이 조정된다.

㉢ 열팽창계수는 연강보다 약 50% 크므로 냉각에 의한 수축과 응력집중을 일으켜 균열이 발생하기 쉽다.

㉣ 구리는 용융될 때 심한 산화를 일으키며, 가스를 흡수하기 쉬우므로 용접부에 기공 등이 발생하기 쉽다.

㉤ 구리의 경우 열전도율과 열팽창계수가 높아서 가열 시 재료의 변형이 일어나기 쉽고, 열의 집중성이 떨어져서 저항 용접이 어렵다.

㉥ 구리 중의 산화구리(Cu_2O)를 함유한 부분이 순수한 구리에 비하여 용융점이 약간 낮으

므로, 먼저 용융되어 균열이 발생하기 쉽다.

㉦ 가스 용접, 그 밖의 용접방법으로 환원성 분위기 속에서 용접을 하면 산화구리는 환원($Cu_2O+H_2= 2Cu+H_2O$)될 가능성이 커진다. 이때, 용적은 감소하여 스펀지(Sponge) 모양의 구리가 되므로 더욱 강도를 약화시킨다. 그러므로, 용접용 구리 재료는 전해구리보다 탈산구리를 사용해야 하며, 또한 용접봉을 탈산구리 용접봉 또는 합금 용접봉을 사용해야 한다.

(2) 황동과 청동

① 황동과 청동합금의 종류

황 동	• 양 은 • 알브락 • 문쯔메탈 • 네이벌 황동 • 알루미늄황동	• 톰 백 • 델타메탈 • 규소황동 • 고속도 황동 • 애드미럴티 황동
청 동	• 켈 밋 • 쿠니알 • 콘스탄탄	• 포 금 • 인청동 • 베어링청동

② 황동의 종류

㉠ 톰백 : Cu(구리)에 Zn(아연)을 약 5~20% 합금한 것으로써, 색깔이 아름다워 장식용품으로 많이 사용되는 재료이다.

㉡ 문쯔메탈 : 황동으로써 60%의 구리와 40%의 아연이 합금된 것이다. 이 조성에서 인장강도가 최대이며, 강도가 필요한 곳에 사용한다.

㉢ 알브락 : Cu 75% + Zn 20% + 소량의 Al, Si, As 등의 합금이다. 해수에 강하여 내식성과 내침수성 복수기관과 냉각기관에 사용된다.

㉣ 애드미럴티 황동 : 7 : 3 황동에 Sn 1%를 첨가한 것이며, 콘덴서 튜브에 사용한다.

㉤ 델타메탈 : 6 : 4 황동 + 철(1~2%)

③ 황동의 자연균열

황동의 자연균열이란 냉간가공한 황동의 파이프, 봉재제품이 보관 중에 자연적으로 균열이 생기는 현상으로 그 원인은 암모니아나 암모늄에 의한 내부응력 때문이다. 방지법은 표면에 도색이나 도금을 하거나 200~300℃로 저온풀림 처리를 하여 내부응력을 제거하면 된다.

④ 재료의 경년변화

경년변화란 재료 내부의 상태가 세월이 경과함에 따라 서서히 변화하는데 그 때문에 부품의 특성이 당초의 값보다 변동하는 것으로 방치할 경우 기기의 오작동을 초래할 수 있다. 이것은 상온에서 장시간 방치할 경우에 발생한다.

⑤ 주요 청동 합금

㉠ 켈밋 : Cu 70% + Pb 30 ~ 40%의 합금, 열전도, 압축 강도가 크고 마찰계수가 작다. 고속, 고하중 베어링에 사용된다.

⑥ 콜슨(Corson)합금

㉠ 니켈 청동합금이다.

㉡ 통신선이나 전화선으로 사용된다.

㉢ Cu+Ni 3~4%+Si 0.8~1%가 합금되었다.

7. 기타 철금속 · 비철금속과 그 합금의 용접 및 재료

(1) 마그네슘

① Mg(마그네슘)의 특징

㉠ 용융점은 650℃이다.

㉡ 조밀육방격자 구조이다.

㉢ Al에 비해 약 35% 가볍다.

㉣ 구상흑연주철의 첨가재로 사용된다.

㉤ 비중이 1.74로 실용금속 중 가장 가볍다.

㉥ 비강도가 우수하여 항공기나 자동차 부품으로 사용된다.

㉦ 대기 중에서 내식성이 양호하나 산이나 염류(바닷물)에는 침식되기 쉽다.

② 마그네슘 합금의 종류

구 분	종 류
주물용 마그네슘 합금	Mg-Al계 합금
	Mg-Zn계 합금
	Mg-히토류계 합금
가공용 마그네슘 합금	Mg-Mn계 합금
	Mg-Al-Zn계 합금
	Mg-Zn-Zr계 합금

※ 알루미늄은 주조 조직을 미세화하며 기계적 성질을 향상시킨다.

(2) 티타늄 및 기타 금속

① 티타늄(Ti)의 특징

㉠ 티탄 용접 시 보호장치가 필요하다.
㉡ 비중은 4.5이며 용융점은 1,668℃이다.
㉢ 가볍고 내식성이 우수하며 강한 탈산제 및 흑연화 촉진제로 사용된다.
㉣ 600℃ 이상에서 급격한 산화로 TIG 용접 시 용접토치에 특수(Shield Gas)장치가 필요하다.

② 배빗메탈

배빗메탈은 Sn, Sb 및 Cu가 주성분인 화이트 메탈로서, 발명자 Issac Babbit의 이름을 따서 배빗메탈이라 한다. 내열성이 우수하여 주로 내연기관용 베어링에 많이 쓰인다.

③ 콘스탄탄

Ni(니켈) 40~45%와 구리의 합금으로 전기 저항성이 크나 온도변화에 큰 영향을 받는다. 저항선이나 전열선, 열전쌍의 재료로 사용된다.

④ 모넬메탈

구리와 니켈의 합금이다. 내식성과 고온에서의 강도가 높아서 각종 화학 기계나 열기관의 재료로 사용된다.

⑤ 퍼멀로이

니켈과 철의 합금으로 자기장의 세기가 큰 합금의 상품명이다. 열처리를 하면 높은 자기투과도를 나타내기 때문에 측정기나 고주파 철심 등의 재료로서 사용된다.

⑥ 큐프로니켈

구리와 니켈과의 합금으로 백동이라고도 한다. 소성 가공성과 내식성이 좋다. 비교적 고온에서도 잘 견디며 열교환기의 재료로 사용된다.

(3) 불변강

① 불변강의 종류

㉠ 인바 : 줄자, 정밀기계부품 등에 사용
㉡ 슈퍼인바 : 인바에 비에 열팽창계수가 작음
㉢ 엘린바 : 정밀 계측기나 시계 부품에 사용
㉣ 코엘린바 : 엘린바에 Co(코발트)를 첨가하여 사용
㉤ 퍼멀로이 : 코일용으로 사용
㉥ 플래티나이트 : 전구나 진공관의 도선용으로 사용

02 용접재료의 열처리

1. 열처리

(1) 열처리 개요

① 정의

열처리란 사용 목적에 따라 강(Steel)에 필요한 성질을 부여하는 조작이다.

② 열처리의 특징

㉠ 결정립을 미세화시킨다.
㉡ 결정립을 조대화하면 강이 물러진다.
㉢ 강에 가열하거나 냉각하는 처리를 통해 금속의 기계적 성질을 변화시키는 처리이다.

③ 기본 열처리의 종류

㉠ 담금질(Quenching) : 강을 Fe-C 상태도상에서 A_3 및 A_1 변태선 이상 30~50℃로 가열 후 급랭시켜 오스테나이트조직에서 마텐자이트조직으로 강도가 큰 재질을 만드는 열처리작업
㉡ 뜨임(Tempering) : 담금질 한 강을 A_1변태점 이하로 가열 후 서랭하는 것으로 담금질되어 경화된 재료에 인성을 부여한다.
㉢ 풀림(Annealing) : 재질을 연하고 균일화시킬 목적으로 목적에 맞는 일정온도 이상으로 가열한 후 서랭한다(완전풀림-A_3변태점 이상, 연화풀림-650℃ 정도).
㉣ 불림(Normalizing) : 담금질이 심하거나 결정입자가 조대해진 강을 표준화조직으로 만들어주기 위하여 A_3점이나 A_{cm}점 이상으로 가열 후 공랭시킨다. Normal은 표준이라는 의미이다.

(3) 담금질

① 담금질 조직의 경도 순서

페라이트 < 오스테나이트 < 펄라이트 < 소르바이트 < 베이나이트 < 트루스타이트 < 마텐자이트 < 시멘타이트

② 담금질을 하는 이유

상온에서 체심입방격자인 강을 오스테나이트 조직의 영역까지 가열하여 면심입방격자의 오스테나이트조직으로 만든 후 급랭을 하면 상온에서도 오스테나이트 조직의 강을 만들 수 있다. 강을 오스테나이트 조직으로 만들려는 목적은 페라이트와 시멘타이트의 층상조직으로 이루어진 오스테나이트조직이 다른 금속조직에 없는 질기고 강한 성질을 얻기 위함이다.

2. 표면경화 및 처리법

(1) 표면경화법의 종류

종 류		침탄재료
화염경화법		산소-아세틸렌불꽃
고주파경화법		고주파 유도전류
질화법		암모니아가스
침탄법	고체침탄법	목탄, 코크스, 골탄
	액체침탄법	KCN(시안화칼륨), NaCN(시안화나트륨)
	가스침탄법	메탄, 에탄, 프로판
금속침투법	세라다이징	Zn(아연)
	칼로라이징	Al(알루미늄)
	크로마이징	Cr(크롬)
	실리코나이징	Si(규소, 실리콘)
	보로나이징	B(붕소)

(2) 표면경화법의 성질에 따른 분류

물리적 표면경화법	화학적 표면경화법
화염경화법	침탄법
고주파경화법	질화법
하드페이싱	금속침투법
숏피닝	

(3) 침탄법과 질화법

특 성	침탄법	질화법
경 도	질화법보다 낮다.	침탄법보다 높다.
수정여부	침탄 후 수정가능	불 가
처리시간	짧다.	길다.
열처리	침탄 후 열처리 필요	불필요
변 형	변형이 크다.	경화 후 변형이 작다.
취 성	질화층보다 여리지 않다.	질화층부가 여리다.

(4) 침탄법

순철에 0.2% 이하의 C가 합금된 저탄소강을 목탄과 같은 침탄제 속에 완전히 파묻은 상태로 약 900~950℃로 가열하여 재료의 표면에 탄소(C)를 침입시켜 고탄소강으로 만든 후 급랭시킴으로써 표면을 경화시키는 열처리법이다. 기어나 피스톤 핀을 표면 경화할 때 주로 사용된다.

① 침탄법의 종류

액체 침탄법	• 침탄제인 NaCN, KCN에 염화물과 탄화염을 40~50% 첨가하고 600~900℃에서 용해하여 C와 N가 동시에 소재의 표면에 침투하게 하여 표면을 경화시키는 방법으로써 침탄과 질화가 동시에 된다는 특징이 있다. • 침탄제의 종류 : NaCN(시안화 나트륨), KCN(시안화 칼륨)
고체 침탄법	침탄제인 목탄이나 코크스 분말과 소금 등의 침탄 촉진제를 재료와 함께 침탄 상자에서 약 900℃의 온도에서 약 3~4시간 가열하여 표면에서 0.5mm~2mm의 침탄층을 얻는 표면경화법이다.
가스 침탄법	메탄가스나 프로판가스를 이용하여 표면을 침탄하는 표면경화법

(5) 질화법

암모니아(NH_3)가스 분위기(영역) 안에 재료를 넣고 약 500℃에서 50시간~100시간 가열하면 Al, Cr, Mo 원소와 함께 질소가 확산되면서 강 재료의 표면이 단단해지는 표면경화법이다.

(6) 기타 표면경화법

① 하드페이싱 : 금속 표면에 스텔라이트나 경합금 등의 금속을 용착시켜 표면 경화층을 만드는 방법

② 숏 피닝 : 강이나 주철제의 작은 강구(볼)를 고속으로 표면층에 분사하여 표면층을 가공 경화시켜 강화하는 방법

③ 피닝 : 용접부위를 둥근 해머로 연속으로 두드려서 표면층에 소성 변형을 주는 조작으로 용접부의 잔류응력을 완화시키고자 할 때 사용하는 방법

④ 샌드 블라스트 : 분사 가공의 일종으로 직경이 작은 구를 압축 공기로 분사시키거나, 중력으로 낙하시켜 소재의 표면을 연마작업이나 녹 제거 등의 가공을 하는 방법

(7) 화염 경화법

산소-아세틸렌가스 불꽃으로 강의 표면을 급격히 가열한 후 물을 분사시켜 급랭하여 표면을 경화시키는 방법

※ 화염 경화법의 특징
- 설비비가 저렴하다.
- 가열온도의 조절이 어렵다.
- 부품의 크기와 형상은 무관하다.

(8) 금속침투법

경화고자 하는 재료의 표면을 가열한 후 여기에 다른 종류의 금속을 확산 작용으로 부착시켜 합금 피복층을 얻는 표면경화법이다.

(9) 고주파 경화법(고주파 열처리)

고주파 유도 전류에 의해서 강 부품의 표면층만을 급 가열한 후 급랭시키는 표면경화법이다. 높은 주파수는 소형품이나 얇은 담금질 층, 낮은 주파수는 대형품이나 깊은 담금질 층을 얻고자 할 때 사용한다.

※ 고주파경화법의 특징
- 작업비가 싸다.
- 직접 가열로 열효율이 높다.
- 열처리 후 연삭과정을 생략할 수 있다.
- 조작이 간단하여 열처리 시간이 단축된다.
- 불량이 적고 변형 보정을 필요로 하지 않는다.
- 급열이나 급랭으로 인해 재료가 변형될 수 있다.
- 경화층이 이탈되거나 담금질 균열이 생기기 쉽다.
- 가열 시간이 짧아서 산화 및 탈탄의 우려가 적다.
- 마텐자이트 생성으로 체적이 변화하여 내부응력이 발생한다.
- 부분 담금질이 가능하므로 필요한 깊이만큼 균일하게 경화가 가능하다.

제3과목 기계제도(비절삭부분)

용접기능사 Craftsman Welding/Inert Gas Arc Welding

1 기계제도(비절삭부분)

01 제도통칙

1. 일반사항

(1) 기계 제도의 일반사항

① 기계 제도의 일반사항

㉠ 도형의 크기와 대상물의 크기와의 사이는 비례관계가 되도록 그린다. 단, 잘못 볼 염려가 있는 도면은 도면의 일부 또는 전부에 대해 비례관계는 지키지 않아도 좋다.

㉡ 선의 굵기 방향의 중심은 선의 이론상 그려야 할 위치 위에 있어야 한다.

㉢ 투명한 재료로 만들어지는 대상물 또는 부분은 투상도에서는 전부 불투명한 것으로 하고 그린다.

㉣ 길이 치수는 특별히 지시가 없는 한 그 대상물의 측정을 2점 측정에 따라 행한 것으로 지시한다.

㉤ 기능상의 요구, 호환성, 제작 기술 수준 등을 기본으로 불가결의 경우만 기하 공차를 그린다.

㉥ 한국공업규격에서 제도에 사용하는 기호로 규정한 기호는 특별한 주기를 필요로 하지 않는다.

② 도면에 반드시 마련해야 할 양식

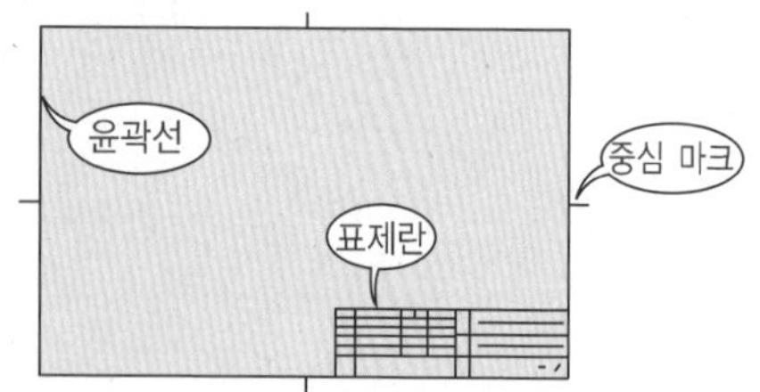

㉠ 윤곽선
㉡ 표제란
㉢ 중심마크

③ 표제란의 위치

표제란은 항상 도면 용지의 우측 하단에 위치시킨다.

④ 표제란에 표시해야 할 내용

㉠ 척 도
㉡ 각 법
㉢ 단 위
㉣ 제품명
㉤ 도면번호
㉥ 도면 작성 일자
㉦ 도면 작성 회사나 학교
㉧ 설계자 또는 제도자의 이름
㉨ 도면 책임자의 이름이나 서명
㉩ 제도 목적(신개발이나 설계도 변경)

⑤ 도면에 중심 마크를 설치하는 이유

완성된 도면은 영구적 보관을 위해 마이크로필름으로 촬영하거나 제품 생산에 사용할 수 있도록 복사할 때 편의를 위해 중심마크를 마련하며 0.5mm 굵기의 실선으로 용지의 가장자리에 중심마크를 긋는다.

(2) 도면의 크기 및 척도

① 도면의 크기 및 연장 사이즈의 규격

A열 사이즈		연장 사이즈		c(최소) (접지 않은 경우 d=c)	접는 경우의 d(최소)
호칭 방법	치수 a×b	호칭 방법	치수 a×b		
-	-	A0×2	1,189×1,682	20	25
A0	841 ×1,189	A1×3	841×1,783		
A1	594 ×841	A2×3	594×1,261		
		A2×4	594×1,682		
A2	420 ×594	A3×3	420×891	10	25
		A3×4	420×1,189		
A3	297 ×420	A4×3	297×630		
		A4×4	297×841		
		A4×5	297×1,051		
A4	210×297	-	-		

> ※ 제도 용지의 세로(폭)와 가로(길이)의 비는 1 : $\sqrt{2}$

③ 척도 표시 방법

㉠ 축척, 배척, 현척

- 축척은 실물보다 작게 축소해서 그리는 것으로 1 : 2, 1 : 20의 형태로 표시
- 배척은 실물보다 크게 확대해서 그리는 것으로 2 : 1, 20 : 1의 형태로 표시
- 현척은 실물과 동일한 크기로 1 : 1의 형태로 표시

> A : B = 도면에서의 크기 : 물체의 실제크기
> 예 축척 - 1 : 2, 현척 - 1 : 1, 배척 - 2 : 1

㉡ 비례척이 아님(NS)

NS는 Not to Scale의 약자로써 척도가 비례하지 않을 경우 비례척이 아님을 의미하며, 치수 밑에 밑줄을 긋기도 한다.

2. 선의 종류 및 치수의 기입방법

(1) 선의 종류 및 기하공차

① 선의 종류

명 칭	기호명칭	기 호	
외형선	굵은 실선	─────	대상물의 보이는 모양을 표시하는 선
치수선	가는 실선	─────	치수 기입을 위해 사용하는 선
치수 보조선			치수를 기입하기 위해 도형에서 인출한 선
지시선			지시, 기호를 나타내기 위한 선
회전 단면선			회전한 형상을 나타내기 위한 선
수준 면선			수면, 유면 등의 위치를 나타내는 선
숨은선	가는 파선	— — — —	대상물의 보이지 않는 부분의 모양을 표시
절단선	가는 1점 쇄선이 겹치는 부분에는 굵은 실선		절단한 면을 나타내는 선
중심선	가는 1점 쇄선	- — - — -	도형의 중심을 표시하는 선
기준선			위치 결정의 근거임을 나타내기 위해 사용
피치선			반복 도형의 피치의 기준을 잡음
무게 중심선	가는 2점 쇄선	—— - - ——	단면의 무게 중심 연결한 선
가상선			가공 부분의 이동하는 특정 위치나 이동 한계의 위치를 나타내는 선
특수 지정선	굵은 1점 쇄선	- — - — -	특수한 부분을 지정할 때 사용하는 선
파단선	불규칙한 가는 실선	～～～	대상물의 일부를 파단한 경계나 일부를 떼어 낸 경계를 표시하는 선
	지그재그 선	─∧─∧─	
해 칭	가는실선 (사선)	//////	단면도의 절단면을 나타내는 선
개스킷	아주 굵은 실선	━━━━	개스킷 등 두께가 얇은 부분 표시하는 선

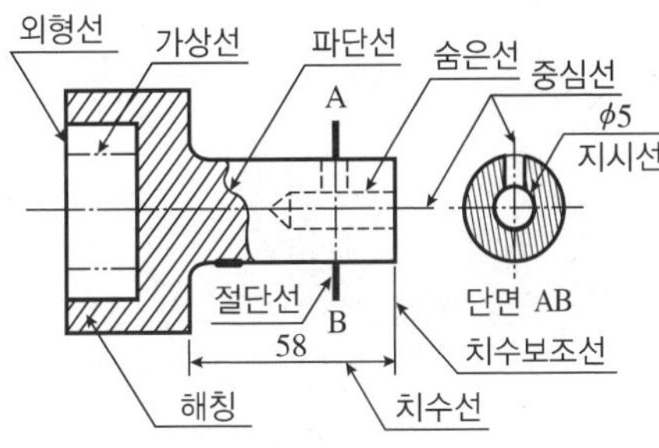

② 주요 선의 정의

선의 종류	기 호	설 명
실 선	─────	연속적으로 이어진 선
파 선	— — — —	짧은 선을 일정한 간격으로 나열한 선
1점 쇄선	- — - — -	길고 짧은 2종류의 선을 번갈아 나열한 선
2점 쇄선	—— - - ——	긴선 1개와 짧은 선 2개를 번갈아 나열한 선

③ 두 종류 이상의 선이 중복되는 경우, 선의 우선순위

숫자나 문자 > 외형선 > 숨은선 > 절단선 > 중심선 > 무게 중심선 > 치수 보조선

④ 가는 2점 쇄선(——‥——)으로 표시되는 가상선의 용도

㉠ 인접 부분을 참고로 표시할 때
㉡ 공구 및 지그 등 위치를 참고로 나타낼 때
㉢ 가공 전이나 후의 모양을 표시할 때
㉣ 반복되는 것을 나타낼 때
㉤ 도시된 단면의 앞부분을 표시할 때
㉥ 단면의 무게 중심을 연결한 선을 표시할 때

⑤ 아주 굵은 실선의 활용

두께가 얇아서 실제 치수를 표시하기 곤란한 경우에는 열처리 표시와 비슷한 굵기의 아주 굵은 실선으로 표시하여 개스킷, 박판(얇은 판), 형강(H, L형강) 등임을 표시한다.

⑥ 해칭(Hatching)이나 스머징(Smudging)

단면도에는 필요한 경우 절단하지 않은 면과 구별하기 위해 해칭이나 스머징을 한다. 그리고 인접한 단면의 해칭은 기존 해칭이나 스머징 선의 방향 또는 각도를 달리하여 구분한다.

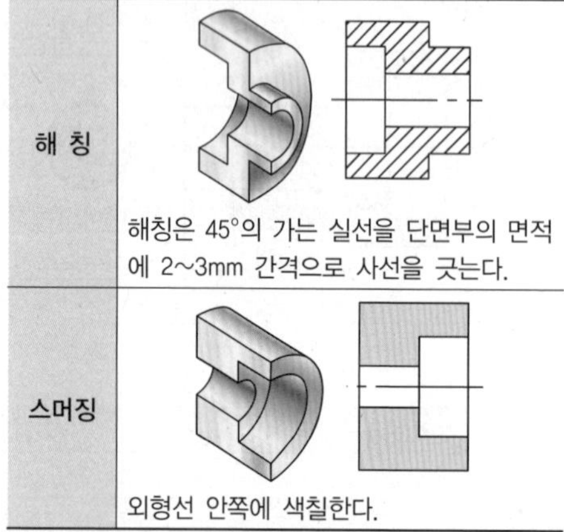

⑦ 제도 시 선 굵기의 비율 : 아주 굵은 선, 굵은 선, 가는 선 = 4 : 2 : 1로 해야 한다.

⑧ 기하공차 종류 및 기호

형 체	공차의 종류		기 호
단독형체	모양 공차	진직도	⏤
		평면도	⏥
		진원도	○
		원통도	⌭
		선의 윤곽도	⌒
		면의 윤곽도	⌓
관련형체	자세 공차	평행도	//
		직각도	⊥
		경사도	∠
	위치 공차	위치도	⌖
		동축도(동심도)	◎
		대칭도	⌯
	흔들림 공차	원주 흔들림	↗
		온 흔들림	⌰

(2) 치수 기입 방법

① 치수 표시 기호

기 호	구 분	기 호	구 분
φ	지 름	p	피 치
Sφ	구의 지름	$\overset{\frown}{50}$	호의 길이
R	반지름	$\underline{50}$	비례척도가 아닌 치수
SR	구의 반지름	$\boxed{50}$	이론적으로 정확한 치수
□	정사각형	(50)	참고 치수
C	45° 모따기	~~50~~	치수의 취소 (수정 시 사용)
t	두 께		

② 치수 기입 원칙(KS B 0001)

㉠ 중복치수는 피한다.
㉡ 치수는 주 투상도에 집중한다.
㉢ 관련되는 치수는 한 곳에 모아서 기입한다.
㉣ 치수는 공정마다 배열을 분리해서 기입한다.
㉤ 치수는 계산해서 구할 필요가 없도록 기입한다.
㉥ 치수 숫자는 치수선 위 중앙에 기입하는 것이 좋다.

㉦ 치수 중 참고 치수에 대하여는 수치에 괄호를 붙인다.

㉧ 필요에 따라 기준으로 하는 점, 선, 면을 기준으로 하여 기입한다.

㉨ 도면에 나타나는 치수는 특별히 명시하지 않는 한 다듬질 치수를 표시한다.

㉩ 치수는 투상도와의 모양 및 치수의 비교가 쉽도록 관련 투상도 쪽으로 기입한다.

㉪ 치수는 대상물의 크기, 자세 및 위치를 가장 명확하게 표시할 수 있도록 기입한다.

㉫ 기능상 필요한 경우 치수의 허용 한계를 지시한다(단, 이론적 정확한 치수는 제외).

㉬ 대상물의 기능, 제작, 조립 등을 고려하여, 꼭 필요한 치수를 분명하게 도면에 기입한다.

㉭ 하나의 투상도인 경우, 수평 방향의 길이 치수 위치는 투상도의 위쪽에서 읽을 수 있도록 기입한다.

ⓐ 하나의 투상도인 경우, 수직 방향의 길이 치수 위치는 투상도의 오른쪽에서 읽을 수 있도록 기입한다.

③ 길이와 각도의 치수기입

현의 치수 기입	호의 치수 기입
40	42
반지름의 치수 기입	**각도의 치수 기입**
R8	105° 36′, 30°

3. 투상법 및 도형의 표시법

(1) 투상법(Projection)

① 투상법의 정의

광선을 물체에 비추어 하나의 평면에 맺히는 형태로서 형상, 크기, 위치 등을 일정한 법칙에 따라 표시하는 도법을 투상법이라 한다.

② 투상법의 종류

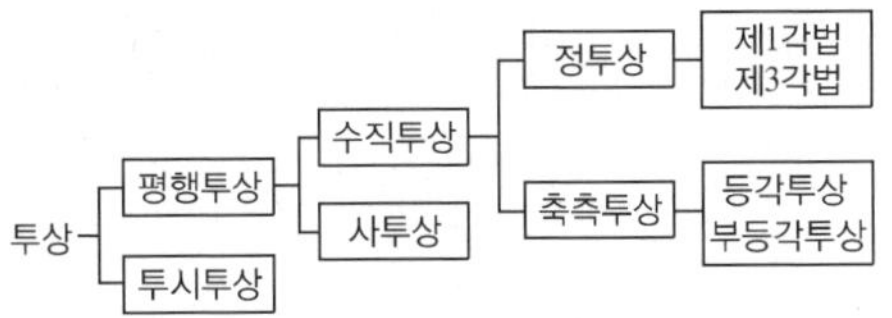

③ 투상도

투상도란 그 입체를 평면으로 표현한 일종의 설계도와 같다. 주로 정면도와 평면도, 측면도로 세 방향에서 그리게 되는데, 보이는 선은 실선으로 보이지 않는 선은 파선으로 그린다. 그렇게 하면 그 입체의 생김새를 알 수 있고 실제 모형을 제작할 수도 있다.

④ 정투상도의 배열방법

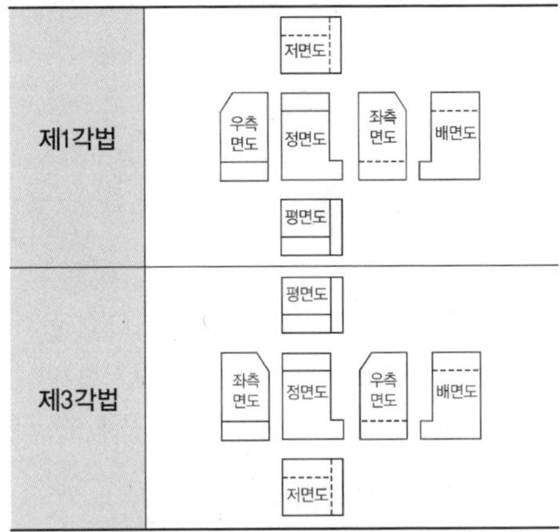

⑤ 제3각법으로 물체 표현하기

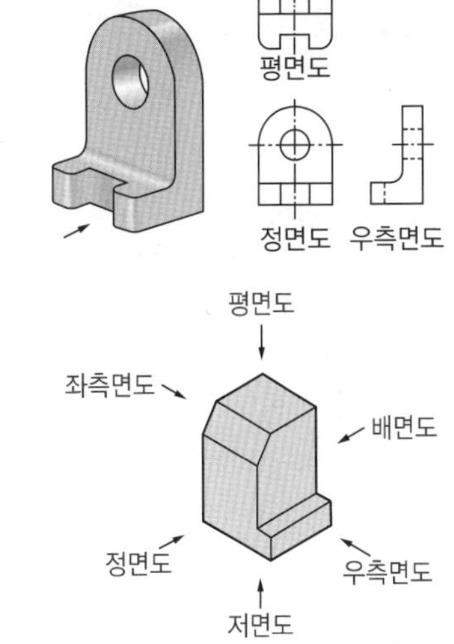

⑥ 투상법의 기호

제1각법	제3각법

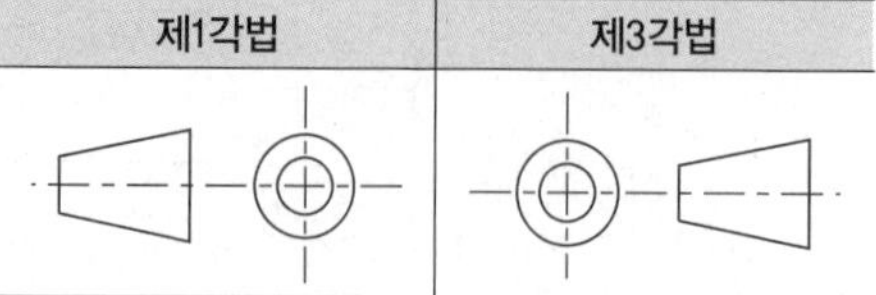

3각법의 투상방법은 눈 → 투상면 → 물체로써, 당구에서 3쿠션을 연상시키면 그림의 좌측을 당구공, 우측을 큐대로 생각하면 암기하기 쉽다. 1각법은 공의 위치가 반대가 된다.

(2) 투상도의 종류

① **부분 확대도** : 특정한 부분의 도형이 작아서 그 부분을 자세하게 나타낼 수 없거나 치수 기입을 할 수 없을 때에는 그 부분을 가는 실선으로 둘러싸고 한글이나 알파벳 대문자로 표시한다.

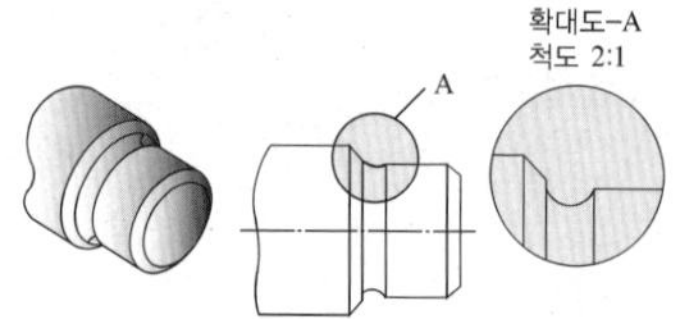

② **보조 투상도** : 경사면을 지니고 있는 물체는 그 경사면의 실제 모양을 표시할 필요가 있는데, 이 경우 보이는 부분의 전체 또는 일부분을 보조 투상도로 나타낸다.

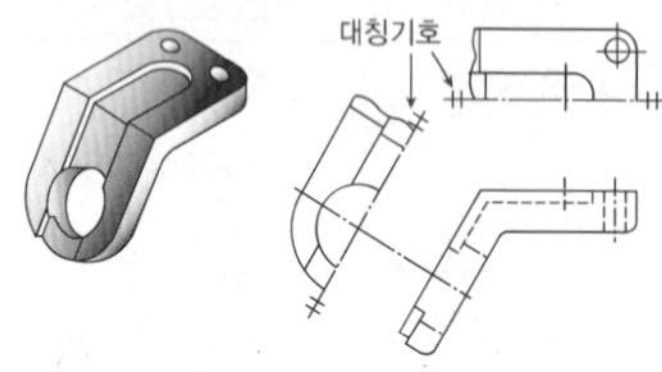

③ **회전 투상도** : 각도를 가진 물체의 그 실제 모양을 나타내기 위해서는 그 부분의 회전해서 실제 모양을 나타내야 한다.

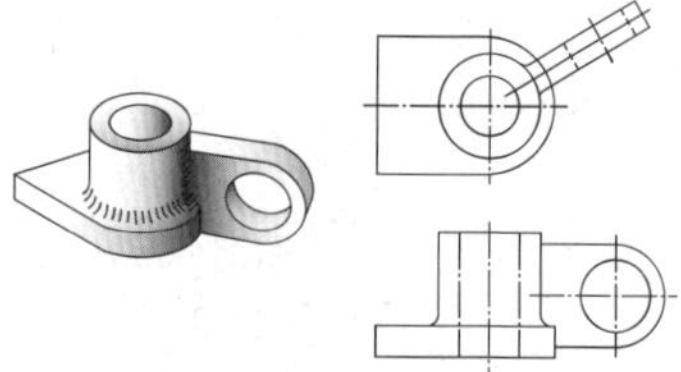

④ **부분 투상도** : 그림의 일부를 도시하는 것으로도 충분한 경우에는 필요한 부분만을 투상하여 그린다.

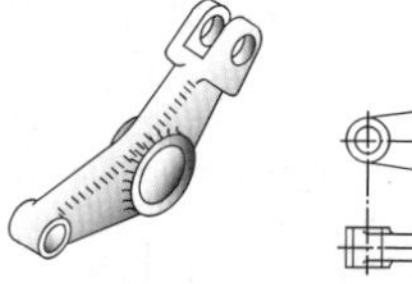

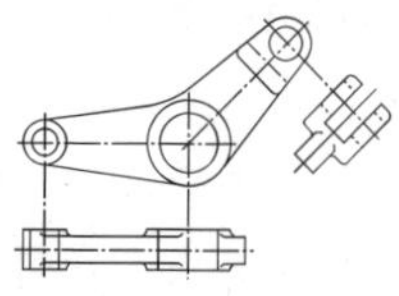

⑤ **국부 투상도** : 대상물의 구멍, 홈 등과 같이 한 부분의 모양을 도시하는 것으로 충분한 경우에 국부투상도를 도시한다.

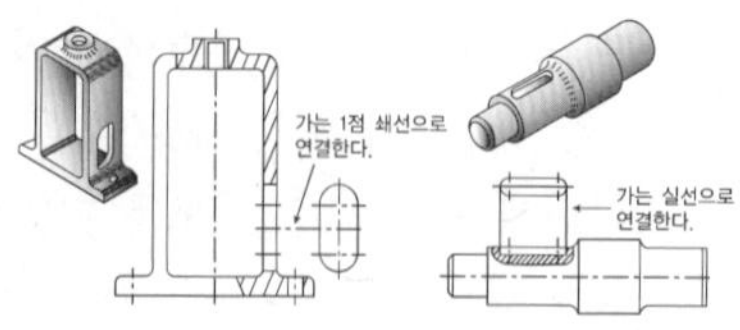

⑥ **등각 투상도** : 등각 투상도는 정면, 평면, 측면을 하나의 투상도에서 동시에 볼 수 있도록 그린 도법으로, 직육면체의 등각 투상도에서 직각으로 만나는 3개의 모서리는 각각 120°를 이룬다.

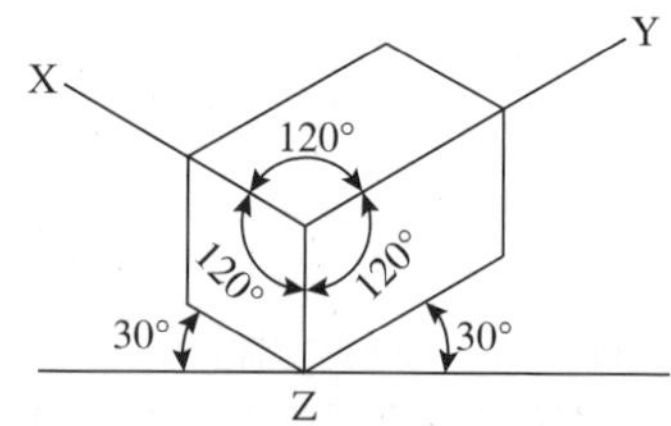

⑦ 대칭 물체의 투상도를 생략해서 간단히 그리기

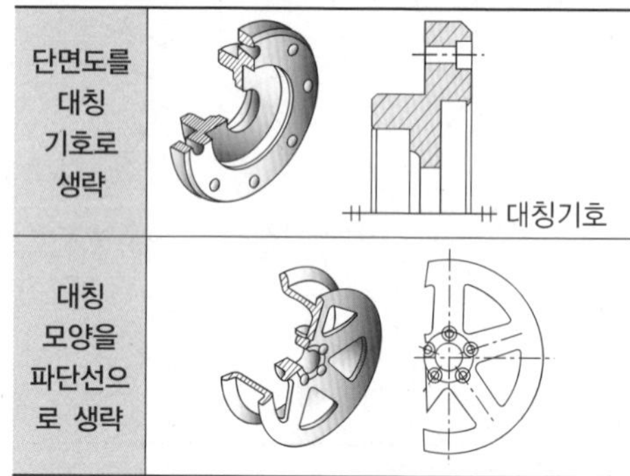

⑧ 모양이 반복되는 투상도를 간략하게 그리기 : 같은 크기의 모양이 반복되어 여러 개가 있는 경우 모두 그리지 않고 일반만 생각하면 복잡하지 않아 읽기도 쉽다.

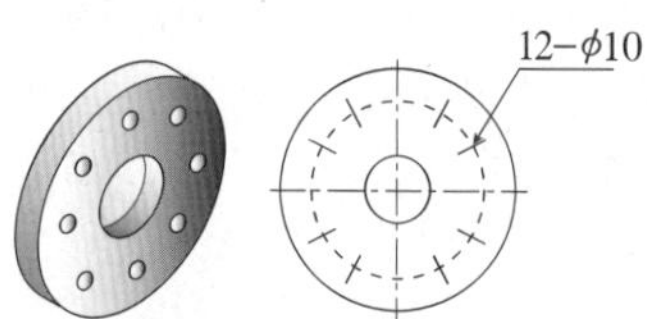

02 도면 해독

1. 재료기호

(1) 기계 재료의 표시 방법

① 일반 구조용 압연강재(SS400의 경우)

- S : Steel
- S : 일반 구조용 압연강재(General Structural Purposes)
- 400 : 최저 인장 강도

② 기계 구조용 탄소강재(SM 45C의 경우)

- S : Steel
- M : 기계 구조용(Machine Structural Use)
- 45C : 탄소함유량(0.40~0.50%)

③ 육각 볼트의 호칭

규격번호	KS B 1002
종 류	육각 볼트
부품등급	A
나사부의 호칭×길이	M12×80
–	–
강도구분	8.8
재 료	SM20C
–	–
지정사항	둥근 끝

④ 리벳의 호칭

규격 번호	종 류	호칭지름×길이	재 료
KS B 0112	열간 둥근 머리 리벳	10×30	SM50

⑤ 접시 머리 리벳

접시 머리 리벳은 접시 부분인 머리 부분까지 재료에 파묻히게 되므로 머리부의 전체를 포함해서 호칭길이를 나타낸다.

⑥ ㄱ형강 표시

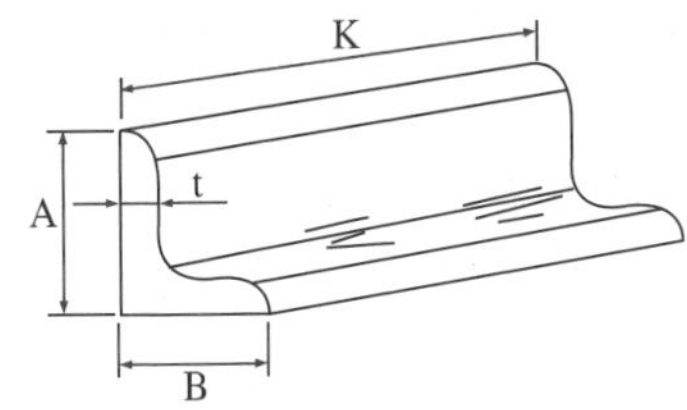

예 형강의 치수표시(LA×B×t–K)의 경우

L	A	×	B	×	t	–	K
형강 모양	세로 폭		가로 폭		두 께		길 이

(2) 재료 기호의 종류

명 칭	기 호
알루미늄 합금주물	AC1A
알루미늄 청동	ALBrC1
다이캐스팅용 알루미늄합금	ALDC1
청동 합금 주물	BC(CAC)
편상흑연주철	FC
회주철품	GC
구상흑연주철품	GCD
구상흑연주철	GCD
인청동	PBC2
합 판	PW
피아노선재	PWR
보일러 및 압력 용기용 탄소강	SB
보일러용 압연강재	SBB
보일러 및 압력용기용 강재	SBV
탄소강 주강품	SC
크롬강	SCr
주강품	SCW
탄소강 단조품	SF
고속도 공구강재	SKH
기계 구조용 탄소강재	SM
용접 구조용 압연강재	SM 표시후 A, B, C 순서로 용접성이 좋아짐
니켈–크롬강	SNC
니켈–크롬–몰리브덴강	SNCM
판스프링강	SPC
냉간압연 강판 및 강대(일반용)	SPCC
드로잉용 냉간압연 강판 및 강대	SPCD
열간압연 연강판 및 강대(드로잉용)	SPHD
배관용 탄소강판	SPP
스프링용강	SPS
배관용 탄소강관	SPW
일반 구조용 압연강재	SS
탄소공구강	STC
합금공구강(냉간금형)	STD
합금공구강(열간금형)	STF
일반 구조용 탄소강관	STK
기계 구조용 탄소강관	STKM
합금공구강(절삭공구)	STS
리벳용 원형강	SV

명 칭	기 호
탄화텅스텐	WC
화이트메탈	WM

(3) 배관 도시 기호

① 밸브, 콕, 계기의 표시

밸브일반		전자밸브	
글로브밸브		전동밸브	
체크밸브		콕일반	
슬루스밸브 (게이트밸브)		닫힌 콕 일반	
앵글밸브		닫혀 있는 밸브 일반	
3방향 밸브		볼밸브	
안전밸브 (스프링식)		안전밸브 (추식)	
공기빼기 밸브		버터플라이 밸브 (나비밸브)	

② 파이프 안에 흐르는 유체의 종류

㉠ A(Air) : 공기

㉡ G(Gas) : 가스

㉢ O(Oil) : 유류

㉣ S(Steam) : 수증기

㉤ W(Water) : 물

㉥ C : 냉수

③ 계기 표시의 도면 기호

㉠ T(Temperature) : 온도계

㉡ F(Flow Rate) : 유량계

㉢ V(Vacuum) : 진공계

㉣ P(Pressure) : 압력계

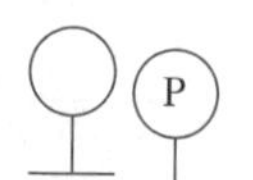

④ 관의 끝부분 표시

끝 부분의 종류	막힌 플랜지 (블랭크 연결)	나사박음식 캡 및 박음식 플러그
그림 기호		

⑤ 관의 접속 상태와 그림 기호

관의 접속 상태	그림 기호
접속하지 않을 때	
교차 또는 분기할 때	교차 분기

⑥ 배관 접합 기호의 종류

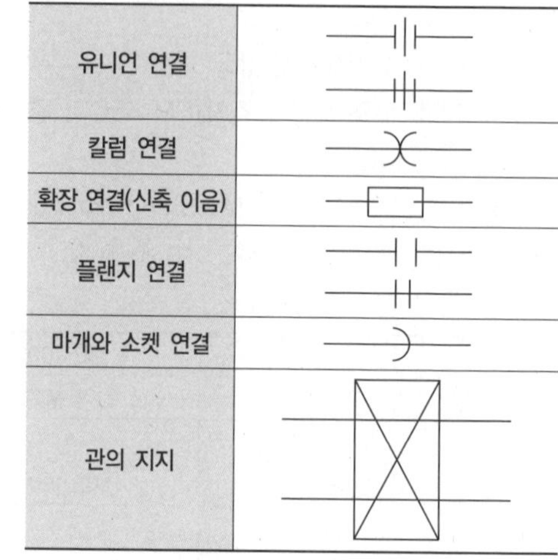

유니언 연결	
칼럼 연결	
확장 연결(신축 이음)	
플랜지 연결	
마개와 소켓 연결	
관의 지지	

⑦ 단선 도시 배관도

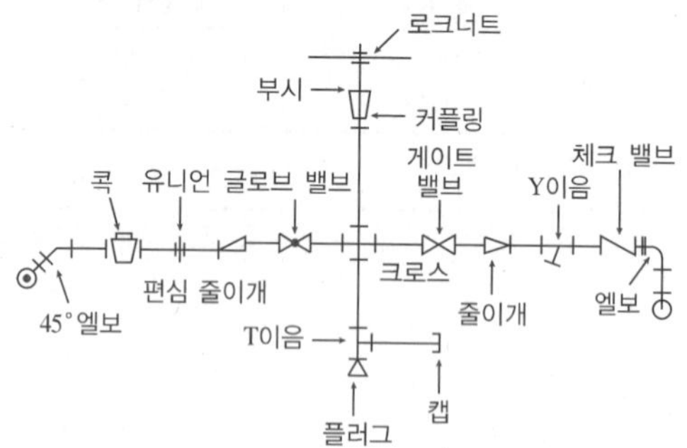

2. 용접기호

(1) 용접부 보조기호

① 용접부 보조기호의 정의

용접부의 표면 모양, 다듬질 방법, 용접 장소 및 방법 등을 표시하는 기호이다.

구 분		보조 기호	비 고
용접부의 표면 모양	평 탄		
	볼 록		기선의 밖으로 향하여 볼록하게 한다.
	오 목		기선의 밖으로 향하여 오목하게 한다.
용접부의 다듬질 방법	치 핑	C	
	연 삭	G	그라인더 다듬질일 경우
	절 삭	M	기계 다듬질일 경우
	지정 없음	F	다듬질 방법을 지정하지 않을 경우
현장 용접			온 둘레 용접이 분명할 때에는 생략해도 좋다.
온 둘레 용접			
온 둘레 현장 용접			

② 용접 기호의 구성

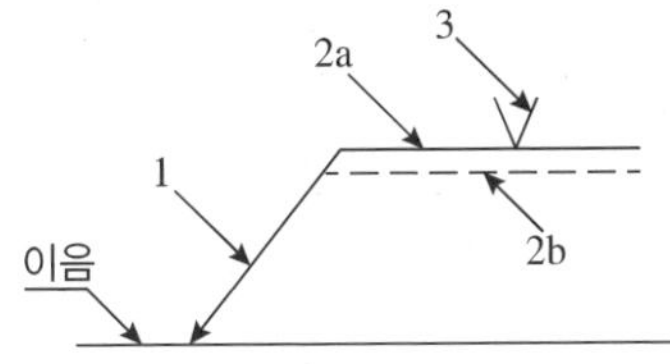

- 1 : 화살표(지시선)
- 2a : 기준선(실선)
- 2b : 동일선(파선)
- 3 : 용접 기호(이음 용접 기호)

③ 용접 기호의 용접부 방향 표시

화살표 쪽 또는 앞쪽의 용접	화살표 쪽 / 화살표의 앞쪽
화살표 반대쪽 또는 뒤쪽의 용접	화살표 반대쪽 / 화살표의 맞은편 쪽

④ 보조기호 기입하기

용접 부위가 화살표 쪽이나 앞쪽

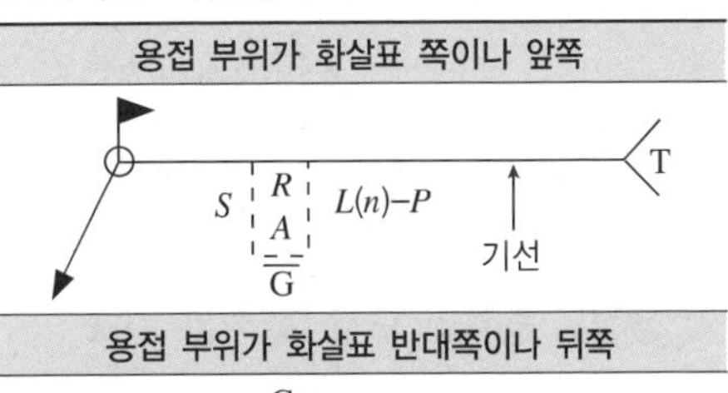

용접 부위가 화살표 반대쪽이나 뒤쪽

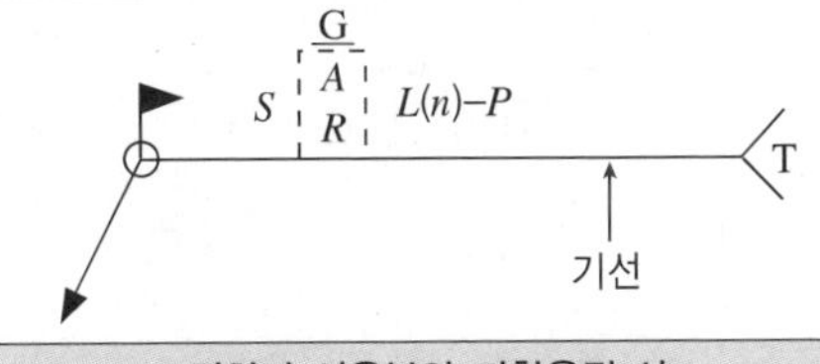

겹치기 이음부의 저항용접 시

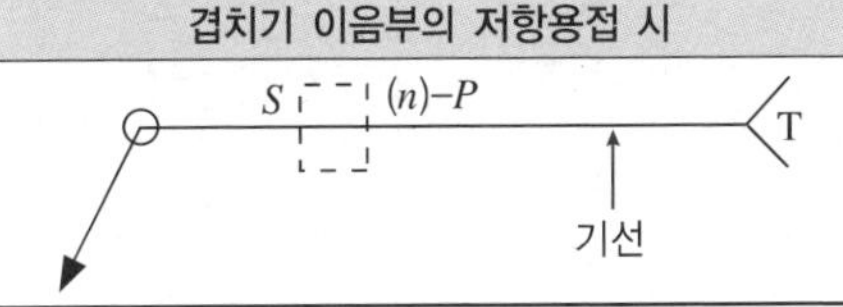

- S : 용접부의 단면 치수 또는 강도
- R : 루트간격
- A : 홈 각도
- L : 단속 필릿 용접의 길이, 슬롯 용접의 홈 길이나 용접 길이
- n : 단속 필릿 용접, 플러그 용접, 슬롯 용접, 점용접 등의 수
- P : 단속 필릿 용접, 플러그 용접, 슬롯 용접, 점 용접 등의 피치
- T : 특별 지시 사항(J형, U형 등의 루트 반지름, 용접방법, 비파괴 시험의 보조기호 등 기타)

⑤ 용접부 형상의 KS 용접기호의 명칭

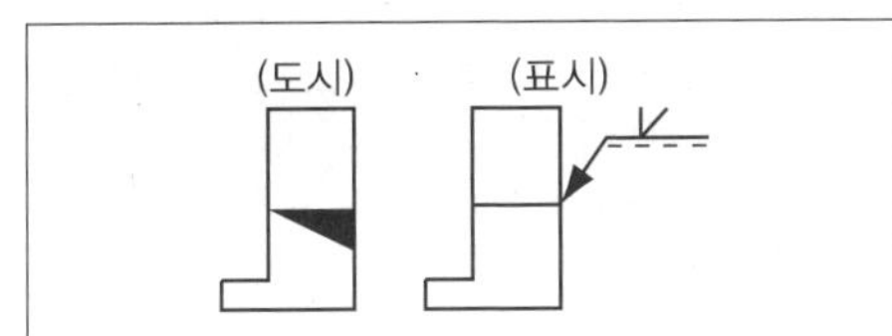

표시 기호는 화살표 반대쪽으로 일면 개선형 맞대기 용접을 하라는 의미이다.

⑥ 용접부 기호표시

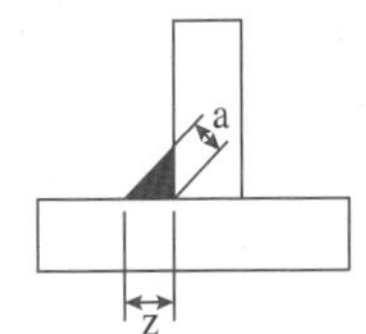

- a : 목두께
- z : 목길이($z = a\sqrt{2}$)

⑦ 플러그용접기호의 해석

8 ⊓ 4(70)

플러그용접에서 용접부 수는 4개, 간격은 70mm, 구멍의 지름은 8mm이다.

(2) 용접의 종류별 도시 및 기본 기호

① 기본기호

번 호	명 칭	도 시	기본기호
1	필릿용접		
2	스폿용접		
3	플러그용접 (슬롯용접)		
4	뒷면용접		
5	심용접		
6	겹침이음		
7	끝면 플랜지형 맞대기 용접		
8	평행(I형) 맞대기 용접		
9	V형 맞대기 용접		
10	일면 개선형 맞대기 용접		
11	넓은 루트면이 있는 V형 맞대기 용접		
12	가장자리 용접		
13	표면(서페이싱) 육성 용접		
14	서페이싱 용접		
15	경사 접합부		

② 용접부별 기호표시

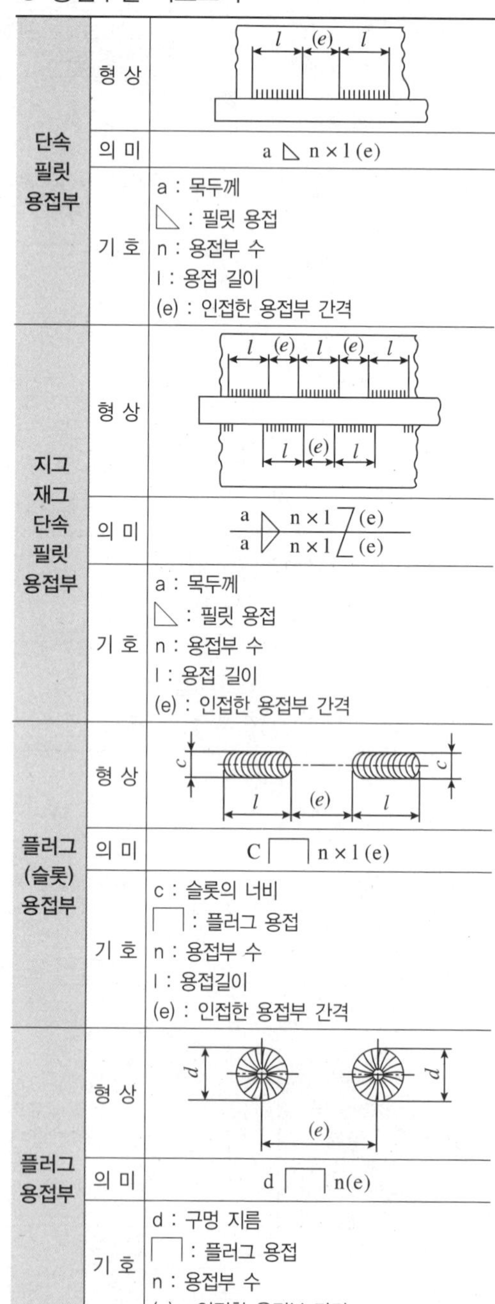

단속 필릿 용접부	형 상	
	의 미	a ◺ n × l (e)
	기 호	a : 목두께 ◺ : 필릿 용접 n : 용접부 수 l : 용접 길이 (e) : 인접한 용접부 간격
지그재그 단속 필릿 용접부	형 상	
	의 미	a ◺ n × l (e) a ◺ n × l (e)
	기 호	a : 목두께 ◺ : 필릿 용접 n : 용접부 수 l : 용접 길이 (e) : 인접한 용접부 간격
플러그 (슬롯) 용접부	형 상	
	의 미	C ⊓ n × l (e)
	기 호	c : 슬롯의 너비 ⊓ : 플러그 용접 n : 용접부 수 l : 용접길이 (e) : 인접한 용접부 간격
플러그 용접부	형 상	
	의 미	d ⊓ n(e)
	기 호	d : 구멍 지름 ⊓ : 플러그 용접 n : 용접부 수 (e) : 인접한 용접부 간격

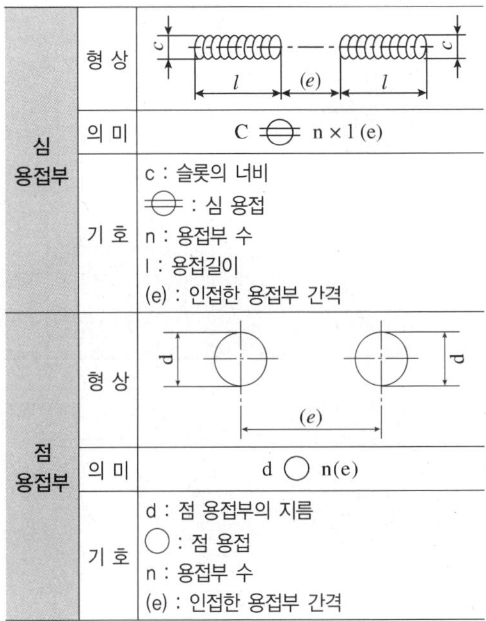

심 용접부	형 상	c, l, (e), l, c
	의 미	C ⊖ n × l (e)
	기 호	c : 슬롯의 너비 ⊖ : 심 용접 n : 용접부 수 l : 용접길이 (e) : 인접한 용접부 간격
점 용접부	형 상	d, d, (e)
	의 미	d ◯ n(e)
	기 호	d : 점 용접부의 지름 ◯ : 점 용접 n : 용접부 수 (e) : 인접한 용접부 간격

3. 용접도면

(1) 단면도

① 단면도

물체 내·외부의 모양이 복잡한 경우 숨은선으로 표시하면 복잡하여 도면을 이해하기가 어렵다. 이 경우에 물체를 좀 더 명확하게 표시할 필요가 있는 곳에 절단 또는 파단한 것으로 가상하여 물체 내부가 보이는 것과 같이 표시하면 숨은선이 없어지고 필요한 곳이 뚜렷하게 표시된다.

② 단면도의 종류

단면도명	도 면
온단면도	• 전단면도라고도 한다. • 물체 전체를 직선으로 절단하여 앞부분을 잘라 내고 남은 뒷부분의 단면 모양을 그린 것이다. • 절단 부위의 위치와 보는 방향이 확실한 경우에는 절단선, 화살표, 문자 기호를 기입하지 않아도 된다.
한쪽 단면도	• 반단면도라고도 한다. • 절단면을 전체의 반만 설치하여 단면도를 얻는다. • 상하 또는 좌우가 대칭인 물체를 중심선을 기준으로 1/4 절단하여 내부 모양과 외부 모양을 동시에 표시하는 방법이다.
부분 단면도	파단선 / 떼어낸 부분의 단면 • 파단선을 그어서 단면 부분의 경계를 표시한다. • 일부분을 잘라 내고 필요한 내부의 모양을 그리기 위한 방법이다.

단면도명	도 면
회전 도시 단면도	(a) 암의 회전 단면도 (투상도 안) (b) 훅의 회전 단면도 (투상도 밖) • 절단선의 연장선 뒤에도 그릴 수 있다. • 투상도의 절단할 곳과 겹쳐서 그릴 때는 가는 실선으로 그린다. • 주 투상도의 밖으로 끌어내어 그릴 경우는 가는 1점 쇄선으로 한계를 표시하고 굵은 실선으로 그린다. • 핸들이나 벨트 풀리, 바퀴의 암, 리브, 축, 형강 등의 단면의 모양을 90°로 회전시켜 투상도의 안이나 밖에 그린다.
계단 단면도	A B C D A–B–C–D • 절단면을 여러 개 설치하여 그린 단면도이다. • 복잡한 물체의 투상도 수를 줄일 목적으로 사용한다. • 절단선, 절단면의 한계와 화살표 및 문자기호를 반드시 표시하여 절단면의 위치와 보는 방향을 정확히 명시해야 한다.

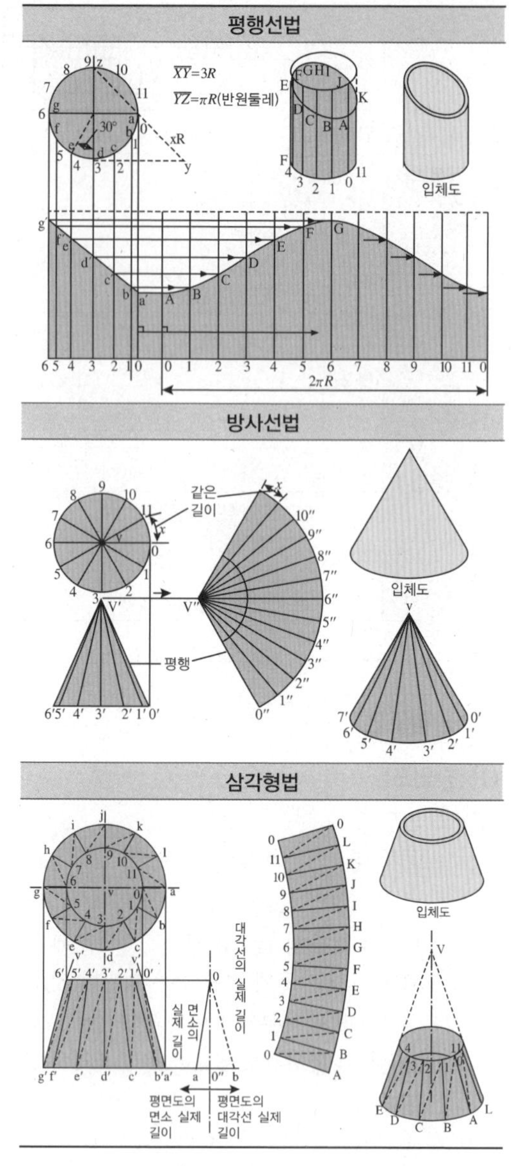

(2) 전개도법

① 전개도법의 종류

㉠ 평행선법

삼각기둥, 사각기둥과 같은 여러 가지의 각기둥과 원기둥을 평행하게 전개하여 그리는 방법

㉡ 방사선법

삼각뿔, 사각뿔 등의 각뿔과 원뿔을 꼭짓점을 기준으로 부채꼴로 펼쳐서 전개도를 그리는 방법

㉢ 삼각형법

꼭짓점이 먼 각뿔, 원뿔 등을 해당 면을 삼각형으로 분할하여 전개도를 그리는 방법

제2편 팔팔한 기출(복원)문제

2008~2017년	용접기능사 기출(복원)문제
2018년	용접기능사 최근 기출복원문제
2014~2017년	특수용접기능사 기출(복원)문제
2018년	특수용접기능사 최근 기출복원문제

8개년 기출문제로 8일만에 한번에 합격하자!

팔팔한 용접기능사

2008년도 제1회 **기출문제**

용접기능사 Craftsman Welding/Inert Gas Arc Welding

01 산소용기의 각인에 포함되지 않는 사항은?

① 내압시험압력 ② 최고충전압력
③ 내용적 ④ 용기의 도색 색체

저자쌤의 핵직강

산소용기에 각인하는 사항
- 용기 제조자의 명칭
- 충전가스의 명칭
- 용기제조번호(용기번호)
- 용기의 중량(kg)
- 용기의 내용적(L)
- 내압시험압력 연월일
- 최고충전압력(kg/cm^2)
- 이음매없는 용기일 경우 "이음매없음" 표기

해설
산소용기의 각인 사항에 용기의 도색 색체는 포함되지 않는다.

02 다음 중 피복제의 역할이 아닌 것은?

① 용적을 굵게 하여 스패터의 발생을 많게 한다.
② 중성 또는 환원성 분위기를 만들어 질화, 산화 등의 해를 방지한다.
③ 용착금속의 탈산 정련 작용을 한다.
④ 아크를 안정하게 한다.

저자쌤의 핵직강

피복제(Flux)의 역할
- 아크를 안정시킨다.
- 전기 절연 작용을 한다.
- 보호가스를 발생시킨다.
- 스패터의 발생을 줄인다.
- 아크의 집중성을 좋게 한다.
- 용착 금속의 급랭을 방지한다.
- 용착 금속의 탈산정련 작용을 한다.
- 용융 금속과 슬래그의 유동성을 좋게 한다.
- 용적(쇳물)을 미세화하여 용착효율을 높인다.
- 용융점이 낮고 적당한 점성의 슬래그를 생성한다.
- 슬래그 제거를 쉽게 하여 비드의 외관을 좋게 한다.
- 적당량의 합금 원소를 첨가하여 금속에 특수성을 부여한다.
- 중성 또는 환원성 분위기를 만들어 질화나 산화를 방지하고 용융금속을 보호한다.
- 쇳물이 쉽게 달라붙도록 힘을 주어 수직자세, 위보기 자세 등 어려운 자세를 쉽게 한다.

해설
피복제(Flux)는 아크를 안정시켜 스패터의 발생을 적게 한다. 용적을 굵게 하는 것은 용접전류 및 운봉 속도와 관련이 있다.

03 피복 아크 용접에서 전기가 없는 곳에서 사용할 수 있는 용접기는?

① 정류기형 직류 아크 용접기
② 엔진구동형 용접기
③ AC-DC 아크 용접기
④ 기포화리액터형 교류 아크 용접기

저자쌤의 핵직강

피복 아크 용접기의 종류

직류 아크 용접기	발전기형	전동발전식
		엔진구동형
	정류기형	셀 렌
		실리콘
		게르마늄
교류 아크 용접기	가동 철심형	
	가동 코일형	
	탭전환형	
	가포화 리액터형	

해설
피복 아크 용접기 중에서 자체적으로 동력을 얻을 수 있는 엔진구동형의 용접기는 전기가 없어도 연료(디젤 혹은 가솔린)만 있으면 엔진을 구동시켜서 동력원을 얻을 수 있다.

정답 1 ④ 2 ① 3 ②

04 가스용접에서 용제(Flux)를 사용하는 이유는?

① 산화작용 및 질화작용을 도와 용착금속의 조직을 미세화하기 위해
② 모재의 용융온도를 낮게 하여 가스 소비량을 적게 하기 위해
③ 용접봉의 용융속도를 느리게 하여 용접봉 소모를 적게 하기 위해
④ 용접 중에 생기는 금속의 산화물 또는 비금속 개재물을 용해하여 용착금속의 성질을 양호하게 하기 위해

저자쌤의 핵직강

가스용접용 용제의 특징

- 용융온도가 낮은 슬래그를 생성한다.
- 모재의 용융점보다 낮은 온도에서 녹는다.
- 일반적으로 연강에서는 용제를 사용하지 않는다.
- 불순물을 제거함으로써 용착금속의 성질을 좋게 한다.
- 용접 중에 생기는 금속의 산화물이나 비금속 개재물을 용해한다.

해설

가스 용접에서의 용제(Flux)는 용접 중 생성되는 금속의 산화물을 용해하여 용융 금속의 불순물을 제거하기 위하여 사용된다.

05 용접기의 전원 스위치를 넣기 전 점검사항 중 가장 관계가 먼 것은?

① 용접기의 케이스에 접지선이 연결되어 있는지 점검한다.
② 회전부나 마찰부에 윤활유가 알맞게 주유되어 있는지 점검한다.
③ 케이블이 손상된 곳은 은박테이프로 감아 보호를 하여 사용한다.
④ 홀더의 파손 여부를 점검하고 작업장 주위의 작업 위험 요소가 없는지 확인한다.

해설

케이블이 손상된 곳은 전원 차단 후 새 것으로 교체하거나, 절연테이프로 잘 감아서 감전되지 않도록 정비를 완료 후 전원 스위치를 작동시켜야 한다.

06 용접기의 아크 발생을 8분간하고 2분간 쉬었다면 사용률은 몇 %인가?

① 25 ② 40
③ 65 ④ 80

해설

$$\text{사용률}(\%) = \frac{\text{아크발생시간}}{\text{아크 발생 시간} + \text{정지 시간}} \times 100\%$$

$$= \frac{8}{8+2} \times 100\% = 80\%$$

07 전격방지기는 아크를 끊음과 동시에 자동적으로 릴레이가 차단되어 용접기의 2차 무부하 전압을 몇 V 이하로 유지시키는가?

① 20~30V ② 35~45V
③ 50~60V ④ 65~75V

저자쌤의 핵직강

전격이란 강한 전류를 갑자기 몸에 느꼈을 때의 충격을 말하며, 용접기에는 작업자의 전격을 방지하기 위해서 반드시 전격방지기를 용접기에 부착해야 한다.
전격방지기는 작업을 쉬는 동안에 2차 무부하 전압이 항상 25V 정도로 유지되도록 하여 전격을 방지할 수 있다.

해설

용접기의 2차 무부하 전압은 20~30V이하로 유지시킨다.

08 산소 아크 절단을 가스 절단과 비교할 때 장점이 아닌 것은?

① 변형이 적다.
② 절단속도가 빠르다.
③ 수중 해체 작업에 이용된다.
④ 절단면이 정밀하다.

해설

산소아크절단은 산화발열효과와 산소의 분출압력 때문에 작업속도가 빠르며, 입열 시간이 적어 변형도 적다. 또한 전극의 운봉이 거의 필요 없고 전극봉을 절단 방향으로 직선이동 시키면 된다. 그러나 절단면이 고르지 못한 단점이 있다.

4 ④ 5 ③ 6 ④ 7 ① 8 ④ 정답

09 수동 아크 용접기의 특성으로 옳은 것은?

① 수하 특성인 동시에 정전압 특성
② 상승 특성인 동시에 정전류 특성
③ 수하 특성인 동시에 정전류 특성
④ 복합 특성인 동시에 정전압 특성

저자쌤의 핵직강

외부특성곡선이란 수동 아크 용접기에서 아크 안정을 위해서 적용되는 이론으로 부하 전류나 전압이 단자의 전류나 전압과의 관계를 곡선으로 나타낸 것으로 피복 금속 아크 용접(SMAW)에는 수하특성을, MIG나 CO_2 용접에는 정전압 특성이나 상승특성이 이용된다.

해설
수동 아크 용접기는 수하 특성과 정전류 특성을 갖는다.

Plus One 용접기의 특성 4가지
- 수하특성은 부하 전류가 증가하면 단자 전압이 낮아지는 현상이다.
- 정전류특성 : 부하 전류나 전압이 변해도 단자 전류는 거의 변하지 않는다.
- 정전압특성 : 부하 전류나 전압이 변해도 단자 전압은 거의 변하지 않는다.
- 상승특성 : 부하 전류가 증가하면 단자 전압이 약간 높아진다.

10 가스용접에서 탄화불꽃의 설명과 관련이 가장 적은 것은?

① 표준불꽃이다.
② 아세틸렌 과잉불꽃이다.
③ 속불꽃과 겉불꽃 사이에 밝은 백색의 제3불꽃이 있다.
④ 산화작용이 일어나지 않는다.

해설
가스용접에서 표준불꽃은 산소와 아세틸렌가스의 혼합비가 1 : 1일 때 얻어지는 중성 불꽃이다.

11 LP 가스의 특성 설명으로 가장 관계가 없는 것은?

① 연소시 많은 공기가 필요하다.
② 연소시 발열량이 크다.
③ 액화하기 어렵고 수송이 편리하다.
④ 안전도가 높고 관리가 쉽다.

저자쌤의 핵직강

LP가스의 성질
- 발열량이 높다.
- 안전도가 높고 관리가 쉽다.
- 액화하기 쉽고 수송이 편리하다.
- 열효율이 높은 연소 기구의 제작이 쉽다.

해설
LP가스는 석유나 천연가스를 이용하여 제조한 것으로 액화하기 쉽고 수송이 편리하다.
프로판(C_3H_8)가스가 대부분이며 에탄이나 부탄(C_4H_{10}), 펜탄(C_5H_{12}) 등도 혼합되어 있다.

12 금속과 금속을 충분히 접근시키면 그들 사이에 원자 간의 인력이 작용하여 서로 결합한다. 이 결합을 이루기 위해서는 원자들을 몇 cm 정도까지 접근시켜야 하는가?

① $1Å=10^{-7}cm$　② $1Å=10^{-8}cm$
③ $1Å=10^{-6}cm$　④ $1Å=10^{-9}cm$

해설
금속은 용접이나 기타 방법이 없어서 두 모재간에 10^{-8}cm 정도까지 접근시키면 서로 결합이 가능하다. 그러나 표면에 생긴 불순물이나 녹과 같은 이물질 때문에 별도의 작업 없이는 결합이 불가능하다.

13 가스절단과 비슷한 토치를 사용하여 강재의 표면에 U형, H형의 용접홈을 가공하기 위한 가공법은?

① 산소창절단　② 선 삭
③ 가스 가우징　④ 천 공

해설
가스가우징은 용접 결함이나 가접부 등의 제거를 위해 사용하는 방법으로써 가스 절단과 비슷한 토치를 사용해 용접부의 뒷면을 따내거나, U형이나 H형의 용접 홈을 가공하기 위하여 깊은 홈을 파내는 가공법이다.

Plus One 가스 가우징의 특징
- 가스 절단보다 2~5배의 속도로 작업할 수 있다.
- 약간의 진동에서도 작업이 중단되기 쉬워 상당한 숙련이 필요하다.

정답 9 ③ 10 ① 11 ③ 12 ② 13 ③

14 산소-프로판 가스용접 작업에서 산소와 프로판 가스의 최적 혼합비는?

① 프로판 1 : 산소 2.5
② 프로판 1 : 산소 4.5
③ 프로판 2.5 : 산소 1
④ 프로판 4.5 : 산소 1

해설
산소-프로판가스 용접에서 혼합 비율
산소 : 프로판 = 4.5 : 1

15 단위 시간당 소비되는 용접봉의 길이 또는 무게로 나타내는 것은?

① 용접속도 ② 용융속도
③ 용착속도 ④ 용접전류

해설
용접봉의 용융속도는 단위시간당 소비되는 용접봉의 길이나 무게로 나타낸다.
용접봉의 용융속도 = 아크전류 × 용접봉 쪽 전압강하

16 가스용접 시 토치의 팁이 막혔을 때 조치 방법으로 가장 올바른 것은?

① 팁 클리너를 사용한다.
② 내화벽돌 위에 가볍게 문지른다.
③ 철판 위에 가볍게 문지른다.
④ 줄칼로 부착물을 제거한다.

해설
토치 팁이 막혔을 경우에는 팁 클리너로 뚫어서 사용하거나, 새 팁으로 교체해서 사용해야 한다.

17 연강판의 두께가 6mm인 경우 사용할 가스용접봉의 지름은 몇 mm인가?

① 1.5 ② 1.6
③ 2.6 ④ 4.0

해설

$$\text{가스용접봉 지름}(D) = \frac{\text{판두께}(T)}{2} + 1 = \frac{6\text{mm}}{2} + 1 = 4\text{mm}$$

18 구리판의 전기 저항용접이 어려운 이유로 가장 적절한 것은?

① 용융점이 높기 때문이다.
② 열전도도와 열팽창 계수가 높기 때문이다.
③ 표면에 산화막이 형성되어 있기 때문이다.
④ 비자성체로 되어 있기 때문이다.

해설
구리는 열전도율과 열팽창계수가 높아서 가열 시 재료의 변형이 일어나고, 열의 집중성이 떨어져서 저항용접이 어렵다.

19 금속 표면에 스텔라이트나 경합금 등의 금속을 용착시켜 표면 경화층을 만드는 법은?

① 하드 페이싱 ② 고주파 경화법
③ 숏 피닝 ④ 화염 경화법

저자쌤의 핵직강

표면 경화법

- 고주파 경화법 : 고주파 유도 전류로 강(Steel)의 표면층을 급속 가열한 후 급랭시키는 방법으로 가열 시간이 짧고, 피가열물에 대한 영향을 최소로 억제하며 표면을 경화시키는 표면경화법. 고주파는 소형 제품이나 깊이가 얕은 담금질 층을 얻고자 할 때, 저주파는 대형 제품이나 깊은 담금질 층을 얻고자 할 때 사용한다.
- 숏 피닝 : 강이나 주철제의 작은 강구(볼)를 금속표면에 고속으로 분사하여 표면층을 냉간가공에 의한 가공경화 효과로 경화시키면서 압축 잔류응력을 부여하여 금속부품의 피로 수명을 향상시키는 표면경화법
- 화염 경화법 : 산소-아세틸렌가스 불꽃으로 강의 표면을 급격히 가열한 후 물을 분사시켜 급랭시킴으로써 담금질성 있는 재료의 표면을 경화시키는 방법

해설
하드페이싱은 금속 표면에 스텔라이트나 경합금 등 내마모성이 좋은 금속을 용착시켜 표면에 경화층을 형성시키는 표면 경화법이다.

20 니켈과 구리 합금으로 온도 측정용, 전기 저항선으로 쓰이는 합금은?

① 콘스탄탄(Constantan)
② 니켈로이(Nickalloy)
③ 퍼멀로이(Permalloy)
④ 플래티나이트(Platinite)

14 ② 15 ② 16 ① 17 ④ 18 ② 19 ① 20 ① 정답

해설

콘스탄탄은 Cu에 Ni을 40~45% 합금한 재료로 온도변화에 영향을 많이 받으며 전기 저항성이 커서 전기 저항선이나 전열선, 열전쌍의 재료로 사용된다.

21 질화용 강으로 만들기 위하여 중탄소강에 합금원소를 첨가시키는 데 질화를 촉진시켜 주기 위해서는 첨가하는 합금원소가 아닌 것은?

① 니켈(Ni) ② 알루미늄(Al)
③ 크롬(Cr) ④ 몰리브덴(Mo)

저자쌤의 핵직강

암모니아(NH_3)가스 분위기(영역) 안에 재료를 넣고 500℃에서 50~100시간을 가열하면 재료표면에 Al, Cr, Mo원소와 함께 질소가 확산되면서 강 재료의 표면이 단단해지는 표면경화법이다. 내연기관의 실린더 내벽이나 고압용 터빈 날개를 표면경화할 때 주로 사용된다.

해설

니켈(Ni)은 질화 촉진에 첨가하는 합금원소가 아니다.

22 탄소강 중에 함유되어 있는 대표적인 5대 원소는?

① Mn, S, P, H_2, Si
② C, P, S, Si, Mn
③ Si, C, Ni, Cr, Mo
④ P, S, Si, Ni, O_2

해설

탄소강에 함유된 대표적인 5대 원소는 C(탄소), Si(실리콘, 규소), Mn(망간), P(인), S(황)이다.

23 불림(Normalizing)에 의해서 얻는 조직으로 가장 관계가 있는 것은?

① 일반조직 ② 표준조직
③ 유상조직 ④ 항온열처리조직

저자쌤의 핵직강

열처리의 기본 4단계

- 담금질(Quenching) : 재질을 경화시킬 목적으로 강을 오스테나이트조직의 영역으로 가열한 후 급랭시켜 강도와 경도를 증가시키는 열처리법이다.
- 뜨임(Tempering) : 담금질 한 강을 A_1변태점(723℃) 이하로 가열 후 서랭하는 것으로 담금질로 경화된 재료에 인성을 부여하고 내부응력을 제거한다.
- 풀림(Annealing) : 재질을 연하고 균일화시킬 목적으로 실시하는 열처리법으로 완전풀림은 A_3변태점(968℃) 이상의 온도로, 연화풀림은 650℃ 정도의 온도로 가열한 후 서랭한다.
- 불림(Normalizing) : 담금질 정도가 심하거나 결정입자가 조대해진 강을 표준화조직으로 만들기 위하여 A_3점(968℃)이나 A_{cm}(시멘타이트)점 이상의 온도로 가열 후 공랭시킨다.

해설

Normal은 표준이라는 의미이며, Normalizing(불림)처리는 단단해지거나 너무 연해진 금속을 표준화상태로 되돌리는 열처리법으로 표준 조직을 얻고자 할 때 사용한다.

24 보통 주철에 합금원소를 첨가하여 강도, 내마모성, 내열성 등의 성질을 개량한 주철을 무엇이라고 하는가?

① 고급주철 또는 크롬주철이라고 한다.
② 흑연주철 또는 강력주철이라고 한다.
③ 합금주철 또는 특수주철이라고 한다.
④ 회주철 또는 가단주철이라고 한다.

해설

보통 주철에 특수성질을 부여하기 위해 알맞은 원소를 합금 처리한 주철은 합금주철이나 특수주철이다.

25 면심입방격자(FCC)에 속하는 금속이 아닌 것은?

① Cr(크롬) ② Cu(구리)
③ Pb(납) ④ Ni(니켈)

저자쌤의 핵직강

금속의 결정구조

종 류	성 질	원 소	단위격자	배위수	원자충진율
체심입방격자(BCC)(Body Centered Cubic)	• 강도가 크다. • 용융점이 높다. • 전성과 연성이 작다.	W, Cr, Mo, V, Na, K	2개	8	68%

정답 21 ① 22 ② 23 ② 24 ③ 25 ①

면심입방격자(FCC) (Face Centered Cubic)	• 전기전도도가 크다. • 가공성이 우수하다. • 장신구로 사용된다. • 전성과 연성이 크다. • 연한 성질의 재료이다.	Al, Ag, Au, Cu, Ni, Pb, Pt, Ca	4개	12	74%
조밀육방격자(HCP) (Hexagonal Close Packed lattice)	• 전성과 연성이 작다. • 가공성이 좋지 않다.	Mg, Zn, Ti, Be, Hg, Zr, Cd, Ce	2개	12	70.4%

해설

크롬은 체심입방격자(BCC)에 속하는 금속이다.

26 스테인리스강을 금속 조직학상으로 분류할 때 속하지 않는 것은?

① 페라이트계 ② 펄라이트계
③ 마텐자이트계 ④ 오스테나이트계

해설

스테인리스강의 분류

구 분	종 류	주요성분	자 성
Cr계	페라이트계 스테인리스강	Fe + Cr 12% 이상	자성체
	마텐자이트계 스테인리스강	Fe + Cr 13%	자성체
Cr + Ni계	오스테나이트계 스테인리스강	Fe + Cr 18% + Ni 8%	비자성체
	석출경화계 스테인리스강	Fe + Cr + Ni	비자성체

27 저탄소강에 18%의 크롬(Cr)과 8%의 니켈(Ni)이 합금된 18-8형 스테인리스 강의 조직은?

① 페라이트(Ferrite)
② 마텐자이트(Martensite)
③ 오스테나이트(Austenite)
④ 펄라이트(Pearlite)

해설

오스테나이트계 스테인리스강은 Cr-Ni계 스테인리스강으로써, Cr(크롬)과 Ni(니켈)을 18 : 8의 비율로 합금한 것이다.

28 Cr 10~11%, Co 26~58%, Ni 10~16%와 Fe의 합금으로 온도변화에 대한 탄성률이 극히 적어 기상관측용 기구의 부품에 주로 사용되는 강은?

① 초인바(Superinvar)
② 엘린바(Elinvar)
③ 인바(Invar)
④ 코엘린바(Coelinvar)

해설

코엘린바는 Fe에 Cr 10~11%, Co 26~58%, Ni 10~16% 합금한 것으로 온도변화에 대한 탄성율의 변화가 적고 공기 중이나 수중에서 부식되지 않아서 스프링, 태엽, 기상관측용 기구의 부품에 사용한다.

저자쌤의 핵직강

Ni-Fe계 합금(불변강)의 종류

종 류	용 도
인 바	• Fe에 35%의 Ni, 0.1~0.3%의 Co, 0.4%의 Mn이 합금된 불변강의 일종으로 상온 부근에서 열팽창계수가 매우 작아서 길이 변화가 거의 없다. • 줄자나 측정용 표준자, 바이메탈용 재료로 사용한다.
슈퍼인바	• Fe에 30~32%의 Ni, 4~6%의 Co를 합금한 재료로 20℃에서 열팽창계수가 0에 가까워서 표준 척도용 재료로 사용한다.
엘린바	• Fe에 36%의 Ni, 12%의 Cr이 합금된 재료로 온도변화에 따라 탄성률의 변화가 미세하여 시계태엽이나 계기의 스프링, 기압계용 다이어프램, 정밀 저울용 스프링 재료로 사용한다.
퍼멀로이	• Fe에 35~80%의 Ni이 합금된 재료로 열팽창계수가 작아서 측정기나 고주파 철심, 코일, 릴레이용 재료로 사용된다.
플래티나이트	• Fe에 46%의 Ni이 합금된 재료로 열팽창계수가 유리와 백금과 가까우며 전구 도입선이나 진공관의 도선용으로 사용한다.
코엘린바	• Fe에 Cr 10~11%, Co 26~58%, Ni 10~16% 합금한 것으로 온도변화에 대한 탄성율의 변화가 적고 공기 중이나 수중에서 부식되지 않아서 스프링, 태엽, 기상관측용 기구의 부품에 사용한다.

26 ② 27 ③ 28 ④ 정답

29 심 용접에서 사용하는 통전 방법이 아닌 것은?

① 포일 통전법　　② 단속 통전법
③ 연속 통전법　　④ 맥동 통전법

해설

심 용접의 통전방법의 종류
- 단속 통전법
- 연속 통전법
- 맥동 통전법

30 용제(Flux)가 필요한 용접법은?

① MIG 용접　　② 원자수소 용접
③ CO_2 용접　　④ 서브머지드 아크 용접

저자쌤의 핵직강

서브머지드 아크 용접(Submerged Arc Welding)
용접 부위에 미세한 입상의 플럭스를 도포한 뒤 용접선과 나란히 설치된 레일 위를 주행대차가 지나가면서 와이어를 용접부로 공급시키면 플럭스 내부에서 아크가 발생하면서 용접하는 자동 용접법이다. 아크가 플럭스 속에서 발생되므로 용접부가 눈에 보이지 않아 불가시 아크 용접, 잠호용접이라고 불린다. 용접봉인 와이어의 공급과 이송이 자동이며 용접부를 플럭스가 덮고 있으므로 복사열과 연기가 많이 발생하지 않는다.

해설

MIG 용접과 원자수소용접, CO_2 용접은 보호 가스로 용가재의 역할을 대신 하나, 서브머지드 아크 용접은 별도 용가재를 공급한 후 그 속 안으로 전극을 넣어가며 용접한다.

31 일반적으로 연납땜과 경납땜의 구분온도는 몇 ℃인가?

① 350　　② 450
③ 550　　④ 650

해설

연납땜과 경납땜의 구분온도는 450℃이다.

32 사람이 몸에 얼마 이상의 전류가 흐르면 심장마비를 일으켜 사망할 위험이 있는가?

① 50mA 이상　　② 30mA 이상
③ 20mA 이상　　④ 10mA 이상

저자쌤의 핵직강

전류(Ampere)량에 따라 사람의 몸에 미치는 영향

전류량	인체에 미치는 영향
1mA	감전을 조금 느낌
5mA	상당한 아픔을 느낌
20mA	스스로 현장을 탈피하기 힘듦. 근육 수축
50mA	심장마비발생, 사망의 위험이 있음

해설

50mA 이상이면 심장마비의 위험이 있다.

33 피복 아크 용접에서 용입 불량의 방지대책으로 틀린 것은?

① 용접봉의 선택을 잘한다.
② 적정 용접전류를 선택한다.
③ 용접 속도를 빠르지 않게 한다.
④ 루트 간격 및 홈 각도를 적게 한다.

저자쌤의 핵직강

용접 불량의 종류

모 양	원 인	방지대책
언더컷	• 전류가 높을 때 • 아크 길이가 길 때 • 용접 속도가 빠를 때 • 운봉 각도가 부적당할 때 • 부적당한 용접봉을 사용할 때	• 전류를 낮춘다. • 아크 길이를 짧게 한다. • 용접 속도를 알맞게 한다. • 운봉 각도를 알맞게 한다. • 알맞은 용접봉을 사용한다.
오버랩	• 전류가 낮을 때 • 운봉, 작업각, 진행각과 같은 유지 각도가 불량할 때 • 부적당한 용접봉을 사용할 때	• 전류를 높인다. • 작업각과 진행각을 조정한다. • 알맞은 용접봉을 사용한다.
용입불량	• 이음 설계에 결함이 있을 때 • 용접 속도가 빠를 때 • 전류가 낮을 때 • 부적당한 용접봉을 사용할 때	• 치수를 크게 한다. • 용접속도를 적당히 조절한다. • 전류를 높인다. • 알맞은 용접봉을 사용한다.

정답 29 ① 30 ④ 31 ② 32 ① 33 ④

균 열	• 이음부의 강성이 클 때 • 부적당한 용접봉을 사용할 때 • C, Mn 등 합금성분이 많을 때 • 과대 전류, 용접 속도가 클 때 • 모재에 유황 성분이 많을 때	• 예열이나 피닝처리를 한다. • 알맞은 용접봉을 사용한다. • 예열 및 후열처리를 한다. • 전류 및 용접 속도를 알맞게 조절한다. • 저수소계 용접봉을 사용한다.
선상조직	• 냉각속도가 빠를 때 • 모재의 재질이 불량할 때	• 급랭을 피한다. • 재질에 알맞은 용접봉 사용한다.
기 공	• 수소나 일산화탄소 가스가 과잉으로 분출될 때 • 용접 전류값이 부적당할 때 • 용접부가 급속히 응고될 때 • 용접 속도가 빠를 때 • 아크길이가 부적절할 때	• 건조된 저수소계 용접봉을 사용한다. • 전류 및 용접 속도를 알맞게 조절한다. • 이음 표면을 깨끗하게 하고 예열을 한다.
슬래그혼입	• 전류가 낮을 때 • 용접 이음이 부적당할 때 • 운봉 속도가 너무 빠를 때 • 모든 층의 슬래그 제거가 불완전할 때	• 슬래그를 깨끗이 제거한다. • 루트 간격을 넓게 한다. • 전류를 약간 높게 하며 운봉 조작을 적절하게 한다. • 슬래그를 앞지르지 않도록 운봉속도를 유지한다.

해설
용입 불량을 방지하려면 루트간격이나 치수를 크게 해야 한다.

34 아세틸렌(C_2H_2)가스의 폭발성에 해당되지 않는 것은?

① 406~408℃가 되면 자연발화한다.
② 마찰·진동·충격 등의 외력이 작용하면 폭발위험이 있다.
③ 은·수은 등과 접촉하면 이들과 화합하여 120℃ 부근에서 폭발성이 있는 화합물을 생성한다.
④ 아세틸렌 85%, 산소 15% 부근에서 가장 폭발위험이 크다.

해설
가스병 내부가 1.5기압 이상이 되면 폭발위험이 있고 2기압 이상으로 압축하면 폭발한다. 아세틸렌은 공기 또는 산소와 혼합되면 폭발성이 격렬해지는데 아세틸렌 15%, 산소 85% 부근이 가장 위험하다.

35 반자동 CO_2 가스 아크 편면(One Sid) 용접시 뒷댐 재료로 가장 많이 사용되는 것은?

① 세라믹 제품　② CO_2 가스
③ 테프론 테이프　④ 알루미늄 판재

해설
반자동 CO_2가스 아크 용접의 뒷땜 재료로는 세라믹(Ceramic)제품이 주로 사용된다.

36 일렉트로 · 슬래그 용접법의 장점(長點)이 아닌 것은?

① 용접시간이 단축되어 능률적이고 경제적이다.
② 후판 강재 용접에 적합하다.
③ 특별한 홈 가공이 필요로 하지 않는다.
④ 냉각속도가 빠르고 고온균열이 발생한다.

저자쌤의 핵직강

일렉트로 슬래그 용접의 장점
• 용접이 능률적이다.
• 후판용접에 적당하다.
• 전기 저항열에 의한 용접이다.
• 용접 시간이 적어서 용접 후 변형이 적다.

일렉트로 슬래그 용접의 단점
• 손상된 부위에 취성이 크다.
• 장비 설치가 복잡하며 냉각장치가 요구된다.
• 용접진행 중에 용접부를 직접 관찰할 수는 없다.
• 가격이 비싸며 용접 후 기계적 성질이 좋지 못하다.

Plus One　일렉트로 슬래그 용접
용융된 슬래그와 용융 금속이 용접부에서 흘러나오지 못하도록 수냉동판으로 둘러싸고 이 용융 풀에 용접봉을 연속적으로 공급하는데 이때 발생하는 용융 슬래그의 저항열에 의하여 용접봉과 모재를 연속적으로 용융시키면서 용접하는 방법

34 ④　35 ①　36 ④　정답

37 **용접 전 꼭 확인해야 할 사항이 아닌 것은?**

① 예열, 후열의 필요성 여부를 검토한다.
② 용접전류, 용접순서, 용접조건을 미리 정해둔다.
③ 사용재료 및 용접 후의 모재의 변형 등은 몰라도 된다.
④ 이음부에 페인트, 기름, 녹 등의 불순물을 제거한다.

저자쌤의 핵직강

용접 전 용접부에 물을 분무하면 모재의 온도가 낮아져서 용접 시 급격한 온도상승으로 용접물이 변형될 수 있다.

해설

용접 시 사용재료를 고려하여 용접봉을 선택하고, 변형 등을 고려하여 방지대책을 철저하게 세워야 우수한 품질의 제품을 만들 수 있다.

38 **맞대기 이음에서 판두께 10mm, 용접선의 길이 200mm, 하중 9,000kgf에 대한 인장응력(σ)은?**

① 4.5kgf/mm^2　② 3.5kgf/mm^2
③ 2.5kgf/mm^2　④ 1.5kgf/mm^2

해설

$$\text{인장응력}(\sigma)=\frac{\text{하중}(F)}{\text{단면적}(A)}\ \mathrm{kgf/mm^2}$$
$$=\frac{9{,}000\mathrm{kgf}}{10\mathrm{mm}\times 200\mathrm{mm}}=\frac{9{,}000\mathrm{kgf}}{2{,}000\mathrm{mm}^2}$$
$$=4.5\mathrm{kgf/mm^2}$$

39 **모재의 열팽창 계수에 따른 용접성에 대한 설명으로 옳은 것은?**

① 열팽창 계수가 작을수록 용접하기 쉽다.
② 열팽창 계수가 높을수록 용접하기 쉽다.
③ 열팽창 계수와는 관련이 없다.
④ 열팽창 계수가 높을수록 용접 후 급랭해도 무방하다.

해설

열팽창 계수가 큰 재료는 작은 열량에도 열전도가 잘되어 용접 후 큰 변형이 발생하나, 열팽창 계수가 작은 재료는 열전도가 상대적으로 덜 되므로 변형의 우려가 적어 용접하기가 상대적으로 쉬워진다.

40 **불활성 가스 금속아크 용접의 용적이행 방식 중 용융이행 상태는 아크 기류 중에서 용가재가 고속으로 용융, 미입자의 용적으로 분사되어 모재에 용착되는 용적이행은?**

① 용락 이행　② 단락 이행
③ 스프레이 이행　④ 글로뷸러 이행

저자쌤의 핵직강

용적 이행방식의 종류

이행 방식	이행 형태	특 징
단락 이행 (Short Circuiting Transfer)		• 박판용접에 적합하다. • 입열량이 적고 용입이 얕다. • 저전류의 CO_2 및 MIG 용접에서 솔리드 와이어를 사용할 때 발생한다.
입상 이행 (글로뷸러) (Globular Transfer)		• Globule은 용융방울인 용적을 의미한다. • 깊고 양호한 용입을 얻을 수 있어서 능률적이나 스패터가 많이 발생한다. • 초당 90회 정도의 와이어보다 큰 용적으로 용융되어 모재로 이행된다.
스프레이 이행		• 용적이 작은 입자로 되어 스패터 발생이 적고 비드가 외관이 좋다. • 가장 많이 사용되는 것으로 아크기류 중에서 용가재가 고속으로 용융되어 미입자의 용적으로 분사되어 모재에 옮겨가면서 용착되는 용적이행이다. • 고전압, 고전류에서 발생하며, 아르곤가스나 헬륨가스를 사용하는 경합금 용접에서 주로 나타나며 용착속도가 빠르고 능률적이다.
맥동 이행 (펄스아크)		연속적으로 스프레이 이행을 사용할 때 높은 입열로 인해 용접부의 물성이 변화되었거나 박판용접 시 용락으로 인해 용접이 불가능하게 되었을 때 낮은 전류에서도 스프레이 이행이 이루어지게 하여 박판용접을 가능하게 한다.

해설

③ 스프레이 이행 방식에 대한 문제이다.

정답 37 ③ 38 ① 39 ① 40 ③

41 내식성을 필요로 하며 고도의 기밀, 유밀을 필요로 하는 내압용기 제작에 가장 적당한 용접법은?

① 아크 스터드 용접
② 일렉트로 슬래그 용접
③ 원자 수소 아크 용접
④ 아크 점용접

해설

원자 수소 아크 용접은 2개의 텅스텐 전극 사이에서 아크를 발생시키고 홀더의 노즐에서 수소가스를 유출시켜서 용접하는 방법으로 연성이 좋고 표면이 깨끗한 용접부를 얻을 수 있으나, 토치 구조가 복잡하고 비용이 많이 들기 때문에 특수 금속 용접에 적합하다. 또한 내식성을 필요로 하며 고도의 기밀, 유밀을 필요로 하는 내압용기 제작에 가장 적당하다.

42 피복 아크 용접에서 스패터가 많이 발생하는 원인과 가장 관계가 없는 것은?

① 굵은 용접봉을 사용한다.
② 전류가 너무 높다.
③ 아크길이가 너무 길다.
④ 수분이 많은 봉을 사용한다.

해설

굵은 용접봉을 사용하면 얇은 용접봉을 사용할 때보다 더 많은 전류(A)가 필요하므로 동일 전류(A)를 사용할 경우 스패터의 발생이 적다.

43 일반적으로 가스 폭발을 방지하기 위한 예방대책 중 제일 먼저 조치를 취하여야 할 것은?

① 방화수 준비 ② 가스 누설의 방지
③ 착화의 원인 제거 ④ 배관의 강도 증가

저자쌤의 핵직강

용접작업 시 가스 폭발 방지대책

- 가연성가스를 누설시키지 않는다.
- 가급적 통풍이 양호한 넓은 장소에서 작업한다.
- 협소한 장소에서 작업할 때는 충분한 환기와 가스누설이 없는 토치, 호스 등을 사용한다.

해설

가스 폭발을 방지하기 위해서는 무엇보다도 가스통에서부터 최종 용접기까지의 모든 연결부위에서 가스가 누설되지 않도록 해야 한다.

44 모재의 홈 가공을 U자형으로 했을 경우 엔드탭(End-tap)은 어떤 조건으로 하는 것이 가장 좋은가?

① I형 홈 가공으로 한다.
② X형 홈 가공으로 한다.
③ U형 홈 가공으로 한다.
④ 홈 가공이 필요 없다.

해설

엔드탭은 모재의 홈과 같은 조건으로 해야 한다. 따라서 U형으로 홈 가공을 해야 한다.

45 용접부의 시험법 중 비파괴 시험법에 해당하는 것은?

① 경도시험 ② 누설시험
③ 부식시험 ④ 피로시험

저자쌤의 핵직강

용접부 검사 방법의 종류

비파괴 시험	내부결함	방사선투과시험(RT)
		초음파탐상시험(UT)
	표면결함	외관검사(VT)
		자분탐상검사(MT)
		침투탐상검사(PT)
		누설검사(LT)
		와전류탐상검사(ET)
파괴시험 (기계적시험)	인장시험	인장강도, 항복점, 연신율 계산
	굽힘시험	연성의 정도 측정
	충격시험	인성과 취성의 정도 조사
	경도시험	외력에 대한 저항의 크기 측정
	매크로시험	조직 검사
	피로시험	반복적인 외력에 대한 저항력 시험

46 MIG 알루미늄 용접을 그 용적 이행 형태에 따라 분류할 때 해당되지 않는 용접법은?

① 단락 아크 용접 ② 스프레이 아크 용접
③ 펄스 아크 용접 ④ 저전압 아크 용접

해설

MIG 용접의 용적 이행 형태에 저전압 아크 용접은 포함되지 않는다.

41 ③ 42 ① 43 ② 44 ③ 45 ② 46 ④ **정답**

47 아크 용접기의 사용에 대한 설명으로 틀린 것은?

① 전격방지기가 부착된 용접기를 사용한다.
② 용접기 케이스는 접지(Earth)를 확실히 해 둔다.
③ 무부하 전압이 높은 용접기를 사용한다.
④ 사용률을 초과하여 사용하지 않는다.

저자쌤의 핵직강

아크 용접기의 구비조건

- 내구성이 좋아야 한다.
- 전류조정이 용이해야 한다.
- 역률과 효율이 높아야 한다.
- 구조 및 취급이 간단해야 한다.
- 사용 중 온도상승이 적어야 한다.
- 단락되는 전류가 크지 않아야 한다.
- 전격방지기가 설치되어 있어야 한다.
- 아크 발생이 쉽고 아크가 안정되어야 한다.
- 아크 길이 변동에 전류변동이 적어야 한다.
- 아크 안정을 위해 외부 특성 곡선을 따라야 한다.
- 적당한 무부하 전압이 있어야 한다(AC : 70~80V, DC : 40~60V).

해설
무부하 전압이 높으면 감전의 위험이 있기 때문에 무부하 전압이 낮은 것을 사용해야 한다.

48 용제와 와이어가 분리되어 공급되고 아크가 용제 속에서 일어나며 잠호용접이라 불리는 용접은?

① MIG 용접
② 일렉트로 슬랙용접
③ 서브머지드 아크 용접
④ 심용접

저자쌤의 핵직강

서브머지드 아크 용접(Submerged Arc Welding)
용접 부위에 미세한 입상의 플럭스를 도포한 뒤 용접선과 나란히 설치된 레일 위를 주행대차가 지나가면서 와이어를 용접부로 공급시키면 플럭스 내부에서 아크가 발생하면서 용접하는 자동 용접법이다. 아크가 플럭스 속에서 발생되므로 용접부가 눈에 보이지 않아 불가시 아크 용접, 잠호용접이라고 불린다. 용접봉인 와이어의 공급과 이송이 자동이며 용접부를 플럭스가 덮고 있으므로 복사열과 연기가 많이 발생하지 않는다.

49 TIG 용접 및 MIG 용접에 사용되는 불활성 가스로 가장 적합한 것은?

① 수소가스 ② 아르곤가스
③ 산소가스 ④ 질소가스

해설
TIG(Tungsten Inert Gas arc welding) 용접과 MIG(Metal Inert Gas arc welding)용접은 모두 Inert Gas(불활성 가스)로 Ar(아르곤)가스를 주로 사용한다.

50 용접부의 시험법 중 기계적 시험법이 아닌 것은?

① 인장시험 ② 경도시험
③ 굽힘시험 ④ 현미경시험

해설
현미경 시험은 시료를 보는 육안검사에 포함된다.

파괴 시험(기계적 시험)	인장시험	인장강도, 항복점, 연신율 계산
	굽힘시험	연성의 정도 측정
	충격시험	인성과 취성의 정도 측정
	경도시험	외력에 대한 저항의 크기 측정
	매크로시험	조직검사
	피로시험	반복적인 외력에 대한 저항력 측정

51 보기와 같은 KS 용접기호 설명으로 올바른 것은?

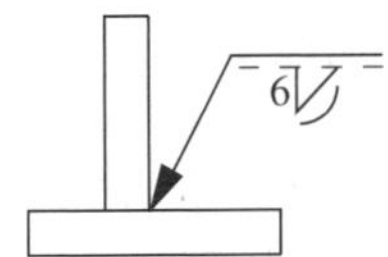

① 화살표 반대쪽 필릿용접으로 용접부의 표면 모양은 볼록하게 한다.
② 화살표 반대쪽 필릿용접으로 용접부의 표면 모양은 오목하게 한다.
③ 화살표쪽 필릿용접으로 용접부의 표면 모양은 볼록하게 한다.
④ 화살표쪽 필릿용접으로 용접부의 표면 모양은 오목하게 한다.

해설
용접 기호가 용접 기선 중 점선 위에 있으므로 이는 화살표의 반대쪽으로 필릿용접을 하라는 의미이다. 또한 볼록한 표시가

정답 47 ③ 48 ③ 49 ② 50 ④ 51 ①

필릿용접 기호 위에 있으므로 용접부의 표면 모양은 볼록하게 해야 한다.

52 도면에서 표제란에 표시된 NS의 뜻으로 옳은 것은?

① 스케치도가 아님을 표시
② 1 : 1 척도를 표시
③ 비례척이 아님을 표시
④ 도면의 종류 표시

해설

NS는 Not to Scale의 약자로써 척도가 비례하지 않을 경우 "비례척이 아님"을 의미하며, 치수 밑에 밑줄을 긋기도 한다.

53 대칭형 물체의 1/4을 잘라내어 물체의 바깥과 안쪽을 동시에 나타내는 단면 방법은?

① 온단면도 ② 한쪽 단면도
③ 회전도시 단면도 ④ 계단 단면도

해설

단면도의 종류

단면도명	도 면
온단면도 (전단면도)	• 전단면도라고도 한다. • 물체 전체를 직선으로 절단하여 앞부분을 잘라내고 남은 뒷부분의 단면 모양을 그린 것이다. • 절단 부위의 위치와 보는 방향이 확실한 경우에는 절단선, 화살표, 문자 기호를 기입하지 않아도 된다.
한쪽단면도 (반단면도)	• 반단면도라고도 한다. • 절단면을 전체의 반만 설치하여 단면도를 얻는다. • 상하 또는 좌우가 대칭인 물체를 중심선을 기준으로 1/4 절단하여 내부 모양과 외부 모양을 동시에 표시하는 방법이다.

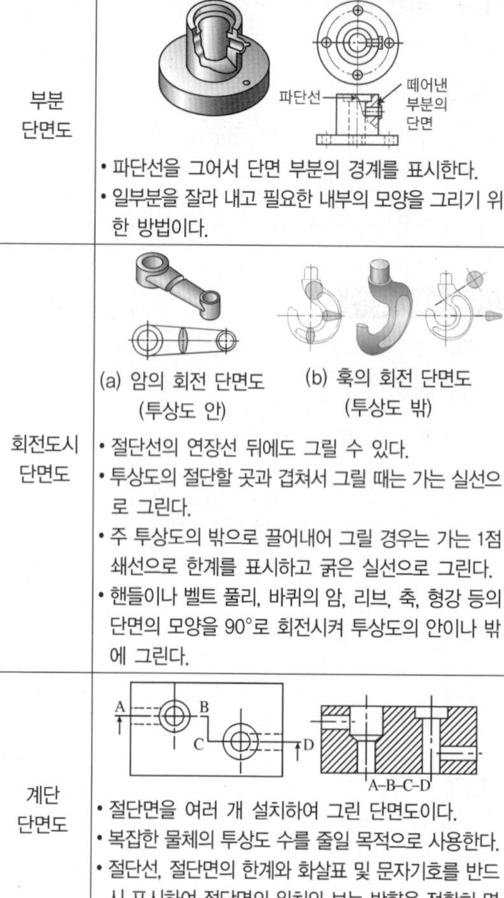

단면도명	도 면
부분 단면도	• 파단선을 그어서 단면 부분의 경계를 표시한다. • 일부분을 잘라 내고 필요한 내부의 모양을 그리기 위한 방법이다.
회전도시 단면도	• 절단선의 연장선 뒤에도 그릴 수 있다. • 투상도의 절단할 곳과 겹쳐서 그릴 때는 가는 실선으로 그린다. • 주 투상도의 밖으로 끌어내어 그릴 경우는 가는 1점 쇄선으로 한계를 표시하고 굵은 실선으로 그린다. • 핸들이나 벨트 풀리, 바퀴의 암, 리브, 축, 형강 등의 단면의 모양을 90°로 회전시켜 투상도의 안이나 밖에 그린다.
계단 단면도	• 절단면을 여러 개 설치하여 그린 단면도이다. • 복잡한 물체의 투상도 수를 줄일 목적으로 사용한다. • 절단선, 절단면의 한계와 화살표 및 문자기호를 반드시 표시하여 절단면의 위치와 보는 방향을 정확히 명시해야 한다.

54 보기는 제3각법의 정투상도로 나타낸 정면도, 우측면도이다. 평면도로 가장 적합한 것은?

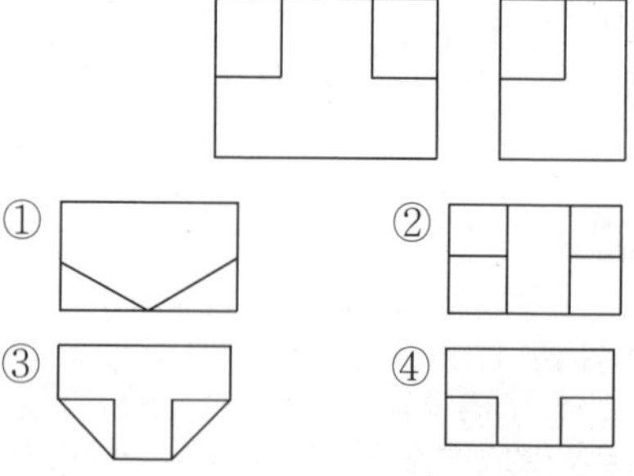

해설

정면도와 평면도의 외형선이 모두 각진 형상이며 점선이 없으므로 ③번은 제외된다. 또한 정면도의 가운데에 세로로 경계선이 없으므로 ①번도 제외된다. 정면도와 우측면도의 윗면의 경계선을 확인하면 ④번이 가장 적합하다.

52 ③ 53 ② 54 ④ 정답

55 그림과 같은 원뿔의 높이가 40mm, 밑면의 지름이 ϕ60mm일 때, 빗변(㉠)의 길이는 얼마인가?

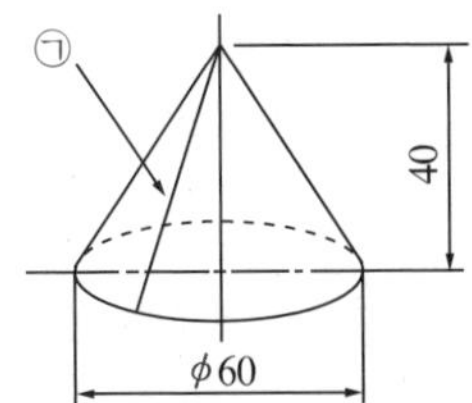

① 43mm　　② 46mm
③ 50mm　　④ 60mm

해설
삼각형에서 한 변의 길이를 구할 때 피타고라스의 원리를 사용하면
$c^2 = a^2 + b^2$
$c = \sqrt{30^2 + 40^2} = \sqrt{2,500} = 50\text{mm}$

56 보기와 같이 제3각법으로 나타낸 정투상도에 대한 입체도로 적합한 것은?

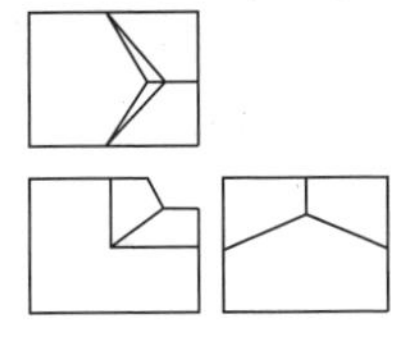

①
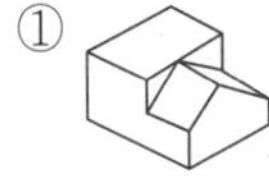
②
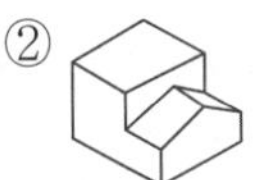
③
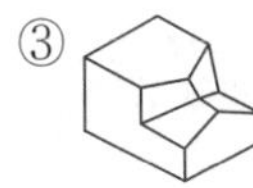
④
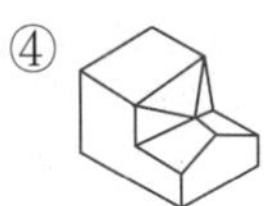

해설
평면도의 왼쪽 면이 오각형인 점을 고려하면 바로 정답이 ③번임을 알 수 있다.

57 다음 그림과 같이 나사 산의 각도가 30° 또는 29°인 나사 명칭으로 가장 적합한 것은?

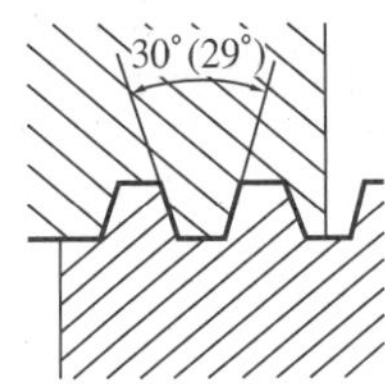

① 삼각나사　　② 사각나사
③ 사다리꼴나사　　④ 톱니나사

저자쌤의 핵직강

나사의 종류 및 특징

	명칭	용도	특징
삼각나사	미터 나사	기계 조립	• 미터계 나사 • 나사산의 각도 60° • 나사의 지름과 피치를 mm로 표시한다.
	유니파이 나사	정밀 기계 조립	• 인치계 나사 • 나사산의 각도 60° • 미·영·캐나다 협정으로 만들어져 ABC 나사라고도 한다.
	관용 나사	유체 기기 결합	• 인치계 나사 • 나사산의 각도 55° • 관용평행 나사 : 유체기기 등의 결합에 사용한다. • 관용테이퍼 나사 : 기밀 유지가 필요한 곳에 사용한다.
사각 나사		동력 전달용	• 프레스 등의 동력전달용으로 사용한다. • 축방향의 큰 하중을 받는 곳에 사용한다.
사다리꼴 나사		공작 기계의 이송용	• 나사산의 각도 30° • 애크미 나사라고도 불린다.
톱니 나사		힘의 전달	• 힘을 한쪽 방향으로만 받는 곳에 사용한다. • 바이스, 압착기 등의 이송용 나사로 사용한다.
둥근 나사		전구나 소켓	• 나사산이 둥근모양이다. • 너클 나사라고도 불린다. • 먼지나 모래 등이 많은 곳에 사용하다. • 나사산과 골이 같은 반지름의 원호로 이은 모양이다.
볼 나사		정밀 공작 기계의 이송 장치	• 나사축과 너트 사이에 강재 볼을 넣어 힘을 전달한다. • 백래시를 작게 할 수 있고 높은 정밀도를 오래 유지할 수 있으며 효율이 가장 좋다.

정답 55 ③ 56 ③ 57 ③

해설

사다리꼴 나사는 이의 모양이 사다리의 형상으로 나사산의 각도로 그 명칭이 분류된다.

- 인치계 사다리꼴나사(TW, TM) : 나사산 각도 29°
- 미터계 사다리꼴나사(Tr) : 나사산 각도 30°

58 파이프의 접속 표시를 나타낸 것이다. 관이 접속하지 않을 때의 상태는 어느 것인가?

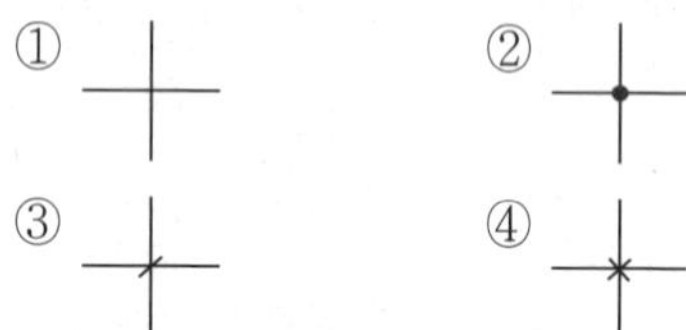

저자쌤의 핵직강

관의 접속 상태와 표시

관의 접속 상태	그림 기호
접속하지 않을 때	┼ ┼
교차 또는 분기할 때	교차 ─●─ 분기 ┬

해설

관의 접속하지 않을 때는 "+"로 표시한다.

59 기하 공차의 기호 중에서 원통도 공차의 기호는?

① ◎ ② 

③  ④ ⌯

저자쌤의 핵직강

기하공차 종류 및 기호

형 체		공차의 종류	기 호
단독형체	모양 공차	진직도	—
		평면도	⏥
		진원도	○
		원통도	⌭
		선의 윤곽도	⌒
		면의 윤곽도	⌓
관련형체	자세 공차	평행도	//
		직각도	⊥
		경사도	∠
	위치 공차	위치도	⌖
		동축도(동심도)	◎
		대칭도	⌯
	흔들림 공차	원주 흔들림	↗
		온 흔들림	⌰

60 치수기입의 원칙에 대한 설명으로 맞는 것은?

① 중요한 치수는 중복하여 기입한다.

② 치수는 되도록 주 투상도에 집중 기입한다.

③ 계산하여 구한 치수는 되도록 식을 같이 기입한다.

④ 치수 중 참고 치수에 대하여는 네모 상자 안에 치수 수치를 기입한다.

저자쌤의 핵직강

치수 기입 원칙(KS B 0001)

- 중복치수는 피한다.
- 치수는 주 투상도에 집중한다.
- 관련되는 치수는 한 곳에 모아서 기입한다.
- 치수는 공정마다 배열을 분리해서 기입한다.
- 치수는 계산해서 구할 필요가 없도록 기입한다.
- 치수 숫자는 치수선 위 중앙에 기입하는 것이 좋다.
- 치수 중 참고 치수에 대하여는 수치에 괄호를 붙인다.
- 필요에 따라 기준으로 하는 점, 선, 면을 기준으로 하여 기입한다.
- 도면에 나타나는 치수는 특별히 명시하지 않는 한 다듬질 치수를 표시한다.
- 치수는 투상도와의 모양 및 치수의 비교가 쉽도록 관련 투상도 쪽으로 기입한다.
- 치수는 대상물의 크기, 자세 및 위치를 가장 명확하게 표시할 수 있도록 기입한다.
- 기능상 필요한 경우 치수의 허용 한계를 지시한다(단, 이론적 정확한 치수는 제외).
- 대상물의 기능, 제작, 조립 등을 고려하여, 꼭 필요한 치수를 분명하게 도면에 기입한다.
- 하나의 투상도에서 수평 방향의 길이 치수는 투상도의 위쪽에, 수직 방향의 길이 치수는 오른쪽에서 읽을 수 있도록 기입한다.

해설

치수를 기입할 때는 되도록 주 투상도에 집중해서 기입해야 한다.

58 ① 59 ③ 60 ② **정답**

2009년도 제1회 **기출문제**

용접기능사 Craftsman Welding/Inert Gas Arc Welding

01 산소병 내용적이 리터인 40.7 용기에 100kgf/cm²로 충전되어 있다면 프랑스식 팁 100번을 사용하여 표준불꽃으로 약 몇 시간까지 용접이 가능한가?

① 약 16시간　② 약 22시간
③ 약 31시간　④ 약 40시간

해설
프랑스식 100번 팁은 가변압식으로 시간 당 소비량은 100L이다.

$$\text{용접가능시간} = \frac{\text{산소용기의 총가스량}}{\text{시간당 소비량}} = \frac{\text{내용적} \times \text{압력}}{\text{시간당 소비량}}$$

$$= \frac{40.7 \times 100}{100} = 40.7\text{시간}$$

절단 팁의 종류에는 동심형팁(프랑스식)과 이심형팁(독일식)이 있다.

02 아크 에어 가우징을 할 때 압축공기의 압력은 몇 kgf/cm² 정도의 압력이 가장 좋은가?

① 0.5 ~ 1　② 3 ~ 4
③ 5 ~ 7　④ 9 ~ 10

저자쌤의 핵직강

장 점
- 소음이 적다.
- 조작 방법이 간단하다.
- 용접 결함부의 발견이 쉽다.
- 철이나 비철금속에도 사용 가능하다.
- 응용 범위가 넓고 경비가 저렴하다.
- 가스 가우징보다 작업 능률이 2~3배 높다.
- 용융된 금속을 순간적으로 불어내어 모재에 악영향을 주지 않는다.

해설
아크 에어 가우징은 탄소 아크 절단법에 고압(5~7kgf/cm²)의 압축공기를 병용하는 방법으로 용융된 금속에 탄소봉과 평행으로 분출하는 압축공기를 전극 홀더의 끝부분에 위치한 구멍을 통해 연속해서 불어내어 홈을 파내는 방법이다.

03 피복금속 아크 용접봉의 피복제가 연소한 후 생성된 물질이 용접부를 보존하는 방식이 아닌 것은?

① 가스 발생식　② 슬래그 생성식
③ 스프레이 발생식　④ 반가스 발생식

저자쌤의 핵직강

용착금속의 보호방식에 따른 분류
- 가스발생식 : 피복제 성분이 주로 셀룰로오스이며, 연소 시 가스를 발생시켜 용접부를 보호한다.
- 슬래그생성식 : 피복제 성분이 주로 규사, 석회석 등의 무기물로 슬래그를 만들어 용접부를 보호하며 산화 및 질화를 방지한다.
- 반가스발생식 : 가스발생식과 슬래그 생성식의 중간적 성질을 갖는다.

해설
용착금속의 보호방식에 따른 분류에 스프레이 발생식은 포함되지 않는다.

04 가스 절단에서 팁(Tip)의 백심 끝과 강판 사이의 간격으로 가장 적당한 것은?

① 0.1 ~ 0.3mm　② 0.4 ~ 1.0mm
③ 1.5 ~ 2.0mm　④ 4.0 ~ 5.0mm

해설
가스절단 시 팁의 백심에서 모재까지의 거리는 1.5 ~ 2.0mm가 되도록 유지하며 절단한다.

05 피복금속 아크 용접봉의 전류밀도는 통상적으로 1mm² 단면적에 약 몇 A의 전류가 적당한가?

① 10 ~ 13　② 15 ~ 20
③ 20 ~ 25　④ 25 ~ 30

해설
일반적으로 피복금속 아크 용접봉의 전류밀도는 10A~13A이다.

정답 1 ④　2 ③　3 ③　4 ③　5 ①

06 가스용접에 쓰이는 수소가스에 관한 설명으로 틀린 것은?

① 부탄가스라고도 한다.
② 수중절단의 연료 가스로도 사용된다.
③ 무색, 무미, 무취의 기체이다.
④ 공업적으로는 물의 전기분해에 의해서 제조한다.

저자쌤의 핵직강

수소(Hydrogen, H_2)의 특징
- 물을 전기 분해하여 제조한다.
- 무색, 무미, 무취로서 인체에 해가 없다.
- 비중은 0.0695로서 물질 중 가장 가볍다.
- 고압 용기에 충전한다(35℃, 150kgf/cm^2).
- 산소와 화합하여 고온을 내며 아세틸렌가스 다음으로 폭발 범위가 넓다.
- 연소 시 탄소가 존재하지 않아 납의 용접이나, 수중 절단용 가스로 사용된다.

해설
부탄의 원소기호는 C_4H_{10}으로서 수소가스 H_2와는 거리가 멀다.

07 다음 표에서 직류 용접기의 정극성과 역극성에 관하여 바르게 나타낸 것은?

구 분	극 성	모 재	용접봉
㉠	정극성	+	+
㉡	역극성	+	–
㉢	정극성	–	–
㉣	역극성	–	+

① ㉠　　② ㉡
③ ㉢　　④ ㉣

저자쌤의 핵직강

아크 용접기의 극성

구분	특징
직류 정극성 (DCSP : Direct Current Straight Polarity)	• 용입이 깊다. • 비드 폭이 좁다. • 용접봉의 용융속도가 느리다. • 후판(두꺼운 판) 용접이 가능하다. • 모재에는 (+)전극이 연결되며 70% 열이 발생하고, 용접봉에는 (–)전극이 연결되며 30% 열이 발생한다.
직류 역극성 (DCRP : Direct Current Reverse Polarity)	• 용입이 얕다. • 비드 폭이 넓다. • 용접봉의 용융속도가 빠르다. • 박판(얇은 판) 용접이 가능하다. • 모재에는 (–)전극이 연결되며 30% 열이 발생하고, 용접봉에는 (+)전극이 연결되며 70% 열이 발생한다.
교류(AC)	• 극성이 없다. • 전원 주파수의 $\frac{1}{2}$ 사이클마다 극성이 바뀐다.

해설
직류 용접기의 경우 모재와 용접봉에 결선되는 전극의 종류에 따라 정극성과 역극성으로 나뉜다.
- 직류 정극성 : 모재(+ 전극), 용접봉(– 전극)
- 직류 역극성 : 모재(– 전극), 용접봉(+ 전극)

08 수동 가스 절단기에서 저압식 절단 토치의 아세틸렌 가스 압력이 보통 몇 kgf/cm^2 이하에서 사용되는가?

① 0.07　　② 0.40
③ 0.70　　④ 1.40

저자쌤의 핵직강

아세틸렌가스의 사용 압력

구분	압력
저압식	0.07kgf/cm^2 이하
중압식	0.07~1.3kgf/cm^2
고압식	1.3kgf/cm^2 이상

해설
가스용접용 토치는 아세틸렌가스의 사용 압력에 따라 저압식, 중압식, 고압식으로 나뉜다.

09 용접봉의 종류 중 고산화티탄계를 나타내는 것은?

① E4301　　② E4311
③ E4313　　④ E4316

저자쌤의 핵직강

용접봉의 종류

기 호	종 류
E4301	일미나이트계
E4303	라임티타늄계

6 ① 7 ④ 8 ① 9 ③ 정답

E4311	고셀룰로오스계
E4313	고산화티탄계
E4316	저수소계
E4324	철분 산화티탄계
E4326	철분 저수소계
E4327	철분 산화철계

해설

고산화티탄계 용접봉의 규격은 E4313이다.

10 직류 아크 중 전압의 분포에서 음극전압강하를 V_K, 양극전압강하를 V_A, 아크 기둥의 전압강하를 V_P라 할 때 아크전압 V_a는?

① $V_a = V_K + V_A + V_P$

② $V_a = V_K - V_A + V_P$

③ $V_a = V_K - V_A - V_P$

④ $V_a = V_K + V_A \times V_P$

저자쌤의 핵직강

아크 전압(V_a)

음극전압강하(V_K) + 양극전압강하(V_A) + 아크 기둥의 전압강하(V_P)

해설

아크 전압은 아크의 양극과 음극 사이에 걸리는 전압으로써 아크의 길이에 비례하여 증가하며 피복제의 종류나 아크 전류의 크기에도 큰 영향을 받는다.

11 가스 용접봉의 조건에 들지 않는 것은?

① 모재와 같은 재질일 것

② 불순물이 포함되어 있지 않을 것

③ 용융온도가 모재보다 낮을 것

④ 기계적 성질에 나쁜 영향을 주지 않을 것

저자쌤의 핵직강

가스용접봉 선택 시 조건

- 용융온도가 모재와 같거나 비슷할 것
- 용접봉의 재질 중에 불순물을 포함하고 있지 않을 것
- 모재와 같은 재질이어야 하며 충분한 강도를 줄 수 있을 것
- 용융 온도가 모재와 같고, 기계적 성질에 나쁜 영향을 주지 말 것

해설

가스 용접봉을 선택할 때 용융온도는 모재와 같거나 비슷해야 한다.

12 용접기의 현장사용에서 사용률이 40%일 때 10분을 기준으로 해서 몇 분을 아크 발생하는 것이 좋은가?

① 10분 ② 6분

③ 4분 ④ 2분

해설

$$\text{사용률(\%)} = \frac{\text{아크발생시간}}{\text{아크발생시간+정지시간}} \times 100\%$$

$$40 = \frac{t}{10} \times 100\%$$

$$t = 4$$

Plus One 용접기 사용률은 용접기로 아크 용접을 할 때 용접기의 2차 측에서 아크를 발생하는 시간이 얼마인가를 나타내는 것이다.

13 교류 아크 용접기의 아크 안정을 확보하기 위하여 상용 주파수의 아크 전류 외에 고전압의 고주파 전류를 중첩시키는 부속장치는?

① 전격 방지 장치 ② 원격 제어 장치

③ 고주파 발생 장치 ④ 저주파 발생 장치

저자쌤의 핵직강

고주파 발생장치의 특징

- 아크 손실이 적어 용접이 쉽다.
- 무부하 전압을 낮게 할 수 있다.
- 전격의 위험이 적고 전원입력을 작게 할 수 있으므로 역률이 개선된다.
- 아크 발생 초기에 용접봉을 모재에 접촉시키지 않아도 아크가 발생된다.

해설

고주파 발생장치는 교류 아크 용접기의 아크 안정성 확보를 위하여 상용 주파수의 아크 전류 외에 고전압(2,000~3,000V)의 고주파 전류를 중첩시키는 방식이며 라디오나 TV 등에 방해를 주는 단점도 있으나 장점이 더 많다.

정답 10 ① 11 ③ 12 ③ 13 ③

14 스카핑의 설명으로 맞는 것은?

① 가우징에 비해 나비가 좁은 홈을 가공한다.
② 가우징 토치에 비해 능력이 작다.
③ 작업방법은 스카핑 토치를 공작물의 표면과 직각으로 한다.
④ 강재표면의 탈탄층 또는 홈을 제거하기 위해 사용된다.

해설
스카핑(Scarfing)이란 강괴나 강편, 강재 표면의 홈이나 개재물, 탈탄층 등을 제거하기 위한 불꽃 가공으로 가능한 얇으면서 타원형의 모양으로 표면을 깎아내는 가공법이다.

15 위빙 비드에 해당되지 않는 것은?

① 박판용접 및 홈용접의 이면비드 형성 시 사용한다.
② 위빙 운동폭은 심선지름의 2~3배로 한다.
③ 크레이터 발생과 언더컷 발생이 생길 염려가 있다.
④ 용접봉은 용접진행방향으로 70~80°, 좌우에 대하여 90°가 되게 한다.

해설
박판 용접 시에는 용접에 따른 모재로의 입열량이 상대적으로 적은 직선비드를 주로 사용한다. 직선비드는 단시간 사용하여 용접을 하나, 위빙용접은 위빙의 폭 만큼의 열량이 더 투입되므로 박판(얇은 판)의 경우 재료가 녹아내리거나 변형이 될 수 있다.

16 KS에 규정된 용접봉의 지름 치수에 해당 하지 않는 것은?

① 1.0　　② 2.0
③ 3.0　　④ 4.0

해설
KS규격에 규정된 용접봉의 표준 지름
ϕ1.0, ϕ1.4, ϕ2.0, ϕ2.6, ϕ3.2, ϕ4.0, ϕ4.5, ϕ5.5, ϕ6.0, ϕ6.4, ϕ7.0, ϕ8.0, ϕ9.0

17 용해 아세틸렌가스는 몇 ℃, 몇 kgf/cm^{2}으로 충전하는 것이 가장 적당한가?

① 40℃, 160kgf/cm^2
② 35℃, 150kgf/cm^2
③ 20℃, 30kgf/cm^2
④ 15℃, 15kgf/cm^2

해설
아세틸렌가스의 충전은 15℃ 1기압 하에서 15kgf/cm^{2}의 압력으로 한다. 아세틸렌가스 1L의 무게는 1.176g이다.

18 공구용 재료로서 구비해야 할 조건으로 틀린 것은?

① 열처리가 용이할 것
② 내마모성이 클 것
③ 강인성이 있을 것
④ 상온 및 고온 경도가 낮을 것

저자쌤의 핵직강

공구용 재료로서 구비해야 할 조건
- 상온 및 고온 경도가 높을 것
- 내마모성이 클 것
- 강인성이 있을 것
- 열처리 및 가공이 용이해야 할 것
- 제조 취급이 쉽고 가격이 저렴할 것

해설
공구용 재료는 절삭 시 발생되는 절삭열에 의해서 고온에서 경도가 유지되어야 하므로 상온(24℃)뿐 아니라 고온에서 경도가 커야 한다.

19 탄소강 중에 규소(Si)가 함유되는데, 규소가 탄소강에 미치는 영향은?

① 인장강도, 탄성한계, 경도를 감소시킨다.
② 결정립을 조대화시키고 가공성을 증가시킨다.
③ 연신율과 충격값을 향상시킨다.
④ 용접성을 저하시킨다.

저자쌤의 핵직강

탄소강에 함유된 규소(Si)의 영향
- 연신율 감소
- 용접성 저하
- 탈산제로 사용
- 인장강도, 탄성한도, 경도 상승
- 결정립의 조대화로 충격값과 인성 저하

14 ④　15 ①　16 ③　17 ④　18 ④　19 ④ **정답**

해설

실리콘이라고도 불리는 규소(Si)는 탄소강 중에 함유되었을 때 강도와 경도, 탄성한도를 증가시키나 가공성과 연신율, 충격값은 감소시킨다.

20 비중이 4.5 정도이며 가볍고 강하며 열에 잘 견디고 내식성이 강한 특징을 가지고 있으며 융점이 1,670℃ 정도로 높고 스테인리스강보다도 우수한 내식성 때문에 600℃까지 고온 산화가 거의 없는 비철금속은?

① 티 탄 ② 아 연
③ 크 롬 ④ 마그네슘

해설

Ti(티타늄)은 비중이 4.5이며 용융점이 1,670℃이다. 스테인리스강보다 내식성이 커서 600℃까지 고온 산화가 거의 발생하지 않는다.

21 크롬계 스테인리스강 중 Cr이 약 18% 정도 함유한 것은?

① 시멘타이트계 ② 펄라이트계
③ 오스테나이트계 ④ 페라이트계

저자쌤의 핵직강

스테인리스강의 분류

구 분	종 류	주요성분	자 성
Cr계	페라이트계 스테인리스강	Fe+Cr 12% 이상	자성체
	마텐자이트계 스테인리스강	Fe+Cr 13%	자성체
Cr+Ni계	오스테나이트계 스테인리스강	Fe+Cr 18%+Ni 8%	비자성체
	석출경화계 스테인리스강	Fe+Cr+Ni	비자성체

해설

크롬계 스테인리스강 중 Cr이 18% 정도 함유한 것은 페라이트계이다.

22 황동의 합금명에서 6 : 4 황동을 바르게 나타낸 것은?

① 레드 브라스(Red Brass)
② 문쯔 메탈(Muntz Metal)
③ 로우 브라스(Low Brass)
④ 톰백(Tombac)

저자쌤의 핵직강

황동의 종류

톰 백	Cu(구리)에 Zn(아연)을 8~20% 합금한 것으로 색깔이 아름다워 장식용 재료로 사용한다.
문쯔메탈	60%의 Cu(구리)와 40%의 Zn(아연)이 합금된 것으로 인장강도가 최대이며, 강도가 필요한 단조제품이나 볼트, 리벳 등의 재료로 사용한다.
알브락	Cu(구리) 75% + Zn(아연) 20% + 소량의 Al, Si, As 등의 합금이다. 해수에 강하며 내식성과 내침수성이 커서 복수기관과 냉각기관에 사용한다.
애드미럴티 황동	7 : 3황동에 Sn(주석) 1%를 합금한 것으로 전연성이 좋아서 관이나 판으로 증발기, 열교환기, 콘덴서 튜브를 만드는 재료로 사용한다.
델타메탈	6 : 4황동에 철(1~2%)을 합금한 것으로 부식에 강해서 기계나 선박용 재료로 사용한다.
쾌삭황동	황동에 Pb(납)을 0.5~3% 합금한 것으로 피절삭성 향상을 위해 사용한다.

해설

문쯔메탈은 60%의 Cu(구리)와 40%의 Zn(아연)이 합금된 것으로 인장강도가 최대이며, 강도가 필요한 단조제품이나 볼트, 리벳 등의 재료로 사용한다.

23 공정 주철의 탄소함유량으로 가장 적합한 것은?

① 1.3% C ② 2.3% C
③ 4.3% C ④ 6.3% C

해설

공정 주철은 순철에 C(탄소)를 약 4.3% 합금시킨 것이다. Fe(철)에는 C를 최대 6.67%까지 합금하여 사용하는데, 그 이상 함유될 경우 취성이 커져서 재료로써 사용이 불가능하다.

정답 20 ① 21 ④ 22 ② 23 ③

24 고주파 경화법의 특징 설명으로 틀린 것은?

① 급열이나 급랭으로 인하여 재료가 변형되는 경우가 많다.
② 마텐자이트 생성에 의한 체적변화 때문에 내부 응력이 발생한다.
③ 가열시간이 짧으므로 산화 및 탈탄의 염려가 많다.
④ 경화층이 이탈되거나 담금질 균열이 생기기 쉽다.

저자쌤의 핵직강

고주파경화법의 특징

- 작업비가 싸다.
- 직접 가열로 열효율이 높다.
- 열처리 후 연삭과정을 생략할 수 있다.
- 조작이 간단하여 열처리 시간이 단축된다.
- 불량이 적고 변형 보정을 필요로 하지 않는다.
- 급열이나 급랭으로 인해 재료가 변형될 수 있다.
- 경화층이 이탈되거나 담금질 균열이 생기기 쉽다.
- 가열 시간이 짧아서 산화 및 탈탄의 우려가 적다.
- 마텐자이트 생성으로 체적이 변화하여 내부응력이 발생한다.

해설

고주파경화법은 고주파 유도 전류에 의해서 강 부품의 표면층만을 직접 급속히 가열한 후 급랭시키는 방법으로 가열 시간이 짧아서 산화 및 탈탄의 우려가 적다.

25 조직에 따른 구상흑연주철의 분류가 아닌 것은?

① 페라이트형　② 펄라이트형
③ 오스테나이트형　④ 시멘타이트형

저자쌤의 핵직강

구상흑연주철

주철 속 흑연이 완전히 구상이고 그 주위가 페라이트조직으로 되어 있는데 이 형상이 황소의 눈과 닮았다고 해서 불스아이 주철로도 불린다. 일반 주철에 Ni(니켈), Cr(크롬), Mo(몰리브덴), Cu(구리)를 첨가하여 재질을 개선한 주철로 내마멸성, 내열성, 내식성이 대단히 우수하여 자동차용 주물이나 주조용 재료로 사용되며 다른 말로 노듈러 주철, 덕타일 주철로도 불린다.

해설

구상흑연주철은 페라이트, 펄라이트, 시멘타이트형으로 분류할 수 있다.

26 경금속 중 순수한 알루미늄의 비중은?

① 1.74　② 2.70
③ 7.81　④ 8.89

저자쌤의 핵직강

금속의 비중

경금속				중금속			
Mg	Be	Al	Ti	Sn	V	Cr	Mn
1.74	1.85	2.7	4.5	5.8	6.16	7.19	7.43
중금속							
Fe	Ni	Cu	Ag	Pb	W	Pt	Ir
7.87	8.9	8.96	10.49	11.34	19.1	21.45	22

해설

Al의 비중은 2.70이다.

27 A_3 또는 A_{cm}선보다 30~50℃ 높은 온도로 가열하고 일정시간 유지하면 균일한 오스테나이트 조직으로 되며, 정지된 공기 중에서 냉각하면 미세하고 균일한 표준화된 조직을 얻을 수 있는 열처리는?

① 담금질(Quenching)
② 뜨임(Tempering)
③ 불림(Normalizing)
④ 풀림(Annealing)

저자쌤의 핵직강

열처리의 기본 4단계

- 담금질(Quenching) : 재질을 경화시킬 목적으로 강을 오스테나이트조직의 영역으로 가열한 후 급랭시켜 강도와 경도를 증가시키는 열처리법이다.
- 뜨임(Tempering) : 담금질 한 강을 A_1변태점(723℃) 이하로 가열 후 서랭하는 것으로 담금질로 경화된 재료에 인성을 부여하고 내부응력을 제거한다.
- 풀림(Annealing) : 재질을 연하고 균일화시킬 목적으로 실시하는 열처리법으로 완전풀림은 A_3변태점(968℃) 이상의 온도로, 연화풀림은 650℃ 정도의 온도로 가열한 후 서랭한다.
- 불림(Normalizing) : 담금질 정도가 심하거나 결정입자가 조대해진 강을 표준화조직으로 만들기 위하여 A_3점(968℃)이나 A_{cm}(시멘타이트)점 이상의 온도로 가열 후 공랭시킨다.

24 ③　25 ③　26 ②　27 ③　정답

해설
Normal은 표준이라는 의미이며, Normalizing(불림)처리는 단단해지거나 너무 연해진 금속을 표준화상태로 되돌리는 열처리법으로 표준 조직을 얻고자 할 때 사용한다.

Plus One
② 기공 : 용접봉에 습기가 있을 때
③ 균열 : 부적당한 용접봉을 사용했을 때
④ 언더컷 : 용접전류가 너무 높을 때

28 주강의 설명으로 틀린 것은?

① 주철로서는 강도가 부족되는 부분에 사용된다.
② 철도 차량, 조선, 기계 및 광산 구조용 재료로 사용된다.
③ 주강 제품에는 기포나 기공이 적당히 있어야 한다.
④ 탄소함유량에 따라 저탄소 주강, 중탄소 주강, 고탄소 주강으로 구분한다.

해설
주강은 주조용으로 사용하는 강(Steel) 재료로 주강 제품에는 기포나 기공이 없어야 우수한 품질의 제품을 얻을 수 있다.

29 테르밋 용접에서 산화철분말과 미세한 알루미늄분말의 중량비로 가장 올바른 것은?

① 1~2 : 1 ② 3~4 : 1
③ 5~6 : 1 ④ 7~8 : 1

저자쌤의 핵직강
테르밋 용접 : 알루미늄 분말과 산화철을 1:3의 비율로 혼합하여 테르밋제를 만든 후 냄비의 역할을 하는 도가니에 넣어 약 1,000℃로 점화하면 약 2,800℃의 열이 발생되면서 용접용 강이 만들어지게 되는데 이 강을 용접부에 주입하면서 용접하는 용접법이다.

해설
산화철 분말과 알루미늄 분말의 중량비는 ②번 3~4 : 1이다.

30 피복금속 아크 용접에서 용접전류가 낮을 때 발생하는 것은?

① 오버랩 ② 기 공
③ 균 열 ④ 언더컷

해설
오버랩은 운봉속도가 너무 느리거나 용접전류가 낮을 때 발생한다.

31 불활성 가스의 종류에 해당되지 않는 것은?

① 아르곤(Ar) ② 헬륨(He)
③ 네온(Ne) ④ 염소(Cl_2)

저자쌤의 핵직강
불활성 가스 종류 : Ar(아르곤), Ne(네온), He(헬륨)가스 등이 있다.

해설
불활성 가스는 다른 물질과 화학반응을 일으키기 어려운 가스로서 우수한 품질의 제품을 만들고자 할 때 주로 사용한다.

32 맞대기 용접 이음에서 모재의 인장강도는 45kgf/mm^{2}이며, 용접 시험편의 인장강도가 47kgf/mm^{2}일 때 이음효율은 약 몇 %인가?

① 104 ② 96
③ 60 ④ 69

해설
맞대기 용접의 이음효율$=\dfrac{\text{용접 시험편 인장강도}}{\text{모재인장강도}}\times 100(\%)$

$$=\frac{47}{45}\times 100(\%)=104.4(\%)$$

33 로봇용접의 장점에 관한 다음 설명 중 맞지 않는 것은?

① 작업의 표준화를 이룰 수 있다.
② 복잡한 형상의 구조물에 적용하기 쉽다.
③ 반복작업이 가능하다.
④ 열악한 환경에서도 작업이 가능하다.

저자쌤의 핵직강
로봇용접의 경우 자동화를 위해서 이동 레일이 움직일 수 있도록 단순한 구조로 되어 있어야 하므로 복잡한 형상의 구조물은 용접하기 어렵다.

정답 28 ③ 29 ② 30 ① 31 ④ 32 ① 33 ②

해설
② 복잡한 형상의 구조물에는 수동용접이 알맞다.

34 전기저항 용접의 특징에 대한 설명으로 올바르지 않은 것은?

① 산화 및 변질 부분이 적다.
② 다른 금속 간의 접합이 쉽다.
③ 용제나 용접봉이 필요 없다.
④ 접합 강도가 비교적 크다.

해설
전기저항 용접은 용접부에 대전류를 직접 흐르게 하여 이때 생기는 저항열을 열원으로 하여 접합부를 가열하면서 동시에 큰 압력을 주어 금속을 접합하는 방법이다. 따라서 용융점이 서로 다른 금속 간의 접합은 다소 어렵다.

35 사람의 몸에 얼마 이상의 전류가 흐르면 순간적으로 사망할 위험이 있는가?

① 10mA ② 20mA
③ 30mA ④ 50mA

저자쌤의 핵직강

전류(Ampere)량에 따라 사람의 몸에 미치는 영향

전류량	인체에 미치는 영향
1mA	감전을 조금 느낌
5mA	상당한 아픔을 느낌
20mA	스스로 현장을 탈피하기 힘듦. 근육 수축
50mA	심장마비발생, 사망의 위험이 있음

해설
50mA 이상이면 심장마비의 위험이 있다.

36 용접변형을 적게 하기 위한 방법으로 틀린 것은?

① 전공급 열량을 가능한 적게 할 것
② 용접 속도를 느리게 할 것
③ 열량이 한 군데 집중하지 않도록 할 것
④ 처짐 변형의 방지에 주의할 것

해설
용접 속도를 느리게 하면, 용접봉에서 발생하는 열량이 그 만큼 모재에 더 전달되므로 재료의 변형을 더 크게 한다. 따라서 용접 속도는 적당히 조절해야 한다.

37 불활성 가스 금속 아크(MIG) 용접의 특징이 아닌 것은?

① 아크 자기제어 특성이 있다.
② 정전압 특성, 상승 특성이 있는 직류용접기이다.
③ 반자동 또는 전자동 용접기로 속도가 빠르다.
④ 전류밀도가 낮아 3mm 이하 얇은 판 용접에 능률적이다.

저자쌤의 핵직강

MIG 용접의 특징
- 분무 이행이 원활하다.
- 열영향부가 매우 적다.
- 용착효율은 약 98%이다.
- 전 자세 용접이 가능하다.
- 용접기의 조작이 간단하다.
- 아크의 자기제어 기능이 있다.
- 직류용접기의 경우 정전압 특성 또는 상승 특성이 있다.
- 전류가 일정할 때 아크 전압이 커지면 용융속도가 낮아진다.
- 전류밀도가 아크 용접의 4~6배, TIG 용접의 2배 정도로 매우 높다.
- 용접부가 좁고, 깊은 용입을 얻으므로 후판(두꺼운 판) 용접에 적당하다.
- 알루미늄이나 마그네슘 등은 청정작용으로 용제 없이도 용접이 가능하다.
- 전자동 또는 반자동식이 많으며 전극인 와이어는 모재와 동일한 금속을 사용한다.
- 전원은 직류 역극성이 이용되며 Al, Mg 등에는 클리닝 작용(청정작용)이 있어 용제 없이도 용접이 가능하다.
- 용접봉을 갈아 끼울 필요가 없어 용접 속도를 빨리할 수 있으므로 고속 및 연속적으로 양호한 용접을 할 수 있다.

해설
MIG(불활성 가스 금속 아크 용접) 용접은 전류밀도가 아크 용접의 4~6배, TIG 용접의 2배 정도로 매우 높다.

38 연납땜 중 내열성 땜납으로 주로 구리, 황동용에 사용되는 것은?

① 인동납 ② 황동납
③ 납-은납 ④ 은 납

저자쌤의 핵직강

납땜용 용제의 종류

경납땜용 용제(Flux)	• 붕 사 • 불화나트륨 • 은 납	• 붕 산 • 불화칼륨 • 황동납

34 ② 35 ④ 36 ② 37 ④ 38 ③ 정답

경납땜용 용제(Flux)	• 인동납 • 양은납	• 망간납 • 알루미늄납
연납땜용 용제(Flux)	• 송 진 • 염 산 • 염화암모늄 • 카드뮴-아연납 • 저융점 땜납	• 인 산 • 염화아연 • 주석-납

해설

납-은납 : 내열성의 연납땜용 용제로 구리나 황동의 납땜에 사용된다. 인동납과 황동납, 은납은 모두 경납땜용 용제에 속한다.

39 이음 홈의 형상 중 두꺼운 판의 양면 용접을 할 수 없는 경우에 가공하는 방법으로 한쪽 용접에 의해 충분한 용임을 얻을 수 있지만 홈 가공이 다소 어려운 것이 단점인 홈형상으로 가장 적합한 것은?

① I형 ② V형

③ U형 ④ J형

저자쌤의 핵직강

홈의 형상에 따른 특징

홈의 형상	특 징
I형	• 가공이 쉽고 용착량이 적어서 경제적이다. • 판이 두꺼워지면 이음부를 완전히 녹일 수 없다.
V형	• 한쪽 방향에서 완전한 용입을 얻고자 할 때 사용한다. • 홈 가공이 용이하나 두꺼운 판에서는 용착량이 많아지고 변형이 일어난다.
X형	• 후판(두꺼운 판) 용접에 적합하다. • 홈가공이 V형에 비해 어렵지만 용착량이 적다. • 양쪽에서 용접하므로 완전한 용입을 얻을 수 있다.
U형	• 홈 가공이 어렵다. • 두꺼운 판에서 비드의 너비가 좁고 용착량도 적다. • 두꺼운 판을 한쪽 방향에서 충분한 용입을 얻고자 할 때 사용한다.
H형	• 두꺼운 판을 양쪽에서 용접하므로 완전한 용입을 얻을 수 있다.
J형	한쪽 V형이나 K형 홈보다 두꺼운 판에 사용한다.

해설

U형은 두꺼운 판의 양면 용접을 할 수 없는 경우에 가공하는 방법으로 한쪽 용접에 의해 충분한 용임을 얻을 수 있지만, 홈 가공이 다소 어려운 것이 단점이 있다.

40 전기용접의 안전작업에 위배되는 사항은?

① 용접작업 중 용접봉은 절대로 맨손으로 취급하지 않는다.

② 물에 젖었거나 습기찬 작업복은 착용하지 않는다.

③ 규정된 안전보호구를 반드시 착용한다.

④ 용접 중 용접기 내부의 수리는 작업자가 수시로 한다.

해설

용접기의 내부수리는 제작사의 전문가에게 맡겨야 한다.

41 CO_2 가스 아크 용접에서 솔리드 와이어에 비교한 복합 와이어의 특징을 설명한 것으로 틀린 것은?

① 양호한 용착금속을 얻을 수 있다.

② 스패터가 많다.

③ 아크가 안정된다.

④ 비드 외관이 깨끗하며 아름답다.

저자쌤의 핵직강

솔리드와이어와 복합(플럭스)와이어의 차이점

솔리드와이어	복합(플럭스)와이어
• 기공이 많다. • 용가재인 와이어만으로 구성되어 있다. • 동일전류에서 전류밀도가 작다. • 용입이 깊다. • 바람의 영향이 크다. • 비드의 외관이 아름답지 않다. • 스패터 발생이 일반적으로 많다. • Arc의 안정성이 작다.	• 기공이 적다. • 와이어의 가격이 비싸다. • 비드의 외관이 아름답다. • 동일전류에서 전류밀도가 크다. • 용제가 미리 심선 속에 들어 있다. • 탈산제나 아크 안정제 등의 함금원소가 포함되어 있다. • 바람의 영향이 작다. • 용입의 깊이가 얕다. • 스패터 발생이 적다. • Arc 안정성이 크다.

해설

복합 와이어는 스패터가 적게 발생한다.

42 이산화탄소 아크 용접의 특징 설명으로 틀린 것은?

① 용제를 사용하지 않아 슬래그의 혼입이 없다.

② 용접 금속의 기계적, 야금적 성질이 우수하다.

정답 39 ③ 40 ④ 41 ② 42 ④

③ 전류 밀도가 높아 용입이 깊고 용융 속도가 빠르다.
④ 바람의 영향을 전혀 받지 않는다.

저자쌤의 핵직강

CO_2가스(탄산가스) 아크 용접의 특징
- 용착 효율이 양호하다.
- 용접봉 대신 Wire를 사용한다.
- 용접 재료는 철(Fe)에만 한정되어 있다.
- 용접전원은 교류를 정류시켜서 직류로 사용한다.
- 용착금속에 수소함량이 적어서 기계적 성질이 좋다.
- 전류밀도가 높아서 용입이 깊고 용접 속도가 빠르다.
- 전원은 직류 정전압 특성이나 상승 특성이 이용된다.
- 솔리드 와이어는 슬래그 생성이 적어서 제거할 필요가 없다.
- 바람의 영향을 받아 풍속 2m/s 이상은 방풍장치가 필요하다.
- 탄산가스 함량이 3~4%일 때 두통이나 뇌빈혈을 일으키고, 15% 이상이면 위험상태이다.
- 30% 이상이면 가스에 중독되어 생명이 위험해지기 때문에 자주 환기를 해야 한다.

해설
이산화탄소 아크 용접은 CO_2(탄산가스)를 보호가스로 사용하므로 바람의 영향이 큰 곳에서는 방풍대책을 세워야 한다.

43 용접 결함의 보수 용접에 관한 사항 중 옳지 않은 것은?

① 기공이나 슬래그 섞임은 깎아 내고 재 용접한다.
② 균열부분은 균열 양단에 드릴로 정지 구멍을 뚫고 규정의 홈으로 다듬질하여 재용접한다.
③ 언더컷일 경우에는 가는 용접봉을 사용하여 보수한다.
④ 오버랩은 굵은 용접봉을 사용하여 덧붙이 용접을 한다.

저자쌤의 핵직강

오버랩 원인과 방지대책

원 인	방지대책
• 전류가 낮을 때 • 운봉, 작업각과 진행각 불량 시 • 부적당한 용접봉 사용 시	• 전류를 높인다. • 작업각과 진행각 조정 • 적절한 용접봉 사용

해설
오버랩은 홈을 다 채우지 않은 상태에서 홈 부분이 덮인 불량으로 이 부분을 깎아 내고 재 용접을 해야 한다.

44 용접부의 중앙으로부터 양끝을 향해 대칭적으로 용접해 나가는 용착법은?

① 전진법　　② 스킵법
③ 대칭법　　④ 후진법

저자쌤의 핵직강

용착법의 종류

구 분	종 류	
용접 방향에 의한 용착법	전진법	후퇴법
	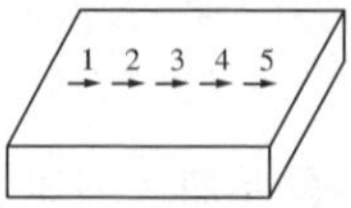 1 2 3 4 5	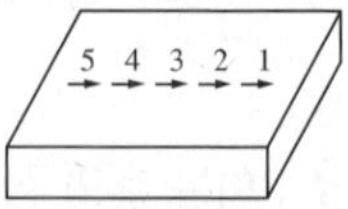 5 4 3 2 1
	대칭법	스킵법(비석법)
	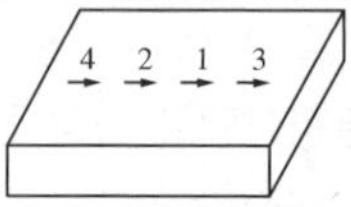 4 2 1 3	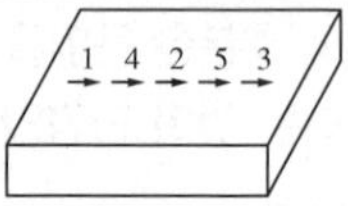 1 4 2 5 3
다층 비드 용착법	빌드업법(덧살올림법)	캐스케이드법
	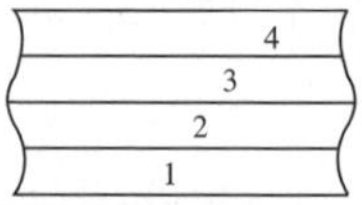 4 3 2 1	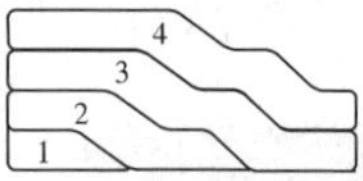 4 3 2 1
	전진블록법	
	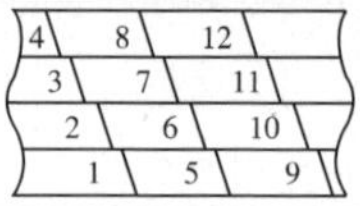 4 8 12 / 3 7 11 / 2 6 10 / 1 5 9	

해설
대칭법은 변형과 수축응력의 경감법으로 용접 전 길이에 걸쳐 중심에서 좌우로 또는 용접물 형상에 따라 좌우대칭으로 용접하는 방법이다.

45 서브머지드 아크 용접에서 용제의 구비조건에 대한 설명으로 틀린 것은?

① 적당한 입도를 갖고 아크 보호성이 우수할 것
② 적당한 합금성분으로 탈황, 탈산 등의 정련작용을 할 것
③ 아크 발생을 안정시켜 안정된 용접을 할 수 있을 것
④ 용접 후 슬래그(Slag)의 박리가 어려울 것

저자쌤의 핵직강

서브머지드 아크 용접
용접 부위에 미세한 입상의 플럭스를 도포한 뒤 용접선과 나란히 설치된 레일 위를 주행대차가 지나가면서 와이어를

43 ④　44 ③　45 ④ 정답

용접부로 공급시키면 플럭스 내부에서 아크가 발생하면서 용접하는 자동 용접법이다. 아크가 플럭스 속에서 발생되므로 용접부가 눈에 보이지 않아 불가시 아크 용접, 잠호용접이라고 불린다. 용접봉인 와이어의 공급과 이송이 자동이며 용접부를 플럭스가 덮고 있으므로 복사열과 연기가 많이 발생하지 않는다.

해설
서브머지드 아크 용접용 용제는 용접 후 슬래그의 박리가 쉬워야 한다.

46 산업안전보건법시행규칙상 안전·보건표지의 색채 중 금지를 나타내는 색채는?

① 빨 강　② 녹 색
③ 파 랑　④ 흰 색

해설
산업안전보건법에 따른 안전·보건표지의 색채, 색채기준 및 용도

색 상	용 도	사 례
빨간색	금 지	정지신호, 소화설비 및 그 장소, 유해행위 금지
	경 고	화학물질 취급장소에서의 유해·위험 경고
노란색	경 고	화학물질 취급장소에서의 유해·위험 경고 이외의 위험경고, 주의표지 또는 기계 방호물
파란색	지 시	특정 행위의 지시 및 사실의 고지
녹 색	안 내	비상구 및 피난소, 사람 또는 차량의 통행
흰 색		파란색 또는 녹색에 대한 보조색
검정색		문자 및 빨간색 또는 노란색에 대한 보조색

47 용접부의 시험법 중 기계적 시험법이 아닌 것은?

① 굽힘 시험　② 경도 시험
③ 인장 시험　④ 부식 시험

저자쌤의 핵직강

용접부 검사 방법의 종류

비파괴 시험	내부결함	방사선투과시험(RT)
		초음파탐상시험(UT)
비파괴 시험	표면결함	외관검사(VT)
		자분탐상검사(MT)
		침투탐상검사(PT)
		누설검사(LT)
		와전류탐상검사(ET)
파괴시험 (기계적시험)	인장시험	인장강도, 항복점, 연신율 계산
	굽힘시험	연성의 정도 측정
	충격시험	인성과 취성의 정도 조사
	경도시험	외력에 대한 저항의 크기 측정
	매크로시험	조직 검사
	피로시험	반복적인 외력에 대한 저항력 시험

해설
부식 시험은 화학적 시험법에 속한다.

48 일반화재에 속하지 않는 것은?

① 목 재　② 종 이
③ 금 속　④ 섬 유

해설
화재의 분류
- A급 화재(일반화재) : 나무, 종이, 섬유 등과 같은 물질의 화재
- B급 화재(유류화재) : 기름, 윤활유, 페인트와 같은 액체의 화재
- C급 화재(전기화재) : 전기 화재
- D급 화재(금속화재) : 가연성 금속의 화재

49 초음파 탐상법에 속하지 않는 것은?

① 펄스반사법　② 투과법
③ 공진법　④ 관통법

저자쌤의 핵직강

초음파탐상법의 종류
- 펄스반사법 : 불연속부와 같은 경계면에서는 투과 및 굴절 또는 반사를 하는데 이러한 불연속부에서 반사하는 초음파를 분석하여 검사하는 방법
- 투과법 : 초음파펄스를 시험체의 한쪽면에서 송신하고 반대쪽면에서 수신하는 방법
- 공진법 : 시험체에 가해진 초음파의 진동수와 시험체의 고유진동수가 일치할 때 진동의 진폭이 커지는 현상인 공진을 이용하여 시험체의 두께를 측정하는 방법

해설
비파괴검사법의 일종인 초음파 탐상법에는 펄스반사법, 투과법, 공진법이 있다.

정답 46 ① 47 ④ 48 ③ 49 ④

50 불활성 가스 아크 용접(TIG)이 사용되는 곳으로 적합하지 않는 것은?

① 주철 용접
② 스테인리스강
③ 알루미늄 용접
④ 동 용접

해설

주철의 용융점이 연소 온도 및 슬래그의 용융점보다 낮고, 주철 중의 흑연은 철의 연속적인 연소를 방해하므로 가스 절단이 곤란하다.

51 배관 제도 밸브 도시기호에서 밸브가 닫힌 상태를 도시한 것은?

①　　　②
③　　　④

해설

④의 경우 마주보는 두 개의 삼각형이 모두 닫혀 있으므로 배관이 막혀 있음을 나타낸다.
① 밸브일반
② 밸브 내 유체의 이동방향을 나타낸다.
③ 체크밸브이며, 기호도 체크밸브이다.

52 보기와 같은 입체도에서 화살표 방향이 정면일 때 정면도로 가장 적합한 것은?

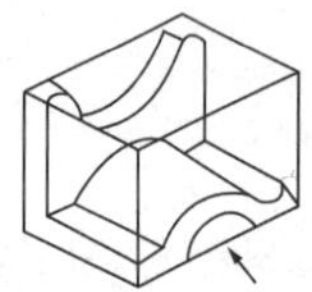

①　　　②
③　　　④

해설

테두리부분을 제외하고 화살표 방향을 기준으로 앞에서 본 정면도의 밑 부분에 빈 공간이 있으므로 ②, ④번으로 압축할 수 있는데, 구멍의 위쪽 형상이 경계선이 없게 나타낸 ②번이 정답이다.

53 두께가 t, 길이가 l인 그림과 같은 단면 형상의 등변 형강의 표시 방법으로 가장 적합한 것은?

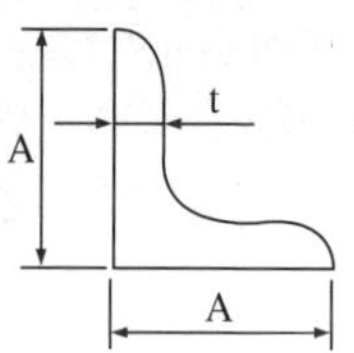

① $l-Lt\times A\times A$
② $LA\times A\times t-l$
③ $A\times A\times t-l$
④ $IA\times A\times t-l$

저자쌤의 핵직강

형강의 치수표시(LA×B×t-K)의 경우

L	A	×	B	×	t	-	K
형강 모양	세로폭		가로폭		두께		길이

54 보기의 입체도에서 화살표 방향이 정면일 때 제3각법으로 투상한 것으로 가장 옳은 것은?

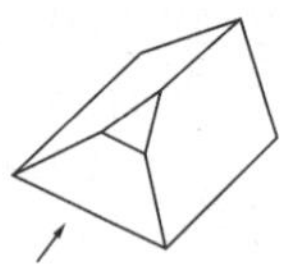

① 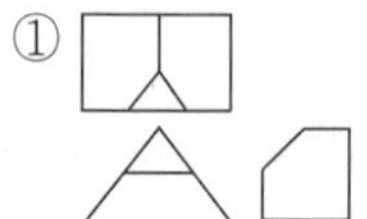
② 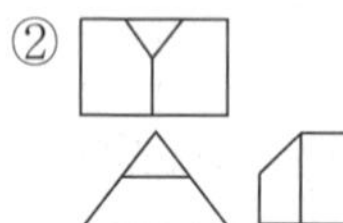
③ 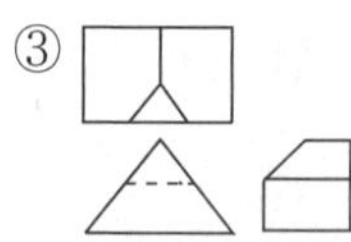
④ 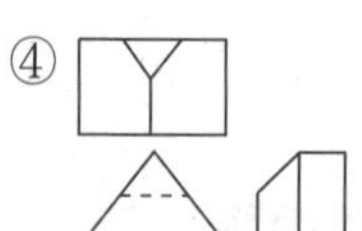

해설

화살표를 기준으로 오른쪽 방향에서 보는 우측면도의 형상에 경계와 내부에 경계선이 없어야 하는 점만으로도 정답이 ①번임을 알 수 있다.

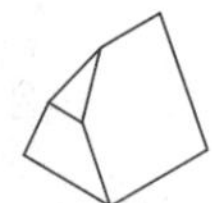

50 ① 51 ④ 52 ② 53 ② 54 ① 정답

55 도면의 표제란에 척도로 표시된 NS는 무엇을 뜻하는가?

① 축 척　② 비례척이 아님
③ 배 척　④ 모든 척도가 1 : 1임

저자쌤의 핵직강

- 축척 : 실물보다 작게 축소해서 그리는 것으로 1 : 2, 1 : 20의 형태로 표시
- 배척 : 실물보다 크게 확대해서 그리는 것으로 2 : 1, 20 : 1의 형태로 표시
- 현척 : 실물과 동일한 크기로 1 : 1의 형태로 표시

해설
NS는 Not to Scale의 약자로써 척도가 비례하지 않을 경우 "비례가 아님"을 의미하며, 치수 밑에 밑줄을 긋기도 한다.

56 화살표 방향이 정면일 때, 좌우 대칭인 보기와 같은 입체도의 좌측면도로 가장 적합한 것은?

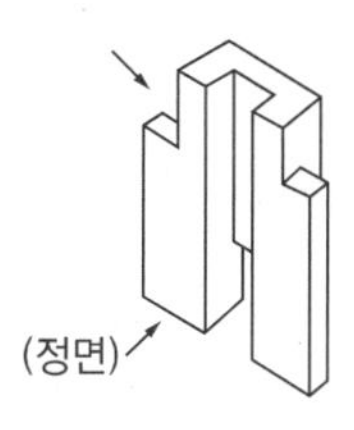

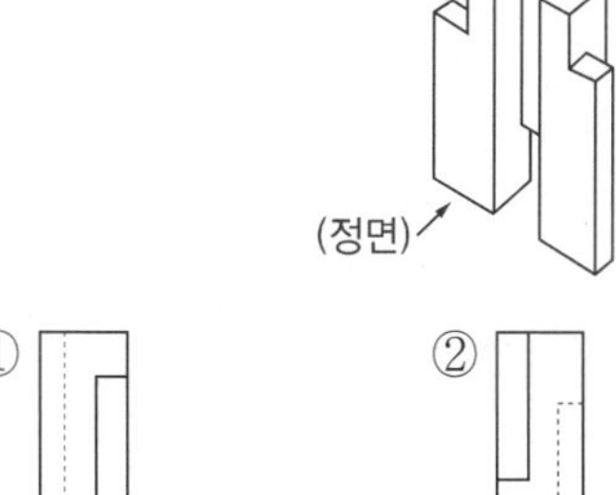

① 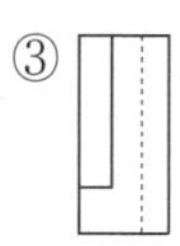　②
③　④ 

해설
도면을 해독할 때 벽에 가려져서 내부의 빈 공간이 보이지 않는 경우에는 점선으로 ④번과 같이 표기한다.

57 KS 기계제도 선의 종류에서 가는 2점 쇄선으로 표시되는 선의 용도에 해당하는 것은?

① 가상선
② 치수선
③ 해칭선
④ 지시선

저자쌤의 핵직강

가는 2점 쇄선(−··−··−)으로 표시되는 가상선의 용도

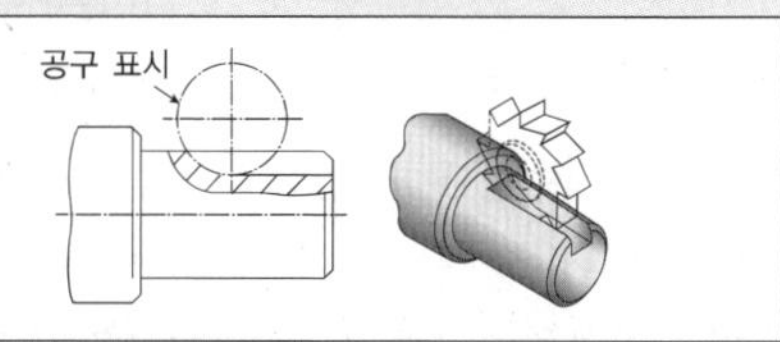

- 반복되는 것을 나타낼 때
- 가공 전이나 후의 모양을 표시할 때
- 도시된 단면의 앞부분을 표시할 때
- 물품의 인접 부분을 참고로 표시할 때
- 이동하는 부분의 운동 범위를 표시할 때
- 공구 및 지그 등 위치를 참고로 나타낼 때
- 단면의 무게 중심을 연결한 선을 표시할 때

가공 전·후의 모양

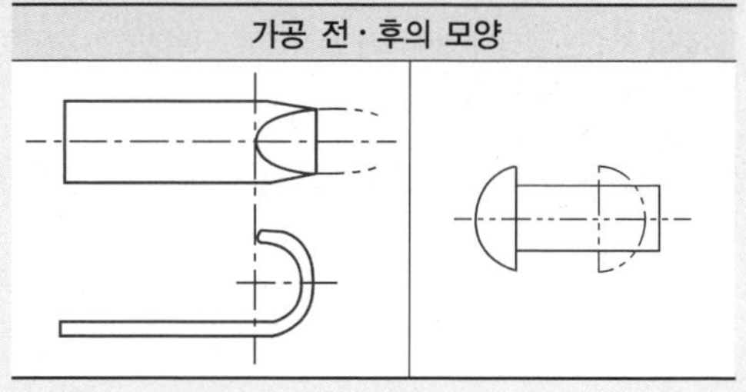

58 보기와 같이 도시된 용접부 형상을 표시한 KS 용접기호의 명칭으로 올바른 것은?

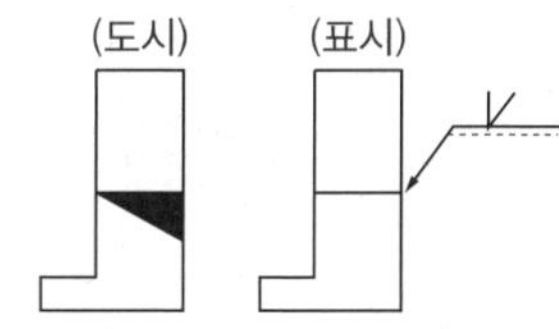

① 일면 개선형 맞대기 용접
② V형 맞대기 용접
③ 플랜지형 맞대기 용접
④ J형이음 맞대기 용접

해설
표시 기호는 화살표 쪽으로 일면 개선형 맞대기 용접을 하라는 의미이다. 여기서 점선 위에 기호가 있으므로 화살표 쪽으로 용접하라는 의미이다. 아래인 점선 위에 있을 경우 용접은 반대면에 실시해야 한다.

정답 55 ② 56 ④ 57 ① 58 ①

59 KS 기계제도에서 치수 기입방법의 원칙 설명으로 올바른 것은?

① 길이의 치수는 원칙적으로 밀리미터(mm)로 하고 단위기호로 밀리미터(mm)를 기재하여야 한다.
② 각도의 치수는 일반적으로 라디안(rad)으로 하고 필요한 경우에는 분 및 초를 병용한다.
③ 치수에 사용하는 문자는 KS A0107에 따르고 자릿수가 많은 경우 세 자리마다 숫자 사이에 콤마를 붙인다.
④ 치수는 해당되는 형체를 가장 명확하게 보여 줄 수 있는 주 투상도나 단면도에 기입한다.

해설

① 길이 치수는 밀리미터(mm)가 원칙이며, 단위기호는 생략하며 도면에 기입하지 않는다.
② 각도 치수는 °(도)를 기준으로 한다.
③ 제도에 사용하는 문자의 표준은 KS A 0107이며, 자릿수에 따라 콤마를 표시하지 않는다.

60 개스킷, 박판, 형강 등과 같이 절단면의 두께가 얇은 경우 실제 치수와 관계없이 단면을 특정 선으로 표시할 수 있다. 이 선은 무엇인가?

① 3개의 가는 실선
② 굵은 1점 쇄선
③ 아주 굵은 실선
④ 가는 1점 쇄선

해설

개스킷, 박판(얇은 판), 형강(H, ㄴ형강)과 같이 두께가 얇아서 실제 치수를 표시하기 곤란한 경우에는 아주 굵은 실선으로 표시한다.

59 ④ 60 ③ 정답

2010년도 제5회 기출문제

용접기능사 Craftsman Welding/Inert Gas Arc Welding

01 점용접 조건의 3대 요소가 아닌 것은?

① 고유저항 ② 가압력
③ 전류의 세기 ④ 통전시간

해설

점 용접(Spot Welding)은 두개의 겹쳐진 철판에 일정 전류로 열을 주어 철판을 녹인 후 일정 압력을 일정 시간동안 가하면 두 철판이 붙으면서 용접을 완료하게 된다. 따라서 점 용접의 3대 요소는 용접전류, 가압력, 통전시간이다.

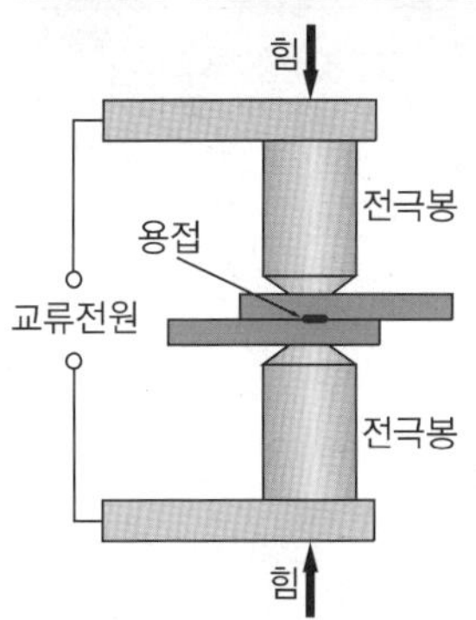

02 CO_2 가스 아크 용접 시 작업장의 CO_2 가스가 몇 % 이상이면 인체에 위험한 상태가 되는가?

① 1% ② 4%
③ 10% ④ 15%

저자쌤의 핵직강

CO_2 가스가 인체에 미치는 영향

CO_2 농도	증 상
1%	호흡속도 다소 증가
2%	호흡속도 증가, 지속 시 피로를 느낌
3~4%	호흡속도 평소의 약 4배 증대, 두통, 뇌빈혈, 혈압상승
6%	피부혈관의 확장, 구토
7~8%	호흡곤란, 정신장애, 수분 내 의식불명
10% 이상	시력장애, 2~3분내 의식을 잃으며 방치 시 사망
15% 이상	위험 상태
30% 이상	극히 위험, 사망

해설

CO_2 가스는 공기 중의 산소농도를 떨어뜨려 질식사를 발생시킬 우려가 있다. 약 15% 이상이 되면 바로 인체에 치명적인 영향을 미치게 된다.

03 볼트나 환봉 등을 직접 강판이나 형강에 용접하는 방법으로 볼트나 환봉을 피스톤형의 홀더에 끼우고 모재와 볼트 사이에 순간적으로 아크를 발생시켜 용접하는 방법은?

① 테르밋 용접
② 스터드 용접
③ 서브머지드 아크 용접
④ 불활성 가스 용접

저자쌤의 핵직강

- 테르밋 용접 : 알루미늄 분말과 산화철을 1 : 3의 비율로 혼합하여 테르밋제를 만든 후 냄비의 역할을 하는 도가니에 넣어 약 1,000℃로 점화하면 약 2,800℃의 열이 발생되면서 용접용 강이 만들어지게 되는데 이 강을 용접부에 주입하면서 용접하는 방법으로 용접 시간이 짧고 용접 후 변형이 작다.
- 서브머지드 아크 용접 : 자동 금속 아크 용접법으로 모재의 이음 표면에 미세한 입상 모양의 용제를 공급하고, 용제 속에 연속적으로 전극 와이어를 송급하여 모재 및 전극 와이어를 용융시켜 용접부를 대기로부터 보호하면서 용접하는 방법으로 잠호 용접이라고도 불린다.
- 불활성 가스 용접 : Ar이나 He과 같이 다른 물질과 화학반응을 일으키지 않는 불활성 가스를 보호가스로 사용하는 용접법으로 TIG 및 MIG 용접이 이에 속한다.

정답 1 ① 2 ④ 3 ②

04 이산화탄소 아크 용접에 사용되는 와이어에 대한 설명으로 틀린 것은?

① 용접용 와이어에는 솔리드 와이어와 복합 와이어가 있다.
② 솔리드 와이어는 실체(나체) 와이어라고도 한다.
③ 복합 와이어는 비드의 외관이 아름답다.
④ 복합 와이어는 용제에 탈산제, 아크 안정제 등 합금 원소가 포함되지 않은 것이다.

해설
복합와이어에는 금속에 특수한 성질을 부여하기 위하여 합금원소가 첨가되어 있다.

05 예열을 하는 목적에 대한 설명으로 맞는 것은?

① 용접부와 인접된 모재의 수축응력을 감소시키기 위해
② 냉각속도를 빠르게 하기 위해
③ 수소의 함량을 높이기 위해
④ 오버랩 생성을 크게 하기 위해

저자쌤의 핵직강

예열의 목적
- 변형 및 잔류응력 경감
- 열영향부(HAZ)의 균열 방지
- 용접 금속에 연성 및 인성 부여
- 냉각속도를 느리게 하여 수축 변형 방지
- 금속에 함유된 수소 등의 가스를 방출하여 균열 방지

해설
예열이란 용접할 모재를 뜨겁게 만드는 것을 말하며, 냉각속도를 느리게 하여 갑작스런 모재의 수축현상을 방지하기 위함이다.

06 MIG 용접에 사용되는 보호가스로 적당하지 않은 것은?

① 순수 아르곤 가스
② 아르곤 – 산소 가스
③ 아르곤 – 헬륨 가스
④ 아르곤 – 수소 가스

해설
MIG(불활성 금속 아크) 용접은 불활성 가스를 이용하는 용접방법으로서 Ar(아르곤)을 주로 이용하며, 조연성 가스인 산소와 다른 불활성 가스인 헬륨도 이용 가능하다.

Plus One 수소를 이용하면 폭발하므로 이용할 수 없다.

07 인장시험의 인장시험편에서 규제요건에 해당되지 않는 것은?

① 시험편의 무게 ② 시험편의 지름
③ 평행부의 길이 ④ 표점거리

저자쌤의 핵직강

KS B 0801 금속 재료 인장 시험편 규격을 보면 시험편의 지름이나 너비, 표점거리, 평행부 길이, 어깨부의 반지름, 두께 등이 규정되어 있다.

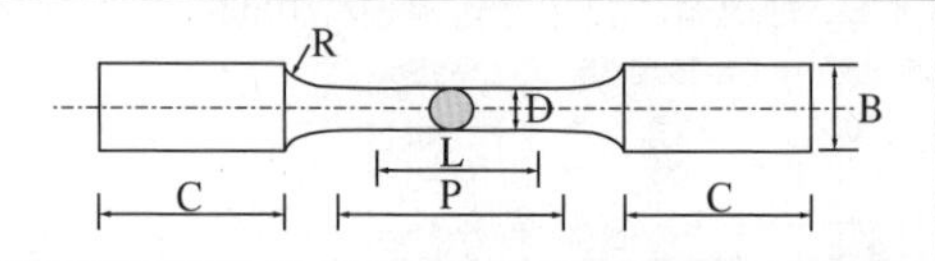

(단위 : mm)

지름 (D)	표점거리 (L)	물림부 (C)	물림부 지름(B)	평행부의 길이(P)	어깨부의 반지름 (R)
6.25±0.12	25±0.10	약 50	10~12	32	5
8.75±0.18	35±0.10	약 50	12~16	45	6

해설
① 시험편의 무게는 규제 요건에 해당되지 않는다.

08 납땜의 연납용 용제로 맞는 것은?

① NaCl(염화나트륨)
② NH_4Cl(염화암모늄)
③ Cu_2O(산화제일동)
④ H_3BO_3(붕산)

해설
납땜의 종류
- 연납땜 : 450℃ 이하인 용제 사용, 용제–염산, 염화아연, 염화암모늄, 인산
- 경납땜 : 450℃ 이상인 용제 사용(은납, 황동납), 용제–붕사, 붕산, 염화나트륨, 염화리튬, 산화 제2구리, 빙정석

4 ④ 5 ① 6 ④ 7 ① 8 ② **정답**

09 용접 이음의 종류가 아닌 것은?

① 겹치기 이음　　② 모서리 이음
③ 라운드 이음　　④ T형 필릿 이음

용접 이음의 종류

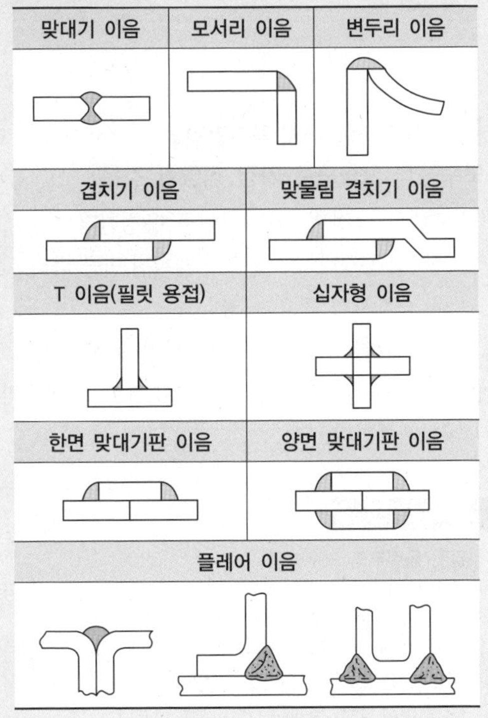

해설
이음의 종류는 이음부의 모양에 따라 명칭이 결정되는데 용접부를 라운드 형태로 가공하지 않는다.

10 KS에서 용접봉의 종류를 분류할 때 고려하지 않는 것은?

① 피복제 계통　　② 전류의 종류
③ 용접자세　　④ 용접사 기량

해설
용접봉의 종류를 구분할 때 용접사의 기량은 고려하지 않는다.

11 충전가스 용기 중 암모니아가스 용기의 도색으로 맞는 것은?

① 회 색　　② 청 색
③ 녹 색　　④ 백 색

저자쌤의 핵직강

일반 가스 용기의 도색 색상

가스명칭	도 색	가스명칭	도 색
산 소	녹 색	암모니아	백 색
수 소	주황색	아세틸렌	황 색
탄산가스	청 색	프로판(LPG)	회 색
아르곤	회 색	염 소	갈 색

해설
암모니아 가스의 용기는 백색이다.

12 불활성 가스 금속 아크 용접(MIG 용접)의 전류밀도는 피복 아크 용접에 비해 약 몇 배 정도인가?

① 2배　　② 6배
③ 10배　　④ 12배

해설
MIG(불활성 가스 금속 아크 용접) 용접은 전류밀도가 아크 용접의 4~6배, TIG 용접의 2배 정도로 매우 높다.

13 아크 용접 시 전격을 예방하는 방법으로 틀린 것은?

① 전격방지기를 부착한다.
② 용접홀더에 맨손으로 용접봉을 갈아 끼운다.
③ 용접기 내부에 함부로 손을 대지 않는다.
④ 절연성이 좋은 장갑을 사용한다.

해설
용접홀더와 연결된 용접봉의 심선에는 전류가 흐르기 때문에 맨손으로 용접봉을 갈아 끼워서는 안 된다.

Plus One 전격(電擊)이란 강한 전류를 갑자기 몸에 느꼈을 때의 충격을 말한다.

정답 9 ③ 10 ④ 11 ④ 12 ② 13 ②

14 **맞대기 용접, 필릿 용접 등의 비드 표면과 모재와의 경계부에서 발생되는 균열이며, 구속응력이 클 때 용접부의 가장자리에서 발생하여 성장하는 용접 균열은?**

① 루트균열　② 크레이터균열
③ 토균열　④ 설퍼균열

해설
① 루트균열 : 루트 부근에 생긴 노치에 응력이 집중되었을 때 발생하는 균열
② 크레이터균열 : 용접 비드의 끝부분에 발생하는 크레이터를 처리하지 않았을 때 발생하는 균열
④ 설퍼균열 : 강 중에 유황으로 인한 편석이 층상으로 존재할 때, 림드강을 용접할 때 발생하는 균열

토균열은 저온균열로 담금경화성이 큰 고탄소강, 저합금강에서 주로 나타난다.

15 **연소가 잘 되는 조건 중 틀린 것은?**

① 공기와의 접촉 면적이 클 것
② 가연성 가스 발생이 클 것
③ 축적된 열량이 클 것
④ 물체의 내화성이 클 것

저자쌤의 핵직강

내화성(耐火性, Fire Resistance)
물질이 열원에 닿아도 타기 어려운 성질 및 착화하여도 연소 확산하지 않는 성질

해설
내화성이 크면 연소가 잘 되지 않는다.

16 **아크 용접작업에 대한 설명 중 옳은 것은?**

① 아크 빛은 용접재해 요소가 되지 않는다.
② 교류 용접기를 사용할 때에는 반드시 비피복 용접봉을 사용한다.
③ 가죽장갑은 감전의 위험이 크므로 면장갑을 착용한다.
④ 아크발생 도중에는 용접전류를 조정하지 않는다.

해설
아크 발생 도중에 용접 전류를 조정하면 용접의 품질이 균일한 제품을 만들 수 없다.
① 아크 빛에 의해 시력을 잃을 수 있으므로 재해요소이며, 반드시 용접 중에는 차광헬멧을 착용해야 한다.
② 비피복 용접봉의 경우 직류용접기는 사용이 가능하나, 교류용접기는 사용이 불가능하다.
③ 면장갑은 감전의 위험이 있어, 가죽과 같은 절연 장갑을 착용해야 한다.

17 **필릿 용접에서 루트간격이 1.5mm 이하일 때, 보수용접 요령으로 가장 적당한 것은?**

① 그대로 규정된 다리 길이로 용접한다.
② 그대로 용접하여도 좋으나 넓혀진 만큼 다리 길이를 증가시킬 필요가 있다.
③ 다리 길이를 3배수로 증가시켜 용접한다.
④ 라이너를 넣든지, 부족한 판을 300mm 이상 잘라내서 대체한다.

저자쌤의 핵직강

필릿 용접부의 보수방법
- 간격이 1.5mm 이하일 때는 그대로 규정된 다리길이(각장)로 용접하면 된다.
- 간격이 1.5~4.5mm 일 때는 그대로 규정된 다리길이(각장)로 용접하거나 각장을 증가시킨다.
- 간격이 4.5mm 일 때는 라이너를 넣는다.
- 간격이 4.5mm 이상일 때는 이상부위를 300mm 정도로 잘라낸 후 새로운 판으로 용접한다.

해설
루트간격이 1.5mm 이하일 때는 그대로 규정된 다리 길이로 용접을 하면 된다.

18 **일렉트로 슬래그 용접의 장점이 아닌 것은?**

① 용접능률과 용접품질이 우수하므로 후판용접 등에 적당하다.
② 용접 진행 중 용접부를 직접 관찰할 수 있다.
③ 최소한의 변형과 최단시간의 용접법이다.
④ 다전극을 이용하면 더욱 능률을 높일 수 있다.

14 ③　15 ④　16 ④　17 ①　18 ②　정답

저자쌤의 핵직강

일렉트로 슬래그 용접

특징 및 장점	• 용접이 능률적이다. • 후판용접에 적당하다. • 전기 저항열에 의한 용접이다.
	• 용접 시간이 적어서 용접 후 변형이 적다. • 냉각하는데 시간이 오래 걸려서 기공이나 슬래그가 섞일 확률이 적다.
단 점	• 가격이 비싸며, 용접 후 기계적 성질이 좋지 못하다. • 손상된 부위에 취성이 크다.

해설

용융된 슬래그와 용융 금속이 용접부에서 흘러나오지 않도록 수냉동판으로 둘러싸고 용융된 슬래그 풀에 용접봉을 연속적으로 공급하기 때문에 용접 부위를 직접 확인할 수는 없다.

19 안전·보건표지의 색채, 색도기준 및 용도에서 색채에 따른 용도를 올바르게 나타낸 것은?

① 빨간색 : 안내 ② 파란색 : 지시
③ 녹색 : 경고 ④ 노란색 : 금지

저자쌤의 핵직강

산업안전보건법에 따른 안전·보건표지의 색채, 색채기준 및 용도

색 상	용 도	사 례
빨간색	금 지	정지신호, 소화설비 및 그 장소, 유해행위 금지
	경 고	화학물질 취급장소에서의 유해·위험 경고
노란색	경 고	화학물질 취급장소에서의 유해·위험 경고 이외의 위험경고, 주의표지 또는 기계방호물
파란색	지 시	특정 행위의 지시 및 사실의 고지
녹 색	안 내	비상구 및 피난소, 사람 또는 차량의 통행
흰 색		파란색 또는 녹색에 대한 보조색
검정색		문자 및 빨간색 또는 노란색에 대한 보조색

해설

색채의 용도로 바른 것은 ② 파란색 : 지시이다.

20 서브머지드 아크 용접에 관한 설명으로 틀린 것은?

① 용제에 의한 야금작용으로 용접금속의 품질을 양호하게 할 수 있다.
② 용접 중에 대기와의 차폐가 확실하여 대기 중의 산소, 질소 등의 해를 받는 일이 적다.
③ 용제의 단열 작용으로 용입을 크게 할 수 있고, 높은 전류 밀도로 용접할 수 있다.
④ 특수한 장치를 사용하지 않더라도 전자세 용접이 가능하며, 이음가공의 정도가 엄격하다.

저자쌤의 핵직강

서브머지드 아크 용접(SAW, Submerged Arc Welding)
용접 부위에 미세한 입상의 용제(Flux)를 도포한 후 그 속에 전극 와이어를 넣으면 모재와의 사이에서 아크가 발생하여 그 열로 용접하는 방법으로 용접부위가 보이지 않아서 잠호용접이라고도 한다.

해설

서브머지드 아크 용접은 자동금속 아크 용접법으로서 모재의 이음 표면에 미세한 입상의 용제를 올려놓고 용접속에 연속적으로 전극와이어를 송급하면서 용접하기 때문에 위보기 용접을 하면 입상의 용제가 중력에 의해 떨어지므로 용접을 진행할 수가 없다.

21 아세틸렌, 수소 등의 가연성 가스와 산소를 혼합 연소시켜 그 연소열을 이용하여 용접하는 것은?

① 탄산가스 아크 용접
② 가스 용접
③ 불활성 가스 아크 용접
④ 서브머지드 아크 용접

해설

가스 용접이란 사용하는 가스에 따라 산소-아세틸렌 용접, 산소-수소 용접, 산소-프로판 용접, 공기-아세틸렌 용접 등이 있으나, 가장 많이 이용되는 것은 산소-아세틸렌 용접이므로, 가스 용접은 곧 산소-아세틸렌 용접을 의미하기도 한다.

정답 19 ② 20 ④ 21 ②

22 아크 용접에서 피닝을 하는 목적으로 가장 알맞은 것은?

① 용접부의 잔류응력을 완화시킨다.
② 모재의 재질을 검사하는 수단이다.
③ 응력을 강하게 하고 변형을 유발시킨다.
④ 모재표면의 이물질을 제거한다.

해설

피닝(Peening)이란 용접부위를 둥근 해머로 연속으로 두드려서 표면층에 소성 변형을 주는 조작으로 용접부의 잔류응력을 완화시키고자 할 때 사용하는 방법이다.

잔류응력을 완화시키는 외에 용접변형을 경감시키거나, 용접금속의 균열 방지 등에 이용된다.

23 용접법의 분류 중 아크 용접에 해당하는 것은?

① 테르밋 용접 ② 산소 수소 용접
③ 스터드 용접 ④ 유도가열 용접

용접법의 분류에서 아크 용접에는 피복 아크 용접(SMAW), 불활성 가스 용접(TIG, MIG), 이산화탄소 용접(CO_2), 스터드 용접(STUD), 탄소아크 용접, 원자수소 용접이 해당된다.

해설

① 테르밋 용접은 화학반응에 의한 특수 용접법이다.
② 산소 수소 용접은 가스 용접이다.
④ 유도가열 용접은 저항 용접이다.

24 용접기의 아크발생을 8분간하고 2분간 쉬었다면, 사용률은 몇 %인가?

① 25 ② 40
③ 65 ④ 80

해설

$$용접기의\ 사용률 = \frac{아크\ 발생\ 시간}{아크\ 발생\ 시간 + 정지\ 시간} \times 100\%$$
$$= \frac{8}{10} \times 100\% = 80\%$$

25 다음 중 가스절단장치의 구성이 아닌 것은?

① 절단토치와 팁
② 산소 및 연소가스용 호스
③ 압력조정기 및 가스병
④ 핸드 실드

저자쌤의 핵직강

가스 절단 장치는 절단 토치, 산소 및 연소 가스용 호스, 압력 조정기 및 가스 용기로 구성된다.

해설

핸드 실드는 용접 작업 중 발생하는 아크 빛을 사람이 볼 수 있도록 차광을 하는 역할을 한다.

26 기체를 수천도의 높은 온도로 가열하면 그 속도의 가스원자가 원자핵과 전자로 분리되어 양(+)과 음(−) 이온상태로 된 것을 무엇이라 하는가?

① 전자빔 ② 레이저
③ 플라스마 ④ 테르밋

저자쌤의 핵직강

플라스마

기체를 가열하여 온도가 높아지면 기체의 전자는 심한 열운동에 의해 전리되어 이온과 전자가 혼합되면서 매우 높은 온도와 도전성을 가지는 상태를 말한다.

해설

플라스마(Plasma)는 고체, 액체, 기체 이외의 제4의 물리상태라고도 한다.

- 전자빔 : 전자가속기에서 나오는 속도가 균일한 전자의 연속적 흐름
- 레이저 : 유도 방사에 의한 빛의 증폭이란 뜻
- 테르밋 : 흑색산화철과 알루미늄 분말을 3 : 1의 비율로 혼합한 것

27 용접부 부근의 모재는 용접할 때 아크열에 의해 조직이 변하고 재질이 달라진다. 열 영향부의 기계적 성질과 조직변화의 직접적인 요인으로 관계가 없는 것은?

① 용접기의 용량 ② 모재의 화학성분
③ 냉각 속도 ④ 예열과 후열

22 ① 23 ③ 24 ④ 25 ④ 26 ③ 27 ① 정답

열영향부의 기계적 성질과 조직의 변화는 모재의 화학 성분, 냉각 속도, 용접 속도, 예열 및 후열 등에 따라서 달라지므로 변질부라고도 한다.

해설

용접기 용량은 기계적 성질과 조직변화에 직접적인 요인은 없다. 다만 열량의 범위를 결정하는 것으로써 간접적인 영향은 미칠 수 있다.

Plus One **열영향부(변질부)**
용접이나 가스 절단 등의 열에 의해 금속조직이나 성질에 변화를 받은 모재의 부분

28 연강용 피복용접봉에서 피복제의 역할 중 틀린 것은?

① 아크를 안정하게 한다.
② 스패터링을 많게 한다.
③ 전기절연작용을 한다.
④ 용착금속의 탈산정련 작용을 한다.

저자샘의 핵직강

피복제(Flux)의 역할

- 아크를 안정시킨다.
- 전기 절연 작용을 한다.
- 보호가스를 발생시킨다.
- 아크의 집중성을 좋게 한다.
- 용착 금속의 급랭을 방지한다.
- 탈산작용 및 정련작용을 한다.
- 용융 금속과 슬래그의 유동성을 좋게 한다.
- 용적(쇳물)을 미세화하여 용착효율을 높인다.
- 슬래그 제거를 쉽게 하여 비드의 외관을 좋게 한다.
- 적당량의 합금 원소 첨가로 금속에 특수성을 부여한다.
- 중성 또는 환원성 분위기를 만들어 질화나 산화를 방지하고 용융금속을 보호한다.
- 쇳물이 쉽게 달라붙을 수 있도록 힘을 주어 수직자세, 위보기 자세 등 어려운 자세를 쉽게 한다.
- 피복제는 용융점이 낮고 적당한 점성을 가진 슬래그를 생성하게 하여 용접부를 덮어 급랭을 방지하게 해 준다.

해설

연강용 피복용접봉에서 피복제는 아크를 안정시켜 스패터링을 적게 한다.

 **스패터(용접불똥)**
용접 중에 비산하는 슬래그나 금속 알갱이

29 다음 중 직류 아크 용접기는?

① 탭전환형 ② 정류기형
③ 가동 코일형 ④ 가동 철심형

해설

직류 아크 용접기	발전기형	전동발전식
		엔진구동형
	정류기형	셀 렌
		실리콘
		게르마늄
교류 아크 용접기	가동 철심형	
	가동 코일형	
	탭전환형	
	가포화 리액터형	

30 가스용접 작업에서 보통작업 할 때 압력조정기의 산소압력은 몇 kgf/cm^2 이하이어야 하는가?

① 5~6 ② 3~4
③ 1~2 ④ 0.1~0.3

해설

가스용접에서 보통작업 시 압력조정기의 산소압력은 3~4kgf/cm^{2}으로 해야 한다.

31 교류 아크 용접기를 사용할 때, 피복 용접봉을 사용하는 이유로 가장 적합한 것은?

① 전력 소비량을 절약하기 위하여
② 용착금속의 질을 양호하게 하기 위하여
③ 용접시간을 단축하기 위하여
④ 단락전류를 갖게 하여 용접기의 수명을 길게 하기 위하여

해설

교류 아크 용접기는 아크의 안정성이 직류에 비해 떨어지기 때문에 비피복봉을 사용할 수 없는데 피복제가 아크를 안정화시키는 역할을 하기 때문에 피복봉만 사용이 가능하다.

정답 28 ② 29 ② 30 ② 31 ②

32 강재 표면의 홈이나 개재물, 탈탄층 등을 제거하기 위하여 될 수 있는 대로 얇게 그리고 타원형 모양으로 표면을 깎아내는 가공법은?

① 가스 가우징　　② 코 킹
③ 아크에어 가우징　　④ 스카핑

해설

① 가스 가우징 : 가스절단과 비슷한 토치를 사용해서 강재의 표면에 둥근 흠을 파내는 방법
② 코 킹 : 리벳 머리부분을 찍어 누설을 방지하는 방법
③ 아크에어 가우징 : 아크열로 녹인 금속을 압축 공기를 이용해서 연속적으로 불어 날려 금속 표면에 홈을 파는 방법

Plus One 스카핑(Scarfing)
가스절단의 원리를 응용하여 강재의 표면을 평탄하게 용융 및 제거하는 방법을 말한다.

33 가스용접봉의 성분 중에서 강에 취성을 주며 연성을 떨어지게 하는 특징을 보이는 성분은?

① 탄 소　　② 인
③ 규 소　　④ 유 황

해설

가스 용접봉에 포함된 성분이 미치는 영향
- FeO_4(산화철) : 강도를 저하시킨다.
- C(탄소) : 강도는 증가하고, 연신율·연성은 저하된다.
- P(인) : 강에 취성을 주며 연성을 떨어뜨린다.
- Si(규소, 실리콘) : 강도 저하, 기공을 줄인다.
- S(황) : 용접부의 저항력을 감소시키며 기공과 취성을 발생할 우려가 있다.

34 가스용접에서 산소용 고무호스의 사용색은?

① 노 랑　　② 흑 색
③ 흰 색　　④ 적 색

저자쌤의 핵직강

가스 호스의 색깔

용 도	색 깔
산소용	검정색, 흑색 또는 녹색
아세틸렌용	적 색

해설

산소용 고무호스로는 주로 녹색을 사용하며, 검은색과 흑색을 사용하기도 한다.

35 가스용접이나 절단에 사용되는 가연성가스의 구비조건 중 틀린 것은?

① 불꽃의 온도가 높을 것
② 발열량이 클 것
③ 연소속도가 느릴 것
④ 용융금속과 화학반응이 일어나지 않을 것

저자쌤의 핵직강

가스용접이나 가스 절단에 사용되는 가연성가스의 구비 조건
- 발열량이 클 것
- 연소 속도가 빠를 것
- 불꽃의 온도가 높을 것
- 용융 금속과 화학 반응을 일으키지 않을 것
- 취급이 쉽고 폭발 범위가 작을 것

해설

연소속도가 느리면 절단이나 용접작업 시 원활한 작업이 불가능하다.

가연성가스는 아세틸렌이나 프로판가스로 조연성 가스인 산소와 결합하여 연소를 하게 된다.

36 산소와 아세틸렌용기의 취급이 잘못된 것은?

① 산소병의 밸브, 조정기, 도관, 취부구는 반드시 기름이 묻은 천으로 깨끗이 닦아야 한다.
② 산소병 운반 시는 충격을 주어서는 안 된다.
③ 산소병 내에 다른 가스를 혼합하면 안 되며 산소병은 직사광선을 피해야 한다.
④ 아세틸렌 병은 세워서 사용하며 병에 충격을 주어서는 안 된다.

저자쌤의 핵직강

- **산소용기의 취급상 주의사항**
  - 산소용기에 전도, 충격을 주어서는 안 된다.
  - 산소와 아세틸렌 용기는 각각 별도로 지정한다.
  - 산소용기 속에 다른 가스를 혼합해서는 안 된다.
  - 산소용기, 밸브, 조정기, 고정구는 기름이 묻지 않게 한다.
  - 다른 가스에 사용한 조정기, 호스 등을 그대로 재사용해서는 안 된다.
  - 산소용기를 크레인 등으로 운반할 때는 로프나 와이어 등으로 매지 말고 철제상자 등 견고한 상자에 넣어 운반하여야 한다.

32 ④ 33 ② 34 ② 35 ③ 36 ① 정답

- 아세틸렌 용기의 취급상 주의사항
  - 온도가 높은 장소는 피한다.
  - 용기는 충격을 가하거나 전도되지 않도록 한다.
  - 불꽃과 화염 등의 접근을 막고 빈병은 빨리 반납한다.
  - 가스의 출구는 완전히 닫아서 잔여 아세틸렌이 나오지 않도록 한다.
  - 세워서 사용한다. 눕혀서 사용하면 용기 속의 아세톤이 가스와 함께 유출된다.
  - 압력조정기와 호스 등의 접속부에서 가스가 누출되는지 항상 주의하며 누출검사는 비눗물을 사용한다.

해설

산소병의 연결부위는 반드시 청결을 유지해야 이물질이 가스 안으로 들어가지 않는다. 따라서 기름이 묻은 천으로 연결 부위를 닦아서는 안 된다.

37 다음 중 용접의 일반적인 순서를 나타낸 것으로 옳은 것은?

① 재료준비 → 절단 가공 → 가접 → 본용접 → 검사
② 절단 가공 → 본용접 → 가접 → 재료준비 → 검사
③ 가접 → 재료준비 → 본용접 → 절단 가공 → 검사
④ 재료준비 → 가접 → 본용접 → 절단 가공 → 검사

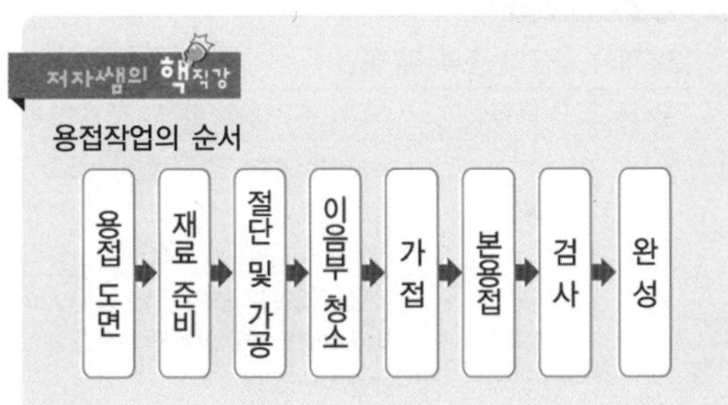

해설

용접작업은 용접할 재료인 모재를 준비한 후 알맞게 절단하여 가공한 뒤 형태를 잡아주는 가접을 한 후 본용접을 하고 난 제품의 품질 검사를 실시한다.

38 가스절단에서 드래그라인을 가장 잘 설명한 것은?

① 예열온도가 낮아서 나타나는 직선
② 절단토치가 이용한 경로
③ 산소의 압력이 높아 나타나는 선
④ 절단면에 나타나는 일정한 간격의 곡선

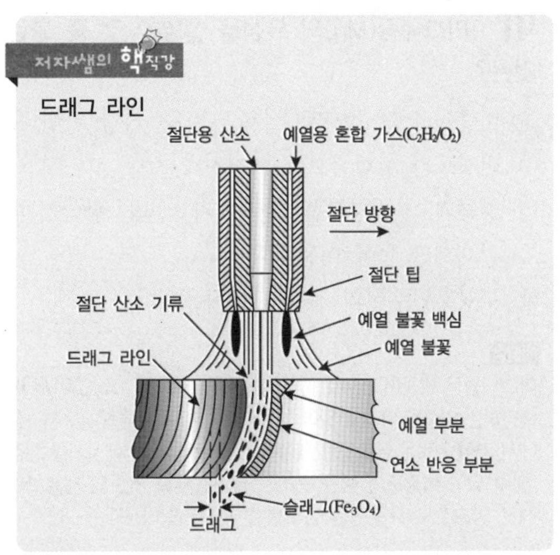

해설

가스 절단에서 드래그라인이란 절단면에 나타나는 일정한 간격의 곡선을 의미한다.

39 용접기 설치 시 1차 입력이 10kVA이고 전원전압이 200V이면 퓨즈 용량은?

① 50A ② 100A
③ 150A ④ 200A

해설

$$\text{퓨즈용량} = \frac{\text{1차 입력(kVA)}}{\text{전원전압(V)}} = \frac{10,000(\text{VA})}{200(\text{V})} = 50(\text{A})$$

즉, 50A의 퓨즈를 부착하면 된다.

40 비금속 개재물이 탄소강 내부에 존재할 때 야기되는 특성이 아닌 것은?

① 인성을 해치므로 메지고 약해진다.
② 열처리할 때 균열을 일으킨다.
③ 알루미나, 산화철 등은 고온 메짐을 일으킨다.
④ 인장강도와 압축강도가 증가한다.

해설

탄소강 중에는 Fe_2O_3, FeO, MnS, MnO_2, Al_2O_3, SiO_2 등 여러 가지의 비금속 개재물이 섞여 있다. 이러한 비금속 개재물은 재료 내부에 점 상태로 존재하여 인성 저하와 열처리 시 균열의 원인이 되며, 산화철, 알루미나, 규산염 등은 단조나 압연 중에 균열을 일으키기 쉬우며, 고온 메짐으로 불리는 적열 메짐의 원인이 된다. 그리고 인장 강도와 압축강도를 떨어뜨린다.

정답 37 ① 38 ④ 39 ① 40 ④

41 마그네슘(Mg)의 특성을 설명한 것 중 틀린 것은?

① 비중이 1.74 정도로 실용금속 중 가장 가볍다.
② 비강도가 Al합금보다 떨어진다.
③ 항공기, 자동차부품, 전기기기, 선박, 광학기계, 인쇄제판 등에 이용된다.
④ 구상흑연주철의 첨가제로 사용된다.

해설
마그네슘은 비중이 1.74로 알루미늄 2/3, 티타늄 1/3, 철 1/4 에 해당하는 비중을 가지고 있어 실용금속(실제 사용금속) 중 지구상에서 가장 가벼운 금속으로 제품에 적용 시 필요한 에너지를 절감할 수 있고 비강도가 높은 구조용 금속소재로 기존의 재료보다 적은 양으로도 요구되는 강도를 얻을 수 있다.

Plus One 비강도(Specific Strength)
재료의 강도를 비중으로 나눈 값으로 가벼우면서 튼튼한 재료로 소재분야에 척도를 나타낸다.

42 탄소강에서 망간(Mn)의 영향을 설명한 것으로 틀린 것은?

① 고온에서 결정립 성장을 증가시킨다.
② 주조성을 좋게 하며 S의 해를 감소시킨다.
③ 강의 담금질 효과를 증대시켜 경화능이 커진다.
④ 강의 점성을 증가시킨다.

저자쌤의 핵직강

탄소강에 함유된 망간(Mn)의 영향
- 인성 증가
- 인장강도 증가
- 탈산제로 사용한다.
- 강의 점성을 증가시킨다.
- 강의 담금질 효과를 증가시켜 경화능이 커진다.
- 황(S)을 제거함으로써 황(S)의 해를 감소시킨다.

해설
결정립의 성장을 증가시키는 것은 Si이다.

43 스테인리스강을 금속조직학적으로 분류할 때 종류가 아닌 것은?

① 마텐자이트계 ② 펄라이트계
③ 페라이트계 ④ 오스테나이트계

저자쌤의 핵직강

스테인리스강의 분류

구 분	종 류	주요 성분	자 성
Cr계	페라이트계 스테인리스강	Fe+Cr 12% 이상	자성체
	마텐자이트계 스테인리스강	Fe+Cr 13%	자성체
Cr+Ni계	오스테나이트계 스테인리스강	Fe+Cr 18% +Ni 8%	비자성체
	석출경화계 스테인리스강	Fe+Cr+Ni	비자성체

해설
스테인리스강의 종류에는 페라이트계, 마텐자이트계, 오스테나이트계, 석출경화형이 있다.

44 내열용 알루미늄 합금이 아닌 것은?

① 하이드로날륨 합금 ② 로-엑스(Lo-Ex) 합금
③ 코비탈륨 합금 ④ Y합금

저자쌤의 핵직강

알루미늄 합금의 종류 및 특징

분 류	종 류	구성 및 특징
주조용 (내열용)	실루민	• Al+Si(10~14% 함유), 알팍스로도 불린다. • 해수에 잘 침식되지 않는다.
	라우탈	• Al+Cu 4%+Si 5% • 열처리에 의하여 기계적 성질을 개량할 수 있다.
	Y합금	• Al+Cu+Mg+Ni • 피스톤, 실린더 헤드의 재료로 사용된다.
	로-엑스 합금 (Lo-Ex)	• Al+Si 12%+Mg 1%+Cu 1%+Ni • 열팽창 계수가 적어서 엔진, 피스톤용 재료로 사용된다.
	코비탈륨	• Al+Cu+Ni에 Ti, Cu 0.2% 첨가 • 내연기관의 피스톤용 재료로 사용된다.
가공용	두랄루민	• Al+Cu+Mg+Mn • 고강도로서 항공기나 자동차용 재료로 사용된다.
	알클래드	고강도 Al합금에 다시 Al을 피복한 것이다.

정답 41 ② 42 ① 43 ② 44 ①

분 류	종 류	구성 및 특징
내식용	알 민	Al+Mn, 내식성, 용접성이 우수하다.
	알드레이	Al+Mg+Si 강인성이 없고 가공변형에 잘 견딘다.
	하이드로날륨	Al+Mg, 내식성, 용접성이 우수하다.

해설

하이드로날륨 합금은 내식용 합금이다.

45 다음 중 구리의 성질로 틀린 것은?

① 전기 및 열의 전도성이 우수하다.

② 전연성이 좋아 가공이 용이하다.

③ 상자성체로 전기전도율이 적다.

④ 아름다운 광택과 귀금속적 성질이 우수하다.

해설

구리(Cu)의 성질

- 비중은 8.96
- 끓는점 2,560℃
- 반자성체이다.
- 내식성이 좋다.
- 전기전도율이 우수하다.
- 용융점은 1,083℃
- 전기와 열의 양도체
- 전연성이 좋아 가공이 용이하다.
- 건조한 공기 중에서 산화하지 않는다.
- 황산, 염산에 용해되며 습기, 탄소가스, 해수에 녹이 생긴다.
- 수소병이라 하여 환원 여림에 일종으로 산화구리를 환원성 분위기에서 가열하면 수소가 동 중에 확산 침투하여 균열이 발생한다. 질산에는 급히 용해된다.

자성체의 종류

종 류	특 성	원 소
강자성체	자기장이 사라져도 자화가 남아 있는 물질	• Fe(철) • Co(코발트) • Ni(니켈) • 페라이트
상자성체	자기장이 제거되면 자화하지 않는 물질	• Al(알루미늄) • Sn(주석) • Pt(백금) • Ir(이리듐)
반자성체	자기장에 의해 반대 방향으로 자화되는 물질	• 유 리 • Bi(비스무트) • Sb(안티몬)

46 풀림처리 시 조대한 결정립이 형성되는 원인이 아닌 것은?

① 풀림온도가 너무 높은 경우

② 풀림시간이 너무 긴 경우

③ 냉간가공도가 너무 작은 경우

④ 용질원소의 분포가 양호한 경우

저자쌤의 핵직강

풀림(Annealing) 처리 시 조대한 결정립이 형성하는 원인

- 풀림 온도가 너무 높은 경우
- 풀림 시간이 너무 긴 경우
- 냉간 가공도가 너무 작을 경우
- 풀림 온도까지의 가열이 너무 느린 경우
- 용질 원소의 분포가 불량한 경우

해설

결정립의 크기는 처리온도와 처리시간, 가공도와 관련이 크며 용질원소의 분포가 양호한 것과는 관련이 없다.

47 금속침투법의 종류와 침투원소의 연결이 틀린 것은?

① 세라다이징 – Zn ② 크로마이징 – Cr

③ 칼로라이징 – Ca ④ 보로나이징 – B

해설

금속침투법의 종류

종 류	침투 금속
세라다이징	Zn(아연)
칼로라이징	Al(알루미늄)
크로마이징	Cr(크롬)
실리코나이징	Si(규소, 실리콘)
보로나이징	B(붕소)

48 탄소강의 기본 열처리 방법 중 소재를 일정온도에서 가열 후 공냉시켜 표준화 하는 것은?

① 불 림 ② 뜨 임

③ 담금질 ④ 침 탄

해설

Normal은 표준이라는 의미이며, 불림(Normalizing, 소준)은 단단해지거나 너무 연해진 금속을 표준화 상태로 되돌리는 열처리 방법으로 표준 조직을 얻고자 할 때 사용한다.

정답 45 ③ 46 ④ 47 ③ 48 ①

49 강제품의 표면경화법에 속하지 않는 것은?

① 초음파 침투법　　② 질화법
③ 침탄법　　④ 방전 경화법

저자쌤의 핵직강

표면경화법의 종류

물리적 표면경화법	화학적 표면경화법
화염경화법, 고주파경화법, 하드페이싱, 숏피닝	침탄법, 질화법, 금속침투법

해설

초음파 침투법은 비파괴검사에 속한다.

50 정련된 용강을 노 내에서 Fe-Mn, Fe-Si, Al 등으로 완전 탈산시킨 강은?

① 킬드강　　② 세미킬드강
③ 림드강　　④ 캡드강

저자쌤의 핵직강

강괴의 탈산 정도에 따른 분류

- 킬드강 : 평로, 전기로에서 제조된 용강을 Fe-Mn, Fe-Si, Al 등으로 완전히 탈산시킨 강
- 세미킬드강 : Al으로 림드강과 킬드강의 중간 정도로 탈산시킨 강
- 림드강 : 평로, 전로에서 제조된 것을 Fe-Mn으로 가볍게 탈산시킨 강
- 캡트강 : 림드강을 주형에 주입한 후 탈산제를 넣거나 주형에 뚜껑을 덮고 리밍 작용을 억제하여 표면을 림드강처럼 깨끗하게 만듦과 동시에 내부를 세미킬드강처럼 편석이 적은 상태로 만든 강

51 KS 기계제도 선의 종류에서 가는 2점 쇄선으로 표시되는 선의 용도에 해당하는 것은?

① 가상선　　② 치수선
③ 해칭선　　④ 지시선

저자쌤의 핵직강

가는 2점 쇄선(–··–··–··)으로 표시되는 가상선의 용도

- 인접 부분을 참고로 표시할 때
- 공구 및 지그 등 위치를 참고로 나타낼 때
- 가공 전이나 후의 모양을 표시할 때
- 반복되는 것을 나타낼 때
- 도시된 단면의 앞부분을 표시할 때
- 단면의 무게 중심을 연결한 선을 표시할 때

52 KS 용접 기호 ◺로 도시되는 용접부 명칭은?

① 플러그 용접　　② 수직 용접
③ 필릿 용접　　④ 스폿 용접

저자쌤의 핵직강

번 호	명 칭	도 시	기본기호
1	필릿용접		
2	스폿용접		
3	플러그용접 (슬롯용접)		
4	뒷면용접		
5	심용접		

53 그림과 같은 입체도의 화살표 방향 투상도로 가장 적합한 것은?

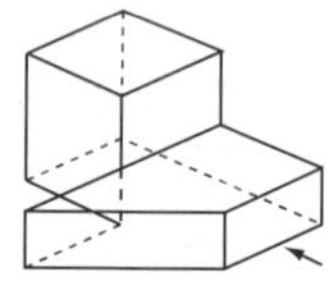

①
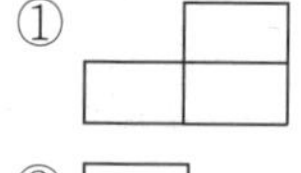

②
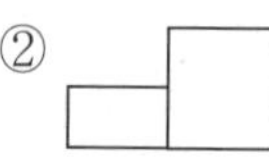

③
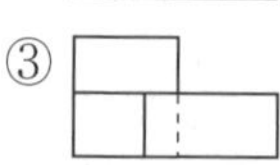

④
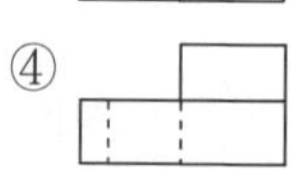

해설

화살표 방향은 정면도로서 ①과 같이 보인다. 나머지 정면도에서 보이지 않는 부분은 평면도와 우측면도로 나타낼 수 있다.

49 ① 50 ① 51 ① 52 ③ 53 ① **정답**

54 기계제도 도면에서 "t20"이라는 치수가 있을 경우 "t"가 의미하는 것은?

① 모따기 ② 재료의 두께
③ 구의 지름 ④ 정사각형의 변

저자쌤의 핵직강

치수 표시 기호

기 호	구 분	기 호	구 분
ϕ	지 름	p	피 치
Sϕ	구의 지름	$\overset{\frown}{50}$	호의 길이
R	반지름	$\underline{50}$	비례척도가 아닌 치수
SR	구의 반지름	$\boxed{50}$	이론적으로 정확한 치수
□	정사각형	(50)	참고 치수
C	45° 모따기	~~50~~	치수의 취소 (수정 시 사용)
t	두 께		

55 그림과 같은 도면에서 지름 3mm 구멍의 수는 모두 몇 개인가?

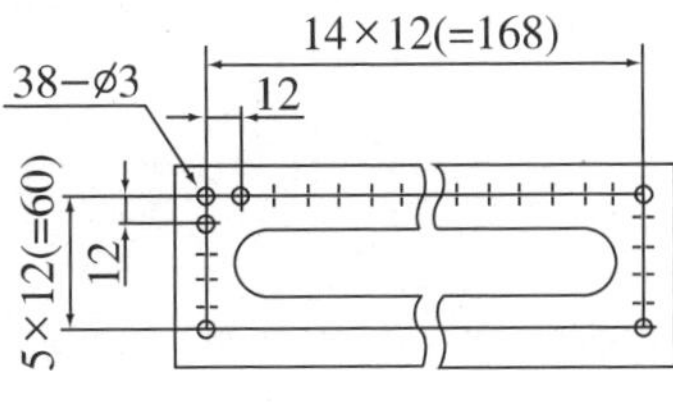

① 24 ② 38
③ 48 ④ 60

저자쌤의 핵직강

볼트, 나사, 핀 등 같은 크기의 구멍이 하나의 투상도에 여러 개 있을 경우에는 하나만 그리고, 다른 구멍들은 중심 위치만을 그린다. 그리고 치수 표시는 구멍으로부터 지시선을 끌어내어 38−ϕ3와 같이 구멍의 총수인 38 다음에 짧은 선(−)을 긋고 구멍의 치수인 ϕ3을 기입한다. 또한, 그림 윗부분의 14×12(=168)은 피치총수인 14×1개의 피치 치수인 12를 계산하면 총합(=168)을 나타낸다.

56 그림과 같이 제3각법으로 나타낸 정투상도에 대한 입체도로 적합한 것은?

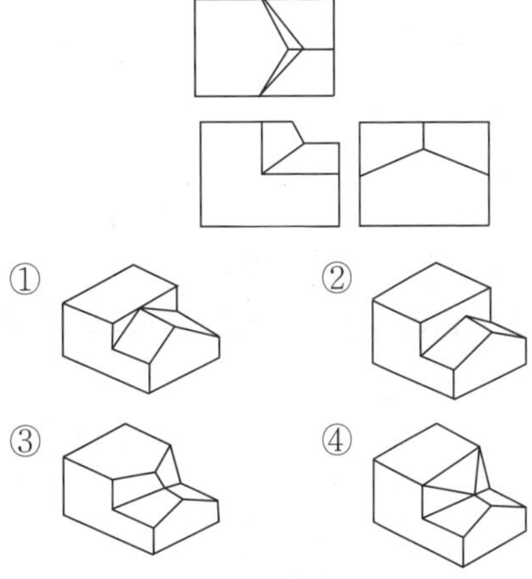

해설
정면도의 우측 하단모양만으로도 정답이 ③번임을 확인할 수 있다.

57 KS A 0106에 규정한 도면의 크기 및 양식에서 용지의 긴쪽 방향을 가로방향으로 했을 경우 표제란의 위치로 적절한 곳은?

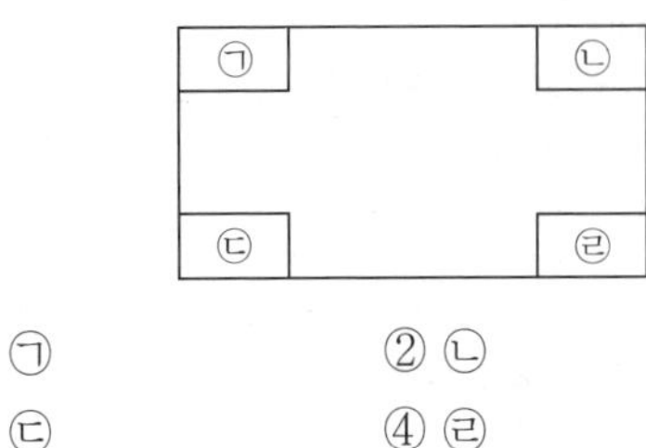

① ㉠ ② ㉡
③ ㉢ ④ ㉣

해설
표제란이란 도면의 번호, 도명, 척도, 투상법, 도작작성일, 작성자 등을 기록하는 구역을 나타내는 것으로 우측 하단부인 ㉣번의 위치에 기입하여야 한다.

58 배관도의 계기 표시방법 중에서 압력계를 나타내는 기호는?

① (T) ② (P)
③ (F) ④ (V)

정답 54 ② 55 ② 56 ③ 57 ④ 58 ②

해설

계기 표시의 도면 기호

① T는 온도계로서 Temperature
② P는 압력계로서 Pressure
③ F는 유량계로서 Flow Rate
④ V는 진공계로서 Vacuum

59 물체의 구멍, 홈 등 특정 부분만의 모양을 도시하는 것으로 그림과 같이 그려진 투상도의 명칭은?

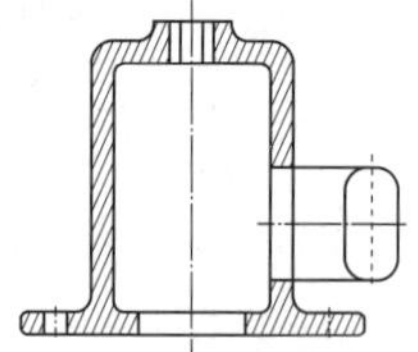

① 회전 투상도 ② 보조 투상도
③ 부분 확대도 ④ 국부 투상도

해설

국부 투상도는 구멍이나 홈 등과 같이 일정한 부분의 모양을 도시하는 것이다.

- 회전 투상도 : 각도를 가진 물체의 그 실제 모양을 나타내기 위해서는 그 부분의 회전해서 실제 모양을 나타내야 한다.
- 보조 투상도 : 경사면을 지니고 있는 물체는 그 경사면의 실제 모양을 표시할 필요가 있는데, 이 경우 보이는 부분의 전체 또는 일부분을 보조 투상도로 나타낸다.
- 부분 확대도 : 특정한 부분의 도형이 작아서 그 부분을 자세하게 나타낼 수 없거나 치수 기입을 할 수 없을 때에는 그 부분을 가는 실선으로 둘러싸고 한글이나 알파벳 대문자로 표시한다.

60 도면에서 단면도의 해칭에 대한 설명으로 틀린 것은?

① 해칭선은 가는 실선으로 규칙적으로 줄을 늘어놓는 것을 말한다.
② 단면도에 재료 등을 표시하기 위해 특수한 해칭(또는 스머징)을 할 수 있다.
③ 해칭선은 반드시 주된 중심선에 45°로만 경사지게 긋는다.
④ 단면 면적이 넓을 경우에는 그 외형선에 따라 적절한 범위에 해칭(또는 스머징)을 할 수 있다.

저자샘의 핵직강

해칭(Hatching)과 스머징(Smudging)

단면도에는 필요한 경우 절단하지 않은 면과 구별하기 위해 해칭이나 스머징을 한다. 그리고 인접한 단면의 해칭은 기존 해칭이나 스머징 선의 방향 또는 각도를 달리하여 구분한다.

해 칭	스머징
해칭은 45°의 가는 실선을 단면의 면적에 따라 2~3mm 간격으로 사선을 그리며, 경우에 따라서 30°, 60°로 변경해도 된다.	외형선 안쪽에 색칠한다.

해설

해칭선은 경우에 따라 30°, 60°로 변경이 가능하다.

59 ④ 60 ③ 정답

2011년도 제5회 기출문제

용접기능사 Craftsman Welding/Inert Gas Arc Welding

01 다음 중 용접기를 설치해도 되는 장소로 가장 적합한 것은?

① 옥외의 비바람이 치는 장소
② 진동이나 충격을 받는 장소
③ 유해한 부식성가스가 존재하는 장소
④ 주위 온도가 10℃ 정도인 장소

저자쌤의 핵직강

용접기는 다음과 같은 장소에 용접기를 설치해서는 안 된다.
- 옥외에서 비바람이 치는 장소
- 수증기 또는 습도가 높은 곳
- 휘발성 기름이나 가스가 있는 장소
- 먼지가 많이 나는 장소
- 유해한 부식성 가스가 존재하는 장소
- 폭발성 가스가 존재하는 장소
- 진동이나 충격을 받는 장소
- 주위 온도가 -10℃ 이하의 장소

02 용접 작업 시 주의사항을 설명한 것으로 틀린 것은?

① 화재를 진화하기 위하여 방화 설비를 설치할 것
② 용접 작업 부근에 점화원을 두지 않도록 할 것
③ 배관 및 기기에서 가스누출이 되지 않도록 할 것
④ 가연성가스는 항상 옆으로 뉘어서 보관할 것

해설
용접용 가스인 가연성 가스(프로판, 아세틸렌, 메탄가스) 봄베와 조연성가스(산소가스) 봄베는 모두 세워서 보관해야 한다.

- 가연성가스 · 독성가스 및 산소의 용기는 각각 구분하여 용기보관장소에 놓을 것
- 용기보관장소에는 계량기 등 작업에 필요한 물건 외에는 두지 않을 것
- 충전용기는 항상 40℃ 이하의 온도를 유지하고, 직사광선을 받지 않도록 조치할 것

03 이산화탄소 가스 아크 용접의 결함에서 아크가 불안정할 때의 원인으로 가장 거리가 먼 것은?

① 팁이 마모되어 있다.
② 와이어 송급이 불안정하다.
③ 팁과 모재간 거리가 길다.
④ 이음 형상이 나쁘다.

해설
이음 형상이 나쁜 것은 불안전한 아크 발생에 따른 결과를 나타낸 것이다.

04 다음 중 서브머지드 아크 용접을 다른 명칭으로 불리는 것에 속하지 않는 것은?

① 잠호 용접
② 유니언 멜트 용접
③ 불가시(不可視) 아크 용접
④ 헬리 아크 용접

저자쌤의 핵직강

서브머지드 아크 용접(SAW, Submerged Arc Welding)
미세한 입상의 플럭스를 도포한 뒤 와이어가 공급되어 아크가 플럭스 속에서 발생되므로 불가시 아크 용접, 잠호 용접, 개발자의 이름을 딴 케네디 용접, 그리고 이를 개발한 회사의 상품명인 유니언 멜트 용접이라고도 한다.

해설
④ 헬리 아크 용접은 TIG 용접의 명칭이다.

05 다음 용접법 중 저항 용접이 아닌 것은?

① 스폿 용접
② 심 용접
③ 프로젝션 용접
④ 스터드 용접

정답 1 ④ 2 ④ 3 ④ 4 ④ 5 ④

해설

용접법의 분류

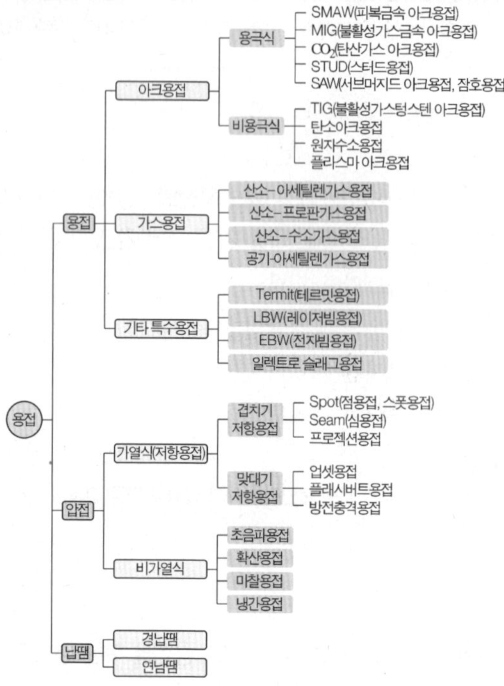

06 TIG 용접의 단점에 해당되지 않는 것은?

① 불활성 가스와 TIG 용접기의 가격이 비싸 운영비와 설치비가 많이 소요된다.

② 바람의 영향으로 용접부 보호 작용에 방해가 되므로 방풍대책이 필요하다.

③ 후판 용접에서는 다른 아크 용접에 비해 능률이 떨어진다.

④ 모든 용접자세가 불가능하며 박판용접에 비효율적이다.

저자쌤의 핵직강

TIG 용점의 장 · 단점

구분	내용
장점	• 용접입열의 조정이 손쉽다(박판용접에 적합). • 용접부의 기계적 성질이 뛰어나다. • 내부식성이 양호하다. • 비철금속 용접이 간편하다. • 용접 스패터를 최소한으로 사용하여, 전자세 용접이 가능하다. • 용융점이 낮은 금속(납, 주석, 주석합금)용접에 사용하지 않으나 대부분 금속의 용접에 사용한다.
단점	• 용접장치가 복잡하고 설치 비용이 전기 용접기 보다 더 비싸다. • 소모성 용접법보다 용접속도가 느린 편이다. • 텅스텐 전극의 접촉에 의한 용접부 오염으로 취화 되기 쉽다. • 용가재의 끝부분이 공기에 노출하게 될 경우에는 용접금속이 오염될 수 있는 가능성이 있다.

해설

TIG(Tungsten Inert Gas Arc Welding) 용접은 불활성 가스 텅스텐 아크 용접으로써 모든 용접자세가 가능하며, 박판 용접에도 적합하다.

07 물체와의 가벼운 충돌 또는 부딪침으로 인하여 생기는 손상으로 충격을 받은 부위가 부어오르고 통증이 발생되며 일반적으로 피부 표면에 창상이 없는 상처를 뜻하는 것은?

① 찰과상 ② 타박상

③ 화 상 ④ 출 혈

저자쌤의 핵직강

• 찰과상 : 넘어지거나 긁히는 등의 마찰에 의하여 피부 표면에 입는 수평적으로 생기는 외상
• 타박상 : 외부의 충격이나 부딪침 등에 의해 연부 조직과 근육 등에 손상을 입어 통증이 발생되며 피부에 출혈과 부종이 보이는 경우
• 화상 : 불이나 뜨거운 물, 화학물질 등에 의해 피부 및 조직이 손상된 것
• 출혈 : 혈관의 손상에 의해 혈액이 혈관 밖으로 나오는 현상

08 주물제품을 용접한 후 용접에 의한 잔류응력을 최소화하기 위한 조치방법으로 틀린 것은?

① 주물을 단열재로 덮는다.

② 주물을 토치로 후열처리 한다.

③ 주물을 노(爐)에 옮긴다.

④ 주물을 급랭시켜 조직을 완화시킨다.

해설

주물을 급랭시키면 내부 조직의 응력이 그대로 남아 있어서 내부 불량의 원인이 된다. 따라서 주물제품을 용접 후 잔류응력을 최소화하려면 재료에는 열을 가한 후 서랭하는 등의 열처리를 하면 내부 응력이 줄어든다.

6 ④ 7 ② 8 ④ 정답

09 피복 아크 용접봉으로 강판의 판 두께에 따라 맞대기 용접의 적용하는 개선 홈 형식 중 가장 적합하지 않는 것은?

① I형 : 판 두께 6.0mm 정도까지 적용
② V형 : 판 두께 6.0~20mm 정도 적용
③ |/형 : 판 두께 50mm까지 적용
④ X형 : 판 두께 10~40mm 정도 적용

저자쌤의 핵직강

맞대기용접 홈의 판 두께

형 상	적용 두께
I형	6mm 이하
V형	6mm~19mm
|/형	9mm~14mm
X형	18mm~28mm
U형	16mm~50mm

해설
|/형의 경우 판 두께가 9~14mm인 강판의 용접에 사용하는 홈의 형상이다.

10 용접이음부에 예열하는 목적을 설명한 것 중 맞지 않는 것은?

① 모재의 열 영향부와 용착금속의 연화를 방지하고, 경화를 증가시킨다.
② 수소의 방출을 용이하게 하여 저온균열을 방지한다.
③ 용접부의 기계적 성질을 향상시키고, 경화조직의 석출을 방지시킨다.
④ 온도분포가 완만하게 되어 열응력의 감소로 변형과 잔류응력의 발생을 적게 한다.

저자쌤의 핵직강

예열의 목적
- 변형 및 잔류응력 경감
- 열영향부(HAZ)의 균열 방지
- 용접 금속에 연성 및 인성 부여
- 냉각속도를 느리게 하여 수축 변형 방지
- 금속에 함유된 수소 등의 가스를 방출하여 균열 방지

해설
예열은 재료에 연성을 부여하기 위한 작업이다.

11 용접부 검사방법에서 비드의 모양, 언더컷 및 오버랩, 표면균열 등을 검사하는 것은?

① 침투검사　② 누수검사
③ 외관검사　④ 형광검사

저자쌤의 핵직강

용접부 검사 방법의 종류

비파괴 시험	내부결함	방사선 투과 시험(RT)
		초음파 탐상 시험(UT)
	표면결함	외관검사(VT)
		자분탐상검사(MT)
		침투탐상검사(PT)
		누설검사(LT)
		와전류탐상검사(ET)
파괴 시험 (기계적 시험)	인장시험	인장강도, 항복점, 연신율 측정
	굽힘시험	연성의 정도 측정
	충격시험	인성과 취성의 정도 측정
	경도시험	외력에 대한 저항의 크기 측정
	매크로 시험	조직검사
	피로시험	반복적인 외력에 대한 저항력 측정

해설
비드의 모양과 언더컷, 오버랩, 표면균열 등은 사람의 육안으로도 확인할 수 있는 불량이므로 외관검사(VT ; Visual Testing)가 적합하다.

12 TIG 용접에서 아크 발생이 용이하며 전극의 소모가 적어 직류 정극성에는 좋으나 교류에는 좋지 않은 것으로 주로 강, 스테인리스강, 동합금 용접에 사용되는 전극봉은?

① 토륨 텅스텐 전극봉
② 순 텅스텐 전극봉
③ 니켈 텅스텐 전극봉
④ 지르코늄 텅스텐 전극봉

해설
토륨 텅스텐 전극봉은 순 텅스텐 전극봉에 토륨을 1~2% 함유한 전극봉으로 전도성이 좋기 때문에 보다 아크가 안정적이고 전극의 소모가 적고 용접 금속의 오염을 적게 하여 좋다.

정답 9 ③ 10 ① 11 ③ 12 ①

13 MIG 용접 시 와이어 송급방식의 종류가 아닌 것은?

① 풀 방식 ② 푸시 방식
③ 푸시풀 방식 ④ 푸시 언더 방식

해설

와이어 송급 방식
- Push방식 : 미는 방식
- Pull방식 : 당기는 방식
- Push-Pull방식 : 밀고 당기는 방식

14 자동제어의 종류 중 미리 정해놓은 순서에 따라 제어의 각 단계를 차례로 행하는 제어는?

① 시퀀스 제어 ② 피드백 제어
③ 동작 제어 ④ 인터록 제어

해설

시퀀스 제어(Sequence Control)는 순서대로 정해진 제어순서대로 진행되는 제어방법이다.

15 두께가 다른 판을 맞대기 용접할 때 응력집중이 가장 적게 발생하는 것은?

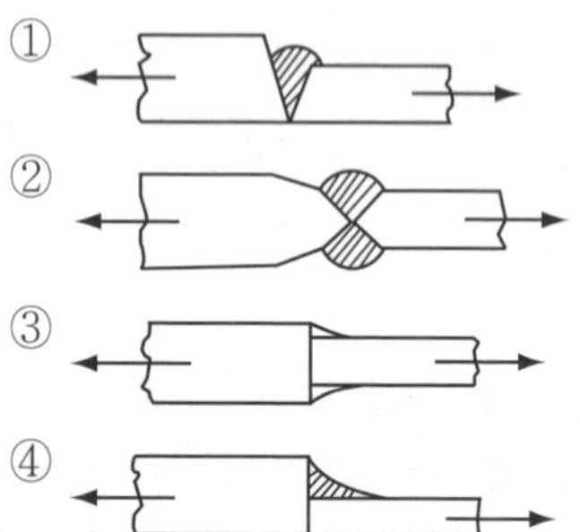

해설

용접부위가 양쪽으로 대칭적인 면을 갖고 있으며, 용융된 접촉부위가 많아서 응력분포가 많은 ②번이 가장 응력집중이 적게 발생한다.

16 모재의 열 변형이 거의 없으며, 이종 금속의 용접이 가능하고 정밀한 용접을 할 수 있으며, 비접촉식 방식으로 모재에 손상을 주지 않는 용접은?

① 레이저 용접 ② 테르밋 용접
③ 스터드 용접 ④ 플라즈마 제트 아크 용접

저자쌤의 핵직강

- 테르밋 용접 : 금속 산화물과 알루미늄이 반응하여 열과 슬래그를 발생시키는 테르밋반응을 이용하는 용접법이다.
- 스터드 용접 : 아크 용접의 일부로서 봉재, 볼트 등의 스터드를 판 또는 프레임 등의 구조재에 직접 심는 능률적인 용접 방법이다.
- 플라즈마 제트 아크 용접 : 높은 온도를 가진 플라즈마를 한 방향으로 모아서 분출시키는 것을 일컬어 플라즈마 제트라고 부르며, 이를 이용하여 용접이나 절단에 사용하는 용접 방법이다.

해설

레이저 빔 용접의 특징
- 접근이 곤란한 물체의 용접이 가능하다.
- 전자빔 용접기 설치비용보다 설치비가 저렴하다.
- 전자부품과 같은 작은 크기의 정밀 용접이 가능하다.
- 용접 입열이 대단히 작으며, 열영향부의 범위가 좁다.
- 용접될 물체가 부도체인 경우에도 용접이 가능하다.
- 에너지 밀도가 매우 높으며, 고 융점을 가진 금속의 용접에 이용한다.
- 열원이 빛의 빔이기 때문에 투명재료를 써서 어떤 분위기 속에서도(공기, 진공) 용접이 가능하다.

17 가스 메탈 아크 용접(GMAW)에서 보호가스를 아르곤(Ar)가스와 CO_2 가스 또는 산소(O_2)를 소량 혼합하여 용접하는 방식을 무엇이라 하는가?

① MIG 용접 ② FCA 용접
③ TIG 용접 ④ MAG 용접

저자쌤의 핵직강

연속적으로 공급되는 Solid Wire를 사용하면서 불활성 가스를 보호가스로 사용하는 경우는 MIG 용접이며, Active Gas를 사용할 경우 MAG 용접으로 분류된다.

해설

MAG 용접은 두 종류의 가스만을 사용하기 보다는 여러 가스를 혼합하여 사용하는데 일반적으로 Ar 80%, CO_2 20%의 혼합비로 섞은 후 산소나 탄산가스를 혼합하는 것이다.

18 안전모의 일반구조에 대한 설명으로 틀린 것은?

① 안전모는 모체, 착장체 및 턱끈을 가질 것
② 착장체의 구조는 착용자의 머리부위에 균등한 힘이 분배되도록 할 것

13 ④ 14 ① 15 ② 16 ① 17 ④ 18 ④ 정답

③ 안전모의 내부수직거리는 25mm 이상 50mm 미만일 것
④ 착장체의 머리고정대는 착용자의 머리부위에 고정하도록 조절할 수 없을 것

저자쌤의 핵직강

안전모의 일반 기준

- 안전모는 모체, 착장제 및 턱끈을 가질 것
- 착장체의 머리고정대는 착용자의 머리부위에 적합하도록 조절할 수 있을 것
- 착장체의 구조는 착용자의 머리에 균등한 힘이 분배되도록 할 것
- 모체, 착장체 등 안전모의 부품은 착용자에게 상해를 줄 수 있는 날카로운 모서리 등이 없을 것
- 턱끈은 사용 중 탈락되지 않도록 확실히 고정되는 구조일 것
- 안전모의 착용높이는 85mm 이상이고, 외부수직거리는 80mm 미만일 것
- 안전모의 내부수직거리는 25mm 이상 50mm 미만일 것
- 안전모의 수평간격은 5mm 이상일 것
- 머리받침끈이 섬유인 경우 각각의 폭은 15mm 이상, 교차되는 끈의 폭의 합은 72mm 이상일 것
- 턱끈의 폭은 10mm 이상일 것
- 안전모는 통기를 목적으로 모체에 구멍을 뚫을 수 있으며 총 면적은 150mm^2 이상, 450mm^2 이하일 것

19 초음파 탐상법에서 일반적으로 널리 사용되며 초음파의 펄스를 시험체의 한쪽 면으로부터 송신하여 그 결함에서 반사되는 반사판의 형태로 결함을 판정하는 방법은?

① 투과법 ② 공진법
③ 침투법 ④ 펄스반사법

저자쌤의 핵직강

초음파 탐상 방법의 종류

- 투과법 : 초음파 펄스를 시험체의 한쪽면에서 송신하고 반대쪽면에서 수신하는 방법이다.
- 펄스반사법 : 시험체 내로 초음파 펄스를 송신하여, 내부 또는 바닥면에서의 반사파를 탐지하여 내부의 결함이나 재질을 조사하는 방법으로 현재 가장 널리 사용되고 있는 초음파 탐상법이다.
- 공진법 : 시험체에 가해진 초음파의 진동수와 시험체의 고유진동수가 일치할 때 진동의 폭이 커지는 현상으로 공진현상을 이용하여 시험체의 두께 측정에 이용하는 방법이다.

해설

초음파탐상시험(UT ; Ultrasonic Test)법 중에서 반사파의 형태로 결함을 판정하는 것은 펄스반사법에 속하며 사람이 들을 수 없는 매우 높은 주파수의 초음파를 사용하여 검사 대상물의 형상과 물리적 특성을 검사한다.

20 두꺼운 판의 양쪽에 수냉동판을 대고 용융 슬래그 속에서 아크를 발생시킨 후 용융 슬래그의 전기 저항열을 이용하여 용접하는 방법은?

① 서브머지드 아크 용접
② 불활성 가스 아크 용접
③ 일렉트로 슬래그 용접
④ 전자빔 용접

저자쌤의 핵직강

일렉트로 슬래그 용접

용융된 슬래그와 용융 금속이 용접부에서 흘러나오지 못하도록 수냉동판으로 둘러싸고 이 용융 풀에 용접봉을 연속적으로 공급하는데, 이때 발생하는 용융 슬래그의 저항열에 의하여 용접봉과 모재를 연속적으로 용융시키면서 용접하는 방법이다.

해설

수냉동판을 사용하는 것은 일렉트로 슬래그 용접과 일렉트로가스 용접방법에만 이용되는 특징이다.

21 이산화탄소 가스 아크 용접에 대한 설명으로 틀린 것은?

① 비용극식 용접방법이다.
② 가시 아크이므로 시공이 편리하다.
③ 전류밀도가 높아 용입이 깊다.
④ 용제를 사용하지 않아 슬래그 혼입이 없다.

저자쌤의 핵직강

용극식과 비용극식

- 용극식 : 용가재를 용접 전극으로 하고 모재를 다른 전극으로 하여 이 두 전극 사이에 아크를 발생시켜 용접을 행하는 방식이다. 용극식은 일반으로 용접 속도가 빠르고 능률적이며 수동 용접 시 한 손으로 조작할 수 있으며 자동 용접에도 매우 편리하다. 따라서 이용범위도 넓으며 오늘날 실제로 쓰여지고 있는 아크 용접법은 거의 용극식이다.

정답 19 ④ 20 ③ 21 ①

- 비용극식 : 용접 전극으로 용융점이 매우 높은 텅스텐봉을 사용 모재 접합부와의 사이에 아크를 발생시켜 용접을 행하는 것이다. 이 전극봉은 단지 아크의 발생만을 위한 것이므로 용가재는 별도로 필요로 한다.

해설

이산화탄소 가스 아크 용접은 Wire가 전극봉과 용가재의 역할을 동시에 하므로 용극식 용접 방법에 속한다.

22 다음 그림과 같이 용접 길이를 짧게 나누어 간격을 두면서 용접하는 방법은?

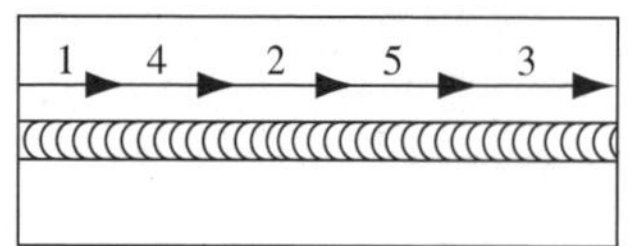

① 전진법　　② 후진법
③ 대칭법　　④ 스킵법

저자쌤의 핵직강

용접방향에 의한 용착법

전진법	후퇴법
1 2 3 4 5	5 4 3 2 1
대칭법	**스킵법(비석법)**
4 2 1 3	1 4 2 5 3

23 산소-아세틸렌 가스절단에 비교한 산소-프로판 가스 절단의 특징을 설명한 것으로 옳지 않은 것은?

① 점화하기 쉽다.
② 절단면이 미세하여 깨끗하다.
③ 후판절단 시 속도가 빠르다.
④ 포갬 절단속도가 빠르다.

해설

산소-아세틸렌 가스절단은 산소 : 아세틸렌의 비율이 표준 불꽃의 경우 1.14 : 1이나, 산소 : 프로판 가스는 4.5 : 1이므로 더 많은 산소가 연소 시 필요하므로 상대적으로 점화하기가 더 어렵다.

24 연강용 가스 용접봉에서 "625±25℃에서 1시간 동안 응력을 제거했다"는 영문자 표시에 해당되는 것은?

① NSR　　② GB
③ SR　　④ GA

해설

- GA : G ; 가스 용접봉 A or B ; 융착금속의 연신율
※ A는(독일식표기방법) B(프랑스식표기방법)
- SR : 응력을 제거한 것
- NSR : 응력을 제거하지 않은 것

25 용접법 중 융접법에 속하지 않는 것은?

① 스터드 용접
② 산소 아세틸렌 용접
③ 일렉트로 슬래그 용접
④ 초음파 용접

해설

초음파 용접은 압접에 속한다.

Plus One 초음파 용접
용접물을 겹쳐서 용접 팁과 하부의 앤빌 사이에 끼워놓고 압력을 가하면서 초음파주파수(약 18kHz 이상)로 직각방향으로 진동을 주면서 그 마찰열로서 압접을 한다.

26 용접의 장점 중 맞는 것은?

① 저온 취성이 생길 우려가 많다.
② 재질의 변형 및 잔류 응력이 존재한다.
③ 용접사의 기량에 따라 용접결과가 좌우된다.
④ 기밀, 수밀, 유밀성이 우수하다.

저자쌤의 핵직강

용접의 장점

- 이음효율이 높다.
- 재료가 절약된다.
- 제작비가 적게 든다.
- 보수와 수리가 용이하다.
- 재료의 두께 제한이 없다.
- 이종재료도 접합이 가능하다.
- 제품의 성능과 수명이 향상된다.
- 유밀성, 기밀성, 수밀성이 우수하다.
- 작업 공정이 줄고, 자동화가 용이하다.

22 ④　23 ①　24 ③　25 ④　26 ④ **정답**

해설

용접의 특징은 서로 다른 철판을 하나로 만드는 작업으로써, 기밀(공기 밀폐), 수밀(물이 새지 않는 것), 유밀(기름이 새지 않는 것)성이 우수한 특징이 있다.

27 가스 절단 시 양호한 절단면을 얻기 위한 조건이 아닌 것은?

① 드래그가 가능한 작을 것
② 절단면이 충분히 평활할 것
③ 슬래그의 이탈이 양호할 것
④ 드래그의 홈이 높고 노치가 있을 것

저자쌤의 핵직강

양호한 절단면을 얻기 위한 조건
- 드래그가 될 수 있으면 작을 것
- 경제적인 절단이 이루어지도록 할 것
- 절단면 표면의 각이 예리하고 슬래그의 박리성이 좋을 것
- 절단면이 평활하며 드래그의 홈이 낮고 노치 등이 없을 것

해설

양호한 절단면을 얻으려면 드래그 시 모재에 이상이 없어야 한다. 드래그의 홈이 높고 노치가 있으면 재료에 응력이 집중되어 Crack이 발생할 우려가 있다.

28 아크 전류가 200A, 아크 전압이 25V, 용접속도가 15cm/min인 경우 용접 길이 1cm당 발생하는 전기적 에너지는?

① 10,000(J/cm) ② 15,000(J/cm)
③ 20,000(J/cm) ④ 25,000(J/cm)

저자쌤의 핵직강

용접 단위길이 1cm당 발생하는 전기적 에너지를 구하는 식은 다음과 같다.

$$H=\frac{60EI}{v}(\text{J/cm})=\frac{60\times 25\times 200}{15}=20,000(\text{J/cm})$$

H : 용접 단위 길이 1cm당 발생하는 전기적 에너지(J/cm)
E : 아크 전압(V)
I : 아크 전류(A)
v : 용접 속도(cm/min)

29 가스 용접 시 토치의 팁이 막혔을 때 조치방법으로 가장 올바른 것은?

① 팁 클리너를 사용한다.
② 내화벽돌 위에 가볍게 문지른다.
③ 철판 위에 가볍게 문지른다.
④ 줄칼로 부착물을 제거한다.

해설

가스 용접 시 토치 팁이 막히면 가스 분출량이 줄어들어 불꽃이 불량하게 된다. 이에 대한 조치 방법은 팁의 구멍이 늘어나는 것을 방지하기 위하여 구멍보다 약간 지름이 작은 팁 클리너를 사용하여 막힌 것을 뚫어서 재사용하거나, 팁을 새것으로 교체해야 한다.

30 직류 아크 용접기의 종류가 아닌 것은?

① 엔진 구동형 ② 전동 발전형
③ 정류기형 ④ 가동 철심형

저자쌤의 핵직강

아크 용접기의 종류

직류 용접기	발전기형
	정류기형
교류 용접기	가동철심형
	가동코일형
	탭전환형
	가포화리액터형

해설

가동 철심형은 교류 용접기의 한 종류이다.

31 헬멧이나 핸드실드의 차광유리 앞에 보호유리를 끼우는 가장 타당한 이유는?

① 시력을 보호하기 위하여
② 가시광선을 차단하기 위하여
③ 적외선을 차단하기 위하여
④ 차광유리를 보호하기 위하여

해설

보호유리는 차광유리의 손상을 보호하려는 데 주 목적이 있다.

정답 27 ④ 28 ③ 29 ① 30 ④ 31 ④

32 가포화 리액터형 교류 아크 용접기의 설명으로 잘못된 것은?

① 미세한 전류조정이 가능하여 가장 많이 사용된다.
② 조작이 간단하고 원격제어가 된다.
③ 가변 저항의 변화로 용접전류를 조정한다.
④ 전기적 전류 조정으로 소음이 거의 없다.

해설

가포화 리액터형의 특징

- 가변 저항의 변화로 용접 전류를 조정한다.
- 전기적 전류 조정으로서 소음이 없고, 수명이 길다.
- 원격조정이 간단하며, 초기 전류를 높게 할 수 있다.

 현재 가장 많이 사용하고 있는 교류 아크 용접기는 가포화 리액터형보다는 가동철심형이다.

33 아세틸렌가스의 성질에 대한 설명으로 틀린 것은?

① 15℃, 1kgf/cm^{2}에서의 아세틸렌 1L의 무게는 1.176g으로 산소보다 무겁다.
② 산소와 적당히 혼합하여 연소시키면 3,000~ 3,500℃의 높은 열을 낸다.
③ 아세틸렌가스는 산소와 혼합되면 폭발성이 증가된다.
④ 각종 액체에 잘 용해되며 아세톤에 25배가 용해된다.

해설

아세틸렌가스는 비중이 0.906으로써, 비중이 1.105인 산소보다 가볍다.

34 텅스텐 아크 절단은 특수한 TIG 절단토치를 사용한 절단법이다. 주로 사용되는 작동 가스는?

① Ar + C_2H_2
② Ar + H_2
③ Ar + O_2
④ Ar + CO_2

해설

TIG 절단은 Ar(아르곤)가스와 H_2(수소)가스를 혼합하여 사용한다.

35 가스 용접 시 용접부의 시공상태에 대한 설명으로 틀린 것은?

① 용접부에는 노치부분이 있어야 양호한 용접성을 얻을 수 있다.
② 용접부에는 기름, 먼지, 녹 등을 완전히 제거하여야 한다.
③ 용접부에는 청결을 유지해야 한다.
④ 용접부의 개선 면이 일직선으로 정교해야 한다.

해설

용접부에 노치부분이 있으면 응력이 집중되어 외력이 작용할 때 Crack이 발생한다.

Plus One 균열(Crack)
재료 내부에 조직이 갈라져 있는 상태로서 작은 외부의 충격에도 재료가 쉽게 파손된다.

36 산소 아크 절단을 올바르게 설명한 것은?

① 아크 플라스마의 성질을 이용한 절단법
② 속이 빈 피복 용접봉과 모재 사이에 아크를 발생시켜 절단하는 방법
③ 강관을 사용하여 절단산소를 보내서 절단하는 방법
④ 금속 전극에 큰 전류를 흐르게 하여 절단하는 방법

해설

산소 아크 절단에 사용되는 전극봉은 중공의 피복봉으로 발생되는 아크열을 이용하여 모재를 용융시킨 후, 중공 부분으로 절단산소를 내보내서 절단하는 방법이다.

37 피복제 중에 석회석이나 형석을 주성분으로 한 피복제를 사용한 것으로서 용착금속 주의 수소량이 다른 용접봉에 비해서 1/10 정도로 적은 용접봉은?

① E4301　② E4311
③ E4316　④ E4327

해설

E4316은 저수소계 용접봉으로써, 강력한 탈산 작용으로 강인성이 풍부하며 중탄소강과 고장력강 용접에 사용한다. 그러나 운봉에 숙련이 필요하며 기공이 발생하기 쉽다.

정답 32 ① 33 ① 34 ② 35 ① 36 ② 37 ③

Plus One 용접봉의 종류

E4301	일미나이트계
E4303	라임티타니아계
E4311	고셀룰로오스계
E4313	고산화티탄계
E4316	저수소계
E4324	철분 산화티탄계
E4326	철분 저수소계
E4327	철분 산화철계
E4340	특수계

38 35℃에서 150kgf/cm^{2}으로 압축하여 내부용적 45.7L의 산소 용기에 충전하였을 때 용기 속의 산소량은 몇 L인가?

① 6,855　② 5,250
③ 6,105　④ 7,005

해설
1기압은 1kgf/cm^{2}이므로 150kgf/cm^{2}는 150기압이다.
따라서, 용기속의 산소량=내용적×기압=45.7×150=6,855L이 된다.

39 산소-아세틸렌 가스 불꽃의 종류 중 불꽃온도가 가장 높은 것은?

① 탄화 불꽃　② 중성 불꽃
③ 산화 불꽃　④ 아세틸렌 불꽃

저자쌤의 핵직강

산소-아세틸렌가스 불꽃의 종류
산소와 아세틸렌가스를 대기 중에서 연소시킬 때는 산소의 양에 따라 다음과 같이 4가지의 불꽃이 된다.

명 칭	산소 : 아세틸렌 비율
아세틸렌 불꽃(산소 약간 혼입)	-
탄화불꽃(아세틸렌 과잉)	0.05~0.95 : 1
중성불꽃(표준 불꽃)	1 : 1
산화불꽃(산소 과잉)	1.15~1.70 : 1

해설
산소가스가 아세틸렌가스보다 다소 많이 분출되어 만들어지는 산화불꽃의 온도가 가장 높다.

40 알루미늄 표면에 산화물계 피막을 만들어 부식을 방지하는 알루미늄 방식법에 속하지 않는 것은?

① 염산법　② 수산법
③ 황산법　④ 크롬산법

해설
알루미늄 방식법
알루미늄 표면을 적당한 전해액 중에서 양극산화 처리하여 산화물계 피막을 형성시킨 방법이며 수산법, 황산법, 크롬산법 등이 있다.

41 침입형 고용체에 용해되는 원소가 아닌 것은?

① B(붕소)　② C(탄소)
③ N(질소)　④ F(불소)

해설
침입형 고용체를 형성할 수 있는 원자는 H, B, C, N, O 등의 원자에 한정된다.

42 금속 표면에 알루미늄을 침투시켜 내식성을 증가시키는 것은?

① 칼로라이징　② 크로마이징
③ 세라다이징　④ 실리코라이징

저자쌤의 핵직강

금속 침투법

종 류	침투 금속
칼로라이징	Al(알루미늄)
크로마이징	Cr(크롬)
세라다이징	Zn(아연)
실리코나이징	Si(규소, 실리콘)
보로나이징	B(붕소)

43 구상흑연주철의 조직에 따른 분류가 아닌 것은?

① 페라이트형　② 펄라이트형
③ 시멘타이트형　④ 트루스타이트형

정답 38 ① 39 ③ 40 ① 41 ④ 42 ① 43 ④

저자쌤의 핵직강

구상흑연주철

주철은 편상의 흑연 때문에 연성이 나쁘고 취성이 크다. 또한 편상의 흑연은 열처리를 오래해야 하는 결점이 있는데, 이를 보완하기 위해 용융상태에서 흑연을 구상화로 석출시킨 것이 구상흑연주철이다. 흑연을 구상화하는 방법은 용선에 칼슘, 세슘, 마그네슘을 첨가한다.

해설

구상흑연주철의 조직은 주조된 상태에서 시멘타이트형, 펄라이트형, 페라이트형으로 분류된다.

44 구리에 3~4% Ni, 약 1%의 Si가 함유된 합금으로 인장강도와 도전율이 높아 통신선, 전화선으로 사용되는 구리-니켈-규소 합금은?

① 콜슨(Corson) 합금
② 켈밋(Kelmit) 합금
③ 포금(Gunmetal)
④ CTG합금

저자쌤의 핵직강

- 켈밋 : Cu + Pb 30 ~ 40%의 합금, 열전도, 압축 강도가 크고 마찰계수가 적다. 고속 고하중 베어링에 사용된다.
- 포금 : 청동의 대표적인 합금으로 Sn 8~12%를 함유한 것이다. 성질에는 단조성이 좋고 내식성이 있어서 밸브나 기어, 베어링의 부식 등에 사용된다.

해설

콜슨 합금은 Ni 3~4%, Si 0.8~1.0%의 Cu 합금으로 도전성이 크므로 통신선, 전화선과 같이 얇은 선재로 사용된다.

45 열전도율이 가장 큰 것부터 작은 것의 순으로 옳게 나열한 것은?

① Cu → Al → Ag → Au
② Ag → Cu → Au → Al
③ Cu → Ag → Al → Au
④ Ag → Cu → Al → Au

해설

열전도율 높은 순서

Ag > Cu > Au > Al > Mg > Zn > Ni > Fe > Pb

46 열처리방법 중 강을 오스테나이트 조직의 영역으로 가열한 후 급랭하는 것은?

① 풀림(Annealing)
② 담금질(Quenching)
③ 불림(Normalizing)
④ 뜨임(Tempering)

해설

담금질은 상온의 강을 오스테나이트조직으로 만들기 위한 작업이다.

상온에서 체심입방격자인 강을 오스테나이트 조직의 영역까지 가열하여 면심입방격자의 오스테나이트조직으로 만든 후 급랭을 하면 상온에서도 오스테나이트 조직의 강을 만들 수 있다. 강을 오스테나이트 조직으로 만들려는 목적은 페라이트와 시멘타이트의 층상조직으로 이루어진 오스테나이트조직이 다른 금속조직에 없는 질기고 강한 성질이 있기 때문이다.

47 탄소강의 Fe-C계 평형상태도에서 탄소량이 0.96% 정도이며 γ고용체에서 α고용체와 Fe_3C가 동시에 석출하여 펄라이트를 생성하는 점은?

① 공정점 ② 자기변태점
③ 포정점 ④ 공석점

해설

- 공정점 : Liquid ⇔ γ고용체 + Fe_3C
- 자기변태점 : 순철에서 자기의 세기가 서서히 변화되어 768℃ 부근에서 자기의 세기가 급격히 상승하는 상태로서 자기 변태가 일어날 때의 온도를 자기 변태점 또는 퀴리점이라고 한다.
- 포정점 : δ고용체 + Liquid ⇔ γ고용체
- 공석점 : γ고용체 ⇔ α고용체 + Fe_3C

48 합금강에 영향을 끼치는 주요 합금 원소가 아닌 것은?

① 흑 연 ② 니 켈
③ 크 롬 ④ 망 간

저자쌤의 핵직강

철강에 영향을 주는 주요 10가지 합금원소에는 C(탄소), Si(규소), Mn(망간), P(인), S(황), N(질소), Cr(크롬), V(바나듐), Mo(몰리브덴), Cu(구리), Ni(니켈)이 있다.

해설

흑연은 Fe(철)을 함유하고 있는 성분으로 주요 합금 원소로 보지 않는다.

44 ① 45 ② 46 ② 47 ④ 48 ① 정답

Plus One 철강의 합금원소는 각각 철강재의 용접성과 밀접한 관련이 있다. 그 중 C(탄소)가 가장 큰 영향을 미친다. 탄소량이 적을수록 용접성이 좋으므로, 저탄소강일수록 용접성이 좋다.

49 스테인리스강 중에서 내식성이 가장 높고 비자성인 것은?

① 페라이트계 ② 시멘타이트계
③ 마텐자이트계 ④ 오스테나이트계

저자쌤의 핵직강

스테인리스강의 분류

구 분	종 류	주요 성분	자 성
Cr계	페라이트계 스테인리스강	Fe+Cr 12% 이상	자성체
	마텐자이트계 스테인리스강	Fe+Cr 13%	자성체
Cr+Ni계	오스테나이트계 스테인리스강	Fe+Cr 18%+Ni 8%	비자성체
	석출경화계 스테인리스강	Fe+Cr+Ni	비자성체

50 주강의 성능별 분류 중 내식용 강은 어떤 원소를 첨가한 것인가?

① Cr, Ni ② Mn, V
③ P, S ④ W, Ti

해설
내식용 강은 Cr이나 Ni을 첨가하는 것으로써, 스테인리스강을 만들 때 첨가하는 원소이다.

51 판금 제품을 만드는 데 필요한 도면으로 입체의 표면을 한 평면 위에 펼쳐서 그리는 도면은?

① 회전 평면도 ② 전개도
③ 보조 투상도 ④ 사투상도

해설
전개도는 입체의 표면을 하나의 평면 위에 펼쳐 놓은 도형으로 투상도를 기본으로 하여 그린 도면이다.

52 다음 제3각 정투상도에 해당하는 입체도는?

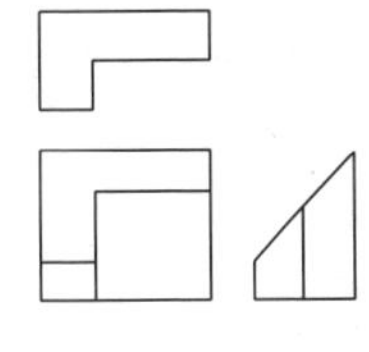

① ②
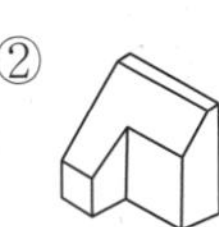
③ ④
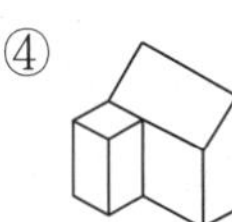

해설
우측면도의 윗부분을 보면 좌측 아래에서 우측 위로 하나의 대각선 형태를 보이고 있으므로 정답이 ①번임을 쉽게 찾을 수 있다.

53 그림의 투상도는 평면도와 정면도가 똑같이 나타나는 물체의 평면도와 정면도이다. 우측면도로 가장 적합한 것은?

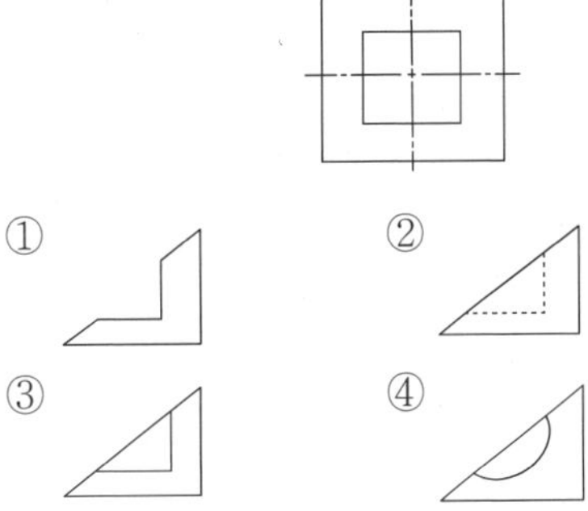

54 도면에 SS330으로 표시된 기계재료의 의미로 가장 적합한 설명은?

① 합금 공구강으로 최저인장강도는 330N/mm^2
② 일반구조용 압연강재로 최저인장강도는 330N/mm^2
③ 열간압연 스테인리스 강관으로 탄소 함유량은 0.33%
④ 압력배관용 탄소강재로 탄소 함유량은 0.33%

해설
SS330에서 SS는 Structure Steel로서 일반구조용 압연 강재를 뜻하며, 330은 최저인장강도 330N/mm^{2}를 의미한다.

정답 49 ④ 50 ① 51 ② 52 ① 53 ② 54 ②

Plus One 재료 기호의 종류

명 칭	기 호
합금공구강(절삭공구)	STS
일반구조용 압연강재	SS
열간압연 스테인리스 강관	STSx-HP
압력배관용 탄소강	STPG

55 배관 제도 시 유체의 종류에 따른 기호 표기가 틀린 것은?

① 공기 : A ② 연료 가스 : G
③ 온수 : H ④ 증기 : W

해설

파이프 안에 흐르는 유체의 종류
- V = Vapor, 증기
- W = Water, 물

56 도면에서 2종류 이상의 선이 같은 장소에 겹치게 될 경우에 다음 중 가장 우선되는 것은?

① 중심선 ② 절단선
③ 외형선 ④ 숨은선

해설

두 종류 이상의 선이 중복되는 경우, 선의 우선순위
치수 및 문자 > 외형선 > 숨은선 > 절단선 > 중심선 > 무게중심선 > 치수 보조선

57 도면에서 도면번호, 도면명칭, 기업(소속단체)명 책임자 서명 등의 내용이 기입되어 있는 곳은?

① 부품란
② 표제란
③ 도면의 구역
④ 중심 마크

해설

표제란
도면의 번호, 도명, 척도, 투상법, 도작작성일, 작성자 등을 기록하는 구역을 나타내는 것으로 항상 도면 용지의 우측 하단에 위치시킨다.

58 리벳의 종류 중 호칭길이를 나타낼 때 머리부의 전체를 포함하여 표시하는 것은?

① 둥근머리 리벳
② 냄비머리 리벳
③ 얇은 납작머리 리벳
④ 접시머리 리벳

해설

접시머리 리벳은 접시 부분인 머리 부분까지 재료에 파묻히게 되므로 머리부의 전체를 포함해서 호칭길이를 나타낸다.

59 그림과 같은 용접 도시기호의 명칭은?

① 필릿 용접 ② 플러그 용접
③ 스팟 용접 ④ 프로젝션 용접

해설

플러그 용접 (슬롯 용접)	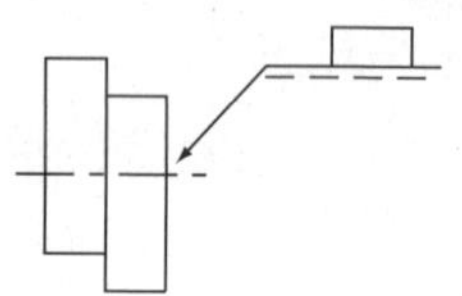	ㄇ

60 제3각 정투상도에서 저면도의 배치 위치로 옳은 것은?

① 정면도의 아래쪽 ② 정면도의 오른쪽
③ 정면도의 윗쪽 ④ 정면도의 왼쪽

해설

제3각법에서 저면도는 정면도의 아래쪽에 위치시킨다.
정투상도의 배열방법

제1각법	제3각법
저면도 (위) 우측면도 / 정면도 / 좌측면도 / 배면도 평면도 (아래)	평면도 (위) 좌측면도 / 정면도 / 우측면도 / 배면도 저면도 (아래)

55 ④ 56 ③ 57 ② 58 ④ 59 ② 60 ① 정답

2012년도 제1회 기출문제

용접기능사 Craftsman Welding/Inert Gas Arc Welding

01 피복 아크 용접 결함 중 용착 금속의 냉각 속도가 빠르거나, 모재의 재질이 불량할 때 일어나기 쉬운 결함으로 가장 적당한 것은?

① 용입 불량 ② 언더 컷
③ 오버 랩 ④ 선상조직

저자쌤의 핵직강

용접 불량의 종류

모 양	원 인	방지대책
언더컷	• 전류가 높을 때 • 아크 길이가 길 때 • 용접 속도가 빠를 때 • 운봉 각도가 부적당할 때 • 부적당한 용접봉을 사용할 때	• 전류를 낮춘다. • 아크 길이를 짧게 한다. • 용접 속도를 알맞게 한다. • 운봉 각도를 알맞게 한다. • 알맞은 용접봉을 사용한다.
오버랩	• 전류가 낮을 때 • 운봉, 작업각, 진행각과 같은 유지각도가 불량할 때 • 부적당한 용접봉을 사용할 때	• 전류를 높인다. • 작업각과 진행각을 조정한다. • 알맞은 용접봉을 사용한다.
용입불량	• 이음 설계에 결함이 있을 때 • 용접 속도가 빠를 때 • 전류가 낮을 때 • 부적당한 용접봉을 사용할 때	• 치수를 크게 한다. • 용접속도를 적당히 조절한다. • 전류를 높인다. • 알맞은 용접봉을 사용한다.
균 열	• 이음부의 강성이 클 때 • 부적당한 용접봉을 사용할 때 • C, Mn 등 합금성분이 많을 때 • 과대 전류, 용접 속도가 클 때 • 모재에 유황 성분이 많을 때	• 예열이나 피닝처리를 한다. • 알맞은 용접봉을 사용한다. • 예열 및 후열처리를 한다. • 전류 및 용접 속도를 알맞게 조절한다. • 저수소계 용접봉을 사용한다.
선상조직	• 냉각속도가 빠를 때 • 모재의 재질이 불량할 때	• 급랭을 피한다. • 재질에 알맞은 용접봉 사용한다.
기 공	• 수소나 일산화탄소가스가 과잉으로 분출될 때 • 용접 전류값이 부적당할 때 • 용접부가 급속히 응고될 때 • 용접 속도가 빠를 때 • 아크길이가 부적절할 때	• 건조된 저수소계 용접봉을 사용한다. • 전류 및 용접 속도를 알맞게 조절한다. • 이음 표면을 깨끗하게 하고 예열을 한다.
슬래그혼입	• 전류가 낮을 때 • 용접 이음이 부적당할 때 • 운봉 속도가 너무 빠를 때 • 모든 층의 슬래그 제거가 불완전할 때	• 슬래그를 깨끗이 제거한다. • 루트 간격을 넓게 한다. • 전류를 약간 높게 하며 운봉 조작을 적절하게 한다. • 슬래그를 앞지르지 않도록 운봉속도를 유지한다.

해설

선상조직은 표면이 눈꽃 모양의 조직을 나타내고 있는 것으로써, 인(P)을 많이 함유하는 강에 나타나는 편석 조직의 일종이다.

02 다음 중 무색, 무취, 무미와 독성이 없고, 공기 중에 약 0.94% 정도를 포함하는 불활성 가스는?

① 헬륨(He) ② 아르곤(Ar)
③ 네온(Ne) ④ 크립톤(Kr)

해설

아르곤(Ar) 가스는 공기보다 약 1.4배 무겁고 용접에 이용 시 용접부를 도포하여 산화 및 질화를 방지하고, 용접부의 마무리를 해주어 TIG 및 MIG 용접에 주로 이용한다. 또한 무색, 무취, 무미와 독성이 없고, 공기 중에 약 0.94% 정도를 포함하며 단원자 분자의 기체로 반응성이 거의 없어 불활성 기체라 한다.

정답 1 ④ 2 ②

03 다음 중 일반적으로 모재의 용융선 근처의 열영향부에서 발생되는 균열이며 고탄소강이나 저합금강을 용접할 때 용접열에 의한 열영향부의 경화와 변태응력 및 용착금속 속의 확산성 수소에 의해 발생되는 균열은?

① 비드 밑 균열 ② 루트 균열
③ 설퍼 균열 ④ 크레이터 균열

저자쌤의 핵직강

균열의 종류

- 저온 균열 : 약 220℃ 이하의 비교적 낮은 온도에서 발생하는 균열을 말하는 것으로 용접 후 용접부의 온도가 상온(약 24℃) 부근으로 되면 발생하는 균열을 통틀어서 이르는 말이다.
- 루트 균열 : 용접 루트의 노치에 의한 응력 집중부에 생기는 균열
- 설퍼 균열 : 유황의 편석이 층상으로 존재하는 강재를 용접하는 경우, 낮은 융점의 황화철 공정이 원인이 되어 용접금속 내에 생기는 1차 결정 입계균열
- 크레이터균열 : 용접 루트의 노치에 의한 응력 집중부에 생기는 균열

해설
비드 밑 균열은 용접 이후 용접열에 의해 조직이 변하는 주변 열영향부에서 수소의 확산에 의해 발행하는 균열이다.

04 다음 중 응급처치의 구명 4단계에 속하지 않는 것은?

① 쇼크 방지 ② 지 혈
③ 상처 보호 ④ 균형 유지

저자쌤의 핵직강

응급처치의 구명 4단계

- 1단계-기도 유지 : 질식을 막기 위해 기대 개발 후 이물질 제거, 호흡이 끊어지면 인공호흡 한다.
- 2단계-지혈 : 상처부위의 피를 멈추게 하여 혈액 부족으로 인한 혼수상태 예방한다.
- 3단계-쇼크 방지 : 호흡곤란이나 혈액 부족을 제외한 심리적 충격에 의한 쇼크를 예방한다.
- 4단계-상처의 치료 : 환자의 의식이 있는 상태에서 치료를 시작하며, 충격을 해소시켜야 한다.

05 다음 중 용접 결함에서 구조상 결함에 속하는 것은?

① 기 공 ② 인장강도의 부족
③ 변 형 ④ 화학적 성질 부족

저자쌤의 핵직강

용접 결함의 종류

결 함	결함의 명칭	
치수상 결함	변 형	
	치수불량	
	형상불량	
구조상 결함	기 공	
	은 점	
	언더 컷	
	오버 랩	
	균 열	
	선상조직	
	용입불량	
	표면결함	
	슬래그 혼입	
성질상 결함	기계적 불량	인장강도 부족
		항복강도 부족
		피로강도 부족
		경도 부족
		연성 부족
		충격시험 값 부족
	화학적 불량	화학성분 부적당
		부식(내식성 불량)

06 다음 중 금속산화물과 정제된 고체 알루미늄 파우더의 혼합 때 발생하는 과정에서 용접열이 얻어지고, 용융된 금속이 용가제로 되는 발열 반응으로 형성된 점화를 이용한 용접법은?

① 플라즈마 아크 용접
② 테르밋 용접
③ 플래시 버트 용접
④ 프로젝션 용접

해설
테르밋 용접은 산화철과 알루미늄과의 혼합제인 테르밋의 산화-환원반응을 통해 얻어진 약 2,800℃의 열에 의해 용강을 접합부에 주입하여 피 용접물의 간격을 메워놓고 응고시켜 접합하는 것이다.

3 ① 4 ④ 5 ① 6 ② 정답

- 플라즈마 아크 용접 : 높은 온도를 가진 플라즈마를 한 방향으로 모아서 분출시키는 것을 일컬어 플라즈마 제트라고 부르며, 이를 이용하여 용접이나 절단에 사용하는 용접 방법이다. 설비비가 많이 드는 단점이 있다.
- 플래시 버트 용접 : 전기저항 용접법의 일종. 불꽃용접이라고도 하며 불꽃을 발생시키면서 용융시켜 접합시키는 방법이다.
- 프로젝션 용접 : 모재의 평면에 프로젝션인 돌기부를 만들어 평탄한 동전극의 사이에 물려 대전류를 흘려보낸 후 돌기부에 발생된 열로서 용접한다.

07 다음 중 제2도 화상에 관한 설명으로 가장 적절한 것은?

① 피부가 붉게 되고 따끔거리는 통증을 수반하는 화상으로 피부층 중의 가장 바깥층인 표피의 손상만 가져온 화상
② 표피와 진피 모두 영향을 미치는 화상으로 피부가 빨갛게 되어 통증과 부어오름이 생기는 화상
③ 표피와 진피, 하피까지 영향을 미쳐서 검게 되거나 반투명 백색이 되고 피부 표면 아래 혈관을 응고시키는 현상
④ 표피와 진피조직이 탄화되어 검게 변한 경우이며 피하의 근육, 힘줄, 신경 또는 골조직까지 손상을 받는 화상

저자쌤의 핵직강

화상의 등급

1도 화상	• 뜨거운 물이나 불에 가볍게 표피만 데인 화상 • 붉게 변하고 따가운 상태
2도 화상	• 표피 안의 진피까지 화상을 입은 경우 • 물집이 생기는 상태
3도 화상	• 표피, 진피, 피하 지방까지 화상을 입은 경우 • 살이 벗겨지는 매우 심한 상태

해설
①번은 1도 화상, ③, ④번은 3도 화상에 속한다.

08 맞대기 이음에서 판 두께가 6mm, 용접선의 길이가 120mm, 하중 7,000kgf에 대한 인장응력은 약 얼마인가?

① 9.7kgf/mm^2 ② 8.5kgf/mm^2
③ 9.1kgf/mm^2 ④ 7.6kgf/mm^2

저자쌤의 핵직강

인장응력은 재료를 양쪽 길이방향으로 늘릴 때 내부에서 저항하는 정도를 측정하는 시험이다.

해설

$$\text{인장응력}(\sigma)=\frac{\text{하중}(F)}{\text{단면적}(A)}=\frac{7{,}000}{6\times120}\fallingdotseq 9.72\text{kgf/mm}^2$$

09 다음 중 홈 가공에 관한 설명으로 옳지 않은 것은?

① 능률적인 면에서 용입이 허용되는 한 홈 각도는 작게 하고 용착 금속량도 적게 하는 것이 좋다.
② 용접균열이라는 관점에서 루트 간격은 클수록 좋다.
③ 자동용접의 홈 정도는 손 용접보다 정밀한 가공이 필요하다.
④ 홈 가공의 정밀도는 용접 능률과 이음의 성능에 큰 영향을 끼친다.

해설
용접 균열은 루트 간격이 좁을수록 적게 발생한다. 루트 간격이 좁으면 슬래그나 기공 등의 용접 결함이 발생할 확률이 넓을 때보다 더 적기 때문이다.

10 다음 중 이산화탄소 아크 용접의 특징에 대한 설명으로 틀린 것은?

① 전류밀도가 높아 용입이 깊다.
② 자동 또는 반자동 용접은 불가능하다.
③ 용착금속의 기계적, 금속학적 성질이 우수하다.
④ 가시 아크이므로 용융지의 상태를 보면서 용접할 수 있어 시공이 편리하다.

해설
이산화탄소 아크 용접은 Ar(아르곤) 같은 불활성 가스 대신에 이산화탄소를 이용한 용극식 용접 방법으로 조작이 간단해서 자동 및 반자동 용접에 따른 고속용접이 가능하다.

정답 7 ② 8 ① 9 ② 10 ②

11 다음 중 급열, 급랭에 의한 열응력이나 변형, 균열을 방지하기 위해 용접 전에 실시하는 작업은?

① 예 열　　② 청 소
③ 가 공　　④ 후 열

저자쌤의 핵직강

예열의 목적
- 변형 및 잔류응력 경감
- 열영향부(HAZ)의 균열 방지
- 용접 금속에 연성 및 인성 부여
- 냉각속도를 느리게 하여 수축 변형 방지
- 금속에 함유된 수소 등의 가스를 방출하여 균열 방지

해설

용접할 재료는 작업 전 반드시 예열 작업을 해야 한다. 만일 예열되지 않고 상온의 상태에서 바로 용접이 진행될 경우 급열 및 급랭에 따라 용접 후 변형이 발생할 수 있다.

12 다음 중 CO_2 가스 아크 용접 시 작업장의 이산화탄소 체적 농도가 3~4%일 때 인체에 일어나는 현상으로 가장 적절한 것은?

① 두통 및 뇌빈혈을 일으킨다.
② 위험상태가 된다.
③ 치사량이 된다.
④ 아무렇지도 않다.

저자쌤의 핵직강

CO_2 가스가 인체에 미치는 영향

CO_2 농도	증 상
1%	호흡속도 다소 증가
2%	호흡속도 증가, 지속 시 피로를 느낌
3~4%	호흡속도 평소의 약 4배 증대, 두통, 뇌빈혈, 혈압상승
6%	피부혈관의 확장, 구토
7~8%	호흡곤란, 정신장애, 수분 내 의식불명
10% 이상	시력장애, 2~3분 내 의식을 잃으며 방치 시 사망
15% 이상	위험 상태
30% 이상	극히 위험, 사망

13 서브머지드 아크 용접에 사용되는 용접용 용제 중 용융형 용제에 대한 설명으로 옳은 것은?

① 화학적 균일성이 양호하다.
② 미용융 용제는 다시 사용이 불가능하다.
③ 흡수성이 거의 없으므로 재건조가 불필요하다.
④ 용융 시 분해되거나 산화되는 원소를 첨가할 수 있다.

저자쌤의 핵직강

서브머지드 아크 용접에 사용되는 용융형 용제의 특징
- 비드 모양이 아름답다.
- 고속 용접이 가능하다.
- 화학적으로 안정되어 있다.
- 미용융된 용제의 재사용이 가능하다.
- 조성이 균일하고 흡습성이 작아서 가장 많이 사용한다.
- 입도가 작을수록 용입이 얕고 너비가 넓으며 미려한 비드를 생성한다.
- 작은 전류에는 입도가 큰 거친 입자를, 큰 전류에는 입도가 작은 미세한 입자를 사용한다.
- 작은 전류에 미세한 입자를 사용하면 가스 방출이 불량해서 Pock Mark 불량의 원인이 된다.

해설

서브머지드 아크 용접의 사용 용제는 용융형 용제와 소결형 용제로 나뉜다. 용융형 용제(Flux)는 광물성 원료를 전기로에서 1,300℃ 이상 가열하여 용해시킨 후, 응고시켜 분쇄한 뒤 적당한 입도로서 만든 것으로 20메시 정도의 미세한 가루이다. 미세한 입자일수록 비드폭이 넓고 용입이 깊으며 비드의 모양이 아름답다.

14 다음 중 MIG 용접 시 와이어 송급방식의 종류가 아닌 것은?

① 풀(Pull) 방식
② 푸시 오버(Push-over) 방식
③ 푸시 풀(Push-pull) 방식
④ 푸시(Push) 방식

해설

MIG(불활성 가스 금속 아크) 용접의 와이어 송급 방식
- Push 방식 : 미는 방식
- Pull 방식 : 당기는 방식
- Push-Pull 방식 : 밀고 당기는 방식

11 ① 12 ① 13 ①, ③ 14 ② 정답

15 용접부의 시험법 중 기계적 시험법에 해당하는 것은?

① 부식 시험 ② 육안조직 시험
③ 현미경 조직 시험 ④ 피로 시험

저자쌤의 핵직강

용접부 검사의 종류

비파괴 시험	내부결함	방사선 투과 시험(RT)
		초음파 탐상 시험(UT)
	표면결함	외관검사(VT)
		자분탐상검사(MT)
		침투탐상검사(PT)
		누설검사(LT)
		와전류탐상검사(ET)
기계적 시험(파괴검사)	인장 시험	인장강도, 항복점, 연신율 측정
	굽힘 시험	연성의 정도 측정
	충격 시험	인성과 취성의 정도 조사
	경도 시험	외력에 대한 저항의 크기 측정
	매크로 시험	조직 검사
	피로 시험	반복적인 외력에 대한 저항력 시험

16 일반적으로 모재에 흡수되는 열량은 용접 입열의 몇 % 정도가 되는가?

① 약 35~45% 정도
② 약 45~55% 정도
③ 약 75~85% 정도
④ 약 95~99% 정도

해설
일반적으로 모재에는 용접 입열의 약 75~85%가 흡수된다.

17 다음 중 겹치기 저항 용접에 있어서 접합부에 나타나는 용융 응고된 금속부분을 무엇이라 하는가?

① 용융지 ② 너 깃
③ 크레이터 ④ 언더컷

해설
① 용융지 : 모재가 녹은 부분(쇳물)
③ 크레이터 : 아크 용접에서 아크를 중단시켰을 때, 중단된 부분이 납작하게 파여진 모습으로 남는 부분
④ 언더컷 : 아크열에 의해 용접부의 옆면이 파이는 불량

18 다음 중 복합와이어 CO_2 가스 아크 용접법이 아닌 것은?

① 아코스 아크법
② 유니언 아크법
③ NCG법
④ SYG법

저자쌤의 핵직강

사용 와이어에 따른 용접법의 분류

Solid Wire	혼합가스법
	CO_2법
복합 와이어(FCW) Flux Cored Wire	아코스 아크법
	유니언 아크법
	퓨즈 아크법
	NCG법

19 다음 중 용접시공에 있어 각 변형의 방지 대책으로 틀린 것은?

① 구속지그를 활용한다.
② 용접속도를 느리게 한다.
③ 역변형의 시공법을 활용한다.
④ 개선 각도는 작업에 지장이 없는 한도 내에서 작게 하는 것이 좋다.

저자쌤의 핵직강

각 변형의 방지 대책
- 개선 각도는 작업에 지장이 없는 한도 내에서 작게 하는 것이 좋다.
- 판 두께와 개선 형상이 일정할 때 용접봉 지름이 큰 것을 이용하여 용접패스수를 줄인다.
- 용착 속도가 빠른 용접방법을 선택한다.
- 구속지그(Jig)를 활용한다.
- 역 변형 시공법을 이용한다.

해설
용접속도를 느리게 하면 모재에 흡수되는 입열량이 많아지므로 더 많은 변형을 발생하게 된다.

정답 15 ④ 16 ③ 17 ② 18 ④ 19 ②

20 다음 중 저탄소강의 용접에 관한 설명으로 틀린 것은?

① 용접균열의 발생 위험이 크기 때문에 용접이 비교적 어렵고, 용접법의 적용에 제한이 있다.
② 피복 아크 용접의 경우 피복 아크 용접봉은 모재와 강도 수준이 비슷한 것을 선정하는 것이 바람직하다.
③ 판의 두께가 두껍고 구속이 큰 경우에는 저수소계 계통의 용접봉이 사용된다.
④ 두께가 두꺼운 강재일 경우 적절한 예열을 할 필요가 있다.

해설

탄소량이 적을수록 용접성이 좋은 저탄소강은 용접법 적용에 제한이 없다.

Plus One

저탄소강은 연하기 때문에 용접 시 특히 문제가 되는 것은 노치 취성과 용접터짐이다. 저탄소강은 어떠한 용접법으로도 가능하나, 노치 취성과 용접 터짐의 발생우려가 있어서 용접 전 예열이나 저수소계와 같이 적절한 용접봉을 선택해서 사용해야 한다.

21 다음 중 기밀, 수밀을 필요로 하는 탱크의 용접이나 배관용 탄소 강관의 관 제작 이음용접에 가장 적합한 접합법은?

① 심 용접 ② 스폿 용접
③ 업셋 용접 ④ 플래시 용접

해설

심 용접은 원판상의 롤러 전극 사이에 용접할 2장의 판을 두고 가압하면서 전극을 회전시키면서 연속적으로 용접하므로 기밀(기체 밀폐), 수밀(물 밀폐), 유밀(기름 밀폐)을 요하는 용접에 알맞다.

22 아크 용접 작업 중 감전이 되었을 때 전류가 몇 mA 이상이 인체에 흐르면 심장마비를 일으켜 순간적으로 사망할 위험이 있는가?

① 5 ② 10
③ 15 ④ 50

저자쌤의 핵직강

전류량이 인체에 미치는 영향

전류량	인체에 미치는 영향
1mA	전기를 조금 느낀다.
5mA	상당한 고통을 느낀다.
10mA	견디기 힘든 고통을 느낀다.
20mA	근육 수축, 스스로 현장을 탈피하기 힘들다.
20~50mA	고통과 강한 근육수축, 호흡이 곤란하다.
50mA	심장마비 발생으로 사망의 위험이 있다.
100mA	사망과 같은 치명적인 결과를 준다.

23 가스 용접할 모재의 두께가 3.2mm일 때 사용할 가스 용접봉의 지름을 계산식에 의해 구하면 몇 mm 정도가 가장 적당한가?

① 1.3 ② 1.6
③ 2.6 ④ 3.2

해설

$$\text{가스용접봉 지름}(D) = \frac{\text{판두께}(T)}{2} + 1 = \frac{3.2\text{mm}}{2} + 1$$
$$= 2.6\text{mm}$$

24 다음 중 산소 및 아세틸렌 용기의 취급방법으로 적절하지 않은 것은?

① 산소 용기의 밸브, 조정기, 도관, 취부구는 반드시 기름이 묻은 천으로 깨끗이 닦아야 한다.
② 산소 용기의 운반 시 충격을 주어서는 안 된다.
③ 산소 용기 내에 다른 가스를 혼합하면 안 되며, 산소 용기는 직사광선을 피해야 한다.
④ 아세틸렌 용기는 세워서 사용하며 병에 충격을 주어서는 안 된다.

저자쌤의 핵직강

산소용기 취급 시 주의사항

- 산소용기의 밸브, 조정기 등에 기름이 묻지 않게 한다.
- 전도 및 충격을 주지 않는다.
- 다른 가스에 사용한 조정기, 호스 등을 그대로 다시 사용하지 않는다.
- 산소용기 속에 다른 가스를 혼합하지 않는다.
- 산소와 아세틸렌 용기는 각각 별도로 저장한다.

20 ① 21 ① 22 ④ 23 ③ 24 ① 정답

25 다음 중 고셀룰로오스계 연강용 피복 아크 용접봉에 관한 설명으로 틀린 것은?

① 슬래그가 적어 좁은 홈의 용접에 좋다.
② 가스 실드에 의한 아크 분위기가 환원성이므로 용착 금속의 기계적 성질이 양호하다.
③ 수직 상진 · 하진 및 위보기 자세 용접에서 우수한 작업성을 나타낸다.
④ 사용전류는 슬래그 실드계 용접봉에 비해 10~15% 높게 사용한다.

저자쌤의 핵직강

사용전류는 슬래그 실드계 용접봉에 비해 10~15% 낮게 사용하며 사용 전 70~100℃에서 30분에서 1시간 건조한다.

해설

고셀룰로오스계(E4311) 용접봉은 사용 전류가 높을 경우 용착 금속의 품질이 저하된다.

26 다음 중 가스절단에서 절단용 산소의 순도가 저하되거나 불순물이 증가되면 나타나는 현상으로 볼 수 없는 것은?

① 절단속도가 빨라진다.
② 절단면이 거칠어진다.
③ 산소의 소비량이 많아진다.
④ 슬래그의 이탈성이 나빠진다.

저자쌤의 핵직강

절단 산소의 순도가 떨어질 때의 현상
• 절단면이 거칠고, 절단 속도가 늦어진다.
• 산소 소비량이 많아지고, 절단 개시 시간이 길어진다.
• 슬래그가 잘 떨어지지 않고(박리성이 떨어진다), 절단면 홈의 폭이 넓어진다.

해설

절단용 산소의 순도가 저하될 경우 연소가 불량하게 되어 절단 속도가 느려지게 된다.

27 가변압식의 팁 번호가 200일 때 10시간 동안 표준불꽃으로 용접할 경우 아세틸렌 가스의 소비량은 몇 L인가?

① 20 ② 200
③ 2,000 ④ 20,000

해설

가변압식 팁의 번호는 시간당 산소의 소비량(L)를 나타내므로 팁 번호가 200이고 사용량이 10시간이면 가스 소비량은 200×10 = 2,000L이다.

28 다음 중 토치를 이용하여 용접부분의 뒷면을 따내거나 강재의 표면 결함을 제거하며 U형, H형의 용접 홈을 가공하기 위하여 깊은 홈을 파내는 가공법은?

① 산소창 절단 ② 가스 가우징
③ 분말 절단 ④ 스카핑

해설

① 산소창 절단 : 가늘고 긴 강관(안지름 3.2~6mm, 길이 1.5~3m)을 사용해서 절단 산소를 큰 강괴의 중심부에 분출시켜 창으로 불리는 강관 자체가 함께 연소되면서 절단하는 방법
③ 분말절단 : 철 분말이나 용제 분말을 절단용 산소에 연속적으로 혼입하여 그 산화열을 이용하여 절단하는 방법
④ 스카핑(Scarfing) : 강괴나 강편, 강재 표면의 홈이나 개재물, 탈탄층 등을 제거하기 위한 불꽃 가공으로 가능한 얇으면서 타원형의 모양으로 표면을 깎아내는 가공법

29 다음 중 아크가 발생하는 초기에 용접봉과 모재가 냉각되어 있어 아크가 불안정하기 때문에 아크 발생을 쉽게 하기 위하여 아크 초기에만 용접전류를 특별히 크게 하는 장치는?

① 핫스타트장치 ② 고주파발생장치
③ 원격제어장치 ④ 전격방지장치

저자쌤의 핵직강

핫스타트 장치의 이점
• 아크 발생을 쉽게 한다.
• 기공을 방지한다.
• 비드의 이음을 좋게 한다.
• 아크 발생 초기의 비드의 용입을 좋게 한다.

해설

핫스타트장치는 아크가 발생하는 초기에만 용접전류를 특별히 커지게 만들어 아크 발생을 쉽게 한다.

정답 25 ④ 26 ① 27 ③ 28 ② 29 ①

30 다음 중 두께 20mm인 강판을 가스 절단하였을 때 드래그(Drag)의 길이가 5mm이었다면 드래그의 양은 몇 %인가?

① 4.0% ② 20%
③ 25% ④ 100%

해설

$$드래그량(\%)=\frac{드래그\ 길이}{판두께}\times 100(\%)=\frac{5}{20}\times 100(\%)=25\%$$

31 다음 중 교류 아크 용접기의 종류별 특성으로 가변저항의 변화를 이용하여 용접전류를 조정하는 형식은?

① 탭전환형 ② 가동코일형
③ 가동철심형 ④ 가포화리액터형

저자쌤의 핵직강

교류 아크 용접기의 종류
- 탭전환형 : 코일의 감긴 수에 따라 전류를 조정하므로 넓은 범위의 전류 조정이 어렵다.
- 가동코일형 : 1, 2차 코일 중 하나를 이용하여 누설 자속을 변화시켜 전류를 조정한다.
- 가동철심형 : 가동 철심으로 누설자속을 가감하여 전류를 조정한다.
- 가포화리액터형 : 가변저항의 변화로 용접전류를 조정한다. 전기적 전류 조정으로 소음이 없고 수명이 길다.

32 금속과 금속을 충분히 접근시키면 그들 사이에 원자 간 인력이 작용하여 서로 결합한다. 다음 중 이러한 결합을 이루기 위해서는 원자들을 몇 cm 정도까지 접근시켜야 하는가?

① 10^{-6} ② 10^{-7}
③ 10^{-8} ④ 10^{-9}

해설

금속은 용접이나 기타 방법이 없어서 두 모재 간에 10^{-8}cm 정도까지 접근시키면 서로 결합이 가능하다. 그러나 표면의 불순물이나 녹 등의 여러 이물질 때문에 서로 간에 결합이 불가능한 것이다.

33 아세틸렌은 각종 액체에 잘 용해되는데 벤젠에서는 몇 배의 아세틸렌 가스를 용해하는가?(물에서 용해도를 1이라고 한다)

① 4 ② 14
③ 6 ④ 25

해설

아세틸렌가스는 각종 액체에 용해가 잘된다. 물에는 1배, 석유에는 2배, 벤젠에는 4배, 알코올에는 6배, 아세톤에는 25배가 용해된다.

34 다음 중 속이 빈 피복봉을 사용하며 절단속도가 빨라 철강구조물 해체, 특히 수중 해체 작업에 이용되는 절단방법은?

① 산소 아크절단 ② 금속 아크절단
③ 탄소 아크절단 ④ 플라즈마 아크절단

저자쌤의 핵직강

- 산소 아크절단 : 산소 아크절단에 사용되는 전극봉은 중공의 피복봉으로 발생되는 아크열을 이용하여 모재를 용융시킨 후, 중공 부분으로 절단 산소를 내보내서 절단하는 방법
- 금속 아크절단 : 금속 아크절단은 탄소 전극봉 대신 절단 전용 특수 피복제를 입힌 전극봉을 사용하여 절단하는 방법
- 탄소 아크절단 : 탄소 아크절단은 탄소나 흑연 전극봉과 금속 사이에서 아크를 일으켜 금속의 일부를 용융시켜 제거하는 방법
- 플라즈마 아크 절단 : 플라즈마 절단에서는 플라즈마 기류가 노즐을 통과할 때, 서멀 핀치 효과를 교묘하게 이용하여, 20,000~30,000℃의 플라즈마 아크를 만들어 내는데, 이 초고온의 플라즈마 아크를 절단 열원으로 사용하여 가공물을 절단하는 방법

35 다음 중 용접봉의 용적이 용융금속의 이행형식에 따른 분류가 아닌 것은?

① 스프레이형 ② 글로뷸러형
③ 가스발생형 ④ 단락형

해설

용접봉 용융금속의 이행형식에 따른 분류
- 스프레이형 : 미세 용적을 스프레이처럼 날려 보내면서 융착
- 글로뷸러형(입상이행형) : 서브머지드 아크 용접과 같이 대전류를 사용
- 단락형 : 표면장력에 따라 모재에 융착

30 ③ 31 ④ 32 ③ 33 ① 34 ① 35 ③ **정답**

 국제용접학회의 금속이행 현상 분류

1. 자유비행(Free Flight) 이행
   - 입상용적(Globular) 이행
     - 드롭(Drop) 이행
     - 반발(Repelled) 이행
   - 스프레이(Spray) 이행
     - 프로젝티드(Projected) 이행
     - 스트리밍(Streaming) 이행
     - 회전(Rotating) 이행
   - 폭발(Explosive) 이행
2. 브리징(Bridging) 이행
   - 단락(Short Circuiting) 이행
   - 연속브리징(Bridging Without Interruption)
3. 슬래그 보호(Slag-protected) 이행
   - 플럭스유도(Flux-wall Guided) 이행
   - 기 타

36 다음 중 기계적 압력, 마찰, 진동에 의한 열을 이용하는 용접방식이 아닌 것은?

① 마찰 압접　② 피복 아크 용접
③ 초음파 용접　④ 냉간 압접

해설
피복 아크 용접은 용접봉과 모재 사이에서 발생되는 아크열에 의해서 용접하는 방식이다.

① 마찰 압접 : 접촉면의 기계적 마찰로 가열된 것을 압력을 가하여 접합
③ 초음파 용접 : 접합면을 가압하고 고주파 진동에너지를 그 부분에 가하여 용접
④ 냉간 압접 : 외부에서 기계적인 힘을 가하여 접합

37 다음 중 아크의 길이가 너무 길었을 때 일어나는 현상과 가장 거리가 먼 것은?

① 아크가 불안정하다.
② 스패터가 감소한다.
③ 산화 및 질화가 일어나기 쉽다.
④ 열의 집중 불량, 용입 불량의 우려가 있다.

저자쌤의 핵직강

아크길이는 모재와 용접봉 사이의 아크 기둥의 길이이다.

구분	현상
아크 길이가 짧을 때	• 용접봉이 자주 달라붙는다. • 슬래그 혼입 불량의 원인이 된다. • 열량 부족에 의한 용입 부족이 발생한다.
아크 길이가 길 때	• 아크 전압이 증가한다. • 스패터가 많이 발생한다. • 열의 발산으로 용입이 나쁘다. • 언더컷, 오버랩 불량의 원인이 된다. • 공기의 유입으로 산화, 기공, 균열이 발생한다.

해설
아크가 길면 열이 넓게 퍼져 입열량이 많아지게 되어 스패터가 더욱 많이 발생한다.

38 다음 중 가스 용접에서 용제를 사용하는 주된 이유로 적합하지 않은 것은?

① 재료 표면의 산화물을 제거한다.
② 용융금속의 산화·질화를 감소하게 한다.
③ 청정작용으로 용착을 돕는다.
④ 용접봉 심선의 유해성분을 제거한다.

저자쌤의 핵직강

금속을 가열하면 대기 중의 산소나 질소와 접촉하여 산화 및 질화 작용이 일어난다. 이때 생긴 산화물이나 질화물은 모재와 융착 금속과의 융합을 방해한다. 용제는 용접 중 생기는 이러한 산화물과 유해물을 용융시켜 슬래그로 만들거나, 산화물의 용융 온도를 낮게 한다.

해설
가스용접 시 용제 사용의 목적으로 용접봉 심선의 유해성분 제거와는 관련이 없다.

 용접 시 공기 중의 산소를 흡수하여 쉽게 녹이 슨다. 이것을 방지하기 위하여 용제(Flux)를 필요로 하나 연강의 가스용접에는 용제가 필요 없다.

39 다음 중 피복 아크 용접 회로의 주요 구성요소로 볼 수 없는 것은?

① 접지케이블　② 전극케이블
③ 용접봉 홀더　④ 콘덴싱 유닛

해설
콘덴싱 유닛이란 냉동기 유닛의 일종으로, 응축기와 압축기를 하나의 케이싱 내에 갖추어 유닛으로 한 것으로 피복 아크 용접 회로와 관련이 없다.

정답 36 ② 37 ② 38 ④ 39 ④

40 다음 중 보통 주강에 3% 이하의 Cr을 첨가하여 강도와 내마멸성을 증가시켜 분쇄기계, 석유화학 공업용 기계 부품 등에 사용되는 합금 주강은?

① Ni 주강 ② Cr 주강
③ Mn 주강 ④ Ni-Cr 주강

해설

강은 보통 순철에 탄소의 함유량이 2% 이하인 것을 말하는 것으로, 여기에 합금원소가 어떤 것이 첨가 되느냐에 따라서 명칭이 달라진다. 여기서는 Cr이 함유되었으므로 Cr 주강이 된다.

41 알루미늄 합금의 종류 중 Y합금의 주요 성분으로 옳은 것은?

① Al-Si
② Al-Mg
③ Al-Cu-Ni-Mg
④ Zn-Si-Ni-Cu-Mg

해설

알루미늄 합금의 종류

- 실루민 : Al + Si(10~14% 함유), 알팍스로도 불린다.
- 하이드로날륨 : Al + Mg
- Y합금 : Al + Cu + Ni + Mg
- 두랄루민 : Al + Cu + Mg + Mn

42 다음 중 비중은 4.5 정도이며 가볍고 강하며 열에 잘 견디고 내식성이 강한 특징을 가지고 있으며 융점이 1,670℃ 정도로 높고 스테인리스강보다도 우수한 내식성 때문에 600℃까지 고온 산화가 거의 없는 비철금속은?

① 티타늄(Ti) ② 아연(Zn)
③ 크롬(Cr) ④ 마그네슘(Mg)

해설

금속의 비중

Ti	Zn	Cr	Mg
4.5	7.13	7.19	1.74

Plus One 티타늄(Ti)의 특징

- 용융점 : 1,668℃
- 강한 탈산제 및 흑연화 촉진제
- 티탄 용접 시 보호장치 필요
- 내식성 우수

43 다음 중 일반적으로 순금속이 합금에 비해 가지고 있는 우수한 성질로 가장 적절한 것은?

① 주조성이 우수하다.
② 전기전도도가 우수하다.
③ 압축강도가 우수하다.
④ 경도 및 강도가 우수하다.

저자쌤의 핵직강

합금의 특성(순금속과 비교)

성 질	특 성	성 질	특 성
비 중	작아진다.	주조성	양호하다.
융 점	낮아진다.	내열성	증가한다.
열(전기) 전도율	감소한다.	내식, 내마모성	증가한다.
전연성	나쁘다.	열처리	양호하다.
가단성	저하된다.	경도, 강도	증가한다.

해설

순금속은 불순물이 없으므로 전기 전도도가 우수하나, 강도와 경도가 약하다.

44 다음 중 표면경화법의 종류에 속하지 않는 것은?

① 고주파담금질 ② 침탄법
③ 질화법 ④ 풀림법

저자쌤의 핵직강

표면경화법의 종류

종 류		침탄재료
화염경화법	산소-아세틸렌불꽃	산소-아세틸렌불꽃
고주파경화법	고주파 유도전류	고주파 유도전류
질화법	암모니아가스	암모니아가스
침탄법	고체침탄법	목탄, 코크스, 골탄
	액체침탄법	KCN(시안화칼륨), NaCN(시안화나트륨)
	가스침탄법	메탄, 에탄, 프로판
금속침투법	세라다이징	Zn
	칼로라이징	Al
	크로마이징	Cr
	실리코나이징	Si
	보로나이징	B(붕소)

40 ② 41 ③ 42 ① 43 ② 44 ④ 정답

해설
풀림법은 4가지 열처리 방법 중의 하나이다.

45 다음 중 용융상태의 주철에 마그네슘, 세륨, 칼슘 등을 첨가한 것은?

① 칠드 주철　② 가단 주철
③ 구상흑연 주철　④ 고크롬 주철

해설
용융된 상태의 주철에 Mg, Ce, Ca 등의 원소를 첨가하여 용융된 금속이 응고 시 편상의 흑연을 둥그런 모양으로 만들어 기계적 성질을 우수하게 만든 주철로, 구상흑연 주철이라고 한다.

46 다음 중 펄라이트 조직으로 1~2%의 Mn, 0.2~1%의 C로 인장강도가 440~863MPa이며, 연신율은 13~34%이고, 건축, 토목, 교량재 등 일반 구조용으로 쓰이는 망간(Mn)강은?

① 듀콜(Ducol)강　② 크로만실(Chromansil)
③ 크로마이징　④ 하드필드(Hardfield)강

해설
② 크로만실 : 구조용 저합금강의 일종으로 Cr-Mn-Si 강을 말한다. 주로 보일러용판이나 관재용으로 쓰인다.
③ 크로마이징 : 금속침투법의 일정으로 강의 표면에 Cr을 침투시킨 표면경화법이다.
④ 하드필드강 : Mn을 다량으로 함유하는 것은 하드필드강이라고 하여 내마모성을 요하는 곳에 쓰인다.

47 탄소강에는 탄소 이외에 여러 가지 원소에 의해 성질이 변하는데 다음 중 적열취성의 원인이 되는 원소는?

① Mn　② Si
③ S　④ Al

해설
S(황)은 적열취성의 원인이, P(인)은 청열취성의 원인이 된다.

48 다음 중 일반적인 스테인리스강의 종류가 아닌 것은?

① 크롬 스테인리스강
② 크롬-인 스테인리스강
③ 크롬-망간 스테인리스강
④ 크롬-니켈 스테인리스강

해설
스테인리스강에는 내식성 및 다양한 특성 부여를 위해 Cr, Ni, Mo, Mn 등을 첨가하나 P은 첨가하지는 않는다.

49 다음의 담금질 조직 중 경도가 가장 높은 것은?

① 마텐자이트　② 오스테나이트
③ 트루스타이트　④ 소르바이트

해설
담금질 조직의 경도 순서
페라이트 < 오스테나이트 < 펄라이트 < 소르바이트 < 베이나이트 < 트루스타이트 < 마텐자이트 < 시멘타이트

50 다음 중 용해 시 흡수한 산소를 인(P)으로 탈산하여 산소를 0.01% 이하로 한 동(Copper)은?

① 전기동　② 정련동
③ 탈산동　④ 무산소동

저자쌤의 핵직강
구리의 종류 – 산소의 함유량에 따른 분류
- 정련동 : 0.02~0.05%
- 탈산동 : 0.01% 이하
- 무산소동 : 0.001~0.002%

해설
산소가 0.01% 이하인 것은 탈산동이다.

Plus One 전기동
전기분해하여 음극에서 얻어지는 동

51 다음 그림은 몇 각법 투상 기호인가?

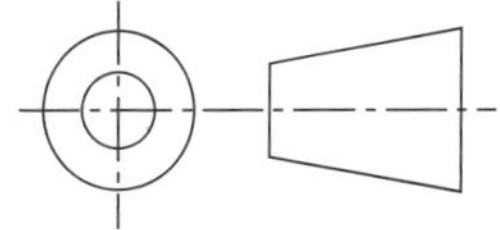

① 제1각법　② 제2각법
③ 제3각법　④ 제4각법

정답 45 ③ 46 ① 47 ③ 48 ② 49 ① 50 ③ 51 ③

저자쌤의 핵직강

3각법의 투상방법은 눈→투상면→물체로써, 당구에서 3쿠션을 연상시키면 그림의 좌측을 당구공, 우측을 큐대로 생각하면 암기하기 쉽다. 제1각법은 공의 위치가 반대가 된다.

제1각법	제3각법

52 그림과 같이 물체의 구멍, 홈 등 특정 부분만의 모양을 도시하는 것을 목적으로 하는 투상도의 명칭은?

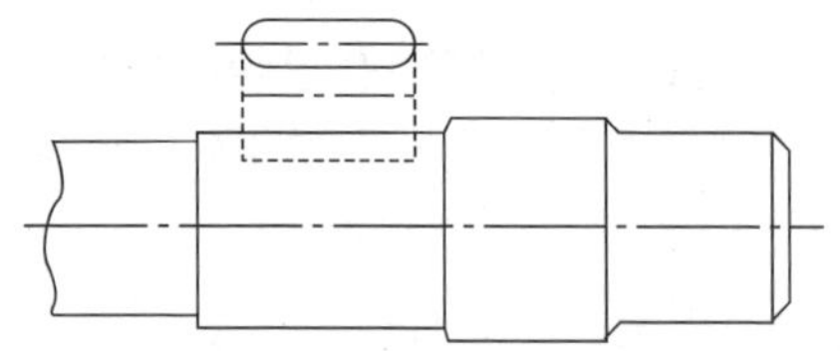

① 회전 투상도　　② 보조 투상도
③ 부분 확대도　　④ 국부 투상도

해설
국부적으로 구멍, 홈 등 특정 부분만을 알기 쉽게 도시하기 위해서는 국부 투상도를 사용한다.

53 가는 2점 쇄선을 사용하는 가상선의 용도가 아닌 것은?

① 단면도의 절단된 부분을 나타내는 것
② 가공 전·후의 형상을 나타내는 것
③ 인접부분을 참고로 나타내는 것
④ 가동 부분을 이동 중의 특정한 위치 또는 이동한계의 위치로 표시하는 것

해설
가는 2점 쇄선(—— ·· ——)은 가공 전·후의 형상, 인접부분을 참고 표시할 때, 공구나 지금의 위치 등을 나타낼 때 사용한다. 단면도의 절단된 부분을 나타내는 것은 절단선( )이다.

54 관의 끝부분의 표시 방법에서 용접식 캡을 나타내는 것은?

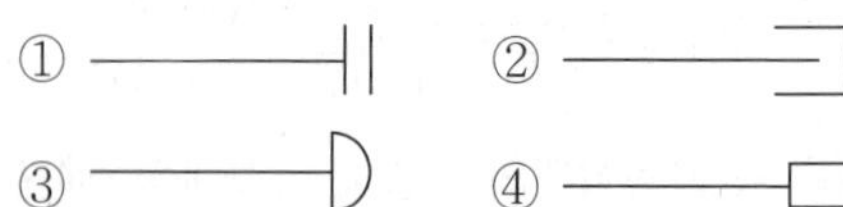

저자쌤의 핵직강

관의 끝부분 표시

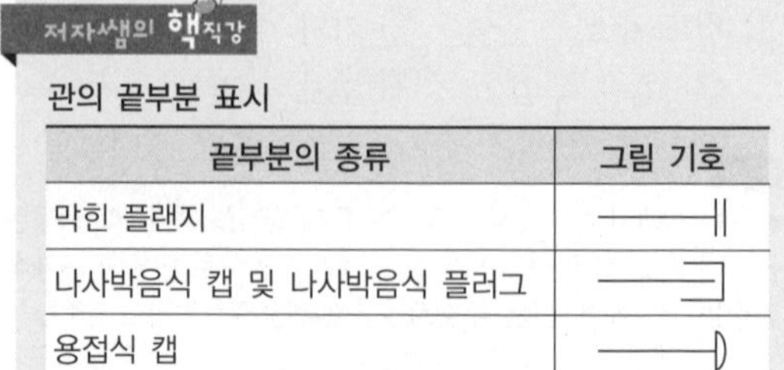

끝부분의 종류	그림 기호
막힌 플랜지	
나사박음식 캡 및 나사박음식 플러그	
용접식 캡	

해설
보통 캡의 형상이 둥근모양이기 때문에 기호로서는 ③번과 같이 나타낸다.

55 그림과 같은 도면에서 A부의 길이는 얼마인가?

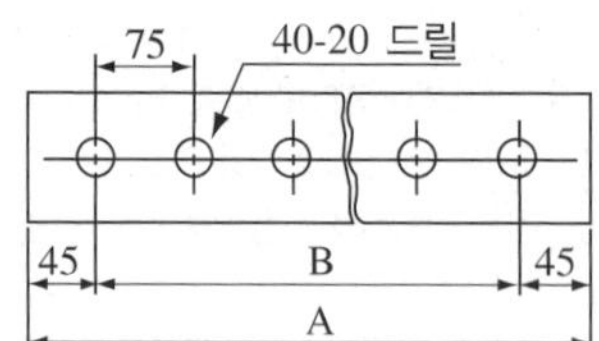

① 3,000mm　　② 3,015mm
③ 3,090mm　　④ 3,185mm

해설
A부의 길이는 40-20DRILL에서 구멍의 수가 40임을 알 수 있으며, 구멍의 중심간 거리가 75mm이므로 $(75\times39)+90\text{mm}=3{,}015\text{mm}$이다.

56 치수에 사용하는 기호와 그 설명이 잘못 연결된 것은?

① 정사각형의 변 - □
② 구의 반지름 - R
③ 지름 - ϕ
④ 45° 모따기 - C

52 ④　53 ①　54 ③　55 ②　56 ② 정답

저자쌤의 핵직강

치수 표시 기호

기 호	구 분	기 호	구 분
ϕ	지 름	p	피 치
Sϕ	구의 지름	$\overset{\frown}{50}$	호의 길이
R	반지름	$\underline{50}$	비례척도가 아닌 치수
SR	구의 반지름	$\boxed{50}$	이론적으로 정확한 치수
□	정사각형	(50)	참고 치수
C	45° 모따기	~~50~~	치수의 취소 (수정 시 사용)
t	두 께		

57 전개도 작성 시 평행선법으로 사용하기에 가장 적합한 형상은?

①
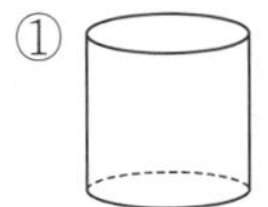
②
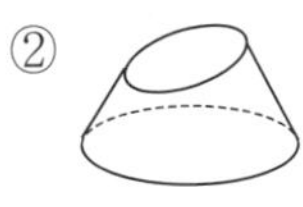
③
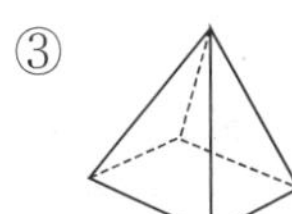
④
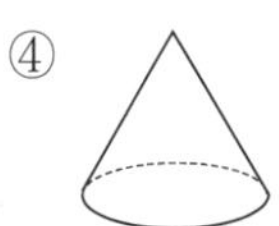

해설

평행선법은 원통형의 모양이나 원기둥이 적합하다.

58 그림과 같이 입체도의 화살표 방향이 정면일 때, 우측면도로 가장 적합한 것은?

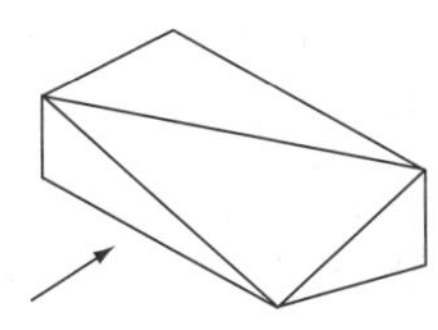

①

②
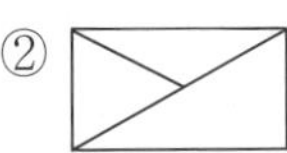
③
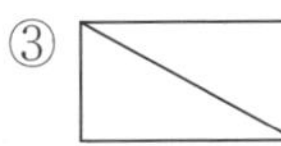
④
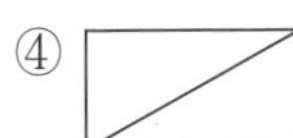

해설

평면도는 물체를 위에서 바라본 형상으로 중앙 하단부가 뚫려 있으므로 정답의 범위를 ①번과 ④번으로 압축할 수 있으며, 우측 하단부의 돌기 부분에는 속이 다 차 있으므로 실선으로 표시되면 안 된다. 따라서 정답은 ④번이 된다.

59 기계 재료 표시 기호 중 칼줄, 벌줄 등에 쓰이는 탄소 공구강 강재의 KS 재료기호는?

① HBSC1 ② SM20C

③ STC140 ④ GC200

저자쌤의 핵직강

- HBSC1(High Strength Brass Casting 1종) : 고강도 황동 주물 1종
- SM20C(Steel Machine Structural Use) : 기계구조용 탄소강재
- GC200(Gray Cast) : 회주철

해설

탄소공구강은 STC로써 Steel Tool Carbon을 의미한다.

60 그림과 같은 심 용접 이음에 대한 용접 기호 표시 설명 중 틀린 것은?

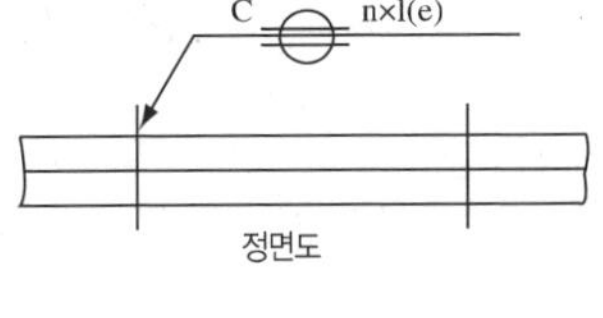

정면도

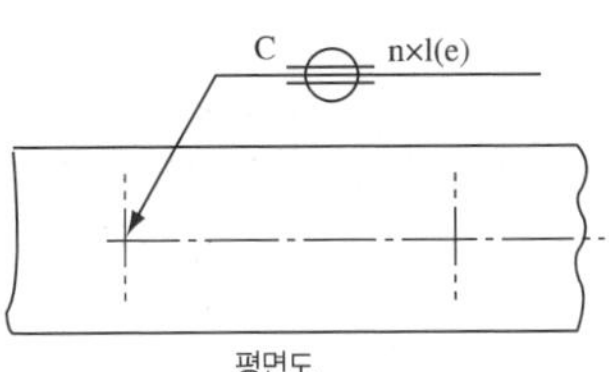

평면도

① C : 용접부의 너비 ② n : 용접부의 수

③ l : 용접 길이 ④ (e) : 용접부의 깊이

저자쌤의 핵직강

심 용접부의 기호 표시

기호	설명
C ⊖ n×l(e)	• C : 슬롯의 너비 • ⊖ : 심 용접 • n : 용접부 수 • l : 용접길이 • (e) : 인접한 용접부 간의 간격

정답 57 ① 58 ④ 59 ③ 60 ④

2012년도 제2회 **기출문제**

용접기능사 Craftsman Welding/Inert Gas Arc Welding

01 다음 중 피복 아크 용접(SMAW)에 비교한 가스 메탈 아크 용접(GMAW)법의 특징으로 틀린 것은?

① 용접봉을 교체하는 작업이 불필요하기 때문에 능률적이다.
② 슬래그가 없으므로 슬래그 제거시간이 절약된다.
③ 과도한 스패터로 인해 용접재료의 손실이 있어 용착효율이 약 60% 정도이다.
④ 전류밀도가 높기 때문에 용입이 크다.

저자쌤의 핵직강

GMAW법
- 와이어로 된 용가재가 자동으로 공급되므로 작업이 능률적이다.
- 비피복되어 있어서 슬래그가 없다.
- 전류밀도가 높아 용입을 크게 할 수 있다.
- 용접재료 손실감소와 높은 용착효율은 95% 이상(SMAW : 약 60%)이다.
- 자동화 가능, 수동용접보다 비교적 기능도가 덜 요구된다.

해설

GMAW(Gas Metal Arc Welding) : 용가재인 와이어 자체가 전극이 되어 모재와의 사이에서 아크를 발생시키면서 접합하는 방법이므로 용극식 용접법에 속하며 MIG나 MAG, CO_2가스 아크 용접이 이에 속한다.

02 용접 시공 시 발생하는 용접변형이나 잔류응력 발생을 최소화하기 위하여 용접순서를 정할 때의 유의사항으로 틀린 것은?

① 동일평면 내에 많은 이음이 있을 때 수축은 가능한 자유단으로 보낸다.
② 중심에 대하여 대칭으로 용접한다.
③ 수축이 적은 이음은 가능한 먼저 용접하고, 수축이 큰 이음은 맨 나중에 한다.
④ 리벳작업과 용접을 같이 할 때에는 용접을 먼저 한다.

저자쌤의 핵직강

수축이 큰 맞대기 이음을 먼저하고, 수축이 작은 필릿이음은 나중에 한다. 중앙에서 끝으로 용접한다.

해설

용접 시에는 반드시 수축이 큰 이음부터 먼저 작업해야 불량이 발생했을 경우에 보수작업 후 재용접을 할 수 있다.

03 다음 중 일반적으로 가스 폭발을 방지하기 위한 예방 대책에 있어 가장 먼저 조치를 취하여야 할 사항은?

① 방화수 준비　② 가스 누설의 방지
③ 착화의 원인 제거　④ 배관의 강도 증가

해설

가스폭발을 방지하기 위해서는 가장 먼저 가스통을 잠근 후 연결부위의 누설 여부를 확인하여 누설이 되지 않도록 조치해야 한다.

Plus One 용접작업 시 가스 폭발 방지대책
- 가연성가스를 누설시키지 않는다.
- 가급적 통풍이 양호한 넓은 장소에서 작업한다.
- 협소한 장소에서 작업할 때는 충분한 환기와 가스누설이 없는 토치, 호스 등을 사용한다.

04 스터드 용접 장치에서 내열성의 도기로 만들며 아크를 보호하기 위한 것으로 모재와 접촉하는 부분은 홈이 패여 있어 내부에서 발생하는 열과 가스를 방출할 수 있도록 한 것을 무엇이라 하는가?

① 제어장치　② 스터드
③ 용접토치　④ 페 룰

해설

페룰(Ferrule)이란 모재와 스터드가 통전할 수 있도록 연결해 주는 것으로 아크 공간을 대기와 차단하여 아크분위기를 보호한다. 아크열을 집중시켜 주며 용착금속의 누출을 방지해 주고 작업자의 눈도 보호해 준다.

1 ③ 2 ③ 3 ② 4 ④ 정답

05 용착법을 용접 방향, 순서, 다층 용접으로 대별할 경우 다음 중 다층 용접법에 의한 분류법에 속하지 않는 것은?

① 덧살올림법 ② 캐스케이드법
③ 전진블록법 ④ 후진법

저자쌤의 핵직강

다층 용접법에 의한 분류

① 덧살올림법(빌드업법) : 각 층마다 전체의 길이를 용접하면서 쌓아올리는 방법으로 가장 일반적인 방법
② 캐스케이드법 : 한 부분의 몇 층을 용접하다가 이것을 다음 부분의 층으로 연속시켜 전체가 단계를 이루도록 용착시켜 나가는 방법
③ 전진블록법 : 한 개의 용접봉으로 살을 붙일만한 길이로 구분해서 홈을 한 부분씩 여러 층으로 완전히 쌓아 올린 다음, 다른 부분으로 진행하는 방법

해설

후진법은 용접을 단계적으로 후퇴하면서 전체 길이를 용접하는 방법으로서, 수축과 잔류응력을 줄이는 용접 기법이다.

Plus One 용착방법에 의한 분류
전진법, 후퇴법, 대칭법, 스킵법(비석법)

06 다음 중 아크 용접 작업 시 용접 작업자가 감전된 것을 발견했을 때의 조치방법으로 적절하지 않은 것은?

① 빠르게 전원 스위치를 차단한다.
② 전원차단 전 우선 작업자를 손으로 이탈시킨다.
③ 즉시 의사에게 연락하여 치료를 받도록 한다.
④ 구조 후 필요에 따라서는 인공호흡 등 응급처치를 실시한다.

저자쌤의 핵직강

감전재해가 발생하면 우선 전원을 차단하고 감전자를 위험지역에서 신속히 대피시키고 2차 재해가 발생하지 않도록 조치하여야 한다. 그리고 재해상태를 신속, 정확하게 관찰한 다음 구명시기를 놓치지 않기 위해 불필요한 시간을 낭비해서는 안 된다. 감전에 의하여 넘어진 사람에 대한 중요 관찰사항은 의식상태, 호흡상태, 맥박상태이며, 높은 곳에서 추락한 경우에는 출혈상태, 골절유무 등을 확인하고, 관찰결과 의식이 없거나 호흡 및 심장이 정지해 있거나 출혈을 많이 하였을 때는 관찰을 중지하고 곧 필요한 응급조치를 하여야 한다.

해설

작업자가 감전되었을 때에는 가장 우선적으로 전원을 차단시킨 후 감전자를 감전부에서 이탈을 시켜야 한다. 만약 전원이 계속 공급이 된 상태에서 감전자와 접촉하면 똑같이 감전이 된다.

07 다음 중 이산화탄소 아크 용접에 대한 설명으로 옳은 것은?

① 전류밀도가 낮다.
② 비철금속 용접에만 적합하다.
③ 전류밀도가 낮아 용입이 얕다.
④ 용착금속의 기계적 성질이 좋다.

저자쌤의 핵직강

이산화탄소 아크 용접의 특징

- 전류밀도가 높아서 용입이 깊고, 용접 속도가 빠르다.
- 용접 재료는 철(Fe)에만 한정되어 있다.
- 저수소의 용착 금속으로 기계적 성질이 좋다.
- 용접봉 대신 Wire를 사용한다.
- 모든 용접자세로 용접이 가능하다.
- MIG 용접에 비해 용착 금속에 기공의 생김이 적다.
- 산화 및 질화가 되지 않은 양호한 용착 금속을 얻을 수 있다.
- 용착 효율이 매우 양호하며, 솔리드 와이어의 경우 슬래그 생성이 적어 제거할 필요가 없다.

08 전류가 증가하여도 전압이 일정하게 되는 특성으로 이산화탄소 아크 용접장치 등의 아크 발생에 필요한 용접기의 외부 특성은?

① 상승 특성 ② 정전류 특성
③ 정전압 특성 ④ 부저항 특성

저자쌤의 핵직강

아크 용접기의 외부특성

- 정전류 특성 : 전압의 변동은 심해도 전류는 일정한 값을 유지할 수 있어 아크가 매우 안정하고 용접봉의 녹는 속도가 일정하여 용접품질을 향상시킬 수 있기 때문에 수동용접이나 잠호용접에서 사용한다.
- 정전압 특성 : 수하특성과는 반대의 성질을 갖는 것으로서, 부하전류가 변해도 단자전압은 변하지 않는 특성
- 수하 특성 : 용접작업 중 아크가 안정하게 지속되는 특성이 있어 피복 아크 용접기에 많이 적용된다.

정답 5 ④ 6 ② 7 ④ 8 ③

• 상승 특성 : 정전압특성과 같이 직류용접기 자동 및 반자동 용접에 이용된다.
• 부저항특성(부특성) : 전류가 커지면 저항이 작아져서 전압도 낮아지는 현상

09 피복 아크 용접 시 일반적으로 언더컷을 발생시키는 원인으로 가장 거리가 먼 것은?

① 용접 전류가 너무 높을 때
② 아크 길이가 너무 길 때
③ 부적당한 용접봉을 사용했을 때
④ 홈 각도 및 루트 간격이 좁을 때

저자쌤의 핵직강

언더컷

원 인	방지대책
• 전류가 높을 때 • 아크 길이가 길 때 • 용접속도가 빠를 때 • 운봉각도가 부적당할 때 • 부적당한 용접봉을 사용할 때	• 전류를 낮춘다. • 아크 길이를 짧게 한다. • 용접속도를 알맞게 한다. • 운봉각도를 알맞게 한다. • 알맞은 용접봉을 사용한다.

해설

홈 각도 및 루트 간격이 좁을 때는 용입 부족 결함이 발생할 수 있다.

10 다음 중 안내 레일형 일렉트로 슬래그 용접 장치의 주요 구성에 해당하지 않는 것은?

① 안내레일 ② 제어상자
③ 냉각장치 ④ 와이어 절단장치

해설

레일형 일렉트로 슬래그 용접장치는 안내레일, 제어상자, 냉각장치인 수랭동판이 필요하다.

11 다음 중 이음 형상에 따른 저항 용접의 분류에 있어 겹치기 저항 용접에 해당하지 않는 것은?

① 점 용접 ② 퍼커션 용접
③ 심 용접 ④ 프로젝션 용접

저자쌤의 핵직강

저항용접의 종류

겹치기 저항 용접	맞대기 저항 용접
• 점 용접 • 심 용접 • 프로젝션 용접	• 버트 용접 • 퍼커션 용접 • 업셋 용접 • 플래시 버트 용접 • 포일 심 용접

12 맞대기 용접 이음에서 모재의 인장강도는 40kgf/mm^{2}이며, 용접 시험편의 인장강도가 45kgf/mm^{2}일 때 이음효율은 몇 %인가?

① 104.4 ② 112.5
③ 125.0 ④ 150.0

해설

$$\text{이음효율}(\eta)=\frac{\text{시험편 인장강도}}{\text{모재인장강도}}\times 100\% = \frac{45}{40}\times 100\%$$
$$=112.5\%$$

13 TIG 용접 토치의 분류 중 형태에 따른 종류가 아닌 것은?

① T형 토치 ② Y형 토치
③ 직선형 토치 ④ 플렉시블형 토치

저자쌤의 핵직강

TIG 용접용 토치의 분류

분 류	명 칭	내 용
냉각방식에 의한 분류	공랭식 토치	200A 이하의 전류 시 사용
	수랭식 토치	650A 정도의 전류까지 사용
모양에 따른 분류	T형 토치	가장 일반적으로 사용
	직선형 토치	T형 토치가 사용 불가능한 장소에서 사용
	가변형 머리 토치 (플렉시블)	토치 머리의 각도를 조정할 수 있다.

해설

Y형 토치는 없다.

9 ④ 10 ④ 11 ② 12 ② 13 ② 정답

14 금속나트륨, 마그네슘 등과 같은 가연성 금속의 화재는 몇 급 화재로 분류되는가?

① A급 화재　　② B급 화재
③ C급 화재　　④ D급 화재

해설

화재의 분류

- A급 화재(일반화재) : 나무, 종이, 섬유 등과 같은 물질의 화재
- B급 화재(유류화재) : 기름, 윤활유, 페인트와 같은 액체의 화재
- C급 화재(전기화재) : 전기 화재
- D급 화재(금속화재) : 가연성 금속의 화재

15 다음 중 표준 홈 용접에 있어 한쪽에서 용접으로 완전 용입을 얻고자 할 때 V형 홈이음의 판 두께로 가장 적합한 것은?

① 1~10mm　　② 5~15mm
③ 20~30mm　　④ 35~50mm

해설

표준 홈 용접에서 V형 홈 이음의 판 두께는 5~19mm일 때 완전한 용입을 얻을 수 있다.

16 용접 결함 중 치수상의 결함에 해당하는 변형, 치수불량, 형상불량에 대한 방지대책과 가장 거리가 먼 것은?

① 역변형법 적용이나 지그를 사용한다.
② 습기, 이물질 제거 등 용접부를 깨끗이 한다.
③ 용접 전이나 시공 중에 올바른 시공법을 적용한다.
④ 용접 조건과 자세, 운봉법을 적정하게 한다.

해설

습기제거는 기공 불량과, 용접부를 깨끗이 하는 것은 슬래그 등 이물질의 혼입불량 및 Crack 등을 예방하기 위한 방지대책이다.

17 산업안전보건법상 화학물질 취급장소에서의 유해·위험 경고를 알리고자 할 때 사용하는 안전·보건표지의 색채는?

① 빨간색　　② 녹 색
③ 파란색　　④ 흰 색

저자쌤의 핵직강

색 상	용 도	사 례
빨간색	금 지	정지신호, 소화설비 및 그 장소, 유해행위 금지
	경 고	화학물질 취급장소에서의 유해·위험 경고
노란색	경 고	화학물질 취급장소에서의 유해·위험 경고 이외의 위험경고, 주의표지 또는 기계방호물
파란색	지 시	특정 행위의 지시 및 사실의 고지
녹 색	안 내	비상구 및 피난소, 사람 또는 차량의 통행
흰 색		파란색 또는 녹색에 대한 보조색
검정색		문자 및 빨간색 또는 노란색에 대한 보조색

18 다음 중 자동 불활성 가스 텅스텐 아크 용접의 종류에 해당하지 않는 것은?

① 단전극 TIG 용접형
② 전극 높이 고정형
③ 아크 길이 자동 제어형
④ 와이어 자동 송급형

해설

자동 불활성 가스 텅스텐 아크 용접에는 단전극 TIG형이 없다.

티그(TIG) 용접이라고도 하며 이것은 텅스텐 봉을 전극으로 써서 가스 용접과 비슷한 조작 방법으로 용가제를 아크로 융해하면서 용접한다.

19 다음 중 반자동 CO_2 용접에서 용접전류와 전압을 높일 때의 특성을 설명한 것으로 옳은 것은?

① 용접전류가 높아지면 용착률과 용입이 감소한다.
② 아크전압이 높아지면 비드가 좁아진다.
③ 용접전류가 높아지면 와이어의 용융속도가 느려진다.
④ 아크전압이 지나치게 높아지면 기포가 발생한다.

해설

아크 전압을 높이면 비드가 넓고 납작해지며 기포가 발생한다. 반대로 아크 전압이 낮으면 아크가 집중되어 용입이 깊어진다.

정답 14 ④　15 ②　16 ②　17 ①　18 ①　19 ④

20 다음 중 서브머지드 아크 용접(Submerged Arc Welding)에서 용제의 역할과 가장 거리가 먼 것은?

① 아크 안정 ② 용락 방지
③ 용접부의 보호 ④ 용착금속의 재질 개선

저자쌤의 핵직강

서브머지드 아크 용접(SAW) 용제의 역할
- 아크를 보호하는 역할
- 합금을 제공하는 역할
- 아크를 안정화 시키는 역할
- 아크를 용접 비드 모양을 결정하는 역할

해설
용락은 용접 진행 속도 및 방법 및 용접 자세 등과 관련이 있으며 용제(Flux)와는 관련이 없다.

21 다음 중 용접 작업 전 예열을 하는 목적으로 틀린 것은?

① 용접 작업성의 향상을 위하여
② 용접부의 수축 변형 및 잔류 응력을 경감시키기 위하여
③ 용접금속 및 열 영향부의 연성 또는 인성을 향상시키기 위하여
④ 고탄소강이나 합금강 열 영향부의 경도를 높게 하기 위하여

저자쌤의 핵직강

예열의 목적
- 변형 및 잔류응력 경감
- 열영향부(HAZ)의 균열 방지
- 용접 금속에 연성 및 인성 부여
- 냉각속도를 느리게 하여 수축 변형 방지
- 금속에 함유된 수소 등의 가스를 방출하여 균열 방지

해설
예열을 하면 경도를 높이는 것과는 반대로 재료에 연성과 인성을 부여하여 재료를 연하게 한다.

22 일반적으로 사람의 몸에 얼마 이상의 전류가 흐르면 순간적으로 사망할 위험이 있는가?

① 5mA ② 15mA
③ 25mA ④ 50mA

저자쌤의 핵직강

전류량이 인체에 미치는 영향

전류량	인체에 미치는 영향
1mA	전기를 조금 느낀다.
5mA	상당한 고통을 느낀다.
10mA	견디기 힘든 고통을 느낀다.
20mA	근육 수축, 스스로 현장을 탈피하기 힘들다.
20~50mA	고통과 강한 근육수축, 호흡이 곤란하다.
50mA	심장마비 발생으로 사망의 위험이 있다.
100mA	사망과 같은 치명적인 결과를 준다.

23 다음 중 연강용 가스 용접봉의 길이 치수로 옳은 것은?

① 500mm ② 700mm
③ 800mm ④ 1,000mm

해설
연강용 가스 용접봉의 표준 길이 치수는 1,000mm이다.

24 다음 중 용접모재와 전극 사이의 아크열을 이용하는 방법으로 용접 작업에서의 주된 에너지원에 속하는 용접열원은?

① 가스 에너지 ② 전기 에너지
③ 기계적 에너지 ④ 충격 에너지

저자쌤의 핵직강

용접 에너지원에 의한 분류

에너지 원		주요 용접 방법
기계적 에너지	정적 가압력	냉간 압접, 단접, 열간 압접 등
	진 동	초음파 용접
	마찰력	마찰 용접

20 ② 21 ④ 22 ④ 23 ④ 24 ② 정답

전기적 에너지	저항 발열	플래시 버트 용접, 스폿 용접 등
	아크 열	아크 용접
	고온 플라즈마 열	플라즈마 용접
	전자빔의 운동에너지	전자빔 용접
결정 에너지		확산 용접, 납점
화학 에너지	충격력	폭발 압접
	연소열	가스 용접, 테르밋 용접
광 에너지	레이저	레이저 빔 용접

25 아크 절단법 중 텅스텐 전극과 모재 사이에 아크를 발생시켜 모재를 용융하여 절단하는 방법으로 알루미늄, 마그네슘, 구리 및 구리합금, 스테인리스강 등의 금속재료의 절단에만 이용되는 것은?

① 티그 절단 ② 미그 절단
③ 플라즈마 절단 ④ 금속 아크 절단

해설

TIG 절단

TIG 용접과 같이 텅스텐 전극과 모재와의 사이에 아크를 발생시켜 모재를 용융하는 동안 아르곤 가스 등을 공급해서 절단하는 방법이다.

② 미그 절단 : 절단부를 불활성 가스로 보호하고 금속 전극에 큰 전류를 흐르게 하여 절단하는 방법
③ 플라즈마 절단 : 아크 플라즈마의 성질을 이용한 절단방법
④ 금속아크 절단 : 탄소 전극봉 대신 피복봉을 사용한다.

26 다음 중 절단에 관한 설명으로 옳은 것은?

① 수중 절단은 침몰선의 해체나 교량의 개조 등에 사용되며 연료 가스로는 헬륨을 가장 많이 사용한다.
② 탄소 전극봉 대신 절단 전용의 피복을 입힌 피복봉을 사용하여 절단하는 방법을 금속 아크 절단이라 한다.
③ 산소 아크 절단은 속이 꽉 찬 피복 용접봉과 모재 사이에 아크를 발생시키는 가스 절단법이다.
④ 아크 에어 가우징은 중공의 탄소 또는 흑연 전극에 압축공기를 병용한 아크 절단법이다.

해설

금속아크절단은 탄소 전극봉 대신 절단 전용 특수 피복제를 입힌 전극봉을 사용하여 절단하는 방법이다.

① 수중 절단은 침몰선의 해체나 교량의 개조 등에 사용되며 연료 가스로는 수소를 가장 많이 사용한다.
③ 산소 아크 절단은 중공의 피복 용접봉과 모재 사이에 아크를 발생시키는 가스 절단법이다.
④ 아크 에어 가우징은 탄소 아크 절단에 압축공기를 병용한 절단법이다.

27 정격전류 200A, 전격 사용률 40%인 아크 용접기로 실제 아크 전압 30V, 아크 전류 130A로 용접을 수행한다고 가정할 때 허용사용률은 약 얼마인가?

① 70% ② 75%
③ 80% ④ 95%

해설

$$\text{허용사용률} = \frac{(\text{정격2차전류})^2}{(\text{실제용접전류})^2} \times \text{정격사용률}(\%)$$

$$= \frac{200^2}{130^2} \times 40\% = 94.67\%$$

28 다음 중 수중 절단에 가장 적합한 가스로 짝지어진 것은?

① 산소-수소 가스
② 산소-이산화탄소 가스
③ 산소-암모니아 가스
④ 산소-헬륨 가스

해설

H_2(수소) 가스는 연소 시 탄소가 존재하지 않아 납의 용접이나 수중 절단용 가스로 사용된다.

29 다음 중 연강용 가스 용접봉의 종류인 "GB43"에서 "43"이 의미하는 것은?

① 가스 용접봉
② 용착금속의 연신율 구분
③ 용착금속의 최소 인장강도 수준
④ 용착금속의 최대 인장강도 수준

정답 25 ① 26 ② 27 ④ 28 ① 29 ③

저자쌤의 핵직강

연강용 피복 아크 용접봉의 규격(GB43인 경우)

G	B	43
가스용접봉	용착 금속의 연신율 구분	용착 금속의 최저 인장강도(kgf/mm²)

해설

GB43에서 "43"은 용착금속의 최저 인장강도를 의미한다.

Plus One GA46, GB43 등의 숫자는 용착 금속의 인장강도가 450.8MPa, 421.4MPa 이상이라는 것을 의미한다.

30 다음 중 기계적 접합법의 종류가 아닌 것은?

① 볼트 이음 ② 리벳 이음
③ 코터 이음 ④ 스터드 용접

저자쌤의 핵직강

접합법의 분류

구 분	종 류
야금적 접합법	용접(융접, 압접, 납땜)
기계적 접합법	리벳, 볼트, 너트, 나사, 핀, 키, 접어잇기 등에 의한 순수한 기계적인 공법

※ 접착 : 본드와 같은 화학물질에 의한 접합

해설

스터드 용접은 융접으로서 야금학적 접합 방법에 속한다.

31 다음 중 수동가스 절단기에서 저압식 절단토치는 아세틸렌가스 압력이 보통 몇 kgf/cm^2 이하에서 사용되는가?

① 0.07 ② 0.40
③ 0.70 ④ 1.40

해설

가스 절단 토치의 분류

- 저압식 절단 토치 : 아세틸렌 게이지 압력 $0.07kgf/cm^2$ 이하에서 사용
- 중압식 절단 토치 : 아세틸렌 게이지 압력 $0.07 \sim 0.4kgf/cm^2$에서 사용

32 다음 중 용접용 홀더의 종류에 속하지 않는 것은?

① 125호 ② 160호
③ 400호 ④ 600호

저자쌤의 핵직강

용접 홀더의 종류(KS C 9607)

종 류	정격 용접 전류(A)	홀더로 잡을 수 있는 용접봉의 지름(mm)	접속할 수 있는 최대 홀더용 케이블의 도체공칭 단면적(mm²)
125호	125	1.6~3.2	22
160호	160	3.2~4.0	30
200호	200	3.2~5.0	38
250호	250	4.0~6.0	50
300호	300	4.0~6.0	50
400호	400	5.0~8.0	60
500호	500	6.4~10.0	80

해설

600호는 용접용 홀더의 종류에 해당하지 않는다.

33 다음 중 가스 실드계의 대표적인 용접봉으로 비드 표면이 거칠고 스패터가 많으며 수직상진, 하진 및 위보기 용접에서 우수한 작업성을 가지고 있는 용접봉은?

① E4301 ② E4311
③ E4313 ④ E4316

저자쌤의 핵직강

용접봉의 종류

- E4301(일미나이트계)
- E4303(라임티타니아계) 스테인리스 피복제
- E4311(고셀룰로오스계) 가스실드계
- E4313(고산화티탄계) 고온균열 가능
- E4316(저수소계)
- E4324(철분산화티탄계)
- E4326(철분저수소계)
- E4327(철분산화철계)
- E4340(특수계)

해설

고셀룰로오스계(E4311)는 슬래그 생성이 적어 위보기, 수직자세 용접이 좋다.

30 ④ 31 ① 32 ④ 33 ② 정답

34 가스용접에서 산화방지가 필요한 금속의 용접, 즉 스테인리스, 스텔라이트 등의 용접에 사용되며 금속 표면에 침탄작용을 일으키기 쉬운 불꽃의 종류로 적당한 것은?

① 산화 불꽃 ② 중성 불꽃
③ 탄화 불꽃 ④ 역화 불꽃

저자쌤의 핵직강

탄화 불꽃은 아세틸렌 과잉 불꽃이라 하며 아세틸렌 밸브를 열고 점화한 후, 산소 밸브를 조금만 열게 되면 다량의 그을음이 발생되어 연소를 하게 되는 경우 발생한다. 가스 용접에서 산화방지가 필요한 금속의 용접에 사용한다.

35 다음 중 아세틸렌 용기와 호스의 연결부에 불이 붙었을 때 가장 우선적으로 해야 할 조치는?

① 용기의 밸브를 잠근다.
② 용기를 옥외로 운반한다.
③ 용기와 연결된 호스를 분리한다.
④ 용기 내의 잔류가스를 신속하게 방출시킨다.

해설

가스 연결부 및 구성품에 불이 붙었을 경우에는 추가 피해를 방지하기 위하여 가스방출을 막아야 하므로 용기의 밸브를 잠가야 한다.

36 다음 중 가스용접에 사용되는 아세틸렌용 용기와 고무 호스의 색깔이 올바르게 연결된 것은?

① 용기 : 녹색, 호스 : 흑색
② 용기 : 회색, 호스 : 적색
③ 용기 : 황색, 호스 : 적색
④ 용기 : 백색, 호스 : 청색

해설

가스 호스의 색깔

용 도	색 깔
산소용	검정색, 흑색 또는 녹색
아세틸렌용	적 색

37 직류 아크 용접기로 두께가 15mm이고, 길이가 5m인 고장력 강판을 용접하는 도중에 아크가 용접봉 방향에서 한쪽으로 쏠리었다. 다음 중 이러한 현상을 방지하는 방법으로 틀린 것은?

① 이음의 처음과 끝에 엔드 탭을 이용할 것
② 용량이 더 큰 직류 용접기로 교체할 것
③ 용접부가 긴 경우에는 후퇴 용접법으로 할 것
④ 용접봉 끝을 아크 쏠림 반대 방향으로 기울일 것

저자쌤의 핵직강

아크 쏠림(자기 불림)의 방지 대책

- 용접 전류를 줄인다.
- 교류 용접기를 사용한다.
- 접지점을 2개로 연결한다.
- 아크 길이는 최대한 짧게 한다.
- 용접부가 긴 경우 후진법을 사용한다.
- 모재에 연결된 접지점을 용접부에서 멀리한다.
- 용접봉 끝을 아크 쏠림 반대 방향으로 기울인다.
- 받침쇠, 긴 가용접부, 이음의 처음과 끝에 엔드 탭을 사용한다.

해설

용접전류를 줄이고, 교류 용접기를 사용해야 한다.

Plus One 아크 쏠림 현상

용접봉과 모재 사이에 형성된 자기장에 의해 일어나며 불완전한 용입이나 용착을 유도하고, 과도한 스패터를 발생한다. 직류용접기에서 발생하며 주로 용접 부재의 끝부분에서 잘 발생하며, 크레이터 결함의 원인이 되기도 한다.

38 다음 중 교류 아크 용접기의 종류에 있어 AWL-130의 정격 사용률(%)로 옳은 것은?

① 20% ② 30%
③ 40% ④ 60%

저자쌤의 핵직강

교류 용접기 정격사용률

기 종	정격사용률
AWL-130, 150, 180, 250	30%
AWL-200, 300, 400	40%
AWL-500	60%

정답 34 ③ 35 ① 36 ③ 37 ② 38 ②

해설

Arc Welding 130은 2차 전류의 값을 나타내는 것으로 130A이며, 정격 사용률은 30%이다.

종 류	정격 사용률(%)
AW180 이하	30%
AW180~300	40%
AW400	50%
AW500	60%

39 피복 아크 용접봉의 피복 배합제 성분 중 고착제에 해당하는 것은?

① 산화티탄 ② 규소철
③ 망 간 ④ 규산나트륨

저자쌤의 핵직강

피복 배합제의 종류

배합제	용 도	종 류
고착제	심선에 피복제를 고착시킨다.	규산나트륨, 규산칼륨, 아교
탈산제	용융 금속 중의 산화물을 탈산, 정련한다.	크롬, 망간, 알루미늄, 규소철, 페로망간, 페로실리콘, 망간철, 톱밥, 소맥분(밀가루)
가스 발생제	중성, 환원성 가스를 발생하여 대기와의 접촉을 차단하고 용융 금속의 산화나 질화를 방지한다.	아교, 녹말, 톱밥, 탄산바륨, 셀룰로이드, 석회석, 마그네사이트
아크 안정제	아크를 안정시킨다.	산화티탄, 규산칼륨, 규산나트륨, 석회석
슬래그 생성제	용융점이 낮고 가벼운 슬래그를 만들어 산화나 질화를 방지한다.	석회석, 규사, 산화철, 일미나이트, 이산화망간
합금 첨가제	용접부의 성질을 개선하기 위해 첨가한다.	페로망간, 페로실리콘, 니켈, 몰리브덴, 구리

해설

피복제의 고착제 성분은 ④번 규산나트륨이다.

40 다음 중 강에 함유되어 있는 수소(H_2) 가스의 영향에 대한 설명으로 옳은 것은?

① 강도를 증가시킨다.
② 경도를 증가시킨다.
③ 적열취성의 원인이 된다.
④ 헤어크랙(Hair Crack)의 원인이 된다.

해설

수소가스가 강(鋼) 중에 함유되면 헤어크랙의 원인이 된다.

41 다음 중 용융점이 가장 높은 금속은?

① 철(Fe) ② 금(Au)
③ 텅스텐(W) ④ 몰리브덴(Mo)

저자쌤의 핵직강

금 속	용융점(℃)
금(Au)	1,064
철(Fe)	1,538
몰리브덴(Mo)	2,410
텅스텐(W)	3,410

해설

텅스텐(W)이 용융점이 가장 높다.

42 다음 중 탄소강의 표준 조직이 아닌 것은?

① 페라이트 ② 펄라이트
③ 시멘타이트 ④ 마텐자이트

해설

탄소강의 표준조직은 철과 탄소(C)의 합금에 따른 평형상태도에 나타나는 조직을 말하며, 종류로는 페라이트, 펄라이트, 오스테나이트, 시멘타이트, 레데뷰라이트가 있다.

43 다음 중 황동의 자연균열(Season Cracking) 방지책과 가장 거리가 먼 것은?

① Zn 도금을 한다.
② 표면에 도료를 칠한다.
③ 암모니아, 탄산가스 분위기에 보관한다.
④ 180~260℃에서 응력 제거 풀림을 한다.

저자쌤의 핵직강

황동의 자연균열

냉간가공한 황동의 파이프, 봉재제품 등이 보관 중에 자연히 균열이 생기는 현상으로서 그 원인은 암모니아 또는 암모늄에 의한 내부응력 때문이다.

39 ④ 40 ④ 41 ③ 42 ④ 43 ③ 정답

해설

방지법은 표면에 도색 또는 도금하거나 200~300℃로 저온 풀림 하여 내부응력을 제거하면 된다.

44 다음 중 용접부품에서 일어나기 쉬운 잔류응력을 감소시키기 위한 열처리법은?

① 완전 풀림(Full Annealing)
② 연화 풀림(Softening Annealing)
③ 확산 풀림(Diffusion Annealing)
④ 응력제거 풀림(Stress Relief Annealing)

저자쌤의 핵직강

풀림에는 완전 풀림, 항온 풀림, 구상화 풀림, 응력 제거 풀림, 연화 풀림, 확산 풀림, 저온 풀림 및 중간 풀림 등의 여러 종류가 있다.

- 완전 풀림 : 강을 A_3(과공석강(過共析鋼)에서는 A_1)변태점 이상의 고온으로 가열한 후에 냉각하는 열처리로 단순히 풀림이라고 하면 이것을 말한다.
- 항온 풀림 : 완전풀림의 일종으로서 단지 항온변태를 이용한다는 차이만 있을 뿐이다.
- 구상화 풀림 : 소성가공이나 절삭가공을 용이하게 하거나 또는 기계적 성질을 개선하기 위한 목적으로 강의 탄화물을 구상화하기 위해 가열과 냉각을 반복하는 조작을 말한다.
- 응력 제거 풀림 : 응력 제거를 목적으로 하는 열처리로 용접 후의 응력 제거 시 연강은 550~650℃, 저합금강은 600~750℃의 온도에서 처리된다.
- 연화 풀림 : 재결정에 의해서 경도를 균일하게 저하시킴으로써 소성가공 또는 절삭가공을 쉽게 하기 위한 풀림
- 확산 풀림 : 균질화 풀림이라고도 한다. 주조품의 편석을 없애거나, 침탄 제품의 개선을 목적으로 사용한다.
- 저온 풀림 : 변태점 이하로 가열하여 내부적인 왜곡을 제거하는 풀림을 말한다. 강의 경우는 저온 풀림에 의해 가공 왜곡이 제거되어 연성이 회복된다.
- 중간 풀림 : 냉각가공한 강의 가공경화, 내부 응력을 제거하기 위한 목적으로 A_1 변태점 이하의 온도에서 풀림을 행하는 것을 말한다. 강의 경우 풀림보다 재결정이 일어나 기분연화(幾分軟化)하게 된다.

해설

풀림이란 Annealing으로써 경화된 재료를 연화시키고자 할 때 사용하는 열처리법으로서, 내부 응력을 제거하기 위해서는 응력 제거 풀림을 해야 한다.

45 다음 중 주강에 관한 설명으로 틀린 것은?

① 주철로서는 강도가 부족한 부분에 사용된다.
② 철도 차량, 조선, 기계 및 광산 구조용 재료로 사용된다.
③ 주강 제품에는 기포나 기공이 적당히 있어야 한다.
④ 탄소함유량에 따라 저탄소 주강, 중탄소 주강, 고탄소 주강으로 구분한다.

해설

주강제품에 기포나 기공이 있으면 재료의 강도가 약해져서 내부 균열의 원인이 된다. 따라서 철강 제조 시 탈산 및 탈가스 처리를 충분히 하여야 한다.

46 금속 침투법 중 표면에 아연을 침투시키는 방법으로 표면에 경화층을 얻어 내식성을 좋게 하는 것은?

① 세라다이징(Sheradizing)
② 크로마이징(Chromizing)
③ 칼로라이징(Calorizing)
④ 실리코나이징(Siliconizing)

저자쌤의 핵직강

금속침투법의 종류

종 류	침투 금속
세라다이징	Zn(아연)
칼로라이징	Al(알루미늄)
크로마이징	Cr(크롬)
실리코나이징	Si(규소, 실리콘)
보로나이징	B(붕소)

47 다음 중 피절삭성이 양호하여 고속절삭에 적합한 강으로 일반 탄소강보다 P, S의 함유량을 많게 하거나 Pb, Se, Zr 등을 첨가하여 제조한 강은?

① 쾌삭강　　② 레일강
③ 선재용 탄소강　　④ 스프링강

해설

피절삭성이 좋은 재료가 필요할 때 Pb, Zr을 첨가하여 쾌삭강을 제조한다.

Plus One 피절삭성이란 모재가 절삭공구에 의해 잘 가공되는지의 여부를 판단하는 성질이다.

정답 44 ④ 45 ③ 46 ① 47 ①

48 다음 중 주철의 용접성에 관한 설명으로 틀린 것은?

① 주철은 연강에 비하여 여리며 급랭에 의한 백선화로 기계가공이 어렵다.
② 주철은 용접 시 수축이 많아 균열이 발생할 우려가 많다.
③ 일산화탄소 가스가 발생하여 용착 금속에 기공이 생기지 않는다.
④ 장시간 가열로 흑연이 조대화된 경우 용착이 불량하거나 모재와의 친화력이 나쁘다.

해설
③ 일산화탄소 가스가 발생하여 용착 금속에 기공 홀(Blow Hole)이 생기기 쉽다.

49 다음 중 스테인리스강의 조직에 있어 비자성 조직에 해당하는 것은?

① 페라이트계
② 마텐자이트계
③ 석출경화계
④ 오스테나이트계

저자쌤의 핵직강

스테인리스강의 종류
• 페라이트계 스테인리스강 : 자성체
• 마텐자이트계 스테인리스강 : 자성체
• 오스테나이트계 스테인리스강 : 비자성체
• 석출경화계 스테인리스강 : 비자성체이나 열처리 경화 후 자성이 생긴다.

50 다음 중 Al의 성질에 관한 설명으로 틀린 것은?

① 가볍고 전연성이 우수하다.
② 전기전도도는 구리보다 낮다.
③ 전기, 열의 양도체이며 내식성이 좋다.
④ 기계적 성질은 순도가 높을수록 강하다.

해설
Al뿐만 아니라 모든 금속 및 비금속들은 순도가 높을수록 재질이 연한 특징을 갖는다.

51 다음 중 원호의 길이를 나타내는 치수 기호로 올바른 것은?

① R50 ② □50
③ 50 (밑줄) ④ ⌒50

저자쌤의 핵직강

치수 표시 기호

기 호	구 분	기 호	구 분
ϕ	지 름	p	피 치
Sϕ	구의 지름	⌒50	호의 길이
R	반지름	50 (밑줄)	비례척도가 아닌 치수
SR	구의 반지름	□50 (테두리)	이론적으로 정확한 치수
□	정사각형	(50)	참고 치수
C	45° 모따기	~~50~~	치수의 취소 (수정 시 사용)
t	두 께		

52 그림과 같은 제3각 정투상도의 정면도와 평면도에 가장 적합한 우측면도는?

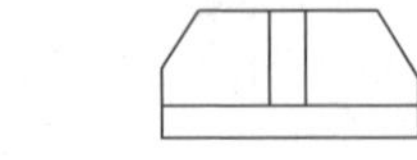

①
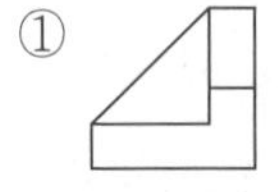
②
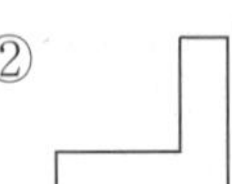
③
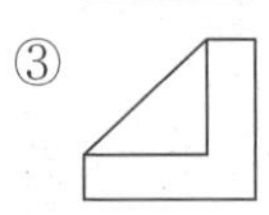
④
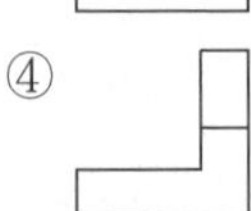

해설
정면도와 평면도의 가운데 부분에 돌기부분으로서 ①번과 ③번으로 압축할 수 있으며, 평면도의 윗부분이 3개면으로 나뉘는 것으로 보아 계단의 형식임을 짐작하면 정답이 ①번임을 확인할 수 있다.

48 ③ 49 ④ 50 ④ 51 ④ 52 ① 정답

53 그림과 같은 입체도에서 화살표가 정면일 경우 제3각 정투상도로 올바르게 나타낸 것은?

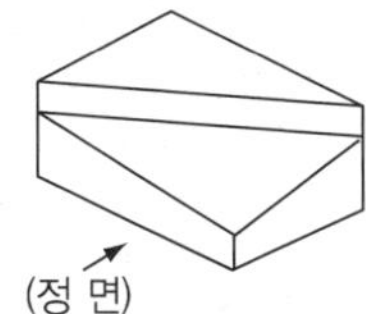

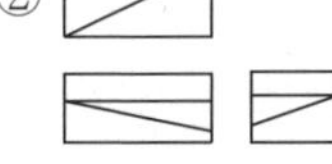

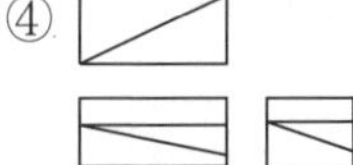

① ② ③ ④

해설
정면도와 평면도의 대각선 방향을 통해 ②번과 ④번으로 유추할 수 있으며, 우측면도를 통해 ②번이 정답임을 알 수 있다.

54 특정 부위의 도면이 작아 치수기입 등이 곤란할 경우 그 해당 부분을 확대하여 그린 투상도는?

① 회전 투상도　　② 국부 투상도
③ 부분 투상도　　④ 부분 확대도

해설
특정 부위가 작을 경우 아래 그림처럼 부분 확대도를 사용하면 좋다.

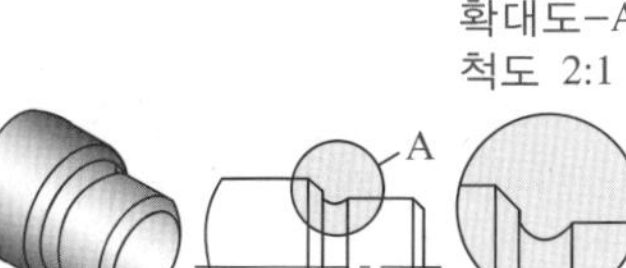

55 도면의 양식에서 반드시 마련해야 할 사항이 아닌 것은?

① 윤곽선　　② 중심 마크
③ 표제란　　④ 비교 눈금

저자쌤의 핵직강

도면 양식에서 반드시 포함해야 할 사항
- 윤곽선
- 중심마크
- 표제란

56 다음 판금 가공물의 전개도를 그릴 때 각 부분별 전개도법으로 가장 적당한 것은?

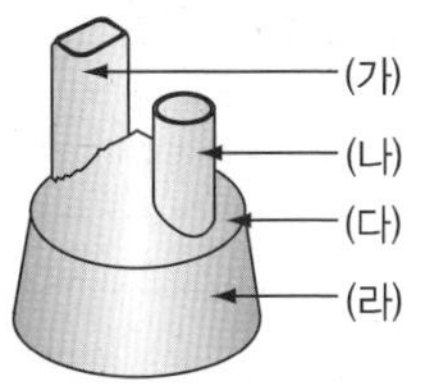

① (가)는 방사선을 이용한 전개도법
② (나)는 삼각형을 이용한 전개도법
③ (다)는 평행선을 이용한 전개도법
④ (라)는 삼각형을 이용한 전개도법

해설
꼭짓점이 먼 각뿔, 원뿔의 면을 몇 개의 삼각형으로 나누어 전개할 때 삼각형 전개도법을 사용한다. (가)와 (나)는 평행선법을 (다)는 방사선법을 사용해야 한다.

57 기계제도에서 평면인 것을 나타낼 필요가 있을 경우에는 다음 중 어떤 선의 종류로 대각선을 그려서 나타내는가?

① 굵은 실선　　② 가는 실선
③ 가는 1점 쇄선　　④ 가는 2점 쇄선

해설
평면을 나타낼 경우 아래의 그림처럼 가는 실선으로 대각선을 그으면 된다.

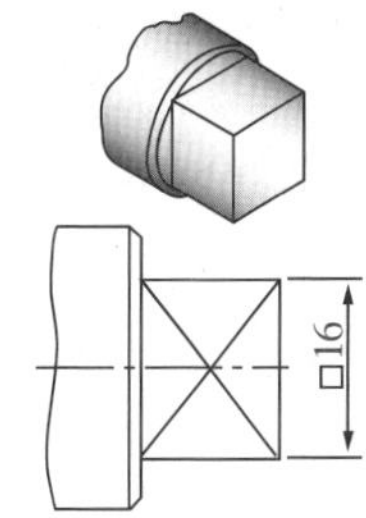

58 다음 용접 기호 중 플러그 용접에 해당하는 것은?

① ⊓　　② ◺
③ ✳　　④ ∨

해설
플러그 용접은 슬롯 용접이라고도 하며 기호는 이다.

정답 53 ② 54 ④ 55 ④ 56 ④ 57 ② 58 ①

59 그림과 같이 철판에 구멍이 뚫려 있는 도면의 설명으로 올바른 것은?

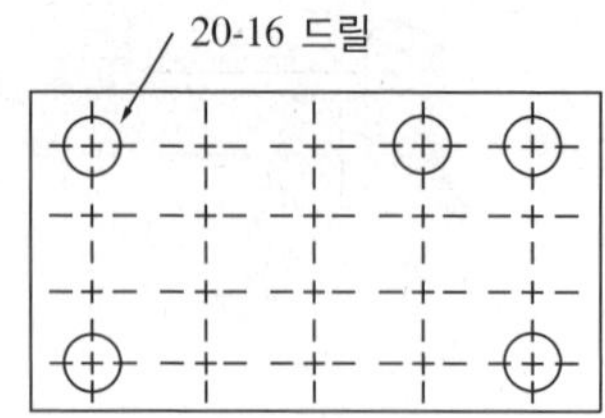

① 구멍지름 16mm, 구멍수량 20개
② 구멍지름 20mm, 구멍수량 16개
③ 구멍지름 16mm, 구멍수량 5개
④ 구멍지름 20mm, 구멍수량 5개

해설
20–16 드릴이란, 구멍의 수가 20개, 드릴의 직경이 ϕ16 임을 나타내므로 구멍의 지름은 16mm가 된다.

60 배관의 간략도시방법 중 환기계 및 배수계의 끝장치 도시방법의 평면도에서 그림과 같이 도시된 것의 명칭은?

① 배수구
② 환기관
③ 벽붙이 환기 삿갓
④ 고정식 환기 삿갓

해설
그림은 삿갓 형태의 고정식 환기구를 뜻한다. 가운데의 대각선으로 된 실선은 삿갓의 모양을 형상화한 것이다.

59 ① 60 ④ 정답

2012년도 제4회 **기출문제**

용접기능사 Craftsman Welding/Inert Gas Arc Welding

01 불활성 가스를 이용한 용가재인 전극 와이어를 송급장치에 의해 연속적으로 보내어 아크를 발생시키는 소모식 또는 용극식 용접방식을 무엇이라 하는가?

① TIG 용접　② MIG 용접
③ CO_2 용접　④ MAG 용접

저자쌤의 핵직강

소모식 또는 용극식이란 아크를 발생시키는 전극봉이 용가재의 역할도 함께 하는 것으로써, 용접이 시작되면 용가재의 길이가 줄어들면서 소모되기 때문에 소모식이라 부른다.

해설
소모식 용접 방법은 MIG(불활성 가스 금속 아크) 용접이다.

MAG 용접은 불활성 가스 대신 Active Gas인 CO_2 가스 등을 사용하는 용접법이다.

02 정하중에 대한 용접이음에서 응력을 계산하기 위한 치수선정에 있어 목두께가 서로 다른 부재의 경우 적용하는 목두께로 옳은 것은?

① 얇은 쪽 부재의 두께
② 두꺼운 쪽 부재의 두께
③ 얇은 쪽과 두꺼운 쪽의 평균 두께
④ 두꺼운 쪽과 얇은 쪽 부재의 차이값

해설
응력$(\sigma)=\frac{\text{작용 힘(하중, }F)}{\text{단면적}(A)}$이므로, 부재의 단면적을 높게 계산할수록 작용하는 응력은 낮게 설정되어 안전상의 문제가 발생한다. 따라서 안전상의 이유로 단면적은 얇은 쪽 부재의 두께로 계산해야 한다.

03 은, 구리, 아연이 주성분으로 된 합금이며 인장강도, 전연성 등의 성질이 우수하여 구리, 구리합금, 철강, 스테인리스강 등에 사용되는 납은?

① 마그네슘납　② 인동납
③ 은 납　④ 알루미늄납

해설
은납은 은, 구리, 아연이 주성분으로 된 합금으로써, 인장강도가 우수하고 전성과 연성이 좋다.

04 다음 중 가스 용접 작업 시 안전사항으로 틀린 것은?

① 주위에는 가연성 물질이 없어야 한다.
② 기름이 묻어 있는 작업복은 착용해서는 안 된다.
③ 아세틸렌용기는 세워서 사용하여야 한다.
④ 차광용 보안경은 착용하지 않도록 한다.

해설
가스 용접 시 발생하는 불꽃과 빛으로부터 작업자의 눈을 보호하기 위해서는 반드시 차광용 보안경을 착용해야 한다.

05 다음 중 물체의 낙하 또는 비래 및 추락에 의한 위험을 방지 또는 경감하고, 머리 부위 감전에 의한 위험을 방지하기 위한 용도의 안전모 기호로 옳은 것은?

① AB　② AE
③ AG　④ ABE

저자쌤의 핵직강

안전모의 기호

기 호	사용 구분
A	물체의 낙하 및 비래에 의한 위험을 방지 또는 경감시키기 위한 것
AB	물체의 낙하 또는 비래 및 추락에 의한 위험을 방지 또는 경감시키기 위한 것

정답 1 ② 2 ① 3 ③ 4 ④ 5 ④

AE	물체의 낙하 또는 비래에 의한 위험을 방지 또는 경감하고, 머리부위 감전에 의한 위험을 방지하기 위한 것
ABE	물체의 낙하 또는 비래 및 추락에 의한 위험을 방지 및 경감하고, 머리부위 감전에 의한 위험을 방지하기 위한 것

06 다음 중 극히 짧은 지름의 용접물을 접합하는데 사용하고 축전된 직류를 전원으로 사용하며 일명 충돌 용접이라고도 하는 전기저항 용접법은?

① 업셋 용접　② 플래시 버트 용접
③ 퍼커션 용접　④ 심 용접

해설
퍼커션 용접은 충돌 용접이라고도 불리며, 콘덴서에 축전된 전기 에너지를 용접부에 가열하고 압력을 가하여 용접하는 방법이다.

07 용접에 의한 수축 변형의 방지법 중 비틀림 변형 방지법으로 적절하지 않은 것은?

① 지그를 활용하며, 집중 용접을 피한다.
② 표면 덧붙이를 필요 이상 주지 않는다.
③ 가공 및 정밀도에 주의하며, 조립 및 이음의 맞춤을 정확히 한다.
④ 용접 순서는 구속이 없는 자유단에서부터 구속이 큰 부분으로 진행한다.

저자쌤의 핵직강

응력변형을 경감시키기 위한 시공상의 주의사항
- 지그 및 고정구를 활용한다.
- 용접 이음부가 집중이 되지 않게 한다.
- 덧붙이를 필요 이상 주지 않는다.
- 가공 정밀도에 주의한다.
- 이음부의 맞춤은 정확하게 한다.
- 용접 순서는 구속이 큰 부분에서부터 구속이 없는 자유단으로 진행한다.
- 조립 정밀도가 응력변형 발생에 크게 영향을 준다.

해설
용접 순서는 구속이 큰 부분부터 먼저 실시해야 용접 후 열변형에 의해 재료의 비틀림 현상을 줄이거나 예방할 수 있다.

08 와이어 돌출길이는 콘택트 팁(Contact Tip) 선단으로부터 와이어 선단부분까지의 길이를 의미하는데 와이어를 이용한 용접법에서는 용접결과에 미치는 영향으로 매우 중요한 인자이다. 다음 중 CO_2 용접에서 와이어 돌출길이(Wire Extend Length)가 길어질 경우의 설명으로 틀린 것은?

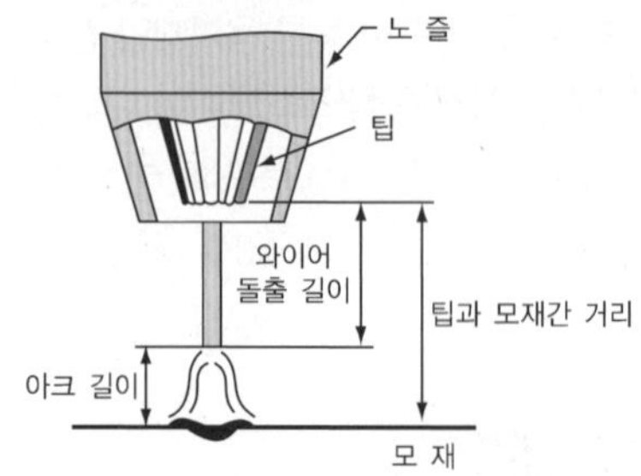

① 전기저항열이 증가된다.
② 용착속도가 커진다.
③ 보호효과가 나빠진다.
④ 용착효율이 작아진다.

저자쌤의 핵직강

와이어 돌출 길이가 길 때	와이어 돌출 길이가 짧을 때
• 용접 와이어의 예열이 많아진다. • 용착 속도가 커진다. • 용착 효율이 커진다. • 보호 효과가 나빠지고 용접 전류가 낮아진다.	• 가스 보호는 좋으나 노즐에 스패터가 부착되기 쉽다. • 용접부의 외관이 나쁘며, 작업성이 떨어진다. • 용착 효율이 작다.

09 다음 중 용접선 방향의 인장 응력을 완화시키는 저온 응력 완화법을 올바르게 설명한 것은?

① 500℃에서 10℃씩 온도가 내려가면서 풀림 처리하는 방법
② 500℃로 가열한 후 압력을 걸고 수랭시키는 방법
③ 용접선 양측의 정속으로 이동하는 가스 불꽃에 의하여 너비 약 150mm에 걸쳐서 150~200℃로 가열한 다음 수랭하는 방법
④ 용접선의 좌우 양측에 각각 250mm의 범위를 625℃에서 1시간 가열하여 공랭시키는 방법

6 ③ 7 ④ 8 ④ 9 ③ 정답

저자쌤의 핵직강

용접 후 재료내부의 잔류 응력 제거법

- 노 내 풀림법 : 가열 노 내에서 유지 온도는 625℃ 정도이며 판 두께 25mm일 경우 1시간 동안 유지한다. 유지 온도가 높거나 유지 시간이 길수록 풀림 효과가 크다.
- 국부 풀림법 : 노 내 풀림이 곤란한 경우에 사용하며 용접선 양측을 각각 250mm나 판 두께가 12배 이상의 범위를 가열한 후 서냉한다. 유도가열 장치를 사용하며 온도가 불균일하게 실시하면 잔류응력이 발생할 수 있다.
- 기계적 응력 완화법 : 용접부에 하중을 주어 소성변형을 시켜 응력을 제거하는 방법
- 저온 응력 완화법 : 용접선 좌우 양측을 일정하게 이동하는 가스 불꽃으로 150mm의 폭을 약 150℃~200℃로 가열한 후 수냉하는 방법. 용접선 방향의 인장응력을 완화시키기 위해서 사용한다.
- 피닝법 : 끝이 둥근 특수 해머를 사용하여 용접부를 연속적으로 타격하며 용접 표면에 소성변형을 주어 인장 응력을 완화시킨다.

해설

저온 응력 완화법은 약 150℃~200℃의 가스 불꽃을 이용하여 너비(폭)가 150mm에 걸쳐서 가열한 후 수랭하여 내부의 응력을 제거하여 변형을 방지한다.

10 다음 중 불활성 가스 금속 아크(MIG) 용접에서 주로 사용되는 가스는?

① Ar　② CO
③ O_2　④ H

해설

MIG(불활성 가스 금속 아크) 용접과 TIG(불활성 가스 텅스텐 아크) 용접은 Ar(아르곤) 가스를 주로 사용한다.

11 다음 중 용접결함의 분류에 있어 치수상의 결함으로 볼 수 없는 것은?

① 스트레인 변형
② 용접부 크기의 부적당
③ 용접부 형상의 부적당
④ 비금속 개재물의 혼입

저자쌤의 핵직강

용접 결함의 종류

결 함	결함의 명칭	
치수상 결함	변 형	
	치수불량	
	형상불량	
구조상 결함	기 공	
	은 점	
	언더 컷	
	오버 랩	
	균 열	
	선상조직	
	용입 불량	
	표면 결함	
	슬래그 혼입	
성질상 결함	기계적 불량	인장강도 부족
		항복강도 부족
		피로강도 부족
		경도 부족
		연성 부족
		충격 시험값 부족
	화학적 불량	화학성분 부적당
		부식(내식성 불량)

12 두께가 3.2mm인 박판을 CO_2가스 아크 용접법으로 맞대기 용접을 하고자 한다. 용접전류 100A를 사용할 때, 이에 가장 적합한 아크전압(V)의 조정 범위는?

① 10~13V　② 18~21V
③ 23~26V　④ 28~31V

저자쌤의 핵직강

박판의 아크 전압(V)$=0.04\times$용접전류$+(15.5\pm10\%)$

- 박판의 최소 아크 전압(V)
  $=0.04\times$용접전류$+(15.5-1.5\%)=4+14=18V$
- 박판의 최대 아크 전압(V)
  $=0.04\times$용접전류$+(15.5+1.5\%)=4+17=21V$
  따라서, 아크전압의 조정 범위는 18~21V이다.

정답 10 ① 11 ④ 12 ②

13 연강용 피복 아크 용접봉의 종류를 나타내는 기호가 다음과 같은 경우 밑줄 친 43이 나타내는 의미로 옳은 것은?

E<u>43</u>16

① 피복제 계통
② 용착금속의 최소 인장강도의 수준
③ 피복 아크 용접봉
④ 사용전류의 종류

저자쌤의 핵직강

연강용 피복 아크 용접봉 규격(KS D 7004)
E4316 기호 의미
- E : 피복 아크 용접봉
- 43 : 용착 금속의 최소 인장강도의 수준(kgf/mm^2)
- 16 : 피복제 계통

14 다음 중 전기설비화재에 적용이 불가능한 소화기는?

① 포소화기
② 이산화탄소 소화기
③ 무상 강화액 소화기
④ 할로겐 화합물 소화기

해설
포소화기에서 포는 물로 되어 있기 때문에 감전의 위험이 있어 전기설비화재에는 사용이 불가능하며 가연성의 액체를 소화할 때 사용한다.

무상 강화액 소화기도 액체로 되어 있으나 무상(안개 모양)으로 뿌리기 때문에 전기설비화재의 소화용으로 사용이 가능하다.

15 다음 중 비파괴검사 기호와 명칭이 올바르게 표현된 것은?

① MT : 방사선투과검사
② PT : 침투탐상검사
③ RT : 초음파탐상검사
④ UT : 와전류탐상검사

저자쌤의 핵직강

비파괴검사 기호와 명칭

명 칭	기 호	영어표현
방사선투과시험	RT	Radiography Test
침투탐상검사	PT	Penetrant Test
초음파탐상검사	UT	Ultrasonic Test
와전류탐상검사	ET	Eddy Current Test
자분탐상검사	MT	Magnetic Test
누설검사	LT	Leaking Test
육안검사	VT	Visual Test

해설
RT는 방사선투과시험이고, 초음파탐상시험은 UT이다.

16 다음 중 안전보건관리책임자는 상시 근로자가 몇 명 이상을 사용하는 사업에 선임하여야 하는가?

① 10명 ② 50명
③ 100명 ④ 300명

해설
안전보건관리책임자는 상시 근로자수가 100명 이상을 고용한 사업장에서는 반드시 선임해야 한다.

17 다음 중 용접부의 파괴시험에서 샤르피식 시험기로 사용하는 시험방법은?

① 경도시험 ② 충격시험
③ 굽힘시험 ④ 피로시험

해설
충격시험은 시험편에 V형 또는 U형의 노치부를 만들고 이 시편에 충격을 주어 충격량을 계산하는 방식의 시험법으로써, 시험방식의 차이에 따라 샤르피식과 아이조드식으로 나뉜다.

18 다음 중 일렉트로가스 아크 용접에 주로 사용되는 가스는?

① Ar ② CO_2
③ H_2 ④ He

해설
CO_2용접(탄산가스, 이산화탄소 아크 용접)과 일렉트로 가스 아크 용접에는 CO_2가스가 사용된다.

13 ② 14 ① 15 ② 16 ③ 17 ② 18 ② 정답

19 다음 중 서브머지드 아크 용접에서 기공의 발생 원인과 가장 거리가 먼 것은?

① 용제의 건조불량
② 용접속도의 과대
③ 용접부의 구속이 심할 때
④ 용제 중에 불순물의 혼입

서브머지드 아크 용접에서 기공의 발생 원인
- 용제의 건조불량
- 용접속도의 과대
- 용제의 산포량 과소 및 과대
- 모재의 표면 상태 불량(녹, 기름, 수분 등)

해설
용접부의 구속이 심할 경우 아크에 의해 입열된 열량 때문에 용접 후 변형 불량이 발생할 수 있다.

20 다음 중 플라즈마 아크 용접에 적합한 모재로 짝지어진 것이 아닌 것은?

① 텅스텐 – 백금 ② 티탄 – 니켈합금
③ 티탄 – 구리 ④ 스테인리스강 – 탄소강

저자쌤의 핵직강

백금의 용융점은 1,768℃이고, 끓는점은 3,825℃인데 반해, 텅스텐의 용융점은 3,410℃로써, 서로 간의 용융점 차이가 매우 크다. 그러므로 서로 접합하는 데 적합하지 못하다.

해설
텅스텐과 백금은 서로 접합하는데 모재로 적합하지 않다.

21 다음 중 서브머지드 아크 용접의 장점에 해당되지 않는 것은?

① 용입이 깊다.
② 비드 외관이 아름답다.
③ 용융속도 및 용착속도가 빠르다.
④ 개선각을 크게 하여 용접 패스 수를 줄일 수 있다.

해설
서브머지드 아크 용접(잠호 용접)의 장점은 개선각을 작게 해서 용접의 패스수(용접 층수)를 줄일 수 있다는 점이다.

개선각을 크게 하면 용접하는 층의 수가 많아지게 되어 비용과 시간이 많이 들고 2차 불량을 유발할 수 있다.

22 다음 중 CO_2가스 아크 용접의 자기쏠림현상을 방지하는 대책으로 틀린 것은?

① 가스 유량을 조절한다.
② 어스의 위치를 변경한다.
③ 용접부의 틈을 적게 한다.
④ 엔드 탭을 부착한다.

저자쌤의 핵직강

아크 쏠림 방지대책
- 용접 전류를 줄인다.
- 교류 용접기를 사용한다.
- 접지점을 2개 연결한다.
- 아크 길이는 최대한 짧게 유지한다.
- 접지부를 용접부에서 최대한 멀리한다.
- 용접봉 끝을 아크 쏠림의 반대 방향으로 기울인다.
- 용접부가 긴 경우 가용접 후 후진법(후퇴 용접법)을 사용한다.
- 받침쇠, 긴 가용접부, 이음의 처음과 끝에 엔드 탭을 사용한다.

해설
자기쏠림현상은 전기의 이동이나 용접부위의 형상과 관련이 있기 때문에 가스 유량의 조절과는 관련이 없다. 용접 중 CO_2가스의 유량을 조절하면 균일하지 못한 품질로 제작될 우려가 있다.

23 스카핑 속도는 냉간재와 열간재에 따라 다른데 다음 중 냉간재의 속도로 가장 적합한 것은?

① 1~3m/min ② 5~7m/min
③ 10~15m/min ④ 20~25m/min

저자쌤의 핵직강

스카핑(Scarfing)이란 강괴나 강편, 강재 표면의 홈이나 개재물, 탈탄층 등을 제거하기 위하여 불꽃 가공으로 될 수 있는 대로 얇으면서 타원형 모양으로 표면을 깎아내는 가공법이다.

해설
스카핑 속도
냉간재 : 5~7m/min, 열간재 : 20m/min

정답 19 ③ 20 ① 21 ④ 22 ① 23 ②

24 다음 중 아크 용접기에 전격 방지기를 설치하는 가장 큰 이유로 옳은 것은?

① 용접기의 효율을 높이기 위하여
② 용접기의 역률을 높이기 위하여
③ 작업자를 감전재해로부터 보호하기 위하여
④ 용접기의 연속 사용 시 과열을 방지하기 위하여

해설
전격 : 강한 전류를 갑자기 몸에 느꼈을 때의 충격을 말하며 전기에 감전되는 사고가 발생할 우려가 있다. 따라서 용접기에는 작업자의 전격을 방지하기 위해 전격방지기를 용접기에 부착한다.

25 다음 중 가스 용접봉을 선택할 때 고려 사항과 가장 거리가 먼 것은?

① 가능한 한 모재와 같은 재질이어야 하며 모재에 충분한 강도를 줄 수 있을 것
② 기계적 성질에 나쁜 영향을 주지 않아야 하며 용융온도가 모재와 동일할 것
③ 용접봉의 재질 중에 불순물을 포함하고 있지 않을 것
④ 강도를 증가시키기 위하여 탄소함유량이 풍부한 고탄소강을 사용할 것

저자쌤의 핵직강

가스용접봉 선택 시 조건
- 모재와 같은 재질이어야 하며 충분한 강도를 줄 수 있을 것
- 용융 온도가 모재와 같고, 기계적 성질에 나쁜 영향을 주지 말 것
- 용접봉의 재질 중에 불순물을 포함하고 있지 않을 것
- 용융온도가 모재와 같거나 비슷할 것

해설
순수한 Fe에 최대 2%까지 C(탄소)를 함유한 것을 강이라고 부른다. 가스용접시의 용접봉에는 저탄소강이 사용된다.

26 피복 아크 용접작업에서 용접봉을 용접 진행방향으로 70~80° 기울이고, 좌우에 대하여 90°가 되게 하며, 주로 박판 용접 및 홈 용접의 이면 비드 형성에 사용하는 운봉법은?

① 직선 비드 ② 원형 비드
③ 반달형 비드 ④ 삼각형 비드

해설
직선 비드는 박판 용접이나 홈 용접의 이면 비드를 만들 때 사용하며, 진행방향과 용접봉의 좌우 각도에 따라 언더컷 등의 불량이 발생하므로 진행방향으로 대략 70°~85°, 좌우방향으로 90°를 유지해야 한다.

27 다음 중 산소-프로판가스 절단에서 혼합비의 비율로 가장 적절한 것은?(단, 표시는 산소 : 프로판으로 나타낸다)

① 2 : 1 ② 3 : 1
③ 4.5 : 1 ④ 9 : 1

해설
산소-프로판 가스 절단 시 혼합비는 산소 : 프로판의 비율을 4.5 : 1로 맞추어야 표준 불꽃으로 만들 수 있다.

28 다음 중 모재와 용접기를 케이블로 연결할 때 모재에 접속하는 것은?

① 용접 홀더 ② 케이블 커넥터
③ 접지 클램프 ④ 케이블 러그

해설
홀더에는 용접봉, 모재에는 접지 클램프가 연결된다. 단, 용접대가 설치된 경우 접지 클램프를 용접대와 연결하면 최종적으로 접지 클램프가 모재와 연결된 것임을 알 수 있다.

29 연강용 피복 아크 용접봉의 종류 중 피복제의 계통은 산화티탄계로, 피복제 중에 산화티탄(TiO_2)이 약 35% 정도 포함되어 있으며, 일반 경구조물의 용접에 많이 사용되는 용접봉의 기호는?

① E4301 ② E4303
③ E4313 ④ E4316

저자쌤의 핵직강

용접봉의 종류

E4301	일미나이트계	E4303	라임티타니아계
E4311	고셀룰로오스계	E4313	고산화티탄계
E4316	저수소계	E4324	철분 산화티탄계
E4326	철분 저수소계	E4327	철분 산화철계
E4340	특수계	–	–

24 ③ 25 ④ 26 ① 27 ③ 28 ③ 29 ③ 정답

해설

산화티탄계(E4313)의 특징
- 아크가 안정하다.
- 외관이 아름답다.
- 용입이 얕고, 스패터가 적다.
- 피복제에 약 35% 정도의 산화티탄을 함유한다.
- 균열이 생기기 쉽다.
- 박판 용접에 적합하다.
- 용착 금속의 연성이나 인성이 다소 부족하다.

30 다음 중 직류 아크 용접기의 종류별 특성으로 옳은 것은?

① 발전형은 보수와 점검이 어렵다.
② 발전형은 교류를 정류하므로 완전한 직류를 얻지 못한다.
③ 정류기형은 회전을 하므로 고장이 나기 쉽고 소음이 난다.
④ 정류기형은 옥외나 교류전원이 없는 장소에서 사용한다.

저자쌤의 핵직강

발전형은 회전하므로 고장이 나기 쉽고 소음이 나며 보수와 점검이 어렵다. 그러나 모터나 엔진 형식인 발전형은 옥외나 전원이 없는 장소에서도 사용이 가능하며 완전한 직류를 얻는다. 정류기형은 소음이 없고, 취급이 간단하고 저렴하며, 보수와 점검이 간단한 장점이 있으나 완전한 직류를 얻지 못하는 단점이 있다.

31 다음 중 피복 아크 용접봉의 피복제 역할에 관한 설명으로 틀린 것은?

① 아크를 안정시킨다.
② 용착금속의 냉각속도를 느리게 한다.
③ 용융금속의 용적을 미세화하고 용착효율을 높인다.
④ 용융점이 높은 적당한 점성의 무거운 슬래그를 만든다.

저자쌤의 핵직강

피복제(Flux)의 역할
- 아크를 안정시킨다.
- 전기 절연 작용을 한다.
- 보호가스를 발생시킨다.
- 아크의 집중성을 좋게 한다.
- 용착 금속의 급랭 방지한다.
- 탈산작용 및 정련작용을 한다.
- 용융 금속과 슬래그의 유동성을 좋게 한다.
- 용적(쇳물)을 미세화하여 용착효율을 높인다.
- 슬래그 제거를 쉽게 하여 비드의 외관을 좋게 한다.
- 적당량의 합금 원소 첨가로 금속에 특수성을 부여한다.
- 중성 또는 환원성 분위기를 만들어 질화나 산화를 방지하고 용융금속을 보호한다.

해설

피복제는 용융점이 낮고 적당한 점성을 가진 슬래그를 생성하게 하여 용접부를 덮어 급랭을 방지하게 해 준다.

32 다음 중 가스 용접에서 용제를 사용하는 가장 중요한 이유로 옳은 것은?

① 침탄이나 질화를 돕기 위하여
② 용접봉 용융속도를 느리게 하기 위하여
③ 용융 온도가 높은 슬래그를 만들기 위하여
④ 용접 중에 생기는 금속의 산화물을 용해하기 위하여

해설

가스 용접에서의 용제(Flux)는 용접 중 생성되는 금속의 산화물을 용해하여 용융 금속의 불순물을 제거하기 위하여 사용된다.

가스용접용 용제의 특징
- 용융 온도가 낮은 슬래그를 생성한다.
- 모재의 용융점보다 낮은 온도에서 녹는다.
- 일반적으로 연강에서는 용제를 사용하지 않는다.
- 불순물을 제거함으로써 용착금속의 성질을 좋게 한다.
- 용접 중에 생기는 금속의 산화물이나 비금속 개재물을 용해한다.

33 다음 중 금속 아크 절단법에 관한 설명으로 틀린 것은?

① 전원은 직류 정극성이 적합하다.
② 피복제는 발열량이 적고 탄화성이 풍부하다.
③ 절단면은 가스 절단면에 비하여 거칠다.
④ 담금질 경화성이 강한 재료의 절단부는 기계 가공이 곤란하다.

정답 30 ① 31 ④ 32 ④ 33 ②

저자쌤의 핵직강

금속아크절단은 탄소 전극봉 대신 절단 전용의 특수 피복제를 입힌 전극봉을 사용하여 절단하는 방법으로써 피복제의 조성에 따라서 가스 발생형, 용재형(溶滓型) 등이 있다. 가스 발생형은 산소를 방출하여 절단 능률을 향상시키는 것이며, 용재형은 절연성이 좋고, 열로 인한 해리(解離)작용이 없으며, 발열량이 많고, 산화성이 풍부하다.

34 AW-300, 무부하 전압 80V, 아크 전압 20V인 교류 용접기를 사용할 때, 다음 중 역률과 효율을 올바르게 구한 것은?(단, 내부손실을 4kW라 한다)

① 역률 : 80.0%, 효율 : 20.6%
② 역률 : 20.6%, 효율 : 80.0%
③ 역률 : 60.0%, 효율 : 41.7%
④ 역률 : 41.7%, 효율 : 60.0%

해설

- 효율(%) = $\frac{\text{아크 전력}}{\text{소비 전력}} \times 100(\%)$

여기서, 아크 전력 = 아크 전압×정격 2차 전류
$= 20 \times 300 = 6{,}000\text{W}$
소비 전력 = 아크 전력+내부손실
$= 6{,}000 + 4{,}000 = 10{,}000\text{W}$

따라서 효율(%) = $\frac{6{,}000}{10{,}000} \times 100\% = 60\%$

- 역률(%) = $\frac{\text{소비 전력}}{\text{전원 전력}} \times 100(\%)$

여기서, 전원입력 = 무부하 전압×정격 2차 전류
$= 80 \times 300 = 24{,}000\text{W}$

따라서, 역률(%) = $\frac{10{,}000}{24{,}000} \times 100(\%) = 41.66\%$

35 다음 중 아크 용접기의 특성에 관한 설명으로 옳은 것은?

① 부하전류가 증가하면 단자전압이 증가하는 특성을 수하 특성이라 한다.
② 수하 특성 중에서도 전원 특성 곡선에 있어서 작동점 부근의 경사가 완만한 것을 정전류 특성이라 한다.
③ 부하전류가 증가할 때 단자전압이 감소하는 특성을 상승 특성이라 한다.
④ 상승 특성은 직류 용접기에서 사용되는 것으로 아크의 자기제어능력이 있다는 점에서 정전압 특성과 같다.

저자쌤의 핵직강

아크 용접기의 외부 특성
- 정전류특성 : 전압이 변해도 전류는 거의 변하지 않는다.
- 정전압특성 : 전류가 변해도 전압은 거의 변하지 않는다.
- 수하특성 : 전류가 증가하면 전압이 낮아진다.
- 상승특성 : 전류가 증가하면 전압이 약간 높아진다.
- 부저항특성(부특성) : 전류가 커지면 저항이 작아져서 전압도 낮아지는 현상

해설

외부특성곡선이란 부하전류와 부하단자 전압의 관계곡선으로 피복 아크 용접에서는 수하특성, MIG 용접과 CO_2 아크 용접에서는 정전압특성 또는 상승특성이 이용되고 있다.

36 다음 중 아세틸렌가스의 도관으로 사용할 경우 폭발성 화합물을 생성하게 되는 것은?

① 순구리관 ② 스테인리스강관
③ 알루미늄 합금관 ④ 탄소강관

해설

아세틸렌가스는 구리가 62% 이상 함유된 구리관, 황동제밸브 등을 사용하면 폭발성 화합물인 동아세틸라이트를 생성할 수 있어서 사용을 금지하고 있다(62% 이하 동합금은 사용 가능).

37 다음 중 가스 용접에 사용되는 아세틸렌가스에 관한 설명으로 옳은 것은?

① 206~208℃ 정도가 되면 자연 발화한다.
② 아세틸렌가스 15%, 산소 85% 부근에서 위험하다.
③ 구리, 은 등과 접촉하면 250℃ 부근에서 폭발성을 갖는다.
④ 아세틸렌가스는 물에 대해 같은 양으로 알코올에 2배 정도 용해된다.

해설

① 아세틸렌가스는 406~408℃ 근처에서 자연 발화한다.
③ 구리나 은, 수은 등과 반응할 때 폭발성 물질이 생성된다.
④ 아세틸렌가스는 각종 액체에 용해가 잘된다. 물에는 1배, 석유에는 2배, 벤젠에는 4배, 알코올에는 6배, 아세톤에는 25배가 용해된다.

Plus One 온도에 따른 위험성
- 406~408℃ : 자연발화
- 505~515℃ : 폭발위험(분해폭발)
- 780℃ 이상 : 자연폭발

34 ④ 35 ④ 36 ① 37 ② 정답

38 아세틸렌 과잉 불꽃이라 하며 속불꽃과 겉불꽃 사이에 백색의 제3불꽃 즉, 아세틸렌 페더(Excess Acetylene Feather)가 있는 불꽃은?

① 탄화 불꽃　② 산화 불꽃
③ 아세틸렌 불꽃　④ 중성 불꽃

저자쌤의 핵직강

불꽃의 종류

명 칭	특 징	산소 : 아세틸렌 비율
아세틸렌 불꽃	산소 약간 혼입	–
탄화 불꽃	아세틸렌 과잉	0.05~0.95 : 1
중성 불꽃	표준 불꽃	1 : 1
산화 불꽃	산소 과잉	1.15~1.70 : 1

해설
아세틸렌이 과잉 분출 되었을 때는 탄화 불꽃이 생성된다.

39 가스 용접을 하기 전 용기의 무게는 57kg이었다. 용접 후 무게가 55kg이었다면 이때 사용한 용해 아세틸렌가스의 양은 몇 L인가?(단, 15℃, 1기압 하에서 아세틸렌가스 1kg의 용적은 905L이다)

① 905　② 1,810
③ 2,715　④ 3,620

해설
아세틸렌 가스량=가스용적(병 전체 무게-빈 병의 무게)
=905(57–55)=1,810L

40 다음 중 물리적 표면경화법에 속하는 것은?

① 고주파경화법　② 가스 침탄법
③ 질화법　④ 고체 침탄법

저자쌤의 핵직강

표면경화법의 종류

물리적 표면경화법	화학적 표면경화법
• 화염경화법 • 고주파경화법 • 하드페이싱 • 숏피닝	• 침탄법 • 질화법 • 금속침투법

41 다음 중 Fe–Si 또는 Ca–Si 등의 접종제로 접종 처리하여 흑연을 미세화하고 바탕조직을 펄라이트(Pearlite)조직화하여 강도와 인성을 높인 주철은?

① 백주철(White Cast Iron)
② 칠드주철(Chilled Cast Iron)
③ 미하나이트주철(Meehanite Cast Iron)
④ 흑심가단주철(Black Heart Malleable Cast Iron)

해설
① 백주철 : 흑연이 석출되고 있지 않는 주철은 파면이 희며, 백주철이라고 불린다. 탄소가 거의 시멘타이트(Fe_3C)로 되어 있기 때문에 굳고 취약하다. 기계 부품으로서는 알맞지 않다.
② 칠드주철 : 보통 주철에 비해 규소가 적은 용선에 적당량의 망간을 주입해서 금형에 주입하면 금형에 접촉된 부분은 급랭되어 백주철이 되고, 이를 칠드주철이라 한다.
④ 흑심가단주철 : 백선 주물 속의 시멘타이트를 특수한 풀림 처리(Annealing)에 의해 유리 탄소로 분리하여 흑연화한 것으로, 절단면의 중심부는 흑색이고 주변만 탈탄으로 인하여 백색을 띤다.

42 다음 중 오스테나이트계 스테인리스강에 관한 설명으로 틀린 것은?

① 염산, 염소가스 등에 강하다.
② 결정립계 부식이 발생하기 쉽다.
③ 소성가공이나 절삭가공이 곤란하다.
④ 18-8계의 경우 일반적으로 비자성체이다.

해설
오스테나이트계 스테인리스강의 조성은 Cr–18%, Ni–8%로써, 내식성이 우수하며, 비자성체이다. 그러나 염산이나 황산 등에 취약하다.

43 다음 중 알루미늄에 관한 설명으로 틀린 것은?

① 경금속에 속한다.
② 전기 및 열전도율이 매우 나쁘다.
③ 비중이 2.7 정도, 용융점은 660℃ 정도이다.
④ 산화피막의 보호작용 때문에 내식성이 좋다.

저자쌤의 핵직강

알루미늄(Al)의 성질
• 비중 : 2.7
• 용융점 : 660℃

정답 38 ① 39 ② 40 ① 41 ③ 42 ① 43 ②

- 면심입방격자
- 비강도 및 주조성이 우수
- 열과 전기의 양도체
- 내식성 및 가공성이 양호
- 담금질 효과는 시효경화로 얻는다(시효경화란 열처리 후 시간이 지남에 따라 강도와 경도가 증가하는 현상).

해설

보크사이트를 통해 만들어지는 알루미늄은 전기 및 열전도율이 매우 좋다.

44 다음 중 주강의 특성에 관한 설명으로 틀린 것은?

① 유동성이 나쁘다.
② 주조 시 수축이 적다.
③ 고온 인장강도가 낮다.
④ 표피 및 그 인접부위의 품질이 양호하다.

해설

주강은 주조할 수 있는 강을 말하는 것으로써, 강에 C 0.1~0.5%, Si 0.2~0.4%, Mn 0.4~1.0%, P 0.005% 이하, S 0.006% 이하 조성의 강을 전기로에서 녹여 주물로 한다. 주철에 비해 용융점이 낮아 주조하기 힘들며, 주조 시 수축이 큰 단점이 있다.

45 다음 중 Mg-Al-Zn계 합금의 대표적인 것은?

① 알민(Almin)
② 다우메탈(Dow Metal)
③ 라우탈(Lautal)
④ 엘렉트론(Electron)

해설

마그네슘은 비중이 1.74이며 용융점은 650℃이다. 산이나 염류에는 약하나 알칼리에는 강하다.

① 알민 : 내식성 알루미늄 합금
② 다우메탈 : Al-Si 합금으로 다우케미컬사에서 개발. 2~8% 정도 Al이 포함된 합금
③ 라우탈 : Al-Cu-Si으로 조성된 주조용 알루미늄합금
④ 엘렉트론 : Mg-Al-Zn 합금

46 용접용 재료를 인장시험한 결과 다음과 같은 응력-변형선도를 얻었다. 다음 중 D점에 해당하는 내용으로 옳은 것은?

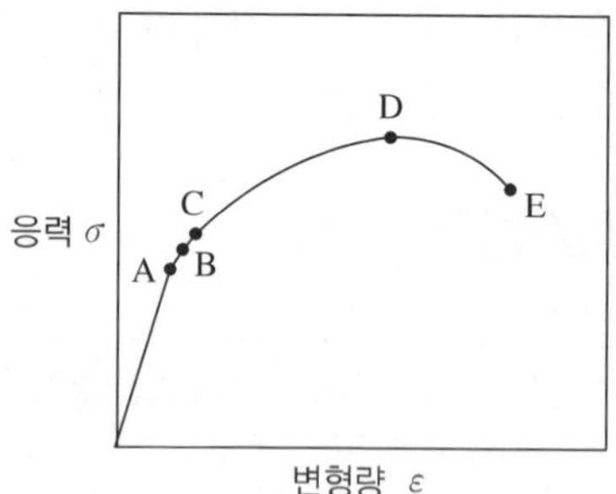

① 비례한도점　② 최대하중점
③ 파단점　④ 항복점

저자쌤의 핵직강

인장시험은 시험편에 서서히 인장력을 가해서 응력의 변화에 따른 변형량의 정도를 그래프로 얻는 시험방법으로서, 재료의 연신율 등 다양한 기계적 성질을 파악할 수 있다.

- A : 비례한도
- B : 탄성한도
- C : 항복점
- D : 극한강도, 최대하중점
- E : 파단점

해설

D점은 최대하중점이다.

47 니켈강은 니켈에 소량의 탄소를 함유한 강으로 가열 후 공기 중에 방치하여도 담금질 효과를 나타내는데 이와 같은 현상을 무엇이라 하는가?

① 고경성(高硬性)　② 수경성(水硬性)
③ 유경성(油硬性)　④ 자경성(自硬性)

해설

자경성은 공기 중에 방치하여도 담금질 효과를 내는 현상이다.

48 다음 중 철강재료의 기초적인 열처리 4가지에 해당하지 않는 것은?

① Annealing　② Normalizing
③ Tempering　④ Creeping

44 ② 45 ④ 46 ② 47 ④ 48 ④ 정답

저자쌤의 핵직강

기본 열처리과정 4가지는 담금질(Quenching), 뜨임(Tempering), 풀림(Annealing), 불림(Normalizing)이다.

기본 열처리의 종류

- 담금질(Quenching) : 급랭시켜 재질을 경화시킨다.
- 뜨임(Tempering) : 담금질되어 경화된 재료에 인성을 부여한다.
- 풀림(Annealing) : 재질을 연하고 균일화시킨다.
- 불림(Normalizing) : 일정온도에서 가열 후, 공랭시켜 표준화 조직으로 만든다.

해설

Creeping은 기본 열처리 4가지에 해당되지 않는다.

49 다음 중 탄소강에 망간(Mn)을 함유시킬 때 미치는 영향으로 틀린 것은?

① 고온에서 결정립 성장을 억제시킨다.

② 주조성을 좋게 하며 황(S)의 해를 감소시킨다.

③ 강의 담금질 효과를 감소시켜 경화능이 감소한다.

④ 강의 연신율을 많이 감소시키지 않고 강도, 경도, 인성을 증대시킨다.

해설

탄소강에 Mn(망간)을 함유하면 강의 담금질 효과를 크게 하며, 경화능도 향상된다.

경화능 : 담금질함으로써 생기는 경화의 깊이 및 분포의 정도를 표시하는 말로써, 경화능이 클수록 담금질이 잘된다는 의미이다.

50 다음 중 황동의 종류가 아닌 것은?

① 톰백(Tombac) ② 문쯔메탈(Muntz Metal)

③ 포금(Gun Metal) ④ 델타메탈(Delta Metal)

저자쌤의 핵직강

포금은 청동의 종류로써 Cu+Sn+Zn 합금이다. 청동의 예전 명칭이다.

황동		청동	
• 양은	• 톰백	• 켈밋	• 포금
• 델타메탈	• 문쯔메탈	• 쿠니알	• 인청동
• 규소황동	• 네이벌 황동	• 콘스탄탄	• 베어링청동
• 고속도 황동	• 알루미늄 황동		
• 애드미럴티 황동			

51 그림과 같은 ㄱ형 강을 올바르게 나타낸 치수 표시법은?(단, 두께는 5mm이고, 형강 길이는 L이다)

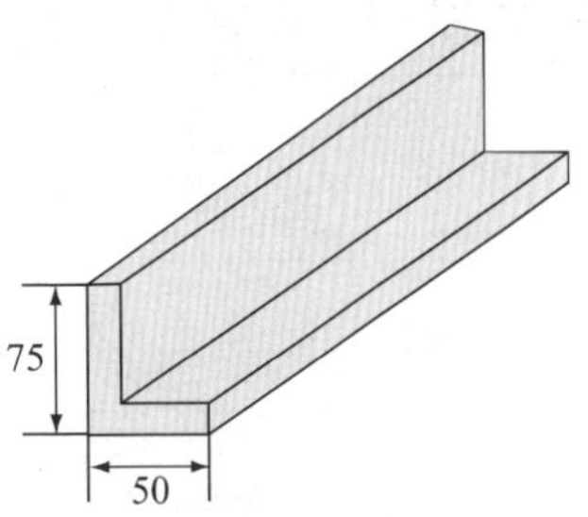

① L75×50×5−L ② L75×50×5+L

③ L75×50×5×L ④ L75×50−5−L

해설

형강의 치수표시 : LA×B×t−K의 경우

- L : 형강모양
- A : 세로폭
- B : 가로폭
- t : 두께
- K : 길이

52 패킹, 박판, 형강 등 얇은 물체의 단면 표시를 할 경우 실제 치수와 관계 없이 하나의 선으로 표시할 수 있는데, 이때 사용되는 선은 다음 중 무엇인가?

① 극히 굵은 실선

② 가는 파선

③ 가는 실선

④ 극히 굵은 1점 쇄선

해설

두께가 너무 얇아서 도면상 표시하기가 힘든 경우, 극히 굵은 실선(━━━━)으로서 그 위치를 표시할 수 있다.

53 그림과 같이 이면 용접에 해당하는 용접 기호는?

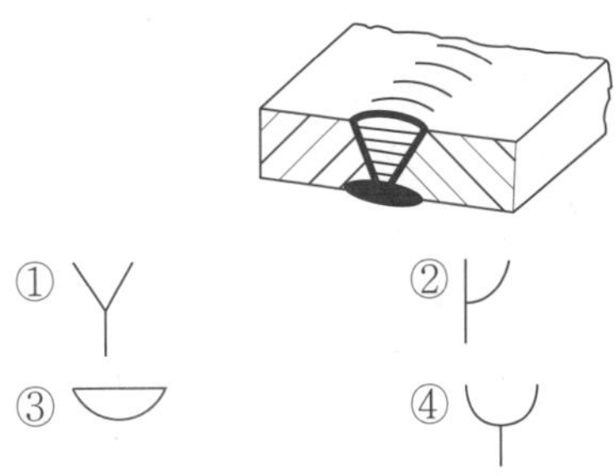

① Y ② ⊬

③ ◡ ④ Ƴ

정답 49 ③ 50 ③ 51 ① 52 ① 53 ③

저자쌤의 핵직강

번 호	명 칭	도 시	기본기호
1	필릿용접		
2	스폿용접		
3	플러그용접(슬롯용접)		
4	뒷면용접		
5	심용접		

54 그림과 같은 입체도에서 화살표 방향이 정면일 때 정면도로 가장 적합한 것은?

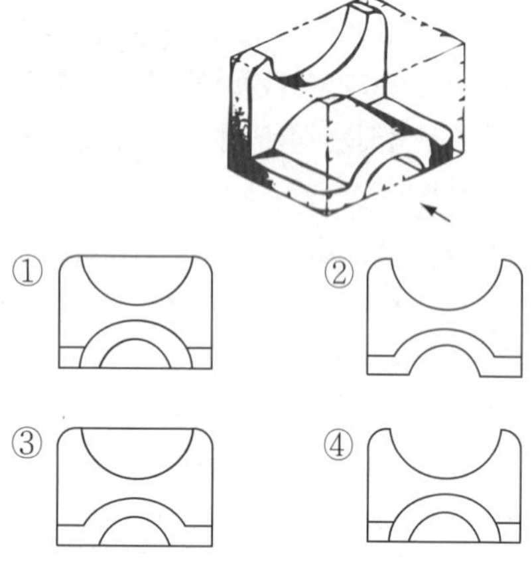

해설

물체를 정면에서 바라보았을 때 아래와 윗부분의 뚫린 형상인 반원을 통해서 정답이 ②번임을 확인할 수 있다.

55 그림과 같은 도면에서 "A"의 길이는 얼마인가?

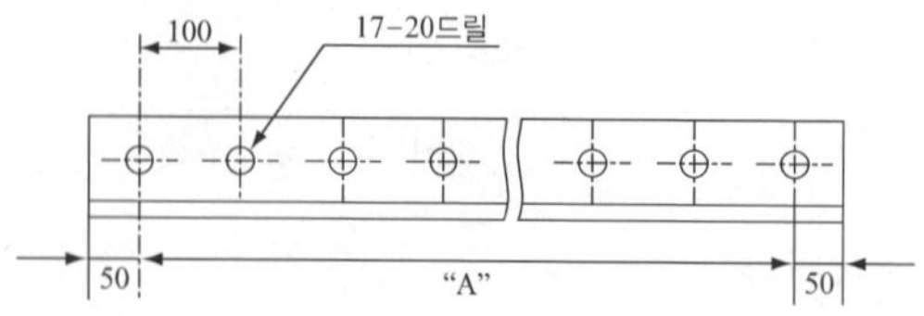

① 1,500mm ② 1,600mm
③ 1,700mm ④ 1,800mm

해설

도면은 ϕ20mm인 구멍이 17개 있다는 표시이며, 그 원의 중심간 거리는 100mm이다. 따라서 계산은 양 끝의 반원 2개를 제외하면 총 원의 개수 16개의 지름만큼의 거리이므로 16×100mm=1,600mm가 된다.

56 기계제도에서 도면 작성 시 반드시 기입해야 할 것은?

① 비교눈금 ② 윤곽선
③ 구분 기호 ④ 재단마크

저자쌤의 핵직강

도면에 반드시 마련해야 할 양식
- 윤곽선
- 표제란
- 중심마크

57 기계재료 기호 SM 35C의 설명으로 틀린 것은?

① S는 강을 뜻한다.
② C는 탄소를 뜻한다.
③ 35는 최저 인장강도를 뜻한다.
④ SM은 기계구조용 탄소강을 뜻한다.

해설

① S는 Steel로써 강을 의미한다.
② C는 Carbon으로서 탄소를 의미한다.
③ 35는 탄소함유량으로써, 0.30~0.40%의 탄소가 함유된 강을 의미한다.
④ SM은 기계 구조용 탄소강의 명칭이다.

58 그림과 같이 기계도면 작성 시 가공에 사용하는 공구 등의 모양을 나타낼 필요가 있을 때 사용하는 선으로 올바른 것은?

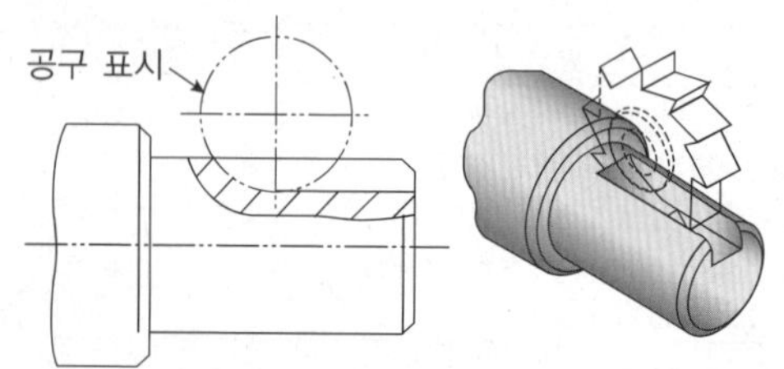

54 ② 55 ② 56 ② 57 ③ 58 ③ 정답

① 가는 실선　　② 가는 1점 쇄선
③ 가는 2점 쇄선　　④ 가는 파선

해설
반달키를 표시할 때 밀링 커터의 공구 표시는 가는 2점 쇄선으로 하여야 한다.

59 다음 배관 도면에 없는 배관 요소는?

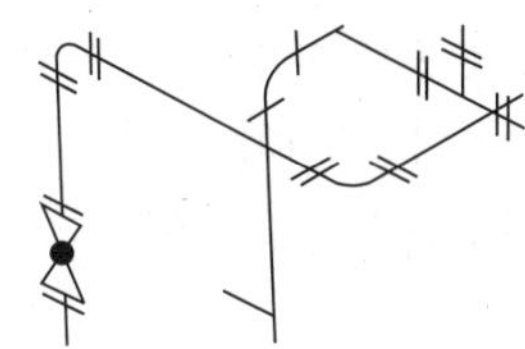

① 티　　② 엘 보
③ 플랜지 이음　　④ 나비 밸브

저자쌤의 핵직강

그림에서 나비 밸브로 불리는 버터플라이 밸브는 보이지 않는다.

버터플라이 밸브 (나비 밸브)	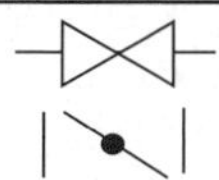

60 그림과 같은 평면도와 정면도에 가장 적합한 우측면도는?

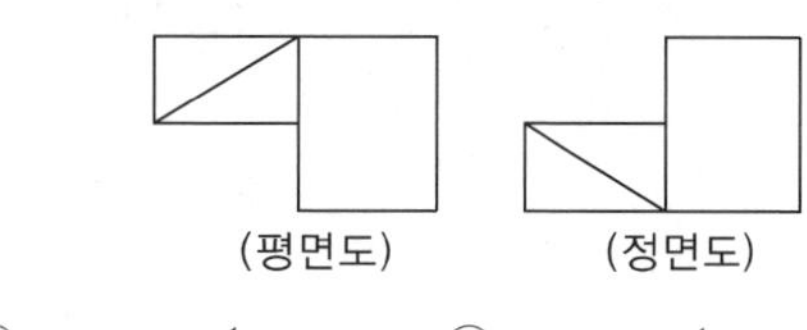

①
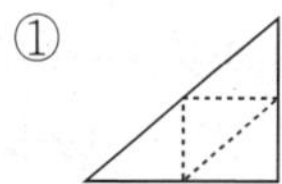
②
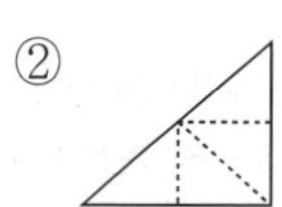
③
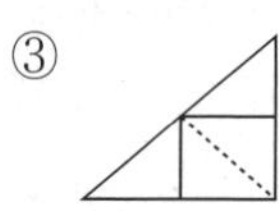
④

해설
평면도 중앙부에 빈 공간이 존재하므로 그 경계선에 점선이 그려진 ①번과 ②번으로 답을 압축할 수 있으며, 평면도의 좌측 대각선 방향을 통해서 정답이 ①번임을 알 수 있다.

정답 59 ④ 60 ①

2012년도 제5회 **기출문제**

용접기능사 Craftsman Welding/Inert Gas Arc Welding

01 **다음 중 MIG 용접에 있어 와이어 속도가 급격하게 감소하면 아크전압이 높아져서 전극의 용융속도가 감소하므로 아크 길이가 짧아져 다시 원래의 길이로 돌아오는 특성은?**

① 부저항 특성 ② 자기 제어 특성
③ 수하 특성 ④ 정전류 특성

저자쌤의 핵직강

전류가 일정할 때 전압이 높아지면 용접봉의 용융속도가 늦어지고, 전압이 낮아지면 용융속도가 빨라지게 하는 것으로 전류밀도가 클 때 잘 나타난다.

해설

아크길이 자기제어 : 자동용접에서 와이어 자동 송급 시 아크길이가 변동되어도 항상 일정한 길이가 되도록 유지하는 제어기능이다.

① 부저항 특성(부특성) : 전류밀도가 작을 때 전류가 커지면 전압은 낮아지는 특성이다.
③ 수하 특성 : 전류가 증가하면 전압이 낮아진다.
④ 정전류 특성 : 전압이 변해도 전류는 거의 변하지 않는다.

02 **15℃, 1kgf/cm^2 하에서 사용 전 용해 아세틸렌 병의 무게가 50kgf이고, 사용 후 무게가 47kgf일 때 사용한 아세틸렌의 양은 몇 L인가?**

① 2,915 ② 2,815
③ 3,815 ④ 2,715

저자쌤의 핵직강

용해 아세틸렌 1kg을 기화시키면 약 905L의 가스가 발생하므로, 아세틸렌 가스량 공식은 다음과 같다.
아세틸렌 가스량 = 905L(병 전체 무게 − 빈 병의 무게)
= 905L(50 − 47) = 2,715L

해설

아세틸렌의 양은 2,715L이다.

03 **다음 중 용접 작업 시 감전으로 인한 사망재해의 원인과 가장 거리가 먼 것은?**

① 용접 작업 중 홀더에 용접봉을 물릴 때나, 홀더가 신체에 접촉되었을 때
② 피용접물에 붙어 있는 용접봉을 떼려다 몸에 접촉되었을 때
③ 용접 후 슬래그를 제거하다가 슬래그가 몸에 접촉되었을 때
④ 1차측과 2차측의 케이블의 피복 손상부에 접촉되었을 때

해설

슬래그는 용접 불순물이 응고된 덩어리이므로 몸에 접촉되어도 상관이 없다. 다만, 용접 후 슬래그 제거를 위한 해머 작업 중 뜨거운 슬래그가 사람의 몸에 튈 경우 화상을 입을 우려가 있어 작업 시 주의해야 한다.

슬래그는 어느 정도 냉각된 다음에 떨어낸다. 슬래그를 떨어 낼 때에는 보호구를 착용하여 화상을 입지 않도록 주의한다.

04 **다음 중 용접 전 반드시 확인해야 할 사항으로 틀린 것은?**

① 예열·후열의 필요성을 검토한다.
② 용접 전류, 용접 순서, 용접 조건을 미리 선정한다.
③ 양호한 용접성을 얻기 위해서 용접부에 물로 분무한다.
④ 이음부에 페인트, 기름, 녹 등의 불순물이 없는지 확인 후 제거한다.

해설

용접 전 용접부에 물을 분무하면 모재의 온도가 낮아져서 용접 시 급격한 온도상승으로 용접물이 변형될 수 있다.

용접할 표면 및 단부는 평탄하고 일정해야 하며 돌출부, 터짐, 균열 및 용접부의 품질이나 강도에 악영향을 미치는 기타 불연속물은 제거시켜야 한다.

1 ② 2 ④ 3 ③ 4 ③ 정답

05 비파괴검사방법 중 자분탐상시험에서 자화방법의 종류에 속하는 것은?

① 극간법 ② 스테레오법
③ 공진법 ④ 펄스반사법

지분탐상시험(MT, Magnetic Test)의 종류
- 축 통전법
- 직각통전법
- 관통법
- 코일법
- 극간법

해설
공진법과 펄스반사법은 초음파탐상검사(UT)에 속한다.

06 다음 중 CO_2 가스 아크 용접에 사용되는 CO_2에 관한 설명으로 틀린 것은?

① 대기 중에서 기체로 존재하며, 공기보다 가볍다.
② 아르곤가스와 혼합하여 사용할 경우 용융금속의 이행이 스프레이 이행으로 변한다.
③ 공기 중에 농도가 높아지면 눈, 코, 입에 자극을 느끼게 된다.
④ 충진된 액체 상태의 가스가 용기로부터 기화되어 빠른 속도로 배출 시 팽창에 의해 온도가 낮아진다.

해설
이산화탄소는 공기보다 1.53배 더 무겁다.

이산화탄소(탄산가스)의 특징
- 무색, 투명하며 무미 무취하다.
- 이산화탄소는 공기보다 1.53배, 아르곤보다 1.38배 무겁다.
- 적당히 압축 냉각하면 액화하여 고압 용기에 채워진다.

07 CO_2 가스 아크 용접에서 솔리드 와이어(Solid Wire) 혼합 가스법에 해당되지 않는 것은?

① CO_2+O_2법 ② CO_2+CO법
③ $CO+C_2H_2$법 ④ CO_2+Ar+O_2법

해설
솔리드 와이어 혼합 가스법의 종류
- CO_2+CO법
- CO_2+O_2법
- CO_2+Ar법
- CO_2+Ar+O_2법

08 다음 중 TIG 용접에서 박판 용접 시 뒷받침의 사용목적으로 적절하지 않은 것은?

① 용착금속의 손실을 방지한다.
② 용착금속의 용락을 방지한다.
③ 용착금속 내에 기공의 생성을 방지한다.
④ 산화에 의해 외관이 거칠어지는 것을 방지한다.

저자쌤의 핵직강

뒷받침의 사용목적
공기오염으로 인해 발생될 수 있는 이면 비드의 결함을 방지하기 위해 사용한다(기공, 외관불량, 크랙, 용락, 산화 방지 등).

해설
용접 전류가 높을 경우 용착된 금속이 녹아내리게 되는데 아무리 뒷받침(백판)을 사용해도 용착금속의 손실을 방지할 수 없다.

09 다음 중 유도방사에 의한 광의 증폭을 이용하여 용융하는 용접법은?

① 스터드 용접 ② 맥동 용접
③ 레이저 용접 ④ 서브머지드 아크 용접

저자쌤의 핵직강

레이저 : 유도 방사에 의한 빛의 증폭이란 뜻이다.

해설
레이저 용접은 레이저에서 얻어진 접속성이 강한 단색 광선으로서 강렬한 에너지를 가진 광선 출력을 이용하여 용접을 하는 것이다.

10 다음 중 불활성 가스 금속 아크(MIG) 용접에 관한 설명으로 틀린 것은?

① 아크 자기제어 특성이 있다.
② 직류 역극성 이용 시 청정작용에 의해 알루미늄 등의 용접이 가능하다.
③ 용접 후 슬래그 또는 잔류용제를 제거하기 위한 별도의 처리가 필요하다.
④ 전류밀도가 높아 3mm 이상의 두꺼운 판의 용접에 능률적이다.

정답 5 ① 6 ① 7 ③ 8 ① 9 ③ 10 ③

해설

TIG 및 MIG 용접은 용가재가 전극봉의 역할을 함께 하는 것으로써, 피복제가 없으므로 슬래그를 생성하지 않는다.

불활성 가스 아크 용접(TIG 및 MIG 용접)은 슬래그나 잔류용제를 제거하기 위한 작업이 불필요하다.

11 다음 중 용접에서 예열하는 목적과 가장 거리가 먼 것은?

① 수소의 방출을 용이하게 하여 저온균열을 방지한다.
② 열영향부와 용착금속의 연성을 방지하고, 경화를 증가시킨다.
③ 용접부의 기계적 성질을 향상시키고, 경화조직의 석출을 방지시킨다.
④ 온도 분포가 완만하게 되어 열응력의 감소로 변형과 잔류응력의 발생을 적게 한다.

저자쌤의 핵직강

예열의 목적
- 변형 및 잔류응력 경감
- 열영향부(HAZ)의 균열 방지
- 용접 금속에 연성 및 인성 부여
- 냉각속도를 느리게 하여 수축 변형 방지
- 금속에 함유된 수소 등의 가스를 방출하여 균열 방지

해설

예열은 재료에 연성을 부여하기 위한 작업이다.

12 다음 중 구속력이 가해진 상태에서 오스테나이트계 스테인리스강을 용접할 때 고온 균열을 방지하기 위해서 사용하는 용접봉은?

① 크롬계 오스테나이트 용접봉
② 망간계 오스테나이트 용접봉
③ 크롬–몰리브덴계 오스테나이트 용접봉
④ 크롬–니켈–망간계 오스테나이트 용접봉

해설

오스테나이트계 스테인리스강의 조성은 Cr-18%, Ni-8%로써, 내식성이 우수하며, 비자성체이다. 그러나 염산이나 황산 등에 취약하다. 고온 균열을 방지하기 위해서 크롬–니켈–망간계 오스테나이트 용접봉을 사용한다.

13 다음 중 안내 레일형 일렉트로 슬래그 용접에 필요한 장치로 옳은 것은?

① 송급장치, 콘택트 팁
② 콘택트 팁, 주행대차
③ 가이드레일, 주행대차
④ 냉각수 및 수랭동판

저자쌤의 핵직강

안내 레일형 일렉트로 슬래그 용접도 용융된 슬래그와 용융 금속이 용접부에서 흘러나오지 못하도록 수냉동판으로 둘러싸고 이 용융 풀에 용접봉을 연속적으로 공급하는데 이때 발생하는 용융 슬래그의 저항열에 의하여 용접봉과 모재를 연속적으로 용융시키면서 용접하는 방법이므로 냉각수와 수랭동판이 필요하다.

14 다음 중 B급 화재에 해당하는 것은?

① 일반화재 ② 유류화재
③ 전기화재 ④ 금속화재

해설

화재의 분류
- A급 화재(일반화재) : 나무, 종이, 섬유 등과 같은 물질의 화재
- B급 화재(유류화재) : 기름, 윤활유, 페인트와 같은 액체의 화재
- C급 화재(전기화재) : 전기 화재
- D급 화재(금속화재) : 가연성 금속의 화재

15 CO_2 가스 아크 용접용 와이어 중 탈산제, 아크 안정제 등 합금원소가 포함되어 있어 양호한 용착금속을 얻을 수 있으며, 아크도 안정되어 스패터가 적고 비드의 외관이 깨끗하게 되는 것은?

① 혼합 솔리드 와이어
② 복합 와이어
③ 솔리드 와이어
④ 특수 와이어

해설

솔리드와이어와 복합(플럭스)와이어의 차이점

솔리드 와이어	• 기공이 많다. • 용가재인 와이어만으로 구성되어 있다. • 동일전류에서 전류밀도가 작다. • 용입이 깊다.

11 ② 12 ④ 13 ④ 14 ② 15 ② 정답

솔리드 와이어	• 바람의 영향이 크다. • 비드의 외관이 아름답지 않다. • 스패터 발생이 일반적으로 많다. • Arc의 안정성이 작다.
복합 (플럭스) 와이어	• 기공이 적다. • 와이어의 가격이 비싸다. • 비드의 외관이 아름답다. • 동일전류에서 전류밀도가 크다. • 용제가 미리 심선속에 들어 있다. • 탈산제나 아크 안정제등의 함금원소가 포함되어 있다. • 바람의 영향이 작다. • 용입의 깊이가 얕다. • 스패터 발생이 적다. • Arc 안정성이 크다.

16 현미경시험을 하기 위해 사용되는 부식제 중 철강용에 해당되는 것은?

① 왕 수 ② 연화철액

③ 피크린산 ④ 플루오르화 수소액

현미경용 부식액

- 철강 및 주철용 : 5% 초산 또는 피크린산 알코올 용액
- 탄화철용 : 피크린산 가성소다 용액
- 동 및 동합금용 : 염화 제2철 용액
- 알루미늄 및 합금용 : 불화수소(플루오르화 수소=HF=불산) 용액
- 금, 백금 등 귀금속 : 왕수

해설

철강용 부식제는 피크린산이다.

17 다음 중 납땜할 때, 염산이 몸에 튀었을 경우 1차적 조치로 가장 적절한 것은?

① 빨리 물로 씻는다.

② 그냥 놓아두어야 한다.

③ 손으로 문질러 둔다.

④ 머큐로크롬을 바른다.

해설

염산 등의 물질이 몸에 묻었을 때는 빨리 흐르는 물에 씻어야 성분을 제거해야 추가 피해를 막을 수 있다.

몸에 강한 산이나 염기성 물질이 묻었을 때는 흐르는 물에 씻어내는 것이 가장 좋은 방법이다. 피부에 화학약품이 조금이라도 남아 있다면 깊은 상처가 생길 지도 모르므로 화학약품이 남아 있지 않도록 충분히 오랫동안 씻어내는 것이 중요하다.

18 다음 중 아크 분위기 속에서 수소가 너무 많을 때 발생하는 용접결함은?

① 용입불량 ② 언더컷

③ 오버랩 ④ 비드 밑 균열

저자쌤의 핵직강

용접금속의 냉각에 따라 확산성 수소는 외부로 방출되지만 일부는 모재쪽으로 확산하고, 용착금속 중에 수소량이 많을수록 확산량이 많다. 모재쪽으로 확산한 수소는 비드 밑부분 균열의 발생에 중요한 원인된다.

해설

수소가 너무 많으면 헤어크랙 등을 유발하여 결국에는 균열을 발생시킬 수 있다.

비드 밑 균열은 비드의 바로 밑 용융선을 따라 열 영향부에 생기는 균열로 고탄소강이나 합금강 같은 재료를 용접할 때 생긴다.

19 다음 중 스터드 용접에서 페룰의 역할이 아닌 것은?

① 아크열을 발산한다.

② 용착부의 오염을 방지한다.

③ 용융금속의 유출을 막아준다.

④ 용융금속의 산화를 방지한다.

저자쌤의 핵직강

스터드 용접에서 페룰의 역할

- 용접이 진행되는 동안 아크열을 집중시켜 준다.
- 용융금속의 산화를 방지한다.
- 용융금속의 유출을 막아준다.
- 용착부의 오염을 방지한다.
- 용접사의 눈을 아크 광선으로부터 보호해 주는 등 중요한 역할을 한다.

정답 16 ③ 17 ① 18 ④ 19 ①

해설

아크열은 집중시켜 주어야 한다.

Plus One 페룰(Ferrule)이란 모재와 스터드가 통전할 수 있도록 연결해 주는 것으로 아크 공간을 대기와 차단하여 아크분위기를 보호한다.

20 다음 중 용접부의 작업검사에 있어 용접 중 작업 검사사항으로 가장 적합한 것은?

① 용접작업자의 기량
② 각 층마다의 융합상태
③ 후열처리방법 및 상태
④ 용접조건, 예열, 후열 등의 처리

저자쌤의 핵직강

용접 중 작업 검사사항

- 용접 기술 : 용접 검사자는 여러 층에서의 용접기술이 절차서나 사양서의 요구 사항에 일치하고 있는지를 검사해야 한다.
- Shielding : 용접 검사원은 보호 가스의 종류 및 혼합 유속, 보호면적 등이 절차서의 요구사항을 따르는가를 확인해야 한다.
- 층간 청결상태 : 용접 검사원은 용접 층간의 청결상태가 용접 절차서의 요구사항을 따르는가를 확인해야 한다.
- 예열 및 층간 온도 : 용접검사원은 전 용접 과정 중 요구되는 최소한의 예열이 유지되는지를 확인해야 한다.
- 용접변수 : 용접검사원은 전압, 암페어 운봉 속도 등의 용접변수가 용접 절차서의 요구사항을 따르는가를 확인해야 한다.
- 수정용접 : 용접검사원은 항상 수정 용접에 입회하여야 한다. 이는 모재를 수정하거나 용접금속의 결함을 수정하는 경우 모두 포함된다.

해설

용접은 대부분 다층 용접이 주를 이루며, 각 층별 작업 시마다 융합 상태를 확인하여 잘못된 부분이 있을 때 보수 용접을 실시하거나 용접 조건을 다시 설정해야 한다.

Plus One 용접검사

용접 전 검사	용접시 검사	최종 용접검사
• 용접 절차서 • 재료 적합성 • 개선 및 착부상태 • 용접 장비 • Back Purge • 예 열 • 용접사 자격	• 용접 기술 • Shielding • 층간 청결상태 • 예열 및 층간 온도 • 용접 변수 • 수정 용접	• 후 열 • 청결상태 • 육안검사 • 비파괴시험 • 파괴시험 • 용접 후 열처리 • 용접확인

21 다음 중 잔류응력 제거방법에 있어 용접선 양측을 일정 속도로 이동하는 가스 불꽃에 의하여 너비 약 150mm를 150~200℃로 가열한 다음 곧 수랭하는 방법은?

① 피닝법 ② 기계적 응력 완화법
③ 국부 풀림법 ④ 저온 응력 완화법

해설

① 피닝법 : 끝이 둥근 특수 해머로 용접부를 연속적으로 타격하여, 용접 표면에 소성 변형을 주면서 인장 응력을 완화시키는 방법
② 기계적 응력 완화법 : 용접부에 하중을 주어 소성변형을 시켜 응력을 제거하는 방법
③ 국부 풀림법 : 노 내 풀림이 곤란한 경우에 사용하며 용접선 양측을 각각 250mm나 판 두께가 12배 이상의 범위를 가열한 후 서랭한다. 유도가열 장치를 사용하여 온도가 불균일하게 실시하면 잔류응력이 발생할 수 있다.

22 다음 중 산화철 분말과 알루미늄 분말을 혼합한 배합제에 점화하면 반응열이 약 2,800℃에 달하며, 주로 레일이음에 사용되는 용접법은?

① 스폿 용접 ② 테르밋 용접
③ 심 용접 ④ 일렉트로 가스 용접

해설

테르밋 용접은 금속 산화물과 알루미늄이 반응하여 열과 슬래그를 발생시키는 테르밋반응을 이용하는 용접법이다. 약 2,800℃의 열이 발생되어 용접용 강이 만들어지게 되는데 이 강을 용접부위에 주입하여 용접한다. 주로 철도 레일의 보수작업에 사용된다.

23 다음 중 플라즈마 제트 절단에 관한 설명으로 틀린 것은?

① 플라즈마 제트 절단은 플라즈마 제트 에너지를 이용한 절단법의 일종이다.
② 절단하려는 재료에 전기적 접촉이 이루어지므로 비금속재료의 절단에는 적합하지 않다.
③ 절단장치의 전원에는 직류가 사용되지만 아크 전압이 높아지면 무부하 전압도 높은 것이 필요하다.
④ 작동가스로는 알루미늄 등의 경금속에 대해서는 아르곤과 수소의 혼합가스가 사용된다.

해설

② 비금속재료도 절단이 가능하다.

20 ② 21 ④ 22 ② 23 ② 정답

아크 용접에 비해 10~100배의 높은 에너지 밀도를 가짐으로써 10,000~30,000℃의 고온의 플라즈마를 얻으므로 철과 비철 금속의 용접과 절단에 이용된다.

24 다음 중 피복 아크 용접에서 용접봉의 용융속도에 관한 설명으로 틀린 것은?

① 용융속도는 아크전류와 용접봉 쪽 전압강하의 곱으로 나타낸다.

② 용융속도는 아크전압과 용접봉의 지름과 관련이 깊다.

③ 단위 시간당 소비되는 용접봉의 길이 또는 무게를 말한다.

④ 지름이 달라도 종류가 같은 용접봉인 경우에는 심선의 용융속도는 전류에 비례한다.

해설

용융속도는 단위시간당 소비되는 용접봉의 길이나 무게로 나타낸다.

용융속도 = 아크전류 × 용접봉 쪽 전압강하

25 다음 중 산소용기의 취급 시 주의사항으로 틀린 것은?

① 기름이 묻은 손이나 장갑을 착용하고는 취급하지 않아야 한다.

② 통풍이 잘 되는 야외에서 직사광선에 노출시켜야 한다.

③ 용기의 밸브가 얼었을 경우에는 따뜻한 물로 녹여야 한다.

④ 사용 전에는 비눗물 등을 이용하여 누설 여부를 확인한다.

저자쌤의 핵직강

산소용기의 취급상 안전조치로써 다음과 같다.

- 운반할 경우에는 반드시 캡을 씌운다.
- 산소병 표면온도가 40℃ 이상이 되지 않도록 하며 직사광선을 피한다.
- 겨울철 용기가 동결될 때는 직화(直火)로 녹이지 말고 더운 물(40℃ 이하)에 녹인다.
- 조정기의 나사는 홈을 7개 이상 완전히 끼운다.
- 밸브 개폐 시 용기 앞에서 열지 말고 옆에서 열도록 한다.
- 산소가 새는 것을 조사할 때는 비눗물을 사용한다.
- 기름 묻은 손으로 용기를 만져서는 안 된다.
- 사용이 끝났을 때는 밸브를 닫고 규정된 위치에 보관한다.
- 운반 도중 굴리거나, 넘어뜨리거나 또는 던지거나 해서는 안 된다.
- 높은 곳으로 운반하기 위해 크레인 등을 사용할 때는 망에 넣어서 취급 운반한다.
- 적재할 때는 구르지 않도록 받침(고임) 목 등을 사용한다.
- 세워 놓고 사용할 때는 체인으로 묶는 등 전도방지대책을 취한다.
- 충전용기(1/2 이상 충전된 것을 말한다)와 빈 용기는 구분해서 저장한다.
- 화기로부터 5m 이상 떨어지게 한다.

해설

가스용기는 통풍이 잘되고 직사광선이 없는 곳에 보관하며, 항상 40℃ 이하를 유지해야 한다.

26 다음 중 가스 용접에서 산화 불꽃으로 용접할 경우 가장 적합한 용접재료는?

① 황 동　　② 모넬메탈

③ 알루미늄　　④ 스테인리스

저자쌤의 핵직강

산화 불꽃

- 산소 과잉 불꽃이다.
- 용접 시 금속을 산화시키므로 구리, 황동 등의 용접에 사용한다.
- 산화성 분위기를 만들어 일반적인 금속 용접에는 사용하지 않는다.
- 중성 불꽃에서 산소량을 증가시키거나, 아세틸렌 가스량을 감소시키면 만들어진다.

해설

황동 등의 구리합금은 산화 불꽃으로 용접하는 것이 적합하다.

27 다음 중 피복 아크 용접봉에서 피복제의 역할로 틀린 것은?

① 아크를 안정시킨다.

② 슬래그를 제거하기 쉽게 한다.

③ 용착금속의 탈산 정련작용을 한다.

④ 스패터의 발생을 증가시킨다.

정답 24 ② 25 ② 26 ① 27 ④

저자쌤의 핵직강

피복제(Flux)의 역할
- 아크를 안정시킨다.
- 절연 작용을 한다.
- 보호가스를 발생시킨다.
- 아크의 집중성을 좋게 한다.
- 용착 금속의 급랭 방지한다.
- 탈산작용 및 정련작용을 한다.
- 용융 금속과 슬래그의 유동성을 좋게 한다.
- 용적(쇳물)을 미세화하여 용착효율을 높인다.
- 슬래그 제거를 쉽게 하여 비드의 외관을 좋게 한다.

해설
피복제는 아크를 안정시켜 스패터의 발생을 감소시킨다.

28 다음 중 용접 시 용착금속의 응고를 지연시켜 급랭을 방지하는 이유와 가장 거리가 먼 것은?

① 급랭에 의한 균열을 방지할 수 있다.
② 용접부에 담금질 경화가 되는 현상을 줄일 수 있다.
③ 기공, 슬래그 혼입 등 결함의 원인을 방지할 수 있다.
④ 전기 용접의 경우 소요되는 전력을 줄일 수 있다.

해설
용융 금속의 응고를 지연시키는 것은 용접 후의 과정이므로 용접기의 소요 전력과는 관련이 없다.

29 다음 중 연강 판 두께가 25.4mm일 때 표준 드래그 길이로 가장 적합한 것은?

① 2.4mm
② 5.2mm
③ 10.2mm
④ 25.4mm

해설
표준 드래그 길이(mm)

$=$판 두께(mm)$\times\frac{1}{5}=25.4\times\frac{1}{5}$

$=5.08$mm

30 다음 중 수중 절단 시 토치를 수중에 넣기 전에 보조팁에 점화를 하기 위해 가장 적합한 연료가스는?

① 질 소
② 아세톤
③ 수 소
④ 이산화탄소

해설
H_2(수소)가스는 연소 시 탄소가 존재하지 않아 납의 용접이나 수중 절단용 가스로 사용된다.

31 다음 중 산소-아세틸렌가스 용접에 있어 전진법에 관한 설명으로 옳은 것은?

① 용접속도는 후진법보다 느리다.
② 열이용률은 후진법보다 좋다.
③ 산화의 정도는 후진법보다 약하다.
④ 용착금속의 조직은 후진법보다 미세하다.

저자쌤의 핵직강

가스용접에서의 전진법과 후진법의 차이점

구 분	전진법	후진법
토치 진행 방향	오른쪽→왼쪽	왼쪽→오른쪽
열 이용률	나쁘다.	좋다.
비드의 모양	보기 좋다.	매끈하지 못하다.
홈의 각도	크다(약 80°).	작다(약 60°).
용접 속도	느리다.	빠르다.
용접 변형	크다.	적다.
용접 가능 두께	두께 5mm 이하의 박판	후 판
가열 시간	길다.	짧다.
기계적 성질	나쁘다.	좋다.
산화 정도	심하다.	양호하다.

32 다음 중 용접법에 있어 융접에 해당하는 것은?

① 테르밋 용접
② 저항 용접
③ 심 용접
④ 유도가열 용접

28 ④ 29 ② 30 ③ 31 ① 32 ① 정답

해설

용접법의 종류

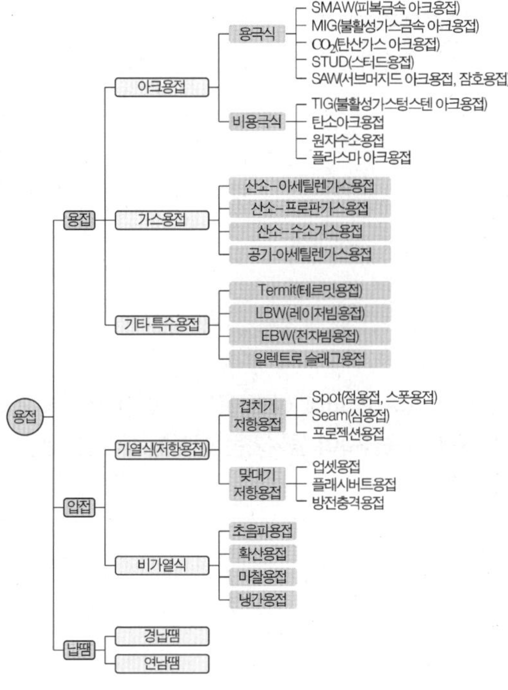

33 **다음 중 아크 용접 시 사용전류의 종류에 관한 설명으로 틀린 것은?**

① 정극성(DCSP)은 모재 측을 양(+)극으로 한다.

② 교류(AC)는 직류 정극성과 직류 역극성의 중간 상태이다.

③ 역극성(DCRP)은 용접봉을 양(+)극으로 하며, 모재의 용입이 깊다.

④ 정극성(DCSP)은 용접봉을 음(-)극으로 하며, 비드의 폭이 좁은 특징을 나타낸다.

아크 용접기의 극성

극성	특징
직류 정극성 (DCSP, Direct Current Straight Polarity)	• 용입이 깊다. • 비드 폭이 좁다. • 용접봉의 용융속도가 느리다. • 후판(두꺼운 판) 용접이 가능하다. • 모재에는 (+)전극이 연결되며 70% 열이 발생하고, 용접봉에는 (-)전극이 연결되며 30% 열이 발생한다.
직류 역극성 (DCRP, Direct Current Reverse Polarity)	• 용입이 얕다. • 비드 폭이 넓다. • 용접봉의 용융속도가 빠르다. • 박판(얇은 판) 용접이 가능하다. • 산화피막을 제거하는 청정작용이 있다. • 모재에는 (-)전극이 연결되며 30% 열이 발생하고, 용접봉에는 (+)전극이 연결되며 70% 열이 발생한다.
교류(AC)	• 극성이 없다. • 전원 주파수의 $\frac{1}{2}$사이클마다 극성이 바뀐다. • 직류 정극성과 직류 역극성의 중간적 성격이다.

해설

직류 역극성은 용접봉에 (+)극을, 모재에 (-)극을 연결한 것으로 모재에서는 30%의 열이 발생되기 때문에 용입은 얕다.

34 **정격 2차 전류 300A, 정격 사용률 40%인 아크 용접기로 실제 200A 용접전류를 사용하여 용접하는 경우 전체 시간을 10분으로 하였을 때 다음 중 용접시간과 휴식시간을 올바르게 나타낸 것은?**

① 5분 용접 후 5분간 휴식한다.

② 7분 용접 후 3분간 휴식한다.

③ 9분 용접 후 1분간 휴식한다.

④ 10분 동안 계속 용접한다.

저자쌤의 핵직강

아크 용접기의 허용사용률을 구하는 문제이다.

$$허용사용률 = \frac{(정격\ 2차\ 전류)^2}{(실제\ 용접\ 전류)^2} \times 정격사용률(\%)$$

$$= \frac{300^2}{200^2} \times 40\% = 90\%$$

해설

전체시간을 10분으로 할 경우 9분은 용접시간, 1분은 휴식시간이 된다.

35 **다음 중 KS상 연강용 가스 용접봉의 표준치수가 아닌 것은?**

① 1.0 ② 2.0

③ 3.0 ④ 4.0

저자쌤의 핵직강

KS상 연강용 가스 용접봉의 치수(KS D 7005)

(단위 : mm)

	치 수							
지 름	1.0	1.6	2.0	2.6	3.2	4.0	5.0	6.0
길 이	1,000							

36 다음 중 가스절단 토치 형식에 있어 절단 팁이 동심형에 해당하는 것은?

① 영국식　② 미국식

③ 독일식　④ 프랑스식

해설

절단 팁의 종류에는 동심형팁(프랑스식)과 이심형팁(독일식)이 있다.

③ 이심형팁(독일식) : 고압가스 분출구와 예열 가스 분출구가 분리됨. 예열용 분출구가 있는 방향으로만 절단 가능, 작은 곡선, 후진 등 절단은 어려우나 직선 절단의 능률이 높고, 절단면이 깨끗하다.

④ 동심형팁(프랑스식) : 동심원의 중앙 구멍으로 고압 산소를 분출. 외곽 구멍으로는 예열용 혼합가스 분출

37 다음 중 가스 용접에 사용되는 산소에 관한 설명으로 틀린 것은?

① 산소 자체는 타지 않는다.

② 다른 원소와 화합하여 산화물을 생성한다.

③ 액체산소는 일반적으로 연한 청색을 띤다.

④ 다른 물질의 연소를 도와주는 가연성 가스이다.

해설

산소는 다른 물질이 연소를 도와주는 조연성 가스이다. 가연성 가스는 LPG나 아세틸렌과 같은 가스를 말한다.

38 다음 중 납땜 작업 시 차광유리의 차광도 번호로 가장 적절한 것은?

① 2~4　② 5~6

③ 8~10　④ 11~12

저자쌤의 핵직강

용접의 종류에 따른 차광번호

용접의 종류	차광번호
납 땜	No.2~4
가스 용접	No.4~7
피복 아크 용접	No.10~11
탄소 아크 용접	No.14
불활성 가스 용접	No.12~13

39 다음 중 피복 아크 용접에 있어 용접봉에서 모재로 용융금속이 옮겨가는 상태를 분류한 것이 아닌 것은?

① 폭발 이행형

② 스프레이 이행형

③ 글로뷸러 이행형

④ 단락 이행형

해설

용접봉 용융금속의 이행형식에 따른 분류

- 스프레이형 : 미세 용적을 스프레이처럼 날려 보내면서 융착
- 글로뷸러형(입상이행형) : 서브머지드 아크 용접과 같이 대전류를 사용
- 단락형 : 표면장력에 따라 모재에 융착
- 맥동이행

40 다음 중 고탄소 경강품(주강)을 이용한 부품으로 가장 적합하지 않은 것은?

① 기 어　② 실린더

③ 압연기　④ 피아노선

저자쌤의 핵직강

특수용도강인 피아노선재는 탄소함유량 0.60 ~ 0.95%의 고탄소강 선재로 패턴팅 처리 후 신선하여 피아노선, 오일템퍼선, PC강선, PC강연선 제조용으로 쓰인다.

해설

주강이란 주조를 할 수 있는 강(Steel)을 말하는 것으로 피아노선과 같은 선재는 주조로 제조할 수 없고, 일반 가공을 통해 제작이 가능하다.

36 ④ 37 ④ 38 ① 39 ① 40 ④ 정답

41 구리에 30~40% Pb을 첨가한 것으로, 고속·고하중용 베어링으로 자동차, 항공기 등에 널리 사용되는 것은?

① 두랄루민 ② 켈밋합금
③ 포 금 ④ 모넬메탈

해설
켈밋합금은 고속, 고하중용 베어링의 재료로 사용된다.
① 두랄루민 : Al+Cu+Mg+Ni
③ 포금 : Sn(8~12%)+Zn(1~2%)
④ 모넬메탈 : Ni(65%~70%)+Fe(1%~3%)

42 다음 중 18-8형 오스테나이트계 스테인리스강의 주요 합금원소로 옳은 것은?

① Ni : 18%, Cr : 8%
② Cr : 18%, Ni : 8%
③ Cr : 18%, Mn : 8%
④ Ni : 18%, Mn : 8%

해설
강에 12% 이상의 Ni(니켈)을 첨가하면 스테인리스강이 되는데, 18-8형은 Cr-18%, Ni-8%가 합금된 스테인리스강을 말한다.

43 다음 중 강의 표면경화법에 있어 침탄법과 질화법에 대한 설명으로 틀린 것은?

① 침탄법은 경도가 질화법보다 높다.
② 질화법은 경화처리 후 열처리가 필요 없다.
③ 침탄법은 고온가열 시 뜨임되고, 경도는 낮아진다.
④ 질화법은 침탄법에 비하여 경화에 의한 변형이 적다.

저자쌤의 핵직강

특 성	침탄법	질화법
경 도	질화법보다 낮다.	침탄법보다 높다.
수정여부	침탄 후 수정 가능	불 가
처리시간	짧다.	길다.
열처리	침탄 후 열처리 필요	불필요
변 형	경화에 의한 변형이 생김	경화 후 변형이 적음
취 성	질화층보다 여리지 않음	질화층부가 여림

44 다음 중 알루미늄(Al)에 관한 설명으로 틀린 것은?

① 전·연성이 우수하다.
② 산이나 알칼리에 약하다.
③ 실용금속 중 가장 가볍다.
④ 열과 전기의 전도성이 양호하다.

해설
실용 금속 중 가장 가벼운 것은 Mg(마그네슘)이다.

45 다음 중 베어링강의 구비조건으로 옳은 것은?

① 높은 탄성한도와 피로한도
② 낮은 탄성한도와 피로한도
③ 높은 취성파괴와 연성파괴
④ 낮은 내마모성과 내압성

해설
베어링은 구름베어링과 롤러베어링으로 구분되는데, 이 베어링들은 회전을 하면서 외부의 하중을 받기 때문에 계속적인 외력에 저항하는 피로한도가 높아야 하므로 재료를 원래의 상태로 복원되는 탄성한도도 높아야 한다.

46 다음 중 일반적인 연강의 탄소 함유량으로 가장 적절한 것은?

① 0.1% 이하 ② 0.13%~0.2%
③ 1.0%~1.4% ④ 2.0%~3.0%

저자쌤의 핵직강

탄소강의 분류(탄소함유량에 따라)
- 극저탄소강 : 0.03% ~ 0.12% 이하
- 저탄소강(연강) : 0.13% ~ 0.20%
- 중탄소강 : 0.21% ~ 0.45% 이하
- 고탄소강 : 0.45~1.7%

해설
연강은 0.13%~0.2% 사이의 C(탄소)를 함유된 강을 의미한다.

정답 41 ② 42 ② 43 ① 44 ③ 45 ① 46 ②

47 다음 중 강을 여리게 하고, 산이나 알칼리에 약하며 백점이나 헤어크랙의 원인이 되는 것은?

① 규 소 ② 망 간
③ 인 ④ 수 소

해설
헤어크랙의 원인은 수소(H_2)가 용융금속과 반응했기 때문이다.

48 다음 중 베어링으로 사용되는 화이트메탈(White Metal)에 관계된 주요 원소로만 나열한 것은?

① 구리, 망간 ② 마그네슘, 주석
③ 주석, 납 ④ 알루미늄, 아연

해설
화이트메탈
Pb-Sn-Sb계, Sn-Sb(안티몬)계 합금의 총칭

49 다음 중 질량 효과(Mass Effect)가 가장 큰 것은?

① 탄소강 ② 니켈강
③ 크롬강 ④ 망간강

해설
질량 효과(Mass Effect)란 탄소강을 담금질하였을 때 강의 질량(크기)에 따라 조직과 기계적 성질이 변하는 현상이다. 질량이 무거운 제품을 담금질 시 질량이 클수록 내부의 열이 많기 때문에 천천히 냉각되며, 그 결과 조직과 경도가 변한다.

탄소강은 질량 효과가 크고, 합금강은 질량 효과가 작다.

50 주철은 600℃ 이상의 온도에서 가열했다가 냉각하는 과정의 반복에 의하여 팽창하게 되는데 이러한 현상을 주철의 성장이라고 한다. 다음 중 주철의 성장 원인이 아닌 것은?

① Fe_3C 중의 흑연화에 의한 팽창
② 오스테나이트 조직 중의 Si의 산화에 의한 팽창
③ 흡수된 가스의 팽창에 따른 부피증가 등으로 인한 주철의 성장
④ A_1변태의 반복과정에서 오는 체적변화에 기인되는 미세한 균열이 형성되어 생기는 팽창

저자쌤의 핵직강

주철의 성장 원인
- 흡수된 가스에 의한 팽창
- 시멘타이트의 흑연화에 의한 팽창
- A_1변태에서 부피 변화로 인한 팽창
- 불균일한 가열로 생기는 균열에 의한 팽창
- 페라이트 중 고용된 Si(규소)의 산화에 의한 팽창

해설
주철은 불균일한 가열로 균열이 생기면서 성장한다. 또한 주철을 600℃ 이상의 온도에서 가열과 냉각을 반복하면 부피가 증가하여 파열되는데, 이 현상을 주철의 성장이라고 한다.

51 대칭형의 물체는 그림과 같이 조합하여 그릴 수 있는데, 이러한 단면도를 무슨 단면도라고 하는가?

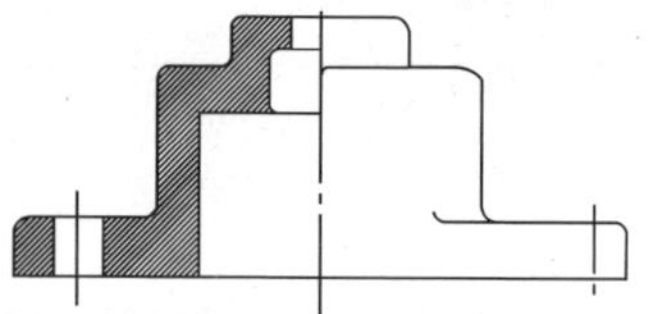

① 온 단면도 ② 한쪽 단면도
③ 부분 단면도 ④ 회전도시 단면도

해설

단면도명	도 면
온단면도 (전단면도)	
한쪽단면도 (반단면도)	
부분단면도	파단선 떼어낸 부분의 단면

47 ④ 48 ③ 49 ① 50 ④ 51 ② 정답

단면도명	도 면
회전도시 단면도	(a) 암의 회전 단면도 (투상도 안) (b) 훅의 회전 단면도 (투상도 밖)
계단단면도	A B C D A-B-C-D

52 제도를 하는 데 있어서 아주 굵은 선, 굵은 선, 가는 선의 굵기 비율은 어떻게 해야 하는가?

① 3 : 2 : 1
② 4 : 2 : 1
③ 9 : 5 : 1
④ 9 : 3 : 1

해설

제도 시 선 굵기의 비율
아주 굵은 선 : 굵은 선 : 가는 선 = 4 : 2 : 1

53 다음과 같이 제3각법으로 정투상도를 작도할 때 누락된 평면도로 적합한 것은?

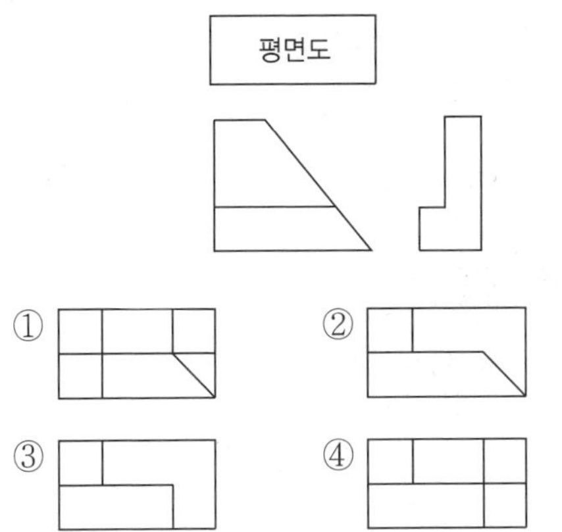

해설

정면도를 통해 정답을 ②와 ③번으로 압축할 수 있고 우측면도를 통해 ③번이 정답임을 알 수 있다.

54 치수 기입법에서 지름, 반지름, 구의 지름 및 반지름, 모따기, 두께 등을 표시할 때 사용되는 보조 기호표시가 잘못된 것은?

① 두께 : D6　　② 반지름 : R3
③ 모따기 : C3　　④ 구의 지름 : Sϕ6

저자샘의 핵직강

치수 표시 기호

기 호	구 분	기 호	구 분
ϕ	지 름	p	피 치
Sϕ	구의 지름	$\overset{\frown}{50}$	호의 길이
R	반지름	$\underline{50}$	비례척도가 아닌 치수
SR	구의 반지름	$\boxed{50}$	이론적으로 정확한 치수
□	정사각형	(50)	참고 치수
C	45° 모따기	~~50~~	치수의 취소 (수정 시 사용)
t	두 께		

해설

두께는 t를 사용해야 한다.

55 그림과 같은 용접 기호의 의미를 바르게 설명한 것은?

d ⊓ n(e)

① 구멍의 지름이 n이고 e의 간격으로 d개인 플러그 용접
② 구멍의 지름이 d이고 e의 간격으로 n개인 플러그 용접
③ 구멍의 지름이 n이고 e의 간격으로 d개인 심 용접
④ 구멍의 지름이 d이고 e의 간격으로 n개인 심 용접

해설

(⊓) 기호는 플러그 용접(슬롯 용접)에 대한 기호이며, d–구멍의 지름, n–용접부 개수, e–간격을 의미한다.

정답 52 ② 53 ③ 54 ① 55 ②

56 나사의 도시법에 대한 설명으로 틀린 것은?

① 불완전 나사부는 기능상 필요한 경우 경사된 굵은 실선으로 그린다.
② 수나사와 암나사의 골을 표시하는 선은 가는 실선으로 그린다.
③ 수나사에서 완전 나사부와 불완전 나사부의 경계선은 굵은 실선으로 그린다.
④ 수나사와 암나사의 측면 도시에서 각각의 골지름은 가는 실선으로 약 $\frac{3}{4}$의 원으로 그린다.

해설

나사의 불완전 나사부는 필요한 경우 중심축선으로부터 경사 가는 실선으로 표시한다.

57 도면에서 표제란과 부품란으로 구분할 때, 부품란에 기입할 사항이 아닌 것은?

① 품 명　　② 재 질
③ 수 량　　④ 척 도

저자쌤의 핵직강

부품란에는 품번, 품명, 재질, 수량, 무게, 공정, 비고란 등을 기록한다. 표제란은 항상 도면 용지의 우측 하단에 위치시키며, 기재상항으로는 도면번호, 도명, 책임자, 척도, 투상법, 도면 작성일자 등이 있다.

해설

척도는 표제란에 기입한다.

58 전개도 작성 시 삼각형 전개법으로 사용하기에 가장 적합한 형상은?

① 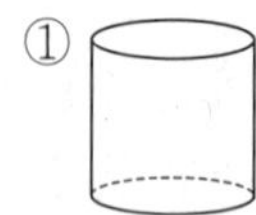
② 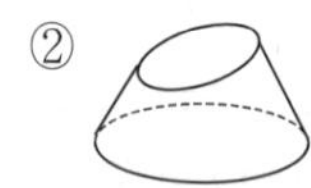
③ 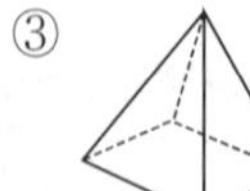
④ 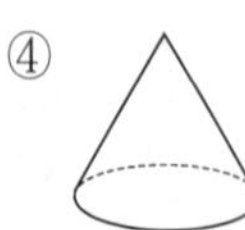

전개도법의 종류
- 평행선법 : 삼각기둥, 사각기둥과 같은 여러 가지의 각기둥과 원기둥을 평행하게 전개하여 그리는 방법
- 방사선법 : 삼각뿔, 사각뿔 등의 각뿔과 원뿔을 꼭짓점을 기준으로 부채꼴로 펼쳐서 전개도를 그리는 방법
- 삼각형법 : 꼭짓점이 먼 각뿔, 원뿔 등의 해당면을 삼각형으로 분할하여 전개도를 그리는 방법

해설

삼각형 전개도법으로는 원뿔을 전개하기 적합하다.

59 기계재료 기호 SM 15CK에서 "15"가 의미하는 것은?

① 침탄 깊이　　② 최저 인장강도
③ 탄소함유량　　④ 최대 인장강도

해설

SM 15CK는 기계구조용 탄소강재로서, S는 강을 나타내는 Steel, M은 기계를 나타내는 Machine, 15은 탄소 함유량의 중간값(0.10~0.20)을 나타내며, C는 탄소로서 Carbon이다. K는 구조용 탄소강 중에서 표면경화용 열처리 재료일 경우에 붙인다.

60 그림과 같은 배관 접합 기호의 설명으로 옳은 것은?

① 블랭크 연결　　② 유니언 연결
③ 마개와 소켓 연결　　④ 칼라 연결

저자쌤의 핵직강

끝 부분의 종류	그림 기호
막힌 플랜지	
나사 박음식 캡 및 나사 박음식 플러그	
용접식 캡	

해설

그림은 블랭크 플랜지로 내부 플랜지의 일종이다. 관 끝을 폐쇄하기 위해 사용하며 구멍이 뚫리지 않는 플랜지를 말한다.

56 ① 57 ④ 58 ② 59 ③ 60 ① 정답

2013년도 제1회 **기출문제**

01 가스용접 시 안전사항으로 적당하지 않은 것은?

① 산소병은 60℃ 이하 온도에서 보관하고 직사광선을 피하여 보관한다.

② 호스는 길지 않게 하며 용접이 끝났을 때는 용기 밸브를 잠근다.

③ 작업자 눈을 보호하기 위해 적당한 차광유리를 사용한다.

④ 호스 접속부는 호스밴드로 조이고 비눗물 등으로 누설 여부를 검사한다.

해설

산소병 표면온도가 40℃ 이상이 되지 않도록 하며 직사광선을 피한다.

02 맞대기 용접이음에서 모재의 인장강도는 450MPa이며, 용접 시험편의 인장강도가 470MPa일 때 이음효율은 약 몇 %인가?

① 104　　② 96

③ 60　　④ 69

해설

$$\text{이음효율}(\eta) = \frac{\text{시험편 인장강도}}{\text{모재 인장강도}} \times 100\% = \frac{470\text{MPa}}{450\text{MPa}} \times 100\%$$

$$= 104\%$$

03 서브머지드 아크 용접의 용융형 용제에서 입도에 대한 설명으로 틀린 것은?

① 용제의 입도는 발생가스의 방출상태에는 영향을 미치나, 용제의 용융성과 비드형상에는 영향을 미치지 않는다.

② 가는 입자의 용제에 높은 전류를 사용해야 한다.

③ 거친 입자의 용제에 높은 전류를 사용하면 비드가 거칠어 기공, 언더컷 등이 발생한다.

④ 가는 입자의 용제를 사용하면 비드 폭이 넓어지고 용입이 얕아진다.

저자쌤의 핵직강

용융형 용제의 특징

- 입도가 작을수록 용입이 얕고 너비가 넓으며 미려한 비드를 생성한다.
- 작은 전류에는 입도가 큰 거친 입자를, 큰 전류에는 입도가 작은 미세한 입자를 사용한다. 작은 전류에 미세한 입자를 사용하면 가스 방출이 불량해서 Pock Mark 불량의 원인이 된다.

해설

용융형 용제(Flux)는 광물성 원료를 전기로에서 1,300℃ 이상 가열하여 용해시킨 후, 응고시켜 분쇄한 뒤 적당한 입도로서 만든 것으로써 20메시 정도의 미세한 가루이다.

04 플라즈마 아크 용접에 관한 설명 중 틀린 것은?

① 전류 밀도가 크고 용접속도가 빠르다.

② 기계적 성질이 좋으며 변형이 적다.

③ 설비비가 적게 든다.

④ 1층으로 용접할 수 있으므로 능률적이다.

해설

플라즈마 아크 용접 : 높은 온도를 가진 플라즈마를 한 방향으로 모아서 분출시키는 것을 플라즈마 제트라고도 부르며, 이를 이용하여 용접이나 절단에 사용하는 것을 플라즈마 아크 용접이라고 한다. 단, 설비비가 많이 드는 단점이 있다.

Plus One 플라즈마 아크 용접의 특징

- 용접 변형이 작다.
- 비도 폭이 좁고 깊다.
- 용접의 품질이 균일하다.
- 용접 속도를 크게 할 수 있다.
- 철과 비철 금속의 용접과 절단에 이용된다.
- 전류 밀도가 크고, 안정적이며 보유 열량이 크다.

정답 1 ① 2 ① 3 ① 4 ③

05 서브머지드 아크 용접의 용제 중 흡습성이 높아 보통 사용 전에 150~300℃에서 1시간 정도 재건조해서 사용하는 것은?

① 용제형 ② 혼성형
③ 용융형 ④ 소결형

저자샘의 핵직강

서브머지드 아크 용접용 용제(Flux)

용제의 종류	제조과정
용융형 용제 (Fused Flux)	• 원광석을 아크 전기로에서 1,300℃ 이상에서 용융하여 응고시킨 후 분쇄하여 알맞은 입도로 만든 것이다. • 입도가 작을수록 용입이 얕고, 너비가 넓은 깨끗한 비드가 된다.
소결형 용제 (Sintered Flux)	• 원료와 합금 분말을 규산화나트륨과 같은 점결제와 함께 낮은 온도에서 소정의 입도로 소결하여 제조한 것이다. • 흡습성이 높아서 사용 전 150~300℃에서 1시간 정도 재건조해서 사용해야 한다.

06 CO_2 가스 아크 용접에서 용제가 들어있는 와이어 CO_2법의 종류에 속하지 않은 것은?

① 솔리드 아크법 ② 유니언 아크법
③ 퓨즈 아크법 ④ 아코스 아크법

해설

용제가 들어 있는 와이어 CO_2 아크 용접의 종류
- NCG법
- 퓨즈 아크법
- 유니언 아크법
- 아코스 아크법(Arcos)

07 가스 절단에 따른 변형을 최소화할 수 있는 방법이 아닌 것은?

① 적당한 지그를 사용하여 절단재의 이동을 구속한다.
② 절단에 의하여 변형되기 쉬운 부분을 최후까지 남겨놓고 냉각하면서 절단한다.
③ 여러 개의 토치를 이용하여 평행 절단한다.
④ 가스 절단 직후 절단물 전체를 650℃로 가열한 후 즉시 수냉한다.

해설

재료를 가열 후 수냉하면 재료는 급격히 식게 된다. 이렇게 뜨거워진 재료를 급냉하면 내부에 잔류응력이 많이 발생하며 변형될 수 있기 때문에 서냉해야 한다.

08 MIG 용접에 사용되는 보호가스로 적합하지 않은 것은?

① 순수 아르곤 가스 ② 아르곤-산소 가스
③ 아르곤-헬륨 가스 ④ 아르곤-수소 가스

해설

MIG 용접의 보호가스로는 순수 Ar, $Ar+O_2$, Ar+He, $Ar+CO_2$가 사용된다.

09 아크 용접작업에 의한 직접 재해에 해당되지 않은 것은?

① 감 전 ② 화 상
③ 전광성 안염 ④ 전 도

해설

전도란 엎어져서 넘어지거나 넘어뜨림을 당하는 사고로써 아크 용접 작업 시 직접 재해에 속하지 않는다.

Plus 
전광성 안염(용접 눈병)은 아크 빛에 의한 발생하는 것이다.

10 다음 중 응력제거 방법에 있어 노내 풀림법에 대한 설명으로 틀린 것은?

① 일반 구조용 압연강재의 노내 및 국부 풀림의 유지 온도는 725±50℃이며 유지시간은 판 두께의 25mm에 대하여 5시간 정도이다.
② 잔류응력의 제거는 어떤 한계 내에서 유지온도가 높을수록, 또 유지시간이 길수록 효과가 크다.
③ 보통 연강에 대해서 제품을 노내에서 출입시키는 온도는 300℃를 넘어서는 안 된다.
④ 응력제거 열처리법 중에서 가장 잘 이용되고 또 효과가 큰 것은 제품 전체를 가열로 안에 넣고 적당한 온도에서 얼마 동안 유지한 다음 노내에서 서랭하는 것이다.

5 ④ 6 ① 7 ④ 8 ④ 9 ④ 10 ① 정답

저자쌤의 핵직강

용접 후 재료내부의 잔류 응력 제거법

- 노내 풀림법 : 가열 시 노내에서 유지온도는 625℃ 정도이며 판 두께는 25mm일 경우 1시간 동안 유지한다. 유지온도가 높거나 유지시간이 길수록 풀림 효과가 크다.
- 국부 풀림법 : 노내 풀림이 곤란한 경우에 사용하며 용접선 양측을 각각 250mm나 판 두께 12배 이상의 범위를 가열한 후 서냉한다. 유도가열 장치를 사용하며 온도가 불균일하게 실시하면 잔류응력이 발생할 수 있다.
- 기계적 응력 완화법 : 용접부에 하중을 주어 소성변형을 시켜 응력을 제거하는 방법이다.
- 저온 응력 완화법 : 용접선 좌우 양측을 일정하게 이동하는 가스 불꽃으로써 150mm의 폭을 약 150℃~200℃로 가열한 후 수랭하는 방법. 용접선 방향의 인장응력을 완화시키기 위해서 사용한다.
- 피닝법 : 끝이 둥근 특수 해머를 사용하여 용접부를 연속적으로 타격하며 용접 표면에 소성변형을 주어 인장 응력을 완화시킨다.

해설

일반적인 유지 온도는 625±25℃, 유지 시간 또한 판 두께 25mm에 대하여 1시간이다. 하지만 보일러용 강판, 고온 고압 배관용 강관, 화학 공업용 강관 등에 대해서 유지 온도는 725±25℃, 유지 시간은 판 두께 25mm에 대하여 2시간 정도 쓰이기도 한다.

11 금속아크 용접 시 지켜야 할 유의사항 중 적합하지 않은 것은?

① 작업 시 전류는 적절하게 조절하고 정리정돈을 잘하도록 한다.

② 작업을 시작하기 전에는 메인 스위치를 작동시킨 후에 용접기 스위치를 작동시킨다.

③ 작업이 끝나면 항상 메인 스위치를 먼저 끈 후에 용접기 스위치를 꺼야 한다.

④ 아크 발생 시에는 항상 안전에 신경을 쓰도록 한다.

해설

용접 작업이 완료되면 용접기의 스위치를 OFF시킨 후 메인 전원 스위치를 꺼야 용접기에서 발생 가능한 갑작스런 전기적 충격을 방지할 수 있다.

12 가연물 중에서 착화온도가 가장 낮은 것은?

① 수소(H_2) ② 일산화탄소(CO)

③ 아세틸렌(C_2H_2) ④ 휘발유(Gasoline)

해설

착화온도란 Ignition Temperature로써 불이 붙거나 타는 온도를 나타낸다.

가 스	착화온도(발화온도)	가 스	착화온도(발화온도)
수 소	570℃	일산화탄소	610℃
아세틸렌	305℃	휘발유	290℃

13 일반적으로 MIG 용접의 전류밀도는 아크 용접의 몇 배 정도인가?

① 2~4배 ② 4~6배

③ 6~8배 ④ 9~11배

해설

※ 저자의견 : ②

확정답안은 ③으로 발표되었으나 MIG(불활성 가스 금속 아크) 용접은 전류밀도가 매우 높아 아크 용접의 4~6배, TIG 용접의 2배 정도이다.

14 미세한 알루미늄 분말과 산화철 분말을 혼합하여 과산화바륨과 알루미늄 등의 혼합분말로 된 점화제를 넣고 연소시켜 그 반응열로 용접하는 것은?

① 테르밋 용접

② 전자 빔 용접

③ 불활성 가스 아크 용접

④ 원자 수소 용접

해설

② 전자 빔 용접 : 고밀도로 집속되고 가속된 전자빔을 진공 속에서 용접물에 고속도로 조사시키면 빛과 같은 속도로 이동한 전자가 용접물에 충돌하여 전자의 운동에너지를 열에너지로 변환시켜 국부적으로 고열을 발생시키는데, 이때 생긴 열원으로 용접부를 용융시켜 용접하는 방법

③ 불활성 가스 아크 용접 : TIG 용접 및 MIG 용접 시 Inert Gas(불활성 가스)인 Ar을 보호가스로 이용하는 용접법

④ 원자 수소 용접 : 2개의 텅스텐 전극 사이에서 아크를 발생시키고 홀더의 노즐에서 수소 가스를 유출시켜서 용접하는 방법으로 연성이 좋고 표면이 깨끗한 용접부를 얻을 수 있으나, 토치 구조가 복잡하고 비용이 많이 들기 때문에 특수 금속 용접에 적합하다.

Plus One **테르밋 용접의 특징**

- 설비비가 싸다.
- 용접비용이 싸다.
- 이동이 용이하다.
- 용접작업이 단순하다.

정답 11 ③ 12 ④ 13 ③ 14 ①

- 홈 가공이 불필요하다.
- 전기 공급이 필요 없다.
- 현장에서 직접 사용된다.
- 구조, 단조, 레일 등의 용접 및 보수에 이용한다.
- 차량, 선박, 접합단면이 큰 구조물의 용접에 적용한다.

15 **피복 아크 용접에서 용접봉을 선택할 때 고려할 사항이 아닌 것은?**

① 모재와 용접부의 기계적 성질
② 모재와 용접부의 물리적, 화학적 안정성
③ 경제성을 고려
④ 용접기의 종류와 예열방법

저자쌤의 핵직강

피복 아크 용접봉이 갖추어야 할 사항
- 용착 금속의 모든 성질을 우수하게 할 것
- 용접 작업이 용이하게 될 것
- 심선보다 피복제가 약간 늦게 녹을 것
- 값이 싸고 경제적일 것
- 저장 중에 변질되지 말 것
- 습기에 용해되지 않을 것
- 용접시 유독한 가스를 발생하지 않을 것
- 슬래그가 용이하게 제거될 것

해설
용접봉 선택 시 예열 방법은 고려 대상이 아니다.

16 **용접부의 방사선 검사에서 γ선원으로 사용되지 않은 원소는?**

① 이리듐 192
② 코발트 60
③ 세슘 134
④ 몰리브덴 30

해설
몰리브덴 30은 X선이다.
비파괴 검사에 사용되는 γ선원에는 이리듐 192, 코발트 60, 세슘 134, TM(툴륨) 170이 있다.

17 **다음은 탄산가스 아크 용접(CO_2 Gas Arc Welding)에서 용접토치의 팁과 모재부분을 나타낸 것이다. d부분의 명칭을 올바르게 설명한 것은?**

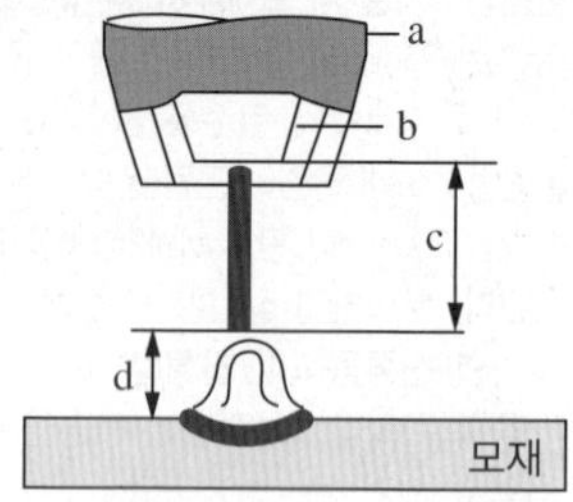

① 팁과 모재간 거리
② 가스 노즐과 팁간 거리
③ 와이어 돌출 길이
④ 아크 길이

해설
- a : 노즐
- b : 팁
- c : 와이어 돌출 길이
- d : 아크 길이

18 **모재의 홈 가공을 U형으로 했을 경우 엔드 탭(End-tap)은 어떤 조건으로 하는 것이 가장 좋은가?**

① I형 홈 가공으로 한다.
② X형 홈 가공으로 한다.
③ U형 홈 가공으로 한다.
④ 홈 가공이 필요 없다.

해설
엔드 탭은 모재의 홈 가공 모양과 동일한 것으로 해야 한다.

Plus One
엔드 탭(End Tab)은 용접결함 또는 아크 쏠림이 생기기 쉬운 용접 비드의 시작과 끝 지점에 용접을 하기 위해 모재의 양단에 부착하는 보조강판

19 **겹치기 저항용접에 있어서 접합부에 나타나는 용융 응고된 금속 부분은?**

① 마크(Mark) ② 스폿(Spot)
③ 포인트(Point) ④ 너깃(Nugget)

15 ④ 16 ④ 17 ④ 18 ③ 19 ④ 정답

해설
너깃은 겹치기 저항용접에서 접합부가 용융 응고되어 원형이 된 부분을 말한다.

20 납땜방법에 관한 설명으로 틀린 것은?

① 비철 금속의 접합도 가능하다.
② 재료에 수축현상이 없다.
③ 땜납에는 연납과 경납이 있다.
④ 모재를 녹여서 용접한다.

해설
용접은 모재를 녹여서 용접하는 방법이나 납땜은 모재를 녹이지 않고 땜납제를 녹여서 접합한다.

Plus One 납땜은 용접과 다르게 결합중에 기본금속이 녹지 않는다.

21 초음파 탐상법에 속하지 않은 것은?

① 펄스 반사법　② 투과법
③ 공진법　④ 관통법

저자쌤의 핵직강

초음파탐상법의 종류
- 투과법 : 초음파펄스를 시험체의 한쪽 면에서 송신하고 다른 반대쪽 면에서 송신하는 방법
- 펄스반사법 : 불연속부와 같은 경계면에서는 투과 및 굴절 또는 반사를 하는데 불연속부에서 반사하는 초음파를 분석하여 검사하는 방법
- 공진법 : 시험체에 가해진 초음파의 진동수와 시험체의 고유진동수가 일치할 때 진동의 진폭이 커지는 현상으로써 공진현상을 이용하여 시험체의 두께 측정에 이용하는 방법

해설
관통법은 자분탐상법(MT)의 방법 중의 하나이다.

22 용접 균열을 방지하기 위한 일반적인 사항으로 맞지 않은 것은?

① 좋은 강재를 사용한다.
② 응력집중을 피한다.
③ 용접부에 노치를 만든다.
④ 용접시공을 잘한다.

해설
노치란 모재의 한쪽 면에 흠집이 있는 것을 말하는데, 용접부에 노치가 있으면 응력이 집중되어 Crack이 발생하기 쉽다.

23 용접 입열과 관련된 설명으로 옳은 것은?

① 아크 전류가 커지면 용접 입열은 감소한다.
② 용접 입열이 커지면 모재가 녹지 않아 용접이 되지 않는다.
③ 용접 모재에 흡수되는 열량은 입열의 10% 정도이다.
④ 용접 속도가 빠르면 용접 입열은 감소한다.

해설
용접 속도와 용접 입열량과는 반비례의 관련성이 있다. 용접속도가 빠르면 용접 입열량은 감소하며, 용접속도가 느리면 그만큼 용접 입열량은 증가한다.

24 용접에 사용되는 가연성가스인 수소의 폭발범위는?

① 4~5%　② 4~15%
③ 4~35%　④ 4~75%

저자쌤의 핵직강

가연성 가스의 폭발 범위

기체의 종류	폭발범위
수 소	4~75
메 탄	5~15
프로판	2.1~9.5
아세틸렌	2.5~81

25 산소병의 내용적이 40.7리터인 용기에 압력이 100kg/cm^{2}로 충전되어 있다면 프랑스식 팁 100번을 사용하여 표준불꽃으로 약 몇 시간까지 용접이 가능한가?

① 16시간　② 22시간
③ 31시간　④ 41시간

해설
가변압식인 프랑스식 팁 100번은 시간당 소비량이 100L이다.

정답　20 ④　21 ④　22 ③　23 ④　24 ④　25 ④

$$\text{용접가능시간}=\frac{\text{산소용기의 총가스량}}{\text{시간당 소비량}}=\frac{\text{내용적}\times\text{압력}}{\text{시간당 소비량}}$$

$$=\frac{40.7\times100}{100}=40.7\text{시간}$$

26 가스절단에서 전후, 좌우 및 직선 전달을 자유롭게 할 수 있는 팁은?

① 이심형 ② 동심형
③ 곡선형 ④ 회전형

저자쌤의 핵직강

절단 팁의 종류

- 동심형 팁(프랑스식) : 동심원의 중앙 구멍으로 고압 산소를 분출하고 외곽 구멍으로는 예열용 혼합가스를 분출한다. 가스절단에서 전후, 좌우 및 직선 전달을 자유롭게 할 수 있다.
- 이심형 팁(독일식) : 고압가스 분출구와 예열가스 분출구가 분리되며, 예열용 분출구가 있는 방향으로만 절단 가능하다. 작은 곡선, 후진 등 절단은 어려우나 직선 절단의 능률이 높고, 절단면이 깨끗하다.

해설

동심형 팁은 전후, 좌우, 직선 전달이 자유롭다.

27 피복 아크 용접봉의 피복제에 들어있는 탈산제에 모두 해당되는 것은?

① 페로실리콘, 산화니켈, 소맥분
② 페로티탄, 크롬, 규사
③ 페로실리콘, 소맥분, 목재톱밥
④ 알루미늄, 구리, 물유리

저자쌤의 핵직강

피복 배합제의 종류

배합제	용도	종류
고착제	심선에 피복제를 고착시킨다.	규산나트륨, 규산칼륨, 아교
탈산제	용융 금속 중의 산화물을 탈산, 정련한다.	크롬, 망간, 알루미늄, 규소철, 페로망간, 페로실리콘, 망간철, 톱밥, 소맥분(밀가루)
가스 발생제	중성, 환원성 가스를 발생하여 대기와의 접촉을 차단하고 용융 금속의 산화나 질화를 방지한다.	아교, 녹말, 톱밥, 탄산바륨, 셀룰로이드, 석회석, 마그네사이트
아크 안정제	아크를 안정시킨다.	산화티탄, 규산칼륨, 규산나트륨, 석회석
슬래그 생성제	용융점이 낮고 가벼운 슬래그를 만들어 산화나 질화를 방지한다.	석회석, 규사, 산화철, 일미나이트, 이산화망간
합금 첨가제	용접부의 성질을 개선하기 위해 첨가한다.	페로망간, 페로실리콘 니켈, 몰리브덴, 구리

28 다음 중 고압가스 용기의 색상이 틀린 것은?

① 산소-청색 ② 수소-주황색
③ 아르곤-회색 ④ 아세틸렌-황색

저자쌤의 핵직강

일반 가스 용기의 도색 색상

가스명칭	도 색	가스명칭	도 색
산 소	녹 색	암모니아	백 색
수 소	주황색	아세틸렌	황 색
탄산가스	청 색	프로판(LPG)	회 색
아르곤	회 색	염 소	갈 색

29 주철 용접이 곤란하고 어려운 이유가 아닌 것은?

① 예열과 후열을 필요로 한다.
② 용접 후 급랭에 의한 수축, 균열이 생기기 쉽다.
③ 단시간 가열로 흑연이 조대화되어 용착이 양호하다.
④ 일산화탄소 가스 발생으로 용착금속에 기공이 생기기 쉽다.

해설

장시간 가열로 흑연이 조대화된 경우, 주철 속에 기름, 흙, 모래 등이 있는 경우에 용착이 불량하거나 모재의 친화력이 나쁘다.

주철에 함유된 흑연 때문에 용착이 양호하지 못하기 때문에 주철의 용접은 다소 곤란하다. 주철은 보통 2.5~4.5%의 탄소를 함유하고 있는데 탄소의 한 영역인 흑연은 용접성이 나쁜 주요 원인이 된다. 흑연은 열이 주어지면 연소하여 기공 등의 결함이 발생하기 쉽고 용접 금속과의 화합이 좋지 않으며 용착 금속의 성질을 약하게 한다.

26 ② 27 ③ 28 ① 29 ③ 정답

30 가동철심형 교류 아크 용접기에 관한 설명으로 틀린 것은?

① 교류 아크 용접기의 종류에서 현재 가장 많이 사용하고 있다.
② 용접 작업 중 가동철심의 진동으로 소음이 발생할 수 있다.
③ 가동철심을 움직여 누설자속을 변동시켜 전류를 조정한다.
④ 광범위한 전류조정이 쉬우나 미세한 전류 조정은 불가능하다.

저자쌤의 핵직강

가동철심형 교류 아크 용접기의 특징
- 현재 가장 많이 사용한다.
- 변압기의 원리를 이용한 것이다.
- 가동철심으로 누설자속을 가감하여 전류를 조정한다.
- 광범위한 전류 조정이 어렵다.
- 미세한 전류 조정이 가능하다.

31 가스 용접작업에서 보통작업을 할 때 압력조정기의 산소 압력은 몇 kg/cm^2 이하이어야 하는가?

① 6~7　② 3~4
③ 1~2　④ 0.1~0.3

해설
가스 용접작업 시 압력조정기의 산소 압력은 보통 3~4kg/cm^2 이하이다.

32 연강판의 두께가 4.4mm인 모재를 가스 용접할 때 가장 적합한 가스 용접봉의 지름은 몇 mm인가?

① 1.0　② 1.6
③ 2.0　④ 3.2

해설
가스용접봉지름(D)

$$=\frac{\text{판두께}(T)}{2}+1=\frac{4.4\text{mm}}{2}+1=3.2\text{mm}$$

33 용접 중 전류를 측정할 때 후크미터(클램프메타)의 측정위치로 적합한 것은?

① 1차측 접지선　② 피복 아크 용접봉
③ 1차측 케이블　④ 2차측 케이블

해설
후크미터는 용접 전류를 2차 케이블(용접기와 용접홀더가 연결된 케이블)의 아무 부위에나 걸어서 측정하는 측정기기이다.

34 가스 용접에서 전진법과 후진법을 비교하여 설명한 것으로 맞는 것은?

① 용착금속의 냉각속도는 후진법이 서냉된다.
② 용접변형은 후진법이 크다.
③ 산화의 정도가 심한 것은 후진법이다.
④ 용접속도는 후진법보다 전진법이 더 빠르다.

해설
가스용접에서의 전진법과 후진법의 차이점

구 분	전진법	후진법
토치 진행 방향	오른쪽 → 왼쪽	왼쪽 → 오른쪽
열 이용률	나쁘다.	좋다.
비드의 모양	보기 좋다.	매끈하지 못하다.
홈의 각도	크다(약 80°).	작다(약 60°).
용접 속도	느리다.	빠르다.
용접 변형	크다.	적다.
용접 가능 두께	두께 5mm 이하의 박판	후 판
가열 시간	길다.	짧다.
기계적 성질	나쁘다.	좋다.
산화 정도	심하다.	양호하다.

35 피복 아크 용접봉의 피복제가 연소 후 생성된 물질이 용접부를 어떻게 보호하는가에 따라 분류한 것이 아닌 것은?

① 가스 발생식　② 슬래그 생성식
③ 구조물 발생식　④ 반가스 발생식

저자쌤의 핵직강

용착금속의 보호방식에 따른 분류
- 가스 발생식 : 피복제 성분이 주로 셀룰로오스이며 연소 시 가스를 발생시켜 용접부를 보호

정답 30 ④　31 ②　32 ④　33 ④　34 ①　35 ③

- 슬래그 생성식 : 피복제 성분이 주로 규사, 석회석 등 무기물로 슬래그를 만들어 용접부를 보호하며 산화 및 질화를 방지
- 반가스 발생식 : 가스 발생식과 슬래그 생성식의 중간

36 다음 자기 불림(Magnetic Blow)은 어느 용접에서 생기는가?

① 가스 용접
② 교류 아크 용접
③ 일렉트로 슬래그 용접
④ 직류 아크 용접

저자쌤의 핵직강

자기 불림 방지책
- 교류 용접기 사용
- 후퇴법으로 용접할 것
- 접지를 양쪽에 연결할 것
- 짧은 아크를 사용할 것
- 접지점을 용접부에서 가능한 멀리 할 것
- 용접봉을 Arc Blow와 반대방향으로 기울일 것
- 받침쇠, 간판 용접부, 시점과 종점에 엔드 탭 사용할 것

해설
직류 아크 용접기를 사용할 때 발생하며, 방지책으로는 교류 아크 용접기를 사용하면 된다.

자기 불림
도체 사이에 전류가 흐르면 그 주위에 자기장이 생긴다. 자기불림은 모재와 용접봉 사이에 흐르는 전류에 따라 자계가 생겨 이 자계가 용접봉에 대하여 비대칭이 되면서 Arc가 자력선이 집중되지 않는 쪽으로 쏠려 흐르는 현상. 아크가 불안정하고, 기공, 슬래그 섞임, 용착금속의 재질이 변화되는 불량이 발생한다.

37 아크에어 가우징에 사용되는 압축공기에 대한 설명으로 올바른 것은?

① 압축공기의 압력은 2~3kgf/cm^2 정도가 좋다.
② 압축공기 분사는 항상 봉의 바로 앞에서 이루어져야 효과적이다.
③ 약간의 압력 변동에도 작업에 영향을 미치므로 주의한다.
④ 압축공기가 없을 경우 긴급 시에는 용기에 압축된 질소나 아르곤 가스를 사용한다.

저자쌤의 핵직강

아크 에어 가우징은 탄소 아크 절단에 압축공기(5~7kgf/c㎡)를 병용하여 전극 홀더의 구멍에서 탄소 전극봉에 나란히 분출하는 고속의 공기를 분출시켜 용융금속을 불어내어 홈을 파는 방법이다. 용접부의 홈 가공, 뒷면 따내기(Back Chipping), 용접 결함부 제거 등에 많이 사용된다.

38 다음 용접자세에 사용되는 기호 중 틀리게 나타낸 것은?

① F : 아래보기 자세 ② V : 수직자세
③ H : 수평자세 ④ O : 전 자세

저자쌤의 핵직강

용접 자세

자 세	KS규격
아래보기	F
수 평	H
수 직	V
위보기	OH
전자세	AP

39 텅스텐 전극과 모재 사이에 아크를 발생시켜 알루미늄, 마그네슘, 구리 및 구리합금, 스테인리스강 등의 절단에 사용되는 것은?

① TIG 절단 ② MIG 절단
③ 탄소 절단 ④ 산소 아크 절단

해설
W(텅스텐)전극을 사용하는 아크 절단법은 TIG(Tungsten Inert Gas) 절단이다.

40 철강의 종류는 Fe-C 상태도의 무엇을 기준으로 하는가?

① 질소 함유량 ② 탄소 함유량
③ 규소 함유량 ④ 크롬 함유량

해설
순수한 Fe(철)은 C(탄소)가 합금되는 양에 따라서 탄탄해져서, 기계 구조용 재료로서 사용되게 된다. 이때 Fe(철)에 최대로 함유할 수 있는 C(탄소)량은 6.67%이다.

36 ④ 37 ④ 38 ④ 39 ① 40 ② 정답

41 다음 중 알루미늄 합금이 아닌 것은?

① 라우탈(Lautal)
② 실루민(Silumin)
③ 두랄루민(Duralumin)
④ 켈밋(Kelmet)

해설
켈밋은 베어링 합금으로 사용되며, Cu(구리)와 Pb(납)의 합금이다.

42 질화처리의 특성에 관한 설명으로 틀린 것은?

① 침탄에 비해 높은 표면 경도를 얻을 수 있다.
② 고온에서 처리되어 변형이 크고 처리시간이 짧다.
③ 내마모성이 커진다.
④ 내식성이 우수하고 피로 한도가 향상된다.

저자쌤의 핵직강
질화는 담금질 후 뜨임 처리한 강을 500℃ 정도로 가열하여 장시간에 걸쳐 표면층에 질소를 확산시켜서 질화물이 생성되도록 하여 표면 부근을 경화시키는 방법으로써 질화처리란 강의 표면에 질화물을 만들어 내식성, 내마모성, 피로강도 등을 향상시키는 가공법이다.

해설
질화처리는 처리시간이 오래 걸린다.

43 주철의 성장 원인이 아닌 것은?

① Fe_3C 흑연화에 의한 팽창
② 불균일한 가열로 생기는 균열에 의한 팽창
③ 흡수되는 가스의 팽창으로 인해 항복되어 생기는 팽창
④ 고용된 원소인 Mn의 산화에 의한 팽창

저자쌤의 핵직강
주철 성장의 원인
- 흡수된 가스에 의한 팽창
- 시멘타이트의 흑연화에 의한 팽창
- A_1변태에서 부피 변화로 인한 팽창
- 불균일한 가열로 생기는 균열에 의한 팽창
- 페라이트 중 고용된 Si(규소)의 산화에 의한 팽창

해설
주철의 물리적 성질은 화학 조성과 조직에 따라 크게 달라진다. 또한 주철을 600℃ 이상의 온도에서 가열과 냉각을 반복하면 부피가 증가하여 파열되는데, 이 현상을 주철의 성장이라고 한다.

44 Cr-Ni계 스테인리스강의 결함인 입계 부식의 방지책 중 틀린 것은?

① 탄소량이 적은 강을 사용한다.
② 300℃ 이하에서 가공한다.
③ Ti을 소량 첨가한다.
④ Nb을 소량 첨가한다.

해설
입계 부식을 방지하려면 600℃ 이상의 고온에서 작업한다.

45 구리의 물리적 성질에서 용융점은 약 몇 ℃ 정도인가?

① 660℃ ② 1,083℃
③ 1,528℃ ④ 3,410℃

해설
각 금속의 용융점

알루미늄	구 리	철	텅스텐
660℃	1,083℃	1,538℃	3,410℃

46 강을 동일한 조건에서 담금질할 경우 '질량효과(Mass Effect)가 적다.'의 가장 적합한 의미는?

① 냉간처리가 잘된다.
② 담금질 효과가 적다.
③ 열처리 효과가 잘된다.
④ 경화능이 적다.

저자쌤의 핵직강
질량 효과
강의 질량의 크기에 따라 열처리 효과가 달라진다는 것으로 질량 효과가 적으면 열처리 효과가 크고, 질량 효과가 크면 열처리 효과는 작다.

정답 41 ④ 42 ② 43 ④ 44 ② 45 ② 46 ③

해설

질량이 작은 강은 담금질 시 강의 내부까지 열이 빨리 식기 때문에 열처리 효과가 크지만 질량이 큰 강은 담금질 시 강의 내부까지 열이 식으려면 시간이 많이 걸리기 때문에 담금질 경도가 작기 때문에 열처리 효과는 작게 된다.

47 알루미늄 합금, 구리합금 용접에서 예열온도로 가장 적합한 것은?

① 200~400℃　② 100~200℃
③ 60~100℃　④ 20~50℃

해설

알루미늄 합금 및 구리합금 용접을 가스 용접으로 할 경우 작업 전에 200℃~400℃의 범위에서 예열을 한다.

48 탄소강의 적열취성의 원인이 되는 원소는?

① S　② CO_2
③ Si　④ Mn

해설

S(황)은 적열취성의 원인이 되며, P(인)은 청열취성의 원인이 된다.

49 주석(Sn)에 대한 설명 중 틀린 것은?

① 은백색의 연한 금속으로 용융점은 232℃ 정도이다.
② 독성이 없으므로 의약품, 식품 등의 튜브로 사용된다.
③ 고온에서 강도, 경도, 연신율이 증가된다.
④ 상온에서 연성이 풍부하다.

저자쌤의 핵직강

Sn(주석)의 특징
- 용융점 : 232℃
- 독성이 없어 의약품, 식품 튜브로 사용된다.
- 전성, 연성과 내식성이 크고, 쉽게 녹기 때문에 주조성이 좋아 널리 사용된다.
- 고온에서는 산소와 반응하여 이산화주석(SnO_2)이 되며, 수증기와도 반응하여 SnO_2가 되고 수소(H_2) 기체를 내놓는다.

해설

주석은 고온에서 강도와 경도가 감소한다.

50 구조용 탄소강 주물의 기호 중 연신율(%)이 가장 큰 것은?

① SC 360　② SC 410
③ SC 450　④ SC 480

해설

탄소의 함유량이 적을수록 연신율이 좋다.

Plus One 탄소강 주강품의 기계적 성질

종류의 기호	인장시험			단면 수축률 (%)
	인장강도 (kgf/mm^2)	항복점 (kgf/mm^2)	연신율 (%)	
SC360	37 이상 (363 이상)	18 이상 (175 이상)	23 이상	35 이상
SC410	42 이상 (412 이상)	21 이상 (205 이상)	21 이상	35 이상
SC450	46 이상 (451 이상)	23 이상 (225 이상)	19 이상	30 이상
SC480	49 이상 (481 이상)	25 이상 (242 이상)	17 이상	25 이상

51 다음 재료 기호 중 용접구조용 압연 강재에 속하는 것은?

① SPPS 380　② SPCC
③ SCW 450　④ SM 400C

해설

① SPPS : Carbon Steel Pipes for Pressure Service, 압력배관용 탄소강관
② SPCC : Steel Plate Cold Commercia, 냉간압연강판
③ SCW : 용접구조용 주강품
④ SM : 용접구조용 압연강재

52 그림은 제3각법으로 정투상한 정면도와 우측면도이다. 평면도로 가장 적합한 투상도는?

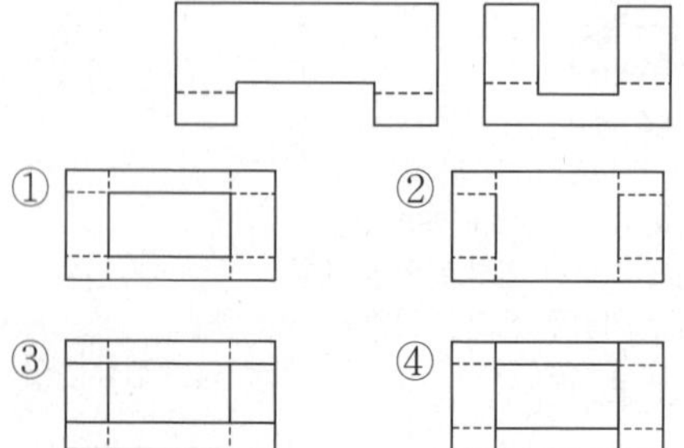

47 ①　48 ①　49 ③　50 ①　51 ④　52 ③ **정답**

53 나사의 표시가 "M42×3-6H"로 되어 있을 때 이 나사에 대한 설명으로 틀린 것은?

① 암나사 등급이 6H이다.
② 호칭지름(바깥지름)은 42mm이다.
③ 피치는 3mm이다.
④ 왼나사이다.

저자쌤의 핵직강

나사산의 감긴 방향이 왼나사인 경우에는 "좌" 또는 "L"로 표시하지만, 오른나사인 경우에는 표시하지 않는다.

해설
M42×3-6H 나사는 오른나사이다.

54 그림과 같이 구조물의 부재 등에서 절단할 곳의 전후를 끊어서 90° 회전하여 그 사이에 단면 형상을 표시하는 단면도는?

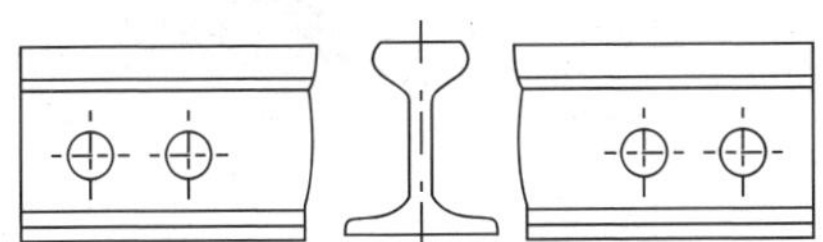

① 부분 단면도 ② 한쪽 단면도
③ 회전 도시 단면도 ④ 조합 단면도

55 관 끝의 표시 방법 중 용접식 캡을 나타내는 것은?

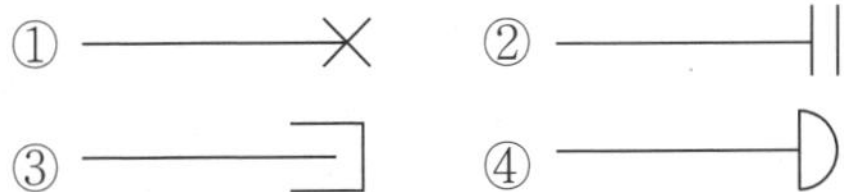

저자쌤의 핵직강

관의 끝부분 표시

끝부분의 종류	그림 기호
막힌 플랜지	
나사박음식 캡 및 나사박음식 플러그	
용접식 캡	

56 호의 길이 치수를 가장 적합하게 나타낸 것은?

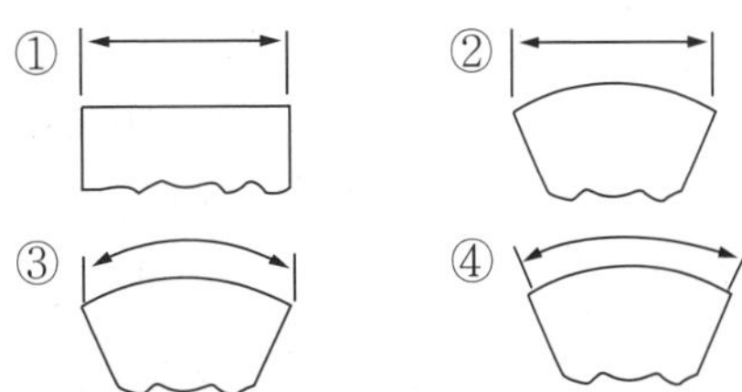

저자쌤의 핵직강

길이와 각도의 치수 기입

현의 치수 기입	호의 치수 기입
40	42
반지름의 치수 기입	**각도의 치수 기입**
R8	105° 36′ 30°

57 도면에서 2종류 이상의 선이 같은 장소에서 중복될 경우 선의 우선순위를 옳게 나열한 것은?

① 외형선 > 숨은선 > 절단선 > 중심선 > 치수 보조선
② 외형선 > 중심선 > 절단선 > 치수 보조선 > 숨은선
③ 외형선 > 절단선 > 치수 보조선 > 중심선 > 숨은선
④ 외형선 > 치수 보조선 > 절단선 > 숨은선 > 중심선

해설
선이 중복될 경우 선의 우선순위
외형선 > 숨은선 > 절단선 > 중심선 > 무게중심선 > 치수선

정답 53 ④ 54 ③ 55 ④ 56 ③ 57 ①

58 기계제도에서 도형의 생략에 관한 설명으로 틀린 것은?

① 도형이 대칭 형식인 경우에는 대칭 중심선의 한쪽 도형만을 그리고, 그 대칭 중심선의 양 끝부분에 대칭 그림기호를 그려서 대칭임을 나타낸다.
② 대칭 중심선의 한쪽 도형을 대칭 중심선을 조금 넘는 부분까지 그려서 나타낼 수도 있으며, 이때 중심선 양 끝에 대칭그림기호를 반드시 나타내야 한다.
③ 같은 종류, 같은 모양의 것이 다수 줄지어 있는 경우에는 실형 대신 그림기호를 피치선과 중심선과의 교점에 기입하여 나타낼 수 있다.
④ 축, 막대, 관과 같은 동일 단면형의 부분은 지면을 생략하기 위하여 중간 부분을 파단선으로 잘라내서 그 긴요한 부분만을 가까이 하여 도시할 수 있다.

해설

기계제도에서 도형을 생략할 때 대칭 중심선을 넘어서 도면을 작성하면 안 되며, 중심선의 양쪽에는 대칭기호(=)를 삽입해야 한다.

59 그림과 같은 제3각법 정투상도에서 누락된 우측면도를 가장 적합하게 투상한 것은?

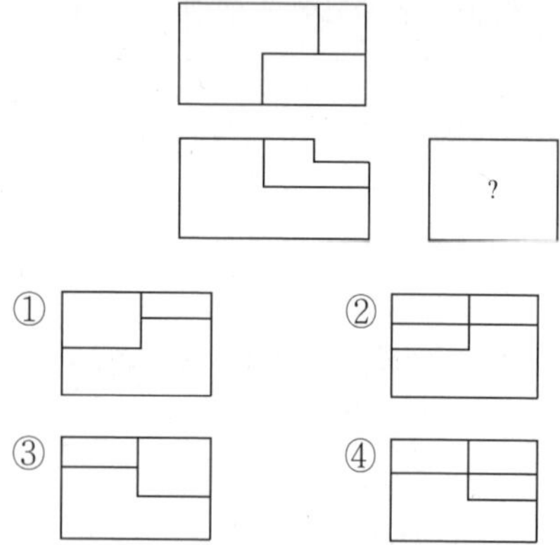

60 다음 중 필릿 용접의 기호로 옳은 것은?

①
②
③
④

해설

용접 기본 기호

번 호	명 칭	도 시	기본기호
1	필릿용접		
2	스폿용접		
3	플러그용접 (슬롯용접)		
4	뒷면용접		
5	심용접		

58 ② 59 ① 60 ③ 정답

2013년도 제2회 **기출문제**

용접기능사 Craftsman Welding/Inert Gas Arc Welding

01 구조물의 본용접 작업에 대하여 설명한 것 중 맞지 않는 것은?

① 위빙 폭은 심선 지름의 2~3배 정도가 적당하다.
② 용접 시단부의 기공 발생 방지 대책으로 핫 스타트(Hot Start) 장치를 설치한다.
③ 용접 작업 종단에 수축공을 방지하기 위하여 아크를 빨리 끊어 크레이터를 남게 한다.
④ 구조물의 끝부분이나 모서리, 구석부분과 같이 응력이 집중되는 것에서 용접봉을 갈아 끼우는 것을 피하여야 한다.

저자쌤의 핵직강

아크를 끊으면 비드의 끝에 크레이터가 남는다. 이 크레이터는 최후의 용융풀이 응고 수축될 때 생기는 것으로 슬래그의 섞임이 되기 쉽고, 수축될 때 균열이 생기기가 쉽다. 따라서 이것을 그대로 두면 파손이나 부식, 기타 결함의 원인이 되므로 반드시 완전히 덮도록 한다.

해설

크레이터의 처리법은 용접이 끝나는 부분에 가서 아크를 짧게 하여 천천히 운봉을 하며, 다시 용접봉을 뒤로 보내서 재빨리 아크를 끄도록 한다. 아크를 끈 후 움푹 파여져 그대로 있으면 다시 되풀이하여 충분히 쌓아 올려야 한다.

02 대전류, 고속도 용접을 실시하므로 이음부의 청정(수분, 녹, 스케일 제거 등)에 특히 유의하여야 하는 용접은?

① 수동 피복 아크 용접
② 반자동 이산화탄소 아크 용접
③ 서브머지드 아크 용접
④ 가스 용접

해설

서브머지드 아크 용접(SAW)은 용접 부위에 미세한 입상의 플럭스를 도포한 뒤 와이어가 공급되어 아크가 플럭스 속에서 발생되므로 불가시 아크 용접, 잠호용접, 개발자의 이름을 딴 케네디 용접, 그리고 이를 개발한 회사의 상품명인 유니언 멜트 용접이라고도 한다. 대전류, 고속도 용접을 실시하므로 이음부를 청정하게 해야 한다.

Plus One 용입이 크므로 요구되는 이음가공의 정도가 엄격하다.

03 CO_2 가스 아크 용접 시 작업장의 CO_2 가스가 몇 % 이상이면 인체에 위험한 상태가 되는가?

① 1% ② 4%
③ 10% ④ 15%

저자쌤의 핵직강

CO_2(이산화탄소) 가스가 인체에 미치는 영향

CO_2 농도	증 상
1%	호흡속도 다소 증가
2%	호흡속도 증가, 지속 시 피로를 느낌
3~4%	호흡속도 평소의 약 4배 증대, 두통, 뇌빈혈, 혈압상승
6%	피부혈관의 확장, 구토
7~8%	호흡곤란, 정신장애, 수분 내 의식불명
10% 이상	시력장애, 2~3분내 의식을 잃으며 방치 시 사망
15% 이상	위험 상태
30% 이상	극히 위험, 사망

04 안전을 위하여 가죽 장갑을 사용할 수 있는 작업은?

① 드릴링 작업 ② 선반 작업
③ 용접 작업 ④ 밀링 작업

저자쌤의 핵직강

용접 작업은 뜨거운 모재와 스패터의 발생으로 반드시 가죽장갑이나 내열용 장갑을 착용해야 한다. 그러나 날카로운

정답 1 ③ 2 ③ 3 ④ 4 ③

절삭 공구를 사용하여 철을 깎아내는 절삭작업을 진행할 때에는 장갑을 착용해서는 안 된다.

05 CO_2 가스 아크 용접을 보호가스와 용극가스에 의해 분류했을 때 용극식의 솔리드 와이어 혼합 가스법에 속하는 것은?

① CO_2+C법　② CO_2+CO+Ar법
③ CO_2+CO+O_2법　④ CO_2+Ar법

저자쌤의 핵직강

솔리드 와이어 혼합 가스법의 종류
- CO_2 + CO법
- CO_2 + O_2법
- CO_2 + Ar법
- CO_2 + Ar + O_2법

06 다음 중 연소를 가장 바르게 설명한 것은?

① 물질이 열을 내며 탄화한다.
② 물질이 탄산가스와 반응한다.
③ 물질이 산소와 반응하여 환원한다.
④ 물질이 산소와 반응하여 열과 빛을 발생한다.

해설
연소란 물질이 산소와 반응하여 열과 빛을 내면서 타는 현상을 말한다.

07 그림과 같이 길이가 긴 T형 필릿 용접을 할 경우에 일어나는 용접변형의 명칭은?

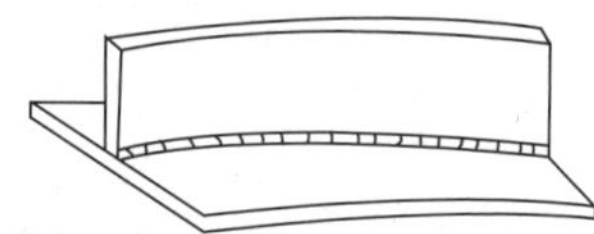

① 회전 변형　② 세로 굽힘 변형
③ 좌굴 변형　④ 가로 굽힘 변형

저자쌤의 핵직강

- 회전변형 : 용접되지 않은 맞대기 부분의 홈이 용접의 진행에 따라 닫히거나 열리는 현상으로 용접속도에 의한 영향을 크게 받아 방향이 결정된다.
- 세로 굽힘 변형(Longitudinal Deformation) : 용접선의 길이 방향으로 발생하는 굽힘 변형으로 세로방향의 수축 중심이 부재 단면의 중심과 일치하지 않을 경우에 발생한다.
- 좌굴변형 : 박판의 용접은 입열량에 비해 판재의 강성이 낮아 용접선 방향으로 작용하는 압축응력에 의해 좌굴형식의 변형이 발생한다.
- 가로 굽힘 변형(Transverse Deformation) : 각변형이라고도 하며 양면용접을 동시에 수행하면 용접 시 온도변화는 양면에 대칭되나 실제는 한쪽 면씩 용접을 수행하기 때문에 수축량 등이 달라져 가로 굽힘 변형이 발생한다.

Plus One 용접변형의 명칭

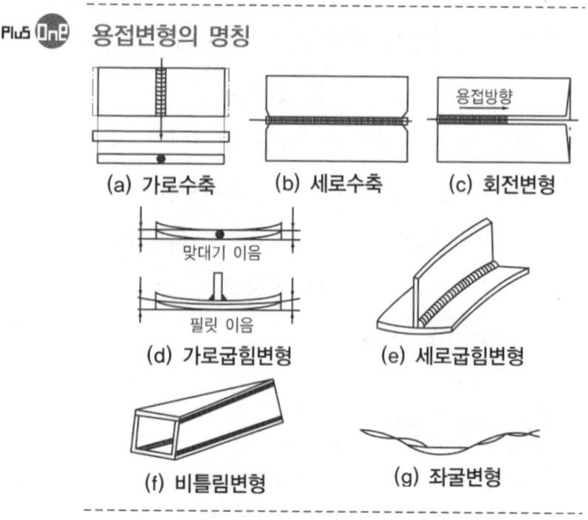

08 플라즈마 아크 용접장치에서 아크 플라스마의 냉각가스로 쓰이는 것은?

① 아르곤과 수소의 혼합가스
② 아르곤과 산소의 혼합가스
③ 아르곤과 메탄의 혼합가스
④ 아르곤과 프로판의 혼합가스

해설
플라즈마 아크 용접에서 아크 플라즈마의 냉각가스로는 Ar(아르곤)과 H_2(수소)의 혼합가스가 사용된다.

09 용접부의 외관검사 시 관찰사항이 아닌 것은?

① 용 입　② 오버랩
③ 언더컷　④ 경 도

해설
용접부의 외관 검사(VT)시에는 용입 불량, 언더컷, 오버랩, 외관 불량 등을 관찰할 수 있다. 그러나 경도는 경도 시험기를 사용해야 하므로 육안으로는 불가능하다.

5 ④ 6 ④ 7 ② 8 ① 9 ④ 정답

10 용접균열의 분류에서 발생하는 위치에 따라서 분류한 것은?

① 용착금속 균열과 용접 열영향부 균열
② 고온 균열과 저온 균열
③ 매크로 균열과 마이크로 균열
④ 입계 균열과 입안 균열

저자쌤의 핵직강

용접균열의 분류
- 발생원인에 따른 분류 : 고온균열, 저온균열, 라멜라균열
- 발생장소에 따른 분류 : 용접금속 균열, 열영향부 균열
- 비드에 대한 발생방향에 따른 분류 : 종균열, 횡균열
- 발생 형태에 따른 분류 : 루트균열, 토균열, 언더비드균열, 크레이터균열

해설

용접 균열의 발생 위치를 구분하면 크게 2군데로 나뉠 수 있다.
- 직접 용융되어 용접된 부분 : 용착금속 균열
- 직접 용융되어 용접된 부분의 주변 : 열영향부(HAZ) 균열

11 불활성 가스 텅스텐 아크 용접에서 고주파 전류를 사용할 때의 이점이 아닌 것은?

① 전극을 모재에 접촉시키지 않아도 아크 발생이 용이하다.
② 전극을 모재에 접촉시키지 않으므로 아크가 불안정하여 아크가 끊어지기 쉽다.
③ 전극을 모재에 접촉시키지 않으므로 전극의 수명이 길다.
④ 일정한 지름의 전극에 대하여 광범위한 전류의 사용이 가능하다.

해설

TIG 용접은 전극인 텅스텐봉이 모재에 닿지 않고 용접하는 것으로 고주파전류를 사용하면 아크가 안정된다.

12 용접부 시험 중 비파괴 시험방법이 아닌 것은?

① 초음파 시험
② 크리프 시험
③ 침투 시험
④ 맴돌이 전류 시험

해설

크리프(Creep)시험은 파괴 시험법으로써 시험편을 일정한 온도로 유지하고 여기에 일정한 하중을 가하여 시간에 따라 변화하는 변형을 측정하는 시험법이다. 이는 고온의 환경에서 사용할 재료가 어떤 것이 더 좋을지를 확인할 때 사용하는 기계적 시험방법이다.

13 MIG 용접에서 와이어 송급방식이 아닌 것은?

① 푸시 방식
② 풀 방식
③ 푸시-풀 방식
④ 포터블 방식

해설

와이어 송급 방식
- Push 방식 : 미는 방식
- Pull 방식 : 당기는 방식
- Push-Pull 방식 : 밀고 당기는 방식

14 다음 중 오스테나이트계 스테인리스강을 용접하면 냉각하면서 고온균열이 발생할 수 있는 경우는?

① 아크 길이가 너무 짧을 때
② 크레이터 처리를 하지 않았을 때
③ 모재 표면이 청정했을 때
④ 구속력이 없는 상태에서 용접할 때

해설

크레이터란 용접 종단지점이 움푹하게 파인 현상으로써 크레이터처리를 하지 않고 이 부분을 그냥 두면 응력이 집중되어 Crack이 발생하기 쉽다.

15 다음 용착법 중에서 비석법을 나타낸 것은?

① 5 → 4 → 3 → 2 → 1 →
② 2 → 3 → 4 → 1 → 5 →
③ 1 → 4 → 2 → 5 → 3 →
④ 3 → 4 → 5 → 1 → 2 →

정답 10 ① 11 ② 12 ② 13 ④ 14 ② 15 ③

저자쌤의 핵직강

용착법의 종류

구 분	종 류	
용접 방향에 의한 용착법	전진법	후퇴법
	1 2 3 4 5	5 4 3 2 1
	대칭법	스킵법(비석법)
	4 2 1 3	1 4 2 5 3
다층 비드 용착법	빌드업법(덧살올림법)	캐스케이드법
	4 3 2 1	4 3 2 1
	전진블록법	
	4 8 12 3 7 11 2 6 10 1 5 9	

해설

비석법으로도 불리는 스킵법은 용접부 전체의 길이를 5개 부분으로 나누어 놓고 1-4-2-5-3 순으로 용접하는 방법으로 용접부에 잔류 응력을 적게 해야 할 경우에 사용하는 용착법이다.

16 알루미늄을 TIG 용접법으로 접합하고자 할 경우 필요한 전원과 극성으로 가장 적합한 것은?

① 직류 정극성
② 직류 역극성
③ 교류 저주파
④ 교류 고주파

해설

알루미늄을 TIG 용접으로 접합하고자 할 때는 교류 고주파를 사용해야 한다.

17 연납땜에 가장 많이 사용되는 용가재는?

① 주석-납　　② 인동-납
③ 양은-납　　④ 황동-납

저자쌤의 핵직강

납땜용 용제의 종류

경납용 용제(Flux)	연납용 용제(Flux)
• 붕 사 • 붕 산 • 불화나트륨 • 불화칼륨 • 은 납 • 황동납 • 인동납 • 망간납 • 양은납 • 알루미늄납	• 송 진 • 인 산 • 염 산 • 염화아연 • 염화암모늄 • 주석-납 • 카드뮴-아연납 • 저융점 땜납

해설

연납용 용제로 가장 많이 사용되는 것은 주석-납이다.

18 충전가스 용기 중 암모니아가스 용기의 도색은?

① 회 색　　② 청 색
③ 녹 색　　④ 백 색

저자쌤의 핵직강

일반 가스 용기의 도색 색상

가스명칭	도 색	가스명칭	도 색
산 소	녹 색	암모니아	백 색
수 소	주황색	아세틸렌	황 색
탄산가스	청 색	프로판(LPG)	회 색
아르곤	회 색	염 소	갈 색

19 다음 그림에서 루트 간격을 표시하는 것은?

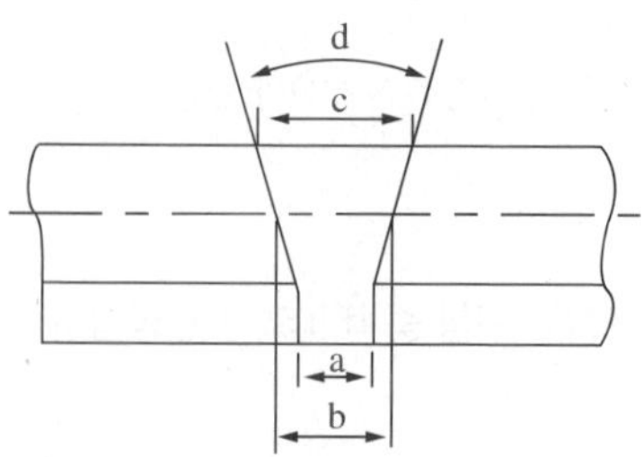

① a　　② b
③ c　　④ d

16 ④ 17 ① 18 ④ 19 ① 정답

해설

용접 홈의 형상에 대한 명칭
- a : 루트 간격
- c : 용접면 간격
- b : 루트면 중심거리
- d : 개선각(홈각도)

20 일렉트로 가스 아크 용접에 주로 사용하는 실드 가스는?

① 아르곤 가스 ② CO_2 가스
③ 프로판 가스 ④ 헬륨 가스

해설

일렉트로 가스 아크 용접에서는 CO_2 가스를 보호가스로 사용한다.

21 이음형상에 따라 저항용접을 분류할 때 맞대기 용접에 속하는 것은?

① 업셋 용접
② 스폿 용접
③ 심 용접
④ 프로젝션 용접

해설

저항용접의 종류

겹치기 저항 용접	맞대기 저항 용접
• 점(스폿) 용접 • 심 용접 • 프로젝션 용접	• 버트 용접 • 퍼커션 용접 • 업셋 용접 • 플래시 버트 용접 • 포일심 용접

22 용접기의 보수 및 점검사항 중 잘못 설명한 것은?

① 습기나 먼지가 많은 장소는 용접기 설치를 피한다.
② 용접기 케이스와 2차측 단자의 두 쪽 모두 접지를 피한다.
③ 가동부분 및 냉각팬을 점검하고 주유를 한다.
④ 용접 케이블의 파손된 부분은 절연 테이프로 감아 준다.

저자쌤의 핵직강

용접기의 보수 및 점검
- 습기, 먼지가 없고 환기가 잘되는 곳에 설치한다.
- 정격 사용률에 맞게 사용한다.
- 전류의 변동은 손잡이(탭)부분을 회전하며 전류를 조정하지 않는다.
- 2차측 단자의 한쪽과 용접기 케이스는 반드시 확실하게 접지 시킨다.
- 2차측 케이블이 길어지면 전압이 강하므로 가능한 지름이 큰 케이블을 사용한다.
- 가동부분, 냉각 팬을 정기적으로 점검하고 주유한다.
- 탭전환부의 전기적 접속부는 자주 샌드페이퍼 등으로 잘 닦아준다.
- 용접 케이블 등의 파손된 부분은 절연테이프로 감아준다.
- 1차측 탭은 1차측의 전류, 전압을 조절하는 것이므로 2차측 무부하 전압을 높이거나 용접전류를 높이는데 사용해서는 안된다.

23 교류 아크 용접기의 종류에 속하지 않는 것은?

① 가동 코일형
② 가동 철심형
③ 전동기 구동형
④ 탭 전환용

해설

직류아크 용접기의 종류에는 발전기형과 정류기형에 있는데 전동기 구동형은 발전기형에 속하는 직류 아크 용접기이다.

24 용접봉에서 모재로 용융금속이 옮겨가는 용적 이행 상태가 아닌 것은?

① 단락형
② 스프레이형
③ 탭 전환형
④ 글로뷸러형

해설

용접봉 용융금속의 이행형식에 따른 분류
- 스프레이형 : 미세 용적을 스프레이처럼 날려 보내면서 융착
- 글로뷸러형(입상이행형) : 서브머지드 아크 용접과 같이 대전류를 사용
- 단락형 : 표면장력에 따라 모재에 융착
- 맥동이행

정답 20 ② 21 ① 22 ② 23 ③ 24 ③

25 교류와 직류 아크 용접기를 비교해서 직류 아크 용접기의 특징이 아닌 것은?

① 구조가 복잡하다.
② 아크의 안정성이 우수하다.
③ 비피복 용접봉 사용이 가능하다.
④ 역률이 불량하다.

해설

직류 아크 용접기의 역률은 교류 아크 용접기보다 양호하다.

Plus One 직류아크 용접기 vs 교류 아크 용접기의 차이점

특 성	직류아크 용접기	교류 아크 용접기
아크안정성	우 수	보 통
비피복봉 사용여부	가 능	불가능
극성변화	가 능	불가능
아크쏠림방지	불가능	가 능
무부하 전압	약간 낮음 (40~60V)	높음 (70~80V)
전격의 위험	적다.	많다.
유지보수	다소 어렵다.	쉽다.
고 장	비교적 많다.	적다.
구 조	복잡하다.	간단하다.
역 률	양 호	불 량
가 격	고 가	저 렴

26 가스용접에서 탄화 불꽃의 설명과 관련이 가장 적은 것은?

① 속불꽃과 겉불꽃 사이에 밝은 백색의 제3불꽃이 있다.
② 산화작용이 일어나지 않는다.
③ 아세틸렌 과잉 불꽃이다.
④ 표준 불꽃이다.

해설

가스용접에서 탄화 불꽃은 아세틸렌 과잉 불꽃이라 하며, 표준 불꽃은 중성 불꽃이다.

27 전기용접봉 E4301은 어느 계인가?

① 저수소계 ② 고산화티탄계
③ 일미나이트계 ④ 라임티나니아계

저자쌤의 핵직강

용접봉의 종류

E4301	일미나이트계	E4303	라임티타니아계
E4311	고셀룰로오스계	E4313	고산화티탄계
E4316	저수소계	E4324	철분 산화티탄계
E4326	철분 저수소계	E4327	철분 산화철계
E4340	특수계	–	–

28 가스 절단 작업 시 표준 드래그 길이는 일반적으로 모재 두께의 몇 % 정도인가?

① 5 ② 10
③ 20 ④ 30

해설

표준 드래그 길이(mm)=판 두께(mm)$\times\frac{1}{5}$=판 두께의 20%

29 산소용기의 표시로 용기 윗부분에 각인이 찍혀 있다. 잘못 표시된 것은?

① 용기제작사 명칭 또는 기호
② 충전가스 명칭
③ 용기 중량
④ 최저 충전 압력

저자쌤의 핵직강

산소용기의 각인 사항

- 용기 제조자의 명칭
- 충전가스의 명칭
- 용기제조번호(용기번호)
- 용기의 중량(kg)
- 용기의 내용적(L)
- 내압시험압력(TP ; Test Pressure), 연월일
- 최고 충전 압력(FP ; Full Pressure)
- 이음매 없는 용기일 경우 '이음매 없는 용기' 표기

해설

최저 충전 압력 대신에 최고 충전 압력을 용기에 각인한다.

25 ④ 26 ④ 27 ③ 28 ③ 29 ④ 정답

30 피복 아크 용접기의 아크 발생 시간과 휴식 시간 전체가 10분이고 아크 발생 시간이 3분일 때 이 용접기의 사용률(%)은?

① 10%　② 20%
③ 30%　④ 40%

저자쌤의 핵직강

용접기의 사용률은 용접기를 사용하여 아크 용접을 할 때 용접기의 2차측에서 아크를 발생하는 시간을 나타내는 것으로, 사용률이 40%이면 아크를 발생하는 시간은 용접기가 가동된 전체 시간의 40%이고 나머지 60%는 용접작업 준비, 슬래그제거 등으로 용접기가 쉬는 시간의 비율을 나타낸 것이다. 이는 용접기의 온도상승을 방지하여 용접기를 보호하기 위해서 구하는 것이다.

$$사용률(\%) = \frac{아크\ 발생\ 시간}{아크\ 발생\ 시간 + 정지\ 시간} \times 100\%$$

$$= \frac{3}{3+7} \times 100\% = 30\%$$

31 다음 절단법 중에서 두꺼운 판, 주강의 슬래그 덩어리, 암석의 천공 등의 절단에 이용되는 절단법은?

① 산소창 절단　② 수중 절단
③ 분말 절단　④ 포갬 절단

해설

산소창 절단은 가늘고 긴 강관을 사용해서 절단 산소를 큰 강괴의 심부에 분출시켜 창으로 불리는 강관 자체가 함께 연소되면서 절단이 되는 방법으로 두꺼운 판이나 주강의 슬래그 덩어리, 암석의 천공 등에 이용된다.

32 다음 중 직류 정극성을 나타내는 기호는?

① DCSP　② DCCP
③ DCRP　④ DCOP

해설

- 직류 정극성(DCSP) : Direct Current Straight Polarity
- 직류 역극성(DCRP) : Direct Current Reverse Polarity

33 용접에서 직류 역극성의 설명 중 틀린 것은?

① 모재의 용입이 깊다.
② 봉의 녹음이 빠르다.
③ 비드 폭이 넓다.
④ 박판, 합금강, 비철금속의 용접에 사용한다.

저자쌤의 핵직강

직류 역극성(DCRP ; Direct Current Reverse Polarity)
- 모재(−) 30%열, 용접봉(+) 70% 열
- 용입이 얇다.
- 용접봉의 용융이 빠르다.
- 박판용접 가능하다.
- 비드 폭이 넓다.
- 주철, 고탄소강, 비철금속 용접에 사용한다.

34 피복 아크 용접봉의 피복제에 합금제로 첨가되는 것은?

① 규산칼륨　② 페로망간
③ 이산화망간　④ 붕 사

저자쌤의 핵직강

피복 배합제의 종류

배합제	용 도	종 류
고착제	심선에 피복제를 고착시킨다.	규산나트륨, 규산칼륨, 아교
탈산제	용융 금속 중의 산화물을 탈산, 정련한다.	크롬, 망간, 알루미늄, 규소철, 페로망간, 페로실리콘, 망간철, 톱밥, 소맥분(밀가루)
가스 발생제	중성, 환원성 가스를 발생하여 대기와의 접촉을 차단하여 용융 금속의 산화나 질화를 방지한다.	아교, 녹말, 톱밥, 탄산바륨, 셀룰로이드, 석회석, 마그네사이트
아크 안정제	아크를 안정시킨다.	산화티탄, 규산칼륨, 규산나트륨, 석회석
슬래그 생성제	용융점이 낮고 가벼운 슬래그를 만들어 산화나 질화를 방지한다.	석회석, 규사, 산화철, 일미나이트, 이산화망간
합금 첨가제	용접부의 성질을 개선하기 위해 첨가한다.	페로망간, 페로실리콘, 니켈, 몰리브덴, 구리

해설

페로망간은 철과 망간의 합금으로 제강과정 중에 환원제 역할을 함과 동시에 불순물을 제거하는 필수요소다. 따라서 피복 아크 용접에서도 용융금속 내의 불순물 제거를 위해 이 페로망간을 첨가한다.

정답 30 ③ 31 ① 32 ① 33 ① 34 ②

35 100A 이상 300A 미만의 피복금속 아크 용접 시, 차광유리의 차광도 번호로 가장 적합한 것은?

① 4~5번　　② 8~9번
③ 10~12번　　④ 15~16번

저자샘의 핵직강

용접 종류별 차광번호

용접의 종류	차광번호
납 땜	No.2~4
가스 용접	No 4~7
피복 아크 용접	No.10~11
탄소 아크 용접	No.14
불활성 가스 용접	No.12~13

36 가스 절단에서 절단 속도에 영향을 미치는 요소가 아닌 것은?

① 예열 불꽃의 세기
② 팁과 모재의 간격
③ 역화방지기의 설치 유무
④ 모재의 재질과 두께

저자샘의 핵직강

가스 절단속도에 영향을 주는 요소
- 팁의 모양 및 크기
- 산소의 순도와 압력
- 절단 속도
- 예열 불꽃의 세기
- 팁의 거리 및 각도
- 사용가스
- 절단재의 재질 및 두께 및 표면 상태

해설
가스 절단에서 역화방지기는 토치의 화구가 막히거나 과열되면 화염이 화구에서 아세틸렌 호스로 역행하는 것을 방지하는 기구이다. 이것은 안전과 관련된 것으로써 절단 속도와는 관련이 없다.

37 두께가 6.0mm인 연강판을 가스 용접하려고 할 때 가장 적합한 용접봉의 지름은 몇 mm인가?

① 1.6　　② 2.6
③ 4.0　　④ 5.0

해설
가스용접봉 지름$(D)=\frac{판두께(T)}{2}=\frac{6mm}{2}+1=4mm$

38 가스의 혼합비(가연성가스 : 산소)가 최적의 상태일 때 가연성가스의 소모량이 1이면 산소의 소모량이 가장 적은 가스는?

① 메 탄　　② 프로판
③ 수 소　　④ 아세틸렌

39 가변압식 토치의 팁 번호 400번을 사용하여 표준 불꽃으로 2시간 동안 용접할 때 아세틸렌가스의 소비량은 몇 L인가?

① 400　　② 800
③ 1,600　　④ 2,400

해설
가변압식인 프랑스식 팁 400번은 시간당 소비량이 400L이다. 따라서 2시간 동안 총소비량은 800L가 된다.

40 두랄루민(Duralumin)의 합금 성분은?

① Al + Cu + Sn + Zn
② Al + Cu + Si + Mo
③ Al + Cu + Ni + Fe
④ Al + Cu + Mg + Mn

해설
시험에 등장하는 주요 알루미늄 합금으로는 Y합금과 두랄루민이 있다.
- Y합금 : Al + Cu + Mg + Ni
- 두랄루민 : Al + Cu + Mg + Mn

41 탄소강에 관한 설명으로 옳은 것은?

① 탄소가 많을수록 가공 변형은 어렵다.
② 탄소강의 내식성은 탄소가 증가할수록 증가한다.
③ 아공석강에서 탄소가 많을수록 인장강도가 감소한다.
④ 아공석강에서 탄소가 많을수록 경도가 감소한다.

35 ③ 36 ③ 37 ③ 38 ③ 39 ② 40 ④ 41 ① 정답

해설

순철에 C(탄소)의 함유량이 증가함에 따라서 강도와 경도는 커지기 때문에 단단해진 재료는 가공을 통한 변형이 어렵게 된다. 단, 너무 단단해져서 취성이 강해지기 때문에 순철에는 최대 6.67%의 C만을 함유할 수 있다.

42 액체 침탄법에 사용되는 침탄제는?

① 탄산바륨
② 가성소다
③ 시안화나트륨
④ 탄산나트륨

저자쌤의 핵직강

침탄제의 종류 : NaCN(시안화나트륨), KCN(시안화칼륨)

해설

액체 침탄법

침탄제인 NaCN, KCN에 염화물과 탄화염을 40~50% 첨가하고 600℃~900℃에서 용해하여 C와 N이 동시에 소재의 표면에 침투하게 하여 표면을 경화시키는 방법으로써 침탄과 질화가 동시에 된다는 특징이 있다.

43 다음 금속의 기계적 성질에 대한 설명 중 틀린 것은?

① 탄성 : 금속에 외력을 가해 변형되었다가 외력을 제거했을 때 원래 상태로 돌아오는 성질
② 경도 : 금속표면이 외력에 저항하는 성질, 즉 물체의 기계적인 단단함의 정도를 나타내는 것
③ 취성 : 강도가 크면서 연성이 없는 것, 즉 물체가 약간의 변형에도 견디지 못하고 파괴되는 성질
④ 피로 : 재료에 인장과 압축하중을 오랜 시간 동안 연속적으로 되풀이하여도 파괴되지 않는 형상

해설

- 피로 : 재료에 인장과 압축의 반복하중이 작용할 때 파괴되는 현상이다.
- 반복 인장압축시험 : 재료에 인장과 압축하중을 오랜 시간 동안 연속적으로 되풀이하여도 파괴되지 않는 현상

44 다이캐스팅 합금강 재료의 요구 조건에 해당되지 않는 것은?

① 유동성이 좋아야 한다.
② 열간 메짐성(취성)이 적어야 한다.
③ 금형에 대한 점착성이 좋아야 한다.
④ 응고수축에 대한 용탕 보급성이 좋아야 한다.

저자쌤의 핵직강

다이캐스팅은 주조법의 하나로써 필요한 주조형상에 완전히 일치하도록 정확하게 가공된 강제의 금형에 용융된 금속을 주입하여 금형과 똑같은 형태의 주물을 얻는 정밀주조법이다. 금형에서 주물이 잘 떨어져야 하므로 점착성이 좋으면 재료에 손상이 생길 우려가 있다.

해설

점착성은 좋지 않아야 한다.

45 강을 담금질할 때 다음 냉각액 중에서 냉각효과가 가장 빠른 것은?

① 기 름　　② 공 기
③ 물　　④ 소금물

해설

냉각효과 순서 : 소금물 > 물 > 기름 > 공기

46 주석청동 중에 납(Pb)을 3~26% 첨가한 것으로 베어링, 패킹재료 등에 널리 사용되는 것은?

① 인청동　　② 연청동
③ 규소청동　　④ 베릴륨청동

해설

연청동은 납청동이라고도 하며 베어링용이나 패킹 재료 등에 사용된다.

47 페라이트계 스테인리스강의 특징이 아닌 것은?

① 표면 연마된 것은 공기나 물에 부식되지 않는다.
② 질산에는 침식되나 염산에는 침식되지 않는다.
③ 오스테나이트계에 비하여 내산성이 낮다.
④ 풀림상태 또는 표면이 거친 것은 부식되기 쉽다.

정답 42 ③ 43 ④ 44 ③ 45 ④ 46 ② 47 ②

저자쌤의 핵직강

페라이트계 스테인리스강의 특징

- 자성체이다.
- 체심입방격자(BCC)이다.
- 열처리에 의해 경화되지 않는다.
- 순수한 Cr계 스테인리스강이다.
- 유기산과 질산에는 침식되지 않는다.
- 염산, 황산 등과 접촉하게 되면 내식성을 잃어버린다.
- 오스테나이트계 스테인리스강에 비하여 내산성이 낮다.
- 표면이 잘 연마된 것은 공기나 수분에 부식되지 않는다.

48 Mg(마그네슘)의 특성을 나타낸 것이다. 틀린 것은?

① Fe, Ni 및 Cu 등의 함유에 의하여 내식성이 대단히 좋다.
② 비중이 1.74로 실용금속 중에서 매우 가볍다.
③ 알칼리에는 견디나 산이나 열에는 약하다.
④ 바닷물에 대단히 약하다.

해설

Mg(마그네슘)에 Fe, Ni, Ci 등을 함유하여도 내식성이 좋아지지는 않는다.

Plus One Mg(마그네슘)의 특징

- 용융점은 650℃이다.
- 조밀육방격자 구조이다.
- Al에 비해 약 35% 가볍다.
- 비중이 1.74로 실용금속 중 가장 가볍다.
- 항공기, 자동차부품, 구상흑연주철의 첨가제로 사용된다.
- 대기 중에서 내식성이 양호하나 신이나 염류(바닷물)에는 침식되기 쉽다.
- 중강에 비해서 강도가 우수한 성질인 비강도가 우수하여 항공우주용 재료로써 많이 사용된다.

49 다음 주강에 대한 설명이다. 잘못된 것은?

① 용접에 의한 보수가 용이하다.
② 주철에 비해 기계적 성질이 우수하다.
③ 주철로서는 강도가 부족할 경우에 사용한다.
④ 주철에 비해 용융점이 낮고, 수축률이 크다.

해설

주강은 주철에 비해 용융점이 높아서 주조하기가 힘들며 용접 후 수축이 큰 단점이 있어서 주조 시 입구에 압탕을 설치해야 한다.

50 가볍고 강하며 내식성이 우수하나 600℃ 이상에서는 급격히 산화되어 TIG 용접 시 용접토치에 특수(Shield Gas) 장치가 반드시 필요한 금속은?

① Al ② Ti
③ Mg ④ Cu

저자쌤의 핵직강

티타늄(Ti)의 특징

- 비중 : 4.5
- 용융점 : 1,668℃
- 가볍고 내식성이 우수하다.
- 티탄 용접 시 보호 장치가 필요하다.
- 강한 탈산제 및 흑연화 촉진제로 사용한다.
- 600℃ 이상에서 급격한 산화로 TIG 용접 시 용접토치에 특수(Shield Gas) 장치가 필요하다.

해설

용접토치에 Shield Gas장치가 필요한 금속은 Ti이다.

51 다음의 형강을 올바르게 나타낸 치수 표시법은?(단, 형강 길이는 K이다)

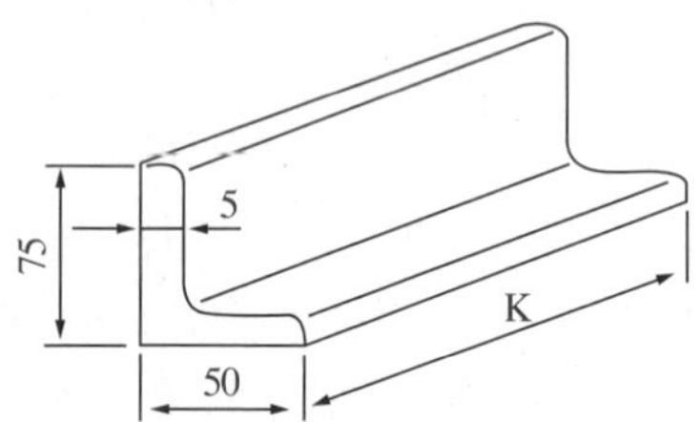

① L75×50×5×K ② L75×50×5-K
③ L50×75-5-K ④ L50×75×5×K

해설

형강의 치수표시

예 LA×B×t-K

- L : 형강모양
- A : 세로폭
- B : 가로폭
- t : 두께
- K : 길이

48 ① 49 ④ 50 ② 51 ② 정답

52 기계제도에 관한 일반사항의 설명으로 틀린 것은?

① 도형의 크기와 대상물의 크기와의 사이에는 올바른 비례관계를 보유하도록 그린다. 다만, 잘못 볼 염려가 없다고 생각되는 도면은, 도면의 일부 또는 전부에 대하여 이 비례관계는 지키지 않아도 좋다.
② 선의 굵기 방향의 중심은 선의 이론상 그려야 할 위치 위에 있어야 한다.
③ 서로 근접하여 그리는 선의 선 간격(중심거리)은 원칙적으로 평행선의 경우, 선의 굵기의 3배 이상으로 하고, 선과 선의 간격은 0.7mm 이상으로 하는 것이 좋다.
④ 투명한 재료로 만들어지는 대상물 또는 부분은 투상도에서 전부 투명한 것(없는 것)으로 하여 나타낸다.

기계 제도의 일반사항
- 도형의 크기와 대상물의 크기와의 사이는 비례관계가 되도록 그린다(단, 잘못 볼 염려가 있는 도면은 도면의 일부 또는 전부에 대해 비례관계는 지키지 않아도 좋다).
- 선의 굵기 방향의 중심은 선의 이론상 그려야 할 위치 위에 있어야 한다.
- 투명한 재료로 만들어지는 대상물 또는 부분은 투상도에서는 전부 불투명한 것으로 하고 그린다.
- 길이 치수는 특별히 지시가 없는 한 그 대상물의 측정을 2점 측정에 따라 행한 것으로 지시한다.
- 기능상의 요구, 호환성, 제작 기술 수준 등을 기본으로 불가결의 경우만 기하 공차를 그린다.
- 한국공업규격에서 제도에 사용하는 기호로 규정한 기호는 특별한 주기를 필요로 하지 않는다.

53 그림과 같은 제3각 투상도에 가장 적합한 입체 도는?

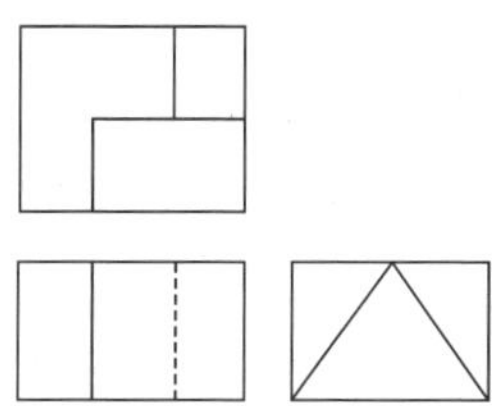

①
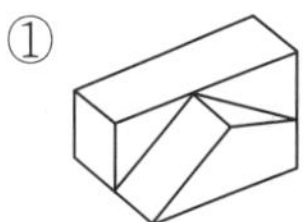
②
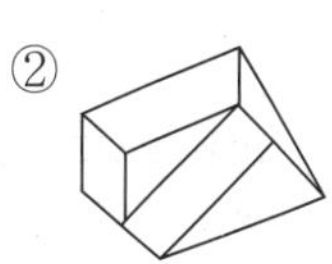
③
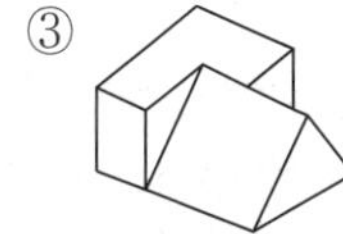
④
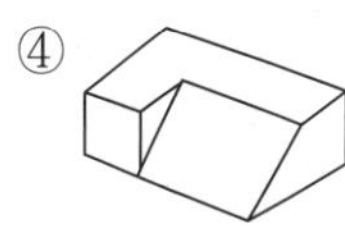

54 배관 제도 밸브 도시기호에서 일반 밸브가 닫힌 상태를 도시한 것은?

① 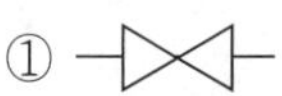
② 
③ 
④ 

저자쌤의 핵직강

밸브일반		유체이동방향	
체크 밸브		닫혀 있는 밸브	

55 다음 용접기호의 설명으로 옳은 것은?

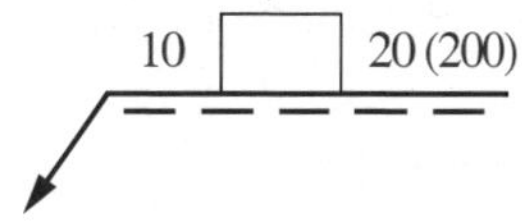

① 플러그 용접을 의미한다.
② 용접부 지름은 20mm이다.
③ 용접부 간격은 10mm이다.
④ 용접부 수는 200개이다.

저자쌤의 핵직강

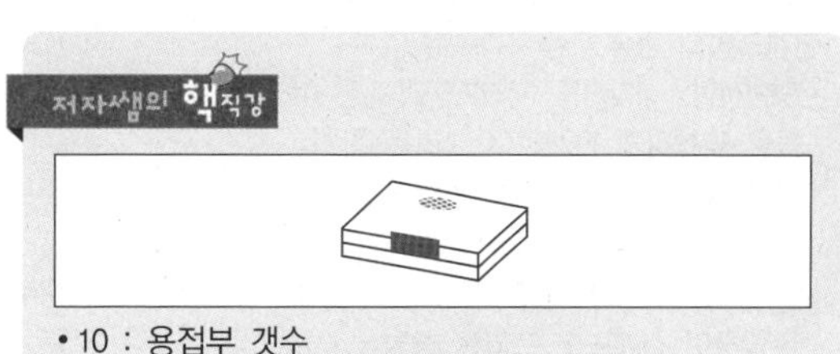

- 10 : 용접부 갯수
- ⊓ : 플러그 용접(슬롯용접)
- 20 : 구멍지름
- 200 : 구멍 사이의 간격

정답 52 ④ 53 ③ 54 ④ 55 ①

해설

기호가 나타내는 것은 플러그 용접이며, 슬롯 용접이라고도 한다.

56 정투상법의 제1각법과 제3각법에서 배열 위치가 정면도를 기준으로 동일한 위치에 놓이는 투상도는?

① 좌측면도 ② 평면도
③ 저면도 ④ 배면도

저자쌤의 핵직강

투상도의 배열

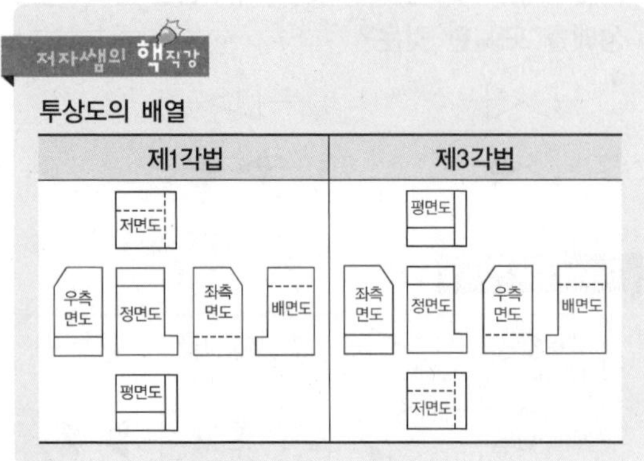

해설

제1각법과 제3각법의 배열 위치에서 동일한 위치의 것은 맨 우측의 배면도이다.

57 다음 중 원기둥의 전개에 가장 적합한 전개도법은?

① 평행선 전개도법
② 방사선 전개도법
③ 삼각형 전개도법
④ 역삼각형 전개도법

해설

원기둥은 평행선 전개도법이 적합하다.

전개도법의 종류

- 평행선법 : 삼각기둥, 사각기둥과 같은 여러 가지 각기둥과 원기둥을 평행하게 전개하여 그리는 방법
- 방사선법 : 삼각뿔, 사각뿔 등의 각뿔과 원뿔을 꼭짓점을 기준으로 부채꼴로 펼쳐서 전개도를 그리는 방법
- 삼각형법 : 꼭짓점이 먼 각뿔, 원뿔 등의 해당면을 삼각형으로 분할하여 전개도를 그리는 방법

58 판의 두께를 나타내는 치수 보조 기호는?

① C ② R
③ □ ④ t

저자쌤의 핵직강

치수 표시 기호

기 호	구 분
ϕ	지 름
Sϕ	구의 지름
R	반지름
SR	구의 반지름
□	정사각형
C	45° 모따기
t	두 께
p	피 치
$\overset{\frown}{50}$	호의 길이
$\underline{50}$	비례척도가 아닌 치수
$\boxed{50}$	이론적으로 정확한 치수
(50)	참고 치수
~~50~~	치수의 취소(수정 시 사용)

59 KS 재료기호 SM10C에서 10C는 무엇을 뜻하는가?

① 제작방법
② 종별번호
③ 탄소함유량
④ 최저인장강도

해설

기계 구조용 탄소강재 – SM 10C의 경우

- S : Steel(강–재질)
- M : 기계 구조용(Machine Structural Use)
- 10C : 평균 탄소함유량(0.08~0.13%) – KS D 3752

56 ④ 57 ① 58 ④ 59 ③ 정답

60 다음 투상도 중 표현하는 각법이 다른 하나는?

①
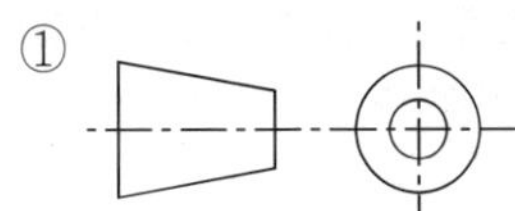

②
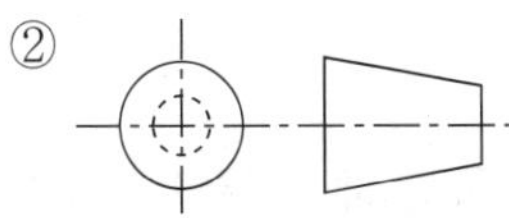

③
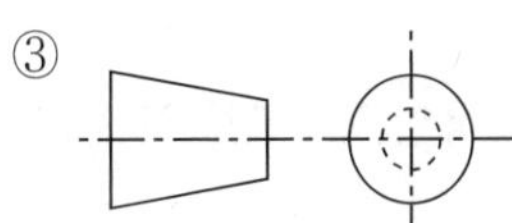

④
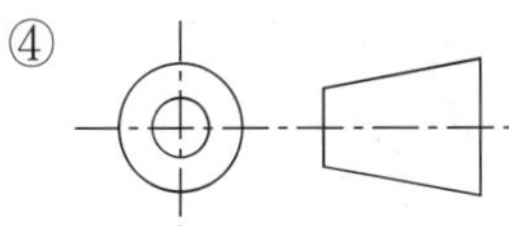

저자쌤의 핵직강

투상법의 기호

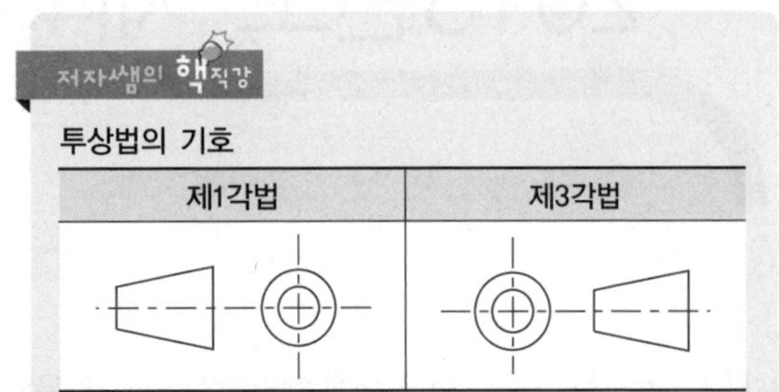

해설

①, ②, ④ 제3각법
③ 제1각법

정답 60 ③

2013년도 제4회 **기출문제**

용접기능사 Craftsman Welding/Inert Gas Arc Welding

01 텅스텐 전극봉의 종류에 해당되지 않는 것은?

① 순 텅스텐 ② 1% 토륨 텅스텐
③ 지르코늄 텅스텐 ④ 3% 토륨 텅스텐

해설
TIG 용접에서 사용하는 전극봉은 순 텅스텐, 토륨이 1~2% 함유되어 있는 토륨 텅스텐, 지르코늄 텅스텐이 있다.

02 다음 그림에 해당하는 용접이음의 종류는?

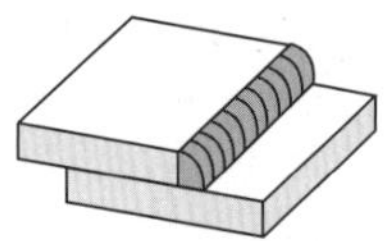

① 겹치기 이음 ② 맞대기 이음
③ 전면 필릿 이음 ④ 모서리 이음

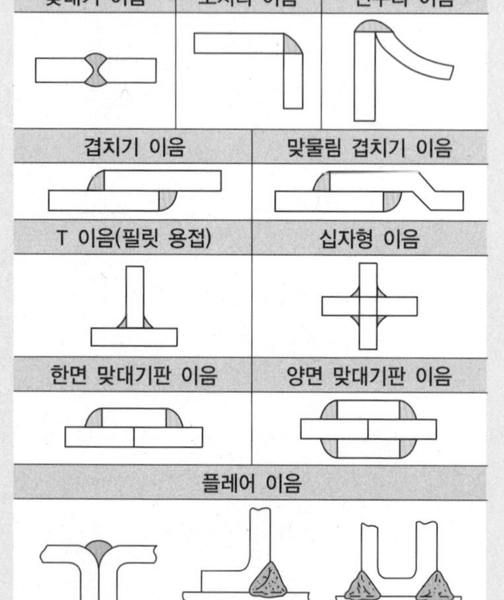

03 용접을 로봇(Robot)화 할 때 그 특징의 설명으로 틀린 것은?

① 비드의 높이, 비드 폭, 용입 등을 정확히 제어할 수 있다.
② 아크 길이를 일정하게 유지할 수 있다.
③ 용접봉의 손실을 줄일 수 있다.
④ 생산성이 저하된다.

해설
사람이 하는 용접작업보다 월등한 작업능률 때문에 용접을 로봇화하면 생산성은 월등히 향상된다.

04 레이저 용접이 적용되는 분야 및 응용 범위에 속하지 않는 것은?

① 우주 통신, 로켓의 추적, 광학, 계측기 등에 응용
② 가는 선이나 작은 물체의 용접 및 박판의 용접에 적용
③ 다이아몬드의 구멍 뚫기, 절단 등에 응용
④ 용접 비드 표면의 기공 및 각종 불순물의 제거

저자쌤의 핵직강

레이저 용접은 초정밀 용접, 이종금속 용접 또는 용접 토치 등이 접근하기 곤란한 곳을 용접하는데 유용하게 쓰이고 있다.

해설
레이저 용접은 용접 불량을 수정하는 곳에 이용하지 않는다.

레이저 용접
모재의 열 변형이 거의 없으며, 이종 금속의 용접이 가능하고 정밀한 용접을 할 수 있으며, 비접촉식 방식으로 모재에 손상을 주지 않는 용접이다.

1 ④ 2 ① 3 ④ 4 ④ 정답

05 경납땜 시 경납이 갖추어야 할 조건으로 잘못 설명된 것은?

① 기계적, 물리적, 화학적 성질이 좋아야 한다.
② 접합이 튼튼하고 모재와 친화력이 있어야 한다.
③ 금, 은, 공예품들의 땜납에는 색조가 같아야 한다.
④ 용융온도가 모재보다 높고 유동성이 좋아야 한다.

저자쌤의 핵직강

경납이 갖추어야 할 조건
- 접합이 튼튼하고 모재와 친화력이 있어야 한다.
- 용융온도가 모재보다 낮고 유동성이 있어 이음 간에 흡인이 쉬워야 한다.
- 용융점에서 땜납 조성이 일정하게 유지되어야 하며 휘발성분이 포함하지 않을 것
- 기계적, 물리적, 화학적 성질이 타당해야 한다.
- 모재와 야금적 반응이 만족스러워야 한다.
- 모재와의 전위차가 가능한 한 적어야 한다.
- 금, 은, 공예품 등 납땜에는 색조가 같아야 한다.

해설

납땜이란 모재를 용융하지 않고 땜납의 계면장력을 이용하여 접합하는 방법으로 납땜용 용제는 용융온도가 모재보다 항상 낮아야 한다.

06 용착법에 대해 잘못 표현된 것은?

① 후진법 : 용접 진행 방향과 용착 방향이 서로 반대가 되는 방법이다.
② 대칭법 : 이음의 수축에 따른 변형이 서로 대칭이 되게 할 경우에 사용된다.
③ 스킵법 : 이음 전 길이에 대해서 뛰어 넘어서 용접하는 방법이다.
④ 전진법 : 홈을 한 부분씩 여러 층으로 쌓아 올린 다음, 다른 부분으로 진행하는 방법이다.

해설
- 전진법 : 한쪽 끝에서 다른 쪽으로 용접을 진행하는 방법이다. 용접 길이가 길면 끝부분 쪽에 수축과 잔류응력이 생긴다.
- 캐스케이드법 : 홈을 한 부분의 몇 층을 용접하다가 이것을 다음 부분의 층으로 연속시켜 전체가 단계를 이루도록 용착시켜 나가는 방법이다.

07 불활성 가스 금속 아크 용접에 관한 설명으로 틀린 것은?

① 바람의 영향을 받지 않으므로 방풍대책이 필요 없다.
② 피복 아크 용접에 비해 용착효율이 높아 고능률적이다.
③ TIG 용접에 비해 전류밀도가 높아 용융속도가 빠르다.
④ CO_2 용접에 비해 스패터 발생이 적어 비교적 아름답고 깨끗한 비드를 얻을 수 있다.

저자쌤의 핵직강

MIG(불활성 가스 금속 아크) 용접의 특징
- 분무 이행이 원활하다.
- 열영향부가 매우 적다.
- 전 자세 용접이 가능하다.
- 용접기의 조작이 간단하다.
- 아크의 자기제어 기능이 있다.
- 직류용접기의 경우 정전압 특성 또는 상승 특성이 있다.
- 전류밀도가 아크 용접의 4~6배, TIG 용접의 2배 정도로 매우 높다.
- 일정할 때 아크 전압이 커지면 용융속도가 낮아진다.
- 용접부가 좁고, 깊은 용입을 얻으므로 후판(두꺼운 판) 용접에 적당하다.
- 전자동 또는 반자동식이 많으며 전극인 와이어는 모재와 동일한 금속을 사용한다.
- 전원은 직류 역극성이 이용되며 Al, Mg 등에는 클리닝 작용(청정작용)이 있어 용제 없이도 용접이 가능하다.
- 용접봉을 갈아 끼울 필요가 없어 용접 속도를 빨리할 수 있으므로 고속 및 연속적으로 양호한 용접을 할 수 있다.
- 바람의 영향을 받기 쉬우므로 방풍 대책이 필요하다.

해설

MIG(불활성 가스 금속 아크) 용접은 보호가스 분출 시 외부의 영향을 없애야 하므로 방풍 대책이 필요하다.

08 아크 용접 작업 중 인체에 감전된 전류가 20~50mA일 때 인체에 미치는 영향으로 옳은 것은?

① 고통을 느끼고 가까운 근육이 저려서 움직이지 않는다.
② 고통을 느끼고 강한 근육 수축이 일어나며 호흡이 곤란하다.
③ 고통을 수반한 쇼크를 느낀다.
④ 순간적으로 사망할 위험이 있다.

정답 5 ④ 6 ④ 7 ① 8 ②

저자쌤의 핵직강

전류량이 인체에 미치는 영향

전류량	인체에 미치는 영향
1mA	전기를 조금 느낀다.
5mA	상당한 고통을 느낀다.
10mA	견디기 힘든 고통을 느낀다.
20mA	근육 수축, 스스로 현장을 탈피하기 힘들다.
20~50mA	고통과 강한 근육수축, 호흡이 곤란하다.
50mA	심장마비 발생으로 사망의 위험이 있다.
100mA	사망과 같은 치명적인 결과를 준다.

09 용접작업 시 전격방지대책으로 잘못된 것은?

① 홀더나 용접봉은 절대로 맨손으로 취급하지 않는다.
② TIG 용접 시 텅스텐 전극봉을 교체할 때는 항상 전원 스위치를 차단하고 작업한다.
③ TIG 용접 시 수냉식 토치는 과열을 방지하기 위해 냉각수 탱크에 넣어 식힌 후 작업한다.
④ 용접하지 않을 때에는 TIG 용접의 텅스텐 전극봉을 제거하거나 노즐 뒤쪽으로 밀어 넣는다.

저자쌤의 핵직강

절연용 홀더와 안전보호구를 사용하고, 토치의 손잡이 부분은 절연상태를 수시로 확인하고 건조한 것을 사용한다.

해설

토치의 과열방지와 전격과는 관련성이 전혀 없다.

10 가스용접에서 사용되는 아세틸렌가스의 성질을 설명한 것 중 맞는 것은?

① 비중은 1.105이다.
② 15℃, 1kgf/cm^{2}의 아세틸렌 1L의 무게는 1.176g이다.
③ 각종 액체에 잘 용해되며, 물에는 6배 용해된다.
④ 순수한 아세틸렌가스는 악취가 난다.

저자쌤의 핵직강

아세틸렌(Acetylene, C_2H_2)가스의 특징

- 비중이 0.906으로 공기보다 약간 가볍다.
- 카바이드(CaC_2)를 물에 작용시켜 제조한다.
- 가스 용접이나 절단 등에 주로 사용되는 연료가스이다.
- 산소와 적당히 혼합 연소시키면 3,000~3,500℃의 고온을 낸다.
- 아세틸렌가스는 불포화 탄화수소의 일종으로 불완전한 상태의 가스이다.
- 각종 액체에 용해가 잘된다(물-1배, 석유-2배, 벤젠-4배, 알코올-6배, 아세톤-25배).
- 순수한 카바이드 1kg은 이론적으로 348L의 아세틸렌가스를 발생하며, 보통의 카바이드는 230~300L의 아세틸렌가스를 발생시킨다.
- 순수한 아세틸렌가스는 무색, 무취의 기체이나 아세틸렌가스 중에 포함된 불순물인 인화수소, 황화수소, 암모니아 등에 의해 악취가 난다.

해설

아세틸렌가스의 충전은 15℃, 1기압 하에서 15kgf/cm^{2}의 압력으로 하며 아세틸렌가스 1L의 무게는 1.176g이다.

11 기계적 시험법 중 동적시험법에 해당하는 것은?

① 크리프 시험 ② 피로 시험
③ 굽힘 시험 ④ 인장 시험

저자쌤의 핵직강

동적시험법은 재료에 동적 하중, 즉 충격을 가하여 하는 시험법으로, 충격 시험 및 피로 시험 등이 있다.

해설

피로시험은 재료에 인장과 압축의 반복하중이 작용할 때 파괴되는 정도를 알아보는 것이다.

12 서브머지드 아크 용접에서 용융형 용제의 특징에 대한 설명으로 옳은 것은?

① 흡습성이 크다.
② 비드 외관이 거칠다.
③ 용제의 화학적 균일성이 양호하다.
④ 용접전류에 따라 입도의 크기는 같은 용제를 사용해야 한다.

9 ③ 10 ② 11 ② 12 ③ 정답

저자쌤의 핵직강

서브머지드 아크 용접에서 사용하는 용제의 종류
- 용융형 : 흡습성이 가장 적으며, 소결형에 비해 좋은 비드를 얻는다.
- 소결형 : 흡습성이 가장 좋다.
- 혼성형 : 중간의 특성을 갖는다.

해설

서브머지드 아크 용접(SAW) 용융형 용제의 특징
- 비드 모양이 아름답다.
- 용제의 재사용이 가능하다.
- 화학적으로 안정되어 있다.
- 조성이 균일하고 흡습성이 작아서 가장 많이 사용한다.
- 입도가 작을수록 용입이 얕고 너비가 넓으며 미려한 비드를 생성한다.
- 작은 전류에는 입도가 큰 거친 입자를, 큰 전류에는 입도가 작은 미세한 입자를 사용한다. 작은 전류에 미세한 입자를 사용하면 가스 방출이 불량해서 Pock Mark 불량의 원인이 된다.

13 용접 후열처리를 하는 목적 중 맞지 않는 것은?

① 용접 후의 급냉 회피
② 응력제거 풀림 처리
③ 완전 풀림 처리
④ 담금질에 의한 경화

저자쌤의 핵직강

후열처리의 목적

용접 잔류 응력 및 변형대책	• 용접 잔류응력의 완화 • 형상치수의 안정
모재, 용접부 및 구조물의 성능개선	• 용접 열영향부의 연화와 조직의 안정 • 용착금속의 연성증대 • 파괴인성의 향상 • 함유가스의 제거 • 크리프 특성의 개선 • 부식에 대한 성능의 향상 • 피로강도의 개선

해설

후열처리는 용접부 또는 그 근방을 재료의 변태점 이하의 적절한 온도까지 가열, 유지, 균일한 냉각의 과정을 통한 용접부의 성능을 개선하고 용접 잔류응력 등의 유해한 영향을 제거한다.

후열 처리의 종류
- 응력 제거
- 완전 풀림
- 고용화 처리
- 불 림
- 불림 후 뜨임
- 담금질 후 뜨임
- 뜨 임
- 저온 응력 제거
- 석출 열처리

14 중탄소강의 용접에 대하여 설명한 것 중 맞지 않는 것은?

① 중탄소강을 용접할 경우에 탄소량이 증가함에 따라 800~900℃ 정도 예열을 할 필요가 있다.
② 탄소량이 0.4% 이상인 중탄소강은 후열처리를 고려하여야 한다.
③ 피복 아크 용접할 경우는 저수소계 용접봉을 선정하여 건조시켜 사용한다.
④ 서브머지드 아크 용접할 경우는 와이어와 플럭스 선정 시 용접부 강도 수준을 충분히 고려하여야 한다.

저자쌤의 핵직강

탄소량에 따른 예열 온도(℃)

탄소량	0.2% 이하	0.2~0.3	0.3~0.45	0.45~0.8
예열온도	90 이하	90~150	150~260	260~420

해설

중탄소강의 경우 150~260℃로 예열해야 한다.

탄소강의 분류(탄소함유량에 따라)
- 극저탄소강 : 0.03%~0.12% 이하
- 저탄소강(연강) : 0.13%~0.20%
- 중탄소강 : 0.21%~0.45% 이하
- 고탄소강 : 0.45~1.7%

15 용접 후 처리에서 잔류응력을 제거시켜 주는 방법이 아닌 것은?

① 저온응력 완화법　② 노내 풀림법
③ 피닝법　④ 역변형법

저자쌤의 핵직강

용접 후 재료내부의 잔류 응력 제거법

노내 풀림법, 국부풀림법, 기계적 응력 완화법, 저온 응력 완화법, 피닝법

정답 13 ④ 14 ① 15 ④

해설
역변형법은 용접 전에 변형을 예측하여 반대 방향으로 변형시킨 후 용접을 하도록 한 것으로 변형방지법에 속한다.

16 아크열이 아닌 와이어와 용융 슬래그 사이에 통전된 전류의 저항열을 이용하여 용접하는 방법은?

① 전자빔 용접
② 테르밋 용접
③ 서브머지드 아크 용접
④ 일렉트로 슬래그 용접

해설
일렉트로 슬래그 용접
용융된 슬래그와 용융 금속이 용접부에서 흘러나오지 않도록 수랭동판으로 둘러싸고 용융된 슬래그 풀에 용접봉을 연속적으로 공급하며, 주로 용융 슬래그의 저항열에 의하여 용접봉과 모재를 연속적으로 용융시키는 방법

17 솔리드 와이어 CO_2 가스 아크 용접에서 CO_2 가스에 Ar 가스를 혼합 시 특징에 대한 설명으로 틀린 것은?

① 아크가 안정된다.
② 후판 용접에 주로 사용된다.
③ 스패터가 감소한다.
④ 작업성과 용접 품질이 향상된다.

저자쌤의 핵직강

Ar+CO_2 혼합가스 용접의 특징
- 고속 용접에 적합하다.
- 박판 용접에 주로 사용된다.
- 용착금속의 유동성이 양호하다.
- 스패터가 적고 비드가 아름답다.
- 넓은 전류 범위에서 아크 안정성이 양호하다.

해설
Ar+CO_2 혼합가스 용접은 박판 용접에 주로 사용된다.

18 이산화탄소 아크 용접 시 이산화탄소의 농도가 몇 %가 되면 두통이나 뇌빈혈을 일으키는가?

① 3~4 ② 15~16
③ 33~34 ④ 55~56

저자쌤의 핵직강

CO_2(이산화탄소) 가스가 인체에 미치는 영향

CO_2 농도	증 상
1%	호흡속도 다소 증가
2%	호흡속도 증가, 지속 시 피로를 느낌
3~4%	호흡속도 평소의 약 4배 증대, 두통, 뇌빈혈, 혈압상승
6%	피부혈관의 확장, 구토
7~8%	호흡곤란, 정신장애, 수분 내 의식불명
10% 이상	시력장애, 2~3분내 의식을 잃으며 방치 시 사망
15% 이상	위험 상태
30% 이상	극히 위험, 사망

19 KS규격에서 화재안전, 금지표시의 의미를 나타내는 안전색은?

① 노 랑 ② 초 록
③ 빨 강 ④ 파 랑

저자쌤의 핵직강

산업안전보건법에 따른 안전·보건표지의 색채, 색채기준 및 용도

색 상	용 도	사 례
빨간색	금 지	정지신호, 소화설비 및 그 장소, 유해행위 금지
	경 고	화학물질 취급장소에서의 유해·위험 경고
노란색	경 고	화학물질 취급장소에서의 유해·위험 경고 이외의 위험경고, 주의표지 또는 기계방호물
파란색	지 시	특정 행위의 지시 및 사실의 고지
녹 색	안 내	비상구 및 피난소, 사람 또는 차량의 통행
흰 색		파란색 또는 녹색에 대한 보조색
검정색		문자 및 빨간색 또는 노란색에 대한 보조색

20 용접부의 연성결함을 조사하기 위하여 사용되는 시험법은?

① 브리넬 시험 ② 비커스 시험
③ 굽힘 시험 ④ 충격 시험

16 ④ 17 ② 18 ① 19 ③ 20 ③ 정답

해설
굽힘 시험은 유압시험기를 사용하여 용접된 부위를 그라인딩 후 180°로 구부려서 용접부의 연성이 좋은 정도를 판단하는 시험 방법

21 용접제품을 조립하다가 V홈 맞대기 이음 홈의 간격이 5mm 정도 벌어졌을 때 홈의 보수 및 용접방법으로 가장 적합한 것은?

① 그대로 용접한다.
② 뒷판을 대고 용접한다.
③ 덧살올림 용접 후 가공하여 규정 간격을 맞춘다.
④ 치수에 맞는 재료로 교환하여 루트 간격을 맞춘다.

해설
이음 홈 간격이 다소 벌어졌을 경우에는 덧살올림 용접 후 Grinding 작업으로 규정 간격을 맞출 수 있다.

22 용접결함의 종류 중 치수상의 결함에 속하는 것은?

① 선상조직 ② 변 형
③ 기 공 ④ 슬래그 잠입

저자쌤의 핵직강

용접 결함의 종류

결 함	결함의 명칭	
치수상 결함	변 형	
	치수불량	
	형상불량	
구조상 결함	기 공	
	은 점	
	언더컷	
	오버랩	
	균 열	
	선상조직	
	용입불량	
	표면결함	
	슬래그 혼입	
성질상 결함	기계적 불량	인장강도 부족
		항복강도 부족
		피로강도 부족
		경도 부족
		연성 부족
		충격 시험값 부족
	화학적 불량	화학성분 부적당
		부식(내식성 불량)

23 용해 아세틸렌을 충전했을 때 용기의 전체 무게가 27kgf이고 사용 후 빈 용기의 무게가 24kgf이었다면 순수 아세틸렌가스의 양은?

① 2,715L ② 2,025L
③ 1,125L ④ 648L

저자쌤의 핵직강

용해 아세틸렌 1kg을 기화시키면 약 905L의 가스가 발생하므로, 아세틸렌 가스량 공식은 다음과 같다.
아세틸렌 가스량 = 905L(병 전체 무게−빈 병의 무게)
= 905L(27−24) = 2,715L

24 다음 중 아크 에어 가우징 장치가 아닌 것은?

① 수냉장치 ② 전원(용접기)
③ 가우징토치 ④ 압축공기(컴프레서)

해설
수냉장치인 수냉동판을 사용하는 용접법은 일렉트로 슬래그 용접이다.

25 용접전류 150A, 전압이 30V일 때 아크출력은 몇 kW인가?

① 4.2kW ② 4.5kW
③ 4.8kW ④ 5.8kW

해설
아크출력 : 용접전류×용접전압=150×30=4,500W=4.5kW

26 교류 아크 용접기에서 가변저항을 이용하여 전류의 원격조정이 가능한 용접기는?

① 가포화 리액터형 ② 가동 코일형
③ 탭 전환형 ④ 가동 철심형

저자쌤의 핵직강

교류 아크 용접기의 종류별 특징

종 류	특 징
가동 철심형	• 현재 가장 많이 사용된다. • 미세한 전류조정이 가능하다. • 광범위한 전류의 조정이 어렵다. • 가동 철심으로 누설 자속을 가감하여 전류를 조정한다.

정답 21 ③ 22 ② 23 ① 24 ① 25 ② 26 ①

종 류	특 징
가동 코일형	• 아크 안정성이 크고 소음이 없다. • 가격이 비싸며 현재는 거의 사용되지 않는다. • 용접기의 핸들로 1차 코일을 상하로 이동시켜 2차 코일의 간격을 변화시켜 전류를 조정한다.
탭 전환형	• 주로 소형이 많다. • 탭 전환부의 소손이 심하다. • 넓은 범위의 전류 조정이 어렵다. • 코일의 감긴 수에 따라 전류를 조정한다. • 미세 전류의 조정 시 무 부하 전압이 높아서 전격의 위험이 크다.
가포화 리액터 형	• 조작이 간단하고 원격 제어가 된다. • 가변 저항의 변화로 전류의 원격 조정이 가능하다. • 전기적 전류 조정으로 소음이 없고 기계의 수명이 길다.

해설

가포화리액터형 교류 아크 용접기는 가변 저항의 변화로 전류의 원격 조정이 가능하다.

27 2개의 모재에 압력을 가해 접촉시킨 다음 접촉면에 압력을 주면서 상대운동을 시켜 접촉면에서 발생하는 열을 이용하는 용접법은?

① 가스압접 ② 냉간압접
③ 마찰용접 ④ 열간압접

해설

접촉면끼리의 상대운동에 의해 발생된 열을 이용하는 용접법은 마찰용접이다.

28 피복 배합제 원료에 대한 역할이 올바르게 연결된 것은?

① 페로실리콘 : 아크안정제
② 페로망간 : 탈산제
③ 페로티탄 : 고착제
④ 알루미늄 : 가스발생제

저자쌤의 핵직강

피복 배합제의 종류

배합제	용 도	종 류
고착제	심선에 피복제를 고착시킨다.	규산나트륨, 규산칼륨, 아교
탈산제	용융 금속 중의 산화물을 탈산, 정련한다.	크롬, 망간, 알루미늄, 규소철, 페로망간, 페로실리콘, 망간철, 톱밥, 소맥분(밀가루)
가스 발생제	중성, 환원성 가스를 발생하여 대기와의 접촉을 차단하여 용융 금속의 산화나 질화를 방지한다.	아교, 녹말, 톱밥, 탄산바륨, 셀룰로이드, 석회석, 마그네사이트
아크 안정제	아크를 안정시킨다.	산화티탄, 규산칼륨, 규산나트륨, 석회석
슬래그 생성제	용융점이 낮고 가벼운 슬래그를 만들어 산화나 질화를 방지한다.	석회석, 규사, 산화철, 일미나이트, 이산화망간
합금 첨가제	용접부의 성질을 개선하기 위해 첨가한다.	페로망간, 페로실리콘, 니켈, 몰리브덴, 구리

해설

페로망간과 페로실리콘은 탈산제로 사용된다.

29 가스 용접의 아래보기 자세에서 왼손에는 용접봉, 오른손에는 토치를 잡고 작업할 때 전진법을 설명한 것은?

① 오른쪽에서 왼쪽으로 용접한다.
② 왼쪽에서 오른쪽으로 용접한다.
③ 아래에서 위로 용접한다.
④ 위에서 아래로 용접한다.

저자쌤의 핵직강

가스 용접에서 전진법은 오른쪽에서 왼쪽으로 용접하는 것이다.

전진법	후진법
좌 ← 우 45° 45°	좌 → 우 30° 75~90°
오른쪽 → 왼쪽	왼쪽 → 오른쪽

27 ③ 28 ② 29 ① 정답

30 교류 아크 용접기와 비교했을 때 직류아크 용접기의 특징을 옳게 설명한 것은?

① 아크의 안정성이 우수하다.
② 구조가 간단하다.
③ 극성 변화가 불가능하다.
④ 전격의 위험이 많다.

저자쌤의 핵직강

직류아크 용접기 vs 교류 아크 용접기의 차이점

특 성	직류아크 용접기	교류 아크 용접기
아크안정성	우 수	보 통
비피복봉 사용여부	가 능	불가능
극성변화	가 능	불가능
아크쏠림방지	불가능	가 능
무부하 전압	약간 낮음(40~60V)	높음(70~80V)
전격의 위험	적다.	많다.
유지보수	다소 어렵다.	쉽다.
고 장	비교적 많다.	적다.
구 조	복잡하다.	간단하다.
역 률	양 호	불 량
가 격	고 가	저 렴

해설
직류 아크 용접기는 전류가 안정적으로 공급되므로 아크가 안정적이다.

31 피복 아크 용접봉에서 피복제의 역할로 옳은 것은?

① 재료의 급랭을 도와준다.
② 산화성 분위기로 용착금속을 보호한다.
③ 슬래그 제거를 어렵게 한다.
④ 아크를 안정시킨다.

저자쌤의 핵직강

피복제(Flux)의 역할
- 아크를 안정시킨다.
- 전기 절연 작용을 한다.
- 보호가스를 발생시킨다.
- 아크의 집중성을 좋게 한다.
- 용착 금속의 급랭 방지한다.
- 탈산작용 및 정련작용을 한다.
- 용융 금속과 슬래그의 유동성을 좋게 한다.
- 용적(쇳물)을 미세화하여 용착효율을 높인다.
- 슬래그 제거를 쉽게 하여 비드의 외관을 좋게 한다.
- 적당량의 합금 원소 첨가로 금속에 특수성을 부여한다.
- 중성 또는 환원성 분위기를 만들어 질화나 산화를 방지하고 용융금속을 보호한다.
- 쇳물이 쉽게 달라붙을 수 있도록 힘을 주어 수직자세, 위보기 자세 등 어려운 자세를 쉽게 한다.

해설
피복제는 아크를 안정시키는 역할을 한다.

32 강재의 절단부분을 나타낸 그림이다. ㉠, ㉡, ㉢, ㉣의 명칭이 틀린 것은?

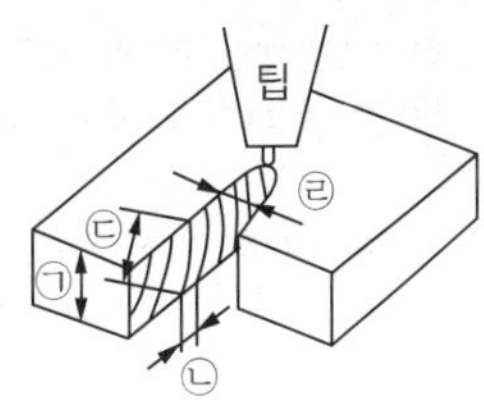

① ㉠ : 판두께
② ㉡ : 드래그(Drag)
③ ㉢ : 드래그 라인(Drag Line)
④ ㉣ : 피치(Pitch)

해설
㉣의 명칭은 '홈'이다. 가스 절단의 원리는 절단 부분을 800~1,000℃의 산소-아세틸렌 불꽃으로 예열한 뒤 고압의 산소를 불어 내면 철이 연소하여 산화철이 되는데, 이 산화철은 강보다 용융철이 낮으므로 용융과 동시에 절단된다.

33 여러 사람이 공동으로 용접작업을 할 때 다른 사람에게 유해광선의 해(害)를 끼치지 않게 하기 위해서 설치해야 하는 것은?

① 차광막 ② 경계통로
③ 환기장치 ④ 집진장치

해설
공동 작업 시에는 근처에서 발생하는 아크 빛(유해 광선)에 의해 시력이 나빠질 수 있으므로 차광막을 설치하여 주변 작업자의 안전을 확보해야 한다.

정답 30 ① 31 ④ 32 ④ 33 ①

34 플라즈마 절단에 대한 설명으로 틀린 것은?

① 플라즈마(Plasma)는 고체, 액체, 기체 이외의 제4의 물리상태라고도 한다.
② 아크 플라즈마의 온도는 약 5,000℃의 열원을 가진다.
③ 비이행형 아크절단은 텅스텐 전극과 수냉 노즐과의 사이에서 아크 플라즈마를 발생시키는 것이다.
④ 이행형 아크절단은 텅스텐 전극과 모재 사이에서 아크 플라즈마를 발생시키는 것이다.

저자쌤의 핵직강

플라즈마 아크의 형태

- 이행형 아크 : 전기 전도체인 모재를 (+)극, 텅스텐 전극을 (−)극으로 연결한 후 아크 플라즈마를 발생시키는 방식으로 에너지 밀도가 높아서 용접에 주로 이용한다.
- 비이행형 아크 : 수랭 노즐을 (+)극, 텅스텐 전극을 (−)극으로 연결한 후 아크 플라즈마를 발생시키는 방식으로 모재에 전기접촉이 필요하지 않아 비금속 물질이나 주철, 비철금속 등의 절단에 사용한다.

해설

전기전도성 금속의 절단에 사용되는 플라즈마 절단은 절단 토치에서 절단 모재로 전원을 공급하는 데 있어서 전기전도성 가스를 이용하는데 이 가스가 이온화되어 전류가 통할 수 있는 자유전자를 가진 플라즈마이며 이것의 온도는 약 20,000~30,000℃ 정도가 된다. 비이행형 아크를 사용하면 비철금속이나 비금속의 절단도 가능하다.

35 가스용접에서 알루미늄을 용접하고자 할 때 일반적으로 어떤 용접봉을 사용하는가?

① Al에 소량의 P를 첨가한 용접봉
② Al에 소량의 S를 첨가한 용접봉
③ Al에 소량의 C를 첨가한 용접봉
④ Al에 소량의 Fe를 첨가한 용접봉

해설

가스용접에서 Al을 용접할 때는 Al에 소량의 P을 함유한 용접봉을 사용한다.

36 아세틸렌의 성질에 대한 설명으로 틀린 것은?

① 산소와 적당히 혼합하여 연소하면 고온을 얻는다.
② 공기보다 가볍다.
③ 아세톤에 25배로 용해된다.
④ 탄화수소에서 가장 완전한 가스이다.

저자쌤의 핵직강

아세틸렌(Acetylene, C_2H_2)

- 비중이 0.906으로 공기보다 약간 가볍다.
- 카바이드(CaC_2)를 물에 작용시켜 제조한다.
- 가스 용접이나 절단 등에 주로 사용되는 연료가스이다.
- 산소와 적당히 혼합 연소시키면 3,000~3,500℃의 고온을 낸다.
- 각종 액체에 용해가 잘된다(물-1배, 석유-2배, 벤젠-4배, 알코올-6배, 아세톤-25배).
- 아세틸렌가스의 충전은 15℃, 1기압 하에서 15kgf/cm^2의 압력으로 한다. 아세틸렌가스 1L의 무게는 1.176g이다.

해설

아세틸렌가스는 불포화 탄화수소의 일종으로 불완전한 상태의 가스이다.

37 가스 용접에 사용되는 연료가스의 일반적 성질 중 틀린 것은?

① 불꽃의 온도가 높아야 한다.
② 연소속도가 늦어야 한다.
③ 발열량이 커야 한다.
④ 용융금속과 화학반응을 일으키지 말아야 한다.

저자쌤의 핵직강

용접용 가스는 아세틸렌가스를 가장 많이 사용하고, 수소, 도시 가스(석탄 가스), 프로판(LPG), 천연가스, 메탄 가스 등이 있으며, 이들을 가스용접이나 절단에 사용하려면

- 불꽃의 온도가 높을 것
- 연소 속도가 빠를 것
- 발열량이 클 것
- 용융금속과 화학반응을 일으키지 않아야 한다.

해설

연료가스는 연소속도가 빨라야 원활하게 작업이 가능하며, 매끈한 절단면 및 용접물을 얻을 수 있다.

38 다음 중 용접법의 분류에 속하지 않는 것은?

① 융 접　　② 압 접
③ 납 땜　　④ 리베팅

34 ② 35 ① 36 ④ 37 ② 38 ④ 정답

해설
리베팅은 기계적 접합법에 속한다.

39 스테인리스강, 알루미늄 등과 같은 비철합금을 절단할 수 없는 것은?

① 플라즈마 절단 ② 가스 가우징
③ TIG 절단 ④ MIG 절단

해설
가스 가우징은 가스 절단과 비슷한 토치를 사용해서 용접 부분의 뒷면을 따내든지 U형, H형의 용접홈을 가공하기 위하여 깊은 홈을 파내는 가공법으로 스테인리스강이나 알루미늄 등의 비철금속은 절단할 수 없다.

40 6 : 4 황동의 내식성을 개량하기 위하여 1% 전·후의 주석을 첨가한 것은?

① 콜슨합금 ② 네이벌 황동
③ 청 동 ④ 인청동

해설
① 콜슨 합금 : 니켈 청동으로 통신선이나 전화선으로 사용된다.
② 네이벌 황동 : 구리와 아연을 비율이 6 : 4로 합금된 것으로 내식성을 개량하기 위해 1% 전후의 주석을 함유한다.
③ 청동 : 구리에 주석을 합금한 것이다.
④ 인청동 : 청동에 소량의 P을 첨가한 것으로 전자 기기의 탄성을 요구하는 제품에 사용된다.

41 주강에서 탄소량이 많아질수록 일어나는 성질이 아닌 것은?

① 강도가 증가한다.
② 연성이 감소한다.
③ 충격값이 증가한다.
④ 용접성이 떨어진다.

해설
순수한 철에 탄소량이 증가하면 강도와 경도는 증가하나 취성이 강해져서 결국엔 충격값이 저하된다.

Plus One 주강의 특성
탄소 주강의 강도는 탄소량이 많아질수록 커지고 연성은 감소하게 되며, 충격값도 떨어지며 용접성도 나빠진다. 여기에 망간의 함유량이 증가하면 인장강도가 커지나 탄소에 비해 그 영향은 크지 않다.

42 WC, TiC, TaC 등의 금속탄화물을 Co로 소결한 것으로서 탄화물 소결공구라고 하며, 일반적으로 칠드 주철, 경질 유리 등도 쉽게 절삭할 수 있는 공구강은?

① 세라믹 ② 고속도강
③ 초경합금 ④ 주조경질합금

해설
초경합금은 텅스텐 카바이트, 티타늄 카바이드 등의 금속탄화물을 코발트로 소결한 것으로 약 1,100℃의 고온에서도 열에 의한 변형 없이 가공할 수 있다.

43 일반적으로 구리가 강에 비해 우수한 점이 아닌 것은?

① 화학적 저항력이 적어 부식이 용이
② 전기 및 열의 전도성이 양호
③ 전연성이 풍부하고 가공이 용이
④ 아름다운 광택과 귀금속 성질이 우수

해설
구리는 강에 비해 화학적 저항력이 커서 부식이 잘되지 않는다.

44 소재의 표면에 강이나 주철로 된 작은 입자를 고속으로 분사시켜 표면경도를 높이는 것은?

① 숏 피닝 ② 하드 페이싱
③ 화염 경화법 ④ 고주파 경화법

저자쌤의 핵직강
- 하드 페이싱 : 금속 표면에 스텔라이트나 경합금등 내마모성이 좋은 금속을 용착시켜 표면에 경화층을 형성시키는 방법
- 화염 경화법 : 산소-아세틸렌가스 불꽃으로 강의 표면을 급격히 가열한 후 물을 분사시켜 급랭시킴으로써 표면을 경화시키는 방법
- 고주파 경화법 : 고주파 유도 전류에 의해서 강 부품의 표면층만을 급 가열한 후 급랭시키는 표면경화법이다. 높은 주파수는 소형품이나 얕은 담금질 층, 낮은 주파수는 대형품이나 깊은 담금질 층을 얻고자 할 때 사용한다.

해설
숏 피닝은 강이나 주철제의 작은 강구(볼)를 고속으로 표면층에 분사하여 표면층을 가공 경화시키는 방법이다.

정답 39 ② 40 ② 41 ③ 42 ③ 43 ① 44 ①

45 주철조직 중 γ고용체와 Fe_3C의 기계적 혼합으로 생긴 공정주철로 A_1변태점 이상에서 안정적으로 존재하는 것은?

① 페라이트(Ferrite)
② 펄라이트(Pearlite)
③ 시멘타이트(Cementite)
④ 레데뷰라이트(Ledeburite)

해설

- 레데뷰라이트 : γ고용체+Fe_3C(시멘타이트)
- 시멘타이트 : 순철에 C(탄소)가 6.67% 함금된 조직으로 가장 단단하다.
- 펄라이트 : 페라이트+Fe_3C(시멘타이트)

46 강의 재질을 연하고 균일하게 하기 위한 목적으로 다음 그림의 열처리 곡선과 같이 행하는 열처리는?

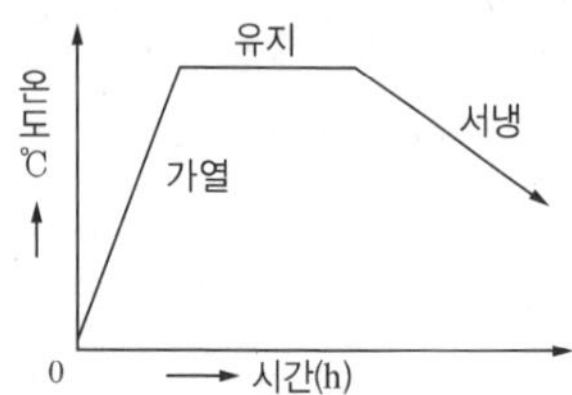

① 불림(Normalizing)
② 담금질(Quenching)
③ 풀림(Annealing)
④ 뜨임(Tempering)

저자쌤의 핵직강

철의 기본 열처리

- 담금질(Quenching) : 강을 Fe-C상태도상에서 A_3 및 A_1 변태선 이상 30~50℃로 가열 후 급랭시켜 오스테나이트 조직에서 마텐자이트조직으로 강도가 큰 재질을 만드는 열처리작업
- 뜨임(Tempering) : 담금질 한 강을 A_1 변태점 이하로 가열 후 서랭하는 것으로 담금질되어 경화된 재료에 인성을 부여한다.
- 풀림(Annealing) : 재질을 연하고 균일화시킬 목적으로 목적에 맞는 일정온도 이상으로 가열한 후 서랭한다(완전풀림-A_3변태점 이상, 연화풀림-650℃정도).
- 불림(Normalizing) : 담금질이 심하거나 결정입자가 조대해진 강을 표준화조직으로 만들어주기 위하여 A_3점이나 Acm점 이상으로 가열 후 대기 중에서 서랭한다.

47 오스테나이트계 스테인리스강의 표준성분에서 크롬과 니켈의 함유량은?

① 10% 크롬, 10% 니켈
② 18% 크롬, 8% 니켈
③ 10% 크롬, 8% 니켈
④ 8% 크롬, 18% 니켈

저자쌤의 핵직강

스테인리스강의 분류

구 분	종 류	주요 성분	자 성
Cr계	페라이트계 스테인리스강	Fe+Cr 12% 이상	자성체
	마텐자이트계 스테인리스강	Fe+Cr 13%	자성체
Cr+Ni계	오스테나이트계 스테인리스강	Fe+Cr 18%+Ni 8%	비자성체
	석출경화계 스테인리스강	Fe+Cr+Ni	비자성체

해설

Cr-Ni계 스테인리스강은 오스테나이트계 스테인리스강으로써 Cr-18%와 Ni-8%로 구성되어 있다.

48 순철의 자기 변태점은?

① A_1　② A_2
③ A_3　④ A_4

저자쌤의 핵직강

금속의 변태점

- A_0변태점 : 210℃ - 시멘타이트의 자기변태점(시멘타이트가 자성을 잃는 변태점)
- A_1변태점 : 723℃ - 페라이트 + 시멘타이트 → 오스테나이트로 바뀜
- A_2변태점 : 770℃ - 금속의 자기변태점
- A_3변태점 : 910℃ - 체심입방격자가 면심입방격자로 바뀜
- A_4변태점 : 1400℃ - 면심입방격자가 체심입방격자로 바뀜

해설

원자 배열은 변화가 없으나 자성만 변하는 것을 금속의 자기변태라 한다.

45 ④ 46 ③ 47 ② 48 ② 정답

49 알루미늄과 그 합금에 대한 설명 중 틀린 것은?

① 비중 2.7, 용융점 약 660℃이다.
② 알루미늄 주물은 무게가 가벼워 자동차산업에 많이 사용된다.
③ 염산이나 황산 등의 무기산에도 잘 부식되지 않는다.
④ 대기 중에서 내식성이 강하고 전기와 열의 좋은 전도체이다.

저자쌤의 핵직강

알루미늄(Al)의 성질
- 비중 : 2.7
- 용융점 : 660℃
- 면심입방격자
- 비강도 및 주조성 우수
- 열과 전기의 양도체
- 내식성 및 가공성이 양호
- 담금질 효과는 시효경화로 얻음(시효경화란 열처리 후 시간이 지남에 따라 강도와 경도가 증가하는 현상)

해설
Al은 내식성은 좋으나 염산이나 황산에는 부식된다.

50 크로만실(Chromansil)이라고도 하며 고온단조, 용접, 열처리가 용이하여 철도용, 단조용 크랭크축, 차축 및 각종 자동차 부품 등에 널리 사용되는 구조용 강은?

① Ni-Cr강 ② Ni-Cr-Mo강
③ Mn-Cr강 ④ Cr-Mn-Si강

저자쌤의 핵직강

크로만실은 Cr+Mn+Si을 합금시킨 강으로 구조용 저합금강에 속한다. 열처리가 용이하고 용접성이 좋아서 철도용이나 단조용 크랭크축용 재료로 사용된다.

51 그림과 같은 입체를 화살표 방향을 정면으로 하여 제3각법으로 배면도를 투상하고자 할 때 가장 적합한 것은?

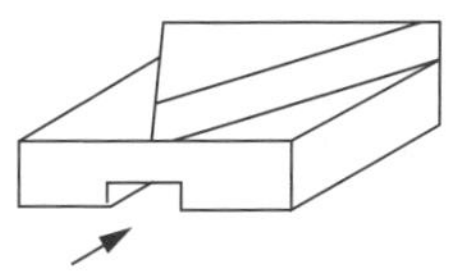

①
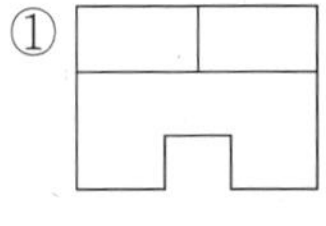
②
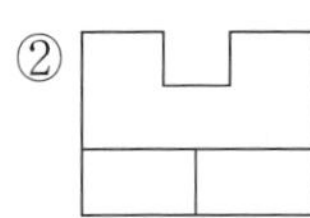
③
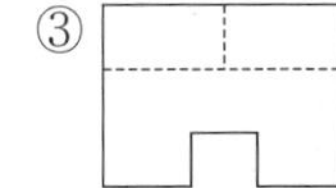
④
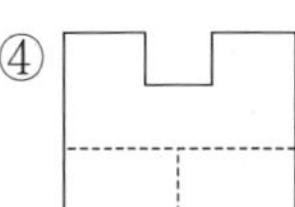

해설
배면도란 정면도의 뒷부분을 투상한 그림으로 앞부분에 빈 공간이 있으므로 그 경계선을 점선으로 표시한 ③번이 정답이다.

52 그림과 같은 용접 기호에서 "Z3"의 설명으로 옳은 것은?

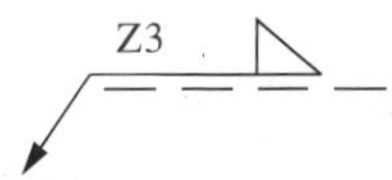

① 필릿 용접부의 목 길이가 3mm이다.
② 필릿 용접부의 목 두께가 3mm이다.
③ 용접을 위쪽으로 3군데 하라는 표시이다.
④ 용접을 3mm 간격으로 하라는 표시이다.

저자쌤의 핵직강

Z3은 목길이가 3mm임을 의미한다.

용접부 기호표시
- a : 목두께
- z : 목길이($z = a\sqrt{2}$)

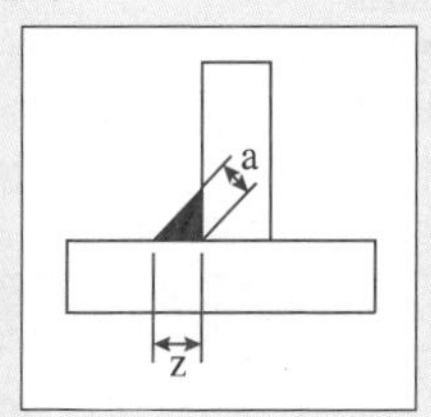

53 그림과 같은 제3각법에 의한 정투상도의 입체도로 가장 적합한 것은?

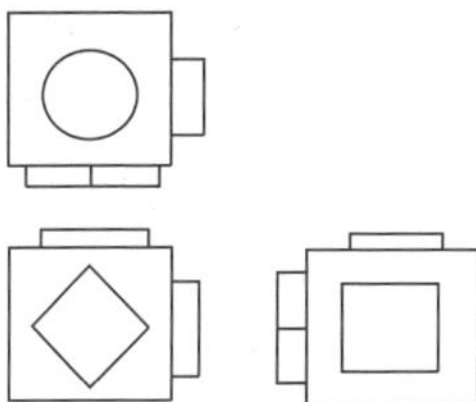

① 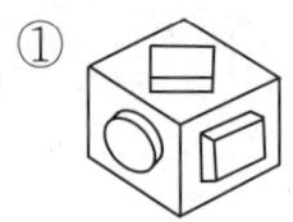

② 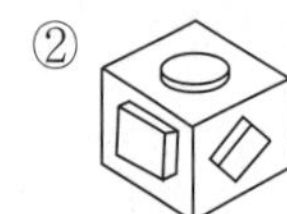

③ 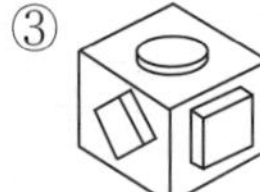

④ 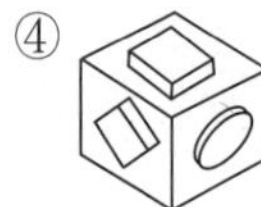

해설

정면도에 마름모가, 평면도에 원의 형상이 부착된 ③번이 정답이다.

54 그림과 같은 물체를 한쪽 단면도로 나타날 때 가장 옳은 것은?

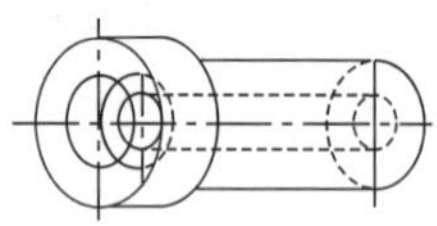

① 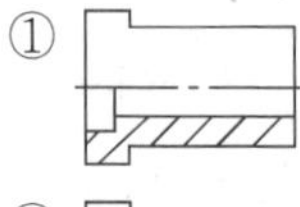

② 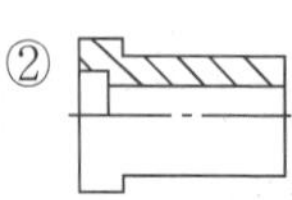

③ 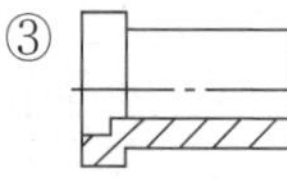

④ 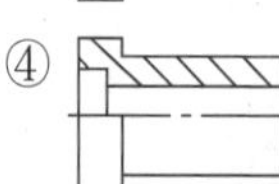

해설

반단면도의 경우 한 쪽면은 외부에서 보이는 그대로의 형태를 나타내어야 하며, 반대쪽면은 단면이 되었을 때 도면이 그려져야 한다. 따라서 ④번이 정답이다.

단면도의 종류

단면도명	도 면
온 단면도 (전단면도)	
한쪽 단면도 (반단면도)	
부분 단면도	파단선 떼어낸 부분의 단면

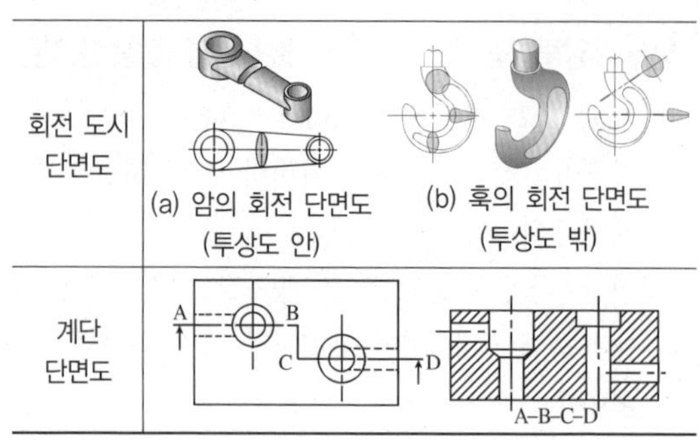

회전 도시 단면도	(a) 암의 회전 단면도 (투상도 안) (b) 훅의 회전 단면도 (투상도 밖)
계단 단면도	A B C D A-B-C-D

55 기계구조용 탄소 강관의 KS 재료 기호는?

① SPC ② SPS

③ SWP ④ STKM

해설

④ STKM : 기계구조용 탄소강관

① SPC : 판스프링강

② SPS : 스프링강

③ SWP : 코일 스프링

56 지지장치를 의미하는 배관 도시 기호가 그림과 같이 나타날 때 이 지지장치의 형식은?

① 고정식 ② 가이드식

③ 슬라이드식 ④ 일반식

해설

하단부에 관의 접속부에 X 표시를 통해 지지 장치가 고정식임을 알 수 있다.

57 그림과 같이 가공 전 또는 가공 후의 모양을 표시하는 데 사용하는 선의 명칭은?

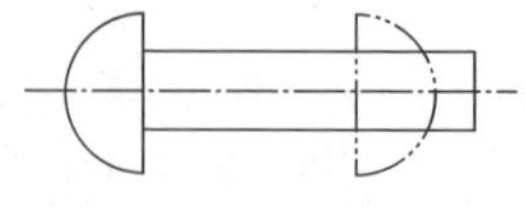

① 숨은선 ② 파단선

③ 가상선 ④ 절단선

54 ④ 55 ④ 56 ① 57 ③ 정답

저자쌤의 핵직강

가는 2점 쇄선(-··-··-)으로 표시되는 가상선의 용도
- 인접 부분을 참고로 표시할 때
- 공구 및 지그 등 위치를 참고로 나타낼 때
- 가공 전이나 후의 모양을 표시할 때
- 반복되는 것을 나타낼 때
- 도시된 단면의 앞부분을 표시할 때
- 단면의 무게 중심을 연결한 선을 표시할 때

58 판금작업 시 강판재료를 절단하기 위하여 가장 필요한 도면은?

① 조립도 ② 전개도
③ 배관도 ④ 공정도

해설
판금 작업 시 강판재료를 절단하기 위해서는 전개도를 설계도로 사용한다.

Plus One 전개도법의 종류
- 평행선법 : 삼각기둥, 사각기둥과 같은 여러 가지의 각기둥과 원기둥을 평행하게 전개하여 그리는 방법
- 방사선법 : 삼각뿔, 사각뿔 등의 각뿔과 원뿔을 꼭짓점을 기준으로 부채꼴로 펼쳐서 전개도를 그리는 방법
- 삼각형법 : 꼭짓점이 먼 각뿔, 원뿔 등의 해당면을 삼각형으로 분할하여 전개도를 그리는 방법

59 도면의 척도값 중 실제 형상을 확대하여 그리는 것은?

① 2 : 1 ② 1 : $\sqrt{2}$
③ 1 : 1 ④ 1 : 2

해설
척도 표시 방법
A : B = 도면에서의 크기 : 물체의 실제크기
예 축적 – 1 : 2, 현척 – 1 : 1, 배척 – 2 : 1

60 그림에서 "□15"에 대한 설명으로 맞는 것은?

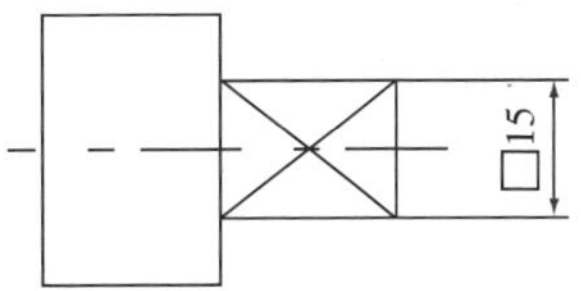

① 단면적이 15인 직사각형
② 한 변의 길이가 15인 정사각형
③ ϕ15인 원통에 평면이 있음
④ 이론적으로 정확한 치수가 15인 평면

저자쌤의 핵직강

치수 표시 기호

기 호	구 분	기 호	구 분
ϕ	지 름	p	피 치
Sϕ	구의 지름	$\frown$50	호의 길이
R	반지름	<u>50</u>	비례척도가 아닌 치수
SR	구의 반지름	[50]	이론적으로 정확한 치수
□	정사각형	(50)	참고 치수
C	45° 모따기	~~50~~	치수의 취소 (수정 시 사용)
t	두 께		

해설
기계 도면에서 ⊠ 표시는 해당면이 평면으로 되어 있음을 나타낸다. 그리고, "□15"는 한 변의 길이가 15mm인 정사각형을 의미한다.

정답 58 ② 59 ① 60 ②

2013년도 제5회 **기출문제**

용접기능사 Craftsman Welding/Inert Gas Arc Welding

01 다음 중 가스 용접에 있어 납땜의 용제가 갖추어야 할 조건으로 옳은 것은?

① 청정한 금속면의 산화가 잘 이루어질 것
② 전기 저항 납땜에 사용되는 것은 부도체일 것
③ 용제의 유효온도 범위와 납땜의 온도가 일치할 것
④ 땜납의 표면 장력과 차이를 만들고 모재와의 친화력이 낮을 것

저자쌤의 핵직강

납땜용 용제가 갖추어야 할 조건
- 금속면의 표면이 산화되지 않을 것
- 모재나 땜납에 대한 부식작용이 최소일 것
- 용제의 유효온도 범위와 납땜의 온도가 일치할 것
- 땜납의 표면장력을 맞추어서 모재와의 친화력이 높을 것

해설
납땜용 용제는 유효온도 범위와 납땜의 온도가 일치해야 한다.

납 땜
금속의 표면에 용융금속을 접촉시켜 양 금속 원자 간의 응집력과 확산 작용에 의해 결합시키는 방법이다.

02 다음 중 MIG 용접의 용적 이행 형태에 대한 설명으로 옳은 것은?

① 용적 이행에는 단락 이행, 스프레이 이행, 입상 이행이 있으며 가장 많이 사용되는 것은 입상 이행이다.
② 스프레이 이행은 저전압, 저전류에서 아르곤 가스를 사용하는 경합금 용접에서 주로 나타난다.
③ 입상 이행은 와이어보다 큰 용적으로 용융되어 이행하며 주로 CO_2 가스를 사용할 때 나타난다.
④ 직류 정극성일 때 스패터가 적고, 용입이 크게 되며 용적 이행이 안정한 스프레이 이행이 된다.

저자쌤의 핵직강

MIG 용접의 용적 이행의 종류
- 단락 이행 : 저전류의 CO_2 용접에서 솔리드 와이어 사용 시 발생하며 박판용접에 적합하다.
- 입상 이행(Globular, 글로뷸러) : 와이어보다 큰 용적으로 용융되어 모재로 이행하며 매 초 90회 정도의 용적이 이행되는데 주로 CO_2 가스 용접 시 발생한다.
- 스프레이 이행 : 고전압, 고전류에서 발생하며, 아르곤 가스나 헬륨가스를 사용하는 경합금 용접에서 주로 나타나며 용착속도가 빠르고 능률적이다.

해설
MIG 용접은 직류 역극성을 사용한다.

현재 가장 많이 사용되는 용적 이행은 스프레이 이행인데 이것은 고전압과 고전류에서 많이 발생한다.

03 다음 중 CO_2 가스 아크 용접에서 일반적으로 다공성의 원인이 되는 가스가 아닌 것은?

① 산소(O_2) ② 수소(H_2)
③ 질소(N_2) ④ 일산화탄소(CO)

저자쌤의 핵직강

다공성이란 금속 중에 기공(Blow Hole)이나 피트(Pit)가 발생하기 쉬운 성질을 말하는데 이 불량은 질소, 수소, 일산화탄소에 의해 발생된다. 이를 방지하기 위해서는 용융된 강 중에 녹아 있는 산화철(FeO)의 함유량을 적당히 감소시켜야 한다.

04 다음 중 CO_2 가스 아크 용접 결함에 있어 기공 발생의 원인으로 볼 수 없는 것은?

① 팁이 마모되어 있다.
② 용접 부위가 지저분하다.
③ CO_2 가스 유량이 부족하다.
④ 노즐과 모재간의 거리가 너무 길다.

1 ③ 2 ③ 3 ① 4 ① 정답

해설

CO_2 가스 아크 용접에서 팁의 마모는 불안정한 아크발생 원인이다.

05 다음 중 연소의 3요소를 올바르게 나열한 것은?

① 가연물, 산소, 공기
② 가연물, 빛, 탄산가스
③ 가연물, 산소, 정촉매
④ 가연물, 산소, 점화원

해설

연소의 조건은 가연물과 산소 그리고 점화원인 불꽃이 필요하다.

06 다음 중 용접 비용을 계산하는 데 있어 비용 절감 요소로 틀린 것은?

① 대기 시간 최대화
② 효과적인 재료 사용계획
③ 합리적이고 경제적인 설계
④ 가공 불량에 의한 용접의 손실 최소화

해설

용접 중 대기시간이 길어지면 용접기에서 사용되는 전기 소요량이 늘어나기 때문에 용접 비용이 오히려 증가한다. 따라서 용접 대기 시간은 최소로 해야 한다.

07 TIG 용접 토치는 공랭식과 수냉식으로 분류되는데 가볍고 취급이 용이한 공랭식 토치의 경우 일반적으로 몇 A 정도까지 사용하는가?

① 200 ② 380
③ 450 ④ 650

저자쌤의 핵직강

TIG 용접용 토치의 종류

분 류	명 칭	내 용
냉각방식에 의한 분류	공랭식 토치	200A 이하의 전류 시 사용
	수랭식 토치	650A 정도의 전류까지 사용
모양에 따른 분류	T형 토치	가장 일반적으로 사용
	직선형 토치	T형 토치가 사용 불가능한 장소에서 사용
	가변형 머리 토치 (플렉시블)	토치 머리의 각도를 조정할 수 있다.

해설

TIG 용접용 토치 중에서 공랭식은 200A 이하의 용접전류를 사용해야 한다.

08 다음 중 용접 작업에 있어 가용접 시 주의해야 할 사항으로 옳은 것은?

① 본용접보다 높은 온도로 예열을 한다.
② 개선 홈 내의 가접부는 백치핑으로 완전히 제거한다.
③ 가접의 위치는 주로 부품의 끝 모서리에 한다.
④ 용접봉의 본용접 작업 시에 사용하는 것보다 두꺼운 것을 사용한다.

저자쌤의 핵직강

가용접 시 주의사항

- 가용접은 본용접보다 낮은 온도로 해야 한다.
- 개선 홈 내의 가접부는 백치핑으로 완전히 제거한다.
- 가접의 위치는 응력이 집중되는 곳(모서리)을 피해서 한다.
- 가접 시 사용용접봉은 본용접 시 사용하는 것보다 약간 가는 것을 사용하여 충분한 용입이 되게 한다.

해설

개선된 홈이나 일반 홈의 가접부는 뒷면까지 슬래그 해머를 이용해서 백치핑(뒷면을 치면서 슬래그를 제거하는 방법)의 방법으로 슬래그를 완전히 제거해야 한다.

- 본용접자와 동등한 기량을 갖는 용접자가 용접을 시행한다.
- 본용접과 같이 예열하고, 개선홈 내의 가접부는 백치핑으로 완전히 제거한다.
- 구조물의 모서리 부분은 용접부가 겹치는 부분으로, 응력집중이 생기기 쉬우며, 가장 취약한 부분으로, 용착상태가 불량하므로 피해야 된다.
- 본용접 작업보다 약간 가는 용접봉을 사용하고, 간격은 판두께의 15~30배 정도로 하는 것이 좋다.
- 시점, 종점은 모재가 가열이 안된 상태이므로 용착이 불량하며 슬래그 섞임, 기공 등이 발생하기 쉬운 부분이므로 강도상 중요한 이음에는 가용접을 피한다.

정답 5 ④ 6 ① 7 ① 8 ②

09 다음 중 일렉트로 슬래그 용접 이음의 종류로 볼 수 없는 것은?

① 모서리 이음　② 필릿 이음
③ T 이음　④ X 이음

저자쌤의 핵직강

일렉트로 슬래그 용접 이음의 종류

맞대기 이음		모서리 이음	
T 이음		+자 이음	
필릿 이음		변두리 이음	
플러그 이음		덧붙이 이음	
중간 이음		겹침 이음	

해설
일렉트로 슬래그 용접이음에서 X 이음은 없다.

10 다음 중 용접봉의 보안면의 일반구조에 관한 설명으로 틀린 것은?

① 복사열에 노출될 수 있는 금속부분은 단열처리 해야 한다.
② 착용자와 접촉하는 보안면의 모든 부분에는 피부 자극을 유발하지 않는 재질을 사용해야 한다.
③ 용접용 보안면의 내부 표면은 유광 처리하고, 보안면 내부로는 일정량 이상의 빛이 들어오도록 해야 한다.
④ 보안면에는 돌출 부분, 날카로운 모서리 혹은 사용 도중 불편하거나 상해를 줄 수 있는 결함이 없어야 한다.

해설
용접용 보안면의 내부 표면은 무광 처리를 하고 보안면 내부로 빛이 들어오지 못하도록 설계되어야 한다.

11 다음 중 서브머지드 아크 용접에 사용되는 용제(Flux)에 관한 설명으로 틀린 것은?

① 소결용 용제는 용융형 용제에 비하여 용제의 소모량이 적다.
② 용융형 용제는 거친 입자의 것일수록 높은 전류에 사용해야 한다.
③ 소결형 용제는 페로 실리콘, 페로 망간 등에 의해 강력한 탈산 작용이 된다.
④ 용제는 용접부의 대기로부터 보호하면서 아크를 안정시키고, 야금 반응에 의하여 용착금속의 재질을 개선하기 위해 사용한다.

저자쌤의 핵직강

서브머지드 아크 용접용 용제(Flux)의 특징
- 용융형 용제의 특징
  - 비드 모양이 아름답다.
  - 용제의 재사용이 가능하다.
  - 화학적으로 안정되어 있다.
  - 조성이 균일하고 흡습성이 작아서 가장 많이 사용한다.
  - 입도가 작을수록 용입이 얕고 너비가 넓으며 미려한 비드를 생성한다.
  - 작은 전류에는 입도가 큰 거친 입자를, 큰 전류에는 입도가 작은 미세한 입자를 사용한다.
  - 작은 전류에 미세한 입자를 사용하면 가스 방출이 불량해서 Pock Mark 불량의 원인이 된다.
- 소결형 용제의 특징
  - 흡습성이 뛰어난 결점이 있다.
  - 용융형 용제에 비해 용제의 소모량이 적다.
  - 페로 실리콘이나 페로망간 등에 의해 강력한 탈산 작용이 된다.
  - 고입열의 자동차 후판용접, 고장력강 및 스테인리스강의 용접에 유리하다.

해설
서브머지드 아크 용접(SAW)에서 사용되는 용융형 용제는 거친 입자는 작은 전류를 사용하고 미세한 입자는 큰 전류를 사용해야 한다.

12 다음 중 가스용접 작업에 관한 안전사항으로 틀린 것은?

① 아세틸렌병 주변에서 흡연하지 않는다.
② 호스의 누설 시험시에는 비눗물을 사용한다.
③ 산소 및 아세틸렌병 등 빈병은 섞어서 보관한다.
④ 용접 시 토치의 끝을 긁어서 오물을 털지 않는다.

9 ④　10 ③　11 ②　12 ③ 정답

해설

가스용접 시 사용되는 가스용기는 빈병과 사용 중인 것을 따로 구분해서 보관해야만 작업 중에 가스가 떨어지는 사고를 예방할 수 있다. 가스용기는 각각 구분하여 놓는다.

용기는 통상 40℃ 이하에 보관하고 사용한 용기와 사용하지 않은 용기는 구별하여 일정한 위치에 저장할 것. 특히 모노실란과 산소, 염소 등 서로 반응하는 가스류와는 격리 보관한다.

13 다음 중 전기 저항 용접에 있어 맥동 점 용접(Pulsation Welding)에 관한 설명으로 옳은 것은?

① 1개의 전류 회로에 2개 이상의 용접점을 만드는 용접법이다.

② 전극을 2개 이상으로 하여 2점 이상의 용접을 하는 용접법이다.

③ 점 용접의 기본적인 방법으로 1쌍의 전극으로 1점의 용접부를 만드는 용접법이다.

④ 모재 두께가 다른 경우 전극의 과열을 피하기 위하여 사이클 단위를 몇 번이고 전류를 단속하여 용접하는 것이다.

저자쌤의 핵직강

점 용접법의 종류

- 단극식 점 용접 : 점용접의 기본적인 방법으로 전극 1쌍으로 1개의 점 용접부를 만든다.
- 다전극 점 용접 : 전극을 2개 이상으로 2점 이상의 용접을 하며 용접 속도 향상 및 용접 변형 방지에 좋다.
- 직렬식 점 용접 : 1개의 전류 회로에 2개 이상의 용접점을 만드는 방법으로 전류 손실이 많다. 전류를 증가시켜야 하며 용접 표면이 불량하고 균일하지 못하다.
- 인터랙 점 용접 : 용접 전류가 피용접물의 일부를 통하여 다른 곳으로 전달하는 방식이다.
- 맥동 점 용접 : 모재의 두께가 다른 경우에 전극의 과열을 피하기 위해 전류를 단속하여 용접한다.

해설

①은 직렬식 점 용접, ②는 다전극 점 용접, ③은 단극식 점 용접을 말한다.

14 다음 중 제품별 노내 및 국부풀림의 유지 온도와 시간이 올바르게 연결된 것은?

① 탄소강 주강품 : 625±25℃, 판 두께 25mm에 대하여 1시간

② 기계구조용 연강재 : 725±25℃, 판 두께 25mm에 대하여 1시간

③ 보일러용 압연강재 : 625±25℃, 판 두께 25mm에 대하여 4시간

④ 용접구조용 연강재 : 725±25℃, 판 두께 25mm에 대하여 2시간

해설

탄소강의 풀림 처리 시 유지온도는 625℃±25℃로서 판 두께 25mm일 경우 1시간 정도 유지하면 된다. 또한, 일반구조용 압연강재를 비롯한 기타 재료들도 비슷한 온도에서 1시간 정도만 유지하면 풀림처리가 완료된다.

15 TIG 용접에서 교류전원을 사용 시 모재가 (-)극이 될 때 모재 표면의 수분, 산화물 등의 불순물로 인하여 전자방출 및 전류의 흐름이 어렵고, 텅스텐 전극이 (-)극이 되는 경우에 전자가 다량으로 방출되는 등 2차 전류가 불평형하게 되는데 이러한 현상을 무엇이라 하는가?

① 전극의 소손작용　② 전극의 전압상승작용

③ 전극의 청정작용　④ 전극의 정류작용

해설

전극의 정류작용이란 통전 방향에 따라서 한 쪽 방향으로는 전류를 통하나, 반대 방향으로는 통하지 않게 하는 성질을 말한다. 텅스텐 전극이 (-)극이 될 때 전류가 잘 통한다.

전극의 청정작용 : TIG(Tungsten Inert Gas Arc Welding) 용접에서 텅스텐 전극이 (+)극인 직류 역극성일 때만 청정작용이 발생한다.

16 다음 괄호 안에 가장 적합한 것은?

"일렉트로 슬래그 용접은 용융 용접의 일종으로서 와이어와 용융 슬래그 사이에 (　)을 이용하여 용접하는 특수한 용접 방법이다."

정답 13 ④　14 ①　15 ④　16 ②

① 전자 빔열 ② 통전된 전류의 저항열
③ 가스열 ④ 통전된 전류의 아크열

해설
일렉트로 슬래그 용접은 용융된 슬래그와 용융 금속이 용접부에서 흘러나오지 못하도록 수냉동판으로 둘러싸고 이 용융풀에 용접봉을 연속적으로 공급하는데 이때 발생하는 용융 슬래그의 저항열에 의하여 용접봉과 모재를 연속적으로 용융시키면서 용접하는 방법이다. 이 과정 중에서 슬래그는 항상 통전되어 있다.

17 다음 중 가스 절단 작업 시 주의사항으로 틀린 것은?

① 가스 절단에 알맞은 보호구를 착용한다.
② 절단진행 중에 시선은 절단면을 떠나서는 안 된다.
③ 호스는 흐트러지지 않도록 정해진 꼬임 상태로 작업한다.
④ 가스 호스가 용융금속이나 산화물의 비산으로 인해 손상되지 않도록 한다.

해설
가스 용접 시 토치에 연결된 가스 호스는 산소-아세틸렌가스의 원활한 이동을 위하여 항상 바르게 펴서 사용해야 한다.

18 다음 중 CO_2 아크 용접 시 박판의 아크 전압(V_0) 산출 공식으로 가장 적당한 것은?(단, I는 용접 전류 값을 의미한다)

① $V_0 = 0.07 \times I + 20 \pm 5.0$
② $V_0 = 0.05 \times I + 11.5 \pm 3.0$
③ $V_0 = 0.06 \times I + 40 \pm 6.0$
④ $V_0 = 0.04 \times I + 15.5 \pm 1.5$

해설
CO_2 용접의 재료 두께별 아크 전압(V) 구하는 식

구분	식
박판의 아크 전압(V)	0.04×용접전류(I)+(15.5±10%)
	0.04×용접전류(I)+(15.5±1.5)
후판의 아크 전압(V)	0.04×용접전류(I)+(20±10%)
	0.04×용접전류(I)+(20±2)

19 다음 중 방사선 투과 검사에 대한 설명으로 틀린 것은?

① 내부결함 검출에 용이하다.
② 검사결과를 필름에 영구적으로 기록할 수 있다.
③ 라미네이션 및 미세한 표면 균열도 검출된다.
④ 방사선 투과 검사에 필요한 기구로는 투과도계, 계조계, 증감지 등이 있다.

해설
방사선 투과 검사(Radio Graphic Testing)는 라미네이션 결함이나 방사선 조사방향에 대해 기울어져 있는 균열 등은 검출되지 않는 단점이 있다.

Plus One **라미네이션**
압연방향으로 얇은 층이 발생하는 내부결함으로 강괴 내의 수축공, 기공, 슬래그가 잔류하면서 미압착된 부분에 중공이 생기는 불량

20 다음 중 용접 결함에 있어 치수상 결함에 해당하는 것은?

① 오버랩 ② 기 공
③ 언더컷 ④ 변 형

해설
용접 결함의 종류

결 함	결함의 명칭	
치수상 결함	변 형	
	치수불량	
	형상불량	
구조상 결함	기 공	
	은 점	
	언더 컷	
	오버 랩	
	균 열	
	선상조직	
	용입불량	
	표면결함	
	슬래그 혼입	
성질상 결함	기계적 불량	인장강도 부족
		항복강도 부족
		피로강도 부족
		경도 부족
		연성 부족
		충격시험 값 부족
	화학적 불량	화학성분 부적당
		부식(내식성 불량)

17 ③ 18 ④ 19 ③ 20 ④ 정답

21 볼트나 환봉 등을 강판이나 형강에 직접 용접하는 방법으로 볼트나 환봉을 홀더에 끼우고 모재와 볼트 사이에 순간적으로 아크를 발생시켜 용접하는 것은?

① 피복 아크 용접 ② 스터드 용접
③ 테르밋 용접 ④ 전자 빔 용접

해설

스터드용접의 작업 방법

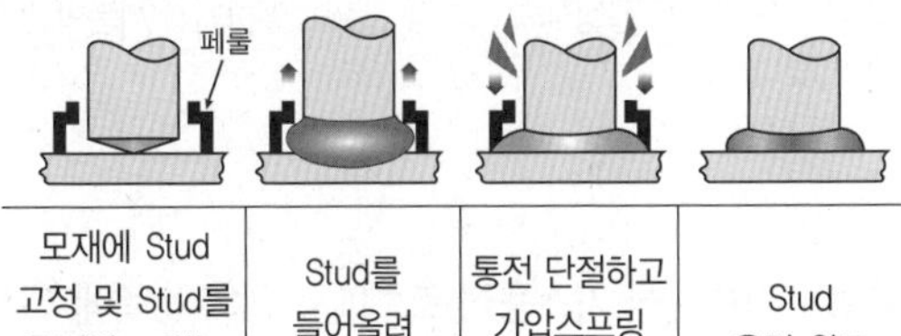

모재에 Stud 고정 및 Stud를 둘러싸고 있는 페룰에 의한 통전	Stud를 들어올려 Arc 발생	통전 단절하고 가압스프링으로 가압	Stud 용접 완료

22 다음 중 용접부의 검사방법에 있어 비파괴 시험으로 비드 외관, 언더컷, 오버랩, 용입불량, 표면 균일 등의 검사에 가장 적합한 것은?

① 부식검사 ② 외관검사
③ 초음파탐상검사 ④ 방사선투과검사

해설

용접부의 검사방법 중에서 비드의 외관, 언더컷, 오버랩, 표면불량 등의 점검이 가능한 방법으로는 사람의 눈으로 살펴보는 육안검사(Visual Testing, 외관검사)가 있다.

23 압축공기를 이용하여 가우징, 결함부위 제거, 절단 및 구멍 뚫기 등에 널리 사용되는 아크절단 방법은?

① 탄소 아크 절단 ② 금속 아크 절단
③ 산소 아크 절단 ④ 아크 에어 가우징

저자쌤의 핵직강

아크 에어 가우징은 탄소봉을 전극으로 하여 아크를 발생시킨 후 절단작업을 하는 탄소 아크 절단법에 약 5~7kgf/cm^2인 고압의 압축 공기를 병용하는 것으로 용융된 금속을 탄소봉과 평행으로 분출하는 압축 공기를 계속 불어내서 홈을 파내는 방법이다. 용접부의 홈 가공, 뒷면 따내기(Back Chipping), 용접 결함부 제거 등에 많이 사용 된다.

- 탄소 아크 절단 : 탄소나 흑연 전극봉과 금속 사이에서 아크를 일으켜 금속의 일부를 용융시켜 제거하면서 절단하는 방법
- 금속 아크 절단 : 탄소 전극봉 대신 절단 전용 특수 피복제를 입힌 전극봉을 사용하여 절단하는 방법
- 산소 아크 절단 : 산소 아크 절단에 사용되는 전극봉은 중공의 피복봉으로 발생되는 아크열을 이용하여 모재를 용융시킨 후, 중공 부분으로 절단 산소를 내보내서 절단하는 방법

24 가스 용접에서 산소 용기 취급에 대한 설명이 잘못된 것은?

① 산소용기 밸브, 조정기 등은 기름천으로 잘 닦는다.
② 산소용기 운반 시에는 충격을 주어서는 안 된다.
③ 산소 밸브의 개폐는 천천히 해야 한다.
④ 가스 누설의 점검은 비눗물로 한다.

해설

가스 용접에서 사용되는 가스 용기를 취급할 때는 밸브나 조정기 그리고 연결 부위의 청소 시 마른 천으로 이물질이 남지 않도록 깨끗이 닦아야 한다. 기름천으로 닦을 경우 기름이나 이물질이 부착될 수 있어서 가스에 혼입되어 불량을 유발할 수 있다.

산소는 조연성 가스이므로 특히 기름과 그리스에 접근시키지 않는다.

25 200V용 아크 용접기의 1차 입력이 15kWA일 때, 퓨즈의 용량은 얼마(A)인가?

① 65A ② 75A
③ 90A ④ 100A

해설

$$퓨즈용량 = \frac{1차\ 압력(kVA)}{전원전압(V)} = \frac{15,000(kVA)}{200(V)} = 75A$$

75A 용량의 퓨즈를 부착하면 된다.

정답 21 ② 22 ② 23 ④ 24 ① 25 ②

26 용접법과 기계적 접합법을 비교할 때, 용접법의 장점이 아닌 것은?

① 작업 공정이 단축되며 경제적이다.
② 기밀성, 수밀성, 유밀성이 우수하다.
③ 재료가 절약되고 중량이 가벼워진다.
④ 이음효율이 낮다.

저자쌤의 핵직강

용접의 장점은 두 금속을 용해한 후 하나의 물체로 만들기 때문에 리벳과 같은 기계적 접합법보다 이음효율이 높다는 점이다.

구분	내용
용접의 장점	• 이음효율이 높다. • 재료가 절약된다. • 제작비가 적게 든다. • 보수와 수리가 용이하다. • 재료의 두께 제한이 없다. • 이종재료도 접합이 가능하다. • 제품의 성능과 수명이 향상된다. • 유밀성, 기밀성, 수밀성이 우수하다. • 작업 공정이 줄고, 자동화가 용이하다.
용접의 단점	• 취성이 생기기 쉽다. • 균열이 발생하기 쉽다. • 용접부의 결함 판단이 어렵다. • 용융부위 금속의 재질이 변한다. • 저온에서 쉽게 약해질 우려가 있다. • 용접 기술자(용접사)의 기량에 따라 품질이 다르다. • 용접 후 변형 및 수축함에 따라 잔류응력이 발생한다.

27 산소-아세틸렌 가스 용접의 장점이 아닌 것은?

① 가열 시 열량 조절이 쉽다.
② 전원설비가 없는 곳에서도 쉽게 설치할 수 있다.
③ 피복 아크 용접보다 유해광선의 발생이 적다.
④ 피복 아크 용접보다 일반적으로 신뢰성이 높다.

저자쌤의 핵직강

산소-아세틸렌가스 용접의 장·단점

구분	내용
장점	• 응용 범위가 넓으며, 운반 작업이 편리하다. • 전원이 불필요하며, 설치비용이 저렴하다. • 아크 용접에 비해 유해 광선의 발생이 적다. • 열량 조절이 비교적 자유롭기 때문에 박판 용접에 적당하다.
단점	• 열효율이 낮아서 용접 속도가 느리다. • 아크 용접에 비해 불꽃의 온도가 낮다. • 열 영향에 의하여 용접 후 변형이 심하게 된다. • 고압가스를 사용하므로 폭발 및 화재의 위험이 크다. • 용접부의 기계적 성질이 떨어져서 제품의 신뢰성이 적다.

해설

산소-아세틸렌가스 용접은 피복 아크 용접(SMAW)에 비해 불꽃의 온도가 낮아서 용접부의 기계적 성질이 떨어져서 제품의 신뢰성이 낮다.

28 가변압식 가스용접 토치에서 팁의 능력에 대한 설명으로 옳은 것은?

① 매 시간당 소비되는 아세틸렌가스의 양
② 매 시간당 소비되는 산소의 양
③ 매 분당 소비되는 아세틸렌가스의 양
④ 매 분당 소비되는 산소의 양

저자쌤의 핵직강

가스용접 토치에서 팁의 능력은 매 시간당 소비되는 아세틸렌가스의 양으로 나타낸다. 예를 들면, 100번 팁은 1시간 동안 표준불꽃으로 용접 시에는 아세틸렌가스의 소비량이 100L가 된다.

29 가스용접에서 모재의 두께가 8mm일 경우 적합한 가스 용접봉의 지름(mm)은?(단, 이론적인 계산식으로 구한다)

① 2.0　　② 3.0
③ 4.0　　④ 5.0

해설

$$\text{가스용접봉지름}(D)=\frac{\text{판두께}(T)}{2}+1=\frac{8(\text{mm})}{2}+1=5\text{mm}$$

30 피복 아크 용접봉에 탄소량을 적게 하는 가장 큰 이유는?

① 스패터 방지를 위하여
② 균열 방지를 위하여

26 ④ 27 ④ 28 ① 29 ④ 30 ② 정답

③ 산화 방지를 위하여
④ 기밀 유지를 위하여

해설

C(탄소)는 온도의 변화에 따라서 그 크기가 변한다. 탄소의 함량이 많을수록 용접 후 변형이 크고 변형으로 인한 균열이 발생한다. 이 균열 방지를 위해서 피복 아크 용접봉에는 탄소의 함량을 적게 한다.

31 전류 조정이 용이하고 전류 조정을 전기적으로 하기 때문에 이동부분이 없으며 가변저항을 사용함으로써 용접 전류의 원격조정이 가능한 용접기는?

① 탭 전환형 ② 가동 코일형
③ 가동 철심형 ④ 가포화 리액터형

저자쌤의 핵직강

교류 아크 용접기의 종류별 특징

- 가동 철심형
  - 현재 가장 많이 사용한다.
  - 미세한 전류조정이 가능하다.
  - 광범위한 전류 조정이 어렵다.
  - 가동 철심으로 누설 자속을 가감하여 전류를 조정한다.
- 가동 코일형
  - 가격이 비싸며 현재 사용이 거의 없다.
  - 아크 안정도가 높고 소음이 없다.
  - 1차, 2차 코일 중의 하나를 이동하여 누설 자속을 변화하여 전류를 조정한다.
- 탭 전환형
  - 주로 소형이 많다.
  - 탭 전화부의 소손이 심하다.
  - 넓은 범위는 전류 조정이 어렵다.
  - 코일의 감긴 수에 따라 전류를 조정한다.
  - 적은 전류를 조정할 때 무부하 전압이 높아서 전격의 위험이 크다.
- 가포화 리액터형
  - 조작이 간단하고 원격 제어가 된다.
  - 가변 저항의 변화로 용접 전류를 조정한다.
  - 전기적 전류 조정으로 소음이 없고 기계의 수명이 길다.

해설

교류 아크 용접기 중에서 전류 조정이 용이하며 원격조정이 가능한 것은 가포화 리액터형이다.

32 아세틸렌은 액체에 잘 용해되며 석유에는 2배, 알코올에는 6배가 용해된다. 아세톤에는 몇 배가 용해되는가?

① 12 ② 20
③ 25 ④ 50

해설

아세틸렌가스(Acetylene, C_2H_2)는 각종 액체에 용해가 잘된다(물–1배, 석유–2배, 벤젠–4배, 알코올–6배, 아세톤–25배).

33 직류 아크 용접기에 대한 설명으로 맞는 것은?

① 발전형과 정류기형이 있다.
② 구조가 간단하고 보수도 용이하다.
③ 누설자속에 의하여 전류를 조정한다.
④ 용접변압기의 리액턴스에 의해서 수하특성을 얻는다.

해설

피복 금속 아크 용접(SMAW)에 사용되는 직류 아크 용접기의 종류에는 발전기형과 정류기형이 있다.

② 직류 아크 용접기중 발전기형의 경우 구조가 복잡해서 보수와 점검이 어렵다.
③ 누설자속으로 전류를 조정하는 것은 교류 아크 용접기의 가동 철심형이다.
④ 용접변압기의 리액턴스에 의해서 수하특성을 얻는 것은 교류 아크 용접기의 가포화 리액터형이다.

Plus One 직류 아크 용접기의 종류별 특징

발전기형	정류기형
• 고가이다. • 완전한 직류를 얻는다. • 전원이 없어도 사용이 가능하다. • 소음이나 고장이 발생하기 쉽다. • 구조가 복잡하다. • 보수와 점검이 어렵다.	• 저렴하다. • 완전한 직류를 얻지 못한다. • 전원이 필요하다. • 소음이 없다. • 구조가 간단하다. • 취급이 간단하다.

34 용접의 피복 배합제 중 탈산제로 쓰이는 가장 적합한 것은?

① 탄산칼륨 ② 페로망간
③ 형 석 ④ 이산화망간

정답 31 ④ 32 ③ 33 ① 34 ②

저자쌤의 핵직강

피복 배합제의 종류

배합제	용 도	종 류
고착제	심선에 피복제를 고착시킨다.	규산나트륨, 규산칼륨, 아교
탈산제	용융 금속 중의 산화물을 탈산, 정련한다.	크롬, 망간, 알루미늄, 규소철, 페로망간, 페로실리콘, 망간철, 톱밥, 소맥분(밀가루)
가스 발생제	중성, 환원성 가스를 발생하여 대기와의 접촉을 차단하여 용융금속의 산화나 질화를 방지한다.	아교, 녹말, 톱밥, 탄산바륨, 셀룰로이드, 석회석, 마그네사이트
아크 안정제	아크를 안정시킨다.	산화티탄, 규산칼륨, 규산나트륨, 석회석
슬래그 생성제	용융점이 낮고 가벼운 슬래그를 만들어 산화나 질화를 방지한다.	석회석, 규사, 산화철, 일미나이트, 이산화망간
합금 첨가제	용접부의 성질을 개선하기 위해 첨가한다.	페로망간, 페로실리콘, 니켈, 몰리브덴, 구리

해설

용접봉의 피복 배합제 중에서 탈산제로는 사용되는 것은 페로망간과 페로실리콘이다.

35 절단부위에 철분이나 용제의 미세한 입자를 압축공기나 압축질소로 연속적으로 팁을 통하여 분출시켜 그 산화열 또는 용제의 화학작용을 이용하여 절단하는 것은?

① 분말절단　② 수중절단
③ 산소창절단　④ 포갬절단

저자쌤의 핵직강

- 수중절단 : 주로 수소가스를 사용하여 수중에서 절단작업을 하는 방법
- 산소창절단 : 가늘고 긴 강관(안지름 3.2~6mm, 길이 1.5~3m)을 사용해서 절단 산소를 큰 강괴의 심부에 분출시켜 창으로 불리는 강관 자체가 함께 연소되면서 절단이 되는 방법
- 포갬절단 : 판과 판 사이의 틈새를 0.1mm 이상으로 포개어 압착시킨 후 절단하는 방법

해설

분말 절단은 철분이나 플럭스 분말을 연속적으로 절단 산소 속에 혼입시켜서 공급하여 그 반응열을 이용한 절단 방법이다.

36 다음 중 아크 용접에서 아크 쏠림 방지법이 아닌 것은?

① 교류용접기를 사용한다.
② 접지점을 2개로 한다.
③ 짧은 아크를 사용한다.
④ 직류용접기를 사용한다.

저자쌤의 핵직강

아크 쏠림 방지대책

- 용접 전류를 줄인다.
- 교류용접기를 사용한다.
- 접지점을 2개 연결한다.
- 아크 길이는 최대한 짧게 한다.
- 용접부가 긴 경우 후진법을 사용한다.
- 모재에 연결된 접지점을 용접부에서 멀리한다.
- 용접봉 끝을 아크 쏠림 반대 방향으로 기울인다.
- 받침쇠, 긴 가용접부, 이음의 처음과 끝에 엔드 탭을 사용한다.

해설

아크 쏠림은 교류용접기를 사용함으로써 방지할 수 있다.

37 다음 중 압접에 속하지 않는 용접법은?

① 스폿용접　② 심 용접
③ 프로젝션 용접　④ 서브머지드 아크 용접

해설

용접법의 분류

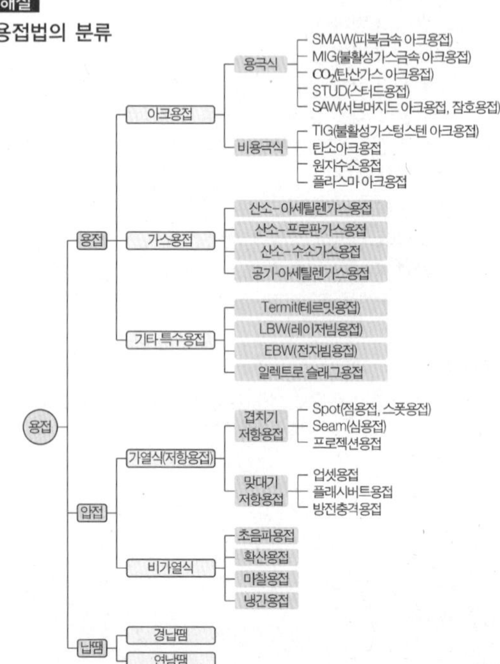

35 ① 36 ④ 37 ④ 정답

38 두께가 12.7mm인 연강판을 가스 절단할 때 가장 적합한 표준 드래그의 길이는?

① 약 2.4mm ② 약 5.2mm
③ 약 5.6mm ④ 약 6.4mm

해설

표준 드래그 길이(mm)=판 두께(mm)$\times\frac{1}{5}=12.7\times\frac{1}{5}=2.54$ mm이므로 ①번이 정답이다.

39 가스 용접 작업에서 양호한 용접부를 얻기 위해 갖추어야할 조건으로 잘못된 것은?

① 기름, 녹 등을 용접 전에 제거하여 결함을 방지한다.
② 모재의 표면이 균일하면 과열의 흔적은 있어도 된다.
③ 용착 금속의 용입 상태가 균일해야 한다.
④ 용접부에 첨가된 금속의 성질이 양호해야 한다.

해설

가스용접 작업에서 양호한 용접부를 얻기 위해서는 모재의 표면이 균일하며 과열의 흔적이 있어서는 안 된다.

40 탄소강에 니켈이나 크롬 등을 첨가하여 대기 중이나 수중 또는 산에 잘 견디는 내식성을 부여한 합금강으로 불수강이라고도 하는 것은?

① 고속도강
② 주 강
③ 스테인리스강
④ 탄소공구강

저자쌤의 핵직강

• 고속도강 : 절삭작업 시 고속으로 회전하는 절삭공구의 재료로서 사용이 가능한 강
• 주강 : 주조용으로 사용이 가능한 강
• 탄소공구강 : 절삭 공구를 제작하는 재료로써 절삭가공 시 약 300℃까지 작업이 가능한 강

해설

탄소강에 Ni이나 Cr을 첨가하여 내식성을 강하게 만든 철강 제품을 스테인리스강이라고 한다.

41 다음 중 Cu의 용융점은 몇 ℃인가?

① 1,083℃ ② 960℃
③ 1,530℃ ④ 1,455℃

해설

구리의 용융점은 1,083℃이다.

Plus One 구리(Cu)의 성질
• 반자성체이다.
• 내식성이 좋다.
• 비중은 8.96이다.
• 끓는점 2,560℃이다.
• 용융점은 1,083℃이다.
• 전기전도율이 우수하다.
• 전기와 열의 양도체이다.
• 전연성이 좋아 가공이 용이하다.
• 건조한 공기 중에서 산화하지 않는다.
• 황산, 염산에 용해되며 습기, 탄소가스, 해수에 녹이 생긴다.

42 다음 중 철강의 탄소 함유량에 따라 대분류한 것은?

① 순철, 강, 주철 ② 순철, 주강, 주철
③ 선철, 강, 주철 ④ 선철, 합금강, 주물

저자쌤의 핵직강

철강의 분류

성 질	순 철	강	주 철
영어 표현	Pure Iron	Steel	Cast Iron
탄소 함유량	0.03% 이하	0.03~2.0%	2.0~6.67%
담금질성	담금질이 안 된다.	좋다.	잘되지 않는다.
강도/경도	연하고 약하다.	크다.	경도는 크나 잘 부서진다.
활 용	전기재료	기계재료	주조용 철
제 조	전기로	전 로	큐폴라

해설

철(Fe)은 탄소의 함유량에 따라 순철, 강, 주철로 나뉜다.

정답 38 ① 39 ② 40 ③ 41 ① 42 ①

43 경도가 큰 재료를 A_1변태점 이하의 일정온도로 가열하여 인성을 증가시킬 목적으로 하는 열처리법은?

① 뜨임(Tempering)
② 풀림(Annealing)
③ 불림(Normalizing)
④ 담금질(Quenching)

저자쌤의 핵직강

철의 기본 열처리

- 뜨임(Tempering) : 담금질 한 강을 A_1변태점 이하로 가열 후 서랭하는 것으로 담금질되어 경화된 재료에 인성을 부여한다.
- 풀림(Annealing) : 재질을 연하고 균일화시킬 목적으로 목적에 맞는 일정온도 이상으로 가열한 후 서냉한다(완전풀림–A_3 변태점 이상, 연화풀림–650℃ 정도).
- 불림(Normalizing) : 담금질이 심하거나 결정입자가 조대해진 강을 표준화조직으로 만들어주기 위하여 A_3점이나 A_{cm}점 이상으로 가열 후 대기 중에서 서랭한다.
- 담금질(Quenching) : 강을 Fe–C상태도 상에서 A_3 및 A_1 변태선 이상 30~50℃로 가열 후 급랭시켜 오스테나이트 조직에서 마텐자이트 조직으로 강도가 큰 재질을 만드는 열처리작업

해설

담금질 한 강을 A_1변태점(723℃) 이하로 가열 후 서랭하는 열처리 조작은 뜨임(Tempering)이다.

44 공구용 강재로 고탄소강을 사용하는 목적으로 가장 적합한 것은?

① 경도와 내마모성을 필요로 하기 때문에
② 인성과 연성이 필요하기 때문에
③ 피로와 충격에 견디어야 하기 때문에
④ 표면 경화를 할 목적으로

해설

탄소는 순철에 최대 6.67%까지 함유할 수 있으며 함유량이 증가할수록 강도와 경도가 증가하는 특성이 있어서 내마모성이 요구되는 공구에 사용된다. 하지만 취성이 강해져서 인성과 연성이 감소하는 단점이 있다.

45 마그네슘의 성질에 대한 설명 중 잘못된 것은?

① 비중은 1.74이다.
② 비강도가 Al(알루미늄) 합금보다 우수하다.
③ 면심입방격자이며, 냉간가공이 가능하다.
④ 구상흑연 주철의 첨가제로 사용한다.

저자쌤의 핵직강

Mg(마그네슘)의 특징

- 용융점은 650℃이다.
- 조밀육방격자 구조이다.
- Al에 비해 약 35% 가볍다.
- 냉간가공의 거의 불가능하다.
- 구상흑연주철의 첨가제로 사용된다.
- 비중이 1.74로 실용금속 중 가장 가볍다.
- 비강도가 우수하여 항공우주용 재료로 사용된다.
- 항공기, 자동차부품, 구상흑연주철의 첨가제로 사용된다.
- 대기 중에서 내식성이 양호하나 산이나 염류(바닷물)에는 침식되기 쉽다.

해설

Mg은 조밀육방격자이며 냉간가공이 거의 불가능하다.

46 탄소강의 열처리 방법 중 표면경화 열처리에 속하는 것은?

① 풀 림 ② 담금질
③ 뜨 임 ④ 질화법

저자쌤의 핵직강

표면경화법의 분류

종 류		침탄재료
화염 경화법		산소–아세틸렌불꽃
고주파 경화법		고주파 유도전류
질화법		암모니아가스
침탄법	고체 침탄법	목탄, 코크스, 골탄
	액체 침탄법	KCN(시안화칼륨), NaCN(시안화나트륨)
	가스 침탄법	메탄, 에탄, 프로판
금속 침투법	세라다이징	Zn(아연)
	칼로라이징	Al(알루미늄)
	크로마이징	Cr(크롬)
	실리코나이징	Si(규소, 실리콘)
	보로나이징	B(붕소)

43 ① 44 ① 45 ③ 46 ④ 정답

해설

질화법이 표면경화 열처리에 속하며 담금질, 뜨임, 풀림은 불림과 더불어 철의 기본 열처리로 재료의 내부 및 외부를 모두 열처리하는 방법이다.

47 내열강의 원소로 많이 사용되는 것은?

① 코발트(Co)　　② 크롬(Cr)
③ 망간(Mn)　　④ 인(P)

해설

Cr(크롬)을 첨가한 합금강은 내식성과 내열성, 내마모성의 성질을 갖는다.
① 코발트 : 내식성, 내산화성, 내마모성 증대
③ 망간 : 뜨임취성 방지, 주철의 흑연화 촉진, 적열취성 방지
④ 인 : 상온취성의 원인, 편석, 균열의 원인, 유동성을 증대

48 Al에 약 10%까지의 마그네슘을 첨가한 합금으로 다른 주물용 알루미늄의 합금에 비하여 내식성, 강도, 연신율이 우수한 것은?

① 실루민　　② 두랄루민
③ 하이드로날륨　　④ Y합금

저자샘의 핵직강

알루미늄 합금의 종류
- 실루민 : Al+Si(10~14% 함유), 알팍스로도 불린다.
- 두랄루민 : Al+Cu+Mg+Mn
- 하이드로날륨 : Al+Mg
- Y합금 : Al+Cu+Ni+Mg

해설

하이드로날륨은 내식용 알루미늄 합금으로 Al과 Mg이 합금된다.

49 다음 중 탄소강에서 적열취성을 방지하기 위하여 첨가하는 원소는?

① S　　② Mn
③ P　　④ Ni

해설

탄소강에서 적열취성은 S(황)에 의해 발생되는데 이 S을 제거하기 위해서는 용강 중에 Mn(망간)을 투입하여 MnS로 추출하여 제거할 수 있다.

50 다음 중 용접 입열이 일정할 때 냉각속도가 느린 재료는?

① 연 강　　② 스테인리스강
③ 알루미늄　　④ 구 리

해설

순수한 금속보다 합금일수록 열전도도가 떨어지고 비열이 높아지기 때문에 순수한 금속인 연강(Fe+C), 알루미늄, 구리보다 합금인 스테인리스강(Fe+C+Cr)의 냉각속도가 더 느리다.

51 그림과 같은 도면의 설명으로 가장 올바른 것은?

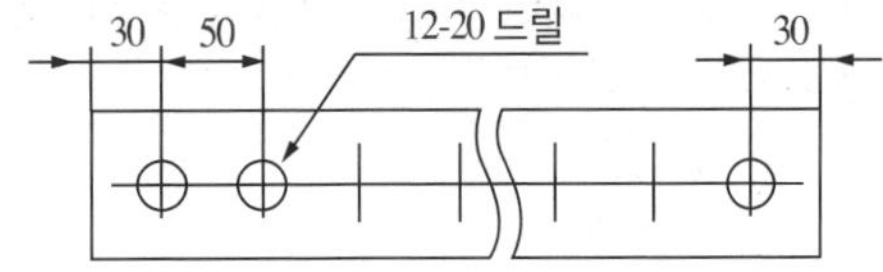

① 전체 길이는 660mm이다.
② 드릴 가공 구멍의 지름은 20mm이다.
③ 드릴 가공 구멍의 수는 20개이다.
④ 드릴 가공 구멍의 피치는 30mm이다.

해설

"12-20 드릴"은 지름이 ϕ20인 드릴로 12개의 구멍을 만들었다는 의미이다.
① 이 도면에서 전체길이는
(50mm×11개 구멍간 거리)+(30mm×2)=610mm이다.
③ 드릴 가공 구멍의 수는 12개이다.
④ 드릴 가공 구멍의 피치는 50mm이다.

52 KS에서 기계제도에 관한 일반사항 설명으로 틀린 것은?

① 치수는 참고치수, 이론적으로 정확한 치수를 기입할 수도 있다.
② 도형의 크기와 대상물의 크기와의 사이에는 올바른 비례 관계를 보유하도록 그린다. 다만, 잘못 볼 염려가 없다고 생각되는 도면은 도면의 일부 또는 전부에 대하여 이 비례 관계는 지키지 않아도 좋다.
③ 기능상의 요구, 호환성, 제작 기술 수준 등을 기본으로 불가결의 경우만 기하공차를 지시한다.
④ 길이 치수는 특별히 지시가 없는 한 그 대상물의 측정을 3점 측정에 따라 행한 것으로 하여 지시한다.

정답 47 ② 48 ③ 49 ② 50 ② 51 ② 52 ④

저자쌤의 핵직강

기계제도의 일반사항

- 도형의 크기와 대상물의 크기와의 사이는 비례관계가 되도록 그린다(단, 잘못 볼 염려가 있는 도면은 도면의 일부 또는 전부에 대해 비례관계는 지키지 않아도 좋다).
- 선의 굵기 방향의 중심은 선의 이론상 그려야 할 위치 위에 있어야 한다.
- 투명한 재료로 만들어지는 대상물 또는 부분은 투상도에서는 전부 불투명한 것으로 하고 그린다.
- 길이 치수는 특별히 지시가 없는 한 그 대상물의 측정을 2점 측정에 따라 행한 것으로 지시한다.
- 기능상의 요구, 호환성, 제작 기술 수준 등을 기본으로 불가결의 경우만 기하 공차를 그린다.
- 한국공업규격에서 제도에 사용하는 기호로 규정한 기호는 특별한 주기를 필요로 하지 않는다.

해설

길이 치수는 특별히 지시가 없는 한 그 대상물의 측정을 2점 측정에 따라 행한 것으로 지시한다.

53 일반 주조용 압연강재 SS400에서 400이 나타내는 것은?

① 최저 인장 강도
② 최저 압축 강도
③ 평균 인장 강도
④ 최대 인장 강도

해설

SS400에서 SS는 Structure Steel로서 일반 구조용 압연 강재를 뜻하며, 400은 최저 인장 강도 400N/mm^{2}를 의미한다.

54 그림의 용접 도시기호는 어떤 용접을 나타내는가?

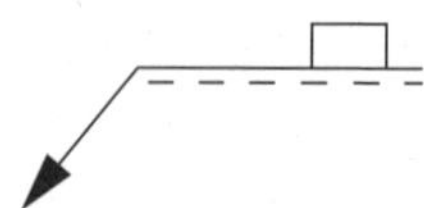

① 점 용접
② 플러그 용접
③ 심 용접
④ 가장자리 용접

저자쌤의 핵직강

용접부 기호의 종류

번 호	명 칭	도 시	기본기호
1	필릿용접		
2	스폿용접		
3	플러그용접(슬롯용접)		
4	뒷면용접		
5	심용접		

해설

기호는 플러그용접(슬롯용접)에 대한 기호이다.

55 다음 선들이 겹칠 경우 선의 우선순위가 가장 높은 것은?

① 중심선　　② 치수 보조선
③ 절단선　　④ 숨은선

해설

두 종류 이상의 선이 중복되는 경우, 선의 우선순위

숫자나 문자 > 외형선 > 숨은선 > 절단선 > 중심선 > 무게 중심선 > 치수 보조선

56 그림과 같은 구조물의 도면에서 (A), (B)의 단면도의 명칭은?

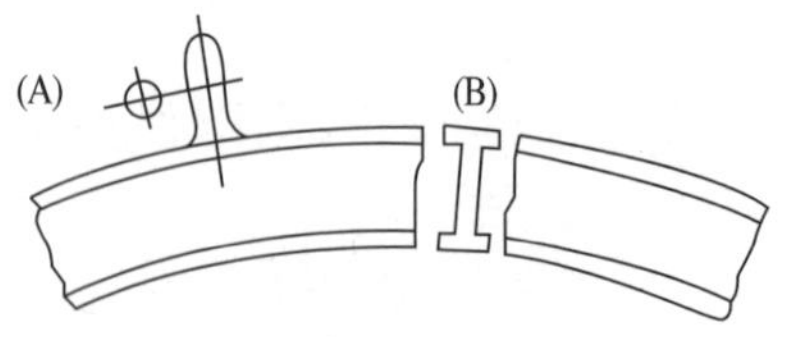

① 온 단면도
② 변환 단면도
③ 회전도시 단면도
④ 부분 단면도

53 ①　54 ②　55 ④　56 ③ 정답

해설

한쪽 면만을 표시하면 그 단면을 표시하기 힘들 때 일부분을 절단하여 90°로 회전시킨 회전도시 단면도를 사용한다.

 회전도시단면도

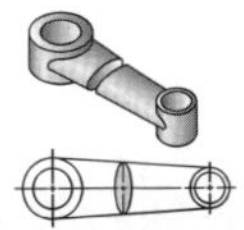

(a) 암의 회전 단면도(투상도 안)

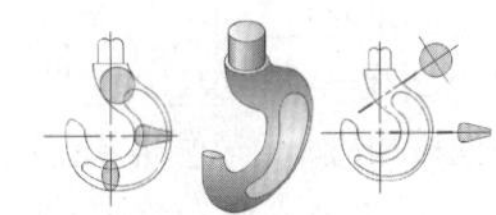

(b) 훅의 회전 단면도(투상도 밖)

57 다음 입체도의 화살표 방향을 정면으로 한다면 좌측면도로 적합한 투상도는?

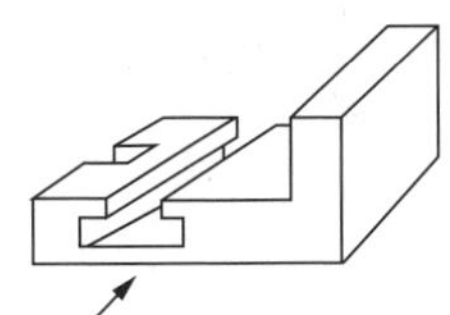

①

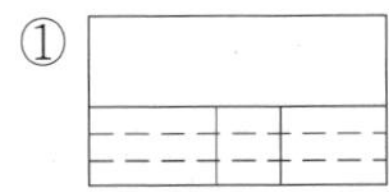

②

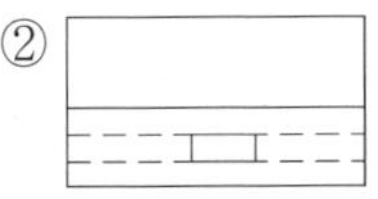

③

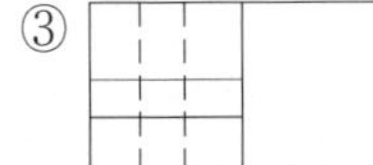

④

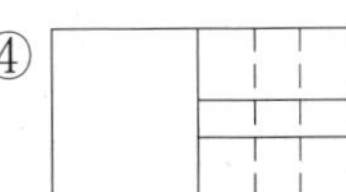

해설

좌측면도에서 바라볼 때 중앙의 움푹 들어간 부분은 세로로 가는 실선으로 표시되어야 하므로 정답은 ①번이 된다.

58 KS 배관 제도 밸브 도시 기호에서 기호의 뜻은?

① 안전 밸브 ② 체크 밸브

③ 일반 밸브 ④ 앵글 밸브

해설

체크 밸브란 액체의 역류를 방지하기 위해 한쪽 방향으로만 흐르게 하는 밸브이다. 기호는 아래와 같이 두 가지로 나타낸다.

59 다음과 같은 제3각법 정투상도에 가장 적합한 입체도는?

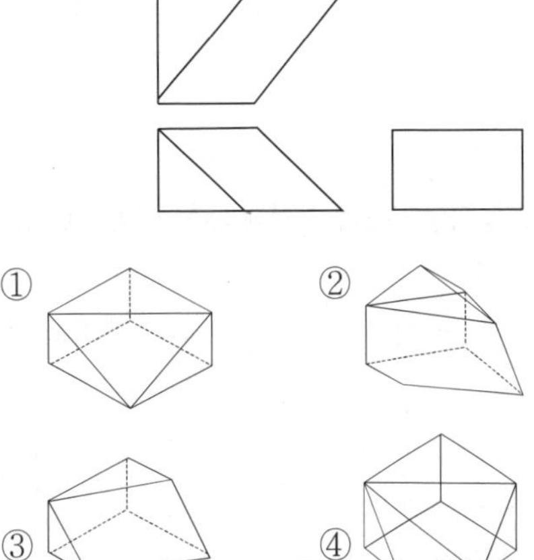

해설

정투상도에서 물체를 앞에서 보는 정면도의 형상을 확인하는 것만으로도 정답이 ③번임을 확인할 수 있다.

60 치수 기입이 "□20"으로 치수 앞에 정사각형이 표시되었을 경우의 올바른 해석은?

① 이론적으로 정확한 치수가 20mm이다.

② 체적이 $20mm^3$인 정육면체이다.

③ 면적이 $20mm^2$인 정육면체이다.

④ 한변의 길이가 20mm인 정사각형이다.

저자쌤의 핵직강

치수 표시 기호의 종류

기 호	구 분	기 호	구 분
ϕ	지 름	p	피 치
Sϕ	구의 지름	$\overset{\frown}{50}$	호의 길이
R	반지름	$\underline{50}$	비례척도가 아닌 치수
SR	구의 반지름	$\boxed{50}$	이론적으로 정확한 치수
□	정사각형	(50)	참고 치수
C	45° 모따기	~~50~~	치수의 취소 (수정 시 사용)
t	두 께		

해설

□20은 한 변의 길이가 20mm인 정사각형을 표시하는 기호이다.

정답 57 ① 58 ② 59 ③ 60 ④

2014년도 제1회 기출문제

용접기능사 Craftsman Welding/Inert Gas Arc Welding

01 필릿 용접부의 보수방법에 대한 설명으로 옳지 않은 것은?

① 간격이 1.5mm 이하일 때에는 그대로 용접하여도 좋다.
② 간격이 1.5~4.5mm일 때에는 넓혀진 만큼 각장을 감소시킬 필요가 있다.
③ 간격이 4.5mm일 때에는 라이너를 넣는다.
④ 간격이 4.5mm이상일 때에는 300mm 정도의 치수로 판을 잘라낸 후 새로운 판으로 용접한다.

저자쌤의 핵직강

필릿 용접부의 보수방법

- 간격이 1.5mm 이하일 때에는 그대로 규정된 다리길이(각장)로 용접하면 된다.
- 간격이 1.5~4.5mm일 때에는 그대로 규정된 다리길이(각장)로 용접하거나 각장을 증가시킨다.
- 간격이 4.5mm일 때에는 라이너를 넣는다.
- 간격이 4.5mm 이상일 때에는 이상부위를 300mm 정도로 잘라낸 후 새로운 판으로 용접한다.

02 화재 발생 시 사용하는 소화기에 대한 설명으로 틀린 것은?

① 전기로 인한 화재에는 포말소화기를 사용한다.
② 분말 소화기는 기름 화재에 적합하다.
③ CO_2 가스 소화기는 소규모의 인화성 액체 화재나 전기설비 화재의 초기 진화에 좋다.
④ 보통화재에는 포말, 분말, CO_2 소화기를 사용한다.

저자쌤의 핵직강

- 분말 소화기는 소화약제로 건조된 미세 분말에 방습제나 분산제로 처리하여 약제 분말이 방습성과 유동성을 갖도록 한 것으로 유류화재(B급)에 적합하나, A급, B급, C급 화재에 모두 사용이 가능하다.
- CO_2 가스 소화기(이산화탄소 소화기)는 CO_2를 액화하여 고압가스 용기에 충진한 것으로 CO_2 가스가 용기에서 방출되면서 드라이아이스 상태가 되므로 냉각효과가 크다. 가스 상태인 약제는 좁은 공간의 침투가 가능하며 소규모의 인화성 액체 화재나 전기설비, 통신기기, 컴퓨터실 화재의 초기 진화용으로서 주로 사용되는데 소화기 사용 후 정비가 곤란한 설비에 효과적이며, A급, B급, C급 화재에 모두 사용이 가능하다.
- 보통화재는 일반화재(A급 화재)를 말하는 것으로 물과 포소화기(포말소화기), 분말소화기, CO_2 가스 소화기의 사용이 가능하다.

해설

포소화기(포말소화기)의 소화재인 포는 액체로 되어 있기 때문에 전기 화재에 사용할 경우 감전의 위험이 있어 사용이 불가능하다. 포소화기는 주로 A급, B급 화재에 사용된다.

Plus One 화재의 종류에 따른 사용 소화기

분 류	A급 화재	B급 화재
명 칭	일반(보통) 화재	유류 및 가스화재
가연물질	나무, 종이, 섬유 등의 고체 물질	기름, 윤활유, 페인트 등의 액체 물질
소화효과	냉각 효과	질식 효과
표현색상	백 색	황 색
소화기	물 분말소화기 포(포말)소화기 이산화탄소소화기 강화액소화기 산, 알칼리소화기	분말소화기 포(포말)소화기 이산화탄소소화기
사용불가능 소화기	–	–
분 류	**C급 화재**	**D급 화재**
명 칭	전기 화재	금속 화재
가연물질	전기설비, 기계 전선 등의 물질	가연성 금속 (Al분말, Mg분말)
소화효과	질식 및 냉각효과	질식 효과
표현색상	청 색	무 색
소화기	분말소화기 유기성소화기 이산화탄소소화기 무상강화액소화기 할로겐화합물소화기	건조된 모래 (건조사)

정답 1 ② 2 ①

사용불가능 소화기	포(포말)소화기	물 (금속가루는 물과 반응하여 폭발의 위험성이 있다)

03 탄산가스 아크 용접에 대한 설명으로 맞지 않은 것은?

① 가시 아크이므로 시공이 편리하다.
② 철 및 비철류의 용접에 적합하다.
③ 전류밀도가 높고 용입이 깊다.
④ 바람의 영향을 받으므로 풍속 2m/s 이상일 때에는 방풍장치가 필요하다.

저자쌤의 핵직강

CO_2 가스(탄산가스) 아크 용접의 특징

- 용착 효율이 양호하다.
- 용접봉 대신 Wire를 사용한다.
- 용접 재료는 철(Fe)에만 한정되어 있다.
- 용접전원은 교류를 정류시켜서 직류로 사용한다.
- 용착금속에 수소함량이 적어서 기계적 성질이 좋다.
- 전류밀도가 높아서 용입이 깊고 용접 속도가 빠르다.
- 전원은 직류 정전압 특성이나 상승 특성이 이용된다.
- 솔리드 와이어는 슬래그 생성이 적어서 제거할 필요가 없다.
- 바람의 영향을 받아 풍속 2m/s 이상은 방풍장치가 필요하다.
- 탄산가스 함량이 3~4%일 때 두통이나 뇌빈혈을 일으키고, 15% 이상이면 위험상태, 30% 이상이면 가스에 중독되어 생명이 위험해지기 때문에 자주 환기를 해야 한다.

해설

탄산가스 아크 용접은 철(Fe)의 용접에만 사용되고 있으며 알루미늄과 같은 비철금속의 용접에는 적합하지 않다.

04 서브머지드 아크 용접에서 다전극 방식에 의한 분류가 아닌 것은?

① 텐덤식 ② 횡병렬식
③ 횡직렬식 ④ 이행형식

해설

서브머지드 아크 용접(SAW)에서 2개 이상의 전극와이어를 사용하여 한꺼번에 많은 양의 용착금속을 얻을 수 있는 다전극 용극 방식에는 텐덤식, 횡병렬식, 횡직렬식이 있다.

① 텐덤식 : 2개의 와이어를 독립전원(AC-DC or AC-AC)에 연결한 후 아크를 발생시켜 한 번에 다량의 용착금속을 얻는 방식
② 횡병렬식 : 2개의 와이어를 독립전원에 직렬로 흐르게 하여 아크의 복사열로 모재를 용융시켜 다량의 용착금속을 얻는 방식으로 입열량이 작아서 스테인리스판이나 덧붙임 용접(AC : 400A, DC : 400A 이하)에 사용한다.
③ 횡직렬식 : 2개의 와이어를 한 개의 같은 전원에(AC-AC or DC-DC)연결한 후 아크를 발생시켜 다량의 용착 금속을 얻는 방법으로 용접 폭이 넓고 용입이 깊어서 용접 효율이 좋다.

05 용접부에 X선을 투과하였을 경우 검출할 수 있는 결함이 아닌 것은?

① 선상조직
② 비금속 개재물
③ 언더컷
④ 용입불량

저자쌤의 핵직강

방사선의 종류에 따른 검출 결함의 종류

종 류	특 징	검출 가능한 결함
X선	• 얇은 판 투과 시 사용 • 물체 투과 시 일부는 물체에 흡수됨	균열, 비금속 개재물, 슬래그 혼입, 용입불량 블로홀(Blow Hole), 언더컷
γ선	두꺼운 판 투과 시 사용	선상조직

해설

선상조직 결함은 X선 투과로 검출할 수가 없다.

06 구리와 아연을 주성분으로 한 합금으로 철강이나 비철금속의 납땜에 사용되는 것은?

① 황동납 ② 인동납
③ 은 납 ④ 주석납

해설

① 황동납 : Cu와 Zn의 합금으로 철강이나 비철금속의 납땜에 사용된다. 전기 전도도가 낮고 진동에 대한 저항도 작다.
② 인동납 : Cu에 P이나 P과 Ag을 합금한 것으로 전기 전도도 및 기계적 성질이 좋다.
③ 은납 : Ag-Cu-Zn이나 Cd-Ni-Sn을 합금한 것으로 Al이나 Mg을 제외한 대부분의 철 및 비철금속의 납땜에 사용한다.
④ 주석납 : Sn과 Pb의 합금으로 접착성이 좋고 기계적 강도가 큰 재료의 납땜에 사용한다.

정답 3 ② 4 ④ 5 ① 6 ①

07 MIG 용접 제어장치의 기능으로 크레이터 처리 기능에 의해 낮아진 전류가 서서히 줄어들면서 아크가 끊어지며 이면 용접부가 녹아내리는 것을 방지하는 것을 의미하는 것은?

① 예비가스 유출시간
② 스타트 시간
③ 크레이터 충전 시간
④ 번 백 시간

저자쌤의 핵직강

MIG 용접의 제어 장치 기능

종 류	기 능
예비가스 유출시간	아크 발생 전 보호가스 유출로 아크 안정과 결함의 발생을 방지한다.
스타트 시간	아크가 발생되는 순간에 전류와 전압을 크게 하여 아크 발생과 모재의 융합을 돕는다.
크레이터 충전시간	크레이터 결함을 방지한다.
번 백 시간	크레이터 처리에 의해 낮아진 전류가 서서히 줄어들면서 아크가 끊어지는 현상을 제어함으로써 용접부가 녹아내리는 것을 방지한다.
가스지연 유출시간	용접 후 5~25초 정도 가스를 흘려서 크레이터의 산화를 방지한다.

해설

MIG 용접에서 용접 끝부분에 생기는 크레이터 불량을 처리하고자 할 때, 이면(뒷면) 용접부의 녹아내림을 방지하기 위해 사용하는 제어 기능은 번 백 시간이다.

08 용접기 설치 및 보수할 때 지켜야 할 사항으로 옳은 것은?

① 셀렌정류기형 직류아크 용접기에서는 습기나 먼지 등이 많은 곳에 설치해도 괜찮다.
② 조정핸들, 미끄럼 부분 등에는 주유해서는 안 된다.
③ 용접 케이블 등의 파손된 부분은 즉시 절연 테이프로 감아야 한다.
④ 냉각용 선풍기, 바퀴 등에도 주유해서는 안 된다.

해설

용접 케이블이나 용접 홀더 등 전기가 연결된 부분이 파손되었을 때는 전원을 차단하고 그 즉시 절연 테이프로 감거나 파손 부품을 교체해야 사고를 예방할 수 있다.

① 셀렌정류기에 의해 3상 교류를 직류로 전환하는 셀렌정류기형 직류아크 용접기는 회전부가 없기 때문에 소음이 적고 취급이나 보수가 용이한 장점이 있으나 습기나 먼지에 취약하다.
② 조정핸들이나 미끄럼 부위는 그리스와 같은 윤활유를 주유하여 조정이 원활하도록 해야 한다.
④ 냉각용 선풍기나 바퀴부분도 운동이 원활하도록 윤활유를 주유해 주어야 한다.

09 이산화탄소 아크 용접의 솔리드와이어 용접봉에 대한 설명으로 YGA-50W-1.2-20에서 "50"이 뜻하는 것은?

① 용접봉의 무게
② 용착금속의 최소 인장강도
③ 용접와이어
④ 가스실드 아크 용접

저자쌤의 핵직강

• CO_2 용접용 솔리드와이어의 호칭 방법

CO_2 용접용 와이어의 종류	용접 와이어	Y
	가스 실드아크 용접	G
	내후성 강의 종류	A
		−
	용착금속의 최소 인장강도	50
	와이어의 화학성분	W
		−
지 름	지 름	1.2
		−
무 게	무 게	20

• CO_2 용접용 솔리드와이어의 종류

와이어 종류	적용 강
YGA-50W	인장강도-400N/mm^{2}급 및 490N/mm^{2}급 내후성 강의 W형
YGA-50P	인장강도-400N/mm^{2}급 및 490N/mm^{2}급 내후성 강의 P형
YGA-58W	인장강도-570N/mm^{2}급 내후성 강의 W형
YGA-58P	인장강도-570N/mm^{2}급 내후성 강의 P형

※ 내후성 : 각종 기후에 잘 견디는 성질로 녹이 잘 슬지 않는 성질

해설

"50"은 용착금속의 최소 인장강도를 뜻한다.

7 ④ 8 ③ 9 ② 정답

10 전기저항 점 용접법에 대한 설명으로 틀린 것은?

① 인터랙 점 용접이란 용접점의 부분에 직접 2개의 전극을 물리지 않고 용접전류가 피용접물의 일부를 통하여 다른 곳으로 전달하는 방식이다.
② 단극식 점 용접이란 전극이 1쌍으로 1개의 점 용접부를 만드는 것이다.
③ 맥동 점 용접은 사이클 단위를 몇 번이고 전류를 연속하여 통전하는 것으로 용접 속도 향상 및 용접 변형방지에 좋다.
④ 직렬식 점 용접이란 1개의 전류 회로에 2개 이상의 용접점을 만드는 방법으로 전류 손실이 많아 전류를 증가시켜야 한다.

해설

맥동 점 용접은 모재의 두께가 다를 경우 전극의 과열을 막기 위해 전류를 단속하면서 용접하는 방법이다. 전류를 연속하여 통전하여 용접 속도를 향상시키면서 용접 변형을 방지하는 용접법은 심(Seam) 용접이다.

11 다음 중 스터드 용접법의 종류가 아닌 것은?

① 아크 스터드 용접법
② 텅스텐 스터드 용접법
③ 충격 스터드 용접법
④ 저항 스터드 용접법

해설

스터드(Stud) 용접의 종류

- 아크 스터드 용접
- 저항 스터드 용접
- 충격 스터드 용접

12 전자빔 용접의 종류 중 고전압 소전류형의 가속 전압은?

① 20~40kV ② 50~70kV
③ 70~150kV ④ 150~300kV

해설

전자빔 용접(Electron Beam Welding, EBW)의 가속전압

- 고전압형 : 60~150kV(일부 전공서에는 70~150kV로 되어 있다.)
- 저전압형 : 30~60kV

13 TIG 용접에서 직류 정극성으로 용접할 때 전극 선단의 각도로 가장 적합한 것은?

① 5~10° ② 10~20°
③ 30~50° ④ 60~70°

해설

TIG 용접에서 직류 정극성이나 직류 역극성 중 어떤 방식을 사용해도 전극 선단의 각도는 30~50°를 유지해야만 보호가스가 모재의 산화를 막는 작용을 할 수 있다.

14 일반적으로 안전을 표시하는 색채 중 특정행위의 지시 및 사실의 고지 등을 나타내는 색은?

① 노란색 ② 녹 색
③ 파란색 ④ 흰 색

저자쌤의 핵직강

산업안전보건법에 따른 안전 · 보건표지의 색채, 색채기준 및 용도

색 상	용 도	사 례
빨간색	금 지	정지신호, 소화설비 및 그 장소, 유해행위 금지
	경 고	화학물질 취급장소에서의 유해 · 위험 경고
노란색	경 고	화학물질 취급장소에서의 유해 · 위험 경고 이외의 위험경고, 주의표지 또는 기계방호물
파란색	지 시	특정 행위의 지시 및 사실의 고지
녹 색	안 내	비상구 및 피난소, 사람 또는 차량의 통행
흰 색		파란색 또는 녹색에 대한 보조색
검정색		문자 및 빨간색 또는 노란색에 대한 보조색

해설

파란색 안전표시는 특정 행위의 지시나 사실을 고지하기 위해 사용한다.

15 아크 용접부에 기공이 발생하는 원인과 가장 관련이 없는 것은?

① 이음 강도 설계가 부적당할 때
② 용착부가 급랭될 때
③ 용접봉에 습기가 많을 때
④ 아크 길이, 전류값 등이 부적당할 때

정답 10 ③ 11 ② 12 ③ 13 ③ 14 ③ 15 ①

저자쌤의 핵직강

용접 이음을 설계할 때 용접부의 이음 강도가 부적당할 때는 용입 불량이나 균열이 발생한다.

결 함	기 공
모 양	
원 인	• 수소나 일산화탄소 가스가 과잉으로 분출될 때 • 용접 전류가 부적당 할 때 • 용접부가 급속히 응고될 때 • 용접 속도가 빠를 때 • 아크길이가 부적절할 때
방지대책	• 건조된 저수소계 용접봉을 사용한다. • 전류 및 용접 속도를 알맞게 조절한다. • 이음 표면을 깨끗하게 하고 예열을 한다.

해설

용접부의 기공은 용착부의 급랭이나 용접봉에 습기가 있을 때, 아크 길이와 모재에 따른 용접 전류가 부적당 할 때 발생한다.

16 용접부의 시험검사에서 야금학적 시험방법에 해당되지 않는 것은?

① 파면 시험
② 육안 조직 시험
③ 노치 취성 시험
④ 설퍼 프린트 시험

해설

야금이란 광석에서 금속을 추출하고 용융 후에 정련하여 사용목적에 맞는 형상으로 제조하는 일련의 과정으로, 야금학적 시험은 금속 조직의 변화를 통해 금속의 특성을 알아보는 시험법이다. 따라서 파면 시험이나 육안 조직 시험, 설퍼 프린트 시험은 이에 속하며 노치 취성 시험은 파괴 시험법이다.

17 다층용접 방법 중 각 층마다 전체의 길이를 용접하면서 쌓아 올리는 용착법은?

① 전진 블록법
② 덧살 올림법
③ 캐스케이드법
④ 스킵법

저자쌤의 핵직강

용접 용착방법

분 류		특 징
용착 방향에 의한 용착법	전진법	한쪽 끝에서 다른쪽 끝으로 용접을 진행하는 방법으로 용접 길이가 길면 끝부분 쪽에 수축과 잔류응력이 생긴다.
	후퇴법	용접을 단계적으로 후퇴하면서 전체 길이를 용접하는 방법으로서, 수축과 잔류응력을 줄이는 용접 기법이다.
	대칭법	변형과 수축응력의 경감법으로 용접의 전 길이에 걸쳐 중심에서 좌우 또는 용접물 형상에 따라 좌우 대칭으로 용접하는 기법이다.
	스킵법 (비석법)	용접부 전체의 길이를 5개 부분으로 나누어 놓고 1-4-2-5-3순으로 용접하는 방법으로 용접부에 잔류 응력을 적게 해야 할 경우에 사용한다.
다층 비드 용착법	덧살 올림법 (빌드업법)	각 층마다 전체의 길이를 용접하면서 쌓아올리는 방법으로 가장 일반적인 방법이다.
	전진 블록법	한 개의 용접봉으로 살을 붙일만한 길이로 구분해서 홈을 한 층 완료 후 다른 층을 용접하는 방법이다.
	캐스 케이드법	한 부분의 몇 층을 용접하다가 다음 부분의 층으로 연속시켜 전체가 단계를 이루도록 용착시켜 나가는 방법이다.

해설

용접에서 비드를 쌓을 때 각 층마다 전체 길이를 용접하면서 쌓아 올리는 용착 방법은 덧살 올림법(빌드업법)이다.

18 용접작업 시 작업자의 부주의로 발생하는 안염, 각막염, 백내장 등을 일으키는 원인은?

① 용접 흄 가스
② 아크 불빛
③ 전격 재해
④ 용접 보호 가스

해설

용접 눈병이라고도 불리는 전광성 안염은 아크 불빛에 많이 노출이 되었을 때 발생하는 증상으로 용접 중 이 질병이 발생하면 그 즉시 냉습포 찜질을 한 다음 치료를 받아야 한다. 각막염이나 백내장 역시 아크 불빛에 의해 발병하는 눈병에 속한다.

16 ③ 17 ② 18 ② 정답

19 **플라즈마 아크 용접에 대한 설명으로 잘못된 것은?**

① 아크 플라즈마의 온도는 10,000~30,000℃ 온도에 달한다.
② 핀치효과에 의해 전류밀도가 크므로 용입이 깊고 비드폭이 좁다.
③ 무부하 전압이 일반 아크 용접기에 비하여 2~5배 정도 낮다.
④ 용접장치 중에 고주파 발생장치가 필요하다.

플라즈마 아크 용접의 특징
- 용접 변형이 작다.
- 용접의 품질이 균일하다.
- 용접부의 기계적 성질이 좋다.
- 용접 속도를 크게 할 수 있다.
- 용입이 깊고 비드의 폭이 좁다.
- 용접장치 중에 고주파 발생장치가 필요하다.
- 용접속도가 빨라서 가스 보호가 잘 안 된다.
- 무부하 전압이 일반 아크 용접기보다 2~5배 더 높다.
- 핀치효과에 의해 전류밀도가 크고, 안정적이며 보유 열량이 크다.
- 아크 용접에 비해 10~100배의 높은 에너지 밀도를 가짐으로써 10,000~30,000℃의 고온의 플라즈마를 얻으므로 철과 비철 금속의 용접과 절단에 이용된다.
- 스테인리스강이나 저탄소 합금강, 구리합금, 니켈합금과 같이 비교적 용접하기 힘든 재료도 용접이 가능하다.
- 판 두께가 두꺼울 경우 토치 노즐이 용접 이음부의 루트면까지의 접근이 어려워서 모재의 두께는 25mm 이하로 제한을 받는다.

해설
플라즈마 아크 용접은 무부하 전압이 일반 아크 용접기보다 2~5배 더 높다.

20 **다음 그림과 같은 다층 용접법은?**

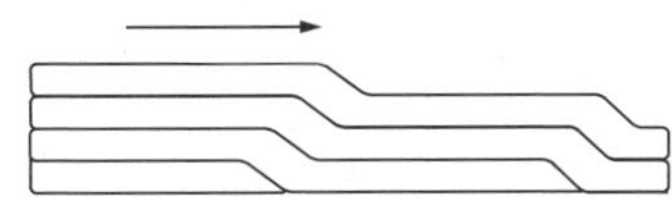

① 빌드업법　　② 캐스케이드법
③ 전진블록법　　④ 스킵법

저자쌤의 핵직강

용착법의 종류

구 분	종 류	
용접 방향에 의한 용착법	전진법	후퇴법
	1 2 3 4 5	5 4 3 2 1
	대칭법	스킵법(비석법)
	4 2 1 3	1 4 2 5 3
다층 비드 용착법	빌드업법(덧살 올림법)	캐스케이드법
	4 3 2 1	4 3 2 1
	전진 블록법	
	4 8 12 / 3 7 11 / 2 6 10 / 1 5 9	

해설
그림은 캐스케이드법으로 한 부분의 몇 층을 용접하다가 이것을 다음 부분의 층으로 연속시켜 전체가 단계를 이루도록 용착시켜 나가는 방법이다.

21 **용접결함 중 구조상 결함이 아닌 것은?**

① 슬래그 섞임　　② 용입불량과 융합불량
③ 언더컷　　④ 피로강도 부족

저자쌤의 핵직강

용접 결함의 종류

결함의 종류	결함의 명칭
치수상 결함	변 형
	치수불량
	형상불량
구조상 결함	기 공
	은 점
	언더컷
	오버랩
	균 열

정답 19 ③ 20 ② 21 ④

결함의 종류	결함의 명칭	
구조상 결함	선상조직	
	용입불량	
	표면결함	
	슬래그 혼입	
성질상 결함	기계적 불량	인장강도 부족
		항복강도 부족
		피로강도 부족
		경도 부족
		연성 부족
		충격시험값 부족
	화학적 불량	화학성분 부적당
		부식(내식성 불량)

해설
용접의 결함 중에서 피로강도 부족은 성질상 결함에 속한다.

22 다음 중 TIG 용접기의 주요장치 및 기구가 아닌 것은?

① 보호가스 공급장치
② 와이어 공급장치
③ 냉각수 순환장치
④ 제어장치

저자쌤의 핵직강

TIG 용접기의 구성
- 용접토치
- 용접전원
- 제어장치
- 냉각수 순환장치
- 보호가스 공급장치

해설
와이어 공급장치는 불활성 가스를 사용하는 MIG 용접이나 CO_2 가스를 사용하는 탄산가스 아크 용접에 사용되는 구성장치이다.

23 피복 아크 용접봉에서 피복 배합제인 아교는 무슨 역할을 하는가?

① 아크 안정제　② 합금제
③ 탈산제　④ 환원가스 발생제

저자쌤의 핵직강

피복 배합제의 종류

배합제	용 도	종 류
고착제	심선에 피복제를 고착시킨다.	규산나트륨, 규산칼륨, 아교
탈산제	용융 금속 중의 산화물을 탈산, 정련한다.	크롬, 망간, 알루미늄, 규소철, 페로망간, 페로실리콘, 망간철, 톱밥, 소맥분(밀가루)
가스 발생제	중성, 환원성 가스를 발생하여 대기와의 접촉을 차단하여 용융 금속의 산화나 질화를 방지한다.	아교, 녹말, 톱밥, 탄산바륨, 셀룰로이드, 석회석, 마그네사이트
아크 안정제	아크를 안정시킨다.	산화티탄, 규산칼륨, 규산나트륨, 석회석
슬래그 생성제	용융점이 낮고 가벼운 슬래그를 만들어 산화나 질화를 방지한다.	석회석, 규사, 산화철, 일미나이트, 이산화망간
합금 첨가제	용접부의 성질을 개선하기 위해 첨가한다.	페로망간, 페로실리콘, 니켈, 몰리브덴, 구리

해설
아교는 동물의 가죽이나 힘줄, 창자, 뼈 등을 고아서 그 액체를 고형화한 물질로써 고착제나 가스발생제로 사용한다.

24 직류 아크 용접기와 비교한 교류 아크 용접기의 설명에 해당되는 것은?

① 아크의 안정성이 우수하다.
② 자기쏠림 현상이 있다.
③ 역률이 매우 양호하다.
④ 무부하 전압이 높다.

저자쌤의 핵직강

직류 아크 용접기 vs 교류 아크 용접기의 차이점

특 성	직류 아크 용접기	교류 아크 용접기
아크 안정성	우 수	보 통
비피복봉 사용여부	가 능	불가능
극성변화	가 능	불가능
아크쏠림방지	불가능	가 능
무부하 전압	약간 낮음(40~60V)	높음(70~80V)
전격의 위험	적다.	많다.

22 ② 23 ④ 24 ④ 정답

유지보수	다소 어렵다.	쉽다.
고 장	비교적 많다.	적다.
구 조	복잡하다.	간단하다.
역 률	양 호	불 량
가 격	고 가	저 렴

해설
교류 아크 용접기의 무부하 전압은 직류아크 용접기보다 높다.

25 용접설계에 있어서 일반적인 주의사항 중 틀린 것은?

① 용접에 적합한 구조 설계를 할 것
② 용접 길이는 될 수 있는 대로 길게 할 것
③ 결함이 생기기 쉬운 용접 방법은 피할 것
④ 구조상의 노치부를 피할 것

해설
용접하는 부위의 길이(용접 길이)가 길어질수록 모재가 받는 열량은 더 커지기 때문에 용접 변형의 발생 가능성도 더 크다. 또한 용접봉도 불필요하게 더 사용되므로 재료비가 상승되기 때문에 용접 길이는 용접부를 최적으로 설계하여 그에 알맞은 적정한 길이로 실시해야 한다.

26 A는 병 전체 무게(빈병+아세틸렌가스)이고, B는 빈병의 무게이며, 또한 15℃, 1기압에서의 아세틸렌가스 용적을 905리터라고 할 때, 용해 아세틸렌가스의 양 C(리터)를 계산하는 식은?

① C=905(B−A)　② C=905+(B−A)
③ C=905(A−B)　④ C=905+(A−B)

해설
용해 아세틸렌 1kg을 기화시키면 약 905L의 아세틸렌가스가 발생되므로, 아세틸렌가스의 양(C)을 구하는 공식은 다음과 같다.
아세틸렌 가스량(C) = 905L(병 전체 무게(A) − 빈 병의 무게(B))

27 내용적 40.7리터의 산소병에 150kgf/cm^2의 압력이 게이지에 표시되었다면 산소병에 들어 있는 산소량은 몇 리터인가?

① 3,400　② 4,055
③ 5,055　④ 6,105

해설
용기속의 산소량=내용적×기압=40.7×150=6,105L

28 산소 프로판가스 절단에서 프로판가스 1에 대하여 얼마 비율의 산소를 필요로 하는가?

① 8　② 6
③ 4.5　④ 2.5

해설
산소−프로판가스 절단 시 '산소 : 프로판가스'의 혼합 비율을 4.5 : 1로 맞추어야 표준 불꽃이 만들어지면서 절단 작업이 양호하게 된다.

29 아세틸렌가스가 산소와 반응하여 완전연소할 때 생성되는 물질은?

① CO, H_2O　② $2CO_2$, H_2O
③ CO, H_2　④ CO_2, H_2

해설
아세틸렌가스(C_2H_2)와 산소(O_2)가 반응하면 $2CO_2$와 H_2O가 생성된다.
• 아세틸렌가스(C_2H_2)와 산소(O_2)의 반응식
$C_2H_2+\frac{5}{2}O_2=2CO_2+H_2O+1{,}259\text{kJ/mol}$(발열량)

30 가스용접에서 양호한 용접부를 얻기 위한 조건으로 틀린 것은?

① 모재 표면에 기름, 녹 등을 용접 전에 제거하여 결함을 방지하여야 한다.
② 용착 금속의 용입 상태가 불균일해야 한다.
③ 과열의 흔적이 없어야 하며, 용접부에 첨가된 금속의 성질이 양호해야 한다.
④ 슬래그, 기공 등의 결함이 없어야 한다.

해설
가스용접에서 양호한 용접부를 얻기 위해서는 용착 금속의 용입 상태가 균일해야 한다. 만일 용입 상태가 불균일하면 응력이 집중되어 재료가 파괴되거나 용접부의 강도가 낮아질 수 있다.

31 아크 쏠림은 직류 아크 용접 중에 아크가 한쪽으로 쏠리는 현상을 말하는데 아크 쏠림 방지법이 아닌 것은?

① 접지점을 용접부에서 멀리한다.
② 아크 길이를 짧게 유지한다.
③ 가용접을 한 후 후퇴 용접법으로 용접한다.
④ 가용접을 한 후 전진법으로 용접한다.

정답 25 ② 26 ③ 27 ④ 28 ③ 29 ② 30 ② 31 ④

저자쌤의 핵직강

아크 쏠림 방지대책

- 용접 전류를 줄인다.
- 교류용접기를 사용한다.
- 접지점을 2개 연결한다.
- 아크 길이는 최대한 짧게 유지 한다.
- 접지부를 용접부에서 최대한 멀리한다.
- 용접봉 끝을 아크 쏠림의 반대 방향으로 기울인다.
- 용접부가 긴 경우 가용접 후 후진법(후퇴 용접법)을 사용한다.
- 받침쇠, 긴 가용접부, 이음의 처음과 끝에 앤드 탭을 사용한다.

해설

아크 쏠림을 방지하기 위해서는 용착방향을 전진법보다는 후진법(후퇴 용접법)으로 해야 한다.

32 용접기의 가동 핸들로 1차 코일을 상하로 움직여 2차 코일의 간격을 변화시켜 전류를 조정하는 용접기로 맞는 것은?

① 가포화 리액터형 ② 가동코어 리액터형
③ 가동 코일형 ④ 가동 철심형

저자쌤의 핵직강

교류 아크 용접기의 종류별 특징

종 류	특 징
가동 철심형	• 현재 가장 많이 사용된다. • 미세한 전류조정이 가능하다. • 광범위한 전류의 조정이 어렵다. • 가동 철심으로 누설 자속을 가감하여 전류를 조정한다.
가동 코일형	• 아크 안정성이 크고 소음이 없다. • 가격이 비싸며 현재는 거의 사용되지 않는다. • 용접기의 핸들로 1차 코일을 상하로 이동시켜 2차 코일의 간격을 변화시켜 전류를 조정한다.
탭 전환형	• 주로 소형이 많다. • 탭 전환부의 소손이 심하다. • 넓은 범위의 전류 조정이 어렵다. • 코일의 감긴 수에 따라 전류를 조정한다. • 미세 전류의 조정 시 무 부하 전압이 높아서 전격의 위험이 크다.
가포화 리액터형	• 조작이 간단하고 원격 제어가 된다. • 가변 저항의 변화로 전류의 원격 조정이 가능하다. • 전기적 전류 조정으로 소음이 없고 기계의 수명이 길다.

해설

용접기의 핸들로 1차 코일을 이동시켜 2차 코일과의 간격을 변화시킴으로써 전류를 조정하는 교류 아크 용접기는 가동 코일형이다.

33 프로판 가스가 완전연소하였을 때 설명으로 맞는 것은?

① 완전연소하면 이산화탄소로 된다.
② 완전연소하며 이산화탄소와 물이 된다.
③ 완전연소하면 일산화탄소와 물이 된다.
④ 완전연소하면 수소가 된다.

해설

프로판가스는 LPG(액화 석유 가스)의 주성분으로 LP가스라고도 불리는데 완전 연소 시 이산화탄소+물을 발생시키면서 발열을 한다.

34 가스용접 시 사용하는 용제에 대한 설명으로 틀린 것은?

① 용제의 융점은 모재의 융점보다 낮은 것이 좋다.
② 용제는 용융금속의 표면에 떠올라 용착금속의 성질을 양호하게 한다.
③ 용제는 용접 중에 생기는 금속의 산화물 또는 비금속 개재물을 용해하여 용융온도가 높은 슬래그를 만든다.
④ 연강에는 용제를 일반적으로 사용하지 않는다.

저자쌤의 핵직강

가스용접용 용제의 특징

- 용융온도가 낮은 슬래그를 생성한다.
- 모재의 용융점보다 낮은 온도에서 녹는다.
- 일반적으로 연강에서는 용제를 사용하지 않는다.
- 불순물을 제거함으로써 용착금속의 성질을 좋게 한다.
- 용접 중에 생기는 금속의 산화물이나 비금속 개재물을 용해한다.

해설

가스용접에서 용제(Flux)를 사용하는 이유는 용접 중에 생기는 금속의 산화물이나 비금속 개재물을 용해하여 용융점이 낮은 슬래그를 만들어서 용착금속의 성질을 양호하게 하기 위함이다.

32 ③ 33 ② 34 ③ 정답

35 용접법을 용접, 압접, 납땜으로 분류할 때 압접에 해당하는 것은?

① 피복 아크 용접　② 전자 빔 용접
③ 테르밋 용접　④ 심 용접

해설

압접에 속하는 심(Seam)용접은 원판상의 롤러 전극 사이에 용접할 2장의 판을 두고, 전기와 압력을 가하며 전극을 회전시키면서 연속적으로 점 용접(Spot Welding)을 반복하는 용접법이다.

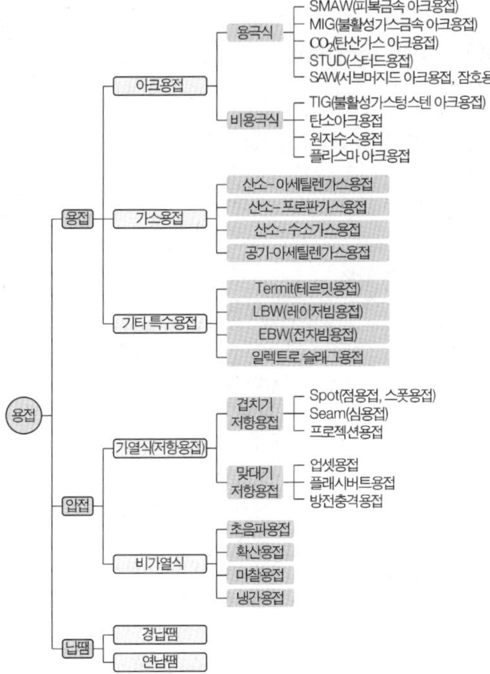

36 가스용접에서 가변압식(프랑스식) 팁(Tip)의 능력을 나타내는 기준은?

① 1분에 소비하는 산소가스의 양
② 1분에 소비하는 아세틸렌가스의 양
③ 1시간에 소비하는 산소가스의 양
④ 1시간에 소비하는 아세틸렌가스의 양

해설

가스용접용 토치 팁인 가변압식(프랑스식) 팁은 "100번 팁", "200번 팁"과 같이 나타내는데, "가변압식 100번 팁"이란 표준불꽃으로 1시간에 소비하는 아세틸렌가스의 양이 100L임을 나타내는 것이다.

37 피복금속 아크 용접봉은 습기의 영향으로 가공(Blow Hole)과 균열(Crack)의 원인이 된다. 보통 용접봉(1)과 저수소계 용접봉(2)의 온도와 건조 시간은?(단, 보통 용접봉은 (1)로, 저수소계 용접봉은 (2)로 나타냈다)

① (1) 70~100℃ 30~60분, (2) 100~150℃ 1~2시간
② (1) 70~100℃ 2~3시간, (2) 100~150℃ 20~30분
③ (1) 70~100℃ 30~60분, (2) 300~350℃ 1~2시간
④ (1) 70~100℃ 2~3시간, (2) 300~350℃ 20~30분

해설

용접봉은 습기에 민감해서 반드시 건조가 필요하다. 만일 용접봉에 습기가 있으면 기공이나 균열의 원인이 되는데 저수소계 용접봉은 일반 용접봉보다 습기에 더 민감하여 기공을 발생시키기가 더 쉽다. 따라서, 일반 용접봉보다 더 높은 온도로 건조시켜야 한다.

일반 용접봉	약 100℃에서 30분~1시간
저수소계 용접봉	약 300℃~350℃에서 1~2시간

38 직류 아크 용접에서 역극성의 특징으로 맞는 것은?

① 용입이 깊어 후판 용접에 사용된다.
② 박판, 주철, 고탄소강, 합금강 등에 사용된다.
③ 봉의 녹음이 느리다.
④ 비드폭이 좁다.

저자쌤의 핵직강

- 직류 정극성(DCSP : Direct Current Straight Polarity)
  - 용입이 깊다.
  - 비드 폭이 좁다.
  - 용접봉의 용융속도가 느리다.
  - 후판(두꺼운 판) 용접이 가능하다.
  - 모재에는 (+)전극이 연결되며 70% 열이 발생하고, 용접봉에는 (−)전극이 연결되며 30% 열이 발생한다.
- 직류 역극성(DCRP : Direct Current Reverse Polarity)
  - 용입이 얕다.
  - 비드 폭이 넓다.
  - 용접봉의 용융속도가 빠르다.
  - 박판(얇은 판) 용접이 가능하다.
  - 모재에는 (−)전극이 연결되며 30% 열이 발생하고, 용접봉에는 (+)전극이 연결되며 70% 열이 발생한다.
- 교류(AC)
  - 극성이 없다.
  - 전원 주파수의 $\frac{1}{2}$ 사이클마다 극성이 바뀐다.

정답 35 ④ 36 ④ 37 ③ 38 ②

해설

피복금속 아크 용접(SMAW)에서 직류 역극성을 전원으로 사용하면 모재보다 용접봉에 더 많은 열이 발생되므로 용접봉 심선의 용융속도가 빠르게 된다. 따라서 모재의 용입은 얕고 비드의 폭이 넓게 퍼지는 특성이 있으므로 박판이나 주철, 고탄소강 등의 용접에 알맞다.

39 가스가공에서 강재 표면의 홈, 탈탄층 등의 결함을 제거하기 위해 얇게 그리고 타원형 모양으로 표면을 깎아내는 가공법은?

① 가스 가우징　② 분말 절단
③ 산소창 절단　④ 스카핑

저자쌤의 핵직강

- 가스가우징 : 용접 결함이나 가접부 등의 제거를 위해 사용하는 방법으로써 가스 절단과 비슷한 토치를 사용해 용접부의 뒷면을 따내거나, U형이나 H형의 용접 홈을 가공하기 위하여 깊은 홈을 파내는 가공법
- 분말절단 : 철 분말이나 용제 분말을 절단용 산소에 연속적으로 혼입하여 그 산화열을 이용하여 절단하는 방법
- 산소창 절단 : 가늘고 긴 강관(안지름 3.2~6mm, 길이 1.5~3m)을 사용해서 절단 산소를 큰 강괴의 중심부에 분출시켜 창으로 불리는 강관 자체가 함께 연소되면서 절단하는 방법

해설

스카핑(Scarfing)은 강괴나 강편, 강재 표면의 홈이나 개재물, 탈탄층 등을 제거하기 위한 불꽃 가공으로 가능한 얇으면서 타원형의 모양으로 표면을 깎아내는 가공법이다.

40 가스 침탄법의 특징에 대한 설명으로 틀린 것은?

① 침탄온도, 기체 혼합비 등의 조절로 균일한 침탄층을 얻을 수 있다.
② 열효율이 좋고 온도를 임의로 조절할 수 있다.
③ 대량생산에 적합하다.
④ 침탄 후 직접 담금질이 불가능하다.

저자쌤의 핵직강

가스 침탄법의 특징

- 작업이 간편하고 열효율이 높다.
- 연속 침탄에 의해 대량생산이 가능하다.
- 열효율이 좋고 온도를 임의로 조절할 수 있다.
- 침탄온도, 기체혼합비, 공급량을 조절하여 균일한 침탄층을 얻는다.
- 가스침탄 후 직접 열처리가 가능하며 1차 담금질(기름 냉각)→2차 담금질(수중 냉각)→뜨임의 순서로 진행한다.

해설

가스침탄 후 직접 열처리가 가능하며 열처리 순서는 1차 담금질(기름 냉각)→2차 담금질(수중 냉각)→뜨임의 순으로 진행한다.

41 다음 중 알루미늄 합금(Alloy)의 종류가 아닌 것은?

① 실루민(Silumin)　② Y합금
③ 로엑스(Lo-ex)　④ 인코넬(Inconel)

저자쌤의 핵직강

알루미늄 합금의 종류 및 특징

분 류	종 류	구성 및 특징
주조용(내열용)	실루민	• Al+Si(10~14% 함유), 알팍스로도 불린다. • 해수에 잘 침식되지 않는다.
	라우탈	• Al+Cu 4%+Si 5% • 열처리에 의하여 기계적 성질을 개량할 수 있다.
	Y합금	• Al+Cu+Mg+Ni • 피스톤, 실린더 헤드의 재료로 사용된다.
	로엑스 합금(Lo-Ex)	• Al+Si 12%+Mg 1%+Cu 1%+Ni • 열팽창 계수가 적어서 엔진, 피스톤용 재료로 사용된다.
	코비탈륨	• Al+Cu+Ni에 Ti, Cu 0.2% 첨가 • 내연기관의 피스톤용 재료로 사용된다.
가공용	두랄루민	• Al+Cu+Mg+Mn • 고강도로서 항공기나 자동차용 재료로 사용된다.
	알클래드	고강도 Al합금에 다시 Al을 피복한 것이다.
내식용	알 민	Al+Mn, 내식성, 용접성이 우수하다.
	알드레이	Al+Mg+Si 강인성이 없고 가공변형에 잘 견딘다.
	하이드로날륨	Al+Mg, 내식성, 용접성이 우수하다.

해설

인코넬은 내열성과 내식성이 우수한 니켈 합금의 일종이다.

39 ④　40 ④　41 ④　정답

42 다음 중 풀림의 목적이 아닌 것은?

① 결정립을 조대화시켜 내부응력을 상승시킨다.
② 가공경화 현상을 해소시킨다.
③ 경도를 줄이고 조직을 연화시킨다.
④ 내부응력을 제거한다.

저자쌤의 핵직강

풀림의 목적
- 금속 결정 입자의 미세화
- 가공이나 공작으로 경화된 재료의 연화
- 열처리로 인해 경화된 재료의 연화
- 단조나 주조의 기계 가공에서 발생한 내부 응력 제거

해설
풀림은 재료 내부의 응력을 제거하고 조직을 연하고 균일화시킬 목적으로 실시하는 열처리조작으로 가공경화현상을 완화시킨다.

 가공경화 : 재료를 가공·변형시키면서 재료의 경도가 증가되는 성질

43 저 용융점 합금이 아닌 것은?

① 아연과 그 합금　② 금과 그 합금
③ 주석과 그 합금　④ 납과 그 합금

해설
금(Au)은 용융점이 1,063℃이므로 다른 금속에 비해 고용융점 합금에 속한다.
① 아연(Zn)의 용융점 : 420℃
③ 주석(Sn)의 용융점 : 230℃
④ 납(Pb)의 용융점 : 327℃

44 탄소가 0.25%인 탄소강이 0~500℃의 온도 범위에서 일어나는 기계적 성질의 변화 중 온도가 상승함에 따라 증가되는 성질은?

① 항복점　② 탄성한계
③ 탄성계수　④ 연신율

해설
연신율은 재료의 늘어난 정도를 백분율로 나타낸 수치로써 온도가 상승함에 따라 재료의 성질은 연하게 되므로 연신율은 커진다. 항복점과 탄성한계, 탄성계수는 온도의 영향보다 탄소의 함유량에 의해 성질이 정해지는 금속의 특성들이다.

45 용접할 때 예열과 후열이 필요한 재료는?

① 15mm 이하 연강판
② 중탄소강
③ 18℃일 때 18mm 연강판
④ 순철판

해설
용접은 용접 중 갑작스럽게 발생되는 열에 의해 재료 내부에 응력을 발생시키며 조직을 변화시킨다. 또한 재료에 변형도 일으키기 때문에 용접 전이나 중, 후에 반드시 예열 및 후열처리를 실시해야 한다. 그러나 탄소의 함유량이 0.3% 이하인 연강이나 순철과 같은 저탄소강의 용접재료까지는 예열이나 후열처리를 할 필요는 없다.

46 철강에서 펄라이트 조직으로 구성되어 있는 강은?

① 경질강　② 공석강
③ 강인강　④ 고용체강

해설
공석강은 탄소의 함유량이 0.8%이며 모두 펄라이트 조직으로 이루어진 강(Steel)이다. 펄라이트 조직은 페라이트와 펄라이트의 혼합조직으로 질기고 강한 성질을 갖는다.

47 특수 주강 중 주로 롤러 등으로 사용되는 것은?

① Ni 주강　② Ni-Cr 주강
③ Mn 주강　④ Mo 주강

저자쌤의 핵직강

특수 주강의 종류 및 특징

종 류	특 징
Ni 주강	0.15~0.45%의 탄소강에 1~3.5%의 Ni을 합금한 것으로 연신율의 저하를 막고 강도와 인성 그리고 내마멸성을 크게 한다. 철도나 선박의 부품용 재료로 사용된다.
Ni-Cr 주강	니켈에 의한 강인성과 크롬에 의한 강도 및 경도를 증가시킬 목적으로 Ni 1~4%, Cr 0.5~2%를 합금한 저합금 주강이다. 톱니바퀴나 캠 등 강도와 내마모성이 요구되는 부품에 사용된다.
Mn 주강	0.9~1.2%의 저Mn 주강은 제지용 기계부품이나 롤러의 재료로 사용되며, 하드필드강이라고도 불리는 12%의 고Mn 주강은 인성이 높고 내마멸성도 매우 크므로 분쇄기 롤러용으로 사용된다.

정답 42 ① 43 ② 44 ④ 45 ② 46 ② 47 ③

Mo 주강	Mo의 특성에 따라 내열성과 큰 경도가 요구되는 기계 부품용 재료로 사용된다.
Cr 주강	보통 주강에 3% 이하의 Cr을 첨가하면 강도와 내마멸성이 우수해져 철도나 선박용 부품에 사용되며, 10% 이상인 고크롬 주강은 내식성이 우수하여 화학용 기계용 재료로 사용된다.

해설

특수 주강들 중에서 내마멸성과 인성이 요구되는 롤러용 재료로는 Mn 주강이 주로 사용된다.

48 주철의 편상 흑연 결함을 개선하기 위하여 마그네슘, 세륨, 칼슘 등을 첨가한 것으로 기계적 성질이 우수하여 자동차 주물 및 특수 기계의 부품용 재료에 사용되는 것은?

① 미하나이트 주철 ② 구상흑연 주철
③ 칠드 주철 ④ 가단 주철

저자쌤의 핵직강

- 구상흑연주철 : 불스아이 조직이 나타나는 주철로 Ni(니켈), Cr(크롬), Mo(몰리브덴), Cu(구리) 등을 첨가하여 재질을 개선한 것으로 노듈러 주철, 덕타일 주철로도 불린다. 내마멸성, 내열성, 내식성이 대단히 우수하여 자동차용 주물이나 특수기계의 부품용, 주조용 재료로 쓰인다. 흑연을 구상화하는 방법은 황(S)이 적은 선철을 용해하여 주입 전에 Mg, Ce, Ca 등을 첨가하여 제조하는데 편상 흑연의 결함도 제거할 수 있다. 보통 주철에 비해 강력하고 점성이 강하다.
- 미하나이트주철 : 바탕이 펄라이트 조직으로 흑연이 미세하게 분포되어 있다. 인장강도가 350~450MPa인 이 주철은 담금질이 가능하고 인성과 연성이 대단히 크며, 두께 차이에 의한 성질의 변화가 매우 작아서 내마멸성을 요구하는 공작기계의 안내면이나 강도를 요하는 내연기관의 실린더용 재료로 사용된다.
- 칠드 주철 : 주조 시 주형에 냉금을 삽입하여 주물을 급랭시켜 표면은 경화시키고 내부는 본래의 연한 조직으로 남게 하는 내마모성 주철이다. 칠드된 부분은 시멘타이트 조직으로 되어 경도가 크고, 내마멸성과 압축강도도 커져서 기차바퀴나 분쇄기의 롤러용 재료로 사용된다.
  ※ 냉금 : 부분적인 온도차를 감소시키고, 각 부의 응고와 수축을 조절하기 위해 쓰이는 금속재료
- 가단 주철 : 회주철의 결점을 보완한 것으로 백주철의 주물을 장시간 열처리하여 탈탄과 시멘타이트의 흑연화에 의해 연성을 갖게 하여 단조가공을 가능하게 한 주철이다. 탄소의 함량이 많아서 주조성이 우수하며 적당한 열처리에 의해 주강과 같은 강인한 조직이다.

해설

구상흑연주철은 기계적 성질이 우수하여 특수 기계 등의 부품용 재료에 많이 사용된다.

49 18-8 스테인리스강의 조직으로 맞는 것은?

① 페라이트 ② 오스테나이트
③ 펄라이트 ④ 마텐자이트

저자쌤의 핵직강

스테인리스강의 분류

구 분	종 류	주요 성분	자 성
Cr계	페라이트계 스테인리스강	Fe+Cr 12% 이상	자성체
	마텐자이트계 스테인리스강	Fe+Cr 13%	자성체
Cr+Ni계	오스테나이트계 스테인리스강	Fe+Cr 18%+Ni 8%	비자성체
	석출경화계 스테인리스강	Fe+Cr+Ni	비자성체

해설

오스테나이트계 18-8형 스테인리스강은 일반 강(Steel)에 Cr-18%와 Ni-8%가 합금된 재료이다.

50 Ni-Cu계 합금에서 60~70% Ni합금은?

① 모넬메탈(Monel-metal)
② 어드밴스(Advance)
③ 콘스탄탄(Constantan)
④ 알민(Almin)

해설

모넬메탈은 Cu에 60~70%의 Ni이 합금된 재료로 내식성과 고온강도가 높아서 화학 기계나 열기관, 터빈날개, 펌프의 임펠러용 재료로 사용된다.

② 어드밴스 : 44%의 Ni에 1%의 Mn을 합금한 재료로 전기 저항선용 재료로 많이 사용된다.
③ 콘스탄탄 : Cu에 Ni을 40~45% 합금한 재료로 온도변화에 영향을 많이 받으며 전기 저항성이 커서 저항선이나 전열선, 열전쌍의 재료로 사용된다.
④ 알민 : 내식용 알루미늄 합금으로 Al에 Mn을 합금한 재료이다. 내식성이 크고 용접성이 우수하다.

48 ② 49 ② 50 ① 정답

51 용접 보조기호 중 현장용접을 타나내는 기호는?

①　　　　②

③　　　　④

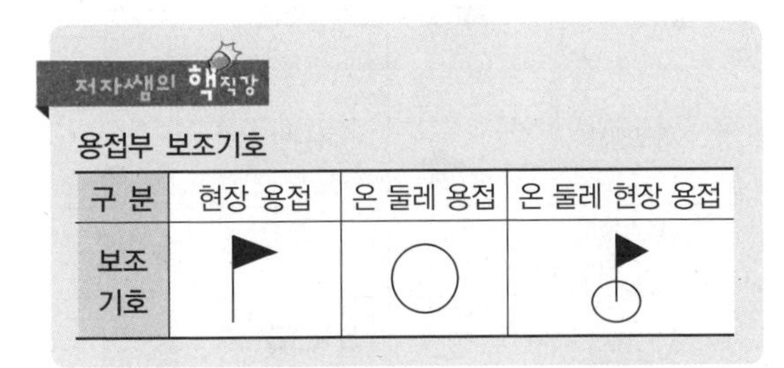

저자쌤의 핵직강

용접부 보조기호

구 분	현장 용접	온 둘레 용접	온 둘레 현장 용접
보조 기호			

52 2종류 이상의 선이 같은 장소에서 중복될 경우 다음 중 가장 우선적으로 그려야 할 선은?

① 중심선　　② 숨은선

③ 무게 중심선　　④ 치수 보조선

해설

두 종류 이상의 선이 중복되는 경우 선의 우선순위

숫자나 문자 > 외형선 > 숨은선 > 절단선 > 중심선 > 무게 중심선 > 치수 보조선

53 도면에 리벳의 호칭이 "KS B 1102 보일러용 둥근 머리 리벳 13×30 SV 400"로 표시된 경우 올바른 설명은?

① 리벳의 수량 13개

② 리벳의 길이 30mm

③ 최대 인장강도 400kPa

④ 리벳의 호칭 지름 30mm

저자쌤의 핵직강

리벳의 호칭방법

재 료	SV 400
호칭지름×길이	13×30
종 류	보일러용 둥근 머리 리벳
규격 번호	KS B 1102

해설

"13×30"에서 13은 리벳의 호칭지름이 13mm이고, 30은 리벳의 길이가 30mm, "SV"는 리벳용 압연강재임을 나타낸다.

54 단면도의 표시방법에 관한 설명 중 틀린 것은?

① 단면을 표시할 때에는 해칭 또는 스머징을 한다.

② 인접한 단면의 해칭은 선의 방향 또는 각도를 변경하든지 그 간격을 변경하여 구별한다.

③ 절단했기 때문에 이해를 방해하는 것이나 절단하여도 의미가 없는 것은 원칙적으로 긴쪽 방향으로는 절단하여 단면도를 표시하지 않는다.

④ 개스킷 같이 얇은 제품의 단면은 투상선을 한 개의 가는 실선으로 표시한다.

해설

단면도를 표시할 때 개스킷과 같이 두께가 얇은 제품의 단면은 투상선을 한 개의 굵은 실선으로 표시한다.

55 기계제도에서 도면에 치수를 기입하는 방법에 대한 설명으로 틀린 것은?

① 길이는 원칙으로 mm의 단위로 기입하고, 단위 기호는 붙이지 않는다.

② 치수의 자릿수가 많을 경우 세 자리마다 콤마를 붙인다.

③ 관련 치수는 되도록 한곳에 모아서 기입한다.

④ 치수는 되도록 주투상도에 집중하여 기입한다.

저자쌤의 핵직강

치수 기입 시 주의사항

- 한 도면 안에서의 치수는 같은 크기로 기입한다.
- 각도를 라디안 단위로 기입하는 경우 그 단위 기호인 rad을 기입한다.
- cm나 m를 사용할 필요가 있는 경우는 반드시 cm나 m를 기입해야 한다.
- 길이 치수는 원칙적으로 mm의 단위로 기입하고, 단위 기호는 붙이지 않는다.
- 치수 숫자는 정자로 명확하게 치수선의 중앙 위쪽에 약간 띄어서 평행하게 표시한다.
- 치수 숫자의 단위수가 많은 경우 3자리마다 숫자의 사이를 적당히 띄우고 콤마는 붙이지 않는다.

정답 51 ① 52 ② 53 ② 54 ④ 55 ②

해설

치수 숫자의 단위수가 많은 경우 3자리마다 숫자의 사이를 적당히 띄우고 콤마는 붙이지 않는다.

- 숫자와 문자는 고딕체를 사용하고, 도면과 투상도의 크기에 따라 알맞은 크기와 굵기를 선택한다.
- 각도 치수는 일반적으로 도의 단위로 기입하고, 필요한 경우 분, 초를 병용할 수 있으며 도, 분, 초 등의 단위를 기입한다.

56 그림은 투상법의 기호이다. 몇 각법을 나타내는 기호인가?

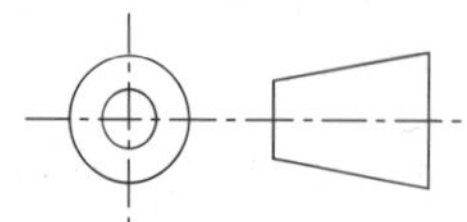

① 제1각법　　② 제2각법
③ 제3각법　　④ 제4각법

저자쌤의 핵직강

제1각법과 제3각법

제1각법	제3각법
눈 → 물체 → 투상면	눈 → 투상면 → 물체
저면도 / 우측면도, 정면도, 좌측면도, 배면도 / 평면도	평면도 / 좌측면도, 정면도, 우측면도, 배면도 / 저면도

해설

3각법의 투상방법은 눈 → 투상면 → 물체로써, 당구에서 3쿠션을 연상시키면 그림의 좌측을 당구공, 우측을 당구 큐대로 생각하면 암기하기 쉽다. 1각법은 공의 위치가 반대가 된다.

57 배관도에서 사용된 밸브표시가 올바른 것은?

① 밸브 일반
② 게이트밸브
③ 나비밸브 –
④ 체크밸브

저자쌤의 핵직강

밸브 및 콕의 표시 방법

명칭	기호	명칭	기호
밸브일반		전자밸브	S
글로브밸브		전동밸브	M
체크밸브		콕일반	
슬루스밸브(게이트밸브)		닫힌 콕 일반	
앵글밸브		닫혀 있는 밸브 일반	
3방향 밸브		볼밸브	
안전밸브(스프링식)		안전밸브(추식)	
공기빼기 밸브		버터플라이 밸브(나비밸브)	

해설

체크밸브는 유체의 흐름을 한쪽 방향으로만 흐르도록 제어하는 밸브로써 , 와 같이 2가지로 표현할 수 있다.

58 그림과 같은 정면도와 우측면도에 가장 적합한 평면도는?

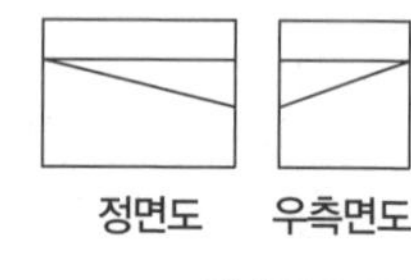

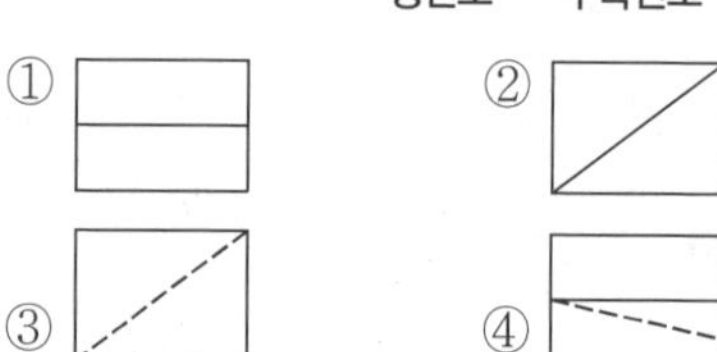

해설

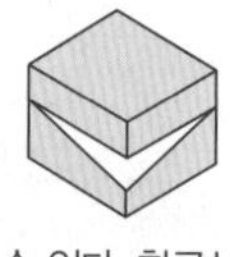

평면도란 물체를 위에서 바라본 형상으로 정면도의 우측면과 우측면도의 좌측면을 통해서 물체 내부의 가운데 부분에 빈 공간이 있는 것을 유추하면 우측 상단에서 좌측 하단으로 이어지는 대각선으로 점선이 그려진 ③번이 정답임을 알 수 있다. 한국산업인력공단에서는 ②번도 복수정답 처리를 하였다.

56 ③　57 ④　58 ②, ③ **정답**

59 전개도는 대상물을 구성하는 면을 평면 위에 전개한 그림을 의미하는데, 원기둥이나 각기둥의 전개에 가장 적합한 전개도법은?

① 평행선 전개도법
② 방사선 전개도법
③ 삼각형 전개도법
④ 사각형 전개도법

저자쌤의 핵직강

전개도법의 종류

종 류	의 미
평행선법	삼각기둥, 사각기둥과 같은 여러 가지의 각기둥과 원기둥을 평행하게 전개하여 그리는 방법
방사선법	삼각뿔, 사각뿔 등의 각뿔과 원뿔을 꼭짓점을 기준으로 부채꼴로 펼쳐서 전개도를 그리는 방법
삼각형법	꼭짓점이 먼 각뿔, 원뿔 등을 해당 면을 삼각형으로 분할하여 전개도를 그리는 방법

해설

원기둥이나 각기둥의 전개에 가장 적합한 전개도법은 평행선법이다.

60 다음 중 일반구조용 탄소 강관의 KS 재료 기호는?

① SPP ② SPS
③ SKH ④ STK

해설

① SPP : 배관용 탄소 강판
② SPS : 스프링용강
③ SKH : 고속도 공구강재
④ STK : 일반구조용 탄소강관

정답 59 ① 60 ④

2014년도 제2회 기출문제

용접기능사 Craftsman Welding/Inert Gas Arc Welding

01 가연성 가스로 스파크 등에 의한 화재에 대하여 가장 주의해야 할 가스는?

① C_3H_8 ② CO_2
③ He ④ O_2

해설

C_3H_8은 프로판으로 가스 누출 시 스파크(불꽃)에 의한 폭발의 위험성이 있기 때문에 누출되지 않도록 주의해야 한다.

① C_3H_8(프로판) : LPG가스(액화석유가스)의 주성분으로 가솔린을 제조할 때 만들어지는 부산물이다. 원유나 천연가스 속에 용해되어 있다.
② CO_2(이산화탄소) : 산소와는 반대로 연소를 방해하기 때문에 소화기의 약제로 사용한다.
③ He(헬륨) : 불활성 가스로 다른 금속이나 스파크에 의해 반응하지 않기 때문에 폭발의 위험성은 없다.
④ O_2(산소) : 조연성 가스에 속하며 연소를 도와주는 역할을 한다.

Plus One 가스의 분류

조연성 가스	다른 연소 물질이 타는 것을 도와주는 가스	산소(O_2), 공기
가연성 가스 (연료 가스)	산소나 공기와 혼합하여 점화하면 빛과 열을 내면서 연소하는 가스	아세틸렌, 프로판(C_3H_8), 메탄, 부탄, 수소
불활성 가스	다른 물질과 반응하지 않는 기체	아르곤, 헬륨(He), 네온

02 용접 시 냉각속도에 관한 설명 중 틀린 것은?

① 예열을 하면 냉각속도가 완만하게 된다.
② 얇은 판보다는 두꺼운 판이 냉각속도가 크다.
③ 알루미늄이나 구리는 연강보다 냉각속도가 느리다.
④ 맞대기 이음보다는 T형 이음이 냉각속도가 크다.

해설

Al이나 Cu는 Fe보다 열전도율이 더 크기 때문에 냉각속도도 더 빠르다.

저자쌤의 핵직강

열전도율의 크기 순서

Ag > Cu > Au > Al > Mg > Zn > Ni > Fe > Pb

03 용접 전류가 낮거나, 운봉 및 유지 각도가 불량할 때 발생하는 용접 결함은?

① 용 락 ② 언더컷
③ 오버랩 ④ 선상조직

저자쌤의 핵직강

용접부 결함과 방지 대책

모 양	원 인	방지대책
언더컷	• 전류가 높을 때 • 아크 길이가 길 때 • 용접 속도가 빠를 때 • 운봉 각도가 부적당할 때 • 부적당한 용접봉을 사용할 때	• 전류를 낮춘다. • 아크 길이를 짧게 한다. • 용접 속도를 알맞게 한다. • 운봉 각도를 알맞게 한다. • 알맞은 용접봉을 사용한다.
오버랩	• 전류가 낮을 때 • 운봉, 작업각, 진행각과 같은 유지각도가 불량할 때 • 부적당한 용접봉을 사용할 때	• 전류를 높인다. • 작업각과 진행각을 조정한다. • 알맞은 용접봉을 사용한다.
용입불량	• 이음 설계에 결함이 있을 때 • 용접 속도가 빠를 때 • 전류가 낮을 때 • 부적당한 용접봉을 사용할 때	• 치수를 크게 한다. • 용접속도를 적당히 조절한다. • 전류를 높인다. • 알맞은 용접봉을 사용한다.
균 열	• 이음부의 강성이 클 때 • 부적당한 용접봉을 사용할 때 • C, Mn 등 합금성분이 많을 때 • 과대 전류, 용접 속도가 클 때 • 모재에 유황 성분이 많을 때	• 예열이나 피닝처리를 한다. • 알맞은 용접봉을 사용한다. • 예열 및 후열처리를 한다. • 전류 및 용접 속도를 알맞게 조절한다. • 저수소계 용접봉을 사용한다.

1 ① 2 ③ 3 ③ 정답

선상조직	• 냉각속도가 빠를 때 • 모재의 재질이 불량할 때	• 급랭을 피한다. • 재질에 알맞은 용접봉 사용한다.
기 공	• 수소나 일산화탄소 가스가 과잉으로 분출될 때 • 용접 전류값이 부적당할 때 • 용접부가 급속히 응고될 때 • 용접 속도가 빠를 때 • 아크길이가 부적절할 때	• 건조된 저수소계 용접봉을 사용한다. • 전류 및 용접 속도를 알맞게 조절한다. • 이음 표면을 깨끗하게 하고 예열을 한다.
슬래그혼입	• 전류가 낮을 때 • 용접 이음이 부적당할 때 • 운봉 속도가 너무 빠를 때 • 모든 층의 슬래그 제거가 불완전할 때	• 슬래그를 깨끗이 제거한다. • 루트 간격을 넓게 한다. • 전류를 약간 높게 하며 운봉 조작을 적절하게 한다. • 슬래그를 앞지르지 않도록 운봉속도를 유지한다.

해설

용접 전류가 낮거나 용접봉의 운봉각과 유지각이 불량할 때는 오버랩(Overlap) 불량이 발생하며, 이를 방지하기 위해서는 전류를 높이거나 용접봉의 운봉 및 유지각을 알맞게 조절하고 용접조건에 알맞은 용접봉을 사용해야 한다.

04 서브머지드 아크 용접기에서 다전극 방식에 의한 분류에 속하지 않는 것은?

① 푸시풀식 ② 텐덤식
③ 횡병렬식 ④ 횡직렬식

저자쌤의 핵직강

서브머지드 아크 용접(SAW)에서 2개 이상의 전극와이어를 사용하여 한꺼번에 많은 양의 용착금속을 얻을 수 있는 다전극 용극 방식에는 텐덤식, 횡병렬식, 횡직렬식이 있다.

- 텐덤식 : 2개의 와이어를 독립전원(AC-DC or AC-AC)에 연결한 후 아크를 발생시켜 한 번에 다량의 용착금속을 얻는 방식
- 횡병렬식 : 2개의 와이어를 독립전원에 직렬로 흐르게 하여 아크의 복사열로 모재를 용융시켜 다량의 용착금속을 얻는 방식으로 입열량이 작아서 스테인리스판이나 덧붙임 용접(AC : 400A, DC : 400A 이하)에 사용한다.
- 횡직렬식 : 2개의 와이어를 한 개의 같은 전원에(AC-AC or DC-DC) 연결한 후 아크를 발생시켜 다량의 용착 금속을 얻는 방법으로 용접 폭이 넓고 용입이 깊어서 용접 효율이 좋다.

해설

푸시풀식은 다전극 방식의 분류에 속하지 않는다.

05 용접 이음을 설계할 때 주의사항으로 틀린 것은?

① 구조상의 노치부를 피한다.
② 용접 구조물의 특성 문제를 고려한다.
③ 맞대기 용접보다 필릿 용접을 많이 하도록 한다.
④ 용접성을 고려한 사용 재료의 선정 및 열 영향 문제를 고려한다.

저자쌤의 핵직강

용접 이음을 설계할 때 주의사항

- 가능한 아래보기 자세의 용접이 가능하도록 하되, 필릿 용접보다는 홈용접이 바람직하다. 홈의 형상은 잔류응력 및 변형이 최소가 되도록 하고 가능한 용접량이 작도록 한다.
- 적절한 용접 시공 순서와 작업성의 확보가 가능하도록 하여 변형이 최소가 되도록 한다.
- 맞대기 이음의 홈용접은 용입부족 등의 방지를 위해 이면 용접이 가능하도록 하며, 가능한 용접부에 모멘트가 작용하지 않도록 하되 모멘트가 작용할 경우 적절하게 보강을 한다.
- 용접 시공 등에 필요한 최소한의 공간을 확보해야 한다. 즉, 접근이 가능하고, 시야가 확보되어야 하며, 용접 시공 및 용접부에 대한 후처리와 검사가 가능하도록 한다.
- 두께가 서로 다른 부재의 맞대기 이음은 두꺼운 모재의 단면을 약 2.5~4 : 1 정도의 테이퍼를 가공하여 응력집중이 발생하지 않도록 한다.
- 용접선이 서로 교차하지 않도록 하되 교차할 경우에는 스캘럽을 추가하여 용접이 가능하도록 한다.
- 용접선이 부분적으로 집중되거나 너무 근접하지 않도록 한다.
- 충격하중 또는 반복하중이 인가되는 구조물의 경우 가능한 응력집중이 발생하지 않는 이음이 되도록 한다.
- 내식성을 요구될 경우 가능한 이종 금속간의 용접이음을 피한다.

해설

용접 이음을 설계할 때 필릿 용접보다는 맞대기 용접을 많이 하도록 한다.

06 용접현장에서 지켜야 할 안전사항 중 잘못 설명한 것은?

① 탱크 내에서는 혼자 작업한다.
② 인화성 물체 부근에서는 작업을 하지 않는다.
③ 좁은 장소에서의 작업시는 통풍을 실시한다.
④ 부득이 가연성 물체 가까이서 작업시는 화재발생 예방 조치를 한다.

정답 4 ① 5 ③ 6 ①

해설
저장탱크와 같이 밀폐된 공간에서 용접할 때는 작업자가 발생 가스에 의해 질식되는 사고가 발생할 수 있으므로 반드시 보조 작업자와 함께 작업을 실시해야 한다. 또한 작업 전이나 중, 후에는 반드시 내부를 환기시켜야 한다.

07 용접 후 인장 또는 굴곡시험으로 파단시켰을 때 은점을 발견할 수 있는데 이 은점을 없애는 방법은?

① 수소 함유량이 많은 용접봉을 사용한다.
② 용접 후 실온으로 수 개월간 방치한다.
③ 용접부를 염산으로 세척한다.
④ 용접부를 망치로 두드린다.

해설
용접 후 용접부에 은점이 발생되었다면 이것은 수소(H_2)가스와 용융 금속간의 반응에 의한 것으로 이 결함을 없애기 위해서는 실온(약 24℃)에서 수 개월간 방치하면 된다.

08 이산화탄소의 특징이 아닌 것은?

① 색, 냄새가 없다.
② 공기보다 가볍다.
③ 상온에서도 쉽게 액화한다.
④ 대기 중에서 기체로 존재한다.

저자쌤의 핵직강

이산화탄소(탄산가스)가스의 특징
- 상온에서도 쉽게 액화한다.
- 투명하며 무미하고 무취하다.
- 공기보다 1.53배, 아르곤보다 1.38배 무겁다.
- 압축 냉각을 하면 액화되어 고압 용기에 쉽게 채워진다.
- 농도가 짙은 이산화탄소가 공기 중에 노출되면 눈, 코, 입에 자극이 느껴진다.
- 분출량은 이음형상, 노즐과 모재간 거리, 작업 시 바람의 방향, 풍속 등에 의해 결정되며 일반적으로 20L/min 전·후이다.

해설
이산화탄소가스는 공기보다 1.53배 더 무겁다.

09 용접기의 구비조건에 해당되는 사항으로 옳은 것은?

① 사용 중 용접기 온도 상승이 커야 한다.
② 용접 중 단락되었을 경우 대전류가 흘러야 된다.
③ 소비전력이 큰 역률이 좋은 용접기를 구비한다.
④ 무부하 전압을 최소로 하여 전격기의 위험을 줄인다.

저자쌤의 핵직강

아크 용접기의 구비조건
- 내구성이 좋아야 한다.
- 역률과 효율이 높아야 한다.
- 구조 및 취급이 간단해야 한다.
- 사용 중 온도상승이 적어야 한다.
- 단락되는 전류가 크지 않아야 한다.
- 전격방지기가 설치되어 있어야 한다.
- 아크발생이 쉽고 아크가 안정되어야 한다.
- 아크 안정을 위해 외부 특성 곡선을 따라야 한다.
- 전류 조정이 용이하고 전류가 일정하게 흘러야 한다.
- 아크길이의 변화에 따라 전류의 변동이 적어야 한다.
- 적당한 무부하 전압이 있어야 한다(AC : 70~80V, DC : 40~60V).

해설
아크 용접기는 아크의 안정을 위해 적당한 무부하 전압은 필요하므로 최소로 하여 전격의 위험을 줄여야 한다.

10 주성분이 은, 구리, 아연의 합금인 경납으로 인장강도, 전연성 등의 성질이 우수하여 구리, 구리합금, 철강, 스테인리스강 등에 사용되는 납재는?

① 양은납 ② 알루미늄납
③ 은 납 ④ 내열납

해설
경납용 용제에 속하는 은납은 은, 구리, 아연의 합금으로 인장강도와 전연성이 우수하여 구리나 구리합금, 철강, 스테인리스강의 접합에 사용된다.

11 용접부의 검사법 중 기계적 시험이 아닌 것은?

① 인장시험 ② 부식시험
③ 굽힘시험 ④ 피로시험

7 ② 8 ② 9 ④ 10 ③ 11 ② **정답**

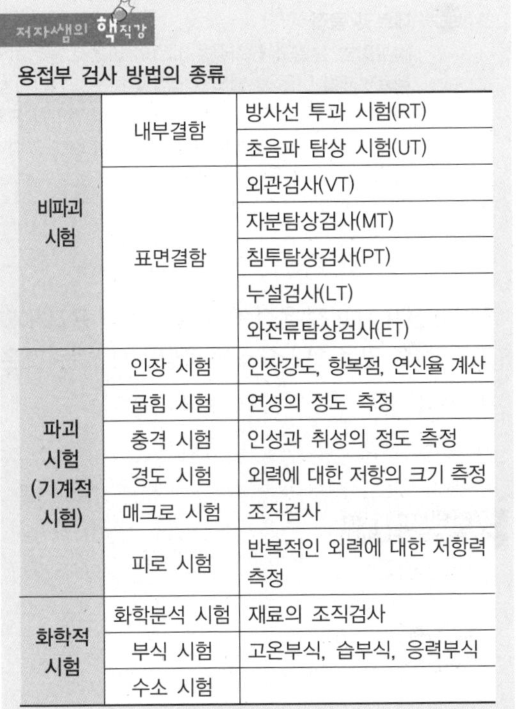

저자쌤의 핵직강

용접부 검사 방법의 종류

비파괴 시험	내부결함	방사선 투과 시험(RT)
		초음파 탐상 시험(UT)
	표면결함	외관검사(VT)
		자분탐상검사(MT)
		침투탐상검사(PT)
		누설검사(LT)
		와전류탐상검사(ET)
파괴 시험 (기계적 시험)	인장 시험	인장강도, 항복점, 연신율 계산
	굽힘 시험	연성의 정도 측정
	충격 시험	인성과 취성의 정도 측정
	경도 시험	외력에 대한 저항의 크기 측정
	매크로 시험	조직검사
	피로 시험	반복적인 외력에 대한 저항력 측정
화학적 시험	화학분석 시험	재료의 조직검사
	부식 시험	고온부식, 습부식, 응력부식
	수소 시험	

해설

부식시험은 화학적 시험법에 속하며 재료의 조직검사를 목적으로 실시한다.

12 용접을 크게 분류할 때 압접에 해당되지 않는 것은?

① 저항 용접
② 초음파 용접
③ 마찰 용접
④ 전자빔 용접

해설

전자빔 용접은 고밀도로 집속되고 가속화된 전자빔을 높은 진공 속에서 용접물에 고속도로 조사시키면 빛과 같은 속도로 이동한 전자가 용접물에 충돌하면서 전자의 운동에너지를 열에너지로 변환시켜 국부적으로 고열을 발생시키는데, 이때 생긴 열원으로 용접부를 용융시켜 용접하는 방식이다. 따라서 전자빔 용접은 융접에 속한다.

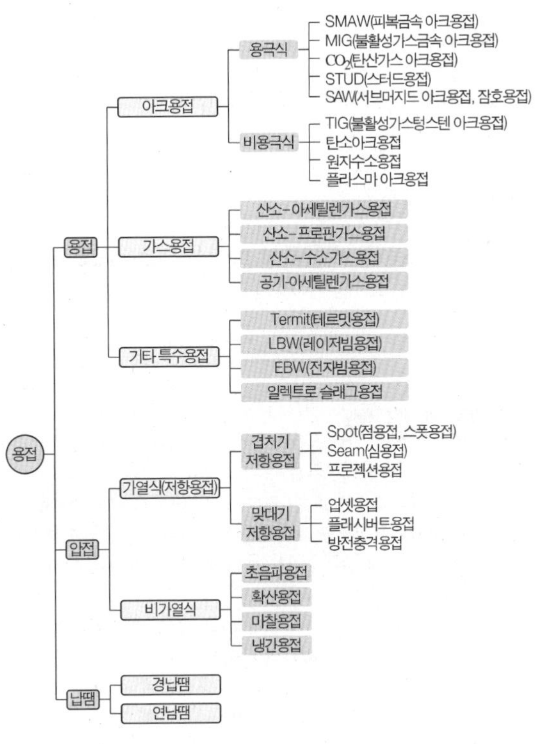

13 CO_2가스 아크 용접장치 중 용접전원에서 박판 아크 전압을 구하는 식은?(단, I는 용접 전류의 값이다)

① $V = 0.04 \times I + 15.5 \pm 1.5$
② $V = 0.04 \times I + 155.5 \pm 11.5$
③ $V = 0.05 \times I + 11.5 \pm 2$
④ $V = 0.005 \times I + 111.5 \pm 2$

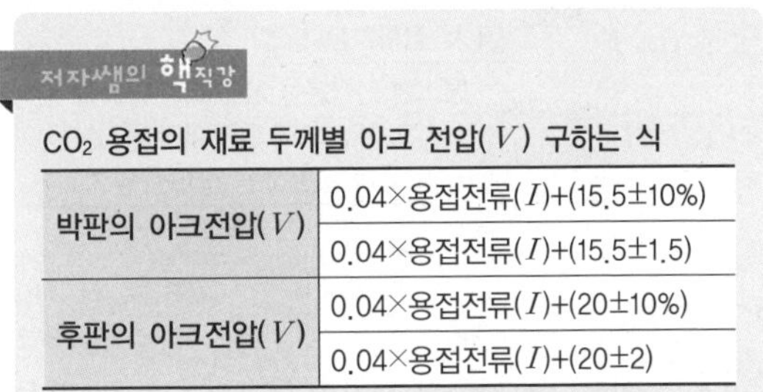

저자쌤의 핵직강

CO_2 용접의 재료 두께별 아크 전압(V) 구하는 식

박판의 아크전압(V)	0.04×용접전류(I)+(15.5±10%)
	0.04×용접전류(I)+(15.5±1.5)
후판의 아크전압(V)	0.04×용접전류(I)+(20±10%)
	0.04×용접전류(I)+(20±2)

14 가스 중에서 최소의 밀도로 가장 가볍고 확산속도가 빠르며, 열전도가 가장 큰 가스는?

① 수 소　② 메 탄
③ 프로판　④ 부 탄

정답 12 ④ 13 ① 14 ①

해설

수소(H_2)가스는 다른 가스에 비해 밀도가 작고 가벼워서 확산속도가 빠르며 열전도성도 가장 크기 때문에 폭발했을 때 그 위험성은 더 크다.

Plus One

테르밋 용접

알루미늄 분말과 산화철을 1 : 3의 비율로 혼합하여 테르밋제를 만든 후 냄비의 역할을 하는 도가니에 넣어 약 1,000℃로 점화하면 약 2,800℃의 열이 발생되면서 용접용 강이 만들어지게 되는데 이 강을 용접부에 주입하면서 용접하는 방법이다.

15 다음 중 비용극식 불활성 가스 아크 용접은?

① GMAW ② GTAW

③ MMAW ④ SMAW

저자쌤의 핵직강

불활성 가스 아크 용접

- GTAW(Gas Tungsten Arc Welding) : Tungsten봉을 전극으로 사용하고 Ar을 보호가스로 사용하며 별도로 용가재를 용융지에 넣어주면서 용접하는 비용극식 용접법으로 TIG 용접이 이에 속한다.
- GMAW(Gas Metal Arc Welding) : 용가재인 와이어 자체가 전극이 되어 모재와의 사이에서 아크를 발생시키면서 접합하는 방법이므로 용극식 용접법에 속하며 MIG나 MAG, CO_2 가스 아크 용접이 이에 속한다.
- MMAW(Manual Metal Arc Welding) : 금속재료에만 Arc를 발생시켜 용접을 하는 용극식 용접법이다. 일반적으로는 SMAW가 MMAW를 포함하는 의미로 사용되고 있다.
- SMAW(Shielded Metal Arc Welding) : 보통 전기용접이라고 불리며 피복봉을 사용하는 용극식 용접법이다.

해설

비용극식은 GTAW법이다.

용극식 용접법	용가재인 와이어 자체가 전극이 되어 모재와의 사이에서 아크를 발생시키면서 접합하는 방법
비용극식 용접법	텅스텐 전극봉을 사용하여 아크를 발생시키고 이 아크에 용가재인 용접봉을 아크열로 녹이면서 용접하는 방법

16 알루미늄 분말과 산화철 분말을 1 : 3의 비율로 혼합하고, 점화제로 점화하면 일어나는 화학반응은?

① 테르밋반응 ② 용융반응

③ 포정반응 ④ 공석반응

해설

테르밋반응은 금속 산화물과 알루미늄이 반응하여 열과 슬래그를 발생시키는 것으로 화학반응에 속한다.

17 전기 저항 점 용접 작업 시 용접 시 용접기에서 조정할 수 있는 3대 요소에 해당하지 않는 것은?

① 용접 전류 ② 전극 가압력

③ 용접 전압 ④ 통전시간

저항용접의 3요소

- 용접 전류
- 가압력
- 통전시간

18 다음 [보기]와 같은 용착법은?

①④②⑤③
→→→→→

① 대칭법 ② 전진법

③ 후진법 ④ 스킵법

저자쌤의 핵직강

용착법의 종류

구 분	종 류	
용접 방향에 의한 용착법	전진법	후퇴법
	1 2 3 4 5	5 4 3 2 1
	대칭법	스킵법(비석법)
	4 2 1 3	1 4 2 5 3

15 ② 16 ① 17 ③ 18 ④ 정답

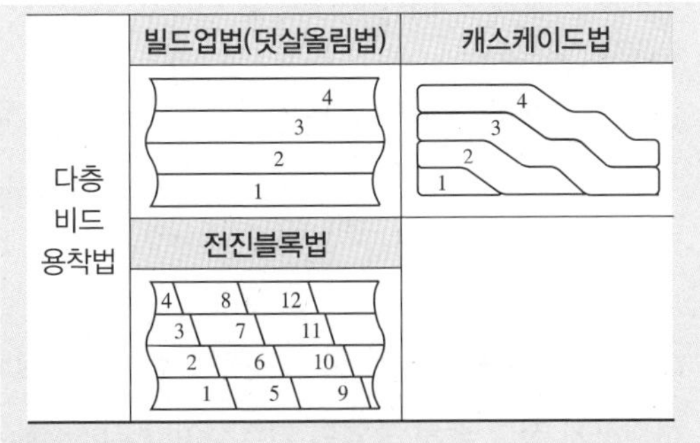

해설

비석법으로도 불리는 스킵법은 용접부 전체의 길이를 5개 부분으로 나누어 놓고 1-4-2-5-3순으로 용접하는 방법으로 용접부에 잔류 응력을 적게 해야 할 경우에 사용하는 용착법이다.

19 불활성 가스 아크 용접에 관한 설명으로 틀린 것은?

① 아크가 안정되어 스패터가 적다.
② 피복제나 용제가 필요하다.
③ 열 집중성이 좋아 능률적이다.
④ 철 및 비철 금속의 용접이 가능하다.

해설

불활성 가스 아크 용접에는 TIG 용접과 MIG 용접이 속하는데 이들 용접에는 불활성 가스(Inert Gas)인 Ar을 보호가스로 사용하면서 피복되지 않은 용가재를 반드시 넣어주면서 용접해야 한다.

불활성 가스란 다른 물질과 화학반응을 일으키기 어려운 가스로서 Ar(아르곤), He(헬륨), Ne(네온) 등이 있다.

20 초음파 탐상법에서 널리 사용되며 초음파의 펄스를 시험체의 한쪽면으로부터 송신하여 결함 에코의 형태로 결함을 판정하는 방법은?

① 투과법　② 공진법
③ 침투법　④ 펄스 반사법

해설

초음파 탐상법의 종류

- 투과법 : 초음파 펄스를 시험체의 한쪽면에서 송신하고 반대쪽 면에서 수신하는 방법
- 공진법 : 시험체에 가해진 초음파 진동수와 고유진동수가 일치할 때 진동 폭이 커지는 공진현상을 이용하여 시험체의 두께를 측정하는 방법
- 펄스 반사법 : 시험체 내로 초음파 펄스를 송신하고 내부 또는 바닥면에서 그 반사파를 탐지하는 결함에코의 형태로 내부 결함이나 재질을 조사하는 방법으로 현재 가장 널리 사용되고 있다.

21 불활성 가스 금속 아크 용접에서 가스 공급계통의 확인 순서로 가장 적합한 것은?

① 용기 → 감압밸브 → 유량계 → 제어장치 → 용접토치
② 용기 → 유량계 → 감압밸브 → 제어장치 → 용접토치
③ 감압밸브 → 용기 → 유량계 → 제어장치 → 용접토치
④ 용기 → 제어장치 → 감압밸브 → 유량계 → 용접토치

해설

불활성 가스 금속 아크 용접(MIG)에서 가스의 공급 순서

압력용기에서 나온 가스는 압력을 낮춰주는 감압밸브를 지나고 유량계를 통해 용접에 알맞은 유량으로 조정된 후 용접기의 제어장치에 의해서 분출방식이 결정된 다음 최종적으로 용접토치를 통해 분출된다.

22 CO_2 가스 아크 용접에서 일반적으로 용접전류를 높게 할 때의 사항을 열거한 것 중 옳은 것은?

① 용접입열이 작아진다.
② 와이어의 녹아내림이 빨라진다.
③ 용착률과 용입이 감소한다.
④ 우수한 비드 형상을 얻을 수 있다.

해설

CO_2 가스(이산화탄소, 탄산가스) 아크 용접에서 용접전류를 높게 하면 용가재인 와이어에 더 많은 열이 가해지므로 와이어의 용융속도는 빨라지게 된다.

23 다음 중 아크 에어 가우징에 사용되지 않는 것은?

① 가우징 토치　② 가우징 봉
③ 압축공기　④ 열교환기

정답 19 ② 20 ④ 21 ① 22 ② 23 ④

저자쌤의 핵직강

아크 에어 가우징의 구성요소

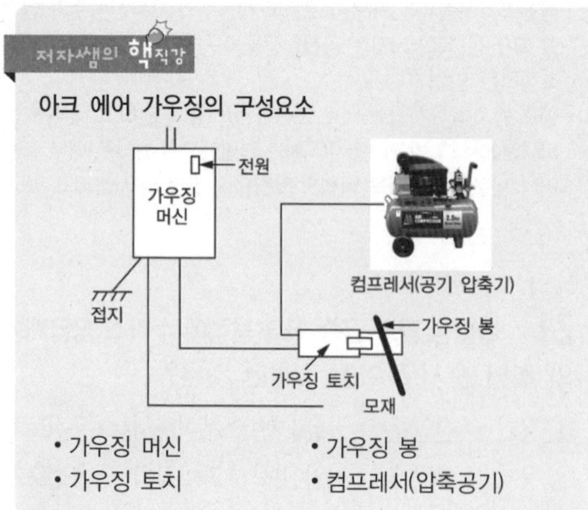

- 가우징 머신
- 가우징 봉
- 가우징 토치
- 컴프레서(압축공기)

해설

아크 에어 가우징 : 탄소 아크 절단법에 고압(5~7kgf/cm^2)의 압축공기를 병용하는 방법으로 용융된 금속에 탄소봉과 평행으로 분출하는 압축공기를 전극 홀더의 끝부분에 위치한 구멍을 통해 연속해서 불어내어 홈을 파내는 방법으로 홈 가공이나 구멍 뚫기, 절단 작업에 사용된다. 또한 철이나 비철 금속에 모두 이용할 수 있으며, 가스 가우징보다 작업 능률이 2~3배 높고 모재에도 해를 입히지 않는다.

24 두 개의 모재를 강하게 맞대어 놓고 서로 상대 운동을 주어 발생되는 열을 이용하는 방식은?

① 마찰 용접　② 냉간 압접
③ 가스 압접　④ 초음파 용접

해설

마찰 용접은 접합물을 강하게 맞대어 접촉시킨 후 서로 상대운동을 시키면 마찰열이 발생하는데 이 열에 의해서 접합하는 방법이다.

25 헬멧이나 핸드실드의 차광유리 앞에 보호유리를 끼우는 가장 타당한 이유는?

① 시력을 보호하기 위하여
② 가시광선을 차단하기 위하여
③ 적외선을 차단하기 위하여
④ 차광유리를 보호하기 위하여

해설

보호유리는 용접 작업 시 발생하는 스패터로부터 상대적으로 고가인 차광유리를 보호하기 위하여 차광유리 앞에 끼운다.

Plus One

차광유리
아크광선으로부터 눈을 보호해 주는 특수유리를 말한다.

26 수소 함유량이 타 용접봉에 비해서 $\frac{1}{10}$ 정도 현저하게 적고 특히 균열의 감수성이나 탄소, 황의 함유량이 많은 강의 용접에 적합한 용접봉은?

① E4301　② E4313
③ E4316　④ E4324

해설

저수소계 용접봉(E4316)은 석회석이나 형석을 주성분으로 한 피복제를 심선 위에 피복시킨 용접봉으로 수소의 함유량이 타 용접봉에 비해 $\frac{1}{10}$ 정도 적게 함유되어 있다. 보통 저탄소강의 용접에 사용되나 저합금강이나 중·고탄소강의 용접에도 사용할 수 있다.

Plus One 피복 아크 용접봉의 종류

종류	특징
일미나이트계(E4301)	• 일미나이트(TiO_2·FeO)를 약 30% 이상 합금한 것으로 우리나라에서 많이 사용한다. • 일본에서 처음 개발한 것으로 작업성과 용접성이 우수하며 값이 저렴하여 철도나 차량, 구조물, 압력 용기에 사용된다. • 내균열성, 내가공성, 연성이 우수하여 25mm 이상의 후판용접도 가능하다.
라임티타늄계(E4303)	• E4313의 새로운 형태로 약 30% 이상의 산화티탄(TiO_2)과 석회석($CaCO_3$)이 주성분이다. • 산화티탄과 염기성 산화물이 다량으로 함유된 슬래그 생성식이다. • 피복이 두껍고 전 자세 용접성이 우수하다. • E4313의 작업성을 따르면서 기계적 성질과 일미나이트계의 부족한 점을 개량하여 만든 용접봉이다. • 고산화티탄계 용접봉보다 약간 높은 전류를 사용한다.
고셀룰로오스계(E4311)	• 피복제에 가스 발생제인 셀룰로오스를 20~30% 정도를 포함한 가스 생성식 용접봉이다. • 발생 가스량이 많아 피복량이 얇고 슬래그가 적으므로 수직, 위보기 용접에서 우수한 작업성을 보인다.

24 ① 25 ④ 26 ③ 정답

고셀룰로오스계 (E4311)	• 가스 생성에 의한 환원성 아크 분위기로 용착 금속의 기계적 성질이 양호하며 아크는 스프레이 형상으로 용입이 크고 용융 속도가 빠르다. • 슬래그가 적으므로 비드 표면이 거칠고 스패터가 많다. • 사용 전류는 슬래그 실드계 용접봉에 비해 10~15% 낮게 하며 사용 전 70~100℃에서 30분~1시간 건조해야 한다. • 도금 강판, 저합금강, 저장탱크나 배관공사에 이용된다.
고산화티탄계 (E4313)	• 균열에 대한 감수성이 좋아서 구속이 큰 구조물의 용접이나 고탄소강, 쾌삭강의 용접에 사용한다. • 피복제에 산화티탄(TiO_2)을 약 35% 정도 합금한 것으로 일반 구조용 용접에 사용된다. • 용접기의 2차 무부하 전압이 낮을 때에도 아크가 안정적이며 조용하다. • 스패터가 적고 슬래그의 박리성도 좋아서 비드의 모양이 좋다. • 저합금강이나 탄소량이 높은 합금강의 용접에 적합하다. • 다층 용접에서는 만족할 만한 품질을 만들지 못한다. • 기계적 성질이 다른 용접봉에 비해 약하고 고온 균열을 일으키기 쉬운 단점이 있다.
철분 저수소계 (E4326)	• E4316의 피복제에 30~50% 정도의 철분을 첨가한 것으로 용착속도가 크고 작업 능률이 좋다. • 용착 금속의 기계적 성질이 양호하고 슬래그의 박리성이 저수소계 용접봉보다 좋으며 아래보기나 수평 필릿 용접에만 사용된다.
철분 산화티탄계 (E4324)	• E4313의 피복제에 철분을 50% 정도 첨가한 것이다. • 작업성이 좋고 스패터가 적게 발생하나 용입이 얕다. • 용착 금속의 기계적 성질은 E4313과 비슷하다.
저수소계 (E4316)	• 석회석이나 형석을 주성분으로 한 피복제를 사용한다. • 보통 저탄소강의 용접에 주로 사용되나 저합금강과 중, 고탄소강의 용접에도 사용된다. • 용착 금속 중의 수소량이 타 용접봉에 비해 1/10 정도로 현저하게 적다. • 균열에 대한 감수성이 좋아 구속도가 큰 구조물이 용접이나 탄소 및 황의 함유량이 많은 쾌삭강의 용접에 사용한다. • 피복제는 습기를 잘 흡수하기 때문에 사용 전에 300~350℃에서 1~2시간 건조 후 사용해야 한다.
철분 산화철계 (E4327)	• 주성분인 산화철에 철분을 첨가한 것으로 규산염을 다량 함유하고 있어서 산성의 슬래그가 생성된다. • 아크가 분무상으로 나타나며 스패터가 적고 용입은 E4324보다 깊다. • 비드의 표면이 곱고 슬래그의 박리성이 좋아서 아래보기나 수평 필릿 용접에 많이 사용된다.

27 교류 아크 용접기의 종류 중 조작이 간단하고 원격 조정이 가능한 용접기는?

① 가포화 리액터형 용접기
② 가동 코일형 용접기
③ 가동 철심형 용접기
④ 탭 전환형 용접기

저자쌤의 핵직강

교류 아크 용접기의 종류별 특징

종 류	특 징
가동 철심형	• 현재 가장 많이 사용된다. • 미세한 전류조정이 가능하다. • 광범위한 전류의 조정이 어렵다. • 가동 철심으로 누설 자속을 가감하여 전류를 조정한다.
가동 코일형	• 아크 안정성이 크고 소음이 없다. • 가격이 비싸며 현재는 거의 사용되지 않는다. • 용접기의 핸들로 1차 코일을 상하로 이동시켜 2차 코일의 간격을 변화시켜 전류를 조정한다.
탭 전환형	• 주로 소형이 많다. • 탭 전환부의 소손이 심하다. • 넓은 범위의 전류 조정이 어렵다. • 코일의 감긴 수에 따라 전류를 조정한다. • 미세 전류의 조정 시 무부하 전압이 높아서 전격의 위험이 크다.
가포화 리액터형	• 조작이 간단하고 원격 제어가 된다. • 가변 저항의 변화로 전류의 조정이 가능하다. • 전기적 전류 조정으로 소음이 없고 기계의 수명이 길다.

해설

교류 아크 용접기의 종류 중에서 조작이 간단하며 원격 조정이 가능한 것은 가포화 리액터형 용접기이다.

정답 27 ①

28 산소-아세틸렌가스 불꽃 중 일반적인 가스 용접에는 사용하지 않고 구리, 황동 등의 용접에 주로 이용되는 불꽃은?

① 탄화 불꽃 ② 중성 불꽃
③ 산화 불꽃 ④ 아세틸렌 불꽃

저자쌤의 핵직강

불꽃의 종류별 특징

- 아세틸렌 불꽃
  - 아세틸렌가스만 공급 후 점화했을 때 발생되는 불꽃
- 탄화 불꽃
  - 탄화 불꽃은 아세틸렌 과잉 불꽃이라 한다.
  - 속불꽃과 겉불꽃 사이에 연한 백색의 제3불꽃, 즉 아세틸렌 페더가 있다.
  - 아세틸렌 밸브를 열고 점화한 후, 산소 밸브를 조금만 열게 되면 다량의 그을음이 발생되어 연소를 하게 되는 경우 발생한다.
  - 이 불꽃은 산소량이 부족할 경우가 생기므로 금속의 산화를 방지할 필요가 있는 스테인리스강, 스텔라이트, 모넬메탈 등의 용접에 사용된다.
- 중성 불꽃(표준 불꽃)
  - 산소와 아세틸렌가스의 혼합비가 1:1일 때 얻어진다.
  - 중성 불꽃은 표준불꽃으로 용접 작업에 가장 알맞은 불꽃이다.
  - 금속의 용접부에 산화나 탄화의 영향이 가장 적게 미치는 불꽃이다.
  - 탄화 불꽃에서 산소량을 증가시키거나, 아세틸렌 가스량을 감소시키면 아세틸렌 페더가 점차 감소되어 백심 불꽃과 아세틸렌 페더가 일치될 때를 중성 불꽃(표준 불꽃)이라 한다.
- 산화 불꽃
  - 산소 과잉 불꽃이다.
  - 용접 시 금속을 산화시키므로 구리, 황동 등의 용접에 사용한다.
  - 산화성 분위기를 만들어 일반적인 금속 용접에는 사용하지 않는다.
  - 중성 불꽃에서 산소량을 증가시키거나, 아세틸렌 가스량을 감소시키면 만들어진다.

29 가연성 가스에 대한 설명 중 가장 옳은 것은?

① 가연성 가스는 CO_2와 혼합하면 더욱 잘 탄다.
② 가연성 가스는 혼합 공기가 적은 만큼 완전 연소한다.
③ 산소, 공기 등과 같이 스스로 연소하는 가스를 말한다.
④ 가연성 가스는 혼합한 공기와의 비율이 적절한 범위 안에서 잘 연소한다.

해설
가연성 가스는 산소나 공기와 혼합하여 점화원인 불꽃에 의해 탈 물질을 연소시키는 가스로 산소나 공기와의 비율을 알맞게 조절하면 연소효율을 높일 수 있다. 이산화탄소가스는 연소를 방해하는 성질을 갖는다.

30 고체 상태에 있는 두 개의 금속 재료를 용접, 압접, 납땜으로 분류하여 접합하는 방법은?

① 기계적인 접합법 ② 화학적 접합법
③ 전기적 접합법 ④ 야금적 접합법

저자쌤의 핵직강

용접(야금적 접합법)과 기타 금속 접합법과의 차이점

구 분	종 류	장점 및 단점
야금적 접합법	용접(융접, 압접, 납땜)	• 결합부에 틈이 발생하지 않아서 이음효율이 좋다. • 영구적 결합법으로 한번 결합 시 분리가 불가능하다.
기계적 접합법	리벳, 볼트, 나사, 핀, 키, 접어잇기	• 결합부에 틈이 발생하여 이음 효율이 좋지 않다. • 일시적 결합법으로 잘못 결합 시 수정이 가능하다.
화학적 접합법	본드와 같은 화학 물질에 의한 접합	• 간단하게 결합이 가능하다. • 이음강도가 크지 않다.

해설
야금이란 광석에서 금속을 추출하고 용융 후 정련하여 사용목적에 알맞은 형상으로 제조하는 기술인데 용접은 이 야금적 접합법에 속한다.

31 가스 용접용 토치의 팁 중 표준불꽃으로 1시간 용접 시 아세틸렌 소모량이 100L인 것은?

① 고압식 200번 팁
② 중압식 200번 팁
③ 가변압식 100번 팁
④ 불변압식 100번 팁

28 ③ 29 ④ 30 ④ 31 ③ 정답

해설

가스 용접용 토치 팁인 가변압식(프랑스식) 팁은 "100번 팁", "200번 팁"과 같이 나타내는데, "가변압식 100번 팁"이란 표준불꽃으로 1시간에 소비하는 아세틸렌가스의 양이 100L임을 나타내는 것이다.

32 수동 가스절단 작업 중 절단면의 윗 모서리가 녹아 둥글게 되는 현상이 생기는 원인과 거리가 먼 것은?

① 팁과 강판 사이의 거리가 가까울 때
② 절단가스의 순도가 높을 때
③ 예열 불꽃이 너무 강할 때
④ 절단속도가 너무 느릴 때

해설

가스 절단 중 모재의 윗면 모서리가 녹아서 둥글게 되는 현상은 모재에 열량을 크게 주었을 때 발생하는 것으로 팁과 강판 사이의 거리가 너무 가깝거나, 예열 불꽃이 너무 강할 때, 절단속도가 너무 느릴 때 발생한다. 그러나 절단가스의 순도가 높으면 높을수록 모재를 깨끗한 단면으로 절단할 수 있으나 녹아서 둥글게 되는 현상과는 관련이 없다.

33 직류 아크 용접기의 음(−)극에 용접봉을, 양(+)극에 모재를 연결한 상태의 극성을 무엇이라 하는가?

① 직류 정극성 ② 직류 역극성
③ 직류 음극성 ④ 직류 용극성

저자쌤의 핵직강

아크 용접기의 극성

직류 정극성 (DCSP : Direct Current Straight Polarity)	• 용입이 깊고 비드 폭이 좁다. • 용접봉의 용융속도가 느리다. • 후판(두꺼운 판) 용접이 가능하다. • 모재에는 (+)전극이 연결되며 70% 열이 발생하고, 용접봉에는 (−)전극이 연결되며 30% 열이 발생한다.
직류 역극성 (DCRP : Direct Current Reverse Polarity)	• 용입이 얕고 비드 폭이 넓다. • 용접봉의 용융속도가 빠르다. • 박판(얇은 판) 용접이 가능하다. • 모재에는 (−)전극이 연결되며 30% 열이 발생하고, 용접봉에는 (+)전극이 연결되며 70% 열이 발생한다.
교류(AC)	• 극성이 없다. • 전원 주파수의 1/2사이클마다 극성이 바뀐다.

해설

직류 아크 용접기의 극성 중에서 직류 정극성은 모재에 (+)전극을, 용접봉에는 (−)전극을 연결하는 방법으로 모재에서 열이 70% 발생하므로 용입을 깊게 할 수 있기 때문에 후판 용접도 가능하다.

34 직류 용접에서 발생되는 아크 쏠림의 방지 대책 중 틀린 것은?

① 큰 가접부 또는 이미 용접이 끝난 용착부를 향하여 용접할 것
② 용접부가 긴 경우 후퇴 용접법(Back Step Welding)으로 할 것
③ 용접봉 끝을 아크가 쏠리는 방향으로 기울일 것
④ 되도록 아크를 짧게 하여 사용할 것

저자쌤의 핵직강

아크 쏠림 방지대책

- 용접 전류를 줄인다.
- 교류용접기를 사용한다.
- 접지점을 2개 연결한다.
- 아크 길이는 최대한 짧게 유지한다.
- 접지부를 용접부에서 최대한 멀리 한다.
- 끝을 아크 쏠림의 반대 방향으로 기울인다.
- 용접부가 긴 경우는 가용접 후 후진법(후퇴 용접법)을 사용한다.
- 받침쇠, 긴 가용접부, 이음의 처음과 끝에는 앤드 탭을 사용한다.

해설

아크 쏠림을 방지하기 위해서는 용접봉 끝을 아크 쏠림의 반대 방향으로 기울여야 한다.

35 다음 중 주철 용접 시 주의사항으로 틀린 것은?

① 용접봉은 가능한 한 지름이 굵은 용접봉을 사용한다.
② 보수 용접을 행하는 경우는 결함부분을 완전히 제거한 후 용접한다.
③ 균열의 보수는 균열의 성장을 방지하기 위해 균열의 양 끝에 정지 구멍을 뚫는다.
④ 용접 전류는 필요 이상 높이지 말고 직선 비드를 배치하며, 지나치게 용입을 깊게 하지 않는다.

정답 32 ② 33 ① 34 ③ 35 ①

해설
주철에 사용하는 용접봉은 지름이 작은 것을 사용하여 가급적 모재에 주는 열량을 감소시켜 모재가 용융되어 아래로 흘러내리지 않도록 해야 한다.

36 아크 용접기의 구비조건으로 틀린 것은?

① 구조 및 취급이 간단해야 한다.
② 사용 중에 온도 상승이 커야 한다.
③ 전류 조정이 용이하고, 일정한 전류가 흘러야 한다.
④ 아크 발생 및 유지가 용이하고 아크가 안정되어야 한다.

해설
아크 용접기는 사용 중에 용접기 내부의 온도 상승이 작아야만 내부의 부품들이 안전하게 보호되고, 작업자가 오랜 시간동안 사고나 고장 없이 사용할 수 있다.
※ 9번 해설 참조

37 아크 용접에서 피복제의 역할이 아닌 것은?

① 전기 절연작용을 한다.
② 용착금속의 응고와 냉각속도를 빠르게 한다.
③ 용착금속에 적당한 합금원소를 첨가한다.
④ 용적(Globule)을 미세화하고, 용착효율을 높인다.

해설
피복제(Flux)는 용융 금속에 떠있는 불순물을 응집시켜 슬래그(Slag)를 형성시키는 역할을 한다. 이 슬래그(Slag)는 비중이 높아서 용융 금속의 맨 위에 뜨게 되며 순수한 금속부터 응고가 시작되기 때문에 슬래그는 맨 마지막(비드 윗면)이 되서야 응고된다. 이렇게 먼저 응고된 용착금속을 슬래그가 이불처럼 덮고 있는 구조이기 때문에 용접부 금속의 냉각 속도가 느려진다.

38 철강을 가스절단 하려고 할 때 절단조건으로 틀린 것은?

① 슬래그의 이탈이 양호하여야 한다.
② 모재에 연소되지 않는 물질이 적어야 한다.
③ 생성된 산화물의 유동성이 좋아야 한다.
④ 생성된 금속 산화물의 용융온도는 모재의 용융점보다 높아야 한다.

해설
철강을 가스절단으로 작업하고자 할 때는 절단 시 생성되는 금속 산화물의 용융온도가 모재의 용융온도보다 낮아야 한다.

39 수중 절단 작업을 할 때에는 예열 가스의 양을 공기 중의 몇 배로 하는가?

① 0.5~1배　　② 1.5~2배
③ 4~8배　　④ 9~16배

해설
수중 절단에는 주로 수소(H_2)가스가 사용되며 예열 가스의 양은 공기 중의 4~8배로 한다.

40 18-8형 스테인리스 강의 특징을 설명한 것 중 틀린 것은?

① 비자성체이다.
② 18-8에서 18은 Cr%, 8은 Ni%이다.
③ 결정구조는 면심입방격자를 갖는다.
④ 500~800℃로 가열하면 탄화물이 입계에 석출하지 않는다.

저자쌤의 핵직강

오스테나이트계 스테인리스강의 특징
- 비자성체이다.
- 비경화성이다.
- 내식성이 크다.
- 면심입방격자이다.
- 용접성이 좋지 않다.
- 염산이나 황산에 강하다.

해설
18-8형 스테인리스강은 오스테나이트계로써 18%의 Cr과 8%의 Ni이 합금된 재료로 결정구조는 면심입방격자(FCC, Face Centered Cubic)이다. 500~800℃로 가열하면 탄화물이 결정입계에서 석출된다.

41 산소나 탈산제를 품지 않으며, 유리에 대한 봉착성이 좋고 수소취성이 없는 시판동은?

① 무산소동　　② 전기동
③ 정련동　　④ 탈산동

36 ② 37 ② 38 ④ 39 ③ 40 ④ 41 ① 정답

해설

① 무산소구리(무산소동) : Cu에 산소가 있으면 수소와의 반응으로 H_2O를 생성하면서 수소 취성을 일으키고, 내식성도 나빠지기 때문에 산소 함유량을 0.008% 이하가 되도록 탈산시킨 구리이다. 탈산제로는 P, Si, Mg, Ca, Li, Be, Ti, Zr 등이 사용된다.
산소나 탈산제를 함유하고 있지 않으므로 유리에 대한 봉착성이 우수하고 고온에서 수소 취성이 없는 것이 특징이다. 또한 용접성이 우수하여 가스관이나 열 교환관용 재료로 사용된다.
② 전기구리(전기동) : 전해정련에 의해서 제조한 순구리로써 전선용 재료로 사용한다. 도전율을 좋게 하기 위해서는 불순물이 적어야 하므로 전기 분해에 의해서 정련한 구리를 만드는데 이 구리를 전기동이라고 하며 순도는 99.8% 이상이다.
③ 정련구리(정련동) : 제련한 구리를 다시 정련 공정을 거쳐서 순도가 99.9% 이상으로 만든 고품위의 구리이다.
④ 탈산동(탈산구리)은 흡수한 산소를 인(P)으로 탈산시켜 산소를 0.01% 이하로 만든 구리(Copper, 동)이다.

42 Mg(마그네슘)의 융점은 약 몇 ℃인가?

① 650℃ ② 1,538℃
③ 1,670℃ ④ 3,600℃

저자쌤의 핵직강

Mg(마그네슘)의 특징
- 용융점은 650℃이다.
- 조밀육방격자 구조이다.
- Al에 비해 약 35% 정도 가볍다.
- 냉간가공은 거의 불가능하다.
- 구상흑연주철의 첨가제로 사용된다.
- 비중이 1.74로 실용금속 중에서 가장 가볍다.
- 비강도가 우수하여 항공우주 부품용 재료로 사용된다.
- 항공기, 자동차부품, 구상흑연주철의 첨가제로 사용된다.
- 대기 중에서 내식성이 양호하나 산이나 염류(바닷물)에 침식되기 쉽다.

해설

마그네슘(Mg)은 비중이 1.74로 실용금속 중에서 가장 가벼우며 용융점은 650℃이다.

43 용접금속의 용융부에서 응고 과정에 순서로 옳은 것은?

① 결정핵 생성 → 수지상정 → 결정경계
② 결정핵 생성 → 결정경계 → 수지상정
③ 수지상정 → 결정핵 생성 → 결정경계
④ 수지상정 → 결정경계 → 결정핵 생성

저자쌤의 핵직강

용융 금속의 응고과정
결정핵 생성 → 수지상 결정(수지상정) 형성 → 결정립계(결정립경계) 형성 → 결정입자 구성

해설

용융 금속이 응고할 때는 먼저 핵이 생기고, 이 핵을 중심으로 나뭇가지 모양의 수지상정(Dendrite)이 발달한다. 그런 다음 각각의 수지상정들이 결정을 이루며 결정립계인 결정경계가 만들어지면서 최종적으로는 금속의 결정입자가 구성(생성)된다.

44 강재 부품에 내마모성이 좋은 금속을 용착시켜 경질의 표면층을 얻는 방법은?

① 브레이징(Brazing)
② 숏 피닝(Shot Peening)
③ 하드 페이싱(Hard Facing)
④ 질화법(Nitriding)

저자쌤의 핵직강

- 브레이징 : 450℃ 이상에서 용융되는 용가재를 가지고 접합하고자 하는 모재의 용융점 이하에서 실시하는 것으로 모재는 상하지 않게 하면서 용가재(은납 등)에 열을 가해 녹인 후 이를 이용하여 두 모재를 접합하는 기술이다. 용접과 달리 브레이징은 모재의 용융점 이하에서 실시하므로 용가재만 녹이면 다시 분리가 가능하다.
- 숏 피닝 : 강이나 주철제의 작은 강구(볼)를 고속으로 표면층에 분사하여 표면층을 가공 경화시키는 방법이다.
- 질화법 : 재료의 표면경도를 향상시키기 위한 방법으로 암모니아(NH_3)가스의 영역 안에 재료를 놓고 약 500℃에서 50~100시간을 가열하면 재료 표면의 Al, Cr, Mo이 질화되면서 표면이 단단해지는 표면경화법이다.

해설

하드페이싱은 금속 표면에 스텔라이트나 경합금 등 내마모성이 좋은 금속을 용착시켜 표면에 경화층을 형성시키는 표면경화법이다.

45 합금강이 탄소강에 비하여 좋은 성질이 아닌 것은?

① 기계적 성질 향상
② 결정입자의 조대화
③ 내식성, 내마멸성 향상
④ 고온에서 기계적 성질 저하 방지

정답 42 ① 43 ① 44 ③ 45 ②

해설

합금이란 순수한 금속에 특수 원소를 첨가하여 금속에 특수성을 부여하기 위한 것이기 때문에 합금강은 탄소강에 비해 결정입자가 미세해지므로 강도나 경도 등의 기계적 성질이 우수해진다.

46 용해 시 흡수한 산소를 인(P)으로 탈산하여 산소를 0.01% 이하로 한 것이며, 고온에서 수소 취성이 없고 용접성이 좋아 가스관, 열교환관 등으로 사용되는 구리는?

① 탈산구리 ② 정련구리
③ 전기구리 ④ 무산소구리

해설

구리는 동(Copper)으로도 불리는 데 탈산구리는 흡수한 산소를 인(P)으로 탈산시켜 산소의 함유량을 0.01% 이하로 만든 구리로써 산소나 탈산제를 함유하고 있지 않으므로 유리에 대한 봉착성이 우수하고 고온에서 수소 취성이 없다. 또한 용접성이 우수하여 가스관이나 열 교환관용 재료로 사용된다.

47 질량의 대소에 따라 담금질 효과가 다른 현상을 질량 효과라고 한다. 탄소강에 니켈, 크롬, 망간 등을 첨가하면 질량 효과는 어떻게 변하는가?

① 질량 효과가 커진다.
② 질량 효과가 작아진다.
③ 질량 효과는 변하지 않는다.
④ 질량 효과가 작아지다가 커진다.

해설

탄소강을 담금질하였을 때 재료는 질량이나 크기에 따라 냉각속도가 다르기 때문에 경화의 깊이도 달라져 경도에 차이가 생기는데 이러한 현상을 질량 효과라고 한다. 탄소강에 Ni, Cr, Mn을 첨가하면 담금질성이 좋아져서 담금질 깊이도 커지기 때문에 담금질 후 재료 안팎의 경도 차이가 없어서 질량 효과는 작아지게 된다.

질량 효과가 작다는 것은 재료의 크기가 커져도 재료 안팎의 경도 차이가 없이 담금질이 잘된다는 의미이다.

48 주철에 관한 설명으로 틀린 것은?

① 인장강도가 압축강도보다 크다.
② 주철은 백주철, 반주철, 회주철 등으로 나눈다.
③ 주철은 메짐(취성)이 연강보다 크다.
④ 흑연은 인장강도를 약하게 한다.

저자쌤의 핵직강

주철의 특징

- 압축 강도와 경도가 크다.
- 기계 가공성이 좋고 값이 싸다.
- 고온에서 기계적 성질이 떨어진다.
- 용융점이 낮고 유동성이 좋아서 주조하기 쉽다.
- 주철 중 탄소의 흑연화를 위해서는 탄소량과 규소의 함량이 중요하다.
- 주철을 파면상으로 분류하면 백주철, 반주철, 회주철로 구분할 수 있다.
- 강에 비해 탄소의 함유량이 많기 때문에 취성과 경도가 커지고 인장강도는 작아진다.
- 고온에서 소성변형이 곤란하나 주조성이 우수하여 복잡한 형상을 쉽게 생산할 수 있다.

해설

주철은 일반 철강 재료들보다 탄소의 함유량이 많기 때문에 압축강도는 크지만 인장강도는 작다.

49 저합금강 중에서 연강에 비하여 고장력강의 사용 목적으로 틀린 것은?

① 재료가 절약된다.
② 구조물이 무거워진다.
③ 용접공수가 절감된다.
④ 내식성이 향상된다.

저자쌤의 핵직강

고장력강이란 연강의 강도를 높이기 위해 합금원소를 소량으로 첨가한 것으로 인장강도가 50kgf/cm^2 이상인 강을 말하는데, 보통 강보다 가벼우면서도 강도가 크기 때문에 구조물의 중량을 줄일 수 있다. 최근 자동차에 이와 같은 고장력강판의 사용 비율을 늘려서 충돌 시 탑승자의 안전성을 높이면서도 연비를 줄였다는 광고를 자주 접할 수 있다.

해설

고장력강은 보통강보다 가벼우면서도 강도가 크다.

50 다음 중 주조상태의 주강품 조직이 거칠고 취약하기 때문에 반드시 실시해야 하는 열처리는?

① 침 탄 ② 풀 림
③ 질 화 ④ 금속침투

46 ① 47 ② 48 ① 49 ② 50 ② 정답

해설
주조한 강 제품(주강품)의 조직은 거칠고 외력에 취약하기 때문에 반드시 풀림처리를 해야 한다.

풀림(Annealing)처리는 재질을 연하고 균일화시킬 목적으로 실시하는 열처리법이다.

51 도면에 아래와 같이 리벳이 표시되었을 경우 올바른 설명은?

KS B 1101 둥근 머리 리벳 25×36 SWRM 10

① 호칭 지름은 25mm이다.
② 리벳이음의 피치는 400mm이다.
③ 리벳의 재질은 황동이다.
④ 둥근머리부의 바깥지름은 36mm이다.

저자쌤의 핵직강

리벳의 호칭

규격 번호	종 류
KS B 1101	둥근 머리 리벳
호칭지름×길이	**재 료**
25×36	SWRM 10(연강선재)

해설
둥근 머리 리벳의 호칭지름은 25mm이며 재료는 연강선재로 만들어졌다.

52 기계제도에서 사용하는 선의 굵기의 기준이 아닌 것은?

① 0.9mm ② 0.25mm
③ 0.18mm ④ 0.7mm

해설
KS 규격에 따른 선의 굵기 기준
0.18mm, 0.25mm, 0.35mm, 0.5mm, 0.7mm, 1mm

53 배관용 아크 용접 탄소강 강관의 KS 기호는?

① PW ② WM
③ SCW ④ SPW

해설
배관용 탄소 강관 재료의 기호는 "SPW"이다.

54 기계제도 도면에서 "t20"이라는 치수가 있을 경우 "t"가 의미하는 것은?

① 모따기 ② 재료의 두께
③ 구의 지름 ④ 정사각형의 변

저자쌤의 핵직강

치수 보조 기호의 종류

기 호	구 분	기 호	구 분
ϕ	지 름	p	피 치
Sϕ	구의 지름	$\overset{\frown}{50}$	호의 길이
R	반지름	$\underline{50}$	비례척도가 아닌 치수
SR	구의 반지름	$\boxed{50}$	이론적으로 정확한 치수
□	정사각형	(50)	참고 치수
C	45° 모따기	~~50~~	치수의 취소 (수정 시 사용)
t	두 께		

해설
"t20"은 Thickness 20mm를 줄여서 표현한 것으로 재료의 두께(t)가 20mm임을 나타낸다.

55 단면을 나타내는 해칭선의 방향이 가장 적합하지 않은 것은?

① 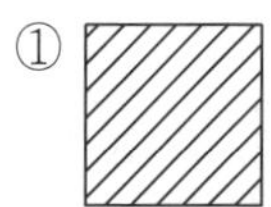
② 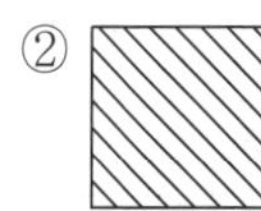
③ 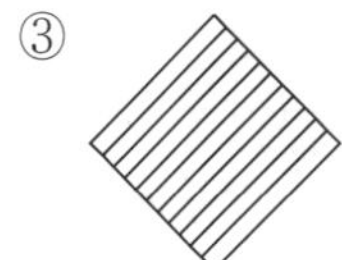
④ 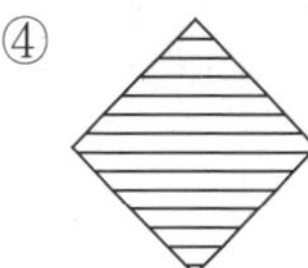

해설
단면도에는 필요한 경우 절단하지 않은 면과 구별하기 위해 해칭이나 스머징을 하는데, 해칭을 그릴 때는 45°의 가는 실선을 2~3mm 간격으로 사선을 그리며 경우에 따라 30°, 60°의 각도로도 가능하다.
그러나 ③번처럼 외형선과 같은 방향으로 해칭을 해서는 안 된다.

정답 51 ① 52 ① 53 ④ 54 ② 55 ③

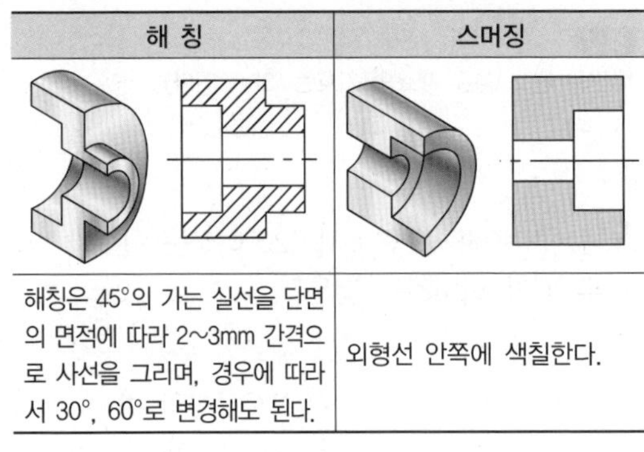

해 칭	스머징
해칭은 45°의 가는 실선을 단면의 면적에 따라 2~3mm 간격으로 사선을 그리며, 경우에 따라서 30°, 60°로 변경해도 된다.	외형선 안쪽에 색칠한다.

56 그림은 배관용 밸브의 도시 기호이다. 어떤 밸브의 도시 기호인가?

① 앵글밸브 ② 체크밸브
③ 게이트밸브 ④ 안전밸브

저자쌤의 핵직강

밸브 및 콕의 표시 방법

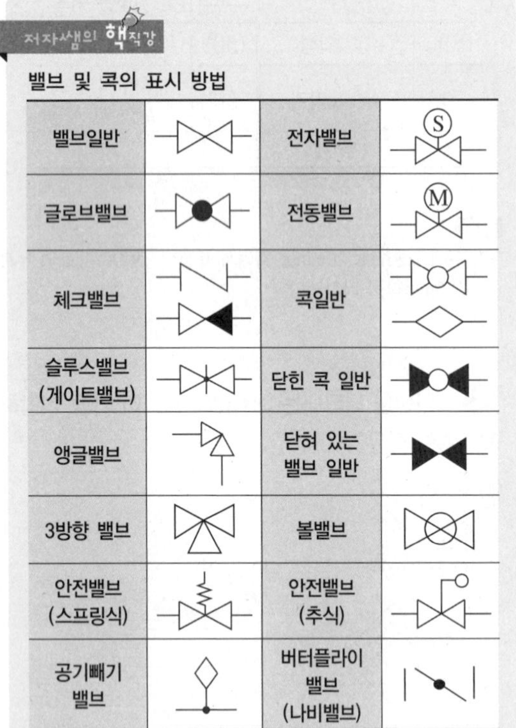

밸브일반		전자밸브	
글로브밸브		전동밸브	
체크밸브		콕일반	
슬루스밸브 (게이트밸브)		닫힌 콕 일반	
앵글밸브		닫혀 있는 밸브 일반	
3방향 밸브		볼밸브	
안전밸브 (스프링식)		안전밸브 (추식)	
공기빼기 밸브		버터플라이 밸브 (나비밸브)	

해설

체크밸브는 유체의 흐름을 한쪽 방향으로만 흐르도록 제어하는 밸브로써 ─|╲|─, ─▷◀─와 같이 2가지로 표현할 수 있다.

57 그림과 같이 제3각법으로 정면도와 우측면도를 작도할 때 누락된 평면도로 적합한 것은?

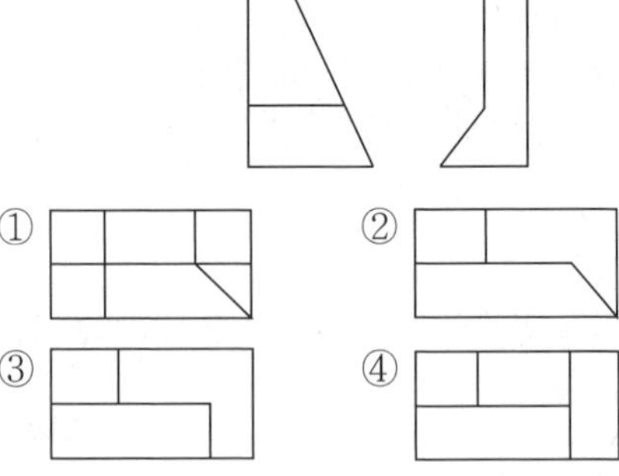

해설

물체를 위에서 바라보는 형상인 평면도는 우측면도의 왼쪽 하단부에 대각선으로 그려진 실선을 고려하면 평면도의 우측 하단부에 ②번과 같이 나타날 수 있음을 유추할 수 있다.

58 도면에서의 지시한 용접법으로 바르게 짝지어진 것은?

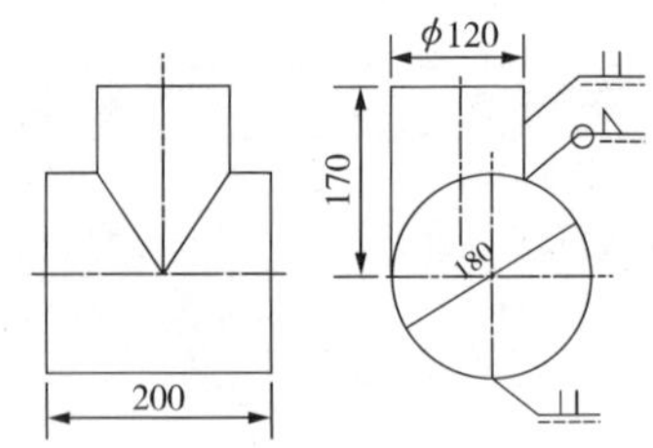

① 이면 용접, 필릿 용접
② 겹치기 용접, 플러그 용접
③ 평형 맞대기 용접, 필릿 용접
④ 심 용접, 겹치기 용접

저자쌤의 핵직강

용접기호

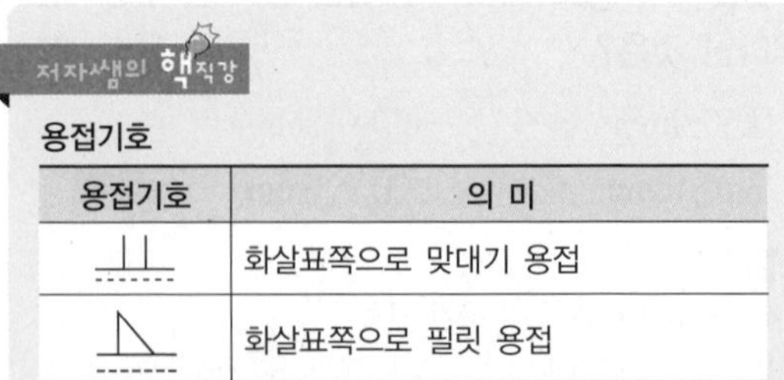

용접기호	의 미
	화살표쪽으로 맞대기 용접
	화살표쪽으로 필릿 용접

56 ② 57 ② 58 ③ 정답

59 기계 제작 부품 도면에서 도면의 윤곽선 오른쪽 아래 구석에 위치하는 표제란을 가장 올바르게 설명한 것은?

① 품번, 품명, 재질, 주서 등을 기재한다.
② 제작에 필요한 기술적인 사항을 기재한다.
③ 제조 공정별 처리방법, 사용공구 등을 기재한다.
④ 도번, 도명 제도 및 검도 등 관련자 서명, 척도 등을 기재한다.

저자쌤의 핵직강

기계제작부품도면에서 일반주서나 개별주서, 제작에 필요한 기술적인 사항, 사용 공구 등은 개별 부품도의 옆에 표시하거나 우측 중앙 부분에 "주서"란을 만들어 기입할 수도 있다.

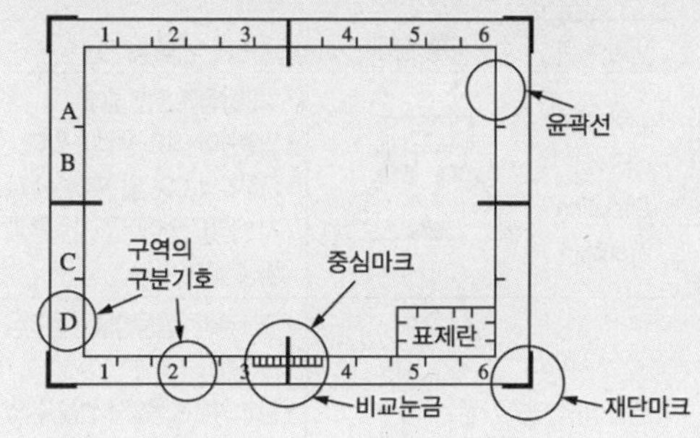

해설

표제란에는 도면관리와 도면을 설명해주는 중요 사항인 도명, 도면 번호, 기업(소속명), 척도, 투상법, 작성연일, 설계자, 검도자, 재질, 수량 등을 기입한다.

60 그림과 같은 원추를 전개하였을 경우 전개면의 꼭짓각이 180°가 되려면 ϕD의 치수는 얼마가 되어야 하는가?

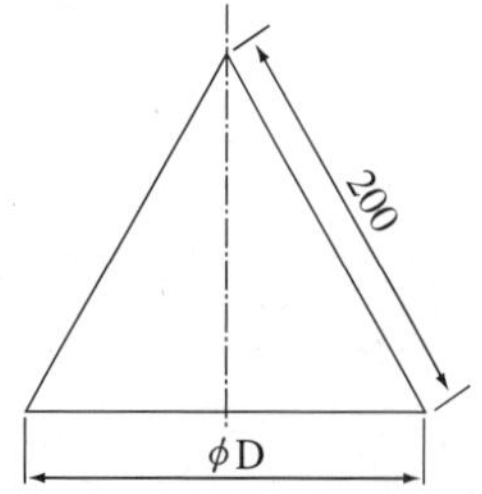

① $\phi 100$　　② $\phi 120$
③ $\phi 180$　　④ $\phi 200$

해설

전개면의 꼭지각(θ) 구하는 식

전개면의 꼭지각 $\theta = 360 \times \dfrac{r(\text{원의 반지름})}{l(\text{모선의 길이})}$

위 식을 이용해서 원의 지름(D)를 구하면

$180 = 360 \times \dfrac{r}{200}$　　$180 \times 200 = 360r$

$\dfrac{180 \times 200}{360} = r$　　$r = 100$

반지름(r)이 100mm이므로 지름(D)은 200mm가 된다.

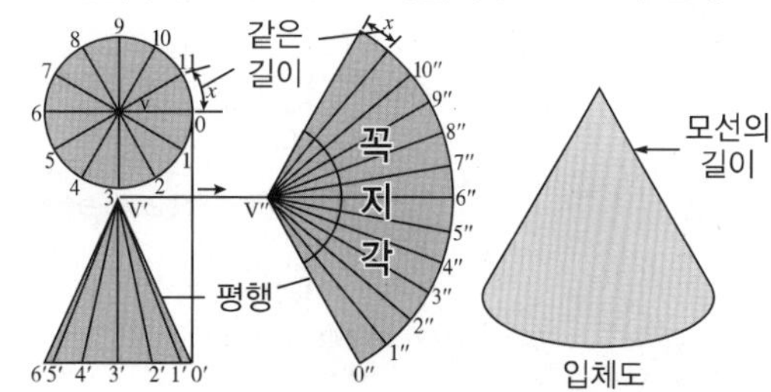

2014년도 제4회 **기출문제**

용접기능사 Craftsman Welding/Inert Gas Arc Welding

01 납땜 시 강한 접합을 위한 틈새는 어느 정도가 가장 적당한가?

① 0.02~0.10mm ② 0.20~0.30mm
③ 0.30~0.40mm ④ 0.40~0.50mm

해설
납땜 시 강한 접합을 위한 틈새는 0.02~0.1mm가 적당하다.

02 다음 중 맞대기 저항 용접의 종류가 아닌 것은?

① 업셋 용접 ② 프로젝션 용접
③ 퍼커션 용접 ④ 플래시 버트 용접

해설
프로젝션 용접은 겹치기 저항용접법에 속한다.
용접법의 분류

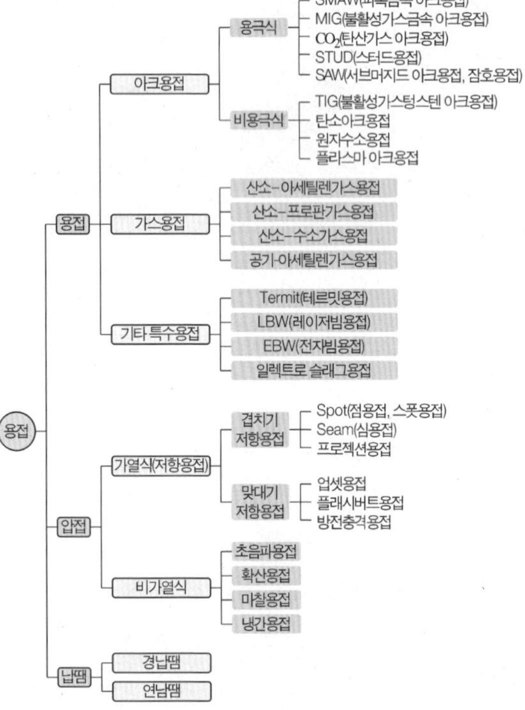

03 MIG 용접에서 가장 많이 사용되는 용적 이행 형태는?

① 단락 이행 ② 스프레이 이행
③ 입상 이행 ④ 글로뷸러 이행

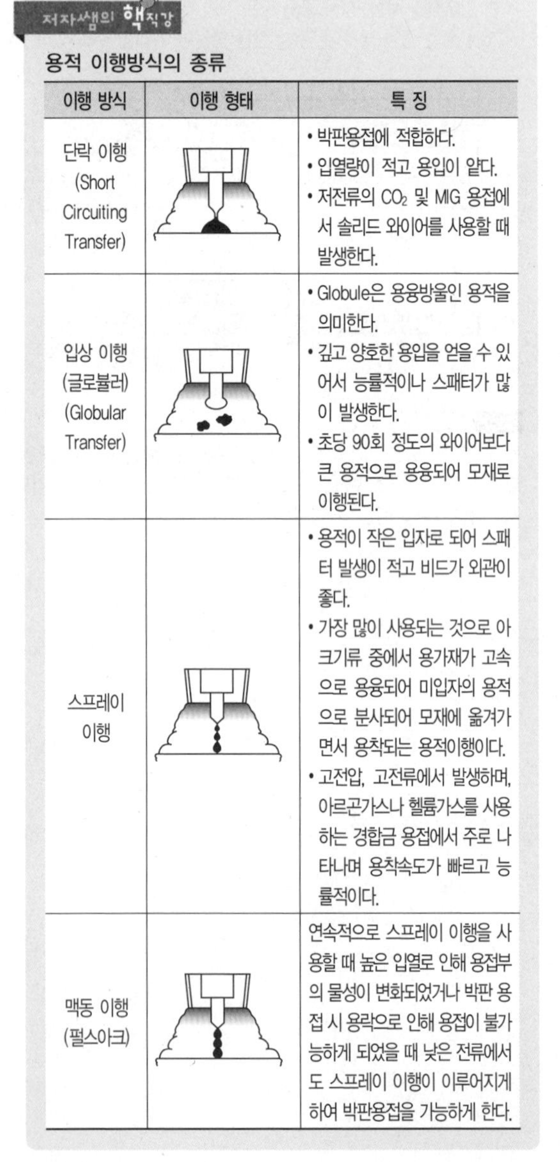

저자쌤의 핵직강

용적 이행방식의 종류

이행 방식	이행 형태	특 징
단락 이행 (Short Circuiting Transfer)		• 박판용접에 적합하다. • 입열량이 적고 용입이 얕다. • 저전류의 CO_2 및 MIG 용접에서 솔리드 와이어를 사용할 때 발생한다.
입상 이행 (글로뷸러) (Globular Transfer)		• Globule은 용융방울인 용적을 의미한다. • 깊고 양호한 용입을 얻을 수 있어서 능률적이나 스패터가 많이 발생한다. • 초당 90회 정도의 와이어보다 큰 용적으로 용융되어 모재로 이행된다.
스프레이 이행		• 용적이 작은 입자로 되어 스패터 발생이 적고 비드가 외관이 좋다. • 가장 많이 사용되는 것으로 아크기류 중에서 용가재가 고속으로 용융되어 미입자의 용적으로 분사되어 모재에 옮겨가면서 용착되는 용적이행이다. • 고전압, 고전류에서 발생하며, 아르곤가스나 헬륨가스를 사용하는 경합금 용접에서 주로 나타나며 용착속도가 빠르고 능률적이다.
맥동 이행 (펄스아크)		연속적으로 스프레이 이행을 사용할 때 높은 입열로 인해 용접부의 물성이 변화되었거나 박판 용접 시 용락으로 인해 용접이 불가능하게 되었을 때 낮은 전류에서도 스프레이 이행이 이루어지게 하여 박판용접을 가능하게 한다.

1 ① 2 ② 3 ② 정답

해설
MIG(Metal Inert Gas Arc Welding)용접에서는 스프레이 이행 형태를 가장 많이 사용한다.

04 다음 중 용접부의 검사방법에 있어 비파괴 검사법이 아닌 것은?

① X선 투과 시험 ② 형광 침투 시험
③ 피로시험 ④ 초음파 시험

해설
피로시험(Fatigue Test)은 재료의 강도시험으로 재료에 반복응력을 가했을 때 파괴되기까지의 반복하는 수를 구해서 응력(S)과 반복횟수(N)와의 상관관계를 알 수 있는 것으로 파괴 시험법에 속한다.

Plus One 용접부 검사방법의 종류

비파괴 시험	내부결함	방사선 투과 시험(RT)
		초음파 탐상 시험(UT)
	표면결함	외관 검사(VT)
		자분탐상 검사(MT)
		침투탐상 검사(PT)
		누설 검사(LT)
		와전류탐상검사(ET)
기계적 시험 (파괴 검사)	인장 시험	인장강도, 항복점, 연신율 계산
	굽힘 시험	연성의 정도 측정
	충격 시험	인성과 취성의 정도 조사
	경도 시험	외력에 대한 저항의 크기 측정
	매크로 시험	조직 검사
	피로 시험	반복적인 외력에 대한 저항력 시험

05 CO_2 가스 아크 용접에서 솔리드 와이어에 비교한 복합와이어의 특징을 설명한 것으로 틀린 것은?

① 양호한 용착금속을 얻을 수 있다.
② 스패터가 많다.
③ 아크가 안정된다.
④ 비드 외관이 깨끗하며 아름답다.

해설
복합 와이어는 솔리드 와이어에 비해 스패터의 발생량이 적다.

06 다음 용접법 중 저항용접이 아닌 것은?

① 스폿 용접 ② 심 용접
③ 프로젝션 용접 ④ 스터드 용접

해설
스터드 용접은 아크 용접법에 속한다.
※ 2번 해설 참조

07 아크 용접의 재해라 볼 수 없는 것은?

① 아크 광선에 의한 전안염
② 스패터 비산으로 인한 화상
③ 역화로 인한 화재
④ 전격에 의한 감전

저자쌤의 핵직강

아크 용접 시 발생되는 재해
아크 용접은 전기를 사용하므로 전격(감전)을 받을 우려가 아주 많으며, 강렬한 아크 불빛에 의한 결막염 등의 안염을 일으키기 쉽고, 스패터에 의한 화상, 유해가스에 의한 중독, 특히 밀폐된 부분에서 용접 시 질식 등을 당하기 쉽다. 스패터나 화기로부터 화재나 폭발을 일으킬 우려가 아주 많으므로 작업 전에 재해의 요소를 제거한 후 용접작업에 임해야 한다.

해설
역화란 가스 용접할 때 나타나는 불꽃의 이상 현상으로 토치의 팁 끝이 모재에 닿아 순간적으로 막히거나 팁의 과열 또는 가스압력이 부적당할 때 팁 속에서 폭발음을 내면서 불꽃이 꺼졌다가 다시 나타나는 현상을 의미한다. 따라서 아크 용접에서 나타나는 현상은 아니다.

용접재해의 종류
전격(감전), 유해아크, 폭발 및 화재, 유해광선, 용접매연 및 가스, 소음

08 다음 중 전자 빔 용접의 장점과 거리가 먼 것은?

① 고진공 속에서 용접을 하므로 대기와 반응되기 쉬운 활성 재료도 용이하게 용접된다.
② 두꺼운 판의 용접이 불가능하다.
③ 용접을 정밀하고 정확하게 할 수 있다.
④ 에너지 집중이 가능하기 때문에 고속으로 용접이 된다.

정답 4 ③ 5 ② 6 ④ 7 ③ 8 ②

저자샘의 핵직강

전자 빔 용접의 장·단점

장 점	• 에너지 밀도가 크다. • 용접부의 성질이 양호하다. • 아크 용접에 비해 용입이 깊다. • 활성 재료가 용이하게 용접이 된다. • 고 용융점 재료의 용접이 가능하다. • 아크빔에 의해 열의 집중이 잘된다. • 고속절단이나 구멍 뚫기에 적합하다. • 얇은 판에서 두꺼운 판까지 용접할 수 있다(응용 범위가 넓다). • 높은 진공상태에서 행해지므로 대기와 반응하기 쉬운 재료도 용접이 가능하다. • 진공 중에서도 용접하므로 불순가스에 의한 오염이 적고 높은 순도의 용접이 된다. • 용접부가 작아서 용접부의 입열이 작고 용입이 깊어 용접 변형이 적고 정밀 용접이 가능하다.
단 점	• 용접부에 경화 현상이 생긴다. • X선 피해에 대한 특수 보호 장치가 필요하다. • 진공 중에서 용접하기 때문에 진공 상자의 크기에 따라 모재 크기가 제한된다.

해설

전자 빔 용접은 얇은 판에서 두꺼운 판까지 용접이 가능하다.

09 대상물에 감마선(γ선), 엑스선(X선)을 투과시켜 필름에 나타나는 상으로 결함을 판별하는 비파괴 검사법은?

① 초음파 탐상 검사

② 침투 탐상 검사

③ 와전류 탐상 검사

④ 방사선 투과 검사

해설

방사선 투과 검사(Radiography Test)는 비파괴 검사의 일종으로 용접부 뒷면에 필름을 놓고 용접물 표면에서 X선이나 γ선을 방사하여 용접부를 통과시키면, 금속 내부에 구멍이 있을 경우 그만큼 투과되는 두께가 얇아져서 필름에 방사선의 투과량이 그만큼 많아지게 되므로 다른 곳보다 검게 됨을 확인함으로써 불량을 검출하는 방법이다.

10 다음에서 용접 열량의 냉각속도가 가장 큰 것은?

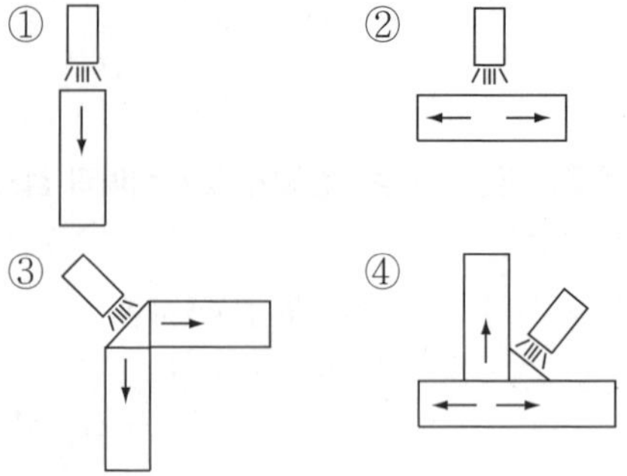

해설

냉각속도는 방열 면적이 클수록 빨라지는데, 보기 중에서 ④번의 방열 면적이 가장 크므로 정답은 ④번이 된다.

11 MIG 용접의 용적이행 중 단락 아크 용접에 관한 설명으로 맞는 것은?

① 용적이 안정된 스프레이형태로 용접된다.

② 고주파 및 저전류 펄스를 활용한 용접이다.

③ 임계전류 이상의 용접 전류에서 많이 적용된다.

④ 저전류, 저전압에서 나타나며 박판용접에 사용된다.

해설

MIG 용접에서 사용하는 용적 이행방식 중에서 단락이행(단락 아크 용접) 방식은 저전류, 저전압에서 나타나며 박판용접에 주로 사용된다.

12 용접결함 중 내부에 생기는 결함은?

① 언더컷　　② 오버랩

③ 크레이터 균열　　④ 기 공

해설

기공은 용접부 내부에 기포가 생기는 불량이다.

모 양	원 인	방지대책
언더컷	• 전류가 높을 때 • 아크 길이가 길 때 • 용접 속도가 빠를 때 • 운봉 각도가 부적당할 때 • 부적당한 용접봉을 사용할 때	• 전류를 낮춘다. • 아크 길이를 짧게 한다. • 용접 속도를 알맞게 한다. • 운봉 각도를 알맞게 한다. • 알맞은 용접봉을 사용한다.

9 ④ 10 ④ 11 ④ 12 ④ 정답

모 양	원 인	방지대책
오버랩	• 전류가 낮을 때 • 운봉, 작업각, 진행각과 같은 유지각도가 불량할 때 • 부적당한 용접봉을 사용할 때	• 전류를 높인다. • 작업각과 진행각을 조정한다. • 알맞은 용접봉을 사용한다.
용입불량	• 이음 설계에 결함이 있을 때 • 용접 속도가 빠를 때 • 전류가 낮을 때 • 부적당한 용접봉을 사용할 때	• 치수를 크게 한다. • 용접속도를 적당히 조절한다. • 전류를 높인다. • 알맞은 용접봉을 사용한다.
균 열	• 이음부의 강성이 클 때 • 부적당한 용접봉을 사용할 때 • C, Mn 등 합금성분이 많을 때 • 과대 전류, 용접 속도가 클 때 • 모재에 유황 성분이 많을 때	• 예열이나 피닝처리를 한다. • 알맞은 용접봉을 사용한다. • 예열 및 후열처리를 한다. • 전류 및 용접 속도를 알맞게 조절한다. • 저수소계 용접봉을 사용한다.
선상조직	• 냉각속도가 빠를 때 • 모재의 재질이 불량할 때	• 급랭을 피한다. • 재질에 알맞은 용접봉 사용한다.
기 공	• 수소나 일산화탄소 가스가 과잉으로 분출될 때 • 용접 전류값이 부적당할 때 • 용접부가 급속히 응고될 때 • 용접 속도가 빠를 때 • 아크길이가 부적절할 때	• 건조된 저수소계 용접봉을 사용한다. • 전류 및 용접 속도를 알맞게 조절한다. • 이음 표면을 깨끗하게 하고 예열을 한다.
슬래그혼입	• 전류가 낮을 때 • 용접 이음이 부적당할 때 • 운봉 속도가 너무 빠를 때 • 모든 층의 슬래그 제거가 불완전할 때	• 슬래그를 깨끗이 제거한다. • 루트 간격을 넓게 한다. • 전류를 약간 높게 하며 운봉 조작을 적절하게 한다. • 슬래그를 앞지르지 않도록 운봉속도를 유지한다.

13 다음 중 불활성 가스 텅스텐 아크 용접에서 중간 형태의 용입과 비드 폭을 얻을 수 있으며, 청정 효과가 있어 알루미늄이나 마그네슘 등의 용접에 사용되는 전원은?

① 직류 정극성　② 직류 역극성
③ 고주파 교류　④ 교류 전원

저자쌤의 핵직강

고주파 교류(ACHF)의 특성
• 청정 효과가 있다.
• 전극의 수명을 길게 한다.
• 사용 전류의 범위가 크다.
• 긴 아크의 유지가 용이하다.
• 알루미늄이나 마그네슘의 용접에 사용된다.
• 직류 정극성과 직류 역극성의 중간 형태의 용입을 얻는다.
• 고주파 전원을 사용하므로 모재에 접촉시키지 않아도 아크가 발생한다.

해설
TIG 용접에서 고주파 교류(ACHF)를 사용하면 직류 정극성과 직류 역극성의 중간 형태의 용입을 얻을 수 있다. 교류 사용 시 전극의 정류작용으로 아크가 안정하지 못해서 고주파 전류를 사용하는데 고주파 전류는 아크를 발생하기 쉽고 전극의 소모를 줄여 텅스텐봉의 수명을 길게 하는 장점이 있다.

14 용접용 용제는 성분에 의해 용접 작업성, 용착금속의 성질이 크게 변화하는데 다음 중 원료와 제조 방법에 따른 서브머지드 아크 용접의 용접용 용제에 속하지 않는 것은?

① 고온 소결형 용제　② 저온 소결형 용제
③ 용융형 용제　④ 스프레이형 용제

해설
서브머지드 아크 용접에 사용하는 용제에는 용융형 용제와 소결형 용제가 있으며 제조 온도에 따라 저온 소결형과 고온 소결형으로 나뉘기도 한다. 그러나 서브머지드 아크 용접에 스프레이형 용제는 사용되지 않는다.

15 용접 시 발생하는 변형을 적게 하기 위하여 구속하고 용접하였다면 잔류응력은 어떻게 되는가?

① 잔류응력이 작게 발생한다.
② 잔류응력이 크게 발생한다.
③ 잔류응력은 변함없다.
④ 잔류응력과 구속용접과는 관계없다.

해설
철(Fe)은 열을 받으면 팽창하는 성질을 갖는다. 용접 시 발생하는 열 때문에 용접 구조물은 다소 팽창하게 되는데, 이때 구속된 용접물은 열에 의해 팽창하려는 힘과 구속하려는 힘 때문에 내부에 잔류응력이 더 크게 발생한다.

정답 13 ③ 14 ④ 15 ②

16 용접결함 중 균열의 보수방법으로 가장 옳은 방법은?

① 작은 지름의 용접봉으로 재용접한다.
② 굵은 지름의 용접봉으로 재용접한다.
③ 전류를 높게 하여 재용접한다.
④ 정지구멍을 뚫어 균열부분은 홈을 판 후 재용접한다.

해설
용접 결함 중에서 균열이 발생했다면 그 상태에서 보강 용접형태의 재용접을 하면 안 되며, 반드시 정지구멍을 뚫어 균열 부분에 홈을 파는 등 결함 부분을 완전히 제거한 후에 재용접을 실시해야 한다.

17 안전 · 보건 표지의 색채, 색도기준 및 용도에서 문자 및 빨간색 또는 노란색에 대한 보조색으로 사용되는 색채는?

① 파란색　② 녹 색
③ 흰 색　④ 검은색

저자쌤의 핵직강

산업안전보건법에 따른 안전 · 보건표지의 색채, 색채기준 및 용도

색 상	용 도	사 례
빨간색	금 지	정지신호, 소화설비 및 그 장소, 유해행위 금지
	경 고	화학물질 취급장소에서의 유해 · 위험 경고
노란색	경 고	화학물질 취급장소에서의 유해 · 위험 경고 이외의 위험경고, 주의표지 또는 기계방호물
파란색	지 시	특정 행위의 지시 및 사실의 고지
녹 색	안 내	비상구 및 피난소, 사람 또는 차량의 통행
흰 색		파란색 또는 녹색에 대한 보조색
검정색		문자 및 빨간색 또는 노란색에 대한 보조색

18 감전의 위험으로부터 용접 작업자를 보호하기 위해 교류용접기에 설치하는 것은?

① 고주파 발생 장치　② 전격 방지 장치
③ 원격 제어 장치　④ 시간 제어 장치

해설
전격이란 갑자기 강한 전류를 느꼈을 때의 충격을 말한다. 용접기에는 작업자의 전격을 방지하기 위해 반드시 전격방지기를 용접기에 부착해야 한다. 전격방지기는 작업을 쉬는 동안에 2차 무부하 전압이 항상 25V 정도로 유지되도록 하여 전격을 방지할 수 있다.

19 산화하기 쉬운 알루미늄을 용접할 경우에 가장 적합한 용접법은?

① 서브머지드 아크 용접
② 불활성 가스 아크 용접
③ CO_2 아크 용접
④ 피복 아크 용접

해설
산화하기 쉬운 알루미늄의 용접에는 청정작용이 있는 불활성 가스 아크 용접(TIG or MIG)이 가장 적합하다.

20 용접 홈의 형식 중 두꺼운 판의 양면 용접을 할 수 없는 경우에 가공하는 방법으로 한쪽 용접에 의해 충분한 용입을 얻으려고 할 때 사용되는 홈은?

① I형 홈　② V형 홈
③ U형 홈　④ H형 홈

저자쌤의 핵직강

홈의 형상에 따른 특징

홈의 형상	특 징
I 형	• 가공이 쉽고 용착량이 적어서 경제적이다. • 판이 두꺼워지면 이음부를 완전히 녹일 수 없다.
V 형	• 한쪽 방향에서 완전한 용입을 얻고자 할 때 사용한다. • 홈 가공이 용이하나 두꺼운 판에서는 용착량이 많아지고 변형이 일어난다.
X 형	• 후판(두꺼운 판) 용접에 적합하다. • 홈가공이 V형에 비해 어렵지만 용착량이 적다. • 양쪽에서 용접하므로 완전한 용입을 얻을 수 있다.
U 형	• 홈 가공이 어렵다. • 두꺼운 판에서 비드의 너비가 좁고 용착량도 적다. • 두꺼운 판을 한쪽 방향에서 충분한 용입을 얻고자 할 때 사용한다.

16 ④ 17 ④ 18 ② 19 ② 20 ③ 정답

홈의 형상	특 징
H 형	두꺼운 판을 양쪽에서 용접하므로 완전한 용입을 얻을 수 있다.
J 형	한쪽 V형이나 K형 홈보다 두꺼운 판에 사용한다.

해설

U형 홈은 두꺼운 판을 한쪽 방향에서 충분한 용입을 얻고자 할 때 사용한다.

21 금속산화물이 알루미늄에 의하여 산소를 빼앗기는 반응에 의해 생성되는 열을 이용하여 금속을 접합시키는 용접법은?

① 스터드 용접
② 테르밋 용접
③ 원자수소 용접
④ 일렉트로 슬래그 용접

저자쌤의 핵직강

- 테르밋 용접 : 금속 산화물과 알루미늄이 반응하여 열과 슬래그를 발생시키는 테르밋 반응을 이용하는 것이다. 먼저 알루미늄 분말과 산화철을 1 : 3의 비율로 혼합하여 테르밋제를 만든 후 냄비의 역할을 하는 도가니에 넣어 약 1,000℃로 점화하면 약 2,800℃의 열이 발생되면서 용접용 강이 만들어지게 되는데 이 강을 용접부에 주입하면서 용접하는 방법으로 차축이나 레일의 접합, 선박의 프레임 등 비교적 큰 단면을 가진 물체의 맞대기 용접과 보수용접에 주로 사용한다.
- 스터드 용접 : 점용접의 일부로서 봉재나 볼트 등의 스터드를 판 또는 프레임의 구조재에 직접 심는 능률적인 용접 방법이다. 여기서 스터드란 판재에 덧대는 물체인 봉이나 볼트 같이 긴 물체를 일컫는 용어이다.
- 원자수소 용접 : 2개의 텅스텐 전극 사이에서 아크를 발생시키고 홀더의 노즐에서 수소가스를 유출시켜서 용접하는 방법으로 연성이 좋고 표면이 깨끗한 용접부를 얻을 수 있으나, 토치 구조가 복잡하고 비용이 많이 들기 때문에 특수 금속 용접에 적합하다.
- 일렉트로 슬래그 용접 : 용융된 슬래그와 용융 금속이 용접부에서 흘러나오지 못하도록 수냉동판으로 둘러싸고 이 용융 풀에 용접봉을 연속적으로 공급하는데 이때 발생하는 용융 슬래그의 저항열에 의하여 용접봉과 모재를 연속적으로 용융시키면서 용접하는 방법이다.

22 다음과 같이 각 층마다 전체의 길이를 용접하면서 쌓아올리는 가장 일반적인 방법으로 주로 사용하는 용착법은?

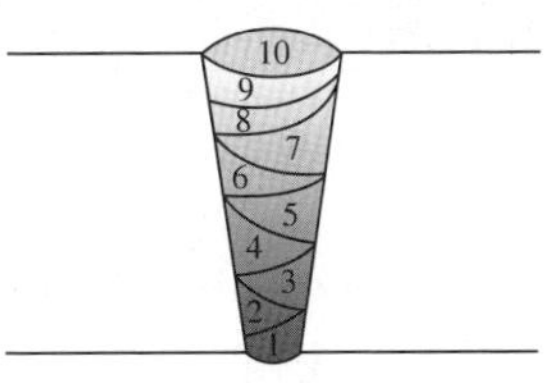

① 교호법　　② 덧살 올림법
③ 캐스케이드법　　④ 전진 블록법

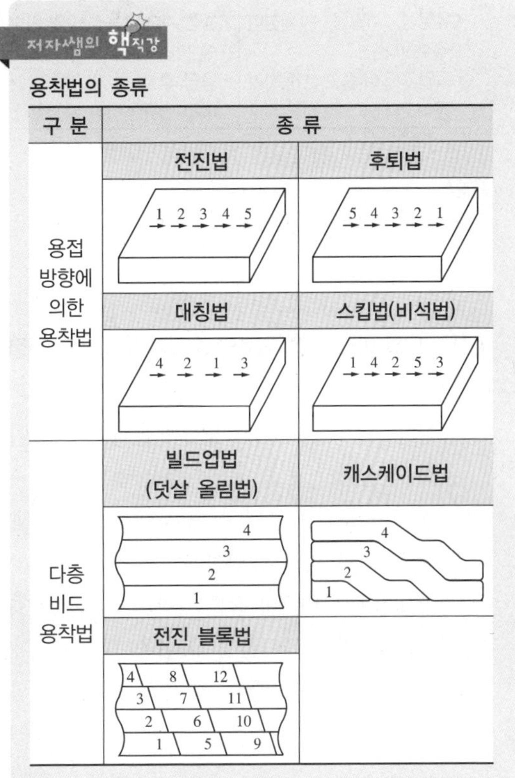

저자쌤의 핵직강

용착법의 종류

구 분	종 류	
용접 방향에 의한 용착법	전진법	후퇴법
	대칭법	스킵법(비석법)
다층 비드 용착법	빌드업법(덧살 올림법)	캐스케이드법
	전진 블록법	

해설

덧살 올림법(빌드업 법)은 각 층마다 전체의 길이를 용접하면서 쌓아올리는 가장 일반적인 용착법이다.

23 용접의 의한 이음을 리벳이음과 비교했을 때, 용접이음의 장점이 아닌 것은?

① 이음구조가 간단하다.
② 판 두께에 제한을 거의 받지 않는다.
③ 용접 모재의 재질에 대한 영향이 작다.
④ 기밀성과 수밀성을 얻을 수 있다.

정답 21 ② 22 ② 23 ③

저자쌤의 핵직강

용접의 장점 및 단점

용접의 장점	용접의 단점
• 이음효율이 높다. • 재료가 절약된다. • 제작비가 적게 든다. • 이음 구조가 간단하다. • 보수와 수리가 용이하다. • 재료의 두께 제한이 없다. • 이종재료도 접합이 가능하다. • 제품의 성능과 수명이 향상된다. • 유밀성, 기밀성, 수밀성이 우수하다. • 작업 공정이 줄고, 자동화가 용이하다.	• 취성이 생기기 쉽다. • 균열이 발생하기 쉽다. • 용접부의 결함 판단이 어렵다. • 용융부위 금속의 재질이 변한다. • 저온에서 쉽게 약해질 우려가 있다. • 용접 모재의 재질에 따라 영향을 크게 받는다. • 용접 기술자(용접사)의 기량에 따라 품질이 다르다. • 용접 후 변형 및 수축함에 따라 잔류응력이 발생한다.

해설

용접은 용접 모재의 재질에 따라 영향을 크게 받는다.

24 피복 아크 용접 회로의 순서가 올바르게 연결된 것은?

① 용접기 – 전극 케이블 – 용접봉 홀더 – 피복 아크 용접봉 – 아크 – 모재 – 접지 케이블
② 용접기 – 용접봉 홀더 – 전극 케이블 – 모재 – 아크 – 피복 아크 용접봉 – 접지 케이블
③ 용접기 – 피복 아크 용접봉 – 아크 – 모재 – 접지 케이블 – 전극 케이블 – 용접봉 홀더
④ 용접기 – 전극 케이블 – 접지 케이블 – 용접봉 홀더 – 피복 아크 용접봉 – 아크 – 모재

저자쌤의 핵직강

피복 금속 아크 용접(SMAW)의 회로 순서

용접기 → 전극 케이블 → 용접봉 홀더 → 용접봉 → 아크 → 모재 → 접지 케이블

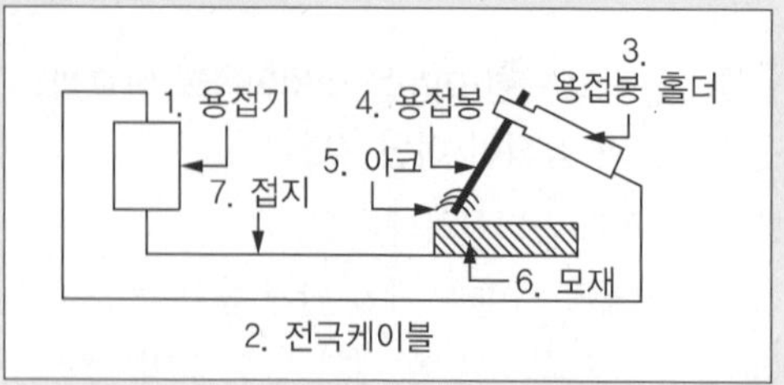

25 연강용 가스 용접봉의 용착금속의 기계적 성질 중 시험편의 처리에서 '용접한 그대로 응력을 제거하지 않은 것'을 나타내는 기호는?

① NSR ② SR
③ GA ④ GB

해설

연강용 가스 용접봉의 시험편 처리

SR	응력을 제거한 것
NSR	용접한 상태 그대로 응력을 제거하지 않은 것

26 용접 중에 아크가 전류의 자기작용에 의해서 한쪽으로 쏠리는 현상을 아크 쏠림(Arc Blow)이라 한다. 다음 중 아크 쏠림의 방지법이 아닌 것은?

① 직류 용접기를 사용한다.
② 아크의 길이를 짧게 한다.
③ 보조판(엔드탭)을 사용한다.
④ 후퇴법을 사용한다.

저자쌤의 핵직강

아크 쏠림 방지대책

• 용접 전류를 줄인다.
• 교류용접기를 사용한다.
• 접지점을 2개 연결한다.
• 아크 길이는 최대한 짧게 유지 한다.
• 접지부를 용접부에서 최대한 멀리한다.
• 용접봉 끝을 아크 쏠림의 반대 방향으로 기울인다.
• 용접부가 긴 경우 가용접 후 후진법(후퇴 용접법)을 사용한다.
• 받침쇠, 긴 가용접부, 이음의 처음과 끝에 엔드탭을 사용한다.

해설

아크 쏠림을 방지하기 위해서는 교류 용접기를 사용해야 한다.

27 발전(모터, 엔진형)형 직류 아크 용접기와 비교하여 정류기형 직류 아크 용접기를 설명한 것 중 틀린 것은?

① 고장이 적고 유지보수가 용이하다.
② 취급이 간단하고 가격이 싸다.
③ 초소형 경량화 및 안정된 아크를 얻을 수 있다.
④ 완전한 직류를 얻을 수 있다.

24 ① 25 ① 26 ① 27 ④ 정답

저자쌤의 핵직강

직류 아크 용접기의 종류별 특징

발전기형	정류기형
• 고가이다. • 완전한 직류를 얻는다. • 전원이 없어도 사용이 가능하다. • 소음이나 고장이 발생하기 쉽다. • 구조가 복잡하다. • 보수와 점검이 어렵다. • 다소 무게감이 있다.	• 저렴하다. • 완전한 직류를 얻지 못한다. • 전원이 필요하다. • 소음이 없다. • 구조가 간단하다. • 고장이 적고 유지보수가 용이하다. • 소형 경량화가 가능하다.

해설

정류기형 직류아크 용접기는 완전한 직류를 얻지 못한다는 단점이 있다.

28 가스 절단에서 양호한 절단면을 얻기 위한 조건으로 맞지 않는 것은?

① 드래그가 가능한 한 클 것
② 절단면 표면의 각이 예리할 것
③ 슬래그 이탈이 양호할 것
④ 경제적인 절단이 이루어질 것

저자쌤의 핵직강

가스 절단에서 양호한 절단면을 얻기 위한 조건
- 드래그가 가능한 작을 것
- 드래그 홈이 얕을 것
- 절단면 표면의 각이 예리할 것
- 슬래그가 잘 이탈할 것
- 절단면이 평활하며 노치 등이 없을 것

해설

양호한 절단면을 얻기 위해서는 드래그가 가능한 작아야 한다.

29 용접봉의 용융금속이 표면장력의 작용으로 모재에 옮겨 가는 용적이행으로 맞는 것은?

① 스프레이형　　② 핀치효과형
③ 단락형　　④ 용적형

해설

용접봉의 이행방식 중에서 용융금속이 표면장력의 작용으로 모재에 옮겨가는 형식은 단락이행형이다.

Plus One

용접봉 용융금속의 이행형식에 따른 분류
- 스프레이형 : 미세 용적을 스프레이처럼 날려 보내면서 융착
- 글로뷸러형(입상이행형) : 서브머지드 아크 용접과 같이 대전류를 사용
- 단락형 : 표면장력에 따라 모재에 융착

30 피복 아크 용접봉에서 피복제의 가장 중요한 역할은?

① 변형 방지　　② 인장력 증대
③ 모재 강도 증가　　④ 아크 안정

저자쌤의 핵직강

피복제(Flux)의 역할
- 아크를 안정시킨다.
- 전기 절연 작용을 한다.
- 보호가스를 발생시킨다.
- 아크의 집중성을 좋게 한다.
- 용착 금속의 급랭을 방지한다.
- 용착 금속의 탈산정련 작용을 한다.
- 용융 금속과 슬래그의 유동성을 좋게 한다.
- 용적(쇳물)을 미세화하여 용착효율을 높인다.
- 용융점이 낮고 적당한 점성의 슬래그를 생성한다.
- 슬래그 제거를 쉽게 하여 비드의 외관을 좋게 한다.
- 적당량의 합금 원소를 첨가하여 금속에 특수성을 부여한다.
- 중성 또는 환원성 분위기를 만들어 질화나 산화를 방지하고 용융금속을 보호한다.
- 쇳물이 쉽게 달라붙도록 힘을 주어 수직자세, 위보기 자세 등 어려운 자세를 쉽게 한다.

해설

용접봉의 심선을 덮고 있는 피복제(Flux)는 아크를 안정시키는 역할을 한다.

31 저수소계 용접봉의 특징이 아닌 것은?

① 용착금속 중의 수소량이 다른 용접봉에 비해서 현저하게 적다.
② 용착금속의 취성이 크며 화학적 성질도 좋다.
③ 균열에 대한 감수성이 특히 좋아서 두꺼운 판 용접에 사용된다.
④ 고탄소강 및 황의 함유량이 많은 쾌삭강 등의 용접에 사용되고 있다.

정답　28 ①　29 ③　30 ④　31 ②

저자쌤의 핵직강

저수소계(E4316) 용접봉의 특징

- 기공이 발생하기 쉽다.
- 운봉에 숙련이 필요하다.
- 석회석이나 형석이 주성분이다.
- 용착 금속 중 수소 함량이 적다.
- 중탄소강, 고장력강 용접에 사용한다.
- 이행 용적의 양이 적고, 입자가 크다.
- 강력한 탈산 작용으로 강인성이 풍부하다.
- 아크가 다소 불안정하고 균열 감수성이 낮다.
- 수소 함유량이 타 용접봉에 비해 현저히 작다.
- 균열에 대한 감수성이 좋아서 후판 용접에도 사용된다.
- 고탄소강 및 황의 함유량이 많은 쾌삭강 용접에 사용된다.
- 취성이 크지 않으며 기계적 성질과 화학적 성질이 우수하다.

해설

저수소계 용접봉은 강력한 탈산 작용으로 강인성이 풍부하여 취성이 크지 않으며 기계적 성질과 화학적 성질이 우수하다.

32 폭발 위험성이 가장 큰 산소와 아세틸렌의 혼합비(%)는?(단, 산소 : 아세틸렌)

① 40 : 60 ② 15 : 85
③ 60 : 40 ④ 85 : 15

해설

가스 용접 시 산소 : 아세틸렌가스의 혼합비가 산소 85% : 아세틸렌 15% 부근일 때 폭발의 위험성이 가장 크다.

33 연강용 피복금속 아크 용접봉에서 다음 중 피복제의 염기성이 가장 높은 것은?

① 저수소계 ② 고산화철계
③ 고셀룰로오스계 ④ 티탄계

저자쌤의 핵직강

피복 아크 용접봉의 종류

종 류	특 징
일미나이트계(E4301)	• 일미나이트($TiO_2 \cdot FeO$)를 약 30% 이상 함금한 것으로 우리나라에서 많이 사용한다. • 일본에서 처음 개발한 것으로 작업성과 용접성이 우수하며 값이 저렴하여 철도나 차량, 구조물, 압력 용기에 사용된다. • 내균열성, 내가공성, 연성이 우수하여 25mm 이상의 후판용접도 가능하다.
라임티타늄계(E4303)	• E4313의 새로운 형태로 약 30% 이상의 산화티탄(TiO_2)과 석회석($CaCO_3$)이 주성분이다. • 산화티탄과 염기성 산화물이 다량으로 함유된 슬래그 생성식이다. • 피복이 두껍고 전 자세 용접성이 우수하다. • E4313의 작업성을 따르면서 기계적 성질과 일미나이트계의 부족한 점을 개량하여 만든 용접봉이다. • 고산화티탄계 용접봉보다 약간 높은 전류를 사용한다.
고셀룰로오스계(E4311)	• 피복제에 가스 발생제인 셀룰로오스를 20~30% 정도를 포함한 가스 생성식 용접봉이다. • 발생 가스량이 많아 피복량이 얇고 슬래그가 적으므로 수직, 위보기 용접에서 우수한 작업성을 보인다. • 가스 생성에 의한 환원성 아크 분위기로 용착 금속의 기계적 성질이 양호하며 아크는 스프레이 형상으로 용입이 크고 용융 속도가 빠르다. • 슬래그가 적으므로 비드 표면이 거칠고 스패터가 많다. • 사용 전류는 슬래그 실드계 용접봉에 비해 10~15% 낮게 하며 사용 전 70~100℃에서 30분~1시간 건조해야 한다. • 도금 강판, 저합금강, 저장탱크나 배관공사에 이용된다.
고산화티탄계(E4313)	• 균열에 대한 감수성이 좋아서 구속이 큰 구조물의 용접이나 고탄소강, 쾌삭강의 용접에 사용한다. • 피복제에 산화티탄(TiO_2)을 약 35% 정도 합금한 것으로 일반 구조용 용접에 사용된다. • 용접기의 2차 무부하 전압이 낮을 때에도 아크가 안정적이며 조용하다. • 스패터가 적고 슬래그의 박리성도 좋아서 비드의 모양이 좋다. • 저합금강이나 탄소량이 높은 합금강의 용접에 적합하다. • 다층 용접에서는 만족할 만한 품질을 만들지 못한다. • 기계적 성질이 다른 용접봉에 비해 약하고 고온 균열을 일으키기 쉬운 단점이 있다.
저수소계(E4316)	• 석회석이나 형석을 주성분으로 한 피복제를 사용한다. • 보통 저탄소강의 용접에 주로 사용되나 저합금강과 중, 고탄소강의 용접에도 사용된다. • 용착 금속 중의 수소량이 타 용접봉에 비해 1/10 정도로 현저하게 적다. • 균열에 대한 감수성이 좋아 구속도가 큰 구조물이 용접이나 탄소 및 황의 함유량이 많은 쾌삭강의 용접에 사용한다. • 피복제는 습기를 잘 흡수하기 때문에 사용 전에 300~350℃에서 1~2시간 건조 후 사용해야 한다.
철분산화티탄계(E4324)	• E4313의 피복제에 철분을 50% 정도 첨가한 것이다. • 작업성이 좋고 스패터가 적게 발생하나 용입이 얕다. • 용착 금속의 기계적 성질은 E4313과 비슷하다.
철분저수소계(E4326)	• E4316의 피복제에 30~50% 정도의 철분을 첨가한 것으로 용착속도가 크고 작업 능률이 좋다. • 용착 금속의 기계적 성질이 양호하고 슬래그의 박리성이 저수소계 용접봉보다 좋으며 아래보기나 수평 필릿 용접에만 사용된다.

32 ④ 33 ① 정답

철분 산화철계 (E4327)	• 주성분인 산화철에 철분을 첨가한 것으로 규산염을 다량 함유하고 있어서 산성의 슬래그가 생성된다. • 아크가 분무상으로 나타나며 스패터가 적고 용입은 E4324보다 깊다. • 비드의 표면이 곱고 슬래그의 박리성이 좋아서 아래보기나 수평 필릿 용접에 많이 사용된다.

해설

피복제의 염기성이 가장 높은 용접봉은 저수소계 용접봉이다.

34 35℃에서 150kgf/cm²으로 압축하여 내부 용적 45.7L의 산소 용기에 충전하였을 때, 용기 속의 산소량은 몇 L인가?

① 6,855　　② 5,250

③ 6,105　　④ 7,005

해설

용기에서 사용한 산소량 = 내용적 × 기압

= 45.7L × 150 = 6,855L

용기 속의 산소량 구하는 식

용기 속의 산소량 = 내용적 × 기압

35 산소 프로판 가스용접 시 산소 : 프로판 가스의 혼합비로 가장 적당한 것은?

① 1 : 1　　② 2 : 1

③ 2.5 : 1　　④ 4.5 : 1

해설

산소-프로판가스 용접에서 혼합 비율은 산소 : 프로판 = 4.5 : 1 이다.

36 교류 피복 아크 용접기에서 아크 발생 초기에 용접전류를 강하게 흘려보내는 장치를 무엇이라고 하는가?

① 원격 제어장치　　② 핫 스타트 장치

③ 전격 방지기　　④ 고주파 발생장치

저자샘의 핵직강

- 원격 제어장치 : 원거리에서 용접 전류 및 용접 전압 등의 조정이 필요할 때 설치하는 원거리조정 장치이다.
- 전격 방지기 : 용접기가 작업을 쉬는 동안에 2차 무부하전압을 항상 25V 정도로 유지되도록 하여 전격을 방지하는 장치로 용접기에 부착된다.
- 고주파 발생장치 : 교류 아크 용접기의 아크 안정성을 확보하기 위하여 상용 주파수의 아크 전류 외에 고전압(2,000~3,000V)의 고주파 전류를 중첩시키는 방식이며 라디오나 TV 등에 방해를 주는 결점도 있으나 장점이 더 많다.

해설

핫 스타트 장치는 아크가 발생하는 초기에만 용접전류를 커지게 만드는 아크 발생 제어 장치이다.

37 아크 절단법의 종류가 아닌 것은?

① 플라즈마제트 절단　　② 탄소 아크 절단

③ 스카핑　　④ 티그절단

저자샘의 핵직강

절단법의 열원에 의한 분류

종 류	특 징	분 류
아크 절단	전기 아크열을 이용한 금속 절단법	산소 아크 절단
		피복 아크 절단
		탄소 아크 절단
		아크 에어 가우징
		플라즈마제트 절단
		불활성 가스 아크 절단
가스 절단	산소가스와 금속과의 산화 반응을 이용한 금속 절단법	산소-아세틸렌가스 절단
분말 절단	철분이나 플럭스 분말을 연속적으로 절단 산소 속에 혼입시켜서 공급하여 그 반응열이나 용제작용을 이용한 절단법	

해설

스카핑(Scarfing)이란 강괴나 강편, 강재 표면의 홈이나 개재물, 탈탄층 등을 제거하기 위한 불꽃 가공으로 가능한 얇으면서 타원형의 모양으로 표면을 깎아내는 가공법으로 아크 절단법에는 속하지 않는다.

38 부탄가스의 화학 기호로 맞는 것은?

① C_4H_{10}　　② C_3H_8

③ C_5H_{12}　　④ C_2H_6

해설

② C_3H_8 : 프로판

③ C_5H_{12} : 펜탄

④ C_2H_6 : 에탄

정답 34 ① 35 ④ 36 ② 37 ③ 38 ①

39 아크 에어 가우징에 가장 적합한 홀더 전원은?

① DCRP
② DCSP
③ DCRP, DCSP 모두 좋다.
④ 대전류의 DCSP가 가장 좋다.

해설
아크 에어 가우징은 직류 역극성(DCRP, Direct Current Reverse Polarity)을 전원으로 사용한다.

Plus One 아크 에어 가우징
탄소 아크 절단법에 고압(5~7kgf/cm^2)의 압축공기를 병용하는 방법으로 용융된 금속에 탄소봉과 평행으로 분출하는 압축공기를 전극 홀더의 끝부분에 위치한 구멍을 통해 연속해서 불어내어 홈을 파내는 방법으로 홈 가공이나 구멍 뚫기, 절단 작업에 사용된다.

40 열간가공이 쉽고 다듬질 표면이 아름다우며 용접성이 우수한 강으로 몰리브덴 첨가로 담금질성이 높아 각종 축, 강력볼트, 암, 레버 등에 많이 사용되는 강은?

① 크롬 – 몰리브덴강 ② 크롬 – 바나듐강
③ 규소 – 망간강 ④ 니켈 – 구리 – 코발트강

해설
Cr–Mo(크롬–몰리브덴)강은 열간가공이 쉽고 다듬질 표면이 아름다우며 용접성이 우수한 강으로 축이나 강력볼트, 암이나 레버용 재료로 사용된다.

41 고장력강(HT)의 용접성을 가급적 좋게 하기 위해 줄여야 할 합금원소는?

① C ② Mn
③ Si ④ Cr

해설
고장력강(High Tension)의 용접성을 좋게 하기 위해서는 C의 함유량을 줄여야 한다. C의 함유량이 많아지면 용접성은 저하된다.

42 내식강 중에서 가장 대표적인 특수 용도용 합금강은?

① 주 강 ② 탄소강
③ 스테인리스강 ④ 알루미늄강

저자쌤의 핵직강
스테인리스강
철이 가지고 있는 단점인 내식성을 개선하기 위해 만들어진 내식용 강으로서 주로 Fe에 Cr을 12% 이상 합금하여 만든 내식용 재료이다.

43 아공석강의 기계적 성질 중 탄소함유량이 증가함에 따라 감소하는 성질은?

① 연신율 ② 경 도
③ 인장강도 ④ 항복강도

해설
아공석강이란 순철에 C가 0.02~0.8% 합금된 것으로 탄소함유량이 증가함에 따라 강도와 경도(인장강도, 항복강도)가 증가하나 연신율은 떨어진다.

44 금속침투법에서 칼로라이징이란 어떤 원소로 사용하는 것인가?

① 니 켈 ② 크 롬
③ 붕 소 ④ 알루미늄

저자쌤의 핵직강

금속침투법	세라다이징	Zn
	칼로라이징	Al
	크로마이징	Cr
	실리코나이징	Si
	보로나이징	B

해설
표면경화법의 일종인 금속침투법에서 칼로라이징은 금속 표면에 Al(알루미늄)을 침투시키는 것이다.

45 주조 시 주형에 냉금을 삽입하여 주물표면을 급랭시키는 방법으로 제조되며 금속 압연용 롤 등으로 사용되는 주철은?

① 가단주철 ② 칠드주철
③ 고급주철 ④ 페라이트주철

정답 39 ① 40 ① 41 ① 42 ③ 43 ① 44 ④ 45 ②

저자쌤의 핵직강

- 칠드주철 : 주조 시 주형에 냉금을 삽입하여 주물의 표면을 급랭시켜 경화시키고 내부는 본래의 연한 조직으로 남게 하는 내마모성 주철이다. 칠드된 부분은 시멘타이트 조직으로 되어 경도가 높아지고 내마멸성과 압축강도가 커서 기차 바퀴나 분쇄기 롤러에 사용된다.
- 가단주철 : 주조성이 우수한 백선의 주물을 만들고, 열처리하여 강인한 조직으로 단조가공을 가능하게 한 주철이다. 고탄소 주철로서 회주철과 같이 주조성이 우수한 백선주물을 만들고 열처리함으로써 강인한 조직으로 만들기 때문에 단조작업을 가능하게 한다.
- 고급주철(GC 250~GC 350) : 펄라이트주철이라고도 하며, 편상 흑연 주철 중 인장강도가 250N/mm^{2}의 주철로 조직이 펄라이트로 이루어져 있다. 고강도와 내마멸성을 요구하는 기계 부품에 주로 사용된다.
- 페라이트주철 : 조직의 대부분이 페라이트로 이루어져 있는 편상 흑연 주철이다. 강도가 낮으므로 실용적인 가치는 다소 낮은 편이다.

46 알루마이트법이라 하며, Al 제품을 2% 수산 용액에서 전류를 흘려 표면에 단단하고 치밀한 산화막을 만드는 방법은?

① 통산법 ② 황산법
③ 수산법 ④ 크롬산법

저자쌤의 핵직강

알루미늄 방식법의 종류
- 황산법 : 전해액으로 황산(H_2SO_4)을 사용하며, 가장 널리 사용되는 Al 방식법이다. 경제적이며 내식성과 내마모성이 우수하다. 착색력이 좋아서 유지하기가 용이하다.
- 수산법 : 알루마이트법이라고도 하며 Al 제품을 2%의 수산 용액에서 전류를 흘려 표면에 단단하고 치밀한 산화막 조직을 형성시키는 방법이다.
- 크롬산법 : 전해액으로 크롬산(H_2CrO_4)을 사용하며, 반투명이나 에나멜과 같은 색을 띤다. 광학기계나 가전제품, 통신기기 등에 사용된다.

47 주위의 온도에 의하여 선팽창 계수나 탄성률 등의 특정한 성질이 변하지 않는 불변강이 아닌 것은?

① 인 바 ② 엘린바
③ 슈퍼인바 ④ 배빗메탈

저자쌤의 핵직강

불변강의 종류

종 류	용 도
인 바	Fe에 Ni을 35% 첨가하여 열팽창계수가 작은 합금으로 줄자, 정밀기계부품 등에 사용한다.
슈퍼인바	인바에 비에 열팽창계수가 작은 합금으로 표준 척도에 사용한다.
엘린바	Fe에 36%의 Ni, 12%의 Cr을 함유한 합금으로 시계의 태엽, 계기의 스프링, 기압계용 다이어프램 등 정밀 계측기나 시계 부품에 사용한다.
퍼멀로이	Fe에 니켈을 35~80% 함유한 Ni-Fe계 합금으로 코일, 릴레이 부품으로 사용한다.
플래티나이트	Fe에 Ni 46%를 함유하고 평행계수가 유리와 거의 같으며, 백금선 대용의 전구 도입선에 사용하며 진공관의 도선용으로 사용한다.
코엘린바	Fe에 Cr 10~11%, Co 26~58%, Ni 10~16% 합금한 것으로 온도변화에 대한 탄성률의 변화가 적고 공기 중이나 수중에서 부식되지 않아서 스프링, 태엽, 기상관측용 기구의 부품에 사용한다.

해설
배빗메탈은 화이트메탈로도 불리는 Sn, Sb계 합금의 총칭이다. 내열성이 우수하여 주로 내연기관용 베어링 재료로 사용되는 합금 재료로써 불변강에는 속하지 않는다.

48 다음 가공법 중 소성가공법이 아닌 것은?

① 주 조 ② 압 연
③ 단 조 ④ 인 발

저자쌤의 핵직강

주조는 만들고자 하는 제품의 형상을 가진 형틀에 용융된 쇳물을 부은 후 식혀서 만드는 기계제작법의 일종으로 소성가공법에는 속하지 않는다.

해설
소성가공이란 물체에 변형을 준 뒤 외력을 제거해도 원래 상태로 돌아가지 않는 성질인 소성을 이용하는 가공법으로 그 종류에는 압연, 인발, 단조, 프레스 가공 등이 있다.

49 다음 중 담금질에서 나타나는 조직으로 경도와 강도가 가장 높은 조직은?

① 시멘타이트 ② 오스테나이트
③ 소르바이트 ④ 마텐자이트

정답 46 ③ 47 ④ 48 ① 49 ④

50 일반적으로 강에 S, Pb, P 등을 첨가하여 절삭성을 향상시킨 강은?

① 구조용강 ② 쾌삭강
③ 스프링강 ④ 탄소공구강

저자쌤의 핵직강

쾌삭강은 강을 절삭할 때 Chip을 짧게 하고 절삭성을 좋게 하기 위해 황이나 납 등의 특수원소를 첨가한 강으로 일반 탄소강보다 인(P), 황(S)의 함유량을 많게 하거나 납(Pb), 셀레늄(Se), 지르코늄(Zr) 등을 첨가하여 제조한 강이다.

51 다음과 같이 파단선을 경계로 필요로 하는 요소의 일부만을 단면으로 표시하는 단면도는?

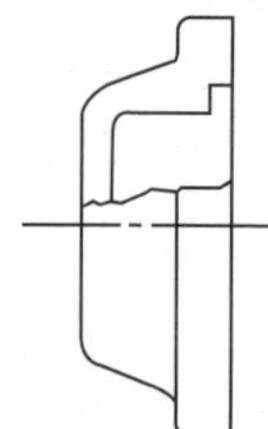

① 온단면도 ② 부분단면도
③ 한쪽단면도 ④ 회전도시단면도

저자쌤의 핵직강

부분단면도는 파단선을 그어서 단면 부분의 경계를 표시하며 일부분을 잘라 내고 필요한 내부의 모양을 그리기 위한 방법이다.

해설

단면도의 종류

단면도명	도 면
온 단면도 (전단면도)	• 전단면도라고도 한다. • 물체 전체를 직선으로 절단하여 앞부분을 잘라내고 남은 뒷부분의 단면 모양을 그린 것이다. • 절단 부위의 위치와 보는 방향이 확실한 경우에는 절단선, 화살표, 문자 기호를 기입하지 않아도 된다.
한쪽 단면도 (반단면도)	• 반단면도라고도 한다. • 절단면을 전체의 반만 설치하여 단면도를 얻는다. • 상하 또는 좌우가 대칭인 물체를 중심선을 기준으로 1/4 절단하여 내부 모양과 외부 모양을 동시에 표시하는 방법이다.
부분 단면도	파단선 / 떼어낸 부분의 단면 • 파단선을 그어서 단면 부분의 경계를 표시한다. • 일부분을 잘라 내고 필요한 내부의 모양을 그리기 위한 방법이다.
회전도시 단면도	(a) 암의 회전 단면도 (투상도 안) (b) 훅의 회전 단면도 (투상도 밖) • 절단선의 연장선 뒤에도 그릴 수 있다. • 투상도의 절단할 곳과 겹쳐서 그릴 때는 가는 실선으로 그린다. • 주 투상도의 밖으로 끌어내어 그릴 경우는 가는 1점 쇄선으로 한계를 표시하고 굵은 실선으로 그린다. • 핸들이나 벨트 풀리, 바퀴의 암, 리브, 축, 형강 등의 단면의 모양을 90°로 회전시켜 투상도의 안이나 밖에 그린다.
계단 단면도	A B C D A-B-C-D • 절단면을 여러 개 설치하여 그린 단면도이다. • 복잡한 물체의 투상도 수를 줄일 목적으로 사용한다. • 절단선, 절단면의 한계와 화살표 및 문자기호를 반드시 표시하여 절단면의 위치와 보는 방향을 정확히 명시해야 한다.

50 ② 51 ② 정답

52 다음과 같은 치수기입방법은?

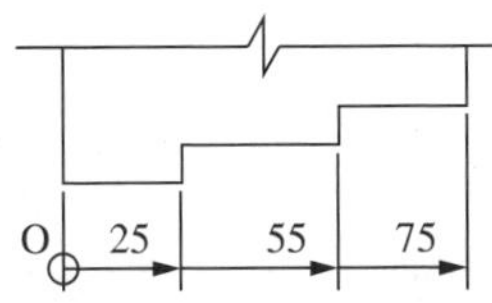

① 직렬치수기입법 ② 병렬치수기입법
③ 조합치수기입법 ④ 누진치수기입법

저자샘의 핵직강

누진치수기입법은 치수의 기준점에 기점 기호(O)를 기입하고, 치수 보조선과 만나는 곳마다 화살표를 붙이면서 한 개의 연속된 치수선으로 간편하게 기입하는 방법이다.

해설

치수의 배치 방법

종 류	도면상 표현
직렬치수 기입법	• 직렬로 나란히 연결된 개개의 치수에 주어진 일반 공차가 차례로 누적되어도 기능과 상관없는 경우 사용한다. • 축을 기입할 때는 중요도가 작은 치수는 괄호를 붙여서 참고 치수로 기입한다.
병렬치수 기입법	기준면 • 기준면을 설정하여 개개별로 기입되는 방법이다. • 각 치수의 일반공차는 다른 치수의 일반공차에 영향을 주지 않는다.
누진치수 기입법	• 한 개의 연속된 치수선으로 간편하게 사용하는 방법이다. • 치수의 기준점에 기점기호(O)를 기입하고, 치수 보조선과 만나는 곳마다 화살표를 붙인다.
좌표치수 기입법	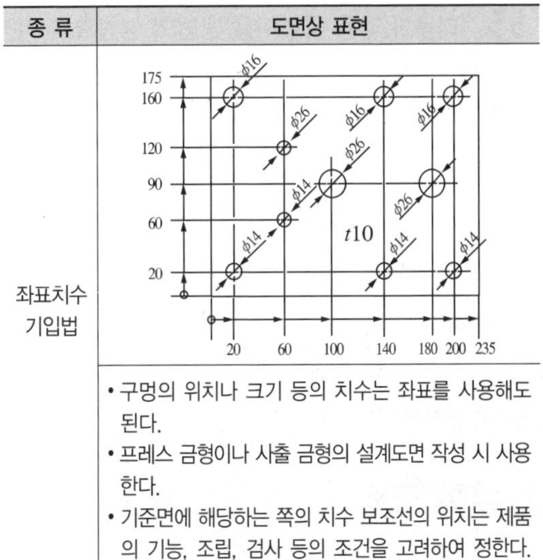 • 구멍의 위치나 크기 등의 치수는 좌표를 사용해도 된다. • 프레스 금형이나 사출 금형의 설계도면 작성 시 사용한다. • 기준면에 해당하는 쪽의 치수 보조선의 위치는 제품의 기능, 조립, 검사 등의 조건을 고려하여 정한다.

53 관의 구배를 표시하는 방법 중 틀린 것은?

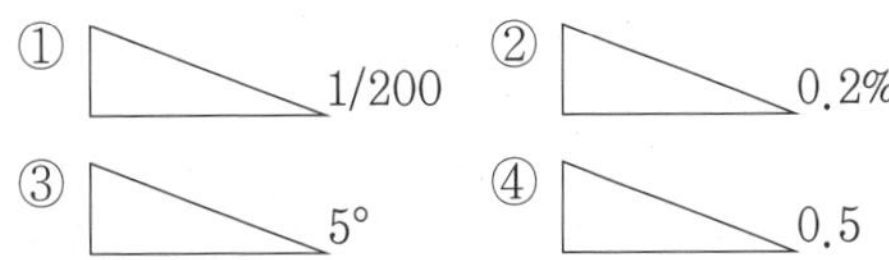

저자샘의 핵직강

관의 구배(기울기)를 표시하는 방법

• $\frac{\text{높이}}{\text{가로길이}}$의 비율로 표시 예 $\frac{1}{200}$
• 비율로 표시 예 0.2%
• 각도로 표시 예 5°

해설

관의 구배를 표시할 때 단위 없이 소수점만으로는 표시하지 않는다.

54 도면에서 표제란과 부품란으로 구분할 때 다음 중 일반적으로 표제란에만 기입하는 것은?

① 부품번호 ② 부품기호
③ 수 량 ④ 척 도

해설

부품란은 표제란 위쪽의 적당한 위치에 기입하는데, 이 부품란에는 부품번호와 부품명, 수량 등이 기입되며 표제란에는 척도가 기입된다.

정답 52 ④ 53 ④ 54 ④

55 다음과 같은 용접이음 방법의 명칭으로 가장 적합한 것은?

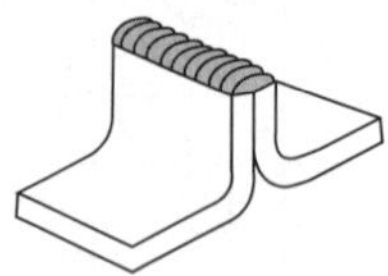

① 연속 필릿 용접
② 플랜지형 겹치기 용접
③ 연속 모서리 용접
④ 플랜지형 맞대기 용접

저자쌤의 핵직강

그림은 플랜지형 맞대기 용접이다.

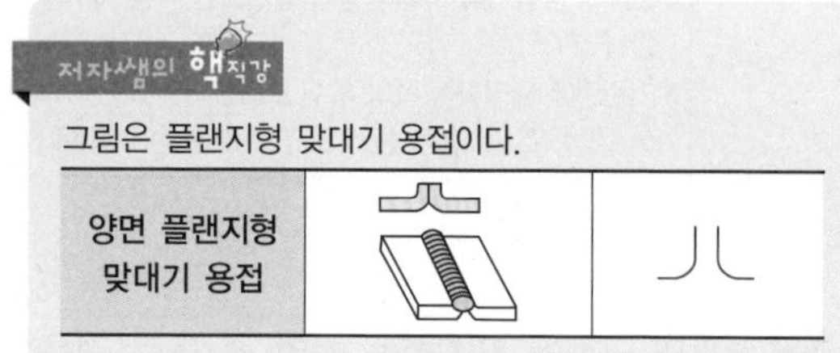

양면 플랜지형 맞대기 용접		

56 KS 재료 기호에서 고압 배관용 탄소강관을 의미하는 것은?

① SPP ② SPS
③ SPPA ④ SPPH

해설

① SPP(Steel Pipe Piping) : 배관용 탄소강 강관
② SPS(Spring Steel) : 스프링용 강
④ SPPH(Steel Pipe Pressure High) : 고압배관용 탄소강 강관

57 용도에 의한 명칭에서 선의 종류가 모두 가는 실선인 것은?

① 치수선, 치수보조선, 지시선
② 중심선, 지시선, 숨은선
③ 외형선, 치수보조선, 해칭선
④ 기준선, 피치선, 수준면선

저자쌤의 핵직강

선의 종류 및 용도

명 칭	기호명칭	기 호	
외형선	굵은 실선	────	대상물의 보이는 모양을 표시하는 선
치수선	가는 실선	────	치수 기입을 위해 사용하는 선
치수 보조선			치수를 기입하기 위해 도형에서 인출한 선
지시선			지시, 기호를 나타내기 위한 선
회전 단면선			회전한 형상을 나타내기 위한 선
수준면선			수면, 유면 등의 위치를 나타내는 선
숨은선	가는 파선	— — — —	대상물의 보이지 않는 부분의 모양을 표시
절단선	가는 1점 쇄선이 겹치는 부분에는 굵은 실선		절단한 면을 나타내는 선
중심선	가는 1점 쇄선	—-—-—	도형의 중심을 표시하는 선
기준선			위치 결정의 근거임을 나타내기 위해 사용
피치선			반복 도형의 피치의 기준을 잡음
무게 중심선	가는 2점 쇄선	—‥—	단면의 무게 중심 연결한 선
가상선			가공 부분의 이동하는 특정 위치나 이동 한계의 위치를 나타내는 선
특수 지정선	굵은 1점 쇄선	—-—-—	특수한 부분을 지정할 때 사용하는 선
파단선	불규칙한 가는 실선		대상물의 일부를 파단한 경계나 일부를 떼어 낸 경계를 표시하는 선
	지그재그 선		
해 칭	가는실선 (사선)	//////	단면도의 절단면을 나타내는 선
열처리	굵은 1점 쇄선	—-—-—	특수 열처리가 필요한 부분을 나타내는 선
개스킷	아주 굵은 실선	━━━━	개스킷 등 두께가 얇은 부분 표시하는 선

55 ④ 56 ④ 57 ① 정답

58 다음과 같은 원뿔을 전개하였을 경우 나타난 부채꼴의 전개각(전개된 물체의 꼭지각)이 150°가 되려면 l의 치수는?

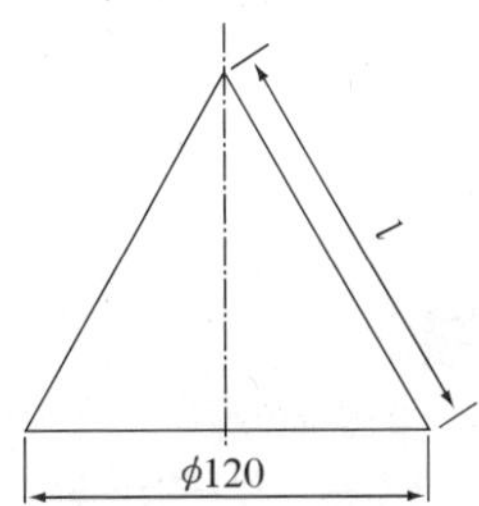

① 100　　② 122

③ 144　　④ 150

해설

전개면의 꼭지각(θ) 구하는 식

전개면의 꼭지각 $\theta = 360 \times \frac{r}{l}$

여기서, r : 원의 반지름

l : 모선의 길이

모선의 길이(l)를 구하면

$150 = 360 \times \frac{60}{l}$

$150 \times l = 360 \times 60$

$l = \frac{360 \times 60}{150} = 144\text{mm}$

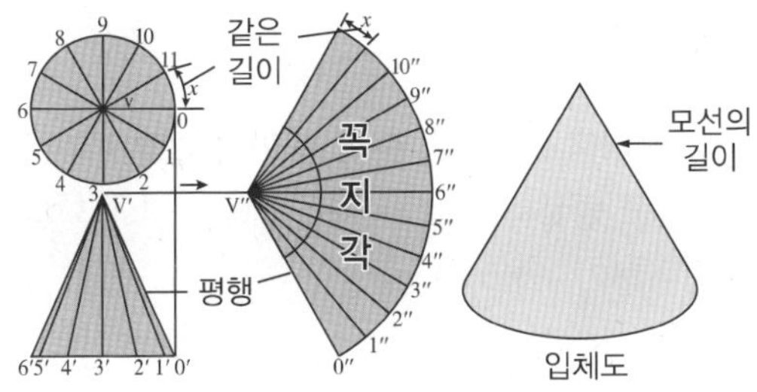

59 리벳의 호칭 방법으로 옳은 것은?

① 규격 번호, 종류, 호칭지름×길이, 재료

② 명칭, 등급, 호칭지름×길이, 재료

③ 규격번호, 종류, 부품 등급, 호칭, 재료

④ 명칭, 다듬질 정도, 호칭, 등급, 강도

해설

리벳의 호칭

규격 번호	종 류	호칭지름 ×길이	재 료
KS B 0112	열간 둥근 머리 리벳	10×30	SM50

60 다음과 같은 제3각법 정투상도의 3면도를 기초로 한 입체도로 가장 적합한 것은?

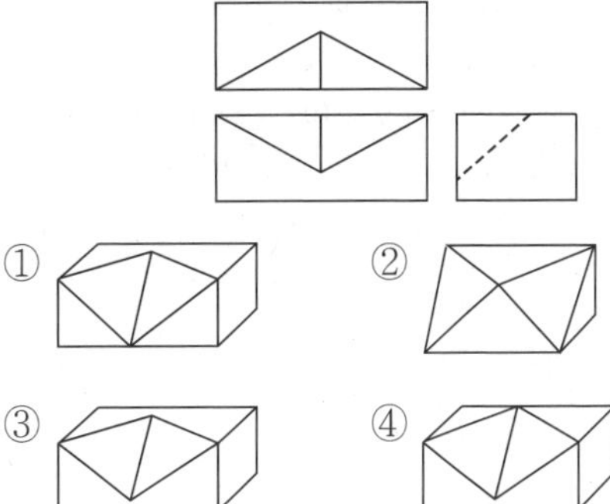

해설

물체의 정면도와 평면도를 보면 가운데 실선 부분이 끝까지 닿아 있지 않으므로 ①, ②, ④번은 정답에서 제외가 된다. 따라서 정답이 ②번임을 알 수 있다.

2014년도 제5회 **기출문제**

용접기능사 Craftsman Welding/Inert Gas Arc Welding

01 화재의 폭발 및 방지조치 중 틀린 것은?

① 필요한 곳에 화재를 진화하기 위한 발화 설비를 설치할 것
② 배관 또는 기기에서 가연성 증기가 누출되지 않도록 할 것
③ 대기 중에 가연성 가스를 누설 또는 방출시키지 말 것
④ 용접 작업 부근에 점화원을 두지 않도록 할 것

해설

필요한 곳에 화재를 진화하기 위해서는 스프링클러나 소화전과 같은 진화용 설비를 설치해야 한다. 발화 설비는 불을 일으키는 장치이므로 화재 방지장치와는 거리가 멀다.

02 용접 변형에 대한 교정 방법이 아닌 것은?

① 가열법
② 가압법
③ 절단에 의한 정형과 재용접
④ 역변형법

저자쌤의 핵직강

- 용접 전에 변형 방지책 : 억제법, 역변형법
- 용접 시공법에 의한 방법 : 대칭법, 후퇴법, 스킵법
- 용접 중 모재의 입열을 막아 변형을 방지하는 방법 : 도열법
- 용접 후 용접 금속부의 변형을 교정하는 방법 : 피닝법, 롤링 및 가열법

해설

역변형법은 용접을 시작하기 전 모재에 역변형을 주고 가접하는 것이므로 변형 방지법에 속하므로 변형에 대한 교정 방법과는 거리가 멀다.

03 서브머지드 아크 용접에서 다전극 방식에 의한 분류가 아닌 것은?

① 유니언식 ② 횡병렬식
③ 횡직렬식 ④ 텐덤식

저자쌤의 핵직강

서브머지드 아크 용접(SAW)에서 2개 이상의 전극와이어를 사용하여 한꺼번에 많은 양의 용착금속을 얻을 수 있는 다전극 용극 방식에는 텐덤식, 횡병렬식, 횡직렬식이 있다.

- 횡병렬식 : 2개의 와이어를 독립전원에 직렬로 흐르게 하여 아크의 복사열로 모재를 용융시켜 다량의 용착금속을 얻는 방식으로 입열량이 작아서 스테인리스판이나 덧붙임 용접(AC : 400A, DC : 400A 이하)에 사용한다.
- 횡직렬식 : 2개의 와이어를 한 개의 같은 전원에(AC-AC or DC-DC)연결한 후 아크를 발생시켜 다량의 용착 금속을 얻는 방법으로 용접 폭이 넓고 용입이 깊어서 용접 효율이 좋다.
- 텐덤식 : 2개의 와이어를 독립전원(AC-DC or AC-AC)에 연결한 후 아크를 발생시켜 한 번에 다량의 용착금속을 얻는 방식이다.

해설

유니언식은 다전극 방식의 분류가 아니다.

04 현미경 조직시험 순서 중 가장 알맞은 것은?

① 시험편 채취 – 마운팅 – 샌드 페이퍼 연마 – 폴리싱 – 부식 – 현미경 검사
② 시험편 채취 – 폴리싱 – 마운팅 – 샌드 페이퍼 연마 – 부식 – 현미경 검사
③ 시험편 채취 – 마운팅 – 폴리싱 – 샌드 페이퍼 연마 – 부식 – 현미경 검사
④ 시험편 채취 – 마운팅 – 부식 – 샌드 페이퍼 연마 – 폴리싱 – 현미경 검사

해설

현미경 조직시험의 순서

시험편 채취 → 마운팅 → 샌드 페이퍼 연마 → 폴리싱 → 부식 → 현미경 조직검사

1 ① 2 ④ 3 ① 4 ① **정답**

05 토륨 텅스텐 전극봉에 대한 설명으로 맞는 것은?

① 전자 방사능력이 떨어진다.
② 아크 발생이 어렵고 불순물 부착이 많다.
③ 직류 정극성에는 좋으나 교류에는 좋지 않다.
④ 전극의 소모가 많다.

저자쌤의 핵직강

토륨 텅스텐 전극봉의 특징
- 전극의 소모가 적다.
- 전자 방사 능력이 우수하다.
- 저전류에서도 아크 발생이 용이하다.
- 전극온도가 낮아도 전류용량을 크게 할 수 있다.
- 순 텅스텐 전극봉에 토륨을 1~2% 함유한 것이다.
- 전도성이 좋기 때문에 아크 발생이 쉽고 안정적이다.
- 직류 정극성(DCSP)에는 좋으나 교류에는 좋지 않다.

해설
토륨 텅스텐봉은 순 텅스텐봉에 토륨을 1~2% 함유한 것으로 직류 정극성에는 좋으나 교류에는 좋지 못한 특징을 갖는다.

06 다른 전기저항용접 중 맞대기 용접이 아닌 것은?

① 업셋 용접　② 버트 심용접
③ 프로젝션 용접　④ 퍼커션 용접

저자쌤의 핵직강

저항용접의 종류

겹치기 저항 용접	맞대기 저항 용접
• 점용접(스폿용접) • 심용접 • 프로젝션 용접	• 버트용접 • 퍼커션용접 • 업셋용접 • 플래시 버트 용접 • 포일심 용접

해설
프로젝션 용접은 겹치기 저항 용접에 속한다.

07 불활성 가스 금속아크 용접의 용적이행 방식 중 용융이행 상태는 아크 기류 중에서 용가재가 고속으로 용융, 미입자의 용적으로 분사되어 모재에 용착되는 용적이행은?

① 용락 이행　② 단락 이행
③ 스프레이 이행　④ 글로뷸러 이행

저자쌤의 핵직강

용적 이행방식의 종류

이행 방식	이행 형태	특 징
단락 이행 (Short Circuiting Transfer)		• 박판용접에 적합하다. • 입열량이 적고 용입이 얕다. • 저전류의 CO_2 및 MIG 용접에서 솔리드 와이어를 사용할 때 발생한다.
입상 이행 (글로뷸러) (Globular Transfer)		• Globule은 용융방울인 용적을 의미한다. • 깊고 양호한 용입을 얻을 수 있어서 능률적이나 스패터가 많이 발생한다. • 초당 90회 정도의 와이어보다 큰 용적으로 용융되어 모재로 이행된다.
스프레이 이행		• 용적이 작은 입자로 되어 스패터 발생이 적고 비드가 외관이 좋다. • 가장 많이 사용되는 것으로 아크 기류 중에서 용가재가 고속으로 용융되어 미입자의 용적으로 분사되어 모재에 옮겨가면서 용착되는 용적이행이다. • 고전압, 고전류에서 발생하며, 아르곤가스나 헬륨가스를 사용하는 경합금 용접에서 주로 나타나며 용착속도가 빠르고 능률적이다.
맥동 이행 (펄스아크)		연속적으로 스프레이 이행을 사용할 때 높은 입열로 인해 용접부의 물성이 변화되었거나 박판 용접 시 용락으로 인해 용접이 불가능하게 되었을 때 낮은 전류에서도 스프레이 이행이 이루어지게 하여 박판용접을 가능하게 한다.

정답 5 ③ 6 ③ 7 ③

해설

스프레이 이행은 MIG(Metal Inert Gas Arc Welding) 용접의 용적 이행방식 중에서 가장 많이 사용되는 방식으로 아크 기류 중에서 용가재가 고속으로 용융되어 미입자의 용적으로 분사되어 모재에 옮겨가면서 용착되는 용적이행 방법이다.

08 용착금속의 극한 강도가 30kg/mm²에 안전율이 6이면 허용 응력은?

① $3kg/mm^2$ ② $4kg/mm^2$
③ $5kg/mm^2$ ④ $6kg/mm^2$

해설

$$안전률(S) = \frac{극한강도}{허용응력}$$

$$6 = \frac{30kg/mm^2}{허용응력}$$

$$\therefore\ 허용응력 = \frac{30kg/mm^2}{6} = 5kg/mm^2$$

09 상온에서 강하게 압축함으로써 경계면을 국부적으로 소성 변형시켜 접합하는 것은?

① 냉간 압접
② 플래시 버트 용접
③ 업셋 용접
④ 가스 압접

저자쌤의 핵직강

- 플래시 버트 용접 : 2개의 금속 단면을 가볍게 접촉시키면서 큰 전류를 흐르게 하면 열이 집중적으로 발생하면서 그 부분이 용융되고 불꽃이 튀게 되는데, 이때 접촉이 끊어지고 다시 피용접재를 전진시면서 용융과 불꽃 튀는 것을 반복하면서 강한 압력을 가해 압접하는 방법으로 불꽃 용접이라고도 불린다.
- 업셋 용접 : 금속체의 면과 면을 맞대고 압력을 가한 후 열을 주어 맞댄 면을 접합하는 용접이다.
- 가스 압접 : 접합할 양쪽 부재의 끝부분을 산소 아세틸렌 가스로 가열하고 용융 온도에 이르기 직전에 접합면에 압력을 가하여 접합하는 방법

해설

냉간 압접은 상온에서 강하게 압축함으로써 경계면을 국부적으로 소성 변형시켜 접합하는 가공법이다.

10 일렉트로 슬래그 용접의 단점에 해당되는 것은?

① 용접능률과 용접품질이 우수하므로 후판용접 등에 적당하다.
② 용접진행 중에 용접부를 직접 관찰할 수 없다.
③ 최소한의 변형과 최단시간의 용접법이다.
④ 다전극을 이용하면 더욱 능률을 높일 수 있다.

저자쌤의 핵직강

일렉트로 슬래그 용접

용융된 슬래그와 용융 금속이 용접부에서 흘러나오지 못하도록 수랭동판으로 둘러싸고 이 용융 풀에 용접봉을 연속적으로 공급하는데 이때 발생하는 용융 슬래그의 저항열에 의하여 용접봉과 모재를 연속적으로 용융시키면서 용접하는 방법이다.

장 점	단 점
• 용접이 능률적이다. • 후판용접에 적당하다. • 전기 저항열에 의한 용접이다. • 용접 시간이 적어서 용접 후 변형이 적다.	• 손상된 부위에 취성이 크다. • 용접진행 중에 용접부를 직접 관찰할 수는 없다. • 가격이 비싸며 용접 후 기계적 성질이 좋지 못하다.

11 다음 중 용접 결함의 보수 용접에 관한 사항으로 가장 적절하지 않은 것은?

① 재료의 표면에 있는 얕은 결함은 덧붙임 용접으로 보수한다.
② 언더컷이나 오버랩 등은 그대로 보수 용접을 하거나 정으로 따내기 작업을 한다.
③ 결함이 제거된 모재 두께가 필요한 치수보다 얇게 되었을 때에는 덧붙임 용접으로 보수한다.
④ 덧붙임 용접으로 보수할 수 있는 한도를 초과할 때에는 결함부분을 잘라내어 맞대기 용접으로 보수한다.

해설

재료의 표면에 얕은 결함이 있으면 스카핑으로 불어내서 결함을 제거한 뒤 재용접을 해야 한다.

8 ③ 9 ① 10 ② 11 ① 정답

12 TIG 용접 및 MIG 용접에 사용되는 불활성 가스로 가장 적합한 것은?

① 수소가스　② 아르곤가스
③ 산소가스　④ 질소가스

해설
TIG 용접 및 MIG 용접에 주로 사용되는 불활성 가스는 아르곤(Ar) 가스이다.

13 차축, 레일의 접합, 선박의 프레임 등 비교적 큰 단면을 가진 주조나 단조품의 맞대기 용접과 보수 용접에 주로 사용되는 용접법은?

① 서브머지드 아크 용접
② 테르밋 용접
③ 원자 수소 아크 용접
④ 오토콘 용접

저자쌤의 핵직강

- 서브머지드 아크 용접(SAW) : 용접 부위에 미세한 입상의 플럭스를 도포한 뒤 와이어가 공급되어 아크가 플럭스 속에서 발생되므로 불가시 아크 용접, 잠호용접, 개발자의 이름을 딴 케네디 용접, 그리고 이를 개발한 회사의 상품명인 유니언 멜트 용접이라고도 한다.
- 원자 수소 아크 용접 : 2개의 텅스텐 전극 사이에서 아크를 발생시키고 홀더의 노즐에서 수소가스를 유출시켜서 용접하는 방법으로 연성이 좋고 표면이 깨끗한 용접부를 얻을 수 있으나, 토치 구조가 복잡하고 비용이 많이 들기 때문에 특수 금속 용접에 적합하다.
- 오토콘 용접 : 장척의 용접봉을 이용한 피복 아크 용접의 일종으로서, 아크의 이동을 사람이 하는 것이 아니라, 스프링 또는 중력을 이용하는 용접법이다. 일반적인 수동용접이 1인 1아크인데 비하여 1인이 여러 대(주로 3~5대)의 용접기를 사용할 수 있어 극히 능률적이다.

해설
테르밋 용접
금속 산화물과 알루미늄이 반응하여 열과 슬래그를 발생시키는 테르밋 반응을 이용하는 것으로 먼저 알루미늄 분말과 산화철을 1 : 3의 비율로 혼합하여 테르밋제를 만든 후 냄비의 역할을 하는 도가니에 넣어 약 1,000℃로 점화하면 약 2,800℃의 열이 발생되면서 용접용 강이 만들어지게 되는데 이 강을 용접부에 주입하면서 용접하는 방법이다.

14 CO_2 가스 아크 용접 시 저전류 영역에서 가스 유량은 약 몇 L/min 정도가 가장 적당한가?

① 1~5　② 6~10
③ 10~15　④ 16~20

해설
CO_2 용접에서 전류의 크기에 따른 가스 유량

전류 영역		가스 유량(L/min)
200A 미만	저전류 영역	10~15
200A 이상	고전류 영역	15~25

15 용접 시 두통이나 뇌빈혈을 일으키는 이산화탄소 가스의 농도는?

① 1~2%　② 3~4%
③ 10~15%　④ 20~30%

저자쌤의 핵직강

CO_2(이산화탄소)가스가 인체에 미치는 영향

CO_2 농도	증 상
1%	호흡속도 다소 증가
2%	호흡속도 증가, 지속 시 피로를 느낌
3~4%	호흡속도 평소의 약 4배 증대, 두통, 뇌빈혈, 혈압상승
6%	피부혈관의 확장, 구토
7~8%	호흡곤란, 정신장애, 수분 내 의식불명
10% 이상	시력장애, 2~3분 내 의식을 잃으며 방치 시 사망
15% 이상	위험 상태
30% 이상	극히 위험, 사망

해설
이산화탄소 가스의 농도가 3~4%인 환경에 사람이 노출되면 두통이나 뇌빈혈을 일으킨다.

16 모제두께 9mm, 용접 길이 150mm인 맞대기 용접의 최대 인장 하중(kg)은 얼마인가?(단, 용착금속의 인장 강도는 43kg/mm^{2}이다)

① 716kg　② 4,450kg
③ 40,635kg　④ 58,050kg

정답 12 ② 13 ② 14 ③ 15 ② 16 ④

해설

$$인장강도(\sigma) = \frac{작용하는\ 힘(F)}{작용면적(A)}$$

$$43kg/mm^2 = \frac{F}{9mm \times 150mm}$$

$\therefore F = 43 \times (9 \times 150) = 58,050kg$

17 용접에서 예열에 관한 설명 중 틀린 것은?

① 용접 작업에 의한 수축 변형을 감소시킨다.
② 용접부의 냉각 속도를 느리게 하여 결함을 방지한다.
③ 고급 내열합금도 용접 균열을 방지하기 위하여 예열을 한다.
④ 알루미늄 합금, 구리 합금은 50~70℃의 예열이 필요하다.

저자쌤의 핵직강

예열의 목적
- 잔류응력을 감소시킨다.
- 열영향부(HAZ)의 균열을 방지한다.
- 용접 금속에 연성 및 인성을 부여한다.
- 냉각속도를 느리게 하여 결함 및 수축 변형을 방지한다.
- 금속에 함유된 수소 등의 가스를 방출하여 균열을 방지한다.

해설

후판, 구리 또는 구리 합금, 알루미늄 합금 등과 같이 열전도가 큰 것은 이음부의 열 집중이 부족하여 융합 불량이 생기기 쉬우므로 200~400℃ 정도의 예열이 필요하다.

18 용접부의 연성결함의 유무를 조사하기 위하여 실시하는 시험법은?

① 경도 시험 ② 인장 시험
③ 초음파 시험 ④ 굽힘 시험

해설

굽힘 시험 : 용접부의 연성결함의 유무를 조사하기 위해 실시하는 시험법으로 용접 완료 후에 해당 부분을 U자 모형으로 굽혀서 Crack 여부를 검사함으로써 알 수 있다.

19 용접부 시험 중 비파괴 시험방법이 아닌 것은?

① 피로 시험 ② 누설 시험
③ 자기적 시험 ④ 초음파 시험

저자쌤의 핵직강

용접부 검사방법의 종류

비파괴 시험	내부결함	방사선 투과 시험(RT)
		초음파 탐상 시험(UT)
	표면결함	외관 검사(VT)
		자분탐상 검사(MT)
		침투탐상 검사(PT)
		누설 검사(LT)
		와전류탐상검사(ET)
기계적 시험 (파괴 검사)	인장 시험	인장강도, 항복점, 연신율 계산
	굽힘 시험	연성의 정도 측정
	충격 시험	인성과 취성의 정도 조사
	경도 시험	외력에 대한 저항의 크기 측정
	매크로 시험	조직 검사
	피로 시험	반복적인 외력에 대한 저항력 시험

해설

피로시험(Fatigue Test)은 재료의 강도시험으로 재료에 반복응력을 가했을 때 파괴되기까지의 반복하는 수를 구해서 응력(S)과 반복횟수(N)와의 상관관계를 알 수 있는 것으로 파괴 시험법에 속한다.

20 불활성 가스 금속 아크 용접의 제어장치로써 크레이터 처리 기능에 의해 낮아진 전류가 서서히 줄어들면서 아크가 끊어지는 기능으로 이면용접 부위가 녹아내리는 것을 방지하는 것은?

① 예비가스 유출시간 ② 스타트 시간
③ 크레이터 충전시간 ④ 번 백 시간

저자쌤의 핵직강

MIG 용접의 제어 장치 기능

종 류	기 능
예비가스 유출시간	아크 발생 전 보호가스 유출로 아크 안정과 결함의 발생을 방지한다.
스타트 시간	아크가 발생되는 순간에 전류와 전압을 크게 하여 아크 발생과 모재의 융합을 돕는다.
크레이터 충전시간	크레이터 결함을 방지한다.

17 ④ 18 ④ 19 ① 20 ④ 정답

종 류	기 능
번 백 시간	크레이터처리에 의해 낮아진 전류가 서서히 줄어들면서 아크가 끊어지는 현상을 제어함으로써 용접부가 녹아내리는 것을 방지한다.
가스지연 유출시간	용접 후 5~25초 정도 가스를 흘려서 크레이터의 산화를 방지한다.

해설

MIG 용접에서 용접 끝부분에 생기는 크레이터 불량을 처리하고자 할 때, 이면(뒷면) 용접부의 녹아내림을 방지하기 위해 사용하는 제어 기능은 번 백 시간이다.

21 경납용 용가재에 대한 각각의 설명이 틀린 것은?

① 은납 : 구리, 은, 아연이 주성분으로 구성된 합금으로 인장강도, 전연성 등의 성질이 우수하다.

② 황동납 : 구리와 니켈의 합금으로, 값이 저렴하여 공업용으로 많이 쓰인다.

③ 인동납 : 구리가 주성분이며 소량의 은, 인을 포함한 합금으로 되어 있다. 일반적으로 구리 및 구리합금의 땜납으로 쓰인다.

④ 알루미늄납 : 일반적으로 알루미늄에 규소, 구리를 첨가하여 사용하며 융점은 600℃ 정도이다.

해설

황동납 : Cu와 Zn의 합금으로 철강이나 비철금속의 납땜에 사용되는 합금재료로 전기전도도가 낮고 진동에 대한 저항력도 작다.

22 하중의 방향에 따른 필릿 용접의 종류가 아닌 것은?

① 전면 필릿 ② 측면 필릿

③ 연속 필릿 ④ 경사 필릿

저자쌤의 핵직강

하중 방향에 따른 필릿 용접의 종류

하중 방향에 따른 필릿 용접	형상에 따른 필릿 용접

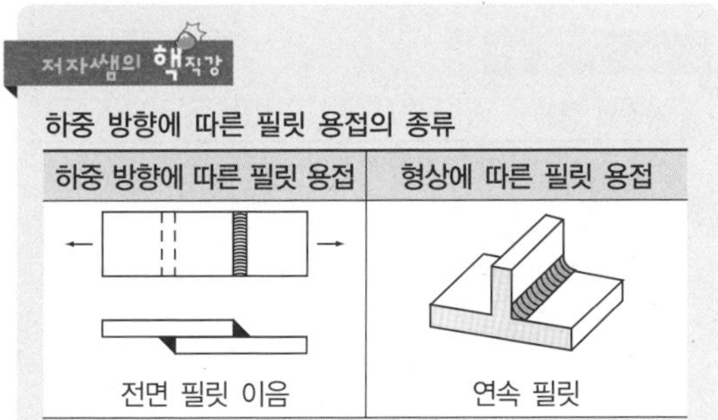

전면 필릿 이음 / 연속 필릿

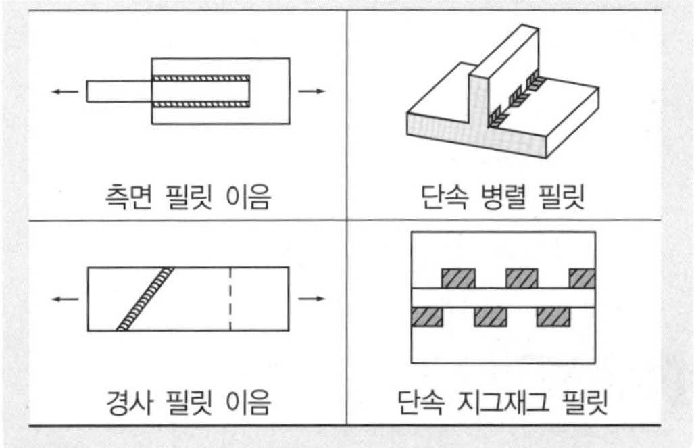

측면 필릿 이음 / 단속 병렬 필릿

경사 필릿 이음 / 단속 지그재그 필릿

해설

연속 필릿은 형상에 따른 필릿 용접의 종류에 속한다.

23 용접법을 크게 융접, 압접, 납땜으로 분류할 때 압접에 해당되는 것은?

① 전자빔 용접 ② 초음파 용접

③ 원자 수소 용접 ④ 일렉트로 슬래그 용접

해설

초음파 용접은 압접에 속한다.

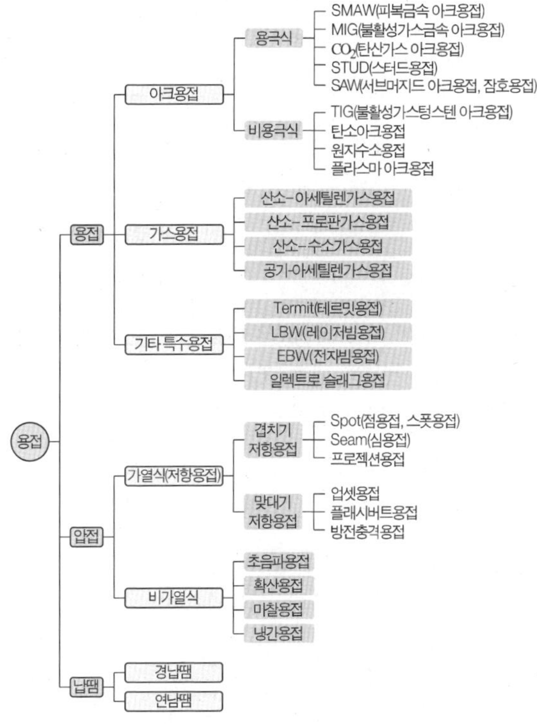

정답 21 ② 22 ③ 23 ②

24 가스용접 작업에서 후진법의 특징이 아닌 것은?

① 열 이용률이 좋다.
② 용접속도가 빠르다.
③ 용접 변형이 작다.
④ 얇은 판의 용접에 적당하다.

저자쌤의 핵직강

가스용접에서의 전진법과 후진법의 차이점

구 분	전진법	후진법
열 이용률	나쁘다.	좋다.
비드의 모양	보기 좋다.	매끈하지 못하다.
홈의 각도	크다(약 80°).	작다(약 60°).
용접 속도	느리다.	빠르다.
용접 변형	크다.	작다.
용접 가능 두께	두께 5mm 이하의 박판	후 판
가열 시간	길다.	짧다.
기계적 성질	나쁘다.	좋다.
산화 정도	심하다.	양호하다.
토치 진행방향 및 각도	오른쪽 → 왼쪽	왼쪽 → 오른쪽

해설

가스용접에서 후진법은 두꺼운 판인 후판 용접에 적당한다.

25 피복 아크 용접봉은 피복제가 연소한 후 생성된 물질이 용접부를 보호한다. 용접부의 보호방식에 따른 분류가 아닌 것은?

① 가스발생식 ② 스프레이형
③ 반가스발생식 ④ 슬래그생성식

저자쌤의 핵직강

용착금속의 보호방식에 따른 분류

- 가스발생식 : 피복제 성분이 주로 셀룰로오스이며, 연소 시 가스를 발생시켜 용접부를 보호한다.
- 슬래그생성식 : 피복제 성분이 주로 규사, 석회석 등의 무기물로 슬래그를 만들어 용접부를 보호하며 산화 및 질화를 방지한다.
- 반가스발생식 : 가스발생식과 슬래그생성식의 중간적 성질을 갖는다.

해설

용착금속의 보호방식에 따른 분류에 스프레이형은 포함되지 않는다.

26 산소 아크 절단을 설명한 것 중 틀린 것은?

① 가스절단에 비해 절단면이 거칠다.
② 직류 정극성이나 교류를 사용한다.
③ 중실(속이 찬) 원형봉의 단면을 가진 강(Steel)전극을 사용한다.
④ 절단속도가 빨라 철강 구조물 해체, 수중 해체 작업에 이용된다.

저자쌤의 핵직강

산소 아크 절단의 특징

- 전극의 운봉이 거의 필요 없다.
- 입열시간이 적어서 변형이 작다.
- 가스 절단에 비해 절단면이 거칠다.
- 전원은 직류 정극성이나 교류를 사용한다.
- 가운데가 비어 있는 중공의 원형봉을 전극봉으로 사용한다.
- 절단속도가 빨라 철강 구조물 해체나 수중 해체 작업에 이용된다.

해설

산소 아크 절단에 사용되는 전극봉은 중공의 피복봉으로, 이 전극봉에서 발생되는 아크열을 이용하여 모재를 용융시킨 후 중공 부분으로 절단 산소를 내보내서 절단하는 방법이다. 입열 시간이 적어 변형이 작고 전극의 운봉이 거의 필요 없다. 그리고 전극봉을 절단 방향으로 직선 이동만 시키면 되나 절단면이 고르지 못하다는 단점이 있다.

27 다음 가스 중 가연성 가스로만 되어 있는 것은?

① 아세틸렌, 헬륨 ② 수소, 프로판
③ 아세틸렌, 아르곤 ④ 산소, 이산화탄소

저자쌤의 핵직강

가스의 종류

조연성 가스	다른 연소 물질이 타는 것을 도와주는 가스	산소, 공기
가연성 가스 (연료가스)	산소나 공기와 혼합하여 점화하면 빛과 열을 내면서 연소하는 가스	아세틸렌, 프로판, 메탄, 부탄, 수소
불활성 가스	다른 물질과 반응하지 않는 기체	아르곤, 헬륨, 네온

24 ④ 25 ② 26 ③ 27 ② 정답

해설
수소와 프로판 가스는 가연성 가스에 속한다.

28 가스 가우징용 토치의 본체는 프랑스식 토치와 비슷하나 팁은 비교적 저압으로 대용량의 산소를 방출할 수 있도록 설계되어 있는데 이는 어떤 설계구조인가?

① 초 코　　② 인젝트
③ 오리피스　　④ 슬로 다이버전트

해설
다이버전트형 팁은 저압에서도 대용량의 산소를 고속 분출할 수 있어서 보통의 팁에 비해 절단 속도를 20~25% 증가시킬 수 있다.

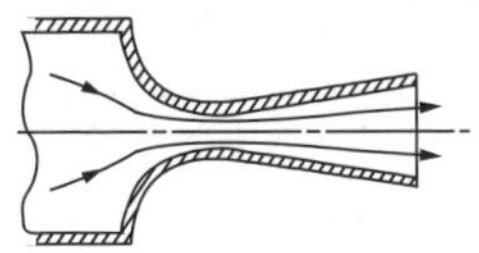
[다이버전트형 팁]

29 다음 괄호 안에 알맞은 용어는?

> "용접의 원리는 금속과 금속을 서로 충분히 접근 시키면 금속원자 간에 ( )이 작용하여 스스로 결합하게 된다."

① 인 력　　② 기 력
③ 자 력　　④ 응 력

해설
용접은 금속원자 간에 인력이 작용하여 스스로 결합하는 작업이다.

30 가스용접 시 양호한 용접부를 얻기 위한 조건에 대한 설명 중 틀린 것은?

① 용착금속의 용입 상태가 균일해야 한다.
② 슬래그, 기공 등의 결함이 없어야 한다.
③ 용접부에 첨가된 금속의 성질이 양호하지 않아도 된다.
④ 용접부에는 기름, 먼지, 녹 등을 완전히 제거하여야 한다.

해설
가스용접 시 양호한 용접부를 얻기 위해서는 용접부에 첨가된 금속의 성질도 역시 우수해야 한다. 만일 모재와 첨가 금속이 완전히 융합되지 않거나 결함이 발생하면 응력이 집중되어 구조물 파괴의 원인이 된다.

31 가스 용접에 대한 설명 중 옳은 것은?

① 아크 용접에 비해 불꽃의 온도가 높다.
② 열집중성이 좋아 효율적인 용접이 가능하다.
③ 전원 설비가 있는 곳에서만 설치가 가능하다.
④ 가열할 때 열량 조절이 비교적 자유롭기 때문에 박판 용접에 적합하다.

저자쌤의 핵직강

가스용접의 장점 및 단점

장 점	• 운반이 편리하고 설비비가 싸다. • 전원이 없는 곳에 쉽게 설치할 수 있다. • 아크 용접에 비해 유해 광선의 피해가 적다. • 가열할 때 열량 조절이 비교적 자유로워 박판 용접에 적당하다.
단 점	• 폭발의 위험이 있다. • 아크 용접에 비해 불꽃의 온도가 낮다. • 열 집중성이 나빠서 효율적인 용접이 어렵다. • 가열 범위가 커서 용접 변형이 크고 일반적으로 용접부의 신뢰성이 적다.

32 연강용 피복 아크 용접봉의 피복배합제 중 아크 안정제 역할을 하는 종류로 묶어 놓은 것 중 옳은 것은?

① 적철강, 알루미나, 붕산
② 붕산, 구리, 마그네슘
③ 알루미나, 마그네슘, 탄산나트륨
④ 산화티탄, 규산나트륨, 석회석, 탄산나트륨

저자쌤의 핵직강

피복 배합제의 종류

배합제	용 도	종 류
고착제	심선에 피복제를 고착시킨다.	규산나트륨, 규산칼륨, 아교
탈산제	용융 금속 중의 산화물을 탈산, 정련한다.	크롬, 망간, 알루미늄, 규소철, 페로망간, 페로실리콘, 망간철, 톱밥, 소맥분(밀가루)

정답 28 ④ 29 ① 30 ③ 31 ④ 32 ④

배합제	용 도	종 류
가스 발생제	중성, 환원성 가스를 발생하여 대기와의 접촉을 차단하여 용융 금속의 산화나 질화를 방지한다.	아교, 녹말, 톱밥, 탄산바륨, 셀룰로이드, 석회석, 마그네사이트
아크 안정제	아크를 안정시킨다.	산화티탄, 규산칼륨, 규산나트륨, 석회석
슬래그 생성제	용융점이 낮고 가벼운 슬래그를 만들어 산화나 질화를 방지한다.	석회석, 규사, 산화철, 일미나이트, 이산화망간
합금 첨가제	용접부의 성질을 개선하기 위해 첨가한다.	페로망간, 페로실리콘, 니켈, 몰리브덴, 구리

33 연강 피복 아크 용접봉인 E4316의 계열은 어느 계열인가?

① 저수소계 ② 고산화티탄계
③ 철분저수소계 ④ 일미나이트계

피복 아크 용접봉의 종류

종 류	특 징
일미 나이트계 (E4301)	• 일미나이트($TiO_2 \cdot FeO$)를 약 30% 이상 합금한 것으로 우리나라에서 많이 사용한다. • 일본에서 처음 개발한 것으로 작업성과 용접성이 우수하며 값이 저렴하여 철도나 차량, 구조물, 압력 용기에 사용된다. • 내균열성, 내가공성, 연성이 우수하여 25mm 이상의 후판용접도 가능하다.
라임 티타늄계 (E4303)	• E4313의 새로운 형태로 약 30% 이상의 산화티탄(TiO_2)과 석회석($CaCO_3$)이 주성분이다. • 산화티탄과 염기성 산화물이 다량으로 함유된 슬래그 생성식이다. • 피복이 두껍고 전 자세 용접성이 우수하다. • E4313의 작업성을 따르면서 기계적 성질과 일미나이트계의 부족한 점을 개량하여 만든 용접봉이다. • 고산화티탄계 용접봉보다 약간 높은 전류를 사용한다.
고셀룰로오스계 (E4311)	• 피복제에 가스 발생제인 셀룰로오스를 20~30% 정도를 포함한 가스 생성식 용접봉이다. • 발생 가스량이 많아 피복량이 얇고 슬래그가 적으므로 수직, 위보기 용접에서 우수한 작업성을 보인다. • 가스 생성에 의한 환원성 아크 분위기로 용착 금속의 기계적 성질이 양호하며 아크는 스프레이 형상으로 용입이 크고 용융 속도가 빠르다. • 슬래그가 적으므로 비드 표면이 거칠고 스패터가 많다. • 사용 전류는 슬래그 실드계 용접봉에 비해 10~15% 낮게 하며 사용 전 70~100℃에서 30분~1시간 건조해야 한다. • 도금 강판, 저합금강, 저장탱크나 배관공사에 이용된다.
고산화 티탄계 (E4313)	• 균열에 대한 감수성이 좋아서 구속이 큰 구조물의 용접이나 고탄소강, 쾌삭강의 용접에 사용한다. • 피복제에 산화티탄(TiO_2)을 약 35% 정도 합금한 것으로 일반 구조용 용접에 사용된다. • 용접기의 2차 무부하 전압이 낮을 때에도 아크가 안정적이며 조용하다. • 스패터가 적고 슬래그의 박리성도 좋아서 비드의 모양이 좋다. • 저합금강이나 탄소량이 높은 합금강의 용접에 적합하다. • 다층 용접에서는 만족할 만한 품질을 만들지 못한다. • 기계적 성질이 다른 용접봉에 비해 약하고 고온 균열을 일으키기 쉬운 단점이 있다.
저수소계 (E4316)	• 석회석이나 형석을 주성분으로 한 피복제를 사용한다. • 보통 저탄소강의 용접에 주로 사용되나 저합금강과 중, 고탄소강의 용접에도 사용된다. • 용착 금속 중의 수소량이 타 용접봉에 비해 1/10 정도로 현저하게 적다. • 균열에 대한 감수성이 좋아 구속도가 큰 구조물이 용접이나 탄소 및 황의 함유량이 많은 쾌삭강의 용접에 사용한다. • 피복제는 습기를 잘 흡수하기 때문에 사용 전에 300~350℃에서 1~2시간 건조 후 사용해야 한다.
철분 산화티탄계 (E4324)	• E4313의 피복제에 철분을 50% 정도 첨가한 것이다. • 작업성이 좋고 스패터가 적게 발생하나 용입이 얕다. • 용착 금속의 기계적 성질은 E4313과 비슷하다.
철분 저수소계 (E4326)	• E4316의 피복제에 30~50% 정도의 철분을 첨가한 것으로 용착속도가 크고 작업 능률이 좋다. • 용착 금속의 기계적 성질이 양호하고 슬래그의 박리성이 저수소계 용접봉보다 좋으며 아래보기나 수평 필릿 용접에만 사용된다.
철분 산화철계 (E4327)	• 주성분인 산화철에 철분을 첨가한 것으로 규산염을 다량 함유하고 있어서 산성의 슬래그가 생성된다. • 아크가 분무상으로 나타나며 스패터가 적고 용입은 E4324보다 깊다. • 비드의 표면이 곱고 슬래그의 박리성이 좋아서 아래보기나 수평 필릿 용접에 많이 사용된다.

해설
E4316은 저수소계 용접봉을 의미한다.

33 ① 정답

34 가스절단 시 양호한 절단면을 얻기 위한 품질 기준이 아닌 것은?

① 슬래그 이탈이 양호할 것
② 절단면의 표면각이 예리할 것
③ 절단면이 평활하며 노치 등이 없을 것
④ 드래그의 홈이 높고 가능한 클 것

저자쌤의 핵직강

가스 절단에서 양호한 절단면을 얻기 위한 조건
- 드래그 홈이 얕을 것
- 슬래그가 잘 이탈할 것
- 드래그가 가능한 작을 것
- 절단면 표면의 각이 예리할 것
- 절단면이 평활하며 노치 등이 없을 것

해설
가스 절단 시 양호한 절단면을 얻기 위해서는 드래그 홈이 얕아야 한다.

35 정격 2차 전류 200A, 정격 사용률 40%, 아크 용접기로 150A의 용접전류 사용 시 허용사용률은 약 얼마인가?

① 51% ② 61%
③ 71% ④ 81%

해설

$$\text{허용사용률}(\%) = \frac{(\text{정격 2차 전류})^2}{(\text{실제 용접 전류})^2} \times \text{정격사용률}(\%)$$

$$= \frac{200A^2}{150A^2} \times 40\% = 71.1\%$$

36 직류 아크 용접에서 정극성의 특징 설명으로 맞는 것은?

① 비드 폭이 넓다.
② 주로 박판용접에 쓰인다.
③ 모재의 용입이 깊다.
④ 용접봉의 녹음이 빠르다.

저자쌤의 핵직강

아크 용접기의 극성

직류 정극성 (DCSP : Direct Current Straight Polarity)	• 용입이 깊고 비드 폭이 좁다. • 용접봉의 용융속도가 느리다. • 후판(두꺼운 판) 용접이 가능하다. • 모재에는 (+)전극이 연결되며 70% 열이 발생하고, 용접봉에는 (−)전극이 연결되며 30% 열이 발생한다.
직류 역극성 (DCRP : Direct Current Reverse Polarity)	• 용입이 얕고 비드 폭이 넓다. • 용접봉의 용융속도가 빠르다. • 박판(얇은 판) 용접이 가능하다. • 모재에는 (−)전극이 연결되며 30% 열이 발생하고, 용접봉에는 (+)전극이 연결되며 70% 열이 발생한다.
교류(AC)	• 극성이 없다. • 전원 주파수의 1/2사이클마다 극성이 바뀐다.

해설
직류 아크 용접기를 정극성으로 사용하면 모재에서 약 70%의 열이 발생되므로 용입을 깊게 할 수 있다.

37 용해 아세틸렌 가스는 각각 몇 ℃, 몇 kgf/cm^2로 충전하는 것이 가장 적합한가?

① 40℃, $160kgf/cm^2$ ② 35℃, $150kgf/cm^2$
③ 20℃, $30kgf/cm^2$ ④ 15℃, $15kgf/cm^2$

해설
용해 아세틸렌 가스는 약 15℃의 온도에서 $15kgf/cm^2$의 압력으로 충전해야 한다.

38 교류 아크 용접기 종류 중 AW-500의 정격 부하 전압은 몇 V인가?

① 28V ② 32V
③ 36V ④ 40V

저자쌤의 핵직강

교류 아크 용접기의 규격

종 류	정격 2차 전류(A)	정격 사용률(%)	정격부하 전압(V)	사용 용접봉 지름(mm)
AW200	200	40	30	2.0~4.0
AW300	300	40	35	2.6~6.0

정답 34 ④ 35 ③ 36 ③ 37 ④ 38 ④

AW400	400	40	40	3.2~8.0
AW500	500	60	40	4.0~8.0

해설
AW-500의 정격 부하 전압은 40V이다.

39 피복 아크 용접봉의 피복 배합제의 성분 중에서 탈산제에 해당하는 것은?

① 산화티탄(TiO_2)
② 규소철(Fe-Si)
③ 셀룰로오스(Cellulose)
④ 일미나이트(TiO_2 · FeO)

해설
용접봉의 피복 배합제 성분들 중에서 규소철은 탄산제로서 사용된다.

40 다음 중 탄소량이 가장 적은 강은?

① 연 강 ② 반경강
③ 최경강 ④ 탄소공구강

해설
① 연강 : 0.15~0.28%의 탄소함유량
② 반경강 : 0.3~0.4%의 탄소함유량
③ 최경강 : 0.5~0.6%의 탄소함유량
④ 탄소공구강 : 0.6~1.5%의 탄소함유량

41 보통 주강에 3% 이하의 Cr을 첨가하여 강도와 내마멸성을 증가시켜 분쇄기계, 석유화학 공업용 기계부품 등에 사용되는 합금 주강은?

① Ni 주강 ② Cr 주강
③ Mn 주강 ④ Ni-Cr 주강

저자쌤의 핵직강

특수 주강의 종류 및 특징

종 류	특 징
Ni 주강	0.15~0.45%의 탄소강에 1~3.5%의 Ni을 합금한 것으로 연신율의 저하를 막고 강도와 인성 그리고 내마멸성이 크게 한다. 철도나 선박의 부품용 재료로 사용된다.
Ni-Cr 주강	니켈에 의한 강인성과 크롬에 의한 강도 및 경도를 증가시킬 목적으로 Ni 1~4%, Cr 0.5~2%를 합금한 저합금 주강이다. 톱니바퀴나 캠 등 강도와 내마모성이 요구되는 부품에 사용된다.
Mn 주강	0.9~1.2%의 저Mn 주강은 제지용 기계부품이나 롤러의 재료로 사용되며, 하드필드강이라고도 불리는 12%의 고Mn 주강은 인성이 높고 내마멸성도 매우 크므로 분쇄기 롤러용으로 사용된다.
Mo 주강	Mo의 특성에 따라 내열성과 큰 경도가 요구되는 기계 부품용 재료로 사용된다.
Cr 주강	보통 주강에 3% 이하의 Cr을 첨가하면 강도와 내마멸성이 우수해져 철도나 분쇄기계, 선박용 부품에 사용되며, 10% 이상인 고크롬 주강은 내식성이 우수하여 화학용 기계용 재료로 사용된다.

해설
Cr 주강은 보통 주강에 3% 이하의 Cr을 첨가하면 강도와 내마멸성이 우수해져 철도나 분쇄기계, 선박용 부품에 사용되며, 10% 이상인 고크롬 주강은 내식성이 우수하여 화학용 기계용 재료로 사용된다.

42 열간가공과 냉간가공을 구분하는 온도로 옳은 것은?

① 재결정 온도 ② 재료가 녹는 온도
③ 물의 어는 온도 ④ 고온취성 발생온도

해설
열간가공과 냉간가공을 구분하는 온도는 재결정 온도이다.

43 조성이 2.0~3.0% C, 0.6~1.5% Si 범위의 것으로 백주철을 열처리로에 넣어 가열해서 탈탄 또는 흑연화 방법으로 제조한 주철은?

① 가단 주철 ② 칠드 주철
③ 구상 흑연 주철 ④ 고력 합금 주철

저자쌤의 핵직강

- 칠드 주철 : 주조 시 주형에 냉금을 삽입하여 주물을 급랭시켜 표면은 경화시키고 내부는 본래의 연한 조직으로 남게 하는 내마모성 주철이다. 칠드 된 부분은 시멘타이트 조직으로 되어 경도가 크고, 내마멸성과 압축강도도 커져서 기차바퀴나 분쇄기의 롤러용 재료로 사용된다.

39 ② 40 ① 41 ② 42 ① 43 ① **정답**

- 구상 흑연 주철 : 불스아이 조직이 나타나는 주철로 Ni(니켈), Cr(크롬), Mo(몰리브덴), Cu(구리) 등을 첨가하여 재질을 개선한 것으로 노듈러 주철, 덕타일 주철로도 불린다. 내마멸성, 내열성, 내식성이 대단히 우수하여 자동차용 주물이나 특수기계의 부품용, 주조용 재료로 쓰인다. 흑연을 구상화하는 방법은 황(S)이 적은 선철을 용해하여 주입 전에 Mg, Ce, C 등을 첨가하여 제조하는데 편상 흑연의 결함도 제거할 수 있다. 보통 주철에 비해 강력하고 점성이 강하다.
- 고력 합금 주철 : Ni-Cr계 주철로써 강인하고 내마멸성과 내식성이 크고 절삭성이 좋아서 크랭크 축이나 실린더 압연용 롤의 재료로 사용된다.

해설

가단주철은 회주철의 결점을 보완한 것으로 백주철의 주물을 장시간 열처리하여 탈탄과 시멘타이트의 흑연화에 의해 연성을 갖게 하여 단조가공을 가능하게 한 주철이다. 탄소의 함량이 많아서 주조성이 우수하며 적당한 열처리에 의해 주강과 같은 강인한 조직이다. 조성은 C가 2~3%, Si가 0.6~1.5% 합금되어 있다.

44 구리(Cu)에 대한 설명으로 옳은 것은?

① 구리는 체심입방격자이며, 변태점이 있다.
② 전기 구리는 O_2나 탈산제를 품지 않는 구리이다.
③ 구리의 전기 전도율은 금속 중에서 은(Ag)보다 높다.
④ 구리는 CO_2가 들어 있는 공기 중에서 염기성 탄산구리가 생겨 녹청색이 된다.

해설

구리는 CO_2가 들어 있는 공기 중에서 염기성 탄산구리가 생겨 녹청색이 된다.
① 구리는 면심입방격자이며, 변태점이 없다.
② 전기구리는 전해정련에 의해서 제조한 순구리로써 O_2나 탈산제를 갖고 있다.
③ 구리의 전기 전도율은 금속 중에서 은(Ag)보다 낮다.

45 담금질에 대한 설명 중 옳은 것은?

① 위험구역에서는 급랭한다.
② 임계구역에서는 서랭한다.
③ 강을 경화시킬 목적으로 실시한다.
④ 정지된 물속에서 냉각 시 대류단계에서 냉각속도가 최대가 된다.

해설

담금질(Quenching)은 재질을 경화시킬 목적으로 강을 오스테나이트조직의 영역으로 가열한 후 급랭시켜 강도와 경도를 증가시키는 열처리법이다.
① 위험구역에서는 서랭한다.
② 임계구역에서는 급랭한다.
④ 정지된 물속에서 냉각 시 대류단계에서 냉각속도는 최소가 된다.

46 스테인리스강의 종류에 해당되지 않는 것은?

① 페라이트계 스테인리스강
② 레데뷰라이트계 스테인리스강
③ 석출경화형 스테인리스강
④ 마텐자이트계 스테인리스강

저자쌤의 핵직강

스테인리스강의 분류

구 분	종 류	주요성분	자 성
Cr계	페라이트계 스테인리스강	Fe+Cr 12% 이상	자성체
	마텐자이트계 스테인리스강	Fe+Cr 13%	자성체
Cr+Ni계	오스테나이트계 스테인리스강	Fe+Cr 18%+Ni 8%	비자성체
	석출경화계 스테인리스강	Fe+Cr+Ni	비자성체

해설

레데뷰라이트계는 스테인리스강의 조직학상 분류에 속하지 않는다.

47 강의 표준 조직이 아닌 것은?

① 페라이트(Ferrite)
② 펄라이트(Pearlite)
③ 시멘타이트(Cementite)
④ 소르바이트(Sorbite)

해설

강의 표준조직
- 페라이트
- 펄라이트
- 시멘타이트
- 오스테나이트

정답 44 ④ 45 ③ 46 ② 47 ④

48 **마그네슘(Mg)의 특성을 설명한 것 중 틀린 것은?**

① 비강도가 Al 합금보다 떨어진다.
② 구상흑연 주철의 첨가제로 사용된다.
③ 비중이 약 1.74 정도로 실용금속 중 가볍다.
④ 항공기, 자동차부품, 전자기기, 석박, 광학기계, 인쇄제판 등에 사용된다.

저자쌤의 핵직강

Mg(마그네슘)의 특징
- 용융점은 650℃이다.
- 조밀육방격자 구조이다.
- Al에 비해 약 35% 가볍다.
- 냉간가공은 거의 불가능하다.
- 구상흑연주철의 첨가재로 사용된다.
- 비중이 1.74로 실용금속 중에서 가장 가볍다.
- 비강도가 우수하여 항공우주 부품용 재료로 사용된다.
- 항공기, 자동차부품, 구상흑연주철의 첨가제로 사용된다.
- 대기 중에서 내식성이 양호하나 산이나 염류(바닷물)에 침식되기 쉽다.

해설

마그네슘(Mg)은 Al에 비해 약 35% 가볍기 때문에 비강도가 더 크다.

49 **금속 침투법 중 칼로라이징은 어떤 금속을 침투시킨 것인가?**

① B ② Cr
③ Al ④ Zn

저자쌤의 핵직강

표면경화법의 종류

종 류		침탄재료
화염 경화법		산소-아세틸렌불꽃
고주파 경화법		고주파 유도전류
질화법		암모니아가스
침탄법	고체 침탄법	목탄, 코크스, 골탄
	액체 침탄법	KCN(시안화칼륨), NaCN(시안화나트륨)
	가스 침탄법	메탄, 에탄, 프로판
금속침투법	세라다이징	Zn
	칼로라이징	Al
	크로마이징	Cr
	실리코나이징	Si
	보로나이징	B(붕소)

해설

표면경화법의 일종인 금속 침투법에서 칼로라이징은 표면에 Al(알루미늄)을 침투시킨 것이다.

50 **Al-Si계 합금의 조대한 공정조직을 미세화하기 위하여 나트륨(Na), 수산화나트륨(NaOH), 알칼리염류 등을 합금 용탕에 첨가하여 10~15분간 유지하는 처리는?**

① 시효 처리 ② 풀림 처리
③ 개량 처리 ④ 응력제거 풀림처리

저자쌤의 핵직강

- 시효처리 : 강을 일정 온도로 가열한 후 강 속에 함유된 물질을 미세하게 석출시켜 재료를 경화시키는 방법
- 풀림처리 : 재질을 연하고 균일화시킬 목적으로 실시하는 열처리법으로 완전풀림은 A_3변태점(968℃) 이상의 온도로, 연화풀림은 650℃ 정도의 온도로 가열한 후 서랭한다.
- 응력제거 풀림처리 : 용접에 의해서 생긴 잔류 응력을 제거하기 위한 열처리의 일종으로 구조용 강의 경우 약 550~650℃의 온도 범위로 일정한 시간을 유지하였다가 노 속에서 냉각시킨다.

해설

개량처리란 Al-Si계 합금의 조대한 공정조직을 미세화하기 위하여 나트륨(Na), 가성소다(NaOH), 알칼리염류 등을 합금 용탕에 첨가하여 10~15분간 유지하는 처리방법이다.

51 **그림과 같이 지름이 같은 원기둥과 원기둥이 직각으로 만날 때의 상관선은 어떻게 나타나는가?**

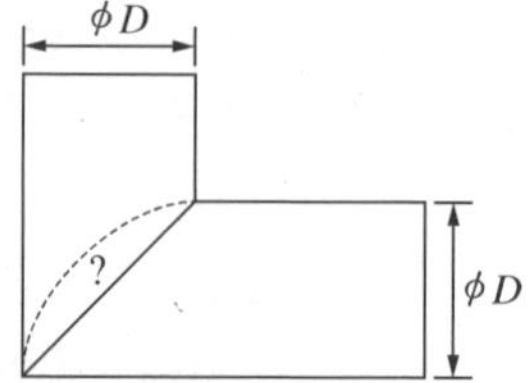

① 점선 형태의 직선
② 실선 형태의 직선
③ 실선 형태의 포물선
④ 실선 형태의 하이포이드 곡선

48 ① 49 ③ 50 ③ 51 ② 정답

저자쌤의 핵직강

원기둥과 원기둥이 직각으로 만나면 그 상관선은 실선 형태의 직선으로 표시한다.

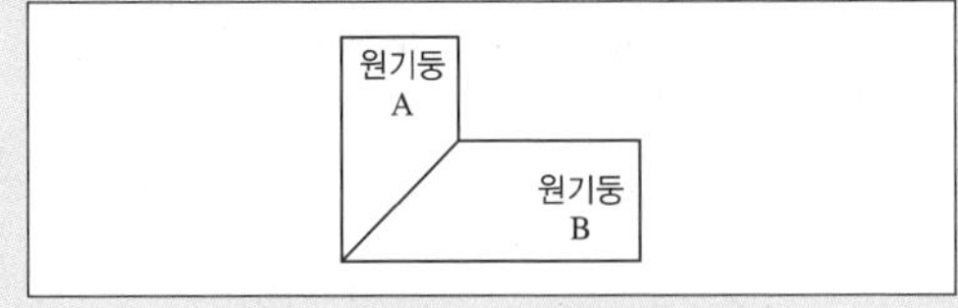

52 리벳 이음(Rivet Joint) 단면의 표시법으로 가장 올바르게 투상된 것은?

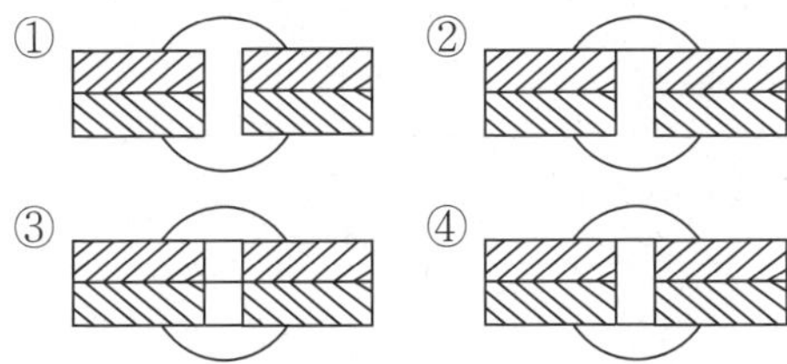

해설

리벳의 모양은 다음과 같으므로 단면에서도 ④과 같이 표시한다.

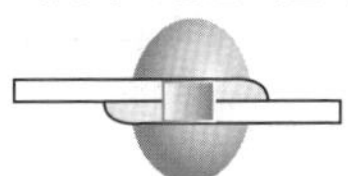

53 다음 중 지시선 및 인출선을 잘못 나타낸 것은?

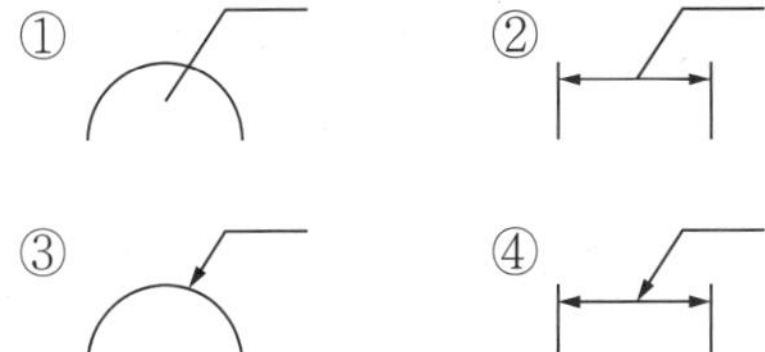

해설

지시선 및 인출선을 기입할 때 ④번과 같이 치수선에서 다시 인출선을 끌어내고자 할 때 그 끝부분에 화살표를 붙여서는 안 된다.

54 다음 중 치수기입의 원칙에 대한 설명으로 가장 적절한 것은?

① 중요한 치수는 중복하여 기입한다.
② 치수는 되도록 주 투상도에 집중하여 기입한다.
③ 계산하여 구한 치수는 되도록 식을 같이 기입한다.
④ 치수 중 참고 치수에 대하여는 네모 상자 안에 치수 수치를 기입한다.

저자쌤의 핵직강

치수 기입 원칙(KS B 0001)

- 중복치수는 피한다.
- 치수는 주 투상도에 집중한다.
- 관련되는 치수는 한 곳에 모아서 기입한다.
- 치수는 공정마다 배열을 분리해서 기입한다.
- 치수는 계산해서 구할 필요가 없도록 기입한다.
- 치수 숫자는 치수선 위 중앙에 기입하는 것이 좋다.
- 치수 중 참고 치수에 대하여는 수치에 괄호를 붙인다.
- 필요에 따라 기준으로 하는 점, 선, 면을 기준으로 하여 기입한다.
- 도면에 나타나는 치수는 특별히 명시하지 않는 한 다듬질 치수 표시한다.
- 치수는 투상도와의 모양 및 치수의 비교가 쉽도록 관련 투상도 쪽으로 기입한다.
- 치수는 대상물의 크기, 자세 및 위치를 가장 명확하게 표시할 수 있도록 기입한다.
- 기능상 필요한 경우 치수의 허용 한계를 지시한다(단, 이론적 정확한 치수는 제외).
- 대상물의 기능, 제작, 조립 등을 고려하여, 꼭 필요한 치수를 분명하게 도면에 기입한다.
- 하나의 투상도인 경우, 수평 방향의 길이 치수 위치는 투상도의 위쪽에서 읽을 수 있도록 기입한다.
- 하나의 투상도인 경우, 수직 방향의 길이 치수 위치는 투상도의 오른쪽에서 읽을 수 있도록 기입한다.

해설

치수는 되도록 주 투상도에 집중해서 기입해야 한다.

55 KS 재료기호 중 기계 구조용 탄소강재의 기호는?

① SM 35C ② SS 490B
③ SF 340A ④ STKM 20A

저자쌤의 핵직강

기계 구조용 탄소강재의 KS 규격

KS D 3752를 보면 SM 10C ~ SM 58C, SM 9CK, SM 15CK, SM 20CK가 규정되어 있다. 여기서, SM 35C의 탄소함유량은 0.32~0.38%이다.

해설

① SM : 기계 구조용 탄소강재, 용접 구조용 압연강재
② SS : 일반구조용 압연강재
③ SF : 탄소강 단조품
④ STKM : 기계구조용 탄소강관

정답 52 ④ 53 ④ 54 ② 55 ①

56 제3각 정투상법으로 투상한 그림과 같은 투상도의 우측면도로 가장 적합한 것은?

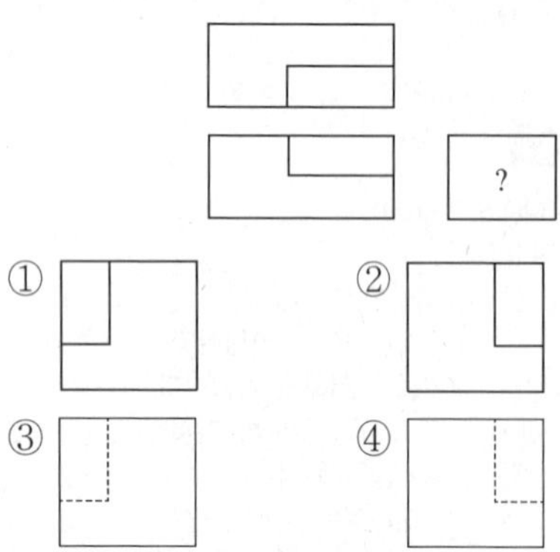

해설
정면도의 오른쪽 상단과 평면도의 오른쪽 하단부의 형상을 보면, 우측면도의 왼쪽 상단 부분에 빈 공간이 생긴다는 것을 알 수 있기 때문에 정답이 ①번임을 유추할 수 있다.

57 기계제도에서의 척도에 대한 설명으로 잘못된 것은?

① 척도는 표제란에 기입하는 것이 원칙이다.
② 축척의 표시는 2 : 1, 5 : 1, 10 : 1 등과 같이 나타낸다.
③ 척도란 도면에서의 길이와 대상물의 실제길이의 비이다.
④ 도면을 정해진 척도값으로 그리지 못하거나 비례하지 않을 때에는 척도를 'NS' 로 표시할 수 있다.

해설
축척의 표시는 1 : 2, 1 : 5, 1 : 10과 같이 나타내어야 하며, 2 : 1, 5 : 1, 10 : 1은 배척에 대한 표시이다.

Plus One 축척의 표시
A : B = 도면에서의 크기 : 물체의 실제크기
예 축척 – 1 : 2, 현척 – 1 : 1, 배척 – 2 : 1

58 다음 용접기호에서 "3"의 의미로 올바른 것은?

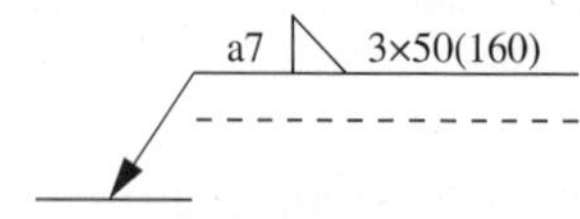

① 용접부 수
② 용접부 간격
③ 용접의 길이
④ 필릿용접 목 두께

해설
- a7 = 목두께가 7mm
-  = 필릿용접
- 3×50 = 용접부 개수 × 용접길이
- (160) = 인접한 용접부간 간격 160mm
- 용접부 기호표시

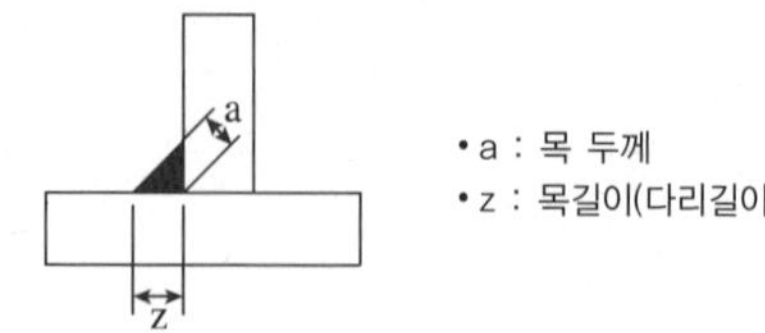

Plus One 단속 필릿 용접부의 표시방법

명 칭	단속 필릿 용접부
형 상	l (e) l
기 호	$a \triangleright n \times l(e)$
의 미	• a : 목 두께 • ⊿ : 필릿용접기호 • n : 용접부 개수 • l : 용접 길이 • (e) : 인접한 용접부 간격

59 다음 배관 도면에 포함되어 있는 요소로 볼 수 없는 것은?

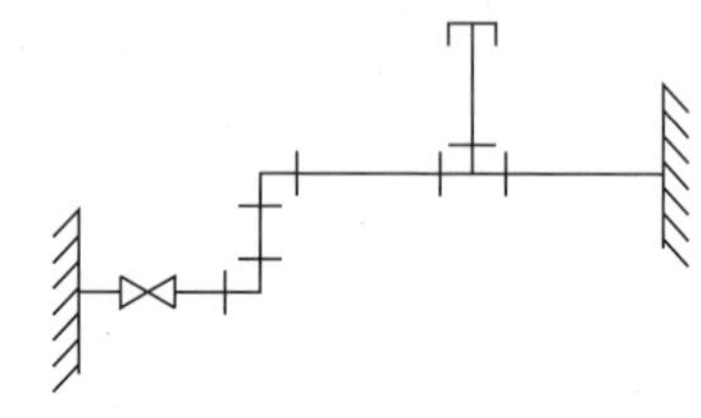

① 엘 보
② 티
③ 캡
④ 체크밸브

해설

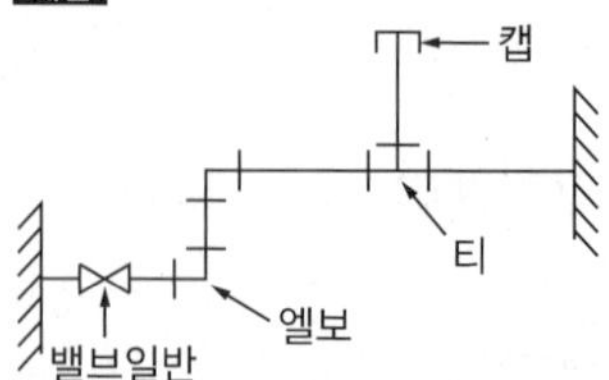

56 ① 57 ② 58 ① 59 ④ 정답

배관 도면에 체크밸브는 보이지 않는다. 체크 밸브는 유체가 한쪽 방향으로만 흐르고 반대쪽으로는 흐르지 못하도록 할 때 사용하는 밸브로 기호로는 다음과 같이 2가지로 표시한다.

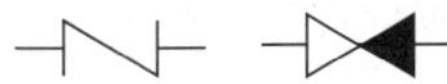

60 **리벳 구멍에 카운터 싱크가 없고 공장에서 드릴 가공 및 끼워 맞추기 할 때의 간략 표시 기호는?**

① 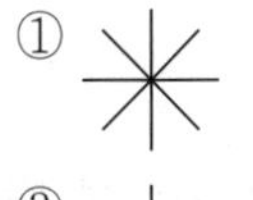
② 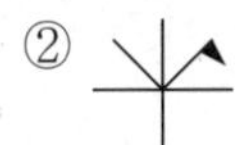
③ 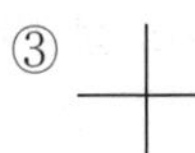
④ 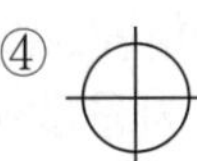

해설

리벳 구멍 자리에 카운터 싱크가 없고 드릴 가공 및 끼워 맞춤을 하고자 할 때 표시하는 기호는 ┼ 이다. 양쪽 면에 카운터 싱크가 있고 현장에서 드릴가공 및 끼워 맞춤을 하는 표시는 ⊹ 이다.

2015년도 제1회 **기출문제**

용접기능사 Craftsman Welding/Inert Gas Arc Welding

01 불활성 가스 텅스텐 아크 용접(TIG)의 KS규격이나 미국용접협회(AWS)에서 정하는 텅스텐 전극봉의 식별 색상이 황색이면 어떤 전극봉인가?

① 순텅스텐　　② 지르코늄텅스텐
③ 1% 토륨텅스텐　　④ 2% 토륨텅스텐

저자쌤의 핵직강

텅스텐 전극봉의 식별 색상

종 류	색 상
순텅스텐봉	녹 색
1% 토륨텅스텐봉	노랑(황색)
2% 토륨텅스텐봉	적 색
지르코늄텅스텐봉	갈 색
세륨텅스텐봉	회 색

해설
식별색상이 황색이면, 1% 토륨 텅스텐이다.

02 서브머지드 아크 용접의 다전극 방식에 의한 분류가 아닌 것은?

① 푸시식　　② 텐덤식
③ 횡병렬식　　④ 횡직렬식

저자쌤의 핵직강

서브머지드 아크 용접(SAW)의 다전극 용극 방식에는 텐덤식, 횡병렬식, 횡직렬식이 있다.

- 텐덤식 : 2개의 와이어를 독립전원(AC-DC or AC-AC)에 연결한 후 아크를 발생시켜 한 번에 다량의 용착금속을 얻는 방식이다.
- 횡병렬식 : 2개의 와이어를 독립전원에 직렬로 흐르게 하여 아크의 복사열로 모재를 용융시켜 다량의 용착금속을 얻는 방식으로 입열량이 작아서 스테인리스판이나 덧붙임 용접(AC : 400A, DC : 400A 이하)에 사용한다.
- 횡직렬식 : 2개의 와이어를 한 개의 같은 전원에(AC-AC or DC-DC) 연결한 후 아크를 발생시켜 다량의 용착금속을 얻는 방법으로 용접 폭이 넓고 용입이 깊어서 용접 효율이 좋다.

해설
푸시식은 다전극 방식에 의한 분류가 아니다.

03 다음 중 정지구멍(Stop Hole)을 뚫어 결함부분을 깎아 내고 재용접해야 하는 결함은?

① 균 열　　② 언더컷
③ 오버랩　　④ 용입부족

해설
용접물에 균열이 발생되었을 경우 계속적인 진행을 방지하기 위해 정지구멍(Stop Hole)을 뚫어서 결함부분을 깎아낸 후 재용접을 해야 한다.

04 다음 중 비파괴 시험에 해당하는 시험법은?

① 굽힘 시험　　② 현미경 조직 시험
③ 파면 시험　　④ 초음파 시험

저자쌤의 핵직강

용접부 검사 방법의 종류

비파괴 시험	내부결함	방사선 투과 시험(RT)
		초음파 탐상 시험(UT)
	표면결함	외관검사(VT)
		자분탐상검사(MT)
		침투탐상검사(PT)
		누설검사(LT)
		와전류탐상검사(ET)
파괴 시험 (기계적 시험)	인장시험	인장강도, 항복점, 연신율 계산
	굽힘시험	연성의 정도 측정
	충격시험	인성과 취성의 정도 측정
	경도시험	외력에 대한 저항의 크기 측정
	매크로시험	조직검사
	피로시험	반복적인 외력에 대한 저항력 측정
화학적 시험	화학분석 시험	재료의 조직검사
	부식시험	고온부식, 습부식, 응력부식
	수소시험	

1 ③　2 ①　3 ①　4 ④　정답

해설

초음파 시험은 초음파(Ultrasonic)를 사용해서 결함부위를 찾는 방법으로 비파괴 검사법에 속한다.

05 산업용 로봇 중 직각좌표계 로봇의 장점에 속하는 것은?

① 오프라인 프로그래밍이 용이하다.
② 로봇 주위에 접근이 가능하다.
③ 1개의 선형축과 2개의 회전축으로 이루어졌다.
④ 작은 설치공간에 큰 작업영역이다.

해설

직각좌표로봇은 X, Y, Z로 표시되는 직각좌표계에서 각 좌표축 방향으로 독립적으로 움직이는 직동관절로 이루어진 것이다. 모듈별로 판매되기 때문에 오프라인 프로그래밍을 적용하기가 용이하다는 장점이 있다.

Plus OnE 직각좌표계 로봇의 특징
- 프레임이 커서 설치공간을 많이 차지하므로 작동범위가 좁다.
- 직선 운동을 위한 기구학적 설계가 복잡하다.
- 로봇 주위에는 위험하므로 접근은 불가능하다.
- X, Y, Z축 방향으로 움직일 수 있는 독립 관절로 이루어져 있다.

06 용접 후 변형 교정 시 가열 온도 500~600℃, 가열 시간 약 30초, 가열 지름 20~30mm로 하여, 가열한 후 즉시 수냉하는 변형교정법을 무엇이라 하는가?

① 박판에 대한 수냉 동판법
② 박판에 대한 살수법
③ 박판에 대한 수냉 석면포법
④ 박판에 대한 점 수축법

저자쌤의 핵직강

박판에 대한 점 수축법
용접 후 변형을 교정할 때 지름 20~30mm 정도를 500~600℃로 30초 정도 가열한 후 즉시 수냉하는 변형교정법

07 용접 전의 일반적인 준비 사항이 아닌 것은?

① 사용 재료를 확인하고 작업내용을 검토한다.
② 용접전류, 용접순서를 미리 정해둔다.
③ 이음부에 대한 불순물을 제거한다.
④ 예열 및 후열처리를 실시한다.

해설

용접할 재료는 작업 전 반드시 예열 작업을 해야 한다.

08 금속 간의 원자가 접합되는 인력 범위는?

① 10^{-4}cm ② 10^{-6}cm
③ 10^{-8}cm ④ 10^{-10}cm

해설

금속 간 거리를 10^{-8}cm 내로 두면 원자 간 인력에 의해 스스로 결합이 되나, 일반적으로는 표면의 불순물과 산화물 때문에 순수한 결합이 힘들어 용접과 같은 결합법을 사용한다.

09 불활성 가스 금속아크 용접(MIG)에서 크레이터 처리에 의해 낮아진 전류가 서서히 줄어들면서 아크가 끊어지는 기능으로 용접부가 녹아내리는 것을 방지하는 제어기능은?

① 스타트 시간 ② 예비 가스 유출 시간
③ 번 백 시간 ④ 크레이터 충전 시간

저자쌤의 핵직강

MIG 용접의 제어 장치 기능

종 류	기 능
예비 가스 유출 시간	아크 발생 전 보호가스 유출로 아크 안정과 결함의 발생을 방지한다.
스타트 시간	아크가 발생되는 순간에 전류와 전압을 크게 하여 아크 발생과 모재의 융합을 돕는다.
크레이터 충전 시간	크레이터 결함을 방지한다.
번 백 시간	크레이터처리에 의해 낮아진 전류가 서서히 줄어들면서 아크가 끊어지는 현상을 제어함으로써 용접부가 녹아내리는 것을 방지한다.
가스지연 유출 시간	용접 후 5~25초 정도 가스를 흘려서 크레이터의 산화를 방지한다.

해설

MIG 용접에서 크레이터처리에 의해 낮아진 전류가 서서히 줄어들면서 아크가 끊어지게 하여 용접부가 녹아내리는 것을 방지하는 기능은 번 백 시간이다.

정답 5 ① 6 ④ 7 ④ 8 ③ 9 ③

10 다음 중 용접용 지그 선택의 기준으로 적절하지 않은 것은?

① 물체를 튼튼하게 고정시켜 줄 크기와 힘이 있을 것
② 변형을 막아줄 만큼 견고하게 잡아줄 수 있을 것
③ 물품의 고정과 분해가 어렵고 청소가 편리할 것
④ 용접 위치를 유리한 용접자세로 쉽게 움직일 수 있을 것

해설
용접용 지그는 원활한 작업을 위해 고정과 분해가 쉽고 청소하기도 편리해야 한다.

11 다음 중 테르밋 용접의 특징에 관한 설명으로 틀린 것은?

① 전기가 필요없다.
② 용접 작업이 단순하다.
③ 용접 시간이 길고 용접 후 변형이 크다.
④ 용접 기구가 간단하고 작업 장소의 이동이 쉽다.

저자쌤의 핵직강

테르밋 용접의 특징
- 설비비가 싸다.
- 용접비용이 싸다.
- 이동이 용이하다.
- 용접작업이 단순하다.
- 홈 가공이 불필요하다.
- 전기 공급이 필요 없다.
- 현장에서 직접 사용된다.
- 용접시간이 짧고 용접 후 변형이 작다.
- 구조, 단조, 레일 등의 용접 및 보수에 이용한다.
- 차량, 선박, 접합단면이 큰 구조물의 용접에 적용한다.

해설
테르밋 용접은 용접 시간이 비교적 짧고 용접 후 변형이 작은 장점이 있다.

테르밋 용접
금속산화물과 알루미늄이 반응하여 열과 슬래그를 발생시키는 테르밋 반응을 이용하는 것으로 먼저 알루미늄 분말과 산화철을 1 : 3의 비율로 혼합하여 테르밋제를 만든 후 냄비의 역할을 하는 도가니에 넣어 약 1,000℃로 점화하면 약 2,800℃의 열이 발생되면서 용접용 강이 만들어지게 되는데 이 강을 용접부에 주입하면서 용접하는 용접법이다.

12 서브머지드 아크 용접에 대한 설명으로 틀린 것은?

① 가시용접으로 용접 시 용착부를 육안으로 식별이 가능하다.
② 용융속도와 용착속도가 빠르며 용입이 깊다.
③ 용착금속의 기계적 성질이 우수하다.
④ 개선각을 작게 하여 용접 패스 수를 줄일 수 있다.

해설
서브머지드 아크 용접(SAW)은 용접부가 눈에 보이지 않는 불가시용접이다.

13 다음 중 용접 설계상 주의해야 할 사항으로 틀린 것은?

① 국부적으로 열이 집중되도록 할 것
② 용접에 적합한 구조의 설계를 할 것
③ 결함이 생기기 쉬운 용접 방법은 피할 것
④ 강도가 약한 필릿 용접은 가급적 피할 것

해설
용접 시 국부적으로 열이 집중되면 변형이 되기 쉬우므로 발생열이 쉽게 분산되도록 설계해야 한다.

14 이산화탄소 아크 용접법에서 이산화탄소(CO_2)의 역할을 설명한 것 중 틀린 것은?

① 아크를 안정시킨다.
② 용융금속 주위를 산성 분위기로 만든다.
③ 용융속도를 빠르게 한다.
④ 양호한 용착금속을 얻을 수 있다.

해설
CO_2 가스 아크 용접에서 이산화탄소가스의 역할은 용착부를 보호하는 데 있으며, 용융속도를 빠르게 하지는 않는다.

15 이산화탄소 아크 용접에 관한 설명으로 틀린 것은?

① 팁과 모재 간의 거리는 와이어의 돌출길이에 아크길이를 더한 것이다.
② 와이어 돌출길이가 짧아지면 용접와이어의 예열이 많아진다.

10 ③ 11 ③ 12 ① 13 ① 14 ③ 15 ② 정답

③ 와이어의 돌출길이가 짧아지면 스패터가 부착되기 쉽다.
④ 약 200A 미만의 저전류를 사용할 경우 팁과 모재 간의 거리는 10~15mm 정도 유지한다.

해설
가스 아크 용접에서 와이어의 돌출길이가 짧아지면 용접와이어의 예열은 줄어든다.

16 강구조물 용접에서 맞대기 이음의 루트 간격의 차이에 따라 보수용접을 하는데 보수방법으로 틀린 것은?
① 맞대기 루트 간격 6mm 이하일 때에는 이음부의 한쪽 또는 양쪽을 덧붙임 용접한 후 절삭하여 규정 간격으로 개선 홈을 만들어 용접한다.
② 맞대기 루트 간격 15mm 이상일 때에는 판을 전부 또는 일부(대략 300mm 이상의 폭)를 바꾼다.
③ 맞대기 루트 간격 6~15mm일 때에는 이음부에 두께 6mm 정도의 뒷댐판을 대고 용접한다.
④ 맞대기 루트 간격 15mm 이상일 때에는 스크랩을 넣어서 용접한다.

해설
보수용접할 때 맞대기 루트 간격이 15mm 이상일 때에는 판을 전부 또는 일부(대략 300mm 이상의 폭)를 바꾸어서 보수해야 하나 스크랩을 넣어서 보수하지는 않는다.

17 용접 시공 시 발생하는 용접 변형이나 잔류응력의 발생을 줄이기 위해 용접 시공 순서를 정한다. 다음 중 용접시공 순서에 대한 사항으로 틀린 것은?
① 제품의 중심에 대하여 대칭으로 용접을 진행시킨다.
② 같은 평면 안에 많은 이음이 있을 때에는 수축은 가능한 자유단으로 보낸다.
③ 수축이 적은 이음을 가능한 먼저 용접하고 수축이 큰 이음을 나중에 용접한다.
④ 리벳작업과 용접을 같이 할 때는 용접을 먼저 실시하여 용접열에 의해서 리벳의 구멍이 늘어남을 방지한다.

저자쌤의 핵직강
용접물의 변형이나 잔류응력의 누적을 피하려면 수축이 큰 이음을 먼저 용접하고 수축이 적은 이음을 나중에 용접해야 한다.

18 용접 작업 시의 전격에 대한 방지대책으로 올바르지 않은 것은?
① TIG 용접 시 텅스텐 봉을 교체할 때는 전원스위치를 차단하지 않고 해야 한다.
② 습한 장갑이나 작업복을 입고 용접하면 감전의 위험이 있으므로 주의한다.
③ 절연홀더의 절연 부분이 균열이나 파손되었으면 곧바로 보수하거나 교체한다.
④ 용접 작업이 끝났을 때나 장시간 중지할 때에는 반드시 스위치를 차단시킨다.

해설
전격을 방지하기 위해서는 TIG 용접 시 텅스텐 전극봉 교체 시 반드시 전원스위치를 차단한 후 교체해야 한다.

19 단면적이 $10cm^2$의 평판을 완전 용입 맞대기 용접한 경우의 견디는 하중은 얼마인가?(단, 재료의 허용응력을 $1,600kgf/cm^2$로 한다.)
① 160kgf ② 1,600kgf
③ 16,000kgf ④ 16kgf

저자쌤의 핵직강
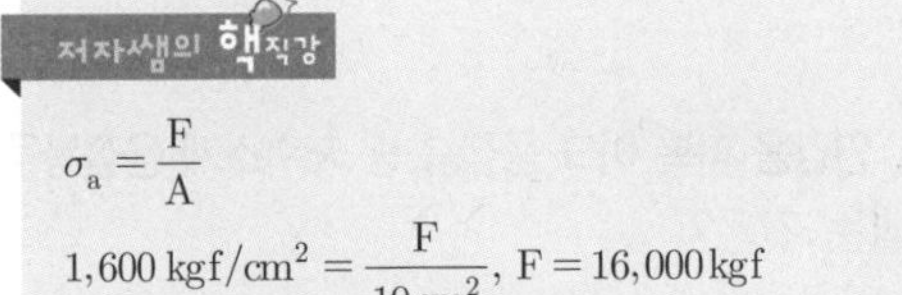
$$\sigma_a = \frac{F}{A}$$
$$1,600\,kgf/cm^2 = \frac{F}{10\,cm^2},\ F = 16,000\,kgf$$

20 용접 길이가 짧거나 변형 및 잔류응력의 우려가 적은 재료를 용접할 경우 가장 능률적인 용착법은?
① 전진법 ② 후진법
③ 비석법 ④ 대칭법

정답 16 ④ 17 ③ 18 ① 19 ③ 20 ①

해설

잔류응력이 발생 가능성이 적은 재료는 아크가 발생하는 방향으로 용접하는 전진법이 가장 능률적이다.

E4326	철분 저수소계	E4327	철분 산화철계
E4340	특수계	–	–

21 다음 중 아세틸렌(C_2H_2)가스의 폭발성에 해당되지 않는 것은?

① 406~408℃가 되면 자연 발화한다.
② 마찰·진동·충격 등의 외력이 작용하면 폭발위험이 있다.
③ 아세틸렌 90%, 산소 10%의 혼합 시 가장 폭발위험이 크다.
④ 은·수은 등과 접촉하면 이들과 화합하여 120℃ 부근에서 폭발성이 있는 화합물을 생성한다.

해설

산소–아세틸렌가스를 혼합할 때 가장 폭발위험이 큰 비율은 산소 15%, 아세틸렌 85%이다.

22 스터드 용접의 특징 중 틀린 것은?

① 긴 용접시간으로 용접변형이 크다.
② 용접 후의 냉각속도가 비교적 빠르다.
③ 알루미늄, 스테인리스강 용접이 가능하다.
④ 탄소 0.2%, 망간 0.7% 이하 시 균열 발생이 없다.

해설

스터드 용접은 모재에 구멍을 뚫지 않고 볼트를 100% 용착시키므로 시간이 절약되며 미숙련공도 바로 작업 할 수 있으므로 경제성을 보장한다(빠른 작업속도).

23 연강용 피복 아크 용접봉 중 저수소계 용접봉을 나타내는 것은?

① E 4301 ② E 4311
③ E 4316 ④ E 4327

저자쌤의 핵직강

용접봉의 종류

E4301	일미나이트계	E4303	라임티타니아계
E4311	고셀룰로오스계	E4313	고산화티탄계
E4316	저수소계	E4324	철분 산화티탄계

24 산소–아세틸렌가스 용접의 장점이 아닌 것은?

① 용접기의 운반이 비교적 자유롭다.
② 아크 용접에 비해서 유해광선의 발생이 적다.
③ 열의 집중성이 높아서 용접이 효율적이다.
④ 가열할 때 열량조절이 비교적 자유롭다.

저자쌤의 핵직강

가스용접의 장점 및 단점

구분	내용
장 점	• 운반이 편리하고 설비비가 싸다. • 전원이 없는 곳에 쉽게 설치할 수 있다. • 아크 용접에 비해 유해 광선의 피해가 적다. • 가열할 때 열량 조절이 비교적 자유로워 박판 용접에 적당하다.
단 점	• 폭발의 위험이 있다. • 아크 용접에 비해 불꽃의 온도가 낮다. • 열 집중성이 나빠서 효율적인 용접이 어렵다. • 가열 범위가 커서 용접 변형이 크고 일반적으로 용접부의 신뢰성이 적다.

해설

산소–아세틸렌가스를 주로 이용하는 가스용접은 다른 용접법에 비해 열의 집중성이 낮아서 효율적인 용접이 어렵다.

25 직류 피복 아크 용접기와 비교한 교류 피복 아크 용접기의 설명으로 옳은 것은?

① 무부하 전압이 낮다.
② 아크의 안정성이 우수하다.
③ 아크 쏠림이 거의 없다.
④ 전격의 위험이 적다.

해설

교류 아크 용접기는 아크 쏠림이 거의 없으나, 무부하 전압이 높고 아크의 안정성이 불안정하고 전격의 위험이 크다는 단점이 있다.

21 ③ 22 ① 23 ③ 24 ③ 25 ③ 정답

26 다음 중 산소용기의 각인 사항에 포함되지 않는 것은?

① 내용적 ② 내압시험압력
③ 가스충전일시 ④ 용기 중량

저자쌤의 핵직강

산소용기에 각인하는 사항
- 용기 제조자의 명칭
- 충전가스의 명칭
- 용기제조번호(용기번호)
- 용기의 중량(kg)
- 용기의 내용적(L)
- 내압시험압력 연월일
- 최고충전압력
- 이음매없는 용기일 경우 "이음매없음" 표기

해설
산소용기의 각인 사항에 가스의 충전일시는 포함되지 않는다.

27 정류기형 직류 아크 용접기에서 사용되는 셀렌 정류기는 80℃ 이상이면 파손되므로 주의하여야 하는데 실리콘 정류기는 몇 ℃ 이상에서 파손이 되는가?

① 120℃ ② 150℃
③ 80℃ ④ 100℃

해설
실리콘 정류기는 약 150℃ 이상이 되면 파손된다.

28 가스용접 작업 시 후진법의 설명으로 옳은 것은?

① 용접속도가 빠르다.
② 열 이용률이 나쁘다.
③ 얇은 판의 용접에 적합하다.
④ 용접변형이 크다.

저자쌤의 핵직강

가스용접에서의 전진법과 후진법의 차이점

구 분	전진법	후진법
열 이용률	나쁘다.	좋다.
비드의 모양	보기 좋다.	매끈하지 못하다.
홈의 각도	크다(약 80°).	작다(약 60°).
용접 속도	느리다.	빠르다.
용접 변형	크다.	작다.
용접 가능 두께	두께 5mm 이하의 박판	후 판
가열 시간	길다.	짧다.
기계적 성질	나쁘다.	좋다.
산화 정도	심하다.	양호하다.
토치 진행방향 및 각도	오른쪽 → 왼쪽	왼쪽 → 오른쪽

해설
가스용접에서 후진법은 전진법보다 용접속도를 빠르게 할 수 있다.

29 절단의 종류 중 아크 절단에 속하지 않는 것은?

① 탄소 아크 절단
② 금속 아크 절단
③ 플라스마 제트 절단
④ 수중 절단

저자쌤의 핵직강

절단법의 열원에 의한 분류

종 류	특 징	분 류
아크 절단	전기 아크열을 이용한 금속 절단법	산소 아크 절단
		피복 아크 절단
		탄소 아크 절단
		아크 에어 가우징
		플라스마 제트 절단
		불활성 가스 아크 절단
가스 절단	산소가스와 금속과의 산화 반응을 이용한 금속 절단법	산소-아세틸렌가스 절단
분말 절단	철분이나 플럭스 분말을 연속적으로 절단 산소 속에 혼입시켜서 공급하여 그 반응열이나 용제 작용을 이용한 절단법	

해설
H_2(수소)가스를 이용하는 수중 절단은 아크 절단에 속하지 않는다.

정답 26 ③ 27 ② 28 ① 29 ④

30 강재의 표면에 개재물이나 탈탄층 등을 제거하기 위하여 비교적 얇고 넓게 깎아내는 가공 방법은?

① 스카핑 ② 가스 가우징
③ 아크 에어 가우징 ④ 워터 제트 절단

저자샘의 핵직강

스카핑 : 강괴나 강편, 강재 표면의 홈이나 개재물, 탈탄층 등을 제거하기 위한 불꽃 가공으로 가능한 얇으면서 타원형의 모양으로 표면을 깎아내는 가공법

31 다음 중 용접기에서 모재를 (+)극에, 용접봉을 (−)극에 연결하는 아크 극성으로 옳은 것은?

① 직류정극성 ② 직류역극성
③ 용극성 ④ 비용극성

저자샘의 핵직강

아크 용접기의 극성

직류정극성 (DCSP : Direct Current Straight Polarity)	• 용입이 깊다. • 비드 폭이 좁다. • 용접봉의 용융속도가 느리다. • 후판(두꺼운 판) 용접이 가능하다. • 모재에는 (+)전극이 연결되며 70% 열이 발생하고, 용접봉에는 (−)전극이 연결되며 30% 열이 발생한다.
직류역극성 (DCRP : Direct Current Reverse Polarity)	• 용입이 얕다. • 비드 폭이 넓다. • 용접봉의 용융속도가 빠르다. • 박판(얇은 판) 용접이 가능하다. • 주철, 고탄소강, 비철금속의 용접에 쓰인다. • 모재에는 (−)전극이 연결되며 30% 열이 발생하고, 용접봉에는 (+)전극이 연결되며 70% 열이 발생한다.
교류(AC)	• 극성이 없다. • 전원 주파수의 $\frac{1}{2}$ 사이클마다 극성이 바뀐다. • 직류 정극성과 직류 역극성의 중간적 성격이다.

해설

직류정극성의 경우 모재에는 (+)전극이 연결되고 용접봉에는 (−)전극이 연결된다. (+)전극이 연결되는 곳에 70%의 열이 발생한다.

32 야금적 접합법의 종류에 속하는 것은?

① 납땜 이음 ② 볼트 이음
③ 코터 이음 ④ 리벳 이음

해설

납땜은 용접의 한 종류이므로 야금적 접합법에 속한다. 볼트, 코터, 리벳 이음은 기계적 접합법의 종류들이다.

33 수중 절단작업에 주로 사용되는 연료 가스는?

① 아세틸렌 ② 프로판
③ 벤 젠 ④ 수 소

해설

수중 절단작업에 사용되는 가스는 수소(H_2)가스이다.

34 탄소 아크 절단에 압축공기를 병용하여 전극홀더의 구멍에서 탄소 전극봉에 나란히 분출하는 고속의 공기를 분출시켜 용융금속을 불어내어 홈을 파는 방법은?

① 아크에어 가우징 ② 금속아크 절단
③ 가스 가우징 ④ 가스 스카핑

저자샘의 핵직강

아크에어 가우징은 탄소 아크 절단법에 고압(5~7kgf/cm^2)의 압축공기를 병용하는 방법으로 용융된 금속에 탄소봉과 평행으로 분출하는 압축공기를 전극 홀더의 끝부분에 위치한 구멍을 통해 연속해서 불어내어 홈을 파내는 방법으로 홈 가공이나 구멍 뚫기, 절단 작업에 사용된다. 이것은 철이나 비철 금속에 모두 이용할 수 있으며, 가스 가우징보다 작업 능률이 2~3배 높고 모재에도 해를 입히지 않는다.

해설

고속 공기 분출로 용융금속은 불어내어 홈을 파는 방법은 아크에어 가우징이다.

아크에어 가우징의 구성요소

• 가우징머신
• 가우징봉
• 가우징토치
• 컴프레서(압축공기)

30 ① 31 ① 32 ① 33 ④ 34 ① 정답

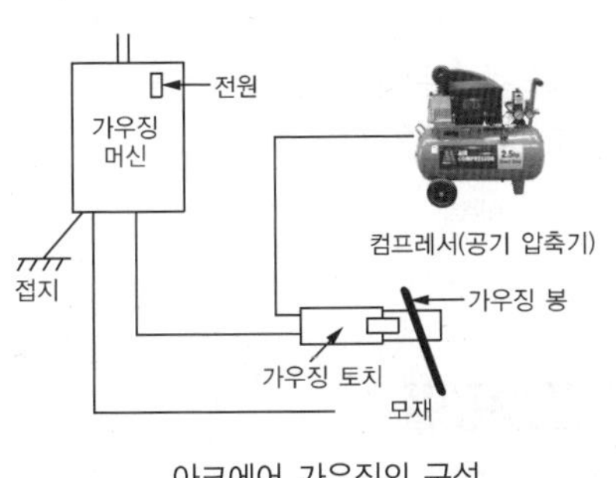

아크에어 가우징의 구성

아크 안정제	아크를 안정시킨다.	산화티탄, 규산칼륨, 규산나트륨, 석회석
슬래그 생성제	용융점이 낮고 가벼운 슬래그를 만들어 산화나 질화를 방지한다.	석회석, 규사, 산화철, 일미나이트, 이산화망간
합금 첨가제	용접부의 성질을 개선하기 위해 첨가한다.	페로망간, 페로실리콘, 니켈, 몰리브덴, 구리

35 가스 용접 시 팁 끝이 순간적으로 막혀 가스분출이 나빠지고 혼합실까지 불꽃이 들어가는 형상을 무엇이라 하는가?

① 인 화　② 역 류
③ 점 화　④ 역 화

해설
인화란 토치의 팁 끝이 모재에 닿아 순간적으로 막히거나 팁의 과열 또는 사용가스의 압력이 부적당할 때 팁 속에서 폭발음을 내면서 불꽃이 꺼졌다가 다시 나타나는 현상이다. 절단 시 인화가 발생하면 산소 및 아세틸렌가스를 모두 잠그고 토치의 기능을 점검해야 하며 팁이 과열되었으므로 물에 담가서 식힌다.

36 피복배합제의 종류에서 규산나트륨, 규산칼륨 등의 수용액이 주로 사용되며 심선에 피복제를 부착하는 역할을 하는 것은 무엇인가?

① 탈산제　② 고착제
③ 슬래그 생성제　④ 아크 안정제

저자쌤의 핵직강

피복배합제의 종류

배합제	용 도	종 류
고착제	심선에 피복제를 고착시킨다.	규산나트륨, 규산칼륨, 아교
탈산제	용융금속 중의 산화물을 탈산, 정련한다.	크롬, 망간, 알루미늄, 규소철, 페로망간, 페로실리콘, 망간철, 톱밥, 소맥분(밀가루)
가스 발생제	중성, 환원성 가스를 발생하여 대기와의 접촉을 차단하여 용융금속의 산화나 질화를 방지한다.	아교, 녹말, 톱밥, 탄산바륨, 셀룰로이드, 석회석, 마그네사이트

37 판의 두께(t)가 3.2mm인 연강판을 가스용접으로 보수하고자 할 때 사용할 용접봉의 지름(mm)은?

① 1.6mm　② 2.0mm
③ 2.6mm　④ 3.0mm

해설
용접봉은 접합하려는 모재의 두께를 기준으로 해야 함으로써 다음과 같은 식이 적용되어야 한다.

$$\text{용접봉지름(D)} = \frac{\text{모재두께(t)}}{2} + 1$$
$$= \frac{3.2\text{mm}}{2} + 1 = 2.6\text{mm}$$

38 가스절단 시 예열 불꽃의 세기가 강할 때의 설명으로 틀린 것은?

① 절단면이 거칠어진다.
② 드래그가 증가한다.
③ 슬래그 중의 철 성분의 박리가 어려워진다.
④ 모서리가 용융되어 둥글게 된다.

해설
가스 절단 시 예열 불꽃의 세기가 강하면 드래그는 감소한다.

39 황(S)이 적은 선철을 용해하여 구상흑연주철을 제조 시 주로 첨가하는 원소가 아닌 것은?

① Al　② Ca
③ Ce　④ Mg

해설
흑연을 구상화하는 방법은 황(S)이 적은 선철을 용해하여 주입 전에 Mg, Ce, Ca 등을 첨가하여 제조한다.

정답 35 ① 36 ② 37 ③ 38 ② 39 ①

40 하드필드(Hadfield)강은 상온에서 오스테나이트 조직을 가지고 있다. Fe 및 C 이외에 주요 성분은?

① Ni ② Mn
③ Cr ④ Mo

해설
하드필드강(Hadfield Steel)은 Fe과 C 이외에 Mn이 12% 함유된 고 Mn강으로 인성이 높고 내마멸성, 내충격성이 우수해서 파쇄 장치나 기차레일, 굴착기, 분쇄기 롤러용 재료로 사용된다.

41 조밀육방격자의 결정구조로 옳게 나타낸 것은?

① FCC ② BCC
③ FOB ④ HCP

저자쌤의 핵직강

철의 결정구조

종 류	기 호	성 질	원 소
체심입방격자	BCC	• 강도가 크다. • 용융점이 높다. • 전연성이 적다.	W, Cr, Mo, V, Na, K
면심입방격자	FCC	• 가공성이 우수하다. • 연한 성질의 재료이다. • 장신구로 많이 사용된다. • 전연성과 전기전도도가 크다.	Al, Ag, Au, Cu, Ni, Pb, Pt, Ca
조밀육방격자	HCP	• 전연성이 불량하다. • 가공성이 좋지 않다.	Mg, Zn, Ti, Be, Hg, Zr, Cd, Ce

42 전극재료의 선택 조건을 설명한 것 중 틀린 것은?

① 비저항이 작아야 한다.
② Al과의 밀착성이 우수해야 한다.
③ 산화 분위기에서 내식성이 커야 한다.
④ 금속 규화물의 용융점이 웨이퍼 처리 온도보다 낮아야 한다.

해설
금속 규화물의 용융점이 웨이퍼의 처리 온도보다 반드시 높아야만 기본 형태를 유지할 수 있다.

43 7-3 황동에 주석을 1% 첨가한 것으로, 전연성이 좋아 관 또는 판을 만들어 증발기, 열교환기 등에 사용되는 것은?

① 문쯔 메탈 ② 네이벌 황동
③ 카트리지 브라스 ④ 애드미럴티 황동

저자쌤의 핵직강

황동의 종류

톰 백	Cu(구리)에 Zn(아연)을 8~20% 합금한 것으로 색깔이 아름다워 장식용 재료로 사용한다.
문쯔 메탈	60%의 Cu(구리)와 40%의 Zn(아연)이 합금된 것으로 인장강도가 최대이며, 강도가 필요한 단조제품이나 볼트, 리벳 등의 재료로 사용한다.
알브락	Cu(구리) 75% + Zn(아연) 20% + 소량의 Al, Si, As 등의 합금이다. 해수에 강하며 내식성과 내침수성이 커서 복수기관과 냉각기관에 사용한다.
애드미럴티 황동	7-3 황동에 Sn(주석) 1%를 합금한 것으로 전연성이 좋아서 관이나 판으로 증발기, 열교환기, 콘덴서 튜브를 만드는 재료로 사용한다.
델타메탈	6-4 황동에 철(1~2%)을 합금한 것으로 부식에 강해서 기계나 선박용 재료로 사용한다.
쾌삭황동	황동에 Pb(납)을 0.5~3% 합금한 것으로 피절삭성 향상을 위해 사용한다.

해설
애드미럴티 황동은 7-3 황동에 Sn(주석) 1%를 합금한 것으로 전연성이 좋아서 관이나 판으로 증발기, 열교환기, 콘덴서 튜브를 만드는 재료로 사용한다.

44 탄소강의 표준 조직을 검사하기 위해 A_3 또는 A_{cm} 선보다 30~50℃ 높은 온도로 가열한 후 공기 중에 냉각하는 열처리는?

① 노멀라이징 ② 어닐링
③ 템퍼링 ④ 퀜 칭

저자쌤의 핵직강

열처리의 기본 4단계

- 담금질(Quenching) : 재질을 경화시킬 목적으로 강을 오스테나이트조직의 영역으로 가열한 후 급랭시켜 강도와 경도를 증가시키는 열처리법이다.
- 뜨임(Tempering) : 담금질 한 강을 A_1변태점(723℃) 이하로 가열 후 서랭하는 것으로 담금질로 경화된 재료에 인성을 부여하고 내부응력을 제거한다.

40 ② 41 ④ 42 ④ 43 ④ 44 ① 정답

- 풀림(Annealing) : 재질을 연하고 균일화시킬 목적으로 실시하는 열처리법으로 완전풀림은 A_3변태점(968℃) 이상의 온도로, 연화풀림은 650℃ 정도의 온도로 가열한 후 서랭한다.
- 불림(Normalizing) : 담금질 정도가 심하거나 결정입자가 조대해진 강을 표준화조직으로 만들기 위하여 A_3점(968℃)이나 Acm(시멘타이트)점보다 30~50℃ 이상의 온도로 가열 후 공랭시킨다.

45 소성변형이 일어나면 금속이 경화하는 현상을 무엇이라 하는가?

① 탄성경화　② 가공경화
③ 취성경화　④ 자연경화

가공경화
금속을 냉간 가공하면 결정 입자가 미세화되어 재료가 단단해지고(경화) 연신율이 감소하여 재료를 강하게 하는 가공 방법

46 납 황동은 황동에 납을 첨가하여 어떤 성질을 개선한 것인가?

① 강 도　② 절삭성
③ 내식성　④ 전기전도도

해설
쾌삭강으로도 불리는 납 황동은 절삭성을 개선한 구리합금이다.

47 마우러 조직도에 대한 설명으로 옳은 것은?

① 주철에서 C와 P량에 따른 주철의 조직관계를 표시한 것이다.
② 주철에서 C와 Mn량에 따른 주철의 조직관계를 표시한 것이다.
③ 주철에서 C와 Si량에 따른 주철의 조직관계를 표시한 것이다.
④ 주철에서 C와 S량에 따른 주철의 조직관계를 표시한 것이다.

저자쌤의 핵직강

마우러 조직도란 주철의 조직을 지배하는 주요 요소인 C와 Si의 함유량에 따른 주철의 조직의 관계를 나타낸 그래프이다.

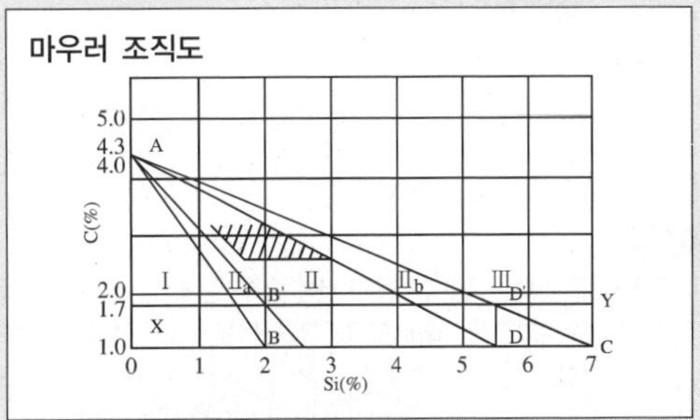

영 역	주철 조직	경 도
I	백주철	최대 ↕ 최소
II_a	반주철	
II	펄라이트 주철	
II_b	회주철	
III	페라이트 주철	

48 순 구리(Cu)와 철(Fe)의 용융점은 약 몇 ℃인가?

① Cu : 660℃, Fe : 890℃
② Cu : 1,063℃, Fe : 1,050℃
③ Cu : 1,083℃, Fe : 1,539℃
④ Cu : 1,455℃, Fe : 2,200℃

해설
- 구리(Cu)의 용융점 : 1,083℃
- 철(Fe)의 용융점 : 1,538℃(일부 책에 1,539℃ 표기)

49 게이지용 강이 갖추어야 할 성질로 틀린 것은?

① 담금질에 의한 변형이 없어야 한다.
② HRC 55 이상의 경도를 가져야 한다.
③ 열팽창 계수가 보통 강보다 커야 한다.
④ 시간에 따른 치수 변화가 없어야 한다.

해설
게이지용 강은 열팽창 계수가 보통 강보다 작아야 측정 시 오차가 작다.

정답 45 ② 46 ② 47 ③ 48 ③ 49 ③

50 그림에서 마텐자이트 변태가 가장 빠른 곳은?

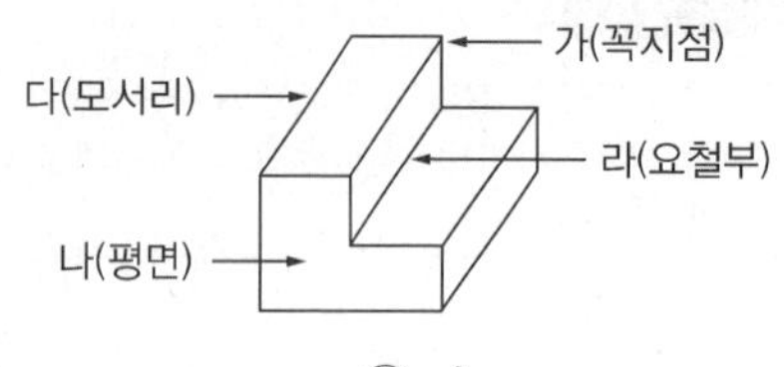

① 가　　② 나
③ 다　　④ 라

해설
마텐자이트 변태는 냉각속도가 빠를수록 잘 만들어지는데, 꼭지점의 냉각속도가 가장 빠르므로 (가)지점에서 마텐자이트 변태가 가장 빠르다.

51 그림과 같은 입체도의 제3각 정투상도로 가장 적합한 것은?

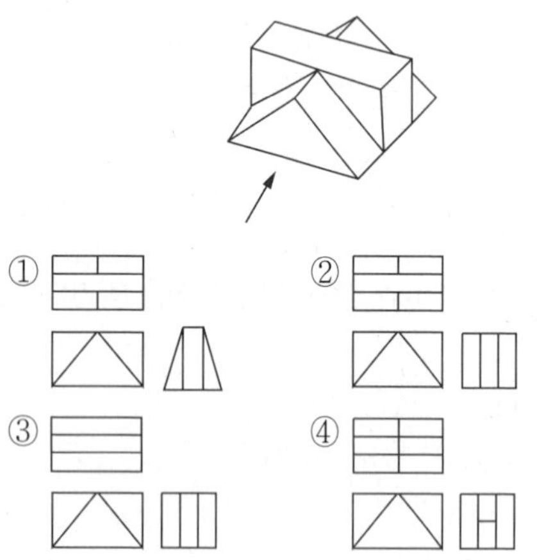

해설
우측면도에는 3개의 직사각형이 이어진 모양을 보여야 하며, 평면도에는 3개의 직사각형에서 맨 위와 맨 아래 것의 중간에 세로줄이 그어져야 하므로 정답은 ②번이 된다.

52 다음 중 저온 배관용 탄소 강관 기호는?

① SPPS　　② SPLT
③ SPHT　　④ SPA

해설
① SPPS : 압력 배관용 탄소 강관
② SPLT : 저온 배관용 강관
③ SPHT : 고온 배관용 탄소 강관
④ SPA : 배관용 합금강 강관

53 다음 중에서 이면 용접 기호는?

①　　②
③　　④

저자쌤의 핵직강

용접 기호

명 칭	기본기호
스폿용접	
베벨형 맞대기 용접 (일면 개선형 맞대기 용접)	
뒷면용접(이면 용접)	
넓은 루트면이 있는 한 면 개선형 맞대기 용접	

54 다음 중 현의 치수 기입을 올바르게 나타낸 것은?

①
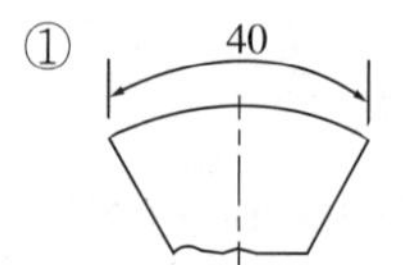

②
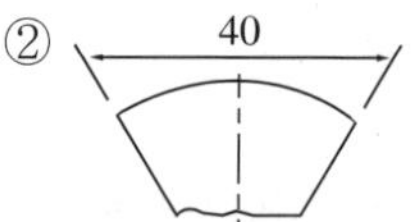

③
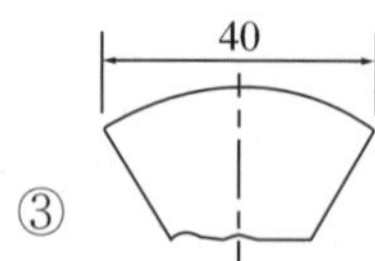

④
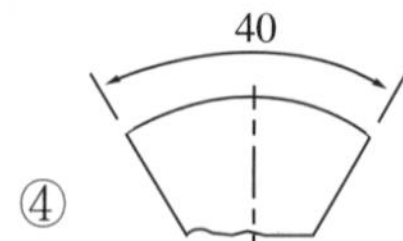

저자쌤의 핵직강

길이와 각도의 치수 기입

현의 치수 기입	호의 치수 기입
40	42
반지름의 치수 기입	**각도의 치수 기입**
R8	105° 36′, 30°

50 ①　51 ②　52 ②　53 ③　54 ③　정답

55 다음 중 대상물을 한쪽 단면도로 올바르게 나타낸 것은?

① 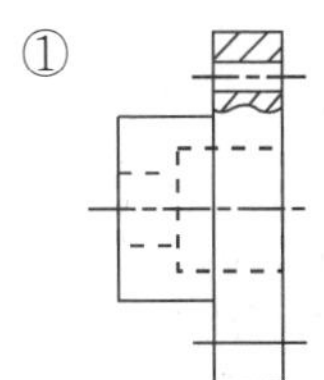

② 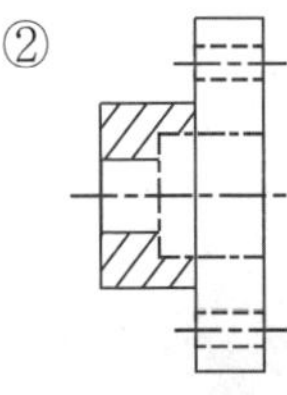

③ 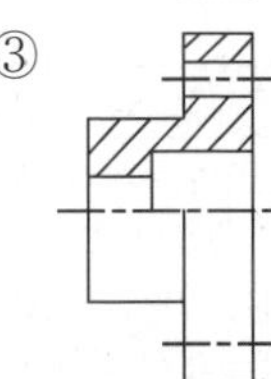

④ 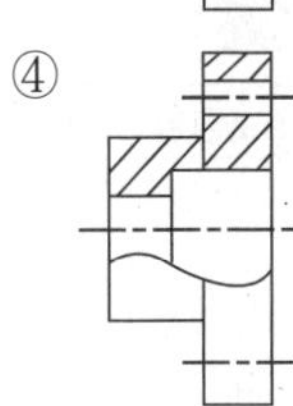

저자쌤의 핵직강

한쪽 단면도(반단면도)

절단면을 상하 또는 좌우가 대칭인 물체를 중심선을 기준으로 1/4 절단하여 내부 모양과 외부 모양을 동시에 표시하는 방법으로 도면에는 다음과 같이 표현한다.

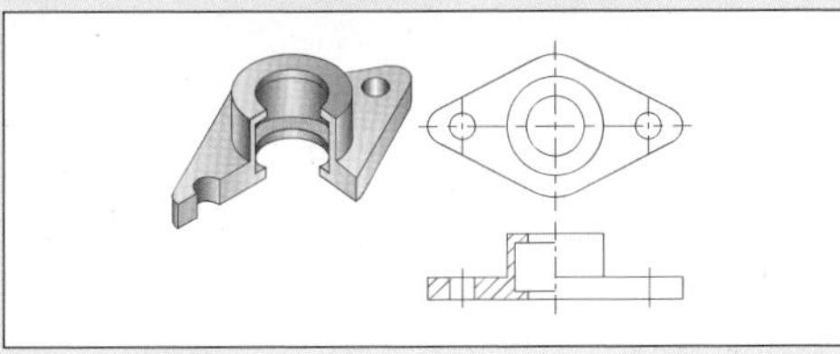

해설

정답은 ③번이다.

56 다음 중 도면에서 단면도의 해칭에 대한 설명으로 틀린 것은?

① 해칭선은 반드시 주된 중심선에 45°로만 경사지게 긋는다.

② 해칭선을 가는 실선으로 규칙적으로 줄을 늘어놓는 것을 말한다.

③ 단면도에 재료 등을 표시하기 위해 특수한 해칭(또는 스머징)을 할 수 있다.

④ 단면 면적이 넓을 경우에는 그 외형선에 따라 적절한 범위에 해칭(또는 스머징)을 할 수 있다.

저자쌤의 핵직강

단면도에는 필요한 경우 절단하지 않은 면과 구별하기 위해 해칭이나 스머징을 하는데, 해칭을 그릴 때는 45°의 가는 실선을 2~3mm 간격으로 사선을 그리며 경우에 따라 30°, 60°의 각도로도 가능하다.

해설

해 칭	스머징
해칭은 45°의 가는 실선을 단면부의 면적에 2~3mm 간격으로 사선을 긋는다. 경우에 따라 30°, 60°로 변경이 가능하다.	외형선 안쪽에 색칠한다.

57 배관의 간략도시방법 중 환기계 및 배수계의 끝장치 도시방법의 평면도에서 그림과 같이 도시된 것의 명칭은?

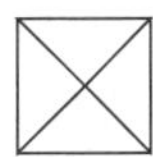

① 배수구

② 환기관

③ 벽붙이 환기 삿갓

④ 고정식 환기 삿갓

저자쌤의 핵직강

평면도 도시방법	명 칭	평면도 도시방법	명 칭
	고정식 환기 삿갓		회전식 환기 삿갓
	벽붙이 환기 삿갓		콕이 붙은 배수구
	배수구		

58 그림과 같은 입체도에서 화살표 방향에서 본 투상을 정면으로 할 때 평면도로 가장 적합한 것은?

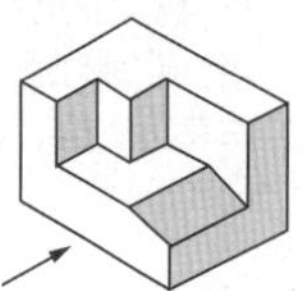

①
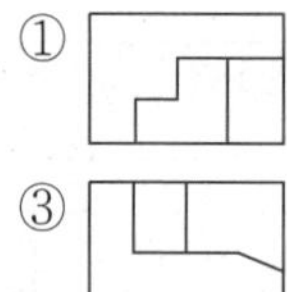

②
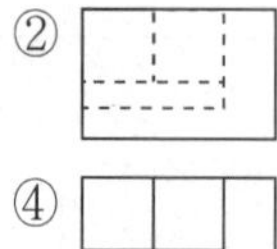

③

④

해설

물체를 위쪽에서 바라보는 평면도는 다음 그림에서 보듯이 ①번이 된다.

평면도

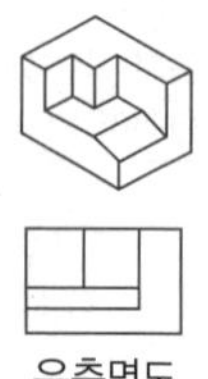

정면도

우측면도

59 나사 표시가 "L 2N M50×2-4h"로 나타날 때 이에 대한 설명으로 틀린 것은?

① 왼 나사이다.

② 2줄 나사이다.

③ 미터 가는 나사이다.

④ 암나사 등급이 4h이다.

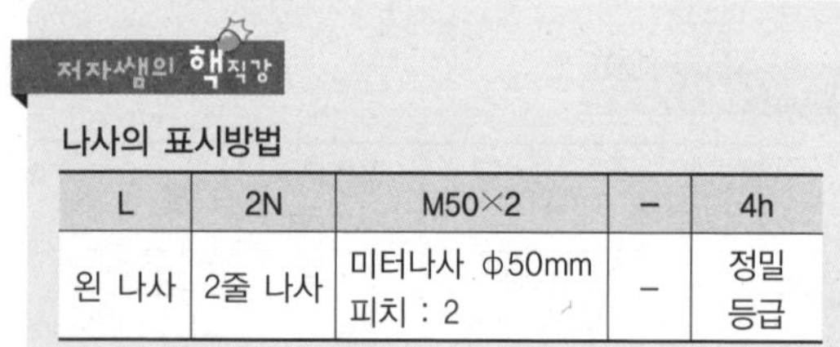

저자쌤의 핵직강

나사의 표시방법

L	2N	M50×2	−	4h
왼 나사	2줄 나사	미터나사 ϕ50mm 피치 : 2	−	정밀 등급

해설

수나사의 등급이 4h이다.

60 무게 중심선과 같은 선의 모양을 가진 것은?

① 가상선

② 기준선

③ 중심선

④ 피치선

저자쌤의 핵직강

명 칭	기호명칭	기 호	용 도
무게 중심선	가는 2점 쇄선	——··——	단면의 무게 중심을 연결한 선
가상선			가공 부분의 이동하는 특정 위치나 이동 한계의 위치를 나타내는 선

58 ① 59 ④ 60 ① 정답

2015년도 제2회 **기출문제**

용접기능사 Craftsman Welding/Inert Gas Arc Welding

01 맞대기이음에서 판 두께 100mm, 용접 길이 300cm, 인장하중이 9,000kgf일 때 인장응력은 몇 kgf/cm^2인가?

① 0.3　　② 3
③ 30　　④ 300

저자쌤의 핵직강

인장 응력을 구하는 식

$$\sigma = \frac{F(W)}{A} = \frac{\text{작용 힘(N or kgf)}}{\text{단위면적}(mm^2)}$$

해설

$$\sigma = \frac{9{,}000kgf}{10cm \times 300cm} = 3kgf/cm^2$$

단위를 cm로 변환해서 계산해야 한다.

02 안전표지 색채 중 방사능 표시의 색상은 어느 색인가?

① 빨 강　　② 노 랑
③ 자 주　　④ 녹 색

저자쌤의 핵직강

산업안전보건법에 따른 안전·보건표지의 색채, 색채기준 및 용도

색 상	용 도	사 례
빨간색	금 지	정지신호, 소화설비 및 그 장소, 유해행위 금지
	경 고	화학물질 취급장소에서의 유해·위험 경고
노란색	경 고	화학물질 취급장소에서의 유해·위험 경고 이외의 위험경고, 주의표지 또는 기계방호물
파란색	지 시	특정 행위의 지시 및 사실의 고지
녹 색	안 내	비상구 및 피난소, 사람 또는 차량의 통행
흰 색		파란색 또는 녹색에 대한 보조색
검정색		문자 및 빨간색 또는 노란색에 대한 보조색

해설

방사능 표지의 색상은 노란색을 사용한다.

03 다음은 용접 이음부의 홈의 종류이다. 박판 용접에 가장 적합한 것은?

① K형　　② H형
③ I형　　④ V형

해설

맞대기 용접에서 판 두께가 6mm 이하일 때는 주로 I형 홈 형상을 사용한다.

04 용접할 때 용접 전 적당한 온도로 예열을 하면 냉각 속도를 느리게 하여 결함을 방지할 수 있다. 예열 온도 설명 중 옳은 것은?

① 고장력강의 경우는 용접 홈을 50~350℃로 예열
② 저합금강의 경우는 용접 홈을 200~500℃로 예열
③ 연강을 0℃ 이하에서 용접할 경우는 이음의 양쪽 폭 100mm 정도를 40~250℃로 예열
④ 주철의 경우는 용접홈을 40~75℃로 예열

해설

고장력강의 용접 홈을 50~350℃ 정도로 예열한 후 용접하면 결함을 방지할 수 있다. 참고로 후판, 구리 또는 구리 합금, 알루미늄 합금 등과 같이 열전도가 큰 재료는 이음부의 열집중이 부족하여 융합 불량이 생기기 쉬우므로 200~400℃ 정도의 예열이 필요하다.

② 저합금강도 두께에 따라 다르나 일반적으로 50~350℃ 정도로 예열한다.
③ 연강을 기온이 0℃ 이하에서 용접하면 저온 균열이 발생하기 쉬우므로 이음의 양쪽을 약 100mm 폭이 되게 하여 약 50~75℃ 정도로 예열하는 것이 좋다.
④ 주철도 두께에 따라 다르나 일반적으로 500~600℃ 정도로 예열한다.

정답 1 ② 2 ② 3 ③ 4 ①

05 피복 아크 용접 시 전격을 방지하는 방법으로 틀린 것은?

① 전격방지기를 부착한다.
② 용접홀더에 맨손으로 용접봉을 갈아 끼운다.
③ 용접기 내부에 함부로 손을 대지 않는다.
④ 절연성이 좋은 장갑을 사용한다.

해설
용접봉을 용접홀더에 끼우면 용접봉의 심선에도 전기가 통하게 되므로 감전이 될 수 있기 때문에 반드시 용접장갑을 착용한 뒤 용접봉을 갈아 끼워야 한다.

06 용접선과 하중의 방향이 평행하게 작용하는 필릿 용접은?

① 전 면　　② 측 면
③ 경 사　　④ 변두리

저자쌤의 핵직강

하중 방향에 따른 필릿 용접의 종류

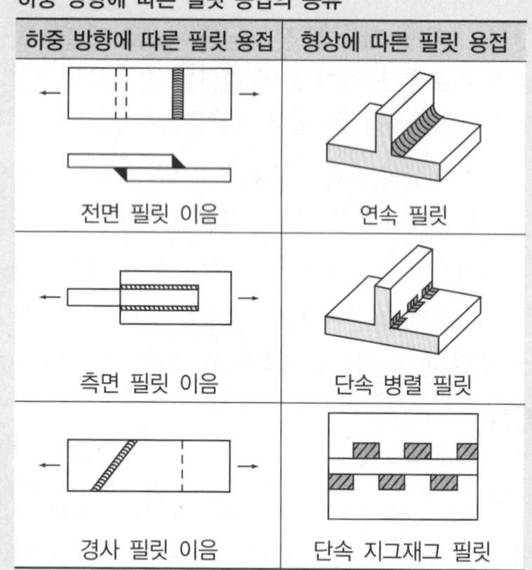

해설
용접선과 하중의 방향이 평행하게 작용하는 것은 측면 필릿 용접이다.

07 주철의 보수용접방법에 해당되지 않는 것은?

① 스터드법　　② 비녀장법
③ 버터링법　　④ 백킹법

저자쌤의 핵직강

주철의 보수용접방법

- 스터드법 : 스터드 볼트를 사용해서 용접부가 힘을 받도록 하는 방법
- 비녀장법 : 균열부 수리나 가늘고 긴 부분을 용접할 때 용접선에 직각이 되게 지름이 6~10mm 정도인 ㄷ자형의 강봉을 박고 용접하는 방법
- 버터링법 : 처음에는 모재와 잘 융합되는 용접봉으로 적정 두께까지 용착시킨 후 다른 용접봉으로 용접하는 방법
- 로킹법 : 스터드 볼트 대신에 용접부 바닥에 홈을 파고 이 부분을 걸쳐서 힘을 받도록 하는 방법

해설
주철의 보수용접방법에 백킹법은 포함되지 않는다.

08 다음 중 용접부 검사방법에 있어 비파괴 시험에 해당하는 것은?

① 피로 시험　　② 화학분석 시험
③ 용접균열 시험　　④ 침투 탐상 시험

저자쌤의 핵직강

용접부 검사 방법의 종류

비파괴 시험	내부결함	방사선 투과 시험(RT)
		초음파 탐상 시험(UT)
	표면결함	외관검사(VT)
		자분탐상검사(MT)
		침투탐상검사(PT)
		누설검사(LT)
		와전류탐상검사(ET)
파괴 시험 (기계적 시험)	인장시험	인장강도, 항복점, 연신율 계산
	굽힘시험	연성의 정도 측정
	충격시험	인성과 취성의 정도 측정
	경도시험	외력에 대한 저항의 크기 측정
	매크로시험	조직검사
	피로시험	반복적인 외력에 대한 저항력 측정
화학적 시험	화학분석시험	재료의 조직검사
	부식시험	고온부식, 습부식, 응력부식
	수소시험	

해설
침투시험(침투탐상검사)은 비파괴 시험법에 속한다.

정답 5 ② 6 ② 7 ④ 8 ④

09 **용접작업 시 안전에 관한 사항으로 틀린 것은?**

① 높은 곳에서 용접작업 할 경우 추락, 낙하 등의 위험이 있으므로 항상 안전벨트와 안전모를 착용한다.

② 용접작업 중에 유해 가스가 발생하기 때문에 통풍 또는 환기 장치가 필요하다.

③ 가연성의 분진, 화약류 등 위험물이 있는 곳에서는 용접을 해서는 안 된다.

④ 가스용접은 강한 빛이 나오지 않기 때문에 보안경을 착용하지 않아도 된다.

해설

가스용접 시에도 강한 빛이 나오기 때문에 반드시 보안경을 착용해야 한다.

10 **용접부에 결함 발생 시 보수하는 방법 중 틀린 것은?**

① 기공이나 슬래그 섞임 등이 있는 경우는 깎아내고 재용접한다.

② 균열이 발견되었을 경우 균열 위에 덧살올림 용접을 한다.

③ 언더컷일 경우 가는 용접봉을 사용하여 보수한다.

④ 오버랩일 경우 일부분을 깎아내고 재용접한다.

해설

결함 중에서 균열이 발생했다면 그 상태에서 보강 용접형태의 재용접을 하면 안 되며, 반드시 정지구멍을 뚫어 균열 부분에 홈을 파는 등 결함 부분을 완전히 제거한 후에 재용접을 실시해야 한다.

11 **용접부의 중앙으로부터 양끝을 향해 용접해 나가는 방법으로, 이음의 수축에 의한 변형이 서로 대칭이 되게 할 경우에 사용되는 용착법을 무엇이라 하는가?**

① 전진법 ② 비석법

③ 캐스케이드법 ④ 대칭법

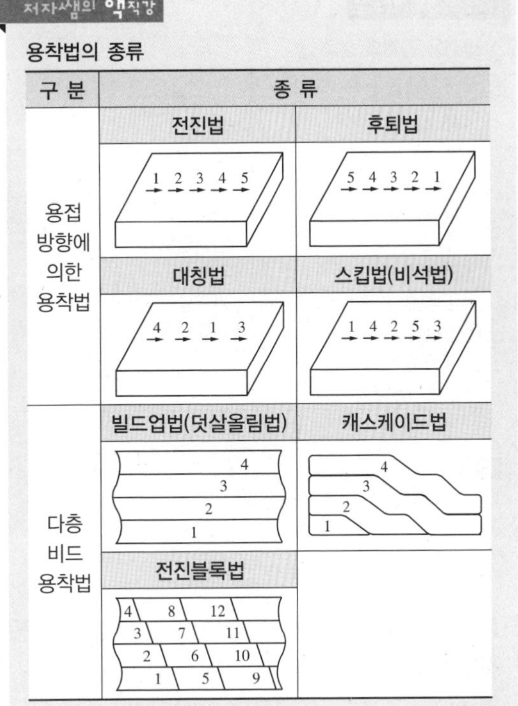

저자쌤의 핵직강

용착법의 종류

구 분	종 류	
용접 방향에 의한 용착법	전진법 (1 2 3 4 5)	후퇴법 (5 4 3 2 1)
	대칭법 (4 2 1 3)	스킵법(비석법) (1 4 2 5 3)
다층 비드 용착법	빌드업법(덧살올림법)	캐스케이드법
	전진블록법	

12 **용접 시공 시 발생하는 용접변형이니 잔류응력 발생을 최소화하기 위하여 용접순서를 정할 때 유의사항으로 틀린 것은?**

① 동일평면 내에 많은 이음이 있을 때 수축은 가능한 자유단으로 보낸다.

② 중심선에 대하여 대칭으로 용접한다.

③ 수축이 적은 이음은 가능한 먼저 용접하고, 수축이 큰 이음은 나중에 한다.

④ 리벳작업과 용접을 같이 할 때에는 용접을 먼저 한다.

해설

용접물의 변형이나 잔류응력의 누적을 피하려면 수축이 큰 이음을 먼저 용접하고 수축이 적은 이음을 나중에 용접해야 한다.

13 **납땜에서 경납용 용제에 해당하는 것은?**

① 염화아연 ② 인 산

③ 염 산 ④ 붕 산

정답 9 ④ 10 ② 11 ④ 12 ③ 13 ④

저자쌤의 핵직강

납땜용 용제의 종류

경납용 용제(Flux)	연납용 용제(Flux)
• 붕 사 • 붕 산 • 불화나트륨 • 불화칼륨 • 은 납 • 황동납 • 인동납 • 망간납 • 양은납 • 알루미늄납	• 송 진 • 인 산 • 염 산 • 염화아연 • 염화암모늄 • 주석-납 • 카드뮴-아연납 • 저융점 땜납

해설

붕산은 경납용 용제로 사용된다.

14 서브머지드 아크 용접에 관한 설명으로 틀린 것은?

① 장비의 가격이 고가이다.
② 홈 가공의 정밀을 요하지 않는다.
③ 불가시 용접이다.
④ 주로 아래보기 자세로 용접한다.

해설

서브머지드 아크 용접(SAW)은 용접부가 눈에 보이지 않는 불가시용접이긴 하나 완벽한 용접을 위해서 홈 가공을 정밀하게 해야 한다.

15 불활성 가스를 이용한 용가재인 전극 와이어를 송급장치에 의해 연속적으로 보내어 아크를 발생시키는 소모식 또는 용극식 용접 방식을 무엇이라 하는가?

① TIG 용접　② MIG 용접
③ 피복 아크 용접　④ 서브머지드 아크 용접

저자쌤의 핵직강

불활성 가스 금속 아크 용접(MIG)

용가재인 전극와이어(1.0~2.4ϕ)를 송급장치를 이용해서 연속적으로 용융풀로 보내어 아크를 발생시키는 방법으로 용극식 또는 소모식 불활성 가스 아크 용접법이다. 불활성 가스로는 주로 Ar을 사용하는 이 용접 방법은 전류밀도가 아크 용접의 4~6배, TIG 용접의 2배 정도로 높다.

16 용접부의 시험에서 비파괴 검사로만 짝지어진 것은?

① 인장 시험 – 외관 시험
② 피로 시험 – 누설 시험
③ 형광 시험 – 충격 시험
④ 초음파 시험 – 방사선 투과시험

저자쌤의 핵직강

용접부 검사 방법 – 비파괴시험의 종류

• 방사선 투과 시험(RT)
• 초음파 탐상 시험(UT)
• 외관검사(VT)
• 자분탐상검사(MT)
• 침투탐상검사(PT)
• 누설검사(LT)
• 와전류탐상검사(ET)

해설

비파괴 검사는 용접물에 손상을 일으키지 않는 시험법이므로 초음파 시험이나 방사선 투과시험이 이에 속한다.

17 CO_2 가스 아크 용접에서 아크전압에 대한 설명으로 옳은 것은?

① 아크전압이 높으면 비드 폭이 넓어진다.
② 아크전압이 높으면 비드가 볼록해진다.
③ 아크전압이 높으면 용입이 깊어진다.
④ 아크전압이 높으면 아크길이가 짧다.

해설

아크전압이 높으면 와이어가 빨리 용융되므로 비드 폭은 넓어진다.

18 논 가스 아크 용접의 장점으로 틀린 것은?

① 보호 가스나 용제를 필요로 하지 않는다.
② 피복 아크 용접봉의 저수소계와 같이 수소의 발생이 적다.
③ 용접비드가 좋지만 슬래그 박리성은 나쁘다.
④ 용접장치가 간단하며 운반이 편리하다.

저자쌤의 핵직강

논 가스 아크 용접

솔리드 와이어나 플럭스 와이어를 사용하여 보호 가스가 없이도 공기 중에서 직접 용접하는 방법이다. 비 피복 아크 용접이라고도 하며 반자동 용접으로서 가장 간편한 용접

14 ② 15 ② 16 ④ 17 ① 18 ③ 정답

방법이다. 보호 가스가 필요치 않으므로 바람에도 비교적 안정되어 옥외에서도 용접이 가능하나 융착 금속의 기계적 성질은 다른 용접에 비해 좋지 않다는 단점이 있다.

해설

논 가스 아크 용접은 용접비드가 깨끗하지 않으나 슬래그 박리성은 좋은 편이다. 용접아크에 의해 스패터가 많이 발생하고 용접전원도 특수하게 만들어야 한다는 난점이 있다.

19 납땜 시 용제가 갖추어야 할 조건이 아닌 것은?

① 모재의 불순물 등을 제거하고 유동성이 좋을 것
② 청정한 금속면의 산화를 쉽게 할 것
③ 땜납의 표면장력에 맞추어 모재와의 친화도를 높일 것
④ 납땜 후 슬래그 제거가 용이할 것

저자쌤의 핵직강

납땜용 용제가 갖추어야 할 조건

- 금속의 표면이 산화되지 않아야 한다.
- 모재나 땜납에 대한 부식이 최소이어야 한다.
- 용제의 유효온도 범위와 납땜의 온도가 일치해야 한다.
- 땜납의 표면장력을 맞추어서 모재와의 친화력이 높아야 한다.

해설

납땜 시 용제는 청정한 금속면의 산화를 일으키면 안 된다.

20 다음 전기 저항 용접법 중 주로 기밀, 수밀, 유밀성을 필요로 하는 탱크의 용접 등에 가장 적합한 것은?

① 점(Spot)용접법
② 심(Seam)용접법
③ 프로젝션(Projection)용접법
④ 플래시(Flash)용접법

해설

심용접(Seam Welding) : 원판상의 롤러 전극 사이에 용접할 2장의 판을 맞대어 두고, 전기와 압력을 가하며 전극을 회전시키면 연속적으로 점용접이 반복되는 방법으로 기밀이나 수밀, 유밀성을 필요로 하는 저장탱크의 용접에 사용한다.

21 다음 중 불활성 가스(Inert Gas)가 아닌 것은?

① Ar ② He
③ Ne ④ CO_2

해설

이산화탄소(CO_2)가스는 화학적으로 활성이 낮은 기체에 속하기는 하나, 불활성 가스에는 속하지 않는다.

22 MIG 용접이나 탄산가스 아크 용접과 같이 전류 밀도가 높은 자동이나 반자동 용접기가 갖는 특성은?

① 수하 특성과 정전압 특성
② 정전압 특성과 상승 특성
③ 수하 특성과 상승 특성
④ 맥동 전류 특성

저자쌤의 핵직강

용접기의 주요 특성

- 정전류특성 : 전압이 변해도 전류는 거의 변하지 않는다.
- 정전압특성 : 전류가 변해도 전압은 거의 변하지 않는다.
- 수하특성 : 전류가 증가하면 전압이 낮아진다.
- 상승특성 : 전류가 증가하면 전압이 약간 높아진다.
- 부저항특성(부특성) : 전류가 커지면 저항이 작아져서 전압도 낮아지는 현상

해설

외부특성곡선이란 부하전류와 부하단자 전압의 관계곡선으로 피복 아크 용접에서는 수하특성, MIG 용접과 CO_2 아크 용접에서는 정전압특성 또는 상승특성이 이용되고 있다.

23 가스 절단에 대한 설명으로 옳은 것은?

① 강의 절단 원리는 예열 후 고압산소를 불어대면 강보다 용융점이 낮은 산화철이 생성되고 이때 산화철은 용융과 동시 절단된다.
② 양호한 절단면을 얻으려면 절단면이 평활하며 드래그의 홈이 높고 노치 등이 있을수록 좋다.
③ 절단산소의 순도는 절단속도와 절단면에 영향이 없다.
④ 가스절단 중에 모래를 뿌리면서 절단하는 방법을 가스분말절단이라 한다.

정답 19 ② 20 ② 21 ④ 22 ② 23 ①

해설

가스 절단은 절단 할 모재를 먼저 가스 토치 팁의 불꽃으로 예열한 후 용융점 이하의 온도에서 가열한 후 고압산소를 이용해서 용융된 산화철을 불어내서 절단하는 방법이다. 용접기능사 실기시험에는 주로 산소-LPG가스나 산소-아세틸렌 가스를 사용한다.

24 직류 아크 용접 시 정극성으로 용접할 때의 특징이 아닌 것은?

① 박판, 주철, 합금강, 비철금속의 용접에 이용된다.
② 용접봉의 녹음이 느리다.
③ 비드 폭이 좁다.
④ 모재의 용입이 깊다.

저자쌤의 핵직강

아크 용접기의 극성

직류 정극성 (DCSP : Direct Current Straight Polarity)	• 용입이 깊고 비드 폭이 좁다. • 용접봉의 용융속도가 느리다. • 후판(두꺼운 판) 용접이 가능하다. • 모재에는 (+)전극이 연결되며 70% 열이 발생하고, 용접봉에는 (-)전극이 연결되며 30% 열이 발생한다.
직류 역극성 (DCRP : Direct Current Reverse Polarity)	• 용입이 얕고 비드 폭이 넓다. • 용접봉의 용융속도가 빠르다. • 박판(얇은 판) 용접이 가능하다. • 모재에는 (-)전극이 연결되며 30% 열이 발생하고, 용접봉에는 (+)전극이 연결되며 70% 열이 발생한다.
교류(AC)	• 극성이 없다. • 전원 주파수의 1/2사이클마다 극성이 바뀐다.

해설

직류 정극성으로 용접할 때는 용입을 깊게 할 수 있으므로 후판(두꺼운 판)용접에 적합하다. 박판용접에는 직류 역극성이 이용된다.

25 가스용접에 사용되는 가스의 화학식을 잘못 나타낸 것은?

① 아세틸렌 : C_2H_2　② 프로판 : C_3H_8
③ 에탄 : C_4H_7　④ 부탄 : C_4H_{10}

해설

에탄의 화학식은 [C_2H_6]이다.

26 피복 아크 용접봉의 피복배합제 성분 중 가스발생제는?

① 산화티탄　② 규산나트륨
③ 규산칼륨　④ 탄산바륨

저자쌤의 핵직강

피복배합제의 종류

배합제	용 도	종 류
고착제	심선에 피복제를 고착시킨다.	규산나트륨, 규산칼륨, 아교
탈산제	용융금속 중의 산화물을 탈산, 정련한다.	크롬, 망간, 알루미늄, 규소철, 페로망간, 페로실리콘, 망간철, 톱밥, 소맥분(밀가루)
가스 발생제	중성, 환원성 가스를 발생하여 대기와의 접촉을 차단하여 용융금속의 산화나 질화를 방지한다.	아교, 녹말, 톱밥, 탄산바륨, 셀룰로이드, 석회석, 마그네사이트
아크 안정제	아크를 안정시킨다.	산화티탄, 규산칼륨, 규산나트륨, 석회석
슬래그 생성제	용융점이 낮고 가벼운 슬래그를 만들어 산화나 질화를 방지한다.	석회석, 규사, 산화철, 일미나이트, 이산화망간
합금 첨가제	용접부의 성질을 개선하기 위해 첨가한다.	페로망간, 페로실리콘, 니켈, 몰리브덴, 구리

해설

용접봉의 피복배합제 성분들 중에서 탄산바륨은 가스발생제로 사용된다.

27 다음 중 산소-아세틸렌 용접법에서 전진법과 비교한 후진법의 설명으로 틀린 것은?

① 용접 속도가 느리다.
② 열 이용률이 좋다.
③ 용접변형이 작다.
④ 홈 각도가 작다.

24 ① 25 ③ 26 ④ 27 ① **정답**

저자쌤의 핵직강

가스용접에서의 전진법과 후진법의 차이점

구 분	전진법	후진법
열 이용률	나쁘다.	좋다.
비드의 모양	보기 좋다.	매끈하지 못하다.
홈의 각도	크다(약 80°).	작다(약 60°).
용접 속도	느리다.	빠르다.
용접 변형	크다.	작다.
용접 가능 두께	두께 5mm 이하의 박판	후 판
가열 시간	길다.	짧다.
기계적 성질	나쁘다.	좋다.
산화 정도	심하다.	양호하다.
토치 진행방향 및 각도	오른쪽 → 왼쪽	왼쪽 → 오른쪽

해설

가스용접에서 후진법은 전진법보다 용접속도를 빠르게 할 수 있다.

28 얇은 철판을 쌓아 포개어 놓고 한꺼번에 절단하는 방법으로 가장 적합한 것은?

① 분말절단 ② 산소창절단
③ 포갬절단 ④ 금속아크절단

해설

포갬절단 : 얇은 철판을 포개어 압착시킨 후 한 번에 절단하는 방법

① 분말절단 : 철 분말이나 용제 분말을 절단용 산소에 연속적으로 혼입하여 그 산화열을 이용하여 절단하는 방법
② 산소창절단 : 가늘고 긴 강관(안지름 3.2~6mm, 길이 1.5~3m)을 사용해서 절단 산소를 큰 강괴의 중심부에 분출시켜 창으로 불리는 강관 자체가 함께 연소되면서 절단하는 방법

29 다음 중 가스 용접에서 산화불꽃으로 용접할 경우 가장 적합한 용접 재료는?

① 황 동
② 모넬메탈
③ 알루미늄
④ 스테인리스

저자쌤의 핵직강

- 산화불꽃은 산소과잉의 불꽃으로 산소 : 아세틸렌가스의 비율이 1.15~1.17 : 1로 강한 산화성을 나타내며 가스 불꽃들 중 온도가 가장 높다. 이 산화불꽃으로는 황동 등의 구리합금의 용접에 적합하다.
- 탄화불꽃은 아세틸렌 과잉 불꽃으로 가스용접에서 산화방지가 필요한 금속의 용접, 즉 스테인리스, 스텔라이트 등의 용접에 사용되며 금속표면에 침탄작용을 일으키기 쉽다.

해설

산화불꽃 용접은 황동이 가장 적합하다.

30 납땜 용제가 갖추어야 할 조건으로 틀린 것은?

① 모재의 산하 피막과 같은 불순물을 제거하고 유동성이 좋을 것
② 청정한 금속면의 산화를 방지할 것
③ 납땜 후 슬래그의 제거가 용이할 것
④ 침지 땜에 사용되는 것은 젖은 수분을 함유할 것

해설

납땜용 용제 중 침지 땜에 사용이 되는 것이라도 수분을 함유해서는 안 된다.

31 다음 중 아크 발생 초기에 모재가 냉각되어 있어 용접 입열이 부족한 관계로 아크가 불안정하기 때문에 아크 초기에만 용접 전류를 특별히 크게 하는 장치를 무엇이라 하는가?

① 원격제어장치 ② 핫스타트장치
③ 고주파발생장치 ④ 전격방지장치

저자쌤의 핵직강

핫스타트장치의 장점
- 기공을 방지한다.
- 아크 발생을 쉽게 한다.
- 비드의 이음을 좋게 한다.
- 아크 발생 초기에 비드의 용입을 좋게 한다.

해설

핫스타트장치는 아크가 발생하는 초기에만 용접전류를 커지게 만드는 아크 발생 제어 장치이다.

정답 28 ③ 29 ① 30 ④ 31 ②

32 아크 전류가 일정할 때 아크 전압이 높아지면 용융 속도가 늦어지고, 아크 전압이 낮아지면 용융 속도는 빨라진다. 이와 같은 아크 특성은?

① 부저항 특성　② 절연회복 특성
③ 전압회복 특성　④ 아크길이 자기제어 특성

해설
아크길이 자기제어 : 자동용접에서 와이어 자동 송급 시 아크 길이가 변동되어도 항상 일정한 길이가 되도록 유지하는 제어기능이다.

아크전류가 일정할 때 전압이 높아지면 용접봉의 용융속도가 늦어지고, 전압이 낮아지면 용융속도가 빨라지게 하는 것으로 전류밀도가 클 때 잘 나타난다.

33 용접기의 사용률이 40%인 경우 아크 시간과 휴식시간을 합한 전체 시간은 10분을 기준으로 했을 때 아크 발생시간은 몇 분인가?

① 4　② 6
③ 8　④ 10

해설
용접기의 사용률이 40%이므로, 이는 전체 사용시간 10분 중 40%인 4분 동안만 아크를 발생했다는 것을 나타낸다.

34 용접봉의 용융속도는 무엇으로 표시하는가?

① 단위 시간당 소비되는 용접봉의 길이
② 단위 시간당 형성되는 비드의 길이
③ 단위 시간당 용접 입열의 양
④ 단위 시간당 소모되는 용접전류

해설
용접봉의 용융속도는 단위시간당 소비되는 용접봉의 길이로 나타내며, 다음과 같은 식으로 나타낼 수도 있다.
용융속도 = 아크전류 × 용접봉 쪽 전압강하

35 전류조정을 전기적으로 하기 때문에 원격조정이 가능한 교류 용접기는?

① 가포화 리액터형　② 가동 코일형
③ 가동 철심형　④ 탭 전환형

저자쌤의 핵직강

교류 아크 용접기의 종류별 특징

종 류	특 징
가동 철심형	• 현재 가장 많이 사용된다. • 미세한 전류조정이 가능하다. • 광범위한 전류의 조정이 어렵다. • 가동 철심으로 누설 자속을 가감하여 전류를 조정한다.
가동 코일형	• 아크 안정성이 크고 소음이 없다. • 가격이 비싸며 현재는 거의 사용되지 않는다. • 용접기의 핸들로 1차 코일을 상하로 이동시켜 2차 코일의 간격을 변화시켜 전류를 조정한다.
탭 전환형	• 주로 소형이 많다. • 탭 전환부의 소손이 심하다. • 넓은 범위의 전류 조정이 어렵다. • 코일의 감긴 수에 따라 전류를 조정한다. • 미세 전류의 조정 시 무 부하 전압이 높아서 전격의 위험이 크다.
가포화 리액터형	• 조작이 간단하고 원격 제어가 된다. • 가변 저항의 변화로 전류의 원격 조정이 가능하다. • 전기적 전류 조정으로 소음이 없고 기계의 수명이 길다.

해설
교류 아크 용접기의 종류 중에서 조작이 간단하며 원격 조정이 가능한 것은 가포화 리액터형 용접기이다.

36 35℃에서 150kgf/cm^{2}으로 압축하여 내부용적 40.7리터의 산소 용기에 충전하였을 때, 용기 속의 산소량은 몇 리터인가?

① 4,470　② 5,291
③ 6,105　④ 7,000

저자쌤의 핵직강

용기에서 사용한 산소량 = 내용적 × 기압
= 40.7L × 150
= 6,105L

37 다음 중 가스 절단에 있어 양호한 절단면을 얻기 위한 조건으로 옳은 것은?

① 드래그가 가능한 클 것
② 절단면 표면의 각이 예리할 것

32 ④ 33 ① 34 ① 35 ① 36 ③ 37 ② 정답

③ 슬래그 이탈이 이루어지지 않을 것
④ 절단면이 평활하며 드래그의 홈이 깊을 것

해설
가스 절단 시 양호한 절단면을 얻으려면 절단면 표면의 각이 예리하여야 한다. 절단면 각이 예리하지 않으면 일정한 각도로 절단되기 힘들다.

38 피복 아크 용접 결함 중 기공이 생기는 원인으로 틀린 것은?

① 용접 분위기 가운데 수소 또는 일산화탄소 과잉
② 용접부의 급속한 응고
③ 슬래그의 유동성이 좋고 냉각하기 쉬울 때
④ 과대 전류와 용접속도가 빠를 때

해설
슬래그의 유동성이 좋거나 용접물의 냉각이 쉬우면 일반적으로 결함이 발생하지 않는다.

39 고 Mn강으로 내마멸성과 내충격성이 우수하고, 특히 인성이 우수하기 때문에 파쇄 장치, 기차레일, 굴착기 등의 재료로 사용되는 것은?

① 엘린바(Elinvar)
② 디디뮴(Didymium)
③ 스텔라이트(Stellite)
④ 하드필드(Hadfield)강

해설
하드필드강(Hadfield Steel)은 Fe과 C 이외에 Mn이 12% 함유된 고 Mn강으로 인성이 높고 내마멸성, 내충격성이 우수해서 파쇄 장치나 기차레일, 굴착기, 분쇄기 롤러용 재료로 사용된다.

40 시험편의 지름이 15mm, 최대하중이 5,200kgf일 때 인장강도는?

① $16.8kgf/mm^2$
② $29.4kgf/mm^2$
③ $33.8kgf/mm^2$
④ $55.8kgf/mm^2$

저자쌤의 핵직강

인장 응력을 구하는 식

$$\sigma = \frac{F(W)}{A} = \frac{\text{작용 힘(N or kgf)}}{\text{단위면적(mm}^2\text{)}}$$

해설

$$\sigma = \frac{5200\text{kg}_f}{\frac{\pi \times 15\text{mm}^2}{4}} = 29.42\,\text{kgf/mm}^2,$$

인장강도는 인장응력의 다른 말로도 사용된다.

41 상자성체 금속에 해당되는 것은?

① Al
② Fe
③ Ni
④ CO

저자쌤의 핵직강

자성체의 종류

종 류	특 성	원 소
강자성체	자기장이 사라져도 자화가 남아 있는 물질	Fe(철), Co(코발트), Ni(니켈), 페라이트
상자성체	자기장이 제거되면 자화하지 않는 물질	Al(알루미늄), Sn(주석), Pt(백금), Ir(이리듐)
반자성체	자기장에 의해 반대 방향으로 자화되는 물질	구리, 금, 은, 아연, 납
비자성체	자성에 반응하지 않는 물질	나무, 플라스틱

해설
Fe, Ni, Co는 강자성체에 속한다.

42 포금(Gun Metal)에 대한 설명으로 틀린 것은?

① 내해수성이 우수하다.
② 성분은 8~12% Sn 청동에 1~2% Zn을 첨가한 합금이다.
③ 용해주조 시 탈산제로 사용되는 P의 첨가량을 많이 하여 합금 중에 P를 0.05~0.5% 정도 남게 한 것이다.
④ 수압, 수증기에 잘 견디므로 선박용 재료로 널리 사용된다.

해설
포금(Gun Metal)은 8~12% Sn에 1~2% Zn을 함유한 구리합금으로 단조성이 좋고 내식성이 있어서 밸브나 기어, 베어링의 부시용 재료로 사용된다.

정답 38 ③ 39 ④ 40 ② 41 ① 42 ③

43 순철의 자기변태(A_2)점 온도는 약 몇 ℃인가?

① 210℃ ② 768℃
③ 910℃ ④ 1,400℃

저자쌤의 핵직강

자기 변태 : 금속이 퀴리점이라고 불리는 자기변태온도를 지나면서 자성을 띈 강자성체에서 자성을 잃어버리는 상자성체로 변화되는 현상으로 자기변태점이 없는 대표적인 금속으로는 Zn(아연)과 Al(알루미늄)이 있다.

금속의 종류	자기변태점	금속의 종류	자기변태점
주석	18℃	시멘타이트	210℃
Ni	350℃	Co	1,120℃

해설

순철의 자기변태점 : 768℃, A_2변태점

44 금속재료의 경량화와 강인화를 위하여 섬유강화금속 복합재료가 많이 연구되고 있다. 강화섬유 중에서 비금속계로 짝지어진 것은?

① K, W ② W, Ti
③ W, Be ④ SiC, Al_2O_3

해설

강화섬유 중에서 비금속계에는 탄화규소(SiC)와 산화알루미나(Al_2O_3)가 있다.

45 동(Cu)합금 중에서 가장 큰 강도와 경도를 나타내며 내식성, 도전성, 내피로성 등이 우수하여 베어링, 스프링 및 전극재료 등으로 사용되는 재료는?

① 인(P) 청동
② 규소(Si) 동
③ 니켈(Ni) 청동
④ 베릴륨(Be) 동

해설

베릴륨 청동은 내식성과 내열성이 우수하여 고급 스프링이나 베어링 재료로 사용된다.

46 황동은 도가니로, 전기로 또는 반사로 등에서 용해하는데, Zn의 증발로 손실이 있기 때문에 이를 억제하기 위해서는 용탕 표면에 어떤 것을 덮어 주는가?

① 소 금 ② 석회석
③ 숯가루 ④ Al 분말가루

해설

황동을 도가니로나 전기로 등에서 용해할 때 Zn의 증발 손실을 억제하기 위해서 용탕 표면을 숯가루로 덮어준다.

47 건축용 철골, 볼트, 리벳 등에 사용되는 것으로 연신율이 약 22%이고, 탄소함량이 약 0.15%인 강재는?

① 연 강 ② 경 강
③ 최경강 ④ 탄소공구강

저자쌤의 핵직강

강의 종류별 탄소함유량
- 반경강 : 0.3~0.4%의 탄소함유량
- 경강 : 0.4~0.5%의 탄소함유량
- 최경강 : 0.5~0.6%의 탄소함유량
- 탄소공구강 : 0.6~1.5%의 탄소함유량

해설

연강은 0.15~0.28%의 탄소함유량을 가진 강재로 건축용 철골이나 볼트, 리벳의 재료로 사용된다.

48 다음의 금속 중 경금속에 해당하는 것은?

① Cu ② Be
③ Ni ④ Sn

저자쌤의 핵직강

금속의 비중

경금속				중금속			
Mg	Be	Al	Ti	Sn	V	Cr	Mn
1.74	1.85	2.7	4.5	5.8	6.16	7.19	7.43

중금속						
Fe	Ni	Cu	Ag	Pb	W	Pt
7.87	8.9	8.96	10.49	11.34	19.1	21.45

43 ② 44 ④ 45 ④ 46 ③ 47 ① 48 ② 정답

해설

경금속과 중금속을 구분하는 기준은 비중 4.5를 기준으로 하는데, Be의 비중은 1.850이므로 경금속에 속한다.

49 저용융점(Fusible) 합금에 대한 설명으로 틀린 것은?

① Bi를 55% 이상 함유한 합금은 응고 수축을 한다.

② 용도로는 화재통보기, 압축공기용 탱크 안전밸브 등에 사용된다.

③ 33~66% Pb를 함유한 Bi 합금은 응고 후 시효 진행에 따라 팽창현상을 나타낸다.

④ 저용융점 합금은 약 250℃ 이하의 용융점을 갖는 것이며 Pb, Bi, Cd, In 등의 합금이다.

해설

저용융점 합금에 Bi를 55% 이상 함유한 합금은 응고 수축을 하지 않는다.

50 주철의 일반적인 성질을 설명한 것 중 틀린 것은?

① 용탕이 된 주철은 유동성이 좋다.

② 공정 주철의 탄소량은 4.3% 정도이다.

③ 강보다 용융 온도가 높아 복잡한 형상이라도 주조하기 어렵다.

④ 주철에 함유하는 전탄소(Total Carbon)는 흑연+화합탄소로 나타낸다.

해설

주철은 주조에 사용되므로 유동성이 좋아서 복잡한 형상이라도 주조하기 쉽다.

51 보기 도면은 정면도와 우측면도만이 올바르게 도시되어 있다. 평면도로 가장 적합한 것은?

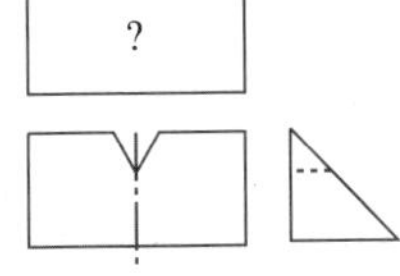

① 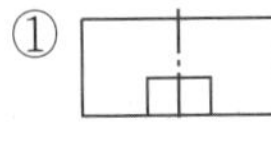

② 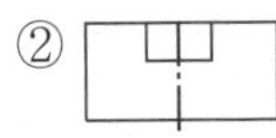

③ 

④ 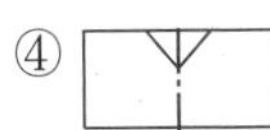

해설

우측면도에 보면 왼쪽의 높이가 크므로 평면도에서는 아래쪽에 홈의 모양이 배치되어야 하므로 정답은 ③번이 된다.

52 그림과 같은 용접기호의 설명으로 옳은 것은?

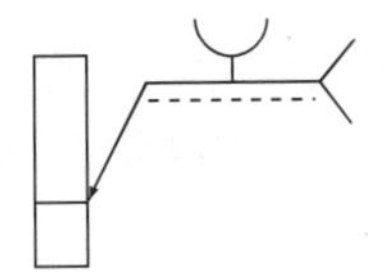

① U형 맞대기용접, 화살표쪽 용접

② V형 맞대기용접, 화살표쪽 용접

③ U형 맞대기용접, 화살표 반대쪽 용접

④ V형 맞대기용접, 화살표 반대쪽 용접

해설

◡ 형상은 U형 맞대기용접을 의미한다. 또한 이 형상이 점선이 아닌 실선 위에 ◡ 있으므로 이는 화살표쪽 용접임을 나타낸다. 만일 점선 위에 그려졌다면 화살표 반대쪽 용접이 된다.

53 선의 종류와 용도에 대한 설명의 연결이 틀린 것은?

① 가는 실선 : 짧은 중심을 나타내는 선

② 가는 파선 : 보이지 않는 물체의 모양을 나타내는 선

③ 가는 1점 쇄선 : 기어의 피치원을 나타내는 선

④ 가는 2점 쇄선 : 중심이 이동한 중심궤적을 표시하는 선

저자쌤의 핵직강

가는 2점 쇄선(-‥-‥-)으로 표시되는 가상선의 용도

- 반복되는 것을 나타낼 때
- 가공 전이나 후의 모양을 표시할 때
- 도시된 단면의 앞 부분을 표시할 때
- 물품의 인접 부분을 참고로 표시할 때
- 이동하는 부분의 운동 범위를 표시할 때
- 공구 및 지그등 위치를 참고로 나타낼 때
- 단면의 무게 중심을 연결한 선을 표시할 때

정답 49 ① 50 ③ 51 ③ 52 ① 53 ④

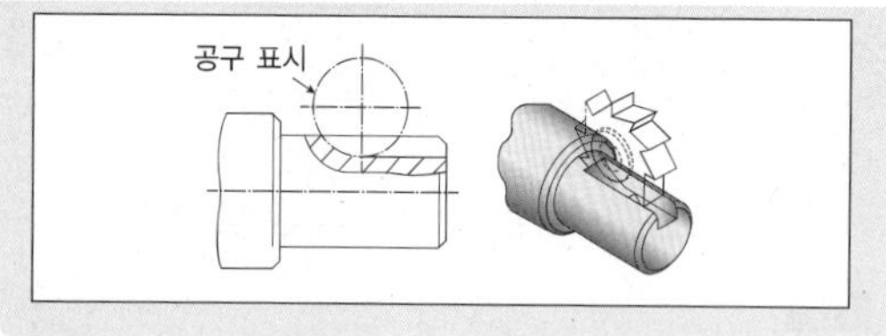

해설

가는 2점 쇄선으로는 중심이 아닌 단면의 무게중심을 연결한 선을 표시할 때 사용한다.

54 다음과 같은 배관의 등각 투상도(Isometric Drawing)를 평면도로 나타낸 것으로 맞는 것은?

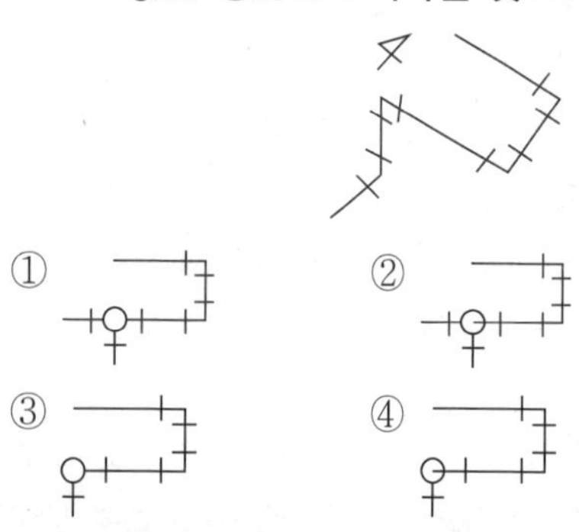

저자쌤의 핵직강

단선 도시 배관도의 종류

구분	도시
스케치 배관도	캡, 90° 엘보, $\frac{1}{2}$SPP, 90° 엘보, 2SPP, 1SPP, 2게이트 밸브, 2×2×$\frac{1}{2}$T, 90° 엘보
투상 배관도	$\frac{1}{2}$SPP, 2SPP, 1SPP, 2SPP, 2×2×$\frac{1}{2}$T
등각 배관도	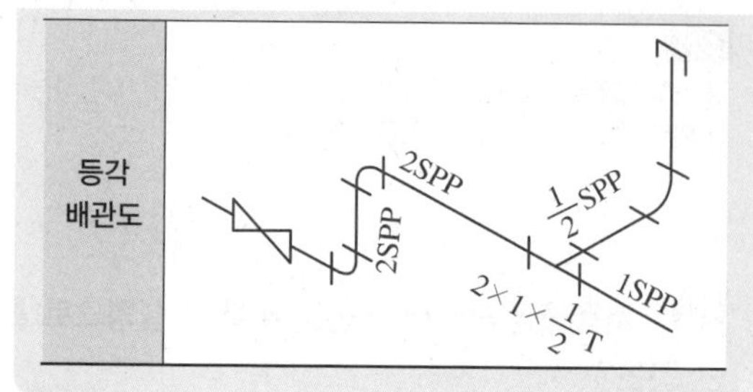

해설

문제의 그림은 등각 배관도이다.

55 KS에서 규정하는 체결부품의 조립 간략 표시방법에서 구멍에 끼워 맞추기 위한 구멍, 볼트, 리벳의 기호 표시 중 공장에서 드릴 가공 및 끼워맞춤을 하는 것은?

저자쌤의 핵직강

KS A ISO5845-1

기 호	의 미
	• 공장에서 드릴 가공 및 끼워 맞춤 • 카운터 싱크 없음
	• 공장에서 드릴 가공, 현장에서 끼워 맞춤 • 먼 면에 카운터 싱크 있음
	• 현장에서 드릴 가공 및 끼워 맞춤 • 먼 면에 카운터 싱크 있음
	• 현장에서 드릴 가공 및 끼워 맞춤 • 양쪽 면에 카운터 싱크 있음
	• 공장에서 드릴 가공 및 끼워 맞춤 • 가까운 면에 카운터 싱크 있음
	• 현장에서 드릴 가공 및 끼워 맞춤 • 카운터 싱크 없음

해설

공장에서 드릴 가공 및 끼워 맞춤을 하며 카운터 싱크가 없는 이음은 ①번이다.

54 ④ 55 ① 정답

56 그림의 입체도를 제3각법으로 올바르게 투상한 투상도는?

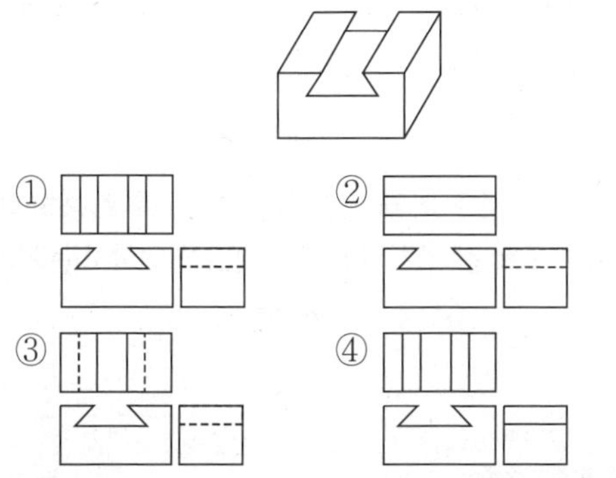

해설
정면도에서 더브테일의 양 끝단은, 물체를 위에서 바라보는 평면도에서는 보이지 않으므로 그 경계선에는 ③번과 같이 세로줄의 점선이 그려져야 한다.

57 표제란에 표시하는 내용이 아닌 것은?

① 재 질 ② 척 도
③ 각 법 ④ 제품명

해설
재질이나 수량, 부품명은 부품란에 표시한다.

58 그림과 같은 단면도에서 "A"가 나타내는 것은?

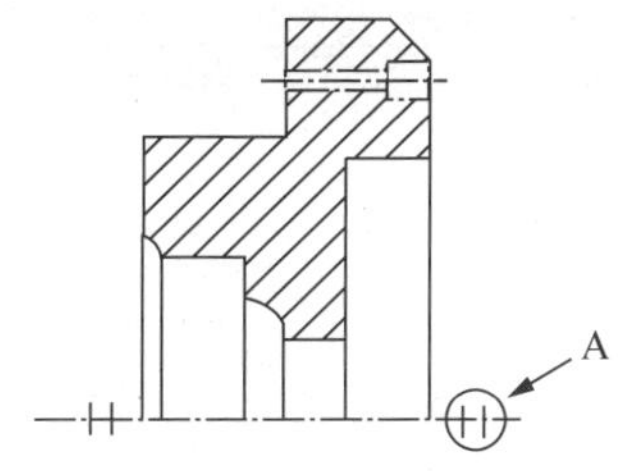

① 바닥 표시 기호
② 대칭 도시 기호
③ 반복 도형 생략 기호
④ 한쪽 단면도 표시 기호

해설
A는 대칭 도시 기호로써 노란색의 가는 실선으로 중심선 위에 표시해 준다.

59 치수 기입 방법이 틀린 것은?

①
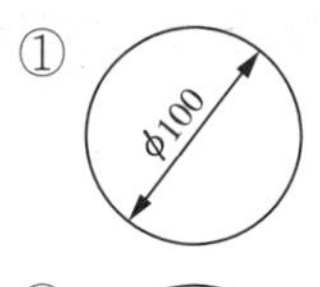

②
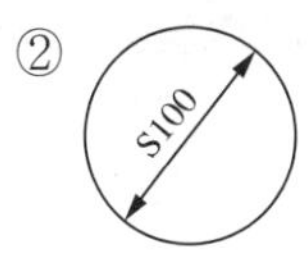

③
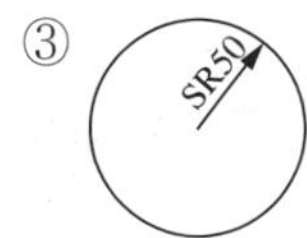

④
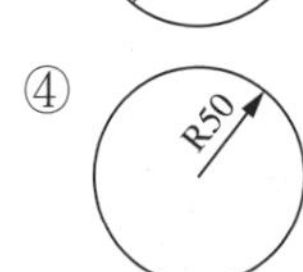

해설
구(Sphere)의 지름은 ②번과 같이 표시할 수는 없다.

60 전기아연도금 강판 및 강대의 KS기호 중 일반용 기호는?

① SECD ② SECE
③ SEFC ④ SECC

저자쌤의 핵직강

전기아연도금 강관 및 강대의 종류
- SECD : 전기아연도금 강판 중 드로잉용
- SECE : 전기아연도금 강판 중 심드로잉용
- SEFC : 전기아연도금 강판 중 가공용

해설
SECC(Steel Electrolytic Commercial Cold) : 냉간 압연강판에 아연을 도금한 전기아연도금 강판 중 일반용이다. 여기서 SPCC는 냉간 압연강판이다.

정답 56 ③ 57 ① 58 ② 59 ② 60 ④

2015년도 제4회 **기출문제**

용접기능사 Craftsman Welding/Inert Gas Arc Welding

01 다음 중 텅스텐과 몰리브덴 재료 등을 용접하기에 가장 적합한 용접은?

① 전자 빔 용접
② 일렉트로 슬래그 용접
③ 탄산가스 아크 용접
④ 서브머지드 아크 용접

저자쌤의 핵직강

전자 빔용 접
고밀도로 집속되고 가속화된 전자빔을 높은 진공 속에서 용접물에 고속도로 조사시키면 빛과 같은 속도로 이동한 전자가 용접물에 충돌하면서 전자의 운동에너지를 열에너지로 변환시켜 국부적으로 고열을 발생시키는데, 이때 생긴 열원으로 용접부를 용융시켜 용접하는 방식이다. 텅스텐(3,410℃)과 몰리브덴(2,620℃)과 같이 용융점이 높은 재료의 용접에 적합하다.

해설
전자 빔 용접은 텅스텐, 몰리브덴 등의 재료용접에 적합하다.

② 일렉트로 슬래그 용접 : 용융된 슬래그와 용융 금속이 용접부에서 흘러나오지 못하도록 수냉동판으로 둘러 싸고 이 용융 풀에 용접봉을 연속적으로 공급하는데 이때 발생하는 용융 슬래그의 저항열에 의하여 용접봉 과 모재를 연속적으로 용융시키면서 용접하는 방법이다.
③ 탄산가스 아크 용접(이산화탄소 아크 용접, CO_2용접) : Coil로 된 용접 와이어를 송급 모터에 의해 용접 토치까지 연속으로 공급시키면서 토치 팁을 통해 빠져 나온 통전된 와이어 자체가 전극이 되어 모재와의 사이에 아크를 발생시켜 접합하는 용극식 용접법이다.
④ 서브머지드 아크 용접 : 용접 부위에 미세한 입상의 플럭스를 도포한 뒤 용접선과 나란히 설치된 레일 위를 주행대차가 지나가면서 와이어를 용접부로 공급시키면 플럭스 내부에서 아크가 발생하면서 용접하는 자동 용접법이다. 아크가 플럭스 속에서 발생되므로 용접부가 눈에 보이지 않아 불가시 아크 용접, 잠호용접이라고 불린다. 용접봉인 와이어의 공급과 이송이 자동이며 용접부를 플럭스가 덮고 있으므로 복사열과 연기가 많이 발생하지 않는다.

02 서브머지드 아크 용접 시, 받침쇠를 사용하지 않을 경우 루트 간격을 몇 mm 이하로 하여야 하는가?

① 0.2　② 0.4
③ 0.6　④ 0.8

저자쌤의 핵직강

서브머지드 아크 용접(SAW)으로 맞대기 용접 시 판의 두께가 얇거나 루트 면의 치수가 용융금속을 지지하지 못할 경우에는 용융금속의 용락을 방지하기 위해서 받침쇠(Backing)를 사용하는데 받침쇠가 없는 경우에는 루트 간격을 0.8mm 이하로 한다.

03 연납땜 중 내열성 땜납으로 주로 구리, 황동용에 사용되는 것은?

① 인동납　② 황동납
③ 납 - 은납　④ 은 납

저자쌤의 핵직강

납땜용 용제의 종류

경납땜용 용제(Flux)	연납땜용 용제(Flux)
• 붕 사	• 송 진
• 붕 산	• 인 산
• 불화나트륨	• 염 산
• 불화칼륨	• 염화아연
• 은 납	• 염화암모늄
• 황동납	• 주석-납
• 인동납	• 카드뮴-아연납
• 망간납	• 저융점 땜납
• 양은납	
• 알루미늄납	

해설
③ 납 - 은납 : 내열성의 연납땜용 용제로 구리나 황동의 납땜에 사용된다. 인동납과 황동납, 은납은 모두 경납땜용 용제에 속한다.

1 ① 2 ④ 3 ③ 정답

04 용접부 검사법 중 기계적 시험법이 아닌 것은?

① 굽힘 시험 ② 경도 시험
③ 인장 시험 ④ 부식 시험

저자쌤의 핵직강

파괴 시험 (기계적 시험)	인장 시험	인장강도, 항복점, 연신율 측정
	굽힘 시험	연성의 정도 측정
	충격 시험	인성과 취성의 정도 측정
	경도 시험	외력에 대한 저항의 크기 측정
	매크로 시험	조직검사
	피로 시험	반복적인 외력에 대한 저항력 측정

해설
④ 부식 시험은 화학적 시험법에 속한다.

05 일렉트로 가스 아크 용접의 특징 설명 중 틀린 것은?

① 판두께에 관계없이 단층으로 상진 용접한다.
② 판두께가 얇을수록 경제적이다.
③ 용접속도는 자동으로 조절된다.
④ 정확한 조립이 요구되며, 이동용 냉각 동판에 급수 장치가 필요하다.

저자쌤의 핵직강

일렉트로 가스 아크 용접의 특징
- 용접속도는 자동으로 조절된다.
- 판두께가 두꺼울수록 경제적이다.
- 이산화탄소(CO_2)가스를 보호가스로 사용한다.
- 판 두께에 관계없이 단층으로 상진 용접한다.
- 용접 홈의 기계가공이 필요하며 가스절단 그대로 용접할 수 있다.
- 정확한 조립이 요구되며 이동용 냉각 동판에 급수장치가 필요하다.
- 용접 장치가 간단해서 취급이 쉬워 용접 시 숙련이 요구되지 않는다.

해설
② 일렉트로 가스 아크 용접은 판두께가 두꺼울수록 경제적이다.

06 텅스텐 전극봉 중에서 전자 방사 능력이 현저하게 뛰어난 장점이 있으며 불순물이 부착되어도 전자 방사가 잘되는 전극은?

① 순텅스텐 전극
② 토륨 텅스텐 전극
③ 지르코늄 텅스텐 전극
④ 마그네슘 텅스텐 전극

저자쌤의 핵직강

토륨 텅스텐 전극봉의 특징
- 전극의 소모가 적다.
- 전자 방사 능력이 우수하다.
- 저 전류에서도 아크 발생이 용이하다.
- 불순물이 부착되어도 전자 방사가 잘 된다.
- 전극온도가 낮아도 전류용량을 크게 할 수 있다.
- 순 텅스텐 전극봉에 토륨을 1~2% 함유한 것이다.
- 전도성이 좋기 때문에 아크 발생이 쉽고 안정적이다.
- 직류 정극성(DCSP)에는 좋으나 교류에는 좋지 않다.

해설
② 토륨 텅스텐 봉은 순 텅스텐 봉에 토륨을 1~2% 합금한 것으로 전자 방사 능력이 뛰어나며 불순물이 부착되어도 전자 방사가 잘된다는 특징을 갖는다.

07 다음 중 표면 피복 용접을 올바르게 설명한 것은?

① 연강과 고장력강의 맞대기 용접을 말한다.
② 연강과 스테인리스강의 맞대기 용접을 말한다.
③ 금속 표면에 다른 종류의 금속을 용착시키는 것을 말한다.
④ 스테인리스 강판과 연강판재를 접합시 스테인리스 강판에 구멍을 뚫어 용접하는 것을 말한다.

해설
표면 피복 용접이란 금속의 표면에 다른 종류의 금속을 용착시켜 피복시킴으로써 용접하는 방법이다.

08 산업용 용접 로봇의 기능이 아닌 것은?

① 작업 기능 ② 제어 기능
③ 계측인식 기능 ④ 감정 기능

정답 4 ④ 5 ② 6 ② 7 ③ 8 ④

해설

④ 산업용 용접 로봇에는 감정 기능은 필요 없으며 생산성 향상을 위해 작업기능과 제어기능, 계측인식 기능이 필요하다.

09 불활성 가스 금속 아크 용접(MIG)의 용착효율은 얼마 정도인가?

① 58% ② 78%
③ 88% ④ 98%

저자쌤의 핵직강

MIG 용접의 특징
- 분무 이행이 원활하다.
- 열영향부가 매우 적다.
- 용착효율은 약 98%이다.
- 전 자세 용접이 가능하다.
- 용접기의 조작이 간단하다.
- 아크의 자기제어 기능이 있다.
- 직류용접기의 경우 정전압 특성 또는 상승 특성이 있다.
- 전류가 일정할 때 아크 전압이 커지면 용융속도가 낮아진다.
- 전류밀도가 아크 용접의 4~6배, TIG 용접의 2배 정도로 매우 높다.
- 용접부가 좁고, 깊은 용입을 얻으므로 후판(두꺼운 판) 용접에 적당하다.
- 알루미늄이나 마그네슘 등은 청정작용으로 용제 없이도 용접이 가능하다.
- 전자동 또는 반자동식이 많으며 전극인 와이어는 모재와 동일한 금속을 사용한다.
- 전원은 직류 역극성이 이용되며 Al, Mg 등에는 클리닝 작용(청정작용)이 있어 용제 없이도 용접이 가능하다.
- 용접봉을 갈아 끼울 필요가 없어 용접 속도를 빨리할 수 있으므로 고속 및 연속적으로 양호한 용접을 할 수 있다.

해설

④ MIG 용접의 용착효율은 약 98%로 높은 편이다.

10 다음 중 일렉트로 슬래그 용접의 특징으로 틀린 것은?

① 박판용접에는 적용할 수 없다.
② 장비 설치가 복잡하며 냉각장치가 요구된다.
③ 용접시간이 길고 장비가 저렴하다.
④ 용접 진행 중 용접부를 직접 관찰할 수 없다.

저자쌤의 핵직강

일렉트로 슬래그 용접

용융된 슬래그와 용융 금속이 용접부에서 흘러나오지 못하도록 수냉 동판으로 둘러싸고 이 용융 풀에 용접봉을 연속적으로 공급하는데 이때 발생하는 용융 슬래그의 저항열에 의하여 용접봉과 모재를 연속적으로 용융시키면서 용접하는 방법이다.

해설

일렉트로 슬래그 용접은 용접시간은 짧으나 장비가 비싼 단점이 있다.

Plus One

일렉트로 슬래그 용접의 장점
- 용접이 능률적이다.
- 후판용접에 적당하다.
- 전기 저항열에 의한 용접이다.
- 용접 시간이 적어서 용접 후 변형이 적다.

일렉트로 슬래그 용접의 단점
- 손상된 부위에 취성이 크다.
- 장비 설치가 복잡하며 냉각장치가 요구된다.
- 용접진행 중에 용접부를 직접 관찰할 수는 없다.
- 가격이 비싸며 용접 후 기계적 성질이 좋지 못하다.

11 용접에 있어 모든 열적요인 중 가장 영향을 많이 주는 요소는?

① 용접 입열 ② 용접 재료
③ 주위 온도 ④ 용접 복사열

해설

① 용접할 때 가장 큰 영향을 미치는 요소는 모재에 열이 직접 가해지는 용접 입열이다.

12 사고의 원인 중 인적 사고 원인에서 선천적 원인은?

① 신체의 결함 ② 무 지
③ 과 실 ④ 미숙련

해설

① 인적 사고 중 선천적 사고는 신체의 결함이며 무지나 과실, 미숙련은 후천적인 원인에 속한다.

9 ④ 10 ③ 11 ① 12 ① 정답

13 TIG 용접에서 직류 정극성을 사용하였을 때 용접효율을 올릴 수 있는 재료는?

① 알루미늄　② 마그네슘
③ 마그네슘 주물　④ 스테인리스강

해설
TIG 용접을 직류 정극성으로 사용할 경우 모재에서 70%의 열이 발생되므로 용융점이 비교적 높은 재료인 탄소강이나 스테인리스강, 구리합금의 용접에서 효율을 높일 수 있다.

14 재료의 인장 시험방법으로 알 수 없는 것은?

① 인장강도　② 단면수축율
③ 피로강도　④ 연신율

해설
③ 피로강도는 재료에 인장과 압축하중을 반복적으로 가해 주는 시험법이므로 인장 시험방법만으로는 알 수가 없다.

15 용접 변형 방지법의 종류에 속하지 않는 것은?

① 억제법　② 역변형법
③ 도열법　④ 취성 파괴법

저자쌤의 핵직강

용접 변형 방지
- 억제법 : 지그설치 및 가접을 통해 변형을 억제하도록 한 것
- 역변형법 : 용접 전에 변형을 예측하여 반대 방향으로 변형시킨 후 용접을 하도록 한 것
- 도열법 : 용접 중 모재의 입열을 최소화하기 위해 물을 적신 동판을 덧대어 열을 흡수하도록 한 것

해설
④ 취성 파괴법 : 용접 변형 방지법과는 관련이 없다.

16 솔리드 와이어와 같이 단단한 와이어를 사용할 경우 적합한 용접 토치 형태로 옳은 것은?

① Y형　② 커브형
③ 직선형　④ 피스톨형

해설
MIG 용접토치는 단단한 와이어에 사용하는 커브형과 비교적 연한 비철금속의 와이어에 사용하는 피스톨형이 있다.

17 안전·보건표지의 색채, 색도기준 및 용도에서 색채에 따른 용도를 올바르게 나타낸 것은?

① 빨간색 : 안내　② 파란색 : 지시
③ 녹색 : 경고　④ 노란색 : 금지

저자쌤의 핵직강

산업안전보건법에 따른 안전·보건표지의 색채, 색채기준 및 용도

색 상	용 도	사 례
빨간색	금 지	정지신호, 소화설비 및 그 장소, 유해행위 금지
	경 고	화학물질 취급장소에서의 유해·위험 경고
노란색	경 고	화학물질 취급장소에서의 유해·위험 경고 이외의 위험경고, 주의표지 또는 기계방호물
파란색	지 시	특정 행위의 지시 및 사실의 고지
녹 색	안 내	비상구 및 피난소, 사람 또는 차량의 통행
흰 색		파란색 또는 녹색에 대한 보조색
검정색		문자 및 빨간색 또는 노란색에 대한 보조색

해설
② 파란색은 지시를 나타낼 때 사용한다.

18 용접금속의 구조상의 결함이 아닌 것은?

① 변 형　② 기 공
③ 언더컷　④ 균 열

저자쌤의 핵직강

용접 결함의 종류

결함의 종류	결함의 명칭
치수상결함	변 형
	치수불량
	형상불량
구조상결함	기 공
	은 점
	언더컷
	오버랩
	균 열
	선상조직
	용입불량
	표면결함
	슬래그 혼입

정답 13 ④ 14 ③ 15 ④ 16 ② 17 ② 18 ①

성질상결함	기계적 불량	인장강도 부족
		항복강도 부족
		피로강도 부족
		경도 부족
		연성 부족
		충격시험 값 부족
	화학적 불량	화학성분 부적당
		부식(내식성 불량)

해설

① 용접 결함 중 변형은 치수상의 결함에 속한다.

19 금속재료의 미세조직을 금속현미경을 사용하여 광학적으로 관찰하고 분석하는 현미경시험의 진행순서로 맞는 것은?

① 시료 채취 → 연마 → 세척 및 건조 → 부식 → 현미경 관찰
② 시료 채취 → 연마 → 부식 → 세척 및 건조 → 현미경 관찰
③ 시료 채취 → 세척 및 건조 → 연마 → 부식 → 현미경 관찰
④ 시료 채취 → 세척 및 건조 → 부식 → 연마 → 현미경 관찰

저자쌤의 핵직강

현미경 조직시험의 순서
시험편 채취 → 마운팅 → 샌드페이퍼 연마 → 폴리싱 → 세척 및 건조 → 부식 → 현미경 조직검사

20 강판의 두께가 12mm, 폭 100mm인 평판을 V형 홈으로 맞대기 용접 이음할 때, 이음효율 η=0.8로 하면 인장력 P는?(단, 재료의 최저인장강도는 40N/mm^{2}이고, 안전율은 4로 한다)

① 960N ② 9,600N
③ 860N ④ 8,600N

해설

인장률(S)을 구하는 식을 응용하면

$$4=\frac{40\text{N/mm}^2}{\sigma_a},\ \sigma_a=10\,\text{N/mm}^2$$

$$\sigma_a=\frac{F}{A\times\eta}$$

$$10\text{N/mm}^2=\frac{F}{12\text{mm}\times100\text{mm}\times0.8}$$

$$F=10\text{N/mm}^2\times1{,}200\text{mm}^2\times0.8=9{,}600\text{N}$$

따라서, 인장력은 9,600N이 된다.

21 다음 중 목재, 섬유류, 종이 등에 의한 화재의 급수에 해당하는 것은?

① A급 ② B급
③ C급 ④ D급

저자쌤의 핵직강

화재의 종류에 따른 사용 소화기

분 류	A급 화재	B급 화재
명 칭	일반(보통) 화재	유류 및 가스화재
가연물질	나무, 종이, 섬유 등의 고체 물질	기름, 윤활유, 페인트 등의 액체 물질
소화효과	냉각 효과	질식 효과
표현색상	백 색	황 색
소화기	물 분말소화기 포(포말)소화기 이산화탄소소화기 강화액소화기 산, 알카리소화기	분말소화기 포(포말)소화기 이산화탄소소화기
사용불가능 소화기		
분 류	**C급 화재**	**D급화재**
명 칭	전기 화재	금속 화재
가연물질	전기설비, 기계 전선 등의 물질	가연성 금속 (Al분말, Mg분말)
소화효과	질식 및 냉각효과	질식 효과
표현색상	청 색	무 색
소화기	분말소화기 유기성소화기 이산화탄소소화기 무상강화액소화기 할로겐화합물소화기	건조된 모래 (건조사)
사용불가능 소화기	포(포말)소화기	물 (금속가루는 물과 반응하여 폭발의 위험성이 있다)

해설

① 목재나 섬유류, 종이는 A급 화재로 분류된다.

19 ① 20 ② 21 ① 정답

22 용접부의 시험 중 용접성 시험에 해당하지 않는 시험법은?

① 노치 취성 시험
② 열특성 시험
③ 용접 연성 시험
④ 용접 균열 시험

해설

② 용접성 시험에는 용접물에 대한 노치 정도와 연성 정도, 균열 시험 등이 있으나 열 특성은 실시하지 않는다.

23 다음 중 가스용접의 특징으로 옳은 것은?

① 아크 용접에 비해서 불꽃의 온도가 높다.
② 아크 용접에 비해 유해광선의 발생이 많다.
③ 전원 설비가 없는 곳에서는 쉽게 설치할 수 없다.
④ 폭발의 위험이 크고 금속이 탄화 및 산화될 가능성이 많다.

저자쌤의 핵직강

가스용접의 장점 및 단점

장 점
• 운반이 편리하고 설비비가 싸다. • 전원이 없는 곳에 쉽게 설치할 수 있다. • 아크 용접에 비해 유해 광선의 피해가 적다. • 가열할 때 열량 조절이 비교적 자유로워 박판 용접에 적당하다. • 기화용제가 만든 가스 상태의 보호막은 용접 시 산화작용을 방지한다. • 산화불꽃, 환원불꽃, 중성불꽃, 탄화불꽃 등 불꽃의 종류를 다양하게 만들 수 있다.
단 점
• 폭발의 위험이 있다. • 금속이 탄화 및 산화될 가능성이 많다. • 아크 용접에 비해 불꽃의 온도가 낮다. • 아크(약 3,000~5,000℃), 산소-아세틸렌불꽃(약 3,430℃) • 열의 집중성이 나빠서 효율적인 용접이 어려우며 가열 범위가 커서 용접 변형이 크고 일반적으로 용접부의 신뢰성이 적다.

해설

④ 가스용접은 폭발의 위험이 크며 금속이 탄화나 산화될 가능성이 크다.

24 산소 – 아세틸렌 용접에서 표준불꽃으로 연강판 두께 2mm를 60분간 용접하였더니 200L의 아세틸렌가스가 소비되었다면, 다음 중 가장 적당한 가변압식 팁의 번호는?

① 100번　　② 200번
③ 300번　　④ 400번

저자쌤의 핵직강

가스용접용 토치 팁인 가변압식(프랑스식) 팁은 "100번 팁", "200번 팁"과 같이 나타내는데, "가변압식 200번 팁"이란 표준불꽃으로 1시간(60분)에 소비하는 아세틸렌가스의 양이 200L임을 나타내는 것이다.

25 연강용 가스 용접봉의 시험편 처리 표시 기호 중 NSR의 의미는?

① 625±25℃로써 용착금속의 응력을 제거한 것
② 용착금속의 인장강도를 나타낸 것
③ 용착금속의 응력을 제거하지 않은 것
④ 연신율을 나타낸 것

저자쌤의 핵직강

연강용 용접봉의 시험편 처리[KS D 7005]

SR	625±25℃에서 응력 제거 풀림을 한 것
NSR	용접한 상태 그대로 응력을 제거하지 않은 것

26 피복 아크 용접에서 사용하는 용접용 기구가 아닌 것은?

① 용접 케이블　　② 접지 클램프
③ 용접 홀더　　④ 팁 클리너

해설

④ 팁 클리너는 가스용접이나 CO_2용접, MIG 용접과 같이 팁을 사용해서 용접하는 구조에서 막힌 팁의 구멍을 뚫는 도구이다.

Plus One 피복 금속 아크 용접(SMAW)의 회로 순서

용접기 → 전극케이블 → 용접봉홀더 → 용접봉 → 아크 → 모재 → 접지케이블

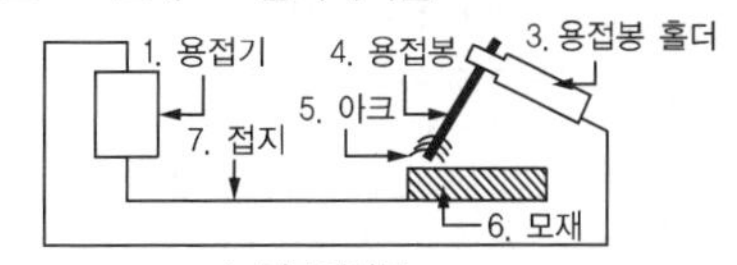

27 피복 아크 용접봉의 피복제의 주된 역할로 옳은 것은?

① 스패터의 발생을 많게 한다.
② 용착 금속에 필요한 합금원소를 제거한다.
③ 모재 표면에 산화물이 생기게 한다.
④ 용착 금속의 냉각속도를 느리게 하여 급랭을 방지한다.

저자쌤의 핵직강

피복제의 역할

- 용융 금속과 슬래그의 유동성을 좋게 한다.
- 용적(쇳물)을 미세화하여 용착효율을 높인다.
- 아크를 안정시키며 아크의 집중성을 좋게 한다.
- 슬래그 제거를 쉽게 하여 비드의 외관을 좋게 한다.
- 전기 절연 작용을 하며 용착 금속의 급랭을 방지한다.
- 보호가스를 발생시키며 탈산작용 및 정련작용을 한다.
- 적당량의 합금 원소 첨가로 금속에 특수성을 부여한다.
- 중성 또는 환원성 분위기를 만들어 질화나 산화를 방지하고 용융금속을 보호한다.
- 쇳물이 쉽게 달라붙을 수 있도록 힘을 주어 수직자세, 위보기 자세 등 어려운 자세를 쉽게 한다.
- 피복제는 용융점이 낮고 적당한 점성을 가진 슬래그를 생성하게 하여 용접부를 덮어 급랭을 방지하게 해 준다.

해설

① 스패터의 발생을 적게 한다.
② 용착 금속에 필요한 합금원소를 첨가한다.
③ 모재 표면에 산화물의 발생을 억제한다.

28 용접의 특징에 대한 설명으로 옳은 것은?

① 복잡한 구조물 제작이 어렵다.
② 기밀, 수밀, 유밀성이 나쁘다.
③ 변성의 우려가 없어 시공이 용이하다.
④ 용접사의 재량에 따라 용접부의 품질이 좌우된다.

저자쌤의 핵직강

용접의 장점 및 단점

구분	내용
용접의 장점	• 이음효율이 높다. • 재료가 절약된다. • 제작비가 적게 든다. • 이음 구조가 간단하다. • 보수와 수리가 용이하다. • 재료의 두께 제한이 없다. • 이종재료도 접합이 가능하다. • 제품의 성능과 수명이 향상된다. • 유밀성, 기밀성, 수밀성이 우수하다. • 작업 공정이 줄고, 자동화가 용이하다.
용접의 단점	• 취성이 생기기 쉽다. • 균열이 발생하기 쉽다. • 용접부의 결함 판단이 어렵다. • 용융부위 금속의 재질이 변한다. • 저온에서 쉽게 약해질 우려가 있다. • 용접 모재의 재질에 따라 영향을 크게 받는다. • 용접 기술자(용접사)의 기량에 따라 품질이 다르다. • 용접 후 변형 및 수축함에 따라 잔류응력이 발생한다.

해설

④ 용접은 용접 기술자의 기량에 따라 용접부의 품질이 좌우된다.

29 가스 절단에서 팁(Tip)의 백심 끝과 강판 사이의 간격으로 가장 적당한 것은?

① 0.1~0.3mm
② 0.4~1mm
③ 1.5~2mm
④ 4~5mm

해설

③ 가스 절단 시 팁에서 나온 불꽃의 백심 끝과 강판 사이의 간격은 1.5~2mm로 해야 한다.

30 스카핑 작업에서 냉간재의 스카핑 속도로 가장 적합한 것은?

① 1~3m/min
② 5~7m/min
③ 10~15m/min
④ 20~25m/min

저자쌤의 핵직강

스카핑(Scarfing)은 강괴나 강편, 강재 표면의 홈이나 개재물, 탈탄층 등을 제거하기 위한 불꽃 가공으로 가능한 얇으면서 타원형의 모양으로 표면을 깎아내는 가공법으로 재료가 냉간재와 열간재에 따라서 스카핑 속도가 달라진다.

분 류	스카핑 속도
냉간재	5~7m/min
열간재	20m/min

27 ④ 28 ④ 29 ③ 30 ② 정답

31 AW-300, 무부하 전압 80V, 아크 전압 20V인 교류용접기를 사용할 때, 다음 중 역률과 효율을 올바르게 계산한 것은?(단, 내부손실을 4kW라 한다)

① 역률 : 80.0%, 효율 : 20.6%
② 역률 : 20.6%, 효율 : 80.0%
③ 역률 : 60.0%, 효율 : 41.7%
④ 역률 : 41.7%, 효율 : 60.0%

해설

$$효율(\%) = \frac{아크전력}{소비전력} \times 100\%$$

여기서, 아크전력 = 아크전압 × 정격2차 전류 = 20 × 300
= 6,000W
소비전력 = 아크전력 + 내부손실
= 6,000 + 4,000 = 10,000W

$$따라서,\ 효율(\%) = \frac{6,000}{10,000} \times 100\% = 60\%$$

$$역률(\%) = \frac{소비전력}{전원입력} \times 100(\%)$$

여기서, 전원입력 = 무부하전압 × 정격2차전류
= 80 × 300 = 24,000W

$$따라서,\ 역률(\%) = \frac{10,000}{24,000} \times 100(\%) = 41.66\%$$

≒ 41.7%

32 가스 용접에서 후진법에 대한 설명으로 틀린 것은?

① 전진법에 비해 용접변형이 작고 용접속도가 빠르다.
② 전진법에 비해 두꺼운 판의 용접에 적합하다.
③ 전진법에 비해 열 이용률이 좋다.
④ 전진법에 비해 산화의 정도가 심하고 용착금속 조직이 거칠다.

저자쌤의 핵직강

가스용접에서의 전진법과 후진법의 차이점

구 분	전진법	후진법
열 이용률	나쁘다.	좋다.
비드의 모양	보기 좋다.	매끈하지 못하다.
홈의 각도	크다(약 80°).	작다(약 60°).
용접 속도	느리다.	빠르다.
용접 변형	크다.	작다.
용접 가능 두께	두께 5mm 이하의 박판	후 판
가열 시간	길다.	짧다.
기계적 성질	나쁘다.	좋다.
산화 정도	심하다.	양호하다.
토치 진행방향 및 각도	오른쪽→왼쪽	왼쪽→오른쪽

해설

④ 가스 용접의 운봉법에서 후진법은 전진법에 비해 산화의 정도가 양호하며 용착금속의 조직도 양호하다.

33 피복 아크 용접에 관한 사항으로 다음 그림의 (　　)에 들어가야 할 용어는?

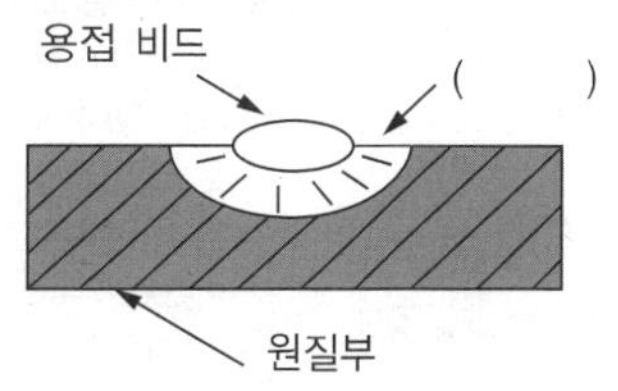

① 용락부　　② 용융지
③ 용입부　　④ 열영향부

저자쌤의 핵직강

열영향부(HAZ, Heat Affected Zone)

용접할 때 용접부 주위가 발생 열에 영향을 받아서 금속의 성질이 처음 상태와 달라지는 부분으로 용융점(1,538℃) 이하에서 금속의 미세조직이 변하는 부분을 말한다.

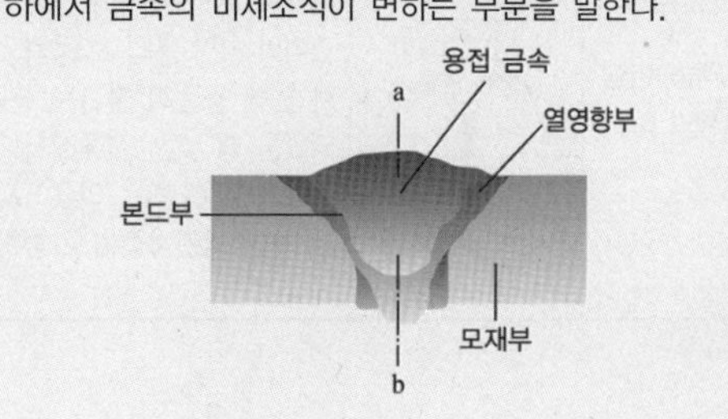

34 용접봉에서 모재로 용융금속이 옮겨가는 이행 형식이 아닌 것은?

① 단락형　　② 글로뷸러형
③ 스프레이형　　④ 철심형

정답 31 ④ 32 ④ 33 ④ 34 ④

저자쌤의 핵직강

용적 이행방식의 종류

이행 방식	이행 형태	특 징
단락 이행 (Short Circuiting Transfer)		• 박판용접에 적합하다. • 입열량이 적고 용입이 얕다. • 저전류의 CO_2 및 MIG 용접에서 솔리드 와이어를 사용할 때 발생한다.
입상 이행 (글로뷸러) (Globular Transfer)		• Globule은 용융방울인 용적을 의미한다. • 깊고 양호한 용입을 얻을 수 있어서 능률적이나 스패터가 많이 발생한다. • 초당 90회 정도의 와이어보다 큰 용적으로 용융되어 모재로 이행된다.
스프레이 이행		• 용적이 작은 입자로 되어 스패터 발생이 적고 비드가 외관이 좋다. • 가장 많이 사용되는 것으로 아크 기류 중에서 용가재가 고속으로 용융되어 미입자의 용적으로 분사되어 모재에 옮겨가면서 용착되는 용적이행이다. • 고전압, 고전류에서 발생하며, 아르곤가스나 헬륨가스를 사용하는 경합금 용접에서 주로 나타나며 용착속도가 빠르고 능률적이다.
맥동 이행 (펄스 아크)		연속적으로 스프레이 이행을 사용할 때 높은 입열로 인해 용접부의 물성이 변화되었거나 박판 용접 시 용락으로 인해 용접이 불가능하게 되었을 때 낮은 전류에서도 스프레이 이행이 이루어지게 하여 박판용접을 가능하게 한다.

35 직류 아크 용접에서 용접봉의 용융이 늦고, 모재의 용입이 깊어지는 극성은?

① 직류 정극성 ② 직류 역극성
③ 용극성 ④ 비용극성

저자쌤의 핵직강

아크 용접기의 극성

직류 정극성 (DCSP : Direct Current Straight Polarity)	• 용입이 깊다. • 비드 폭이 좁다. • 용접봉의 용융속도가 느리다. • 후판(두꺼운 판) 용접이 가능하다. • 모재에는 (+)전극이 연결되며 70% 열이 발생하고, • 용접봉에는 (−)전극이 연결되며 30% 열이 발생한다.
직류 역극성 (DCRP : Direct Current Reverse Polarity)	• 용입이 얕다. • 비드 폭이 넓다. • 용접봉의 용융속도가 빠르다. • 박판(얇은 판) 용접이 가능하다. • 주철, 고탄소강, 비철금속의 용접에 쓰인다. • 모재에는 (−)전극이 연결되며 30% 열이 발생하고, • 용접봉에는 (+)전극이 연결되며 70% 열이 발생한다.
교류(AC)	• 극성이 없다. • 전원 주파수의 $\frac{1}{2}$ 사이클마다 극성이 바뀐다. • 직류 정극성과 직류 역극성의 중간적 성격이다.

해설

직류 정극성의 경우 모재에는 (+)전극이 연결되고 용접봉에는 (−)전극이 연결된다. (+)전극이 연결되는 곳에 70%의 열이 발생하므로 모재에서 열이 많이 발생되어 용입도 깊어지게 된다.

36 아세틸렌 가스의 성질로 틀린 것은?

① 순수한 아세틸렌 가스는 무색무취이다.
② 금, 백금, 수은 등을 포함한 모든 원소와 화합 시 산화물을 만든다.
③ 각종 액체에 잘 용해되며, 물에는 1배, 알코올에는 6배 용해된다.
④ 산소와 적당히 혼합하여 연소시키면 높은 열을 발생한다.

저자쌤의 핵직강

아세틸렌가스(Acetylene, C_2H_2)의 특징

• 400℃ 근처에서 자연 발화한다.
• 순수한 아세틸렌 가스는 무색무취이다.

35 ① 36 ② 정답

- 아세틸렌가스 1L의 무게는 1.176g이다.
- 카바이드(C_aC_2)를 물에 작용시켜 제조한다.
- 비중이 0.906으로써 1.105인 산소보다 가볍다.
- 구리나 은과 반응할 때 폭발성 물질이 생성된다.
- 가스 용접이나 절단 등에 주로 사용되는 연료가스이다.
- 충전은 15℃ 1기압 하에서 15kgf/cm²의 압력으로 한다.
- 산소와 적당히 혼합 연소시키면 3,000~3,500℃의 고온을 낸다.
- 아세틸렌가스는 불포화 탄화수소의 일종으로 불완전한 상태의 가스이다.
- 각종 액체에 용해가 잘된다. (물 1배, 석유 2배, 벤젠 4배, 알코올 6배, 아세톤 25배)
- 순수한 카바이드 1kg은 이론적으로 348L의 아세틸렌가스를 발생하며, 보통의 카바이드는 230~300L의 아세틸렌가스를 발생시킨다.

해설

아세틸렌 가스는 구리나 은과 반응할 때 산화물이 아닌 폭발성 물질이 생성된다.

37 아크 용접기에서 부하전류가 증가하여도 단자전압이 거의 일정하게 되는 특성은?

① 절연특성　② 수하특성
③ 정전압특성　④ 보존특성

저자쌤의 핵직강

용접기의 특성 4가지

- 정전류특성 : 부하 전류나 전압이 변해도 단자 전류는 거의 변하지 않는다.
- 정전압특성 : 부하 전류나 전압이 변해도 단자 전압은 거의 변하지 않는다.
- 수하특성 : 부하 전류가 증가하면 단자 전압이 낮아진다.
- 상승특성 : 부하 전류가 증가하면 단자 전압이 약간 높아진다.

해설

③ 부하전류가 증가해도 단자전압이 일정한 용접기의 특성은 정전압특성이다.

38 피복제 중에 산화티탄을 약 35% 정도 포함하였고 슬래그의 박리성이 좋아 비드의 표면이 고우며 작업성이 우수한 특징을 지닌 연장용 피복 아크 용접봉은?

① E4301　② E4311
③ E4313　④ E4316

저자쌤의 핵직강

피복 아크 용접봉의 종류

종 류	특 징
일미나이트계 (E4301)	• 일미나이트(TiO_2 · FeO)를 약 30% 이상 합금한 것으로 우리나라에서 많이 사용한다. • 일본에서 처음 개발한 것으로 작업성과 용접성이 우수하며 값이 저렴하여 철도나 차량, 구조물, 압력 용기에 사용된다. • 내균열성, 내가공성, 연성이 우수하여 25mm 이상의 후판용접도 가능하다.
라임티타늄계 (E4303)	• E4313의 새로운 형태로 약 30% 이상의 산화티탄(TiO_2)과 석회석($CaCO_3$)이 주성분이다. • 산화티탄과 염기성 산화물이 다량으로 함유된 슬래그 생성식이다. • 피복이 두껍고 전 자세 용접성이 우수하다. • E4313의 작업성을 따르면서 기계적 성질과 일미나이트계의 부족한 점을 개량하여 만든 용접봉이다. • 고산화티탄계 용접봉보다 약간 높은 전류를 사용한다.
고셀룰로오스계 (E4311)	• 피복제에 가스 발생제인 셀룰로오스를 20~30% 정도를 포함한 가스 생성식 용접봉이다. • 발생 가스량이 많아 피복량이 얇고 슬래그가 적으므로 수직, 위보기 용접에서 우수한 작업성을 보인다. • 가스 생성에 의한 환원성 아크 분위기로 용착 금속의 기계적 성질이 양호하며 아크는 스프레이 형상으로 용입이 크고 용융 속도가 빠르다. • 슬래그가 적으므로 비드 표면이 거칠고 스패터가 많다. • 사용 전류는 슬래그 실드계 용접봉에 비해 10~15% 낮게 하며 사용 전 70~100℃에서 30분~1시간 건조해야 한다. • 도금 강판, 저합금강, 저장탱크나 배관공사에 이용된다.
고산화티탄계 (E4313)	• 균열에 대한 감수성이 좋아서 구속이 큰 구조물의 용접이나 고탄소강, 쾌삭강의 용접에 사용한다. • 피복제에 산화티탄(TiO_2)을 약 35% 정도 합금한 것으로 일반 구조용 용접에 사용된다. • 용접기의 2차 무부하 전압이 낮을 때에도 아크가 안정적이며 조용하다. • 스패터가 적고 슬래그의 박리성도 좋아서 비드의 모양이 좋다. • 저합금강이나 탄소량이 높은 합금강의 용접에 적합하다. • 다층 용접에서는 만족할 만한 품질을 만들지 못한다. • 기계적 성질이 다른 용접봉에 비해 약하고 고온 균열을 일으키기 쉬운 단점이 있다.
저수소계 (E4316)	• 석회석이나 형석을 주성분으로 한 피복제를 사용한다. • 보통 저탄소강의 용접에 주로 사용되나 저합금강과 중, 고탄소강의 용접에도 사용된다. • 용착 금속 중의 수소량이 타 용접봉에 비해 1/10 정도로 현저하게 적다.

정답 37 ③ 38 ③

저수소계 (E4316)	• 균열에 대한 감수성이 좋아 구속도가 큰 구조물이 용접이나 탄소 및 황의 함유량이 많은 쾌삭강의 용접에 사용한다. • 피복제는 습기를 잘 흡수하기 때문에 사용 전에 300~350℃에서 1~2시간 건조 후 사용해야 한다.
철분 산화티탄계 (E4324)	• E4313의 피복제에 철분을 50% 정도 첨가한 것이다. • 작업성이 좋고 스패터가 적게 발생하나 용입이 얕다. • 용착 금속의 기계적 성질은 E4313과 비슷하다.
철분 저수소계 (E4326)	• E4316의 피복제에 30~50% 정도의 철분을 첨가한 것으로 용착속도가 크고 작업 능률이 좋다. • 용착 금속의 기계적 성질이 양호하고 슬래그의 박리성이 저수소계 용접봉보다 좋으며 아래보기나 수평 필릿 용접에만 사용된다.
철분 산화철계 (E4327)	• 주성분인 산화철에 철분을 첨가한 것으로 규산염을 다량 함유하고 있어서 산성의 슬래그가 생성된다. • 아크가 분무상으로 나타나며 스패터가 적고 용입은 E4324보다 깊다. • 비드의 표면이 곱고 슬래그의 박리성이 좋아서 아래보기나 수평 필릿 용접에 많이 사용된다.

39 상률(Phase Rule)과 무관한 인자는?

① 자유도 ② 원소 종류
③ 상의 수 ④ 성분 수

Gibbs의 상률

$F = C - P + 2$

여기서, F : 자유도
C : 화학성분의 수
P : 상의 수

해설

② 깁스의 상률에 원소의 종류는 고려되지 않는다.

40 공석조성을 0.80%C라고 하면, 0.2%C 강의 상온에서의 초석페라이트와 펄라이트의 비는 약 몇 % 인가?

① 초석페라이트 75% : 펄라이트 25%
② 초석페라이트 25% : 펄라이트 75%
③ 초석페라이트 80% : 펄라이트 20%
④ 초석페라이트 20% : 펄라이트 80%

해설

• 초석페라이트 : $\frac{0.6}{0.8} \times 100\% = 75\%$

• 펄라이트 : $\frac{0.2}{0.8} \times 100\% = 25\%$

41 금속의 물리적 성질에서 자성에 관한 설명 중 틀린 것은?

① 연철(鍊鐵)은 잔류자기는 작으나 보자력이 크다.
② 영구자석재료는 쉽게 자기를 소실하지 않는 것이 좋다.
③ 금속을 자석에 접근시킬 때 금속에 자석의 극과 반대의 극이 생기는 금속을 상자성체라 한다.
④ 자기장의 강도가 증가하면 자화되는 강도도 증가하나 어느 정도 진행되면 포화점에 이르는 이 점을 퀴리점이라 한다.

해설

① 연철은 전류자기가 크고 보자력이 작다.

 보자력(保磁力) : 지킬 보, 자석 자, 힘 력, 자성을 오랫동안 지니고 있는 힘

42 다음 중 탄소강의 표준 조직이 아닌 것은?

① 페라이트 ② 펄라이트
③ 시멘타이트 ④ 마텐자이트

저자쌤의 핵직강

탄소강의 표준조직
• 페라이트 • 펄라이트
• 시멘타이트 • 오스테나이트

해설

④ 마텐자이트는 탄소강의 표준 조직에 속하지 않는다.

43 주요성분이 Ni-Fe 합금인 불변강의 종류가 아닌 것은?

① 인 바 ② 모넬메탈
③ 엘린바 ④ 플래티나이트

39 ② 40 ① 41 ① 42 ④ 43 ② 정답

저자쌤의 핵직강

Ni-Fe계 합금(불변강)의 종류

종 류	용 도
인 바	• Fe에 35%의 Ni, 0.1~0.3%의 Co, 0.4%의 Mn이 합금된 불변강의 일종으로 상온 부근에서 열팽창계수가 매우 작아서 길이 변화가 거의 없다. • 줄자나 측정용 표준자, 바이메탈용 재료로 사용한다.
슈퍼인바	• Fe에 30~32%의 Ni, 4~6%의 Co를 합금한 재료로 20℃에서 열팽창계수가 0에 가까워서 표준 척도용 재료로 사용한다.
엘린바	• Fe에 36%의 Ni, 12%의 Cr이 합금된 재료로 온도변화에 따라 탄성률의 변화가 미세하여 시계태엽이나 계기의 스프링, 기압계용 다이어프램, 정밀 저울용 스프링 재료로 사용한다.
퍼멀로이	• Fe에 35~80%의 Ni이 합금된 재료로 열팽창계수가 작아서 측정기나 고주파 철심, 코일, 릴레이용 재료로 사용된다.
플래티나이트	• Fe에 46%의 Ni이 합금된 재료로 열팽창계수가 유리와 백금과 가까우며 전구 도입선이나 진공관의 도선용으로 사용한다.
코엘린바	• Fe에 Cr 10~11%, Co 26~58%, Ni 10~16% 합금한 것으로 온도변화에 대한 탄성률의 변화가 적고 공기 중이나 수중에서 부식되지 않아서 스프링, 태엽, 기상관측용 기구의 부품에 사용한다.

해설

② 모넬메탈 : Cu에 Ni이 60~70% 합금된 재료로 내식성과 고온 강도가 높아서 화학기계나 열기관용 재료로 사용된다.

44 탄소강 중에 함유된 규소의 일반적인 영향 중 틀린 것은?

① 경도의 상승　　② 연신율의 감소
③ 용접성의 저하　　④ 충격값의 증가

해설

④ 탄소강에서 충격값에 영향을 주는 것은 규소(Si, 실리콘)가 아니라 탄소이다.

45 다음 중 이온화 경향이 가장 큰 것은?

① Cr　　② K
③ Sn　　④ H

저자쌤의 핵직강

이온화 경향이 큰 금속 순서

K>Ca>Na>Mg>Al>Zn>Fe>Ni>Sn>Pb>H>Cu>Hg>Ag>Pt>Au

해설

② 이온화 경향은 K(칼륨)이 가장 크다.

46 실온까지 온도를 내려 다른 형상으로 변형시켰다가 다시 온도를 상승시키면 어느 일정한 온도 이상에서 원래의 형상으로 변화하는 합금은?

① 제진합금　　② 방진합금
③ 비정질합금　　④ 형상기억합금

저자쌤의 핵직강

형상기억합금

항복점을 넘어서 소성 변형된 재료는 외력을 제거해도 원래의 상태로 복원이 불가능하지만, 형상기억합금은 고온에서 일정 시간 유지함으로써 원하는 형상으로 기억시키면 상온에서 외력에 의해 변형되어도 기억시킨 온도로 가열만 하면 변형 전 형상으로 되돌아오는 합금이다. 그 종류에는 Ni-Ti계, Ni-Ti-Cu계, Cu-Al-Ni계 합금이 있으며, 니티놀이 대표적인 제품이다.

① 제진(制振) 합금 : 소음의 원인이 되는 진동을 흡수하는 합금재료로 제진강판 등이 있다.
- 제진(制振) : 절제할 제, 떨 진, 떨림을 절제한다.
- 제진(除塵) : 뜰 제, 티끌 진, 공기 중에 떠도는 먼지를 없앤다.

② 방진재료 : 진동을 방지해 주는 재료로 고무나 주철 등 다양한 재료가 사용된다.

③ 비정질합금 : 일정한 결정구조를 갖지 않는 아모르포스(Amorp- hous)구조이며 재료를 고속으로 급랭시키면 제조할 수 있다. 강도와 경도가 높으면서도 자기적 특성이 우수하여 변압기용 철심 재료로 사용된다.

47 금속에 대한 설명으로 틀린 것은?

① 리튬(Li)은 물보다 가볍다.
② 고체 상태에서 결정구조를 가진다.
③ 텅스텐(W)은 이리듐(Ir)보다 비중이 크다.
④ 일반적으로 용융점이 높은 금속은 비중도 큰 편이다.

정답　44 ④　45 ②　46 ④　47 ③

해설

③ 이리듐의 비중이 22로 텅스텐(19.1)보다 더 크다.

Plus One 금속의 비중

경금속	Mg	1.74	Al	2.7
	Be	1.85	Ti	4.5
중금속	Sn	5.8	Cu	8.96
	V	6.16	Ag	10.49
	Cr	7.19	Pb	11.34
	Mn	7.43	W	19.1
	Fe	7.87	Pt	21.4
	Ni	8.9	Ir	22

48 고강도 Al 합금으로 조성이 Al – Cu – Mg – Mn 인 합금은?

① 라우탈
② Y-합금
③ 두랄루민
④ 하이드로날륨

저자쌤의 핵직강

알루미늄 합금의 종류 및 특징

분 류	종 류	구성 및 특징
주조용(내열용)	실루민	• Al+Si(10~14% 함유), 알팍스로도 불린다. • 해수에 잘 침식되지 않는다.
	라우탈	• Al+Cu 4%+Si 5% • 열처리에 의하여 기계적 성질을 개량할 수 있다.
	Y합금	• Al+Cu+Mg+Ni • 내연기관용 피스톤, 실린더 헤드의 재료로 사용된다.
	로엑스 합금(Lo-Ex)	• Al+Si 12%+Mg 1% +Cu 1%+Ni • 열팽창 계수가 적어서 엔진, 피스톤용 재료로 사용된다.
	코비탈륨	• Al+Cu+Ni에 Ti, Cu 0.2% 첨가 • 내연기관의 피스톤용 재료로 사용된다.
가공용	두랄루민	• Al+Cu+Mg+Mn • 고강도로서 항공기나 자동차용 재료로 사용된다.
	알클래드	• 고강도 Al합금에 다시 Al을 피복한 것
내식성	알 민	• Al+Mn • 내식성과 용접성이 우수한 알루미늄 합금
	알드레이	• Al+Mg+Si 강인성이 없고 가공변형에 잘 견딘다.
	하이드로날륨	• Al+Mg • 내식성과 용접성이 우수한 알루미늄 합금

해설

두랄루민은 고강도로서 Al–Cu–Mg–Mn으로 구성되어 있다.

49 7 : 3 황동에 1% 내외의 Sn을 첨가하여 열교환기, 증발기 등에 사용되는 합금은?

① 코슨 황동 ② 네이벌 황동
③ 애드미럴티 황동 ④ 에버듀어 메탈

저자쌤의 핵직강

황동의 종류

톰 백	Cu에 Zn을 5~20% 합금한 것으로 색깔이 아름답고 냉간가공이 쉽게 되어 단추나 금박, 금모조품과 같은 장식용 재료로 사용된다.
문쯔메탈	60%의 Cu와 40%의 Zn이 합금된 것으로 인장강도가 최대이며, 강도가 필요한 단조제품이나 볼트나 리벳용 재료로 사용한다.
알브락	Cu 75%+Zn 20%+소량의 Al, Si, As의 합금이다. 해수에 강하며 내식성과 내침수성이 커서 복수기관과 냉각기관에 사용한다.
애드미럴티 황동	Cu와 Zn의 비율이 7 : 3황동에 Sn 1%를 합금한 것으로 콘덴서 튜브나 열교환기, 증발기용 재료로 사용한다.
델타메탈	6 : 4황동에 1~2% Fe을 첨가한 것으로, 강도가 크고 내식성이 좋아서 광산기계나 선박용, 화학용 기계에 사용한다.
쾌삭황동	황동에 Pb을 0.5~3% 합금한 것으로 피절삭성 향상을 위해 사용한다.
납 황동	3% 이하의 Pb을 6 : 4황동에 첨가하여 절삭성을 향상시킨 쾌삭황동으로 기계적 성질은 다소 떨어진다.
강력 황동	4 : 6황동에 Mn, Al, Fe, Ni, Sn 등을 첨가하여 한층 더 강력하게 만든 황동
네이벌 황동	6 : 4황동에 0.8% 정도의 Sn을 첨가한 것으로 내해수성이 강해서 선박용 부품에 사용한다.

※ 6 : 4황동 : Cu 60% + Zn 40%의 합금

48 ③ 49 ③ **정답**

해설

③ 애드미럴티 황동은 Cu와 Zn의 비율이 7 : 3인 황동에 Sn 1%를 합금한 것으로 콘덴서 튜브나 열교환기, 증발기용 재료로 사용한다.

50 구리에 5~20%Zn을 첨가한 황동으로, 강도는 낮으나 전연성이 좋고 색깔이 금색에 가까워, 모조금이나 판 및 선 등에 사용되는 것은?

① 톰 백　　② 켈 밋
③ 포 금　　④ 문쯔메탈

저자쌤의 핵직강

톰 백
Cu에 Zn을 5~20% 합금한 것으로 색깔이 아름답고 냉간가공이 쉽게 되어 단추나 금박, 금 모조품과 같은 장식용 재료로 사용된다.

해설

모조금, 판 및 선 등에 사용되는 것은 톰백이다.

② 켈밋 : Cu 70% + Pb 30~40%의 합금, 열전도와 압축 강도가 크고 마찰계수가 적다. 고속, 고하중용 베어링에 사용된다.
③ 포금 : 8~12% Sn에 1~2% Zn을 함유한 구리합금으로 단조성이 좋고 내식성이 있어서 밸브나 기어, 베어링의 부시용 재료로 사용된다.
④ 문쯔메탈 : 60%의 Cu(구리)와 40%의 Zn(아연)이 합금된 황동합금으로 인장강도가 최대이며 강도가 필요한 단조제품이나 볼트, 리벳용 재료로 사용한다.

51 열간 성형 리벳의 종류별 호칭길이(L)를 표시한 것 중 잘못 표시된 것은?

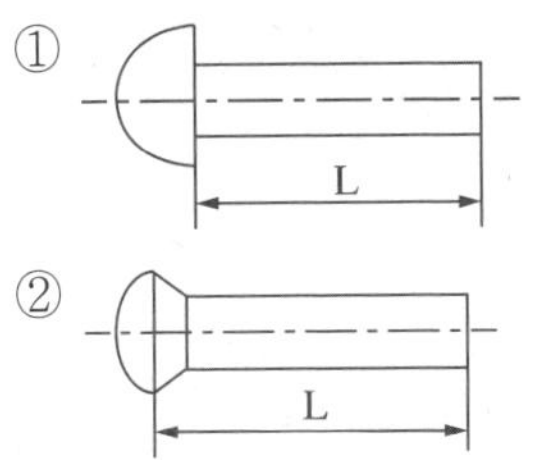

③
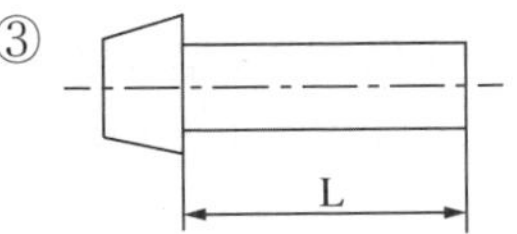

④
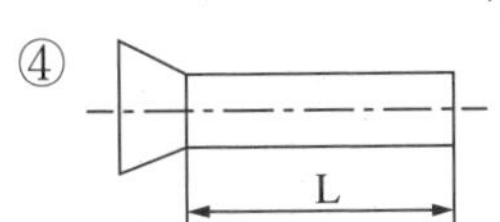

해설

④번의 접시머리 리벳의 호칭길이는 다음과 같이 한다.

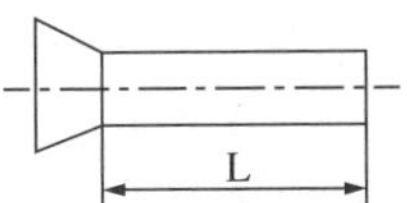

52 다음 중 배관용 탄소 강관의 재질기호는?

① SPA　　② STK
③ SPP　　④ STS

저자쌤의 핵직강

재료 기호의 종류
- SPP : 배관용 탄소 강관
- SPA : 배관용 합금강 강관
- STK : 일반 구조용 탄소 강관
- STS : 합금공구강(절삭공구)

53 그림과 같은 KS 용접 보조기호의 설명으로 옳은 것은?

① 필릿 용접부 토를 매끄럽게 함
② 필릿 용접 중앙부를 볼록하게 다듬질
③ 필릿 용접 끝단부에 영구적인 덮개 판을 사용
④ 필릿 용접 중앙부에 제거 가능한 덮개 판을 사용

해설

용접 보조기호 중 '◺ : 필릿용접', '⌣ : 토를 매끄럽게 함'을 의미하므로 문제의 그림은 "필릿 용접부 토를 매끄럽게 함"을 의미한다.

※ 여기서, 토는 용접 모재와 용접표면이 만나는 부위를 말한다.

정답 50 ① 51 ④ 52 ③ 53 ①

54 그림과 같은 경 ㄷ 형강의 치수 기입 방법으로 옳은 것은?(단, L은 형강의 길이를 나타낸다)

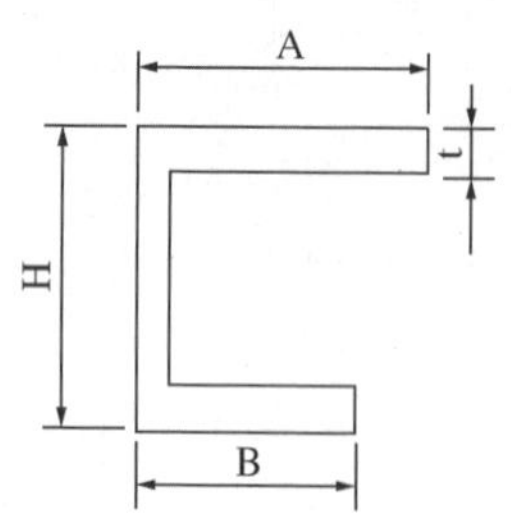

① ㄷ A × B × H × t − L
② ㄷ H × A × B × t − L
③ ㄷ B × A × H × t − L
④ ㄷ H × B × A × L − t

저자쌤의 핵직강

ㄷ형강의 치수기입

ㄷ	H	×	A	×	B	×	t	−	L
형강의 형상	높이		윗면 길이		아랫면 길이		재질 두께		형강 길이

55 도면에서 반드시 표제란에 기입해야 하는 항목으로 틀린 것은?

① 재 질　　② 척 도
③ 투상법　　④ 도 명

저자쌤의 핵직강

부품란에는 품번과 품명, 재질, 수량, 비고가 기입된다.

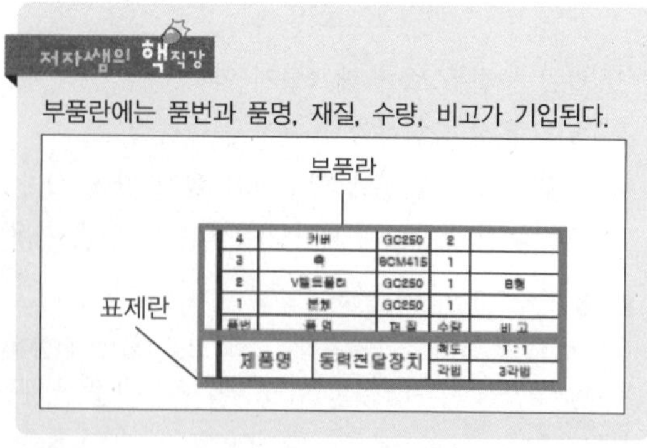

해설

① 재질은 부품란에 그리는 항목이다.

56 선의 종류와 명칭이 잘못된 것은?

① 가는 실선 − 해칭선
② 굵은 실선 − 숨은선
③ 가는 2점 쇄선 − 가상선
④ 가는 1점 쇄선 − 피치선

해설

② 숨은선은 점선으로 표시해야 한다.

57 그림과 같은 입체도에서 화살표 방향을 정면으로 할 때 평면도로 가장 적합한 것은?

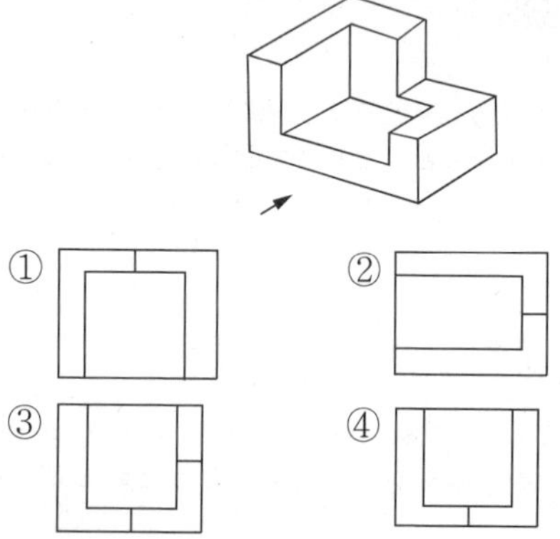

해설

평면도는 화살표를 기준으로 물체를 위에서 바라본 형상이다. 물체를 위에서 보았을 때 중앙부 하단에는 사각형의 형상이 보이는데 이것을 나타내는 것은 ①번 밖에 없다.

58 도면의 밸브 표시방법에서 안전밸브에 해당하는 것은?

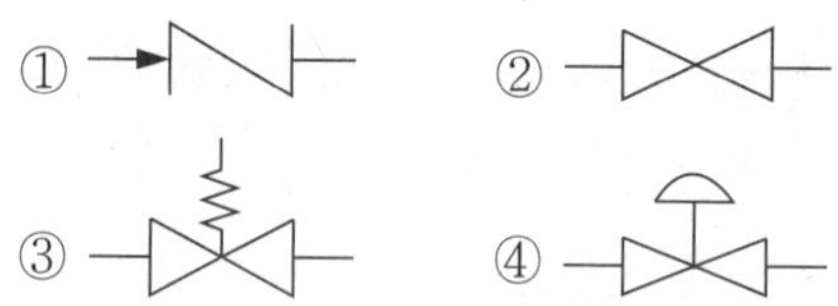

저자쌤의 핵직강

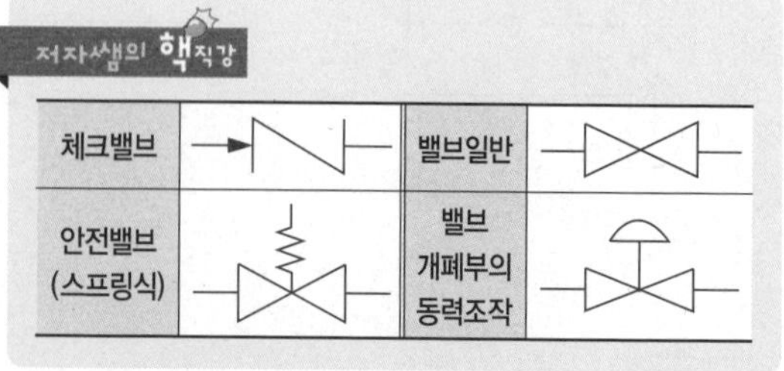

체크밸브		밸브일반	
안전밸브(스프링식)		밸브 개폐부의 동력조작	

54 ② 55 ① 56 ② 57 ① 58 ③ 정답

해설

안전밸브는 ③ ─▷◁─ 이다.

59 제1각법과 제3각법에 대한 설명 중 틀린 것은?

① 제3각법은 평면도를 정면도의 위에 그린다.
② 제1각법은 저면도를 정면도의 아래에 그린다.
③ 제 3각법의 원리는 눈 → 투상면 → 물체의 순서가 된다.
④ 제 1각법에서 우측면도는 정면도를 기준으로 본 위치와는 반대쪽인 좌측에 그려진다.

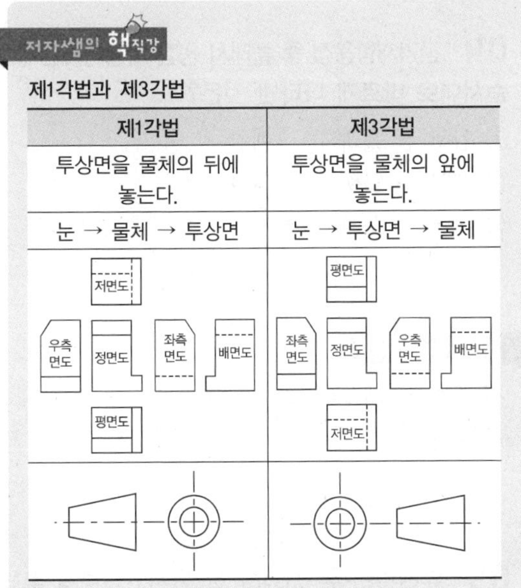
저자쌤의 핵직강

제1각법과 제3각법

제1각법	제3각법
투상면을 물체의 뒤에 놓는다.	투상면을 물체의 앞에 놓는다.
눈 → 물체 → 투상면	눈 → 투상면 → 물체

해설

제1각법은 저면도를 정면도의 위에 그려야 한다.

60 일반적으로 치수선을 표시할 때, 치수선 양 끝에 치수가 끝나는 부분임을 나타내는 형상으로 사용하는 것이 아닌 것은?

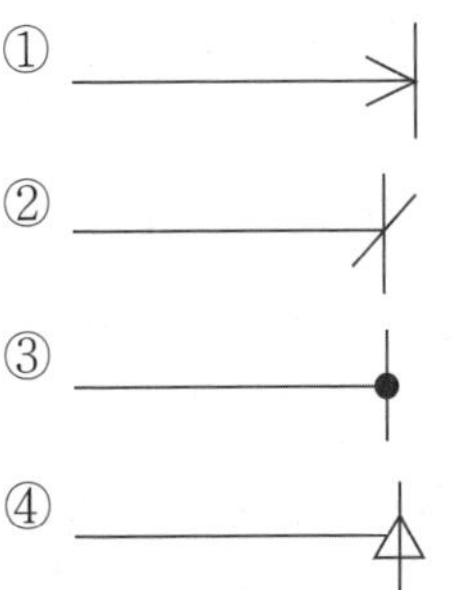

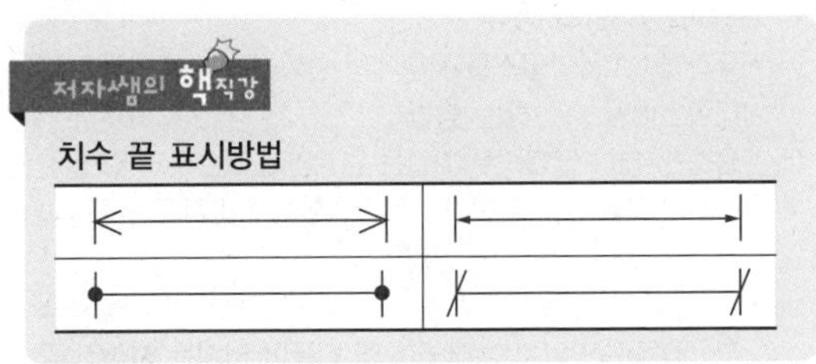
저자쌤의 핵직강

치수 끝 표시방법

해설

치수선을 표시할 때 치수선 양 끝에 치수가 끝나는 부분을 나타낼 때 ④번과 같이 표시하지는 않는다.

2015년도 제5회 **기출문제**

용접기능사 Craftsman Welding/Inert Gas Arc Welding

01 초음파 탐상법의 종류에 속하지 않는 것은?

① 투과법 ② 펄스반사법
③ 공진법 ④ 극간법

저자쌤의 핵직강

초음파 탐상법의 종류
- 투과법 : 초음파펄스를 시험체의 한쪽면에서 송신하고 반대쪽면에서 수신하는 방법
- 펄스반사법 : 불연속부와 같은 경계면에서는 투과 및 굴절 또는 반사를 하는데 이러한 불연속부에서 반사하는 초음파를 분석하여 검사하는 방법
- 공진법 : 시험체에 가해진 초음파의 진동수와 시험체의 고유진동수가 일치할 때 진동의 진폭이 커지는 현상인 공진을 이용하여 시험체의 두께를 측정하는 방법

해설

④ 극간법은 초음파 탐상법에 속하지 않는다.

02 CO_2 가스 아크 용접에서 기공의 발생 원인으로 틀린 것은?

① 노즐에 스패터가 부착되어 있다.
② 노즐과 모재 사이의 거리가 짧다.
③ 모재가 오염(기름, 녹, 페인트)되어 있다.
④ CO_2 가스의 유량이 부족하다.

저자쌤의 핵직강

CO_2가스 아크 용접에서 기공의 발생원인
- 노즐에 스패터가 부착되었을 때
- 노즐과 모재 사이의 거리가 멀 때
- CO_2 가스(보호가스)의 유량이 부족할 때
- 모재가 오염(기름이나 녹, 페인트)되어 있을 때

해설

② CO_2가스 용접에서 노즐과 모재 사이의 거리가 멀 때 기공이 발생할 우려가 크다.

03 연납과 경납을 구분하는 온도는?

① 550℃ ② 450℃
③ 350℃ ④ 250℃

해설

② 연납땜과 경납땜을 구분하는 온도는 450℃이다.

04 전기저항용접 중 플래시 용접 과정의 3단계를 순서대로 바르게 나타낸 것은?

① 업셋 → 플래시 → 예열
② 예열 → 업셋 → 플래시
③ 예열 → 플래시 → 업셋
④ 플래시 → 업셋 → 예열

저자쌤의 핵직강

플래시 용접 과정의 3단계
예열 → 플래시 → 업셋

05 용접작업 중 지켜야 할 안전사항으로 틀린 것은?

① 보호 장구를 반드시 착용하고 작업한다.
② 훼손된 케이블은 사용 후에 보수한다.
③ 도상된 탱크 안에서의 용접은 충분히 환기시킨 후 작업한다.
④ 전격 방지기가 설치된 용접기를 사용한다.

해설

② 용접 작업 시 안전사항으로, 훼손된 케이블은 반드시 사용 전에 보수를 완료해야 한다.

1 ④ 2 ② 3 ② 4 ③ 5 ② 정답

06 전격의 방지대책으로 적합하지 않는 것은?

① 용접기의 내부는 수시로 열어서 점검하거나 청소한다.
② 홀더나 용접봉은 절대로 맨손으로 취급하지 않는다.
③ 절연 홀더의 절연부분이 파손되면 즉시 보수하거나 교체한다.
④ 땀, 물 등에 의해 습기 찬 작업복, 장갑, 구두 등은 착용하지 않는다.

해설

전격의 방지를 위해서는 전격방지기를 설치하거나, 용접기 주변이나 작업 중 물이 용접기기에 닿지 않도록 주의해야 한다. 그러나 용접기 내부를 수시로 열어서 점검하는 것과는 거리가 멀며 오히려 용접기 내부를 열 때 전격이 발생 할 위험이 더 크다.

전 격

강한 전류를 갑자기 몸에 느꼈을 때의 충격을 말하며, 용접기에는 작업자의 전격을 방지하기 위해서 반드시 전격방지기를 용접기에 부착해야 한다.
전격방지기는 작업을 쉬는 동안에 2차 무부하 전압이 항상 25V 정도로 유지되도록 하여 전격을 방지할 수 있다.

07 용접 홈이음 형태 중 U형은 루트 반지름을 가능한 크게 만드는데 그 이유로 가장 알맞은 것은?

① 큰 개선각도 ② 많은 용착량
③ 충분한 용입 ④ 큰 변형량

저자쌤의 핵직강

홈의 형상에 따른 특징

홈의 형상	특 징
I형	• 가공이 쉽고 용착량이 적어서 경제적이다. • 판이 두꺼워지면 이음부를 완전히 녹일 수 없다.
V형	• 한쪽 방향에서 완전한 용입을 얻고자 할 때 사용한다. • 홈 가공이 용이하나 두꺼운 판에서는 용착량이 많아지고 변형이 일어난다.
X형	• 후판(두꺼운 판) 용접에 적합하다. • 홈가공이 V형에 비해 어렵지만 용착량이 적다. • 양쪽에서 용접하므로 완전한 용입을 얻을 수 있다.
U형	• 두꺼운 판에서 비드의 너비가 좁고 용착량도 적다. • 루트 반지름을 최대한 크게 만들며 홈 가공이 어렵다. • 두꺼운 판을 한쪽 방향에서 충분한 용입을 얻고자 할 때 사용한다.
H형	• 두꺼운 판을 양쪽에서 용접하므로 완전한 용입을 얻을 수 있다.
J형	• 한쪽 V형이나 K형 홈보다 두꺼운 판에 사용한다.

해설

③ U형 홈은 두꺼운 판을 한쪽 방향에서 충분한 용입을 얻고자 할 때 사용한다.

08 다음 중 용접 후 잔류응력 완화법에 해당하지 않는 것은?

① 기계적 응력 완화법
② 저온응력 완화법
③ 피닝법
④ 화염경화법

저자쌤의 핵직강

잔류응력 제거법의 종류

- 기계적 응력 완화법 : 용접 후 잔류응력이 있는 제품에 하중을 주어 용접부에 약간의 소성 변형을 일으킨 후 하중을 제거하면서 잔류응력을 제거하는 방법이다.
- 저온 응력 완화법 : 용접선의 양측을 정속으로 이동하는 가스불꽃에 의하여 약 150mm의 너비에 걸쳐 150~200℃로 가열한 뒤 곧 수냉하는 방법으로 주로 용접선 방향의 응력을 제거하는데 사용한다.
- 노내 풀림법 : 가열로 내에서 냉각 시간을 천천히 하게 하여 잔류 응력을 제거해 나가는 방법
- 국부 풀림법 : 재료의 전체 중에서 일부분만의 재질을 표준화시키거나 잔류응력의 제거를 위해 사용하는 방법
- 피닝 : 특수 해머를 사용하여 모재의 표면에 지속적으로 충격을 가해 줌으로써 재료 내부에 있는 잔류응력을 완화시키면서 표면층에 소성변형을 주는 방법이다.

해설

④ 화염경화법은 재료의 표면을 경화시키는 열처리법으로 잔류응력 제거와는 거리가 멀다.

정답 6 ① 7 ③ 8 ④

09 용접 지그나 고정구의 선택 기준 설명 중 틀린 것은?

① 용접하고자 하는 물체의 크기를 튼튼하게 고정시킬 수 있는 크기와 강성이 있어야 한다.
② 용접 응력을 최소화할 수 있도록 변형이 자유스럽게 일어날 수 있는 구조이어야 한다.
③ 피용접물의 고정과 분해가 쉬워야 한다.
④ 용접간극을 적당히 받쳐 주는 구조이어야 한다.

해설
용접 지그나 고정구는 변형이 최소가 되도록 고정시키는 구조이어야 할 뿐, 변형이 자유롭게 일어나게 하는 구조가 되면 안 된다.

10 다음 중 CO_2 가스 아크 용접의 장점으로 틀린 것은?

① 용착 금속의 기계적 성질이 우수하다.
② 슬래그 혼입이 없고, 용접 후 처리가 간단하다.
③ 전류밀도가 높아 용입이 깊고, 용접 속도가 빠르다.
④ 풍속 2m/s 이상의 바람에도 영향을 받지 않는다.

저자쌤의 핵직강

CO_2 가스 아크 용접의 장점
- 조작이 간단하다.
- 가시 아크로 시공이 편리하다.
- 전 용접자세로 용접이 가능하다.
- 용착금속의 강도와 연신율이 크다.
- MIG 용접에 비해 용착금속에 기공의 발생이 적다.
- 보호가스가 저렴한 탄산가스이므로 경비가 적게 든다.
- 킬드강이나 세미킬드강, 림드강도 쉽게 용접할 수 있다.
- 아크와 용융지가 눈에 보여 정확한 용접이 가능하다.
- 산화 및 질화가 되지 않아 양호한 용착 금속을 얻을 수 있다.
- 용접의 전류밀도가 커서 용입이 깊고 용접속도를 빠르게 할 수 있다.
- 용착 금속 내부의 수소 함량이 타 용접법보다 적어 은점이 생기지 않는다.
- 용제가 사용되지 않아 슬래그의 잠입이 적으며 슬래그를 제거하지 않아도 된다.
- 아크 특성에 적합한 상승 특성을 갖는 전원을 사용하므로 스패터의 발생이 적고 안정된 아크를 얻을 수 있다.
- 서브머지드 아크 용접에 비해 모재 표면의 녹이나 오물이 있어도 큰 영향이 없으므로 용접 시 완전한 청소를 하지 않아도 된다.

해설
CO_2가스 아크 용접은 보호가스로 CO_2가스(탄산가스)를 사용하므로 바람이 세게 불면 용접물에 미치는 영향이 크다.

탄산가스 아크 용접(이산화탄소 아크 용접, CO_2용접)
Coil로 된 용접 와이어를 송급 모터에 의해 용접토치까지 연속으로 공급시키면서 토치 팁을 통해 빠져 나온 통전된 와이어 자체가 전극이 되어 모재와의 사이에 아크를 발생시켜 접합하는 용극식 용접법이다.

11 다음 중 용접 작업 전 예열을 하는 목적으로 틀린 것은?

① 용접 작업성의 향상을 위하여
② 용접부의 수축 변형 및 잔류 응력을 경감시키기 위하여
③ 용접금속 및 열 영향부의 연성 또는 인성을 향상시키기 위하여
④ 고탄소강이나 합금강의 열 영향부 경도를 높게 하기 위하여

해설
용접 작업 전 예열을 하는 목적은 작업성 향상이나 변형 예방 및 잔류응력 제거, 열 영향부의 연성 및 인성 향상이 있다. 그러나 열 영향부의 경도 향상은 열처리와 관련이 있을 뿐 예열과는 거리가 멀다.

12 다음 중 다층용접 시 적용하는 용착법이 아닌 것은?

① 빌드업법 ② 캐스케이드법
③ 스킵법 ④ 전진블록법

저자쌤의 핵직강

용착법의 종류

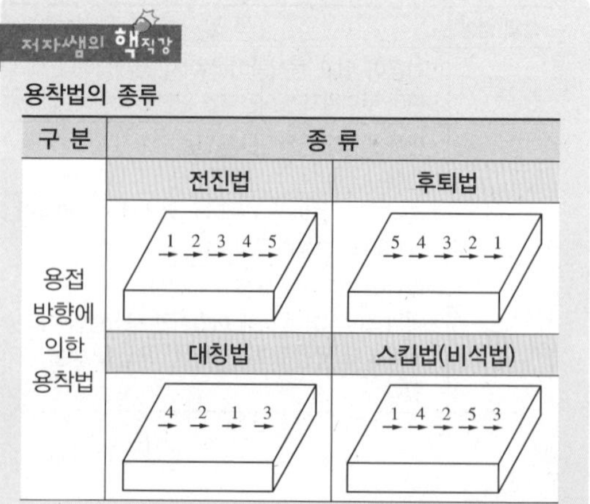

구 분	종 류	
용접 방향에 의한 용착법	전진법	후퇴법
	1 2 3 4 5	5 4 3 2 1
	대칭법	스킵법(비석법)
	4 2 1 3	1 4 2 5 3

9 ② 10 ④ 11 ④ 12 ③ 정답

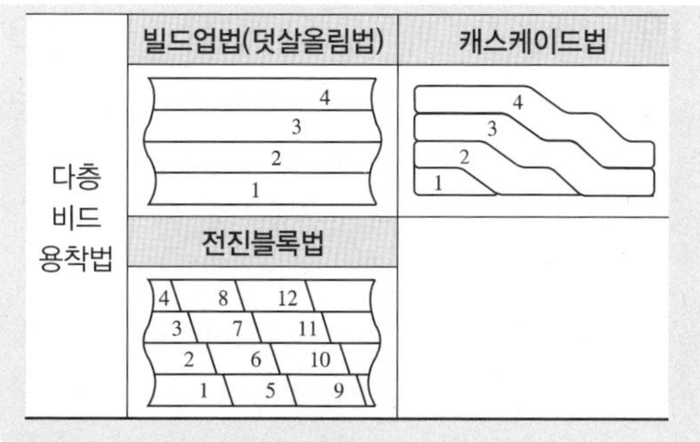

해설

③ 스킵법(=비석법)은 단층 용접 시 사용하는 용접봉의 운봉 방식이다.

13 다음 중 용접자세 기호로 틀린 것은?

① F ② V
③ H ④ OS

저자쌤의 핵직강

용접 자세(Welding Position)

자 세	KS규격	모재와 용접봉 위치	ISO	AWS
아래보기	F (Flat Position)	편평한 면	PA	1G
수 평	H (Horizontal Position)		PC	2G
수 직	V (Vertical Position)		PF	3G
위보기	OH (Overhead Position)		PE	4G

14 피복 아크 용접 시 지켜야 할 유의사항으로 적합하지 않은 것은?

① 작업 시 전류는 적정하게 조절하고 정리정돈을 잘하도록 한다.
② 작업을 시작하기 전에는 메인스위치를 작동시킨 후에 용접기 스위치를 작동시킨다.
③ 작업이 끝나면 항상 메인스위치를 먼저 끈 후에 용접기 스위치를 꺼야 한다.
④ 아크 발생 시 항상 안전에 신경을 쓰도록 한다.

해설

피복 아크 용접 작업이 끝나면 항상 용접기의 스위치를 먼저 끈 뒤 메인스위치를 꺼야 용접기에 전기적인 충격이 가지 않는다.

15 자동화 용접장치의 구성요소가 아닌 것은?

① 고주파 발생장치 ② 칼 럼
③ 트 랙 ④ 갠트리

16 주철 용접 시 주의사항으로 옳은 것은?

① 용접 전류는 약간 높게 하고 운봉하여 곡선비드를 배치하며 용압을 깊게 한다.
② 가스 용접 시 중성불꽃 또는 산화불꽃을 사용하고 용제는 사용하지 않는다.
③ 냉각되어 있을 때 피닝작업을 하여 변형을 줄이는 것이 좋다.
④ 용접봉의 지름은 가는 것을 사용하고, 비드의 배치는 짧게 하는 것이 좋다.

해설

주철의 용융점은 상대적으로 낮기 때문에 용접봉의 지름은 가는 것이 좋으며, 입열량을 적게 하기 위해 비드의 배치는 짧게 하는 것이 좋다.

17 다음 중 테르밋 용접의 특징에 관한 설명으로 틀린 것은?

① 용접 작업이 단순하다.
② 용접기구가 간단하고, 작업장소의 이동이 쉽다.
③ 용접 시간이 길고, 용접 후 변형이 크다.
④ 전기가 필요 없다.

저자쌤의 핵직강

테르밋 용접의 특징
- 설비비가 싸다.
- 용접비용이 싸다.
- 이동이 용이하다.
- 용접작업이 단순하다.
- 홈 가공이 불필요하다.

정답 13 ④ 14 ③ 15 ① 16 ④ 17 ③

- 전기 공급이 필요 없다.
- 현장에서 직접 사용된다.
- 용접시간이 짧고 용접 후 변형이 작다.
- 구조, 단조, 레일 등의 용접 및 보수에 이용한다.
- 차량, 선박, 접합단면이 큰 구조물의 용접에 적용한다.

해설

③ 테르밋 용접은 용접 시간이 짧고 용접 후 변형이 작다는 장점이 있다.

18 용접 진행 방향과 용착 방향이 서로 반대가 되는 방법으로 잔류 응력은 다소 적게 발생하나 작업의 능률이 떨어지는 용착법은?

① 전진법　　② 후진법
③ 대칭법　　④ 스킵법

저자쌤의 핵직강

용접법의 종류

분 류		특 징
용착 방향에 의한 용착법	전진법	한쪽 끝에서 다른 쪽 끝으로 용접을 진행하는 방법으로 용접 진행 방향과 용착 방향이 서로 같다. 용접 길이가 길면 끝부분 쪽에 수축과 잔류 응력이 생긴다.
	후퇴법	용접을 단계적으로 후퇴하면서 전체 길이를 용접하는 방법으로 용접 진행 방향과 용착 방향이 서로 반대가 된다. 수축과 잔류응력을 줄이는 용접 기법이나 작업 능률이 떨어진다.
	대칭법	변형과 수축응력의 경감법으로 용접의 전 길이에 걸쳐 중심에서 좌우 또는 용접물 형상에 따라 좌우 대칭으로 용접하는 기법이다.
	스킵법(비석법)	용접부 전체의 길이를 5개 부분으로 나누어 놓고 1-4-2-5-3 순으로 용접하는 방법으로 용접부에 잔류 응력을 적게 해야 할 경우에 사용한다.
다층 비드 용착법	덧살 올림법(빌드업법)	각 층마다 전체의 길이를 용접하면서 쌓아올리는 방법으로 가장 일반적인 방법이다.
	전진 블록법	한 개의 용접봉으로 살을 붙일만한 길이로 구분해서 홈을 한층 완료 후 다른 층을 용접하는 방법이다.
	캐스 케이드법	한 부분의 몇 층을 용접하다가 다음 부분의 층으로 연속시켜 전체가 단계를 이루도록 용착시켜 나가는 방법이다.

19 서브머지드 아크 용접의 특징으로 틀린 것은?

① 콘택트 팁에서 통전되므로 와이어 중에 저항열이 적게 발생되어 고전류 사용이 가능하다.
② 아크가 보이지 않으므로 용접부의 적부를 확인하기가 곤란하다.
③ 용접 길이가 짧을 때 능률적이며 수평 및 위보기 자세 용접에 주로 이용된다.
④ 일반적으로 비드 외관이 아름답다.

저자쌤의 핵직강

서브머지드 아크 용접

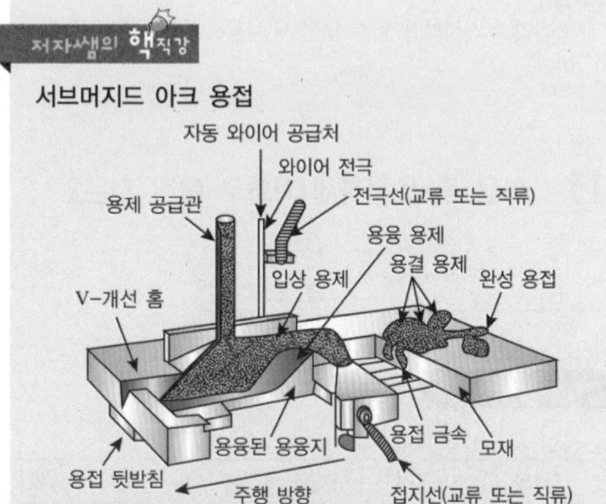

용접 부위에 미세한 입상의 플럭스를 도포한 뒤 용접선과 나란히 설치된 레일 위를 주행대차가 지나가면서 와이어를 용접부로 공급시키면 플럭스 내부에서 아크가 발생하면서 용접하는 자동 용접법이다. 아크가 플럭스 속에서 발생되므로 용접부가 눈에 보이지 않아 불가시 아크 용접, 잠호용접이라고 불린다. 용접봉인 와이어의 공급과 이송이 자동이며 용접부를 플럭스가 덮고 있으므로 복사열과 연기가 많이 발생하지 않는다.

해설

서브머지드 아크 용접은 자동용접법에 속하므로 용접 길이가 길 때 능률적이고, 용접부를 입상의 용제로 덮기 때문에 수평이나 위보기 자세의 용접은 불가능하다.

20 전기저항용접의 발열량을 구하는 공식으로 옳은 것은?(단, H : 발열량(cal), I : 전류(A), R : 저항(Ω), t : 시간(sec)이다)

① $H = 0.24IRt$
② $H = 0.24IR^2t$
③ $H = 0.24I^2Rt$
④ $H = 0.24IRt^2$

18 ② 19 ③ 20 ③ 정답

해설

전기저항 용접의 발열량

발열량(H) = $0.24I^2RT$

여기서, I : 전류, R : 저항, T : 시간이다.

21 비용극식, 비소모식 아크 용접에 속하는 것은?

① 피복 아크 용접
② TIG 용접
③ 서브머지드 아크 용접
④ CO_2 용접

저자쌤의 핵직강

용극식 vs 비용극식 아크 용접법

용극식 용접법 (소모성 전극)	용가재인 와이어 자체가 전극이 되어 모재와의 사이에서 아크를 발생시키면서 용접 부위를 채워나가는 용접 방법으로 이때 전극의 역할을 하는 와이어는 소모된다. 예 서브머지드 아크 용접(SAW), MIG 용접, CO_2용접, 피복금속 아크 용접(SMAW)
비용극식 용접법 (비소모성 전극)	전극봉을 사용하여 아크를 발생시키고 이 아크열로 용가재인 용접을 녹이면서 용접하는 방법으로 이때 전극은 소모되지 않고 용가재인 와이어(피복금속 아크 용접의 경우 피복 용접봉)는 소모된다. 예 TIG 용접

22 TIG 용접에서 직류 역극성에 대한 설명이 아닌 것은?

① 용접기의 음극에 모재를 연결한다.
② 용접기의 양극에 토치를 연결한다.
③ 비드 폭이 좁고 용입이 깊다.
④ 산화 피막을 제거하는 청정작용이 있다.

해설

직류 역극성은 모재보다 용접봉에서 70%의 열이 발생되므로 용접봉이 상대적으로 빨리 녹아내리므로 비드의 폭이 넓고 용입이 작다.

23 재료의 접합방법은 기계적 접합과 야금적 접합으로 분류하는데 야금적 접합에 속하지 않는 것은?

① 리 벳 ② 융 접
③ 압 접 ④ 납 땜

저자쌤의 핵직강

구 분	종 류	장점 및 단점
야금적 접합법	용접이음 (융접, 압접, 납땜)	• 결합부에 틈새가 발생하지 않아서 이음효율이 좋다. • 영구적인 결합법으로 한번 결합 시 분리가 불가능하다.
기계적 접합법	리벳이음, 볼트이음, 나사이음 핀, 키, 접어잇기 등	• 결합부에 틈새가 발생하여 이음효율이 좋지 않다. • 일시적 결합법으로 잘못 결합 시 수정이 가능하다.
화학적 접합법	본드와 같은 화학물질에 의한 접합	• 간단하게 결합이 가능하다. • 이음강도가 크지 않다.

해설

① 리벳은 기계적 접합법이다.

Plus One

야금이란 광석에서 금속을 추출하고 용융 후에 정련하여 사용목적에 알맞은 형상으로 제조하는 기술로 야금학적 접합이란 접합 부위를 용융시켜 결합시키는 방법을 말하는 것으로 용접(융접, 압접, 납땜)이 이에 속한다.

24 다음 중 알루미늄을 가스 용접할 때 가장 적절한 용제는?

① 붕 사 ② 탄산나트륨
③ 염화나트륨 ④ 중탄산나트륨

해설

가스용접으로 알루미늄을 용접할 때는 Al에 소량의 P를 합금한 용접봉을 사용하는데, 여기에 가장 적절한 용제(Flux)로는 염화나트륨을 사용한다.

25 다음 중 연강용 가스용접봉의 종류인 "GA43"에서 "43"이 의미하는 것은?

① 가스 용접봉
② 용착금속의 연신율 구분

정답 21 ② 22 ③ 23 ① 24 ③ 25 ③

③ 용착금속의 최소 인장강도 수준
④ 용착금속의 최대 인장강도 수준

해설

가스 용접봉의 표시– GA43 용접봉의 경우

G	A	43
가스용접봉	용착 금속의 연신율 구분	용착 금속의 최저 인장강도(kgf/mm^2)

26 일반적인 용접의 장점으로 옳은 것은?

① 재질 변형이 생긴다.
② 작업 공정이 단축된다.
③ 잔류 응력이 발생한다.
④ 품질검사가 곤란하다.

저자쌤의 핵직강

용접의 장점 및 단점

용접의 장점	용접의 단점
• 이음효율이 높다. • 재료가 절약된다. • 제작비가 적게 든다. • 이음 구조가 간단하다. • 보수와 수리가 용이하다. • 재료의 두께 제한이 없다. • 이종재료도 접합이 가능하다. • 제품의 성능과 수명이 향상된다. • 유밀성, 기밀성, 수밀성이 우수하다. • 작업 공정이 줄고, 자동화가 용이하다.	• 취성이 생기기 쉽다. • 균열이 발생하기 쉽다. • 용접부의 결함 판단이 어렵다. • 용융부위 금속의 재질이 변한다. • 저온에서 쉽게 약해질 우려가 있다. • 용접 모재의 재질에 따라 영향을 크게 받는다. • 용접 기술자(용접사)의 기량에 따라 품질이 다르다. • 용접 후 변형 및 수축함에 따라 잔류응력이 발생한다.

해설

용접은 두께에 따라서 다르나 한 번의 용접만으로 접합이 이루어지므로 작업 공정 수를 타 접합법보다 작게 할 수 있다.

27 아크 용접에서 아크 쏠림 방지 대책으로 옳은 것은?

① 용접봉 끝을 아크 쏠림 방향으로 기울인다.
② 접지점을 용접부에 가까이 한다.
③ 아크 길이를 길게 한다.
④ 직류 용접 대신 교류용접을 사용한다.

저자쌤의 핵직강

아크 쏠림 방지대책

- 용접 전류를 줄인다.
- 교류용접기를 사용한다.
- 접지점을 2개 연결한다.
- 아크 길이는 최대한 짧게 유지한다.
- 접지부를 용접부에서 최대한 멀리한다.
- 용접봉 끝을 아크 쏠림의 반대 방향으로 기울인다.
- 용접부가 긴 경우 가용접 후 후진법(후퇴 용접법)을 사용한다.
- 받침쇠, 긴 가용접부, 이음의 처음과 끝에 앤드 탭을 사용한다.

해설

④ 아크 쏠림을 방지하기 위해서는 교류용접기를 사용해야 한다.

28 토치를 사용하여 용접 부분의 뒷면을 따내거나 U형, H형으로 용접 홈을 가공하는 것으로 일명 가스 파내기라고 부르는 가공법은?

① 산소창 절단　② 선 삭
③ 가스 가우징　④ 천 공

저자쌤의 핵직강

가스 가우징

용접 결함이나 가접부 등의 제거를 위해 사용하는 방법으로써 가스 절단과 비슷한 토치를 사용해 용접부의 뒷면을 따내거나, U형이나 H형의 용접 홈을 가공하기 위하여 깊은 홈을 파내는 가공법

해설

깊은 홈을 파내는 가공법은 가스 가우징 가공이다.

Plus One **산소창 절단**

가늘고 긴 강관(안지름 3.2~6mm, 길이 1.5~3m)을 사용해서 절단 산소를 큰 강괴의 중심부에 분출시켜 창으로 불리는 강관 자체가 함께 연소되면서 절단하는 방법

29 가스절단 시 예열 불꽃이 약할 때 일어나는 현상으로 틀린 것은?

① 드래그가 증가한다.
② 절단면이 거칠어진다.
③ 역화를 일으키기 쉽다.
④ 절단속도가 느려지고, 절단이 중단되기 쉽다.

26 ② 27 ④ 28 ③ 29 ② 정답

저자쌤의 핵직강

예열 불꽃의 세기

예열 불꽃이 너무 강할 때	예열 불꽃이 너무 약할 때
• 절단면이 거칠어진다. • 절단면 위 모서리가 녹아 둥글게 된다. • 슬래그가 뒤쪽에 많이 달라붙어 잘 떨어지지 않는다. • 슬래그 중의 철 성분의 박리가 어려워진다.	• 드래그가 증가한다. • 역화를 일으키기 쉽다. • 절단 속도가 느려지며, 절단이 중단되기 쉽다.

해설

② 예열 불꽃이 너무 강할 때 절단면은 거칠어진다.

30 환원가스발생 작용을 하는 피복 아크 용접봉의 피복제 성분은?

① 산화티탄 ② 규산나트륨
③ 탄산칼륨 ④ 당 밀

저자쌤의 핵직강

피복 배합제의 종류

배합제	용 도	종 류
고착제	심선에 피복제를 고착시킨다.	규산나트륨, 규산칼륨, 아교
탈산제	용융 금속 중의 산화물을 탈산, 정련한다.	크롬, 망간, 알루미늄, 규소철, 페로망간, 페로실리콘, 망간철, 톱밥, 소맥분(밀가루)
가스 발생제	중성, 환원성 가스를 발생하여 대기와의 접촉을 차단하여 용융 금속의 산화나 질화를 방지한다.	아교, 녹말, 톱밥, 탄산바륨, 당밀, 셀룰로이드, 석회석, 마그네사이트
아크 안정제	아크를 안정시킨다.	산화티탄, 규산칼륨, 규산나트륨, 석회석
슬래그 생성제	용융점이 낮고 가벼운 슬래그를 만들어 산화나 질화를 방지한다.	석회석, 규사 산화철, 일미나이트, 이산화망간
합금 첨가제	용접부의 성질을 개선하기 위해 첨가한다.	페로망간, 페로실리콘, 니켈, 몰리브덴, 구리

해설

④ 피복제의 성분 중 환원성 가스를 발생시키는 것은 당밀이다.

31 용접작업을 하지 않을 때는 무부하 전압을 20~30 V 이하로 유지하고 용접봉을 작업물에 접촉시키면 릴레이(Relay)작동에 의해 전압이 높아져 용접작업이 가능하게 하는 장치는?

① 아크부스터 ② 원격제어장치
③ 전격방지기 ④ 용접봉 홀더

저자쌤의 핵직강

전격방지기는 용접 작업 중 전격의 위험을 방지하는 장치로 작업을 하지 않을 때 용접기의 2차 무부하 전압을 25V로 유지하고, 용접봉을 모재에 접촉하면 그 순간 전자개폐기가 닫혀서 2차 무부하 전압이 70~80V로 되어 아크가 발생되도록 하는 장치이다.

Plus One 전 격

강한 전류를 갑자기 몸에 느꼈을 때의 충격을 말하며, 용접기에는 작업자의 전격을 방지하기 위해서 반드시 전격방지기를 용접기에 부착해야 한다.

32 직류 아크 용접기와 비교하여 교류 아크 용접기에 대한 설명으로 가장 올바른 것은?

① 무부하 전압이 높고 감전의 위험이 많다.
② 구조가 복잡하고 극성변화가 가능하다.
③ 자기쏠림 방지가 불가능하다.
④ 아크 안정성이 우수하다.

저자쌤의 핵직강

직류 아크 용접기 vs 교류 아크 용접기의 차이점

특 성	직류 아크 용접기	교류 아크 용접기
아크 안정성	우 수	보 통
비피복봉 사용여부	가 능	불가능
극성변화	가 능	불가능
아크쏠림방지	불가능	가 능
무부하 전압	약간 낮다(40~60V).	높다(70~80V).
전격의 위험	적다.	많다.
유지보수	다소 어렵다.	쉽다.
고 장	비교적 많다.	적다.
구 조	복잡하다.	간단하다.
역 률	양 호	불 량
가 격	고 가	저 렴

정답 30 ④ 31 ③ 32 ①

해설

① 교류 아크 용접기는 직류 아크 용접기보다 무부하 전압이 높아서 전격의 위험도 크다.

33 피복 아크 용접에서 직류 역극성(DCRP)용접의 특징으로 옳은 것은?

① 모재의 용입이 깊다.
② 비드 폭이 좁다.
③ 봉의 용융이 느리다.
④ 박판, 주철, 고탄소강의 용접 등에 쓰인다.

저자쌤의 핵직강

아크 용접기의 극성

직류 정극성 (DCSP : Direct Current Straight Polarity)	• 용입이 깊다. • 비드 폭이 좁다. • 용접봉의 용융속도가 느리다. • 후판(두꺼운 판) 용접이 가능하다. • 모재에는 (+)전극이 연결되며 70% 열이 발생하고, 용접봉에는 (−)전극이 연결되며 30% 열이 발생한다.
직류 역극성 (DCRP : Direct Current Reverse Polarity)	• 용입이 얕다. • 비드 폭이 넓다. • 용접봉의 용융속도가 빠르다. • 박판(얇은 판) 용접이 가능하다. • 주철, 고탄소강, 비철금속의 용접에 쓰인다. • 모재에는 (−)전극이 연결되며 30% 열이 발생하고, 용접봉에는 (+)전극이 연결되며 70% 열이 발생한다.
교류(AC)	• 극성이 없다. • 전원 주파수의 $\frac{1}{2}$ 사이클마다 극성이 바뀐다. • 직류 정극성과 직류 역극성의 중간적 성격이다.

해설

직류 역극성은 용접봉보다 모재에서 열이 작게 발생하는 특성을 갖고 있으므로 박판(얇은 판)이나 주철, 고탄소강의 용접에 사용한다.

34 다음 중 아세틸렌가스의 관으로 사용할 경우 폭발성 화합물을 생성하게 되는 것은?

① 순구리관 ② 스테인리스강관
③ 알루미늄합금관 ④ 탄소강관

해설

아세틸렌가스는 구리나 은과 반응할 때 폭발성 물질이 생성된다. 따라서 순구리관을 가스관으로 사용할 경우에 폭발성 화합물을 생성하게 된다.

35 가스용접 보재의 두께가 3.2mm일 때 가장 적당한 용접봉의 지름을 계산식으로 구하면 몇 mm인가?

① 1.6 ② 2.0
③ 2.6 ④ 3.2

해설

$$\text{가스용접봉지름}(D) = \frac{\text{판두께}(T)}{2} + 1$$

$$D = \frac{3.2}{2} + 1 = 2.6\text{mm}$$

36 가스 용접에 사용되는 가연성 가스의 종류가 아닌 것은?

① 프로판 가스 ② 수소 가스
③ 아세틸렌 가스 ④ 산 소

저자쌤의 핵직강

가스의 분류

조연성 가스	다른 연소 물질이 타는 것을 도와주는 가스	산소, 공기
가연성 가스 (연료 가스)	산소나 공기와 혼합하여 점화하면 빛과 열을 내면서 연소하는 가스	아세틸렌, 프로판, 메탄, 부탄, 수소
불활성 가스	다른 물질과 반응하지 않는 기체	아르곤, 헬륨, 네온

해설

④ 산소는 조연성가스에 속한다.

37 피복 아크 용접기를 사용하여 아크 발생을 8분간 하고 2분간 쉬었다면 용접기 사용률은 몇 %인가?

① 25 ② 40
③ 65 ④ 80

33 ④ 34 ① 35 ③ 36 ④ 37 ④ 정답

해설

용접기의 사용률이란 용접기를 사용하여 아크 용접을 할 때 용접기의 2차 측에서 아크를 발생한 시간을 의미한다.

$$사용률(\%) = \frac{아크발생시간}{아크\ 발생\ 시간 + 정지\ 시간} \times 100\%$$

$$= \frac{8}{8+2} \times 100\% = 80\%$$

38 피복제 중에 산화티탄(TiO_2)을 약 35% 정도 포함한 용접봉으로서 아크는 안정되고 스패터는 적으나 고온 균열(Hot Crack)을 일으키기 쉬운 결점이 있는 용접봉은?

① E4301 ② E4313

③ E4311 ④ E4316

저자쌤의 핵직강

피복 아크 용접봉의 종류

종 류	특 징
일미나이트계 (E4301)	• 일미나이트($TiO_2 \cdot FeO$)를 약 30% 이상 합금한 것으로 우리나라에서 많이 사용한다. • 일본에서 처음 개발한 것으로 작업성과 용접성이 우수하며 값이 저렴하여 철도나 차량, 구조물, 압력 용기에 사용된다. • 내균열성, 내가공성, 연성이 우수하여 25mm 이상의 후판용접도 가능하다.
라임티타늄계 (E4303)	• E4313의 새로운 형태로 약 30% 이상의 산화티탄(TiO_2)과 석회석($CaCO_3$)이 주성분이다. • 산화티탄과 염기성 산화물이 다량으로 함유된 슬래그 생성식이다. • 피복이 두껍고 전 자세 용접성이 우수하다. • E4313의 작업성을 따르면서 기계적 성질과 일미나이트계의 부족한 점을 개량하여 만든 용접봉이다. • 고산화티탄계 용접봉보다 약간 높은 전류를 사용한다.
고셀룰로오스계 (E4311)	• 피복제에 가스 발생제인 셀룰로오스를 20~30% 정도를 포함한 가스 생성식 용접봉이다. • 발생 가스량이 많아 피복량이 얇고 슬래그가 적으므로 수직, 위보기 용접에서 우수한 작업성을 보인다. • 가스 생성에 의한 환원성 아크 분위기로 용착 금속의 기계적 성질이 양호하며 아크는 스프레이 형상으로 용입이 크고 용융 속도가 빠르다. • 슬래그가 적으므로 비드 표면이 거칠고 스패터가 많다. • 사용 전류는 슬래그 실드계 용접봉에 비해 10~15% 낮게 하며 사용 전 70~100℃에서 30분~1시간 건조해야 한다. • 도금 강판, 저합금강, 저장탱크나 배관공사에 이용된다.
고산화티탄계 (E4313)	• 균열에 대한 감수성이 좋아서 구속이 큰 구조물의 용접이나 고탄소강, 쾌삭강의 용접에 사용한다. • 피복제에 산화티탄(TiO_2)을 약 35% 정도 합금한 것으로 일반 구조용 용접에 사용된다. • 용접기의 2차 무부하 전압이 낮을 때에도 아크가 안정적이며 조용하다. • 스패터가 적고 슬래그의 박리성도 좋아서 비드의 모양이 좋다. • 저합금강이나 탄소량이 높은 합금강의 용접에 적합하다. • 다층 용접에서는 만족할 만한 품질을 만들지 못한다. • 기계적 성질이 다른 용접봉에 비해 약하고 고온 균열을 일으키기 쉬운 단점이 있다.
저수소계 (E4316)	• 석회석이나 형석을 주성분으로 한 피복제를 사용한다. • 보통 저탄소강의 용접에 주로 사용되나 저합금강과 중, 고탄소강의 용접에도 사용된다. • 용착 금속 중의 수소량이 타 용접봉에 비해 1/10 정도로 현저하게 적다. • 균열에 대한 감수성이 좋아 구속도가 큰 구조물이 용접이나 탄소 및 황의 함유량이 많은 쾌삭강의 용접에 사용한다. • 피복제는 습기를 잘 흡수하기 때문에 사용 전에 300~350℃에서 1~2시간 건조 후 사용해야 한다.
철분 산화티탄계 (E4324)	• E4313의 피복제에 철분을 50% 정도 첨가한 것이다. • 작업성이 좋고 스패터가 적게 발생하나 용입이 얕다. • 용착 금속의 기계적 성질은 E4313과 비슷하다.
철분 저수소계 (E4326)	• E4316의 피복제에 30~50% 정도의 철분을 첨가한 것으로 용착속도가 크고 작업 능률이 좋다. • 용착 금속의 기계적 성질이 양호하고 슬래그의 박리성이 저수소계 용접봉보다 좋으며 아래보기나 수평 필릿 용접에만 사용된다.
철분 산화철계 (E4327)	• 주성분인 산화철에 철분을 첨가한 것으로 규산염을 다량 함유하고 있어서 산성의 슬래그가 생성된다. • 아크가 분무상으로 나타나며 스패터가 적고 용입은 E4324보다 깊다. • 비드의 표면이 곱고 슬래그의 박리성이 좋아서 아래보기나 수평 필릿 용접에 많이 사용된다.

해설

② E4313(고산화티탄계) 용접봉은 피복제에 산화티탄(TiO_2)을 약 35% 정도 합금한 것으로 고온균열을 발생시키기 쉽다.

39 알루미늄과 마그네슘의 합금으로 바닷물과 알칼리에 대한 내식성이 강하고 용접성이 매우 우수하여 주로 선박용 부품, 화학 장치용 부품 등에 쓰이는 것은?

① 실루민 ② 하이드로날륨

③ 알루미늄 청동 ④ 애드미럴티 황동

정답 38 ② 39 ②

저자쌤의 핵직강

알루미늄 합금의 종류 및 특징

분 류	종 류	구성 및 특징
주조용 (내열용)	실루민	• Al+Si(10~14% 함유), 알팍스로도 불린다. • 해수에 잘 침식되지 않는다.
	라우탈	• Al+Cu 4%+Si 5% • 열처리에 의하여 기계적 성질을 개량할 수 있다.
	Y합금	• Al+Cu+Mg+Ni • 피스톤, 실린더 헤드의 재료로 사용된다.
	로-엑스 합금 (Lo-Ex)	• Al+Si 12%+Mg 1%+Cu 1%+Ni • 열팽창 계수가 적어서 엔진, 피스톤용 재료로 사용된다.
	코비탈륨	• Al+Cu+Ni에 Ti, Cu 0.2% 첨가 • 내연기관의 피스톤용 재료로 사용된다.
가공용	두랄루민	• Al+Cu+Mg+Mn • 고강도로서 항공기나 자동차용 재료로 사용된다.
	알클래드	고강도 Al합금에 다시 Al을 피복한 것이다.
내식용	알 민	Al+Mn, 내식성, 용접성이 우수하다.
	알드레이	Al+Mg+Si 강인성이 없고 가공변형에 잘 견딘다.
	하이드로날륨	Al+Mg, 내식성, 용접성이 우수하다.

해설

하이드로날륨은 Al과 Mg의 합금으로 내식성과 용접성이 우수하여 선박이나 화학 장치용 부품용 재료로 사용된다.

40 열과 전기의 전도율이 가장 좋은 금속은?

① Cu
② Al
③ Ag
④ Au

저자쌤의 핵직강

열 및 전기 전도율이 높은 순서

Ag > Cu > Au > Al > Mg > Zn > Ni > Fe > Pb > Sb

41 섬유 강화 금속 복합 재료의 기지 금속으로 가장 많이 사용되는 것으로 비중이 약 2.7인 것은?

① Na ② Fe
③ Al ④ Co

해설

③ 비중이 약 2.7인 금속은 Al(알루미늄)이다.

42 비파괴검사가 아닌 것은?

① 자기탐상시험
② 침투탐상시험
③ 샤르피충격시험
④ 초음파탐상시험

저자쌤의 핵직강

비파괴시험법의 분류

내부결함	방사선투과시험(RT)
	초음파탐상시험(UT)
표면결함	외관검사(VT)
	자분탐상검사(MT)
	침투탐상검사(PT)
	누설검사(LT)
	와전류탐상검사(ET)

해설

③ 샤르피 충격시험은 파괴검사에 속한다.

43 주철의 유동성을 나쁘게 하는 원소는?

① Mn ② C
③ P ④ S

해설

④ 주철의 유동성을 나쁘게 하는 원소는 황(S)이다.

44 다음 금속 중 용융 상태에서 응고할 때 팽창하는 것은?

① Sn ② Zn
③ Mo ④ Bi

40 ③ 41 ③ 42 ③ 43 ④ 44 ④ 정답

저자쌤의 핵직강

Bi(비스무트)는 냉각 시 부피가 약 3.32% 늘어나기 때문에 냉각 시 부피가 줄어들면 안 되는 금속활자 등의 제조에 합금하여 사용한다. 이렇게 냉각 시 부피가 늘어나는 것은 물(Water)도 있다. 물과 비스무트를 제외하고 대부분의 금속은 응고 시 부피가 수축한다.

45 강자성체 금속에 해당되는 것은?

① Bi, Sn, Au　② Fe, Pt, Mn
③ Ni, Fe, Co　④ Co, Sn, Cu

저자쌤의 핵직강

자성체의 종류

종 류	특 성	원소
강자성체	자기장이 사라져도 자화가 남아 있는 물질	Fe(철), Co(코발트), Ni(니켈), 페라이트
상자성체	자기장이 제거되면 자화하지 않는 물질	Al(알루미늄), Sn(주석), Pt(백금), Ir(이리듐)
반자성체	자기장에 의해 반대 방향으로 자화되는 물질	유리, Bi(비스무트), Sb(안티몬)

해설
③ Ni, Fe, Co는 강자성체에 속한다.

46 강에서 상온 메짐(취성)의 원인이 되는 원소는?

① P　② S
③ Mn　④ Cu

해설
① 탄소강에 P(인)이 합금되면 상온 취성의 원인이 된다.

47 60%Cu − 40%Zn 황동으로 복수기용 판, 볼트, 너트 등에 사용되는 합금은?

① 톰백(Tombac)
② 길딩메탈(Gilding Metal)
③ 문쯔메탈(Muntz Metal)
④ 애드미럴티메탈(Admiralty Metal)

저자쌤의 핵직강

황동의 종류

톰 백	Cu에 Zn을 5~20% 합금한 것으로 색깔이 아름답고 냉간가공이 쉽게 되어 단추나 금박, 금 모조품과 같은 장식용 재료로 사용된다.
문쯔메탈	60%의 Cu와 40%의 Zn이 합금된 것으로 인장강도가 최대이며, 강도가 필요한 단조제품이나 복수기용 판, 볼트나 리벳용 재료로 사용한다.
알브락	Cu 75% + Zn 20% + 소량의 Al, Si, As의 합금이다. 해수에 강하며 내식성과 내침수성이 커서 복수기관과 냉각기관에 사용한다.
애드미럴티 황동	Cu와 Zn의 비율이 7 : 3 황동에 Sn 1%를 합금한 것으로 콘덴서 튜브나 열교환기, 증발기용 재료로 사용한다.
델타메탈	6 : 4 황동에 1~2% Fe을 첨가한 것으로, 강도가 크고 내식성이 좋아서 광산기계나 선박용, 화학용 기계에 사용한다.
쾌삭황동	황동에 Pb을 0.5~3% 합금한 것으로 피절삭성 향상을 위해 사용한다.
납 황동	3% 이하의 Pb을 6 : 4 황동에 첨가하여 절삭성을 향상시킨 쾌삭황동으로 기계적 성질은 다소 떨어진다.
강력 황동	4 : 6 황동에 Mn, Al, Fe, Ni, Sn 등을 첨가하여 한층 더 강력하게 만든 황동
네이벌 황동	6 : 4 황동에 0.8% 정도의 Sn을 첨가한 것으로 내해수성이 강해서 선박용 부품에 사용한다.

해설
문쯔메탈은 60%의 Cu와 40%의 Zn이 합금된 것으로 인장강도가 최대이며, 강도가 필요한 단조제품이나 복수기용 판, 볼트나 리벳용 재료로 사용한다.

48 구상흑연주철에서 그 바탕조직이 펄라이트이면서 구상흑연의 주위를 유리된 페라이트가 감싸고 있는 조직의 명칭은?

① 오스테나이트(Austenite) 조직
② 시멘타이트(Cementite) 조직
③ 레데뷰라이트(Ledcburite) 조직
④ 불스 아이(Bull's Eye) 조직

정답 45 ③ 46 ① 47 ③ 48 ④

저자쌤의 핵직강

구상흑연주철

주철 속 흑연이 완전히 구상이고 바탕조직은 펄라이트이고 그 주위가 페라이트조직으로 되어 있는데 이 형상이 황소의 눈과 닮았다고 해서 불스아이 주철로도 불린다. 일반 주철에 Ni(니켈), Cr(크롬), Mo(몰리브덴), Cu(구리)를 첨가하여 재질을 개선한 주철로 내마멸성, 내열성, 내식성이 대단히 우수하여 자동차용 주물이나 주조용 재료로 사용되며 다른 말로 노듈러 주철, 덕타일 주철로도 불린다.

해설

④ 불스 아이 조직(불스 아이 주철)은 구상흑연주철을 달리 부르는 말이다.

49 시편의 표점거리가 125mm, 늘어난 길이가 145mm 이었다면 연신율은?

① 16% ② 20%
③ 26% ④ 30%

저자쌤의 핵직강

연신율(ε) : 시험편이 파괴되기 직전의 표점거리와 원표점 거리와의 차를 변형량이라고 하는데, 연신율은 이 변형량을 원표점 거리에 대한 백분율로 표시한 것이다.

해설

$$\varepsilon = \frac{L_1 - L_0}{L_0} \times 100\% = \frac{145-125}{125} \times 100\% = 16\%$$

50 주변 온도가 변화하더라도 재료가 가지고 있는 열팽창계수나 탄성계수 등의 특정한 성질이 변하지 않는 강은?

① 쾌삭강 ② 불변강
③ 강인강 ④ 스테인리스강

저자쌤의 핵직강

불변강

일반적으로 Ni-Fe계의 내식용 니켈 합금이다. 일반적으로 주변 온도가 변해도 재료가 가진 열팽창계수나 탄성계수가 변하지 않아서 불변강이라고 불린다. 또한 강하고 인성이 좋으며 공기나 물, 바닷물에도 부식되지 않을 정도로 내식성이 우수하여 밸브나 보일러용 파이프에 사용된다.

51 그림과 같은 도시 기호가 나타내는 것은?

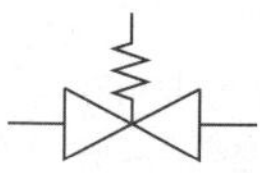

① 안전 밸브 ② 전동 밸브
③ 스톱 밸브 ④ 슬루스 밸브

저자쌤의 핵직강

밸브 및 콕의 표시 방법

밸브일반		전자밸브	S
글로브밸브		전동밸브	M
체크밸브		콕일반	
슬루스밸브(게이트밸브)		닫힌 콕 일반	
앵글밸브		닫혀 있는 밸브 일반	
3방향 밸브		볼밸브	
안전밸브(스프링식)		안전밸브(추식)	
공기빼기밸브		버터플라이 밸브(나비밸브)	

해설

그림은 안전밸브를 나타내는 기호이다. 안전밸브는 탱크 내부의 압력이 기준압력 이상이 될 경우 밸브를 열어 압력을 낮춤으로써 폭발을 방지하는 역할을 한다.

52 도면에 물체를 표시하기 위한 투상에 관한 설명 중 잘못된 것은?

① 주 투상도는 대상물의 모양 및 기능을 가장 명확하게 표시하는 면을 그린다.
② 보다 명확한 설명을 위해 주 투상도를 보충하는 다른 투상도를 많이 나타낸다.
③ 특별한 이유가 없는 경우 대상물을 가로길이로 놓은 상태로 그린다.
④ 서로 관련되는 그림의 배치는 되도록 숨은선을 쓰지 않도록 한다.

49 ① 50 ② 51 ① 52 ② 정답

해설

② 보다 더 명확한 투상을 위해서라도 주 투상도를 보충하는 다른 투상도는 적게 해야 한다.

53 KS 기계재료 표시기호 SS 400의 400은 무엇을 나타내는가?

① 경 도 ② 연신율
③ 탄소 함유량 ④ 최저 인장강도

저자쌤의 핵직강

- SS 400 : 일반 구조용 압연강재
- SS : General Structural Purposes
- 400 : 최저 인장 강도 400N/mm^2

54 그림과 같은 입체도의 화살표 방향 투상도로 가장 적합한 것은?

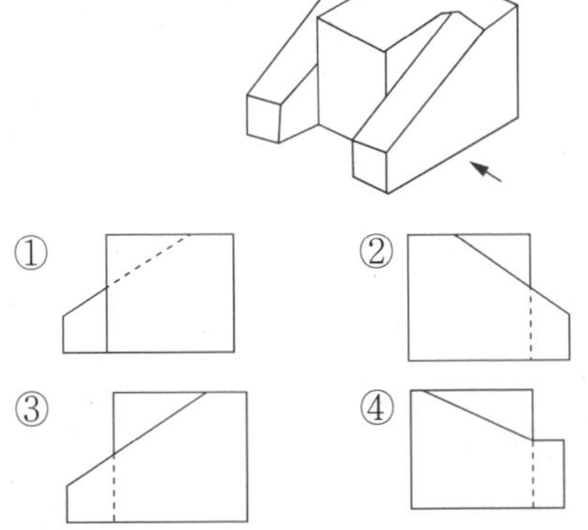

저자쌤의 핵직강

두 종류 이상의 선이 중복되는 경우 선의 우선순위
숫자나 문자 > 외형선 > 숨은선 > 절단선 > 중심선 > 무게 중심선 > 치수 보조선

해설

물체를 화살표 방향에서 보았을 때, 전체적인 형상이 우측에서 좌측으로 내려가는 형상이므로 정답을 ①, ③번으로 압축시킬 수 있으며, 여기서 선의 우선순위에 의해 외형선이 숨은선보다 먼저 나타나고, 좌측 하단부에 숨은선 표시가 된 ③번이 정답이다.

55 치수 기입의 원칙에 관한 설명 중 틀린 것은?

① 치수는 필요에 따라 기준으로 하는 점, 선, 또는 면을 기준으로 하여 기입한다.
② 대상물의 기능, 제작, 조립 등을 고려하여 필요하다고 생각되는 치수를 명료하게 도면에 지시한다.
③ 치수 입력에 대해서는 중복 기입을 피한다.
④ 모든 치수에는 단위를 기입해야 한다.

해설

④ 도면에는 mm를 단위로 사용하는데 치수에는 기입하지 않는다.

56 그림과 같은 KS 용접기호의 해석으로 올바른 것은?

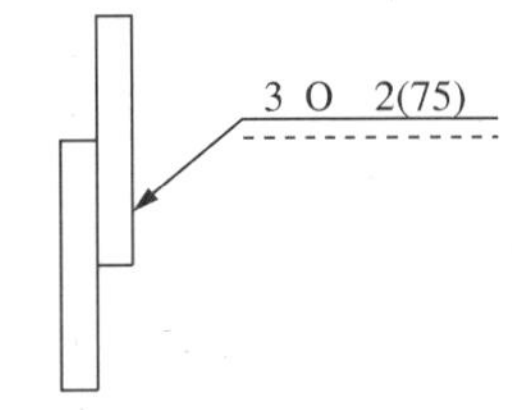

① 지름이 2mm이고 피치가 75mm인 플러그 용접이다.
② 폭이 2mm이고 길이가 75mm인 심 용접이다.
③ 용접 수가 2개이고, 피치가 75mm인 슬롯 용접이다.
④ 용접 수는 2개이고, 피치가 75mm인 스폿(점) 용접이다.

저자쌤의 핵직강

"dOn(e)"에서
- d : 점 용접부의 지름
- O : 점 용접
- n : 용접부 수
- (e) : 인접한 용접부의 간격

해설

"3O2(75)"=용접부의 수는 2개이고, 피치(용접부 간격)가 75mm인 점용접을 의미한다.

정답 53 ④ 54 ③ 55 ④ 56 ④

57 그림과 같은 입체도를 3각법으로 올바르게 도시한 것은?

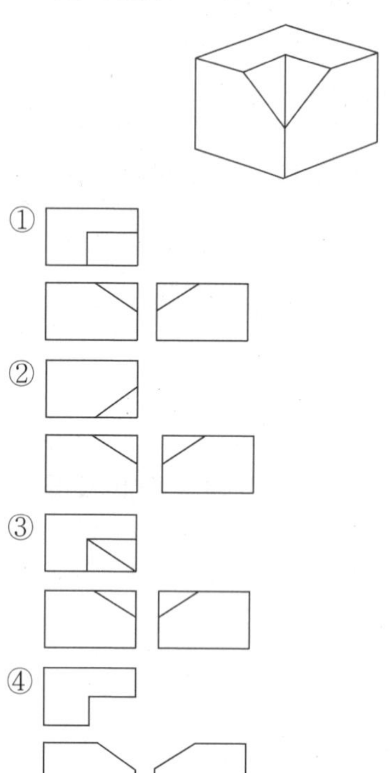

해설

입체도를 위에서 바라보는 형상인 평면도에서 오른쪽 하단부의 형상이 "◸"인 것을 확인하면 정답이 ③번임을 알 수 있다.

58 그림과 같이 기계 도면 작성 시 가공에 사용하는 공구 등의 모양을 나타낼 필요가 있을 때 사용하는 선으로 올바른 것은?

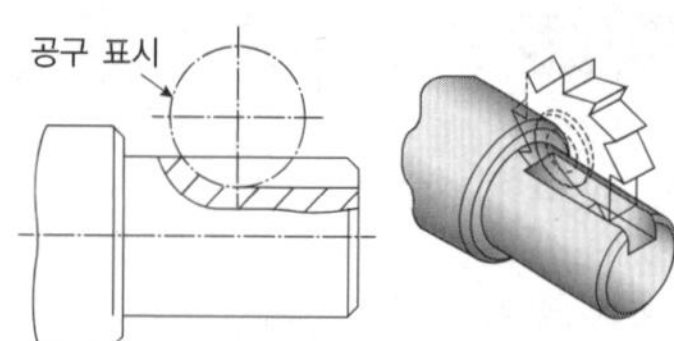

① 가는 실선
② 가는 1점 쇄선
③ 가는 2점 쇄선
④ 가는 피선

저자쌤의 핵직강

가는 2점 쇄선(─··─··─)으로 표시되는 가상선의 용도

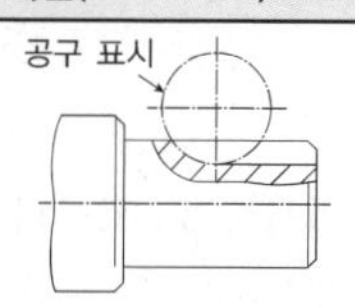

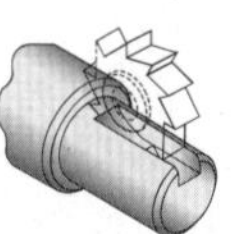

- 반복되는 것을 나타낼 때
- 가공 전이나 후의 모양을 표시할 때
- 도시된 단면의 앞부분을 표시할 때
- 물품의 인접 부분을 참고로 표시할 때
- 이동하는 부분의 운동 범위를 표시할 때
- 공구 및 지그 등 위치를 참고로 나타낼 때
- 단면의 무게 중심을 연결한 선을 표시할 때

가공 전·후의 모양

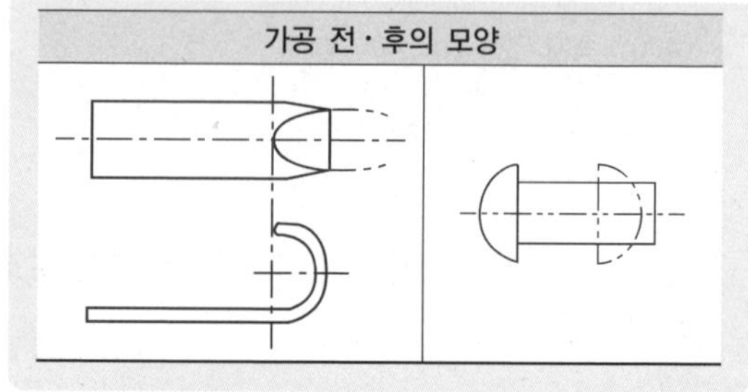

59 도면의 척도 값 중 실제 형상을 확대하여 그리는 것은?

① 2 : 1　　② 1 : $\sqrt{2}$
③ 1 : 1　　④ 1 : 2

저자쌤의 핵직강

도면의 척도

종 류	의 미
축 척	실물보다 작게 축소해서 그리는 것으로 1 : 2, 1 : 20의 형태로 표시
배 척	실물보다 크게 확대해서 그리는 것으로 2 : 1, 20 : 1의 형태로 표시
현 척	실물과 동일한 크기로 1 : 1의 형태로 표시
척도 A : B = 도면에서의 크기 : 물체의 실제크기	

57 ③ 58 ③ 59 ① 정답

60 기호를 기입한 위치에서 먼 면에 카운터 싱크가 있으며, 공장에서 드릴 가공 및 현장에서 끼워 맞춤을 나타내는 리벳의 기호 표시는?

① 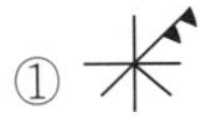 ② 

③  ④ 

저자쌤의 핵직강

현장 가공 기호[KS A ISO5845-1]

기 호	의 미
	• 공장에서 드릴 가공 및 끼워 맞춤 • 카운터 싱크 없음
	• 공장에서 드릴 가공, 현장에서 끼워 맞춤 • 먼 면에 카운터 싱크 있음
	• 현장에서 드릴 가공 및 끼워 맞춤 • 먼 면에 카운터 싱크 있음
	• 현장에서 드릴 가공 및 끼워 맞춤 • 양쪽 면에 카운터 싱크 있음
	• 공장에서 드릴 가공 및 끼워 맞춤 • 가까운 면에 카운터 싱크 있음
	• 현장에서 드릴 가공 및 끼워 맞춤 • 카운터 싱크 없음

해설

기호를 기입한 위치에서 먼 면에 카운터 싱크가 있고, 공장에서 드릴가공 및 현장에서 끼워 맞춤을 하는 리벳의 표시기호는

 이다.

정답 60 ②

2014년도 제1회 **기출문제**

특수용접기능사 Craftsman Welding/Inert Gas Arc Welding

01 다음 중 정전압 특성에 관한 설명으로 옳은 것은?

① 부하 전압이 변화하면 단자 전압이 변하는 특성
② 부하 전류가 증가하면 단자 전압이 저하하는 특성
③ 부하 전압이 변화하여도 단자 전압이 변하지 않는 특성
④ 부하 전류가 변화하지 않아도 단자 전압이 변하는 특성

저자쌤의 핵직강

용접기의 특성 4가지
- 정전류특성 : 부하 전류나 전압이 변해도 단자 전류는 거의 변하지 않는다.
- 정전압특성 : 부하 전류나 전압이 변해도 단자 전압은 거의 변하지 않는다.
- 수하특성 : 부하 전류가 증가하면 단자 전압이 낮아진다.
- 상승특성 : 부하 전류가 증가하면 단자 전압이 약간 높아진다.

해설
정전압 특성은 부하 전류나 부하 전압이 변화되어도 단자의 전압이 거의 변하지 않는 용접전원 말한다. CP(Constant Voltage Potential)특성이라고 불리는 이 특성은 MIG 용접이나 CO_2용접과 같이 고전류 밀도의 자동 아크 용접에 적합하며 아크 전압이 안정되고 전류 조정이 용이하며 자기제어의 특성을 가진 장점이 있다.

02 다음 중 연강 용접봉에 비해 고장력강 용접봉의 장점이 아닌 것은?

① 재료의 취급이 간단하고 가공이 용이하다.
② 동일한 강도에서 판의 두께를 얇게 할 수 있다.
③ 소요 강재의 중량을 상당히 무겁게 할 수 있다.
④ 구조물의 하중을 경감시킬 수 있어 그 기초공사가 단단해진다.

저자쌤의 핵직강

고장력강 용접봉의 장점
- 재료의 취급이 간단하고 가공이 용이하다.
- 동일한 강도에서 판의 두께를 얇게 할 수 있다.
- 소요 강재의 중량을 적게 하여 구조물의 하중을 경감시킨다.

해설
재질이 연한 연강보다 고장력강 용접봉의 강도가 더 크기 때문에 동일한 구조물을 만들 때 소요되는 강재의 양을 적게 할 수 있기 때문에 구조물의 중량을 가볍게 할 수 있다.

03 다음 중 피복 아크 용접에 있어 위빙 운봉 폭은 용접봉 심선 지름의 얼마로 하는 것이 가장 적절한가?

① 1배 이하　　② 약 2~3배
③ 약 4~5배　　④ 약 6~7배

해설
피복 아크 용접의 위빙 운봉 폭은 용접봉 심선 지름의 2~3배로 하는 것이 적당하다.

04 피복 아크 용접에서 용접 속도(Welding Speed)에 영향을 미치지 않는 것은?

① 모재의 재질　　② 이음 모양
③ 전류값　　④ 전압값

저자쌤의 핵직강

피복 아크 용접봉의 용접속도에 영향을 미치는 요소
- 용접 전류값
- 모재의 재질
- 이음부의 모양
- 용접봉의 지름

해설
피복 아크 용접에서 용접 전압은 고정되어 설치되기 때문에 용접 속도에 영향을 미치지 않는다.

1 ③　2 ③　3 ②　4 ④ 정답

05 다음 중 가스 불꽃의 온도가 가장 높은 것은?

① 산소-메탄 불꽃 ② 산소-프로판 불꽃
③ 산소-수소 불꽃 ④ 산소-아세틸렌 불꽃

저자쌤의 핵직강

가스별 불꽃 온도 및 발열량

가스 종류	불꽃 온도(℃)	발열량(kcal/m³)
아세틸렌	3,430	12,500
부 탄	2,926	26,000
수 소	2,960	2,400
프로판	2,820	21,000
메 탄	2,700	8,500

해설

산소-아세틸렌 불꽃의 온도는 약 3,430℃로 다른 불꽃들에 비해 가장 높다.

06 다음 중 아크 에어 가우징 시 압축공기의 압력으로 가장 적합한 것은?

① 1~3kgf/cm² ② 5~7kgf/cm²
③ 9~15kgf/cm² ④ 11~20kgf/cm²

해설

아크 에어 가우징은 탄소 아크 절단법에 고압(5~7kgf/cm²)의 압축공기를 병용하는 방법으로 용융된 금속에 탄소봉과 평행으로 분출하는 압축공기를 전극 홀더의 끝부분에 위치한 구멍을 통해 연속해서 불어내어 홈을 파내는 방법으로 홈 가공이나 구멍 뚫기, 절단 작업에 사용된다. 이것은 철이나 비철금속에 모두 이용할 수 있으며, 가스 가우징보다 작업 능률이 2~3배 높고 모재에도 해를 입히지 않는다.

07 다음 중 직류 아크 용접의 극성에 관한 설명으로 틀린 것은?

① 전자의 충격을 받는 양극이 음극보다 발열량이 작다.
② 정극성일 때는 용접봉의 용융이 늦고 모재의 용입은 깊다.
③ 역극성일 때는 용접봉의 용융속도는 빠르고 모재의 용입이 얕다.
④ 얇은 판의 용접에는 용락(Burn Through)을 피하기 위해 역극성을 사용하는 것이 좋다.

저자쌤의 핵직강

아크 용접기의 극성

직류 정극성 (DCSP : Direct Current Straight Polarity)	• 용입이 깊고 비드 폭이 좁다. • 용접봉의 용융속도가 느리다. • 후판(두꺼운 판) 용접이 가능하다. • 모재에는 (+)전극이 연결되며 70% 열이 발생하고, 용접봉에는 (-)전극이 연결되며 30% 열이 발생한다.
직류 역극성 (DCRP : Direct Current Reverse Polarity)	• 용입이 얕고 비드 폭이 넓다. • 용접봉의 용융속도가 빠르다. • 박판(얇은 판) 용접이 가능하다. • 모재에는 (-)전극이 연결되며 30% 열이 발생하고, 용접봉에는 (+)전극이 연결되며 70% 열이 발생한다.
교류(AC)	• 극성이 없다. • 전원 주파수의 1/2사이클마다 극성이 바뀐다.

해설

직류 아크 용접기에 극성을 연결할 때 양극(+)이 음극(-)보다 발열량이 더 크다.

08 다음 중 원판상의 롤러 전극 사이에 용접할 2장의 판을 두고 가압·통전하여 전극을 회전시키며 연속적으로 점용접을 반복하는 용접법은?

① 심 용접 ② 프로젝션 용접
③ 전자빔 용접 ④ 테르밋 용접

해설

압접에 속하는 심(Seam)용접은 원판상의 롤러 전극 사이에 용접할 2장의 판을 두고, 전기와 압력을 가하며 전극을 회전시키면서 연속적으로 점용접(Spot Welding)을 반복하는 용접법이다.

② 프로젝션 용접 : 모재의 평면에 프로젝션인 돌기부를 만들어 평탄한 동전극의 사이에 물려 대전류를 흘려보낸 후 돌기부에 발생된 열로서 용접한다.
③ 전자 빔 용접 : 고밀도로 집속되고 가속된 전자빔을 진공 속에서 용접물에 고속도로 조사시키면 빛과 같은 속도로 이동한 전자가 용접물에 충돌하여 전자의 운동에너지를 열에너지로 변환시켜 국부적으로 고열을 발생시키는데, 이때 생긴 열원으로 용접부를 용융시켜 용접하는 방법
④ 금속산화물이 알루미늄에 의하여 산소를 빼앗기는 반응에 의해 생성되는 열을 이용하여 금속을 접합시키는 용접법

정답 5 ④ 6 ② 7 ① 8 ①

09 다음 중 정격 2차 전류가 200A, 정격 사용률이 40%의 아크 용접기로 150A의 용접전류를 사용하여 용접하는 경우 허용 사용률은 몇 %인가?

① 33% ② 40%
③ 50% ④ 71%

해설
허용사용률 구하는 식

$$허용사용률(\%) = \frac{(정격2차\ 전류)^2}{(실제용접\ 전류)^2} \times 정격사용률(\%)$$

$$\therefore\ 허용사용률(\%) = \frac{(200A)^2}{(150A)^2} \times 40(\%)$$

$$= \frac{40,000}{22,500} \times 40(\%) = 71.1\%$$

10 다음 중 가연성 가스가 가져야 할 성질과 가장 거리가 먼 것은?

① 발열량이 클 것
② 연소속도가 느릴 것
③ 불꽃의 온도가 높을 것
④ 용융금속과 화학반응을 일으키지 않을 것

저자쌤의 핵직강

가연성 가스가 가져야할 조건
- 발열량이 클 것
- 연소속도가 빠를 것
- 불꽃의 온도가 높을 것
- 용융금속과 화학반응을 일으키지 말 것

해설
가연성가스는 산소나 공기와 혼합하여 점화원인 불꽃에 의해 탈물질을 연소시키는 가스로 연소속도는 빨라야 한다.

11 다음 중 전기용접에 있어 전격방지기가 가능하지 않을 경우 2차 무부하 전압은 어느 정도가 적합한가?

① 20~30V ② 40~50V
③ 60~70V ④ 90~100V

해설
전격이란 강한 전류를 갑자기 몸에 느꼈을 때의 충격을 말하며, 용접기에는 작업자의 전격을 방지하기 위해서 반드시 전격방지기를 용접기에 부착해야 한다. 전격방지기는 작업을 쉬는 동안에 2차 무부하 전압이 항상 25V 정도로 유지되도록 하여 전격을 방지할 수 있다.

12 다음 중 고속분출을 얻는 데 적합하고, 보통의 팁에 비하여 산소의 소비량이 같을 때 절단속도를 20~25% 증가시킬 수 있는 절단 팁은?

① 직선형 팁 ② 산소-LP형 팁
③ 보통형 팁 ④ 다이버전트형 팁

해설
다이버전트형 팁은 고속분출을 얻을 수 있어서 보통의 팁에 비해 절단속도를 20~25% 증가시킬 수 있다.

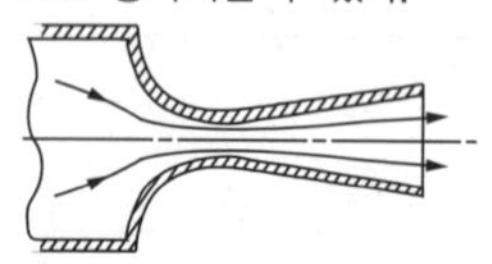
[다이버전트형 팁]

13 다음 중 산소-아세틸렌 가스 용접에서 주철에 사용하는 용제에 해당하지 않는 것은?

① 붕 사 ② 탄산나트륨
③ 염화나트륨 ④ 중탄산나트륨

저자쌤의 핵직강

가스 용접 시 재료에 따른 용제의 종류

재 질	용 제
연 강	용제를 사용하지 않음
반경강	중탄산소다, 탄산소다
주 철	붕사, 탄산나트륨, 중탄산나트륨
알루미늄	염화칼륨, 염화나트륨, 염화리튬, 플루오르화칼륨
구리합금	붕사, 염화리튬

14 다음은 수중 절단(Underwater Cutting)에 관한 설명으로 틀린 것은?

① 일반적으로 수중 절단은 수심 45m 정도까지 작업이 가능하다.
② 수중 작업 시 절단 산소의 압력은 공기 중에서의 1.5~2배로 한다.

9 ④ 10 ② 11 ① 12 ④ 13 ③ 14 ④ 정답

③ 수중 작업 시 예열 가스의 양은 공기 중에서의 4~8배 정도로 한다.
④ 연료가스로는 수소, 아세틸렌, 프로판, 벤젠 등이 사용되나 그 중 아세틸렌이 가장 많이 사용된다.

저자쌤의 핵직강

수중 절단용 가스의 특징
- 연료가스로는 수소가스를 가장 많이 사용한다.
- 일반적으로는 수심 45m 정도까지 작업이 가능하다.
- 수중 작업 시 예열 가스의 양은 공기 중에서의 4~8배로 한다.
- 수중 작업 시 절단 산소의 압력은 공기 중에서의 1.5~2배로 한다.

해설
수중 절단에는 연료가스로 수소가스를 가장 많이 사용한다.

15 강재의 가스 절단 시 팁 끝과 연강판 사이의 거리를 백심에서 1.5~2.0mm 정도 떨어지게 하며, 절단부를 예열하여 약 몇 ℃ 정도가 되었을 때 고압 산소를 이용하여 절단을 시작하는 것이 좋은가?

① 300~450℃　② 500~600℃
③ 650~750℃　④ 800~900℃

해설
강재의 가스 절단 시 팁 끝과 모재와의 거리는 백심에서 1.5~2.0mm 정도 떨어지게 하며 예열된 절단부의 온도가 800~900℃가 되었을 때 고압 산소를 이용하여 절단을 시작한다.

16 내용적이 40L, 충전압력이 150kgf/cm^{2}인 산소용기의 압력이 50kgf/cm^{2}까지 내려갔다면 소비한 산소의 양은 몇 L인가?

① 2,000L　② 3,000L
③ 4,000L　④ 5,000L

저자쌤의 핵직강

용기에서 사용한 산소량 = 내용적×감소한 기압
= 40L×(150−50)=4,000L

해설
용기 속의 산소량 구하는 식
용기 속의 산소량 = 내용적×기압

17 다음 중 연강용 피복 아크 용접봉 피복제의 역할과 가장 거리가 먼 것은?

① 아크를 안정하게 한다.
② 전기를 잘 통하게 한다.
③ 용착금속의 급랭을 방지한다.
④ 용착금속의 탈산 및 정련작용을 한다.

저자쌤의 핵직강

피복제(Flux)의 역할
- 아크를 안정시킨다.
- 전기절연작용을 한다.
- 보호가스를 발생시킨다.
- 아크의 집중성을 좋게 한다.
- 용착금속의 급랭을 방지한다.
- 탈산작용 및 정련작용을 한다.
- 용융금속과 슬래그의 유동성을 좋게 한다.
- 용적(쇳물)을 미세화하여 용착효율을 높인다.
- 슬래그 제거를 쉽게 하여 비드의 외관을 좋게 한다.
- 적당량의 합금 원소 첨가로 금속에 특수성을 부여한다.
- 중성 또는 환원성 분위기를 만들어 질화나 산화를 방지하고 용융금속을 보호한다.

해설
피복 아크 용접용 피복제는 전기가 통하는 심선을 둘러싸고 있으므로 용접봉을 절연시킴으로써 작업자를 보호하게 된다.

18 담금질 가능한 스테인리스강으로 용접 후 경도가 증가하는 것은?

① STS 316　② STS 304
③ STS 202　④ STS 410

저자쌤의 핵직강

스테인리스강의 분류

STS의 분류	STS의 종류
오스테나이트계	STS 202, STS 302, STS 304, STS 310, STS 316, STS 317, STS 321, STS 347
오스테나이트+페라이트계	STS 329
마텐자이트계	STS 403, STS 410, STS 420, STS 431
석출경화계	STS 630

해설
스테인리스강 중에서 400번 계열의 마텐자이트계 스테인리스강은 열처리가 가능하다.

정답 15 ④ 16 ③ 17 ② 18 ④

19 다음 중 저용점 합금에 대하여 설명한 것 중 틀린 것은?

① 납(Pb : 용융점 327℃)보다 낮은 융점을 가진 합금을 말한다.
② 가융합금이라 한다.
③ 2원 또는 다원계의 공정합금이다.
④ 전기 퓨즈, 화재경보기, 저온 땜납 등에 이용된다.

해설

저용점 합금이란 특수합금의 일종으로 용융점이 약 230℃인 주석(Sn)의 용융점 미만인 낮은 융점을 가진 합금을 말한다. 가융합금이란 용융점이 200℃ 이하인 합금을 말한다.

20 열처리 방법에 따른 효과로 옳지 않은 것은?

① 불림 – 미세하고 균일한 표준조직
② 풀림 – 탄소강의 경화
③ 담금질 – 내마멸성 향상
④ 뜨임 – 인성 개선

저자쌤의 핵직강

열처리의 기본 4단계

- 풀림(Annealing) : 재질을 연하고 균일화시킬 목적으로 실시하는 열처리법으로 완전풀림은 A_3변태점(968℃) 이상의 온도로, 연화풀림은 650℃ 정도의 온도로 가열한 후 서랭한다.
- 불림(Normalizing) : 담금질 정도가 심하거나 결정입자가 조대해진 강을 표준화조직으로 만들기 위하여 A_3점(968℃)이나 A_{cm}(시멘타이트)점 이상의 온도로 가열 후 공랭시킨다.
- 담금질(Quenching) : 재질을 경화시킬 목적으로 강을 오스테나이트조직의 영역으로 가열한 후 급랭시켜 강도와 경도를 증가시키는 열처리법이다.
- 뜨임(Tempering) : 담금질 한 강을 A_1변태점(723℃) 이하로 가열 후 서랭하는 것으로 담금질로 경화된 재료에 인성을 부여하고 내부응력을 제거한다.

해설

풀림은 재질을 연하고 균일화시킬 목적으로 실시하는 열처리법으로, 탄소강을 경화시킬 목적으로 하는 열처리법은 담금질이다.

21 고 Ni의 초고장력강이며 1,370~2,060MPa의 인장강도와 높은 인성을 가진 석출경화형 스테인리스 강의 일종은?

① 마르에이징(Maraging)강
② Cr 18%–Ni 8%의 스테인리스강
③ 13% Cr강의 마텐자이트계 스테인리스강
④ Cr 12~17%, C 0.2%의 페라이트계 스테인리스강

저자쌤의 핵직강

마르에이징(Maraging)강

18%의 Ni이 함유된 고니켈합금으로 인장강도가 약 1,400~2,800MPa인 초고장력강이다. 석출경화형 스테인리스강의 일종으로 무탄소로 마텐자이트 조직에서 금속간 화합물을 미세하게 석출하여 강인성을 높인 강이다. 500℃ 부근의 시효처리만으로도 고강도가 얻어지며, 열처리 변형이 작다는 특징을 갖는다. 고체연료 로켓이나 초고속 원심분리기, 각종 금형용 재료로 사용된다.

22 다음 중 대표적인 주조경질 합금은?

① HSS ② 스텔라이트
③ 콘스탄탄 ④ 켈 밋

해설

스텔라이트란 주조경질합금의 재료로서 C : 2~4%, Cr : 15~30%, W : 10~15%, Co : 40~50%, Fe : 5%의 합금이다. 경도가 높아 담금질할 필요 없이 주조한 상태 그대로 사용하며 800℃까지의 고온에서도 경도가 유지된다. 절삭 공구나 의료 기구에 사용된다. 단, 탄소 함유량이 많아서 단조 작업이 곤란한 단점이 있다.

① HSS : High Speed Steel로 고속도강을 의미하며 공구용 재료로 사용된다.
③ 콘스탄탄 : Cu(구리)에 Ni(니켈)을 40~45% 합금한 재료로 온도변화에 영향을 많이 받으며 전기 저항성이 커서 저항선이나 전열선, 열전쌍의 재료로 사용된다.
④ 켈밋 : Cu 70%+Pb 30~40%의 합금, 열전도, 압축강도가 크고 마찰계수가 적다. 고속, 고하중용 베어링에 사용된다.

23 침탄법을 침탄제의 종류에 따라 분류할 때 해당되지 않는 것은?

① 고체 침탄법 ② 액체 침탄법
③ 가스 침탄법 ④ 화염 침탄법

19 ① 20 ② 21 ① 22 ② 23 ④ 정답

저자쌤의 핵직강

표면경화법의 종류

종 류		침탄재료
화염 경화법		산소-아세틸렌불꽃
고주파 경화법		고주파 유도전류
질화법		암모니아가스
침탄법	고체 침탄법	목탄, 코크스, 골탄
	액체 침탄법	KCN(시안화칼륨), NaCN(시안화나트륨)
	가스 침탄법	메탄, 에탄, 프로판
금속 침투법	세라다이징	Zn
	칼로라이징	Al
	크로마이징	Cr
	실리코나이징	Si
	보로나이징	B(붕소)

해설

침탄법의 종류 중에서 화염 침탄법이란 존재하지 않는다.

24 금속의 공통적 특성이 아닌 것은?

① 상온에서 고체이며 결정체이다(단, Hg은 제외).
② 열과 전기의 양도체이다.
③ 비중이 크고 금속적 광택을 갖는다.
④ 소성변형이 없어 가공하기 쉽다.

저자쌤의 핵직강

금속의 특성

- 비중이 크다.
- 전기 및 열의 양도체이다.
- 금속 특유의 광택을 갖는다.
- 상온에서 고체이며 결정체이다(단, Hg 제외).
- 연성과 전성이 우수하여 소성변형이 가능하다.

해설

금속에 탄성영역을 넘어서는 외력이 가해지면 소성변형에 의한 소성가공이 가능하다.

25 비자성이고 상온에서 오스테나이트 조직인 스테인리스강은?(단, 숫자는 %를 의미한다)

① 18 Cr-8 Ni 스테인리스강
② 13 Cr 스테인리스강
③ Cr계 스테인리스강
④ 13 Cr-Al 스테인리스강

저자쌤의 핵직강

스테인리스강의 분류

구 분	종 류	주요 성분	자 성
Cr계	페라이트계 스테인리스강	Fe+Cr 12% 이상	자성체
	마텐자이트계 스테인리스강	Fe+Cr 13%	자성체
Cr+Ni계	오스테나이트계 스테인리스강	Fe+Cr 18%+Ni 8%	비자성체
	석출경화계 스테인리스강	Fe+Cr+Ni	비자성체

해설

18-8형 스테인리스강은 오스테나이트계로써 18%의 Cr과 8%의 Ni이 합금된 재료로 결정구조는 면심입방격자(FCC : Face Centered Cubic)이다. 비자성체이며 상온에서 오스테나이트 조직이다.

26 구리는 비철재료 중에 비중을 크게 차지한 재료이다. 다른 금속재료와의 비교 설명 중 틀린 것은?

① 철에 비해 용융점이 높아 전기제품에 많이 사용한다.
② 아름다운 광택과 귀금속적 성질이 우수하다.
③ 전기 및 열의 전도도가 우수하다.
④ 전연성이 좋아 가공이 용이하다.

해설

철(Fe)의 용융점은 1,538℃이고, 구리(Cu)의 용융점은 1,083℃이므로 철의 용융점이 더 높다.

27 크롬강의 특징을 잘못 설명한 것은?

① 크롬강의 담금질이 용이하고 경화층이 깊다.
② 탄화물이 형성되어 내마모성이 크다.
③ 내식 및 내열강으로 사용한다.
④ 구조용은 W, V, Co를 첨가하고 공구용은 Ni, Mn, Mo을 첨가한다.

해설

구조용 크롬강은 내식성, 내열성, 담금질성의 향상을 위해 Ni(니켈), Mn(망간), Mo(몰리브덴)을 첨가하고, 공구용 크롬강은 강도를 증가시키기 위해 W(텅스텐), V(바나듐), Co(코발트)를 합금시킨다.

정답 24 ④ 25 ① 26 ① 27 ④

28 청동은 다음 중 어느 합금을 의미하는가?

① Cu-Zn ② Fe-Al
③ Cu-Sn ④ Zn-Sn

해설

구리 합금의 종류
- 청동 : Cu+Sn(구리+주석)
- 황동 : Cu+Zn(구리+아연)

29 용접부의 표면이 좋고 나쁨을 검사하는 것으로 가장 많이 사용하며 간편하고 경제적인 검사방법은?

① 자분검사 ② 외관검사
③ 초음파검사 ④ 침투검사

저자쌤의 핵직강

비파괴 검사의 종류 및 검사방법
- 방사선 투과시험(RT : Radiography Test)
  용접부 뒷면에 필름을 놓고 용접물 표면에서 X선이나 γ선을 방사하여 용접부를 통과시키면, 금속 내부에 구멍이 있을 경우 그만큼 투과되는 두께가 얇아져서 필름에 방사선의 투과량이 그만큼 많아지게 되므로 다른 곳보다 검게 됨을 확인함으로서 불량을 검출하는 방법
- 침투 탐상검사(PT : Penetrant Test)
  검사하려는 대상물의 표면에 침투력이 강한 형광성 침투액을 도포 또는 분무하거나 표면전체를 침투액 속에 침적시켜 표면의 흠집 속에 침투액이 스며들게 한 다음 이를 백색 분말의 현상액을 뿌려서 침투액을 표면으로부터 빨아내서 결함을 검출하는 방법
- 초음파 탐상검사(UT : Ultrasonic Test)
  사람이 들을 수 없는 매우 높은 주파수의 초음파를 사용하여 검사 대상물의 형상과 물리적 특성을 검사하는 방법. 4~5MHz 정도의 초음파가 경계면, 결함표면 등에서 반사하여 되돌아오는 성질을 이용하는 방법으로 반사파의 시간과 크기를 스크린으로 관찰하여 결함의 유무, 크기, 종류 등을 검사하는 방법
- 와전류 탐상검사(ET : Eddy Current Test)
  도체에 전류가 흐르면 도체 주위에는 자기장이 형성되며, 반대로 변화하는 자기장 내에서는 도체에 전류가 유도된다. 표면에 흐르는 전류의 형태를 파악하여 검사하는 방법
- 자분 탐상검사(MT : Magnetic Test)
  철강 재료 등 강자성체를 자기장에 놓았을 때 시험편 표면이나 표면 근처에 균열이나 비금속 개재물과 같은 결함이 있으면 결함 부분에는 자속이 통하기 어려워 공간으로 누설되어 누설 자속이 생긴다. 이 누설 자속을 자분(자성 분말)이나 검사 코일을 사용하여 결함의 존재를 검출하는 방법
- 누설검사(LT : Leaking Test)
  탱크나 용기 속에 유체를 넣고 압력을 가하여 새는 부분을 검출함으로써 구조물의 기밀성, 수밀성을 검사하는 방법
- 육안(외관)검사(VT : Visual Test)
  용접부의 표면이 좋고 나쁨을 육안으로 검사하는 것으로 가장 많이 사용하며 간편하고 경제적인 검사 방법

해설

외관검사는 재료의 외관을 육안으로 검사하는 방법으로 가장 간편하고 경제적인 방법이다.

30 아크 용접 작업에 관한 안전 사항으로 올바르지 않은 것은?

① 용접기는 항상 환기가 잘되는 곳에 설치할 것
② 전류는 아크를 발생하면서 조절할 것
③ 용접기는 항상 건조되어 있을 것
④ 항상 정격에 맞는 전류로 조절할 것

해설

아크 용접 시 용접 전류(A)는 아크를 발생하기 전에 미리 조정한 후 작업을 시작해야 균일한 품질의 용접 제품을 얻을 수 있다.

31 서브머지드 아크 용접에 사용되는 용융형 용제에 대한 특징 설명 중 틀린 것은?

① 흡습성이 거의 없으므로 재건조가 불필요하다.
② 미용융 용제는 다시 사용이 가능하다.
③ 고속 용접성이 양호하다.
④ 합금 원소의 첨가가 용이하다.

저자쌤의 핵직강

서브머지드 아크 용접에 사용되는 용융형 용제의 특징
- 비드 모양이 아름답다.
- 고속 용접이 가능하다.
- 화학적으로 안정되어 있다.
- 미 용융된 용제의 재사용이 가능하다.
- 조성이 균일하고 흡습성이 작아서 가장 많이 사용한다.
- 입도가 작을수록 용입이 얕고 너비가 넓으며 미려한 비드를 생성한다.
- 작은 전류에는 입도가 큰 거친 입자를, 큰 전류에는 입도가 작은 미세한 입자를 사용한다.
- 작은 전류에 미세한 입자를 사용하면 가스 방출이 불량해서 Pock Mark불량의 원인이 된다.

해설

서브머지드 아크 용접(SAW)에 사용되는 용제는 용융형 용제와 소결형 용제로 나뉘는데, 이 두 종류의 용제는 미리 금속으로 만들어진 형태이므로 합금 원소의 첨가는 불가능하다.

28 ③ 29 ② 30 ② 31 ④ 정답

32 보통 화재와 기름 화재의 소화기로는 적합하나 전기 화재의 소화기로는 부적합한 것은?

① 포말 소화기 ② 분말 소화기
③ CO_2 소화기 ④ 물 소화기

저자쌤의 핵직강

화재의 종류에 따른 사용 소화기

분 류	A급 화재	B급 화재
명 칭	일반(보통) 화재	유류 및 가스화재
가연물질	나무, 종이, 섬유 등의 고체 물질	기름, 윤활유, 페인트 등의 액체 물질
소화효과	냉각 효과	질식 효과
표현색상	백 색	황 색
소화기	물 분말소화기 포(포말)소화기 이산화탄소소화기 강화액소화기 산, 알카리소화기	분말소화기 포(포말)소화기 이산화탄소소화기
사용불가능 소화기		
분 류	**C급 화재**	**D급화재**
명 칭	전기 화재	금속 화재
가연물질	전기설비, 기계 전선 등의 물질	가연성 금속 (Al분말, Mg분말)
소화효과	질식 및 냉각효과	질식 효과
표현색상	청 색	무 색
소화기	분말소화기 유기성소화기 이산화탄소소화기 무상강화액소화기 할로겐화합물소화기	건조된 모래 (건조사)
사용불가능 소화기	포(포말)소화기	물 (금속가루는 물과 반응하여 폭발의 위험성이 있다)

해설

포소화기(포말소화기)의 소화재인 포는 액체로 되어 있기 때문에 전기 화재에 사용할 경우 감전의 위험이 있기 때문에 사용이 불가능하다. 포소화기는 주로 A급, B급 화재에 사용된다.

33 다음 중 용접성 시험이 아닌 것은?

① 노치 취성 시험 ② 용접 연성 시험
③ 파면 시험 ④ 용접 균열 시험

해설

파면시험이란 강재에 작은 노치부(흠집)를 만든 후 이 재료를 타격하면 이 재료가 절단되면서 그 파면을 육안이나 현미경으로 볼 수 있는데, 이 파면으로 결정립의 조밀함이나 불순물로 인한 편석 정도, 탈탄의 유무 등을 판단할 수 있는 시험법이다.

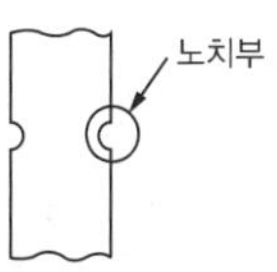

34 용접 결함 방지를 위한 관리기법에 속하지 않는 것은?

① 설계도면에 따른 용접 시공 조건의 검토와 작업 순서를 정하여 시공한다.
② 용접 구조물의 재질과 형상에 맞는 용접 장비를 사용한다.
③ 작업 중인 시공 상황을 수시로 확인하고 올바르게 시공할 수 있게 관리한다.
④ 작업 후에 시공 상황을 확인하고 올바르게 시공할 수 있게 관리한다.

해설

작업 중에 시공 상황을 확인하고 올바르게 시공할 수 있도록 관리를 해야 하며, 잘못된 부분이 있으면 즉시 수정해야 한다. 만일 작업이 완료된 후에 잘못된 점을 발견하면 회복이 불가능할 수도 있다.

35 용접부의 인장응력을 완화하기 위하여 특수 해머로 연속적으로 용접부 표면층을 소성변형 주는 방법은?

① 피닝법
② 저온응력 완화법
③ 응력제거 어닐링법
④ 국부가열 어닐링법

저자쌤의 핵직강

- 피닝법 : 특수 해머를 사용하여 모재의 표면에 지속적으로 충격을 가해줌으로써 재료 내부에 있는 잔류응력을 완화시키면서 표면층에 소성변형을 주는 열처리법이다.
- 저온 응력 완화법 : 약 150℃~200℃의 가스 불꽃을 이용하여 너비(폭)가 150mm에 걸쳐서 가열한 후 수랭하여 내부의 응력을 제거하여 변형을 방지한다.

정답 32 ① 33 ③ 34 ④ 35 ①

- 응력제거 어닐링법 : 용접에 의해서 생긴 잔류 응력을 제거하기 위한 열처리의 일종으로 구조용 강의 경우 약 550~650℃의 온도 범위로 일정한 시간을 유지하였다가 노 속에서 냉각시킨다.
- 국부가열 어닐링법 : 노 내 풀림이 곤란한 경우에 사용하며 용접선 양측을 각각 250mm나 판 두께가 12배 이상의 범위를 가열한 후 서냉한다.

해설

피닝법은 특수 해머를 사용하여 모재의 표면에 지속적으로 충격을 가해줌으로써 재료 내부에 있는 잔류응력을 완화시키면서 표면층에 소성변형을 주는 열처리법이다.

36 이산화탄소 아크 용접에서 일반적인 용접작업(약 200A 미만)에서의 팁과 모재 간 거리는 몇 mm 정도가 가장 적합한가?

① 0~5mm ② 10~15mm
③ 40~50mm ④ 30~40mm

저자쌤의 핵직강

이산화탄소 아크 용접에서 팁과 모재 간 거리
- 저전류 영역(약 200A 미만) : 10~15mm
- 고전류 영역(약 200A 이상) : 15~25mm

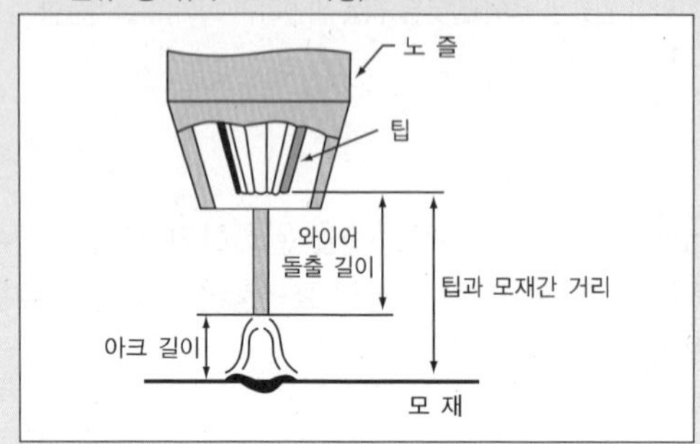

37 점용접 조건의 3대 요소가 아닌 것은?

① 고유저항 ② 가압력
③ 전류의 세기 ④ 통전시간

저자쌤의 핵직강

저항용접의 3요소
- 가압력
- 용접전류
- 통전시간

해설

점용접(Spot Welding)은 저항용접에 속하는데 이 저항용접에 필요한 3요소는 가압력, 용접전류, 통전시간이다.

38 경납용 용제의 특징으로 틀린 것은?

① 모재와 친화력이 있어야 한다.
② 용융점이 모재보다 낮아야 한다.
③ 모재와의 전위차가 가능한 한 커야 한다.
④ 모재와 야금적 반응이 좋아야 한다.

해설

납땜용 용제는 연납과 경납용 용제의 구분 없이 모두 모재와의 전위차가 가능한 작아야 원활한 납땜작업이 가능하다.

39 액체 이산화탄소 25kg 용기는 대기 중에서 가스량이 대략 12,700L이다. 20L/min의 유량으로 연속 사용할 경우 사용 가능한 시간(Hour)은 약 얼마인가?

① 60시간 ② 6시간
③ 10시간 ④ 1시간

저자쌤의 핵직강

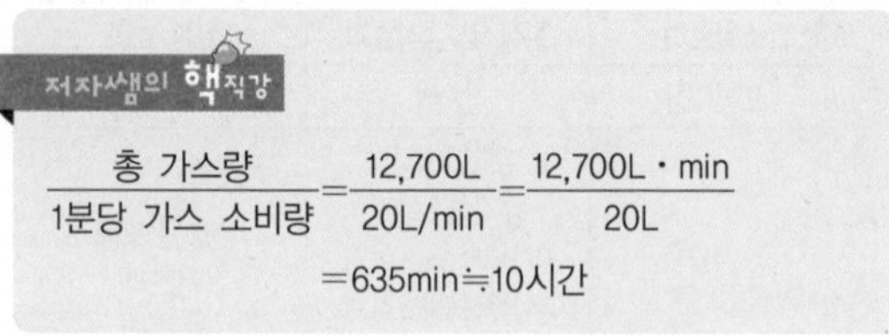

$$\frac{\text{총 가스량}}{\text{1분당 가스 소비량}} = \frac{12{,}700\text{L}}{20\text{L/min}} = \frac{12{,}700\text{L} \cdot \text{min}}{20\text{L}}$$

$= 635\text{min} \fallingdotseq 10$시간

40 파장이 같은 빛을 렌즈로 집광하면 매우 작은 점으로 집중이 가능하고 높은 에너지로 집속하면 높은 열을 얻을 수 있다. 이것을 열원으로 하여 용접하는 방법은?

① 레이저 용접
② 일렉트로 슬래그 용접
③ 테르밋 용접
④ 플라즈마 아크 용접

해설

레이저 빔 용접의 원리

파장이 같은 빛을 렌즈로 집광하면 매우 작은 점으로 집중되면서 높은 에너지로서 고온의 열을 얻을 수 있는데, 이 열원을 이용하여 용접하는 방법이다.

36 ② 37 ① 38 ③ 39 ③ 40 ① 정답

② 일렉트로 슬래그 용접 : 용융된 슬래그와 용융 금속이 용접부에서 흘러나오지 못하도록 수냉동판으로 둘러싸고 이 용융풀에 용접봉을 연속적으로 공급하는데 이때 발생하는 용융 슬래그의 저항열에 의하여 용접봉과 모재를 연속적으로 용융시키면서 용접하는 방법

③ 테르밋 용접 : 알루미늄 분말과 산화철을 1 : 3의 비율로 혼합하여 테르밋제를 만든 후 냄비의 역할을 하는 도가니에 넣어 약 1,000℃로 점화하면 약 2,800℃의 열이 발생되면서 용접용 강이 만들어지게 되는데 이 강을 용접부에 주입하면서 용접하는 방법

④ 플라즈마 아크 용접 : 높은 온도를 가진 플라즈마를 한 방향으로 모아서 분출시키는 것을 일컬어 플라즈마 제트라고 부르며, 이를 이용하여 용접이나 절단에 사용하는 용접. 열적 핀치와 자기적 핀치 효과를 사용하며, 플라즈마 제트 용접이라고도 불림

41 티그 용접의 전원 특성 및 사용법에 대한 설명이 틀린 것은?

① 역극성을 사용하면 전극의 소모가 많아진다.
② 알루미늄 용접 시 교류를 사용하면 용접이 잘된다.
③ 정극성은 연강, 스테인리스강 용접에 적당하다.
④ 정극성을 사용할 때 전극은 둥글게 가공하여 사용하는 것이 아크가 안정된다.

저자쌤의 핵직강

TIG(불활성 가스 텅스텐 아크)용접에서 전극으로 사용되는 텅스텐봉은 직류 정극성 및 직류 역극성 중 어떤 전원을 사용하더라도 뾰족하게 가공되어야 아크가 집중되면서 용접이 잘된다.

해설

TIG 용접 시 전극을 뾰족하게 가공한다.

42 플러그 용접에서 전단강도는 일반적으로 구멍의 면적당 전 용착금속 인장강도의 몇 % 정도로 하는가?

① 20~30%　　② 40~50%
③ 60~70%　　④ 80~90%

해설

플러그 용접에서 전단강도는 일반적으로 구멍의 면적당 전 용착금속 인장강도의 60~70%로 한다.

43 용접에서 변형교정 방법이 아닌 것은?

① 얇은 판에 대한 점 수축법
② 롤러에 거는 방법
③ 형재에 대한 직선 수축법
④ 노내 풀림법

해설

노내 풀림법은 재료 내부의 잔류 응력을 제거하는 데 사용하는 방법이다.

44 이산화탄소 가스 아크 용접에서 아크 전압이 높을 때 비드 형상으로 맞는 것은?

① 비드가 넓어지고 납작해진다.
② 비드가 좁아지고 납작해진다.
③ 비드가 넓어지고 볼록해진다.
④ 비드가 좁아지고 볼록해진다.

해설

이산화탄소가스 아크 용접에서 아크 전압이 높으면 Wire가 빨리 용융되므로 용접 비드의 폭이 넓어지고 깊이는 얕아지면서 납작해진다.

45 용접재 예열의 목적으로 옳지 않은 것은?

① 변형 방지　　② 잔류응력 감소
③ 균열 발생 방지　　④ 수소 이탈 방지

저자쌤의 핵직강

예열의 목적
- 변형 및 잔류응력 경감
- 열영향부(HAZ)의 균열 방지
- 용접 금속에 연성 및 인성 부여
- 냉각속도를 느리게 하여 수축 변형 방지
- 금속에 함유된 수소 등의 가스를 방출하여 균열 방지

해설

예열이란 용접할 모재를 뜨겁게 만드는 것을 말하며, 냉각속도를 느리게 하여 갑작스런 모재의 수축현상을 방지하기 위함이다.

정답 41 ④ 42 ③ 43 ④ 44 ① 45 ④

46 다음 중 용접부에 언더컷이 발생했을 경우 결함 보수 방법으로 가장 적합한 것은?

① 드릴로 정지 구멍을 뚫고 다듬질한다.
② 절단 작업을 한 다음 재용접한다.
③ 가는 용접봉을 사용하여 보수용접한다.
④ 일부분을 깎아내고 재용접한다.

저자쌤의 핵직강

언더컷은 아크열에 의해 용접부의 옆면이 파이는 불량이므로 용접부에 언더컷이 발생하면 파인 부분을 가는 용접봉을 사용하여 보수용접을 하면 된다.

47 화재 및 폭발의 방지 조치사항으로 틀린 것은?

① 용접 작업 부근에 점화원을 두지 않는다.
② 인화성 액체의 반응 또는 취급은 폭발 한계범위 이내의 농도로 한다.
③ 아세틸렌이나 LP가스 용접 시에는 가연성 가스가 누설되지 않도록 한다.
④ 대기 중에 가연성 가스를 누설 또는 방출시키지 않는다.

해설

화재나 폭발의 위험을 방지하기 위해서는 인화성 액체의 반응 또는 취급 할 때 폭발의 한계 범위를 벗어나는 농도로 해야 한다.

48 가스 용접 작업 시 주의사항으로 틀린 것은?

① 반드시 보호안경을 착용한다.
② 산소호스와 아세틸렌호스는 색깔 구분 없이 사용한다.
③ 불필요한 긴 호스를 사용하지 말아야 한다.
④ 용기 가까운 곳에서는 인화물질의 사용을 금한다.

저자쌤의 핵직강

가스 호스의 색상

용 도	색 상
산소용	검정색, 흑색 또는 녹색
아세틸렌용	적색

해설

가스 용접 시 산소 가스와 아세틸렌 가스를 혼용해서 사용할 우려가 있으므로 각각의 가스 호스는 색깔을 구분해서 사용해야 한다.

49 불활성 가스 금속 아크 용접의 용접토치 구성부품 중 와이어가 송출되면서 전류를 통전시키는 역할을 하는 것은?

① 가스 분출기(Gas Diffuser)
② 팁(Tip)
③ 인슐레이터(Insulator)
④ 플렉시블 콘딧(Flexible Conduit)

해설

MIG(불활성 가스 금속 아크)용접의 용접토치의 구성품 중에서 와이어가 송출되면서 전류를 통전시키는 역할은 콘택트 팁(Contact Tip)이 한다.

50 다음 중 테르밋 용접의 점화제가 아닌 것은?

① 과산화바륨 ② 망 간
③ 알루미늄 ④ 마그네슘

저자쌤의 핵직강

테르밋 용접용 점화제의 종류
- 마그네슘
- 과산화바륨
- 알루미늄분말

51 그림과 같은 도면에서 지름 3mm의 구멍의 수는 모두 몇 개인가?

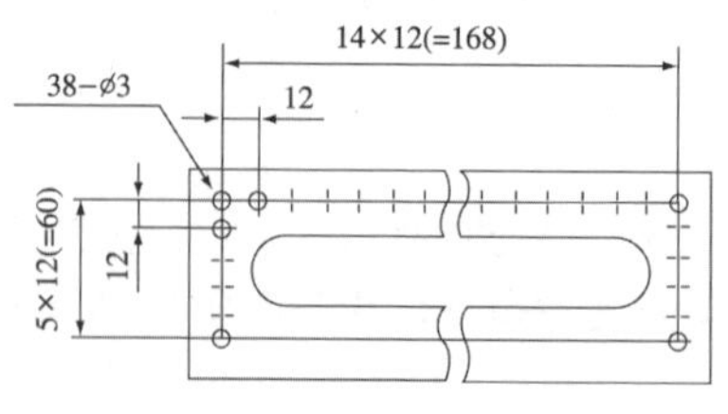

① 24 ② 38
③ 48 ④ 60

46 ③ 47 ② 48 ② 49 ② 50 ② 51 ② 정답

저자쌤의 핵직강

도면의 왼쪽 상단에 표시된 "38-ϕ3"은 지름이 3mm인 구멍의 개수가 38개임을 나타낸다. "14×12(=168)"란 두 개 구멍의 중심간 거리가 12mm이고 이 간격이 14개 있으므로 그 총 길이는 168mm이다.

용접부 기호표시

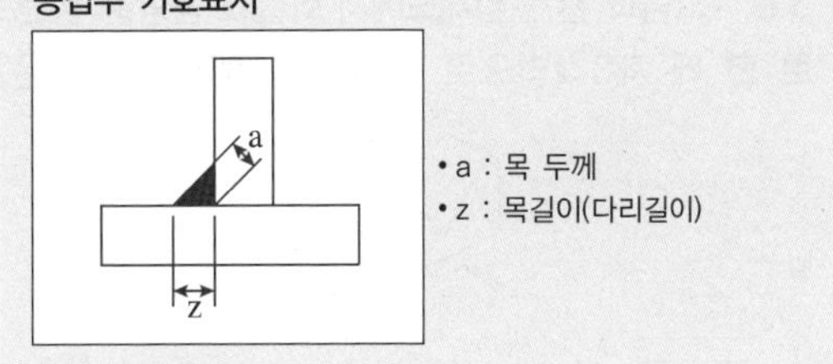

52 다음 중 도면의 일반적인 구비조건으로 거리가 먼 것은?

① 대상물의 크기, 모양, 자세, 위치의 정보가 있어야 한다.

② 대상물을 명확하고 이해하기 쉬운 방법으로 표현해야 한다.

③ 도면의 보존, 검색 이용이 확실히 되도록 내용과 양식을 구비해야 한다.

④ 무역과 기술의 국제 교류가 활발하므로 대상물의 특징을 알 수 없도록 보안성을 유지해야 한다.

해설

도면의 일반적인 구비조건은 대상물의 특징을 잘 알 수 있도록 도면에 상세하게 표시되어야 한다. 따라서 도면은 모든 사람이 이해하기 쉽도록 표현되어야 하므로 보안성 유지와는 거리가 멀다.

53 그림과 같은 용접기호에서 a7이 의미하는 뜻으로 알맞은 것은?

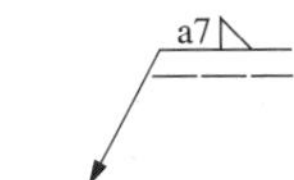

① 용접부 목길이가 7mm이다.

② 용접 간격이 7mm이다.

③ 용접 모재의 두께가 7mm이다.

④ 용접부 목 두께가 7mm이다.

저자쌤의 핵직강

용접기호 "a7"은 용접부의 목 두께가 7mm라는 의미이고 ◺는 필릿용접을 나타내는 기호이다.
즉, 기호를 해석하면 "화살표쪽으로 목 두께가 7mm인 필릿 용접"을 하라는 것이다.

54 일반적으로 표면의 결 도시 기호에서 표시하지 않는 것은?

① 표면 재료 종류 ② 줄무늬 방향의 기호

③ 표면의 파상도 ④ 컷오프값, 평가 길이

해설

표면의 결 도시기호에는 표면 재료의 종류는 표시하지 않는다.

표면의 결 도시기호

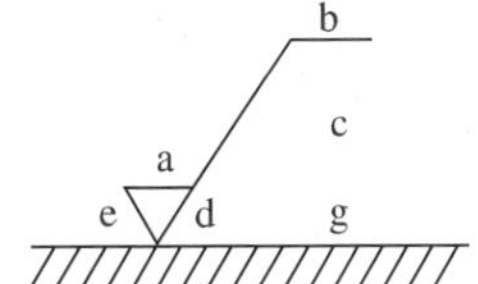

55 치수 숫자와 함께 사용되는 기호가 바르게 연결된 것은?

① 지름 : P ② 정사각형 : □

③ 구면의 지름 : ϕ ④ 구면의 반지름 : C

저자쌤의 핵직강

치수 보조 기호의 종류

기 호	구 분	기 호	구 분
ϕ	지 름	p	피 치
Sϕ	구의 지름	$\overset{\frown}{50}$	호의 길이
R	반지름	$\underline{50}$	비례척도가 아닌 치수
SR	구의 반지름	$\boxed{50}$	이론적으로 정확한 치수
□	정사각형	(50)	참고 치수
C	45° 모따기	$\cancel{50}$	치수의 취소(수정 시 사용)
t	두 께		

정답 52 ④ 53 ④ 54 ① 55 ②

56 그림과 같은 입체도에서 화살표 방향을 정면으로 할 때 제3각법으로 올바르게 정투상한 것은?

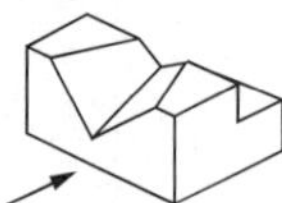

①
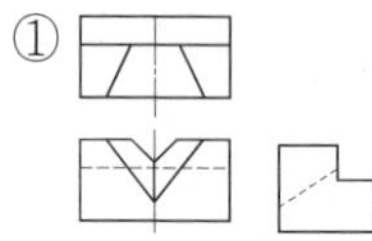

②
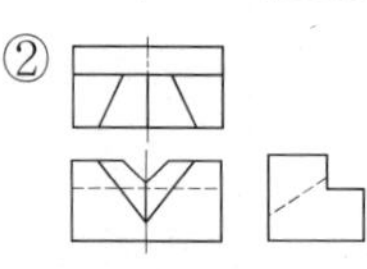

③
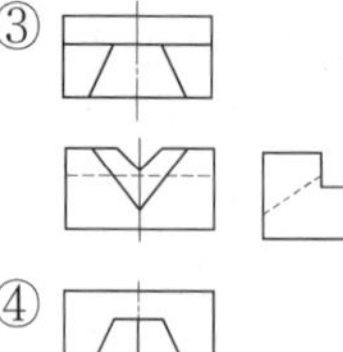

④

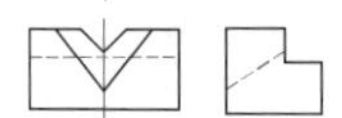

해설

물체를 위에서 바라보는 형상인 평면도를 살펴보았을 때, 가운데 부분에 위에서 아래로 직선이 그려져 있어야 하기 때문에 정답의 범위는 ②번과 ④번으로 압축할 수 있으며, 다시 평면도의 오른쪽 윗부분에 층이 진 부분을 위에서 바라보면 가로로 직선이 그려져 있어야 하므로 정답은 ②번이 된다.

57 다음 중 일반구조용 압연강재의 KS 재료 기호는?

① SS 490　　② SSW 41

③ SBC 1　　④ SM 400A

해설

① SS : 일반구조용 압연강재
② SSW : 스테인리스 창
③ SBC : 체인용 환강
④ SM 400A : 용접 구조용 압연 강재, 기계구조용 탄소강재도 SM을 사용

58 배관의 접합 기호 중 플랜지 연결을 나타내는 것은?

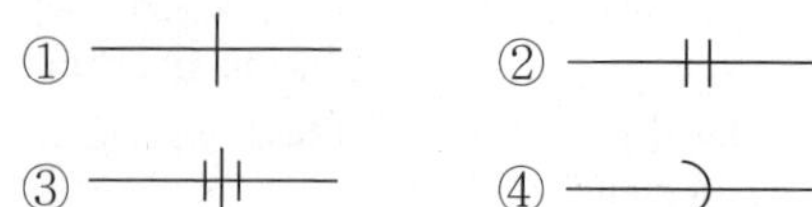

해설

배관 접합 기호의 종류

유니언 연결		플랜지 연결	
칼라 연결		마개와 소켓 연결	
확장 연결 (신축 이음)		일반연결	
캡 연결		엘보 연결	

59 그림에서 '6.3'선이 나타내는 선의 명칭으로 옳은 것은?

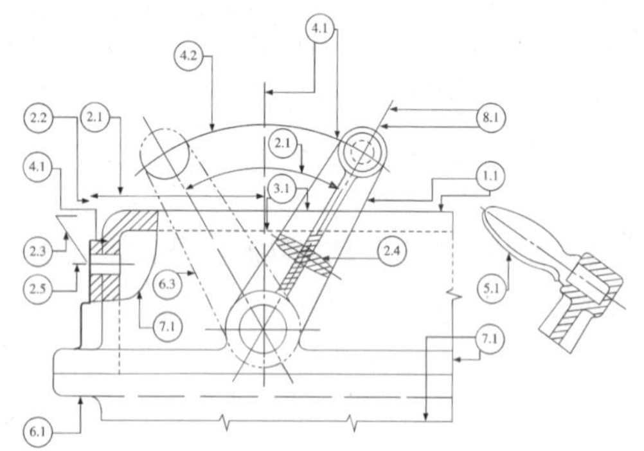

① 가상선　　② 절단선

③ 중심선　　④ 무게 중심선

해설

6.3선은 벨트가 가상으로 걸리는 모습을 표현한 것으로 도면에서는 가상선인 가는 2점 쇄선(——‥——)을 사용하여 나타낼 수 있다.

56 ②　57 ①　58 ②　59 ①　**정답**

60 다음 중 직원뿔 전개도의 형태로 가장 적합한 형상은?

① 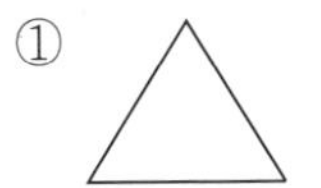

② 

③

④ 

해설

원뿔의 전개도는 ②번과 같이 나타낸다.

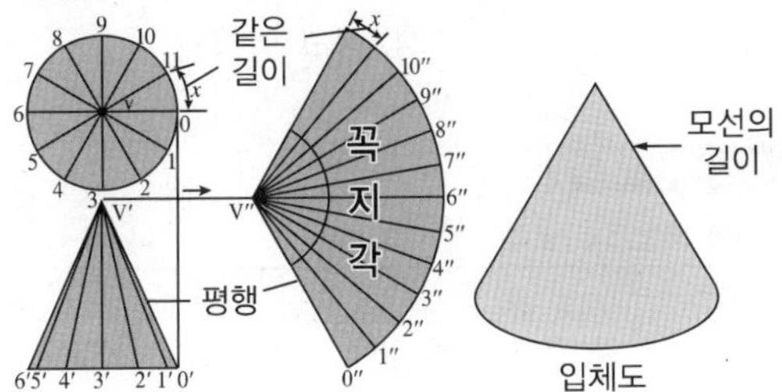

2014년도 제2회 **기출문제**

특수용접기능사 Craftsman Welding/Inert Gas Arc Welding

01 다음 중 가스 압접의 특징으로 틀린 것은?

① 이음부의 탈탄층이 전혀 없다.
② 작업이 거의 기계적이어서 숙련이 필요하다.
③ 용가재 및 용제가 불필요 용접시간이 빠르다.
④ 장치가 간단하여 설비비, 보수비가 싸고 전력이 불필요하다.

저자쌤의 핵직강

가스 압접의 특징

- 용접시간이 빠르다.
- 유지보수비가 저렴하다.
- 설비비와 보수비가 저렴하다.
- 이음부의 탈탄층이 존재하지 않는다.
- 전력이 불필요하며 장치가 간단하다.
- 이음부에 첨가금속이나 용가제가 불필요하다.
- 작업이 거의 기계적이어서 작업자의 숙련을 필요로 하지 않다.

해설

가스압접이란 주로 산소-아세틸렌가스 불꽃을 이용하여 접합하려는 모재의 면을 가열하고 축 방향으로 압축 압력을 가함으로써 모재를 접합하는 방법으로 작업이 거의 기계적이므로 작업자의 숙련을 필요로 하지 않는다.

02 절단용 산소 중의 불순물이 증가되면 나타나는 결과가 아닌 것은?

① 절단속도가 늦어진다.
② 산소의 소비량이 적어진다.
③ 절단 개시 시간이 길어진다.
④ 절단 홈의 폭이 넓어진다.

해설

가스 절단 시 산소에 불순물의 양이 증가하면 연소에 필요한 순수한 산소량이 더 많이 필요하게 되므로 산소의 소비량은 많아지게 된다. 분출되는 산소의 양이 더 많아지므로 절단되는 홈의 폭도 결국 더 넓어지며 연소도 충분히 되지 않기 때문에 절단속도가 느려지고 절단 개시 시간도 더 길어지게 된다.

03 피복 아크 용접봉에서 피복 배합제인 아교의 역할은?

① 고착제 ② 합금제
③ 탈산제 ④ 아크 안정제

저자쌤의 핵직강

피복 배합제의 종류

배합제	용 도	종 류
고착제	심선에 피복제를 고착시킨다.	규산나트륨, 규산칼륨, 아교
탈산제	용융 금속 중의 산화물을 탈산, 정련한다.	크롬, 망간, 알루미늄, 규소철, 페로망간, 페로실리콘, 망간철, 톱밥, 소맥분(밀가루)
가스 발생제	중성, 환원성 가스를 발생하여 대기와의 접촉을 차단하여 용융 금속의 산화나 질화를 방지한다.	아교, 녹말, 톱밥, 탄산바륨, 셀룰로이드, 석회석, 마그네사이트
아크 안정제	아크를 안정시킨다.	산화티탄, 규산칼륨, 규산나트륨, 석회석
슬래그 생성제	용융점이 낮고 가벼운 슬래그를 만들어 산화나 질화를 방지한다.	석회석, 규사, 산화철, 일미나이트, 이산화망간
합금 첨가제	용접부의 성질을 개선하기 위해 첨가한다.	페로망간, 페로실리콘, 니켈, 몰리브덴, 구리

해설

아교는 동물의 가죽이나 힘줄, 창자, 뼈 등을 고아서 그 액체를 고형화한 물질로써 고착제나 가스발생제로 사용한다.

04 가스 절단에 영향을 미치는 인자가 아닌 것은?

① 후열 불꽃
② 예열 불꽃
③ 절단 속도
④ 절단 조건

1 ② 2 ② 3 ① 4 ① 정답

저자쌤의 핵직강

가스 절단에 영향을 미치는 요소
- 예열 불꽃
- 절단 조건
- 절단 속도
- 산소 가스의 순도
- 산소 가스의 압력
- 가연성 가스의 압력
- 가스의 분출량과 속도

해설
가스 절단에 후열 불꽃은 영향을 미치지 않는다.

05 직류 아크 용접의 극성에 관한 설명으로 옳은 것은?

① 직류 정극성에서는 용접봉의 녹음 속도가 빠르다.
② 직류 역극성에서는 용접봉에 30%의 열 분배가 되기 때문에 용입이 깊다.
③ 직류 정극성에서는 용접봉에 70%의 열 분배가 되기 때문에 모재의 용입이 얕다.
④ 직류 역극성은 박판, 주철, 고탄소강, 비철금속의 용접에 주로 사용된다.

저자쌤의 핵직강

아크 용접기의 극성

직류 정극성 (DCSP : Direct Current Straight Polarity)	• 용입이 깊고 비드 폭이 좁다. • 용접봉의 용융속도가 느리다. • 후판(두꺼운 판) 용접이 가능하다. • 모재에는 (+)전극이 연결되며 70% 열이 발생하고, 용접봉에는 (−)전극이 연결되며 30% 열이 발생한다.
직류 역극성 (DCRP : Direct Current Reverse Polarity)	• 용입이 얕고 비드 폭이 넓다. • 용접봉의 용융속도가 빠르다. • 박판(얇은 판) 용접이 가능하다. • 모재에는 (−)전극이 연결되며 30% 열이 발생하고, 용접봉에는 (+)전극이 연결되며 70% 열이 발생한다.
교류(AC)	• 극성이 없다. • 전원 주파수의 1/2사이클마다 극성이 바뀐다.

해설
직류 아크 용접기의 전원을 직류 역극성으로 연결하면 용접봉에 30%의 열이 발생하므로 용입은 얕게 되어 박판의 용접에 적합하다. 직류 정극성일 경우에는 용접봉의 용융속도가 느리며 모재에서 70%의 열이 발생되므로 용입이 깊어 후판 용접에 사용한다.

06 직류 용접기와 비교하여, 교류 용접기의 특징을 틀리게 설명한 것은?

① 유지가 쉽다.
② 아크가 불안정하다.
③ 감전의 위험이 적다.
④ 고장이 적고, 값이 싸다.

저자쌤의 핵직강

직류 아크 용접기와 교류 아크 용접기의 차이점

특 성	직류 아크 용접기	교류 아크 용접기
아크 안정성	우 수	보 통
비피복봉 사용여부	가 능	불가능
극성변화	가 능	불가능
아크쏠림방지	불가능	가 능
무부하 전압	약간 낮음(40~60V)	높음(70~80V)
전격의 위험	적다.	많다.
유지보수	다소 어렵다.	쉽다.
고 장	비교적 많다.	적다.
구 조	복잡하다.	간단하다.
역 률	양 호	불 량
가 격	고 가	저 렴

해설
교류 아크 용접기는 직류 아크 용접기에 비해 전격의 위험이 더 크기 때문에 감전의 위험도 더 크게 된다.
※ 전격이란 강한 전류를 갑자기 몸에 느꼈을 때의 충격을 말한다.

07 피복 아크 용접에서 아크열에 의해 모재가 녹아 들어간 깊이는?

① 용 적 ② 용 입
③ 용 락 ④ 용착금속

해설
피복금속 아크 용접(SMAW)에서 아크열에 의해 모재가 녹아 들어간 깊이를 나타내는 용어는 용입이다.

② 용입 : 모재 표면에서 아크열에 의해 모재가 용융되어 녹아 들어간 부분까지의 총깊이
① 용적 : 용융지에 용착되는 것으로 용접봉이 녹아서 이루어진 형상으로 용융방울이라고도 불림
③ 용락 : 아크열에 의해 용융 금속이 홈의 뒷면에 녹아내리는 현상
④ 용착금속 : 용접 시 용접봉의 심선으로부터 모재에 용착된 금속

정답 5 ④ 6 ③ 7 ②

08 탄소 아크 절단에 압축공기를 병용하여 전극 홀더의 구멍에서 탄소 전극봉에 나란히 분출하는 고속의 공기를 분출시켜 용융금속을 불어내어 홈을 파는 방법은?

① 금속 아크 절단
② 아크 에어 가우징
③ 플라즈마 아크 절단
④ 불활성 가스 아크 절단

저자쌤의 핵직강

아크 에어 가우징은 탄소 아크 절단법에 고압(5~7kgf/cm^2)의 압축공기를 병용하는 방법으로 용융된 금속에 탄소봉과 평행으로 분출하는 압축공기를 전극 홀더의 끝부분에 위치한 구멍을 통해 연속해서 불어내어 홈을 파내는 방법으로 홈 가공이나 구멍 뚫기, 절단 작업에 사용된다. 이것은 철이나 비철 금속에 모두 이용할 수 있으며, 가스 가우징보다 작업 능률이 2~3배 높고 모재에도 해를 입히지 않는다.

09 서브머지드 아크 용접법에서 다전극 방식의 종류에 해당되지 않는 것은?

① 텐덤식 방식 ② 횡병렬식 방식
③ 횡직렬식 방식 ④ 종직렬식 방식

해설
서브머지드 아크 용접(SAW)에서 2개 이상의 전극와이어를 사용하여 한꺼번에 많은 양의 용착금속을 얻을 수 있는 다전극 용극 방식에는 텐덤식, 횡병렬식, 횡직렬식이 있다.

① 텐덤식 : 2개의 와이어를 독립전원(AC-DC or AC-AC)에 연결한 후 아크를 발생시켜 한 번에 다량의 용착금속을 얻는 방식
② 횡병렬식 : 2개의 와이어를 독립전원에 직렬로 흐르게 하여 아크의 복사열로 모재를 용융시켜 다량의 용착금속을 얻는 방식으로 입열량이 작아서 스테인리스판이나 덧붙임 용접(AC : 400A, DC : 400A 이하)에 사용하는 방식
③ 횡직렬식 : 2개의 와이어를 한 개의 같은 전원에(AC-AC or DC-DC) 연결한 후 아크를 발생시켜 다량의 용착 금속을 얻는 방법으로 용접 폭이 넓고 용입이 깊어서 용접 효율이 좋음

10 교류 아크 용접기 부속장치 중 용접봉의 홀더의 종류(KS)가 아닌 것은?

① 100호 ② 200호
③ 300호 ④ 400호

저자쌤의 핵직강

용접 홀더의 종류(KS C 9607)

종 류	정격 용접 전류(A)	홀더로 잡을 수 있는 용접봉 지름(mm)	접촉할 수 있는 최대 홀더용 케이블의 도체 공정 단면적(mm^2)
125호	125	1.6~3.2	22
160호	160	3.2~4.0	30
200호	200	3.2~5.0	38
250호	250	4.0~6.0	50
300호	300	4.0~6.0	50
400호	400	5.0~8.0	60
500호	500	6.4~10.0	80

해설
KS규격에 따른 용접 홀더의 종류에 100호는 포함되지 않는다.

11 피복 아크 용접작업에서 아크 길이에 대한 설명 중 틀린 것은?

① 아크 길이는 일반적으로 3mm 정도가 적당하다.
② 아크 전압은 아크 길이에 반비례한다.
③ 아크 길이가 너무 길면 아크가 불안정하게 된다.
④ 양호한 용접은 짧은 아크(Short Arc)를 사용한다.

저자쌤의 핵직강

피복금속 아크 용접의 아크 길이와 아크 전압
- 아크 전압은 아크 길이에 비례한다.
- 양호한 용접을 하려면 가능한 짧은 아크를 사용하여야 한다.
- 아크 길이가 너무 길면 아크가 불안정하고 용입 불량의 원인이 된다.
- 아크 길이는 보통 용접봉 심선의 지름 정도이나 일반적인 아크의 길이는 3mm 정도이다.

해설
피복금속 아크 용접에 사용되는 아크 전압은 아크 길이에 비례한다.

8 ② 9 ④ 10 ① 11 ② 정답

12 균열에 대한 감수성이 좋아 구속도가 큰 구조물의 용접이나 탄소가 많은 고탄소강 및 황의 함유량이 많은 쾌삭강 등의 용접에 사용되는 용접봉의 계통은?

① 고산화티탄계 ② 일미나이트계
③ 라임티탄계 ④ 저수소계

저자쌤의 핵직강

피복 아크 용접봉의 종류

종 류	특 징
일미나이트계 (E4301)	• 일미나이트($TiO_2 \cdot FeO$)를 약 30% 이상 함금한 것으로 우리나라에서 많이 사용한다. • 일본에서 처음 개발한 것으로 작업성과 용접성이 우수하며 값이 저렴하여 철도나 차량, 구조물, 압력 용기에 사용된다. • 내균열성, 내가공성, 연성이 우수하여 25mm 이상의 후판용접도 가능하다.
라임티타늄계 (E4303)	• E4313의 새로운 형태로 약 30% 이상의 산화티탄(TiO_2)과 석회석($CaCO_3$)이 주성분이다. • 산화티탄과 염기성 산화물이 다량으로 함유된 슬래그 생성식이다. • 피복이 두껍고 전 자세 용접성이 우수하다. • E4313의 작업성을 따르면서 기계적 성질과 일미나이트계의 부족한 점을 개량하여 만든 용접봉이다. • 고산화티탄계 용접봉보다 약간 높은 전류를 사용한다.
고셀룰로오스계 (E4311)	• 피복제에 가스 발생제인 셀룰로오스를 20~30% 정도를 포함한 가스 생성식 용접봉이다. • 발생 가스량이 많아 피복량이 얇고 슬래그가 적으므로 수직, 위보기 용접에서 우수한 작업성을 보인다. • 가스 생성에 의한 환원성 아크 분위기로 용착 금속의 기계적 성질이 양호하며 아크는 스프레이 형상으로 용입이 크고 용융 속도가 빠르다. • 슬래그가 적으므로 비드 표면이 거칠고 스패터가 많다. • 사용 전류는 슬래그 실드계 용접봉에 비해 10~15% 낮게 하며 사용 전 70~100℃에서 30분~1시간 건조해야 한다. • 도금 강판, 저합금강, 저장탱크나 배관공사에 이용된다.
고산화티탄계 (E4313)	• 균열에 대한 감수성이 좋아서 구속이 큰 구조물의 용접이나 고탄소강, 쾌삭강의 용접에 사용한다. • 피복제에 산화티탄(TiO_2)을 약 35% 정도 함금한 것으로 일반 구조용 용접에 사용된다. • 용접기의 2차 무부하 전압이 낮을 때에도 아크가 안정적이며 조용하다. • 스패터가 적고 슬래그의 박리성도 좋아서 비드의 모양이 좋다. • 저합금강이나 탄소량이 높은 합금강의 용접에 적합하다. • 다층 용접에서는 만족할 만한 품질을 만들지 못한다. • 기계적 성질이 다른 용접봉에 비해 약하고 고온 균열을 일으키기 쉬운 단점이 있다.
저수소계 (E4316)	• 석회석이나 형석을 주성분으로 한 피복제를 사용한다. • 보통 저탄소강의 용접에 주로 사용되나 저합금강과 중, 고탄소강의 용접에도 사용된다. • 용착 금속 중의 수소량이 타 용접봉에 비해 1/10 정도로 현저하게 적다. • 균열에 대한 감수성이 좋아 구속도가 큰 구조물이 용접이나 탄소 및 황의 함유량이 많은 쾌삭강의 용접에 사용한다. • 피복제는 습기를 잘 흡수하기 때문에 사용 전에 300~350℃에서 1~2시간 건조 후 사용해야 한다.
철분 산화티탄계 (E4324)	• E4313의 피복제에 철분을 50% 정도 첨가한 것이다. • 작업성이 좋고 스패터가 적게 발생하나 용입이 얕다. • 용착 금속의 기계적 성질은 E4313과 비슷하다.
철분 저수소계 (E4326)	• E4316의 피복제에 30~50% 정도의 철분을 첨가한 것으로 용착속도가 크고 작업 능률이 좋다. • 용착 금속의 기계적 성질이 양호하고 슬래그의 박리성이 저수소계 용접봉보다 좋으며 아래보기나 수평 필릿 용접에만 사용된다.
철분 산화철계 (E4327)	• 주성분인 산화철에 철분을 첨가한 것으로 규산염을 다량 함유하고 있어서 산성의 슬래그가 생성된다. • 아크가 분무상으로 나타나며 스패터가 적고 용입은 E4324보다 깊다. • 비드의 표면이 곱고 슬래그의 박리성이 좋아서 아래보기나 수평 필릿 용접에 많이 사용된다.

해설

저수소계 용접봉(E4316)은 균열에 대한 감수성이 좋아 구속도가 큰 구조물의 용접이나 탄소 및 황의 함유량이 많은 쾌삭강의 용접에 사용한다.

13 가스 절단 시 예열 불꽃이 약할 때 나타나는 현상으로 틀린 것은?

① 절단 속도가 늦어진다.
② 역화 발생이 감소된다.
③ 드래그가 증가한다.
④ 절단이 중단되기 쉽다.

저자쌤의 핵직강

예열 불꽃의 세기

예열 불꽃이 너무 강할 때	예열 불꽃이 너무 약할 때
• 절단면이 거칠어진다. • 절단면 위 모서리가 녹아 둥글게 된다. • 슬래그가 뒤쪽에 많이 달라붙어 잘 떨어지지 않는다. • 슬래그 중의 철 성분의 박리가 어려워진다.	• 드래그가 증가한다. • 역화를 일으키기 쉽다. • 절단 속도가 느려지며, 절단이 중단되기 쉽다.

정답 12 ④ 13 ②

해설

가스 절단 시 예열 불꽃이 약하면 역화를 일으키기 쉬워진다.

14 가스 용접 시 전진법과 후진법을 비교 설명한 것 중 틀린 것은?

① 전진법은 용접 속도가 느리다.

② 후진법은 열 이용률이 좋다.

③ 후진법은 용접변형이 크다.

④ 전진법은 개선 홈의 각도가 크다.

저자쌤의 핵직강

가스용접에서의 전진법과 후진법의 차이점

구 분	전진법	후진법
열 이용률	나쁘다.	좋다.
비드의 모양	보기 좋다.	매끈하지 못하다.
홈의 각도	크다(약 80°).	작다(약 60°).
용접 속도	느리다.	빠르다.
용접 변형	크다.	작다.
용접 가능 두께	두께 5mm 이하의 박판	후 판
가열 시간	길다.	짧다.
기계적 성질	나쁘다.	좋다.
산화 정도	심하다.	양호하다.
토치 진행방향 및 각도	오른쪽 → 왼쪽	왼쪽 → 오른쪽

해설

가스 용접 시 후진법으로 용접할 경우 용접변형은 전진법에 비해 작다.

15 오스테나이트계 스테인리스강은 용접 시 냉각되면서 고온 균열이 발생되는데 주 원인이 아닌 것은?

① 아크 길이가 짧을 때

② 모재가 오염되어 있을 때

③ 크레이터 처리를 하지 않을 때

④ 구속력이 가해진 상태에서 용접할 때

해설

오스테나이트계 스테인리스강이 용접 후 냉각될 때 고온균열이 발생되는 원인은 모재가 오염되었거나 크레이터 처리를 하지 않았을 때, 구속력이 가해진 상태에서 용접할 때 그리고 아크 길이가 길어서 필요 이상의 열이 모재에 가해졌을 때 발생한다. 그러나 아크 길이가 짧을 때는 발생하지 않는다.

16 아세틸렌가스의 성질에 대한 설명으로 옳은 것은?

① 수소와 산소가 화합된 매우 안정된 기체이다.

② 1리터의 무게는 1기압 15℃에서 117g이다.

③ 가스 용접용 가스이며, 카바이드로부터 제조된다.

④ 공기를 1로 했을 때의 비중은 1.91이다.

저자쌤의 핵직강

아세틸렌가스(Acetylene, C_2H_2)의 특징

- 400℃ 근처에서 자연 발화한다.
- 아세틸렌가스 1L의 무게는 1.176g이다.
- 카바이드(CaC_2)를 물에 작용시켜 제조한다.
- 비중이 0.906으로써 1.105인 산소보다 가볍다.
- 구리나 은과 반응할 때 폭발성 물질이 생성된다.
- 가스 용접이나 절단 등에 주로 사용되는 연료가스이다.
- 충전은 15℃, 1기압 하에서 15kgf/cm^{2}의 압력으로 한다.
- 산소와 적당히 혼합 연소시키면 3,000~3,500℃의 고온을 낸다.
- 아세틸렌가스는 불포화 탄화수소의 일종으로 불완전한 상태의 가스이다.
- 각종 액체에 용해가 잘된다(물-1배, 석유-2배, 벤젠-4배, 알코올-6배, 아세톤-25배).
- 순수한 카바이드 1kg은 이론적으로 348L의 아세틸렌가스를 발생하며, 보통의 카바이드는 230~300L의 아세틸렌가스를 발생시킨다.

해설

아세틸렌가스는 산소-아세틸렌가스의 혼합 형태로 가스 용접에 사용되며 카바이드(CaC_2)를 물에 작용시켜 제조한다.

17 금속의 접합법 중 야금학적 접합법이 아닌 것은?

① 융 접 ② 압 접

③ 납 땜 ④ 볼트 이음

14 ③ 15 ① 16 ③ 17 ④ **정답**

저자쌤의 핵직강

용접(야금적 접합법)과 기타 금속 접합법과의 차이점

구 분	종 류	장점 및 단점
야금적 접합법	용접(융접, 압접, 납땜)	• 결합부에 틈이 발생하지 않아서 이음효율이 좋다. • 영구적 결합법으로 한 번 결합 시 분리가 불가능하다.
기계적 접합법	리벳, 볼트, 나사, 핀, 키, 접어잇기	• 결합부에 틈이 발생하여 이음 효율이 좋지 않다. • 일시적 결합법으로 잘못 결합 시 수정이 가능하다.
화학적 접합법	본드와 같은 화학물질에 의한 접합	

※ 야금이란 광석에서 금속을 추출하고 용융 후 정련하여 사용목적에 알맞은 형상으로 제조하는 기술인데 용접은 이 야금적 접합법에 속한다.

해설

볼트 이음은 기계적 접합법에 속한다.

18 다음의 열처리 중 항온 열처리 방법에 해당되지 않는 것은?

① 마퀜칭 ② 마템퍼링
③ 오스템퍼링 ④ 인상 담금질

항온 열처리의 종류

구분		내용
항온풀림		재료의 내부응력을 제거하여 조직을 균일화하고 인성을 향상시키기 위한 열처리 조작으로 가열한 재료를 연속적으로 냉각하지 않고 약 500~600℃의 염욕 중에 냉각하여 일정 시간동안 유지시킨 뒤 냉각시키는 방법이다.
항온뜨임		약 250℃의 열욕에서 일정시간을 유지시킨 후 공랭하여 마텐자이트와 베이나이트의 혼합된 조직을 얻는 열처리법. 고속도강이나 다이스강을 뜨임처리할 때 사용한다.
항온 담금질	오스템퍼링	강을 오스테나이트 상태로 가열한 후 300~350℃의 온도에서 담금질을 하여 하부 베이나이트 조직으로 변태시킨 후 공랭하는 방법. 강인한 베이나이트 조직을 얻고자 할 때 사용한다.
	마템퍼링	강을 M_s 점과 M_f 점 사이에서 항온 유지 후 꺼내어 공기 중에서 냉각하여 마텐자이트와 베이나이트의 혼합조직을 얻는 방법이다(여기서, M_s : 마텐자이트 생성 시작점, M_f : 마텐자이트 생성 종료점).
	마퀜칭	강을 오스테나이트 상태로 가열한 후 M_s 점 바로 위에서 기름이나 염욕에 담그는 열욕에서 담금질하여 재료의 내부 및 외부가 같은 온도가 될 때까지 항온을 유지한 후 공랭하여 열처리하는 방법으로 균열이 없는 마텐자이트 조직을 얻을 때 사용한다.
	오스포밍	가공과 열처리를 동시에 하는 방법으로 조밀하고 기계적 성질이 좋은 마텐자이트를 얻고자 할 때 사용된다.
	MS 퀜칭	강을 M_s 점보다 다소 낮은 온도에서 담금질하여 물이나 기름 중에서 급랭시키는 열처리 방법으로 잔류 오스테나이트의 양이 적다.

해설

인상 담금질은 항온 열처리의 종류에 속하지 않는다.

19 탄소강의 담금질 중 고온의 오스테나이트 영역에서 소재를 냉각하면 냉각 속도의 차에 따라 마텐자이트, 페라이트, 펄라이트, 소르바이트 등의 조직으로 변태되는 데 이들 조직 중에서 강도와 경도가 가장 높은 것은?

① 마텐자이트 ② 페라이트
③ 펄라이트 ④ 소르바이트

20 주철에서 탄소와 규소의 함유량에 의해 분류한 조직의 분포를 나타낸 것은?

① T.T.T 곡선
② Fe-C 상태도
③ 공정반응 조직도
④ 마우러(Maurer) 조직도

저자쌤의 핵직강

• 마우러 조직도 : 주철의 조직을 지배하는 주요 요소인 C와 Si의 함유량에 따른 주철의 조직의 관계를 나타낸 그래프이다.

정답 18 ④ 19 ① 20 ④

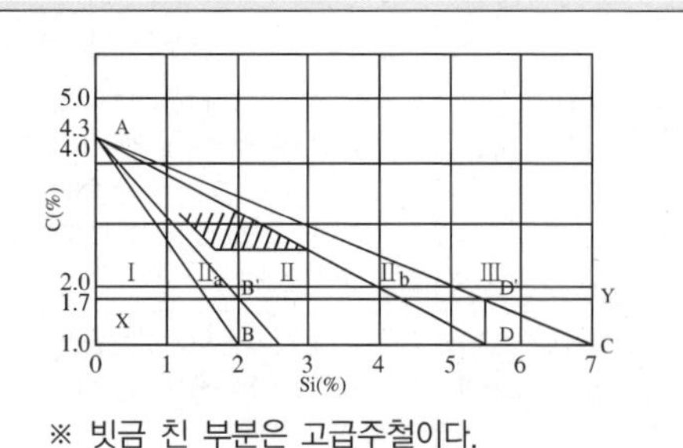

※ 빗금 친 부분은 고급주철이다.

영 역	주철 조직	경 도
Ⅰ	백주철	최대 ↕ 최소
$Ⅱ_a$	반주철	
Ⅱ	펄라이트 주철	
$Ⅱ_b$	회주철	
Ⅲ	페라이트 주철	

- TTT곡선 : 열처리에서 필요한 3가지 주요 변수인 시간(Time), 온도(Temperature), 변태(Transformation)의 머리글자를 딴 것으로 온도-시간-변태곡선, 등온 변태 곡선 또는 S곡선으로도 불린다. 세로축에는 온도를 가로축에는 시간을 위치시킨 것으로 담금질할 때 금속 조직의 변태 과정을 나타내주는 그래프이다.
- Fe-C 상태도 : 순수한 철(Fe)에 C가 최대 6.67%까지 함유되면서 금속조직의 변화과정을 나타낸 그래프이다.

21 구리(Cu)와 그 합금에 대한 설명 중 틀린 것은?

① 가공하기 쉽다.
② 전연성이 우수하다.
③ 아름다운 색을 가지고 있다.
④ 비중이 약 2.7인 경금속이다.

저자쌤의 핵직강

구리(Cu)의 성질

- 비중은 8.96
- 비자성체이다.
- 내식성이 좋다.
- 용융점 1,083℃
- 끓는점 2,560℃
- 전기전도율이 우수하다.
- 전기와 열의 양도체이다.
- 전연성과 가공성이 우수하다.
- 건조한 공기 중에는 산화되지 않는다.
- 황산, 염산에 용해되며 습기나 해수, 탄산가스에 의해 녹이 생긴다.

해설

구리(Cu)의 비중은 8.96이며 비중이 2.7인 금속은 알루미늄(Al)이다.

22 베어링에서 사용되는 대표적인 구리합금으로 70% Cu-30% Pb 합금은?

① 켈밋(Kelmet)
② 톰백(Tombac)
③ 다우메탈(Dow Metal)
④ 배빗메탈(Babbit Metal)

저자쌤의 핵직강

- 켈밋 : Cu 70%+Pb 30~40%의 합금으로 열전도성과 압축강도가 크고 마찰계수가 작아서 고속, 고하중용 베어링용 재료로 사용되는 대표적인 구리합금이다.
- 톰백 : Cu(구리)에 Zn(아연)을 8~20% 합금한 것으로 색깔이 아름다워 장식용 재료로 사용된다.
- 다우메탈 : Mg-Al계 합금으로 Mg에 Al 11~18%, Mn 0.1~0.5%가 함유되어 있다. 가볍기 때문에 강도를 필요로 하지 않는 항공기나 자동차 등의 부품용으로 사용된다.
- 배빗메탈 : Sn, Sb계 합금의 총칭으로 발명자 Issac Babbit의 이름을 따서 배빗메탈이라 하며 화이트메탈이라고도 불린다. 내열성이 우수하여 내연기관용 베어링 재료로 사용된다.

23 라우탈(Lautal) 합금의 주성분은?

① Al-Cu-Si
② Al-Si-Ni
③ Al-Cu-Mn
④ Al-Si-Mn

해설

라우탈은 주조용 알루미늄 합금으로 Al+Cu+Si의 합금이며 열처리에 의하여 기계적 성질을 개량할 수 있다.
※ 암기법 : 야! 라우탈(라이타)좀 줘 바!, 알구씨!(아이구씨)

24 Mg-Al에 소량의 Zn과 Mn을 첨가한 합금은?

① 엘린바(Elinvar)
② 일렉트론(Elektron)
③ 퍼멀로이(Permalloy)
④ 모넬메탈(Monel Metal)

해설

일렉트론은 마그네슘 합금으로 Mg-Al계 합금에 Zn과 Mn을 첨가한 것이다.

21 ④ 22 ① 23 ① 24 ② 정답

② 일렉트론 : Mg-Al계 합금에 Zn과 Mn을 첨가한 마그네슘 합금으로 가벼워서 주물용 자동차 부품에 사용된다.
① 엘린바 : Fe에 36%의 Ni, 12%의 Cr을 함유한 합금으로 시계의 태엽, 계기의 스프링, 기압계용 다이어프램 등 정밀 계측기나 시계 부품에 사용한다.
③ 퍼멀로이 : Fe에 니켈을 35~80% 함유한 Ni-Fe계 합금으로 코일, 릴레이 부품으로 사용한다.
④ 모넬메탈 : Cu에 Ni이 60~70% 합금된 재료로 내식성과 고온강도가 높아서 화학기계나 열기관의 재료로 사용된다.

25 주강에 대한 설명으로 틀린 것은?

① 주조조직 개선과 재질 균일화를 위해 풀림처리를 한다.
② 주철에 비해 기계적 성질이 우수하고, 용접에 의한 보수가 용이하다.
③ 주철에 비해 강도는 작으나 용융점이 낮고 유동성이 커서 주조성이 좋다.
④ 탄소함유량에 따라 저탄소 주강, 중탄소 주강, 고탄소 주강으로 분류한다.

해설
주강은 탄소함유량이 0.1~0.5% 정도로 주철로써는 강도가 부족한 곳에 사용한다. 주조와 용접이 가능하며 주철보다 강도가 크나 용융점은 더 높은 특징을 갖는다. 주강은 주조한 상태로는 거칠고 재질이 균일하지 않은 상태이기 때문에 주조 후 완전 풀림을 실시하여 조직을 미세화시키고 내부응력을 제거해야 한다.

26 산소-아세틸렌가스를 사용하여 담금질성이 있는 강재의 표면만을 경화시키는 방법은?

① 질화법　　② 가스 침탄법
③ 화염 경화법　　④ 고주파 경화법

해설
③ 화염 경화법 : 산소-아세틸렌가스 불꽃으로 강의 표면을 급격히 가열한 후 물을 분사시켜 급랭시킴으로써 담금질성 있는 재료의 표면을 경화시키는 방법
① 질화법 : 강의 표면에 질소를 침투시켜 경화시키는 표면 경화법
② 가스 침탄법 : 메탄가스나 프로판가스를 이용하여 표면을 침탄하는 표면경화법
④ 고주파 경화법 : 고주파 유도 전류에 의해서 강 부품의 표면층만을 급 가열한 후 급랭시키는 표면경화법으로 고주파 열처리라고도 불림

27 금속의 공통적 특성에 대한 설명으로 틀린 것은?

① 열과 전기의 부도체이다.
② 금속 특유의 광택을 갖는다.
③ 소성 변형이 있어 가공이 가능하다.
④ 수은을 제외하고 상온에서 고체이며, 결정체이다.

저자쌤의 핵직강

금속의 특성
- 비중이 크다.
- 전기 및 열의 양도체이다.
- 금속 특유의 광택을 갖는다.
- 상온에서 고체이며 결정체이다(단, Hg 제외).
- 연성과 전성이 우수하여 소성변형이 가능하다.

해설
금속은 열과 전기가 잘 전달되는 양도체이다.

28 스테인리스강을 용접하면 용접부가 입계부식을 일으켜 내식성을 저하시키는 원인으로 가장 적합한 것은?

① 자경성 때문이다.
② 적열취성 때문이다.
③ 탄화물의 석출 때문이다.
④ 산화에 의한 취성 때문이다.

해설
스테인리스강을 용접하면 용접부에 열이 발생하면서 탄화물이 석출됨으로써 용접부에 입계부식이 발생하는 데 스테인리스강은 이 입계 부식으로 인해 내식성이 저하된다.

29 반자동 CO_2 가스 아크 편면(One Side) 용접 시 뒷댐 재료로 가장 많이 사용되는 것은?

① 세라믹 제품　　② CO_2 가스
③ 테프론 테이프　　④ 알루미늄 판재

해설
세라믹은 무기질의 비금속 재료를 고온에서 소결한 것으로 1,200℃의 열에도 잘 견디는 신소재이기 때문에 뒷댐 재료로 사용해도 녹아내리지 않기 때문에 CO_2가스 아크 용접의 뒷댐 재료로도 주로 사용된다.

정답 25 ③ 26 ③ 27 ① 28 ③ 29 ①

30 공랭식 MIG 용접 토치의 구성요소가 아닌 것은?

① 와이어 ② 공기 호스
③ 보호가스 호스 ④ 스위치 케이블

저자쌤의 핵직강

공랭식 MIG 용접 토치의 구성요소
- 노 즐
- 토치바디
- 콘택트팁
- 공기호스
- 작동 스위치
- 스위치 케이블
- 불활성 가스 호스

해설
MIG 용접은 보호가스로 불활성 가스를 사용하기 때문에 가스용 호스가 사용되며 공기 호스는 사용되지 않는다.

 공랭식과 수랭식 MIG토치의 차이점

공랭식	• 공기에 자연 노출시켜서 그 열을 식히는 냉각 방식 • 피복 아크 용접기의 홀더와 같이 전선에 토치가 붙어서 공기에 노출된 상태로 용접하면서 자연 냉각되는 방식으로 장시간의 용접에는 부적당하다.
수냉식	• 과열된 토치 케이블인 전선을 물로 식히는 방식 • 현장에서 장시간 작업을 하면 용접토치에 과열이 발생되는데, 이 과열된 케이블 자동차의 라지에이터 장치처럼 물을 순환시켜 전선의 과열을 막음으로써 오랜 시간동안 작업을 할 수 있다.

31 서브머지드 아크 용접용 재료 중 와이어의 표면에 구리를 도금한 이유에 해당되지 않는 것은?

① 콘택트 팁과의 전기적 접촉을 좋게 한다.
② 와이어에 녹이 발생하는 것을 방지한다.
③ 전류의 통전 효과를 높게 한다.
④ 용착금속의 강도를 높게 한다.

해설
서브머지드 아크 용접(SAW)용 재료인 와이어에 구리를 도금하는 것만으로 강도가 높아지지 않는다.

32 화상에 의한 응급조치로서 적절하지 않은 것은?

① 냉찜질을 한다.
② 붕산수에 찜질한다.
③ 전문의의 치료를 받는다.
④ 물집을 터트리고 수건으로 감싼다.

해설
화상이 발생했을 때는 가장 먼저 냉찜질을 실시하면서 의사의 진료를 받아야 한다. 그러나 물집을 터트려서는 안 된다.

33 언더컷의 원인이 아닌 것은?

① 전류가 높을 때 ② 전류가 낮을 때
③ 빠른 용접속도 ④ 운봉각도의 부적합

저자쌤의 핵직강

언더컷
- 원 인
  - 전류가 높을 때
  - 아크 길이가 길 때
  - 용접 속도가 빠를 때
  - 운봉 각도가 부적당할 때
  - 부적당한 용접봉을 사용할 때
- 방지대책
  - 전류를 낮춘다.
  - 아크 길이를 짧게 한다.
  - 용접 속도를 알맞게 한다.
  - 운봉 각도를 알맞게 한다.
  - 알맞은 용접봉을 사용한다.

해설
언더컷은 비드 가장자리에 홈이나 오목한 부위가 생기는 불량으로 용접전류가 높을 때 발생한다.

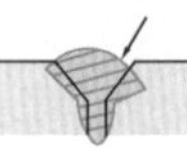

34 연강용 피복용접봉에서 피복제의 역할이 아닌 것은?

① 아크를 안정시킨다.
② 스패터(Spatter)를 많게 한다.
③ 파형이 고운 비드를 만든다.
④ 용착금속의 탈산정련 작용을 한다.

저자쌤의 핵직강

피복제(Flux)의 역할
- 아크를 안정시킨다.
- 전기 절연 작용을 한다.
- 보호가스를 발생시킨다.
- 아크의 집중성을 좋게 한다.
- 용착 금속의 급랭을 방지한다.

30 ② 31 ④ 32 ④ 33 ② 34 ② 정답

- 용착 금속의 탈산·정련 작용을 한다.
- 용융 금속과 슬래그의 유동성을 좋게 한다.
- 용적(쇳물)을 미세화하여 용착효율을 높인다.
- 용융점이 낮고 적당한 점성의 슬래그를 생성한다.
- 슬래그 제거를 쉽게 하여 비드의 외관을 좋게 한다.
- 적당량의 합금 원소를 첨가하여 금속에 특수성을 부여한다.
- 중성 또는 환원성 분위기를 만들어 질화나 산화를 방지하고 용융금속을 보호한다.
- 쇳물이 쉽게 달라붙도록 힘을 주어 수직 자세, 위보기 자세 등 어려운 자세를 쉽게 한다.

해설

용접봉의 심선을 덮고 있는 피복제(Flux)는 스패터를 적게 하며 아크를 안정시킨다.

35 전기 저항 점용접 작업 시 용접기 조작에 대한 3대 요소가 아닌 것은?

① 가압력 ② 통전시간

③ 전극봉 ④ 전류세기

해설

저항용접의 3요소
- 가압력
- 통전시간
- 용접전류

36 솔리드 이산화탄소 아크 용접의 특징에 대한 설명으로 틀린 것은?

① 바람의 영향을 전혀 받지 않는다.

② 용제를 사용하지 않아 슬래그의 혼입이 없다.

③ 용접 금속의 기계적, 야금적 성질이 우수하다.

④ 전류 밀도가 높아 용입이 깊고 용융 속도가 빠르다.

해설

이산화탄소가스 아크 용접에는 보호가스로 이산화탄소가스가 사용되는데 용접 중 바람에 의해 이 가스가 용접부를 보호막의 형태로 대기와의 접촉을 차단하지 않는다면 용접부는 산화하게 된다. 따라서 이산화탄소가스 아크 용접은 바람의 영향을 받는다.

37 용접부의 내부 결함으로써 슬래그 섞임을 방지하는 것은?

① 용접전류를 최대한 낮게 한다.

② 루트 간격을 최대한 좁게 한다.

③ 전층의 슬래그를 제거하지 않고 용접한다.

④ 슬래그가 앞지르지 않도록 운봉속도를 유지한다.

저자쌤의 핵직강

슬래그 혼입
- 원 인
  - 전류가 낮을 때
  - 용접 이음이 부적당할 때
  - 운봉 속도가 너무 빠를 때
  - 모든 층의 슬래그 제거가 불완전할 때
- 방지대책
  - 슬래그를 깨끗이 제거한다.
  - 루트 간격을 넓게 한다.
  - 전류를 약간 높게 하며 운봉 조작을 적절하게 한다.
  - 슬래그를 앞지르지 않도록 운봉속도를 유지한다.

해설

운봉속도가 빨라서 용융 금속이 슬래그를 덮어버리면 용융 금속 안에 슬래그가 혼입되는 슬래그 혼입 불량을 발생시킨다.

38 전격에 의한 사고를 입을 위험이 있는 경우와 거리가 가장 먼 것은?

① 옷이 습기에 젖어 있을 때

② 케이블의 일부가 노출되어 있을 때

③ 홀더의 통전부분이 절연되어 있을 때

④ 용접 중 용접봉 끝에 몸이 닿았을 때

해설

용접 홀더에서 통전부분에 절연처리가 완벽히 되어 있다면 전격에 의한 사고는 발생하지 않는다.

39 서브머지드 아크 용접에 사용되는 용접용 용제 중 용융형 용제에 대한 설명으로 옳은 것은?

① 화학적 균일성이 양호하다.

② 미용융 용제는 다시 사용이 불가능하다.

③ 흡습성이 있어 재건조가 필요하다.

④ 용융 시 분해되거나 산화되는 원소를 첨가할 수 있다.

저자쌤의 핵직강

서브머지드 아크 용접에 사용되는 용융형 용제의 특징
- 비드 모양이 아름답다.
- 고속 용접이 가능하다.

정답 35 ③ 36 ① 37 ④ 38 ③ 39 ①

- 화학적으로 안정되어 있다.
- 미 용융된 용제의 재사용이 가능하다.
- 조성이 균일하고 흡습성이 작아서 가장 많이 사용한다.
- 입도가 작을수록 용입이 얕고 너비가 넓으며 미려한 비드를 생성한다.
- 작은 전류에는 입도가 큰 거친 입자를, 큰 전류에는 입도가 작은 미세한 입자를 사용한다.
- 작은 전류에 미세한 입자를 사용하면 가스 방출이 불량해서 Pock Mark불량의 원인이 된다.

해설

서브머지드 아크 용접(SAW)에 사용되는 용제는 용융형 용제와 소결형 용제로 나뉘는데, 용융형 용제는 화학적 균일성이 양호하다.

40 수랭 동판을 용접부의 양면에 부착하고 용융된 슬래그 속에서 전극 와이어를 연속적으로 송급하여 용융슬래그 내를 흐르는 저항 열에 의하여 전극와이어 및 모재를 용융 접합시키는 용접법은?

① 초음파 용접

② 플라즈마 제트 용접

③ 일렉트로 가스 용접

④ 일렉트로 슬래그 용접

해설

④ 일렉트로 슬래그 용접 : 용융된 슬래그와 용융 금속이 용접부에서 흘러나오지 못하도록 수랭동판으로 둘러싸고 이 용융 풀에 용접봉을 연속적으로 공급하는데 이때 발생하는 용융 슬래그의 저항열에 의하여 용접봉과 모재를 연속적으로 용융시키면서 용접하는 방법이다.

① 초음파 용접 : 용접물을 겹쳐서 용접팁과 하부의 앤빌 사이에 끼워놓고 압력을 가하면서 초음파 주파수(약 18kHz 이상)로 직각방향의 진동을 주면 열이 발생하는 데 그 마찰열로 압접을 하는 용접법이다.

② 플라즈마 아크 용접 : 높은 온도를 가진 플라즈마를 한 방향으로 모아서 분출시키는 것을 일컬어 플라즈마 제트라고 부르며, 이를 이용하여 용접이나 절단에 사용하는 것을 플라즈마 아크 용접이라고 한다. 열적 핀치와 자기적 핀치 효과를 사용한다.

③ 일렉트로 가스 용접 : 용접하는 모재의 틈을 물로 냉각시킨 수랭동판으로 싸고 용융 풀의 위부터 이산화탄소 가스인 실드 가스를 공급하면서 와이어를 용융부에 연속적으로 공급하여 와이어 선단과 용융부와의 사이에서 아크를 발생시켜 그 열로 와이어와 모재를 용융시키는 용접법이다.

41 아크 발생 시간이 3분, 아크 발생 정지 시간이 7분일 경우 사용률(%)은?

① 100%　　② 70%

③ 50%　　④ 30%

저자쌤의 핵직강

용접기의 사용률이란 용접기를 사용하여 아크 용접을 할 때 용접기의 2차 측에서 아크를 발생한 시간을 의미한다.

$$\text{사용률(\%)} = \frac{\text{아크 발생 시간}}{\text{아크 발생 시간+정지 시간}} \times 100\%$$

$$= \frac{3}{3+7} \times 100\% = 30\%$$

42 논 가스 아크 용접(Non Gas Arc Welding)의 장점에 대한 설명으로 틀린 것은?

① 바람이 있는 옥외에서도 작업이 가능하다.

② 용접 장치가 간단하며 운반이 편리하다.

③ 융착금속의 기계적 성질은 다른 용접법에 비해 우수하다.

④ 피복 아크 용접봉의 저수소계와 같이 수소의 발생이 적다.

저자쌤의 핵직강

논 가스 아크 용접의 특징

- 수소가스의 발생이 적다.
- 피복 용접봉을 사용하지 않는다.
- 용접 장치가 간단하며 운반이 편리하다.
- 바람이 부는 옥외에서도 작업이 가능하다.
- 반자동 용접뿐 아니라 자동용접도 가능하다.
- 융착 금속의 기계적 성질은 다른 용접에 비해 좋지 않다.

해설

논 가스 아크 용접은 솔리드 와이어나 플럭스 와이어를 사용하여 보호 가스가 없이도 공기 중에서 직접 용접하는 방법이다. 비피복 아크 용접이라고도 하며 반자동 용접으로서 가장 간편한 용접 방법이다. 보호 가스가 필요치 않으므로 바람에도 비교적 안정되어 옥외에서도 용접이 가능하나 융착 금속의 기계적 성질은 다른 용접에 비해 좋지 않다는 단점이 있다.

40 ④　41 ④　42 ③ 정답

43 전기누전에 의한 화재의 예방대책으로 틀린 것은?

① 금속관 내에는 접속점이 없도록 해야 한다.
② 금속관의 끝에는 캡이나 절연 부싱을 하여야 한다.
③ 전선 공사 시 전선피복의 손상이 없는지를 점검한다.
④ 전기기구의 분해조립을 쉽게 하기 위하여 나사의 조임을 헐겁게 해 놓는다.

저자쌤의 핵직강

전기 누전 시 화재를 예방하기 위해서는 전기기구를 확실하게 고정시켜야 하며 이를 위해서는 전기기구의 나사부가 헐겁지 않도록 확실하게 조여야 한다.

해설
나사의 조임은 항상 확실하게 조여 두어야 한다.

44 납땜 시 사용하는 용제가 갖추어야 할 조건이 아닌 것은?

① 사용재료의 산화를 방지할 것
② 전기 저항 납땜에는 부도체를 사용할 것
③ 모재와의 친화력을 좋게 할 것
④ 산화피막 등의 불순물을 제거하고 유동성이 좋을 것

해설
전기 저항 납땜용 용제는 전기가 잘 통하는 도체(전도체)를 사용해야 한다.

45 용접 후 잔류응력이 있는 제품에 하중을 주어 용접부에 약간의 소성 변형을 일으키게 한 다음 하중을 제거하는 잔류응력 경감 방법은?

① 노내 풀림법
② 국부 풀림법
③ 기계적 응력 완화법
④ 저온 응력 완화법

용접 후 재료내부의 잔류 응력 제거법
- 노내 풀림법 : 가열로 내에서 냉각 시간을 느리게 해 잔류응력을 제거해 나가는 방법
- 국부 풀림법 : 재료의 전체 중에서 일부분만의 재질을 표준화시키거나 잔류응력의 제거를 위해 사용하는 방법
- 저온 응력 완화법 : 용접선의 양측을 정속으로 이동하는 가스불꽃에 의하여 약 150mm의 너비에 걸쳐 150~200℃로 가열한 뒤 곧 수랭하는 방법으로 주로 용접선 방향의 응력을 제거하는 데 사용

해설
기계적 응력 완화법은 용접부에 하중을 주어 소성변형을 시켜 응력을 제거하는 방법이다.

46 용접부의 결함 검사법에서 초음파 탐상법의 종류에 해당되지 않는 것은?

① 공진법 ② 투과법
③ 스테레오법 ④ 펄스반사법

저자쌤의 핵직강

초음파탐상법의 종류
- 공진법 : 시험체에 가해진 초음파의 진동수와 시험체의 고유진동수가 일치할 때 진동의 진폭이 커지는 현상인 공진을 이용하여 시험체의 두께를 측정하는 방법
- 투과법 : 초음파펄스를 시험체의 한쪽면에서 송신하고 반대쪽면에서 수신하는 방법
- 펄스반사법 : 불연속부와 같은 경계면에서는 투과 및 굴절 또는 반사를 하는데 이러한 불연속부에서 반사하는 초음파를 분석하여 검사하는 방법

해설
③ 스테레오법은 초음파 탐상법의 종류가 아니다.

47 불활성 가스 텅스텐 아크 용접의 장점으로 틀린 것은?

① 용제가 불필요하다.
② 용접품질이 우수하다.
③ 전자세 용접이 가능하다.
④ 후판 용접에 능률적이다.

저자쌤의 핵직강

TIG(Tungsten Inert Gas Arc Welding) 용접의 장점
- 전자세 용접이 가능하다.
- 용접의 품질이 우수하다.
- 얇은 금속(박판)의 용접에 적합하다.
- Al, Mg, Ti 등 내열금속의 용접에 널리 사용된다.

정답 43 ④ 44 ② 45 ③ 46 ③ 47 ④

- 고품질과 깨끗한 표면을 가진 제품을 만들 수 있다.
- 공작물 두께와 형상이 다양한 경우에도 널리 이용된다.
- Al이나 Mg 등과 같이 용융점이 높은 산화막이 있는 금속이라도 용제 없이도 용접이 가능하다.
- Ar가스를 사용한 직류 역극성에서는 가스 이온이 모재 표면에 충돌하여 산화막을 제거하는 청정 작용이 있다.
- 용가재를 넣어주기도 하며 용접할 모재를 서로 붙인 후 텅스텐 봉으로 열을 가하면 용제 없이도 용접이 가능하다.

해설

불활성 가스 텅스텐 아크 용접(TIG)은 박판 용접에 더 능률적이다.

48 시험재료의 전성, 연성 및 균열의 유무 등 용접 부위를 시험하는 시험법은?

① 굴곡시험 ② 경도시험
③ 압축시험 ④ 조직시험

해설

용접한 재료의 표면을 매끈하게 연삭한 후 굽힘 시험기를 이용하여 굴곡시험(굽힘시험)을 하면 재료의 연성이나 균열의 여부를 파악할 수 있다.

② 경도시험 : 재료의 표면 경도를 측정하기 위한 시험법으로 강구나 다이아몬드와 같은 압입자에 일정한 하중을 가한 후 시험편에 나타난 자국을 측정하여 경도를 측정하는 시험이다.
③ 압축시험 : 재료의 단면적에 수직 방향의 외력에 대한 그 저항의 크기를 측정하기 위한 시험이다.
④ 조직시험 : 금속의 조직을 육안이나 현미경으로 파악하여 금속의 특성을 알아보고자 하는 시험법으로 현미경 조직시험, 매크로 조직시험, 파면 조직시험 등이 있다.

49 제품을 제작하기 위한 조립 순서에 대한 설명으로 틀린 것은?

① 대칭으로 용접하여 변형을 예방한다.
② 리벳작업과 용접을 같이 할 때는 리벳작업을 먼저 한다.
③ 동일 평면 내에 많은 이음이 있을 때는 수축은 가능한 자유단으로 보낸다.
④ 용접선의 직각 다면 중심축에 대하여 용접의 수축력의 합이 0(Zero)이 되도록 용접순서를 취한다.

저자쌤의 핵직강

구조물의 용접 순서

1. 조립되어감에 따라 용접순서가 잘못되면 용접이 불가능한 곳이 있게되므로 용접하기 전에 충분히 검토할 필요가 있다.
2. 용접물 중심에 대하여 항상 대칭으로 용접하여 변형발생을 최소화한다.
3. 동일 평면내에서 이음이 많을 때 수축을 가능한 자유단으로 흘러보내도록 함으로써 외적 구속에 의한 잔류 응력을 경감시키며 굽힘, 비틀림을 적게 한다.
4. 수축이 큰 맞대기 이음을 가능한 먼저 용접하고 수축이 작은 필릿 이음은 나중에 용접한다.
5. 용접물의 중립축을 생각하여 그 중립축에 대하여 수축모멘트의 합이 0이 되도록 한다.

해설

용접으로 제품을 제작하는 때는 수축을 고려해서 설계를 해야하며 용접부가 많은 곳부터 용접을 실시하여 용접 후 재료를 충분히 수축시킨 후 고정 부분이 없는 자유단 작업을 진행해야만 원하는 정밀도의 제품을 얻을 수 있다. 따라서 리벳과 용접을 같이 할 때에는 용접을 먼저 한다.

50 서브머지드 아크 용접에서 맞대기 용접이음 시 받침쇠가 없을 경우 루트 간격은 몇 mm 이하가 가장 적합한가?

① 0.8mm ② 1.5mm
③ 2.0mm ④ 2.5mm

해설

서브머지드 아크 용접(SAW)으로 맞대기 용접 시 판의 두께가 얇거나 루트 면의 치수가 용융금속을 지지하지 못할 경우에는 용융금속의 용락을 방지하기 위해서 받침쇠(Backing)를 사용하는 데 받침쇠가 없는 경우에는 루트 간격을 0.8mm 이하로 한다.

51 미터 나사의 호칭 지름은 수나사의 바깥지름을 기준으로 정한다. 이에 결합되는 암나사의 호칭지름은 무엇이 되는가?

① 암나사의 골지름 ② 암나사의 안지름
③ 암나사의 유효지름 ④ 암나사의 바깥지름

해설

암나사의 호칭지름은 암나사에 끼워지는 수나사의 바깥지름으로 하며, 수나사의 바깥지름은 암나사의 골지름과 같다.

48 ① 49 ② 50 ① 51 ① 정답

52 그림과 같이 입체도에서 화살표 방향이 정면일 경우 좌측면도로 가장 적합한 것은?

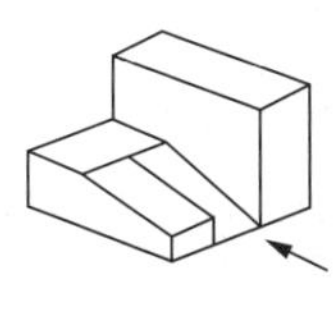

① 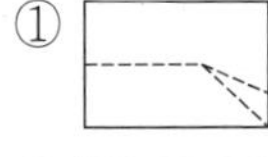
②
③ 
④

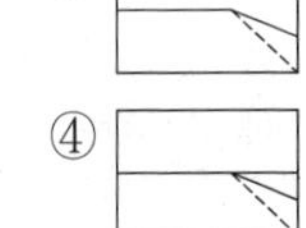

해설
좌측면도란 물체를 화살표의 왼쪽 측면에서 바라보는 형상으로, 바로 보면 ( )와 같이 보인다. 그러나 뒤에 보이지 않는 부분의 경계선을 점선으로 나타내어야 하므로 ( ) 정답은 ②번이 된다.

53 도면의 마이크로필름 촬영, 복사할 때 등의 편의를 위해 만든 것은?

① 중심마크　② 비교눈금
③ 도면구역　④ 재단마크

저자쌤의 핵직강

도면에 마련되는 양식

윤곽선	도면 용지의 안쪽에 그려진 내용이 확실히 구분되도록 하고, 종이의 가장자리가 찢어져서 도면의 내용을 훼손하지 않도록 하기 위해서 굵은 실선으로 표시한다.
표제란	도면 관리에 필요한 사항과 도면 내용에 관한 중요 사항으로서 도명, 도면 번호, 기업(소속명), 척도, 투상법, 작성연월일, 설계자 등이 기입된다.
중심마크	도면의 영구 보존을 위해 마이크로필름으로 촬영하거나 복사하고자 할 때 굵은 실선으로 표시한다.
비교눈금	도면을 축소하거나 확대했을 때 그 정도를 알기 위해 도면 아래쪽의 중앙 부분에 10mm 간격의 눈금을 굵은 실선으로 그려놓은 것이다.
재단마크	인쇄, 복사, 플로터로 출력된 도면을 규격에서 정한 크기로 자르기 편하도록 하기 위해 사용한다.

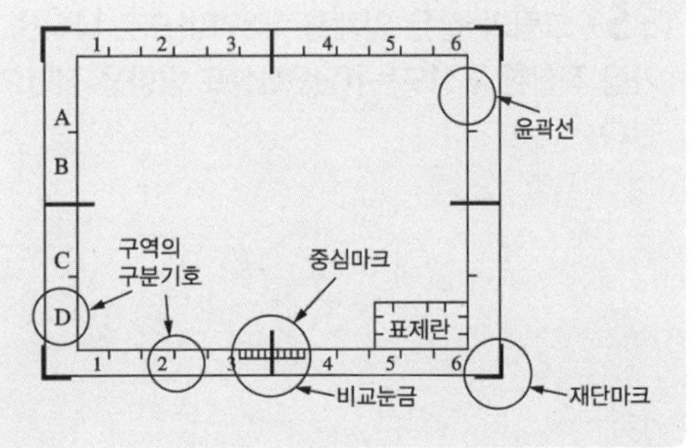

해설
중심마크는 도면의 영구 보존을 위해 마이크로필름으로 촬영하거나 복사하고자 할 때 도면의 폭과 높이의 중간 부분에 굵은 실선으로 표시한다.

54 원호의 길이 치수 기입에서 원호를 명확히 하기 위해서 치수에 사용되는 치수 보조 기호는?

① (20)　② C20
③ [20]　④ $\frown$20

저자쌤의 핵직강

치수 보조 기호의 종류

기 호	구 분	기 호	구 분
ϕ	지 름	p	피 치
Sϕ	구의 지름	$\overset{\frown}{50}$	호의 길이
R	반지름	$\underline{50}$	비례척도가 아닌 치수
SR	구의 반지름	$\boxed{50}$	이론적으로 정확한 치수
□	정사각형	(50)	참고 치수
C	45° 모따기	~~50~~	치수의 취소 (수정 시 사용)
t	두 께		

해설
호의 길이를 명확히 표현할 때는 치수 보조 기호($\frown$)를 사용하여 $\overset{\frown}{20}$와 같이 나타낸다.

정답 52 ② 53 ① 54 ④

55 그림과 같은 입체를 제3각법으로 나타낼 때 가장 적합한 투상도는?(단, 화살표 방향을 정면으로 한다)

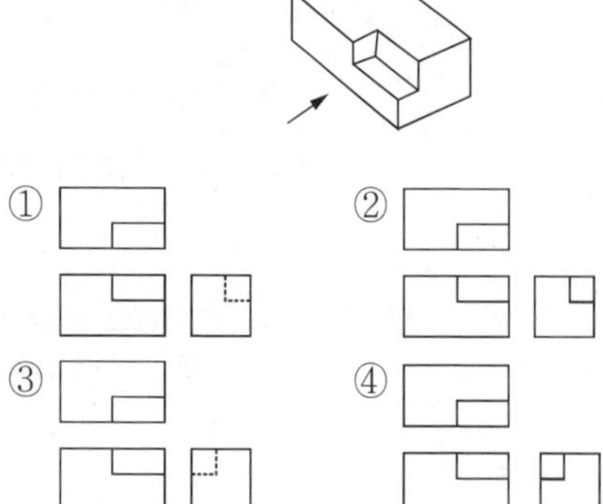

해설

우측면도란 물체를 화살표 방향의 오른쪽 측면에서 바라보는 형상으로 왼쪽 위 부분에 작은 정사각형 모양으로 파여진 부분의 경계선은 실선으로 보인다. 따라서 정답은 ④번이 된다.

56 바퀴의 암(Arm), 림(Rim), 축(Shaft), 훅(Hook) 등을 나타낼 때 주로 사용하는 단면도로서, 단면의 일부를 90° 회전하여 나타낸 단면도는?

① 부분 단면도　　② 회전도시 단면도
③ 계단 단면도　　④ 곡면 단면도

해설

회전도시 단면도는 핸들이나 벨트 풀리, 바퀴의 암, 리브, 축, 형강 등의 단면의 모양을 90°로 회전시켜 투상도의 안이나 밖에 그리는 단면도법이다.

단면도의 종류

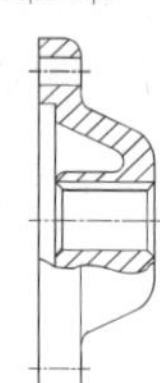

단면도명	특 징
온 단면도 (전단면도)	• 전단면도라고도 한다. • 물체 전체를 직선으로 절단하여 앞부분을 잘라 내고 남은 뒷부분의 단면 모양을 그린 것이다. • 절단 부위의 위치와 보는 방향이 확실한 경우에는 절단선, 화살표, 문자 기호를 기입하지 않아도 된다.
한쪽 단면도 (반단면도)	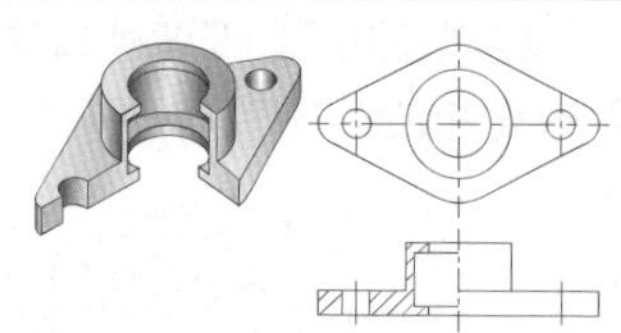 • 반단면도라고도 한다. • 절단면을 전체의 반만 설치하여 단면도를 얻는다. • 상하 또는 좌우가 대칭인 물체를 중심선을 기준으로 1/4 절단하여 내부 모양과 외부 모양을 동시에 표시하는 방법이다.
부분 단면도	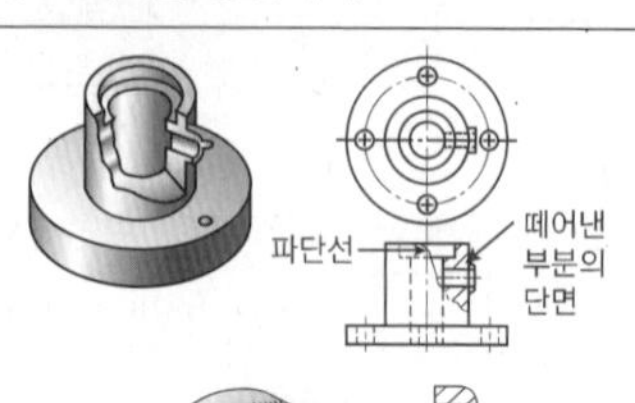 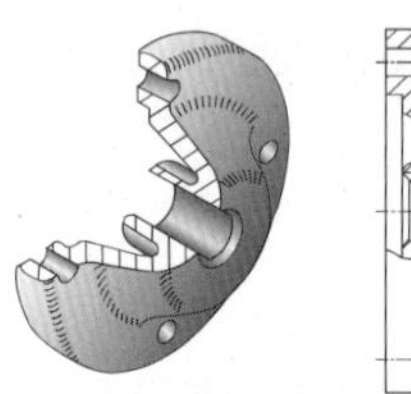 • 파단선을 그어서 단면 부분의 경계를 표시한다. • 일부분을 잘라 내고 필요한 내부의 모양을 그리기 위한 방법이다.
회전도시 단면도	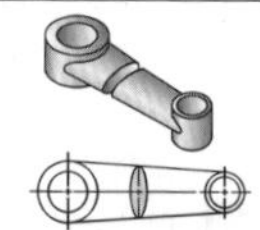 (a) 암의 회전 단면도(투상도 안) 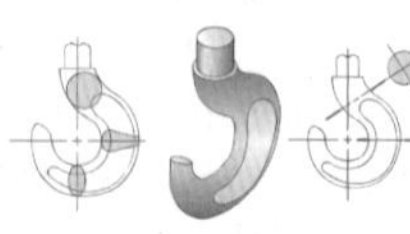 (b) 훅의 회전 단면도(투상도 밖) • 절단선의 연장선 뒤에도 그릴 수 있다. • 투상도의 절단할 곳과 겹쳐서 그릴 때는 가는 실선으로 그린다. • 주 투상도의 밖으로 끌어내어 그릴 경우는 가는 1점 쇄선으로 한계를 표시하고 굵은 실선으로 그린다. • 핸들이나 벨트 풀리, 바퀴의 암, 리브, 축, 형강 등의 단면의 모양을 90°로 회전시켜 투상도의 안이나 밖에 그린다.

55 ④　56 ② **정답**

계단 단면도	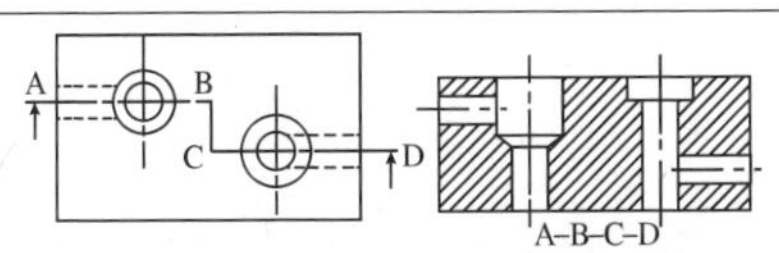 • 절단면을 여러 개 설치하여 그린 단면도이다. • 복잡한 물체의 투상도 수를 줄일 목적으로 사용한다. • 절단선, 절단면의 한계와 화살표 및 문자기호를 반드시 표시하여 절단면의 위치와 보는 방향을 정확히 명시해야 한다.

57 용기 모양의 대상물 도면에서 아주 굵은 실선을 외형선으로 표시하고 치수의 표시가 ϕint 34로 표시된 경우 가장 올바르게 해독한 것은?

① 도면에서 int로 표시된 부분의 두께 치수
② 화살표도 지시된 부분의 폭방향 치수가 ϕ34mm
③ 화살표로 지시된 부분의 안쪽 치수가 ϕ34mm
④ 도면에서 int로 표시된 부분만 인치단위 치수

저자쌤의 핵직강

용기모양의 대상물에서 아주 굵은 실선에 직접 끝부분에 기호를 접촉시켰을 때는 그 바깥쪽까지의 치수를 말하며, 안쪽을 나타내는 치수에는 치수 수치 앞에 "int"를 기입한다.

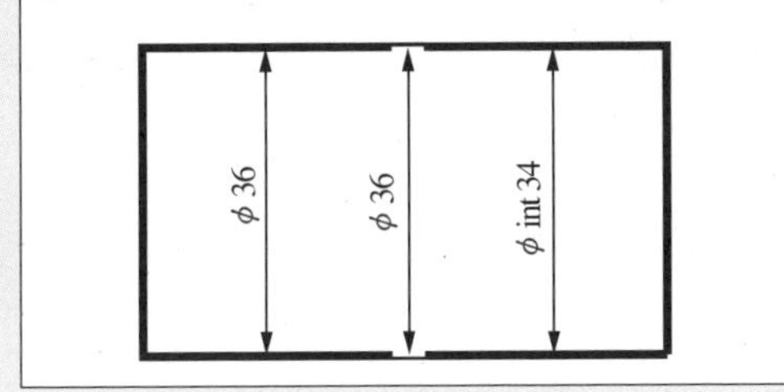

해설
"ϕint34"는 용기의 안쪽 치수가 ϕ34mm임을 의미한다.

58 배관의 간략도시방법 중 환기계 및 배수계의 끝부분 장치 도시방법의 평면도에서 그림과 같이 도시된 것의 명칭은?

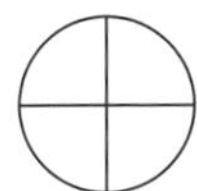

① 회전식 환기삿갓 ② 고정식 환기삿갓
③ 벽붙이 환기삿갓 ④ 콕이 붙은 배수구

저자쌤의 핵직강

간략도시방법

도시방법	명 칭
⊠	고정식 환기삿갓
⊕	콕이 붙은 배수구

59 용접부의 도시기호가 "a4◺3×25(7)"일 때의 설명으로 틀린 것은?

① ◺ – 필릿 용접
② 3 – 용접부의 폭
③ 25 – 용접부의 길이
④ 7 – 인접한 용접부의 간격

저자쌤의 핵직강

용접부의 기호표시

명 칭	단속 필릿 용접부
형 상	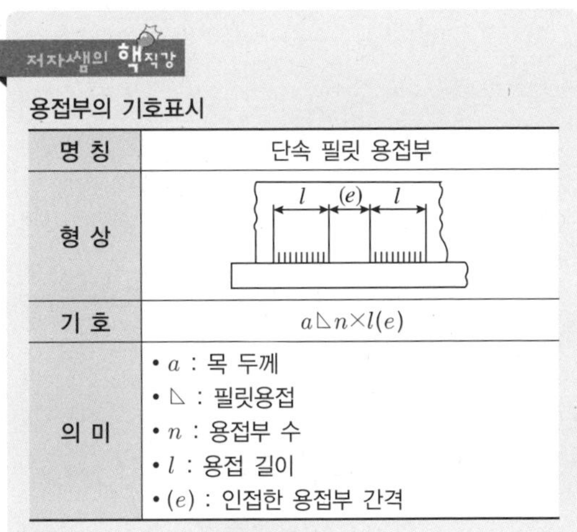
기 호	a◺$n \times l(e)$
의 미	• a : 목 두께 • ◺ : 필릿용접 • n : 용접부 수 • l : 용접 길이 • (e) : 인접한 용접부 간격

해설
a4◺3×25(7)
• a4 : 목 두께가 4mm
• ◺ : 필릿용접
• 3 : 용접부 수가 3개
• 25 : 용접길이가 25mm
• (7) : 인정한 용접부 간격이 7mm

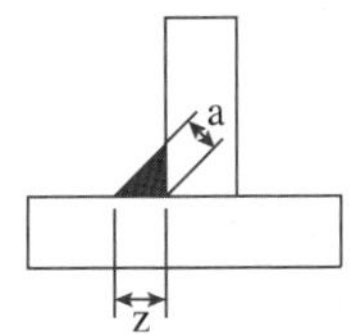

• a : 목 두께
• z : 목길이(다리길이)

정답 57 ③ 58 ④ 59 ②

60 냉간압연강판 및 강대에서 일반용으로 사용되는 종류의 KS 재료 기호는?

① SPSC ② SPHC
③ SSPC ④ SPCC

해설

④ SPCC : 냉간압연강판
① SPSC : 상업용 태양전지
② SPHC : 일반용 산세처리강판
③ SSPC : 도장 및 도금에 강한 강재

60 ④ 정답

2014년도 제4회 **기출문제**

특수용접기능사 Craftsman Welding/Inert Gas Arc Welding

01 아크 용접에서 피복제의 작용을 설명한 것 중 틀린 것은?

① 전기절연 작용을 한다.
② 아크(Arc)를 안정하게 한다.
③ 스패터링(Spattering)을 많게 한다.
④ 용착금속의 탈산정련 작용을 한다.

저자쌤의 핵직강

피복제(Flux)의 역할

- 아크를 안정시킨다.
- 전기 절연 작용을 한다.
- 보호가스를 발생시킨다.
- 아크의 집중성을 좋게 한다.
- 용착 금속의 급랭을 방지한다.
- 용착 금속의 탈산정련 작용을 한다.
- 용융 금속과 슬래그의 유동성을 좋게 한다.
- 용적(쇳물)을 미세화하여 용착효율을 높인다.
- 용융점이 낮고 적당한 점성의 슬래그를 생성한다.
- 슬래그 제거를 쉽게 하여 비드의 외관을 좋게 한다.
- 적당량의 합금 원소를 첨가하여 금속에 특수성을 부여한다.
- 중성 또는 환원성 분위기를 만들어 질화나 산화를 방지하고 용융금속을 보호한다.
- 쇳물이 쉽게 달라붙도록 힘을 주어 수직자세, 위보기 자세 등 어려운 자세를 쉽게 한다.

해설
용접봉의 심선을 덮고 있는 피복제(Flux)는 스패터(Spatter)를 적게 발생시킨다.

02 강의 인성을 증가시키며, 특히 노치 인성을 증가시켜 강의 고온 가공을 쉽게 할 수 있도록 하는 원소는?

① P ② Si
③ Pb ④ Mn

저자쌤의 핵직강

탄소강에 함유된 원소들의 영향

종 류	영 향
탄소(C)	• 경도를 증가시킨다. • 인성과 연성을 감소시킨다. • 일정 함유량까지 강도를 증가시킨다. • 함유량이 많아질수록 취성(메짐)이 강해진다.
규소(Si)	• 유동성을 증가시킨다. • 용접성을 저하시킨다. • 결정립의 조대화로 충격값과 인성을 저하시킨다.
망간(Mn)	• 주철의 흑연화를 방지한다. • 탄소강에 함유된 S을 제거하여 적열취성을 방지한다.
인(P)	• 상온취성의 원인이 된다. • 편석, 균열의 원인이 된다.
황(S)	• 편석의 원인이 된다. • 절삭성을 양호하게 한다. • 적열취성의 원인이 된다. • 철을 여리게 하며 알칼리성에 약하다.
몰리브덴(Mo)	• 내식성을 증가시킨다. • 뜨임취성을 방지한다. • 담금질 깊이를 깊게 한다.
크롬(Cr)	내열성, 내마모성, 내식성을 증가시킨다.
납(Pb)	절삭성을 크게 하여 쾌삭강의 재료가 된다.
코발트(Co)	고온에서 내식성, 내산화성, 내마모성, 기계적 성질이 뛰어나다.
Cu(구리)	• 고온 취성의 원인이 된다. • 압연 시 균열의 원인이 된다.
니켈(Ni)	내식성 및 내산성을 증가시킨다.
티타늄(Ti)	• 부식에 대한 저항이 매우 크다. • 가볍고 강력해서 항공기 재료로 사용된다.

해설
강에 Mn을 첨가해 주면 강의 인성을 증가시키며 고온 가공도 쉽게 할 수 있도록 해 준다.

정답 1 ③ 2 ④

03 플라즈마 아크 절단법에 관한 설명이 틀린 것은?

① 알루미늄 등의 경금속에는 작동가스로 아르곤과 수소의 혼합가스가 사용된다.
② 가스절단과 같은 화학반응은 이용하지 않고, 고속의 플라즈마를 사용한다.
③ 텅스텐전극과 수냉 노즐 사이에 아크를 발생시키는 것을 비이행형 절단법이라 한다.
④ 기체의 원자가 저온에서 음(−)이온으로 분리된 것을 플라즈마라 한다.

저자쌤의 핵직강

플라즈마 아크 절단법의 특징

- 알루미늄 등의 경금속에는 작동가스로 아르곤과 수소의 혼합가스가 사용된다.
- 비이행형 절단법은 텅스텐전극과 수랭 노즐 사이에서 아크를 발생시키는 것이다.
- 이행형 아크절단은 텅스텐 전극과 모재 사이에서 아크 플라즈마를 발생시키는 것이다.
- 화학반응은 이용하지 않고, 고체, 액체, 기체 이외의 제4의 물리상태라고도 불리는 플라즈마를 사용한다.

해설

플라즈마란 초고온에서 음전하를 가진 전자와 양전하를 띤 이온으로 분리된 기체 상태를 말하는 것으로 흔히 제4의 물리상태라고도 한다.

플라즈마 아크 절단법
플라즈마 기류가 노즐을 통과할 때 열적 핀치효과로 20,000~30,000℃의 플라즈마아크를 만들어 내는데, 이 초고온의 플라즈마 아크를 절단의 열원으로 사용하여 가공물을 절단하는 방법

04 AW 220, 무부하 전압 80V, 아크전압이 30V인 용접기의 효율은?(단, 내부손실은 2.5kW이다)

① 71.5% ② 72.5%
③ 73.5% ④ 74.5%

저자쌤의 핵직강

$$효율(\%) = \frac{아크전력}{소비전력} \times 100\%$$

여기서, 아크전력 = 아크전압 × 정격 2차 전류
= 30 × 220 = 6,600W

소비전력 = 아크전력 + 내부손실
= 6,600 + 2,500 = 9,100W

$$\therefore 효율 = \frac{6,600}{9,100} \times 100\% = 72.5\%$$

05 예열용 연소 가스로는 주로 수소가스를 이용하며, 침몰선의 해체, 교량의 교각 개조 등에 사용되는 절단법은?

① 스카핑 ② 산소창 절단
③ 분말절단 ④ 수중절단

저자쌤의 핵직강

- 스카핑 : 강괴나 강편, 강재 표면의 홈이나 개재물, 탈탄층 등을 제거하기 위한 불꽃 가공으로 가능한 얇으면서 타원형의 모양으로 표면을 깎아내는 가공법
- 산소창 절단 : 가늘고 긴 강관(안지름 3.2~6mm, 길이 1.5~3m)을 사용해서 절단 산소를 큰 강괴의 중심부에 분출시켜 창으로 불리는 강관 자체가 함께 연소되면서 절단하는 방법
- 분말절단 : 철 분말이나 용제 분말을 절단용 산소에 연속적으로 혼입하여 그 산화열을 이용하여 절단하는 방법

해설

수중절단은 물속에서 작업하는 절단작업으로 연소가스로는 수소를 주로 사용하며 침몰선의 해체, 교량의 교각 개조에 주로 사용한다.

06 피복 아크 용접봉의 보관과 건조 방법으로 틀린 것은?

① 건조하고 진동이 없는 곳에 보관한다.
② 저소수계는 100~150℃에서 30분 건조한다.
③ 피복제의 계통에 따라 건조 조건이 다르다.
④ 일미나이트계는 70~100℃에서 30~60분 건조한다.

저자쌤의 핵직강

용접봉은 습기에 민감해서 반드시 건조가 필요하다. 만일 용접봉에 습기가 있으면 기공이나 균열의 원인이 되는데 저수소계 용접봉은 일반 용접봉보다 습기에 더 민감하여 기공을 발생시키기가 더 쉽다.

일반 용접봉	약 100℃로 30분~1시간
저수소계 용접봉	약 300~350℃에서 1~2시간

3 ④ 4 ② 5 ④ 6 ② 정답

해설

저수소계는 일반 용접봉보다 더 높은 온도(300℃~350℃)로 건조시켜야 한다.

07 가스절단 작업을 할 때 양호한 절단면을 얻기 위하여 예열 후 절단을 실시하는데 예열불꽃이 강할 경우 미치는 영향 중 잘못 표현된 것은?

① 절단면이 거칠어진다.
② 절단면이 매우 양호하다.
③ 모서리가 용융되어 둥글게 된다.
④ 슬래그 중의 철 성분의 박리가 어려워진다.

저자쌤의 핵직강

예열 불꽃의 세기

예열 불꽃이 너무 강할 때	• 절단면이 거칠어진다. • 절단면 위 모서리가 녹아 둥글게 된다. • 슬래그가 뒤쪽에 많이 달라붙어 잘 떨어지지 않는다. • 슬래그 중 철 성분의 박리가 어려워진다.
예열 불꽃이 너무 약할 때	• 드래그가 증가한다. • 역화를 일으키기 쉽다. • 절단 속도가 느려지며, 절단이 중단되기 쉽다.

해설

가스 절단 시 예열 불꽃이 강하면 절단면이 거칠어진다.

08 아크 용접기에 사용하는 변압기는 어느 것이 가장 적합한가?

① 누설 변압기 ② 단권 변압기
③ 계기용 변압기 ④ 전압 조정용 변압기

해설

아크 용접기에 사용하는 변압기는 누설 변압기가 가장 적합하다.

09 가스용접에서 전진법과 비교한 후진법의 설명으로 맞는 것은?

① 열이용률이 나쁘다.
② 용접속도가 느리다.
③ 용접변형이 크다.
④ 두꺼운 판의 용접에 적합하다.

저자쌤의 핵직강

가스용접에서의 전진법과 후진법의 차이점

구 분	전진법	후진법
열 이용률	나쁘다.	좋다.
비드의 모양	보기 좋다.	매끈하지 못하다.
홈의 각도	크다(약 80°).	작다(약 60°).
용접 속도	느리다.	빠르다.
용접 변형	크다.	작다.
용접 가능 두께	두께 5mm 이하의 박판	후 판
가열 시간	길다.	짧다.
기계적 성질	나쁘다.	좋다.
산화 정도	심하다.	양호하다.
토치 진행방향 및 각도	오른쪽 → 왼쪽	왼쪽 → 오른쪽

해설

가스용접에서 후진법이 전진법보다 열이용률이 더 좋다.

10 산소에 대한 설명으로 틀린 것은?

① 가연성 가스이다.
② 무색, 무취, 무미이다.
③ 물의 전기분해로도 제조한다.
④ 액체 산소는 보통 연한 청색을 띤다.

저자쌤의 핵직강

산소가스(Oxygen, O_2)의 특징

- 무색, 무미, 무취의 기체이다.
- 액화 산소는 연한 청색을 띤다.
- 산소는 대기 중에 21%나 존재하기 때문에 쉽게 얻을 수 있다.
- 고압 용기에 35℃에서 150kgf/cm^{2}의 고압으로 압축하여 충전한다.
- 가스용접 및 가스 절단용으로 사용되는 산소는 순도가 99.3% 이상이어야 한다.
- 순도가 높을수록 좋으며 KS규격에 의하면 공업용 산소의 순도는 99.5% 이상이다.
- 산소 자체는 타지 않으나 다른 물질의 연소를 도와주어 조연성 가스라 부른다. 금, 백금, 수은 등을 제외한 원소와 화합하면 산화물을 만든다.

정답 7 ② 8 ① 9 ④ 10 ①

해설
① 산소는 조연성 가스에 속한다.

11 피복 아크 용접 시 용접회로의 구성순서가 바르게 연결된 것은?

① 용접기 → 접지케이블 → 용접봉홀더 → 용접봉 → 아크 → 모재 → 헬멧
② 용접기 → 전극케이블 → 용접봉홀더 → 용접봉 → 아크 → 접지케이블 → 모재
③ 용접기 → 접지케이블 → 용접봉홀더 → 용접봉 → 아크 → 전극케이블 → 모재
④ 용접기 → 전극케이블 → 용접봉홀더 → 용접봉 → 아크 → 모재 → 접지케이블

해설
피복 금속 아크 용접(SMAW)의 회로 순서
용접기 → 전극케이블 → 용접봉홀더 → 용접봉 → 아크 → 모재 → 접지케이블

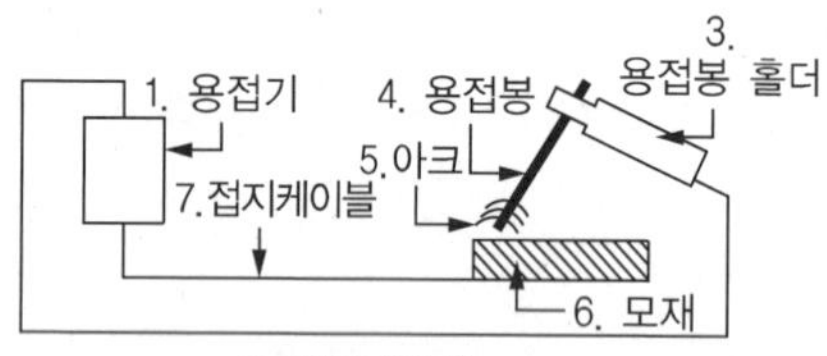

12 정류기형 직류 아크 용접기의 특성에 관한 설명으로 틀린 것은?

① 보수와 점검이 어렵다.
② 취급이 간단하고 가격이 싸다.
③ 고장이 적고, 소음이 나지 않는다.
④ 교류를 정류하므로 완전한 직류를 얻지 못한다.

해설
정류기형 직류 아크 용접기는 소음이 없고, 취급이 간단하고 저렴하며, 보수와 점검이 간단한 장점이 있으나 완전한 직류를 얻지 못한다는 단점이 있다.

13 동일한 용접조건에서 피복 아크 용접할 경우 용입이 가장 깊게 나타나는 것은?

① 교류(AC)
② 직류 역극성(DCRP)
③ 직류 정극성(DCSP)
④ 고주파 교류(ACHF)

저자쌤의 핵직강

동일한 조건에서 피복 아크 용접으로 용입할 경우 모재에 열이 많이 발생할수록 용입의 깊이는 커지게 된다.
동일한 조건에서 용접할 경우 용입이 깊은 순서
DCSP > AC, ACHF > DCRP

해설
동일조건이라면 모재에서 70%의 열이 발생되는 DCSP의 용입 깊이가 가장 깊다.

14 탄소강의 종류 중 탄소 함유량이 0.3~0.5%이고 탄소량이 증가함에 따라서 용접부에서 저온 균열이 발생될 위험성이 커지기 때문에 150~250℃로 예열을 실시할 필요가 있는 탄소강은?

① 저탄소강 ② 중탄소강
③ 고탄소강 ④ 대탄소강

저자쌤의 핵직강

탄소강의 분류(탄소함유량에 따라)
- 극저탄소강 : 0.03% ~ 0.12%이하
- 저탄소강(연강) : 0.13% ~ 0.20%
- 중탄소강 : 0.21% ~ 0.45%
- 고탄소강 : 0.45~1.7%

15 가스 용접봉의 성분 중에서 인(P)이 모재에 미치는 영향을 올바르게 설명한 것은?

① 기공을 막을 수 있으나 강도가 떨어지게 된다.
② 강의 강도를 증가시키나 연신율, 굽힘성 등이 감소된다.
③ 용접부의 저항력을 감소시키고, 기공 발생의 원인이 된다.
④ 강에 취성을 주며 가연성을 잃게 하는데 특히 암적색으로 가열한 경우는 대단히 심하다.

해설
가스 용접봉의 성분 중 인(P)은 강에 취성을 부여하며 가연성을 잃게 하며 암적색일 경우에는 가연성이 거의 없어진다.

11 ④ 12 ① 13 ③ 14 ② 15 ④ 정답

16 아크전류가 일정할 때 아크전압이 높아지면 용접봉의 용융속도가 늦어지고, 아크전압이 낮아지면 용융속도가 빨라지는 특성은?

① 부저항 특성 ② 전압회복 특성
③ 절연회복 특성 ④ 아크길이 자기제어 특성

저자쌤의 핵직강

아크길이 자기제어
자동용접에서 와이어 자동 송급 시 아크 길이가 변동되어도 항상 일정한 길이가 되도록 유지하는 제어기능이다. 아크전류가 일정할 때 전압이 높아지면 용접봉의 용융속도가 늦어지고, 전압이 낮아지면 용융속도가 빨라지게 하는 것으로 전류밀도가 클 때 잘 나타난다.

17 일반적으로 피복 아크 용접 시 운봉폭은 심선 지름의 몇 배인가?

① 1~2배 ② 2~3배
③ 5~6배 ④ 7~8배

해설
피복 아크 용접(SMAW) 시 운봉의 폭은 보통 심선 지름의 2~3배로 한다.

18 시중에서 시판되는 구리 제품의 종류가 아닌 것은?

① 전기동 ② 산화동
③ 정련동 ④ 무산소동

저자쌤의 핵직강

- 전기구리(전기동) : 전해정련에 의해서 제조한 순구리로써 전선용 재료로 사용한다. 도전율을 좋게 하기 위해서는 불순물이 적어야 하므로 전기 분해에 의해서 정련한 구리를 만드는데 이 구리를 전기동이라고 하며 순도는 99.8% 이상이다.
- 정련구리(정련동) : 제련한 구리를 다시 정련 공정을 거쳐서 순도가 99.9% 이상으로 만든 고품위의 구리이다.
- 무산소구리(무산소동) : Cu에 산소가 있으면 수소와의 반응으로 H_2O를 생성하면서 수소 취성을 일으키고, 내식성도 나빠지기 때문에 산소 함유량을 0.008% 이하가 되도록 탈산시킨 구리이다. 탈산제로는 P, Si, Mg, Ca, Li, Be, Ti, Zr 등이 사용된다.

해설
Cu(구리)가 대기 중에서 산화되면 상품성을 잃게 되므로 산화동은 시중에서 시판되지 않는다.

19 암모니아(NH_3) 가스 중에서 500℃ 정도로 장시간 가열하여 강제품의 표면을 경화시키는 열처리는?

① 침탄 처리 ② 질화 처리
③ 화염 경화처리 ④ 고주파 경화처리

해설
열처리의 일종인 질화법은 재료의 표면경도를 향상시키기 위한 방법으로 암모니아(NH_3)가스의 영역 안에 재료를 놓고 약 500℃에서 50~100시간을 가열하면 재료 표면의 Al, Cr, Mo이 질화되면서 표면이 단단해지는 표면경화법이다.

Plus One
① 침탄법 : 금속 표면의 화학 성분을 C(탄소) 원소 확산에 의해 변형시켜 경화층을 생성하는 방법
③ 화염경화법 : 산소-아세틸렌가스 불꽃으로 강의 표면을 급격히 가열한 후 물을 분사시켜 급랭시킴으로써 표면을 경화시키는 방법으로 가열온도의 조절이 어려움
④ 고주파 경화법 : 고주파 유도 전류에 의해서 강 부품의 표면층만을 급 가열한 후 급랭시키는 방법

20 냉간가공을 받은 금속의 재결정에 대한 일반적인 설명으로 틀린 것은?

① 가공도가 낮을수록 재결정 온도는 낮아진다.
② 가공시간이 길수록 재결정 온도는 낮아진다.
③ 철의 재결정온도는 330~450℃ 정도이다.
④ 재결정 입자의 크기는 가공도가 낮을수록 커진다.

해설
냉간가공을 받은 금속의 가공도가 클수록 재결정 온도는 낮아진다.

21 황동의 화학적 성질에 해당되지 않는 것은?

① 질량 효과
② 자연 균열
③ 탈아연 부식
④ 고온 탈아연

정답 16 ④ 17 ② 18 ② 19 ② 20 ① 21 ①

저자쌤의 핵직강

질량 효과
탄소강을 담금질하였을 때 강의 질량(크기)에 따라 조직과 기계적 성질이 변하는 현상을 질량 효과라고 한다. 질량이 큰 제품일수록 내부의 열이 많아 담금질 시 천천히 냉각되며, 그 결과 조직과 경도가 변한다.

해설
질량 효과란 강에 나타나는 기계적 성질이다.

22 18% Cr-8% Ni계 스테인리스강의 조직은?

① 페라이트계 ② 마텐자이트계
③ 오스테나이트계 ④ 시멘타이트계

저자쌤의 핵직강

스테인리스강의 분류

구 분	종 류	주요 성분	자 성
Cr계	페라이트계 스테인리스강	Fe+Cr 12% 이상	자성체
	마텐자이트계 스테인리스강	Fe+Cr 13%	자성체
Cr+Ni계	오스테나이트계 스테인리스강	Fe+Cr 18%+Ni 8%	비자성체
	석출경화계 스테인리스강	Fe+Cr+Ni	비자성체

해설
오스테나이트계 18-8형 스테인리스강은 일반 강에 Cr-18%와 Ni-8%가 합금된 재료이다.

23 주강제품에는 기포, 기공 등이 생기기 쉬우므로 제강작업 시에 쓰이는 탈산제는?

① P, S ② Fe-Mn
③ SO_2 ④ Fe_2O_3

해설
제강작업 시 탈산제로 사용되는 것은 Fe-Mn(페로망간)과 Fe-Si(페로실리콘)이다.

24 Fe-C 상태도에서 아공석강의 탄소함량으로 옳은 것은?

① 0.025~0.80%C ② 0.80~2.0%C
③ 2.0~4.3%C ④ 4.3~6.67%C

저자쌤의 핵직강

- 아공석강 : 순철에 C가 0.025~0.8% 합금된 강
- 공석강 : 순철에 C가 0.8% 합금된 강
- 과공석강 : 순철에 C가 0.8%~2% 합금된 강

해설
Fe-C 상태도에서 아공석강의 탄소함유량은 0.025~0.8%이다.

25 저온 메짐을 일으키는 원소는?

① 인(P) ② 황(S)
③ 망간(Mn) ④ 니켈(Ni)

해설
저온 취성(메짐)을 일으키는 원소는 인(P)이다.

26 오스테나이트계 스테인리스강을 용접 시 냉각과정에서 고온균열이 발생하게 되는 원인으로 틀린 것은?

① 아크의 길이가 너무 길 때
② 모재가 오염되어 있을 때
③ 크레이터 처리를 하였을 때
④ 구속력이 가해진 상태에서 용접할 때

저자쌤의 핵직강

오스테나이트계 스테인리스강 용접 시 고온균열이 발생하는 원인
- 아크의 길이가 너무 길 때
- 모재가 오염되어 있을 때
- 크레이터 처리를 하지 않았을 때
- 구속력이 가해진 상태에서 용접할 때

해설
크레이터 처리를 하면 용접 후 결함이 발생되지 않기 때문에 고온균열이 발생하지 않는다.

22 ③ 23 ② 24 ① 25 ① 26 ③ **정답**

27 텅스텐(W)의 용융점은 약 몇 ℃인가?

① 1,538℃　　② 2,610℃
③ 3,410℃　　④ 4,310℃

해설
텅스텐(W)의 용융점은 3,410℃이다.

28 저온뜨임의 목적이 아닌 것은?

① 치수의 경년변화 방지
② 담금질 응력 제거
③ 내마모성의 향상
④ 기공의 방지

해설
저온뜨임은 기공의 방지를 위한 열처리 조작은 아니다.

29 현미경 시험용 부식제 중 알루미늄 및 그 합금용에 사용되는 것은?

① 초산 알코올 용액
② 피크린산 용액
③ 왕 수
④ 수산화나트륨 용액

저자쌤의 핵직강

현미경 시험용 부식제

부식할 금속	부식제
철강용	질산 알코올 용액, 피크린산 알코올 용액 염산, 초산
Al과 그 합금	플루오르화 수소액, 수산화나트륨 용액
금, 백금 등 귀금속의 부식제	왕 수

해설
알루미늄 및 그 합금용 부식제는 수산화나트륨 용액이다.

30 전기에 감전되었을 때 체내에 흐르는 전류가 몇 mA일 때 근육 수축이 일어나는가?

① 5mA　　② 20mA
③ 50mA　　④ 100mA

저자쌤의 핵직강

전류량이 인체에 미치는 영향

전류량	인체에 미치는 영향
1mA	전기를 조금 느낀다.
5mA	상당한 고통을 느낀다.
10mA	견디기 힘든 고통을 느낀다.
20mA	근육 수축, 스스로 현장을 탈피하기 힘들다.
20~50mA	고통과 강한 근육수축, 호흡이 곤란하다.
50mA	심장마비 발생으로 사망의 위험이 있다.
100mA	사망과 같은 치명적인 결과를 준다.

해설
체내에 흐르는 전류량이 20mA가 되면 근육의 수축이 일어난다.

31 금속산화물이 알루미늄에 의하여 산소를 빼앗기는 반응에 의해 생성되는 열을 이용하여 금속을 접합하는 용접 방법은?

① 일렉트로 슬래그 용접
② 테르밋 용접
③ 불활성 가스 금속 아크 용접
④ 스폿 용접

해설
테르밋 용접은 금속 산화물과 알루미늄이 반응하여 열과 슬래그를 발생시키는 테르밋 반응을 이용하는 것이다. 먼저 알루미늄 분말과 산화철을 1 : 3의 비율로 혼합하여 테르밋제를 만든 후 냄비의 역할을 하는 도가니에 넣어 약 1,000℃로 점화하면 약 2,800℃의 열이 발생되면서 용접용 강이 만들어지게 되는데 이 강을 용접부에 주입하면서 용접하는 방법으로 차축이나 레일의 접합, 선박의 프레임 등 비교적 큰 단면을 가진 물체의 맞대기 용접과 보수용접에 주로 사용한다.

① 일렉트로 슬래그 용접 : 용융된 슬래그와 용융 금속이 용접부에서 흘러나오지 못하도록 수랭동판으로 둘러싸고 이 용융 풀에 용접봉을 연속적으로 공급하는데 이때 발생하는 용융 슬래그의 저항열에 의하여 용봉과 모재를 연속적으로 용융시키면서 용접하는 방법이다.
③ 불활성 가스 금속 아크 용접(MIG) : 용가재인 전극 와이어(1.0~2.4ϕ)를 연속적으로 용융풀로 보내어 아크를 발생시키는 방법으로 용극식 또는 소모식 불활성 가스 아크 용접법이다. 이 용접 방법은 전류 밀도가 아크 용접의 4~6배, TIG 용접의 2배 정도로 높다.

정답 27 ③ 28 ④ 29 ④ 30 ② 31 ②

④ 스폿 용접 : 금속판을 포개어 놓고 전극 끝을 금속판 아래 위에 대고 비교적 작은 부분에 전류 및 가압력을 집중시켜 국부적으로 가열하는 동시에 전극으로 압력을 가하여 행하는 저항 용접이다.

32 맞대기 용접에서 판 두께가 대략 6mm 이하의 경우에 사용되는 홈의 형상은?

① I형 ② X형
③ U형 ④ H형

해설
맞대기 용접에서 판 두께가 6mm 이하일 때는 주로 I형 홈 형상을 사용한다.

33 TIG 용접에서 청정작용이 가장 잘 발생하는 용접 전원은?

① 직류 역극성일 때 ② 직류 정극성일 때
③ 교류 정극성일 때 ④ 극성에 관계없음

해설
TIG(Tungsten Inert Gas Arc Welding) 용접에서 청정작용은 직류 역극성일 때 잘 발생한다.

34 다음 중 서브머지드 아크 용접에서 기공의 발생 원인과 거리가 가장 먼 것은?

① 용제의 건조불량
② 용접속도의 과대
③ 용접부의 구속이 심할 때
④ 용제 중에 불순물의 혼입

저자쌤의 핵직강

서브머지드 아크 용접에서 기공의 발생 원인
- 용제의 건조불량
- 용접속도의 과대
- 용제의 산포량 과소 및 과대
- 모재의 표면 상태 불량(녹, 기름, 수분 등)

해설
용접부의 구속이 심할 경우 아크에 의해 입열된 열량 때문에 용접 후 변형 불량이 발생할 수 있다.

35 안전모의 일반구조에 대한 설명으로 틀린 것은?

① 안전모는 모체, 착장체 및 턱끈을 가질 것
② 착장체의 구조는 착용자의 머리 부위에 균등한 힘이 분배되도록 할 것
③ 안전모의 내부수직거리는 25mm 이상 50mm 미만일 것
④ 착장체의 머리 고정대는 착용자의 머리 부위에 고정하도록 조절할 수 없을 것

저자쌤의 핵직강

안전모의 일반 기준
- 안전모는 모체, 착장제 및 턱끈을 가질 것
- 착장체의 머리고정대는 착용자의 머리부위에 적합하도록 조절할 수 있을 것
- 턱끈은 사용 중 탈락되지 않도록 확실히 고정되는 구조일 것
- 안전모의 착용높이는 85mm 이상이고, 외부수직거리는 80mm 미만일 것
- 안전모의 내부수직거리는 25mm 이상 50mm 미만일 것
- 안전모의 수평간격은 5mm 이상일 것
- 안전모의 모체, 착장체를 포함한 질량은 440g을 초과하지 않을 것

해설
안전모는 착장체의 머리 고정대는 착용자의 머리 부위에 알맞게 하기 위해서 조절이 가능해야 한다.

36 매크로 조직 시험에서 철강재의 부식에 사용되지 않는 것은?

① 염산 1 : 물 1의 액
② 염산 3.8 : 황산 1.2 : 물 5.0의 액
③ 소금 1 : 물 1.5의 액
④ 초산 1 : 물 3의 액

해설
매크로 조직 시험에서 철강재의 부식에 소금물은 사용되지 않는다.

37 서브머지드 아크 용접의 용제에서 광물성 원료를 고온(1,300℃ 이상)으로 용융한 후 분쇄하여 적합한 입도로 만드는 용제는?

① 용융형 용제 ② 소결형 용제
③ 첨가형 용제 ④ 혼성형 용제

32 ① 33 ① 34 ③ 35 ④ 36 ③ 37 ① **정답**

저자쌤의 핵직강

서브머지드 아크 용접에서 사용하는 용제의 제조방법

용제의 종류	제조과정
용융형 용제 (Fused Flux)	• 원광석을 아크 전기로에서 1,300℃ 이상에서 용융하여 응고시킨 후 분쇄하여 알맞은 입도로 만든 것이다. • 미세한 입자일수록 비드폭이 넓고 용입이 깊으며 비드의 모양이 아름답다.
소결형 용제 (Sintered Flux)	• 원료와 합금 분말을 규산화나트륨과 같은 점결제와 함께 낮은 온도에서 소정의 입도로 소결하여 제조한 것이다. • 기계적 성질을 쉽게 조절할 수 있다. • 스테인리스강 용접, 덧살 붙임 용접, 조선의 대판계(大板繼) 용접이다.

38 용접결함과 그 원인을 조합한 것으로 틀린 것은?

① 선상조직 – 용착금속의 냉각속도가 빠를 때
② 오버랩 – 전류가 너무 낮을 때
③ 용입불량 – 전류가 너무 높을 때
④ 슬래그 섞임 – 전층의 슬래그 제거가 불완전할 때

저자쌤의 핵직강

용접부 결함과 방지 대책

모 양	원 인	방지대책
언더컷	• 전류가 높을 때 • 아크 길이가 길 때 • 용접 속도가 빠를 때 • 운봉 각도가 부적당할 때 • 부적당한 용접봉을 사용할 때	• 전류를 낮춘다. • 아크 길이를 짧게 한다. • 용접 속도를 알맞게 한다. • 운봉 각도를 알맞게 한다. • 알맞은 용접봉을 사용한다.
오버랩	• 전류가 낮을 때 • 운봉, 작업각, 진행각과 같은 유지각도가 불량할 때 • 부적당한 용접봉을 사용할 때	• 전류를 높인다. • 작업각과 진행각을 조정한다. • 알맞은 용접봉을 사용한다.
용입불량	• 이음 설계에 결함이 있을 때 • 용접 속도가 빠를 때 • 전류가 낮을 때 • 부적당한 용접봉을 사용할 때	• 치수를 크게 한다. • 용접속도를 적당히 조절한다. • 전류를 높인다. • 알맞은 용접봉을 사용한다.
균 열	• 이음부의 강성이 클 때 • 부적당한 용접봉을 사용할 때 • C, Mn 등 합금성분이 많을 때 • 과대 전류, 용접 속도가 클 때 • 모재에 유황 성분이 많을 때	• 예열이나 피닝처리를 한다. • 알맞은 용접봉을 사용한다. • 예열 및 후열처리를 한다. • 전류 및 용접 속도를 알맞게 조절한다. • 저수소계 용접봉을 사용한다.
선상조직	• 냉각속도가 빠를 때 • 모재의 재질이 불량할 때	• 급랭을 피한다. • 재질에 알맞은 용접봉 사용한다.
기 공	• 수소나 일산화탄소 가스가 과잉으로 분출될 때 • 용접 전류값이 부적당 할 때 • 용접부가 급속히 응고될 때 • 용접 속도가 빠를 때 • 아크길이가 부적절할 때	• 건조된 저수소계 용접봉을 사용한다. • 전류 및 용접 속도를 알맞게 조절한다. • 이음 표면을 깨끗하게 하고 예열을 한다.
슬래그혼입	• 전류가 낮을 때 • 용접 이음이 부적당할 때 • 운봉 속도가 너무 빠를 때 • 모든 층의 슬래그 제거가 불완전할 때	• 슬래그를 깨끗이 제거한다. • 루트 간격을 넓게 한다. • 전류를 약간 높게 하며 운봉 조작을 적절하게 한다. • 슬래그를 앞지르지 않도록 운봉속도를 유지한다.

해설

용입불량이란 모재에 용가제가 모두 채워지지 않는 불량이므로 이를 방지하기 위해서는 전류를 더 높여야 한다.

39 용접작업을 할 때 발생한 변형을 가열하여 소성변형을 시켜서 교정하는 방법으로 틀린 것은?

① 박판에 대한 점수축법
② 형재에 대한 직선수축법
③ 가열 후 해머질하는 법
④ 피닝법

해설

피닝법은 표면경화법의 일종으로 재료를 가열하지 않고 소성 변형을 시킨다.

정답 38 ③ 39 ④

40 다음 중 CO_2 가스 아크 용접에 적용되는 금속으로 맞는 것은?

① 알루미늄　　② 황 동
③ 연 강　　④ 마그네슘

해설
CO_2 가스 아크 용접용 재료는 철(Fe)에만 한정되기 때문에 철의 종류인 연강이 적합하다.

41 모재의 열 변형이 거의 없으며, 이종 금속의 용접이 가능하고 정밀한 용접을 할 수 있으며, 비접촉식 방식으로 모재에 손상을 주지 않는 용접은?

① 레이저 용접
② 테르밋 용접
③ 스터드 용접
④ 플라즈마 제트 아크 용접

저자쌤의 핵직강

레이저 용접
레이저란 유도 방사에 의한 빛의 증폭을 뜻한다. 레이저에서 얻어진 접속성이 강한 단색 광선으로서 강렬한 에너지를 가지고 있으며, 이때의 광선 출력을 이용하여 용접하는 방법이다. 모재의 열 변형이 거의 없으며, 이종 금속의 용접이 가능하고 정밀한 용접을 할 수 있으며, 비접촉식 방식으로 모재에 손상을 주지 않는다는 특징을 갖는다.

42 납땜에 관한 설명 중 맞는 것은?

① 경납땜은 주로 납과 주석의 합금용제를 많이 사용한다.
② 연납땜은 450℃ 이상에서 하는 작업이다.
③ 납땜은 금속 사이에 융점이 낮은 별개의 금속을 용융 첨가하여 접합한다.
④ 은납의 주성분은 은, 납, 탄소 등의 합금이다.

해설
납땜은 금속 사이에 융점이 낮은 별개의 금속을 용융 첨가하여 접합하는 방법이다.

Plus One
① 연납땜은 주로 납과 주석의 합금용제를 많이 사용한다.
② 연납땜은 450℃ 이하에서 하는 작업이다.
④ 은납의 주성분은 은, 구리, 아연 등의 합금이다.

43 용접부의 비파괴 시험에 속하는 것은?

① 인장시험　　② 화학분석시험
③ 침투시험　　④ 용접균열시험

저자쌤의 핵직강

용접부 검사 방법의 종류

비파괴 시험	내부결함	방사선 투과 시험(RT)
		초음파 탐상 시험(UT)
	표면결함	외관검사(VT)
		자분탐상검사(MT)
		침투탐상검사(PT)
		누설검사(LT)
		와전류탐상검사(ET)
파괴 시험 (기계적 시험)	인장시험	인장강도, 항복점, 연신율 계산
	굽힘시험	연성의 정도 측정
	충격시험	인성과 취성의 정도 측정
	경도시험	외력에 대한 저항의 크기 측정
	매크로시험	조직검사
	피로시험	반복적인 외력에 대한 저항력 측정
화학적 시험	화학분석시험	

해설
침투시험(침투탐상검사)은 비파괴 시험법에 속한다.

44 용접 시 발생되는 아크 광선에 대한 재해 원인이 아닌 것은?

① 차광도가 낮은 차광 유리를 사용했을 때
② 사이드에 아크 빛이 들어왔을 때
③ 아크 빛을 직접 눈으로 보았을 때
④ 차광도가 높은 차광 유리를 사용했을 때

해설
용접 시 아크 광선으로부터 보호하기 위해서는 용접에 알맞은 차광도의 차광유리를 선택해야 하는데, 차광도가 높은 차광유리를 사용했더라도 재해는 발생되지 않으므로 원인으로는 적합하지 않다.

40 ③ 41 ① 42 ③ 43 ③ 44 ④ 정답

45 용접 전의 일반적인 준비 사항이 아닌 것은?

① 용접재료 확인
② 용접사 선정
③ 용접봉의 선택
④ 후열과 풀림

저자쌤의 핵직강

용접전의 일반적인 준비사항
- 모재 재질의 확인
- 용접사의 선임
- 용접봉의 선택
- 치공구의 결정
- 용접방법 및 용접기기의 선택

해설

후열과 풀림은 용접 후에 실행하는 것이므로 준비 사항과는 거리가 멀다.

46 TIG 용접에서 보호 가스로 주로 사용하는 가스는?

① Ar, He　② CO, Ar
③ He, CO_2　④ CO, He

해설

TIG 용접에 주로 사용되는 불활성 가스는 아르곤(Ar)가스이며, 그 다음으로 헬륨(He)가스를 사용한다.

47 이산화탄소 아크 용접의 시공법에 대한 설명으로 맞는 것은?

① 와이어의 돌출길이가 길수록 비드가 아름답다.
② 와이어의 용융속도는 아크전류에 정비례하여 증가한다.
③ 와이어의 돌출길이가 길수록 늦게 용융된다.
④ 와이어의 돌출길이가 길수록 아크가 안정된다.

해설

① 와이어의 돌출길이가 짧을수록 비드가 아름답다.
③ 와이어의 돌출길이가 길수록 빨리 용융된다.
④ 와이어의 돌출길이가 길수록 아크가 불안정하다.

48 서브머지드 아크 용접에서 루트 간격이 0.8mm보다 넓을 때 누설방지 비드를 배치하는 가장 큰 이유로 맞는 것은?

① 기공을 방지하기 위하여
② 크랙을 방지하기 위하여
③ 용접변형을 방지하기 위하여
④ 용락을 방지하기 위하여

해설

서브머지드 아크 용접에서 루트 간격이 0.8mm보다 넓으면 용락(흘러 내림)을 방지하기 위해 누설방지 비드를 배치한다.

49 MIG 용접 시 와이어 송급 방식의 종류가 아닌 것은?

① 풀 방식　② 푸시 방식
③ 푸시 풀 방식　④ 푸시 언더 방식

저자쌤의 핵직강

와이어 송급 방식
- Push 방식 : 미는 방식
- Pull 방식 : 당기는 방식
- Push-Pull 방식 : 밀고 당기는 방식

해설

푸시 언더 방식은 존재하지 않는다.

50 다음 중 심 용접의 종류가 아닌 것은?

① 맞대기 심 용접　② 슬롯 심 용접
③ 매시 심 용접　④ 포일 심 용접

저자쌤의 핵직강

심 용접의 종류
- 맞대기 심 용접
- 포일 심 용접
- 머시(매시) 심 용접

해설

심 용접법에 슬롯 심 용접은 포함되지 않는다.

Plus OnE **심 용접(Seam Welding)**
원판상의 롤러 전극 사이에 용접할 2장의 판을 두고, 전기와 압력을 가하며 전극을 회전시키면서 연속적으로 점 용접을 반복하는 용접법이다.

정답 45 ④ 46 ① 47 ② 48 ④ 49 ④ 50 ②

51 다음 중 기계제도 분야에서 가장 많이 사용되며, 제3각법에 의하여 그리므로 모양을 엄밀, 정확하게 표시할 수 있는 도면은?

① 캐비닛도
② 등각투상도
③ 투시도
④ 정투상도

해설
정투상도는 기계제도 분야에서 가장 많이 사용되는 투상도법으로 제3각법에 의하여 그리므로 모양을 엄밀하고 정확하게 표시할 수 있다.

52 그림과 같은 도면에서 ⓐ 판의 두께는 얼마인가?

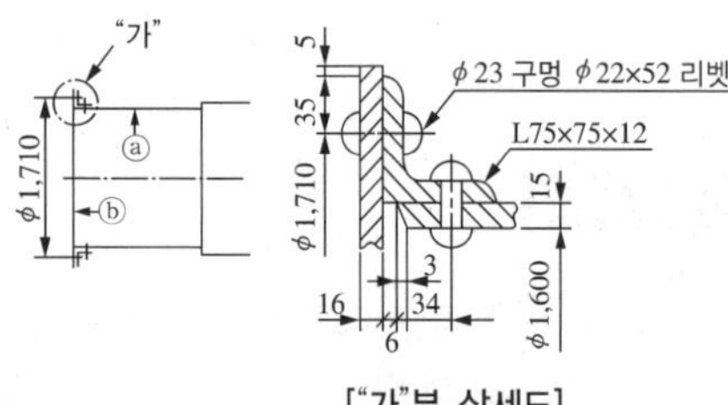

["가"부 상세도]

① 6mm ② 12mm
③ 15mm ④ 16mm

해설
ⓐ부분의 두께는 도면의 우측 하단 부에 15mm로 기재되어 있다.

53 배관 도시 기호 중 체크밸브를 나타내는 것은?

①  ② 
③ 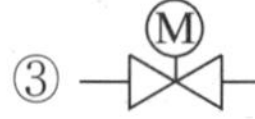

④ 

저자쌤의 핵직강

밸브 및 콕의 표시 방법

명칭	기호	명칭	기호
밸브일반		전자밸브	
글로브밸브		전동밸브	
체크밸브		콕일반	
슬루스밸브 (게이트밸브)		닫힌 콕 일반	
앵글밸브		닫혀 있는 밸브 일반	
3방향 밸브		볼밸브	
안전밸브 (스프링식)		안전밸브 (추식)	
공기빼기 밸브		버터플라이 밸브 (나비밸브)	

해설
체크밸브는 유체의 흐름을 한쪽 방향으로만 흐르도록 제어하는 밸브로써 , 와 같이 2가지로 표현할 수 있다.

54 다음 중 단독형체로 적용되는 기하공차로만 짝지어진 것은?

① 평면도, 진원도 ② 진직도, 직각도
③ 평행도, 경사도 ④ 위치도, 대칭도

저자쌤의 핵직강

기하공차 종류 및 기호

형 체	공차의 종류		기 호
단독형체	모양 공차	진직도	⏤
		평면도	⏥
		진원도	○
		원통도	⌭

51 ④ 52 ③ 53 ④ 54 ① 정답

단독형체	모양 공차	선의 윤곽도	⌒
		면의 윤곽도	⌓
관련형체	자세 공차	평행도	//
		직각도	⊥
		경사도	∠
	위치 공차	위치도	⌖
		동축도(동심도)	◎
		대칭도	⌯
	흔들림 공차	원주 흔들림	↗
		온 흔들림	⌰

해설
단독형체를 갖는 기하공차는 모양공차에 해당되는 평면도와 진원도이다.

55 기계제도에서 도면의 크기 및 양식에 대한 설명 중 틀린 것은?

① 도면 용지는 A열 사이즈를 사용할 수 있으며, 연장하는 경우에는 연장사이즈를 사용한다.
② A4~A0 도면 용지는 반드시 긴 쪽을 좌우 방향으로 놓고서 사용해야 한다.
③ 도면에는 반드시 윤곽선 및 중심마크를 그린다.
④ 복사한 도면을 접을 때 그 크기는 원칙적으로 A4 크기로 한다.

해설
A4~A0 도면 용지를 반드시 긴 쪽을 좌우 방향으로만 놓고서 사용할 필요는 없다.

56 물체의 정면도를 기준으로 하여 뒤쪽에서 본 투상도는?

① 정면도
② 평면도
③ 저면도
④ 배면도

저자쌤의 핵직강

제3각법으로 물체 표현하기

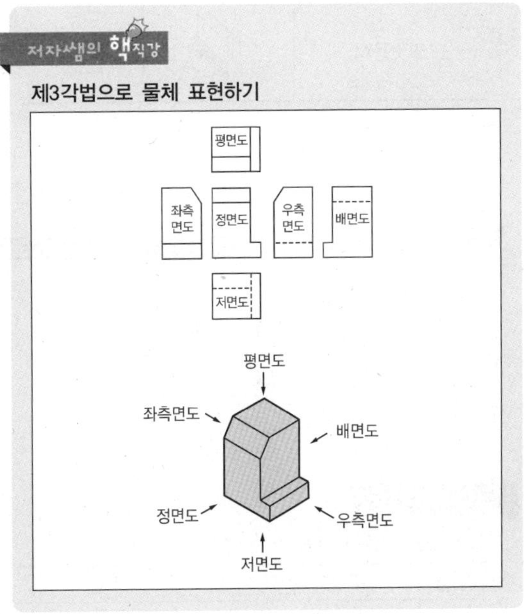

해설
④ 배면도는 물체를 앞에서 보는 정면도를 기준으로 뒤쪽에서 본 투상도이다.

57 그림과 같은 용접 이음을 용접 기호로 옳게 표시한 것은?

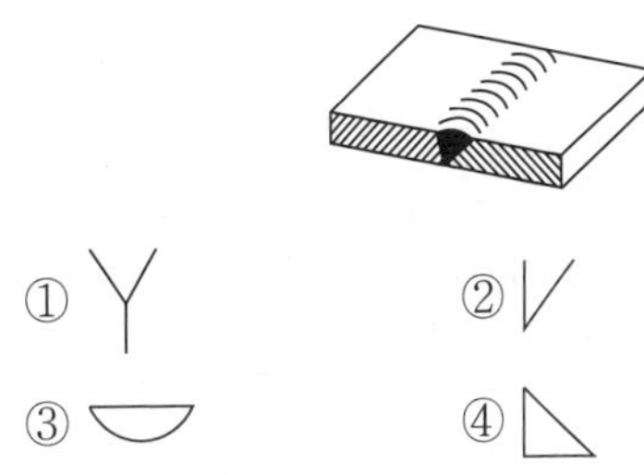

① Y
②
③
④

저자쌤의 핵직강

그림은 베벨 홈의 용접 기호를 나타낸 것이다.

명 칭	도 시	기본기호
한쪽 면 J형 맞대기 용접		Y
베벨형 맞대기 용접		
뒷면용접		

필릿용접	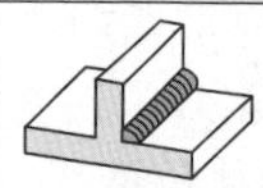	

58 다음 중 치수 보조 기호를 적용할 수 없는 것은?

① 구의 지름 치수
② 단면이 정사각형인 면
③ 단면이 정삼각형인 면
④ 판재의 두께 치수

저자쌤의 핵직강

치수 보조 기호의 종류

기 호	구 분	기 호	구 분
ϕ	지 름	p	피 치
Sϕ	구의 지름	$\overset{\frown}{50}$	호의 길이
R	반지름	$\underline{50}$	비례척도가 아닌 치수
SR	구의 반지름	$\boxed{50}$	이론적으로 정확한 치수
□	정사각형	(50)	참고 치수
C	45° 모따기	~~50~~	치수의 취소 (수정 시 사용)
t	두 께		

해설

단면이 정삼각형인 면을 나타내는 치수 보조 기호는 없다.

59 다음 중 용접 구조용 압연 강재의 KS 기호는?

① SS 400　　② SCW 450
③ SM 400 C　　④ SCM 415 M

해설

③ SM 400 C : 용접 구조용 압연 강재, SM 표시후 A, B, C 순서로 용접성의 좋아짐 표시
① SS : 일반구조용 압연강재
② SCW : 주강품
④ SCM : 기계구조용 합금강재

60 다음 그림에서 축 끝에 도시된 센터 구멍 기호가 뜻하는 것은?

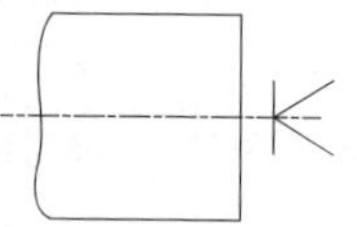

① 센터 구멍이 남아 있어도 좋다.
② 센터 구멍이 필요하지 않다.
③ 센터 구멍을 반드시 남겨둔다.
④ 센터 구멍이 필요하다.

저자쌤의 핵직강

센터 구멍의 도시 방법

센터 구멍의 필요 여부	도시방법
필요하여 반드시 남겨둔다.	
남아 있어도 좋으나 없어도 상관없다.	
불필요하므로 남아 있어서는 안 된다.	

해설

도시된 그림은 센터 구멍이 필요하지 않기 때문에 남아 있어서는 안 됨을 의미한다.

58 ③ 59 ③ 60 ② 정답

2014년도 제5회 **기출문제**

특수용접기능사 Craftsman Welding/Inert Gas Arc Welding

01 아크에어 가우징법으로 절단을 할 때 사용되어지는 장치가 아닌 것은?

① 가우징 봉 ② 컴프레서
③ 가우징 토치 ④ 냉각장치

저자쌤의 핵직강

아크 에어 가우징의 구성요소

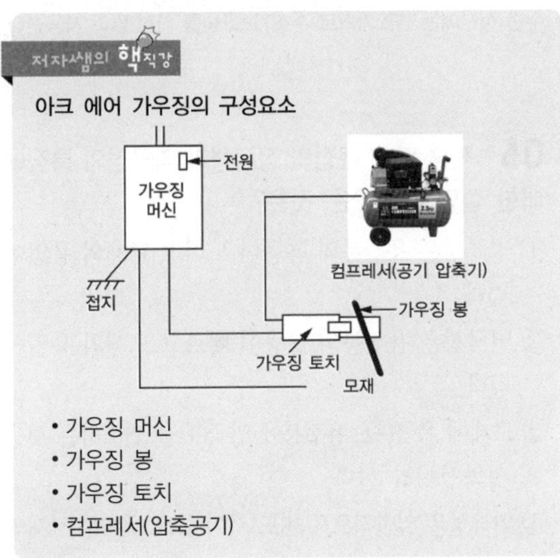

- 가우징 머신
- 가우징 봉
- 가우징 토치
- 컴프레서(압축공기)

해설

아크 에어 가우징에는 냉각장치가 필요 없다.

아크 에어 가우징은 탄소 아크 절단법에 고압(5~7kgf/cm^2)의 압축공기를 병용하는 방법으로 용융된 금속에 탄소봉과 평행으로 분출하는 압축공기를 전극 홀더의 끝부분에 위치한 구멍을 통해 연속해서 불어내어 홈을 파내는 방법으로 홈 가공이나 구멍 뚫기, 절단 작업에 사용된다. 이것은 철이나 비철 금속에 모두 이용할 수 있으며, 가스 가우징보다 작업 능률이 2~3배 높고 모재에도 해를 입히지 않는다.

02 가스 실드계의 대표적인 용접봉으로 유기물을 20~30% 정도 포함하고 있는 용접봉은?

① E4303 ② E4311
③ E4313 ④ E4324

저자쌤의 핵직강

피복 아크 용접봉의 종류

종 류	특 징
일미나이트계 (E4301)	• 일미나이트(TiO_2 · FeO)를 약 30% 이상 합금한 것으로 우리나라에서 많이 사용한다. • 일본에서 처음 개발한 것으로 작업성과 용접성이 우수하며 값이 저렴하여 철도나 차량, 구조물, 압력 용기에 사용된다. • 내균열성, 내가공성, 연성이 우수하여 25mm 이상의 후판용접도 가능하다.
라임티타늄계 (E4303)	• E4313의 새로운 형태로 약 30% 이상의 산화티탄(TiO_2)과 석회석($CaCO_3$)이 주성분이다. • 산화티탄과 염기성 산화물이 다량으로 함유된 슬래그 생성식이다. • 피복이 두껍고 전 자세 용접성이 우수하다. • E4313의 작업성을 따르면서 기계적 성질과 일미나이트계의 부족한 점을 개량하여 만든 용접봉이다. • 고산화티탄계 용접봉보다 약간 높은 전류를 사용한다.
고셀룰로오스계 (E4311)	• 피복제에 가스 발생제인 셀룰로오스를 20~30% 정도를 포함한 가스 생성식 용접봉이다. • 발생 가스량이 많아 피복량이 얇고 슬래그가 적으므로 수직, 위보기 용접에서 우수한 작업성을 보인다. • 가스 생성에 의한 환원성 아크 분위기로 용착 금속의 기계적 성질이 양호하며 아크는 스프레이 형상으로 용입이 크고 용융 속도가 빠르다. • 슬래그가 적으므로 비드 표면이 거칠고 스패터가 많다. • 사용 전류는 슬래그 실드계 용접봉에 비해 10~15% 낮게 하며 사용 전 70~100℃에서 30분~1시간 건조해야 한다. • 도금 강판, 저합금강, 저장탱크나 배관공사에 이용된다.
고산화티탄계 (E4313)	• 균열에 대한 감수성이 좋아서 구속이 큰 구조물의 용접이나 고탄소강, 쾌삭강의 용접에 사용한다. • 피복제에 산화티탄(TiO_2)을 약 35% 정도 합금한 것으로 일반 구조용 용접에 사용된다. • 용접기의 2차 무부하 전압이 낮을 때에도 아크가 안정적이며 조용하다. • 스패터가 적고 슬래그의 박리성도 좋아서 비드의 모양이 좋다. • 저합금강이나 탄소량이 높은 합금강의 용접에 적합하다.

정답 1 ④ 2 ②

고산화 티탄계 (E4313)	• 다층 용접에서는 만족할 만한 품질을 만들지 못한다. • 기계적 성질이 다른 용접봉에 비해 약하고 고온 균열을 일으키기 쉬운 단점이 있다.
저수소계 (E4316)	• 석회석이나 형석을 주성분으로 한 피복제를 사용한다. • 보통 저탄소강의 용접에 주로 사용되나 저합금강과 중, 고탄소강의 용접에도 사용된다. • 용착 금속 중의 수소량이 타 용접봉에 비해 1/10 정도로 현저하게 적다. • 균열에 대한 감수성이 좋아 구속도가 큰 구조물이 용접이나 탄소 및 황의 함유량이 많은 쾌삭강의 용접에 사용한다. • 피복제는 습기를 잘 흡수하기 때문에 사용 전에 300~350℃에서 1~2시간 건조 후 사용해야 한다.
철분 산화티탄계 (E4324)	• E4313의 피복제에 철분을 50% 정도 첨가한 것이다. • 작업성이 좋고 스패터가 적게 발생하나 용입이 얕다. • 용착 금속의 기계적 성질은 E4313과 비슷하다.
철분 저수소계 (E4326)	• E4316의 피복제에 30~50% 정도의 철분을 첨가한 것으로 용착속도가 크고 작업 능률이 좋다. • 용착 금속의 기계적 성질이 양호하고 슬래그의 박리성이 저수소계 용접봉보다 좋으며 아래보기나 수평 필릿 용접에만 사용된다.
철분 산화철계 (E4327)	• 주성분인 산화철에 철분을 첨가한 것으로 규산염을 다량 함유하고 있어서 산성의 슬래그가 생성된다. • 아크가 분무상으로 나타나며 스패터가 적고 용입은 E4324보다 깊다. • 비드의 표면이 곱고 슬래그의 박리성이 좋아서 아래보기나 수평 필릿 용접에 많이 사용된다.

해설

가스 실드계(가스 생성식)의 대표적인 용접봉은 식물체의 세포벽 골격을 형성하는 유기물인 셀룰로오스를 20~30% 포함하고 있는 E4311이다.

03 가스 절단에서 절단하고자 하는 판의 두께가 25.4mm일 때, 표준 드래그의 길이는?

① 2.4mm ② 5.2mm
③ 6.4mm ④ 7.2mm

해설

표준 드래그 길이

$$\text{판두께(mm)} \times \frac{1}{5} = 25.4 \times \frac{1}{5} = 5.08\text{mm}$$

04 수중 절단에 주로 사용되는 가스는?

① 부탄가스 ② 아세틸렌가스
③ LPG ④ 수소가스

저자쌤의 핵직강

수중 절단용 가스의 특징

- 연료가스로는 수소가스를 가장 많이 사용한다.
- 일반적으로는 수심 45m 정도까지 작업이 가능하다.
- 수중 작업 시 예열 가스의 양은 공기 중에서의 4~8배로 한다.
- 수중 작업 시 절단 산소의 압력은 공기 중에서의 1.5~2배로 한다.
- 연료가스로는 수소, 아세틸렌, 프로판, 벤젠 등의 가스를 사용한다.

해설

수중 절단에는 연료가스로 수소가스(H_2)를 가장 많이 사용한다.

05 직류 아크 용접의 정극성과 역극성의 특징에 대한 설명으로 옳은 것은?

① 정극성은 용접봉의 용융이 느리고 모재의 용입이 깊다.
② 역극성은 용접봉의 용융이 빠르고 모재의 용입이 깊다.
③ 모재에 음극(−), 용접봉에 양극(+)을 연결하는 것을 정극성이라 한다.
④ 역극성은 일반적으로 비드 폭이 좁고 두꺼운 모재의 용접에 적당하다.

저자쌤의 핵직강

아크 용접기의 극성

직류 정극성 (DCSP, Direct Current Straight Polarity)	• 용입이 깊다. • 비드 폭이 좁다. • 용접봉의 용융속도가 느리다. • 후판(두꺼운 판) 용접이 가능하다. • 모재에는 (+)전극이 연결되며 70% 열이 발생하고, 용접봉에는 (−)전극이 연결되며 30% 열이 발생한다.
직류 역극성 (DCRP, Direct Current Reverse Polarity)	• 용입이 얕다. • 비드 폭이 넓다. • 용접봉의 용융속도가 빠르다. • 박판(얇은 판) 용접이 가능하다. • 산화피막을 제거하는 청정작용이 있다. • 모재에는 (−)전극이 연결되며 30% 열이 발생하고, 용접봉에는 (+)전극이 연결되며 70% 열이 발생한다.

3 ② 4 ④ 5 ① 정답

교류(AC)	• 극성이 없다. • 전원 주파수의 $\frac{1}{2}$ 사이클마다 극성이 바뀐다. • 직류 정극성과 직류 역극성의 중간적 성격이다.

해설

직류 정극성의 경우 모재에는 (+)전극이 연결되어 70%의 열이 발생되므로 용입을 깊게 할 수 있으며, 용접봉에는 (−)전극이 연결되어 30%의 열이 발생되므로 역극성에 비해 용융은 느리게 된다.

06 산소 용기에 각인되어 있는 TP와 FP는 무엇을 의미하는가?

① TP : 내압시험 압력, FP : 최고충전 압력
② TP : 최고충전 압력, FP : 내압시험 압력
③ TP : 내용적(실측), FP : 용기중량
④ TP : 용기중량, FP : 내용적(실측)

해설

• TP : 내압시험 압력(Test Pressure)
• FP : 최고충전 압력(Full Pressure)

07 교류 아크 용접기의 규격 AW-300에서 300이 의미하는 것은?

① 정격 사용률
② 정격 2차 전류
③ 무부하 전압
④ 정격 부하 전압

저자쌤의 핵직강

교류 아크 용접기의 규격

종 류	정격 2차 전류(A)	정격 사용률(%)	정격부하 전압(V)	사용 용접봉 지름(mm)
AW200	200	40	30	2.0~4.0
AW300	300	40	35	2.6~6.0
AW400	400	40	40	3.2~8.0
AW500	500	60	40	4.0~8.0

해설

AW-300에서 AW는 Arc Welding, 300은 정격 2차 전류를 의미한다.

08 피복 아크 용접봉의 용융금속 이행 형태에 따른 분류가 아닌 것은?

① 스프레이형
② 글로뷸러형
③ 슬래그형
④ 단락형

저자쌤의 핵직강

용접봉 용융금속의 이행형식에 따른 분류

• 스프레이형 : 미세 용적을 스프레이처럼 날려 보내면서 융착
• 글로뷸러형 : 서브머지드 아크 용접과 같이 대전류를 사용
• 단락형 : 표면장력에 따라 모재에 융착

09 일반적으로 가스용접봉의 지름이 2.6mm일 때 강판의 두께는 몇 mm 정도가 적당한가?

① 1.6mm
② 3.2mm
③ 4.5mm
④ 6.0mm

해설

가스용접봉 지름$(D) = \frac{\text{판두께}(T)}{2} + 1$

$2.6\text{mm} = \frac{T}{2} + 1$

$T = 2(2.6\text{mm} - 1)$
$= 3.2\text{mm}$

10 다음 중 용접 작업에 영향을 주는 요소가 아닌 것은?

① 용접봉 각도
② 아크 길이
③ 용접 속도
④ 용접 비드

해설

용접 비드는 용접 작업 이후의 결과물이므로 용적 작업에 영향을 주는 요소는 아니다.

11 피복 아크 용접에서 아크 안정제에 속하는 피복 배합제는?

① 산화티탄
② 탄산마그네슘
③ 페로망간
④ 알루미늄

정답 6 ① 7 ② 8 ③ 9 ② 10 ④ 11 ①

저자샘의 핵직강

피복 배합제의 종류

배합제	용 도	종 류
고착제	심선에 피복제를 고착시킨다.	규산나트륨, 규산칼륨, 아교
탈산제	용융 금속 중의 산화물을 탈산, 정련한다.	크롬, 망간, 알루미늄, 규소철, 페로망간, 페로실리콘, 망간철, 톱밥, 소맥분(밀가루)
가스 발생제	중성, 환원성 가스를 발생하여 대기와의 접촉을 차단하여 용융 금속의 산화나 질화를 방지한다.	아교, 녹말, 톱밥, 탄산바륨, 셀룰로이드, 석회석, 마그네사이트
아크 안정제	아크를 안정시킨다.	산화티탄, 규산칼륨, 규산나트륨, 석회석
슬래그 생성제	용융점이 낮고 가벼운 슬래그를 만들어 산화나 질화를 방지한다.	석회석, 규사, 산화철, 일미나이트, 이산화망간
합금 첨가제	용접부의 성질을 개선하기 위해 첨가한다.	페로망간, 페로실리콘, 니켈, 몰리브덴, 구리

해설

용접봉의 피복 배합제 성분들 중에서 산화티탄은 아크 안정제로서 사용된다.

12 아세틸렌은 각종 액체에 잘 용해된다. 그러면 1기압 아세톤 2L에는 몇 L의 아세틸렌이 용해되는가?

① 2 ② 10
③ 25 ④ 50

저자샘의 핵직강

아세틸렌 가스의 용해 정도
- 물 : 1배
- 석유 : 2배
- 벤젠 : 4배
- 알코올 : 6배
- 아세톤 : 25배

해설

1기압 하에서 아세틸렌가스 1L는 아세톤에 약 25배로 용해되기 때문에 아세톤 2L에는 50L의 아세틸렌이 용해된다.

13 아크 용접에서 부하전류가 증가하면 단자전압이 저하하는 특성을 무슨 특성이라 하는가?

① 상승특성 ② 수하특성
③ 정전류 특성 ④ 정전압 특성

저자샘의 핵직강

용접기의 특성 4가지
- 정전류특성 : 부하 전류나 전압이 변해도 단자 전류는 거의 변하지 않는다.
- 정전압특성 : 부하 전류나 전압이 변해도 단자 전압은 거의 변하지 않는다.
- 수하특성 : 부하 전류가 증가하면 단자 전압이 낮아진다.
- 상승특성 : 부하 전류가 증가하면 단자 전압이 약간 높아진다.

해설

수하특성은 부하 전류가 증가하면 단자 전압이 낮아지는 현상이다.

14 용접전류에 의한 아크 주위에 발생하는 자장이 용접봉에 대해서 비대칭으로 나타나는 현상을 방지하기 위한 방법 중 옳은 것은?

① 직류용접에서 극성을 바꿔 연결한다.
② 접지점을 될 수 있는 대로 용접부에서 가까이 한다.
③ 용접봉 끝을 아크가 쏠리는 방향으로 기울인다.
④ 피복제가 모재에 접촉할 정도로 짧은 아크를 사용한다.

저자샘의 핵직강

아크 쏠림(자기 불림)의 방지 대책
- 용접 전류를 줄인다.
- 교류용접기를 사용한다.
- 접지점을 2개로 연결한다.
- 아크 길이는 최대한 짧게 한다.
- 용접부가 긴 경우 후진법을 사용한다.
- 모재에 연결된 접지점을 용접부에서 멀리한다.
- 용접봉 끝을 아크 쏠림 반대 방향으로 기울인다.
- 받침쇠, 긴 가용접부, 이음의 처음과 끝에 엔드탭을 사용한다.

해설

아크 쏠림(Arc Blow, 자기 불림)은 피복제가 모재에 접촉할 정도로 짧은 아크를 사용해야 한다.

12 ④ 13 ② 14 ④ 정답

① 교류용접기를 사용한다.
② 접지점을 될 수 있는 대로 용접부에서 멀리해야 한다.
③ 용접봉 끝을 아크가 쏠리는 방향의 반대 방향으로 기울인다.

15 아크가 발생하는 초기에 용접봉과 모재가 냉각되어 있어 용접 입열이 부족하여 아크가 불안정하기 때문에 아크 초기에만 용접 전류를 특별히 크게 해 주는 장치는?

① 전격방지 장치 ② 원격제어 장치
③ 핫 스타트 장치 ④ 고주파발생 장치

해설
핫 스타트 장치는 아크가 발생하는 초기에만 용접전류를 커지게 만드는 아크 발생 제어 장치이다.

핫 스타트 장치의 장점
- 기공을 방지한다.
- 아크 발생을 쉽게 한다.
- 비드의 이음을 좋게 한다.
- 아크 발생 초기에 비드의 용입을 좋게 한다.

16 산소용기의 내용적이 33.7L인 용기에 120kgf/cm^{2}이 충전되어 있을 때, 대기압 환산용적은 몇 리터인가?

① 2,803 ② 4,044
③ 28,030 ④ 40,440

저자쌤의 핵직강

용기 속의 산소량 구하는 식
용기 속의 산소량 = 내용적 × 기압
∴ 용기에서 사용한 산소량 = 내용적 × 기압
= 33.7L × 120 = 4,044L

17 연강용 피복 아크 용접봉 심선의 4가지 화학성분 원소는?

① C, Si, P, S ② C, Si, Fe, S
③ C, Si, Ca, P ④ Al, Fe, Ca, P

해설
연강용 피복 아크 용접봉의 심선에 함유된 원소
C(탄소), Si(규소), P(인), S(황)

18 알루미늄 합금 재료가 가공된 후 시간의 경과에 따라 합금이 경화하는 현상은?

① 재결정 ② 시효경화
③ 가공경화 ④ 인공시효

저자쌤의 핵직강

- 재결정 : 결정성 물질을 적당한 용매에 용해한 후 다시 결정으로 석출시키는 현상
- 가공경화 : 금속을 가공·변형시켜서 금속의 경도를 증가시키는 방법
- 인공시효 : 상온보다도 높은 온도로 행하는 시효

해설
시효경화 : 알루미늄 합금 재료가 가공된 후 시간의 경과에 따라 경화하는 현상

19 경금속(Light Metal) 중에서 가장 가벼운 금속은?

① 리튬(Li) ② 베릴륨(Be)
③ 마그네슘(Mg) ④ 티타늄(Ti)

해설
① 리튬(Li) : 0.534 ② 베릴륨(Be) : 1.86
③ 마그네슘(Mg) : 1.7 ④ 티타늄(Ti) : 4.5

20 정련된 용강을 노 내에서 Fe-Mn, Fe-Si, Al 등으로 완전 탈산시킨 강은?

① 킬드강 ② 캡드강
③ 림드강 ④ 세미킬드강

저자쌤의 핵직강

강괴의 탈산 정도에 따른 분류
- 킬드강 : 평로, 전기로에서 제조된 용강을 Fe-Mn, Fe-Si, Al 등으로 완전히 탈산시킨 강
- 캡드강 : 림드강을 주형에 주입한 후 탈산제를 넣거나 주형에 뚜껑을 덮고 리밍 작용을 억제하여 표면을 림드강처럼 깨끗하게 만듦과 동시에 내부를 세미킬드강처럼 편석이 적은 상태로 만든 강
- 세미킬드강 : Al으로 림드강과 킬드강의 중간 정도로 탈산시킨 강
- 림드강 : 평로, 전로에서 제조된 것을 Fe-Mn으로 가볍게 탈산시킨 강

정답 15 ③ 16 ② 17 ① 18 ② 19 ① 20 ①

해설

정련된 용강을 노 내에서 Fe-Mn이나 Fe-Si, Al 등으로 완전히 탈산시킨 강은 킬드강이다.

21 합금공구강을 나타내는 한국산업표준(KS)의 기호는?

① SKH 2　② SCr 2
③ STS 11　④ SNCM

해설

합금공구강의 KS 기호로 STS를 사용한다.
③ STS : 합금공구강(절삭공구)
① SKH : 고속도 공구강재
② SCr : 크롬강
④ SNCM : 니켈-크롬-몰리브덴강

22 스테인리스강의 금속 조직학상 분류에 해당하지 않는 것은?

① 마텐자이트계　② 페라이트계
③ 시멘타이트계　④ 오스테나이트계

저자쌤의 핵직강

스테인리스강의 분류

구 분	종 류	주요 성분	자 성
Cr계	페라이트계 스테인리스강	Fe+Cr 12% 이상	자성체
	마텐자이트계 스테인리스강	Fe+Cr 13%	자성체
Cr+Ni계	오스테나이트계 스테인리스강	Fe+Cr 18%+Ni 8%	비자성체
	석출경화계 스테인리스강	Fe+Cr+Ni	비자성체

해설

시멘타이트계는 스테인리스강의 조직학상 분류에 속하지 않는다.

23 구리에 40~50% Ni을 첨가한 합금으로서 전기저항이 크고 온도계수가 일정하므로 통신기자재, 저항선, 전열선 등에 사용하는 니켈 합금은?

① 인 바　② 엘린바
③ 모넬메탈　④ 콘스탄탄

저자쌤의 핵직강

- 인바 : Fe에 Ni을 35% 첨가하여 열팽창계수가 작은 합금으로 줄자, 정밀기계부품 등에 사용한다.
- 엘린바 : Fe에 36%의 Ni, 12%의 Cr을 함유한 합금으로 시계의 태엽, 계기의 스프링, 기압계용 다이어프램 등 정밀 계측기나 시계 부품에 사용한다.
- 모넬메탈 : 구리와 니켈의 합금이다. 소량의 철, 망간, 규소 등도 다소 함유되어 있어서 내식성과 고온에서의 강도가 높아서 각종 화학 기계나 열기관의 재료로 사용된다.

해설

콘스탄탄은 Ni(니켈) 40~50%과 구리의 합금으로 전기 저항성이 크나 온도계수가 일정하므로 저항선이나 전열선, 열전쌍의 재료로 사용된다.

24 강의 표면에 질소를 침투시켜 경화시키는 표면 경화법은?

① 침탄법
② 질화법
③ 세러다이징
④ 고주파담금질

저자쌤의 핵직강

질화법

재료의 표면경도를 향상시키기 위한 방법으로 암모니아(NH_3)가스의 영역 안에 재료를 놓고 약 500℃에서 50~100시간을 가열하면 재료 표면의 Al, Cr, Mo이 질화되면서 표면이 단단해지는 표면경화법이다.

해설

강의 표면에 질소(N)를 침투시키는 표면경화법은 질화법이다.

25 합금강의 분류에서 특수용도용으로 게이지, 시계추 등에 사용되는 것은?

① 불변강　② 쾌삭강
③ 규소강　④ 스프링강

해설

게이지나 시계추 등은 온도나 열에 의해 변형되면 안 되기 때문에 불변강을 사용해야 한다.

21 ③　22 ③　23 ④　24 ②　25 ① 정답

26 인장강도가 98~196MPa 정도이며, 기계가공성이 좋아 공작기계의 베드, 일반기계 부품, 수도관 등에 사용되는 주철은?

① 백주철 ② 회주철
③ 반주철 ④ 흑주철

해설
회주철은 인장강도가 98~196MPa 정도이며, 기계가공성이 좋아서 공작기계의 베드나 일반기계 부품, 수도관 등의 재료로 사용되는 주철이다.

27 열처리된 탄소강의 현미경 조직에서 경도가 가장 높은 것은?

① 소르바이트 ② 오스테나이트
③ 마텐자이트 ④ 트루스타이트

저자쌤의 핵직강

담금질 조직의 경도가 높은 순서
페라이트 < 오스테나이트 < 펄라이트 < 소르바이트 < 베이나이트 < 트루스타이트 < 마텐자이트 < 시멘타이트

28 용접부품에서 일어나기 쉬운 잔류응력을 감소시키기 위한 열처리 방법은?

① 완전풀림(Full Annealing)
② 연화풀림(Softening Annealing)
③ 확산풀림(Diffusion Annealing)
④ 응력제거풀림(Stress Relief Annealing)

해설
응력제거풀림은 용접부 내부에 존재하는 잔류응력을 감소시키기 위한 열처리 방법이다.

29 초음파 탐상법의 특징 설명으로 틀린 것은?

① 초음파의 투과 능력이 작아 얇은 판의 검사에 적합하다.
② 결함의 위치와 크기를 비교적 정확히 알 수 있다.
③ 검사 시험체의 한 면에서도 검사가 가능하다.
④ 감도가 높으므로 미세한 결함을 검출할 수 있다.

해설
초음파 탐상법은 초음파의 투과 능력이 커서 두꺼운 판의 검사도 가능하다.

30 다음 중 용제와 와이어가 분리되어 공급되고 아크가 용제 속에서 일어나며 잠호용접이라 불리는 용접은?

① MIG 용접
② 심용접
③ 서브머지드 아크 용접
④ 일렉트로 슬래그 용접

저자쌤의 핵직강

서브머지드 아크 용접(SAW)은 용접 부위에 미세한 입상의 플럭스를 도포한 뒤 와이어가 공급되어 아크가 플럭스 속에서 발생되므로 불가시 아크 용접, 잠호 용접, 개발자의 이름을 딴 케네디 용접, 그리고 이를 개발한 회사의 상품명인 유니언 멜트 용접이라고도 한다.

31 용접 후 변형을 교정하는 방법이 아닌 것은?

① 박판에 대한 점 수축법
② 형재(形材)에 대한 직선 수축법
③ 가스 가우징법
④ 롤러에 거는 방법

저자쌤의 핵직강

용접 후 변형을 교정하는 방법
- 박판에 대한 점 수축법 : 점 용접 시 발생하는 열에 의해 재료가 변형된다.
- 형재에 대한 직선 수축법 : H빔이나 I빔과 같은 형상을 띤 재료를 직선으로 수축시키는 것만으로는 변형을 교정할 수 없다.
- 가열 후 해머링하는 방법 : 소성가공에 속하는 단조가공으로 열과 외력에 의해 변형된다.
- 롤러에 거는 방법 : 회전하는 롤러 사이를 지나게 하여 재료가 외력에 의해 소성 변형을 일으킨다.
- 후판에 대해 가열 후 압력을 가하고 수냉하는 방법
- 절단하여 정형 후 재 용접하는 방법
- 피닝법 : 특수 해머로 연속적으로 두드려서 용접부 표면층을 소성변형 주는 방법

정답 26 ② 27 ③ 28 ④ 29 ① 30 ③ 31 ③

해설

가스가우징은 용접 결함이나 가접부 등의 제거를 위해 사용하는 방법으로써 가스 절단과 비슷한 토치를 사용해 용접부의 뒷면을 따내거나, U형이나 H형의 용접 홈을 가공하기 위하여 깊은 홈을 파내는 가공법으로 이것은 변형 교정 방법에 속하지 않는다.

32 용접전압이 25V, 용접전류가 350A, 용접속도가 40cm/min인 경우 용접 입열량은 몇 J/cm인가?

① 10,500J/cm ② 11,500J/cm
③ 12,125J/cm ④ 13,125J/cm

저자쌤의 핵직강

용접 입열량 구하는 식

$$H = \frac{60EI}{v} \text{ (J/cm)}$$

H : 용접 단위길이 1cm당 발생하는 전기적 에너지
E : 아크전압(V)
I : 아크전류(A)
v : 용접속도(cm/min)
※ 일반적으로 모재에 흡수된 열량은 입열의 75~85% 정도이다.

해설

$$H = \frac{60EI}{v} = \frac{60 \times 25 \times 350}{40} = 13{,}125\text{J/cm}$$

33 용접 이음 준비 중 홈 가공에 대한 설명으로 틀린 것은?

① 홈 가공의 정밀 또는 용접 능률과 이음의 성능에 큰 영향을 준다.
② 홈 모양은 용접방법과 조건에 따라 다르다.
③ 용접 균열은 루트 간격이 넓을수록 적게 발생한다.
④ 피복 아크 용접에서는 54~70° 정도의 홈 각도가 적합하다.

해설

용접 균열은 루트 간격이 좁을수록 적게 발생한다. 루트 간격이 좁으면 슬래그나 기공 등의 용접 결함이 발생할 확률이 넓을 때보다 더 적기 때문이다.

34 그림과 같이 용접선의 방향과 하중의 방향이 직교한 필릿 용접은?

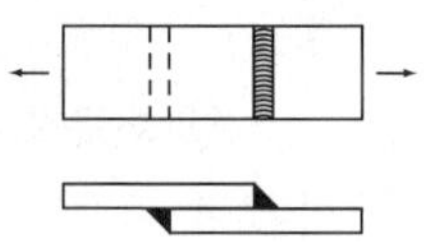

① 측면필릿 용접 ② 경사필릿 용접
③ 전면필릿 용접 ④ T형필릿 용접

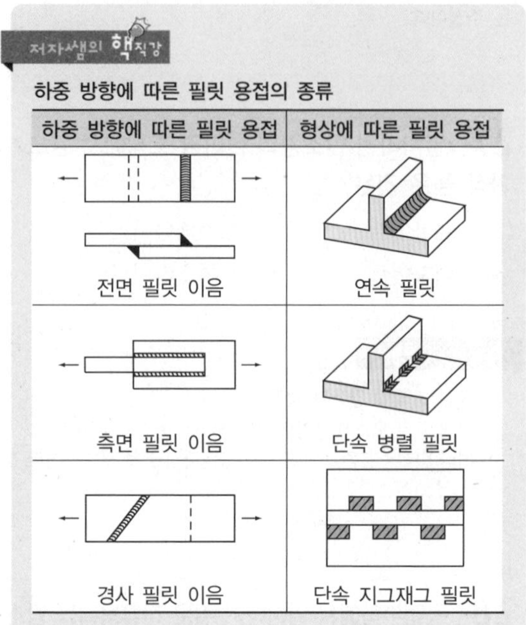

저자쌤의 핵직강

하중 방향에 따른 필릿 용접의 종류

하중 방향에 따른 필릿 용접	형상에 따른 필릿 용접
전면 필릿 이음	연속 필릿
측면 필릿 이음	단속 병렬 필릿
경사 필릿 이음	단속 지그재그 필릿

해설

전면필릿 용접은 용접선의 방향과 하중이 작용하는 방향이 서로 직교한다.

35 아크 플라즈마는 고전류가 되면 방전전류에 의하여 생기는 자장과 전류의 작용으로 아크의 단면이 수축된다. 그 결과 아크단면이 수축하여 가늘게 되고 전류밀도가 증가한다. 이와 같은 성질을 무엇이라고 하는가?

① 열적 핀치효과
② 자기적 핀치효과
③ 플라즈마 핀치효과
④ 동적 핀치효과

32 ④ 33 ③ 34 ③ 35 ② 정답

저자쌤의 핵직강

• 자기적 핀치효과 : 아크 플라즈마는 고전류가 되면 방전전류에 의하여 생기는 자장과 전류의 작용으로 아크의 단면이 수축되고 그 결과 전류밀도가 증가하여 큰 에너지를 얻는 현상을 말한다.
• 열적 핀치효과 : 아크 플라즈마의 외부를 가스로 강제 냉각을 하면 아크 플라즈마는 열손실이 증가하여 전류를 일정하게 하며 아크전압은 상승한다. 아크 플라즈마는 열손실이 최소한이 되도록 단면이 수축되고 전류밀도가 증가하여 상당히 높은 온도의 아크 플라즈마가 얻어지는 것이다.

해설

핀치효과 : 플라즈마 기둥이 전자기력을 받아 가늘게 죄어지는 효과를 말하는데 그 발생 현상에 따라서 크게 열적 핀치효과와 자기적 핀치효과로 나뉜다.

36 안전 보호구의 구비요건 중 틀린 것은?

① 착용이 간편할 것
② 재료의 품질이 양호할 것
③ 구조와 끝마무리가 양호할 것
④ 위험, 유해요소에 대한 방호성능이 나쁠 것

저자쌤의 핵직강

보호구의 구비 요건
• 착용하여 작업하기 쉬울 것
• 사용되는 재료는 작업자에게 해로운 영향을 주지 않을 것
• 마무리가 양호할 것
• 유해 · 위험물로부터 보호성능이 충분할 것
• 외관이나 디자인이 양호할 것

해설

안전 보호구는 위험이나 유해요소에 대한 방호성능이 좋아야 한다. 만약에 나쁠 경우 사고가 발생하게 된다.

37 피복 아크 용접기를 설치해도 되는 장소는?

① 먼지가 매우 많고 옥외의 비바람이 치는 곳
② 수증기 또는 습도가 높은 곳
③ 폭발성 가스가 존재하지 않는 곳
④ 진동이나 충격을 받는 곳

해설

① 옥내의 비바람이 치지 않는 곳
② 수증기 또는 습도가 낮은 곳
④ 진동이나 충격이 없는 곳

38 CO_2 가스 아크 용접에서 복합와이어의 구조에 해당하지 않는 것은?

① C관상 와이어 ② 아코스 와이어
③ S관상 와이어 ④ NCG 와이어

저자쌤의 핵직강

CO_2 가스 아크 용접용 와이어에 따른 용접법의 분류

Solid Wire	혼합가스법
	CO_2법
복합 와이어 (FCW,Flux Cored Wire)	아코스 아크법
	유니언 아크법
	퓨즈 아크법
	NCG법
	S관상 와이어
	Y관상 와이어

해설

CO_2 가스 아크 용접용 복합 와이어의 종류에 C관상 와이어는 포함되지 않는다.

39 다음 중 비파괴 시험이 아닌 것은?

① 초음파 시험
② 피로 시험
③ 침투 시험
④ 누설 시험

저자쌤의 핵직강

용접부 검사 방법의 종류

비파괴 시험	내부결함	방사선 투과 시험(RT)
		초음파 탐상 시험(UT)
	표면결함	외관검사(VT)
		자분탐상검사(MT)
		침투탐상검사(PT)
		누설검사(LT)
		와전류탐상검사(ET)
파괴 시험 (기계적 시험)	인장시험	인장강도, 항복점, 연신율 계산
	굽힘시험	연성의 정도 측정
	충격시험	인성과 취성의 정도 측정
	경도시험	외력에 대한 저항의 크기 측정
	매크로시험	조직검사
	피로시험	반복적인 외력에 대한 저항력 측정

정답 36 ④ 37 ③ 38 ① 39 ②

해설

피로시험(Fatigue Test)은 재료의 강도시험으로 재료에 반복응력을 가했을 때 파괴되기까지의 반복하는 수를 구해서 응력(S)과 반복횟수(N)와의 상관관계를 알 수 있는 것으로 파괴 시험법에 속한다.

40 다음 중 화재 및 폭발의 방지조치가 아닌 것은?

① 가연성 가스는 대기 중에 방출시킨다.
② 용접작업 부근에 점화원을 두지 않도록 한다.
③ 가스용접 시에는 가연성 가스가 누설되지 않도록 한다.
④ 배관 또는 기기에서 가연성 가스의 누출여부를 철저히 점검한다.

해설

가연성 가스를 대기 중에 방출시키면 조그만 불씨로도 폭발이 가능하므로 위험하다.

41 불활성 가스 금속 아크(MIG) 용접의 특징 설명으로 옳은 것은?

① 바람의 영향을 받지 않아 방풍대책이 필요 없다.
② TIG 용접에 비해 전류밀도가 높아 용융속도가 빠르고 후판용접에 적합하다.
③ 각종 금속용접이 불가능하다.
④ TIG 용접에 비해 전류밀도가 낮아 용접속도가 느리다.

저자쌤의 핵직강

MIG 용접의 장점
- 분무 이행이 원활하다.
- 열영향부가 매우 적다.
- 전 자세 용접이 가능하다.
- 용접기의 조작이 간단하다.
- 아크의 자기제어 기능이 있다.
- 직류용접기의 경우 정전압 특성 또는 상승 특성이 있다.
- 전류가 일정할 때 아크 전압이 커지면 용융속도가 낮아진다.
- 전류밀도가 아크 용접의 4~6배, TIG 용접의 2배 정도로 매우 높다.
- 용접부가 좁고, 깊은 용입을 얻으므로 후판(두꺼운 판) 용접에 적당하다.
- 알루미늄이나 마그네슘 등은 청정작용으로 용제 없이도 용접이 가능하다.
- 전자동 또는 반자동식이 많으며 전극인 와이어는 모재와 동일한 금속을 사용한다.
- 전원은 직류 역극성이 이용되며 Al, Mg 등에는 클리닝 작용(청정작용)이 있어 용제 없이도 용접이 가능하다.
- 용접봉을 갈아 끼울 필요가 없어 용접 속도를 빨리할 수 있으므로 고속 및 연속적으로 양호한 용접을 할 수 있다.

해설

MIG 용접은 TIG 용접에 비해 전류밀도가 2배 정도로 높아서 용융속도가 빠르며 후판용접에 적합하다.

42 가스 절단 작업 시 주의 사항이 아닌 것은?

① 가스 누설의 점검은 수시로 해야 하며 간단히 라이터로 할 수 있다.
② 가스 호스가 꼬여 있거나 막혀있는지를 확인한다.
③ 가스 호스가 용융 금속이나 산화물의 비산으로 인해 손상되지 않도록 한다.
④ 절단 진행 중에 시선은 절단면을 떠나서는 안 된다.

저자쌤의 핵직강

가스 누설 점검은 작업 전이나 중, 후에 수시로 실시해야 하며, 비눗물로 연결 부위를 점검하여 누설 여부를 확인해야 한다.

해설

가스 누설 점검 시 라이터로 할 경우 폭발의 위험이 있다.

43 본 용접의 용착법 중 각 층마다 전체 길이를 용접하면서 쌓아올리는 방법으로 용접하는 것은?

① 전진 블록법
② 캐스케이드법
③ 빌드업법
④ 스킵법

저자쌤의 핵직강

용착법의 종류

분 류		특 징
용착 방향에 의한 용착법	전진법	한쪽 끝에서 다른 쪽 끝으로 용접을 진행하는 방법으로 용접 길이가 길면 끝부분 쪽에 수축과 잔류응력이 생긴다.

40 ① 41 ② 42 ① 43 ③ 정답

<table>
<tr><td rowspan="3">용착
방향에
의한
용착법</td><td>후퇴법</td><td>용접을 단계적으로 후퇴하면서 전체 길이를 용접하는 방법으로서, 수축과 잔류응력을 줄이는 용접 기법이다.</td></tr>
<tr><td>대칭법</td><td>변형과 수축응력의 경감법으로 용접의 전 길이에 걸쳐 중심에서 좌우 또는 용접물 형상에 따라 좌우 대칭으로 용접하는 기법이다.</td></tr>
<tr><td>스킵법
(비석법)</td><td>용접부 전체의 길이를 5개 부분으로 나누어 놓고 1-4-2-5-3순으로 용접하는 방법으로 용접부에 잔류 응력을 적게 해야 할 경우에 사용한다.</td></tr>
<tr><td rowspan="3">다층
비드
용착법</td><td>덧살올림법
(빌드업법)</td><td>각 층마다 전체의 길이를 용접하면서 쌓아올리는 방법으로 가장 일반적인 방법이다.</td></tr>
<tr><td>전진
블록법</td><td>한 개의 용접봉으로 살을 붙일만한 길이로 구분해서 홈을 한 층 완료 후 다른 층을 용접하는 방법이다.</td></tr>
<tr><td>캐스
케이드법</td><td>한 부분의 몇 층을 용접하다가 다음 부분의 층으로 연속시켜 전체가 단계를 이루도록 용착시켜 나가는 방법이다.</td></tr>
</table>

해설

용접에서 비드를 쌓을 때 각 층마다 전체 길이를 용접하면서 쌓아올리는 용착 방법은 덧살올림법(빌드업법)이다.

44 TIG 용접 시 텅스텐 전극의 수명을 연장시키기 위하여 아크를 끊은 후 전극의 온도가 얼마일 때까지 불활성 가스를 흐르게 하는가?

① 100℃　　② 300℃
③ 500℃　　④ 700℃

해설

TIG 용접 시 텅스텐 전극의 수명 연장을 위해서는 아크를 끊은 후 전극의 온도가 300℃가 될 때까지 불활성 가스를 흐르게 해야 한다.

45 연납과 경납을 구분하는 용융점은 몇 ℃인가?

① 200℃　　② 300℃
③ 450℃　　④ 500℃

해설

연납과 경납을 구분하는 용융점의 온도는 450℃이다.

46 용접부에 은점을 일으키는 주요 원소는?

① 수 소　　② 인
③ 산 소　　④ 탄 소

해설

용접부에 은점을 일으키는 원소는 수소(H_2)가스이다.

47 교류 아크 용접기의 종류가 아닌 것은?

① 가동철심형
② 가동코일형
③ 가포화리액터형
④ 정류기형

저자쌤의 핵직강

아크 용접기의 종류

<table>
<tr><td rowspan="5">직류 아크
용접기</td><td rowspan="2">발전기형</td><td>전동발전식</td></tr>
<tr><td>엔진구동형</td></tr>
<tr><td rowspan="3">정류기형</td><td>셀 렌</td></tr>
<tr><td>실리콘</td></tr>
<tr><td>게르마늄</td></tr>
<tr><td rowspan="4">교류 아크
용접기</td><td colspan="2">가동철심형</td></tr>
<tr><td colspan="2">가동코일형</td></tr>
<tr><td colspan="2">탭전환형</td></tr>
<tr><td colspan="2">가포화리액터형</td></tr>
</table>

해설

정류기형은 직류 아크 용접기에 속한다.

48 TIG 용접에서 전극봉의 마모가 심하지 않으면서 청정작용이 있고 알루미늄이나 마그네슘 용접에 가장 적합한 전원 형태는?

① 직류 정극성(DCSP)
② 직류 역극성(DCRP)
③ 고주파 교류(ACHF)
④ 일반 교류(AC)

저자쌤의 핵직강

고주파 교류(ACHF)의 특성
- 청정 효과가 있다.
- 전극의 수명을 길게 한다.

정답 44 ② 45 ③ 46 ① 47 ④ 48 ③

- 사용 전류의 범위가 크다.
- 긴 아크의 유지가 용이하다.
- 알루미늄이나 마그네슘의 용접에 사용된다.
- 직류정극성과 직류역극성의 중간 형태의 용입을 얻는다.
- 고주파 전원을 사용하므로 모재에 접촉시키지 않아도 아크가 발생한다.

해설

TIG 용접에서 고주파 교류(ACHF)를 사용하면 직류정극성과 직류역극성의 중간 형태의 용입을 얻을 수 있으며 전극봉의 마모도 심하지 않다. 금속보다는 알루미늄이나 마그네슘의 용접에 가장 적합하다.

49 일렉트로 슬래그 아크 용접에 대한 설명 중 맞지 않는 것은?

① 일렉트로 슬래그 용접은 단층 수직 상진 용접을 하는 방법이다.

② 일렉트로 슬래그 용접은 아크를 발생시키지 않고 와이어와 용융 슬래그 그리고 모재 내에 흐르는 전기 저항열에 의하여 용접한다.

③ 일렉트로 슬래그 용접의 홈 형상은 I형 그대로 사용한다.

④ 일렉트로 슬래그 용접 전원으로는 정전류형의 직류가 적합하고, 용융금속의 용착량은 90% 정도이다.

저자쌤의 핵직강

일렉트로 슬래그 아크 용접

용융된 슬래그와 용융 금속이 용접부에서 흘러나오지 못하도록 수랭동판으로 둘러싸고 이 용융 풀에 용접봉을 연속적으로 공급하는데 이때 발생하는 용융 슬래그의 저항열에 의하여 용접봉과 모재를 연속적으로 용융시키면서 용접하는 방법이다.

해설

일렉트로 슬래그 아크 용접은 용접 전원으로 교류의 정전압 특성을 갖는 대전류를 사용한다.

50 용접 결함 종류가 아닌 것은?

① 기 공　　② 언더컷

③ 균 열　　④ 용착금속

저자쌤의 핵직강

용접부 결함과 방지 대책

모 양	원 인	방지대책
언더컷	• 전류가 높을 때 • 아크 길이가 길 때 • 용접 속도가 빠를 때 • 운봉 각도가 부적당할 때 • 부적당한 용접봉을 사용할 때	• 전류를 낮춘다. • 아크 길이를 짧게 한다. • 용접 속도를 알맞게 한다. • 운봉 각도를 알맞게 한다. • 알맞은 용접봉을 사용한다.
오버랩	• 전류가 낮을 때 • 운봉, 작업각, 진행각과 같은 유지각도가 불량할 때 • 부적당한 용접봉을 사용할 때	• 전류를 높인다. • 작업각과 진행각을 조정한다. • 알맞은 용접봉을 사용한다.
용입불량	• 이음 설계에 결함이 있을 때 • 용접 속도가 빠를 때 • 전류가 낮을 때 • 부적당한 용접봉을 사용할 때	• 치수를 크게 한다. • 용접속도를 적당히 조절한다. • 전류를 높인다. • 알맞은 용접봉을 사용한다.
균 열	• 이음부의 강성이 클 때 • 부적당한 용접봉을 사용할 때 • C, Mn 등 합금성분이 많을 때 • 과대 전류, 용접 속도가 클 때 • 모재에 유황 성분이 많을 때	• 예열이나 피닝처리를 한다. • 알맞은 용접봉을 사용한다. • 예열 및 후열처리를 한다. • 전류 및 용접 속도를 알맞게 조절한다. • 저수소계 용접봉을 사용한다.
선상조직	• 냉각속도가 빠를 때 • 모재의 재질이 불량할 때	• 급랭을 피한다. • 재질에 알맞은 용접봉 사용한다.
기 공	• 수소나 일산화탄소 가스가 과잉으로 분출될 때 • 용접 전류값이 부적당할 때 • 용접부가 급속히 응고될 때 • 용접 속도가 빠를 때 • 아크길이가 부적절할 때	• 건조된 저수소계 용접봉을 사용한다. • 전류 및 용접 속도를 알맞게 조절한다. • 이음 표면을 깨끗하게 하고 예열을 한다.
슬래그혼입	• 전류가 낮을 때 • 용접 이음이 부적당할 때 • 운봉 속도가 너무 빠를 때 • 모든 층의 슬래그 제거가 불완전할 때	• 슬래그를 깨끗이 제거한다. • 루트 간격을 넓게 한다. • 전류를 약간 높게 하며 운봉 조작을 적절하게 한다. • 슬래그를 앞지르지 않도록 운봉속도를 유지한다.

해설

용착 금속은 용가재에 의해 용접부위에 채워진 금속으로 용접 결함과는 거리가 멀다.

49 ④ 50 ④ **정답**

51 다음 그림과 같은 양면 용접부 조합기호의 명칭으로 옳은 것은?

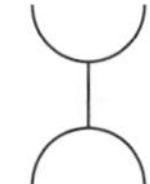

① 양면 V형 맞대기 용접
② 넓은 루트면이 있는 양면 V형 용접
③ 넓은 루트면이 있는 K형 맞대기 용접
④ 양면 U형 맞대기 용접

해설

그림에서 U의 형상이 위, 아래에 모두 있으므로 양면 U형 맞대기 용접을 나타내는 것이며, 만일 한쪽면만 있으면 단면 U형 맞대기 용접이다.

52 다음 그림은 경유 서비스탱크 지지철물의 정면도와 측면도이다. 모두 동일한 ㄱ형강일 경우 중량은 약 몇 kg인가?(단, ㄱ형강(L－50 × 50 × 6)의 단위 m당 중량은 4.43kg/m이고, 정면도와 측면도에서 좌우 대칭이다)

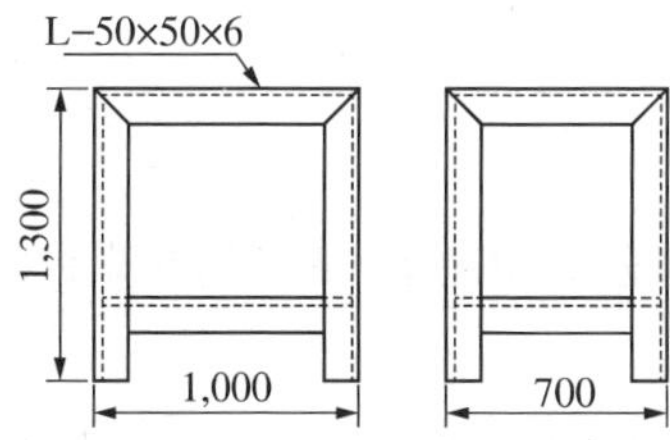

① 44.3　　② 53.1
③ 55.4　　④ 76.1

저자쌤의 핵직강

기준은 ㄱ형강(L－50 × 50 × 6) : 1m당 4.43kg/m이다.

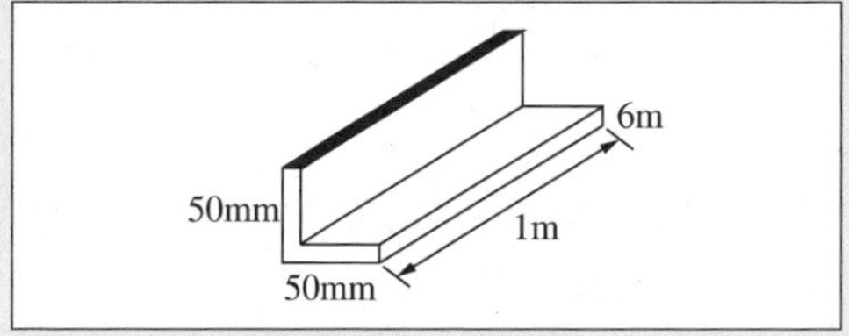

구조물의 전체 길이를 구한 뒤, 이것을 기준길이인 1m로 나눈 후 4.43kg/m를 곱하면 이 구조물의 중량을 구할 수 있다.

- 세로구조물 : 1.3m × 4개 = 5.2m
- 가로구조물(위) : 1m × 4개 = 4m
- 가로구조물(아래) : 0.7m × 4개 = 2.8m

∴ 3개의 구조물을 모두 더하면 12m × 4.43 = 53.16kg

53 3각법으로 정투상한 아래 도면에서 정면도와 우측면도에 가장 적합한 평면도는?

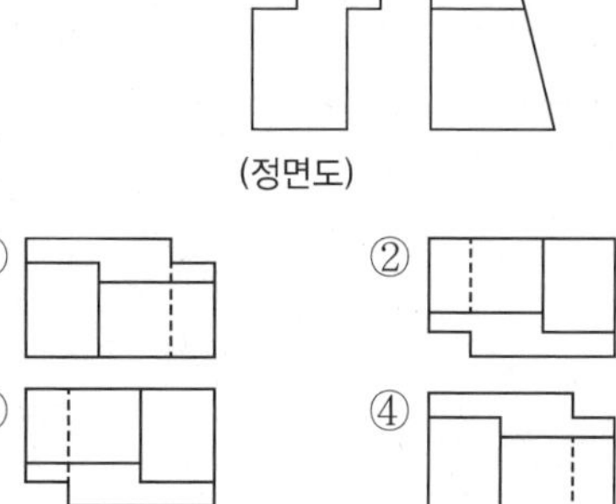

해설

정면도에서 오른쪽 윗부분의 돌출부는 물체를 위에서 바라보았을 때 빈 공간이 형성되므로 이 경계부는 점선이 세로방향으로 모두 그려져야 한다. 따라서 정답은 ①번이 된다.

54 도면에 그려진 길이가 실제 대상물의 길이보다 큰 경우 사용한 척도의 종류인 것은?

① 현 척　　② 실 척
③ 배 척　　④ 축 척

저자쌤의 핵직강

척도 표시 방법

종 류	의 미
축 척	실물보다 작게 축소해서 그리는 것으로 1 : 2, 1 : 20의 형태로 표시
배 척	실물보다 크게 확대해서 그리는 것으로 2 : 1, 20 : 1의 형태로 표시
현 척	실물과 동일한 크기로 1 : 1의 형태로 표시

※ 척도 A : B = 도면에서의 크기 : 물체의 실제크기

해설

배척은 도면의 길이가 실제 대상물의 길이보다 크게 그려진 경우에 적용하는 척도이다.

55 대상물의 보이는 부분의 모양을 표시하는데 사용하는 선은?

① 치수선　　② 외형선
③ 숨은선　　④ 기준선

정답 51 ④ 52 ② 53 ① 54 ③ 55 ②

저자쌤의 핵직강

선의 종류 및 용도

명 칭	기호명칭	기 호	
외형선	굵은 실선	————	대상물의 보이는 모양을 표시하는 선
치수선	가는 실선	————	치수 기입을 위해 사용하는 선
치수 보조선			치수를 기입하기 위해 도형에서 인출한 선
지시선			지시, 기호를 나타내기 위한 선
회전 단면선			회전한 형상을 나타내기 위한 선
수준면선			수면, 유면 등의 위치를 나타내는 선
숨은선	가는 파선	— — — —	대상물의 보이지 않는 부분의 모양을 표시
절단선	가는 1점 쇄선이 겹치는 부분에는 굵은 실선		절단한 면을 나타내는 선
중심선	가는 1점 쇄선	— · — · —	도형의 중심을 표시하는 선
기준선			위치 결정의 근거임을 나타내기 위해 사용
피치선			반복 도형의 피치의 기준을 잡음
무게 중심선	가는 2점 쇄선	—— ·· ——	단면의 무게 중심 연결한 선
가상선			가공 부분의 이동하는 특정 위치나 이동 한계의 위치를 나타내는 선
특수 지정선	굵은 1점 쇄선	— · — · —	특수한 부분을 지정할 때 사용하는 선
파단선	불규칙한 가는 실선	∼∼∼	대상물의 일부를 파단한 경계나 일부를 떼어낸 경계를 표시하는 선
	지그재그 선	—∧—∧—	
해 칭	가는실선(사선)	//////////	단면도의 절단면을 나타내는 선
열처리	굵은 1점 쇄선	— · — · —	특수 열처리가 필요한 부분을 나타내는 선
개스킷	아주 굵은 실선	━━━━	개스킷 등 두께가 얇은 부분 표시하는 선

해설

대상물의 보이는 부분을 표시할 때는 외형선(굵은 실선)으로 표시해야 한다.

56 기계제도의 치수 보조 기호 중에서 $S\phi$는 무엇을 나타내는 기호인가?

① 구의 지름 ② 원통의 지름
③ 판의 두께 ④ 원호의 길이

저자쌤의 핵직강

치수 보조 기호의 종류

기 호	구 분	기 호	구 분
ϕ	지 름	p	피 치
$S\phi$	구의 지름	$\overset{\frown}{50}$	호의 길이
R	반지름	$\underline{50}$	비례척도가 아닌 치수
SR	구의 반지름	$\boxed{50}$	이론적으로 정확한 치수
□	정사각형	(50)	참고 치수
C	45° 모따기	~~50~~	치수의 취소(수정 시 사용)
t	두 께		

해설

$S\phi$는 구(Sphere)의 지름을 의미한다.

57 그림과 같은 관 표시 기호의 종류는?

① 크로스 ② 리듀서
③ 디스트리뷰터 ④ 휨 관 조인트

해설

양쪽 끝부분에 접속구가 있고, 가운데 배관이 휘어져 있는 이 관의 명칭은 "휨 관 조인트"이다.

58 재료 기호가 "SM400C"로 표시되어 있을 때 이는 무슨 재료인가?

① 일반 구조용 압연 강재
② 용접 구조용 압연 강재
③ 스프링 강재
④ 탄소 공구강 강재

56 ① 57 ④ 58 ② 정답

해설

용접 구조용 압연 강재 : SM으로 표시되고 A, B, C의 순서로 용접성이 좋아진다.
① 일반 구조용 압연 강재 : SS
③ 스프링 강재 : SPS
④ 탄소 공구강 강재 : STC

59 회전도시 단면도에 대한 설명으로 틀린 것은?

① 절단할 곳의 전·후를 끊어서 그 사이에 그린다.
② 절단선의 연장선 위에 그린다.
③ 도형 내의 절단한 곳에 겹쳐서 도시할 경우 굵은 실선을 사용하여 그린다.
④ 절단면은 90° 회전하여 표시한다.

저자쌤의 핵직강

회전도시 단면도

(a) 암의 회전 단면도(투상도 안)	(b) 훅의 회전 단면도(투상도 밖)

- 절단선의 연장선 뒤에도 그릴 수 있다.
- 투상도의 절단할 곳과 겹쳐서 그릴 때는 가는 실선으로 그린다.
- 주 투상도의 밖으로 끌어내어 그릴 경우는 가는 1점 쇄선으로 한계를 표시하고 굵은 실선으로 그린다.
- 핸들이나 벨트 풀리, 바퀴의 암, 리브, 축, 형강 등의 단면의 모양을 90°로 회전시켜 투상도의 안이나 밖에 그린다.

해설

회전도시 단면도에서 도형 내 절단한 곳에 겹쳐서 도시할 때는 가는 실선을 사용한다.

60 다음 그림은 원뿔을 경사지게 자른 경우이다. 잘린 원뿔의 전개 형태로 가장 올바른 것은?

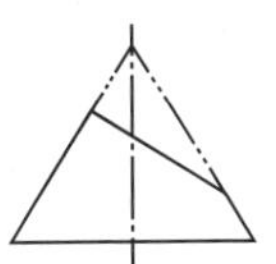

① 
② 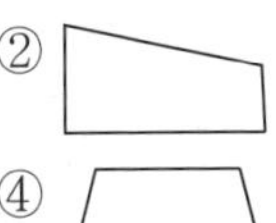
③
④

해설

원뿔을 경사지게 자른 후 전개를 해보면 ①번과 같은 형상이 나온다.

정답 59 ③ 60 ①

2015년도 제1회 **기출문제**

특수용접기능사 Craftsman Welding/Inert Gas Arc Welding

01 용접봉에서 모재로 용융금속이 옮겨가는 용적 이행 상태가 아닌 것은?

① 글로뷸러형 ② 스프레이형
③ 단락형 ④ 핀치효과형

해설
핀치효과형은 용융금속의 이행 형태에 속하지 않는다.
(단락이행형, 입상이행(글로뷸러)형, 스프레이형, 맥동이행형)

02 일반적으로 사람의 몸에 얼마 이상의 전류가 흐르면 순간적으로 사망할 위험이 있는가?

① 5mA ② 15mA
③ 25mA ④ 50mA

저자쌤의 핵직강

전류량이 인체에 미치는 영향

전류량	인체에 미치는 영향
1mA	전기를 조금 느낀다.
5mA	상당한 고통을 느낀다.
10mA	견디기 힘든 고통을 느낀다.
20mA	근육 수축, 스스로 현장을 탈피하기 힘들다.
20~50mA	고통과 강한 근육수축, 호흡이 곤란하다.
50mA	심장마비 발생으로 사망의 위험이 있다.
100mA	사망과 같은 치명적인 결과를 준다.

해설
사람의 몸에 흐르는 전류량이 50mA가 되면 사망할 위험이 있다.

03 피복 아크 용접 시 일반적으로 언더컷을 발생시키는 원인으로 가장 거리가 먼 것은?

① 용접 전류가 너무 높을 때
② 아크 길이가 너무 길 때
③ 부적당한 용접봉을 사용했을 때
④ 홈 각도 및 루트 간격이 좁을 때

저자쌤의 핵직강

용접부 결함과 방지대책

모 양	원 인	방지대책
언더컷	• 전류가 높을 때 • 아크 길이가 길 때 • 용접 속도가 빠를 때 • 운봉 각도가 부적당할 때 • 부적당한 용접봉을 사용할 때	• 전류를 낮춘다. • 아크 길이를 짧게 한다. • 용접 속도를 알맞게 한다. • 운봉 각도를 알맞게 한다. • 알맞은 용접봉을 사용한다.
오버랩	• 전류가 낮을 때 • 운봉, 작업각, 진행각과 같은 유지각도가 불량할 때 • 부적당한 용접봉을 사용할 때	• 전류를 높인다. • 작업각과 진행각을 조정한다. • 알맞은 용접봉을 사용한다.
용입불량	• 이음 설계에 결함이 있을 때 • 용접 속도가 빠를 때 • 전류가 낮을 때 • 부적당한 용접봉을 사용할 때	• 치수를 크게 한다. • 용접속도를 적당히 조절한다. • 전류를 높인다. • 알맞은 용접봉을 사용한다.
균열	• 이음부의 강성이 클 때 • 부적당한 용접봉을 사용할 때 • C, Mn 등 합금성분이 많을 때 • 과대 전류, 용접 속도가 클 때 • 모재에 유황 성분이 많을 때	• 예열이나 피닝처리를 한다. • 알맞은 용접봉을 사용한다. • 예열 및 후열처리를 한다. • 전류 및 용접 속도를 알맞게 조절한다. • 저수소계 용접봉을 사용한다.
선상조직	• 냉각속도가 빠를 때 • 모재의 재질이 불량할 때	• 급랭을 피한다. • 재질에 알맞은 용접봉 사용한다.
기 공	• 수소나 일산화탄소 가스가 과잉으로 분출될 때 • 용접 전류값이 부적당할 때 • 용접부가 급속히 응고될 때 • 용접 속도가 빠를 때 • 아크길이가 부적절할 때	• 건조된 저수소계 용접봉을 사용한다. • 전류 및 용접 속도를 알맞게 조절한다. • 이음 표면을 깨끗하게 하고 예열을 한다.

1 ④ 2 ④ 3 ④ 정답

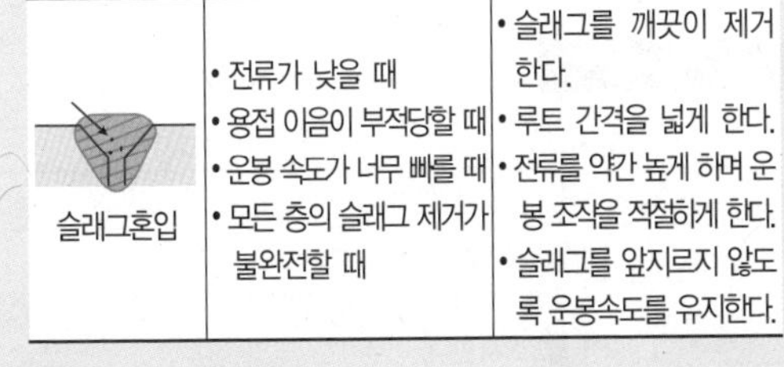

슬래그혼입	• 전류가 낮을 때 • 용접 이음이 부적당할 때 • 운봉 속도가 너무 빠를 때 • 모든 층의 슬래그 제거가 불완전할 때	• 슬래그를 깨끗이 제거한다. • 루트 간격을 넓게 한다. • 전류를 약간 높게 하며 운봉 조작을 적절하게 한다. • 슬래그를 앞지르지 않도록 운봉속도를 유지한다.

해설

홈 각도 및 루트 간격이 좁으면 언더컷 불량보다는 용입불량이 발생하기 쉽다.

04 [보기]에서 용극식 용접방법을 모두 고른 것은?

[보기]
㉠ 서브머지드 아크 용접
㉡ 불활성 가스 금속 아크 용접
㉢ 불활성 가스 텅스텐 아크 용접
㉣ 솔리드 와이어 이산화탄소 아크 용접

① ㉠, ㉡ ② ㉢, ㉣
③ ㉠, ㉡, ㉢ ④ ㉠, ㉡, ㉣

저자쌤의 핵직강

용접법

용극식 용접법	용가재인 와이어 자체가 전극이 되어 모재와의 사이에서 아크를 발생시키면서 접합하는 방법 예 서브머지드 아크 용접, MIG 용접, CO_2 용접, 피복금속 아크 용접
비용극식 용접법	전극봉을 사용하여 아크를 발생시키고 이 아크에 용가재인 용접봉을 녹이면서 용접하는 방법 예 TIG 용접

해설

TIG 용접(불활성 가스 텅스텐 아크 용접)은 비용극식 용접법에 속한다.

05 납땜을 연납땜과 경납땜으로 구분할 때 구분온도는?

① 350℃ ② 450℃
③ 550℃ ④ 650℃

해설

연납땜과 경납땜을 구분하는 온도는 450℃이다.

06 전기저항 용접의 특징에 대한 설명으로 틀린 것은?

① 산화 및 변질부분이 적다.
② 다른 금속 간의 접합이 쉽다.
③ 용제나 용접봉이 필요 없다.
④ 접합 강도가 비교적 크다.

해설

전기저항 용접은 저항열로 녹인 모재들을 용가재 없이 결합시키는 방법이므로 다른 금속 간의 접합은 쉽지 않다.

07 직류 정극성(DCSP)에 대한 설명으로 옳은 것은?

① 모재의 용입이 얕다.
② 비드폭이 넓다.
③ 용접봉의 녹음이 느리다.
④ 용접봉에 (+)극을 연결한다.

저자쌤의 핵직강

아크 용접기의 극성

직류 정극성 (DCSP, Direct Current Straight Polarity)	• 용입이 깊다. • 비드 폭이 좁다. • 용접봉의 용융속도가 느리다. • 후판(두꺼운 판) 용접이 가능하다. • 모재에는 (+)전극이 연결되며 70% 열이 발생하고, 용접봉에는 (−)전극이 연결되며 30% 열이 발생한다.
직류 역극성 (DCRP, Direct Current Reverse Polarity)	• 용입이 얕다. • 비드 폭이 넓다. • 용접봉의 용융속도가 빠르다. • 박판(얇은 판) 용접이 가능하다. • 산화피막을 제거하는 청정작용이 있다. • 모재에는 (−)전극이 연결되며 30% 열이 발생하고, 용접봉에는 (+)전극이 연결되며 70% 열이 발생한다.
교류(AC)	• 극성이 없다. • 전원 주파수의 $\frac{1}{2}$ 사이클마다 극성이 바뀐다. • 직류 정극성과 직류 역극성의 중간적 성격이다.

정답 4 ④ 5 ② 6 ② 7 ③

해설

직류 정극성은 모재에서 70%의 열이 발생하나, 용접봉에서는 30%의 열만 발생되므로 용접봉의 녹음은 느리게 된다.

08 다음 용접법 중 압접에 해당되는 것은?

① MIG 용접
② 서브머지드 아크 용접
③ 점용접
④ TIG 용접

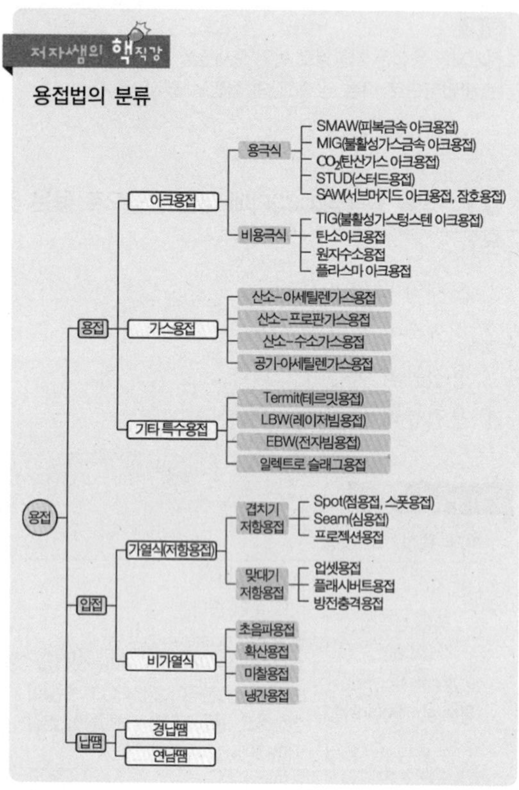

해설

점용접(Spot Welding)은 압접에 속하고, MIG, SAW, TIG 용접은 모두 융접에 속한다.

09 로크웰 경도시험에서 C스케일의 다이아몬드의 압입자 꼭지각 각도는?

① 100° ② 115°
③ 120° ④ 150°

저자쌤의 핵직강

경도 시험법의 종류

종 류	시험원리	압입자
브리넬 경도 (HB)	압입자에 하중을 걸어 오목부 자국의 크기로 경도를 조사한다.	강 구
비커스 경도 (HV)	압입자에 하중을 걸어 자국의 대각선 길이로 조사한다.	136°인 다이아몬드 피라미드 압입자
로크웰 경도 (HRB, HRC)	압입자에 하중을 걸어 홈의 깊이를 측정한다. 예비하중 : 10kg	• B스케일 : 강구 • C스케일 : 120° 다이아몬드(콘)
쇼어 경도 (HS)	추를 일정한 높이에서 5회 낙하시켜, 이 추의 반발높이의 평균값으로 측정한다. 10인치 높이에서 시험편 질량은 0.1kg 이상 되도록 한다.	다이아몬드 추

해설

로크웰 경도시험에서 C스케일은 120°의 다이아몬드 압입자를 사용한다.

10 아크타임을 설명한 것 중 옳은 것은?

① 단위기간 내의 작업여유시간이다.
② 단위시간 내의 용도여유시간이다.
③ 단위시간 내의 아크발생시간을 백분율로 나타낸 것이다.
④ 단위시간 내의 시공한 용접길이를 백분율로 나타낸 것이다.

해설

아크타임(Arc Time)은 단위시간 내 아크의 발생시간을 백분율로 나타낸 것이다.

11 용접부에 오버랩의 결함이 발생했을 때, 가장 올바른 보수방법은?

① 작은 지름의 용접봉을 사용하여 용접한다.
② 결함부분을 깎아내고 재용접한다.
③ 드릴로 정지구멍을 뚫고 재용접한다.
④ 결함부분을 절단한 후 덧붙임 용접을 한다.

8 ③ 9 ③ 10 ③ 11 ② **정답**

저자쌤의 핵직강

- 언더컷이나 용입불량 시에 보수용접을 할 경우 작은 지름의 용접봉을 사용한다.
- 드릴로 정지구멍을 뚫거나 결함제거 후 덧붙임 용접은 크랙이 발생했을 경우의 보수방법이다.

해설

오버랩은 용입이 되지 않은 상태에서 표면을 덮어버린 불량이므로 결함부분을 깎아내고 재용접을 하면 된다.

12 용접 설계상의 주의점으로 틀린 것은?

① 용접하기 쉽도록 설계할 것
② 결함이 생기기 쉬운 용접방법은 피할 것
③ 용접이음이 한 곳으로 집중되도록 할 것
④ 강도가 약한 필릿 용접은 가급적 피할 것

저자쌤의 핵직강

용접 설계상의 주의점

- 용접에 적합한 설계를 해야 한다.
- 가능한한 아래보기 용접이 되도록 한다.
- 용접길이는 될 수 있는 대로 짧게, 용착량도 강도상 필요한 최소한으로 한다.
- 용접이음형상에는 많은 종류가 있으므로 그 특성 잘 알아서 선택한다.
- 용접하기 쉽도록 설계해야 한다(용접간격 고려).
- 용접이음이 한 곳에 집중되지 않도록 한다(용접선이 겹치지 않게).
- 결함이 생기기 쉬운 용접은 피해야 하며 약한 필릿용접은 하지 않아야 한다.

해설

용접구조물을 설계할 때는 용접 이음부를 여러 곳에 배치하여 응력이 잘 분산되도록 설계하여 집중응력에 의한 파손을 방지해야 한다.

13 저온균열이 일어나기 쉬운 재료에 용접 전에 균열을 방지할 목적으로 피용접물의 전체 또는 이음부 부근의 온도를 올리는 것을 무엇이라고 하는가?

① 잠 열　　② 예 열
③ 후 열　　④ 발 열

저자쌤의 핵직강

예열의 목적

- 잔류응력을 감소시킨다.
- 열영향부(HAZ)의 균열을 방지한다.
- 용접 금속에 연성 및 인성을 부여한다.
- 냉각속도를 느리게 하여 결함 및 수축 변형을 방지한다.
- 금속에 함유된 수소 등의 가스를 방출하여 균열을 방지한다.

해설

예열은 용접할 재료에 미리 열을 줌으로써 재료의 급랭을 방지하여 용접 후에 발생가능한 불량들을 예방하기 위한 조작이다.

14 TIG 용접에 사용되는 전극의 재질은?

① 탄 소　　② 망 간
③ 몰리브덴　　④ 텅스텐

해설

TIG 용접은 Tungsten(텅스텐)재질의 전극봉과 Inert Gas(불활성가스)인 Ar을 사용해서 용접하는 특수용접법이다.

15 용접의 장점으로 틀린 것은?

① 작업공정이 단축되며 경제적이다.
② 기밀, 수밀, 유밀성이 우수하며 이음효율이 높다.
③ 용접사의 기량에 따라 용접부의 품질이 좌우된다.
④ 재료의 두께에 제한이 없다.

저자쌤의 핵직강

용접의 장점 및 단점

용접의 장점	용접의 단점
• 이음효율이 높다. • 재료가 절약된다. • 제작비가 적게 든다. • 이음구조가 간단하다. • 보수와 수리가 용이하다. • 재료의 두께 제한이 없다. • 이종재료도 접합이 가능하다. • 제품의 성능과 수명이 향상된다. • 유밀성, 기밀성, 수밀성이 우수하다. • 작업공정이 줄고, 자동화가 용이하다.	• 취성이 생기기 쉽다. • 균열이 발생하기 쉽다. • 용접부의 결함판단이 어렵다. • 용융부위 금속의 재질이 변한다. • 저온에서 쉽게 약해질 우려가 있다. • 용접 모재의 재질에 따라 영향을 크게 받는다. • 용접 기술자(용접사)의 기량에 따라 품질이 다르다. • 용접 후 변형 및 수축함에 따라 잔류응력이 발생한다.

정답 12 ③ 13 ② 14 ④ 15 ③

해설

용접사의 기량에 따라 용접부의 품질이 좌우되는 것은 용접의 단점에 속한다.

16 이산화탄소 아크 용접의 솔리드와이어 용접봉의 종류 표시는 YGA-50W-1.2-20 형식이다. 이때 Y가 뜻하는 것은?

① 가스 실드 아크 용접 ② 와이어 화학 성분
③ 용접 와이어 ④ 내후성 강용

저자쌤의 핵직강

• CO_2 용접용 솔리드와이어의 호칭 방법

Y	용접 와이어	CO_2 용접용 와이어의 종류
G	가스 실드 아크 용접	
A	내후성 강의 종류	
-		
50	용착금속의 최소 인장 강도	
W	와이어의 화학성분	
-		
1.2	지 름	지 름
-		
20	무 게	무 게

• CO_2 용접용 솔리드와이어의 종류

와이어 종류	적용 강
YGA-50W	인장강도-400N/mm^{2}급 및 490N/mm^{2}급 내후성 강의 W형
YGA-50P	인장강도-400N/mm^{2}급 및 490N/mm^{2}급 내후성 강의 P형
YGA-58W	인장강도-570N/mm^{2}급 내후성 강의 W형
YGA-58P	인장강도-570N/mm^{2}급 내후성 강의 P형

※ 내후성 : 각종 기후에 잘 견디는 성질로 녹이 잘 슬지 않는 성질

17 용접선 양측을 일정 속도로 이동하는 가스 불꽃에 의하여 나비 약 150mm를 150~200℃로 가열한 다음 곧 수냉하는 방법으로서 주로 용접선 방향의 응력을 완화시키는 잔류 응력 제거법은?

① 저온 응력 완화법 ② 기계적 응력 완화법
③ 노 내 풀림법 ④ 국부 풀림법

해설

저온 응력 완화법 : 용접선의 양측을 정속으로 이동하는 가스불꽃에 의하여 약 150mm의 너비에 걸쳐 150~200℃로 가열한 뒤 곧 수냉하는 방법으로 주로 용접선 방향의 응력을 제거하는데 사용한다.

② 기계적 응력 완화법 : 용접 후 잔류응력이 있는 제품에 하중을 주어 용접부에 약간의 소성 변형을 일으킨 후 하중을 제거하면서 잔류응력을 제거하는 방법
③ 노내 풀림법 : 가열로 내에서 냉각 시간을 천천히 하게 하여 잔류 응력을 제거해 나가는 방법
④ 국부 풀림법 : 재료의 전체 중에서 일부분만의 재질을 표준화시키거나 잔류응력의 제거를 위해 사용하는 방법

18 용접 자동화 방법에서 정성적 자동제어의 종류가 아닌 것은?

① 피드백제어
② 유접점 시퀀스제어
③ 무접점 시퀀스제어
④ PLC 제어

저자쌤의 핵직강

자동제어의 종류

• 정량적 제어 : 제어명령 시 온도나 압력, 속도, 위치 등 수많은 물리량을 고려해서 제어하는 방법 예 피드백 제어
• 정성적 제어 : ON/OFF와 같이 2개의 정보만을 통해서 제어하는 방법 예 시퀀스 제어

※ 시퀀스 제어를 제어장치에 따라 분류하면 유접점, 무접점, PLC 제어가 있다.

해설

자동제어란 제어장치에 의하여 구동부가 자동으로 실행하게 하는 장치이다.

19 지름 13mm, 표점거리 150mm인 연강재 시험편을 인장시험한 후의 거리가 154mm가 되었다면 연신율은?

① 3.89% ② 4.56%
③ 2.67% ④ 8.45%

16 ③ 17 ① 18 ① 19 ③ 정답

저자쌤의 핵직강

연신율(ε)

시험편이 파괴되기 직전의 표점거리와 원표점 거리와의 차를 변형량이라고 하는데, 연신율은 이 변형량을 원표점 거리에 대한 백분율로 표시한 것

$$\varepsilon = \frac{L_1 - L_0}{L_0} \times 100\% = \frac{154 - 150}{150} \times 100\% = 2.666\%$$

$$\varepsilon = \frac{L_1 - L_0}{L_0} \times 100\%$$

해설

연신율은 2.67%이다.

20 용접균열에서 저온균열은 일반적으로 몇 ℃ 이하에서 발생하는 균열을 말하는가?

① 200~300℃ 이하
② 301~400℃ 이하
③ 401~500℃ 이하
④ 501~600℃ 이하

해설

저온 균열(Cold Cracking)은 상온까지 냉각한 다음 시간이 지남에 따라 균열이 발생하는 불량으로 일반적으로는 200℃ 이하의 온도에서 발생하나 200~300℃에서 발생하기도 한다. 철강 재료의 용접부나 HAZ(열영향부)에서 주로 발생한다.

21 스테인리스강을 TIG 용접할 시 적합한 극성은?

① DCSP ② DCRP
③ AC ④ ACRP

해설

스테인리스강(Fe에 C의 함유량이 0.02~2%)을 TIG 용접할 때 적합한 극성은 DCSP(직류 정극성)이다.

22 피복 아크 용접 작업 시 전격에 대한 주의사항으로 틀린 것은?

① 무부하 전압이 필요 이상으로 높은 용접기는 사용하지 않는다.
② 전격을 받은 사람을 발견했을 때는 즉시 스위치를 꺼야 한다.
③ 작업종료시 또는 장시간 작업을 중지할 때는 반드시 용접기의 스위치를 끄도록 한다.
④ 낮은 전압에서는 주의하지 않아도 되며, 습기찬 구두는 착용해도 된다.

해설

전격이란 강한 전류를 갑자기 몸에 느꼈을 때의 충격을 말하는데, 낮은 전압에서도 주의해서 작업해야 하며 습기 찬 구두나 도구를 사용해서는 안 된다.

23 직류 아크 용접의 설명 중 옳은 것은?

① 용접봉을 양극, 모재를 음극에 연결하는 경우를 정극성이라고 한다.
② 역극성은 용입이 깊다.
③ 역극성은 두꺼운 판의 용접에 적합하다.
④ 정극성은 용접 비드의 폭이 좁다.

저자쌤의 핵직강

아크 용접기의 극성

직류 정극성 (DCSP : Direct Current Straight Polarity)	• 용입이 깊다. • 비드 폭이 좁다. • 용접봉의 용융속도가 느리다. • 후판(두꺼운 판) 용접이 가능하다. • 모재에는 (+)전극이 연결되며 70% 열이 발생하고, 용접봉에는 (−)전극이 연결되며 30% 열이 발생한다.
직류 역극성 (DCRP : Direct Current Reverse Polarity)	• 용입이 얕다. • 비드 폭이 넓다. • 용접봉의 용융속도가 빠르다. • 박판(얇은 판) 용접이 가능하다. • 주철, 고탄소강, 비철금속의 용접에 쓰인다. • 모재에는 (−)전극이 연결되며 30% 열이 발생하고, 용접봉에는 (+)전극이 연결되며 70% 열이 발생한다.
교류(AC)	• 극성이 없다. • 전원 주파수의 $\frac{1}{2}$ 사이클마다 극성이 바뀐다. • 직류 정극성과 직류 역극성의 중간적 성격이다.

해설

직류 정극성으로 용접하면 (−)극인 용접봉에서 30%의 열만 발생되므로 비드 폭은 좁게 된다.

정답 20 ① 21 ① 22 ④ 23 ④

24 다음 중 수중절단에 가장 적합한 가스로 짝지어 진 것은?

① 산소 - 수소가스
② 산소 - 이산화탄소가스
③ 산소 - 암모니아가스
④ 산소 - 헬륨가스

저자쌤의 핵직강

수중절단용 가스의 특징

- 연료가스로는 수소가스를 가장 많이 사용한다.
- 일반적으로는 수심 45m 정도까지 작업이 가능하다.
- 수중작업 시 예열 가스의 양은 공기 중에서의 4~8배로 한다.
- 수중작업 시 절단 산소의 압력은 공기 중에서의 1.5~2배로 한다.
- 연료가스로는 수소, 아세틸렌, 프로판, 벤젠 등의 가스를 사용한다.

해설

수중절단의 연료가스로 수소가스를 가장 많이 사용한다. 따라서 산소-수소가스가 수중절단에 가장 적합하다.

25 피복 아크 용접봉 중에서 피복제 중에 석회석이나 형석을 주성분으로 하고, 피복제에서 발생하는 수소량이 적어 인성이 좋은 용착금속을 얻을 수 있는 용접봉은?

① 일미나이트계(E4301)
② 고셀룰로오스계(E4311)
③ 고산화티탄계(E4313)
④ 저수소계(E4316)

저자쌤의 핵직강

피복 아크 용접봉의 종류

종 류	특 징
일미나이트계(E4301)	• 일미나이트($TiO_2 \cdot FeO$)를 약 30% 이상 합금한 것으로 우리나라에서 많이 사용한다. • 일본에서 처음 개발한 것으로 작업성과 용접성이 우수하며 값이 저렴하여 철도나 차량, 구조물, 압력 용기에 사용된다. • 내균열성, 내가공성, 연성이 우수하여 25mm 이상의 후판용접도 가능하다.
라임티타늄계(E4303)	• E4313의 새로운 형태로 약 30% 이상의 산화티탄(TiO_2)과 석회석($CaCO_3$)이 주성분이다. • 산화티탄과 염기성 산화물이 다량으로 함유된 슬래그 생성식이다. • 피복이 두껍고 전 자세 용접성이 우수하다. • E4313의 작업성을 따르면서 기계적 성질과 일미나이트계의 부족한 점을 개량하여 만든 용접봉이다. • 고산화티탄계 용접봉보다 약간 높은 전류를 사용한다.
고셀룰로오스계(E4311)	• 피복제에 가스 발생제인 셀룰로오스를 20~30% 정도를 포함한 가스 생성식 용접봉이다. • 발생 가스량이 많아 피복량이 얇고 슬래그가 적으므로 수직, 위보기 용접에서 우수한 작업성을 보인다. • 가스 생성에 의한 환원성 아크 분위기로 용착 금속의 기계적 성질이 양호하며 아크는 스프레이 형상으로 용입이 크고 용융 속도가 빠르다. • 슬래그가 적으므로 비드 표면이 거칠고 스패터가 많다. • 사용 전류는 슬래그 실드계 용접봉에 비해 10~15% 낮게 하며 사용 전 70~100℃에서 30분~1시간 건조해야 한다. • 도금 강판, 저합금강, 저장탱크나 배관공사에 이용된다.
고산화티탄계(E4313)	• 균열에 대한 감수성이 좋아서 구속이 큰 구조물의 용접이나 고탄소강, 쾌삭강의 용접에 사용한다. • 피복제에 산화티탄(TiO_2)을 약 35% 정도 합금한 것으로 일반 구조용 용접에 사용된다. • 용접기의 2차 무부하 전압이 낮을 때에도 아크가 안정적이며 조용하다. • 스패터가 적고 슬래그의 박리성도 좋아서 비드의 모양이 좋다. • 저합금강이나 탄소량이 높은 합금강의 용접에 적합하다. • 다층 용접에서는 만족할 만한 품질을 만들지 못한다. • 기계적 성질이 다른 용접봉에 비해 약하고 고온 균열을 일으키기 쉬운 단점이 있다.
저수소계(E4316)	• 석회석이나 형석을 주성분으로 한 피복제를 사용한다. • 보통 저탄소강의 용접에 주로 사용되나 저합금강과 중, 고탄소강의 용접에도 사용된다. • 용착 금속 중의 수소량이 타 용접봉에 비해 1/10 정도로 현저하게 적다. • 균열에 대한 감수성이 좋아 구속도가 큰 구조물이 용접이나 탄소 및 황의 함유량이 많은 쾌삭강의 용접에 사용한다. • 피복제는 습기를 잘 흡수하기 때문에 사용 전에 300~350℃에서 1~2시간 건조 후 사용해야 한다.
철분산화티탄계(E4324)	• E4313의 피복제에 철분을 50% 정도 첨가한 것이다. • 작업성이 좋고 스패터가 적게 발생하나 용입이 얕다. • 용착 금속의 기계적 성질은 E4313과 비슷하다.
철분저수소계(E4326)	• E4316의 피복제에 30~50% 정도의 철분을 첨가한 것으로 용착속도가 크고 작업 능률이 좋다. • 용착 금속의 기계적 성질이 양호하고 슬래그의 박리성이 저수소계 용접봉보다 좋으며 아래보기나 수평 필릿 용접에만 사용된다.

24 ① 25 ④ 정답

철분 산화철계 (E4327)	• 주성분인 산화철에 철분을 첨가한 것으로 규산염을 다량 함유하고 있어서 산성의 슬래그가 생성된다. • 아크가 분무상으로 나타나며 스패터가 적고 용입은 E4324보다 깊다. • 비드의 표면이 곱고 슬래그의 박리성이 좋아서 아래보기나 수평 필릿 용접에 많이 사용된다.

해설

피복제 중에 석회석이나 형석을 주성분으로 하며 발생하는 수소량이 적어 인성이 좋은 용착금속을 얻는 용접봉은 저수소계 용접봉이다.

26 피복 아크 용접봉의 간접 작업성에 해당되는 것은?

① 부착 슬래그의 박리성
② 용접봉 용융 상태
③ 아크 상태
④ 스패터

저자쌤의 핵직강

용접봉의 작업성이란, 그 용접봉을 사용하여 목적하는 용접을 할 경우에 용접 작업의 난이 정도를 말한다.
간접작업성 : 부착 슬래그의 박리성, 스패터 제거의 난이도

해설

부착 슬래그의 박리성이란 용접부 표면에 생긴 슬래그가 얼마나 잘 떨어지는가를 말한다.

 직접 작업성

27 가스용접의 특징에 대한 설명으로 틀린 것은?

① 가열 시 열량조절이 비교적 자유롭다.
② 피복금속 아크 용접에 비해 후판 용접에 적당하다.
③ 전원 설비가 없는 곳에서도 쉽게 설치할 수 있다.
④ 피복금속 아크 용접에 비해 유해광선의 발생이 적다.

저자쌤의 핵직강

가스용접의 장점 및 단점

장 점	• 운반이 편리하고 설비비가 싸다. • 전원이 없는 곳에 쉽게 설치할 수 있다. • 아크 용접에 비해 유해 광선의 피해가 적다. • 가열할 때 열량 조절이 비교적 자유로워 박판 용접에 적당하다.
단 점	• 폭발의 위험이 있다. • 아크 용접에 비해 불꽃의 온도가 낮다. • 열 집중성이 낮아서 효율적인 용접이 어렵다. • 가열범위가 커서 용접변형이 크고 일반적으로 용접부의 신뢰성이 적다.

해설

가스용접은 얇은 판인 박판 용접에 적당하다.

28 피복 아크 용접봉의 심선의 재질로서 적당한 것은?

① 고탄소 림드강 ② 고속도강
③ 저탄소 림드강 ④ 반 연강

해설

피복 금속 아크 용접봉의 중심에 있는 심선의 재질로는 주로 저탄소 림드강을 사용한다.

29 가스절단에서 양호한 절단면을 얻기 위한 조건으로 틀린 것은?

① 드래그(Drag)가 가능한 클 것
② 드래그(Drag)의 홈이 낮고 노치가 없을 것
③ 슬래그 이탈이 양호할 것
④ 절단면 표면의 각이 예리할 것

저자쌤의 핵직강

양호한 절단면을 얻기 위한 조건

• 드래그가 될 수 있으면 작을 것
• 경제적인 절단이 이루어지도록 할 것
• 절단면 표면의 각이 예리하고 슬래그의 박리성이 좋을 것
• 절단면이 평활하며 드래그의 홈이 낮고 노치 등이 없을 것

해설

가스절단 작업 시 양호한 절단면을 얻기 위해서는 드래그 양을 작게 해야 한다.

정답 26 ① 27 ② 28 ③ 29 ①

30 용접기의 2차 무부하 전압을 20~30V로 유지하고, 용접 중 전격 재해를 방지하기 위해 설치하는 용접기의 부속장치는?

① 과부하방지 장치　② 전격방지 장치
③ 원격제어 장치　④ 고주파발생 장치

저자쌤의 핵직강

전격방지기는 작업을 쉬는 동안에 2차 무부하 전압이 항상 25V 정도로 유지되도록 하여 전격재해를 방지할 수 있다.

해설
전격이란 강한 전류를 갑자기 몸에 느꼈을 때의 충격을 말하며, 용접기에는 작업자의 전격을 방지하기 위해서 반드시 전격방지기를 용접기에 부착해야 한다.

31 피복 아크 용접기로서 구비해야 할 조건 중 잘못된 것은?

① 구조 및 취급이 간편해야 한다.
② 전류조정이 용이하고 일정하게 전류가 흘러야 한다.
③ 아크 발생과 유지가 용이하고 아크가 안정되어야 한다.
④ 용접기가 빨리 가열되어 아크 안정을 유지해야 한다.

저자쌤의 핵직강

아크 용접기의 구비조건
- 내구성이 좋아야 한다.
- 역률과 효율이 높아야 한다.
- 구조 및 취급이 간단해야 한다.
- 사용 중 온도상승이 적어야 한다.
- 단락되는 전류가 크지 않아야 한다.
- 전격방지기가 설치되어 있어야 한다.
- 아크 발생이 쉽고 아크가 안정되어야 한다.
- 아크 안정을 위해 외부 특성 곡선을 따라야 한다.
- 전류 조정이 용이하고 전류가 일정하게 흘러야 한다.
- 아크 길이의 변화에 따라 전류의 변동이 적어야 한다.
- 적당한 무부하 전압이 있어야 한다(AC : 70~80V, DC : 40~60V).

해설
피복 아크 용접기를 오래 사용하기 위해서는 용접기가 가능한 늦게 가열되면서 아크 안정성을 유지해야 한다.

32 피복 아크 용접에서 용접봉의 용융속도와 관련이 가장 큰 것은?

① 아크 전압　② 용접봉 지름
③ 용접기의 종류　④ 용접봉 쪽 전압강하

해설
용접봉의 용융속도는 단위시간당 소비되는 용접봉의 길이로 나타내며, 아래와 같은 식으로 나타낼 수도 있다.
※ 용융속도 = 아크 전류 × 용접봉 쪽 전압강하

33 가스 가우징이나 치핑에 비교한 아크 에어 가우징의 장점이 아닌 것은?

① 작업능률이 2~3배 높다.
② 장비조작이 용이하다.
③ 소음이 심하다.
④ 활용범위가 넓다.

저자쌤의 핵직강

이것은 장비조작이 쉽고 철이나 비철 금속에 모두 이용할 수 있으며, 소음이 크지 않으며 가스 가우징보다 작업능률이 2~3배 높고 모재에도 해를 입히지 않는다.

해설
아크 에어 가우징은 탄소 아크 절단법에 고압(5~7kgf/cm^2)의 압축공기를 병용하는 방법으로 용융된 금속에 탄소봉과 평행으로 분출하는 압축공기를 전극 홀더의 끝부분에 위치한 구멍을 통해 연속해서 불어내어 홈을 파내는 방법으로 홈 가공이나 구멍뚫기, 절단작업에 사용된다.

34 피복 아크 용접에서 아크 전압이 30V, 아크 전류가 150A, 용접속도가 20cm/min일 때, 용접입열은 몇 Joule/cm인가?

① 27,000　② 22,500
③ 15,000　④ 13,500

저자쌤의 핵직강

용접 입열량 구하는 식

$$H: \frac{60EI}{v}\ (J/cm)$$

- H : 용접 단위길이 1cm당 발생하는 전기적 에너지
- E : 아크 전압(V)
- I : 아크 전류(A)
- v : 용접속도(cm/min)

※ 일반적으로 모재에 흡수된 열량은 입열의 75~85% 정도

30 ② 31 ④ 32 ④ 33 ③ 34 ④ 정답

해설

$$H: \frac{60EI}{v} = \frac{60 \times 30 \times 150}{20} = 13,500\ J/cm$$

35 다음 가연성 가스 중 산소와 혼합하여 연소할 때 불꽃 온도가 가장 높은 가스는?

① 수 소　　② 메 탄
③ 프로판　　④ 아세틸렌

저자쌤의 핵직강

가스별 불꽃 온도 및 발열량

가스 종류	불꽃 온도(℃)	발열량($kcal/m^3$)
아세틸렌	3,430	12,500
부 탄	2,926	26,000
수 소	2,960	2,400
프로판	2,820	21,000
메 탄	2,700	8,500

해설

산소-아세틸렌 불꽃의 온도는 약 3,430℃로 다른 불꽃들에 비해 가장 높다.

36 피복 아크 용접봉의 피복제의 작용에 대한 설명으로 틀린 것은?

① 산화 및 질화를 방지한다.
② 스패터가 많이 발생한다.
③ 탈산 정련작용을 한다.
④ 합금원소를 첨가한다.

저자쌤의 핵직강

피복제(Flux)의 역할

- 아크를 안정시킨다.
- 전기절연작용을 한다.
- 보호가스를 발생시킨다.
- 스패터의 발생을 줄인다.
- 아크의 집중성을 좋게 한다.
- 용착금속의 급랭을 방지한다.
- 용착금속의 탈산 정련작용을 한다.
- 용융금속과 슬래그의 유동성을 좋게 한다.
- 용적(쇳물)을 미세화하여 용착효율을 높인다.
- 용융점이 낮고 적당한 점성의 슬래그를 생성한다.
- 슬래그 제거를 쉽게 하여 비드의 외관을 좋게 한다.
- 적당량의 합금원소를 첨가하여 금속에 특수성을 부여한다.
- 중성 또는 환원성 분위기를 만들어 질화나 산화를 방지하고 용융금속을 보호한다.
- 쇳물이 쉽게 달라붙도록 힘을 주어 수직자세, 위보기 자세 등 어려운 자세를 쉽게 한다.

해설

용접봉의 심선을 덮고 있는 피복제(Flux)는 스패터의 발생을 줄인다.

37 부하 전류가 변화하여도 단자 전압은 거의 변하지 않는 특성은?

① 수하 특성　　② 정전류 특성
③ 정전압 특성　　④ 전기저항 특성

저자쌤의 핵직강

용접기의 특성 4가지

- 정전류 특성 : 부하 전류나 전압이 변해도 단자 전류는 거의 변하지 않는다.
- 정전압 특성 : 부하 전류나 전압이 변해도 단자 전압은 거의 변하지 않는다.
- 수하 특성 : 부하 전류가 증가하면 단자 전압이 낮아진다.
- 상승 특성 : 부하 전류가 증가하면 단자 전압이 약간 높아진다.

해설

③ 정전압 특성 : 부하 전류나 전압이 변해도 단자 전압은 거의 변하지 않는다.

38 용접기의 명판에 사용률이 40%로 표시되어 있을 때, 다음 설명으로 옳은 것은?

① 아크 발생시간이 40%이다.
② 휴지시간이 40%이다.
③ 아크 발생시간이 60%이다.
④ 휴지시간이 4분이다.

해설

사용률이 40%라면 전체 사용시간 중에서 아크 발생시간이 40%이다.

정답 35 ④ 36 ② 37 ③ 38 ①

39 포금의 주성분에 대한 설명으로 옳은 것은?

① 구리에 8~12% Zn을 함유한 합금이다.
② 구리에 8~12% Sn을 함유한 합금이다.
③ 6 : 4 황동에 1% Pb을 함유한 합금이다.
④ 7 : 3 황동에 1% Mg을 함유한 합금이다.

해설
포금(Gun Metal)은 구리합금인 청동의 일종으로 Cu에 8~20%의 Sn(주석)을 합금시킨 재료이다. 단조성이 좋고 내식성이 있어서 밸브나 기어, 베어링의 부시용 재료로 사용된다.

40 다음 중 완전 탈산시켜 제조한 강은?

① 킬드강 ② 림드강
③ 고망간강 ④ 세미킬드강

저자쌤의 핵직강

강괴의 탈산 정도에 따른 분류
- 세미킬드강 : Fe-Mn, Fe-S, Al으로 탈산시킨 것으로 상부에 작은 수축관과 소수의 기포만이 존재하며 탄소 함유량이 0.15~0.3% 정도인 강으로 림드강과 킬드강의 중간 정도로 탈산시킨 강
- 림드강 : 평로, 전로에서 제조된 것을 Fe-Mn으로 가볍게 탈산시킨 강
- 캡트강 : 림드강을 주형에 주입한 후 탈산제를 넣거나 주형에 뚜껑을 덮고 리밍 작용을 억제하여 표면을 림드강처럼 깨끗하게 만듦과 동시에 내부를 세미킬드강처럼 편석이 적은 상태로 만든 강

해설
킬드강 : 평로, 전기로에서 제조된 용강을 Fe-Mn, Fe-Si, Al 등으로 완전히 탈산시킨 강으로 상부에 작은 수축관과 소수의 기포만이 존재하며 탄소 함유량이 0.15~0.3% 정도인 강

41 Al-Cu-Si 합금으로 실리콘(Si)을 넣어 주조성을 개선하고 Cu를 첨가하여 절삭성을 좋게 한 알루미늄 합금으로 시효 경화성이 있는 합금은?

① Y합금 ② 라우탈
③ 코비탈류 ④ 로-엑스 합금

해설
라우탈은 주조용 알루미늄 합금으로 Al + Cu + Si의 합금이다. Al에 Si를 첨가하면 주조성을 개선하며, Cu를 첨가하면 절삭성을 향상시킨다. 이 재료는 시효경화성을 갖고 있다.

42 주철 중 구상 흑연과 편상 흑연의 중간 형태의 흑연으로 형성된 조직을 갖는 주철은?

① CV 주철 ② 에시큘라 주철
③ 니그로 실라 주철 ④ 미하나이트 주철

해설
- CV주철 : 편상과 구상의 중간 형상
- 미하나이트 주철 : 용선시 선철에 다량의 강철 스크랩을 사용하여 저 탄소 주철을 만들고 여기에 Ca-Si, Fe-Si 등을 첨가하여 조직을 균일 미세화시킨 고급주철

43 연질 자성 재료에 해당하는 것은?

① 페라이트 자석 ② 알니코 자석
③ 네오디뮴 자석 ④ 퍼멀로이

해설
퍼멀로이 : 니켈과 철의 합금으로 자기장의 세기가 큰 연질 자성 재료이다. 열처리를 하면 높은 자기투과도를 나타내기 때문에 전기통신 재료나 코일용 재료로 사용된다.

44 다음 중 황동과 청동의 주성분으로 옳은 것은?

① 황동 : Cu + Pb, 청동 : Cu + Sb
② 황동 : Cu + Sn, 청동 : Cu + Zn
③ 황동 : Cu + Sb, 청동 : Cu + Pb
④ 황동 : Cu + Zn, 청동 : Cu + Sn

저자쌤의 핵직강

구리 합금의 종류

청 동	Cu + Sn, 구리 + 주석
황 동	Cu + Zn, 구리 + 아연

45 다음 중 담금질에 의해 나타난 조직 중에서 경도와 강도가 가장 높은 것은?

① 오스테나이트 ② 소르바이트
③ 마텐자이트 ④ 트루스타이트

해설
담금질 조직의 경도 순서
페라이트 〈 오스테나이트 〈 펄라이트 〈 소르바이트 〈 베이나이트 〈 트루스타이트 〈 마텐자이트 〈 시멘타이트

39 ② 40 ① 41 ② 42 ① 43 ④ 44 ④ 45 ③ 정답

46 다음 중 재결정 온도가 가장 낮은 금속은?

① Al ② Cu
③ Ni ④ Zn

저자샘의 핵직강

금속의 재결정 온도

금 속	온도(℃)	금 속	온도(℃)	금 속	온도(℃)
주석(Sn)	상온 이하	마그네슘(Mg)	150	백금(Pt)	450
납(Pb)	상온 이하	알루미늄(Al)	150	철(Fe)	450
카드뮴(Pb)	상온	구리(Cu)	200	니켈(Ni)	600
아연(Zn)	상온	은(Ag)	200	몰리브덴(Mo)	900
		금(Au)	200	텅스텐(W)	1,200

해설
Zn의 재결정온도는 상온인 24℃ 정도로 보기 중에서 가장 낮다.

47 다음 중 상온에서 구리(Cu)의 결정격자 형태는?

① HCT ② BCC
③ FCC ④ CPH

저자샘의 핵직강

철의 결정구조

종 류	기 호	성 질	원 소
체심입방격자	BCC	• 강도가 크다. • 용융점이 높다. • 전연성이 적다.	W, Cr, Mo, V, Na, K,
면심입방격자	FCC	• 가공성이 우수하다. • 연한 성질의 재료이다. • 장신구로 많이 사용된다. • 전연성과 전기전도도가 크다.	Al, Ag, Au, Cu, Ni, Pb, Pt, Ca
조밀육방격자	HCP	• 전연성이 불량하다. • 가공성이 좋지 않다.	Mg, Zn, Ti, Be, Hg, Zr, Cd, Ce

해설
구리는 상온에서 FCC의 결정구조를 갖는다.

48 Ni-Fe 합금으로서 불변강이라 불리우는 합금이 아닌 것은?

① 인 바 ② 모넬메탈
③ 엘린바 ④ 슈퍼인바

해설
모넬메탈 : 구리와 니켈의 합금이다. 소량의 철, 망간, 규소 등도 다소 함유되어 있어서 내식성과 고온에서의 강도가 높아서 각종 화학 기계나 열기관의 재료로 사용된다. 따라서 불변강에 속하지 않는다.

49 다음 중 Fe-C 평형상태도에 대한 설명으로 옳은 것은?

① 공정점의 온도는 약 723℃이다.
② 포정점은 약 4.30%C를 함유한 점이다.
③ 공석점은 약 0.80%C를 함유한 점이다.
④ 순철의 자기변태 온도는 210℃이다.

저자샘의 핵직강

• 공정점은 1,148℃에서 펄라이트 조직이 나온다.
• 포정점인 1,494℃의 탄소함유량은 0.18%이다.
• 순철의 자기변태점인 A_2변태점의 온도는 768℃이다.

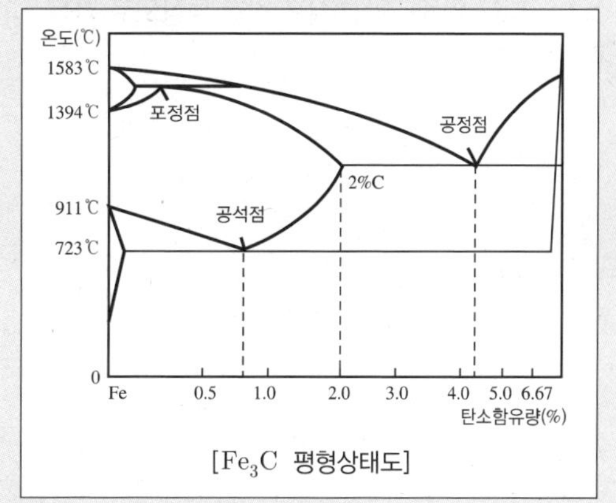

[Fe_3C 평형상태도]

해설
공석점인 723℃에서 나오는 공석강의 탄소함유량은 0.8%이다.

50 고주파 담금질의 특징을 설명한 것 중 옳은 것은?

① 직접 가열하므로 열효율이 높다.
② 열처리 불량은 적으나 변형 보정이 항상 필요하다.

정답 46 ④ 47 ③ 48 ② 49 ③ 50 ①

③ 열처리 후의 연삭 과정을 생략 또는 단축시킬 수 없다.

④ 간접 부분 담금질법으로 원하는 깊이만큼 경화하기 힘들다.

저자쌤의 핵직강

고주파경화법의 특징

- 작업비가 싸다.
- 직접 가열로 열효율이 높다.
- 열처리 후 연삭과정을 생략할 수 있다.
- 조작이 간단하여 열처리 시간이 단축된다.
- 불량이 적고 변형 보정을 필요로 하지 않는다.
- 급열이나 급냉으로 인해 재료가 변형될 수 있다.
- 경화층이 이탈되거나 담금질 균열이 생기기 쉽다.
- 가열 시간이 짧아서 산화 및 탈탄의 우려가 적다.
- 마텐자이트 생성으로 체적이 변화하여 내부응력이 발생한다.

해설

고주파경화법은 고주파 유도전류에 의해서 강 부품의 표면층만을 직접 급속히 가열한 후 급랭시키는 방법으로 열효율이 높다.

51 다음 입체도의 화살표 방향 투상도로 가장 적합한 것은?

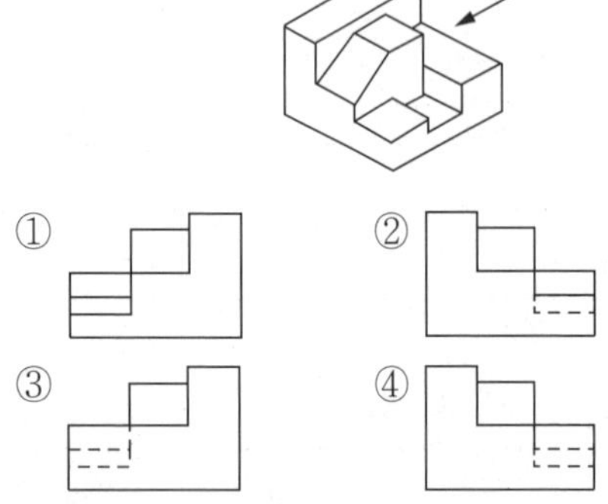

해설

배면도는 물체를 정면도의 뒤쪽에서 본 형상으로 정답은 ③번이 된다.

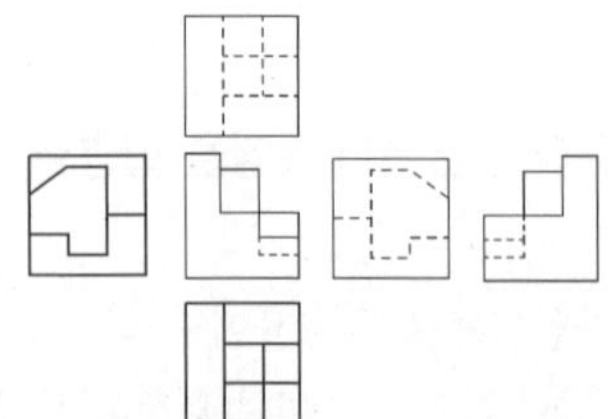

제3각법으로 물체 표현하기

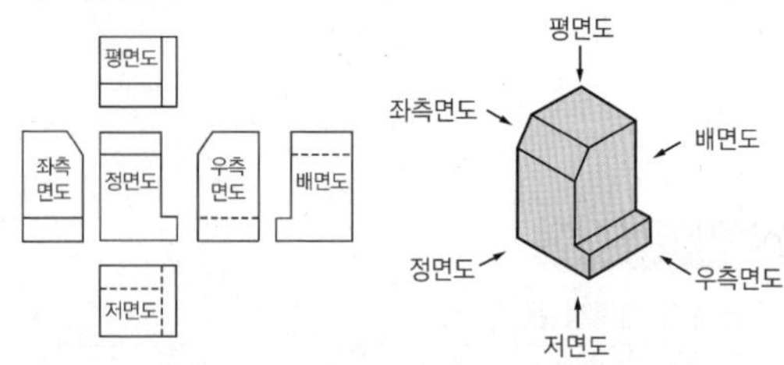

52 다음 그림과 같은 용접방법표시로 맞는 것은?

① 삼각용접　　② 현장용접

③ 공장용접　　④ 수직용접

해설

삼각용접은 다음과 같은 기호를 사용한다.

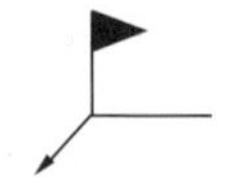

53 다음 밸브 기호는 어떤 밸브를 나타내는가?

① 풋 밸브　　② 볼 밸브

③ 체크 밸브　　④ 버터플라이 밸브

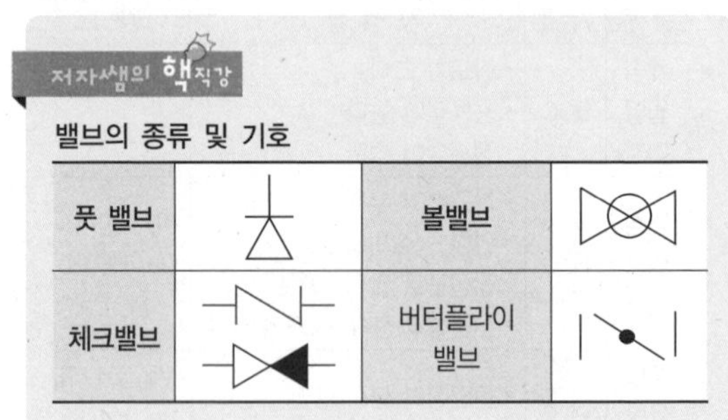

저자쌤의 핵직강

밸브의 종류 및 기호

풋 밸브		볼밸브	
체크밸브		버터플라이 밸브	

54 다음 중 리벳용 원형강의 KS 기호는?

① SV　　② SC

③ SB　　④ PW

51 ③ 52 ② 53 ① 54 ① 정답

해설

① SV : 리벳용 압연강재, 리벳용 원형강재
② SC : 탄소주강품
③ SB : 보일러 및 압력 용기용 탄소강
④ PW : 합판

55 대상물의 일부를 떼어낸 경계를 표시하는데 사용하는 선의 굵기는?

① 굵은 실선 ② 가는 실선
③ 아주 굵은 실선 ④ 아주 가는 실선

저자쌤의 핵직강

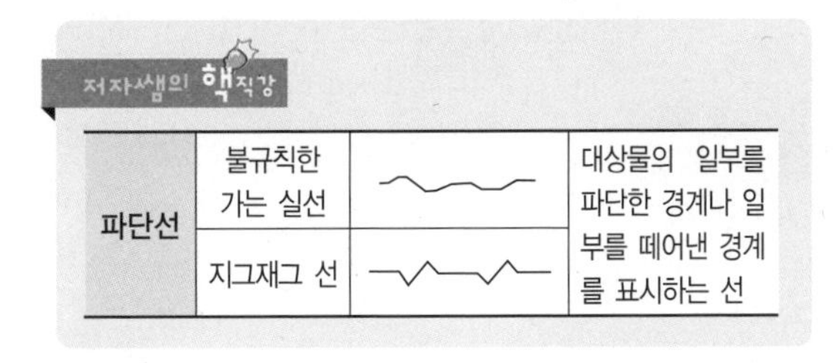

파단선	불규칙한 가는 실선	(불규칙한 가는 실선)	대상물의 일부를 파단한 경계나 일부를 떼어낸 경계를 표시하는 선
	지그재그 선	(지그재그 선)	

해설

대상물의 일부를 떼어낸 경계를 표시하는 파단선은 가는 실선으로 그린다.

56 그림과 같은 배관도시기호가 있는 관에는 어떤 종류의 유체가 흐르는가?

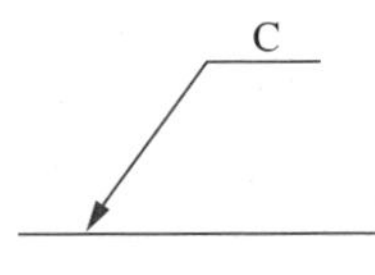

① 온 수 ② 냉 수
③ 냉온수 ④ 증 기

저자쌤의 핵직강

관에 흐르는 유체의 종류

종 류	기 호	종 류	기 호
공 기	A	물	W
가 스	G	기 름	O
수증기	S	냉 수	C

해설

관에 흐르는 유체 중에서 냉수를 나타내는 기호는 C이다.

57 제3각법에 대하여 설명한 것으로 틀린 것은?

① 저면도는 정면도 밑에 도시한다.
② 평면도는 정면도의 상부에 도시한다.
③ 좌측면도는 정면도의 좌측에 도시한다.
④ 우측면도는 평면도의 우측에 도시한다.

저자쌤의 핵직강

제1각법과 제3각법

제1각법	제3각법
투상면을 물체의 뒤에 놓는다.	투상면을 물체의 앞에 놓는다.
눈 → 물체 → 투상면	눈 → 투상면 → 물체
저면도 / 우측면도, 정면도, 좌측면도, 배면도 / 평면도	평면도 / 좌측면도, 정면도, 우측면도, 배면도 / 저면도
(제1각법 기호)	(제3각법 기호)

해설

제3각법에서 우측면도는 정면도의 우측에 도시해야 한다.

58 다음 치수표현 중에서 참고치수를 의미하는 것은?

① Sϕ24 ② t=24
③ (24) ④ □24

저자쌤의 핵직강

치수 표시 기호

기 호	구 분	기 호	구 분
ϕ	지 름	p	피 치
Sϕ	구의 지름	$\overset{\frown}{50}$	호의 길이
R	반지름	$\underline{50}$	비례척도가 아닌 치수
SR	구의 반지름	$\boxed{50}$	이론적으로 정확한 치수
□	정사각형	(50)	참고 치수

정답 55 ② 56 ② 57 ④ 58 ③

C	45° 모따기	~~50~~	치수의 취소 (수정 시 사용)
t	두 께		

해설
참고치수는 (24)와 같이 도면에 표시한다.

59 구멍에 끼워 맞추기 위한 구멍, 볼트, 리벳의 기호표시에서 현장에서 드릴가공 및 끼워맞춤을 하고 양쪽면에 카운터 싱크가 있는 기호는?

① 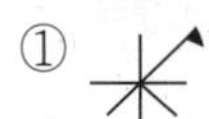
② 
③ 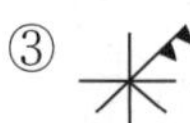
④ 

해설
양쪽 면에 카운터 싱크가 있고 현장에서 드릴가공 및 끼워 맞춤을 하는 표시는 이다.

60 도면을 용도에 따른 분류와 내용에 따른 분류로 구분할 때, 다음 중 내용에 따라 분류한 도면인 것은?

① 제작도
② 주문도
③ 견적도
④ 부품도

해설
도면의 분류

용도에 따른 분류	계획도, 상세도, 제작도, 검사도, 주문도, 승인도, 설명도
내용에 따른 분류	부품도, 배치도, 조립도

59 ④ 60 ④ 정답

2015년도 제2회 기출문제

특수용접기능사 Craftsman Welding/Inert Gas Arc Welding

01 아르곤(Ar)가스는 1기압 하에서 6,500(L)용기에 몇 기압으로 충전하는가?

① 100기압 ② 120기압
③ 140기압 ④ 160기압

해설

아르곤(Ar)가스는 140kgf/cm^2으로 충전한다.

- 산소가스 : 150kgf/cm^2
- 아세틸렌 : 15kgf/cm^2

02 다음 파괴시험 방법 중 충격시험 방법은?

① 전단시험 ② 샤르피시험
③ 크리프시험 ④ 응력부식 균열시험

해설

샤르피식 충격 시험법

샤르피 충격 시험기를 사용하여 시험편을 40mm 떨어진 2개의 지지대로 지지하고, 노치부를 지지대 사이의 중앙에 일치시킨 후 노치부 뒷면을 해머로 1회만 충격을 주어 시험편을 파단시킬 때 소비된 흡수 에너지(E)와 충격값(U)를 구하는 시험방법

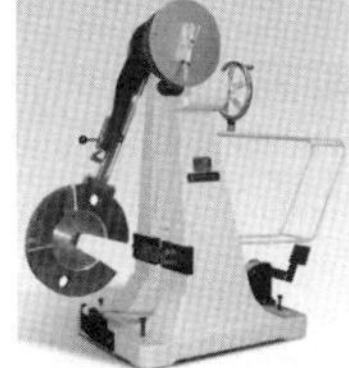

[샤르피 시험기]

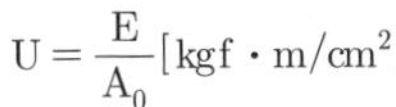

$U = \frac{E}{A_0}[\text{kgf} \cdot \text{m/cm}^2]$

A_0 : 소비된 흡수 에너지

03 초음파탐상 검사방법이 아닌 것은?

① 공진법 ② 투과법
③ 극간법 ④ 펄스반사법

저자쌤의 핵직강

초음파탐상법의 종류

- 투과법 : 초음파펄스를 시험체의 한쪽면에서 송신하고 반대쪽면에서 수신하는 방법
- 펄스반사법 : 불연속부와 같은 경계면에서는 투과 및 굴절 또는 반사를 하는데 이러한 불연속부에서 반사하는 초음파를 분석하여 검사하는 방법
- 공진법 : 시험체에 가해진 초음파의 진동수와 시험체의 고유진동수가 일치할 때 진동의 진폭이 커지는 현상인 공진을 이용하여 시험체의 두께를 측정하는 방법

04 다음 중 용접결함에서 구조상 결함에 속하는 것은?

① 기 공 ② 인장강도의 부족
③ 변 형 ④ 화학적 성질 부족

저자쌤의 핵직강

용접결함의 종류

결함의 종류	결함의 명칭	
치수상 결함	변형, 치수불량, 형상불량	
구조상 결함	기공, 은점, 언더컷, 오버랩, 균열, 선상조직, 용입불량, 표면결함, 슬래그 혼입	
성질상 결함	기계적 불량	인장강도 부족, 항복강도 부족, 피로강도 부족, 경도 부족, 연성 부족, 충격시험값 부족
	화학적 불량	화학성분 부적당, 부식(내식성 불량)

해설

용접의 결함 중에서 기공은 구조상 결함에 속한다.

05 15°C, 1kgf/cm²하에서 사용 전 용해 아세틸렌병의 무게가 50kgf이고, 사용 후 무게가 47kgf일 때 사용한 아세틸렌의 양은 몇 리터(L)인가?

① 2,915 ② 2,815
③ 3,815 ④ 2,715

해설

용해 아세틸렌 1kg을 기화시키면 약 905L의 아세틸렌가스가 발생되므로, 아세틸렌가스의 양(C)을 구하는 공식은 다음과 같다.

아세틸렌 가스량(C) = 905L(50－47) = 2,715L

※ 아세틸렌 가스량(C) = 905L(병 전체 무게 － 빈 병의 무게)

정답 1 ③ 2 ② 3 ③ 4 ① 5 ④

06 다음 용착법 중 다층쌓기 방법인 것은?

① 전진법 ② 대칭법
③ 스킵법 ④ 캐스케이드법

해설

용착법의 종류

구 분	종 류	
용접 방향에 의한 용착법	전진법	후퇴법
	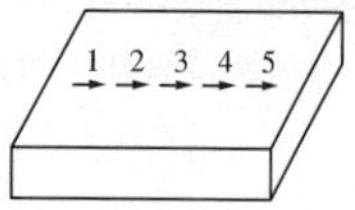 1 2 3 4 5	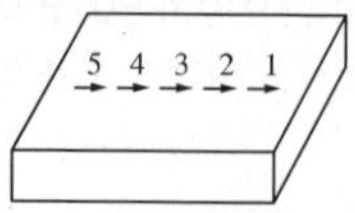 5 4 3 2 1
	대칭법	스킵법(비석법)
	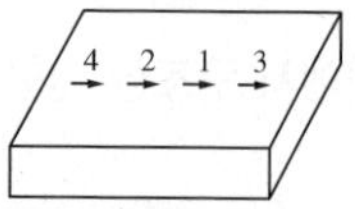 4 2 1 3	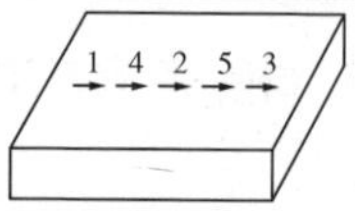 1 4 2 5 3
다층 비드 용착법	빌드업법(덧살올림법)	캐스케이드법
	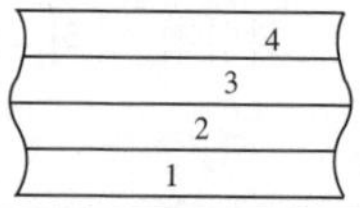 4 3 2 1	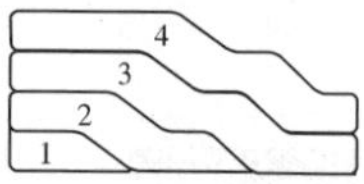 4 3 2 1
	전진블록법	
	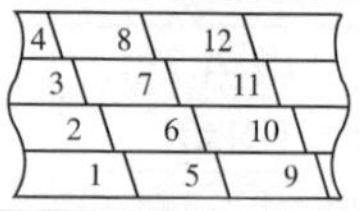 4 8 12 3 7 11 2 6 10 1 5 9	

07 플라즈마 아크의 종류 중 모재가 전도성 물질이어야 하며, 열효율이 높은 아크는?

① 이행형 아크 ② 비이행형 아크
③ 중간형 아크 ④ 피복 아크

저자쌤의 핵직강

플라즈마 아크 용접의 아크 종류

- 이행형 아크 : 텅스텐 전극봉에 (-), 모재에 (+)를 연결하는 것으로 모재가 전기전도성을 가진 것으로 용입이 깊다.
- 비이행형 아크 : 텅스텐 전극봉에 (-), 구속 노즐(+) 사이에서 아크를 발생시키는 것으로 모재에는 전기를 연결하지 않아서 비전도체도 용접이 가능하나 용입이 얕고 비드가 넓다.

해설

플라즈마 아크 용접의 아크의 종류 중에서 모재가 전도성을 가져야 하는 것은 이행형 아크이다.

08 철도 레일 이음 용접에 적합한 용접법은?

① 테르밋 용접 ② 서브머지드 용접
③ 스터드 용접 ④ 그래비티 및 오토콘 용접

저자쌤의 핵직강

테르밋 용접은 금속산화물과 알루미늄이 반응하여 열과 슬래그를 발생시키는 테르밋 반응을 이용한다. 먼저 알루미늄 분말과 산화철을 1 : 3의 비율로 혼합하여 테르밋제를 만든 후 냄비의 역할을 하는 도가니에 넣어 약 1,000℃로 점화하면 약 2,800℃의 열이 발생되면서 용접용 강이 만들어지게 되는데, 이 강을 용접부에 주입하면서 용접하는 방법이다.

해설

차축이나 철도 레일의 접합, 선박의 프레임 등 비교적 큰 단면을 가진 물체의 맞대기 용접과 보수용접에 주로 사용하는 것은 테르밋 용접이다.

09 다음 TIG 용접에 대한 설명 중 틀린 것은?

① 박판 용접에 적합한 용접법이다.
② 교류나 직류가 사용된다.
③ 비소모식 불활성 가스 아크 용접법이다.
④ 전극봉은 연강봉이다.

해설

TIG 용접은 Tungsten(텅스텐)재질의 전극봉과 Inert Gas(불활성 가스)인 Ar을 사용해서 용접하는 특수용접법이다.

10 TIG 용접에서 전극봉은 세라믹 노즐의 끝에서부터 몇 mm정도 돌출시키는 것이 가장 적당한가?

① 1~2mm ② 3~6mm
③ 7~9mm ④ 10~12mm

해설

TIG 용접에서 텅스텐 전극봉은 보통 세라믹 노즐의 끝에서 3~6mm 정도 돌출시키는 것이 운봉하기 좋다. 이는 세라믹 노즐 끝 직경의 절반 정도이다.

11 구리 합금 용접 시험편을 현미경 시험할 경우 시험용 부식제로 주로 사용되는 것은?

① 왕 수 ② 피크린산
③ 수산화나트륨 ④ 연화철액

6 ④ 7 ① 8 ① 9 ④ 10 ② 11 전항정답 정답

저자쌤의 핵직강

부식제의 종류

부식할 금속	부식제
철강용	질산 알코올 용액과 피크린산 알코올 용액, 염산, 초산
Al과 그 합금	플루오르화 수소액, 수산화 나트륨 용액
금, 백금 등 귀금속의 부식제	왕 수

12 이산화탄소 용접에 사용되는 복합 와이어(Flux Cored Wire)의 구조에 따른 종류가 아닌 것은?

① 아코스 와이어 ② T관상 와이어
③ Y관상 와이어 ④ S관상 와이어

저자쌤의 핵직강

CO_2가스 아크 용접용 와이어에 따른 용접법

Solid Wire	혼합가스법, CO_2법
복합 와이어(FCW, Flux Cored Wire)	아코스 아크법, 유니언 아크법, 휴즈 아크법, NCG법, S관상 와이어 아크법, Y관상 와이어 아크법

해설
가스 아크 용접용 복합 와이어에 T관상 와이어는 포함되지 않는다.

13 불활성 가스 텅스텐(TIG) 아크 용접에서 용착금속의 용락을 방시하고 용착부 뒷면의 용착금속을 보호하는 것은?

① 포지셔너(Positioner)
② 지그(Zig)
③ 뒷받침(Backing)
④ 엔드탭(End tap)

해설
TIG 용접을 비롯한 기타 용접법으로 맞대기 용접 시 판의 두께가 얇거나 루트 면의 치수가 용융금속을 지지하지 못할 경우, 용융금속의 용락을 방지하기 위해서 받침쇠(Backing, 뒷받침)를 사용한다.

14 레이저 빔 용접에 사용되는 레이저의 종류가 아닌 것은?

① 고체 레이저 ② 액체 레이저
③ 기체 레이저 ④ 도체 레이저

해설
레이저 빔 용접에 도체 레이저는 사용되지 않는다.

15 피복 아크 용접 후 실시하는 비파괴 검사방법이 아닌 것은?

① 자분탐상법 ② 피로시험법
③ 침투탐상법 ④ 방사선투과 검사법

저자쌤의 핵직강

용접부 검사 방법의 종류

비파괴 시험	내부결함	방사선 투과 시험(RT)
		초음파 탐상 시험(UT)
	표면결함	외관검사(VT)
		자분탐상검사(MT)
		침투탐상검사(PT)
		누설검사(LT)
		와전류탐상검사(ET)
파괴 시험 (기계적 시험)	인장시험	인장강도, 항복점, 연신율 계산
	굽힘시험	연성의 정도 측정
	충격시험	인성과 취성의 정도 측정
	경도시험	외력에 대한 저항의 크기 측정
	매크로시험	조직검사
	피로시험	반복적인 외력에 대한 저항력 측정

해설
피로시험(Fatigue Test)은 재료의 강도시험으로 재료에 반복응력을 가했을 때 파괴되기까지의 반복횟수를 구해서 응력(S)과 반복횟수(N)와의 상관관계를 알 수 있는 시험으로 파괴검사방법에 속한다.

16 용접결함 중 치수상의 결함에 대한 방지대책과 가장 거리가 먼 것은?

① 역변형법 적용이나 지그를 사용한다.
② 습기, 이물질 제거 등 용접부를 깨끗이 한다.
③ 용접 전이나 시공 중에 올바른 시공법을 적용한다.
④ 용접조건과 자세, 운동법을 적정하게 한다.

정답 12 ② 13 ③ 14 ④ 15 ② 16 ②

해설

습기제거는 기공 불량을, 이물질 제거는 슬래그 등 이물질의 혼입 불량 및 Crack 등을 예방하기 위한 구조상의 결함 방지대책이다.

17 다음 중 저탄소강의 용접에 관한 설명으로 틀린 것은?

① 용접균열의 발생위험이 크기 때문에 용접이 비교적 어렵고, 용접법의 적용에 제한이 있다.
② 피복 아크 용접의 경우 피복 아크 용접봉은 모재와 강도 수준이 비슷한 것을 선정하는 것이 바람직하다.
③ 판의 두께가 두껍고 구속이 큰 경우에는 저수소계 계통의 용접봉이 사용된다.
④ 두께가 두꺼운 강재일 경우 적절한 예열을 할 필요가 있다.

해설

C(탄소)는 온도가 상승함에 따라 부피가 잠시 수축했다가 다시 팽창하는 성질이 있어서 탄소량이 많은 고탄소강일수록 재료의 변형에 따른 용접 균열이 발생할 우려가 크다. 따라서 저탄소강은 용접이 쉬우며 균열 발생의 위험이 적다.

Plus One 탄소강의 분류(탄소함유량에 따라)

- 극저탄소강 : 0.03% ~ 0.12% 이하
- 저탄소강(연강) : 0.13% ~ 0.20%
- 중탄소강 : 0.21% ~ 0.45%
- 고탄소강 : 0.45~1.7%

18 다음 중 용접이음에 대한 설명으로 틀린 것은?

① 필릿 용접에서는 형상이 일정하고, 미용착부가 없어 응력분포상태가 단순하다.
② 맞대기 용접이음에서 시점과 크레이터 부분에서는 비드가 급냉하여 결함을 일으키기 쉽다.
③ 전면 필릿 용접이란 용접선의 방향이 하중의 방향과 거의 직각인 필릿 용접을 말한다.
④ 겹치기 필릿 용접에서는 루트부에 응력이 집중되기 때문에 보통 맞대기 이음에 비하여 피로강도가 낮다.

해설

필릿용접은 형상이 매우 다양하기 때문에 응력분포상태가 복잡하며, 전류의 크기에 따라 미용착부가 발생할 수 있다.

19 변형과 잔류응력을 최소로 해야 할 경우 사용되는 용착법으로 가장 적합한 것은?

① 후진법　　② 전진법
③ 스킵법　　④ 덧살 올림법

저자쌤의 핵직강

용접법의 종류

분 류		특 징
용착 방향에 의한 용착법	전진법	한쪽 끝에서 다른 쪽 끝으로 용접을 진행하는 방법으로 용접길이가 길면 끝부분 쪽에 수축과 잔류응력이 생긴다.
	후퇴법	용접을 단계적으로 후퇴하면서 전체 길이를 용접하는 방법으로서, 수축과 잔류응력을 줄이는 용접기법이다.
용착 방향에 의한 용착법	대칭법	변형과 수축응력의 경감법으로 용접의 전 길이에 걸쳐 중심에서 좌우 또는 용접물 형상에 따라 좌우대칭으로 용접하는 기법이다.
	스킵법(비석법)	용접부 전체의 길이를 5개 부분으로 나누어 놓고 1-4-2-5-3순으로 용접하는 방법으로 용접부에 잔류응력을 적게 해야 할 경우에 사용한다.
다층 비드 용착법	덧살 올림법(빌드업법)	각 층마다 전체의 길이를 용접하면서 쌓아 올리는 방법으로 가장 일반적인 방법이다.
	전진 블록법	한 개의 용접봉으로 살을 붙일만한 길이로 구분해서 홈을 한층 완료 후 다른 층을 용접하는 방법이다.
	캐스케이드법	한 부분의 몇 층을 용접하다가 다음 부분의 층으로 연속시켜 전체가 단계를 이루도록 용착시켜 나가는 방법이다.

해설

스킵법(비석법)은 잔류응력을 적게 한다.

20 통행과 운반 관련 안전조치로 가장 거리가 먼 것은?

① 뛰지 말 것이며 한 눈을 팔거나 주머니에 손을 넣고 걷지 말 것
② 기계와 다른 시설물과의 사이의 통행로 폭은 30cm 이상으로 할 것
③ 운반차는 규정속도를 지키고 운반시 시야를 가리지 않게 할 것
④ 통행로와 운반차, 기타 시설물에는 안전표지색을 이용한 안전표지를 할 것

17 ① 18 ① 19 ③ 20 ② 정답

저자쌤의 핵직강

통행과 운반

- 통행로 위의 높이 2m 이하에는 장해물이 없을 것
- 기계와 다른 시설물과의 사이의 통행로 폭은 80cm 이상으로 할 것
- 뛰지 말 것
- 한눈을 팔거나 주머니에 손을 넣고 걷지 말 것
- 통로가 아닌 곳을 걷지 말 것
- 좌측통행규칙을 지킬 것
- 높은 작업장 밑을 통과할 때 조심할 것
- 작업자나 운반자에게 통행을 양보할 것
- 통행로에 설치된 계단은 다음 사항을 고려하여 설치할 것
  - 견고한 구조로 할 것
  - 경사는 심하지 않게 할 것
  - 각 계단의 간격과 너비는 동일하게 할 것
  - 높이 5m를 초과할 때에는 높이 5m 이내마다 계단실을 설치할 것
  - 적어도 한 쪽에는 손잡이를 설치할 것
- 운반차는 규정속도를 지킬 것
- 운반시 시야를 가리지 않게 쌓을 것
- 승용석이 없는 운반차에는 승차하지 말 것
- 빙판의 운반시 미끄럼에 주의할 것
- 긴 물건에는 끝에 표시를 단 후 운반할 것
- 통행로와 운반차, 기타의 시설물에는 안전표지색을 이용한 안전표지를 할 것

21 TIG 용접에 사용되는 전극봉의 조건으로 틀린 것은?

① 고용융점의 금속
② 전자방출이 잘되는 금속
③ 전기저항률이 많은 금속
④ 열전도성이 좋은 금속

저자쌤의 핵직강

TIG 용접에 사용되는 전극봉의 조건

- 고용점
- 낮은 전기저항
- 우수한 열전도도
- 전자 방출 용이
- Peak Current와 Base Current을 조정하는 펄스도 가능하다.

해설

TIG 용접용으로 사용되는 텅스텐 전극봉은 전기저항률이 낮아야 전자방출이 잘 된다.

22 불활성 가스 아크 용접에 주로 사용되는 가스는?

① CO_2　② CH_4
③ Ar　④ C_2H_2

해설

TIG(Tungsten Inert Gas arc welding)용접과 MIG(Metal Inert Gas arc welding)용접은 모두 Inert Gas(불활성 가스)인 Ar(아르곤)가스를 주로 사용한다.

23 다음 중 두께 20mm인 강판을 가스 절단하였을 때 드래그(Drag)의 길이가 5mm이었다면 드래그양은 몇(%)인가?

① 5　② 20
③ 25　④ 100

해설

$$\text{드래그양(\%)} = \frac{\text{드래그길이}}{\text{판두께}} \times 100(\%)$$

$$= \frac{5}{20} \times 100(\%) = 25\%$$

24 가스용접에 사용되는 용접용 가스 중 불꽃온도가 가장 높은 가연성 가스는?

① 아세틸렌　② 메 탄
③ 부 탄　④ 천연가스

저자쌤의 핵직강

가스별 불꽃 온도 및 발열량

가스 종류	불꽃 온도(℃)	발열량(kcal/m^3)
아세틸렌	3,430	12,500
부 탄	2,926	26,000
수 소	2,960	2,400
프로판	2,820	21,000
메 탄	2,700	8,500

해설

산소-아세틸렌 불꽃의 온도는 약 3,430℃로 다른 불꽃들에 비해 가장 높다.

정답 21 ③ 22 ③ 23 ③ 24 ①

25 가동철심형 용접기를 설명한 것으로 틀린 것은?

① 교류 아크 용접기의 종류에 해당한다.
② 미세한 전류 조정이 가능하다.
③ 용접작업 중 가동 철심의 진동으로 소음이 발생할 수 있다.
④ 코일의 감긴 수에 따라 전류를 조정한다.

저자쌤의 핵직강

교류 아크 용접기의 종류별 특징

종 류	특 징
가동 철심형	• 현재 가장 많이 사용된다. • 미세한 전류조정이 가능하다. • 광범위한 전류의 조정이 어렵다. • 가동 철심으로 누설 자속을 가감하여 전류를 조정한다.
가동 코일형	• 아크 안정성이 크고 소음이 없다. • 가격이 비싸며 현재는 거의 사용되지 않는다. • 용접기의 핸들로 1차 코일을 상하로 이동시켜 2차 코일의 간격을 변화시켜 전류를 조정한다.
탭 전환형	• 주로 소형이 많다. • 탭 전환부의 소손이 심하다. • 넓은 범위의 전류조정이 어렵다. • 코일의 감긴 수에 따라 전류를 조정한다. • 미세전류의 조정 시 무부하 전압이 높아서 전격의 위험이 크다.
가포화 리액터형	• 조작이 간단하고 원격제어가 된다. • 가변 저항의 변화로 전류의 조정이 가능하다. • 전기적 전류조정으로 소음이 없고 기계의 수명이 길다.

해설

용접기의 핸들로 1차 코일을 이동시켜 2차 코일과의 간격을 변화시킴으로써 전류를 조정하는 교류 아크 용접기는 가동 코일형이다.

26 피복금속 아크 용접봉의 피복제가 연소한 후 생성된 물질이 용접부를 보호하는 방식이 아닌 것은?

① 가스 발생식 ② 슬래그 생성식
③ 스프레이 발생식 ④ 반가스 발생식

저자쌤의 핵직강

용착금속의 보호방식에 따른 분류

- 가스발생식 : 피복제 성분이 주로 셀룰로오스이며 연소 시 가스를 발생시켜 용접부를 보호한다.
- 슬래그생성식 : 피복제 성분이 주로 규사, 석회석 등의 무기물로 슬래그를 만들어 용접부를 보호하며 산화 및 질화를 방지한다.
- 반가스발생식 : 가스발생식과 슬래그 생성식의 중간적 성질을 갖는다.

해설

용착금속의 보호방식에 따른 분류에 스프레이형은 포함되지 않는다.

27 다음 중 가스용접의 특징으로 틀린 것은?

① 전기가 필요 없다.
② 응용범위가 넓다.
③ 박판용접에 적당하다.
④ 폭발의 위험이 없다.

저자쌤의 핵직강

가스용접의 장점 및 단점

구분	내용
장 점	•응용범위가 넓다. • 운반이 편리하고 설비비가 싸다. • 전기가 필요 없다. • 아크 용접에 비해 유해 광선의 피해가 적다. • 가열할 때 열량조절이 비교적 자유로워 박판 용접에 적당하다.
단 점	• 폭발의 위험이 있다. • 아크 용접에 비해 불꽃의 온도가 낮다. • 열 집중성이 나빠서 효율적인 용접이 어렵다. • 가열 범위가 커서 용접 변형이 크고 일반적으로 용접부의 신뢰성이 적다.

해설

가스용접은 가연성 가스를 사용하므로 폭발의 위험이 있다.

28 가스절단 시 절단면에 일정한 간격의 곡선이 진행방향으로 나타나는데 이것을 무엇이라 하는가?

① 슬래그(Slag) ② 태핑(Tapping)
③ 드래그(Drag) ④ 가우징(Gouging)

저자쌤의 핵직강

드래그 : 가스 절단 시 한 번에 토치를 이동한 거리로써 절단면에 일정한 간격의 곡선이 나타나는 것

정답 25 ④ 26 ③ 27 ④ 28 ③

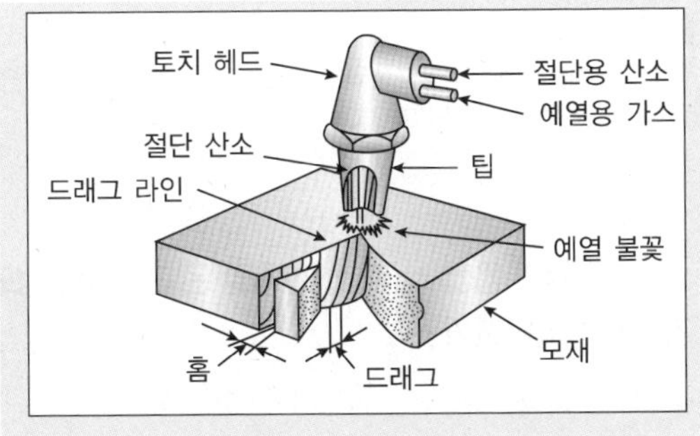

교류(AC)	• 극성이 없다. • 전원 주파수의 $\frac{1}{2}$ 사이클마다 극성이 바뀐다. • 직류 정극성과 직류 역극성의 중간적 성격이다.

해설
직류 정극성의 경우 모재에는 (+)전극이 연결되고 용접봉에는 (–)전극이 연결된다. (+)전극이 연결되는 곳에 70%의 열이 발생한다.

29 용접 중 전류를 측정할 때 전류계(클램프 미터)의 측정위치로 적합한 것은?

① 1차측 접지선 ② 피복 아크 용접봉
③ 1차측 케이블 ④ 2차측 케이블

해설
용접 중 전류계로 용접전류를 측정할 때는 정확한 측정을 위해 2차측 케이블에서 해야 한다.

30 직류아크 용접에서 용접봉을 용접기의 음(–)극에, 모재를 양(+)극에 연결한 경우의 극성은?

① 직류 정극성 ② 직류 역극성
③ 용극성 ④ 비용극성

저자샘의 핵직강

아크 용접기의 극성

직류 정극성 (DCSP : Direct Current Straight Polarity)	• 용입이 깊다. • 비드 폭이 좁다. • 용접봉의 용융속도가 느리다. • 후판(두꺼운 판) 용접이 가능하다. • 모재에는 (+)전극이 연결되며 70% 열이 발생하고, 용접봉에는 (–)전극이 연결되며 30% 열이 발생한다.
직류 역극성 (DCRP : Direct Current Reverse Polarity)	• 용입이 얕다. • 비드 폭이 넓다. • 용접봉의 용융속도가 빠르다. • 박판(얇은 판) 용접이 가능하다. • 주철, 고탄소강, 비철금속의 용접에 쓰인다. • 모재에는 (–)전극이 연결되며 30% 열이 발생하고, 용접봉에는 (+)전극이 연결되며 70% 열이 발생한다.

31 다음 중 피복 아크 용접에 있어 용접봉에서 모재로 용융금속이 옮겨가는 상태를 분류한 것이 아닌 것은?

① 폭발형 ② 스프레이형
③ 글로뷸러형 ④ 단락형

저자샘의 핵직강

용접봉 용융금속의 이행형식에 따른 분류
• 스프레이형 : 미세 용적을 스프레이처럼 날려 보내면서 융착
• 글로뷸러형(입상이행형) : 서브머지드 아크 용접과 같이 대전류를 사용
• 단락형 : 표면장력에 따라 모재에 융착

해설
폭발형은 용융금속의 이행 형태에 속하지 않는다.

32 강재표면의 흠이나 개재물, 탈탄층 등을 제거하기 위하여 얇고 타원형 모양으로 표면을 깎아 내는 가공법은?

① 산소창 절단 ② 스카핑
③ 탄소아크 절단 ④ 가우징

해설
스카핑(Scarfing)은 강괴나 강편, 강재 표면의 홈이나 개재물, 탈탄층 등을 제거하기 위한 불꽃 가공으로 가능한 얇으면서 타원형의 모양으로 표면을 깎아내는 가공법이다.

• 산소창 절단 : 가늘고 긴 강관(안지름 3.2~6mm, 길이 1.5~3m)을 사용해서 절단 산소를 큰 강괴의 중심부에 분출시켜 창으로 불리는 강관 자체가 함께 연소되면서 절단하는 방법

정답 29 ④ 30 ① 31 ① 32 ②

- 탄소아크절단 : 탄소나 흑연 재질의 전극봉과 금속 사이에서 아크를 일으켜 금속의 일부를 용융시켜 이 용융금속을 제거하면서 절단하는 방법
- 가스가우징 : 용접결함이나 가접부 등의 제거를 위해 사용하는 방법으로써 가스 절단과 비슷한 토치를 사용해 용접부의 뒷면을 따내거나, U형이나 H형의 용접 홈을 가공하기 위하여 깊은 홈을 파내는 가공법

33 가스용접에서 전진법과 후진법을 비교하여 설명한 것으로 옳은 것은?

① 용착금속의 냉각도는 후진법이 서냉된다.
② 용접변형은 후진법이 크다.
③ 산화의 정도가 심한 것은 후진법이다.
④ 용접속도는 후진법보다 전진법이 더 빠르다.

저자쌤의 핵직강

가스용접에서의 전진법과 후진법의 차이점

구 분	전진법	후진법
열 이용률	나쁘다.	좋다.
비드의 모양	보기 좋다.	매끈하지 못하다.
홈의 각도	크다(약 80°).	작다(약 60°).
용접 속도	느리다.	빠르다.
용접 변형	크다.	작다.
용접 가능 두께	두께 5mm 이하의 박판	후 판
가열 시간	길다.	짧다.
기계적 성질	나쁘다.	좋다.
산화 정도	심하다.	양호하다.
토치 진행방향 및 각도	오른쪽 → 왼쪽	왼쪽 → 오른쪽

해설

가스용접에서 후진법은 전진법보다 용접속도를 빠르게 할 수 있다.

34 용접 용어와 그 설명이 잘못 연결된 것은?

① 모재 : 용접 또는 절단되는 금속
② 용융풀 : 아크열에 의해 용융된 쇳물 부분
③ 슬래그 : 용접봉이 용융지에 녹아 들어가는 것
④ 용입 : 모재가 녹은 깊이

해설

슬래그(Slag)란 용접 중 발생되는 불순물이 응집된 것으로 용접 완료 후 용융금속을 덮고 있다.

35 주철의 용접 시 예열 및 후열 온도는 얼마 정도가 가장 적당한가?

① 100~200°C ② 300~400°C
③ 500~600°C ④ 700~800°C

저자쌤의 핵직강

주철(2~6.67%의 C) 용접 시 예열 및 후열의 온도는 500~600℃가 적당하다.

36 저수소계 용접봉은 용접시점에서 기공이 생기기 쉬운데 해결방법으로 가장 적당한 것은?

① 후진법 사용
② 용접봉 끝에 페인트 도색
③ 아크 길이를 길게 사용
④ 접지점을 용접부에 가깝게 물림

해설

E4316(저수소계) 용접봉 사용시 기공방지를 위해서는 후진법을 사용한다.

후진법은 아크가 발생되는 지점의 반대쪽으로 이동시키는 용접 방법이다.

37 AW300, 정격 사용률이 40%인 교류 아크 용접기를 사용하여 실제 150A의 전류로 용접을 한다면 허용 사용률은?

① 80% ② 120%
③ 140% ④ 160%

$$\text{허용사용률(\%)} = \frac{(\text{정격 2차 전류})^2}{(\text{실제 용접 전류})^2} \times \text{정격사용률(\%)}$$

$$= \frac{300A^2}{150A^2} \times 40\% = \frac{90{,}000}{22{,}500} \times 40\% = 160\%$$

33 ① 34 ③ 35 ③ 36 ① 37 ④ 정답

38 용해 아세틸렌 용기 취급 시 주의사항으로 틀린 것은?

① 아세틸렌 충전구가 동결시는 50°C 이상의 온수로 녹여야 한다.
② 저장 장소는 통풍이 잘 되어야 한다.
③ 용기는 반드시 캡을 씌워 보관한다.
④ 용기는 진동이나 충격을 가하지 말고 신중히 취급해야 한다.

해설
가스의 충전구가 동결되었을 때는 35℃ 이하의 온수로 녹여야 한다.

39 노멀라이징(Normalizing) 열처리의 목적으로 옳은 것은?

① 연화를 목적으로 한다.
② 경도 향상을 목적으로 한다.
③ 인성부여를 목적으로 한다.
④ 재료의 표준화를 목적으로 한다.

저자쌤의 핵직강

열처리의 기본 4단계
- 담금질(Quenching) : 재질을 경화시킬 목적으로 강을 오스테나이트조직의 영역으로 가열한 후 급랭시켜 강도와 경도를 증가시키는 열처리법이다.
- 뜨임(Tempering) : 담금질 한 강을 A_1변태점(723℃) 이하로 가열 후 서랭하는 것으로 담금질로 경화된 재료에 인성을 부여하고 내부응력을 제거한다.
- 풀림(Annealing) : 재질을 연하고 균일화시킬 목적으로 실시하는 열처리법으로 완전풀림은 A_3변태점(968℃) 이상의 온도로, 연화풀림은 650℃ 정도의 온도로 가열한 후 서랭한다.
- 불림(Normalizing) : 담금질 정도가 심하거나 결정입자가 조대해진 강을 표준화조직으로 만들기 위하여 A_3점(968℃)이나 A_{cm}(시멘타이트)점 이상의 온도로 가열 후 공랭시킨다.

해설
노멀라이징(불림)은 조대해진 재료를 표준화시킬 목적으로 실시하는 열처리 조작이다.

40 면심입방격자 구조를 갖는 금속은?

① Cr ② Cu
③ Fe ④ Mo

저자쌤의 핵직강

철의 결정구조

종 류	기 호	성 질	원 소
체심입방격자	BCC	• 강도가 크다. • 용융점이 높다. • 전연성이 적다.	W, Cr, Mo, V, Na, K
면심입방격자	FCC	• 가공성이 우수하다. • 연한 성질의 재료이다. • 장신구로 많이 사용된다. • 전연성과 전기전도도가 크다.	Al, Ag, Au, Cu, Ni, Pb, Pt, Ca
조밀육방격자	HCP	• 전연성이 불량하다. • 가공성이 좋지 않다.	Mg, Zn, Ti, Be, Hg, Zr, Cd, Ce

해설
면심입방격자는 Cu와 같이 연한 성질의 재료로써 주로 귀금속이나 장신구의 재료로 사용된다.

41 융점이 높은 코발트(Co) 분말과 1~5μm정도의 세라믹, 탄화 텅스텐 등의 입자들을 배합하여 확산과 소결 공정을 거쳐서 분말 야금법으로 입자강화 금속 복합 재료를 제조한 것은?

① FRP ② FRS
③ 서멧(Cermet) ④ 진공청정구리(OFHC)

해설
서멧(Cermet)은 융점이 높은 Co(코발트)분말과 세라믹, 탄화 텅스텐 등의 입자를 배합한 후 소결공정을 거쳐 분말야금법으로 만든 내열재료이다. 고온에 잘 견디기 때문에 가스터빈이나 날개, 원자로의 재료로 사용된다.

42 알루미늄 합금 중 대표적인 단련용 Al합금으로 주요성분이 Al-Cu-Mg-Mn인 것은?

① 알 민 ② 알드리
③ 두랄루민 ④ 하이드로날륨

정답 38 ① 39 ④ 40 ② 41 ③ 42 ③

저자쌤의 핵직강

시험에 자주 등장하는 주요 알루미늄 합금

Y합금	Al + Cu + Mg + Ni , 알구마니
두랄루민	Al + Cu + Mg + Mn, 알구마망

해설

두랄루민은 알루미늄 + 구리 + 마그네슘 + 망간의 알루미늄합금이다.

43 재료표면상에 일정한 높이로부터 낙하시킨 추가 반발하여 튀어 오르는 높이로부터 경도값을 구하는 경도기는?

① 쇼어 경도기　② 로크웰 경도기
③ 비커즈 경도기　④ 브리넬 경도기

저자쌤의 핵직강

경도 시험법의 종류

종 류	시험 원리	압입자
브리넬 경도 (HB)	압입자에 하중을 걸어 자국의 크기로 경도를 조사한다.	강 구
비커스 경도 (HV)	압입자에 하중을 걸어 자국의 대각선 길이로 조사한다.	136°인 다이아몬드 피라미드 압입자
로크웰 경도 (HRB, HRC)	압입자에 하중을 걸어 홈의 깊이를 측정한다. 예비하중 : 10kg	• B스케일 : 강구 • C스케일 : 120° 다이아몬드(콘)
쇼어 경도 (HS)	추를 일정한 높이에서 낙하시킨 후 재료 표면에서 이 추의 반발높이를 측정한다.	다이아몬드 추

해설

표면에서 추의 반발높이를 측정해서 경도값을 구하는 것은 쇼어 경도기이다.

44 알루미늄의 표면 방식법이 아닌 것은?

① 수산법　② 염산법
③ 황산법　④ 크롬산법

저자쌤의 핵직강

알루미늄 방식법의 종류

알루미늄표면을 적당한 전해액 중에서 양극산화 처리하여 산화물계 피막을 형성 시킨 방법

- 수산법
- 황산법
- 크롬산법

45 인장시험에서 표점거리가 50mm의 시험편을 시험 후 절단된 표점거리를 측정하였더니 65mm가 되었다. 이 시험편의 연신율은 얼마인가?

① 20%　② 23%
③ 30%　④ 33%

해설

연신율(ε) : 시험편이 파괴되기 직전의 표점거리와 원표점 거리와의 차를 변형량이라고 하는데, 연신율은 이 변형량을 원표점 거리에 대한 백분율로 표시한 것

$$\varepsilon = \frac{L_1 - L_0}{L_0} \times 100\% = \frac{65-50}{50} \times 100\% = 30\%$$

$$\varepsilon = \frac{L_1 - L_0}{L_0} \times 100\%$$

46 2~10% Sn, 0.6% P 이하의 합금이 사용되며 탄성률이 높아 스프링 재료로 가장 적합한 청동은?

① 알루미늄청동　② 망간청동
③ 니켈청동　④ 인청동

해설

0.6%의 P(인)이 첨가되어 탄성이 높아 스프링 재료로 사용되는 청동은 인청동이다.

47 강의 담금질 깊이를 깊게 하고 크리프 저항과 내식성을 증가시키며 뜨임 메짐을 방지하는데 효과가 있는 합금원소는?

① Mo　② Ni
③ Cr　④ Si

43 ① 44 ② 45 ③ 46 ④ 47 ① 정답

저자쌤의 핵직강

탄소강에 함유된 원소들의 영향

종 류	영 향
탄소(C)	• 경도를 증가시킨다. • 인성과 연성을 감소시킨다. • 일정 함유량까지 강도를 증가시킨다. • 함유량이 많아질수록 취성(메짐)이 강해진다.
규소(Si)	• 유동성을 증가시킨다. • 용접성을 저하시킨다. • 결정립의 조대화로 충격값과 인성을 저하시킨다. • 가공성을 저하시킨다. • 인장강도, 탄성한계, 경도를 상승시킨다. • 연신율과 충격값을 저하시킨다.
망간(Mn)	• 주철의 흑연화를 방지한다. • 탄소강에 함유된 S을 제거하여 적열취성을 방지한다.
인(P)	• 상온취성의 원인이 된다. • 편석, 균열의 원인이 된다.
황(S)	• 편석의 원인이 된다. • 절삭성을 양호하게 한다. • 적열취성의 원인이 된다. • 철을 여리게 하며 알칼리성에 약하다.
몰리브덴(Mo)	• 내식성을 증가시킨다. • 뜨임취성을 방지한다. • 담금질 깊이를 깊게 한다.
크롬(Cr)	• 내열성, 내마모성, 내식성을 증가시킨다. • 합금강에서 합금원소의 함유량이 많아지면 내식성, 내열성 및 자경성을 크게 증가시키며 탄화물을 만들기 쉽고, 내마멸성이 커지게 하는 원소
납(Pb)	절삭성을 크게 하여 쾌삭강의 재료가 된다.
코발트(Co)	고온에서 내식성, 내산화성, 내마모성, 기계적 성질이 뛰어나다.
구리(Cu)	• 고온 취성의 원인이 된다. • 압연 시 균열의 원인이 된다.
니켈(Ni)	내식성 및 내산성을 증가시킨다.
티타늄(Ti)	• 부식에 대한 저항이 매우 크다. • 가볍고 강력해서 항공기 재료로 사용된다.

해설

Mo(몰리브덴)은 강의 담금질 깊이를 깊게 한다.

48 황동에 납(Pb)을 첨가하여 절삭성을 좋게 한 황동으로 스크루, 시계용 기어 등의 정밀가공에 사용되는 합금은?

① 리드 브라스(Lead Brass)
② 문쯔 메탈(Muntz Metal)
③ 틴 브라스(Tin Brass)
④ 실루민(Silumin)

해설

리드 브라스는 연함유 황동이라고도 불리는데, Pb이 3% 정도 함유되어 쾌삭 황동의 일종이다.

② 문쯔 메탈 : 60%의 Cu(구리)와 40%의 Zn(아연)이 합금된 황동합금으로 인장강도가 최대이며 강도가 필요한 단조제품이나 볼트, 리벳 등의 재료로 사용한다.
③ 틴 브라스 : Brass(황동)에 소량의 주석을 첨가한 합금을 부르는 말이다.
④ 실루민 : Al에 Si을 10~14% 첨가한 주조용 Al 합금으로 알팍스라고도 불린다. 가볍고 전연성이크며 주조 후 수축량이 적고 해수에도 잘 침식되지 않는 특징이 있다.

49 Fe-C 평형 상태도에서 나타날 수 없는 반응은?

① 포정 반응　　② 편정 반응
③ 공석 반응　　④ 공정 반응

저자쌤의 핵직강

Fe-C계 평형상태도에서의 3개 불변반응

종 류	반응온도	반응내용	생성조직
공석 반응	723℃	융체(L) ↔ γ고용체 + Fe_3C	레데뷰라이트 조직
공정 반응	1,147℃	γ고용체 ↔ α고용체+ Fe_3C	펄라이트 조직
포정 반응	1,494℃	δ고용체 + 융체(L) ↔ γ고용체	오스테나이트조직

50 탄소강에 함유된 원소 중에서 고온 메짐(Hot Shortness)의 원인이 되는 것은?

① Si　　② Mn
③ P　　④ S

정답 48 ① 49 ② 50 ④

해설
S(황)은 고온메짐(적열취성)의 원인이 된다.

51 나사의 단면도에서 수나사와 암나사의 골밑(골지름)을 도시하는데 적합한 선은?

① 가는 실선　② 굵은 실선
③ 가는 파선　④ 가는 1점 쇄선

해설
나사를 제도할 때 암나사와 수나사의 골지름은 가는 실선으로 도시한다.

52 일면 개선형 맞대기 용접의 기호로 맞는 것은?

①　②
③　④

저자쌤의 핵직강

명 칭	기본기호
V형 홈 맞대기 용접	
베벨형 맞대기 용접 (일면 개선형 맞대기 용접)	
양면 플랜지형 맞대기 용접	
스폿용접	

53 물체를 수직단면으로 절단하여 그림과 같이 조합하여 그릴 수 있는데, 이러한 단면도를 무슨 단면도라고 하는가?

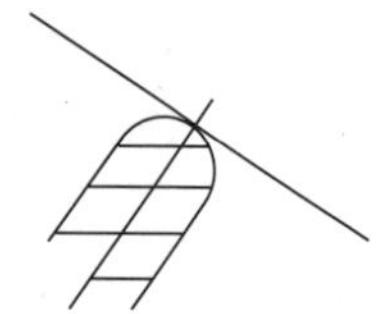

① 온 단면도　② 한쪽 단면도
③ 부분 단면도　④ 회전도시 단면도

저자쌤의 핵직강

단면도의 종류

도 면	회전도시 단면도	(a) 암의 회전 단면도(투상도 안) (b) 훅의 회전 단면도(투상도 밖)
특 징		• 절단선의 연장선 뒤에도 그릴 수 있다. • 투상도의 절단할 곳과 겹쳐서 그릴 때는 가는 실선으로 그린다. • 주 투상도의 밖으로 끌어내어 그릴 경우는 가는 1점 쇄선으로 한계를 표시하고 굵은 실선으로 그린다. • 핸들이나 벨트 풀리, 바퀴의 암, 리브, 축, 형강등의 단면의 모양을 90°로 회전시켜 투상도의 안이나 밖에 그린다.

해설
회전도시 단면도에서 도형 내 절단한 곳에 겹쳐서 가는 실선으로 도시한다.

54 치수선상에서 인출선을 표시하는 방법으로 옳은 것은?

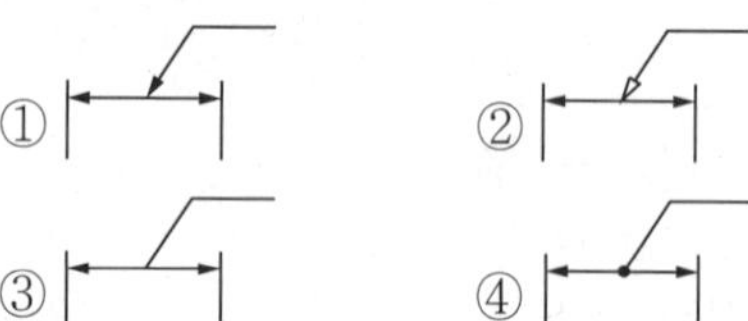

해설
치수선상에서 인출선을 끌어 올 때는 ③번과 같이 그 끝이 아무 모양도 없게 한다.

55 다음 배관 도면에 없는 배관 요소는?

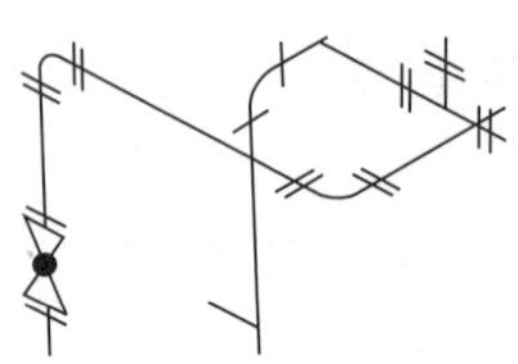

① 티　② 엘 보
③ 플랜지 이음　④ 나비 밸브

51 ① 52 ② 53 ④ 54 ③ 55 ④ **정답**

해설

그림의 좌측 하단부에는 나비 밸브가 아닌 글로브 밸브가 연결되어 있다.

글로브밸브	─▷●◁─
버터플라이밸브 (나비밸브)	|╲|

56 다음 중 원기둥의 전개에 가장 적합한 전개도법은?

① 평행선 전개도법 ② 방사선 전개도법
③ 삼각형 전개도법 ④ 타출 전개도법

저자쌤의 핵직강

전개도법의 종류

종 류	의 미
평행선법	삼각기둥, 사각기둥과 같은 여러 가지의 각기둥과 원기둥을 평행하게 전개하여 그리는 방법
방사선법	삼각뿔, 사각뿔 등의 각뿔과 원뿔을 꼭지점을 기준으로 부채꼴로 펼쳐서 전개도를 그리는 방법
삼각형법	꼭지점이 먼 각뿔, 원뿔 등을 해당 면을 삼각형으로 분할하여 전개도를 그리는 방법

해설

원기둥이나 각기둥의 전개에 가장 적합한 전개도법은 평행선법이다.

57 그림과 같이 정투상도의 제3각법으로 나타낸 정면도와 우측면도를 보고 평면도를 올바르게 도시한 것은?

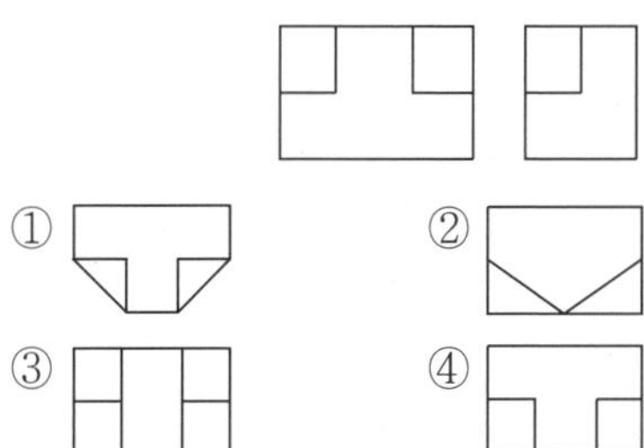

해설

정면도 위에 배치되는 평면도는 물체를 위에서 바라보는 형상으로, 정면도 윗면과 우측면도의 왼쪽 상단의 형상을 통해 돌기부가 예상되므로 정답은 ④번이 된다.

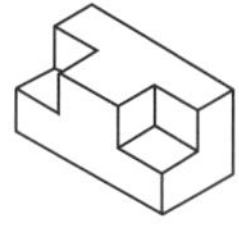

58 KS 재료기호 "SM10C"에서 10C는 무엇을 뜻하는가?

① 일련번호 ② 항복점
③ 탄소함유량 ④ 최저인장강도

해설

KS규격 "KS D 3752"에 보면 아래와 같이 나타나 있다.

- SM : 기계 구조용 탄소 강재
- 10C : 평균 탄소함유량(0.07~0.13% Carbon)

59 도면을 축소 또는 확대했을 경우, 그 정도를 알기 위해서 설정하는 것은?

① 중심마크 ② 비교눈금
③ 도면의 구역 ④ 재단 마크

저자쌤의 핵직강

도면에 마련되는 양식

윤곽선	도면 용지의 안쪽에 그려진 내용이 확실이 구분되도록 하고, 종이의 가장자리가 찢어져서 도면의 내용을 훼손하지 않도록 하기 위해서 굵은 실선으로 표시한다.
표제란	도면관리에 필요한 사항과 도면 내용에 관한 중요 사항으로서 도명, 도면 번호, 기업(소속명), 척도, 투상법, 작성연월일, 설계자 등이 기입된다.
중심마크	도면의 영구 보존을 위해 마이크로필름으로 촬영하거나 복사하고자 할 때 굵은 실선으로 표시한다.
비교눈금	도면을 축소하거나 확대했을 때 그 정도를 알기 위해 도면 아래쪽의 중앙 부분에 10mm 간격의 눈금을 굵은 실선으로 그려놓은 것이다.
재단마크	인쇄, 복사, 플로터로 출력된 도면을 규격에서 정한 크기로 자르기 편하도록 하기 위해 사용한다.

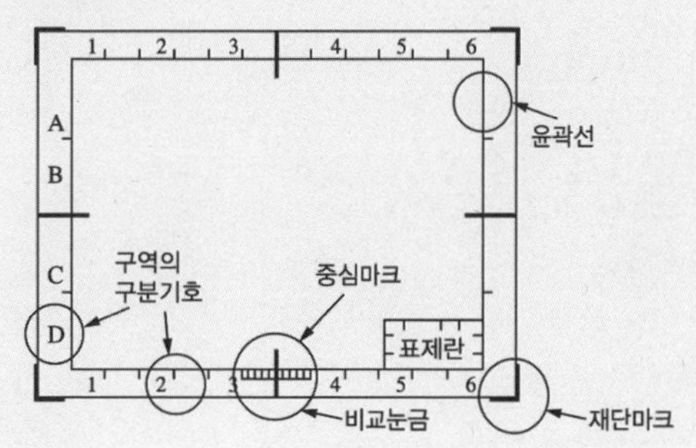

해설

비교 눈금은 도면을 축소, 확대했을 때 그 정도를 알기 위해서 설정한다.

정답 56 ① 57 ④ 58 ③ 59 ②

60 다음 중 선의 종류와 용도에 의한 명칭 연결이 틀린 것은?

① 가는 1점 쇄선 : 무게 중심선
② 굵은 1점 쇄선 : 특수 지정선
③ 가는 실선 : 중심선
④ 아주 굵은 실선 : 특수한 용도의 선

해설

무게중심선은 가는 2점 쇄선으로 표시한다.

60 ① 정답

2015년도 제4회 **기출문제**

특수용접기능사 Craftsman Welding/Inert Gas Arc Welding

01 CO_2 용접에서 발생되는 일산화탄소와 산소 등의 가스를 제거하기 위해 사용되는 탈산제는?

① Mn ② Ni
③ W ④ Cu

저자쌤의 핵직강

CO_2용접 시 탈산제 및 아크 안정을 위해 넣는 원소

- Mn
- Si
- Ti
- Al

02 용접부의 균열 발생의 원인 중 틀린 것은?

① 이음의 강성이 큰 경우
② 부적당한 용접 봉 사용 시
③ 용접부의 서냉
④ 용접전류 및 속도 과대

해설
③ 용접부가 급랭되었을 때 용접부에 균열이 발생하기 쉽다. 반대로 서냉하면 균열의 발생을 줄일 수 있다.

03 다음 중 플라즈마 아크 용접의 장점이 아닌 것은?

① 용접속도가 빠르다.
② 1층으로 용접할 수 있으므로 능률적이다.
③ 무부하 전압이 높다.
④ 각종 재료의 용접이 가능하다.

해설
③ 플라즈마 아크 용접은 무부하 전압이 일반 아크 용접보다 2~5배 더 높은데 이 무부하 전압이 높으면 그 만큼 감전의 위험이 더 커지므로 이는 단점에 해당한다.

04 MIG 용접 시 와이어 송급방식의 종류가 아닌 것은?

① 풀(Pull)방식
② 푸시(Push)방식
③ 푸시언더(Push-under)방식
④ 푸시풀(Push-pull)방식

저자쌤의 핵직강

와이어 송급 방식

- Push방식 : 미는 방식
- Pull방식 : 당기는 방식
- Push-pull방식 : 밀고 당기는 방식

해설
③ 푸시언더 방식은 MIG 용접의 와이어 송급방식에 포함되지 않는다.

05 다음 용접 이음부 중에서 냉각속도가 가장 빠른 이음은?

① 맞대기 이음 ② 변두리 이음
③ 모서리 이음 ④ 필릿 이음

해설
④ 냉각속도는 방열 면적이 클수록 빨라지는데 필릿 용접의 용접부가 대기와의 접촉이 다른 용접법들보다 가장 크므로 냉각속도가 가장 빠르다.

06 CO_2 용접시 저전류 영역에서의 가스유량으로 가장 적당한 것은?

① 5~10 L/min ② 10~15 L/min
③ 15~20 L/min ④ 20~25 L/min

정답 1 ① 2 ③ 3 ③ 4 ③ 5 ④ 6 ②

저자쌤의 핵직강

CO₂ 용접에서 전류의 크기에 따른 가스 유량

전류 영역		가스 유량(L/min)
250A 이하	저전류 영역	10~15
250A 이상	고전류 영역	20~25

07 비소모성 전극봉을 사용하는 용접법은?

① MIG 용접　② TIG 용접
③ 피복 아크 용접　④ 서브머지드 아크 용접

저자쌤의 핵직강

용극식 vs 비용극식 아크 용접법

용극식 용접법(소모성 전극)	용가재인 와이어 자체가 전극이 되어 모재와의 사이에서 아크를 발생시키면서 용접 부위를 채워나가는 용접 방법으로 이때 전극의 역할을 하는 와이어는 소모된다. 예 서브머지드 아크 용접(SAW), MIG 용접, CO_2 용접, 피복금속 아크 용접(SMAW)
비용극식 용접법(비소모성 전극)	전극봉을 사용하여 아크를 발생시키고 이 아크열로 용가재인 용접을 녹이면서 용접하는 방법으로 이때 전극은 소모되지 않고 용가재인 와이어(피복금속 아크 용접의 경우 피복 용접봉)는 소모된다. 예 TIG 용접

해설
② TIG 용접은 텅스텐 전극봉으로 아크를 발생시킨 후 용가재를 그 아크로 집어넣어 용접하는 방법으로 비소모성 용접법에 속한다.

08 용접부 비파괴 검사법인 초음파 탐상법의 종류가 아닌 것은?

① 투과법　② 펄스 반사법
③ 형광 탐상법　④ 공진법

저자쌤의 핵직강

초음파 탐상법의 종류
- 투과법 : 초음파펄스를 시험체의 한쪽 면에서 송신하고 반대쪽 면에서 수신하는 방법
- 펄스반사법 : 불연속부와 같은 경계면에서는 투과 및 굴절 또는 반사를 하는데 이러한 불연속부에서 반사하는 초음파를 분석하여 검사하는 방법
- 공진법 : 시험체에 가해진 초음파의 진동수와 시험체의 고유진동수가 일치할 때 진동의 진폭이 커지는 현상인 공진을 이용하여 시험체의 두께를 측정하는 방법

09 공기보다 약간 무거우며 무색, 무미, 무취의 독성이 없는 불활성 가스로 용접부의 보호 능력이 우수한 가스는?

① 아르곤　② 질 소
③ 산 소　④ 수 소

저자쌤의 핵직강

아르곤 가스의 특징
- 물에 용해가 된다.
- 불활성이며 불연성이다.
- 무색, 무취, 무미의 성질을 갖는다.
- 특수강 정련 및 특수 용접에 사용된다.
- 대기 중 약 0.9% 존재(불활성기체 중 가장 많음)한다.
- 단원자 분자의 기체로 반응성이 거의 없어 불활성 기체라고 한다.
- 공기보다 약 1.4배 무겁기 때문에 용접에 이용 시 용접부를 도포하여 산화 및 질화를 방지한다.

10 예열 방법 중 국부 예열의 가열 범위는 용접선 양쪽에 몇 mm 정도로 하는 것이 가장 적합한가?

① 0~50mm　② 50~100mm
③ 100~150mm　④ 150~200mm

해설
② 예열 시 국부 예열은 한정된 좁은 공간을 가열하는 것이므로 용접선 양쪽에서 50~100mm 정도로 가열한다.

11 인장강도가 750MPa인 용접 구조물의 안전율은?(단, 허용응력은 250 MPa이다)

① 3　② 5
③ 8　④ 12

저자쌤의 핵직강

안전율(s) : 외부 하중에 견딜 수 있는 정도를 수치로 나타낸 것으로 극한강도를 허용응력으로 나눈 것이다.

$$S = \frac{\text{극한강도}(\sigma_u)}{\text{허용응력}(\sigma_a)} = \frac{750\text{MPa}}{250\text{MPa}} = 3$$

7 ② 8 ③ 9 ① 10 ② 11 ① 정답

12 용접부의 결함은 치수상 결함, 구조상 결함, 성질상 결함으로 구분된다. 구조상 결함들로만 구성된 것은?

① 기공, 변형, 치수불량
② 기공, 용입불량, 용접균열
③ 언더컷, 연성부족, 표면결함
④ 표면결함, 내식성 불량, 융합불량

저자쌤의 핵직강

용접 결함의 종류

결함의 종류	결함의 명칭	
치수상결함	변 형	
	치수불량	
	형상불량	
구조상결함	기 공	
	은 점	
	언더컷	
	오버랩	
	균 열	
	선상조직	
	용입불량	
	표면결함	
	슬래그 혼입	
성질상결함	기계적 불량	인장강도 부족
		항복강도 부족
		피로강도 부족
		경도 부족
		연성 부족
		충격시험 값 부족
	화학적 불량	화학성분 부적당
		부식(내식성 불량)

13 다음 중 연납땜(Sn+Pb)의 최저 용융 온도는 몇 ℃인가?

① 327℃ ② 250℃
③ 232℃ ④ 183℃

해설
④ 주석(Sn)의 용융점은 232℃이고 납(Pb)은 327℃이나, 이 둘을 합금시킨 연납땜(일명 땜납) 중 Sn의 함유량이 높아질수록 용융점이 낮아지는 경향을 보이는데, 여기서 주석이 약 62% 합금되었을 때 용융점은 183℃이다.

14 레이저 용접의 특징으로 틀린 것은?

① 루비 레이저와 가스 레이저의 두 종류가 있다.
② 광선이 용접의 열원이다.
③ 열 영향 범위가 넓다.
④ 가스 레이저로는 주로 CO_2 가스 레이저가 사용된다.

저자쌤의 핵직강

레이저 빔 용접의 원리
파장이 같은 빛을 렌즈로 집광하면 매우 작은 점으로 집중되면서 높은 에너지로서 고온의 열을 얻을 수 있는데, 이 열원을 이용하여 용접하는 방법이다.

해설
③ 레이저 빔 용접은 열 영향부가 매우 작은 점으로 집중되므로 열 영향 범위가 매우 작다.

15 용접부의 연성 결함을 조사하기 위하여 사용되는 시험은?

① 인장시험 ② 경도시험
③ 피로시험 ④ 굽힘시험

해설
용접한 재료의 표면을 매끈하게 연삭한 후 굽힘시험기를 이용하여 굴곡시험(굽힘시험)을 하면 재료의 연성이나 균열의 여부를 파악할 수 있다.

16 용융 슬래그와 용융금속이 용접부로부터 유출되지 않게 모재의 양측에 수랭식 동판을 대어 용융 슬래그 속에서 전극 와이어를 연속적으로 공급하여 주로 용융 슬래그의 저항열로 와이어와 모재 용접부를 용융시키는 것으로 연속 주조형식의 단층용접법은?

① 일렉트로 슬래그 용접
② 논 가스 아크 용접
③ 그래비트 용접
④ 테르밋 용접

저자쌤의 핵직강

일렉트로 슬래그 용접
용융된 슬래그와 용융 금속이 용접부에서 흘러나오지 못하도록 수냉동판으로 둘러싸고 이 용융 풀에 용접봉을 연속적으로 공급하는데 이때 발생하는 용융 슬래그의 저항열에 의하여 용접봉과 모재를 연속적으로 용융시키면서 용접하는 방법

정답 12 ② 13 ④ 14 ③ 15 ④ 16 ①

17 맴돌이 전류를 이용하여 용접부를 비파괴 검사하는 방법으로 옳은 것은?

① 자분 탐상 검사 ② 와류 탐상 검사
③ 침투 탐상 검사 ④ 초음파 탐상 검사

저자쌤의 핵직강

비파괴 검사의 종류 및 검사방법

명 칭	기 호	검사방법
방사선 투과시험	RT (Radiography Test)	용접부 뒷면에 필름을 놓고 용접물 표면에서 X선이나 선을 방사하여 용접부를 통과시키면, 금속 내부에 구멍이 있을 경우 그만큼 투과되는 두께가 얇아져서 필름에 방사선의 투과량이 그만큼 많아지게 되므로 다른 곳보다 검게 됨을 확인함으로써 불량을 검출하는 방법
침투 탐상검사	PT (Penetrant Test)	검사하려는 대상물의 표면에 침투력이 강한 형광성 침투액을 도포 또는 분무하거나 표면 전체를 침투액 속에 침적시켜 표면의 흠집 속에 침투액이 스며들게 한 다음 이를 백색 분말의 현상액을 뿌려서 침투액을 표면으로부터 빨아내서 결함을 검출하는 방법 • 침투액이 형광물질이면 형광침투 탐상시험이라고 불린다.
초음파 탐상검사	UT (Ultrasonic Test)	사람이 들을 수 없는 매우 높은 주파수의 초음파를 사용하여 검사 대상물의 형상과 물리적 특성을 검사하는 방법. 4~5MHz 정도의 초음파가 경계면, 결함표면 등에서 반사하여 되돌아오는 성질을 이용하는 방법으로 반사파의 시간과 크기를 스크린으로 관찰하여 결함의 유무, 크기, 종류 등을 검사하는 방법
와전류 탐상검사	ET (Eddy Current Test)	도체에 전류가 흐르면 도체 주위에는 자기장이 형성되며, 반대로 변화하는 자기장 내에서는 도체에 전류가 유도된다. 표면에 흐르는 전류의 형태를 파악하여 검사하는 방법
자분 탐상검사	MT (Magnetic Test)	철강 재료 등 강자성체를 자기장에 놓았을 때 시험편 표면이나 표면 근처에 균열이나 비금속 개재물과 같은 결함이 있으면 결함 부분에는 자속이 통하기 어려워 공간으로 누설되어 누설 자속이 생긴다. 이 누설 자속을 자분(자성 분말)이나 검사 코일을 사용하여 결함의 존재를 검출하는 방법
누설검사	LT (Leaking Test)	탱크나 용기 속에 유체를 넣고 압력을 가하여 새는 부분을 검출함으로써 구조물의 기밀성, 수밀성을 검사하는 방법
육안검사 (외관검사)	VT (Visual Test)	용접부의 표면이 좋고 나쁨을 육안으로 검사하는 것으로 가장 많이 사용하며 간편하고 경제적인 검사 방법

18 화재 및 폭발의 방지 조치로 틀린 것은?

① 대기 중에 가연성 가스를 방출시키지 말 것
② 필요한 곳에 화재 진화를 위한 방화설비를 설치할 것
③ 배관에서 가연성 증기의 누출 여부를 철저히 점검할 것
④ 용접작업 부근에 점화원을 둘 것

해설

④ 화재나 폭발을 방지하려면 용접 작업장 근처에 점화원을 모두 제거해야 한다.

19 연납땜의 용제가 아닌 것은?

① 붕 산 ② 염화아연
③ 인 산 ④ 염화암모늄

저자쌤의 핵직강

납땜용 용제의 종류

경납땜용 용제(Flux)	연납땜용 용제(Flux)
• 붕 사 • 붕 산 • 불화나트륨 • 불화칼륨 • 은 납 • 황동납 • 인동납 • 망간납 • 양은납 • 알루미늄납	• 송 진 • 인 산 • 염 산 • 염화아연 • 염화암모늄 • 주석-납 • 카드뮴-아연납 • 저융점 땜납

해설

① 붕산은 경납땜용 용제에 속한다.

17 ② 18 ④ 19 ① 정답

20 점용접에서 용접점이 앵글재와 같이 용접위치가 나쁠 때, 보통 팁으로는 용접이 어려운 경우에 사용하는 전극의 종류는?

① P형 팁　　② E형 팁
③ R형 팁　　④ F형 팁

저자쌤의 핵직강

전극의 종류

D(돔형)	E(평상형)	F(평면형)
P(돌출형)	**R(구면형)**	**Y형**

해설

② 점용접(Spot) 용접 시 사용하는 전극 중에서 용접위치가 나쁠 때 사용하는 팁은 평상형인 E형 팁을 사용한다.

21 용접작업의 경비를 절감시키기 위한 유의사항으로 틀린 것은?

① 용접봉의 적절한 선정
② 용접사의 작업 능률의 향상
③ 용접지그를 사용하여 위보기 자세의 시공
④ 고정구를 사용하여 능률 향상

해설

③ 용접 작업 시 경비를 줄이기 위해서는 적절한 용접봉의 선정, 용접시간 단축을 위한 용접사의 작업 능률 향상과 고정구 사용을 하면 된다. 그러나 위보기 자세는 용접사가 가장 힘들게 작업하는 방법이므로 경비의 절감과는 관련이 없다.

22 다음 중 표준 홈 용접에 있어 한쪽에서 용접으로 완전 용입을 얻고자 할 때 V형 홈이음의 판 두께로 가장 적합한 것은?

① 1~10mm　　② 5~15mm
③ 20~30mm　　④ 35~50mm

저자쌤의 핵직강

맞대기 용접 홈의 판 두께

형 상	적용 두께
I형	6mm 이하
V형	6mm~19mm
/형	9mm~14mm
X형	18mm~28mm
U형	16mm~50mm

해설

V형 홈이음의 판 두께는 보기 중에서 5~15mm인 ②번이 가장 적합하다.

23 프로판(C_3H_8)의 성질을 설명한 것으로 틀린 것은?

① 상온에서 기체 상태이다.
② 쉽게 기화하며 발열량이 높다.
③ 액화하기 쉽고 용기에 넣어 수송이 편리하다.
④ 온도변화에 따른 팽창률이 작다.

해설

④ 프로판 가스는 상온에서 기체 상태이며 쉽게 기화하기 때문에 온도변화에 따른 팽창률이 크다.

24 다음 중 용접기의 특성에 있어 수하특성의 역할로 가장 적합한 것은?

① 열량의 증가　　② 아크의 안정
③ 아크전압의 상승　　④ 개로전압의 증가

저자쌤의 핵직강

외부특성곡선이란 수동 아크 용접기에서 아크 안정을 위해서 적용되는 이론으로 부하 전류나 전압이 단자의 전류나 전압과의 관계를 곡선으로 나타낸 것으로 피복 금속 아크 용접(SMAW)에는 수하특성을, MIG나 CO_2용접에는 정전압 특성이나 상승특성이 이용된다.

수하특성(DC특성 : Drooping Characteristic)
부하 전류가 증가하면 단자 전압이 낮아지는 특성이다.

정답 20 ② 21 ③ 22 ② 23 ④ 24 ②

25 용접기의 사용률이 40%일 때, 아크 발생 시간과 휴식시간의 합이 10분이면 아크 발생 시간은?

① 2분　② 4분
③ 6분　④ 8분

저자쌤의 핵직강

사용률 구하는 식

$$사용률(\%) = \frac{아크\ 발생\ 시간}{아크\ 발생\ 시간 + 정지\ 시간} \times 100$$

$$40\% = \frac{아크\ 발생\ 시간}{10분} \times 100\%$$

0.4×10분=아크발생시간
아크발생시간=4분

26 다음 중 가스 용접에서 용제를 사용하는 주된 이유로 적합하지 않은 것은?

① 재료표면의 산화물을 제거한다.
② 용융금속의 산화·질화를 감소하게 한다.
③ 청정작용으로 용착을 돕는다.
④ 용접봉 심선의 유해성분을 제거한다.

저자쌤의 핵직강

가스 용접에서 용제를 사용하는 이유
금속을 가열하면 대기 중의 산소나 질소와 접촉하여 산화 및 질화 작용이 일어난다. 이때 생긴 산화물이나 질화물은 모재와 융착 금속과의 융합을 방해한다. 용제는 용접 중 생기는 이러한 산화물과 유해물을 용융시켜 슬래그로 만들거나, 산화물의 용융 온도를 낮게 하며 청정작용으로 용착을 돕는다.

해설
④ 가스 용접용 용제는 용착 시 발생하는 산화물을 제거하여 용착을 돕거나 용융금속의 산화와 질화를 감소하기 위해서 사용하나, 용접봉 심선의 유해성분을 제거하기 위해 사용하지는 않는다.

Plus One 가스 용접용 용제(Flux)
용제는 분말이나 액체로 된 것이 있으며, 분말로 된 것은 물이나 알코올에 개어서 용접봉이나 용접 홈에 그대로 칠하거나, 직접 용접 홈에 뿌려서 사용한다.

27 교류 아크 용접기 종류 중 코일의 감긴 수에 따라 전류를 조정하는 것은?

① 탭전환형　② 가동철심형
③ 가동코일형　④ 가포화 리액터형

저자쌤의 핵직강

교류 아크 용접기의 종류별 특징

종 류	특 징
가동 철심형	• 현재 가장 많이 사용된다. • 미세한 전류조정이 가능하다. • 광범위한 전류의 조정이 어렵다. • 가동 철심으로 누설 자속을 가감하여 전류를 조정한다.
가동 코일형	• 아크 안정성이 크고 소음이 없다. • 가격이 비싸며 현재는 거의 사용되지 않는다. • 용접기의 핸들로 1차 코일을 상하로 이동시키고 2차 코일의 간격을 변화시켜 전류를 조정한다.
탭 전환형	• 주로 소형이 많다. • 탭 전환부의 소손이 심하다. • 넓은 범위의 전류 조정이 어렵다. • 코일의 감긴 수에 따라 전류를 조정한다. • 미세 전류의 조정 시 무부하 전압이 높아서 전격의 위험이 크다.
가포화 리액터형	• 조작이 간단하고 원격 제어가 된다. • 가변 저항의 변화로 전류의 원격 조정이 가능하다. • 전기적 전류 조정으로 소음이 없고 기계의 수명이 길다.

해설
교류 아크 용접기의 종류 중에서 코일의 감긴 수에 따라 전류를 조정하는 것은 탭전환형 용접기이다.

28 피복 아크 용접에서 아크 쏠림 방지대책이 아닌 것은?

① 접지점을 될 수 있는 대로 용접부에서 멀리할 것
② 용접봉 끝을 아크 쏠림 방향으로 기울일 것
③ 접지점 2개를 연결할 것
④ 직류용접으로 하지 말고 교류용접으로 할 것

저자쌤의 핵직강

아크 쏠림 방지대책
• 용접 전류를 줄인다.
• 교류 용접기를 사용한다.

25 ② 26 ④ 27 ① 28 ② 정답

- 접지점을 2개 연결한다.
- 아크 길이는 최대한 짧게 유지한다.
- 접지부를 용접부에서 최대한 멀리한다.
- 용접봉 끝을 아크 쏠림의 반대 방향으로 기울인다.
- 용접부가 긴 경우는 가용접 후 후진법(후퇴 용접법)을 사용한다.
- 받침쇠, 긴 가용접부, 이음의 처음과 끝에는 앤드 탭을 사용한다.

해설

② 아크 쏠림을 방지하기 위해서는 용접봉 끝을 아크 쏠림의 반대 방향으로 기울여야 한다.

29 다음 중 피복제의 역할이 아닌 것은?

① 스패터의 발생을 많게 한다.

② 중성 또는 환원성 분위기를 만들어 질화, 산화 등의 해를 방지한다.

③ 용착금속의 탈산 정련 작용을 한다.

④ 아크를 안정하게 한다.

해설

① 피복제(Flux)는 스패터의 발생을 적게 한다.

30 용접봉을 여러 가지 방법으로 움직여 비드를 형성하는 것을 운봉법이라 하는데, 위빙비드 운봉 폭은 심선지름의 몇 배가 적당한가?

① 0.5~1.5배 ② 2~3배

③ 4~5배 ④ 6~7배

해설

② 피복 아크 용접의 위빙 운봉 폭은 용접봉 심선 지름의 2~3배로 하는 것이 적당하다.

31 수중절단 작업 시 절단 산소의 압력은 공기 중에서의 몇 배 정도로 하는가?

① 1.5~2배 ② 3~4배

③ 5~6배 ④ 8~10배

해설

① 수중절단 작업 시 절단 산소의 압력은 공기 중에서보다 1.5~2배로 한다.

32 산소병의 내용적이 40.7 리터인 용기에 압력이 100kgf/cm^{2}로 충전되어 있다면 프랑스식 팁 100번을 사용하여 표준불꽃으로 약 몇 시간까지 용접이 가능한가?

① 16시간 ② 22시간

③ 31시간 ④ 41시간

저자쌤의 핵직강

용접가능시간

$$= \frac{\text{산소용기의 총가스량}}{\text{시간당 소비량}} = \frac{\text{내용적} \times \text{압력}}{\text{시간당 소비량}} = \text{시간}$$

※ 프랑스식 100번 팁은 가변압식으로 시간당 소비량은 100L이다.

33 가스용접 토치 취급상 주의 사항이 아닌 것은?

① 토치를 망치나 갈고리 대용으로 사용하여서는 안 된다.

② 점화되어 있는 토치를 아무 곳에나 함부로 방치하지 않는다.

③ 팁 및 토치를 작업장 바닥이나 흙 속에 함부로 방치하지 않는다.

④ 작업 중 역류나 역화 발생 시 산소의 압력을 높여서 예방한다.

해설

④ 가스용접 시 역류나 역화 발생 시에는 그 즉시 연료 밸브를 먼저 잠근 후 산소 밸브를 잠가야 한다. 산소의 압력을 높이면 폭발의 위험이 더 커진다.

34 용접기의 특성 중 부하전류가 증가하면 단자전압이 저하되는 특성은?

① 수하 특성 ② 동전류 특성

③ 정전압 특성 ④ 상승 특성

저자쌤의 핵직강

용접기의 특성 4가지

- 정전류 특성 : 부하 전류나 전압이 변해도 단자 전류는 거의 변하지 않는다.
- 정전압 특성 : 부하 전류나 전압이 변해도 단자 전압은 거의 변하지 않는다.

정답 29 ① 30 ② 31 ① 32 ④ 33 ④ 34 ①

• 상승 특성 : 부하 전류가 증가하면 단자 전압이 약간 높아진다.

해설

① 수하 특성은 부하 전류가 증가하면 단자 전압이 낮아지는 현상이다.

35 다음 중 가스 절단 시 예열 불꽃이 강할 때 생기는 현상이 아닌 것은?

① 드래그가 증가한다.
② 절단면이 거칠어진다.
③ 모서리가 용융되어 둥글게 된다.
④ 슬래그 중의 철 성분의 박리가 어려워진다.

저자샘의 핵직강

예열 불꽃의 세기

예열 불꽃이 너무 강할 때	예열 불꽃이 너무 약할 때
• 절단면이 거칠어진다. • 절단면 위 모서리가 녹아 둥글게 된다. • 슬래그가 뒤쪽에 많이 달라붙어 잘 떨어지지 않는다. • 슬래그 중의 철 성분의 박리가 어려워진다.	• 드래그가 증가한다. • 역화를 일으키기 쉽다. • 절단 속도가 느려지며, 절단이 중단되기 쉽다.

해설

① 예열 불꽃이 너무 약할 때 절단이 잘 안되므로 드래그가 증가한다.

36 보기와 같이 연강용 피복 아크 용접봉을 표시하였다. 설명으로 틀린 것은?

[보기]
E 4 3 1 6

① E : 전기 용접봉
② 43 : 용착 금속의 최저 인장강도
③ 16 : 피복제의 계통 표시
④ E4316 : 일미나이트계

저자샘의 핵직강

피복 용접봉의 종류

종 류	
E4301	일미나이트계
E4303	라임티타늄계
E4311	고셀룰로오스계
E4313	고산화티탄계
E4316	저수소계
E4324	철분 산화티탄계
E4326	철분 저수소계
E4327	철분 산화철계

해설

④ E4316은 저수소계 용접봉이며, 일미나이트계 용접봉은 E4301로 표시한다.

37 가스 절단에서 고속 분출을 얻는 데 가장 적합한 다이버전트 노즐은 보통의 팁에 비하여 산소소비량이 같을 때 절단 속도를 몇 % 정도 증가시킬 수 있는가?

① 5~10% ② 10~15%
③ 20~25% ④ 30~35%

저자샘의 핵직강

다이버전트형 팁은 고속분출을 얻을 수 있어서 보통의 팁에 비해 절단 속도를 20~25% 증가시킬 수 있다.

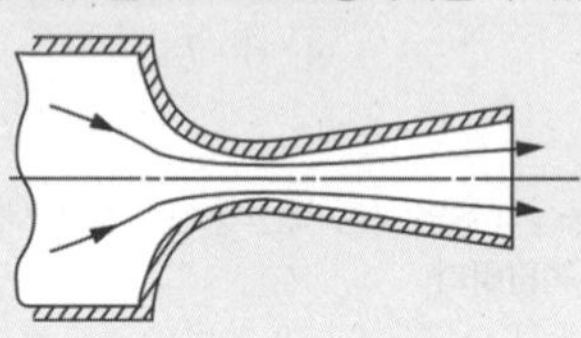

38 직류 아크 용접에서 정극성(DCSP)에 대한 설명으로 옳은 것은?

① 용접봉의 녹음이 느리다.
② 용입이 얕다.
③ 비드 폭이 넓다.
④ 모재를 음극(−)에 용접봉을 양극(+)에 연결한다.

35 ① 36 ④ 37 ③ 38 ① 정답

저자쌤의 핵직강

아크 용접기의 극성

직류 정극성 (DCSP : Direct Current Straight Polarity)	• 용입이 깊다. • 비드 폭이 좁다. • 용접봉의 용융속도가 느리다. • 후판(두꺼운 판) 용접이 가능하다. • 모재에는 (+)전극이 연결되며 70% 열이 발생하고, 용접봉에는 (−)전극이 연결되며 30% 열이 발생한다.
직류 역극성 (DCRP : Direct Current Reverse Polarity)	• 용입이 얕다. • 비드 폭이 넓다. • 용접봉의 용융속도가 빠르다. • 박판(얇은 판) 용접이 가능하다. • 주철, 고탄소강, 비철금속의 용접에 쓰인다. • 모재에는 (−)전극이 연결되며 30% 열이 발생하고, 용접봉에는 (+)전극이 연결되며 70% 열이 발생한다.
교류 (AC)	• 극성이 없다. • 전원 주파수의 $\frac{1}{2}$ 사이클마다 극성이 바뀐다. • 직류 정극성과 직류 역극성의 중간적 성격이다.

해설

① 직류 정극성의 경우 모재에 70%의 열이 발생하고, 용접봉에는 30%의 열이 발생하므로 용접봉의 녹는 속도는 역극성에 비해 느리게 된다.

39 게이지용 강이 갖추어야 할 성질에 대한 설명 중 틀린 것은?

① HRC 55 이하의 경도를 가져야 한다.
② 팽창계수가 보통 강보다 작아야 한다.
③ 시간이 지남에 따라 치수변화가 없어야 한다.
④ 담금질에 의하여 변형이나 담금질 균열이 없어야 한다.

해설

① 측정기용 재료로 사용하는 게이지용 강은 HRC 55 이상의 경도를 가져야 한다.

40 알루미늄에 대한 설명으로 옳지 않은 것은?

① 비중이 2.7로 낮다.
② 용융점은 1,067℃이다.
③ 전기 및 열전도율이 우수하다.
④ 고강도 합금으로 두랄루민이 있다.

저자쌤의 핵직강

알루미늄(Al)의 성질
- 비중은 2.7
- 용융점 : 660℃
- 면심입방격자이다.
- 비강도가 우수하다.
- 주조성이 우수하다.
- 열과 전기전도성이 좋다.
- 가볍고 전연성이 우수하다.
- 내식성 및 가공성이 양호하다.
- 담금질 효과는 시효경화로 얻는다.
- 염산이나 황산 등의 무기산에 잘 부식된다.
- 보크사이트 광석에서 추출하는 경금속이다.

※ 시효경화 : 열처리 후 시간이 지남에 따라 강도와 경도가 증가하는 현상

해설

알루미늄의 용융점은 660℃이다.

41 강의 표면 경화방법 중 화학적 방법이 아닌 것은?

① 침탄법 ② 질화법
③ 침탄 질화법 ④ 화염 경화법

저자쌤의 핵직강

표면경화법의 분류

물리적 표면 경화법	화학적 표면 경화법
화염 경화법	침탄법
고주파 경화법	질화법
하드페이싱	금속 침투법
숏피닝	

42 황동 합금 중에서 강도는 낮으나 전연성이 좋고 금색에 가까워 모조금이나 판 및 선에 사용되는 합금은?

① 톰백(Tombac)
② 7 : 3 황동(Cartridge Brass)
③ 6 : 4 황동(Muntz Metal)
④ 주석 황동(Tin Brass)

정답 39 ① 40 ② 41 ④ 42 ①

저자쌤의 핵직강

황동의 종류

톰 백	Cu에 Zn을 5~20% 합금한 것으로 색깔이 아름답고 냉간가공이 쉽게 되어 단추나 금박, 금 모조품과 같은 장식용 재료로 사용된다.
문쯔메탈	60%의 Cu와 40%의 Zn이 합금된 것으로 인장강도가 최대이며, 강도가 필요한 단조제품이나 볼트나 리벳용 재료로 사용한다.
알브락	Cu 75%+Zn 20%+소량의 Al, Si, As의 합금이다. 해수에 강하며 내식성과 내침수성이 커서 복수기관과 냉각기관에 사용한다.
애드미럴티 황동	Cu와 Zn의 비율이 7 : 3황동에 Sn 1%를 합금한 것으로 콘덴서 튜브나 열교환기, 증발기용 재료로 사용한다.
델타메탈	6 : 4 황동에 1~2% Fe을 첨가한 것으로, 강도가 크고 내식성이 좋아서 광산기계나 선박용, 화학용 기계에 사용한다.
쾌삭황동	황동에 Pb을 0.5~3% 합금한 것으로 피절삭성 향상을 위해 사용한다.
납 황동	3% 이하의 Pb을 6 : 4 황동에 첨가하여 절삭성을 향상시킨 쾌삭황동으로 기계적 성질은 다소 떨어진다.
강력 황동	4 : 6 황동에 Mn, Al, Fe, Ni, Sn 등을 첨가하여 한층 더 강력하게 만든 황동
네이벌 황동	6 : 4 황동에 0.8% 정도의 Sn을 첨가한 것으로 내해수성이 강해서 선박용 부품에 사용한다.

43 다음 중 비중이 가장 작은 것은?

① 청 동 ② 주 철
③ 탄소강 ④ 알루미늄

해설

알루미늄의 비중은 2.7로 구리(8.9)나 철(7.8)보다 작다. 청동은 구리와 주석의 합금이고 주철과 탄소강의 기본은 철이므로 기본 비중은 구리와 철로 판단한다.

44 냉간가공 후 재료의 기계적 성질을 설명한 것 중 옳은 것은?

① 항복강도가 감소한다.
② 인장강도가 감소한다.
③ 경도가 감소한다.
④ 연신율이 감소한다.

저자쌤의 핵직강

냉간가공한 재료의 성질

- 항복강도가 증가한다.
- 인장강도가 증가한다.
- 경도가 증가한다.

45 금속 간 화합물에 대한 설명으로 옳은 것은?

① 자유도가 5인 상태의 물질이다.
② 금속과 비금속 사이의 혼합 물질이다.
③ 금속이 공기 중의 산소와 화합하여 부식이 일어난 물질이다.
④ 두 가지 이상의 금속 원소가 간단한 원자비로 결합되어 있으며, 원래 원소와는 전혀 다른 성질을 갖는 물질이다.

해설

④ 금속 간 화합물은 일종의 합금을 말하는 것으로 두 가지 이상의 원소를 섞음으로써 원하는 성질의 재료를 만들어낸 결과물이다.

46 물과 얼음의 상태도에서 자유도가 "0(Zero)"일 경우 몇 개의 상이 공존하는가?

① 0 ② 1
③ 2 ④ 3

해설

④ 물과 얼음의 상태도에서 자유도가 0이라면, 액체와 기체, 고체 이렇게 총 3개의 상이 공존한다.

47 변태 초소성의 조건과 원칙에 대한 설명 중 틀린 것은?

① 재료에 변태가 있어야 한다.
② 변태 진행 중에 작은 하중에도 변태 초소성이 된다.
③ 감도지수(m)의 값은 거의 0(Zero)의 값을 갖는다.
④ 한 번의 열사이클로 상당한 초소성 변형이 발생한다.

해설

③ 초소성 재료의 감도지수(=변형률 속도에 대한 민감지수)는 보통 0.3~0.85의 값을 갖는다.

43 ④ 44 ④ 45 ④ 46 ④ 47 ③ 정답

48 Mg-희토류계 합금에서 희토류원소를 첨가할 때 미시메탈(Micsh-metal)의 형태로 첨가한다. 미시메탈에서 세륨(Ce)을 제외한 합금 원소를 첨가한 합금의 명칭은?

① 탈타뮴 ② 디디뮴
③ 오스뮴 ④ 갈바늄

저자쌤의 핵직강

미시메탈(Misch-metal)
희토류의 15원소를 혼합해서 첨가원소로 활용하는 것으로 발화합금용 재료에 사용하거나 내열합금이나 주철에 첨가한다. 이 미시메탈에는 세륨 50%, 란타넘(La) 25%, 네오디뮴(Nd) 17%, 프라세오디뮴(Pr) 5% 등이 포함되어 있다. 미시메탈에서 세륨(Ce)을 제외하고 네오디뮴과 란타넘, 프라세오디뮴을 주성분으로 합금시킨 재료가 바로 디디뮴이다.

- 오스뮴 : 내마모성이 매우 우수해 합금 제조에 주로 사용되는 원소로 희소금속 중 하나이다.
- 갈바늄 : 알루미늄과 아연을 혼합하여 도금한 제품의 명칭이다.

49 인장 시험에서 변형량을 원표점 거리에 대한 백분율로 표시한 것은?

① 연신율
② 항복점
③ 인장 강도
④ 단면 수축률

해설
① 연신율은 원래의 표점에 비해 얼마나 늘어났는지를 백분율로 나타낸 것이다.

50 강에 인(P)이 많이 함유되면 나타나는 결함은?

① 적열메짐
② 연화메짐
③ 저온메짐
④ 고온메짐

51 화살표가 가리키는 용접부의 반대쪽 이음의 위치로 옳은 것은?

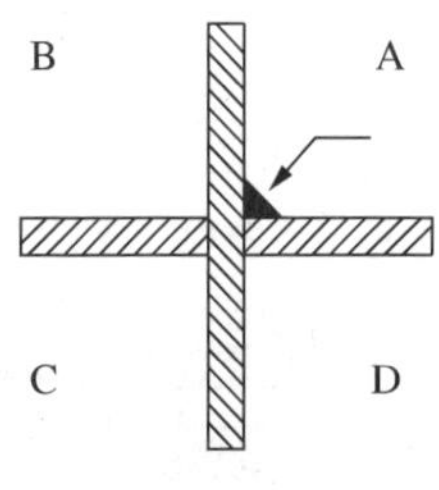

① A ② B
③ C ④ D

해설
② 화살표가 표시한 필릿 용접부 기호의 꼭지점이 맞닿아 있는 세로 기둥을 기준으로 반대쪽인 "B"가 반대쪽 이음의 위치가 된다.

52 재료기호에 대한 설명 중 틀린 것은?

① SS 400은 일반 구조용 압연 강재이다.
② SS 400의 400은 최고 인장 강도를 의미한다.
③ SM 45C는 기계 구조용 탄소 강재이다.
④ SM 45C의 45C는 탄소 함유량을 의미한다.

해설
② 일반구조용 압연강재인 "SS 400"에서 400은 최저 인장 강도를 의미한다.

53 보기 입체도의 화살표 방향이 정면일 때 평면도로 적합한 것은?

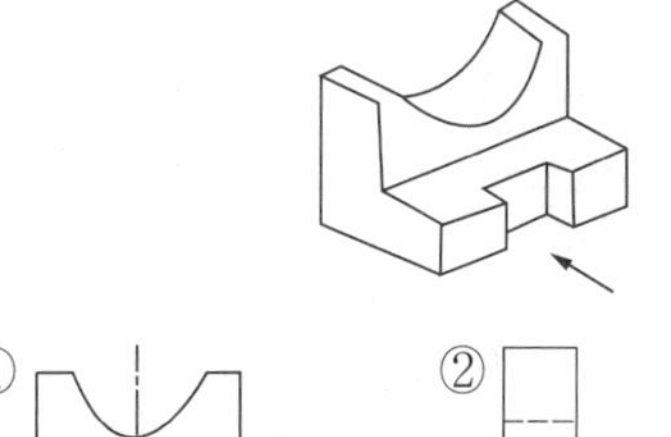

① 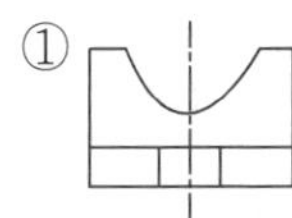
② 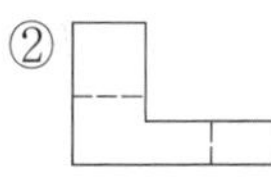
③ 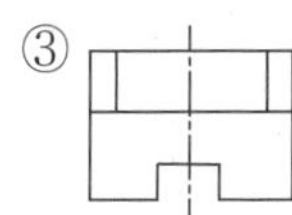
④ 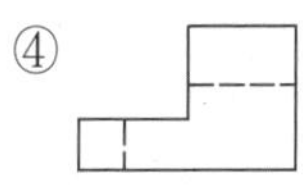

저자쌤의 핵직강

3각법

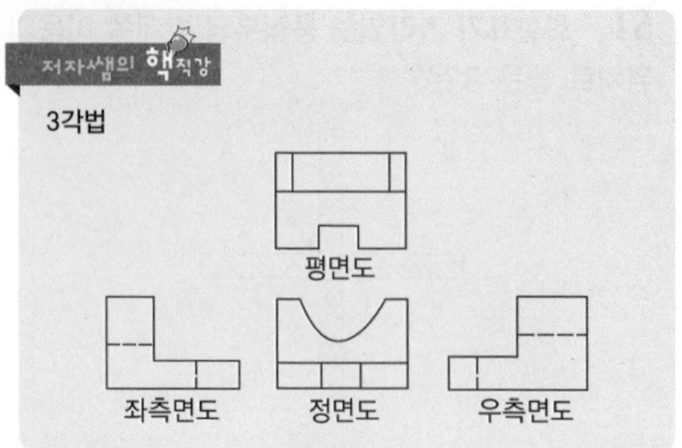

해설

평면도는 화살표 기준으로 물체를 위에서 바라본 형상이므로 정답은 ③번이 된다.

54 보조 투상도의 설명으로 가장 적합한 것은?

① 물체의 경사면을 실제 모양으로 나타낸 것
② 특수한 부분을 부분적으로 나타낸 것
③ 물체를 가상해서 나타낸 것
④ 물체를 90° 회전시켜서 나타낸 것

저자쌤의 핵직강

투상도법의 종류

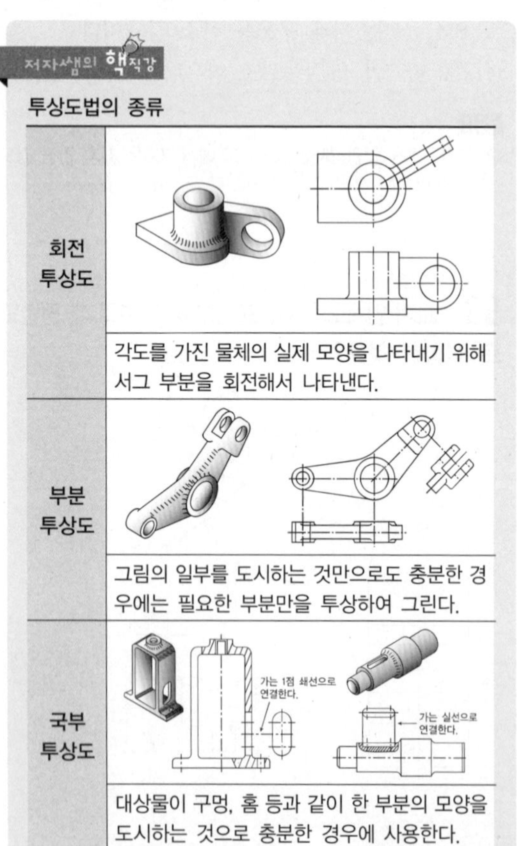

구분	내용
회전 투상도	각도를 가진 물체의 실제 모양을 나타내기 위해서 그 부분을 회전해서 나타낸다.
부분 투상도	그림의 일부를 도시하는 것만으로도 충분한 경우에는 필요한 부분만을 투상하여 그린다.
국부 투상도	대상물이 구멍, 홈 등과 같이 한 부분의 모양을 도시하는 것으로 충분한 경우에 사용한다.

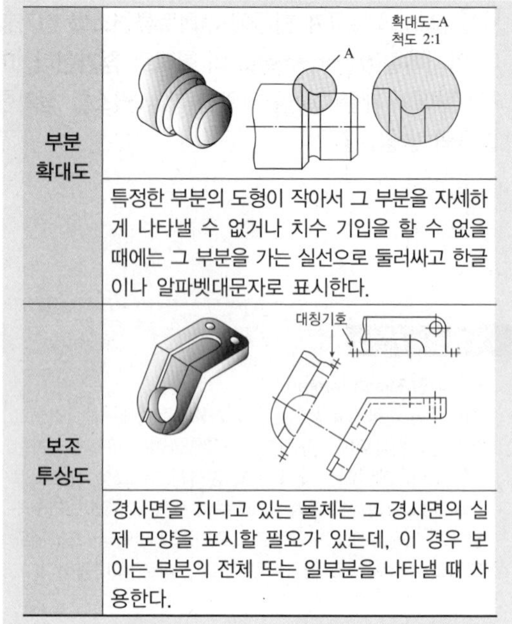

구분	내용
부분 확대도	특정한 부분의 도형이 작아서 그 부분을 자세하게 나타낼 수 없거나 치수 기입을 할 수 없을 때에는 그 부분을 가는 실선으로 둘러싸고 한글이나 알파벳대문자로 표시한다.
보조 투상도	경사면을 지니고 있는 물체는 그 경사면의 실제 모양을 표시할 필요가 있는데, 이 경우 보이는 부분의 전체 또는 일부분을 나타낼 때 사용한다.

해설

① 물체의 경사면을 실제 모양으로 나타낼 때 사용하는 투상도는 보조 투상도이다.

55 용접부의 보조기호에서 제거 가능한 이면 판재를 사용하는 경우의 표시 기호는?

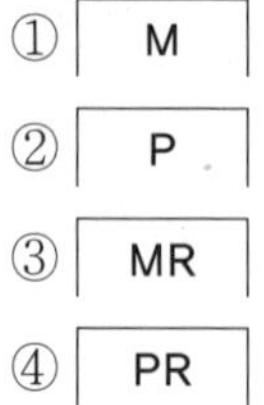

① M
② P
③ MR
④ PR

해설

MR : Material Remove의 약자로 제거 가능한 이면 판재

M : 영구적인 이면 판재(덮개판)

54 ① 55 ③ 정답

56 다음 그림과 같이 상하면의 절단된 경사각이 서로 다른 원통의 전개도 형상으로 가장 적합한 것은?

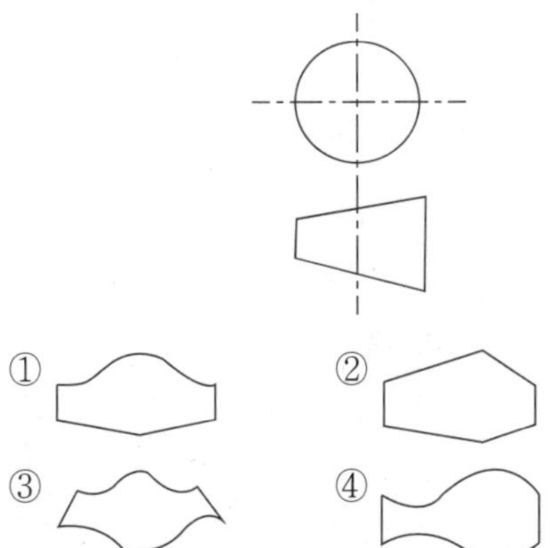

해설

①, ②, ③번의 형상은 절단된 경사각이 같아서 전개도 형상이 좌우 대칭을 이루고 있으나, ④번은 절단된 형상이 좌, 우 대칭을 이루고 있지 않으므로 절단된 경사각이 서로 다름을 알 수 있다.

57 기계나 장치 등의 실체를 보고 프리핸드(Freehand)로 그린 도면은?

① 배치도
② 기초도
③ 조립도
④ 스케치도

저자쌤의 핵직강

- 배치도 : 각종 기계 장치의 설치 위치를 나타내는 도면으로 정밀하게 그려야 한다.
- 기초도 : 기계나 장치, 구조물 등을 설치하는 기초를 만들기 위한 도면으로 정밀하게 그려야 한다.
- 조립도 : 두 개 이상의 부품이나 부분 조립품을 조립하거나 조립하는 상태에서 그 상호 관계나 조립에 필요한 치수 등을 나타낸 도면으로 정밀하게 그려야 한다.
- 스케치도 : 기계나 장치 등의 실체를 프리핸드로 그린 도면이다.

58 도면에서 2종류 이상의 선이 겹쳤을 때, 우선하는 순위를 바르게 나타낸 것은?

① 숨은선 > 절단선 > 중심선
② 중심선 > 숨은선 > 절단선
③ 절단선 > 중심선 > 숨은선
④ 무게 중심선 > 숨은선 > 절단선

저자쌤의 핵직강

두 종류 이상의 선이 중복되는 경우 선의 우선순위
숫자나 문자 > 외형선 > 숨은선 > 절단선 > 중심선 > 무게 중심선 > 치수 보조선

59 관용 테이퍼 나사 중 평행 암나사를 표시하는 기호는?(단, ISO 표준에 있는 기호로 한다)

① G　　② R
③ Rc　　④ Rp

저자쌤의 핵직강

나사의 종류 및 기호

구 분	나사의 종류		종류기호
ISO규격에 있는 것	미터 보통나사		M
	미터 가는나사		
	유니파이 보통나사		UNC
	유니파이 가는나사		UNF
	미터 사다리꼴나사		Tr
	미니추어 나사		S
	관용 평행나사		G
	관용 테이퍼나사	테이퍼 수나사	R
		테이퍼 암나사	Rc
		평행 암나사	Rp
ISO규격에 없는 것	30° 사다리꼴나사		TM
	관용 평행나사		PF
	관용 테이퍼나사	테이퍼 나사	PT
		평행 암나사	PS
특수용	전구나사		E
	미싱나사		SM
	자전거나사		BK

해설

④ 관용 테이퍼 나사 중 평행 암나사는 “Rp”를 기호로 사용한다.

정답 56 ④ 57 ④ 58 ① 59 ④

60 현의 치수 기입 방법으로 옳은 것은?

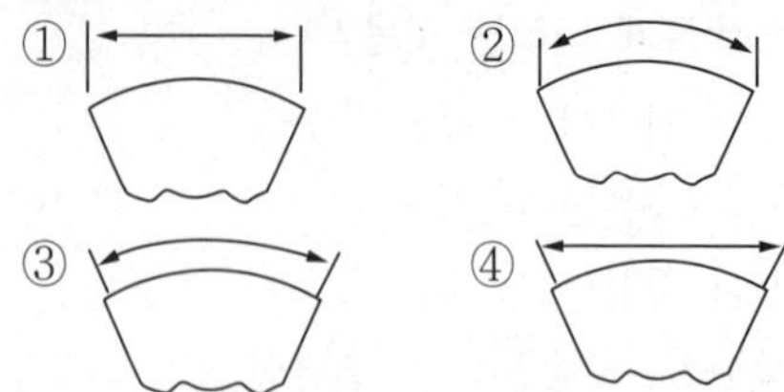

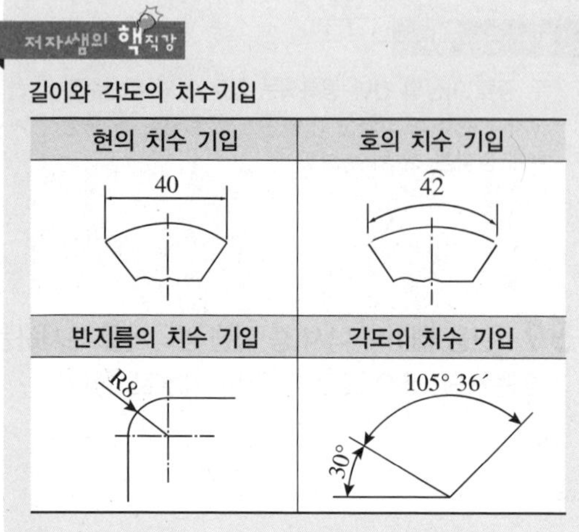

저자쌤의 핵직강

길이와 각도의 치수기입

현의 치수 기입	호의 치수 기입
40	42 (호 기호)
반지름의 치수 기입	**각도의 치수 기입**
R8	105° 36′ 30°

해설

현의 치수를 기입할 때는 ①번과 같이 하며 ④번과 같이 표시하는 것은 없다.

60 ① 정답

2015년도 제5회 **기출문제**

특수용접기능사 Craftsman Welding/Inert Gas Arc Welding

01 아크 용접에서 피닝을 하는 목적으로 가장 알맞은 것은?

① 용접부의 잔류응력을 완화시킨다.
② 모재의 재질을 검사하는 수단이다.
③ 응력을 강하게 하고 변형을 유발시킨다.
④ 모재표면의 이물질을 제거한다.

저자쌤의 핵직강

피닝(Peening)
특수 해머를 사용하여 모재의 표면에 지속적으로 충격을 가해 줌으로써 재료 내부에 있는 잔류응력을 완화시키면서 표면층에 소성변형을 주는 방법이다.

02 다음 중 연납의 특성에 관한 설명으로 틀린 것은?

① 연납땜에 사용하는 용가제를 말한다.
② 주석-납계 합금이 가장 많이 사용된다.
③ 기계적 강도가 낮으므로 강도를 필요로 하는 부분에는 적당하지 않다.
④ 은납, 황동납 등이 이에 속하고 물리적 강도가 크게 요구될 때 사용된다.

저자쌤의 핵직강

납땜용 용제의 종류

경납땜용 용제(Flux)	연납땜용 용제(Flux)
• 붕 사	• 송 진
• 붕 산	• 인 산
• 불화나트륨	• 염 산
• 불화칼륨	• 염화아연
• 은 납	• 염화암모늄
• 황동납	• 주석-납
• 인동납	• 카드뮴-아연납
• 망간납	• 저융점 땜납
• 양은납	
• 알루미늄납	

해설

은납과 황동납은 경납땜용 용제이다. 경납이란 용융점이 450℃ 이상인 납땜용 용재를 사용하여 납땜에 사용하는데, 이종 재질의 접합이 가능하며 접합면에 누설이 없다는 점과 연납땜보다 강도가 크다는 장점이 있다.

03 다음 각종 용접에서 전격방지 대책으로 틀린 것은?

① 홀더나 용접봉은 맨손으로 취급하지 않는다.
② 어두운 곳이나 밀폐된 구조물에서 작업 시 보조자와 함께 작업한다.
③ CO_2용접이나 MIG 용접 작업 도중에 와이어를 2명이 교대로 교체할 때는 전원은 차단하지 않아도 된다.
④ 용접작업을 하지 않을 때에는 TIG전극봉은 제거하거나 노즐 뒤쪽에 밀어 넣는다.

저자쌤의 핵직강

전격을 방지하기 위해서는 용접기 내부에 전격방지기를 설치하거나, 용접기와 용접에 사용되는 주변장치들의 주변에 물이 닿지 않도록 주의해야 한다. 그러나 용접기 내부를 수시로 열어서 점검하는 것은 오히려 용접기 내부를 열 때 전격이 발생할 위험이 더 크다.

04 심(Seam)용접법에서 용접전류의 통전방법이 아닌 것은?

① 직·병렬 통전법 ② 단속 통전법
③ 연속 통전법 ④ 맥동 통전법

저자쌤의 핵직강

심(Seam)용접
전류를 연속하여 통전하여 용접 속도를 향상시키면서 용접 변형을 방지하는 용접법으로 그 종류에는 단속 통전법, 연속 통전법, 맥동 통전법이 있다.

정답 1 ① 2 ④ 3 ③ 4 ①

05 플라즈마 아크의 종류가 아닌 것은?

① 이행형 아크 ② 비이행형 아크
③ 중간형 아크 ④ 텐덤형 아크

저자샘의 핵직강

플라즈마 아크 용접용 아크의 종류별 특징

- 이행형 아크 : 텅스텐 전극봉에 (−), 모재에 (+)를 연결하는 것으로 모재가 전기전도성을 가진 것으로 용입이 깊다.
- 비이행형 아크 : 텅스텐 전극봉에 (−), 구속 노즐(+) 사이에서 아크를 발생시키는 것으로 모재에는 전기를 연결하지 않아서 비전도체도 용접이 가능하나 용입이 얕고 비드가 넓다.
- 중간형 아크 : 이행형과 비이행형 아크의 중간적 성질을 갖는다.

플라즈마
초고온에서 음전하를 가진 전자와 양전하를 띤 이온으로 분리된 기체 상태를 말하는 것으로 흔히 제4의 물리 상태라고도 한다.

06 피복 아크 용접 결함 중 용착 금속의 냉각 속도가 빠르거나, 모재의 재질이 불량할 때 일어나기 쉬운 결함으로 가장 적당한 것은?

① 용입 불량 ② 언더컷
③ 오버랩 ④ 선상조직

저자샘의 핵직강

선상조직이란 표면이 눈꽃 모양의 조직을 나타내고 있는 것으로써, 인(P)을 많이 함유하는 강에 나타나는 편석조직인 용접 불량이다. 용착 금속의 냉각속도가 빠르거나 용접 모재의 재질이 불량할 때 발생하기 쉽다.

해설

용접부 결함과 방지 대책

모 양	원 인	방지대책
언더컷	• 전류가 높을 때 • 아크 길이가 길 때 • 용접 속도가 빠를 때 • 운봉 각도가 부적당할 때 • 부적당한 용접봉을 사용할 때	• 전류를 낮춘다. • 아크 길이를 짧게 한다. • 용접 속도를 알맞게 한다. • 운봉 각도를 알맞게 한다. • 알맞은 용접봉을 사용한다.
오버랩	• 전류가 낮을 때 • 운봉, 작업각, 진행각과 같은 유지각도가 불량할 때 • 부적당한 용접봉을 사용할 때	• 전류를 높인다. • 작업각과 진행각을 조정한다. • 알맞은 용접봉을 사용한다.
용입불량	• 이음 설계에 결함이 있을 때 • 용접 속도가 빠를 때 • 전류가 낮을 때 • 부적당한 용접봉을 사용할 때	• 치수를 크게 한다. • 용접속도를 적당히 조절한다. • 전류를 높인다. • 알맞은 용접봉을 사용한다.
균 열	• 이음부의 강성이 클 때 • 부적당한 용접봉을 사용할 때 • C, Mn 등 합금성분이 많을 때 • 과대 전류, 용접 속도가 클 때 • 모재에 유황 성분이 많을 때	• 예열이나 피닝처리를 한다. • 알맞은 용접봉을 사용한다. • 예열 및 후열처리를 한다. • 전류 및 용접 속도를 알맞게 조절한다. • 저수소계 용접봉을 사용한다.
선상조직	• 냉각속도가 빠를 때 • 모재의 재질이 불량할 때	• 급랭을 피한다. • 재질에 알맞은 용접봉 사용한다.
기 공	• 수소나 일산화탄소 가스가 과잉으로 분출될 때 • 용접 전류값이 부적당할 때 • 용접부가 급속히 응고될 때 • 용접 속도가 빠를 때 • 아크길이가 부적절할 때	• 건조된 저수소계 용접봉을 사용한다. • 전류 및 용접 속도를 알맞게 조절한다. • 이음 표면을 깨끗하게 하고 예열을 한다.
슬래그혼입	• 전류가 낮을 때 • 용접 이음이 부적당할 때 • 운봉 속도가 너무 빠를 때 • 모든 층의 슬래그 제거가 불완전할 때	• 슬래그를 깨끗이 제거한다. • 루트 간격을 넓게 한다. • 전류를 약간 높게 하며 운봉 조작을 적절하게 한다. • 슬래그를 앞지르지 않도록 운봉속도를 유지한다.

07 용접기의 점검 및 보수 시 지켜야 할 사항으로 옳은 것은?

① 정격사용률 이상으로 사용한다.
② 탭전환은 반드시 아크 발생을 하면서 시행한다.

5 ④ 6 ④ 7 ④ 정답

③ 2차측 단자의 한쪽과 용접기 케이스는 반드시 어스(Earth)하지 않는다.

④ 2차측 케이블이 길어지면 전압강하가 일어나므로 가능한 지름이 큰 케이블을 사용한다.

해설

용접기를 설치할 때 2차측 단자의 한쪽 면과 용접기 케이스에는 반드시 접지(Earth, 어스)를 해야 한다.

08 용접입열이 일정한 경우에는 열전도율이 큰 것일수록 냉각속도가 빠른데 다음 금속 중 열전도율이 가장 높은 것은?

① 구 리 ② 납

③ 연 강 ④ 스테인리스강

저자쌤의 핵직강

열 및 전기 전도율이 높은 순서

Ag > Cu > Au > Al > Mg > Zn > Ni > Fe > Pb > Sb

09 로봇용접의 분류 중 동작 기구로부터의 분류방식이 아닌 것은?

① PTB 좌표 로봇 ② 직각 좌표 로봇

③ 극좌표 로봇 ④ 관절 로봇

해설

PTB(Physikalisch-technische Bundesanstalt) 좌표 로봇은 로봇을 이동시키고자 할 때 좌표를 측정하는 방식에 따라 분류한 것이다.

10 CO_2 용접작업 중 가스의 유량은 낮은 전류에서 얼마가 적당한가?

① 10~15L/min ② 20~25L/min

③ 30~35L/min ④ 40~45L/min

저자쌤의 핵직강

CO_2 용접에서 전류의 크기에 따른 가스 유량

전류 영역		가스 유량(L/min)
250A 이하	저전류 영역	10~15
250A 이상	고전류 영역	20~25

11 용접부의 균열 중 모재의 재질 결함으로써 강괴일 때 기포가 압연되어 생기는 것으로 설퍼밴드와 같은 층상으로 편재해 있어 강재 내부에 노치를 형성하는 균열은?

① 라미네이션(Lamination)균열

② 루트(Root)균열

③ 응력 제거 풀림(Stress Relief)균열

④ 크레이터(Crater)균열

저자쌤의 핵직강

- 라미네이션 불량 : 모재의 재질 결함으로써 강괴일 때 내부에 있던 기포나 수축공, 슬래그가 압연에 의해 압착되면서 생기는 결함으로 설퍼 밴드와 같이 층상으로 편재해 있어서 강재의 내부에 노치를 형성시키는 균열이다.
- 루트균열 : 용접부의 루트면에 있는 노치에 의해 응력이 집중되어 발생하는 균열로 저온 균열에 속한다.
- 크레이터균열 : 용접부의 끝부분인 크레이터에서 발생하는 균열로 크레이터가 급랭으로 응고될 때 발생하는 고온 균열이다.

12 다음 중 용접열원을 외부로부터 가하는 것이 아니라 금속분말의 화학반응에 의한 열을 사용하여 용접하는 방식은?

① 테르밋 용접 ② 전기저항 용접

③ 잠호 용접 ④ 플라즈마 용접

저자쌤의 핵직강

테르밋 용접

알루미늄 분말과 산화철을 1 : 3의 비율로 혼합하여 테르밋제를 만든 후 냄비의 역할을 하는 도가니에 넣어 약 1,000℃로 점화하면 약 2,800℃의 열이 발생되면서 용접용 강이 만들어지게 되는데 이 강을 용접부에 주입하면서 용접하는 용접법이다.

13 각종 금속의 용접부 예열온도에 대한 설명으로 틀린 것은?

① 고장력강, 저합금강, 주철의 경우 용접 홈을 50~350℃로 예열한다.

② 연강을 0℃ 이하에서 용접할 경우 이음의 양쪽 폭 100mm 정도를 40~75℃로 예열한다.

정답 8 ① 9 ① 10 ① 11 ① 12 ① 13 ④

③ 열전도가 좋은 구리 합금은 200~400℃의 예열이 필요하다.

④ 알루미늄 합금은 500~600℃ 정도의 예열온도가 적당하다.

저자쌤의 핵직강

금속의 종류별 예열온도

- 고장력강의 용접 홈을 50~350℃ 정도로 예열한 후 용접하면 결함을 방지할 수 있다.
- 저합금강도 두께에 따라 다르나 일반적으로 50~350℃ 정도로 예열한다.
- 연강을 기온이 0℃ 이하에서 용접하면 저온 균열이 발생하기 쉬우므로 이음의 양쪽을 약 100mm 폭이 되게 하여 약 50~75℃ 정도로 예열하는 것이 좋다.
- 주철도 두께에 따라 다르나 일반적으로 500~600℃ 정도로 예열한다.
- Al이나 Cu와 같이 열전도가 큰 재료는 이음부의 열 집중이 부족하여 융합 불량이 생기기 쉬우므로 200~400℃ 정도의 예열이 필요하다.

해설

④ Al이나 Cu와 같이 열전도가 큰 재료는 이음부의 열 집중이 부족하여 융합 불량이 생기기 쉬우므로 200~400℃ 정도의 예열이 필요하다.

14 논 가스 아크 용접의 설명으로 틀린 것은?

① 보호 가스나 용제를 필요로 한다.

② 바람이 있는 옥외에서 작업이 가능하다.

③ 용접장치가 간단하며 운반이 편리하다.

④ 용접 비드가 아름답고 슬래그 박리성이 좋다.

저자쌤의 핵직강

논 가스 아크 용접의 특징

- 수소가스의 발생이 적다.
- 피복 용접봉을 사용하지 않는다.
- 보호가스가 없이도 용접이 가능하다.
- 용접 장치가 간단하며 운반이 편리하다.
- 바람이 부는 옥외에서도 작업이 가능하다.
- 반자동 용접뿐 아니라 자동용접도 가능하다.
- 융착 금속의 기계적 성질은 다른 용접에 비해 좋지 않다.

논 가스 아크 용접
솔리드 와이어나 플럭스 와이어를 사용하여 보호 가스가 없이도 공기 중에서 직접 용접하는 방법이다. 비 피복 아크 용접이라고도 하며 반자동 용접으로서 가장 간편한 용접 방법이다. 보호 가스가 필요치 않으므로 바람에도 비교적 안정되어 옥외에서도 용접이 가능하나 융착 금속의 기계적 성질은 다른 용접에 비해 좋지 않다는 단점이 있다.

15 용접부의 결함이 오버 랩일 경우 보수 방법은?

① 가는 용접봉을 사용하여 보수한다.

② 일부분을 깎아내고 재용접한다.

③ 양단에 드릴로 정지 구멍을 뚫고 깎아내고 재용접한다.

④ 그 위에 다시 재용접한다.

해설

오버랩 불량은 용입부의 일부를 채우지 않고 덮은 불량이므로 일부분을 그라인더로 깎아낸 후 재용접을 하면 보수가 가능하다.

16 다음 중 초음파 탐상법의 종류에 해당하지 않는 것은?

① 투과법　　② 펄스 반사법

③ 관통법　　④ 공진법

저자쌤의 핵직강

초음파탐상법의 종류

- 공진법 : 시험체에 가해진 초음파의 진동수와 시험체의 고유진동수가 일치할 때 진동의 진폭이 커지는 현상인 공진을 이용하여 시험체의 두께를 측정하는 방법
- 투과법 : 초음파펄스를 시험체의 한쪽 면에서 송신하고 반대쪽 면에서 수신하는 방법
- 펄스 반사법 : 불연속부와 같은 경계면에서는 투과 및 굴절 또는 반사를 하는데 이러한 불연속부에서 반사하는 초음파를 분석하여 검사하는 방법

17 피복 아크 용접 작업의 안전사항 중 전격방지대책이 아닌 것은?

① 용접기 내부는 수시로 분해·수리하고 청소를 하여야 한다.

② 절연 홀더의 절연부분이 노출되거나 파손되면 교체한다.

14 ①　15 ②　16 ③　17 ① 정답

③ 장시간 작업을 하지 않을 시는 반드시 전기 스위치를 차단한다.

④ 젖은 작업복이나 장갑, 신발 등을 착용하지 않는다.

저자쌤의 핵직강

전격의 방지를 위해서는 전격방지기를 설치하거나, 용접기 주변이나 작업 중 물이 용접기기에 닿지 않도록 주의해야 한다. 그러나 용접기 내부를 수시로 열어서 점검하는 것과는 거리가 멀며 오히려 용접기 내부를 열 때 전격이 발생 할 위험이 더 크다.

18 전자렌즈에 의해 에너지를 집중시킬 수 있고, 고용융 재료의 용접이 가능한 용접법은?

① 레이저 용접
② 피복 아크 용접
③ 전자 빔 용접
④ 초음파 용접

저자쌤의 핵직강

전자빔용접
고밀도로 집속되고 가속화된 전자빔을 높은 진공 속에서 용접물에 고속도로 조사시키면 빛과 같은 속도로 이동한 전자가 용접물에 충돌하면서 전자의 운동에너지를 열에너지로 변환시켜 국부적으로 고열을 발생시키는데, 이때 생긴 열원으로 용접부를 용융시켜 용접하는 방식이다. 텅스텐(3,410℃)과 몰리브덴(2,620℃)과 같이 용융점이 높은 재료의 용접에 적합하다.

19 일렉트로 슬래그 용접에서 사용되는 수냉식 판의 재료는?

① 연 강
② 동
③ 알루미늄
④ 주 철

해설

일렉트로 슬래그 용접에 사용되는 수냉 판의 명칭은 수냉동판이다. 여기서, 동은 구리(Copper)를 의미하므로 그 재료도 구리이다.

20 맞대기용접 이음에서 모재의 인장강도는 40 kgf/mm²이며, 용접 시험편의 인장강도가 45kgf/mm²일 때 이음효율은 몇 %인가?

① 88.9 ② 104.4
③ 112.5 ④ 125.0

해설

$$\text{이음효율}(\eta) = \frac{\text{용접 시험편의 인장강도}}{\text{모재의 인장강도}} \times 100\%$$

$$= \frac{45}{40} \times 100\% = 112.5\%$$

21 납땜에서 경납용 용제가 아닌 것은?

① 붕 사 ② 붕 산
③ 염 산 ④ 알칼리

저자쌤의 핵직강

납땜용 용제의 종류

경납땜용 용제(Flux)	연납땜용 용제(Flux)
• 붕 사	• 송 진
• 붕 산	• 인 산
• 불화나트륨	• 염 산
• 불화칼륨	• 염화아연
• 은 납	• 염화암모늄
• 황동납	• 주석-납
• 인동납	• 카드뮴-아연납
• 망간납	• 저용점 땜납
• 양은납	
• 알루미늄납	

22 서브머지드 아크 용접에서 동일한 전류 전압의 조건에서 사용되는 와이어 지름의 영향 설명 중 옳은 것은?

① 와이어의 지름이 크면 용입이 깊다.
② 와이어의 지름이 작으면 용입이 깊다.
③ 와이어의 지름과 상관이 없이 같다.
④ 와이어의 지름이 커지면 비드 폭이 좁아진다.

저자쌤의 핵직강

서브머지드 아크 용접
용접 부위에 미세한 입상의 플럭스를 도포한 뒤 용접선과 나란히 설치된 레일 위를 주행대차가 지나가면서 와이어를

정답 18 ③ 19 ② 20 ③ 21 ③ 22 ②

용접부로 공급시키면 플럭스 내부에서 아크가 발생하면서 용접하는 자동 용접법이다. 아크가 플럭스 속에서 발생되므로 용접부가 눈에 보이지 않아 불가시 아크 용접, 잠호용접이라고 불린다. 용접봉인 와이어의 공급과 이송이 자동이며 용접부를 플럭스가 덮고 있으므로 복사열과 연기가 많이 발생하지 않는다.

해설

서브머지드 아크 용접은 전류 밀도가 크기 때문에 동일한 전류, 전압의 조건에서 와이어 지름이 작으면 열이 집중도가 더 좋아져서 용입이 더 깊다.

Plus One 서브머지드 아크 용접의 장점

- 내식성이 우수하다.
- 이음부의 품질이 일정하다.
- 후판일수록 용접속도가 빠르다.
- 높은 전류밀도로 용접할 수 있다.
- 용접 조건을 일정하게 유지하기 쉽다.
- 용접 금속의 품질을 양호하게 얻을 수 있다.
- 용제의 단열 작용으로 용입을 크게 할 수 있다.
- 용입이 깊어 개선각을 작게 해도 되므로 용접변형이 적다.
- 용접 중 대기와 차폐되어 대기 중의 산소, 질소 등의 해를 받지 않는다.
- 용접 속도가 아크 용접에 비해서 판두께 12mm에서는 2~3배, 25mm일 때는 5~6배 빠르다.

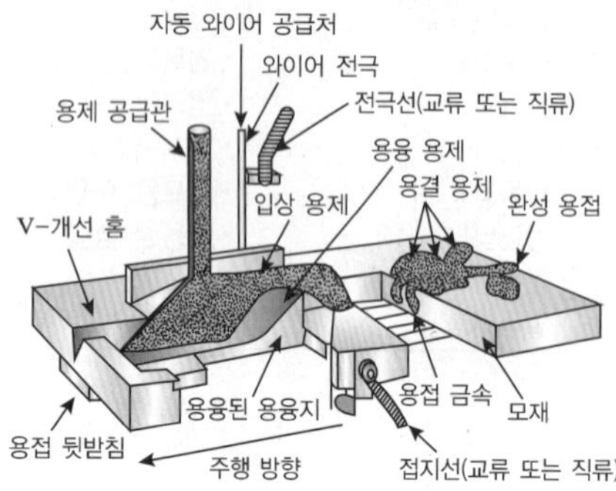

23 피복 아크 용접봉에서 피복제의 주된 역할로 틀린 것은?

① 전기 절연 작용을 하고 아크를 안정시킨다.
② 스패터의 발생을 적게 하고 용착금속에 필요한 합금원소를 첨가시킨다.
③ 용착 금속의 탈산 정련 작용을 하며 용융점이 높고, 높은 점성의 무거운 슬래그를 만든다.
④ 모재 표면의 산화물을 제거하고, 양호한 용접부를 만든다.

저자쌤의 핵직강

피복제(Flux)의 역할

- 아크를 안정시킨다.
- 전기절연작용을 한다.
- 보호가스를 발생시킨다.
- 아크의 집중성을 좋게 한다.
- 용착 금속의 급랭을 방지한다.
- 탈산작용 및 정련작용을 한다.
- 용융 금속과 슬래그의 유동성을 좋게 한다.
- 용적(쇳물)을 미세화하여 용착효율을 높인다.
- 슬래그 제거를 쉽게 하여 비드의 외관을 좋게 한다.
- 적당량의 합금 원소 첨가로 금속에 특수성을 부여한다.
- 용융점을 낮게 하여 가벼운 슬래그를 만듦으로써 슬래그의 유동성을 좋게 한다.
- 중성 또는 환원성 분위기를 만들어 질화나 산화를 방지하고 용융금속을 보호한다.

해설

피복 아크 용접용 피복제는 용착 금속의 탈산 정련 작용으로 용융점을 낮게 하여 가벼운 슬래그를 만듦으로써 슬래그의 유동성을 좋게 한다.

24 다음 중 부하전류가 변하여도 단자 전압은 거의 변화하지 않는 용접기의 특성은?

① 수하 특성 ② 하향 특성
③ 정전압 특성 ④ 정전류 특성

저자쌤의 핵직강

용접기의 특성 4가지

- 정전류 특성 : 부하 전류나 전압이 변해도 단자 전류는 거의 변하지 않는다.
- 정전압 특성 : 부하 전류나 전압이 변해도 단자 전압은 거의 변하지 않는다.
- 수하 특성 : 부하 전류가 증가하면 단자 전압이 낮아진다.
- 상승 특성 : 부하 전류가 증가하면 단자 전압이 약간 높아진다.

해설

③ 부하전류가 변해도 단자 전압이 거의 변하지 않는 용접기의 특성은 정전압특성이다.

23 ③ 24 ③ 정답

25 아크가 보이지 않는 상태에서 용접이 진행된다고 하여 일명 잠호용접이라 부르기도 하는 용접법은?

① 스터드 용접
② 레이저 용접
③ 서브머지드 아크 용접
④ 플라즈마 용접

저자쌤의 핵직강

서브머지드 아크 용접(SAW)

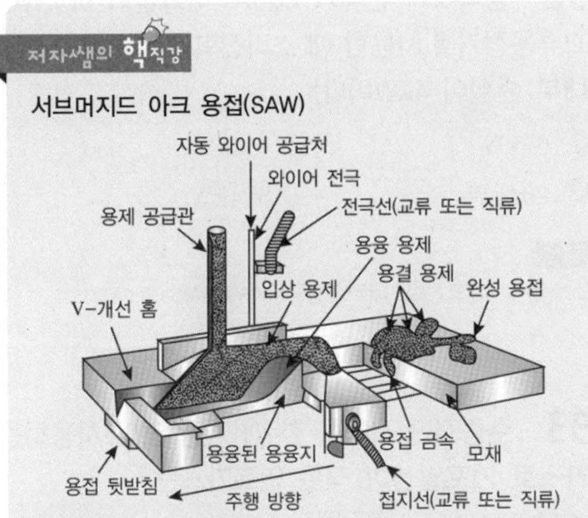

용접 부위에 미세한 입상의 플럭스를 도포한 뒤 용접선과 나란히 설치된 레일 위를 주행대차가 지나가면서 와이어를 용접부로 공급시키면 플럭스 내부에서 아크가 발생하면서 용접하는 자동 용접법이다. 아크가 플럭스 속에서 발생되므로 용접부가 눈에 보이지 않아 불가시 아크 용접, 잠호 용접이라고 불린다. 용접봉인 와이어의 공급과 이송이 자동이며 용접부를 플럭스가 덮고 있으므로 복사열과 연기가 많이 발생하지 않는다.

26 가스 절단면의 표준 드래그(Drag) 길이는 판두께의 몇 % 정도가 가장 적당한가?

① 10%
② 20%
③ 30%
④ 40%

해설

표준드래그길이(mm) = 판두께(mm) $\times \frac{1}{5}$ = 판두께의 20%

27 피복 아크 용접에서 홀더로 잡을 수 있는 용접봉 지름(mm)이 5.0~8.0일 경우 사용하는 용접봉 홀더의 종류로 옳은 것은?

① 125호
② 160호
③ 300호
④ 400호

저자쌤의 핵직강

용접 홀더의 종류(KS C 9607)

종 류	정격 용접 전류(A)	홀더로 잡을 수 있는 용접봉 지름(mm)	접촉할 수 있는 최대 홀더용 케이블의 도체 공정 단면적(mm^2)
125호	125	1.6~3.2	22
160호	160	3.2~4.0	30
200호	200	3.2~5.0	38
250호	250	4.0~6.0	50
300호	300	4.0~6.0	50
400호	400	5.0~8.0	60
500호	500	6.4~10.0	80

28 다음 중 용접봉의 내균열성이 가장 좋은 것은?

① 셀룰로오스계
② 티탄계
③ 일미나이트계
④ 저수소계

해설

용접봉의 종류 중에서 내균열성이 우수한 용접봉은 고장력강용 용접봉으로 불리는 저수소계(E4316) 용접봉이다.

29 아크 길이가 길 때 일어나는 현상이 아닌 것은?

① 아크가 불안정해진다.
② 용융금속의 산화 및 질화가 쉽다.
③ 열 집중력이 양호하다.
④ 전압이 높고 스패터가 많다.

저자쌤의 핵직강

아크 길이가 길면 아크가 불안정해지면서 열의 집중성이 떨어져서 열영향부를 크게 한다. 그리고 용융부를 보호하지 못하므로 용융금속의 산화 및 질화를 일으키기 쉽게 하고 전압을 높게 하여 스패터도 많아 발생하고 용접한 제품의 재질약화 및 기공, 균열 불량도 일으킨다. 따라서 아크 길이는 적절하게 조절하는 것이 좋다.

정답 25 ③ 26 ② 27 ④ 28 ④ 29 ③

30 직류 용접기 사용 시 역극성(DCRP)과 비교한, 정극성(DCSP)의 일반적인 특징으로 옳은 것은?

① 용접봉의 용융속도가 빠르다.
② 비드 폭이 넓다.
③ 모재의 용입이 깊다.
④ 박판, 주철, 합금강 비철금속의 접합에 쓰인다.

저자쌤의 핵직강

아크 용접기의 극성

직류 정극성 (DCSP : Direct Current Straight Polarity)	• 용입이 깊다. • 비드 폭이 좁다. • 용접봉의 용융속도가 느리다. • 후판(두꺼운 판) 용접이 가능하다. • 모재에는 (+)전극이 연결되며 70% 열이 발생하고, 용접봉에는 (−)전극이 연결되며 30% 열이 발생한다.
직류 역극성 (DCRP : Direct Current Reverse Polarity)	• 용입이 얕다. • 비드 폭이 넓다. • 용접봉의 용융속도가 빠르다. • 박판(얇은 판) 용접이 가능하다. • 주철, 고탄소강, 비철금속의 용접에 쓰인다. • 모재에는 (−)전극이 연결되며 30% 열이 발생하고, 용접봉에는 (+)전극이 연결되며 70% 열이 발생한다.
교류(AC)	• 극성이 없다. • 전원 주파수의 $\frac{1}{2}$ 사이클마다 극성이 바뀐다. • 직류 정극성과 직류 역극성의 중간적 성격이다.

해설
직류 정극성은 용접봉보다 모재에서 열이 더 발생되므로 용접봉에서 동일한 열이 주어졌다고 가정했을 때 모재가 더 잘 녹기 때문에 용입이 깊게 된다.

31 가변압식의 팁 번호가 200일 때 10시간 동안 표준 불꽃으로 용접할 경우 아세틸렌가스의 소비량은 몇 리터인가?

① 20　② 200
③ 2,000　④ 20,000

저자쌤의 핵직강

가변압식 팁은 프랑스식으로 매 시간당 아세틸렌가스의 소비량을 리터(L)로 표시하는데, 예를 들어 200번 팁은 단위 시간당 가스 소비량이 200L이다. 여기서 10시간 사용했으므로 총 아세틸렌 가스의 소비량은 2,000L가 된다.

해설
200L×10시간=2,000L

32 정격 2차 전류가 200A, 아크출력 60kW인 교류용접기를 사용할 때 소비전력은 얼마인가?(단, 내부 손실이 4kW이다)

① 64kW　② 104kW
③ 264kW　④ 804kW

해설
소비전력=아크전력+내부손실=60kW+4kW=64kW

33 수중절단 작업을 할 때 가장 많이 사용하는 가스로 기포발생이 적은 연료가스는?

① 아르곤　② 수 소
③ 프로판　④ 아세틸렌

해설
수중 절단 시 가장 많이 사용하는 연료가스는 H_2(수소)가스이다. 이때, 절단 산소의 압력은 공기 중에서 보다 1.5~2배로 높인다.

34 용접기의 규격 AW 500의 설명 중 옳은 것은?

① AW은 직류 아크 용접기라는 뜻이다.
② 500은 정격 2차 전류의 값이다.
③ AW은 용접기의 사용률을 말한다.
④ 500은 용접기의 무부하 전압 값이다.

저자쌤의 핵직강

교류 아크 용접기의 규격

종 류	정격 2차 전류(A)	정격 사용률(%)	정격부하 전압(V)	사용 용접봉 지름(mm)
AW200	200	40	30	2.0 ~ 4.0
AW300	300	40	35	2.6 ~ 6.0
AW400	400	40	40	3.2 ~ 8.0
AW500	500	60	40	4.0 ~ 8.0

30 ③ 31 ③ 32 ① 33 ② 34 ② 정답

해설

AW-500의 정격 2차 전류값은 500A이다. 여기서, AW는 교류 아크 용접기를 나타내는 기호이다.

35 가스용접에서 토치를 오른손에 용접봉을 왼손에 잡고 오른쪽에서 왼쪽으로 용접을 해 나가는 용접법은?

① 전진법　② 후진법
③ 상진법　④ 병진법

저자쌤의 핵직강

가스용접에서의 전진법과 후진법의 차이점

구 분	전진법	후진법
열 이용률	나쁘다.	좋다.
비드의 모양	보기 좋다.	매끈하지 못하다.
홈의 각도	크다(약 80°).	작다(약 60°).
용접 속도	느리다.	빠르다.
용접 변형	크다.	작다.
용접 가능 두께	두께 5mm 이하의 박판	후 판
가열 시간	길다.	짧다.
기계적 성질	나쁘다.	좋다.
산화 정도	심하다.	양호하다.
토치 진행방향 및 각도	오른쪽 → 왼쪽	왼쪽 → 오른쪽

해설

① 가스 용접 시 용접 토치를 오른쪽에서 왼쪽으로 용접이행을 하는 방식은 전진법이다.

36 용접기와 멀리 떨어진 곳에서 용접전류 또는 전압을 조절할 수 있는 장치는?

① 원격 제어 장치
② 핫 스타트 장치
③ 고주파 발생 장치
④ 수동전류조정장치

저자쌤의 핵직강

- 원격 제어 장치 : 원거리에서 용접 전류 및 용접 전압 등의 조정이 필요할 때 설치하는 원거리조정 장치
- 핫 스타트 장치 : 아크가 발생하는 초기에만 용접전류를 커지게 만드는 아크 발생 제어 장치
- 고주파 발생장치 : 교류 아크 용접기의 아크 안정성을 확보하기 위하여 상용 주파수의 아크 전류 외에 고전압(2,000~3,000V)의 고주파 전류를 중첩시키는 방식이며 라디오나 TV 등에 방해를 주는 결점도 있으나 장점이 더 많다.
- 수동전류조정장치 : 용접기 자체에 부착되어 있는 핸들이나 스위치를 손으로 조작해서 전류를 조절하는 장치

37 아크 에어 가우징법의 작업능률은 가스 가우징법보다 몇 배 정도 높은가?

① 2~3배　② 4~5배
③ 6~7배　④ 8~9배

저자쌤의 핵직강

아크 에어 가우징의 구성요소

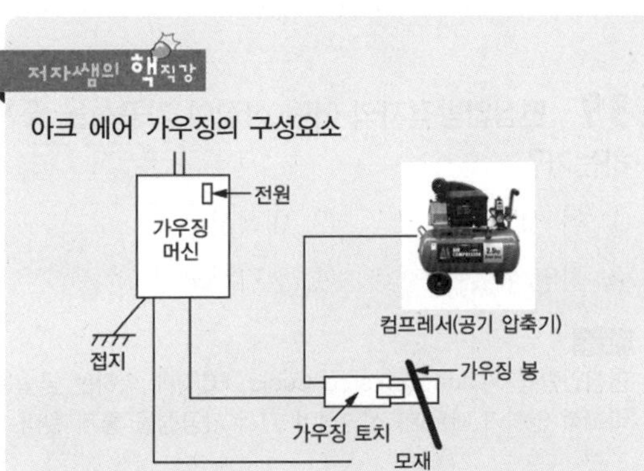

아크 에어 가우징은 탄소 아크 절단법에 고압(5~7kgf/cm^2)의 압축공기를 병용하는 방법이다. 용융된 금속에 탄소봉과 평행으로 분출하는 압축공기를 전극 홀더의 끝부분에 위치한 구멍을 통해 연속해서 불어내어 홈을 파내는 방법으로 홈 가공이나 구멍 뚫기, 절단 작업에 사용된다. 이것은 철이나 비철 금속에 모두 이용할 수 있으며, 가스 가우징보다 작업 능률이 2~3배 높고 모재에도 해를 입히지 않는다.

- 가우징 머신
- 가우징 봉
- 가우징 토치
- 컴프레서(압축공기)

정답 35 ① 36 ① 37 ①

38 가스용접에서 프로판 가스의 성질 중 틀린 것은?

① 증발 잠열이 작고, 연소할 때 필요한 산소의 양은 1 : 1 정도이다.
② 폭발한계가 좁아 다른 가스에 비해 안전도가 높고 관리가 쉽다.
③ 액화가 용이하여 용기에 충전이 쉽고 수송이 편리하다.
④ 상온에서 기체 상태이고 무색, 투명하며 약간의 냄새가 난다.

저자쌤의 핵직강

프로판 가스
상온에서 기체이며 무색, 투명하며 약간의 냄새가 난다. 쉽게 기화하므로 온도변화에 따른 팽창률이 크고 발열량도 크다. 또한 액화하기 쉬워서 용기에 넣어 수송하므로 이동이 편리하다. 그러나 폭발 한계가 좁아서 안전도가 떨어진다.

39 면심입방격자의 어떤 성질이 가공성을 좋게 하는가?

① 취 성 ② 내석성
③ 전연성 ④ 전기전도성

해설
면심입방격자(Face Centered Cubic, FCC)에 속하는 금속은 비교적 연하기 때문에, 전연성이 커서 가공성을 좋게 한다.

40 알루미늄과 알루미늄 가루를 압축 성형하고 약 500~600℃로 소결하여 압출 가공한 분산 강화형 합금의 기호에 해당하는 것은?

① DAP ② ACD
③ SAP ④ AMP

저자쌤의 핵직강

알루미늄 분말 소결체(SAP, Sintered Aluminum Powder)
Al에 산화막을 증가시키기 위하여 산소분위기 내에서 알루미늄을 분쇄하여 알루미늄과 알루미늄분말을 가압 형성하여 소결 후 압출한 알루미늄-알루미나계 입자의 분산강화합금이다.

41 스테인리스강 중 내식성이 제일 우수하고 비자성이나 염산, 황산, 염소가스 등에 약하고 결정입계 부식이 발생하기 쉬운 것은?

① 석출경화계 스테인리스강
② 페라이트계 스테인리스강
③ 마텐자이트계 스테인리스강
④ 오스테나이트계 스테인리스강

해설
스테인리스강 중에서 내식성이 제일 우수하나 염산이나 황산 등에 약하고 결정입계의 부식을 일으키기 쉬운 것은 오스테나이트계 스테인리스강이다.

42 라우탈은 Al-Cu-Si 합금이다. 이 중 3~8% Si를 첨가하여 향상되는 성질은?

① 주조성 ② 내열성
③ 피삭성 ④ 내식성

해설
① Si이 합금원소로 사용되면 금속에 유동성을 향상시키기 때문에 주조성이 좋아진다.

43 금속의 조직검사로서 측정이 불가능한 것은?

① 결 함 ② 결정입도
③ 내부응력 ④ 비금속개재물

저자쌤의 핵직강

금속의 조직검사는 현미경을 통해 조직 내부를 크게 확대해서 관찰하기 때문에 결함이나 결정입도, 비금속 개재물을 알 수 있다. 그러나 내부응력은 알 수 없다.

해설
내부응력은 인장시험을 통해서 파악할 수 있다.

44 탄소 함량 3.4%, 규소 함량 2.4% 및 인 함량 0.6%인 주철의 탄소당량(CE)은?

① 4.0 ② 4.2
③ 4.4 ④ 4.6

38 ① 39 ③ 40 ③ 41 ④ 42 ① 43 ③ 44 ③ 정답

CE(Carbon Equivalent, 탄소당량)
철강 재료에는 탄소의 함량에 따라 그 성질이 크게 달라지는데, 탄소의 영향에 따른 강재의 단단함과 용접성을 나타내는 지표로 사용한다.

해설

주철의 CE $= C + \frac{Mn}{6} + \frac{Si+P}{3}$

$= 3.4 + \frac{2.4+0.6}{3}$

$= 4.4\%$

45 자기변태가 일어나는 점을 자기 변태점이라 하며, 이 온도를 무엇이라고 하는가?

① 상 점 ② 이슬점
③ 퀴리점 ④ 동소점

자기변태
철이 "퀴리점"으로 불리는 자기변태 온도(A_2변태점, 768℃)를 지나면, 원자배열은 변하지 않으나 자성이 큰 강자성체에서 자성을 잃어버리는 상자성체로 변하는 현상으로 금속마다 자기변태점이 다르다.
예 시멘타이트는 210℃이다.

46 다음 중 경질 자성재료가 아닌 것은?

① 센더스트 ② 알니코 자석
③ 페라이트 자석 ④ 네오디뮴 자석

경질 자성재료
일종의 영구자석으로 알니코 자석, 페라이트 자석, 네오디뮴 자석, 희토류계 자석 등이 있다.

센더스트(Sendust)는 5%의 Al, 10%의 Si, 85%의 Fe을 합금한 고투자율인 자성재료로 기계적으로 약한 특징을 갖는다. 연질 자성 재료는 일반적으로 고투자율이며 보자력이 작고 자화되기 쉬운 금속으로 규소강판이나 퍼멀로이, 센더스트 등이 있다.

47 문쯔메탈(Muntz Metal)에 대한 설명으로 옳은 것은?

① 90%Cu-10%Zn 합금으로 톰백의 대표적인 것이다.
② 70%Cu-30%Zn 합금으로 가공용 황동의 대표적인 것이다.
③ 70%Cu-30%Zn 황동에 주석(Sn)을 1% 함유한 것이다.
④ 60%Cu-40%Zn 합금으로 황동 중 아연 함유량이 가장 높은 것이다.

저자쌤의 핵직강

황동의 종류

톰 백	Cu에 Zn을 5~20% 합금한 것으로 색깔이 아름답고 냉간가공이 쉽게 되어 단추나 금박, 금 모조품과 같은 장식용 재료로 사용된다.
문쯔메탈	60%의 Cu와 40%의 Zn이 합금된 것으로 인장강도가 최대이며, 강도가 필요한 단조제품이나 볼트나 리벳용 재료로 사용한다.
알브락	Cu 75%+Zn 20%+소량의 Al, Si, As의 합금이다. 해수에 강하며 내식성과 내침수성이 커서 복수기관과 냉각기관에 사용한다.
애드미럴티 황동	Cu와 Zn의 비율이 7 : 3 황동에 Sn 1%를 합금한 것으로 콘덴서 튜브나 열교환기, 증발기용 재료로 사용한다.
델타메탈	6 : 4 황동에 1~2% Fe을 첨가한 것으로, 강도가 크고 내식성이 좋아서 광산기계나 선박용, 화학용 기계에 사용한다.
쾌삭황동	황동에 Pb을 0.5~3% 합금한 것으로 피절삭성 향상을 위해 사용한다.
납 황동	3% 이하의 Pb을 6 : 4 황동에 첨가하여 절삭성을 향상시킨 쾌삭황동으로 기계적 성질은 다소 떨어진다.
강력 황동	4 : 6 황동에 Mn, Al, Fe, Ni, Sn 등을 첨가하여 한층 더 강력하게 만든 황동
네이벌 황동	6 : 4 황동에 0.8% 정도의 Sn을 첨가한 것으로 내해수성이 강해서 선박용 부품에 사용한다.

해설

④ 문쯔메탈은 60%의 Cu와 40%의 Zn이 합금된 것으로 황동 합금 중 아연의 함유량이 가장 높다.

정답 45 ③ 46 ① 47 ④

48 다음의 조직 중 경도 값이 가장 낮은 것은?

① 마텐자이트 ② 베이나이트
③ 소르바이트 ④ 오스테나이트

담금질 조직의 경도 순서
페라이트 < 오스테나이트 < 펄라이트 < 소르바이트 < 베이나이트 < 트루스타이트 < 마텐자이트 < 시멘타이트

49 열처리의 종류 중 항온열처리 방법이 아닌 것은?

① 마퀜칭 ② 어닐링
③ 마템퍼링 ④ 오스템퍼링

저자쌤의 핵직강

항온 열처리의 종류

종류		내용
항온풀림		재료의 내부응력을 제거하여 조직을 균일화하고 인성을 향상시키기 위한 열처리 조작으로 가열한 재료를 연속적으로 냉각하지 않고 약 500~600℃의 염욕 중에 냉각하여 일정 시간 동안 유지시킨 뒤 냉각시키는 방법이다.
항온뜨임		약 250℃의 열욕에서 일정시간을 유지시킨 후 공랭하여 마텐자이트와 베이나이트의 혼합된 조직을 얻는 열처리법. 고속도강이나 다이스강을 뜨임처리할 때 사용한다.
항온 담금질	오스템퍼링	강을 오스테나이트 상태로 가열한 후 300~350℃의 온도에서 담금질을 하여 하부 베이나이트 조직으로 변태시킨 후 공랭하는 방법. 강인한 베이나이트 조직을 얻고자 할 때 사용한다.
	마템퍼링	강을 M_s점과 M_f점 사이에서 항온 유지 후 꺼내어 공기 중에서 냉각하여 마텐자이트와 베이나이트의 혼합조직을 얻는 방법이다(여기서, M_s : 마텐자이트 생성 시작점, M_f : 마텐자이트 생성 종료점).
	마퀜칭	강을 오스테나이트 상태로 가열한 후 M_s점 바로 위에서 기름이나 염욕에 담그는 열욕에서 담금질하여 재료의 내부 및 외부가 같은 온도가 될 때까지 항온을 유지한 후 공랭하여 열처리하는 방법으로 균열이 없는 마텐자이트 조직을 얻을 때 사용한다.
	오스포밍	가공과 열처리를 동시에 하는 방법으로 조밀하고 기계적 성질이 좋은 마텐자이트를 얻고자 할 때 사용된다.
	MS 퀜칭	강을 M_s점보다 다소 낮은 온도에서 담금질하여 물이나 기름 중에서 급랭시키는 열처리 방법으로 잔류 오스테나이트의 양이 적다.

해설

어닐링(Annealing)은 풀림의 영어표현이다. 풀림은 기본열처리법의 일종으로 재질을 연하고 균일화시킬 목적으로 실시하는 열처리법으로 완전풀림은 A_3변태점(968℃) 이상의 온도로, 연화풀림은 약 650℃의 온도로 가열한 후 서랭한다.

50 컬러 텔레비전의 전자총에서 나온 광선의 영향을 받아 섀도 마스크가 열팽창하면 엉뚱한 색이 나오게 된다. 이를 방지하기 위해 섀도 마스크의 제작에 사용되는 불변강은?

① 인 바 ② Ni-Cr 강
③ 스테인리스강 ④ 플래티나이트

저자쌤의 핵직강

Ni-Fe계 합금(불변강)의 종류

종 류	용 도
인 바	• Fe에 35%의 Ni, 0.1~0.3%의 Co, 0.4%의 Mn이 합금된 불변강의 일종으로 상온 부근에서 열팽창계수가 매우 작아서 길이 변화가 거의 없다. • 줄자나 측정용 표준자, 바이메탈, TV용 섀도 마스크용 재료로 사용된다.
슈퍼인바	Fe에 30~32%의 Ni, 4~6%의 Co를 합금한 재료로 20℃에서 열팽창계수가 0에 가까워서 표준 척도용 재료로 사용한다.
엘린바	Fe에 36%의 Ni, 12%의 Cr이 합금된 재료로 온도변화에 따라 탄성률의 변화가 미세하여 시계태엽이나 계기의 스프링, 기압계용 다이어프램, 정밀 저울용 스프링 재료로 사용한다.
퍼멀로이	Fe에 35~80%의 Ni이 합금된 재료로 열팽창계수가 작아서 측정기나 고주파 철심, 코일, 릴레이용 재료로 사용된다.
플래티나이트	Fe에 46%의 Ni이 합금된 재료로 열팽창계수가 유리와 백금과 가까우며 전구 도입선이나 진공관의 도선용으로 사용한다.
코엘린바	Fe에 Cr 10~11%, Co 26~58%, Ni 10~16% 합금한 것으로 온도변화에 대한 탄성율의 변화가 적고 공기 중이나 수중에서 부식되지 않아서 스프링, 태엽, 기상관측용 기구의 부품에 사용한다.

해설

인바는 불변강의 일종으로 줄자나 측정용 표준자, 바이메탈, TV용 섀도 마스크용 재료로 사용된다.

48 ④ 49 ② 50 ① 정답

51 다음 단면도에 대한 설명으로 틀린 것은?

① 부분 단면도는 일부분을 잘라내고 필요한 내부 모양을 그리기 위한 방법이다.
② 조합에 의한 단면도는 축, 핀, 볼트, 너트류의 절단면의 이해를 위해 표시한 것이다.
③ 한쪽 단면도는 대칭형 대상물의 외형 절반과 온단면의 절반을 조합하여 표시한 것이다.
④ 회전도시 단면도는 핸들이나 바퀴 등의 암, 림, 훅, 구조물 등의 절단면을 90° 회전시켜서 표시한 것이다.

해설
② 축이나 핀, 볼트, 너트류는 길이 방향으로 절단하여 도시가 불가능하므로 틀린 표현이다.

Plus One 길이 방향으로 절단하여 도시가 불가능한 기계요소

길이 방향으로 절단하여 도시가 가능한 것	보스, 부시, 칼라, 베어링, 파이프 등 KS규격에서 절단하여 도시가 불가능하다고 규정되지 않은 부품
길이 방향으로 절단하여 도시가 불가능한 것	축, 키, 암, 핀, 볼트, 너트, 리벳, 코터, 기어의 이, 베어링의 볼과 롤러

52 나사의 감김 방향의 지시 방법 중 틀린 것은?

① 오른나사는 일반적으로 감김 방향을 지시하지 않는다.
② 왼나사는 나사의 호칭 방법에 약호 "LH"를 추가하여 표시한다.
③ 동일 부품에 오른나사와 왼나사가 있을 때는 왼나사에만 약호 "LH"를 추가한다.
④ 오른나사는 필요하면 나사의 호칭 방법에 약호 "RH"를 추가하여 표시할 수 있다.

해설
③ 나사의 감김 방향은 왼나사(LH)와 오른나사(RH)인 경우 각각 모두 표시한다.

53 그림과 같은 도면의 해독으로 잘못된 것은?

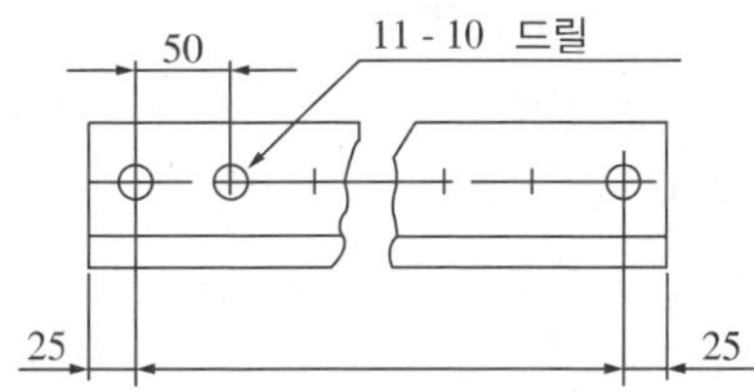

① 구멍사이의 피치는 50mm
② 구멍의 지름은 10mm
③ 전체 길이는 600mm
④ 구멍의 수는 11개

저자쌤의 핵직강
전체 길이를 구하려면 도면의 "11–10드릴"에서 지름이 10mm인 원이 50mm의 간격으로 11개 있다는 것을 확인하면 된다. 여기서, 피치(간격)가 50mm인 것이 10개가 있다. 그리고 끝부분과 바로 인접한 원의 중심이 25mm이므로, 양쪽 2를 곱하면 50mm가 된다.

해설
전체 길이는 (50mm×10)+(25mm×2)=550mm이다.

54 그림과 같이 제3각법으로 정투상한 도면에 적합한 입체도는?

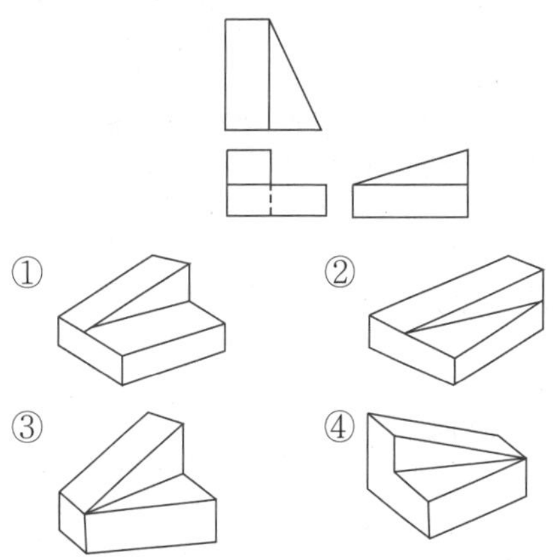

해설
물체를 위에서 바라본 형상인 평면도의 외곽선의 형상을 확인함으로써 정답을 ②, ④번으로 압축할 수 있다. 그리고 우측면도의 형상이 왼쪽에서 오른쪽으로 올라가는 형상을 확인하면 정답이 ②번임을 알 수 있다.

55 동일 장소에서 선이 겹칠 경우 나타내야 할 선의 우선순위를 옳게 나타낸 것은?

① 외형선 > 중심선 > 숨은선 > 치수보조선
② 외형선 > 치수보조선 > 중심선 > 숨은선
③ 외형선 > 숨은선 > 중심선 > 치수보조선
④ 외형선 > 중심선 > 치수보조선 > 숨은선

저자쌤의 핵직강

두 종류 이상의 선이 중복되는 경우 선의 우선순위
숫자나 문자 > 외형선 > 숨은선 > 절단선 > 중심선 > 무게 중심선 > 치수 보조선

56 일반적인 판금 전개도의 전개법이 아닌 것은?

① 다각전개법
② 평행선법
③ 방사선법
④ 삼각형법

저자쌤의 핵직강

전개도법의 종류

종 류	의 미
평행선법	삼각기둥, 사각기둥과 같은 여러 가지의 각기둥과 원기둥을 평행하게 전개하여 그리는 방법
방사선법	삼각뿔, 사각뿔 등의 각뿔과 원뿔을 꼭지점을 기준으로 부채꼴로 펼쳐서 전개도를 그리는 방법
삼각형법	꼭지점이 먼 각뿔, 원뿔 등을 해당 면을 삼각형으로 분할하여 전개도를 그리는 방법

해설
① 판금의 전개도법에 다각전개법이란 없다.

57 다음 냉동 장치의 배관 도면에서 팽창 밸브는?

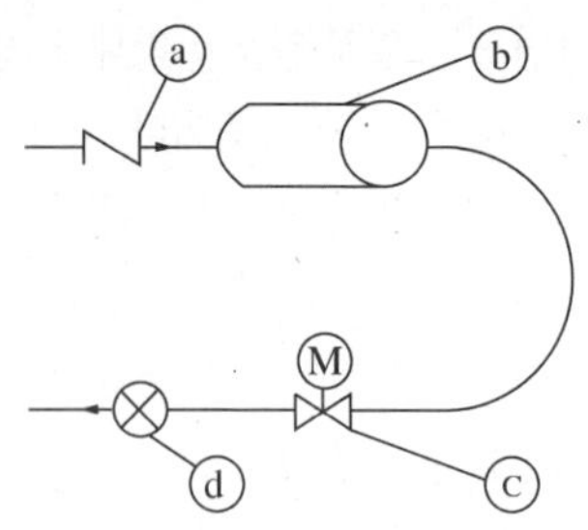

① ⓐ　　② ⓑ
③ ⓒ　　④ ⓓ

해설
④ 팽창밸브
① 체크밸브
② 건조기
③ 전동밸브(전자밸브)

58 다음 중 치수 보조기호로 사용되지 않는 것은?

① π　　② Sϕ
③ R　　④ □

저자쌤의 핵직강

치수 보조 기호의 종류

기 호	구 분	기 호	구 분
ϕ	지 름	p	피 치
Sϕ	구의 지름	$\frown$50	호의 길이
R	반지름	<u>50</u>	비례척도가 아닌 치수
SR	구의 반지름	[50]	이론적으로 정확한 치수
□	정사각형	(50)	참고 치수
C	45° 모따기	~~50~~	치수의 취소 (수정 시 사용)
t	두 께		

55 ③ 56 ① 57 ④ 58 ① 정답

59 3각법으로 그린 투상도 중 잘못된 투상이 있는 것은?

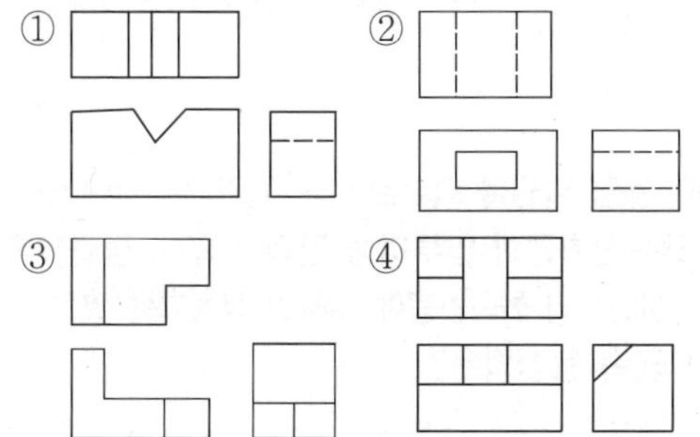

해설

투상도는 다양하게 해석이 가능하나, ④번의 경우, 우측면도와 평면도를 기준으로 보았을 때, 정면도는 다음과 같은 형상을 나타내어야 한다.

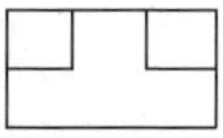

60 다음 중 열간 압연 강판 및 강대에 해당하는 재료 기호는?

① SPCC ② SPHC

③ STS ④ SPB

해설

② SPHC : 열간압연 강판 및 강대
① SPCC : 냉간압연 강판 및 강대(일반용)
③ STS : 합금공구강(절삭공구용)
④ SPB : 주석도금강판

정답 59 ④ 60 ②

2016년도 제1회 **기출문제**

용접기능사 Craftsman Welding/Inert Gas Arc Welding

01 지름이 10cm인 단면에 8,000kgf의 힘이 작용할 때 발생하는 응력은 약 몇 kgf/cm²인가?

① 89　　② 102
③ 121　　④ 158

해설

$$\sigma = \frac{F}{\frac{\pi d^2}{4}} = \frac{8{,}000\text{kgf}}{\frac{\pi \times 100\text{cm}^2}{4}} = 101.85\,\text{kgf/cm}^2$$

02 화재의 분류 중 C급 화재에 속하는 것은?

① 전기 화재　　② 금속 화재
③ 가스 화재　　④ 일반 화재

저자쌤의 핵직강

화재의 종류

분류	명칭
A급 화재	일반(보통) 화재
B급 화재	유류 및 가스화재
C급 화재	전기 화재
D급 화재	금속 화재

03 다음 중 귀마개를 착용하고 작업하면 안 되는 작업자는?

① 조선소의 용접 및 취부작업자
② 자동차 조립공장의 조립작업자
③ 강재 하역장의 크레인 신호자
④ 판금작업장의 타출 판금작업자

해설
강재 하역장의 크레인 신호자는 크레인 작동 기사와의 신호로 호루라기를 사용하기 때문에 귀마개를 착용하면 안 된다.

04 용접 열원을 외부로부터 공급받는 것이 아니라, 금속산화물과 알루미늄 간의 분말에 점화제를 넣어 점화제의 화학반응에 의하여 생성되는 열을 이용한 금속 용접법은?

① 일렉트로 슬래그 용접
② 전자 빔 용접
③ 테르밋 용접
④ 저항 용접

해설
③ 테르밋 용접 : 금속 산화물과 알루미늄이 반응하여 열과 슬래그를 발생시키는 테르밋 반응을 이용하는 용접법이다.

05 용접 작업 시 전격 방지대책으로 틀린 것은?

① 절연홀더의 절연부분이 노출, 파손되면 보수하거나 교체한다.
② 홀더나 용접봉은 맨손으로 취급한다.
③ 용접기의 내부에 함부로 손을 대지 않는다.
④ 땀, 물 등에 의한 습기 찬 작업복, 장갑, 구두 등을 착용하지 않는다.

해설
전격을 방지하려면 홀더나 용접봉을 절대 맨손으로 취급하면 안 되며 절연성의 용접 장갑을 반드시 착용해야 한다.

06 서브머지드 아크 용접봉 와이어 표면에 구리를 도금한 이유는?

① 접촉 팁과의 전기 접촉을 원활히 한다.
② 용접 시간이 짧고 변형을 적게 한다.
③ 슬래그 이탈성을 좋게 한다.
④ 용융 금속의 이행을 촉진시킨다.

해설
서브머지드 아크 용접(SAW)은 용접봉 역할을 하는 Wire와 모재 사이의 전기전도율이 용접품질에 큰 영향을 미치기 때문에 Wire와 접촉 팁 사이의 전기전도율 향상을 위해 구리(Cu)를 Wire 표면에 도금한다.

1 ② 2 ① 3 ③ 4 ③ 5 ② 6 ① **정답**

07 기계적 접합으로 볼 수 없는 것은?

① 볼트 이음
② 리벳 이음
③ 접어 잇기
④ 압 접

해설
압접은 용접법의 일종으로 야금적 접합법에 속한다.

08 플래시 용접(Flash Welding)법의 특징으로 틀린 것은?

① 가열 범위가 좁고 열영향부가 작으며 용접속도가 빠르다.
② 용접면에 산화물의 개입이 적다.
③ 종류가 다른 재료의 용접이 가능하다.
④ 용접면의 끝맺음 가공이 정확하여야 한다.

저자쌤의 핵직강

플래시 용접의 특징
- 용접면에 산화물의 개입이 적다.
- 가열 범위가 좁고 열영향부가 작다.
- 종류가 다른 재료의 용접이 가능하다.
- 용접면의 끝맺음 가공이 정확하지 않아도 된다.
- 열이 능률적으로 집중 발생하므로 용접속도가 빠르다.

해설
플래시 용접(플래시 버트 용접)은 용접면의 끝맺음 가공이 정확하지 않아도 된다.

09 서브머지드 아크 용접부의 결함으로 가장 거리가 먼 것은?

① 기 공　　② 균 열
③ 언더컷　　④ 용 착

해설
서브머지드 아크 용접은 자동 용접법의 일종이므로 용착불량이 발생하기 어렵다.

10 다음이 설명하고 있는 현상은?

> 알루미늄 용접에서는 사용 전류에 한계가 있어 용접 전류가 어느 정도 이상이 되면 청정 작용이 일어나지 않아 산화가 심하게 생기며 아크 길이가 불안정하게 변동되어 비드 표면이 거칠게 주름이 생기는 현상

① 번백(Burn Back)　② 퍼커링(Puckering)
③ 버터링(Buttering)　④ 멜트 백킹(Melt Backing)

11 CO_2 가스 아크 용접 결함에 있어서 다공성이란 무엇을 의미하는가?

① 질소, 수소, 일산화탄소 등에 의한 기공을 말한다.
② 와이어 선단부에 용적이 붙어 있는 것을 말한다.
③ 스패터가 발생하여 비드의 외관에 붙어있는 것을 말한다.
④ 노즐과 모재 간 거리가 지나치게 작아서 와이어 송급 불량을 의미한다.

해설
다공성이란 금속 중에 기공(Blow Hole)이나 피트(Pit)가 발생하기 쉬운 성질을 말하는데 이 불량은 질소, 수소, 일산화탄소에 의해 발생된다. 이 불량을 방지하기 위해서는 용융강 중에 산화철(FeO)을 적당히 감소시켜야 한다.

12 아크 쏠림의 방지대책에 관한 설명으로 틀린 것은?

① 교류용접으로 하지 말고 직류용접으로 한다.
② 용접부가 긴 경우는 후퇴법으로 용접한다.
③ 아크 길이는 짧게 한다.
④ 접지부를 될 수 있는 대로 용접부에서 멀리 한다.

저자쌤의 핵직강

아크 쏠림 방지대책
- 교류용접기를 사용한다.
- 아크 길이는 최대한 짧게 유지한다.
- 접지부를 용접부에서 최대한 멀리 한다.
- 용접부가 긴 경우는 가용접 후 후진법(후퇴 용접법)을 사용한다.

해설
아크 쏠림을 방지하기 위해서는 교류용접기를 사용해야 한다.

정답 7 ④　8 ④　9 ④　10 ②　11 ①　12 ①

13 박판의 스테인리스강의 좁은 홈의 용접에서 아크 교란 상태가 발생할 때 적합한 용접방법은?

① 고주파 펄스 티그 용접
② 고주파 펄스 미그 용접
③ 고주파 펄스 일렉트로 슬래그 용접
④ 고주파 펄스 이산화탄소 아크 용접

해설
박판의 스테인리스강의 좁은 홈을 용접할 때 아크 교란(아크 쏠림) 상태가 발생하면 고주파 펄스의 티그(Tig) 용접을 실시한다.

14 현미경 시험을 하기 위해 사용되는 부식제 중 철강용에 해당되는 것은?

① 왕 수 ② 염화제2철용액
③ 피크르산 ④ 플루오린화 수소액

해설
철강용 부식제로는 피크린산 용액을 사용한다.

15 용접 자동화의 장점을 설명한 것으로 틀린 것은?

① 생산성 증가 및 품질을 향상시킨다.
② 용접조건에 따른 공정을 늘일 수 있다.
③ 일정한 전류값을 유지할 수 있다.
④ 용접와이어의 손실을 줄일 수 있다.

해설
용접 자동화는 용접 조건이 다소 달라도 공정의 수를 줄일 수 있다는 장점이 있다.

16 용접부의 연성결함을 조사하기 위하여 사용되는 시험법은?

① 브리넬 시험 ② 비커스 시험
③ 굽힘 시험 ④ 충격 시험

해설
③ 굽힘 시험 : 용접부의 연성결함 여부를 조사하기 위한 시험법으로 용접부를 U자 모양으로 굽힌다.

17 서브머지드 아크 용접에 관한 설명으로 틀린 것은?

① 아크발생을 쉽게 하기 위하여 스틸 울(Steel Wool)을 사용한다.
② 용융속도와 용착속도가 빠르다.
③ 홈의 개선각을 크게 하여 용접효율을 높인다.
④ 유해 광선이나 흄(Fume) 등이 적게 발생한다.

해설
서브머지드 아크 용접뿐만 아니라 다른 용접방법들 역시 홈의 개선각을 크게 하면 용접효율이 낮아진다.

18 가용접에 대한 설명으로 틀린 것은?

① 가용접 시에는 본 용접보다도 지름이 큰 용접봉을 사용하는 것이 좋다.
② 가용접은 본 용접과 비슷한 기량을 가진 용접사에 의해 실시되어야 한다.
③ 강도상 중요한 곳과 용접의 시점 및 종점이 되는 끝부분은 가용접을 피한다.
④ 가용접은 본 용접을 실시하기 전에 좌우의 홈 또는 이음부분을 고정하기 위한 짧은 용접이다.

해설
가용접은 용접 전 용접물들을 단순히 고정시키기 위한 것이므로, 본 용접 시보다 지름이 작은 용접봉을 사용한다.

19 용접 이음의 종류가 아닌 것은?

① 겹치기 이음 ② 모서리 이음
③ 라운드 이음 ④ T형 필릿 이음

해설
라운드 이음은 용접 이음의 종류에 속하지 않는다.

20 플라스마 아크 용접의 특징으로 틀린 것은?

① 용접부의 기계적 성질이 좋으며 변형도 적다.
② 용입이 깊고 비드 폭이 좁으며 용접속도가 빠르다.
③ 단층으로 용접할 수 있으므로 능률적이다.
④ 설비비가 적게 들고 무부하 전압이 낮다.

13 ① 14 ③ 15 ② 16 ③ 17 ③ 18 ① 19 ③ 20 ④ **정답**

해설

플라스마 아크 용접은 무부하 전압이 일반 아크 용접보다 2~5배 더 높은데 이 무부하 전압이 높으면 그 만큼 감전의 위험이 더 커지므로 이는 단점에 해당한다.

21 용접 자세를 나타내는 기호가 틀리게 짝지어진 것은?

① 위보기 자세 : O ② 수직 자세 : V
③ 아래보기 자세 : U ④ 수평 자세 : H

해설

아래보기 자세는 F를 기호로 사용한다.

22 이산화탄소 아크 용접의 보호가스 설비에서 저전류 영역의 가스 유량은 약 몇 L/min 정도가 가장 적당한가?

① 1~5 ② 6~9
③ 10~15 ④ 20~25

23 가스 용접의 특징으로 틀린 것은?

① 응용범위가 넓으며 운반이 편리하다.
② 전원 설비가 없는 곳에서도 쉽게 설치할 수 있다.
③ 아크 용접에 비해서 유해 광선의 발생이 적다.
④ 열집중성이 좋아 효율적인 용접이 가능하여 신뢰성이 높다.

저자쌤의 핵직강

가스용접의 장점 및 단점

장 점	• 운반이 편리하고 설비비가 싸다. • 전원이 없는 곳에 쉽게 설치할 수 있다. • 아크 용접에 비해 유해 광선의 피해가 적다.
단 점	열의 집중성이 나빠서 효율적인 용접이 어려우며 가열 범위가 커서 용접 변형이 크고 일반적으로 용접부의 신뢰성이 적다.

해설

가스 용접은 열의 집중성이 나빠서 효율적인 용접이 어려우며 가열 범위가 커서 용접 변형이 크다는 단점이 있다.

24 규격이 AW300인 교류 아크 용접기의 정격 2차 전류 조정 범위는?

① 0~300A ② 20~220A
③ 60~330A ④ 120~430A

해설

정격 2차 전류의 조정 범위는 20~110%이다. 따라서, AW300의 정격 2차 전류값은 300A이므로 전류 조정 범위는 60~330A가 된다.

25 아세틸렌가스의 성질 중 15℃ 1기압에서의 아세틸렌 1L의 무게는 약 몇 g인가?

① 0.151 ② 1.176
③ 3.143 ④ 5.117

해설

아세틸렌가스 1L의 무게는 1.176g이다.

26 가스 용접에서의 모재의 두께가 6mm일 때 사용되는 용접봉의 직경은 얼마인가?

① 1mm ② 4mm
③ 7mm ④ 9mm

27 피복 아크 용접 시 아크열에 의하여 용접봉과 모재가 녹아서 용착금속이 만들어지는데 이때 모재가 녹은 깊이를 무엇이라 하는가?

① 용융지 ② 용 입
③ 슬래그 ④ 용 적

28 직류 아크 용접기로 두께가 15mm이고, 길이가 5m인 고장력 강판을 용접하는 도중에 아크가 용접봉 방향에서 한쪽으로 쏠렸다. 다음 중 이러한 현상을 방지하는 방법이 아닌 것은?

① 이음의 처음과 끝에 엔드 탭을 이용한다.
② 용량이 더 큰 직류용접기로 교체한다.
③ 용접부가 긴 경우에는 후퇴 용접법으로 한다.
④ 용접봉 끝을 아크쏠림 반대방향으로 기울인다.

정답 21 ③ 22 ③ 23 ④ 24 ③ 25 ② 26 ② 27 ② 28 ②

해설

아크가 용접봉의 진행 방향에서 한쪽으로 쏠렸다면 이는 아크 쏠림이 발생한 것으로, 이 아크 쏠림을 방지하기 위해서는 교류용 접기를 사용해야 한다.

29 강재 표면의 홈이나 개재물, 탈탄층 등을 제거하기 위해 얇고, 타원형 모양으로 표면을 깎아내는 가공법은?

① 가스 가우징　② 너 깃
③ 스카핑　④ 아크 에어 가우징

해설

③ 스카핑(Scarfing)이란 강괴나 강편, 강재 표면의 홈이나 개재물, 탈탄층 등을 제거하기 위한 불꽃가공으로, 가능한 얇으면서 타원형의 모양으로 표면을 깎아내는 가공법이다.

30 가스용기를 취합할 때의 주의사항으로 틀린 것은?

① 가스용기의 이동 시는 밸브를 잠근다.
② 가스용기에 진동이나 충격을 가하지 않는다.
③ 가스용기의 저장은 환기가 잘되는 장소에서 한다.
④ 가연성 가스용기는 눕혀서 보관한다.

해설

가스용기는 가연성이든 불연성이든 모두 세워서 보관해야 한다.

31 피복 아크 용접봉은 금속심선의 겉에 피복제를 발라서 말린 것으로 한쪽 끝은 홀더에 물려 전류를 통할 수 있도록 심선길이의 얼마만큼을 피복하지 않고 남겨 두는가?

① 3mm　② 10mm
③ 15mm　④ 25mm

32 다음 중 두꺼운 강판, 주철, 강괴 등의 절단에 이용되는 절단법은?

① 산소창 절단　② 수중 절단
③ 분말 절단　④ 포갬 절단

해설

① 산소창 절단 : 가늘고 긴 강관(안지름 3.2~6mm, 길이 1.5~3m)을 사용해서 절단 산소를 큰 강괴의 중심부에 분출시켜 창으로 불리는 강관 자체가 함께 연소되면서 절단하는 방법으로 주로 두꺼운 강판이나 주철, 강괴 등의 절단에 사용된다.

33 피복 배합제의 성분 중 탈산제로 사용되지 않는 것은?

① 규소철　② 망간철
③ 알루미늄　④ 유 황

34 고셀룰로오스계 용접봉은 셀룰로오스를 몇 % 정도 포함하고 있는가?

① 0~5　② 6~15
③ 20~30　④ 30~40

해설

고셀룰로오스계 용접봉은 피복제에 가스 발생제인 셀룰로오스(유기물)를 20~30% 정도를 포함한다.

35 용접법의 분류 중 압접에 해당하는 것은?

① 테르밋 용접
② 전자 빔 용접
③ 유도가열 용접
④ 탄산가스 아크 용접

해설

가열식 저항 용접(유도가열 용접)은 압접에 속한다. 테르밋 용접과 전자 빔 용접, 탄산가스 아크 용접(CO_2 용접)은 융접에 속한다.

36 피복 아크 용접에서 일반적으로 가장 많이 사용되는 차광유리의 차광도 번호는?

① 4~5　② 7~8
③ 10~11　④ 14~15

29 ③　30 ④　31 ④　32 ①　33 ④　34 ③　35 ③　36 ③ 정답

37 가스 절단에 이용되는 프로판가스와 아세틸렌가스를 비교하였을 때 프로판가스의 특징으로 틀린 것은?

① 절단면이 미세하며 깨끗하다.
② 포갬 절단 속도가 아세틸렌보다 느리다.
③ 절단 상부 기슭이 녹은 것이 적다.
④ 슬래그의 제거가 쉽다.

해설
산소-프로판 가스의 포갬 절단 속도는 아세틸렌가스 절단보다 빠르다.
※ 포갬절단 : 판과 판 사이의 틈새를 0.1mm 이상으로 포개어 압착시킨 후 절단하는 방법

38 교류 아크 용접기의 종류에 속하지 않는 것은?

① 가동코일형　② 탭전환형
③ 정류기형　④ 가포화 리액터형

39 Mg 및 Mg 합금의 성질에 대한 설명으로 옳은 것은?

① Mg의 열전도율은 Cu와 Al보다 높다.
② Mg의 전기전도율은 Cu와 Al보다 높다.
③ Mg 합금보다 Al합금의 비강도가 우수하다.
④ Mg은 알칼리에 잘 견디나, 산이나 염수에는 침식된다.

해설
④ Mg은 산이나 염류(바닷물)에 침식되기 쉽다.
① Mg의 열전도율은 Cu와 Al보다 낮다.
② Mg의 전기전도율은 Cu와 Al보다 낮다.
③ Mg은 Al에 비해 약 35% 가볍기 때문에 비강도가 더 크다.

40 금속 간 화합물의 특징을 설명한 것 중 옳은 것은?

① 어느 성분 금속보다 용융점이 낮다.
② 어느 성분 금속보다 경도가 낮다.
③ 일반 화합물에 비하여 결합력이 약하다.
④ Fe_3C는 금속 간 화합물에 해당되지 않는다.

해설
금속 간 화합물이란 성분이 다른 두 종류 이상의 원소가 간단한 원자비로 결합한 것으로 일반 화합물에 비해서는 결합력이 약하다.

41 니켈-크롬 합금 중 사용한도가 1,000℃까지 측정할 수 있는 합금은?

① 망가닌　② 우드메탈
③ 배빗메탈　④ 크로멜-알루멜

해설
크로멜-알루멜 재질은 70~1,000℃의 범위에서 주로 사용하며, 최대 1,400℃까지 측정할 수 있다.

42 주철에 대한 설명으로 틀린 것은?

① 인장강도에 비해 압축강도가 높다.
② 회주철은 편상 흑연이 있어 감쇠능이 좋다.
③ 주철 절삭 시에는 절삭유를 사용하지 않는다.
④ 액상일 때 유동성이 나쁘며, 충격 저항이 크다.

해설
주철은 취성이 커서 충격 저항에 약하다.

43 철에 Al, Ni, Co를 첨가한 합금으로 잔류 자속 밀도가 크고 보자력이 우수한 자성 재료는?

① 퍼멀로이　② 센더스트
③ 알니코 자석　④ 페라이트 자석

44 물과 얼음, 수증기가 평형을 이루는 3중점 상태에서의 자유도는?

① 0　② 1
③ 2　④ 3

해설
물과 얼음, 수증기의 3중점에서의 자유도는 0이다.

45 황동의 종류 중 순 Cu와 같이 연하고 코이닝하기 쉬우므로 동전이나 메달 등에 사용되는 합금은?

① 95% Cu-5% Zn 합금
② 70% Cu-30% Zn 합금
③ 60% Cu-40% Zn 합금
④ 50% Cu-50% Zn 합금

정답 37 ② 38 ③ 39 ④ 40 ③ 41 ④ 42 ④ 43 ③ 44 ① 45 ①

해설
톰백은 95%의 Cu에 Zn이 5% 정도 합금된 재료로 코이닝과 같은 냉간가공이 쉽게 되어 메달이나 동전용 재료로 사용된다.

46 금속재료의 표면에 강이나 주철의 작은 입자(ϕ0.5~1.0mm)를 고속으로 분사시켜, 표면의 경도를 높이는 방법은?

① 침탄법 ② 질화법
③ 폴리싱 ④ 숏 피닝

해설
④ 숏 피닝 : 강이나 주철제의 작은 강구(볼)를 금속표면에 고속으로 분사하여 표면층을 냉간가공에 의한 가공경화 효과로 경화시키면서 압축 잔류응력을 부여하여 금속부품의 피로수명을 향상시키는 표면경화법이다.

47 탄소강은 200~300℃에서 연신율과 단면 수축률이 상온보다 저하되어 단단하고 깨지기 쉬우며, 강의 표면이 산화되는 현상은?

① 적열메짐 ② 상온메짐
③ 청열메짐 ④ 저온메짐

48 강에 S, Pb 등의 특수 원소를 첨가하여 절삭할 때 칩을 잘게 하고 피삭성을 좋게 만든 강은 무엇인가?

① 불변강 ② 쾌삭강
③ 베어링강 ④ 스프링강

해설
쾌삭강은 강을 절삭할 때 Chip을 짧게 하고 절삭성을 좋게 하기 위해 황이나 납 등의 특수원소를 첨가한 강으로 일반 탄소강보다 인(P), 황(S)의 함유량을 많게 하거나 납(Pb), 셀레늄(Se), 지르코늄(Zr) 등을 첨가하여 제조한 강이다.

49 주위의 온도 변화에 따라 선팽창 계수나 탄성률 등의 특정한 성질이 변하지 않는 불변강이 아닌 것은?

① 인 바 ② 엘린바
③ 코엘린바 ④ 스텔라이트

해설
스텔라이트는 주조경질합금의 일종이다.

50 Al의 비중과 용융점(℃)은 약 얼마인가?

① 2.7, 660℃ ② 4.5, 390℃
③ 8.9, 220℃ ④ 10.5, 450℃

51 기계제도에서 물체의 보이지 않는 부분의 형상을 나타내는 선은?

① 외형선 ② 가상선
③ 절단선 ④ 숨은선

52 그림과 같은 입체도의 화살표 방향을 정면도로 표현할 때 실제와 동일한 형상으로 표시되는 면을 모두 고른 것은?

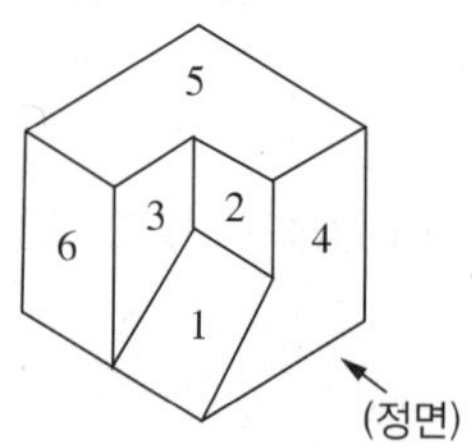

① 3과 4 ② 4와 6
③ 2와 6 ④ 1과 5

해설
화살표 방향을 정면도로 도면에 표시하면 3, 4번의 면만 정상적으로 도시된다.

53 다음 중 한쪽 단면도를 올바르게 도시한 것은?

①
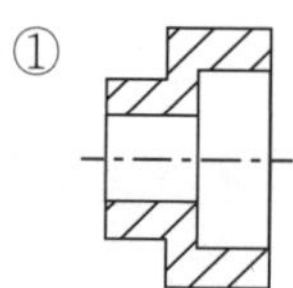
②
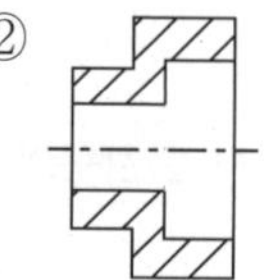
③
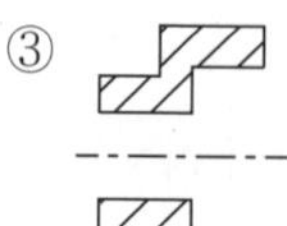
④
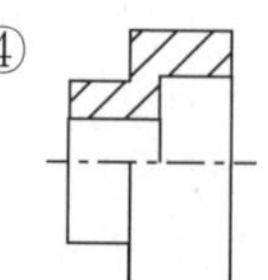

46 ④ 47 ③ 48 ② 49 ④ 50 ① 51 ④ 52 ① 53 ④ **정답**

54 다음 재료 기호 중 용접구조용 압연강재에 속하는 것은?

① SPPS 380 ② SPCC
③ SCW 450 ④ SM400C

55 그림의 도면에서 X의 거리는?

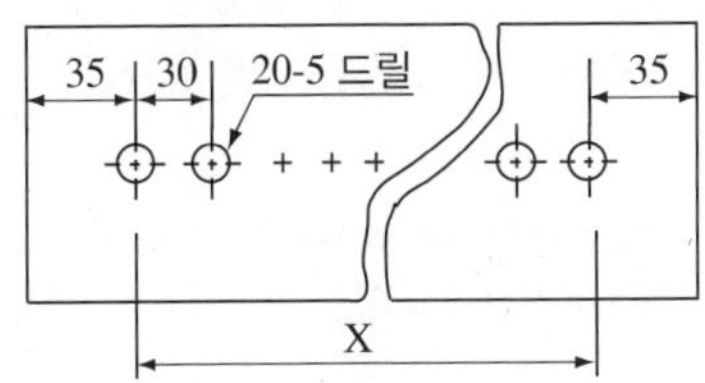

① 510mm ② 570mm
③ 600mm ④ 630mm

56 다음 치수 중 참고 치수를 나타내는 것은?

① (50) ② □50
③ 50 ④ 50

57 주 투상도를 나타내는 방법에 관한 설명으로 옳지 않은 것은?

① 조립도 등 주로 기능을 나타내는 도면에서는 대상물을 사용하는 상태로 표시한다.
② 주 투상도를 보충하는 다른 투상도는 되도록 작게 표시한다.
③ 특별한 이유가 없을 경우, 대상물을 세로 길이로 놓은 상태로 표시한다.
④ 부품도 등 가공하기 위한 도면에서는 가공에 있어서 도면을 가장 많이 이용하는 공정에서 대상물을 놓은 상태로 표시한다.

해설
도면에는 특별한 이유가 없을 경우 대상물을 안전한 상태로 표시해야 한다. 따라서, 길이가 긴 가로 방향으로 표시한다.

58 그림에서 나타난 용접기호의 의미는?

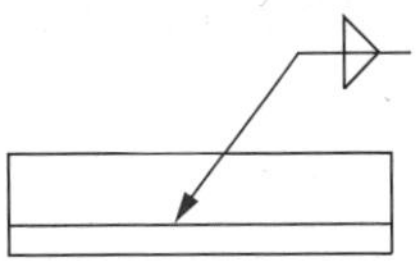

① 플래어 K형 용접 ② 양쪽 필릿 용접
③ 플러그 용접 ④ 프로젝션 용접

59 그림과 같은 배관 도면에서 도시기호 S는 어떤 유체를 나타내는 것인가?

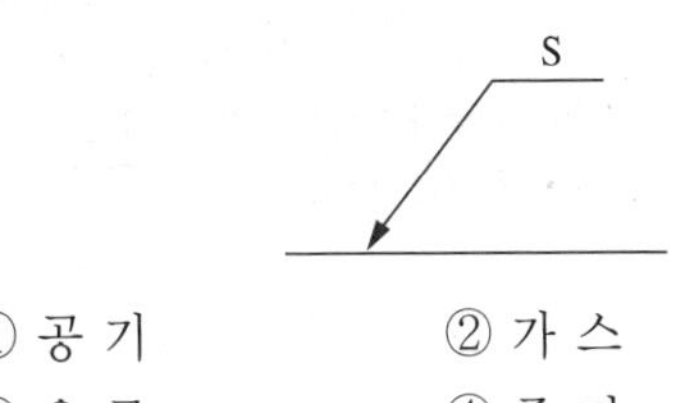

① 공 기 ② 가 스
③ 유 류 ④ 증 기

해설
관에 흐르는 유체 중에서 수증기는 S를 기호로 표시한다.

60 그림의 입체도에서 화살표 방향을 정면으로 하여 제3각법으로 그린 정투상도는?

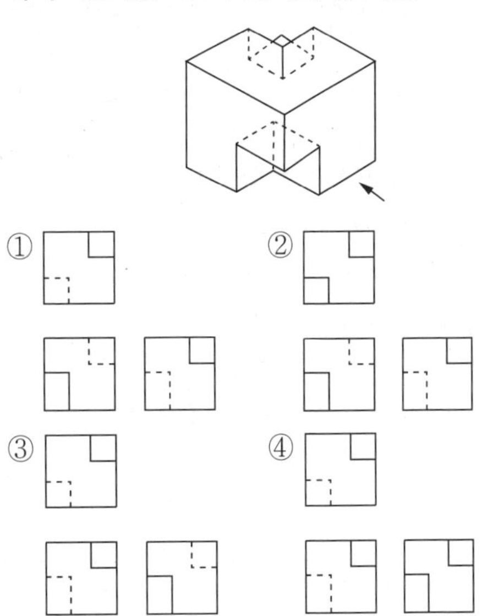

정답 54 ④ 55 ② 56 ① 57 ③ 58 ② 59 ④ 60 ①

2016년도 제2회 기출문제

용접기능사 Craftsman Welding/Inert Gas Arc Welding

01 플라스마 아크 용접장치에서 아크 플라스마의 냉각가스로 쓰이는 것은?

① 아르곤과 수소의 혼합가스
② 아르곤과 산소의 혼합가스
③ 아르곤과 메탄의 혼합가스
④ 아르곤과 프로판의 혼합가스

해설
플라스마 아크 용접에서 아크 플라스마의 냉각가스로는 Ar(아르곤)과 H_2(수소)의 혼합가스가 사용된다.

02 용접 설계상 주의사항으로 틀린 것은?

① 용접에 적합한 설계를 할 것
② 구조상 노치부가 생성되게 할 것
③ 결함이 생기기 쉬운 용접방법은 피할 것
④ 용접이음이 한 곳으로 집중되지 않도록 할 것

해설
노치란 모재의 한쪽 면에 흠집이 있는 것을 말하는데, 용접부에 노치가 있으면 응력이 집중되어 Crack이 발생하기 쉽다.

03 전자 빔 용접의 특징으로 틀린 것은?

① 정밀 용접이 가능하다.
② 용접부의 열영향부가 크고 설비비가 적게 든다.
③ 용입이 깊어 다층용접도 단층용접으로 완성할 수 있다.
④ 유해가스에 의한 오염이 적고 높은 순도의 용접이 가능하다.

해설
전자 빔 용접은 용접부가 작아서 입열량도 적으므로 열영향부(HAZ) 역시 작아진다. 그리고 용접 변형이 적고 정밀 용접이 가능하나 설비비가 많이 든다.

04 서브머지드 아크 용접에서 사용하는 용제 중 흡습성이 가장 작은 것은?

① 용융형 ② 혼성형
③ 고온소결형 ④ 저온소결형

해설
서브머지드 아크 용접(SAW)용 용제 중 흡습성이 가장 작은 것은 용융형 용제이고 흡습성이 가장 큰 것은 소결형 용제이다.

05 용접제품을 조립하다가 V홈 맞대기 이음 홈의 간격이 5mm 정도 벌어졌을 때 홈의 보수 및 용접방법으로 가장 적합한 것은?

① 그대로 용접한다.
② 뒷댐판을 대고 용접한다.
③ 덧살올림 용접 후 가공하여 규정 간격을 맞춘다.
④ 치수에 맞는 재료로 교환하여 로트 간격을 맞춘다.

해설
V형 홈 맞대기 이음의 홈 간격이 5mm 정도로 작게 벌어졌을 경우에는 덧살올림 용접을 한 후 Grinding 작업으로 규정 간격을 맞춘다.

06 다음 중 서브머지드 아크 용접의 다른 명칭이 아닌 것은?

① 잠호 용접
② 헬리 아크 용접
③ 유니언 멜트 용접
④ 불가시 아크 용접

해설
서브머지드 아크 용접(SAW)은 아크가 플럭스 속에서 발생되므로 용접부가 눈에 보이지 않아 불가시 아크 용접, 잠호 용접, 유니언 멜트 용접이라고 불린다. 그러나 헬리 아크 용접은 TIG 용접의 상품명이다.

1 ① 2 ② 3 ② 4 ① 5 ③ 6 ② 정답

07 납땜에 사용되는 용제가 갖추어야 할 조건으로 틀린 것은?

① 청정한 금속면의 산화를 방지할 것
② 납땜 후 슬래그의 제거가 용이할 것
③ 모재나 땜납에 대한 부식 작용이 최소한일 것
④ 전기 저항 납땜에 사용되는 것은 부도체일 것

해설
전기 저항 납땜에 사용되는 용제는 반드시 도체 성질을 가져야 한다.

08 피복아크 용접 작업 시 감전으로 인한 재해의 원인으로 틀린 것은?

① 1차 측과 2차 측 케이블의 피복 손상부에 접촉되었을 경우
② 피용접물에 붙어 있는 용접봉을 떼려다 몸에 접촉되었을 경우
③ 용접기기의 보수 중에 입출력 단자가 절연된 곳에 접촉되었을 경우
④ 용접 작업 중 홀더에 용접봉을 물릴 때나 홀더가 신체에 접촉되었을 경우

해설
입출력 단자에 절연처리가 되어 있으면 사람에게 감전될 가능성이 적기 때문에 재해의 원인이 되지 않는다.

09 샤르피식의 시험기를 사용하는 시험방법은?

① 경도시험 ② 인장시험
③ 피로시험 ④ 충격시험

10 용접결함에서 언더컷이 발생하는 조건이 아닌 것은?

① 전류가 너무 낮을 때
② 아크 길이가 너무 길 때
③ 부적당한 용접봉을 사용할 때
④ 용접속도가 적당하지 않을 때

해설
언더컷 불량은 용접 전류(A)가 너무 높아서 모재에 주는 아크열이 커짐으로 인해 모재가 움푹 파이는 현상이다. 따라서 언더컷 불량을 줄이기 위해서는 아크 전류(A)를 적절하게 설정해야 한다.

11 한 부분의 몇 층을 용접하다가 이것을 다음 부분의 층으로 연속시켜 전체 모양이 계단 형태를 이루는 용착법은?

① 스킵법
② 덧살올림법
③ 전진블록법
④ 캐스케이드법

12 맞대기 용접이음에서 판 두께가 9mm, 용접선 길이가 120mm, 하중이 7,560N일 때, 인장응력은 몇 N/mm^{2}인가?

① 5 ② 6
③ 7 ④ 8

13 용접이음부에 예열하는 목적을 설명한 것으로 틀린 것은?

① 수소의 방출을 용이하게 하여 저온균열을 방지한다.
② 모재의 열영향부와 용착금속의 연화를 방지하고, 경화를 증가시킨다.
③ 용접부의 기계적 성질을 향상시키고, 경화조직의 석출을 방지시킨다.
④ 온도분포가 완만하게 되어 열응력의 감소로 변형과 잔류응력의 발생을 적게 한다.

해설
용접부를 예열하는 목적은 용접 시 발생하는 용접열에 의한 재료의 갑작스런 팽창과 수축에 의한 변형 방지와 잔류응력 제거에 있으므로 용접 예열은 오히려 용접부를 경화시키는 것보다 연화시키는 역할을 한다. 따라서 ②번은 틀린 표현이다.

정답 7 ④ 8 ③ 9 ④ 10 ① 11 ④ 12 ③ 13 ②

14 보기에서 설명하는 서브머지드 아크 용접에 사용되는 용제는?

- 화학적 균일성이 양호하다.
- 반복 사용성이 좋다.
- 비드 외관이 아름답다.
- 용접 전류에 따라 입자의 크기가 다른 용제를 사용해야 한다.

① 소결형　　② 혼성형
③ 혼합형　　④ 용융형

해설
서브머지드 아크 용접(SAW)에 사용되는 용제는 용융형 용제와 소결형 용제로 나뉘는데, 용융형 용제는 용접 전류에 따라 입자의 크기가 다른 용제를 사용해야 한다. 작은 전류에는 입도가 큰 거친 입자를, 큰 전류에는 입도가 작은 미세한 입자를 사용한다.

15 다음 중 초음파탐상법의 종류가 아닌 것은?

① 극간법　　② 공진법
③ 투과법　　④ 펄스반사법

저자쌤의 핵직강

초음파탐상법의 종류
- 공진법 : 시험체에 가해진 초음파의 진동수와 시험체의 고유진동수가 일치할 때 진동의 진폭이 커지는 현상인 공진을 이용하여 시험체의 두께를 측정하는 방법이다.
- 투과법 : 초음파펄스를 시험체의 한쪽 면에서 송신하고 반대쪽 면에서 수신하는 방법이다.
- 펄스반사법 : 불연속부와 같은 경계면에서는 투과 및 굴절 또는 반사를 하는데 이러한 불연속부에서 반사하는 초음파를 분석하여 검사하는 방법이다.

16 탄산가스 아크 용접의 장점이 아닌 것은?

① 가시 아크이므로 시공이 편리하다.
② 적용되는 재질이 철 계통으로 한정되어 있다.
③ 용착 금속의 기계적 성질 및 금속학적 성질이 우수하다.
④ 전류 밀도가 높아 용입이 깊고 용접 속도를 빠르게 할 수 있다.

저자쌤의 핵직강

CO_2 용접의 특징
- 가시아크로 시공이 편리하다.
- 철 재질의 용접에만 한정된다.
- 용착금속의 강도와 연신율이 크다.
- 용접의 전류밀도가 커서 용입이 깊고 용접속도를 빠르게 할 수 있다.

해설
CO_2 용접(이산화탄소가스 아크 용접)이 철 계통 재질의 용접에만 한정된다는 점은 장점이 아닌 단점에 속한다.

17 산소와 아세틸렌 용기의 취급상 주의사항으로 옳은 것은?

① 직사광선이 잘 드는 곳에 보관한다.
② 아세틸렌병은 안전상 눕혀서 사용한다.
③ 산소병은 40℃ 이하 온도에서 보관한다.
④ 산소병 내에 다른 가스를 혼합해도 상관없다.

해설
가스 용접뿐만 아니라 특수용접 중 보호가스로 사용되는 가스를 담고 있는 용기(봄베, 압력용기)는 안전을 위해 모두 세워서 보관해야 한다.

18 고주파 교류 전원을 사용하여 TIG 용접을 할 때 장점으로 틀린 것은?

① 긴 아크 유지가 용이하다.
② 전극봉의 수명이 길어진다.
③ 비접촉에 의해 용착금속과 전극의 오염을 방지한다.
④ 동일한 전극봉 크기로 사용할 수 있는 전류 범위가 작다.

해설
TIG 용접에서는 아크 안정을 위해 고주파 교류(ACHF)를 전원으로 사용하는데 고주파 교류는 아크 발생이 쉽고 전극의 소모를 줄일 수 있어서 텅스텐봉의 수명이 길어진다.

14 ④ 15 ① 16 ② 17 ③ 18 ④ 정답

19 미세한 알루미늄 분말과 산화철 분말을 혼합하여 과산화바륨과 알루미늄 등의 혼합 분말로 된 점화제를 넣고 연소시켜 그 반응열로 용접하는 방법은?

① MIG 용접 ② 테르밋 용접
③ 전자 빔 용접 ④ 원자 수소 용접

저자쌤의 핵직강

테르밋 용접 : 금속 산화물과 알루미늄이 반응하여 열과 슬래그를 발생시키는 테르밋반응을 이용하는 용접법이다.

20 피복 아크 용접의 필릿 용접에서 루트간격이 4.5mm 이상일 때의 보수 요령은?

① 규정대로의 각장으로 용접한다.
② 두께 6mm 정도의 뒷판을 대서 용접한다.
③ 라이너를 넣든지 부족한 판을 300mm 이상 잘라내서 대체하도록 한다.
④ 그대로 용접하여도 좋으나 넓혀진 만큼 각장을 증가시킬 필요가 있다.

해설

필릿 용접부에서 보수할 간격이 4.5mm 이상일 때는 이상부위를 300mm 정도로 잘라낸 후 새로운 판으로 용접한다.

21 현상제(MgO, $BaCO_3$)를 사용하여 용접부의 표면 결함을 검사하는 방법은?

① 침투탐상법 ② 자분탐상법
③ 초음파탐상법 ④ 방사선투과법

22 CO_2 가스 아크 평면 용접에서 이면 비드의 형성은 물론 뒷면 가우징 및 뒷면 용접을 생략할 수 있고 모재의 중량에 따른 뒤업기(Tun Over) 작업을 생략할 수 있도록 홈 용접부 이면에 부착하는 것은?

① 스캘럽 ② 엔드탭
③ 뒷댐재 ④ 포지셔너

23 사용률이 60%인 교류 아크 용접기를 사용하여 정격전류로 6분 용접하였다면 휴식시간은 얼마인가?

① 2분 ② 3분
③ 4분 ④ 5분

저자쌤의 핵직강

사용률 구하는 식

$$\text{사용률}(\%) = \frac{\text{아크 발생 시간}}{\text{아크 발생 시간} + \text{정지 시간}} \times 100$$

24 용해 아세틸렌 취급 시 주의사항으로 틀린 것은?

① 저장 장소는 통풍이 잘되어야 한다.
② 저장 장소에는 화기를 가까이 하지 말아야 한다.
③ 용기는 진동이나 충격을 가하지 말고 신중히 취급해야 한다.
④ 용기는 아세톤의 유출을 방지하기 위해 눕혀서 보관한다.

해설

가스 및 고압으로 액화된 액체를 담고 있는 용기(봄베)는 안전을 위해 모두 세워서 보관해야 한다.

25 2개의 모재에 압력을 가해 접촉시킨 다음 접촉면에 압력을 주면서 상대운동을 시켜 접촉면에서 발생하는 열을 이용하는 용접법은?

① 가스압접 ② 냉간압접
③ 마찰용접 ④ 열간압접

해설

마찰용접은 2개의 접합물에 압력을 가해 강하게 맞대어 접촉시킨 후 서로 상대운동을 시키면 마찰열이 발생하는데 이 열을 이용하여 접합하는 방법이다.

정답 19 ② 20 ③ 21 ① 22 ③ 23 ③ 24 ④ 25 ③

26 모재의 절단부를 불활성가스로 보호하고 금속 전극에 대전류를 흐르게 하여 절단하는 방법으로 알루미늄과 같이 산화에 강한 금속에 이용되는 절단방법은?

① 산소 절단 ② TIG 절단
③ MIG 절단 ④ 플라스마 절단

해설
MIG 절단
모재의 절단부를 불활성가스로 보호하고 금속전극에 대전류를 흐르게 하여 절단하는 방법으로 알루미늄과 같이 산화에 강한 금속의 절단에 이용한다.

27 아크에서 가우징 작업에 사용되는 압축 공기의 압력으로 적당한 것은?

① 1~3kgf/cm^2 ② 5~7kgf/cm^2
③ 9~12kgf/cm^2 ④ 14~16kgf/cm^2

해설
아크 에어 가우징은 탄소 아크 절단법에 고압(5~7kgf/cm^2)의 압축공기를 병용하는 방법이다.

28 리벳이음과 비교하여 용접이음의 특징을 열거한 것 중 틀린 것은?

① 구조가 복잡하다.
② 이음 효율이 높다.
③ 공정의 수가 절감된다.
④ 유밀, 기밀, 수밀이 우수하다.

해설
용접은 리벳작업에 비해 구조가 단순하다는 장점이 있다.

29 용접법의 분류 중에서 융접에 속하는 것은?

① 심 용접 ② 테르밋 용접
③ 초음파 용접 ④ 플래시 용접

해설
초음파 용접과 심 용접, 플래시 용접은 모두 압접에 속한다.

30 탄소 전극봉 대신 절단 전용의 특수 피복을 입힌 피복봉을 사용하여 절단하는 방법은?

① 금속 아크 절단
② 탄소 아크 절단
③ 아크 에어 가우징
④ 플라스마 제트 절단

해설
① 금속 아크 절단 : 탄소 전극봉 대신 절단 전용의 특수 피복을 입힌 피복봉을 사용하여 절단하는 절단법이다.

31 용접기의 특성 중에서 부하 전류가 증가하면 단자 전압이 저하하는 특성은?

① 수하 특성 ② 상승 특성
③ 정전압 특성 ④ 자기제어 특성

32 기체를 수천℃의 높은 온도로 가열하면 그 속도의 가스 원자가 원자핵과 전자로 분리되어 양(+)과 음(−)이온상태로 된 것을 무엇이라 하는가?

① 전자빔 ② 레이저
③ 테르밋 ④ 플라스마

해설
플라스마
기체를 가열하여 수천℃로 온도가 높아지면 기체의 전자가 심한 열운동에 의해 원자핵과 전자로 분리되어 양(+)이온과 음(−)이온 상태로 되면서 매우 높은 온도와 도전성을 가지는 현상이다.

33 정격 2차 전류가 300A, 정격 사용률이 40%인 아크용접기로 실제 200A 용접 전류를 사용하여 용접하는 경우 전체 시간을 10분으로 하였을 때 다음 중 용접시간과 휴식시간을 올바르게 나타낸 것은?

① 10분 동안 계속 용접한다.
② 5분 용접 후 5분간 휴식한다.
③ 7분 용접 후 3분간 휴식한다.
④ 9분 용접 후 1분간 휴식한다.

26 ③ 27 ② 28 ① 29 ② 30 ① 31 ① 32 ④ 33 ④ 정답

34 산소-아세틸렌 불꽃의 종류가 아닌 것은?

① 중성불꽃　　② 탄화불꽃
③ 산화불꽃　　④ 질화불꽃

해설
산소-아세틸렌가스 불꽃의 종류에 질화불꽃이란 없다.

35 산소 아크 절단에 대한 설명으로 가장 적합한 것은?

① 전원은 직류 역극성이 사용된다.
② 가스 절단에 비하여 절단속도가 느리다.
③ 가스 절단에 비하여 절단면이 매끄럽다.
④ 철강 구조물 해체나 수중 해체 작업에 이용된다.

해설
산소 아크 절단은 철강 구조물 해체나 수중 해체 작업에 사용된다.

36 산소 용기의 윗부분에 각인되어 있는 표시 중, 최고 충전압력의 표시는 무엇인가?

① TP　　② FP
③ WP　　④ LP

37 피복 아크 용접봉의 피복제 작용을 설명한 것 중 틀린 것은?

① 스패터를 많게 하고, 탈탄 정련작용을 한다.
② 용융금속의 용적을 미세화하고, 용착효율을 높인다.
③ 슬래그 제거를 쉽게 하며, 파형이 고운 비드를 만든다.
④ 공기로 인한 산화, 질화 등의 해를 방지하여 용착금속을 보호한다.

저자쌤의 핵직강

피복제(Flux)의 역할
- 스패터의 발생을 줄인다.
- 용착금속의 탈산 정련작용을 한다.
- 용적(쇳물)을 미세화하여 용착효율을 높인다.
- 슬래그 제거를 쉽게 하여 비드의 외관을 좋게 한다.
- 중성 또는 환원성 분위기를 만들어 질화나 산화를 방지하고 용융금속을 보호한다.

해설
피복제는 스패터의 발생을 적게 하고 탈산 정련작용을 한다.

38 다음 중 아크 절단법이 아닌 것은?

① 스카핑　　② 금속 아크 절단
③ 아크 에어 가우징　　④ 플라스마 제트 절단

해설
스카핑은 가스 가공법의 일종으로 아크 절단에 속하지 않는다.

39 형상기억효과를 나타내는 합금이 일으키는 변태는?

① 펄라이트 변태　　② 마텐자이트 변태
③ 오스테나이트 변태　　④ 레데뷰라이트 변태

해설
형상기억효과를 나타내는 합금은 마텐자이트 변태에서 실시한다.

40 다음 중 Ni-Cu 합금이 아닌 것은?

① 어드밴스　　② 콘스탄탄
③ 모넬메탈　　④ 니칼로이

해설
④ 니칼로이 : 50%의 Ni, 1% 이하의 Mn, 나머지 Fe이 합금된 것으로 투자율이 높아서 소형 변압기나 계전기, 증폭기용 재료로 사용한다.

41 침탄법에 대한 설명으로 옳은 것은?

① 표면을 용융시켜 연화시키는 것이다.
② 망상 시멘타이트를 구상화시키는 방법이다.
③ 강재의 표면에 아연을 피복시키는 방법이다.
④ 강재의 표면에 탄소를 침투시켜 경화시키는 것이다.

저자쌤의 핵직강

침탄법
순철에 0.2% 이하의 C가 합금된 저탄소강을 목탄과 같은 침탄제 속에 완전히 파묻은 상태로 약 900~950℃로 가열하여 재료의 표면에 C를 침입시켜 고탄소강으로 만든 후 급랭시킴으로써 표면을 경화시키는 열처리법이다. 기어나 피스톤 핀을 표면 경화할 때 주로 사용된다.

정답 34 ④ 35 ④ 36 ② 37 ① 38 ① 39 ② 40 ④ 41 ④

42 구상흑연주철은 주조성, 가공성 및 내마멸성이 우수하다. 이러한 구상흑연주철을 제조 시 구상화제로 첨가되는 원소로 옳은 것은?

① P, S　② O, N
③ Pb, Zn　④ Mg, Ca

해설
흑연을 구상화하는 방법
황(S)이 적은 선철을 용해한 후 Mg, Ce, Ca 등을 첨가하여 제조하는데, 흑연이 구상화되면 보통 주철에 비해 강력하고 점성이 강한 성질을 갖는다.

43 Y합금의 일종으로 Ti과 Cu를 0.2% 정도씩 첨가한 것으로 피스톤에 사용되는 것은?

① 두랄루민　② 코비탈륨
③ 로엑스합금　④ 하이드로날륨

해설
주조용 알루미늄합금의 일종인 코비탈륨은 Al + Cu + Ni에 Ti, Cu 0.2% 첨가한 것으로 내연기관의 피스톤용 재료로 사용된다.

44 시험편을 눌러 구부리는 시험방법으로 굽힘에 대한 저항력을 조사하는 시험방법은?

① 충격시험　② 굽힘시험
③ 전단시험　④ 인장시험

45 Fe-C 평형상태도에서 공정점과 C%는?

① 0.02%　② 0.8%
③ 4.3%　④ 6.67%

해설
공정반응을 일으키는 공정점은 순수한 철에 4.3%의 C(탄소)가 합금된다.

46 금속이 소성 변형을 일으키는 원인 중 원자 밀도가 가장 큰 격자면에서 잘 일어나는 것은?

① 슬 립　② 쌍 정
③ 전 위　④ 편 석

해설
① 슬립 : 금속이 소성 변형을 일으키는 원인으로 원자 밀도가 가장 큰 격자면에서 잘 일어난다.

47 다이캐스팅, 주물품, 단조품 등의 재료로 사용되며 융점이 약 660℃이고, 비중이 약 2.7인 원소는?

① Sn　② Ag
③ Al　④ Mn

48 전해인성구리를 약 400℃ 이상의 온도에서 사용하지 않는 이유로 옳은 것은?

① 풀림취성을 발생시키기 때문이다.
② 수소취성을 발생시키기 때문이다.
③ 고온취성을 발생시키기 때문이다.
④ 상온취성을 발생시키기 때문이다.

해설
전해인성구리(정련구리, 정련동)
제련한 구리를 다시 정련 공정을 거쳐서 순도를 99.9% 이상으로 만든 고품위의 구리로 400℃ 이상의 온도에서는 수소취성을 발생시키기 쉬우므로 사용하지 않는다.

49 다음 중 주철에 관한 설명으로 틀린 것은?

① 비중은 C와 Si 등이 많을수록 작아진다.
② 용융점은 C와 Si 등이 많을수록 낮아진다.
③ 주철을 600℃ 이상의 온도에서 가열 및 냉각을 반복하면 부피가 감소한다.
④ 투자율을 크게 하기 위해서는 화합 탄소를 적게 하고, 유리 탄소를 균일하게 분포시킨다.

해설
주철은 C의 함유량이 많기 때문에 600℃ 이상으로 가열과 냉각을 반복하면 부피가 팽창한다.

42 ④　43 ②　44 ②　45 ③　46 ①　47 ③　48 ②　49 ③ 정답

50 그림과 같은 결정격자의 금속 원자는?

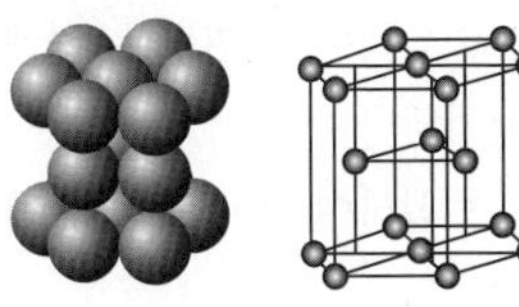

① Ni　　② Mg
③ Al　　④ Au

해설
그림은 조밀육방격자의 결정구조로 이 결정구조를 갖는 금속은 Mg과 Zn과 같이 전연성이 작고 가공성이 좋지 않은 금속이다.

51 그림과 같이 원통을 경사지게 절단한 제품을 제작할 때, 다음 중 어떤 전개법이 가장 적합한가?

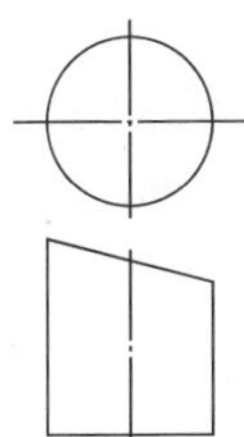

① 사각형법　　② 평행선법
③ 삼각형법　　④ 방사선법

해설
원기둥이나 각기둥의 전개에 가장 적합한 전개도법은 평행선법이다.

52 그림과 같이 제3각법으로 정투상한 각뿔의 전개도 형상으로 적합한 것은?

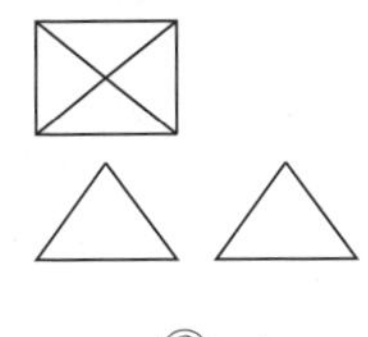

①
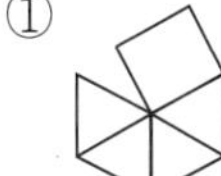
②
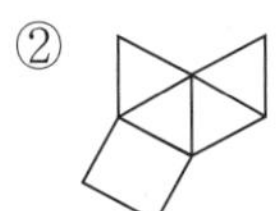
③
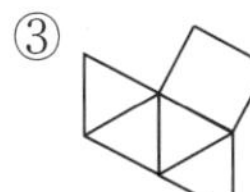
④
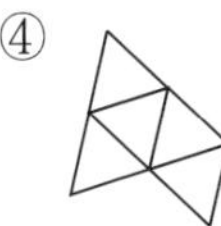

해설
사각뿔을 전개도로 펼치면 ②번과 같은 형상으로 나온다.

53 그림과 같은 도면에서 괄호 안의 치수는 무엇을 나타내는가?

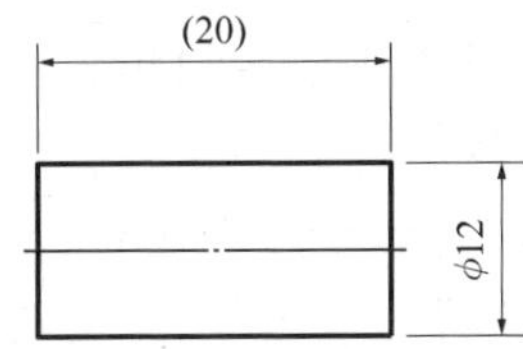

① 완성 치수
② 참고 치수
③ 다듬질 치수
④ 비례척이 아닌 치수

54 다음 용접 기호 중 표면 육성을 의미하는 것은?

해설
육성 용접이란 재료의 표면에 내마모나 내식용 재료를 입히는 용접법으로 다음과 같은 기호를 사용한다.

※ 육성 용접 : 표면(서페이싱) 육성 용접

55 다음 중 가는 실선으로 나타내는 경우가 아닌 것은?

① 시작점과 끝점을 나타내는 치수선
② 소재의 굽은 부분이나 가공 공정의 표시선
③ 상세도를 그리기 위한 틀의 선
④ 금속 구조 공학 등의 구조를 나타내는 선

해설
금속의 결정구조와 같은 금속 구조는 굵은 실선으로 나타낸다.

정답 50 ② 51 ② 52 ② 53 ② 54 ① 55 ④

56 다음 중 일반 구조용 탄소강관의 KS 재료 기호는?

① SPP　　② SPS
③ SKH　　④ STK

57 그림과 같은 도면에서 나타난 "□40" 치수에서 "□"가 뜻하는 것은?

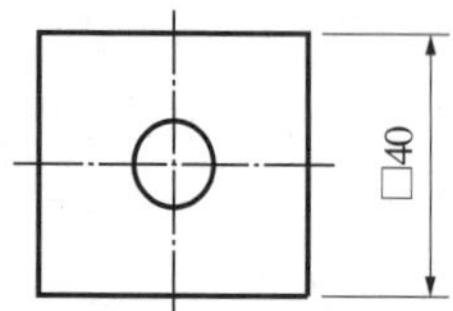

① 정사각형의 변
② 이론적으로 정확한 치수
③ 판의 두께
④ 참고치수

58 도면에 대한 호칭방법이 다음과 같이 나타날 때 이에 대한 설명으로 틀린 것은?

KS B ISO 5457-A1t-TP112.5-R-TBL

① 도면은 KS B ISO 5457을 따른다.
② A1 용지 크기이다.
③ 제단하지 않은 용지이다.
④ $112.5g/m^2$ 사양의 트레이싱지이다.

해설
이 규격에 따르면 A1용지는 제단되었으므로 ③번은 틀린 표현이다.

59 제3각법의 투상도에서 도면의 배치 관계는?

① 정면도를 중심하여 정면도는 위에, 우측면도는 우측에 배치된다.
② 정면도를 중심하여 평면도는 밑에, 우측면도는 우측에 배치된다.
③ 정면도를 중심하여 평면도는 위에, 우측면도는 우측에 배치된다.
④ 정면도를 중심하여 평면도는 위에, 우측면도는 좌측에 배치된다.

해설
제3각법에서 평면도는 물체를 위에서 바라본 모양이므로 정면도의 위쪽에, 우측면도는 물체를 오른쪽에서 바라본 모양이므로 정면도의 우측에 배치한다.

60 배관의 간략 도시방법에서 파이프의 영구 결합부(용접 또는 다른 공법에 의한다) 상태를 나타내는 것은?

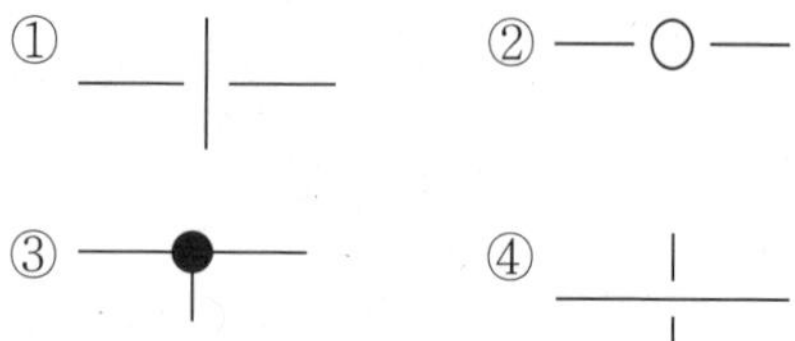

해설
배관을 도시할 때 관의 접속 상태가 영구결합일 경우 연결부위를 굵은 점으로 표시한다.

56 ④　57 ①　58 ③　59 ③　60 ③ 정답

2016년도 제4회 **기출문제**

용접기능사 Craftsman Welding/Inert Gas Arc Welding

01 다음 중 용접 시 수소의 영향으로 발생하는 결함과 가장 거리가 먼 것은?

① 기 공
② 균 열
③ 은 점
④ 설 퍼

해설
설퍼는 황(S)의 영향으로 발생하는 결함이다.

02 가스 중에서 최소의 밀도로 가장 가볍고 확산속도가 빠르며, 열전도가 가장 큰 가스는?

① 수 소
② 메 탄
③ 프로판
④ 부 탄

해설
수소(H_2)가스가 가스 중 밀도가 가장 작고 가벼우며 확산속도가 빠르다.

03 용착금속의 인장강도가 55N/m^2, 안전율이 6이라면 이음의 허용응력은 약 몇 N/m^{2}인가?

① 0.92
② 9.2
③ 92
④ 920

저자쌤의 핵직강

안전율(S)
외부의 하중에 견딜 수 있는 정도를 수치로 나타낸 것이다.

$$S = \frac{\text{극한강도}(\sigma_u)\ \text{또는 인장강도}}{\text{허용응력}(\sigma_a)}$$

04 팁 끝이 모재에 닿는 순간 순간적으로 팁 끝이 막혀 팁속에서 폭발음이 나면서 불꽃이 꺼졌다가 다시 나타나는 현상은?

① 인 화 ② 역 화
③ 역 류 ④ 선 화

해설
불꽃의 이상 현상
- 인화 : 팁 끝이 순간적으로 막히면 가스의 분출이 나빠지고 가스 혼합실까지 불꽃이 도달하여 토치를 빨갛게 달구는 현상이다.
- 역류 : 토치 내부의 청소가 불량할 때 내부 기관에 막힘이 생겨 고압의 산소가 밖으로 배출되지 못하고 압력이 낮은 아세틸렌 쪽으로 흐르는 현상이다.
- 역화 : 토치의 팁 끝이 모재에 닿아 순간적으로 막히거나 팁의 과열 또는 사용가스의 압력이 부적당할 때 팁 속에서 폭발음을 내면서 불꽃이 꺼졌다가 다시 나타나는 현상이다. 불꽃이 꺼지면 산소 밸브를 차단하고, 이어 아세틸렌 밸브를 닫는다. 팁이 가열되었으면 물속에 담가 산소를 약간 누출시키면서 냉각한다.

05 다음 중 파괴시험 검사법에 속하는 것은?

① 부식시험 ② 침투시험
③ 음향시험 ④ 와류시험

해설
매크로시험과 같이 현미경으로 조직을 검사하는 시험은 반드시 시험편의 부식작업이 필요하므로 매크로시험은 부식시험법의 일종으로 볼 수 있다.

06 TIG 용접 토치의 분류 중 형태에 따른 종류가 아닌 것은?

① T형 토치
② Y형 토치
③ 직선형 토치
④ 플렉시블형 토치

해설
TIG 용접 토치를 분류할 때 Y형으로 분류하지 않는다.

정답 1 ④ 2 ① 3 ② 4 ② 5 ① 6 ②

07 용접에 의한 수축 변형에 영향을 미치는 인자로 가장 거리가 먼 것은?

① 가 접
② 용접 입열
③ 판의 예열 온도
④ 판 두께에 따른 이음 형상

해설
가접은 용접 전 재료의 형태를 잡는 간단한 작업으로 용접에 따라 재료에 전달되는 열량은 미미하므로 수축 변형에 영향을 미치는 인자로 볼 수 없다.

08 전자동 MIG 용접과 반자동 용접을 비교했을 때 전자동 MIG 용접의 장점으로 틀린 것은?

① 용접속도가 빠르다.
② 생산단가를 최소화할 수 있다.
③ 우수한 품질의 용접이 얻어진다.
④ 용착효율이 낮아 능률이 매우 좋다.

해설
전자동 MIG(Metal Inert Gas arc welding) 용접은 전자동으로 용접을 진행하므로 용착효율이 높고 작업 능률도 매우 좋다.

09 다음 중 탄산가스 아크 용접의 자기 쏠림 현상을 방지하는 대책으로 틀린 것은?

① 엔드 탭을 부착한다.
② 가스 유량을 조절한다.
③ 어스의 위치를 변경한다.
④ 용접부의 틈을 작게 한다.

해설
자기 쏠림(아크 쏠림)과 가스 유량의 조절은 관련이 없다.

10 다음 용접법 중 비소모식 아크 용접법은?

① 논 가스 아크 용접
② 피복 금속 아크 용접
③ 서브머지드 아크 용접
④ 불활성 가스 텅스텐 아크 용접

해설
TIG 용접은 텅스텐 전극봉으로 아크를 발생시킨 후 용가재를 그 아크로 집어넣어 용접하는 방법으로 비소모식 용접법에 속한다.

11 용접부를 끝이 구면인 해머로 가볍게 때려 용착금속부의 표면에 소성 변형을 주어 인장응력을 완화시키는 잔류응력 제거법은?

① 피닝법
② 노 내 풀림법
③ 저온 응력 완화법
④ 기계적 응력 완화법

해설
① 피닝(Peening) : 특수 해머를 사용하여 모재의 표면에 지속적으로 충격을 가해줌으로써 재료 내부에 있는 잔류응력을 완화시키면서 표면층에 소성변형을 주는 방법이다.

12 용접 변형의 교정법에서 점 수축법의 가열온도와 가열시간으로 가장 적당한 것은?

① 100~200℃, 20초
② 300~400℃, 20초
③ 500~600℃, 30초
④ 700~800℃, 30초

해설
점 수축법으로 변형된 재료를 교정할 때는 500~600℃의 온도로 약 30초간 가열하면서 진행한다.

13 수직면 또는 수평면 내에서 선회하는 회전영역이 넓고 팔이 기울어져 상하로 움직일 수 있어, 주로 스폿 용접, 중량물 취급 등에 많이 이용되는 로봇은?

① 다관절 로봇
② 극좌표 로봇
③ 원통 좌표 로봇
④ 직각 좌표계 로봇

해설
② 극좌표 로봇 : 수직면이나 수평면 내에서 선회하는 회전영역이 넓고 팔이 기울어져 상하로 움직일 수 있어서 주로 스폿 용접이나 중량물을 취급하는 장소에 주로 이용된다.

7 ① 8 ④ 9 ② 10 ④ 11 ① 12 ③ 13 ② **정답**

14 서브머지드 아크 용접 시 발생하는 기공의 원인이 아닌 것은?

① 직류 역극성 사용
② 용제의 건조 불량
③ 용제의 산포량 부족
④ 와이어의 녹, 기름, 페인트

해설

서브머지드 아크 용접에서 기공 불량은 거친 입자의 용제에 높은 전류를 사용하면 발생되는 불량이므로 직류 역극성을 전원으로 사용한 것과는 관련이 없다.

15 다음 중 전자 빔 용접에 관한 설명으로 틀린 것은?

① 용입이 낮아 후판 용접에는 적용이 어렵다.
② 성분 변화에 의하여 용접부의 기계적 성질이나 내식성의 저하를 가져올 수 있다.
③ 가공재나 열처리에 대하여 소재의 성질을 저하시키지 않고 용접할 수 있다.
④ 10^{-4}~10^{-6}mmHg 정도의 높은 진공실 속에서 음극으로부터 방출된 전자를 고전압으로 가속시켜 용접을 한다.

해설

전자 빔 용접은 얇은 판에서 두꺼운 판까지 용접이 가능하다.

16 안전·보건표지의 색채, 색도기준 및 용도에서 지시의 용도 색채는?

① 검은색　② 노란색
③ 빨간색　④ 파란색

저자쌤의 핵직강

산업안전보건법에 따른 안전·보건표지의 색채, 색도기준 및 용도

색 상	용 도	사 례
빨간색	금 지	정지신호, 소화설비 및 그 장소, 유해행위 금지
	경 고	화학물질 취급장소에서 유해·위험 경고
노란색	경 고	화학물질 취급장소에서의 유해·위험 경고 이외의 위험 경고, 주의표지 또는 기계 방호물
파란색	지 시	특정 행위의 지시 및 사실의 고지
녹 색	안 내	비상구 및 피난소, 사람 또는 차량의 통행표지
흰 색		파란색이나 녹색에 대한 보조색
검정색		문자 및 빨간색, 노란색에 대한 보조색

17 X선이나 γ선을 재료에 투과시켜 투과된 빛의 강도에 따라 사진 필름에 감광시켜 결함을 검사하는 비파괴시험법은?

① 자분탐상검사　② 침투탐상검사
③ 초음파탐상검사　④ 방사선투과검사

해설

방사선투과시험(RT ; Radiography Test)

용접부 뒷면에 필름을 놓고 용접물 표면에서 X선이나 γ선을 방사하여 용접부를 통과시키면, 금속 내부에 구멍이 있을 경우 그만큼 투과되는 두께가 얇아져서 필름에 방사선의 투과량이 그만큼 많아지게 되므로 다른 곳보다 검게 됨을 확인함으로써 불량을 검출하는 방법

18 다음 중 용접봉의 용융속도를 나타낸 것은?

① 단위 시간당 용접 입열의 양
② 단위 시간당 소모되는 용접전류
③ 단위 시간당 형성되는 비드의 길이
④ 단위 시간당 소비되는 용접봉의 길이

19 물체와의 가벼운 충돌 또는 부딪침으로 인하여 생기는 손상으로 충격 부위가 부어오르고 통증이 발생되며 일반적으로 피부 표면에 창상이 없는 상처를 뜻하는 것은?

① 출 혈　② 화 상
③ 찰과상　④ 타박상

20 일명 비석법이라고도 하며, 용접 길이를 짧게 나누어 간격을 두면서 용접하는 용착법은?

① 전진법　② 후진법
③ 대칭법　④ 스킵법

정답 14 ① 15 ① 16 ④ 17 ④ 18 ④ 19 ④ 20 ④

21 금속산화물이 알루미늄에 의하여 산소를 빼앗기는 반응에 의해 생성되는 열을 이용한 용접법은?

① 마찰 용접
② 테르밋 용접
③ 일렉트로 슬래그 용접
④ 서브머지드 아크 용접

해설

테르밋 용접(Termit Welding)
금속 산화물과 알루미늄이 반응하여 열과 슬래그를 발생시키는 테르밋반응을 이용하는 용접법이다.

22 저항 용접의 장점이 아닌 것은?

① 대량 생산에 적합하다.
② 후열처리가 필요하다.
③ 산화 및 변질 부분이 적다.
④ 용접봉, 용제가 불필요하다.

저자쌤의 핵직강

저항 용접의 장단점

구분	내용
장 점	• 작업 속도가 빠르고 대량 생산에 적합하다. • 산화 및 변질 부분이 적고, 접합 강도가 비교적 크다. • 가압 효과로 조직이 치밀하며, 용접봉, 용제 등이 불필요하다.
단 점	급랭 경화로 용접 후 열처리가 필요하며, 용접부의 위치, 형상 등의 영향을 받는다.

해설

저항 용접은 용접부가 급랭되기 때문에 후열처리가 반드시 필요하며, 이는 단점에 속한다.

23 정격 2차 전류가 200A, 정격 사용률이 40%인 아크 용접기로 실제 아크 전압이 30V, 아크 전류가 130A로 용접을 수행한다고 가정할 때 허용사용률은 약 얼마인가?

① 70% ② 75%
③ 80% ④ 95%

24 아크 전류가 일정할 때 아크 전압이 높아지면 용접봉의 용융속도가 늦어지고 아크 전압이 낮아지면 용융속도가 빨라지는 특성을 무엇이라 하는가?

① 부저항 특성
② 절연회복 특성
③ 전압회복 특성
④ 아크 길이 자기제어 특성

해설

아크 길이 자기제어 : 자동용접에서 와이어 자동 송급 시 아크 길이가 변동되어도 항상 일정한 길이가 되도록 유지하는 제어기능이다. 아크전류가 일정할 때 전압이 높아지면 용접봉의 용융속도가 늦어지고, 전압이 낮아지면 용융속도가 빨라지게 하는 것으로 전류밀도가 클 때 잘 나타난다.

25 강재 표면의 홈이나 개재물, 탈탄층 등을 제거하기 위하여 될 수 있는 대로 얇게 그리고 타원형 모양으로 표면을 깎아내는 가공법은?

① 분말 절단 ② 가스 가우징
③ 스카핑 ④ 플라스마 절단

해설

③ 스카핑 : 강괴나 강편, 강재 표면의 홈이나 개재물, 탈탄층 등을 제거하기 위한 불꽃 가공으로 가능한 얇으면서 타원형의 모양으로 표면을 깎아내는 가공법이다.

26 다음 중 야금적 접합법에 해당되지 않는 것은?

① 융접(Fusion Welding)
② 접어 잇기(Seam)
③ 압접(Pressure Welding)
④ 납땜(Brazing and Soldering)

해설

접어 잇기는 프레스가공의 일종으로 야금적 접합법에 속하지 않는다.

27 다음 중 불꽃의 구성요소가 아닌 것은?

① 불꽃심 ② 속불꽃
③ 겉불꽃 ④ 환원불꽃

21 ② 22 ② 23 ④ 24 ④ 25 ③ 26 ② 27 ④ 정답

28 피복 아크 용접봉에서 피복제의 주된 역할이 아닌 것은?

① 용융금속의 용적을 미세화하여 용착효율을 높인다.
② 용착금속의 응고와 냉각속도를 빠르게 한다.
③ 스패터의 발생을 적게 하고 전기 절연작용을 한다.
④ 용착금속에 적당한 합금원소를 첨가한다.

저자쌤의 핵직강

피복제(Flux)의 역할
- 스패터의 발생을 줄인다.
- 용착금속의 급랭을 방지한다.
- 슬래그 제거를 쉽게 하여 비드의 외관을 좋게 한다.
- 적당량의 합금 원소를 첨가하여 금속에 특수성을 부여한다.

해설
피복 아크 용접봉을 둘러싸고 있는 피복제의 역할은 냉각속도를 느리게 해서 급랭에 의한 변형 불량을 방지한다.

29 교류 아크 용접기에서 안정한 아크를 얻기 위하여 상용주파의 아크 전류에 고전압의 고주파를 중첩시키는 방법으로 아크발생과 용접작업을 쉽게 할 수 있도록 하는 부속장치는?

① 전격방지장치　② 고주파 발생장치
③ 원격제어장치　④ 핫 스타트장치

해설
② 고주파 발생장치 : 교류 아크 용접기의 아크 안정성을 확보하기 위하여 상용주파수의 아크 전류 외에 고전압(2,000~3,000V)의 고주파 전류를 중첩시키는 방식이며 라디오나 TV 등에 방해를 주는 결점도 있으나 장점이 더 많다.

30 피복 아크 용접봉의 피복제 중에서 아크를 안정시켜 주는 성분은?

① 붕 사　② 페로망간
③ 니 켈　④ 산화티탄

31 산소용기의 취급 시 주의사항으로 틀린 것은?

① 기름이 묻은 손이나 장갑을 착용한 경우는 취급하지 않아야 한다.
② 통풍이 잘되는 야외에서 직사광선에 노출시켜야 한다.
③ 용기의 밸브가 얼었을 경우에는 따뜻한 물로 녹여야 한다.
④ 사용 전에는 비눗물 등을 이용하여 누설여부를 확인한다.

해설
산소용기뿐만 아니라 모든 가스 저장용 압력용기는 통풍이 잘되는 그늘진 곳에서 보관해야 한다.

32 피복 아크 용접봉의 기호 중 고산화티탄계를 표시한 것은?

① E4301　② E4303
③ E4311　④ E4313

33 가스 절단에서 프로판가스와 비교한 아세틸렌가스의 장점에 해당되는 것은?

① 후판 절단의 경우 절단속도가 빠르다.
② 박판 절단의 경우 절단속도가 빠르다.
③ 중첩 절단을 할 때에는 절단속도가 빠르다.
④ 절단면이 거칠지 않다.

해설
프로판가스 절단의 경우 후판 절단 시 작업속도가 빠르나 아세틸렌가스 절단의 경우 박판 절단에서 절단속도가 빠르다.

34 용접기의 구비조건이 아닌 것은?

① 구조 및 취급이 간단해야 한다.
② 사용 중에 온도 상승이 작아야 한다.
③ 전류 조정이 용이하고 일정한 전류가 흘러야 한다.
④ 용접 효율과 상관없이 사용 유지비가 적게 들어야 한다.

해설
아크 용접기는 역률과 효율이 높아야 한다.

정답 28 ② 29 ② 30 ④ 31 ② 32 ④ 33 ② 34 ④

35 다음 중 연강을 가스 용접할 때 사용하는 용제는?

① 붕 사 ② 염화나트륨
③ 사용하지 않는다. ④ 중탄산소다 + 탄산소다

36 프로판가스의 특징으로 틀린 것은?

① 안전도가 높고, 관리가 쉽다.
② 온도변화에 따른 팽창률이 크다.
③ 액화하기 어렵고, 폭발 한계가 넓다.
④ 상온에서는 기체 상태이고 무색, 투명하다.

해설
프로판 가스는 액화하기 쉽고 용기에 넣어 수송이 편리하다.

37 피복 아크 용접봉에서 아크 길이와 아크 전압의 설명으로 틀린 것은?

① 아크 길이가 너무 길면 아크가 불안정하다.
② 양호한 용접을 하려면 짧은 아크를 사용한다.
③ 아크 전압은 아크 길이에 반비례한다.
④ 아크 길이가 적당할 때, 정상적인 작은 입자의 스패터가 생긴다.

해설
피복 아크 용접봉에서 아크 전압은 아크 길이에 비례하는 특성을 갖는다.

38 다음 중 용융금속의 이행 형태가 아닌 것은?

① 단락형 ② 스프레이형
③ 연속형 ④ 글로뷸러형

해설
용융금속의 이행 방식 중 연속형이라는 것은 없다.

39 강자성을 가지는 은백색의 금속으로 화학반응용 촉매, 공구 소결재로 널리 사용되며 바이탈륨의 주성분 금속은?

① Ti ② Co
③ Al ④ Pt

해설
② Co(코발트) : 철과 비슷한 광택을 내는 강자성체의 은백색 금속으로 고속도강이나 영구자석, 내열, 내식강용 합금재료로 사용된다. 또한 공기 중에 화학반응용 촉매나 공구의 소결재로 널리 사용되고 있는 바이탈륨의 주성분 금속으로도 쓰인다.

40 재료에 어떤 일정한 하중을 가하고 어떤 온도에서 긴 시간 동안 유지하면 시간이 경과함에 따라 스트레인이 증가하는 것을 측정하는 시험방법은?

① 피로시험 ② 충격시험
③ 비틀림시험 ④ 크리프시험

해설
④ 크리프 : 고온에서 재료에 일정 크기의 하중(정하중)을 작용시키면 시간이 경과함에 따라 변형이 증가하는 현상이다.

41 금속의 결정구조에서 조밀육방격자(HCP)의 배위수는?

① 6 ② 8
③ 10 ④ 12

42 주석청동의 용해 및 주조에서 1.5~1.7%의 아연을 첨가할 때의 효과로 옳은 것은?

① 수축률이 감소된다. ② 침탄이 촉진된다.
③ 취성이 향상된다. ④ 가스가 혼입된다.

해설
청동(Cu + Sn)에 Zn을 첨가하면 가공이 곤란할 정도로 강도가 커지므로 수축률은 감소된다.

43 금속의 결정구조에 대한 설명으로 틀린 것은?

① 결정입자의 경계를 결정입계라 한다.
② 결정체를 이루고 있는 각 결정을 결정입자라 한다.
③ 체심입방격자는 단위 격자 속에 있는 원자수가 3개이다.
④ 물질을 구성하고 있는 원자가 입체적으로 규칙적인 배열을 이루고 있는 것을 결정이라 한다.

35 ③ 36 ③ 37 ③ 38 ③ 39 ② 40 ④ 41 ④ 42 ① 43 ③ 정답

해설
체심입방격자(BCC ; Body Centered Cubic)의 단위 격자 내 원자 수는 2개이다.

44 Al의 표면을 적당한 전해액 중에서 양극 산화처리하면 표면에 방식성이 우수한 산화 피막층이 만들어진다. 알루미늄의 방식방법에 많이 이용되는 것은?

① 규산법 ② 수산법
③ 탄화법 ④ 질화법

45 강의 표면경화법이 아닌 것은?

① 풀 림 ② 금속용사법
③ 금속침투법 ④ 하드페이싱

해설
풀림은 표면뿐만이 아닌 재료의 전체를 열처리하는 기본 열처리법의 일종으로 표면경화법에 속하지 않는다.

46 비금속 개재물이 강에 미치는 영향이 아닌 것은?

① 고온 메짐의 원인이 된다.
② 인성은 향상시키나 경도를 떨어뜨린다.
③ 열처리 시 개재물로 인한 균열을 발생시킨다.
④ 단조나 압연작업 중에 균열의 원인이 된다.

해설
비금속 개재물은 인성을 떨어뜨린다.

47 하드필드강(Hadfield Steel)에 대한 설명으로 옳은 것은?

① Ferrite계 고 Ni강이다.
② Pearlite계 고 Co강이다.
③ Cementite계 고 Cr강이다.
④ Austenite계 고 Mn강이다.

해설
하드필드강(Hadfield Steel)은 오스테나이트계 고 Mn강이다.

48 잠수함, 우주선 등 극한 상태에서 파이프의 이음쇠에 사용되는 기능성 합금은?

① 초전도합금 ② 수소저장합금
③ 아모퍼스합금 ④ 형상기억합금

저자쌤의 핵직강

형상기억합금
항복점을 넘어서 소성 변형된 재료는 외력을 제거해도 원래의 상태로 복원이 불가능하지만, 형상기억합금은 고온에서 일정 시간 유지함으로써 원하는 형상으로 기억시키면 상온에서 외력에 의해 변형되어도 기억시킨 온도로 가열만 하면 변형 전 형상으로 되돌아오는 합금이다. 최근 인공위성 안테나, 잠수함, 우주선, 극한 상태의 파이프 이음쇠 등에 사용되고 있으며 그 종류에는 Ni–Ti계, Ni–Ti–Cu계, Cu–Al–Ni계 합금이 있으며 니티놀이 대표적인 제품이다.

49 탄소강에서 탄소의 함량이 높아지면 낮아지는 값은?

① 경 도 ② 항복강도
③ 인장강도 ④ 단면수축률

50 3~5% Ni, 1% Si을 첨가한 Cu합금으로 C합금이라고도 하며 강력하고 전도율이 좋아 용접봉이나 전극재료로 사용되는 것은?

① 톰 백 ② 문쯔메탈
③ 길딩메탈 ④ 콜슨합금

해설
콜슨 합금은 Ni 3~4%, Si 0.8~1.0%의 Cu합금으로 인장강도와 도전율이 높아서 통신선, 전화선과 같이 얇은 선재로 사용된다.

51 치수기입법에서 지름, 반지름, 구의 지름 및 반지름, 모따기, 두께 등을 표시할 때 사용되는 보조기호표시가 잘못된 것은?

① 두께 : D6
② 반지름 : R3
③ 모따기 : C3
④ 구의 지름 : Sϕ6

정답 44 ② 45 ① 46 ② 47 ④ 48 ④ 49 ④ 50 ④ 51 ①

52 인접부분을 참고로 표시하는 데 사용하는 선은?

① 숨은선 ② 가상선
③ 외형선 ④ 피치선

해설
인접부분을 참고로 표시할 때는 가상선(가는 2점 쇄선)을 사용한다.

53 보기와 같은 KS 용접 기호의 해독으로 틀린 것은?

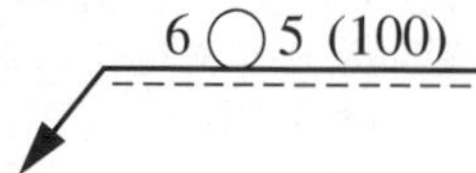

① 화살표 반대쪽 점 용접
② 점 용접부의 지름 6mm
③ 용접부의 개수(용접 수) 5개
④ 점 용접한 간격은 100mm

54 좌우, 상하 대칭인 그림과 같은 형상을 도면화하려고 할 때 이에 관한 설명으로 틀린 것은?(단, 물체에 뚫린 구멍의 크기는 같고 간격은 6mm로 일정하다)

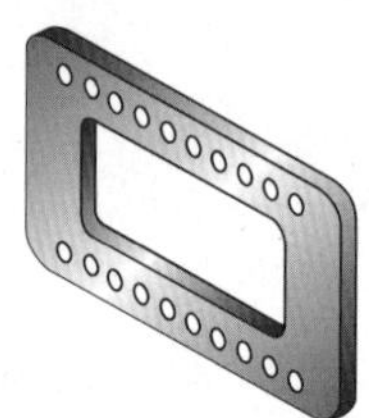
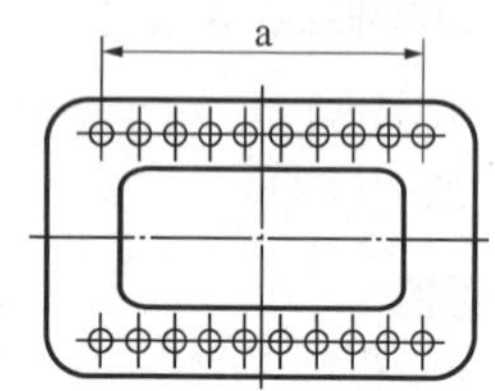

① 치수 a는 9×6(=54)으로 기입할 수 있다.
② 대칭기호를 사용하여 도형을 $\frac{1}{2}$로 나타낼 수 있다.
③ 구멍은 동일 형상일 경우 대표 형상을 제외한 나머지 구멍은 생략할 수 있다.
④ 구멍은 크기가 동일하더라도 각각의 치수를 모두 나타내어야 한다.

해설
중복되는 구멍의 치수는 간략하게 나타낼 수 있다. 그리고 도면상에도 해당 위치에 중심표시만 해 준다.

55 그림과 같은 제3각법 정투상도에 가장 적합한 입체도는?

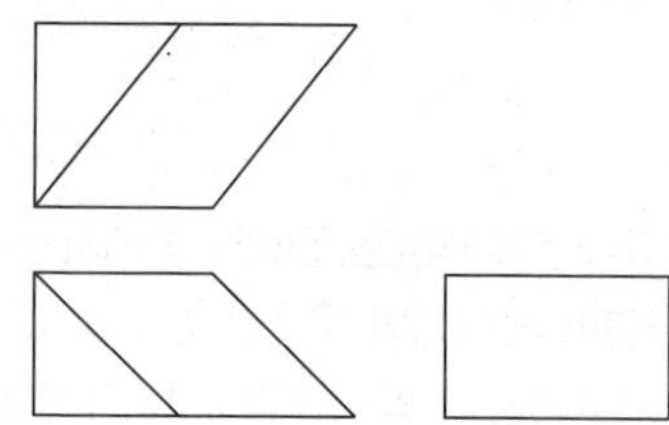

①
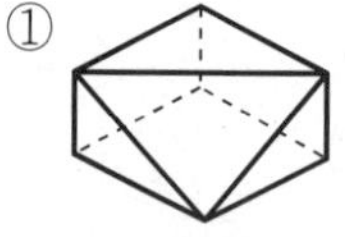
②
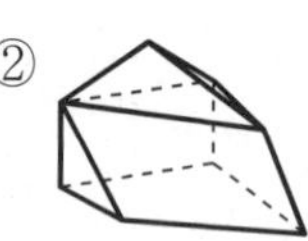
③
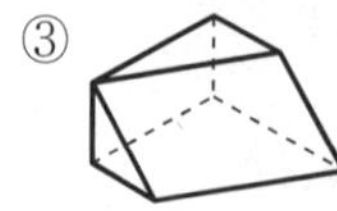
④
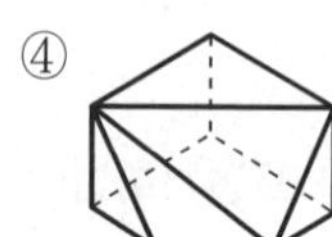

56 3각기둥, 4각기둥 등과 같은 각기둥 및 원기둥을 평행하게 펼치는 전개방법의 종류는?

① 삼각형을 이용한 전개도법
② 평행선을 이용한 전개도법
③ 방사선을 이용한 전개도법
④ 사다리꼴을 이용한 전개도법

57 SF 340A는 탄소강 단강품이며 340은 최저인장강도를 나타낸다. 이때 최저인장강도의 단위로 가장 옳은 것은?

① N/m^2 ② kgf/m^2
③ N/mm^2 ④ kgf/mm^2

해설
탄소강 단강품 – SF 340A
- SF : carbon Steel Forgings for general use
- 340 : 최저인장강도 $340N/mm^2$
- A : 어닐링, 노멀라이징 또는 노멀라이징 템퍼링을 한 단강품

52 ② 53 ① 54 ④ 55 ③ 56 ② 57 ③ 정답

58 배관 도면에서 그림과 같은 기호의 의미로 가장 적합한 것은?

① 체크 밸브　　② 볼 밸브
③ 콕 일반　　④ 안전 밸브

59 한쪽단면도에 대한 설명으로 올바른 것은?

① 대칭형의 물체를 중심선을 경계로 하여 외형도의 절반과 단면도의 절반을 조합하여 표시한 것이다.
② 부품도의 중앙 부위 전후를 절단하여, 단면을 90° 회전시켜 표시한 것이다.
③ 도형 전체가 단면으로 표시된 것이다.
④ 물체의 필요한 부분만 단면으로 표시한 것이다.

해설
한쪽단면도는 대칭형의 물체를 중심선을 경계로 하여 외형도의 반과 단면도의 반을 조합해서 나타낸 도면이다.

60 판금작업 시 강판재료를 절단하기 위하여 가장 필요한 도면은?

① 조립도　　② 전개도
③ 배관도　　④ 공정도

해설
② 전개도 : 금속판을 접어서 만든 물체를 펼친 모양으로 표시할 필요가 있는 경우 그리는 도면

정답 58 ① 59 ① 60 ②

2016년도 제1회 **기출문제**

특수용접기능사 Craftsman Welding/Inert Gas Arc Welding

01 용접이음 설계 시 충격하중을 받는 연강의 안전율은?

① 12　② 8
③ 5　④ 3

02 다음 중 기본 용접 이음 형식에 속하지 않는 것은?

① 맞대기 이음　② 모서리 이음
③ 마찰 이음　④ T자 이음

해설
기본 용접 이음의 종류에 마찰 이음은 포함되지 않는다.

03 화재의 분류는 소화 시 매우 중요한 역할을 한다. 서로 바르게 연결된 것은?

① A급 화재 – 유류화재
② B급 화재 – 일반화재
③ C급 화재 – 가스화재
④ D급 화재 – 금속화재

저자쌤의 핵직강

화재의 종류

분 류	A급 화재	B급 화재	C급 화재	D급 화재
명 칭	일반(보통) 화재	유류 및 가스화재	전기 화재	금속 화재

04 불활성 가스가 아닌 것은?

① C_2H_2　② Ar
③ Ne　④ He

해설
아세틸렌가스는 구리나 은과 반응할 때 산화물이 아닌 폭발성 물질이 생성되므로 불활성 가스에는 포함되지 않는다. Ar(아르곤), Ne(네온), He(헬륨)은 모두 불활성 가스이다.

05 서브머지드 아크 용접장치 중 전극형상에 의한 분류에 속하지 않는 것은?

① 와이어(Wire) 전극　② 테이프(Tape) 전극
③ 대상(Hoop) 전극　④ 대차(Carriage) 전극

해설
대차 전극은 서브머지드 아크 용접장치(SAW)의 전극형상으로 분류되지 않는다.

06 용접 시공 계획에서 용접 이음 준비에 해당되지 않는 것은?

① 용접 홈의 가공　② 부재의 조립
③ 변형 교정　④ 모재의 가용접

해설
용접 작업을 준비할 때는 용접 홈을 가공하거나 부재료를 조립, 모재를 가접(가용접)한다. 그러나 변형 교정은 용접 후 실시하는 것이므로 ③번은 틀린 표현이다.

07 다음 중 서브머지드 아크 용접(Submerged Arc Welding)에서 용제의 역할과 가장 거리가 먼 것은?

① 아크 안정　② 용락 방지
③ 용접부의 보호　④ 용착금속의 재질 개선

해설
서브머지드 아크 용접(SAW)에서 용제(Flux)는 아크 안정, 용접부 보호, 용착금속의 재질을 개선하나 용락을 방지하지는 않는다. SAW는 바닥에 용접 모재를 두고 주행대차를 통해 이동하며 용접하는 방법이므로 용락은 일반적으로 발생하지 않는다.

08 다음 중 전기저항 용접의 종류가 아닌 것은?

① 점 용접　② MIG 용접
③ 프로젝션 용접　④ 플래시 용접

해설
MIG 용접(불활성가스 금속 아크 용접)은 융접에 속한다.

1 ①　2 ③　3 ④　4 ①　5 ④　6 ③　7 ②　8 ② **정답**

09 다음 중 용접 금속에 기공을 형성하는 가스에 대한 설명으로 틀린 것은?

① 응고 온도에서의 액체와 고체의 용해도 차에 의한 가스 방출
② 용접금속 중에서 화학반응에 의한 가스 방출
③ 아크 분위기에서의 기체의 물리적 혼입
④ 용접 중 가스 압력의 부적당

해설
용접 중 가스 압력이 부적당하면 용접 재료의 산화 정도에 영향을 주나, 기공 불량의 형성에는 큰 영향을 미치지 않는다.

10 가스 용접 시 안전조치로 적절하지 않은 것은?

① 가스의 누설검사는 필요할 때만 체크하고 점검은 수돗물로 한다.
② 가스 용접 장치는 화기로부터 5m 이상 떨어진 곳에 설치해야 한다.
③ 작업 종료 시 메인 밸브 및 콕 등을 완전히 잠가준다.
④ 인화성 액체 용기의 용접을 할 때는 증기 열탕물로 완전히 세척 후 통풍구멍을 개방하고 작업한다.

해설
가스 용접 시에는 폭발의 위험을 사전에 방지하기 위해서 가스봄베의 연결부위를 비눗물을 이용하여 용접 전, 중, 후에 수시로 체크해야 한다.

11 TIG 용접에서 가스이온이 모재에 충돌하여 모재 표면에 산화물을 제거하는 현상은?

① 제거효과 ② 청정효과
③ 용융효과 ④ 고주파효과

해설
청정효과란 TIG 용접에서 가스이온이 모재에 충돌하여 모재 표면의 산화물을 제거하는 현상이다. TIG(Tungsten Inert Gas arc welding)용접에서 청정작용은 직류 역극성일 때 잘 발생한다.

12 연강의 인장시험에서 인장시험편의 지름이 10mm이고 최대하중이 5,500kgf일 때 인장강도는 약 몇 kgf/mm^{2}인가?

① 60 ② 70
③ 80 ④ 90

13 용접부의 표면에 사용되는 검사법으로 비교적 간단하고 비용이 싸며, 특히 자기 탐상 검사가 되지 않는 금속재료에 주로 사용되는 검사법은?

① 방사선비파괴 검사 ② 누수 검사
③ 침투비파괴 검사 ④ 초음파비파괴 검사

해설
③ 침투탐상검사(PT, Penetrant Test) : 검사하려는 대상물의 표면에 침투력이 강한 형광성 침투액을 도포 또는 분무하거나 표면전체를 침투액 속에 침적시켜 표면의 흠집 속에 침투액이 스며들게 한 다음 이를 백색 분말의 현상액을 뿌려서 침투액을 표면으로부터 빨아내서 결함을 검출하는 방법이다. 만일 침투액이 형광물질이면 형광침투탐상시험이라고 불린다.

14 용접에 의한 변형을 미리 예측하여 용접하기 전에 용접 반대 방향으로 변형을 주고 용접하는 방법은?

① 억제법 ② 역변형법
③ 후퇴법 ④ 비석법

해설
역변형법은 용접을 시작하기 전 모재에 역변형을 주고 가접하는 것이므로 변형 방지법이다. 후퇴법과 비석법은 용접 시 융착법의 종류들이다.

15 다음 중 플라스마 아크 용접에 적합한 모재가 아닌 것은?

① 텅스텐, 백금 ② 티탄, 니켈 합금
③ 티탄, 구리 ④ 스테인리스강, 탄소강

해설
텅스텐(3,410℃)과 같이 용융점이 높은 재료의 용접에는 전자빔 용접이 적합하며, 플라스마 아크 용접에는 그보다 용융점이 낮은 티탄이나 구리, 스테인리스강, 주철이 알맞다.

16 용접 지그를 사용했을 때의 장점이 아닌 것은?

① 구속력을 크게 하여 잔류응력 발생을 방지한다.
② 동일 제품을 다량 생산할 수 있다.
③ 제품의 정밀도를 높인다.
④ 작업을 용이하게 하고 용접능률을 높인다.

정답 9 ④ 10 ① 11 ② 12 ② 13 ③ 14 ② 15 ① 16 ①

해설

용접 지그를 사용했을 때 구속력을 크게 하면 열에 의한 변형에 의해 잔류응력을 발생시킬 수 있으므로 이는 단점에 해당한다.

17 일종의 피복 아크 용접법으로 피더(Feeder)에 철분계 용접봉을 장착하여 수평 필릿 용접을 전용으로 하는 일종의 반자동 용접장치로서 모재와 일정한 경사를 갖는 금속지주를 용접 홀더가 하강하면서 용접되는 용접법은?

① 그래비트 용접 ② 용 사
③ 스터드 용접 ④ 테르밋 용접

해설

① 그래비트 용접 : 피복 아크 용접법의 일종으로 피더(Feeder)에 철분계 용접봉을 장착하여 수평 필릿 용접을 하는 일종의 반자동 용접장치로 모재와 일정한 경사를 갖는 금속지주를 용접 홀더가 하강하면서 용접한다.

18 피복 아크 용접에 의한 맞대기 용접에서 개선 홈과 판 두께에 관한 설명으로 틀린 것은?

① I형 : 판 두께 6mm 이하 양쪽용접에 적용
② V형 : 판 두께 20mm 이하 한쪽용접에 적용
③ U형 : 판 두께 40~60mm 양쪽용접에 적용
④ X형 : 판 두께 15~40mm 양쪽용접에 적용

해설

맞대기 홈 형상이 U형인 판은 두께가 16~50mm 정도일 때 한쪽 용접으로 한다.

19 이산화탄소 아크 용접 방법에서 전진법의 특징으로 옳은 것은?

① 스패터의 발생이 적다.
② 깊은 용입을 얻을 수 있다.
③ 비드 높이가 낮고 평탄한 비드가 형성된다.
④ 용접선이 잘 보이지 않아 운봉을 정확하게 하기 어렵다.

해설

이산화탄소 아크 용접에서 전진법으로 용접하면 비드의 높이가 낮고 평탄하다.

20 일렉트로 슬래그 용접에서 주로 사용되는 전극 와이어의 지름은 보통 몇 mm 정도인가?

① 1.2~1.5 ② 1.7~2.3
③ 2.5~3.2 ④ 3.5~4.0

해설

일렉트로 슬래그 용접용 전극 와이어는 일반적으로 ϕ2.5~ϕ3.2이다.

21 볼트나 환봉을 피스톤형의 홀더에 끼우고 모재와 볼트 사이에 순간적으로 아크를 발생시켜 용접하는 방법은?

① 서브머지드 아크 용접
② 스터드 용접
③ 테르밋 용접
④ 불활성가스 아크 용접

22 용접 결함과 그 원인에 대한 설명 중 잘못 짝지어진 것은?

① 언더컷 - 전류가 너무 높은 때
② 기공 - 용접봉이 흡습되었을 때
③ 오버랩 - 전류가 너무 낮을 때
④ 슬래그 섞임 - 전류가 과대되었을 때

해설

슬래그 혼입은 전류가 낮을 때 발생한다.

23 피복 아크 용접에서 피복제의 성분에 포함되지 않는 것은?

① 아크 안정제
② 가스 발생제
③ 피복 이탈제
④ 슬래그 생성제

해설

피복 아크 용접봉을 피복하고 있는 피복제(Flux)에는 굳이 피복 이탈제를 포함시킬 필요는 없다.

17 ① 18 ③ 19 ③ 20 ③ 21 ② 22 ④ 23 ③ 정답

24 피복 아크 용접봉의 용융속도를 결정하는 식은?

① 용융속도 = 아크전류 × 용접봉 쪽 전압강하
② 용융속도 = 아크전류 × 모재 쪽 전압강하
③ 용융속도 = 아크전압 × 용접봉 쪽 전압강하
④ 용융속도 = 아크전압 × 모재 쪽 전압강하

해설
용접봉의 용융속도는 단위 시간당 소비되는 용접봉의 길이로 나타내며, 다음과 같은 식으로 나타낸다.
용융속도 = 아크전류 × 용접봉 쪽 전압강하

25 용접법의 분류에서 아크 용접에 해당되지 않는 것은?

① 유도가열 용접
② TIG 용접
③ 스터드 용접
④ MIG 용접

해설
유도가열 용접은 저항 용접의 일종으로 용접법의 분류상 압접에 속하나, TIG, MIG, 스터드 용접은 융접에 속한다.

26 피복 아크 용접 시 용접선 상에서 용접봉을 이동시키는 조작을 말하며 아크의 발생, 중단, 재아크, 위빙 등이 포함된 작업을 무엇이라 하는가?

① 용 입　　② 운 봉
③ 카 홀　　④ 용융지

27 다음 중 산소 및 아세틸렌 용기의 취급방법으로 틀린 것은?

① 산소용기의 밸브, 조정기, 도관, 취부구는 반드시 기름이 묻은 천으로 깨끗이 닦아야 한다.
② 산소용기의 운반 시에는 충돌, 충격을 주어서는 안 된다.
③ 사용이 끝난 용기는 실병과 구분하여 보관한다.
④ 아세틸렌 용기는 세워서 사용하며 용기에 충격을 주어서는 안 된다.

28 가스 용접이나 절단에 사용되는 가연성가스의 구비조건으로 틀린 것은?

① 발열량이 클 것
② 연소속도가 느릴 것
③ 불꽃의 온도가 높을 것
④ 용융금속과 화학반응이 일어나지 않을 것

해설
가스 용접에 사용되는 가연성가스는 연소속도가 빨라야 절단면을 매끈하게 자를 수 있다.

29 다음 중 가변저항의 변화를 이용하여 용접전류를 조정하는 교류 아크 용접기는?

① 탭 전환형　　② 가동 코일형
③ 가동 철심형　　④ 가포화 리액터형

해설
교류 아크 용접기의 종류 중에서 가변저항의 변화를 이용하여 용접 전류를 조정하는 방식은 가포화 리액터형 용접기이다.

30 AW-250, 무부하 전압 80V, 아크전압 20V인 교류 용접기를 사용할 때 역률과 효율은 각각 약 얼마인가?(단, 내부손실은 4kW이다)

① 역률 : 45%, 효율 : 56%
② 역률 : 48%, 효율 : 69%
③ 역률 : 54%, 효율 : 80%
④ 역률 : 69%, 효율 : 72%

31 혼합가스 연소에서 불꽃 온도가 가장 높은 것은?

① 산소 – 수소 불꽃
② 산소 – 프로판 불꽃
③ 산소 – 아세틸렌 불꽃
④ 산소 – 부탄 불꽃

해설
산소-아세틸렌 불꽃의 온도는 약 3,430℃로 다른 불꽃들에 비해 가장 높다.

정답 24 ① 25 ① 26 ② 27 ① 28 ② 29 ④ 30 ① 31 ③

32 연강용 피복 아크 용접봉의 종류와 피복제 계통으로 틀린 것은?

① E4303 : 라임티타니아계
② E4311 : 고산화티탄계
③ E4316 : 저수소계
④ E4327 : 철분 산화철계

해설
E4311은 고셀룰로오스계 용접봉이다.

33 산소-아세틸렌가스 절단과 비교한 산소-프로판가스 절단의 특징으로 옳은 것은?

① 절단면이 미세하며 깨끗하다.
② 절단 개시 시간이 빠르다.
③ 슬래그 제거가 어렵다.
④ 중성불꽃을 만들기가 쉽다.

해설
산소-프로판가스의 발열량이 산소-아세틸렌가스의 발열량보다 더 크므로 절단면을 미세하고 깨끗하게 절단할 수 있다.

34 피복 아크 용접에서 "모재의 일부가 녹은 쇳물 부분"을 의미하는 것은?

① 슬래그 ② 용융지
③ 피복부 ④ 용착부

35 가스 압력 조정기 취급 사항으로 틀린 것은?

① 압력 용기의 설치구 방향에는 장애물이 없어야 한다.
② 압력 지시계가 잘 보이도록 설치하며 유리가 파손되지 않도록 주의한다.
③ 조정기를 견고하게 설치한 다음 조정 나사를 잠그고 밸브를 빠르게 열어야 한다.
④ 압력 조정기 설치구에 있는 먼지를 털어내고 연결부에 정확하게 연결한다.

해설
가스 용기(봄베)에서 분출되는 압력은 매우 크기 때문에 압력조정기를 장착하는데, 가스를 분출시킬 경우 압력조정나사를 우측으로 돌려서 원하는 압력으로 설정한 후 밸브를 천천히 열어야 한다. 밸브를 빨리 열면 큰 압력이 일시에 분출되어 배관에 손상을 줄 수 있다.

36 연강용 가스 용접봉에서 "625±25℃에서 1시간 동안 응력을 제거한 것"을 뜻하는 영문자 표시에 해당되는 것은?

① NSR ② GB
③ SR ④ GA

저자쌤의 핵직강

연강용 용접봉의 시험편 처리(KS D 7005)

SR	625±25℃에서 1시간 응력 제거 풀림을 한 것
NSR	용접한 상태 그대로 응력을 제거하지 않은 것

37 피복 아크 용접에서 위빙(Weaving) 폭은 심선 지름의 몇 배로 하는 것이 가장 적당한가?

① 1배
② 2~3배
③ 5~6배
④ 7~8배

해설
피복 아크 용접의 위빙 운봉 폭은 용접봉 심선 지름의 2~3배로 하는 것이 적당하다.

38 전격방지기는 아크를 끊음과 동시에 자동적으로 릴레이가 차단되어 용접기의 2차 무부하 전압을 몇 V 이하로 유지시키는가?

① 20~30
② 35~45
③ 50~60
④ 65~75

해설
전격이란 강한 전류를 갑자기 몸에 느꼈을 때의 충격을 말하며, 용접기에는 작업자의 전격을 방지하기 위해서 반드시 전격방지기를 용접기에 부착해야 한다. 전격방지기는 작업을 쉬는 동안에 2차 무부하 전압이 항상 25V 정도로 유지되도록 하여 전격을 방지할 수 있다.

32 ② 33 ① 34 ② 35 ③ 36 ③ 37 ② 38 ① 정답

39 30% Zn을 포함한 황동으로 연신율이 비교적 크고, 인장강도가 매우 높아 판, 막대, 관, 선 등으로 널리 사용되는 것은?

① 톰백(Tombac)
② 네이벌 황동(Naval Brass)
③ 6-4 황동(Muntz Metal)
④ 7-3 황동(Cartridge Brass)

해설
• 7-3 황동 : Cu 70% + Zn 30%의 합금
• 6-4 황동 : Cu 60% + Zn 40%의 합금

40 Au의 순도를 나타내는 단위는?

① K(Carat) ② P(Pound)
③ %(Percent) ④ μm(Micron)

해설
금(Au)의 순도는 K(carat)단위로 표시하는데, 일반적으로 24K, 18K, 14K와 같이 한다.

41 다음 상태도에서 액상선을 나타내는 것은?

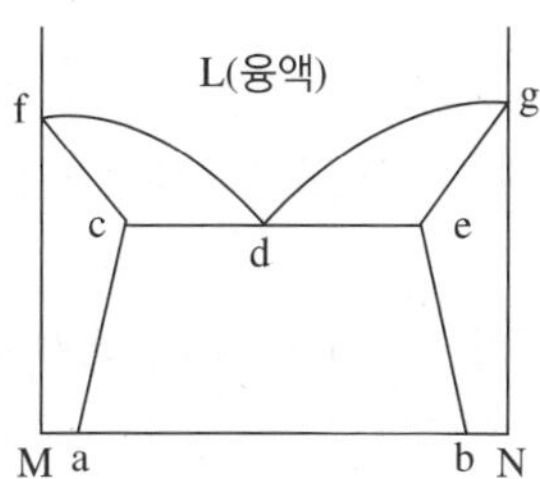

① acf ② cde
③ fdg ④ beg

해설
액상선이란 Liquid(용액)을 접하고 있는 경계선으로 “f-d-g”를 연결한 선이다.

42 금속 표면에 스텔라이트, 초경합금 등의 금속을 용착시켜 표면경화층을 만드는 것은?

① 금속 용사법 ② 하드 페이싱
③ 숏 피닝 ④ 금속 침투법

해설
② 하드 페이싱 : 금속 표면에 스텔라이트나 경합금 등 내마모성이 좋은 금속을 용착시켜 표면에 경화층을 형성시키는 표면경화법이다.

43 철강 인장시험결과 시험편이 파괴되기 직전 표점거리 62mm, 원표점거리 50mm일 때 연신율은?

① 12% ② 24%
③ 31% ④ 36%

44 주철의 조직은 C와 Si의 양과 냉각속도에 의해 좌우된다. 이들의 요소와 조직의 관계를 나타나낸 것은?

① C.C.T. 곡선 ② 탄소 당량도
③ 주철의 상태도 ④ 마우러 조직도

해설
④ 마우러 조직도 : 주철 조직을 지배하는 주요 요소인 C와 Si의 함유량에 따른 주철 조직의 변화를 나타낸 그래프

45 Al-Cu-Si계 합금의 명칭으로 옳은 것은?

① 알 민 ② 라우탈
③ 알드리 ④ 콜슨 합금

46 Al 표면에 방식성이 우수하고 치밀한 산화피막이 만들어지도록 하는 방식 방법이 아닌 것은?

① 산화법 ② 수산법
③ 황산법 ④ 크롬산법

해설
알루미늄 재료의 방식법에는 수산법, 황산법, 크롬산법이 있다.

47 다음 중 재결정온도가 가장 낮은 것은?

① Sn ② Mg
③ Cu ④ Ni

해설
주석의 재결정 온도는 상온(24℃) 이하로 보기 중 가장 낮다.

정답 39 ④ 40 ① 41 ③ 42 ② 43 ② 44 ④ 45 ② 46 ① 47 ①

48 다음 중 하드필드(Hadfield)강에 대한 설명으로 틀린 것은?

① 오스테나이트조직의 Mn강이다.
② 성분은 10~14Mn%, 0.9~1.3C% 정도이다.
③ 이 강은 고온에서 취성이 생기므로 600~800℃에서 공랭한다.
④ 내마멸성과 내충격성이 우수하고, 인성이 우수하기 때문에 파쇄장치, 임펠러 플레이트 등에 사용한다.

해설
하드필드강(Hadfield Steel) : 강에 Mn을 약 12% 합금한 고망간 주강으로 오스테나이트 입계의 탄화물 석출로 취약하나 약 1,000℃에서 담금질하면 균일한 오스테나이트조직이 되면서 조직이 강인해지므로 광산이나 토목용 기계부품에 사용이 가능하다. 따라서, ③번의 온도 범위보다 높은 약 ,1000℃에서 담금질 작업으로 급랭시킨다.

49 Fe-C 상태도에서 A_3, A_4 변태점 사이에서의 결정구조는?

① 체심정방격자　② 체심입방격자
③ 조밀육방격자　④ 면심입방격자

해설
Fe_3C 상태도에서 A_3 변태점(910℃)~A_4 변태점(1,410℃) 사이의 Fe은 면심입방격자(FCC)의 원자구조를 갖는다.

50 열팽창계수가 다른 두 종류의 판을 붙여서 하나의 판으로 만든 것으로 온도 변화에 따라 휘거나 그 변형을 구속하는 힘을 발생하며 온도감응소자 등에 이용되는 것은?

① 서멧 재료　② 바이메탈 재료
③ 형상기억합금　④ 수소저장합금

해설
② 바이메탈 : 열팽창계수가 다른 두 종류의 판을 붙여 하나의 판으로 만든 온도감응소자로 온도변화에 따라 휘거나 그 변형을 구속하는 힘으로 스위치 작동을 한다. 주로 불변강인 인바로 제작한다.

51 기계제도에서 가는 2점 쇄선을 사용하는 것은?

① 중심선　② 지시선
③ 피치선　④ 가상선

해설
가는 2점 쇄선(—— - - ——)은 가상선으로 사용한다.

52 나사의 종류에 따른 표시기호가 옳은 것은?

① M – 미터 사다리꼴나사
② UNC – 미니추어나사
③ Rc – 관용 테이퍼 암나사
④ G – 전구나사

해설
관용 테이퍼 나사 중 암나사는 ISO 규정에 따라 "Rc"를 기호로 사용한다.

53 배관용 탄소 강관의 종류를 나타내는 기호가 아닌 것은?

① SPPS 380　② SPPH 380
③ SPCD 390　④ SPLT 390

해설
① SPPS : 압력 배관용 탄소 강관
② SPPH : 고압 배관용 탄소강 강관
④ SPLT : 저온 배관용 강관

54 기계제도에서 도형의 생략에 관한 설명으로 틀린 것은?

① 도형이 대칭 형식인 경우에는 대칭 중심선의 한쪽 도형만을 그리고, 그 대칭 중심선의 양 끝부분에 대칭 그림기호를 그려서 대칭임을 나타낸다.
② 대칭 중심선의 한쪽 도형을 대칭 중심선을 조금 넘는 부분까지 그려서 나타낼 수도 있으며, 이때 중심선 양 끝에 대칭 그림기호를 반드시 나타내야 한다.
③ 같은 종류, 같은 모양의 것이 다수 줄지어 있는 경우에는 실형 대신 그림기호를 피치선과 중심선과의 교점에 기입하여 나타낼 수 있다.
④ 축, 막대, 관과 같은 동일 단면형의 부분은 지면을 생략하기 위하여 중간 부분을 파단선으로 잘라내서 그 긴요한 부분만을 가까이 하여 도시할 수 있다.

48 ③ 49 ④ 50 ② 51 ④ 52 ③ 53 ③ 54 ② 정답

해설

대칭되는 물체를 도면에 표시할 때 중심선을 조금 넘는 부분까지 그리려고 할 경우에는 대칭 도시기호를 생략할 수 있다.

55 모따기의 치수가 2mm이고 각도가 45°일 때 올바른 치수 기입 방법은?

① C2　　② 2C

③ 2-45°　　④ 45°×2

해설

모따기(Chamfer)를 입력할 때는 영어의 앞 글자를 따서 "C"로 쓰며 치수기입은 모따기 각도가 45°이며 길이가 2mm인 경우 C2와 같이 한다.

56 도형의 도시 방법에 관한 설명으로 틀린 것은?

① 소성가공 때문에 부품의 초기 윤곽선을 도시해야 할 필요가 있을 때는 가는 2점 쇄선으로 도시한다.

② 필릿이나 둥근 모퉁이와 같은 가상의 교차선은 윤곽선과 서로 만나지 않은 가는 실선으로 투상도에 도시할 수 있다.

③ 널링 부는 굵은 실선으로 전체 또는 부분적으로 도시한다.

④ 투명한 재료로 된 모든 물체는 기본적으로 투명한 것처럼 도시한다.

해설

투명한 재료의 물체도 기본적으로는 외형선 안에 색을 입혀서 표현한다.

57 그림과 같은 제3각 정투상도에 가장 적합한 입체도는?

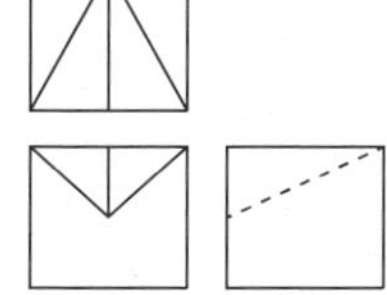

①

②
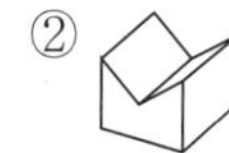

③

④

해설

정면도에서 중앙에 세로방향의 실선이 있고, 우측면도의 윗면에서 점선의 시작점이 우측 상단에서 좌측 중심부로 향하므로 이는 평면도의 중심에서 아래 방향으로 세로의 실선이 그려져야 한다. 따라서, ①번이 정답이다.

58 제3각법으로 정투상한 그림에서 누락된 정면도로 가장 적합한 것은?

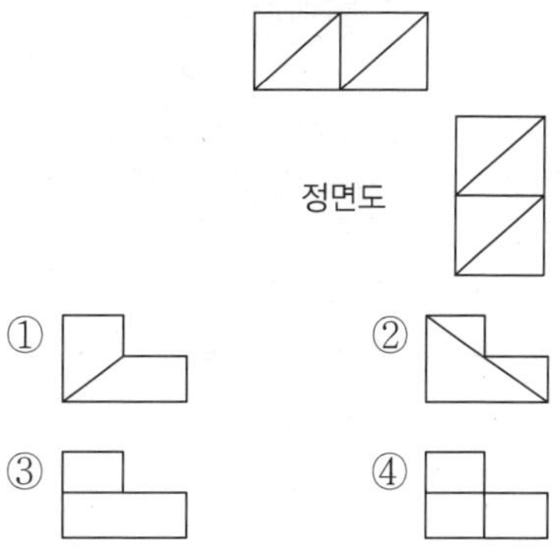

해설

우측면도를 보면 상단과 하단의 경계선을 기준으로 사각형의 좌측에서 우측 상단 방향으로 실선이 그려져 있으므로 이 점을 고려하면 정면도에서 ②번처럼 대각선이 보인다.

59 다음 중 게이트 밸브를 나타내는 기호는?

①　　②

③　　④

60 그림과 같은 용접 기호는 무슨 용접을 나타내는가?

① 심 용접　　② 비드 용접

③ 필릿 용접　　④ 점 용접

해설

일반적으로 비드용접은 비드의 형상을 물결무늬로 표시할 뿐 규정하지는 않으며, 필릿(필렛) 용접은 (◺)로 표현한다.

정답 55 ① 56 ④ 57 ① 58 ② 59 ① 60 ③

2016년도 제2회 기출문제

특수용접기능사 Craftsman Welding/Inert Gas Arc Welding

01 용접봉의 습기가 원인이 되어 발생하는 결함으로 가장 적절한 것은?

① 기 공 ② 선상조직
③ 용입불량 ④ 슬래그 섞임

해설
기공은 용착부의 급랭이나 용접봉에 습기가 있을 때, 아크 길이와 모재에 따른 용접 전류가 부적당할 때 발생한다.

02 은납땜이나 황동납땜에 사용되는 용제(Flux)는?

① 붕 사 ② 송 진
③ 염 산 ④ 염화암모늄

03 다음 금속 중 냉각속도가 가장 빠른 금속은?

① 구 리 ② 연 강
③ 알루미늄 ④ 스테인리스강

04 아크용접기의 사용에 대한 설명으로 틀린 것은?

① 사용률을 초과하여 사용하지 않는다.
② 무부하 전압이 높은 용접기를 사용한다.
③ 전격방지기가 부착된 용접기를 사용한다.
④ 용접기 케이스는 접지(Earth)를 확실히 해 둔다.

해설
전격 방지를 위해서 무부하 전압이 낮은 용접기를 사용해야 한다.

05 서브머지드 아크 용접에서 와이어 돌출 길이는 보통 와이어 지름을 기준으로 정한다. 와이어 돌출길이는 와이어 지름의 몇 배가 가장 적당한가?

① 2배 ② 4배
③ 6배 ④ 8배

해설
서브머지드 아크 용접(SAW)의 와이어 돌출 길이는 보통 와이어 지름의 8배가 적당하다.

06 다음 중 지그나 고정구의 설계 시 유의사항으로 틀린 것은?

① 구조가 간단하고 효과적인 결과를 가져와야 한다.
② 부품의 고정과 이완은 신속히 이루어져야 한다.
③ 모든 부품의 조립은 어렵고 눈으로 볼 수 없어야 한다.
④ 한번 부품을 고정시키면 차후 수정 없이 정확하게 고정되어 있어야 한다.

해설
지그나 고정구는 작업을 쉽게 하도록 도와주는 보조기구이므로 모든 부품의 조립은 쉽고 눈으로 확인할 수 있어야 한다.

07 다음 중 일반적으로 모재의 용융선 근처의 열영향부에서 발생되는 균열이며 고탄소강이나 저합금강을 용접할 때 용접열에 의한 열영향부의 경화와 변태응력 및 용착금속 속의 확산성 수소에 의해 발생되는 균열은?

① 루트 균열
② 설퍼 균열
③ 비드 밑 균열
④ 크레이터 균열

해설
비드 밑 균열
모재의 용융선 근처의 열영향부에서 발생되는 균열이며 고탄소강이나 저합금강을 용접할 때 용접열에 의한 열영향부의 경화와 변태응력 및 용착금속 내부의 확산성 수소에 의해 발생되는 균열이다.

1 ① 2 ① 3 ① 4 ② 5 ④ 6 ③ 7 ③ 정답

08 플라스마 아크 용접의 특징으로 틀린 것은?

① 비드 폭이 좁고 용접속도가 빠르다.
② 1층으로 용접할 수 있으므로 능률적이다.
③ 용접부의 기계적 성질이 좋으며 용접 변형이 작다.
④ 핀치효과에 의해 전류밀도가 작고 용입이 얕다.

저자쌤의 핵직강

플라스마 아크 용접의 특징
- 용접 변형이 작다.
- 용입이 깊고 비드의 폭이 좁다.
- 용접속도가 빨라서 가스 보호가 잘 안 된다.
- 핀치효과에 의해 전류밀도가 크고, 안정적이며 보유 열량이 크다.

해설
플라스마 아크 용접은 핀치효과에 의해 전류밀도가 크고, 안정적이며 보유 열량이 크다.

09 가스 용접 시 안전사항으로 적당하지 않는 것은?

① 작업자의 눈을 보호하기 위해 적당한 차광유리를 사용한다.
② 호스는 길지 않게 하며 용접이 끝났을 때는 용기밸브를 잠근다.
③ 산소병은 60℃ 이상 온도에서 보관하고 직사광선을 피하여 보관한다.
④ 호스 접속부는 호스밴드로 조이고 비눗물 등으로 누설여부를 검사한다.

해설
가스 용접뿐만 아니라 특수용접 중 보호가스로 사용되는 가스를 담고 있는 용기(봄베, 압력용기)는 40℃ 이하의 온도에서 직사광선을 피해 그늘진 곳에서 반드시 세워서 보관해야 한다.

10 다음 중 연소의 3요소에 해당하지 않는 것은?

① 가연물　② 부촉매
③ 산소공급원　④ 점화원

해설
연소가 일어날 조건
- 탈 물질(가연성 물질)
- 산소(조연성 가스)
- 점화원(불꽃)

11 다음 중 불활성 가스인 것은?

① 산 소　② 헬 륨
③ 탄 소　④ 이산화탄소

해설
불활성 가스란 다른 물질과 화학반응을 일으키기 어려운 가스로서 Ar(아르곤), He(헬륨), Ne(네온) 등이 있다.

12 다음 중 유도방사에 의한 광의 증폭을 이용하여 용융하는 용접법은?

① 맥동 용접　② 스터드 용접
③ 레이저 용접　④ 피복 아크 용접

13 저항 용접의 특징으로 틀린 것은?

① 산화 및 변질부분이 적다.
② 용접봉, 용제 등이 불필요하다.
③ 작업속도가 빠르고 대량생산에 적합하다.
④ 열손실이 많고, 용접부에 집중열을 가할 수 없다.

저자쌤의 핵직강

저항 용접의 장점
- 작업 속도가 빠르고 대량 생산에 적합하다.
- 산화 및 변질 부분이 적고, 접합 강도가 비교적 크다.
- 가압 효과로 조직이 치밀하며, 용접봉, 용제 등이 불필요하다.
- 열손실이 적고, 용접부에 집중열을 가할 수 있어서 용접 변형 및 잔류응력이 적다.

해설
저항 용접은 열손실이 적고 용접부에 집중적으로 열을 가할 수 있다.

14 제품을 용접한 후 일부분에 언더컷이 발생하였을 때 보수 방법으로 가장 적당한 것은?

① 홈을 만들어 용접한다.
② 결함부분을 절단하고 재용접한다.
③ 가는 용접봉을 사용하여 재용접한다.
④ 용접부 전체부분을 가우징으로 따낸 후 재용접한다.

정답 8 ④ 9 ③ 10 ② 11 ② 12 ③ 13 ④ 14 ③

해설

언더컷 불량은 용접 부위가 깊이 파인 불량이므로 직경이 가는 용접봉으로 용접을 실시한 후 그라인더로 연삭하여 보수작업을 마친다.

15 서브머지드 아크 용접법에서 두 전극 사이의 복사열에 의한 용접은?

① 텐덤식　② 횡직렬식
③ 횡병렬식　④ 종병렬식

해설

횡직렬식 방식이 두 전극 사이의 복사열을 활용해서 용접한다.

16 다음 중 TIG 용접 시 주로 사용되는 가스는?

① CO_2　② H_2
③ O_2　④ Ar

해설

TIG 용접 및 MIG 용접에 주로 사용되는 불활성 가스는 아르곤(Ar) 가스이다.

17 심 용접의 종류가 아닌 것은?

① 횡 심 용접(Circular Seam Welding)
② 머시 심 용접(Mush Seam Welding)
③ 포일 심 용접(Foil Seam Welding)
④ 맞대기 심 용접(Butt Seam Welding)

저자쌤의 핵직강

심 용접의 종류
맞대기 심 용접, 머시 심 용접, 포일 심 용접

18 용접 순서에 관한 설명으로 틀린 것은?

① 중심선에 대하여 대칭으로 용접한다.
② 수축이 작은 이음을 먼저하고 수축이 큰 이음은 후에 용접한다.
③ 용접선의 직각 단면 중심축에 대하여 용접의 수축력의 합이 0이 되도록 한다.
④ 동일 평면 내에 많은 이음이 있을 때는 수축은 가능한 자유단으로 보낸다.

해설

용접물의 변형이나 잔류응력의 누적을 피하려면 수축이 큰 이음을 먼저 용접하고 수축이 작은 이음을 나중에 용접해야 한다.

19 맞대기 용접이음에서 판 두께가 6mm, 용접선 길이가 120mm, 인장응력이 9.5N/mm^{2}일 때 모재가 받는 하중은 몇 N인가?

① 5,680　② 5,860
③ 6,480　④ 6,840

20 다음 중 인장시험에서 알 수 없는 것은?

① 항복점　② 연신율
③ 비틀림 강도　④ 단면수축률

해설

인장시험은 재료를 축 방향으로 잡아당기는 시험이므로 재료를 좌우로 비트는 비틀림 강도는 알 수 없다.

21 다음 용접 결함 중 구조상의 결함이 아닌 것은?

① 기 공　② 변 형
③ 용입 불량　④ 슬래그 섞임

해설

용접물의 변형은 치수상 결함에 속한다.

22 다음 중 일렉트로 가스 아크 용접의 특징으로 옳은 것은?

① 용접속도는 자동으로 조절된다.
② 판 두께가 얇을수록 경제적이다.
③ 용접장치가 복잡하여, 취급이 어렵고 고도의 숙련을 요한다.
④ 스패터 및 가스의 발생이 적고, 용접 작업 시 바람의 영향을 받지 않는다.

15 ② 16 ④ 17 ① 18 ② 19 ④ 20 ③ 21 ② 22 ① 정답

저자쌤의 핵직강

일렉트로 가스 아크 용접의 특징

- 용접속도는 자동으로 조절된다.
- 판 두께가 두꺼울수록 경제적이다.
- 용접장치가 간단해서 취급이 쉬워 용접 시 숙련이 요구되지 않는다.

해설

일렉트로 가스 아크 용접은 용접속도가 자동으로 조절된다.

23 피복 아크 용접에서 아크의 특성 중 정극성에 비교하여 역극성의 특징으로 틀린 것은?

① 용입이 얕다.
② 비드 폭이 좁다.
③ 용접봉의 용융이 빠르다.
④ 박판, 주철 등 비철금속의 용접에 쓰인다.

해설

직류 역극성의 경우 용접봉에 (+)전극이 연결되어 70%의 열이 발생되면서 용접봉이 빨리 용융되므로 비드 폭을 넓게 할 수 있다.

24 가스 용접봉 선택조건으로 틀린 것은?

① 모재와 같은 재질일 것
② 용융 온도가 모재보다 낮을 것
③ 불순물이 포함되어 있지 않을 것
④ 기계적 성질에 나쁜 영향을 주지 않을 것

저자쌤의 핵직강

가스 용접봉 선택 시 조건

- 용융온도가 모재와 같거나 비슷할 것
- 용접봉의 재질 중에 불순물을 포함하고 있지 않을 것
- 모재와 같은 재질이어야 하며 충분한 강도를 줄 수 있을 것
- 용융 온도가 모재와 같고, 기계적 성질에 나쁜 영향을 주지 말 것

25 아크 용접에 속하지 않는 것은?

① 스터드 용접
② 프로젝션 용접
③ 불활성 가스 아크 용접
④ 서브머지드 아크 용접

26 아세틸렌(C_2H_2)가스의 성질로 틀린 것은?

① 비중이 1.906으로 공기보다 무겁다.
② 순수한 것은 무색, 무취의 기체이다.
③ 구리, 은, 수은과 접촉하면 폭발성 화합물을 만든다.
④ 매우 불안전한 기체이므로 공기 중에서 폭발 위험성이 크다.

해설

아세틸렌가스는 비중이 0.906으로 공기(1.2)보다 가볍다.

27 용접용 2차측 케이블의 유연성을 확보하기 위하여 주로 사용하는 캡 타이어 전선에 대한 설명으로 옳은 것은?

① 가는 구리선을 여러 개로 꼬아 얇은 종이로 싸고 그 위에 니켈 피폭을 한 것
② 가는 구리선을 여러 개로 꼬아 튼튼한 종이로 싸고 그 위에 고무 피복을 한 것
③ 가는 알루미늄선을 여러 개로 꼬아 튼튼한 종이로 싸고 그 위에 니켈 피복을 한 것
④ 가는 알루미늄선을 여러 개로 꼬아 얇은 종이로 싸고 그 위에 고무 피복을 한 것

해설

용접용 2차측 케이블은 여러 가닥의 가는 구리선을 꼬아서 만든 후 고무 피복을 해서 절연처리를 한 뒤 용접기에 장착한다.

28 산소 용기를 취급할 때 주의사항으로 가장 적합한 것은?

① 산소 밸브의 개폐는 빨리해야 한다.
② 운반 중에 충격을 주지 말아야 한다.
③ 직사광선이 쬐이는 곳에 두어야 한다.
④ 산소 용기의 누설시험에는 순수한 물을 사용해야 한다.

해설

산소 용기뿐만 아니라 모든 가스용 압력용기는 운반 중 충격을 주어서는 안 된다.

정답 23 ② 24 ② 25 ② 26 ① 27 ② 28 ②

29 프로판 가스의 성질에 대한 설명으로 틀린 것은?

① 기화가 어렵고 발열량이 낮다.
② 액화하기 쉽고 용기에 넣어 수송이 편리하다.
③ 온도 변화에 따른 팽창률이 크고 물에 잘 녹지 않는다.
④ 상온에서는 기체 상태이고 무색이며, 투명하고 약간의 냄새가 난다.

해설
프로판 가스는 쉽게 기화하며 발열량이 높다.

30 아크가 발생될 때 모재에서 심선까지의 거리를 아크 길이라 한다. 아크 길이가 짧을 때 일어나는 현상은?

① 발열량이 작다.
② 스패터가 많아진다.
③ 기공 균열이 생긴다.
④ 아크가 불안정해진다.

해설
아크 길이가 길 때보다 아크 길이가 짧을 때 발열량이 더 작다. 그렇기 때문에 아크 길이를 길게 하면 발열량이 커져서 모재가 빨리 녹게 된다.

31 피복 아크 용접 중 용접봉의 용융속도에 관한 설명으로 옳은 것은?

① 아크전압 × 용접봉 쪽 전압강하로 결정된다.
② 단위 시간당 소비되는 전류값으로 결정된다.
③ 동일 종류 용접봉인 경우 전압에만 비례하여 결정된다.
④ 용접봉 지름이 달라도 동일 종류의 용접봉인 경우 용접봉 지름에는 관계가 없다.

해설
용접봉의 용융속도는 단위 시간당 소비되는 용접봉의 길이로 나타내기 때문에 용접봉의 지름이 달라도 동일 종류의 용접봉인 경우 용융속도는 같다.
용접봉의 용융속도 = 아크전류 × 용접봉 쪽 전압강하

32 산소-아세틸렌가스 용접기로 두께가 3.2mm인 연강 판을 V형 맞대기 이음을 하려면 이에 적합한 연강용 가스 용접봉의 지름(mm)을 계산서에 의해 구하면 얼마인가?

① 2.6　　② 3.2
③ 3.6　　④ 4.6

33 산소-프로판가스 절단에서, 프로판가스 1에 대하여 얼마의 비율로 산소를 필요로 하는가?

① 1.5　　② 2.5
③ 4.5　　④ 6

34 가스 절단작업에서 절단속도에 영향을 주는 요인과 가장 관계가 먼 것은?

① 모재의 온도　　② 산소의 압력
③ 산소의 순도　　④ 아세틸렌 압력

해설
가스 절단은 처음 아세틸렌가스를 일정량으로 분출시킨 후 산소가스를 분출시켜 불꽃을 만든다. 그 이후 저압 산소밸브를 돌려 분출 압력을 높이면서 불꽃심을 약 5mm로 만든 후 모재를 용융시키는데 모재가 빨갛게 달궈지면 고압 산소밸브를 열어 고압으로 산소를 분출시켜 절단하게 된다. 이때, 모재의 온도와 산소의 순도, 산소의 압력은 절단작업 시 중요한 요소로 작용하나 아세틸렌가스의 압력은 절단 속도와 관련이 적다.

35 일미나이트계 용접봉을 비롯하여 대부분의 피복 아크 용접봉을 사용할 때 많이 볼 수 있으며 미세한 용적이 날려서 옮겨가는 용접이행방식은?

① 단락형　　② 누적형
③ 스프레이형　　④ 글로뷸러형

해설
스프레이형 용적이행방식은 가장 많이 사용되는 것으로 아크기류 중에서 용가재가 고속으로 용융되어 미입자의 용적으로 분사되어 모재에 옮겨가면서 용착되는 용적이행이다.

29 ①　30 ①　31 ④　32 ①　33 ③　34 ④　35 ③ **정답**

36 아크 용접기의 구비조건으로 틀린 것은?

① 효율이 좋아야 한다.
② 아크가 안정되어야 한다.
③ 용접 중 온도상승이 커야 한다.
④ 구조 및 취급이 간단해야 한다.

저자쌤의 핵직강

아크 용접기의 구비조건
- 역률과 효율이 높아야 한다.
- 구조 및 취급이 간단해야 한다.
- 사용 중 온도상승이 작아야 한다.
- 아크 발생이 쉽고 아크가 안정되어야 한다.

37 피복 아크 용접봉에서 피복제의 역할로 틀린 것은?

① 용착금속의 급랭을 방지한다.
② 모재 표면의 산화물을 제거한다.
③ 용착금속의 탈산 정련작용을 방지한다.
④ 중성 또는 환원성 분위기로 용착금속을 보호한다.

저자쌤의 핵직강

피복제(Flux)의 역할
- 용착금속의 급랭을 방지한다.
- 용착금속의 탈산 정련작용을 한다.
- 중성 또는 환원성 분위기를 만들어 질화나 산화를 방지하고 용융금속을 보호한다.

해설
피복 아크 용접봉의 피복제는 용착금속의 탈산 정련작용을 한다.

38 가스 용접에서 용제(Flux)를 사용하는 가장 큰 이유는?

① 모재의 용융온도를 낮게 하여 가스 소비량을 적게 하기 위해
② 산화작용 및 질화작용을 도와 용착금속의 조직을 미세화하기 위해
③ 용접봉의 용융속도를 느리게 하여 용접봉 소모를 적게 하기 위해
④ 용접 중에 생기는 금속의 산화물 또는 비금속 개재물을 용해하여 용착금속의 성질을 양호하게 하기 위해

해설
가스 용접에서 용제는 용접 중에 생기는 금속의 산화물이나 비금속 개재물을 용해한다.

39 인장시험편의 단면적이 $50mm^2$이고 최대 하중이 500kgf일 때 인장강도는 얼마인가?

① $10kgf/mm^2$ ② $50kgf/mm^2$
③ $100kgf/mm^2$ ④ $250kgf/mm^2$

40 4% Cu, 2% Ni, 1.5% Mg 등을 알루미늄에 첨가한 Al 합금으로 고온에서 기계적 성질이 매우 우수하고, 금형 주물 및 단조용으로 이용될 뿐만 아니라 자동차 피스톤용에 많이 사용되는 합금은?

① Y합금 ② 슈퍼인바
③ 콜슨합금 ④ 두랄루민

해설
Y합금 : Al + Cu + Mg + Ni의 합금으로 내연기관용 피스톤, 실린더 헤드의 재료로 사용된다.

41 Al-Si계 합금을 개량처리하기 위해 사용되는 접종처리제가 아닌 것은?

① 금속나트륨 ② 염화나트륨
③ 불화알칼리 ④ 수산화나트륨

해설
개량처리 시 접종처리제는 나트륨이나 수산화나트륨, 플루오린화 알칼리(불화 알칼리), 알칼리 염류이다. 그러나 염화나트륨은 사용하지 않는다.

42 그림과 같은 결정격자는?

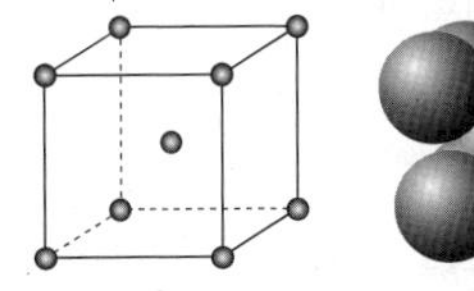

① 면심입방격자 ② 조밀육방격자
③ 저심면방격자 ④ 체심입방격자

해설
격자의 모서리와 중심에 원자가 배치되어 있는 것은 체심입방격자이다.

정답 36 ③ 37 ③ 38 ④ 39 ① 40 ① 41 ② 42 ④

43 Mg의 비중과 용융점(℃)은 약 얼마인가?

① 0.8, 350℃ ② 1.2, 550℃
③ 1.74, 650℃ ④ 2.7, 780℃

44 다음 중 Fe-C 평형상태도에서 가장 낮은 온도에서 일어나는 반응은?

① 공석반응 ② 공정반응
③ 포석반응 ④ 포정반응

45 금속의 공통적 특성으로 틀린 것은?

① 열과 전기의 양도체이다.
② 금속 고유의 광택을 갖는다.
③ 이온화하면 음(-)이온이 된다.
④ 소성 변형성이 있어 가공하기 쉽다.

저자쌤의 핵직강

금속의 일반적인 특성

- 전기 및 열의 양도체이다.
- 금속 특유의 광택을 갖는다.
- 이온화하면 양(+)이온이 된다.
- 연성과 전성이 우수하며 소성 변형이 가능하다.

해설

금속을 이온화하면 양(+)이온이 된다.

46 담금질한 강을 뜨임 열처리하는 이유는?

① 강도를 증가시키기 위하여
② 경도를 증가시키기 위하여
③ 취성을 증가시키기 위하여
④ 연성을 증가시키기 위하여

47 다음 중 소결 탄화물 공구강이 아닌 것은?

① 듀콜(Duecole)강
② 미디아(Midia)
③ 카볼로이(Carboloy)
④ 텅갈로이(Tungalloy)

해설

듀콜강은 펄라이트 조직으로 1~2%의 Mn, 0.2~1%의 C로 인장강도가 440~863MPa이며, 연신율은 13~34%이고, 건축, 토목, 교량재 등 일반 구조용으로 쓰이는 망간(Mn)강으로 소결 탄화물 공구강과는 관련이 없다.

48 미세한 결정립을 가지고 있으며, 어느 응력하에서 파단에 이르기까지 수백 % 이상의 연신율을 나타내는 합금은?

① 제진합금 ② 초소성합금
③ 미경질합금 ④ 형상기억합금

49 합금 공구강 중 게이지용 강이 갖추어야 할 조건으로 틀린 것은?

① 경도는 HRC 45 이하를 가져야 한다.
② 팽창계수가 보통강보다 작아야 한다.
③ 담금질에 의한 변형 및 균열이 없어야 한다.
④ 시간이 지남에 따라 치수의 변화가 없어야 한다.

해설

게이지용 강의 경도는 HRC 55 이상이어야 한다.

50 상온에서 방치된 황동 가공재나 저온 풀림 경화로 얻은 스프링재가 시간이 지남에 따라 경도 등 여러 가지 성질이 악화되는 현상은?

① 자연 균열 ② 경년 변화
③ 탈아연 부식 ④ 고온 탈아연

51 그림과 같이 기점 기호를 기준으로 하여 연속된 치수선으로 치수를 기입하는 방법은?

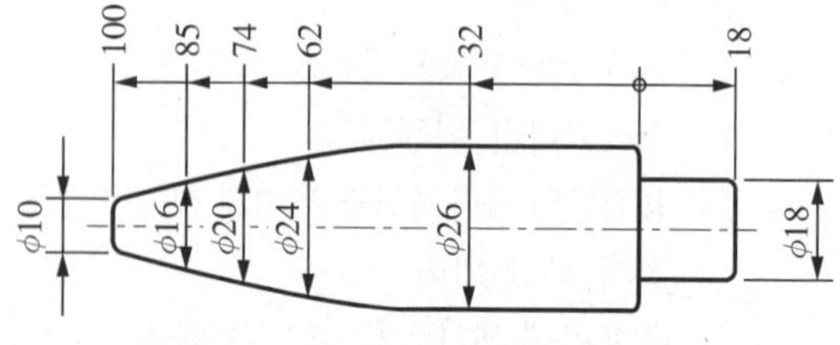

① 직렬치수기입법 ② 병렬치수기입법
③ 좌표치수기입법 ④ 누진치수기입법

43 ③ 44 ① 45 ③ 46 ④ 47 ① 48 ② 49 ① 50 ② 51 ④ 정답

해설
누진치수기입법은 한 개의 연속된 치수선으로 간편하게 기입하는 방법이다.

52 아주 굵은 실선의 용도로 가장 적합한 것은?

① 특수 가공하는 부분의 범위를 나타내는 데 사용
② 얇은 부분의 단면도시를 명시하는 데 사용
③ 도시된 단면의 앞쪽을 표현하는 데 사용
④ 이동한계의 위치를 표시하는 데 사용

해설
아주 굵은 실선은 얇은 부분의 단면도시를 명시하는 데 사용한다.

53 나사의 표시방법에 대한 설명으로 옳은 것은?

① 수나사의 골지름은 가는 실선으로 표시한다.
② 수나사의 바깥지름은 가는 실선으로 표시한다.
③ 암나사의 골지름은 아주 굵은 실선으로 표시한다.
④ 완전 나사부와 불완전 나사부의 경계선은 가는 실선으로 표시한다.

해설
① 수나사의 골지름은 가는 실선으로 그린다.
② 수나사의 바깥지름은 굵은 실선으로 그린다.
③ 암나사의 골지름은 가는 실선으로 그린다.
④ 완전 나사부와 불완전 나사부의 경계선은 굵은 실선으로 그린다.

54 다음 입체도의 화살표 방향을 정면으로 한다면 좌측면도로 적합한 투상도는?

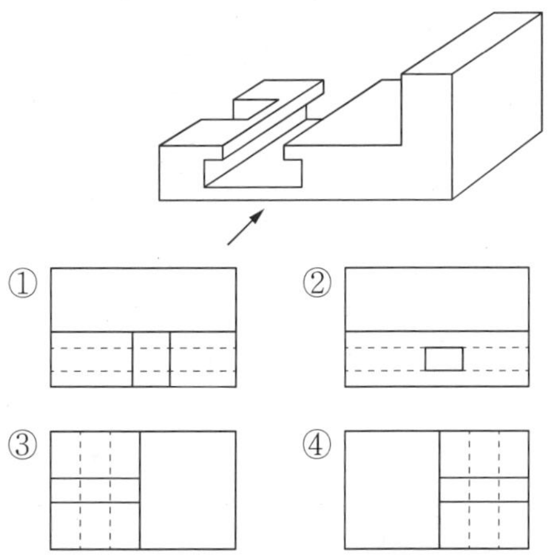

55 판을 접어서 만든 물체를 펼친 모양으로 표시할 필요가 있는 경우 그리는 도면을 무엇이라 하는가?

① 투상도 ② 개략도
③ 입체도 ④ 전개도

해설
전개도
금속판을 접어서 만든 물체를 펼친 모양으로 표시할 필요가 있는 경우 그리는 도면

56 배관도시기호에서 유량계를 나타내는 기호는?

① (P) ② (T)
③ (F) ④ (LG)

해설
F는 유량계로서 Flow Rate의 약자이다.
① P는 압력계로써 Pressure의 약자이다.
② T는 온도계로써 Temperature의 약자이다.

57 그림과 같은 입체도의 정면도로 적합한 것은?

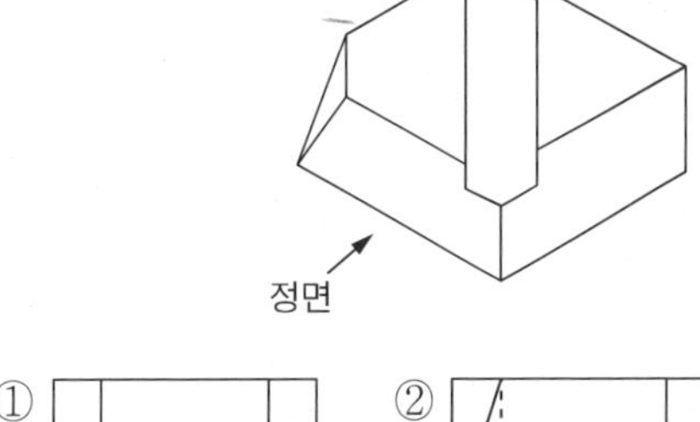

①

②
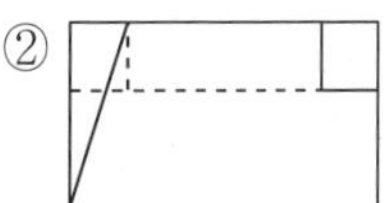
③
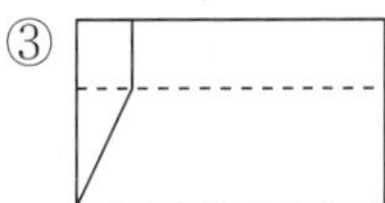
④

해설
입체도를 화살표 방향으로 보면 정면도가 되는데, 정면도의 좌측 끝 부분을 보면 좌측 아래 꼭짓점 부분에서 맨 위쪽면의 일부분까지 대각선으로 깎인 부분이 있는데 이를 표현한 것은 ②번과 ④번이다. 그리고 정면도의 우측 상단에 L자 모양인 외형선이 표시되어야 하므로 정답은 ②번이 된다.

정답 52 ② 53 ① 54 ① 55 ④ 56 ③ 57 ②

58 재료 기호 중 SPHC의 명칭은?

① 배관용 탄소 강관
② 열간 압연 연강판 및 강대
③ 용접구조용 압연 강재
④ 냉간 압연 강판 및 강대

59 용접 보조기호 중 "제거 가능한 이면 관계사용" 기호는?

① [MR]　② ▁▁
③ ◡◡　④ [M]

해설
- [MR] : 제거 가능한 이면 판재
- [M] : 영구적인 이면 판재(덮개판)

60 기계제도에서 사용하는 척도에 대한 설명으로 틀린 것은?

① 척도의 표시방법에는 현척, 배척, 축척이 있다.
② 도면에 사용한 척도는 일반적으로 표제란에 기입한다.
③ 한 장의 도면에 서로 다른 척도를 사용할 필요가 있는 경우에는 해당되는 척도를 모두 표제란에 기입한다.
④ 척도는 대상물과 도면의 크기로 정해진다.

해설
한 장의 도면에 서로 다른 척도를 사용할 때 전체적인 척도는 표제란에 기입한다. 그러나 개별적으로 적용하는 척도는 도면상에서 해당 부품의 하단부나 근처 알맞은 곳에 표시하면 된다.

58 ② 59 ① 60 ③ 정답

2016년도 제4회 기출문제

특수용접기능사 Craftsman Welding/Inert Gas Arc Welding

01 다음 중 MIG 용접에서 사용하는 와이어 송급 방식이 아닌 것은?

① 풀(Pull) 방식
② 푸시(Push) 방식
③ 푸시 풀(Push-pull) 방식
④ 푸시 언더(Push-under) 방식

해설
와이어의 송급 방식에 푸시 언더 방식이란 존재하지 않는다.

02 용접결함과 그 원인의 연결이 틀린 것은?

① 언더컷 - 용접 전류가 너무 낮을 경우
② 슬래그 섞임 - 운봉속도가 느릴 경우
③ 기공 - 용접부가 급속하게 응고될 경우
④ 오버랩 - 부적절한 운봉법을 사용했을 경우

해설
언더컷 불량은 용접 전류(A)가 너무 커서 모재에 주는 아크열이 커짐으로 인해 모재가 움푹 파이는 현상이다. 따라서 언더컷 불량을 줄이기 위해서는 적절한 아크 전류(A)를 설정해야 한다.

03 일반적으로 용접순서를 결정할 때 유의해야 할 사항으로 틀린 것은?

① 용접물의 중심에 대하여 항상 대칭으로 용접한다.
② 수축이 작은 이음을 먼저 용접하고 수축이 큰 이음은 나중에 용접한다.
③ 용접구조물이 조립되어감에 따라 용접작업이 불가능한 곳이나 곤란한 경우가 생기지 않도록 한다.
④ 용접구조물의 중립축에 대하여 용접 수축력의 모멘트 합이 0이 되게 하면 용접선 방향에 대한 굽힘을 줄일 수 있다.

해설
용접물의 변형이나 잔류응력의 누적을 피하려면 수축이 큰 이음을 먼저 용접하고 수축이 작은 이음을 나중에 용접해야 한다.

04 용접부에 생기는 결함 중 구조상의 결함이 아닌 것은?

① 기 공 ② 균 열
③ 변 형 ④ 용입 불량

해설
용접물의 변형은 치수상 결함에 속한다.

05 스터드 용접에서 내열성의 도기로 용융금속의 산화 및 유출을 막아 주고 아크열을 집중시키는 역할을 하는 것은?

① 페 룰 ② 스터드
③ 용접토치 ④ 제어장치

해설
페룰(Ferrule)
모재와 스터드가 통전할 수 있도록 연결해 주는 것으로 아크 공간을 대기와 차단하여 아크분위기를 보호한다. 또한 아크열을 집중시켜 주며 용착금속의 누출을 방지하고 작업자의 눈도 보호해 준다.

06 다음 중 저항 용접의 3요소가 아닌 것은?

① 가압력 ② 통전시간
③ 통전전압 ④ 전류의 세기

07 다음 중 용접 이음의 종류가 아닌 것은?

① 십자 이음 ② 맞대기 이음
③ 변두리 이음 ④ 모따기 이음

해설
용접 이음의 종류에 모따기 이음은 없다.

정답 1 ④ 2 ① 3 ② 4 ③ 5 ① 6 ③ 7 ④

08 일렉트로 슬래그 용접의 장점으로 틀린 것은?

① 용접 능률과 용접 품질이 우수하다.
② 최소한의 변형과 최단시간의 용접법이다.
③ 후판을 단일층으로 한 번에 용접할 수 있다.
④ 스패터가 많으며 80%에 가까운 용착 효율을 나타낸다.

저자쌤의 핵직강

일렉트로 슬래그 용접의 장점
- 후판 용접을 단일층으로 한 번에 용접할 수 있다.
- 일렉트로 슬래그 용접의 용착량은 거의 100%에 가깝다.
- 냉각하는데 시간이 오래 걸려서 기공이나 슬래그가 섞일 확률이 적다.

09 선박, 보일러 등 두꺼운 판의 용접 시 용융 슬래그와 와이어의 저항열을 이용하여 연속적으로 상진하는 용접법은?

① 테르밋 용접
② 넌실드 아크 용접
③ 일렉트로 슬래그 용접
④ 서브머지드 아크 용접

10 다음 중 스터드 용접법의 종류가 아닌 것은?

① 아크 스터드 용접법
② 저항 스터드 용접법
③ 충격 스터드 용접법
④ 텅스텐 스터드 용접법

저자쌤의 핵직강

스터드(Stud) 용접의 종류
아크 스터드 용접, 저항 스터드 용접, 충격 스터드 용접

11 탄산가스 아크 용접에서 용착속도에 관한 내용으로 틀린 것은?

① 용접속도가 빠르면 모재의 입열이 감소한다.
② 용착률은 일반적으로 아크전압이 높은 쪽이 좋다.
③ 와이어 용융속도는 와이어의 지름과는 거의 관계가 없다.
④ 와이어 용융속도는 아크전류에 거의 정비례하며 증가한다.

해설
용착률은 일반적으로 아크전류가 높은 쪽이 더 좋다.

12 플래시 버트 용접 과정의 3단계는?

① 업셋, 예열, 후열
② 예열, 검사, 플래시
③ 예열, 플래시, 업셋
④ 업셋, 플래시, 후열

저자쌤의 핵직강

플래시 용접 과정의 3단계
예열 → 플래시 → 업셋

13 용접결함 중 은점의 원인이 되는 주된 원소는?

① 헬 륨　　② 수 소
③ 아르곤　　④ 이산화탄소

해설
용접 후 용접부에 은점이 발생되었다면 이것은 수소(H_2)가스와 용융 금속간의 반응에 의한 것으로 이 결함을 없애기 위해서는 실온(약 24℃)에서 수개월간 방치하면 된다.

14 다음 중 제품별 노 내 및 국부풀림의 유지 온도와 시간이 올바르게 연결된 것은?

① 탄소강 주강품 : 625±25℃, 판 두께 25mm에 대하여 1시간
② 기계구조용 연강재 : 725±25℃, 판 두께 25mm에 대하여 1시간
③ 보일러용 압연강재 : 625±25℃, 판 두께 25mm에 대하여 4시간
④ 용접구조용 연강재 : 725±25℃, 판 두께 25mm에 대하여여 2시간

8 ④ 9 ③ 10 ④ 11 ② 12 ③ 13 ② 14 ① 정답

저자쌤의 핵직강

노 내 풀림법
가열 노(Furnace) 내에서 유지온도는 625℃ 정도이며 노에 넣을 때나 꺼낼 때의 온도는 300℃ 정도로 한다. 판 두께가 25mm일 경우에 1시간 동안 유지하는데 유지 온도가 높거나 유지 시간이 길수록 풀림 효과가 크다.

15 용접 시공에서 다층 쌓기로 작업하는 용착법이 아닌 것은?

① 스킵법　② 빌드업법
③ 전진블록법　④ 캐스케이드법

해설
스킵법은 용착 방향에 의한 융착법의 분류에 속한다.

16 예열의 목적에 대한 설명으로 틀린 것은?

① 수소의 방출을 용이하게 하여 저온균열을 방지한다.
② 열영향부와 용착금속의 경화를 방지하고 연성을 증가시킨다.
③ 용접부의 기계적 성질을 향상시키고 경화조직의 석출을 촉진시킨다.
④ 온도 분포가 완만하게 되어 열응력의 감소로 변형과 잔류응력의 발생을 적게 한다.

해설
용접 재료를 예열하는 목적은 금속의 갑작스런 팽창과 수축에 의한 변형방지 및 잔류응력 제거이므로 열영향부의 경도 증가와는 거리가 멀다.

17 용접작업에서 전격의 방지대책으로 틀린 것은?

① 땀, 물 등에 의해 젖은 작업복, 장갑 등은 착용하지 않는다.
② 텅스텐봉을 교체할 때 항상 전원 스위치를 차단하고 작업한다.
③ 절연 홀더의 절연부분이 노출, 파손되면 즉시 보수하거나 교체한다.
④ 가죽 장갑, 앞치마, 발 덮개 등 보호구를 반드시 착용하지 않아도 된다.

18 서브머지드 아크 용접에서 용제의 구비조건에 대한 설명으로 틀린 것은?

① 용접 후 슬래그(Slag)의 박리가 어려울 것
② 적당한 입도를 갖고 아크 보호성이 우수할 것
③ 아크 발생을 안정시켜 안정된 용접을 할 수 있을 것
④ 적당한 합금성분을 첨가하여 탈황, 탈산 등의 정련 작용을 할 것

해설
서브머지드 아크 용접용 용제는 용접 후 슬래그의 박리가 쉬워야 한다.

19 MIG 용접의 전류밀도는 TIG 용접의 약 몇 배 정도인가?

① 2　② 4
③ 6　④ 8

해설
MIG 용접은 TIG 용접에 비해 전류밀도가 2배 정도로 높아서 용융속도가 빠르며 후판용접에 적합하다.

20 다음 중 파괴시험에서 기계적 시험에 속하지 않는 것은?

① 경도시험　② 굽힘시험
③ 부식시험　④ 충격시험

21 다음 중 초음파탐상법에 속하지 않는 것은?

① 공진법　② 투과법
③ 프로드법　④ 펄스반사법

정답 15 ① 16 ③ 17 ④ 18 ① 19 ① 20 ③ 21 ③

저자쌤의 핵직강

초음파탐상법의 종류

- 투과법 : 초음파펄스를 시험체의 한쪽 면에서 송신하고 반대쪽 면에서 수신하는 방법
- 펄스반사법 : 불연속부와 같은 경계면에서는 투과 및 굴절 또는 반사를 하는데 이러한 불연속부에서 반사하는 초음파를 분석하여 검사하는 방법
- 공진법 : 시험체에 가해진 초음파의 진동수와 시험체의 고유진동수가 일치할 때 진동의 진폭이 커지는 현상인 공진을 이용하여 시험체의 두께를 측정하는 방법

22 화재 및 소화기에 관한 내용으로 틀린 것은?

① A급 화재란 일반화재를 뜻한다.
② C급 화재란 유류화재를 뜻한다.
③ A급 화재에는 포말소화기가 적합하다.
④ C급 화재에는 CO_2소화기가 적합하다.

저자쌤의 핵직강

화재의 종류

분 류	명 칭
A급 화재	일반(보통) 화재
B급 화재	유류 및 가스화재
C급 화재	전기 화재
D급 화재	금속 화재

23 TIG 절단에 관한 설명으로 틀린 것은?

① 전원은 직류 역극성을 사용한다.
② 절단면이 매끈하고 열효율이 좋으며 능률이 대단히 높다.
③ 아크냉각용 가스에는 아르곤과 수소의 혼합가스를 사용한다.
④ 알루미늄, 마그네슘, 구리와 구리합금, 스테인리스강 등 비철금속의 절단에 이용된다.

해설
TiG 절단용 전원은 직류 정극성을 사용한다.

24 다음 중 기계적 접합법에 속하지 않는 것은?

① 리 벳 ② 용 접
③ 접어 잇기 ④ 볼트 이음

해설
용접은 접합부위를 용융시켜서 결합시키는 야금적 접합법에 속한다.

25 다음 중 아크 절단에 속하지 않는 것은?

① MIG 절단 ② 분말 절단
③ TIG 절단 ④ 플라스마 제트 절단

해설
분말 절단 : 철 분말이나 용제 분말을 절단용 산소에 연속적으로 혼입하여 그 산화열을 이용하여 절단하는 방법

26 가스 절단 작업 시 표준 드래그 길이는 일반적으로 모재 두께의 몇 % 정도인가?

① 5 ② 10
③ 20 ④ 30

해설
가스 절단 작업 시 표준 드래그의 길이는 보통 판 두께의 20% 정도이다.

27 용접 중에 아크를 중단시키면 중단된 부분이 오목하거나 납작하게 파진 모습으로 남게 되는 것은?

① 피 트 ② 언더컷
③ 오버랩 ④ 크레이터

해설
크레이터 : 아크 용접의 비드 끝에서 오목하게 파인 부분으로 용접 후에는 반드시 크레이터 처리를 해야 한다.

28 10,000~30,000℃의 높은 열에너지를 가진 열원을 이용하여 금속을 절단하는 절단법은?

① TIG 절단법
② 탄소 아크 절단법
③ 금속 아크 절단법
④ 플라스마 제트 절단법

22 ② 23 ① 24 ② 25 ② 26 ③ 27 ④ 28 ④ 정답

해설

플라스마 아크 절단(플라스마 제트 절단) : 10,000~30,000℃의 높은 온도를 가진 플라스마를 한 방향으로 모아서 분출시키는 것을 일컬어 플라스마 제트라고 부르는데 이 열원으로 절단하는 방법이다. 절단하려는 재료에 전기적 접촉을 하지 않으므로 금속재료와 비금속재료 모두 절단이 가능하다.

29 일반적인 용접의 특징으로 틀린 것은?

① 재료의 두께에 제한이 없다.
② 작업공정이 단축되며 경제적이다.
③ 보수와 수리가 어렵고 제작비가 많이 든다.
④ 제품의 성능과 수명이 향상되며 이종 재료도 용접이 가능하다.

해설

용접은 유지와 보수가 쉽고 제작비가 적게 든다는 장점이 있다.

30 일반적으로 두께가 3mm인 연강판을 가스 용접하기에 가장 적합한 용접봉의 직경은?

① 약 2.6mm ② 약 4.0mm
③ 약 5.0mm ④ 약 6.0mm

31 연강용 피복 아크 용접봉의 종류에 따른 피복제 계통이 틀린 것은?

① E4340 : 특수계
② E4316 : 저수소계
③ E4327 : 철분산화철계
④ E4313 : 철분산화티탄계

해설

E4313은 고산화티탄계 용접봉이다.

32 다음 중 아크 쏠림 방지대책으로 틀린 것은?

① 접지점 2개를 연결할 것
② 용접봉 끝은 아크 쏠림 반대 방향으로 기울일 것
③ 접지점을 될 수 있는 대로 용접부에서 가까이 할 것
④ 큰 가접부 또는 이미 용접이 끝난 용착부를 향하여 용접할 것

33 양호한 절단면을 얻기 위한 조건으로 틀린 것은?

① 드래그가 가능한 클 것
② 슬래그 이탈이 양호할 것
③ 절단면 표면의 각이 예리할 것
④ 절단면이 평활하며 드래그의 홈이 낮을 것

해설

절단 후 양호한 절단면을 얻으려면 가능한 드래그를 작게 해야 한다.

34 산소-아세틸렌가스 절단과 비교한, 산소-프로판가스 절단의 특징으로 틀린 것은?

① 슬래그의 제거가 쉽다.
② 절단면 위 모서리가 잘 녹지 않는다.
③ 후판 절단 시에는 아세틸렌보다 절단속도가 느리다.
④ 포갬 절단 시에는 아세틸렌보다 절단속도가 빠르다.

해설

산소-프로판가스 절단이 산소-아세틸렌가스 절단보다 후반 절단속도가 빠르다.

35 용접기의 사용률(Duty Cycle)을 구하는 공식으로 옳은 것은?

① $\text{사용률}(\%) = \frac{\text{휴식시간}}{\text{아크발생시간} + \text{휴식시간}} \times 100$

② $\text{사용률}(\%) = \frac{\text{아크발생시간}}{\text{아크발생시간} + \text{휴식시간}} \times 100$

③ $\text{사용률}(\%) = \frac{\text{아크발생시간}}{\text{아크발생시간} - \text{휴식시간}} \times 100$

④ $\text{사용률}(\%) = \frac{\text{휴식시간}}{\text{아크발생시간} - \text{휴식시간}} \times 100$

정답 29 ③ 30 ① 31 ④ 32 ③ 33 ① 34 ③ 35 ②

36 가스 절단에서 예열불꽃의 역할에 대한 설명으로 틀린 것은?

① 절단산소 운동량 유지
② 절단산소 순도 저하 방지
③ 절단개시 발화점 온도 가열
④ 절단재의 표면스케일 등의 박리성 저하

해설
가스 절단 시 예열불꽃은 절단재의 표면스케일 등의 박리성을 높인다.

37 가스 용접작업에서 양호한 용접부를 얻기 위해 갖추어야 할 조건으로 틀린 것은?

① 용착금속의 용입 상태가 균일해야 한다.
② 용접부에 첨가된 금속의 성질이 양호해야 한다.
③ 기름, 녹 등을 용접 전에 제거하여 결함을 방지한다.
④ 과열의 흔적이 있어야 하고 슬래그나 기공 등도 있어야 한다.

해설
양호한 용접부를 얻으려면 과열의 흔적이 없고 슬래그나 기공 등의 불량도 없어야 한다.

38 용접기 설치 시 1차 압력이 10kVA이고 전원 전압이 200V이면 퓨즈 용량은?

① 50A ② 100A
③ 150A ④ 200A

39 다음의 희토류 금속원소 중 비중이 약 16.6, 용융점은 약 2,996℃이고, 150℃ 이하에서 불활성 물질로서 내식성이 우수한 것은?

① Se ② Te
③ In ④ Ta

해설
④ Ta(Tantalum, 탄탈럼) : 비중은 16.69, 용융점은 약 2,990℃인 희토류계의 회흑색 금속이다. 고온에서도 기계적 강도와 전연성이 커서 코일이나 콘덴서용 재료로도 사용된다. 150℃ 이하에서 내식성이 우수한다.

40 압입체의 대면각이 136°인 다이아몬드 피라미드로 하중 1~120kg을 사용하여 특히 얇은 물건이나 표면 경화된 재료의 경도를 측정하는 시험법은 무엇인가?

① 로크웰 경도시험법
② 비커스 경도시험법
③ 쇼어 경도시험법
④ 브리넬 경도시험법

해설
136°인 다이아몬드 피라미드 압입자를 사용하는 경도시험법은 비커스 경도시험이다.

41 TTT 곡선에서 하부 임계냉각속도란?

① 50% 마텐자이트를 생성하는 데 요하는 최대의 냉각속도
② 100% 오스테나이트를 생성하는 데 요하는 최소의 냉각속도
③ 최초에 소르바이트가 나타나는 냉각속도
④ 최초에 마텐자이트가 나타나는 냉각속도

42 1,000~1,100℃에서 수중 냉각함으로써 오스테나이트 조직으로 되고, 인성 및 내마멸성 등이 우수하여 광석 파쇄기, 기차 레일, 굴삭기 등의 재료로 사용되는 것은?

① 고 Mn강
② Ni-Cr강
③ Cr-Mo강
④ Mo계 고속도강

해설
Mn 주강
Mn을 약 1% 합금한 저망간 주강은 제지용 롤러에, 약 12% 합금한 고망간 주강(하드필드강)은 오스테나이트 입계의 탄화물 석출로 취약하나 약 1,000℃에서 담금질하면 균일한 오스테나이트조직이 되면서 조직이 강인해지므로 광산이나 토목용 기계부품에 사용이 가능하다.

36 ④ 37 ④ 38 ① 39 ④ 40 ② 41 ④ 42 ① 정답

43 게이지용 강이 갖추어야 할 성질로 틀린 것은?

① 담금질에 의해 변형이나 균열이 없을 것
② 시간이 지남에 따라 치수변화가 없을 것
③ HRC 55 이상의 경도를 가질 것
④ 팽창계수가 보통강보다 클 것

해설
게이지용 강은 열팽창 계수가 보통강보다 작아야 측정 시 오차가 작다.

44 알루미늄을 주성분으로 하는 합금이 아닌 것은?

① Y합금 ② 라우탈
③ 인코넬 ④ 두랄루민

해설
인코넬은 내열성과 내식성이 우수한 니켈 합금의 일종이다.

45 두 종류 이상의 금속 특성을 복합적으로 얻을 수 있고 바이메탈재료 등에 사용되는 합금은?

① 제진합금 ② 비정질합금
③ 클래드합금 ④ 형상기억합금

해설
클래드 합금(Clad Materials)
두 개 혹은 그 이상의 금속을 기계적으로 겹쳐서 만든 신소재로 대표적인 제품으로는 두 금속의 열팽창계수를 응용한 바이메탈이 있다.
※ Clad : 두 개 혹은 그 이상의 금속을 기계적으로 겹쳐서 만든 신소재

46 황동 중 60% Cu + 40% Zn 합금으로 조직이 $\alpha+\beta$이므로 상온에서 전연성은 낮으나 강도가 큰 합금은?

① 길딩메탈(Gilding Metal)
② 문쯔메탈(Muntz Metal)
③ 두라나메탈(Durana Metal)
④ 애드미럴티메탈(Admiralty Metal)

해설
문쯔메탈
60%의 Cu와 40%의 Zn이 합금된 것으로 인장강도가 최대이며, 강도가 필요한 단조제품이나 볼트나 리벳용 재료로 사용한다.

47 가단주철의 일반적인 특징이 아닌 것은?

① 담금질 경화성이 있다.
② 주조성이 우수하다.
③ 내식성, 내충격성이 우수하다.
④ 경도는 Si량이 적을수록 높다.

해설
탄소강에 Si(규소, 실리콘)의 함유량이 높을수록 경도가 높아진다.

48 금속에 대한 성질을 설명한 것으로 틀린 것은?

① 모든 금속은 상온에서 고체 상태로 존재한다.
② 텅스텐(W)의 용융점은 약 3,410℃이다.
③ 이리듐(Ir)의 비중은 약 22.5이다.
④ 열 및 전기의 양도체이다.

해설
상온에서 대부분의 금속은 고체이며 결정체이지만 Hg(수은)은 액체 상태이므로 ①번은 틀린 표현이다.

49 순철이 910℃에서 Ac_3 변태를 할 때 결정격자의 변화로 옳은 것은?

① BCT → FCC
② BCC → FCC
③ FCC → BCC
④ FCC → BCT

해설
순철은 A_3 변태점(910℃)에서 체심입방격자(BCC) α철에서 면심입방격자(FCC)인 γ철로 바뀐다.

50 압력이 일정한 Fe-C 평형상태도에서 공정점의 자유도는?

① 0 ② 1
③ 2 ④ 3

정답 43 ④ 44 ③ 45 ③ 46 ② 47 ④ 48 ① 49 ② 50 ①

51 다음 중 도면의 일반적인 구비조건으로 관계가 가장 먼 것은?

① 대상물의 크기, 모양, 자세, 위치의 정보가 있어야 한다.
② 대상물을 명확하고 이해하기 쉬운 방법으로 표현해야 한다.
③ 도면의 보존, 검색 이용이 확실히 되도록 내용과 양식을 구비해야 한다.
④ 무역과 기술의 국제 교류가 활발하므로 대상물의 특징을 알 수 없도록 보안성을 유지해야 한다.

해설
도면은 설계자와 제작자의 약속이므로 대상물의 특징을 잘 알 수 있도록 표현해야 하지만, 보안성을 유지할 필요는 없다.

52 보기 입체도를 제3각법으로 올바르게 투상한 것은?

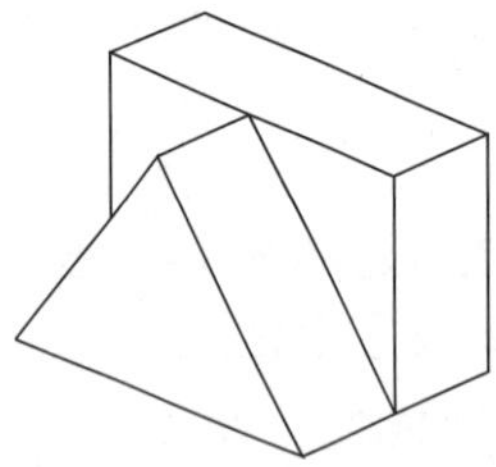

①
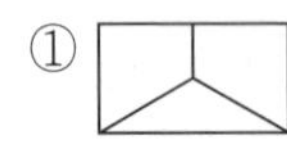
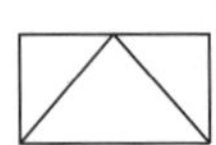

②
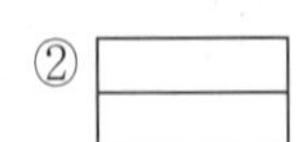
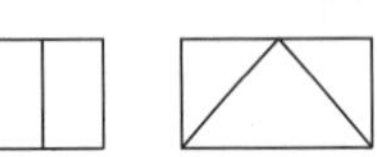
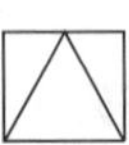

③
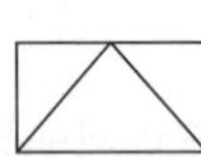

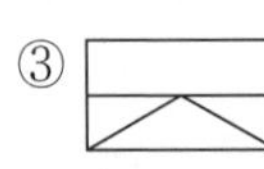

④

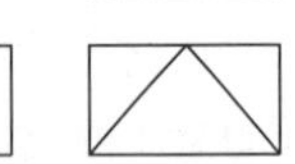
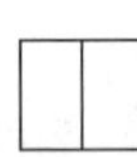

해설
물체를 위쪽 방향에서 바라본 형상인 평면도를 보면 중앙의 하단부에 세로줄의 경계선이 나타나야 하므로 정답은 ④번이 된다.

53 배관도에서 유체의 종류와 문자 기호를 나타내는 것 중 틀린 것은?

① 공기 : A
② 연료가스 : G
③ 증기 : W
④ 연료유 또는 냉동기유 : O

저자쌤의 핵직강

관에 흐르는 유체의 종류

종 류	공 기	가 스	수증기	물	기 름	냉 수
기 호	A	G	S	W	O	C

54 리벳의 호칭표기법을 순서대로 나열한 것은?

① 규격번호, 종류, 호칭지름×길이, 재료
② 종류, 호칭지름×길이, 규격번호, 재료
③ 규격번호, 종류, 재료, 호칭지름×길이
④ 규격번호, 호칭지름×길이, 종류, 재료

55 다음 중 일반적으로 긴쪽 방향으로 절단하여 도시할 수 있는 것은?

① 리 브 ② 기어의 이
③ 바퀴의 암 ④ 하우징

56 단면의 무게중심을 연결한 선을 표시하는 데 사용하는 선의 종류는?

① 가는 1점 쇄선
② 가는 2점 쇄선
③ 가는 실선
④ 굵은 파선

해설
단면의 무게중심을 연결한 무게중심선은 가는 2점 쇄선(-··-··-)으로 표시한다.

51 ④ 52 ④ 53 ③ 54 ① 55 ④ 56 ② 정답

57 다음 용접보조기호에서 현장용접기호는?

① ⌓

② ⚑

③ ○

④ —

58 보기 입체도의 화살표 방향 투상도면으로 가장 적합한 것은?

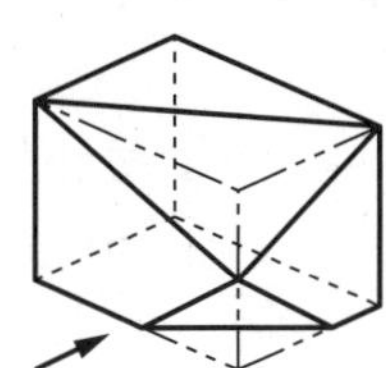

①

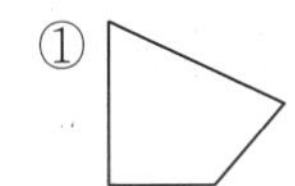

②

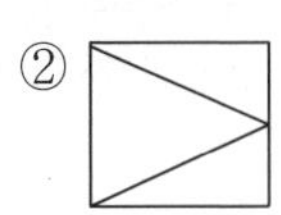

③

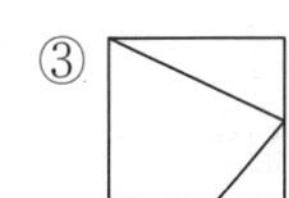

④

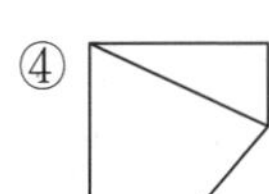

59 탄소강 단강품의 재료 표시기호 SF 490A에서 490이 나타내는 것은?

① 최저인장강도

② 강재 종류 번호

③ 최대항복강도

④ 강재 분류 번호

해설

탄소강 단강품 SF 490A

- SF : Carbon Steel Forgings for General Use
- 490 : 최저인장강도 490N/mm^2
- A : 어닐링, 노멀라이징 또는 노멀라이징 템퍼링을 한 단강품

60 다음 중 호의 길이 치수를 나타내는 것은?

①

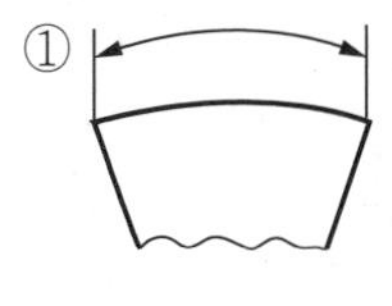

②

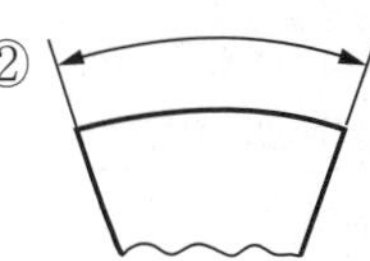

③

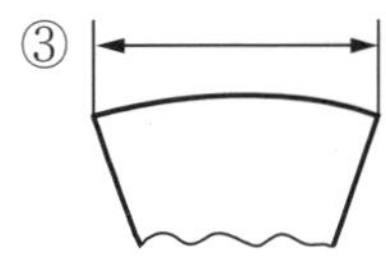

④

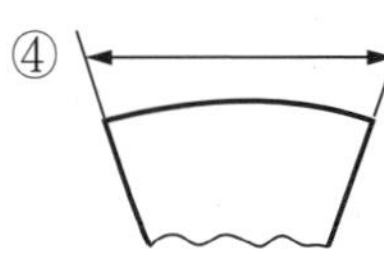

정답 57 ② 58 ③ 59 ① 60 ①

2017년도 제1회 기출복원문제

용접기능사 Craftsman Welding/Inert Gas Arc Welding

※ 2017년은 CBT(컴퓨터 기반 시험)로 진행되어 수험자의 기억에 의해 문제를 복원하였습니다. 실제 시행문제와 일부 상이할 수 있음을 알려드립니다.

01 다음 용접 결함 중 구조상의 결함이 아닌 것은?

① 기 공
② 변 형
③ 용입 불량
④ 슬래그 섞임

저자쌤의 핵직강

용접 결함의 분류

결함의 종류		결함의 명칭
치수상 결함		변 형
		치수불량
		형상불량
구조상 결함		기 공
		은 점
		언더컷
		오버랩
		균 열
		선상조직
		용입 불량
		표면결함
		슬래그 혼입
성질상 결함	기계적 불량	인장강도 부족
		항복강도 부족
		피로강도 부족
		경도 부족
		연성 부족
		충격시험값 부족
	화학적 불량	화학성분 부적당
		부식(내식성 불량)

해설
변형은 치수상 결함에 속한다.

02 가스용접에서 산화방지가 필요한 금속의 용접, 즉 스테인리스, 스텔라이트 등의 용접에 사용되며 금속 표면에 침탄작용을 일으키기 쉬운 불꽃의 종류로 적당한 것은?

① 산화불꽃 ② 중성불꽃
③ 탄화불꽃 ④ 역화불꽃

해설
탄화불꽃은 아세틸렌 밸브를 열고 점화한 후, 산소 밸브를 조금 열면 다량의 그을음이 발생하면서 연소되는 경우에 발생되는데, 아세틸렌 과잉 불꽃이라고도 한다.

03 저항용접의 특징으로 틀린 것은?

① 산화 및 변질부분이 적다.
② 용접봉, 용제 등이 불필요하다.
③ 작업속도가 빠르고 대량생산에 적합하다.
④ 열손실이 많고, 용접부에 집중열을 가할 수 없다.

해설
저항용접은 열손실이 적고 용접부에 집중열을 가할 수 있다.

04 피복 아크 용접에서 아크의 특성 중 정극성에 비교하여 역극성의 특징으로 틀린 것은?

① 용입이 얕다.
② 비드 폭이 좁다.
③ 용접봉의 용융이 빠르다.
④ 박판, 주철 등 비철금속의 용접에 쓰인다.

해설
직류 역극성은 용접봉에 (+)전극을 연결하여 70%의 열이 발생되면 용접봉이 빨리 용융되므로 비드 폭이 넓다.

1 ② 2 ③ 3 ④ 4 ② 정답

05 다음 중 연소의 3요소에 해당하지 않는 것은?

① 가연물
② 부촉매
③ 산소공급원
④ 점화원

해설
연소의 3요소
• 가연성 물질(탈 물질)
• 산소(조연성 가스)
• 점화원(불꽃)

06 아세틸렌 가스의 성질로 틀린 것은?

① 순수한 아세틸렌 가스는 무색무취이다.
② 금, 백금, 수은 등을 포함한 모든 원소와 화합 시 산화물을 만든다.
③ 각종 액체에 잘 용해되며, 물에는 1배, 알코올에는 6배 용해된다.
④ 산소와 적당히 혼합하여 연소시키면 높은 열을 발생한다.

해설
아세틸렌 가스는 구리나 은과 반응할 때 폭발성 물질이 생성된다.

07 산소 아크 절단을 설명한 것 중 틀린 것은?

① 가스절단에 비해 절단면이 거칠다.
② 직류 정극성이나 교류를 사용한다.
③ 중실(속이 찬) 원형봉의 단면을 가진 강(Steel)전극을 사용한다.
④ 절단속도가 빨라 철강 구조물 해체, 수중 해체 작업에 이용된다.

해설
산소 아크 절단 시 전극봉은 중공(속이 빈) 피복봉을 사용하며 이 전극봉에서 발생되는 아크열을 이용하여 모재를 용융시키고 중공 부분으로 절단 산소를 내보내서 절단하는 방법이다. 입열 시간이 적어 변형이 작고 전극의 운봉이 거의 필요 없다.

08 교류아크 용접기의 종류가 아닌 것은?

① 가동철심형
② 가동코일형
③ 가포화리액터형
④ 정류기형

해설
정류기형은 직류아크 용접기에 속한다.

09 산소-아세틸렌가스 용접기로 두께가 3.2mm인 연강 판을 V형 맞대기 이음을 하려면 이에 적합한 연강용 가스용접봉의 지름(mm)은?

① 2.6 ② 3.2
③ 3.6 ④ 4.6

해설

$$\text{가스용접봉 지름}(D) = \frac{\text{판두께}(T)}{2} + 1 = \frac{3.2\text{mm}}{2} + 1 = 2.6\text{mm}$$

10 본 용접의 용착법 중 각 층마다 전체 길이를 용접하면서 쌓아올리는 방법으로 용접하는 것은?

① 전진 블록법
② 캐스케이드법
③ 빌드업법
④ 스킵법

해설
빌드업법(덧살올림법)은 용접에서 비드를 쌓을 때 각 층마다 전체 길이를 용접하면서 쌓아 올리는 용착방법이다.

11 스카핑 작업에서 냉간재의 스카핑 속도로 가장 적합한 것은?

① 1~3m/min
② 5~7m/min
③ 10~15m/min
④ 20~25m/min

정답 5 ② 6 ② 7 ③ 8 ④ 9 ① 10 ③ 11 ②

저자쌤의 핵직강

분 류	스카핑 속도
냉간재	5~7m/min
열간재	20m/min

해설

스카핑(Scarfing)은 재료가 냉간재와 열간재에 따라서 스카핑 속도가 달라지는데, 강괴나 강편, 강재 표면의 홈이나 개재물, 탈탄층 등을 제거하기 위한 불꽃 가공으로 가능한 얇으면서 타원형의 모양으로 표면을 깎아내는 가공법이다.

12 AW-300, 무부하 전압 80V, 아크 전압 20V인 교류용접기를 사용할 때, 다음 중 역률과 효율을 올바르게 계산한 것은?(단, 내부손실을 4kW라 한다)

① 역률 : 80.0%, 효율 : 20.6%
② 역률 : 20.6%, 효율 : 80.0%
③ 역률 : 60.0%, 효율 : 41.7%
④ 역률 : 41.7%, 효율 : 60.0%

해설

• 효율(%) = $\frac{\text{아크전력}}{\text{소비전력}} \times 100\%$

아크전력 = 아크전압 × 정격 2차 전류 = 20 × 300 = 6,000W
소비전력 = 아크전력 + 내부손실 = 6,000 + 4,000 = 10,000W

따라서, 효율(%) = $\frac{6,000}{10,000} \times 100\% = 60\%$

• 역률(%) = $\frac{\text{소비전력}}{\text{전원입력}} \times 100(\%)$

전원입력 = 무부하전압 × 정격 2차 전류
= 80 × 300 = 24,000W

따라서, 역률(%) = $\frac{10,000}{24,000} \times 100(\%) = 41.66\%$, 약 41.7%

13 가스 용접 시 안전사항으로 적당하지 않은 것은?

① 작업자 눈을 보호하기 위해 적당한 차광유리를 사용한다.
② 호스는 길지 않게 하며 용접이 끝났을 때는 용기 밸브를 잠근다.
③ 산소병은 60℃ 이상 온도에서 보관하고 직사광선을 피하여 보관한다.
④ 호스 접속부는 호스밴드로 조이고 비눗물 등으로 누설여부를 검사한다.

해설

산소 등의 보호가스를 담은 용기(봄베, 압력용기)는 40℃ 이하의 온도에서 직사광선을 피해 그늘진 곳에서 반드시 세워 보관한다.

14 피복아크 용접에서 아크 쏠림 방지대책이 아닌 것은?

① 접지점을 될 수 있는 대로 용접부에서 멀리할 것
② 용접봉 끝을 아크쏠림 방향으로 기울일 것
③ 접지점 2개를 연결할 것
④ 직류용접으로 하지 말고 교류용접으로 할 것

해설

아크 쏠림을 방지하려면 용접봉 끝을 아크쏠림의 반대 방향으로 기울인다.

15 TIG용접에서 가스노즐의 크기는 가스분출 구멍의 크기로 정해진다. 보통 몇 mm의 크기가 주로 사용되는가?

① 1~3 ② 4~13
③ 14~20 ④ 21~27

해설

TIG용접에서 가스노즐의 크기는 보통 4~13mm 크기의 것이 사용된다.

16 TIG용접에서 직류 정극성으로 용접할 때 전극 선단의 각도로 가장 적합한 것은?

① 5~10° ② 10~20°
③ 30~50° ④ 60~70°

해설

전극 선단의 각도는 30~50°일 때 가장 적합하며 아크의 집중성이 좋다.

12 ④ 13 ③ 14 ② 15 ② 16 ③ 정답

17 플라스마 아크 용접의 특징으로 틀린 것은?

① 비드 폭이 좁고 용접속도가 빠르다.
② 1층으로 용접할 수 있으므로 능률적이다.
③ 용접부의 기계적 성질이 좋으며 용접변형이 작다.
④ 핀치효과에 의해 전류밀도가 작고 용입이 얕다.

저자쌤의 핵직강

플라스마 아크 용접의 특징

- 용접 변형이 작고 용접의 품질이 균일하다.
- 용접부의 기계적 성질이 좋다.
- 용접 속도를 크게 할 수 있다.
- 용입이 깊고 비드의 폭이 좁다.
- 용접장치 중에 고주파 발생장치가 필요하다.
- 용접속도가 빨라서 가스 보호가 잘 안 된다.
- 무부하 전압이 일반 아크 용접기보다 2~5배 더 높다.
- 스테인리스강이나 저탄소 합금강, 구리합금, 니켈합금과 같이 용접하기 힘든 재료도 용접이 가능하다.
- 판 두께가 두꺼울 경우 토치 노즐이 용접 이음부의 루트면까지의 접근이 어려워서 모재의 두께는 25mm 이하로 제한을 받는다.
- 아크 용접에 비해 10~100배의 높은 에너지 밀도를 가짐으로써 10,000~30,000℃의 고온의 플라스마를 얻으므로 철과 비철 금속의 용접과 절단에 이용된다.
- 핀치효과에 의해 전류밀도가 크고, 안정적이며 보유 열량이 크다.

해설
핀치효과에 의해 전류밀도가 크고 안정적이며 보유 열량이 크다.

18 피복 아크 용접봉에서 피복제의 역할로 틀린 것은?

① 용착금속의 급랭을 방지한다.
② 모재 표면의 산화물을 제거한다.
③ 용착금속의 탈산 정련 작용을 방지한다.
④ 중성 또는 환원성 분위기로 용착금속을 보호한다.

해설
피복 아크 용접봉의 피복제의 역할은 용착금속의 탈산 정련 작용을 한다.

19 고셀룰로스계 용접봉에 대한 설명으로 틀린 것은?

① 비드표면이 거칠고 스패터가 많은 것이 결점이다.
② 피복제 중 셀룰로스가 20~30% 정도 포함되어 있다.
③ 고셀룰로스계는 E4311로 표시한다.
④ 슬래그 생성계에 비해 용접 전류를 10~15% 높게 사용한다.

해설
고셀룰로스계(E4311) 용접봉은 반가스발생식으로 슬래그 생성계에 비해 용접 전류를 높게 사용하지 않는다.

20 연납땜에 가장 많이 사용되는 용가재는?

① 주석 납　② 인동 납
③ 양은 납　④ 황동 납

저자쌤의 핵직강

납땜용 용제의 종류

구분		
경납용 용제 (Flux)	• 붕 사 • 불화나트륨 • 은 납 • 인동납 • 양은납	• 붕 산 • 불화칼륨 • 황동납 • 망간납 • 알루미늄납
연납용 용제 (Flux)	• 송 진 • 염 산 • 염화암모늄 • 카드뮴-아연납	• 인 산 • 염화아연 • 주석-납 • 저용점 땜납

해설
연납용 용제로 가장 많이 사용되는 것은 주석-납이다.

21 다음 중 용제와 와이어가 분리되어 공급되고 아크가 용제 속에서 일어나며 잠호용접이라 불리는 용접은?

① MIG 용접
② 심용접
③ 서브머지드 아크 용접
④ 일렉트로 슬래그 용접

정답 17 ④　18 ③　19 ④　20 ①　21 ③

해설
서브머지드 아크 용접(SAW)은 용접 부위에 미세한 입상의 플럭스를 도포한 뒤 와이어가 공급되어 아크가 플럭스 속에서 발생되므로 불가시 아크용접, 잠호용접, 개발자의 이름을 딴 케네디 용접, 그리고 이를 개발한 회사의 상품명인 유니언 멜트 용접이라고도 한다.

22 불활성 가스 금속 아크(MIG) 용접의 특징을 설명한 것으로 옳은 것은?

① 바람의 영향을 받지 않아 방풍대책이 필요 없다.
② TIG 용접에 비해 전류밀도가 높아 용융속도가 빠르고 후판용접에 적합하다.
③ 각종 금속용접이 불가능하다.
④ TIG 용접에 비해 전류밀도가 낮아 용접속도가 느리다.

해설
MIG용접은 TIG용접에 비해 전류밀도가 2배 정도로 높아서 용융속도가 빠르며 후판용접에 적합하다.

23 다음 중 용융금속의 이행 형태가 아닌 것은?

① 단락형 ② 연속형
③ 입상이행형 ④ 글로뷸러형

해설
용융금속의 이행 방식 중 연속형은 없다.

24 일렉트로 가스 아크 용접의 특징을 설명한 것 중 틀린 것은?

① 판두께에 관계없이 단층으로 상진 용접한다.
② 판두께가 얇을수록 경제적이다.
③ 용접속도는 자동으로 조절된다.
④ 정확한 조립이 요구되며, 이동용 냉각 동판에 급수 장치가 필요하다.

해설
일렉트로 가스 아크 용접은 판두께가 두꺼울수록 경제적이다.

25 두꺼운 판의 양쪽에 수랭동판을 대고 용융 슬래그 속에서 아크를 발생시킨 후 용융 슬래그의 전기 저항열을 이용하여 용접하는 방법은?

① 서브머지드 아크 용접
② 불활성가스 아크 용접
③ 일렉트로 슬래그 용접
④ 전자빔 용접

해설
수랭동판은 일렉트로 슬래그 용접방법에만 이용되는 특징이다.

26 차축, 레일의 접합, 선박의 프레임 등 비교적 큰 단면을 가진 주조나 단조품의 맞대기용접과 보수 용접에 주로 사용되는 용접법은?

① 서브머지드 아크 용접
② 테르밋 용접
③ 원자 수소 아크 용접
④ 오토콘 용접

해설
테르밋 용접은 차축이나 레일의 접합, 선박의 프레임 등 비교적 큰 단면을 가진 물체의 맞대기 용접과 보수용접에 주로 사용한다. 금속 산화물과 알루미늄이 반응하여 열과 슬래그를 발생시키는 테르밋 반응을 이용하는 것이다. 먼저 알루미늄 분말과 산화철을 1 : 3의 비율로 혼합하여 테르밋제를 만든 후 냄비의 역할을 하는 도가니에 넣어 약 1,000℃로 점화하면 약 2,800℃의 열이 발생되면서 용접용 강이 만들어지게 되는데 이 강을 용접부에 주입하면서 용접하는 방법이다.

27 이산화탄소 아크 용접의 특징을 설명한 것으로 틀린 것은?

① 용제를 사용하지 않아 슬래그의 혼입이 없다.
② 용접 금속의 기계적, 야금적 성질이 우수하다.
③ 전류 밀도가 높아 용입이 깊고 용융속도가 빠르다.
④ 바람의 영향을 전혀 받지 않는다.

해설
이산화탄소 아크 용접은 탄산가스(CO_2)를 보호가스로 사용하기 때문에 바람이 불지 않는 곳에서 작업한다.

22 ② 23 ② 24 ② 25 ③ 26 ② 27 ④ 정답

28 CO_2 가스 아크 용접에서 아크전압이 높을 때 나타나는 현상으로 맞는 것은?

① 비드 폭이 넓어진다.
② 아크 길이가 짧아진다.
③ 비드 높이가 높아진다.
④ 용입이 깊어진다.

해설
이산화탄소 아크 용접에서의 아크 전압(V)
- 아크 전압이 높으면 비드가 넓어지고 납작해져서 용입이 얕고 기포가 발생할 수 있다.
- 아크 전압이 낮을수록 아크가 집중되어 용입이 깊어져서 후판 용접이 가능하다.

29 다음 중 스터드 용접에서 페룰의 역할이 아닌 것은?

① 아크열을 발산한다.
② 용착부의 오염을 방지한다.
③ 용융금속의 유출을 막아 준다.
④ 용융금속의 산화를 방지한다.

해설
페룰(Ferrule)의 역할은 모재와 스터드가 통전할 수 있도록 연결하며 아크 공간을 대기와 차단하여 아크분위기를 보호한다. 아크열을 집중시켜 용착금속의 누출을 방지하고 작업자의 눈도 보호한다.

30 맞대기 용접이음에서 판 두께가 6mm, 용접선 길이가 120mm, 인장응력이 9.5N/mm^{2}일 때 모재가 받는 하중은 몇 N인가?

① 5,680 ② 5,860
③ 6,480 ④ 6,840

해설
용접부의 인장응력 $\sigma = \frac{F}{A}$, $F = \sigma A$

$F = 9.5\text{N/mm}^2 \times (6 \times 120)$
$= 6,840\text{N}$

31 서브머지드 아크 용접(SAW)의 전진법과 후진법의 차이점으로 알맞지 않은 것은?

① 전진법은 와이어 송급부에 대해 와이어 선단이 진행 방향으로 눕혀진다.
② 후진법은 와이어 송급부에 대해 와이어 선단이 진행 방향의 반대방향으로 눕혀진다.
③ 후진법은 Arc Blow가 약해 용융금속을 밀어내지 못해서 용입이 얕고 폭이 넓다.
④ 전진법은 용융금속이 아크보다 선행하므로 모재면에 아크가 직접 발생되지 않고 용융금속 위에서 발생된다.

저자쌤의 핵직강

서브머지드 아크 용접(SAW)의 전진법과 후진법의 차이점

구 분	전진법	후진법
용 입	얕다.	깊다.
비드 폭	넓다.	좁다.
비드 높이	낮다.	높다.
아크 발생 위치	용융금속 위에서 발생한다.	모재 위에서 직접 발생한다.
기타 특징	• 언더컷 발생이 없다. • 고속용접에 적당하다. • 깊은 홈에 부적당하다.	• Arc Blow가 세다. • 깊은 홈에 적당하다.

해설
아크 용접(SAW)의 후진법은 Arc Blow가 세기 때문에 용융금속을 밀어내어 용입이 깊고 폭이 좁으며 높은 비드가 만들어진다.

정답 28 ① 29 ① 30 ④ 31 ③

32 CO_2 가스 아크 용접의 보호가스 설비에서 히터 장치가 필요한 가장 중요한 이유는?

① 액체가스가 기체로 변하면서 열을 흡수하기 때문에 조정기의 동결을 막기 위하여
② 기체가스를 냉각하여 아크를 안정하게 하기 위하여
③ 동절기의 용접 시 용접부의 결함방지와 안전을 위하여
④ 용접부의 다공성을 방지하고, 가스를 예열하여 산화를 방지하기 위하여

해설
이산화탄소 가스는 고압으로 압축되어 액체 상태로 봄베에 저장된다. 이 액체상태의 이산화탄소 가스는 대기압 상태이면서 상온인 봄베 밖으로 나오면 기체 상태로 승화되어 주위의 열을 흡수하는데, 이때 연결부위에 부착된 가스 조정기를 동결시켜 제 역할을 하지 못하므로 히터를 설치하여 동결을 막는다.

33 아크에어 가우징법으로 절단을 할 때 사용되어 지는 장치가 아닌 것은?

① 가우징 봉
② 컴프레서
③ 가우징 토치
④ 냉각장치

해설
아크 에어 가우징에는 냉각장치가 필요하지 않다.
- 아크 에어 가우징은 철이나 비철금속에 모두 이용할 수 있으며, 탄소 아크 절단법에 고압(5~7kgf/cm^2)의 압축공기를 병용하는 방법으로 용융된 금속에 탄소봉과 평행으로 분출하는 압축공기를 전극 홀더의 끝부분에 위치한 구멍을 통해 연속해서 불어내어 홈을 파내는 방법으로 홈 가공이나 구멍 뚫기, 절단 작업에 사용되며, 가스 가우징보다 작업 능률이 2~3배 높고 모재에도 해를 입히지 않는다.
- 아크 에어 가우징의 구성요소
  - 가우징 머신
  - 가우징 봉
  - 가우징 토치
  - 컴프레서(압축공기)

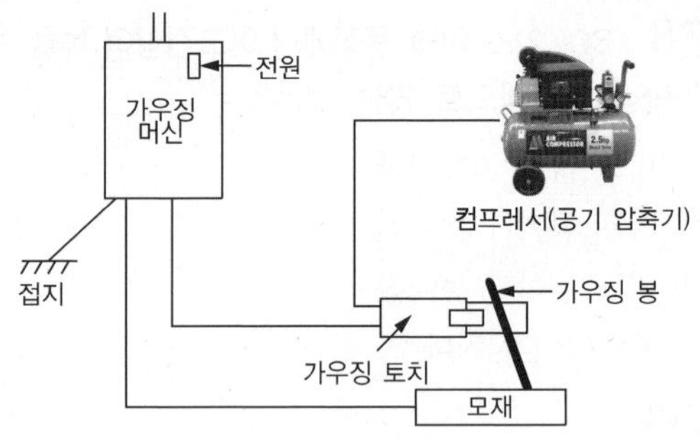

[아크 에어 가우징의 구성]

34 다음 중 가스절단 토치 형식에 있어 절단 팁이 동심형에 해당하는 것은?

① 영국식 ② 미국식
③ 독일식 ④ 프랑스식

해설
- 동심형팁(프랑스식) : 동심원의 중앙 구멍으로 고압 산소를 분출하고, 외곽 구멍으로는 예열용 혼합가스를 분출한다.
- 이심형팁(독일식) : 작은 곡선, 후진 등의 절단은 어려우나 직선 절단의 능률이 높고, 절단면이 깨끗하다. 고압가스 분출구와 예열 가스 분출구가 분리되어 있으며 예열용 분출구가 있는 방향으로만 절단이 가능하다.

35 박판(3mm 이하) 용접에 적용하기 곤란한 용접법은?

① TIG 용접
② CO_2 용접
③ 심(Seam) 용접
④ 일렉트로 슬래그 용접

해설
일렉트로 슬래그 용접은 두꺼운 판(후판)용접에 적합하다.

36 용접 변형 방지법 중 용접부의 부근을 냉각시켜서 열영향부의 넓이를 축소시킴으로써 변형을 감소시키는 방법은?

① 피닝법 ② 도열법
③ 구속법 ④ 역변형법

32 ① 33 ④ 34 ④ 35 ④ 36 ② 정답

해설

② 도열법 : 용접부 부근을 냉각시켜서 열영향부의 넓이가 축소되면서 변형이 감소되는 것으로, 용접 중 모재의 입열을 최소화하기 위해 물을 적신 동판을 덧대어 열을 흡수하도록 한 것이다.

① 피닝법 : 타격부분이 둥근 구면인 특수 해머를 사용하여 모재의 표면에 지속적으로 충격을 가해 줌으로써 재료 내부에 있는 잔류응력을 완화시키면서 표면층에 소성변형을 주는 방법이다.

④ 역변형법 : 용접 전에 변형을 예측하여 반대 방향으로 변형시킨 후 용접을 하는 방법이다.

37 맞대기 이음에서 1,500kgf의 인장력을 작동시키려고 한다. 판 두께가 6mm일 때 필요한 용접길이는 약 몇 mm인가?(단, 허용인장응력은 7kgf/mm²이다)

① 25.7 ② 35.7

③ 38.5 ④ 47.5

해설

허용인장응력 $\sigma_a = \frac{F}{A} = \frac{F}{t \times L}$ 식을 응용하면

$$7\text{kgf/mm}^2 = \frac{1,500\text{kgf}}{6\text{mm} \times L}$$

$$L = \frac{1,500\text{kgf}}{6\text{mm} \times 7\text{kgf/mm}^2} = 35.7\text{mm}$$

38 금속의 공통적 특성으로 틀린 것은?

① 열과 전기의 양도체이다.

② 금속 고유의 광택을 갖는다.

③ 이온화하면 음(−)이온이 된다.

④ 소성변형성이 있어 가공하기 쉽다.

해설

금속을 이온화하면 양(+)이온이 된다.

39 Mg의 비중과 용융점(℃)은 약 얼마인가?

① 0.8, 350℃ ② 1.2, 550℃

③ 1.74, 650℃ ④ 2.7, 780℃

저자쌤의 핵직강

금속의 용융점(℃)

W	Fe	Ni	Cu	Au
3,410	1,538	1,453	1,083	1,063
Ag	Al	Mg	Zn	Hg
960	660	650	420	−38.4

금속의 비중

경금속				중금속			
Mg	Be	Al	Ti	Sn	V	Cr	Mn
1.7	1.8	2.7	4.5	5.8	6.1	7.1	7.4
중금속							
Fe	Ni	Cu	Ag	Pb	W	Pt	Ir
7.8	8.9	8.9	10.4	11.3	19.1	21.4	22

※ 경금속과 중금속을 구분하는 비중의 경계 : 4.5

40 다음 금속 중 냉각속도가 가장 빠른 금속은?

① 연 강 ② 구 리

③ 알루미늄 ④ 스테인리스강

저자쌤의 핵직강

열 및 전기 전도율이 높은 순서

Ag > Cu > Au > Al > Mg > Zn > Ni > Fe > Pb > Sb

해설

Cu(구리)가 철이나 알루미늄보다 열전도율이 더 높기 때문에 냉각속도도 더 빠르다.

41 색깔이 아름답고 연성이 크며, 금색에 가까워서 장식 등에 많이 사용하는 황동은?

① 톰 백 ② 문쯔메탈

③ 포 금 ④ 청 동

해설

톰백은 색깔이 아름다워 장식용품으로 많이 사용되는 재료이며, Cu(구리)에 Zn(아연)을 약 5~20% 함유하고 있다.

정답 37 ② 38 ③ 39 ③ 40 ② 41 ①

42 재료의 선팽창계수나 탄성률 등의 특성이 변하지 않는 불변강에 해당되지 않는 것은?

① 인바(Invar)
② 코엘린바(Coelinvar)
③ 슈퍼인바(Super Invar)
④ 슈퍼엘린바(Super Elinvar)

해설
불변강은 주변 온도가 변해도 재료가 가진 열팽창계수나 탄성계수가 변하지 않아서 불변강이라고 하고, 일반적으로 Ni-Fe계 내식용 합금을 말한다. 그러나 슈퍼엘린바는 이 불변강에 속하지 않는다.

43 용접부에 생기는 잔류 응력 제거법이 아닌 것은?

① 국부 풀림법 ② 노내 풀림법
③ 노멀라이징법 ④ 기계적 응력 완화법

해설
노멀라이징(Normalizing)은 담금질 정도가 심하거나 결정입자가 조대해진 강을 표준화조직으로 만들기 위하여 A_3점(968℃)이나 A_{cm}(시멘타이트)점 이상의 온도로 가열 후 공랭시키는 열처리 조작을 하는 불림처리이며, 잔류 응력 제거법과는 관련이 없다.

44 시안화법이라고도 하며 시안화나트륨(NaCN), 시안화칼륨(KCN)을 주성분으로 하는 용융염을 사용하여 침탄하는 방법은?

① 고체 침탄법 ② 액체 침탄법
③ 가스 침탄법 ④ 고주파 침탄법

해설
② 액체 침탄법 : 침탄제인 NaCN, KCN에 염화물과 탄화염을 40~50% 첨가하고 600~900℃에서 용해하여 C와 N가 동시에 소재의 표면에 침투하게 하여 표면을 경화시키는 방법으로서 침탄과 질화가 동시에 된다는 특징이 있다.
① 고체 침탄법 : 침탄제인 목탄이나 코크스 분말과 소금 등의 침탄 촉진제를 재료와 함께 침탄 상자에서 약 900℃의 온도에서 약 3~4시간 가열하여 표면에서 0.5~2mm의 침탄층을 얻는 표면경화법이다.
③ 가스 침탄법 : 메탄가스나 프로판가스를 이용하여 표면을 침탄하는 표면경화법이다.

45 재료의 인성과 취성을 측정하려고 할 때 사용하는 가장 적합한 파괴 시험법은?

① 인장시험 ② 압축시험
③ 충격시험 ④ 피로시험

저자쌤의 핵직강

파괴 및 비파괴 시험법

비파괴 시험	내부결함	방사선투과시험(RT)
		초음파탐상시험(UT)
	표면결함	외관검사(VT)
		자분탐상검사(MT)
		침투탐상검사(PT)
		누설검사(LT)
파괴 시험 (기계적 시험)	인장시험	인장강도, 항복점, 연신율 계산
	굽힘시험	연성의 정도 측정
	충격시험	인성과 취성의 정도 측정
	경도시험	외력에 대한 저항의 크기 측정
	매크로시험	현미경 조직검사
	피로시험	반복적인 외력에 대한 저항력 측정

※ 굽힘시험은 용접부위를 U자 모양으로 굽힘으로서, 용접부의 연성 여부를 확인할 수 있다.

해설
충격시험법은 재료의 인성과 취성의 정도를 측정하기 위해서 충격시험을 활용하며, 샤르피식과 아이조드식이 있다.

46 조성이 2.0~3.0% C, 0.6~1.5% Si 범위의 것으로 백주철을 열처리로에 넣어 가열해서 탈탄 또는 흑연화 방법으로 제조한 주철은?

① 가단 주철
② 칠드 주철
③ 구상 흑연 주철
④ 고력 합금 주철

해설
가단주철은 회주철의 결점을 보완한 것으로 C가 2~3%, Si가 0.6~1.5% 합금되어 백주철의 주물을 장시간 열처리하여 탈탄과 시멘타이트의 흑연화에 의해 연성을 갖게 하여 단조가공을 가능하게 한 주철이다. 탄소의 함량이 많아서 주조성이 우수하며 적당한 열처리에 의해 주강과 같은 강인한 조직이다.

42 ④ 43 ③ 44 ② 45 ③ 46 ① 정답

47 Al-Si계 합금의 조대한 공정조직을 미세화하기 위하여 나트륨(Na), 수산화나트륨(NaOH), 알칼리염류 등을 합금 용탕에 첨가하여 10~15분간 유지하는 처리는?

① 시효 처리
② 풀림 처리
③ 개량 처리
④ 응력제거 풀림처리

해설
개량처리는 Al-Si계 합금의 조대한 공정조직을 미세화시키기 위하여 나트륨(Na), 가성소다(NaOH), 알칼리염류 등을 합금 용탕에 첨가하여 10~15분간 유지하는 처리방법이다.

48 강의 재질을 연하고 균일하게 하기 위한 목적으로 행하는 열처리는?

① 불림(Normalizing)
② 담금질(Quenching)
③ 풀림(Annealing)
④ 뜨임(Tempering)

해설
풀림(Annealing)은 목적에 맞는 일정온도 이상으로 가열한 후 서랭하여 재질을 연하고 균일화시킨다(완전풀림 – A_3변태점 이상, 연화풀림 – 650℃ 정도).

49 순철의 자기 변태점은?

① A_1　② A_2
③ A_3　④ A_4

해설
금속의 자기변태 : 원자 배열은 변화가 없고 자성만 변하는 것
금속의 변태점
- A_0 변태점(210℃) : 시멘타이트의 자기변태점(시멘타이트가 자성을 잃는 변태점)
- A_1 변태점(723℃) : 페라이트 + 시멘타이트 → 오스테나이트로 바뀜
- A_2 변태점(770℃) : 금속의 자기변태점
- A_3 변태점(910℃) : 체심입방격자가 면심입방격자로 바뀜
- A_4 변태점(1,400℃) : 면심입방격자가 체심입방격자로 바뀜

50 다음 중 스테인리스강의 종류에 포함되지 않는 것은?

① 펄라이트계 스테인리스강
② 페라이트계 스테인리스강
③ 마텐자이트계 스테인리스강
④ 오스테나이트계 스테인리스강

저자샘의 핵직강

스테인리스강의 분류

구 분	종 류	주요 성분	자 성
Cr계	페라이트계 스테인리스강	Fe+Cr 12% 이상	자성체
	마텐자이트계 스테인리스강	Fe+Cr 13%	자성체
Cr+Ni계	오스테나이트계 스테인리스강	Fe+Cr 18%+Ni 8%	비자성체
	석출경화계 스테인리스강	Fe+Cr+Ni	비자성체

51 도면에 그려진 길이가 실제 대상물의 길이보다 큰 경우 사용하는 척도의 종류인 것은?

① 현 척　② 실 척
③ 배 척　④ 축 척

해설
배척은 도면의 길이가 실제 대상물의 길이보다 크게 그려진 경우에 적용하는 척도이다.

52 재료 기호가 "SM400C"로 표시되어 있을 때 이는 무슨 재료인가?

① 일반 구조용 압연 강재
② 용접 구조용 압연 강재
③ 스프링 강재
④ 탄소 공구강 강재

해설
용접 구조용 압연 강재 : SM으로 표시되고 A, B, C의 순서로 용접성이 좋아진다.
- 일반 구조용 압연 강재 : SS
- 스프링 강재 : SPS
- 탄소 공구강 강재 : STC

정답 47 ③ 48 ③ 49 ② 50 ① 51 ③ 52 ②

53 배관도에서 유체의 종류와 문자 기호를 나타내는 것 중 틀린 것은?

① 공기 : A　　② 가스 : G
③ 증기 : W　　④ 기름 : O

저자쌤의 핵직강

관에 흐르는 유체의 종류

종 류	기 호	종 류	기 호
공 기	A	물	W
가 스	G	기 름	O
수증기	S	냉 수	C

54 그림과 같은 KS 용접 보조기호의 설명으로 옳은 것은?

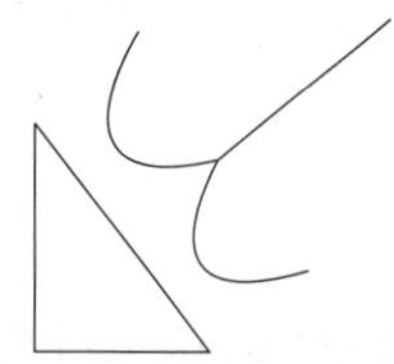

① 필릿 용접부 토를 매끄럽게 함
② 필릿 용접 중앙부를 볼록하게 다듬질
③ 필릿 용접 끝단부에 영구적인 덮개 판을 사용
④ 필릿 용접 중앙부에 제거 가능한 덮개 판을 사용

해설
그림에서 토는 용접 모재와 용접표면이 만나는 부위를 가리키고, 필릿 용접부의 토를 매끄럽게 하라는 표시기호이다.

55 다음은 어떤 물체를 제3각법으로 투상하여 정면도와 우측면도를 나타낸 것이다. 평면도로 옳은 것은?

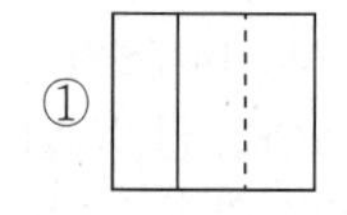

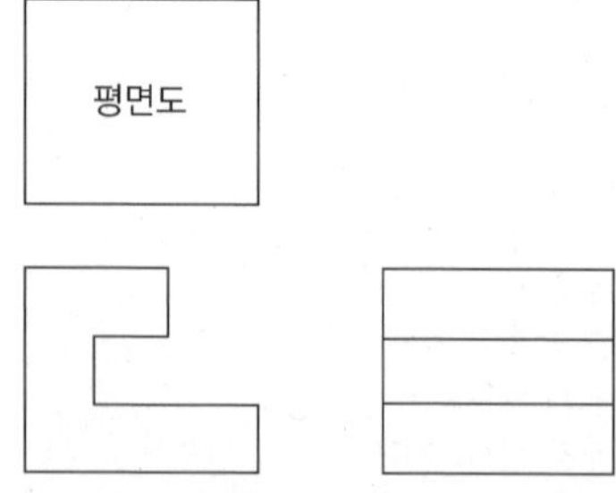

①　②

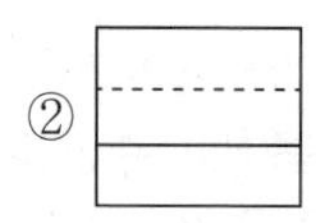

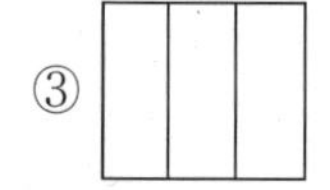

③　④

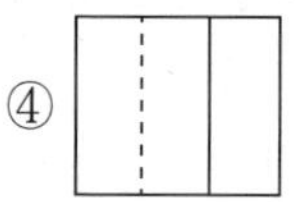

해설
정면도를 통해 물체의 가운데에 빈 공간이 있음을 고려하면 평면도의 좌측 1/3지점의 경계선에 점선이 표시되어야 한다.

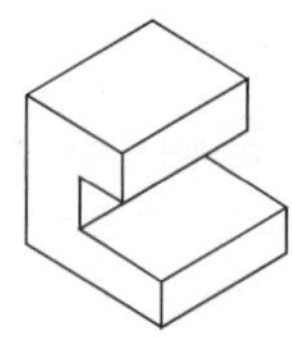

56 대칭형 물체의 1/4을 잘라내어 물체의 바깥과 안쪽을 동시에 나타내는 단면 방법은?

① 온단면도
② 한쪽 단면도
③ 회전도시 단면도
④ 계단 단면도

해설
한쪽단면도는 대칭형의 물체를 중심선을 경계로 하여 외형도의 반과 단면도의 반을 조합해서 나타낸 도면이다.

57 도면에 2가지 이상의 선이 같은 장소에 겹쳐 나타나게 될 경우 우선순위가 가장 높은 것은?

① 숨은선
② 외형선
③ 절단선
④ 중심선

해설
두 종류 이상의 선이 중복되는 경우 선의 우선순위
숫자나 문자 > 외형선 > 숨은선 > 절단선 > 중심선 > 무게중심선 > 치수 보조선

53 ③　54 ①　55 ④　56 ②　57 ② 정답

58 다음 용접 기호 중 플러그 용접에 해당하는 것은?

① 

② 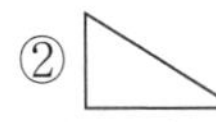

③ 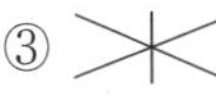

④ 

해설
플러그 용접의 기호는 ┌─┐이며 슬롯 용접이라고도 한다.

59 모서리나 중심축에 평행선을 그어 전개하는 방법으로 주로 각기둥이나 원기둥을 전개하는 데 가장 적합한 전개도법의 종류는?

① 삼각형을 이용한 전개도법
② 평행선을 이용한 전개도법
③ 방사선을 이용한 전개도법
④ 사다리꼴을 이용한 전개도법

저자쌤의 핵직강

전개도법의 종류

종 류	의 미
평행선법	삼각기둥, 사각기둥과 같은 여러 가지의 각기둥과 원기둥을 평행하게 전개하여 그리는 방법
방사선법	삼각뿔, 사각뿔 등의 각뿔과 원뿔을 꼭짓점을 기준으로 부채꼴로 펼쳐서 전개도를 그리는 방법
삼각형법	꼭짓점이 먼 각뿔, 원뿔 등을 해당 면을 삼각형으로 분할하여 전개도를 그리는 방법

60 정투상법의 제1각법과 제3각법에서 배열 위치가 정면도를 기준으로 동일한 위치에 놓이는 투상도는?

① 좌측면도
② 평면도
③ 저면도
④ 배면도

해설
제1각법과 제3각법의 배열 위치에서 동일한 위치의 것은 맨 우측의 배면도이다.

정답 58 ① 59 ② 60 ④

2017년도 제2회 기출복원문제

용접기능사 Craftsman Welding/Inert Gas Arc Welding

※ 2017년은 CBT(컴퓨터 기반 시험)로 진행되어 수험자의 기억에 의해 문제를 복원하였습니다. 실제 시행문제와 일부 상이할 수 있음을 알려드립니다.

01 용접 결함의 종류가 아닌 것은?

① 기 공　② 언더컷
③ 균 열　④ 용착금속

해설
용착금속은 용접부위에 채워진 금속으로 용접 결함과는 거리가 멀다.

02 아세틸렌은 각종 액체에 잘 용해된다. 그러면 1기압 아세톤 2L에는 몇 L의 아세틸렌이 용해되는가?

① 2　② 10
③ 25　④ 50

해설
아세틸렌가스는 각종 액체에 용해가 잘된다. 물에는 1배, 석유에는 2배, 벤젠에는 4배, 알코올에는 6배, 아세톤에는 25배가 용해된다. 따라서, 아세톤 2L에는 25배인 50L가 용해된다.

03 전기저항 점 용접법에 대한 설명으로 틀린 것은?

① 인터랙 점 용접이란 용접점의 부분에 직접 2개의 전극을 물리지 않고 용접전류가 피용접물의 일부를 통하여 다른 곳으로 전달하는 방식이다.
② 단극식 점 용접이란 전극이 1쌍으로 1개의 점 용접부를 만드는 것이다.
③ 맥동 점 용접은 사이클 단위를 몇 번이고 전류를 연속하여 통전하며 용접 속도 및 용접 변형 방지에 좋다.
④ 직렬식 점 용접이란 1개의 전류 회로에 2개 이상의 용접점을 만드는 방법으로 전류 손실이 많아 전류를 증가시켜야 한다.

해설
③ 전류를 연속으로 통전하여 용접 속도를 향상시키면서 용접 변형을 방지하는 용접법은 심(Seam)용접이다.
맥동 점 용접은 모재의 두께가 다를 경우 전극의 과열을 막기 위해 전류를 단속하면서 용접하는 방법이다.

04 교류와 직류 아크 용접기를 비교해서 직류 아크 용접기의 특징이 아닌 것은?

① 구조가 복잡하다.
② 아크의 안정성이 우수하다.
③ 비피복 용접봉 사용이 가능하다.
④ 역률이 불량하다.

해설
직류 아크 용접기의 역률은 교류 아크 용접기보다 양호하다.

05 연강용 피복 아크 용접봉의 종류를 나타내는 기호가 다음과 같은 경우 밑줄 친 43이 나타내는 의미로 옳은 것은?

E<u>43</u>16

① 피복제 계통
② 용착금속의 최소 인장강도의 수준
③ 피복 아크 용접봉
④ 사용전류의 종류

해설
연강용 피복 아크 용접봉의 규격-저수소계 용접봉인 E4316의 경우
- E : Electrode(전기용접봉)
- 43 : 용착 금속의 최소 인장강도(kgf/mm^2)
- 16 : 피복제의 계통

1 ④ 2 ④ 3 ③ 4 ④ 5 ② 정답

06 프로판 가스의 성질을 설명한 것으로 틀린 것은?

① 상온에서는 기체 상태이다.
② 쉽게 기화하며 발열량이 높다.
③ 액화하기 쉽고 용기에 넣어 수송이 편리하다.
④ 온도변화에 따른 팽창률이 작다.

해설
프로판가스는 온도변화에 따른 부피 팽창률이 크다.

07 전류 조정이 용이하고 전류 조정을 전기적으로 하기 때문에 이동부분이 없으며 가변저항을 사용함으로써 용접 전류의 원격조정이 가능한 용접기는?

① 탭 전환형
② 가동 코일형
③ 가동 철심형
④ 가포화 리액터형

해설
교류 아크 용접기 중에서 전류 조정이 용이하며 원격조정이 가능한 것은 가포화 리액터형이다.

08 맞대기 용접에서 판 두께가 대략 6mm 이하의 경우에 사용되는 홈의 형상은?

① I형　② X형
③ U형　④ H형

해설
맞대기용접에서 판 두께 6mm 이하일 때는 I형 홈의 형상을 적용한다.

09 전기용접봉 E4301은 어느 계인가?

① 저수소계
② 고산화티탄계
③ 일미나이트계
④ 라임티타니아계

해설
E4301은 일미나이트계 용접봉을 나타내는 기호이다.

10 피복 아크 용접봉에서 피복제의 역할로 틀린 것은?

① 용착금속의 급랭을 방지한다.
② 모재 표면의 산화물을 제거한다.
③ 용착금속의 탈산 정련 작용을 방지한다.
④ 중성 또는 환원성 분위기로 용착금속을 보호한다.

저자쌤의 핵직강

피복제(Flux)의 역할
- 아크를 안정시키고, 아크의 집중성을 좋게 한다.
- 전기 절연 작용을 한다.
- 보호가스를 발생시킨다.
- 스패터의 발생을 줄인다.
- 용착 금속의 급랭을 방지한다.
- 용착 금속의 탈산정련 작용을 한다.
- 용융 금속과 슬래그의 유동성을 좋게 한다.
- 용적(쇳물)을 미세화하여 용착효율을 높인다.
- 용융점이 낮고 적당한 점성의 슬래그를 생성한다.
- 슬래그 제거를 쉽게 하여 비드의 외관을 좋게 한다.
- 적당량의 합금 원소를 첨가하여 금속에 특수성을 부여한다.
- 중성 또는 환원성 분위기를 만들어 질화나 산화를 방지하고 용융금속을 보호한다.
- 쇳물이 쉽게 달라붙도록 힘을 주어 수직자세, 위보기 자세 등 어려운 자세를 쉽게 한다.

해설
피복제는 용착 금속의 탈산정련 작용을 한다.

11 아크에어 가우징에 사용되는 압축공기에 대한 설명으로 올바른 것은?

① 압축공기의 압력은 2~3kgf/cm^2 정도가 좋다.
② 압축공기 분사는 항상 봉의 바로 앞에서 이루어져야 효과적이다.
③ 약간의 압력 변동에도 작업에 영향을 미치므로 주의한다.
④ 압축공기가 없을 경우 긴급 시에는 용기에 압축된 질소나 아르곤 가스를 사용한다.

해설
아크에어 가우징 : 용융된 금속을 홀더의 구멍으로부터 탄소봉과 평행으로 분출하는 압축 공기로 계속 불어내서 홈을 파는 방법으로, 탄소봉을 전극으로 하여 아크를 발생시켜 절단작업을 하는 탄소 아크 절단에 약 5~7kgf/cm^{2}인 고압의 압축 공기를 병용한다. 용접부의 홈 가공, 뒷면 따내기(Back Chipping), 용접 결함부 제거 등에 많이 사용되며, 질소나 아르곤 가스를 사용할 수도 있다.

정답 6 ④　7 ④　8 ①　9 ③　10 ③　11 ④

12 다음 중 아크용접에서 아크쏠림 방지법이 아닌 것은?

① 교류용접기를 사용한다.
② 접지점을 2개로 한다.
③ 짧은 아크를 사용한다.
④ 직류용접기를 사용한다.

해설
아크 쏠림은 교류용접기를 사용하여 방지할 수 있다.

13 용접의 피복 배합제 중 탈산제로 쓰이는 것으로 가장 적합한 것은?

① 탄산칼륨 ② 페로망간
③ 형 석 ④ 이산화망간

해설
용접봉의 피복 배합제 중 페로망간과 페로실리콘은 탈산제로 쓰인다.

14 필릿 용접부의 보수방법에 대한 설명으로 옳지 않은 것은?

① 간격이 1.5mm 이하일 때에는 그대로 용접하여도 좋다.
② 간격이 1.5~4.5mm일 때에는 넓혀진 만큼 각장을 감소시킬 필요가 있다.
③ 간격이 4.5mm일 때에는 라이너를 넣는다.
④ 간격이 4.5mm 이상일 때에는 300mm 정도의 치수로 판을 잘라낸 후 새로운 판으로 용접한다.

저자쌤의 핵직강

필릿 용접부의 보수방법
- 간격이 1.5mm 이하일 때에는 그대로 규정된 각장(다리길이)으로 용접하면 된다.
- 간격이 1.5~4.5mm일 때에는 그대로 규정된 각장(다리길이)으로 용접하거나 각장을 증가시킨다.
- 간격이 4.5mm일 때에는 라이너를 넣는다.
- 간격이 4.5mm 이상일 때에는 이상부위를 300mm 정도로 잘라낸 후 새로운 판으로 용접한다.

15 전류 밀도가 클 때 가장 잘 나타나는 것으로 아크 전류가 일정할 때 아크 전압이 높아지면 용접봉의 용융 속도가 늦어지고 아크 전압이 낮아지면 용융 속도가 빨라지는 특성은?

① 부특성
② 절연 회복 특성
③ 전압 회복 특성
④ 아크 길이 자기 제어 특성

해설
아크 길이 자기 제어는 아크 전압의 변화에 따라 용융 속도를 변화시킨다.

16 CO_2 가스 아크용접 시 작업장의 CO_2 가스가 몇 % 이상이면 인체에 위험한 상태가 되는가?

① 1%
② 4%
③ 10%
④ 15%

해설
작업장에 CO_2 가스가 15% 이상이 되면 사람이 위험한 상태에 빠진다.

17 플라스마 아크 용접의 특징으로 틀린 것은?

① 비드 폭이 좁고 용접속도가 빠르다.
② 1층으로 용접할 수 있으므로 능률적이다.
③ 용접부의 기계적 성질이 좋으며 용접변형이 작다.
④ 핀치효과에 의해 전류밀도가 작고 용입이 얕다.

해설
플라스마 아크 용접은 핀치효과에 의해 전류밀도가 크고, 안정적이며 보유 열량이 크다.

12 ④ 13 ② 14 ② 15 ④ 16 ④ 17 ④ 정답

18 다음 그림에서 루트 간격을 표시하는 것은?

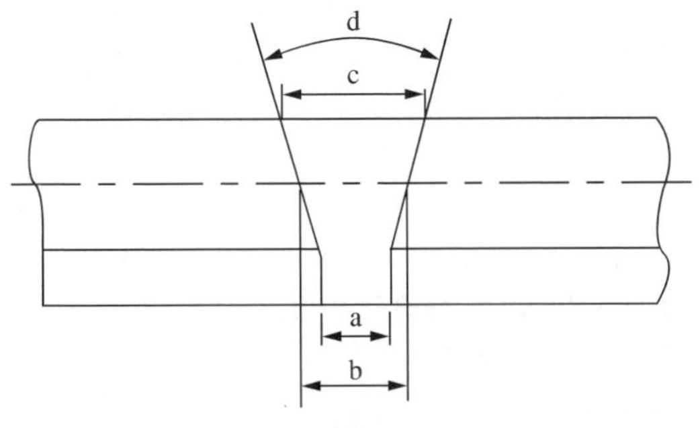

① a ② b
③ c ④ d

해설
- a : 루트 간격
- b : 루트면 중심거리
- c : 용접면 간격
- d : 개선각(홈각도)

19 가스절단에서 드래그라인을 가장 잘 설명한 것은?

① 예열온도가 낮아서 나타나는 직선
② 절단토치가 이용한 경로
③ 산소의 압력이 높아 나타나는 선
④ 절단면에 나타나는 일정한 간격의 곡선

해설
가스절단에서 드래그라인은 절단면에 나타나는 일정한 간격의 곡선을 의미한다.

20 A는 병 전체 무게(빈병의 무게 + 아세틸렌가스의 무게)이고, B는 빈병의 무게이며, 또한 15℃, 1기압에서의 아세틸렌 가스 용적을 905L라고 할 때, 용해 아세틸렌 가스의 양 C(L)를 계산하는 식은?

① C=905(B−A)
② C=905+(B−A)
③ C=905(A−B)
④ C=905+(A−B)

해설
용해 아세틸렌 1kg을 기화시키면 약 905L의 가스가 발생한다.
아세틸렌가스량 공식
아세틸렌가스량(C) = 905L(병 전체 무게(A) − 빈 병의 무게(B))

21 가스절단 시 산소 대 프로판 가스의 혼합비로 적당한 것은?

① 2.0 : 1 ② 4.5 : 1
③ 3.0 : 1 ④ 3.5 : 1

해설
가스절단 시 산소 : 프로판가스의 혼합비는 4.5 : 1이다.

22 다음 중 MIG 용접에 있어 와이어 속도가 급격하게 감소하면 아크전압이 높아져서 전극의 용융속도가 감소하므로 아크 길이가 짧아져 다시 원래의 길이로 돌아오는 특성은?

① 부저항 특성 ② 자기 제어 특성
③ 수하 특성 ④ 정전류 특성

해설
② 아크길이 자기제어 : 전류가 일정할 때 전압이 높아지면 용접봉의 용융속도가 늦어지고, 전압이 낮아지면 용융속도가 빨라지게 하는 것으로 전류밀도가 클 때 잘 나타나는데, 자동용접에서 와이어 자동 송급 시 아크 길이가 변동되어도 항상 일정한 길이가 되도록 유지하는 제어기능이다.
① 부저항 특성(부특성) : 전류밀도가 작을 때 전류가 커지면 전압은 낮아지는 특성이다.
③ 수하 특성 : 전류가 증가하면 전압이 낮아진다.
④ 정전류 특성 : 전압이 변해도 전류는 거의 변하지 않는다.

23 산소용기의 내용적이 33.7L인 용기에 120 kgf/cm^2이 충전되어 있을 때, 대기압 환산용적은 몇 L인가?

① 2,803 ② 4,044
③ 40,440 ④ 28,030

해설
용기 속의 산소량 = 내용적 × 기압 = 33.7L × 120 = 4,044L

정답 18 ① 19 ④ 20 ③ 21 ② 22 ② 23 ②

24 다음 중 일렉트로 가스 아크 용접의 특징으로 옳은 것은?

① 용접속도는 자동으로 조절된다.
② 판 두께가 얇을수록 경제적이다.
③ 용접장치가 복잡하여 취급이 어렵고 고도의 숙련을 요한다.
④ 스패터 및 가스의 발생이 적고, 용접 작업 시 바람의 영향을 받지 않는다.

해설
일렉트로 가스 아크 용접은 용접속도가 자동으로 조절된다.

25 가스 절단을 할 때 사용되는 예열가스 중 최고 불꽃 온도가 가장 높은 것은?

① CH_4　　② C_2H_2
③ H_2　　④ C_3H_8

저자쌤의 핵직강

가스별 불꽃 온도 및 발열량

가스 종류	불꽃 온도(℃)	발열량(kcal/m³)
아세틸렌(C_2H_2)	3,430	12,500
부탄(C_4H_{10})	2,926	26,000
수소(H_2)	2,960	2,400
프로판(C_3H_8)	2,820	21,000
메탄(CH_4)	2,700	8,500

해설
산소-아세틸렌 불꽃의 온도는 약 3,430℃로 다른 불꽃들에 비해 가장 높다.

26 다음 중 연강용 가스 용접봉의 종류인 "GA43"에서 "43"이 의미하는 것은?

① 가스 용접봉
② 용착금속의 연신율 구분
③ 용착금속의 최소 인장강도 수준
④ 용착금속의 최대 인장강도 수준

해설
가스 용접봉의 표시 - GA43 용접봉의 경우

G	A	43
가스용접봉	용착 금속의 연신율 구분	용착 금속의 최저인장강도(kgf/mm²)

27 일렉트로 슬래그 아크 용접에 대한 설명 중 맞지 않는 것은?

① 일렉트로 슬래그 용접은 단층 수직 상진 용접을 하는 방법이다.
② 일렉트로 슬래그 용접은 아크를 발생시키지 않고 와이어와 용융 슬래그 그리고 모재 내에 흐르는 전기 저항열에 의하여 용접한다.
③ 일렉트로 슬래그 용접의 홈 형상은 I형 그대로 사용한다.
④ 일렉트로 슬래그 용접 전원으로는 정전류형의 직류가 적합하고, 용융금속의 용착량은 90% 정도이다.

해설
일렉트로 슬래그 아크 용접은 용접 전원으로 교류의 정전압 특성을 갖는 대전류를 사용한다.

28 CO_2 아크 용접에서 가장 두꺼운 판에 사용되는 용접 홈은?

① I형
② V형
③ H형
④ J형

해설
CO_2 아크 용접에서 H형의 홈은 두꺼운 판을 양쪽에서 용접하여 완전한 용입을 얻을 수 있으므로 가장 두꺼운 판에 사용된다.

24 ① 25 ② 26 ③ 27 ④ 28 ③ 정답

29 용접 작업 중 전격방지 대책으로 틀린 것은?

① 용접기의 내부에 함부로 손을 대지 않는다.
② 홀더의 절연부분이 파손되면 보수하거나 교체한다.
③ 숙련공은 가죽장갑, 앞치마 등의 보호구를 착용하지 않아도 된다.
④ 용접 작업이 끝났을 때는 반드시 스위치를 차단한다.

해설
전격(電擊, Electric Shock) : 보호구를 착용하지 않고 파손된 용접홀더, 용접봉의 심선(Core Wire)을 만졌을 경우 느낄 수 있는 강한 전류를 갑자기 몸에 느꼈을 때의 충격을 말한다. 전격을 방지하려면 반드시 가죽장갑과 앞치마 등의 보호구를 착용하도록 한다.

30 MIG 용접 시 와이어 송급 방식의 종류가 아닌 것은?

① 풀 방식　② 푸시 방식
③ 푸시 풀 방식　④ 푸시 언더 방식

저자쌤의 핵직강

와이어 송급 방식
- 푸시(Push) 방식 : 미는 방식
- 풀(Pull) 방식 : 당기는 방식
- 푸시 풀(Push-pull) 방식 : 밀고 당기는 방식

해설
푸시 언더 방식은 와이어의 송급 방식이 아니다.

31 프로판 가스의 성질에 대한 설명으로 틀린 것은?

① 기화가 어렵고 발열량이 낮다.
② 액화하기 쉽고 용기에 넣어 수송이 편리하다.
③ 온도 변화에 따른 팽창률이 크고 물에 잘 녹지 않는다.
④ 상온에서는 기체 상태이고 무색, 투명하고 약간의 냄새가 난다.

해설
프로판 가스는 쉽게 기화하며 발열량이 높다.

32 경납용 용가재에 대한 각각의 설명이 틀린 것은?

① 은납 : 구리, 은, 아연이 주성분으로 구성된 합금으로 인장강도, 전연성 등의 성질이 우수하다.
② 황동납 : 구리와 니켈의 합금으로, 값이 저렴하여 공업용으로 많이 쓰인다.
③ 인동납 : 구리가 주성분이며 소량의 은, 인을 포함한 합금으로 되어 있다. 일반적으로 구리 및 구리합금의 땜납으로 쓰인다.
④ 알루미늄납 : 일반적으로 알루미늄에 규소, 구리를 첨가하여 사용하며 융점은 600℃ 정도이다.

해설
황동납 : 철강이나 비철금속의 납땜에 사용되는 Cu와 Zn의 합금재료로, 전기 전도도가 낮고 진동에 대한 저항력도 낮다.

33 맞대기 용접이음에서 판 두께가 6mm, 용접선 길이가 120mm, 인장응력이 9.5N/mm²일 때 모재가 받는 하중은 몇 N인가?

① 5,680
② 5,860
③ 6,480
④ 6,840

해설
용접부의 인장응력 $\sigma = \frac{F}{A}$, $F = \sigma A$

$$F = 9.5\text{N/mm}^2 \times (6 \times 120) = 6,840\text{N}$$

34 용접을 크게 분류할 때 압접에 해당되지 않는 것은?

① 저항용접
② 초음파용접
③ 마찰용접
④ 전자빔용접

해설
전자빔용접은 융접에 속한다.

정답　29 ③　30 ④　31 ①　32 ②　33 ④　34 ④

35 변형 방지용 지그의 종류 중 다음 그림과 같이 사용된 지그는?

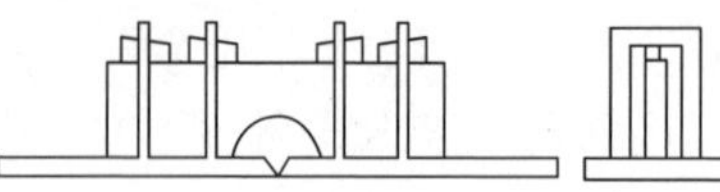

① 바이스 지그
② 스트롱 백
③ 탄성 역변형 지그
④ 패널용 탄성 역변형 지그

해설

스트롱 백은 가접을 피하기 위해서 피용접물을 구속시키는 변형 방지용 도구로 용접 시 사용되는 지그의 일종이다.

36 로봇의 동작기능을 나타내는 좌표계의 종류에 포함되지 않는 것은?

① 극좌표로봇
② 다관절로봇
③ 원통좌표로봇
④ 삼각좌표로봇

해설

삼각좌표계는 로봇을 구동시키는 좌표계로 사용되지 않는다.

① 극좌표 로봇 : 수직면이나 수평면 내에서 선회하는 회전영역이 넓고 팔이 기울어져 상하로 움직일 수 있어서 주로 스폿 용접이나 중량물을 취급하는 장소에 주로 이용된다.
③ 원통 좌표 로봇 : 원통의 길이와 반경방향으로 움직이는 두 개의 직선 축과 원의 둘레방향으로 움직이는 하나의 회전축으로 구성되는데 설치공간이 직교 좌표형에 비해 작고 빠르게 움직인다.

37 구리 및 구리 합금의 용접성에 대한 설명으로 틀린 것은?

① 용접 후 응고 수축 시 변형이 생기지 않는다.
② 열전도도, 열팽창 계수는 용접성에 영향을 준다.
③ 구리합금의 경우 아연 증발로 용접사가 중독될 수 있다.
④ 가스 용접 시 수소 분위기에서 가열을 하면 산화물이 환원되어 수분을 생성시킨다.

저자쌤의 핵직강

구리 및 구리합금의 용접이 어려운 이유

- 구리는 열전도율이 높고 냉각속도가 크다.
- 열팽창계수는 연강보다 약 50% 크므로 냉각에 의한 수축과 응력집중을 일으켜 균열이 발생하기 쉽다.
- 구리는 용융될 때 심한 산화를 일으키며, 가스를 흡수하기 쉬우므로 용접부에 기공 등이 발생하기 쉽다.
- 구리의 경우 열전도율과 열팽창계수가 높아서 가열 시 재료의 변형이 일어나고, 열의 집중성이 떨어져서 저항용접이 어렵다.
- 구리 중의 산화구리(Cu_2O)를 함유한 부분이 순수한 구리에 비하여 용융점이 약간 낮으므로, 먼저 용융되어 균열이 발생하기 쉽다.
- 수소와 같이 확산성이 큰 가스를 석출하여, 그 압력 때문에 더욱 약점이 조성된다.
- 가스용접, 그 밖의 용접방법으로 환원성 분위기 속에서 용접을 하면 산화구리는 환원될 가능성이 커진다. 이때, 용적은 감소하여 스펀지(Sponge) 모양의 구리가 되므로 더욱 강도를 약화시킨다. 그러므로, 용접용 구리 재료는 전해구리보다 탈산구리를 사용해야 하며, 또한 용접봉을 탈산구리 용접봉 또는 합금 용접봉을 사용해야 한다.

해설

구리 및 구리합금의 열팽창계수는 냉각에 의한 수축과 응력집중을 일으켜 균열이 발생하기 쉬우며, 연강보다 약 50%가 크다.

38 재료에 어떤 일정한 하중을 가하고 어떤 온도에서 긴 시간 동안 유지하면 시간이 경과함에 따라 스트레인이 증가하는 것을 측정하는 시험 방법은?

① 피로 시험 ② 충격 시험
③ 비틀림 시험 ④ 크리프 시험

해설

크리프 : 고온상태에서 재료에 일정 크기의 하중(정하중)을 작용시켰을 때 시간이 경과하면서 변형이 증가하는 현상이다.

39 주철의 편상 흑연 결함을 개선하기 위하여 마그네슘, 세륨, 칼슘 등을 첨가한 것으로 기계적 성질이 우수하여 자동차 주물 및 특수 기계의 부품용 재료에 사용되는 것은?

① 미하나이트 주철 ② 구상흑연 주철
③ 칠드 주철 ④ 가단 주철

35 ② 36 ④ 37 ① 38 ④ 39 ② 정답

해설
구상흑연주철
내마멸성, 내열성, 내식성이 대단히 우수하여 자동차용 주물이나 특수기계의 부품용, 주조용 재료로 쓰이며, 불스아이 조직이 나타나는 주철로 Ni(니켈), Cr(크롬), Mo(몰리브덴), Cu(구리) 등을 첨가하여 재질을 개선한 것이다. 노듈러 주철, 덕타일 주철이라고도 하며, 황(S)이 적은 선철을 용해하여 주입 전에 Mg, Ce, Ca 등을 첨가하여 흑연을 구상화시키며 편상 흑연의 결함도 제거할 수 있다.

40 열처리된 탄소강의 현미경 조직에서 경도가 가장 높은 것은?

① 소르바이트 ② 오스테나이트
③ 마텐자이트 ④ 트루스타이트

해설
금속 조직의 강도와 경도가 높은 순서
페라이트 < 오스테나이트 < 펄라이트 < 소르바이트 < 베이나이트 < 트루스타이트 < 마텐자이트 < 시멘타이트

41 용접부품에서 일어나기 쉬운 잔류응력을 감소시키기 위한 열처리 방법은?

① 완전풀림(Full Annealing)
② 연화풀림(Softening Annealing)
③ 확산풀림(Diffusion Annealing)
④ 응력제거 풀림(Stress Relief Annealing)

해설
응력제거 풀림은 용접부 내부에 존재하는 잔류응력을 감소시키기 위한 열처리 방법이다.

42 연강재 표면에 스텔라이트(Stellite)나 경합금을 용착시켜 표면경화시키는 방법은?

① 브레이징(Brazing)
② 숏 피닝(Shot Peening)
③ 하드 페이싱(Hard Facing)
④ 질화법(Nitriding)

해설
하드페이싱은 금속 표면에 경화층을 생성하는 방법으로 스텔라이트 등을 용착시킨다.

43 베어링에 사용되는 대표적인 구리합금으로 70% Cu-30% Pb 합금은?

① 켈밋(Kelmet)
② 배빗메탈(Babbit Metal)
③ 다우메탈(Dow Metal)
④ 톰백(Tombac)

해설
켈밋 : 고속, 고하중 베어링에 사용하며, Cu 70% + Pb 30~40%의 합금으로 열전도와 압축 강도가 크고 마찰계수가 작다.

44 금속침투법의 종류에 속하지 않는 것은?

① 설퍼라이징 ② 세라다이징
③ 크로마이징 ④ 칼로라이징

해설
금속침투법은 경화하려는 재료의 표면을 가열한 후 여기에 다른 종류의 금속을 확산 작용으로 부착시켜 합금 피복층을 얻는 표면경화법이며, 설퍼라이징은 거리가 멀다.

45 다음 중 주강에 대한 일반적인 설명으로 틀린 것은?

① 주철에 비하면 용융점이 800℃ 전후의 저온이다.
② 주철에 비하여 기계적 성질이 우수하다.
③ 주조상태로는 조직이 거칠고 취성이 있다.
④ 주강 제품에는 기포 등이 생기기 쉬우므로 제강작업에는 다량의 탈산제를 사용함에 따라 Mn이나 Ni의 함유량이 많아진다.

해설
주철의 용융점은 1,130℃ 정도로 순수한 철에 탄소를 대략 4.3% 함유한다. 순철의 용융점이 1,538℃이므로 탄소가 함유될수록 용융온도는 낮아지는데 0.1~0.5%의 C를 함유한 주강의 용융점이 주철의 용융점보다 더 높다.

정답 40 ③ 41 ④ 42 ③ 43 ① 44 ① 45 ①

46 다음 중 강의 표면경화법에 있어 침탄법과 질화법에 대한 설명으로 틀린 것은?

① 침탄법은 경도가 질화법보다 높다.
② 질화법은 경화처리 후 열처리가 필요 없다.
③ 침탄법은 고온가열 시 뜨임되고, 경도는 낮아진다.
④ 질화법은 침탄법에 비하여 경화에 의한 변형이 적다.

해설
침탄처리한 재료의 경도는 질화처리한 재료보다 낮다.

47 맴돌이 전류를 이용하여 용접부를 비파괴검사하는 방법으로 옳은 것은?

① 자분탐상검사
② 와전류탐상검사
③ 침투탐상검사
④ 초음파탐상검사

해설
맴돌이 전류를 사용하는 비파괴검사법은 와전류탐상검사이다.

48 현미경 시험용 부식제 중 알루미늄 및 그 합금용에 사용되는 것은?

① 초산 알코올 용액 ② 피크린산 용액
③ 왕 수 ④ 수산화나트륨 용액

저자쌤의 핵직강

현미경 시험용 부식제

부식할 금속	부식제
철강용	질산 알코올 용액, 피크린산 알코올 용액, 염산, 초산
Al과 그 합금	플루오린화 수소액, 수산화나트륨 용액
금, 백금 등 귀금속의 부식제	왕 수

해설
알루미늄 및 그 합금용 부식제는 수산화나트륨 용액이다.

49 냉간가공을 받은 금속의 재결정에 대한 일반적인 설명으로 틀린 것은?

① 가공도가 낮을수록 재결정 온도는 낮아진다.
② 가공시간이 길수록 재결정 온도는 낮아진다.
③ 철의 재결정 온도는 330~450℃ 정도이다.
④ 재결정 입자의 크기는 가공도가 낮을수록 커진다.

해설
냉간가공을 받은 금속의 가공도가 클수록 재결정 온도는 낮아진다.

50 Al의 표면을 적당한 전해액 중에서 양극 산화처리하면 표면에 방식성이 우수한 산화 피막층이 만들어진다. 알루미늄의 방식 방법에 많이 이용되는 것은?

① 규산법 ② 수산법
③ 탄화법 ④ 질화법

해설
알루미늄 방식법의 종류
- 수산법
- 황산법
- 크롬산법

51 원호의 길이 치수 기입에서 원호를 명확히 하기 위해서 치수에 사용되는 치수 보조 기호는?

① (20) ② C20
③ [20] ④ $\overset{\frown}{20}$

해설
호의 길이를 명확히 표현할 때는 치수 보조 기호(⌒)를 사용하여 $\overset{\frown}{20}$ 와 같이 나타낸다.

52 도면을 축소 또는 확대했을 경우, 그 정도를 알기 위해서 설정하는 것은?

① 중심 마크 ② 비교 눈금
③ 도면의 구역 ④ 재단 마크

46 ① 47 ② 48 ④ 49 ① 50 ② 51 ④ 52 ② 정답

해설

도면의 축소 및 확대의 실시 여부는 도면 외곽의 비교 눈금을 통해서 확인할 수 있다.

53 나사의 표시방법에 대한 설명으로 옳은 것은?

① 수나사의 골지름은 가는 실선으로 표시한다.
② 수나사의 바깥지름은 가는 실선으로 표시한다.
③ 암나사의 골지름은 아주 굵은 실선으로 표시한다.
④ 완전 나사부와 불완전 나사부의 경계선은 가는 실선으로 표시한다.

해설

나사의 표시방법

① 수나사의 골지름은 가는 실선으로 그린다.
② 수나사의 바깥지름은 굵은 실선으로 그린다.
③ 암나사의 골지름은 가는 실선으로 그린다.
④ 완전 나사부와 불완전 나사부의 경계선은 굵은 실선으로 그린다.

54 물체의 일부분을 파단한 경계 또는 일부를 떼어 낸 경계를 나타내는 선으로 불규칙한 파형의 가는 실선인 것은?

① 파단선　　② 지시선
③ 가상선　　④ 절단선

해설

파단선은 대상물의 일부를 떼어낸 경계를 표시할 때 나타내는 선이며 가는 실선으로 그린다.

55 다음 투상도 중 제1각법이나 제3각법으로 투상하여도 정면도를 기준으로 그 위치가 동일한 곳에 있는 것은?

① 우측면도　　② 평면도
③ 배면도　　④ 저면도

해설

배면도는 정면도를 기준으로 그 위치가 동일하다.

56 그림과 같은 입체를 제3각법으로 나타낼 때 가장 적합한 투상도는?(단, 화살표 방향을 정면으로 한다)

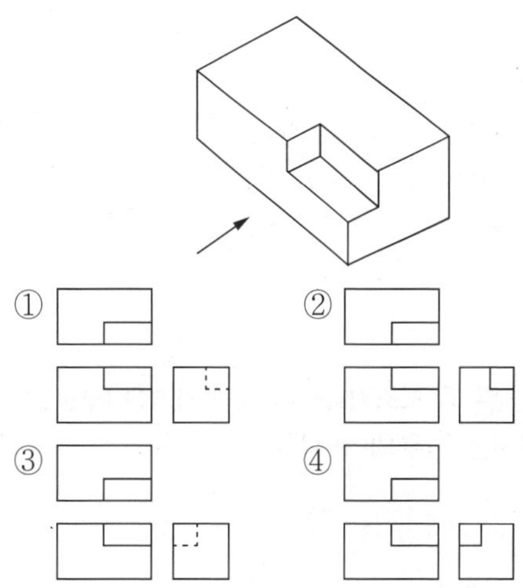

57 그림과 같이 용접을 하고자 할 때 용접 도시기호를 올바르게 나타낸 것은?

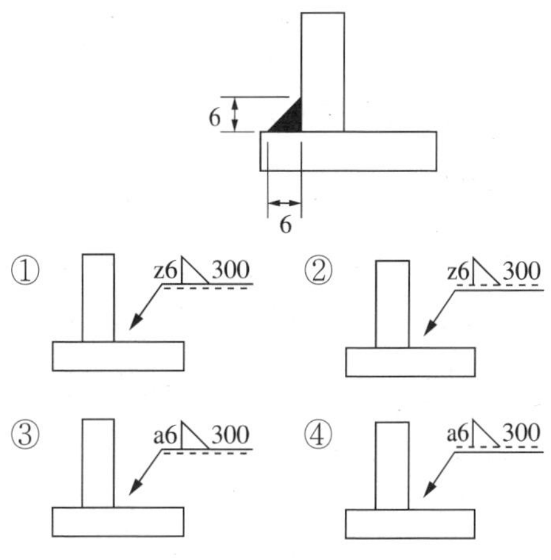

해설

목길이(z)가 6이며 용접부의 길이가 300mm이라는 것을 나타낸다.

정답　53 ①　54 ①　55 ③　56 ④　57 ②

58 배관 도면에서 그림과 같은 기호의 의미로 가장 적합한 것은?

① 콕 일반
② 볼 밸브
③ 체크 밸브
④ 안전 밸브

59 용접부의 보조기호에서 제거 가능한 이면 판재를 사용하는 경우의 표시기호는?

① M　　② P
③ MR　　④ PR

해설
MR(Material Remove)은 제거 가능한 이면 판재를 사용하는 경우의 표시이다.

60 그림과 같은 용접 기호는 무슨 용접을 나타내는가?

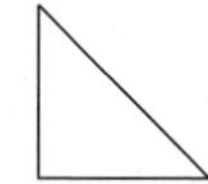

① 심용접
② 필릿용접
③ 스폿용접
④ 겹침용접

용접부 기호의 종류

명 칭	기본기호
심용접	
필릿용접	
스폿용접(점용접)	

58 ③ 59 ③ 60 ② 정답

2017년도 제3회 **기출복원문제**

용접기능사 Craftsman Welding/Inert Gas Arc Welding

※ 2017년은 CBT(컴퓨터 기반 시험)로 진행되어 수험자의 기억에 의해 문제를 복원하였습니다. 실제 시행문제와 일부 상이할 수 있음을 알려드립니다.

01 다음 중 일반적으로 모재의 용융선 근처의 열영향부에서 발생되는 균열이며 고탄소강이나 저합금강을 용접할 때 용접열에 의한 열영향부의 경화와 변태응력 및 용착금속 속의 확산성 수소에 의해 발생되는 균열은?

① 루트 균열　② 설퍼 균열
③ 비드 밑 균열　④ 크레이터 균열

해설
비드 밑 균열 : 모재의 용융선 근처의 열영향부에서 발생되는 균열이며 고탄소강이나 저합금강을 용접할 때 용접열에 의한 열영향부의 경화와 변태응력 및 용착금속 내부의 확산성 수소에 의해 발생된다.

02 가스 용접 시 전진법과 후진법을 비교 설명한 것 중 틀린 것은?

① 전진법은 용접 속도가 느리다.
② 후진법은 열 이용률이 좋다.
③ 후진법은 용접변형이 크다.
④ 전진법은 개선 홈의 각도가 크다.

해설
가스 용접 시 후진법은 전진법에 비해 용접변형이 작다.

03 전기 저항 점용접 작업 시 용접기 조작에 대한 3대 요소가 아닌 것은?

① 가압력　② 통전시간
③ 전극봉　④ 전류세기

해설
저항용접의 3요소
- 용접전류
- 가압력
- 통전시간

04 용접자세 중 H-Fill이 의미하는 자세는?

① 수직 자세
② 아래 보기 자세
③ 위 보기 자세
④ 수평 필릿 자세

해설
일반적인 용접자세는 F(아래보기), H(수평), V(수직), OH(위보기)의 4가지인데, 이 기호에 Fill이 추가되면 해당 자세에서의 필릿 자세라는 의미이다.

05 화재의 분류 중 C급 화재에 속하는 것은?

① 전기화재　② 금속화재
③ 가스화재　④ 일반화재

저자샘의 핵직강

화재의 종류

분 류	A급 화재	B급 화재	C급 화재	D급 화재
명 칭	일반(보통) 화재	유류 및 가스화재	전기화재	금속화재

06 아세틸렌(C_2H_2) 가스의 성질로 틀린 것은?

① 비중이 1.906으로 공기보다 무겁다.
② 순수한 것은 무색, 무취의 기체이다.
③ 구리, 은, 수은과 접촉하면 폭발성 화합물을 만든다.
④ 매우 불안전한 기체이므로 공기 중에서 폭발 위험성이 크다.

해설
아세틸렌 가스는 비중이 0.906으로 공기(1.2)보다 가볍다.

정답 1 ③ 2 ③ 3 ③ 4 ④ 5 ① 6 ①

07 충전가스 용기 중 암모니아가스 용기의 도색은?

① 회 색　② 청 색
③ 녹 색　④ 백 색

해설
암모니아가스의 용기 도색은 백색으로 한다.

08 200V용 아크용접기의 1차 입력이 15kVA일 때, 퓨즈의 용량(A)은 얼마인가?

① 65A　② 75A
③ 90A　④ 100A

해설

$$퓨즈용량 = \frac{1차\ 입력(kVA)}{전압(V)} = \frac{15{,}000VA}{200V} = 75A$$

75A 용량의 퓨즈를 부착하면 된다.

09 주철이나 비철금속은 가스절단이 용이하지 않으므로 철분 또는 용제를 연속적으로 절단용 산소에 공급하여 그 산화열 또는 용제의 화학작용을 이용한 절단 방법은?

① 분말절단　② 산소창절단
③ 탄소아크절단　④ 스카핑

해설
주철과 비철금속의 용융점이 슬래그의 용융점보다 낮기 때문에 가스절단이 용이하지 못하며 이 재료들은 분말절단을 사용해서 절단할 수 있다. 주철은 주철 중의 흑연이 철의 연속적인 연소를 방해하므로 가스 절단이 용이하지 않다.

10 피복아크 용접봉에서 피복제의 역할로 옳은 것은?

① 재료의 급랭을 도와준다.
② 산화성 분위기로 용착금속을 보호한다.
③ 슬래그 제거를 어렵게 한다.
④ 아크를 안정시킨다.

해설
피복제는 아크를 안정시킨다.

11 U형, H형의 용접 홈을 가공하기 위하여 슬로 다이버전트로 설계된 팁을 사용하여 깊은 홈을 파내는 가공법은?

① 치 핑　② 슬랙절단
③ 가스가우징　④ 아크에어가우징

해설
가스 가우징은 용접부의 결함, 뒤따내기, 가접의 제거, 표면 결함 제거에 이용되는데, 가스 절단과 비슷한 토치를 사용해서 용접 부분의 뒷면을 따내든지 U형, H형의 용접홈을 가공하기 위하여 깊은 홈을 파내는 가공법이다. 산소 분출 구멍이 절단용에 비해 크고, 예열불꽃의 구멍은 산소 분출 구멍 상하 또는 둘레에 만들어져 있다.

12 용접할 재료의 예열에 관한 설명으로 옳은 것은?

① 예열은 수축 정도를 늘려 준다.
② 용접 후 일정시간동안 예열을 유지시켜도 효과는 떨어진다.
③ 예열은 냉각 속도를 느리게 하여 수소의 확산을 촉진시킨다.
④ 예열은 용접 금속과 열영향 모재의 냉각속도를 높여 용접균열에 저항성이 떨어진다.

해설
③ 용접할 재료를 예열하면 급랭을 방지하기 때문에 냉각 속도를 천천히 하며 수소의 확산을 촉진시킨다.
① 예열은 팽창이나 수축의 정도를 줄여 준다.
② 용접 후 일정시간동안 예열하면 효과는 더 커진다.
④ 예열은 용접 금속의 급랭을 방지하여 용접균열에 대한 저항성을 높여 준다.

13 아크전류 200A, 아크전압 30V, 용접속도 20cm/min일 때 용접 길이 1cm당 발생하는 용접입열(Joule/cm)은?

① 12,000　② 15,000
③ 18,000　④ 20,000

해설

$$H = \frac{60EI}{v} = \frac{60 \times 30 \times 200}{20} = 18{,}000\,J/cm$$

7 ④ 8 ② 9 ① 10 ④ 11 ③ 12 ③ 13 ③ 정답

14 아크 용접기의 사용률에서 아크 시간과 휴식 시간을 합한 전체 시간은 몇 분을 기준으로 하는가?

① 60분 ② 30분
③ 10분 ④ 5분

저자쌤의 핵직강

아크 용접기의 사용률을 구하는 식

$$사용률(\%) = \frac{아크\ 발생\ 시간}{아크\ 발생\ 시간 + 정지\ 시간} \times 100$$

해설

사용률에서 아크시간과 휴식시간을 합한 시간은 10분을 기준으로 한다.

15 TIG 용접에서 전극봉의 어느 한쪽의 끝부분에 식별용 색을 칠하여야 한다. 순텅스텐 전극봉의 색은?

① 황 색 ② 적 색
③ 녹 색 ④ 회 색

저자쌤의 핵직강

텅스텐 전극봉의 식별용 색상

텅스텐봉의 종류	색 상
순텅스텐봉	녹 색
1% 토륨봉	노랑색
2% 토륨봉	적 색
지르코니아봉	갈 색

16 TIG 용접의 단점에 해당되지 않는 것은?

① 불활성가스와 TIG 용접기의 가격이 비싸 운영비와 설치비가 많이 소요된다.
② 바람의 영향으로 용접부 보호 작용에 방해가 되므로 방풍대책이 필요하다.
③ 후판 용접에서는 다른 아크 용접에 비해 능률이 떨어진다.
④ 모든 용접자세가 불가능하며 박판용접에 비효율적이다.

해설

TIG(Tungsten Inert Gas Arc Welding) 용접은 불활성 가스 텅스텐 아크 용접으로써 모든 용접자세 용접이 가능하며, 박판 용접에도 효율적이다.

17 모재의 열 변형이 거의 없으며, 이종 금속의 용접이 가능하고 정밀한 용접을 할 수 있으며, 비접촉식 방식으로 모재에 손상을 주지 않는 용접은?

① 레이저 용접 ② 테르밋 용접
③ 스터드 용접 ④ 플라스마 제트 아크 용접

해설

레이저 빔 용접의 특징

- 접근이 곤란한 물체의 용접이 가능하다.
- 전자빔 용접기 설치비용보다 설치비가 저렴하다.
- 열원이 빛의 빔이기 때문에 투명재료를 써서 어떤 분위기 속에서도(공기, 진공) 용접이 가능하다.
- 전자부품과 같은 작은 크기의 정밀 용접이 가능하다.
- 용접 입열이 대단히 작으며, 열영향부의 범위가 좁다.
- 용접될 물체가 부도체인 경우에도 용접이 가능하다.
- 에너지 밀도가 매우 높으며, 고 융점을 가진 금속의 용접에 이용한다.

18 피복 아크 용접봉의 피복 배합제 성분 중 고착제에 해당하는 것은?

① 산화티탄 ② 규소철
③ 망 간 ④ 규산나트륨

해설

피복 배합제 중에서 규산나트륨이 고착제의 역할을 한다.

19 다음 중 기계적 이음과 비교한 용접 이음의 장점이 아닌 것은?

① 공정수가 절감된다.
② 재료를 절약할 수 있다.
③ 성능과 수명이 향상된다.
④ 모재의 재질변화에 대한 영향이 적다.

해설

용접은 두 개의 서로 다른 모재(재료)를 열을 이용하여 하나로 결합하는 방법으로서 유밀성과 기밀성, 수밀성이 좋아서 산업 현장에서 주로 이용하고 있으며, 용접 이음은 열을 이용하기 때문에 작업 후 모재의 재질변화가 크고, 열을 가해 쇠를 용융시켜 접합하기 때문에 열에 의한 재질의 변화로 인해 용접 후 열처리작업이 필요한 경우도 있다.

정답 14 ③ 15 ③ 16 ④ 17 ① 18 ④ 19 ④

20 서브머지드 아크 용접의 장점에 해당되지 않는 것은?

① 용접속도가 수동용접보다 빠르고 능률이 높다.
② 개선각을 작게하여 용접 패스 수를 줄일 수 있다.
③ 콘택트 팁에서 통전되므로 와이어 중에 저항열이 적게 발생되어 고전류 사용이 가능하다.
④ 용접진행상태의 좋고 나쁨을 육안으로 확인할 수 있다.

해설
서브머지드 아크 용접은 용접 진행상태를 육안으로 확인할 수 없다.
서브머지드 아크 용접(SAW) : 용접부위가 보이지 않아 잠호용접이라고도 하며, 용접 부위에 미세한 입상의 용제(Flux)를 도포한 후 그 속에 전극 와이어를 넣으면 모재와의 사이에서 아크가 발생하는데 그 열로 용접하는 방법이다.

21 서브머지드 아크 용접의 용제 중 흡습성이 가장 높은 것은?

① 용제형 ② 혼성형
③ 용융형 ④ 소결형

저자쌤의 핵직강

서브머지드 아크 용접에서 사용하는 용제의 종류
- 용융형 : 흡습성이 가장 적으며, 소결형에 비해 좋은 비드를 얻는다.
- 소결형 : 흡습성이 가장 높다.
- 혼성형 : 중간의 특성을 갖는다.

해설
소결형의 용제가 분말형태로 작게 만든 후 결합하여 만들었기 때문에 흡습성이 가장 높다.

22 MIG 용접의 기본적인 특징이 아닌 것은?

① 아크가 안정되므로 박판(3mm 이하) 용접에 적합하다.
② TIG 용접에 비해 전류밀도가 높다.
③ 피복 아크 용접에 비해 용착효율이 높다.
④ 바람의 영향을 받기 쉬우므로 방풍 대책이 필요하다.

해설
① MIG 용접은 용접부가 좁고, 깊은 용입을 얻으므로 박판 용접에는 부적합하다.
② TIG 용접에 비해 전류밀도가 약 2배 높다.
③ 슬래그가 없으므로 용착효율이 높다.
④ 보호가스 분출 시 외부영향을 없애야 하므로 방풍 대책이 필요하다.

23 다음 중 산소-아세틸렌 용접에서 후진법과 비교한 전진법의 설명으로 틀린 것은?

① 열 이용률이 나쁘다.
② 용접변형이 작다.
③ 용접속도가 느리다.
④ 산화의 정도가 심하다.

해설
전진법은 토치의 불꽃이 용융지의 앞쪽을 가열하기 때문에 모재가 과열되기 쉽고 용접 변형이 크며 기계적 성질도 저하된다.

24 CO_2 가스 아크 용접에서 후진법에 비교한 전진법의 특징 설명으로 맞는 것은?

① 용융금속이 앞으로 나가지 않으므로 깊은 용입을 얻을 수가 있다.
② 용접선을 잘 볼 수 있어 운봉을 정확하게 할 수 있다.
③ 스패터의 발생이 적다.
④ 비드 높이가 약간 높고, 폭이 좁은 비드를 얻는다.

해설
CO2 가스 아크 용접에서 전진법의 특징
- 용접선이 잘 보여 운봉이 정확하다.
- 스패터가 비교적 많고 진행방향으로 흩어진다.
- 용착 금속이 아크보다 앞서기 쉬워 용입이 얕다.
- 높이가 낮고 평탄한 비드를 형성한다.

20 ④ 21 ④ 22 ① 23 ② 24 ② 정답

25 일렉트로 슬래그 용접에 관한 설명으로 틀린 것은?

① 수직 상진으로 단층 용접을 하는 방식이다.
② 용접 전원으로는 정전압형의 교류가 적합하다.
③ 용융금속의 용착량이 100%가 되는 용접방법이다.
④ 높은 아크열을 이용하여 효율적으로 용접하는 방식이다.

해설
일렉트로 슬래그 용접은 주로 30mm 이상의 판에 적용하고, 아크가 발생하지 않는 용접방법으로 양면의 수랭 동판에 의해 둘러싸인 용융금속 위에 떠 있는 도전성 용융 슬래그를 통해 전류의 저항 발열을 이용하여 모재와 전극와이어를 용융시켜 접합하는 방법이다.

26 다음 중 일렉트로가스 아크 용접에 주로 사용되는 가스는?

① Ar
② CO_2
③ H_2
④ He

해설
일렉트로 가스 아크용접과 CO_2 용접(탄산가스, 이산화탄소 아크 용접)에는 CO_2 가스가 사용된다.

27 가변압식 토치의 팁 번호 400번을 사용하여 중성불꽃으로 1시간 동안 용접할 때, 아세틸렌가스의 소비량은 몇 L인가?

① 400
② 800
③ 1,600
④ 2,400

해설
400번 팁의 아세틸렌가스 소비량은 400L이다. 가변압식 토치 팁은 팁 번호가 소비량을 나타내기 때문이다.

28 이산화탄소 아크용접에 사용되는 와이어에 대한 설명으로 틀린 것은?

① 용접용 와이어에는 솔리드 와이어와 복합 와이어가 있다.
② 솔리드 와이어는 실체(나체) 와이어라고도 한다.
③ 복합 와이어는 비드의 외관이 아름답다.
④ 복합 와이어는 용제에 탈산제, 아크 안정제 등 합금 원소가 포함되지 않은 것이다.

해설
복합와이어에는 금속에 특수한 성질을 부여하기 위하여 합금원소가 포함된다.

29 볼트나 환봉을 피스톤형의 홀더에 끼우고 모재와 볼트 사이에 순간적으로 아크를 발생시켜 용접하는 방법은?

① 서브머지드 아크 용접
② 스터드 용접
③ 테르밋 용접
④ 불활성 가스 아크 용접

해설
스터드(Stud)는 판재에 덧대는 물체로 봉이나 볼트와 같은 긴 물체를 말하며, 스터드 용접은 아크용접의 일부로서 봉재나 볼트와 같은 스터드를 피스톤형의 홀더에 끼우고 모재에 대면 순간적으로 아크가 발생되면서 용접하는 방법이다.

30 맞대기 용접 이음에서 최대 인장하중이 800 kgf이고, 판 두께가 5mm, 용접선의 길이가 20cm일 때 용착금속의 인장강도는 몇 kgf/mm^2인가?

① 0.8 ② 8
③ 80 ④ 800

해설

$$\sigma = \frac{\text{작용하중}(F)}{\text{힘이 작용하는 단면적}(A)}$$

$$= \frac{800\text{kgf}}{5\text{mm} \times 200\text{mm}} = \frac{800\text{kgf}}{1{,}000\text{mm}^2} = 0.8\text{kgf/mm}^2$$

정답 25 ④ 26 ② 27 ① 28 ④ 29 ② 30 ①

31 주성분이 은, 구리, 아연의 합금인 경납으로 인장강도, 전연성 등의 성질이 우수하여 구리, 구리합금, 철강, 스테인리스강 등에 사용되는 납재는?

① 양은납
② 알루미늄납
③ 은 납
④ 내열납

해설
경납용 용제는 인장강도와 전연성이 우수하여 구리나 구리합금, 철강, 스테인리스강의 접합에 사용되고, 사용 납재는 은, 구리, 아연의 합금이다.

32 용접용어에 대한 정의를 설명한 것으로 틀린 것은?

① 모재 : 용접 또는 절단되는 금속
② 다공성 : 용착금속 중 기공의 밀집한 정도
③ 용락 : 모재가 녹은 깊이
④ 용가재 : 용착부를 만들기 위하여 녹여서 첨가하는 금속

해설
용락은 용접 모재가 녹아서 쇳물이 흘러내리거나 구멍이 나는 것이고, 모재가 녹은 깊이는 용입이다.

33 정격 2차 전류 300A의 용접기에서 실제로 200A의 전류로서 용접한다고 가정하면 허용 사용률은 얼마인가?(단, 정격 사용률은 40%라고 한다)

① 80%　② 85%
③ 90%　④ 95%

해설

$$허용사용률(\%) = \frac{(정격\ 2차\ 전류)^2}{(실제\ 용접\ 전류)^2} \times 정격사용률(\%)$$

$$= \frac{300A^2}{200A^2} \times 40\% = \frac{90,000}{40,000} \times 40\% = 90\%$$

34 가스 용접 시 안전조치로 적절하지 않은 것은?

① 가스의 누설검사는 필요할 때만 체크하고 점검은 수돗물로 한다.
② 가스용접 장치는 화기로부터 5m 이상 떨어진 곳에 설치해야 한다.
③ 산소병 밸브, 압력 조정기, 도관, 연결부위는 기름 묻은 천으로 닦아서는 안 된다.
④ 인화성 액체 용기의 용접을 할 때는 증기 열탕 물로 완전히 세척 후 통풍구멍을 개방하고 작업한다.

해설
가스 용접 시 사용하는 가연성 가스는 프로판과 아세틸렌 등의 가스로 배관 밖으로 누설될 경우 폭발의 위험이 있기 때문에 작업을 시작하기 전 또는 주기적으로 비눗물로 가스 누설 검사를 실시해야 한다.

35 전기에 감전되었을 때 체내에 흐르는 전류가 몇 mA일 때 근육 수축이 일어나는가?

① 5mA　② 20mA
③ 50mA　④ 100mA

저자쌤의 핵직강

전류(Ampere)량에 따라 사람의 몸에 미치는 영향

전류량	인체에 미치는 영향
1mA	감전을 조금 느낌
5mA	상당한 아픔을 느낌
20mA	스스로 현장을 탈피하기 힘듦, 근육 수축
50mA	심장마비 발생, 사망의 위험이 있음

해설
체내에 흐르는 전류량이 20mA가 되면 근육의 수축이 일어난다.

36 점 용접의 종류에 속하지 않는 것은?

① 직렬식 점 용접
② 맥동 점 용접
③ 인터랙 점 용접
④ 플래시 점 용접

31 ③　32 ③　33 ③　34 ①　35 ②　36 ④ 정답

해설

플래시 점 용접법은 점 용접의 종류가 아니다.

① 직렬식 점 용접 : 1개의 전류 회로에 2개 이상의 용접점을 만드는 방법으로 전류 손실이 크다. 따라서 전류를 증가시켜야 하며 용접 표면이 불량하고 균일하지 못하다.
② 맥동 점 용접 : 모재 두께가 다른 경우에 전극의 과열을 피하기 위해 전류를 단속하여 용접한다.
③ 인터랙 점 용접 : 용접 전류가 피용접물의 일부를 통하여 다른 곳으로 전달하는 방식이다.

37 가스 금속 아크 용접에서 제어장치의 기능 중 크레이터 처리기능에 의해 낮아진 전류가 서서히 줄어들면서 아크가 끊어져 이면 용접부가 녹아내리는 것을 방지하는 것은?

① 번 백 시간
② 스타트 업 시간
③ 크레이터 지연 시간
④ 이면 용접 보호 시간

해설

MIG용접의 제어 기능

종 류	기 능
예비가스 유출시간	아크 발생 전 보호가스 유출로 아크 안정과 결함의 발생을 방지한다.
스타트 시간	아크가 발생되는 순간에 전류와 전압을 크게 하여 아크 발생과 모재의 융합을 돕는다.
크레이터 충전시간	크레이터 결함을 방지한다.
번 백 시간	크레이터처리에 의해 낮아진 전류가 서서히 줄어들면서 아크가 끊어지는 현상을 제어함으로써 용접부가 녹아내리는 것을 방지한다.
가스지연 유출시간	용접 후 5~25초 정도 가스를 흘려서 크레이터의 산화를 방지한다.

38 탄소강의 적열취성의 원인이 되는 원소는?

① S
② CO_2
③ Si
④ Mn

해설

S(황)은 적열취성의 원인이 되며, P(인)은 청열취성의 원인이 된다.

39 마그네슘(Mg)의 특성을 설명한 것 중 틀린 것은?

① 비중이 1.74 정도로 실용금속 중 가장 가볍다.
② 비강도가 Al합금보다 떨어진다.
③ 항공기, 자동차부품, 전기기기, 선박, 광학기계, 인쇄제판 등에 이용된다.
④ 구상흑연주철의 첨가제로 사용된다.

해설

마그네슘(Mg)은 Al에 비해 약 35% 가볍기 때문에 비강도가 더 크다.

40 그림과 같은 결정격자의 금속 원소는?

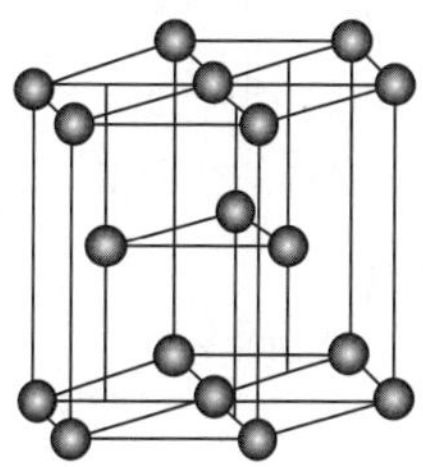

① Ni
② Mg
③ Al
④ Au

해설

그림처럼 조밀육방격자의 결정구조로 이 결정구조를 갖는 금속은 Mg과 Zn과 같이 전연성이 작고 가공성이 좋지 않은 금속이다. Ni, Al, Au는 면심입방격자(FCC)이다.

41 일반적으로 금속의 크리프곡선은 어떠한 관계를 나타낸 것인가?

① 응력과 시간의 관계
② 변위와 연신율의 관계
③ 변형량과 시간의 관계
④ 응력과 변형율의 관계

해설

크리프는 변형량과 시간의 관계를 나타내는 것으로 고온에서 재료에 일정 크기의 하중(정하중)을 작용시키면 시간이 경과함에 따라 변형이 증가하는 현상이다.

정답 37 ① 38 ① 39 ② 40 ② 41 ③

42 주철에 관한 설명으로 틀린 것은?

① 인장강도가 압축강도보다 크다.
② 주철은 백주철, 반주철, 회주철 등으로 나눈다.
③ 주철은 메짐(취성)이 연강보다 크다.
④ 흑연은 인장강도를 약하게 한다.

해설
주철은 일반 철강 재료들보다 탄소의 함유량이 많기 때문에 압축강도는 크지만 인장강도는 작다.

43 소재의 표면에 강이나 주철로 된 작은 입자를 고속으로 분사시켜 표면경도를 높이는 것은?

① 숏 피닝
② 하드 페이싱
③ 화염 경화법
④ 고주파 경화법

해설
숏 피닝 : 강이나 주철제의 작은 강구(볼)를 금속표면에 고속으로 분사하여 표면층을 냉간가공에 의한 가공경화 효과로 경화시키면서 압축 잔류응력을 부여하여 금속부품의 피로수명을 향상시키는 표면경화법이다.

44 컬러 텔레비전의 전자총에서 나온 광선의 영향을 받아 섀도 마스크가 열팽창하면 엉뚱한 색이 나오게 된다. 이를 방지하기 위해 섀도 마스크의 제작에 사용되는 불변강은?

① 인 바
② Ni-Cr강
③ 스테인리스강
④ 플래티나이트

해설
인바는 줄자나 측정용 표준자, 바이메탈, TV 섀도 마스크용 재료로 사용되는 불변강의 일종이다.

45 18% Cr-8% Ni계 스테인리스강의 조직은?

① 페라이트계
② 마텐자이트계
③ 오스테나이트계
④ 시멘타이트계

해설
오스테나이트계 18-8형 스테인리스강은 일반 강에 Cr 18%와 Ni 8%가 합금된 재료이다.

46 금속침투법의 종류와 침투원소의 연결이 틀린 것은?

① 세라다이징 - Zn
② 크로마이징 - Cr
③ 칼로라이징 - Ca
④ 보로나이징 - B

해설
칼로라이징은 Al(알루미늄)을 금속표면에 침투시킨다.

47 정련된 용강을 노 내에서 Fe-Mn, Fe-Si, Al 등으로 완전 탈산시킨 강은?

① 킬드강 ② 세미킬드강
③ 림드강 ④ 캡드강

해설
킬드강 : 평로, 전기로에서 제조된 용강을 Fe-Mn, Fe-Si, Al 등으로 완전히 탈산시킨 강

48 열간가공과 냉간가공을 구분하는 온도로 옳은 것은?

① 재결정 온도
② 재료가 녹는 온도
③ 물의 어는 온도
④ 고온취성 발생온도

해설
재결정 온도는 열간가공과 냉간가공을 구분하는 온도이다.

42 ① 43 ① 44 ① 45 ③ 46 ③ 47 ① 48 ① 정답

49 용접 후 용접강재의 연화와 내부응력 제거를 주목적으로 하는 열처리 방법은?

① 불림(Normalizing)
② 담금질(Quenching)
③ 풀림(Annealing)
④ 뜨임(Tempering)

해설

③ 풀림(Annealing) : 재질을 연하고(연화시키고) 균일화시키거나 내부응력을 제거할 목적으로 실시하는 열처리법으로 완전풀림은 A_3변태점(968℃) 이상의 온도로, 연화풀림은 650℃ 정도의 온도로 가열한 후 서랭한다.
① 불림(Normalizing) : 담금질 정도가 심하거나 결정입자가 조대해진 강을 소성가공이나 주조로 거칠어진 조직을 표준화조직으로 만들기 위하여 A_3점(968℃)이나 A_{cm}(시멘타이트)점보다 30~50℃ 이상의 온도로 가열 후 공랭시킨다.
② 담금질(Quenching) : 재질을 경화시킬 목적으로 강을 오스테나이트조직의 영역으로 가열한 후 급랭시켜 강도와 경도를 증가시키는 열처리법이다.
④ 뜨임(Tempering) : 담금질 한 강을 A_1변태점(723℃) 이하로 가열 후 서랭하는 것으로 담금질로 경화된 재료에 인성을 부여하고 내부응력을 제거한다.

50 Al–Si계 합금의 조대한 공정조직을 미세화하기 위하여 나트륨(Na), 수산화나트륨(NaOH), 알칼리염류 등을 합금 용탕에 첨가하여 10~15분간 유지하는 처리는?

① 시효 처리 ② 풀림 처리
③ 개량 처리 ④ 응력제거 풀림처리

해설

개량 처리는 나트륨(Na), 가성소다(NaOH), 알칼리염류 등을 합금 용탕에 첨가하여 10~15분간 유지하는 처리방법으로, Al–Si계 합금의 조대한 공정조직을 미세화시킨다.

51 도면에서 표제란의 척도 표시란에 NS의 의미는?

① 배척을 나타낸다.
② 척도가 생략됨을 나타낸다.
③ 비례척이 아님을 나타낸다.
④ 현척이 아님을 나타낸다.

저자쌤의 핵직강

척도의 종류

종 류	의 미
축 척	실물보다 작게 축소해서 그리는 것으로 1 : 2, 1 : 20의 형태로 표시
배 척	실물보다 크게 확대해서 그리는 것으로 2 : 1, 20 : 1의 형태로 표시
현 척	실물과 동일한 크기로 1 : 1의 형태로 표시
NS	Not for Scale, 비례척이 아님

해설

도면을 비례척으로 그리지 못할 때 표제란에 'NS(Not for Scale)'를 표시한다.

52 제도에서 사용되는 선의 종류 중 가는 2점 쇄선의 용도를 바르게 나타낸 것은?

① 물체의 가공 전 또는 가공 후의 모양을 표시하는데 쓰인다.
② 도형의 중심선을 간략하게 나타내는 데 쓰인다.
③ 특수한 가공을 하는 부분 등 특별한 요구사항을 적용할 수 있는 범위를 표시하는 데 쓰인다.
④ 대상물의 실제 보이는 부분을 나타낸다.

해설

① 가공 전이나 후의 모양 : 2점 쇄선
② 도형의 중심선 : 가는 1점 쇄선
③ 특수 가공 부분 : 아주 굵은 1점 쇄선
④ 대상물의 실제 보이는 부분(외형선) : 굵은 실선

53 제3각법에 대한 설명 중 틀린 것은?

① 평면도는 배면도의 위에 배치된다.
② 저면도는 정면도의 아래에 배치된다.
③ 정면도 위쪽에 평면도가 배치된다.
④ 우측면도는 정면도의 우측에 배치된다.

해설

① 평면도는 정면도 위에 배치된다.

정답 49 ③ 50 ③ 51 ③ 52 ① 53 ①

54 그림과 같은 도면의 해독으로 잘못된 것은?

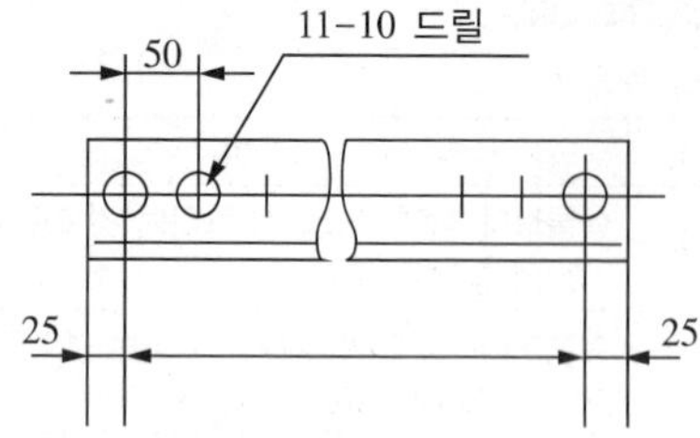

① 구멍 사이의 피치는 50mm
② 구멍의 지름은 10mm
③ 전체 길이는 600mm
④ 구멍의 수는 11개

해설

도면에서 지름이 10mm인 구멍이 11개 있는데 이 구멍의 중심 간 거리인 피치는 50mm이다. 그리고 양쪽 끝부분과 제일 끝 구멍의 중심 간 거리는 25mm이므로
(50mm×10) + (25mm×2) = 550mm
따라서 전체길이는 550mm가 된다.

55 다음 중 일반적으로 길이 방향으로 절단하여 도시할 수 있는 것은?

① 리 브　　② 기어의 이
③ 바퀴의 암　　④ 하우징

저자쌤의 핵직강

길이 방향으로 절단 도시가 가능 및 불가능한 기계요소

길이 방향으로 절단하여 도시가 가능한 것	보스, 부시, 칼라, 베어링, 파이프 등 KS 규격에서 절단하여 도시가 불가능하다고 규정된 이외의 부품
길이 방향으로 절단하여 도시가 불가능한 것	축, 키, 바퀴의 암, 핀, 볼트, 너트, 리브, 리벳, 코터, 기어의 이, 베어링의 볼과 롤러

56 고압 배관용 탄소 강관을 나타내는 기호는?

① SPHC　　② SPPH
③ SPPS　　④ SPCC

해설

① SPHC : 열간압연 연강판 및 강대(일반용)
② SPPH : 고압 배관용 탄소 강관
③ SPPS : 압력 배관용 탄소 강관
④ SPCC : 냉간압연강판

57 호의 길이 치수를 가장 적합하게 나타낸 것은?

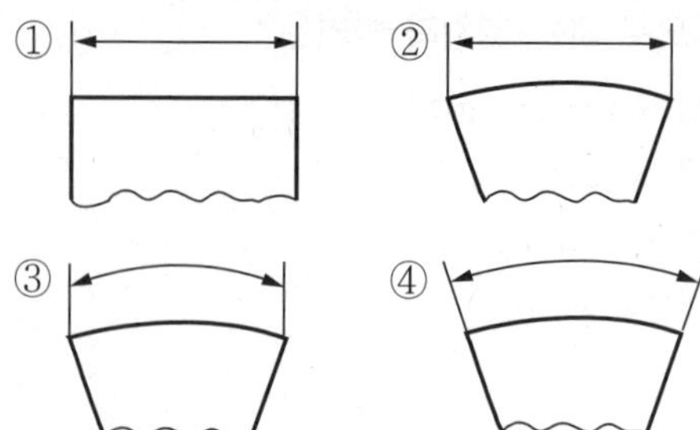

저자쌤의 핵직강

길이와 각도의 치수 기입

현의 치수 기입	호의 치수 기입
40	$\frown{42}$
반지름의 치수 기입	**각도의 치수 기입**
R8	105° 36′ / 30°

58 다음 중 게이트 밸브를 나타내는 기호는?

①
②
③
④

해설

① 게이트밸브(슬루스밸브)
② 체크밸브
③ 볼밸브
④ 일반밸브

54 ③　55 ④　56 ②　57 ③　58 ①　정답

59 그림과 같이 화살표 방향을 정면도로 선택하였을 때 평면도의 모양은?

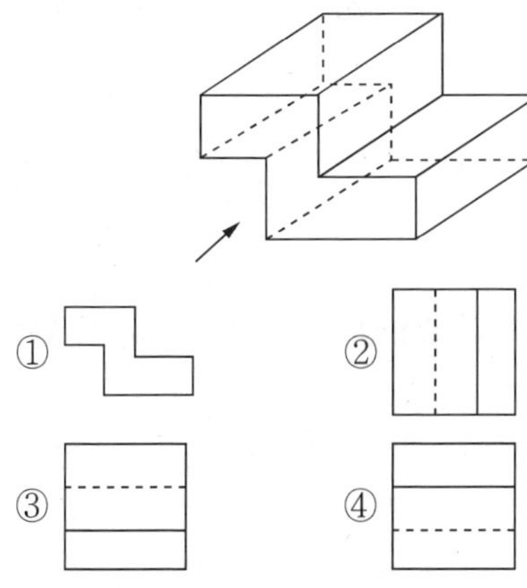

해설

평면도는 정면도의 위쪽에서 바라본 모양으로써 ②번임을 확인할 수 있다.

60 용접 기호 중에서 스폿 용접을 표시하는 기호는?

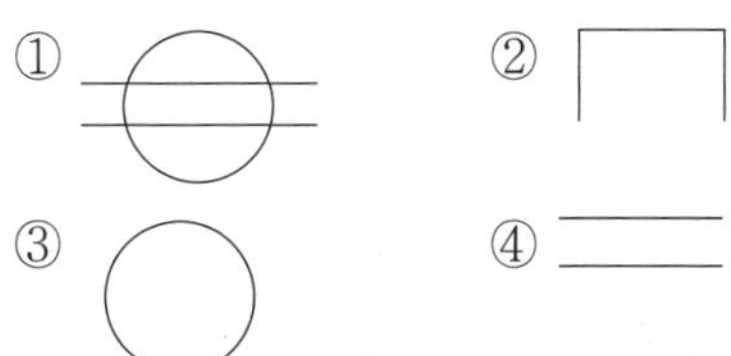

저자쌤의 핵직강

용접부 기호의 종류

명 칭	기본기호
심용접	
플러그용접	
점 용접(스폿용접)	
서페이싱 용접	

2017년도 제1회 기출복원문제

특수용접기능사 Craftsman Welding/Inert Gas Arc Welding

※ 2017년은 CBT(컴퓨터 기반 시험)로 진행되어 수험자의 기억에 의해 문제를 복원하였습니다. 실제 시행문제와 일부 상이할 수 있음을 알려드립니다.

01 금속의 접합법 중 야금학적 접합법이 아닌 것은?

① 융 접
② 압 접
③ 납 땜
④ 볼트 이음

해설
볼트 이음은 기계적 접합법에 속한다.

02 아세틸렌 과잉 불꽃이라 하며 속불꽃과 겉불꽃 사이에 백색의 제3불꽃 즉, 아세틸렌 페더(Excess Acetylene Feather)가 있는 불꽃은?

① 탄화 불꽃
② 산화 불꽃
③ 아세틸렌 불꽃
④ 중성 불꽃

해설
탄화불꽃 : 아세틸렌이 과잉 분출되었을 때 생성된다.

03 저항 용접의 특징으로 틀린 것은?

① 산화 및 변질부분이 적다.
② 용접봉, 용제 등이 불필요하다.
③ 작업속도가 빠르고 대량생산에 적합하다.
④ 열손실이 많고, 용접부에 집중열을 가할 수 없다.

해설
저항용접은 열손실이 적고 용접부에 집중열을 가할 수 있다.

04 용접결함과 원인을 각각 짝지은 것 중 틀린 것은?

① 언더컷 : 용접전류가 너무 높을 때
② 오버랩 : 용접전류가 너무 낮을 때
③ 용입불량 : 이음설계가 불량할 때
④ 기공 : 저수소계 용접봉을 사용했을 때

해설
- 기공의 원인 : 황이나 수소 등의 가스가 용융 금속 중에 있을 때, 건조되지 않은 용접봉을 사용했을 경우 발생한다.
- 기공의 방지대책 : 저수소계 용접봉을 사용하거나 용접봉을 충분히 건조한 후 사용한다.

05 용접 홈의 형식 중 두꺼운 판의 양면 용접을 할 수 없는 경우에 가공하는 방법으로 한쪽 용접에 의해 충분한 용입을 얻으려고 할 때 사용되는 홈은?

① I형 홈　② V형 홈
③ U형 홈　④ H형 홈

해설
U형 홈은 두꺼운 판을 한쪽 방향에서 충분한 용입을 얻고자 할 때 사용한다.

06 다음 중 수중 절단에 가장 적합한 가스로 짝지어진 것은?

① 산소-수소 가스
② 산소-이산화탄소 가스
③ 산소-암모니아 가스
④ 산소-헬륨 가스

해설
수소가스는 연소 시 탄소가 존재하지 않으므로 납의 용접이나 수중절단용 가스로 사용된다.

1 ④ 2 ① 3 ④ 4 ④ 5 ③ 6 ① 정답

07 아세틸렌 가스는 각각 몇 ℃, 몇 kgf/cm^2로 충전하는 것이 가장 적합한가?

① 40℃, $160kgf/cm^2$
② 35℃, $150kgf/cm^2$
③ 20℃, $30kgf/cm^2$
④ 15℃, $15kgf/cm^2$

해설
아세틸렌 가스는 1기압일 때 약 15℃의 온도에서 $15kgf/cm^2$의 압력으로 충전해야 한다.

08 가스 용접에 대한 설명 중 옳은 것은?

① 아크 용접에 비해 불꽃의 온도가 높다.
② 열 집중성이 좋아 효율적인 용접이 가능하다.
③ 전원 설비가 있는 곳에서만 설치가 가능하다.
④ 가열할 때 열량 조절이 비교적 자유롭기 때문에 박판 용접에 적합하다.

저자쌤의 핵직강

가스용접의 장점 및 단점

장 점
• 운반이 편리하고 설비비가 싸다. • 전원이 없는 곳에 쉽게 설치할 수 있다. • 아크 용접에 비해 유해 광선의 피해가 적다. • 가열할 때 열량 조절이 비교적 자유로워 박판 용접에 적당하다.
단 점
• 폭발의 위험이 있다. • 아크 용접에 비해 불꽃의 온도가 낮다. • 열 집중성이 나빠서 효율적인 용접이 어렵다. • 가열 범위가 커서 용접 변형이 크고 일반적으로 용접부의 신뢰성이 적다.

09 다음 중 용접 결함의 보수 용접에 관한 사항으로 가장 적절하지 않은 것은?

① 재료의 표면에 있는 얕은 결함은 덧붙임 용접으로 보수한다.
② 언더컷이나 오버랩 등은 그대로 보수 용접을 하거나 정으로 따내기 작업을 한다.
③ 결함이 제거된 모재 두께가 필요한 치수보다 얇게 되었을 때에는 덧붙임 용접으로 보수한다.
④ 덧붙임 용접으로 보수할 수 있는 한도를 초과할 때에는 결함부분을 잘라내어 맞대기 용접으로 보수한다.

해설
재료의 표면에 있는 얕은 결함은 스카핑으로 불어내서 결함을 제거한 뒤 재용접을 해야 한다.

10 정격 2차 전류 200A, 정격 사용률 40%, 아크용접기로 150A의 용접전류 사용 시 허용사용률은 약 얼마인가?

① 51%　② 61%
③ 71%　④ 81%

해설

$$\text{허용사용률(\%)} = \frac{(\text{정격 2차 전류})^2}{(\text{실제 용접 전류})^2} \times \text{정격사용률(\%)}$$

$$= \frac{(200A)^2}{(150A)^2} \times 40\% = 71.1\%$$

11 교류아크 용접기와 비교했을 때 직류아크 용접기의 특징을 옳게 설명한 것은?

① 아크의 안정성이 우수하다.
② 구조가 간단하다.
③ 극성 변화가 불가능하다.
④ 전격의 위험이 많다.

해설
직류 아크 용접기는 전류가 안정적으로 공급되므로 아크의 안정성이 우수하다.

12 다음 그림과 같은 용착법은?

① ④ ② ⑤ ③ → → → → →

① 대칭법　② 전진법
③ 후진법　④ 스킵법

정답 7 ④　8 ④　9 ①　10 ③　11 ①　12 ④

해설

스킵법은 용접부 전체의 길이를 5개 부분으로 나누어 놓고 1-4-2-5-3순으로 용접하는 방법이다. 용접부에 잔류응력을 작게 해야 할 경우에 사용하는 용착법으로, 비석법이라고도 한다.

13 강재 표면의 홈이나 개재물, 탈탄층 등을 제거하기 위하여 될 수 있는 대로 얇게 그리고 타원형 모양으로 표면을 깎아내는 가공법은?

① 가스 가우징　② 코 킹
③ 아크에어 가우징　④ 스카핑

해설

스카핑 : 강괴나 강편, 강재 표면의 홈이나 개재물, 탈탄층 등을 제거하기 위하여 불꽃 가공으로, 될 수 있는 대로 얇게 그리고 타원형 모양으로 표면을 깎아내는 가공법이다.

14 텅스텐 전극과 모재 사이에 아크를 발생시켜 알루미늄, 마그네슘, 구리 및 구리합금, 스테인리스강 등의 절단에 사용되는 것은?

① TIG 절단　② MIG 절단
③ 탄소 절단　④ 산소 아크 절단

해설

W(텅스텐)전극을 사용하는 아크 절단법은 TIG(Tungsten Inert Gas)절단이다.

15 텅스텐 전극봉 중에서 전자 방사능력이 현저하게 뛰어난 장점이 있으며 불순물이 부착되어도 전자 방사가 잘되는 전극은?

① 순텅스텐 전극
② 토륨 텅스텐 전극
③ 지르코늄 텅스텐 전극
④ 마그네슘 텅스텐 전극

해설

토륨 텅스텐 봉은 전자 방사 능력이 뛰어나며 불순물이 부착되어도 전자 방사가 잘된다는 특징이 있으며, 순텅스텐 봉에 토륨을 1~2% 합금한 것이다.

16 알루미늄을 TIG 용접할 때 가장 적합한 전류는?

① AC　② ACHF
③ DCRP　④ DCSP

해설

TIG(Tungsten Inert Gas Arc Welding) 용접으로 알루미늄 용접 시에는 고주파 교류(ACHF ; Across Current High Frequency)를 사용한다.

17 연납용 용제로 사용되는 것이 아닌 것은?

① 인 산　② 염화아연
③ 염 산　④ 붕 산

해설

붕산은 경납용 납땜 용제로 사용된다.

18 가스 용접 시 사용하는 용제에 대한 설명으로 틀린 것은?

① 용제는 용접 중에 생기는 금속의 산화물을 용해한다.
② 용제는 용접 중에 생기는 비금속 개재물을 용해한다.
③ 용제의 융점은 모재의 융점보다 높은 것이 좋다.
④ 용제는 건조한 분말, 페이스트, 또는 용접부 표면 피복한 것도 있다.

해설

가스 용접용 용제는 모재의 융점보다 낮은 온도에서 녹는다.

19 피복아크 용접에서 아크 안정제에 속하는 피복 배합제는?

① 산화티탄　② 탄산마그네슘
③ 페로망간　④ 알루미늄

해설

산화티탄은 용접봉의 피복 배합제 성분들 중에서 아크안정제로 사용되며, 규산칼륨, 규산나트륨, 석회석을 사용하기도 한다.

13 ④　14 ①　15 ②　16 ②　17 ④　18 ③　19 ① 정답

20 서브머지드 아크 용접의 다전극 방식에 의한 분류가 아닌 것은?

① 푸시식 ② 탠덤식
③ 횡병렬식 ④ 횡직렬식

해설
서브머지드 아크용접(SAW)의 다전극 용극 방식에는 탠덤식, 횡병렬식, 횡직렬식이 있다.

21 서브머지드 아크 용접에 대한 설명으로 틀린 것은?

① 용접장치로는 송급장치, 전압제어장치, 접촉팁, 이동대차 등으로 구성되어 있다.
② 용제의 종류에는 용융형 용제, 고온 소결형 용제, 저온 소결형 용제가 있다.
③ 시공을 할 때는 루트 간격을 0.8mm 이상으로 한다.
④ 엔드 탭의 부착은 모재와 홈의 형상이나 두께, 재질 등이 동일한 규격으로 부착하여야 한다.

해설
서브머지드 아크 용접은 개선 홈의 정밀을 요하기 때문에 백킹재를 사용하지 않을 때에는 루트 간격을 반드시 0.8mm 이하로 유지해야 한다.

22 MIG용접의 용적이행 중 단락 아크용접에 관한 설명으로 맞는 것은?

① 용적이 안정된 스프레이형태로 용접된다.
② 고주파 및 저전류 펄스를 활용한 용접이다.
③ 암계전류 이상의 용접 전류에서 많이 적용된다.
④ 저전류, 저전압에서 나타나며 박판용접에 사용된다.

해설
MIG용접에서 사용하는 용적 이행방식 중에서 단락이행(단락 아크용접) 방식은 박판용접에 주로 사용되고, 저전류, 저전압에서 나타난다.

23 불활성 가스 금속 아크 용접(MIG)법에서 가장 많이 사용되는 것으로 용가재가 고속으로 용융되어 미립자의 용적으로 분사되어 모재로 옮겨가는 이행 방식은?

① 단락 이행
② 입상 이행
③ 펄스아크 이행
④ 스프레이 이행

해설
스프레이 이행
- 아크기류 중에서 용가재가 고속으로 용융되어 미립자의 용적으로 분사되므로 모재에 옮겨가면서 용착되는 용적이행이다.
- 고전압, 고전류에서 발생되며, 용착속도가 빠르고 능률적이다.

24 수직판 또는 수평면 내에서 선회하는 회전 영역이 넓고 팔이 기울어져 상하로 움직일 수 있어 주로 스폿 용접, 중량물 취급 등에 많이 이용되는 로봇은?

① 다관절 로봇
② 극좌표 로봇
③ 원통 좌표 로봇
④ 직각 좌표계 로봇

해설
② 극좌표 로봇 : 수직면이나 수평면 내에서 선회하는 회전영역이 넓고 팔이 기울어져 상하로 움직일 수 있어서 주로 스폿 용접이나 중량물을 취급하는 장소에 주로 이용된다.
① 다관절 로봇 : 수직 다관절 로봇과 수평 다관절 로봇으로 나뉘는데 3개 이상의 회전하는 관절이 장착된 로봇으로 사람의 팔과 같은 움직임을 할 수 있다. 동작이 빠르고 작동 반경이 넓어서 생산 공장에서 조립이나 도장 작업에 사용한다.
③ 원통 좌표 로봇 : 원통의 길이와 반경방향으로 움직이는 두 개의 직선 축과 원의 둘레방향으로 움직이는 하나의 회전축으로 구성되는데 설치공간이 직교 좌표형에 비해 작고 빠르게 움직인다.
④ 직각 좌표계 로봇 : 각 축들이 직선 운동만으로 작업 영역을 구성하는 로봇으로 인간에게 가장 익숙한 좌표계이다. 90°씩 분할된 직각좌표계로 일반 사용자들이 쉽게 운용할 수 있어서 산업 현장에 널리 이용되고 있다.

정답 20 ① 21 ③ 22 ④ 23 ④ 24 ②

25 안전 · 보건표지의 색채, 색도기준 및 용도에서 지시의 용도 색채는?

① 검은색　　② 노란색
③ 빨간색　　④ 파란색

저자샘의 핵직강

산업안전보건법에 따른 안전 · 보건표지의 색채 및 용도

색 채	용 도	사 례
빨간색	금 지	정지신호, 소화설비 및 그 장소, 유해행위 금지
	경 고	화학물질 취급장소에서 유해 · 위험 경고
노란색	경 고	화학물질 취급장소에서의 유해 · 위험 경고 이외의 위험경고, 주의표지 또는 기계 방호물
파란색	지 시	특정 행위의 지시 및 사실의 고지
녹 색	안 내	비상구 및 피난소, 사람 또는 차량의 통행표지
흰 색	보 조	파란색이나 녹색에 대한 보조색
검은색	보 조	문자 및 빨간색, 노란색에 대한 보조색

해설
지시나 사실의 고지는 파란색을 사용한다.

26 가스절단에서 드래그에 대한 설명으로 틀린 것은?

① 절단면에 일정한 간격의 곡선이 진행방향으로 나타나 있는 것을 드래그라인이라 한다.
② 드래그 길이는 절단속도, 산소 소비량 등에 의해 변화한다.
③ 표준드래그 길이는 보통 판 두께의 50% 정도이다.
④ 하나의 드래그라인의 시작점에서 끝점까지의 수평거리를 드래그 또는 드래그 길이라 한다.

해설
표준드래그 길이(mm)=판 두께(mm)$\times \frac{1}{5}$=판 두께의 20%이다.

27 CO_2 가스 아크 용접 시 저전류 영역에서 가스유량은 약 몇 L/min 정도가 가장 적당한가?

① 1~5　　② 6~10
③ 10~15　　④ 16~20

저자샘의 핵직강

CO_2 용접에서 전류의 크기에 따른 가스 유량

전류 영역		가스 유량(L/min)
250A 이하	저전류 영역	10~15
250A 이상	고전류 영역	20~25

28 CO_2 가스 아크 용접에서 솔리드 와이어에 비교한 복합 와이어의 특징을 설명한 것으로 틀린 것은?

① 양호한 용착금속을 얻을 수 있다.
② 스패터가 많다.
③ 아크가 안정된다.
④ 비드 외관이 깨끗하여 아름답다.

해설
복합 와이어
- 솔리드 와이어에 비해 스패터의 발생량이 적다.
- 용착속도가 빠르고, 슬래그 제거가 쉽다.

29 스터드 용접의 특징 중 틀린 것은?

① 긴 용접시간으로 용접변형이 크다.
② 용접 후의 냉각속도가 비교적 빠르다.
③ 알루미늄, 스테인리스강 용접이 가능하다.
④ 탄소 0.2%, 망간 0.7% 이하 시 균열 발생이 없다.

해설
스터드 용접은 용접시간이 짧고 국부적으로 가열하므로 용접변형이 작다.

30 가스 용접 시 팁 끝이 순간적으로 막혀 가스분출이 나빠지고 혼합실까지 불꽃이 들어가는 현상을 무엇이라고 하는가?

① 인 화　　② 역 류
③ 점 화　　④ 역 화

해설
인화 : 용접 팁 끝이 순간적으로 막히면 가스의 분출이 나빠져 가스 혼합실까지 불꽃이 도달하여 토치를 빨갛게 달구는 현상

25 ④ 26 ③ 27 ③ 28 ② 29 ① 30 ① 정답

31 다음 중 전자 빔 용접의 장점과 거리가 먼 것은?

① 두꺼운 판의 용접이 불가능하다.
② 용접을 정밀하고 정확하게 할 수 있다.
③ 에너지 집중이 가능하기 때문에 고속으로 용접이 된다.
④ 고진공 속에서 용접을 하므로 대기와 반응되기 쉬운 활성 재료도 용이하게 용접된다.

해설
전자 빔 용접은 얇은 판에서 두꺼운 판까지 용접이 가능하다.

32 TIG 용접 및 MIG 용접에 사용되는 불활성 가스로 가장 적합한 것은?

① 수소 가스 ② 아르곤 가스
③ 산소 가스 ④ 질소 가스

해설
TIG 및 MIG 용접 시에는 Ar(아르곤)가스를 보호가스로 사용한다.

33 다음 중 정지구멍(Stop Hole)을 뚫어 결함부분을 깎아내고 재용접해야 하는 결함은?

① 균 열 ② 언더컷
③ 오버랩 ④ 용입부족

해설
균열 불량 : 다른 부분까지 전이될 우려가 있으므로 주변 부위까지 깎아내고 재용접을 해야 한다.

34 CO_2 가스 아크 용접 시 이산화탄소의 농도가 3~4%일 때 인체에 미치는 영향으로 가장 적합한 것은?

① 두통, 뇌빈혈을 일으킨다.
② 위험상태가 된다.
③ 치사(致死)량이 된다.
④ 아무렇지도 않다.

해설
CO_2의 농도가 3~4%일 때 호흡속도 상승, 두통, 뇌빈혈, 혈압상승 등의 증상이 나타난다.

35 교류 아크 용접기는 무부하 전압이 높아 전격의 위험이 있으므로 안전을 위하여 전격 방지기를 설치한다. 이때 전격 방지기의 2차 무부하 전압은 몇 V 범위로 유지하는 것이 적당한가?

① 80~90V 이하 ② 60~70V 이하
③ 40~50V 이하 ④ 20~30V 이하

해설
전격은 강한 전류를 갑자기 몸에 느꼈을 때의 충격으로, 용접기에는 작업자의 전격을 방지하기 위해 전격방지기를 용접기에 부착한다. 전격방지기는 작업을 쉬는 동안에 2차 무부하 전압이 항상 25V 정도로 유지하여 전격을 방지한다.

36 아세틸렌가스와 프로판가스를 이용한 절단 시의 비교 내용으로 틀린 것은?

① 프로판은 슬래그의 제거가 쉽다.
② 아세틸렌은 절단 개시까지의 시간이 빠르다.
③ 프로판이 점화하기 쉽고 중성불꽃을 만들기도 쉽다.
④ 프로판의 포갬절단 속도는 아세틸렌보다 빠르다.

저자쌤의 핵직강

아세틸렌과 LP(프로판)가스의 비교

아세틸렌가스	LP가스
점화가 용이하다.	슬래그의 제거가 용이하다.
중성 불꽃을 만들기 쉽다.	절단면이 깨끗하고 정밀하다.
절단 시작까지 시간이 빠르다.	절단 위 모서리 녹음이 적다.
박판 절단 때 속도가 빠르다.	두꺼운 판(후판)을 절단할 때 유리하다.
모재 표면에 대한 영향이 적다.	포갬 절단에서 아세틸렌보다 유리하다.

해설
아세틸렌 가스가 프로판 가스보다 점화하기 더 용이하고 중성 불꽃도 만들기 쉽다.

정답 31 ① 32 ② 33 ① 34 ① 35 ④ 36 ③

37 다음 중 용접에 속하지 않는 것은?

① 마찰 용접 ② 스터드 용접
③ 피복 아크 용접 ④ 탄산가스 아크 용접

해설
마찰용접은 압접에 속한다.

38 금속의 결정구조에 대한 설명으로 틀린 것은?

① 결정입자의 경계를 결정입계라 한다.
② 결정체를 이루고 있는 각 결정을 결정입자라 한다.
③ 체심입방격자는 단위격자 속에 있는 원자수가 3개이다.
④ 물질을 구성하고 있는 원자가 입체적으로 규칙적인 배열을 이루고 있는 것을 결정이라 한다.

해설
체심입방격자의 단위격자 속 원자수는 2개이다.

39 아연을 약 40% 첨가한 황동으로 고온가공하여 상온에서 완성하며, 열교환기, 열간 단조품, 탄피 등에 사용되고 탈 아연 부식을 일으키기 쉬운 것은?

① 알브락 ② 니켈황동
③ 문쯔메탈 ④ 애드미럴티황동

해설
문쯔메탈은 황동으로 60%의 구리와 40%의 아연 합금일 때, 인장강도가 최대이다.

40 강에 인(P)이 많이 함유되면 나타나는 결함은?

① 적열메짐 ② 연화메짐
③ 저온메짐 ④ 고온메짐

해설
저온취성(상온취성) : 인(P)이 많이 합금된 탄소강이 -20 ~ -30℃에서 급격히 취성을 갖는 현상이며, 인(P)은 강의 결정입자를 조대화시킨다. 이때 충격을 받게 되면 쉽게 부서져서 저온취성이라고 한다. 이를 방지하려면 뜨임(Tempering)처리하여 소르바이트 조직으로 만들어 사용한다.

41 잔류응력 제거법 중 잔류응력이 있는 제품에 하중을 주어 용접부위에 약간의 소성변형을 일으킨 다음 하중을 제거하는 방법은?

① 피닝법
② 노 내 풀림법
③ 국부 풀림법
④ 기계적 응력 완화법

해설
④ 기계적 응력 완화법 : 용접 후 잔류응력이 있는 제품에 하중을 주어 용접부에 약간의 소성 변형을 일으킨 후 하중을 제거하면서 잔류응력을 제거하는 방법이다.
① 피닝법 : 끝이 둥근 특수 해머를 사용하여 용접부를 연속적으로 타격하며 용접 표면에 소성변형을 주어 인장 응력을 완화시킨다.
② 노 내 풀림법 : 가열 노(Furnace) 내부의 유지온도는 625℃ 정도이며 노에 넣을 때나 꺼낼 때의 온도는 300℃ 정도로 한다. 판 두께 25mm일 경우에 1시간 동안 유지하는데 유지온도가 높거나 유지 시간이 길수록 풀림 효과가 크다.
③ 국부 풀림법 : 재료의 전체 중에서 일부분의 재질을 표준화시키거나 잔류응력의 제거를 위해 사용하는 방법이다.

42 탄소강의 표준 조직이 아닌 것은?

① 페라이트 ② 펄라이트
③ 시멘타이트 ④ 마텐자이트

해설
마텐자이트는 탄소강의 표준 조직에 속하지 않는다.
탄소강의 표준조직
- 페라이트
- 펄라이트
- 시멘타이트
- 오스테나이트

43 7 : 3 황동에 1% 내외의 Sn을 첨가하여 열교환기, 증발기 등에 사용되는 합금은?

① 코슨 황동 ② 네이벌 황동
③ 애드미럴티 황동 ④ 에버듀어 메탈

해설
애드미럴티 황동은 콘덴서 튜브나 열교환기, 증발기용 재료로 사용되고 Cu와 Zn의 비율이 7 : 3인 황동에 Sn 1%를 합금한 것이다.

37 ① 38 ③ 39 ③ 40 ③ 41 ④ 42 ④ 43 ③ 정답

44 암모니아(NH_3) 가스 중에서 500℃ 정도로 장시간 가열하여 강제품의 표면을 경화시키는 열처리는?

① 침탄 처리
② 질화 처리
③ 화염 경화처리
④ 고주파 경화처리

해설
질화처리 : 재료의 표면경도를 향상시키기 위한 방법으로 암모니아(NH_3)가스의 영역 안에 재료를 놓고 약 500℃에서 50~100시간을 가열하면 재료 표면의 Al, Cr, Mo이 질화되면서 표면이 단단해지는 표면경화법으로 열처리의 일종이다.

45 용접구조물의 제작도면에 사용하는 보조기능 중 RT는 비파괴시험 중 무엇을 뜻하는가?

① 초음파 탐상시험
② 자기분말 탐상시험
③ 침투 탐상시험
④ 방사선 투과시험

해설
방사선 투과시험의 기호는 RT로 Radiography Test의 약자이다.

46 알루미늄에 대한 설명으로 옳지 않은 것은?

① 비중이 2.7로 낮다.
② 용융점은 1,067℃이다.
③ 전기 및 열전도율이 우수하다.
④ 고강도 합금으로 두랄루민이 있다.

해설
알루미늄의 용융점은 660℃이다.

47 주철은 600℃ 이상의 온도에서 가열했다가 냉각하는 과정의 반복에 의하여 팽창하게 되는데 이러한 현상을 주철의 성장이라고 한다. 다음 중 주철의 성장 원인이 아닌 것은?

① Fe_3C 중의 흑연화에 의한 팽창
② 오스테나이트 조직 중의 Si의 산화에 의한 팽창
③ 흡수된 가스의 팽창에 따른 부피증가 등으로 인한 주철의 성장
④ A_1변태의 반복과정에서 오는 체적변화에 기인되는 미세한 균열이 형성되어 생기는 팽창

저자쌤의 핵직강

주철의 성장 원인
- 불균일한 가열로 생기는 균열에 의한 팽창
- 페라이트 중 고용된 Si(규소)의 산화에 의한 팽창
- 흡수된 가스에 의한 팽창
- 시멘타이트의 흑연화에 의한 팽창
- A_1변태에서 부피 변화로 인한 팽창

해설
주철은 600℃ 이상의 온도에서 가열과 냉각을 반복하면 불균일한 가열로 균열이 생기면서 부피가 증가하여 파열되는데, 이 현상을 주철의 성장이라고 한다.

48 강을 동일한 조건에서 담금질할 경우 '질량효과(Mass Effect)가 적다.'의 가장 적합한 의미는?

① 냉간처리가 잘된다.
② 담금질 효과가 적다.
③ 열처리 효과가 잘된다.
④ 경화능이 적다.

해설
질량효과 : 강의 질량의 크기에 따라 열처리 효과가 달라진다는 것으로 질량효과가 작으면 열처리 효과가 크고, 질량효과가 크면 열처리 효과는 작다.

정답 44 ② 45 ④ 46 ② 47 ② 48 ③

49 다음 중 강괴를 용강의 탈산정도에 따라 분류할 때 해당되지 않는 것은?

① 킬드강 ② 석출강
③ 림드강 ④ 세미킬드강

해설
강괴의 탈산정도에 따른 분류
- 킬드강
- 세미킬드강
- 림드강
- 캡트강

50 다음 중 순철의 동소체가 아닌 것은?

① α철 ② β철
③ γ철 ④ δ철

해설
β철은 존재하지 않는다. 동소체란 같은 원소로 되어 있으나 온도나 압력 등 조건에 따라 성질이 달라지는 물질을 말하는데 그 대표적인 물질로는 물과 철(Fe)이 있다.
- 물의 동소체 : 얼음, 물, 수증기
- 철의 동소체 : α철, γ철, δ철

51 도면을 그리기 위하여 도면에 설정하는 양식에 대하여 설명한 것 중 틀린 것은?

① 윤곽선 : 도면으로 사용된 용지의 안쪽에 그려진 내용을 확실히 구분되도록 하기 위함
② 도면의 구역 : 도면을 축소 또는 확대했을 경우, 그 정도를 알기 위함
③ 표제란 : 도면 관리에 필요한 사항과 도면 내용에 관한 중요한 사항을 정리하여 기입하기 위함
④ 중심 마크 : 완성된 도면을 영구적으로 보관하기 위하여 도면을 마이크로필름을 사용하여 사진 촬영을 하거나 복사하고자 할 때 도면의 위치를 알기 쉽도록 하기 위하여 표시하기 위함

해설
비교눈금 : 도면을 축소하거나 확대했을 때 그 정도를 알기 위해 도면 아래쪽의 중앙 부분에 10mm 간격의 눈금을 굵은 실선으로 그려놓은 것이다.

52 나사의 감김 방향의 지시 방법 중 틀린 것은?

① 오른나사는 일반적으로 감김 방향을 지시하지 않는다.
② 왼나사는 나사의 호칭 방법에 약호 “LH”를 추가하여 표시한다.
③ 동일 부품에 오른나사와 왼나사가 있을 때는 왼나사에만 약호 “LH”를 추가한다.
④ 오른나사는 필요하면 나사의 호칭 방법에 약호 “RH”를 추가하여 표시할 수 있다.

해설
나사의 감김 방향이 왼나사(LH)와 오른나사(RH)인 경우 각각 모두 표시한다.

53 바퀴의 암(Arm), 림(Rim), 축(Shaft), 훅(Hook) 등을 나타낼 때 주로 사용하는 단면도로서, 단면의 일부를 90° 회전하여 나타낸 단면도는?

① 부분 단면도
② 회전도시 단면도
③ 계단 단면도
④ 곡면 단면도

해설
회전도시 단면도는 핸들이나 벨트 풀리, 바퀴의 암, 리브, 축, 형강 등의 단면의 모양을 90°로 회전시켜 투상도의 안이나 밖에 그리는 단면도법이다.

54 가상선의 용도에 대한 설명으로 틀린 것은?

① 인접부분을 참고로 표시할 때
② 공구, 지그 등의 위치를 참고로 나타낼 때
③ 대상물이 보이지 않는 부분을 나타낼 때
④ 가공 전 또는 가공 후의 모양을 나타낼 때

해설
도면에서 대상물이 보이지 않는 부분을 나타낼 때는 숨은선인 점선(------)을 사용한다.

49 ② 50 ② 51 ② 52 ③ 53 ② 54 ③ **정답**

55 용접부의 표면 형상 중 끝단부를 매끄럽게 가공하는 보조 기호는?

①
②
③
④

해설

	용접부의 표면 모양이 편평함
	용접부의 표면 모양이 볼록함
	용접부의 표면 모양이 오목함
	끝단부 토를 매끄럽게 함

※ 토 : 용접 모재와 용접표면이 만나는 부위

56 그림에 대한 설명으로 옳은 것은?

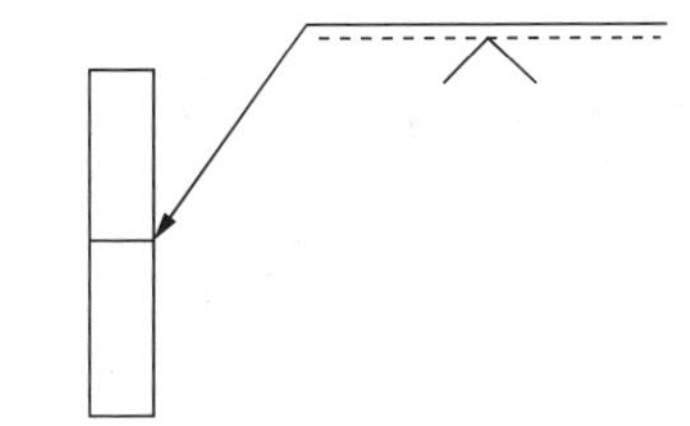

① 화살표 쪽에 용접
② 화살표 반대쪽에 용접
③ 원둘레 용접
④ 양면 용접

해설

	• 실선 위에 V표가 있으면 화살표 쪽에 용접한다. • 점선 위에 V표가 있으면 화살표 반대쪽에 용접한다.

57 배관의 끝부분 도시기호가 그림과 같을 경우 a와 b의 명칭이 올바르게 연결된 것은?

① a – 블라인더 플랜지, b – 나사식 캡
② a – 나사박음식 캡, b – 용접식 캡
③ a – 나사박음식 캡, b – 블라인더 플랜지
④ a – 블라인더 플랜지, b – 용접식 캡

저자쌤의 핵직강

끝부분의 종류	그림 기호
막힌 플랜지	
나사박음식 캡 및 나사박음식 플러그	
용접식 캡	

58 용접 기본기호 중 서페이싱 용접 기호로 맞는 것은?

① 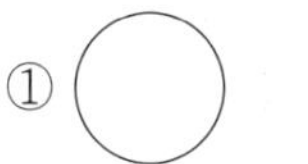
② 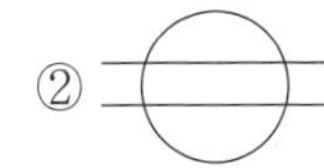
③ 
④ 

저자쌤의 핵직강

용접부 기호의 종류

명 칭	기본기호
점 용접(스폿용접)	
심용접	
표면(서페이싱) 육성 용접	
겹침이음	

59 다음 중 단독형체로 적용되는 기하공차로만 짝지어진 것은?

① 평면도, 진원도
② 진직도, 직각도
③ 평행도, 경사도
④ 위치도, 대칭도

해설
단독형체를 갖는 기하공차는 모양공차에 해당되는 평면도와 진원도이다.

60 삼각 기둥, 사각 기둥 등과 같은 각 기둥 및 원기둥을 평행하게 펼치는 전개 방법의 종류는?

① 삼각형을 이용한 전개도법
② 평행선을 이용한 전개도법
③ 방사선을 이용한 전개도법
④ 사다리꼴을 이용한 전개도법

저자쌤의 핵직강

전개도법의 종류

종 류	의 미
평행선법	삼각기둥, 사각기둥과 같은 여러 가지의 각기둥과 원기둥을 평행하게 전개하여 그리는 방법
방사선법	삼각뿔, 사각뿔 등의 각뿔과 원뿔을 꼭지점을 기준으로 부채꼴로 펼쳐서 전개도를 그리는 방법
삼각형법	꼭지점이 먼 각뿔, 원뿔 등을 해당 면을 삼각형으로 분할하여 전개도를 그리는 방법

해설
각기둥의 전개에 가장 적합한 전개도법은 평행선법이다.

59 ① 60 ② **정답**

2018년도 제1회 기출복원문제

용접기능사 Craftsman Welding/Inert Gas Arc Welding

※ 2018년은 CBT(컴퓨터 기반 시험)로 진행되어 수험자의 기억에 의해 문제를 복원하였습니다. 실제 시행문제와 일부 상이할 수 있음을 알려드립니다.

01 불활성 가스 금속 아크(MIG)용접의 특징 설명으로 옳은 것은?

① 바람의 영향을 받지 않아 방풍대책이 필요 없다.
② TIG 용접에 비해 전류밀도가 높아 용융속도가 빠르고 후판용접에 적합하다.
③ 각종 금속용접이 불가능하다.
④ TIG 용접에 비해 전류밀도가 낮아 용접속도가 느리다.

해설
MIG용접은 TIG용접에 비해 전류밀도가 2배 정도 높아서 용융속도가 빠르며 후판용접에 적합하다.

02 연납땜 중 내열성 땜납으로 주로 구리, 황동용에 사용되는 것은?

① 인동납　② 황동납
③ 납 - 은납　④ 은 납

해설
납 - 은납 : 내열성의 연납땜용 용제로 구리나 황동의 납땜에 사용된다. 인동납과 황동납, 은납은 모두 경납땜용 용제에 속한다.

저자쌤의 핵직강

납땜용 용제의 종류

경납용 용제(Flux)	연납용 용제(Flux)
• 붕 사 • 붕 산 • 불화나트륨 • 불화칼륨 • 은 납 • 황동납 • 인동납 • 망간납 • 양은납 • 알루미늄납	• 송 진 • 인 산 • 염 산 • 염화아연 • 염화암모늄 • 주석–납 • 카드뮴–아연납 • 저용점 땜납

03 텅스텐 전극봉 중에서 전자 방사 능력이 현저하게 뛰어난 장점이 있으며 불순물이 부착되어도 전자 방사가 잘되는 전극은?

① 순텅스텐 전극
② 토륨 텅스텐 전극
③ 지르코늄 텅스텐 전극
④ 마그네슘 텅스텐 전극

해설
토륨 텅스텐봉은 순텅스텐봉에 토륨을 1~2% 합금한 것으로 전자 방사 능력이 뛰어나며 불순물이 부착되어도 전자 방사가 잘된다는 특징을 갖는다.

04 플라스마 아크용접에 관한 설명 중 틀린 것은?

① 전류밀도가 크고 용접속도가 빠르다.
② 기계적 성질이 좋으며 변형이 적다.
③ 설비비가 적게 든다.
④ 1층으로 용접할 수 있으므로 능률적이다.

해설
플라스마 아크용접은 설비비가 많이 드는 단점이 있다.
플라스마 아크용접 : 높은 온도를 가진 플라스마를 한 방향으로 모아서 분출시키는 것을 플라스마 제트라고도 부르며, 이를 이용하여 용접이나 절단에 사용하는 것을 플라스마 아크용접이라고 한다.

05 CO_2 가스 아크용접에서 용제가 들어 있는 와이어 CO_2법의 종류에 속하지 않은 것은?

① 솔리드 아크법　② 유니언 아크법
③ 퓨즈 아크법　④ 아코스 아크법

정답 1 ② 2 ③ 3 ② 4 ③ 5 ①

해설

CO2 아크용접의 종류
- NCG법
- 퓨즈 아크법
- 유니언 아크법
- 아코스(Arcos) 아크법

06 초음파 탐상법에 속하지 않는 것은?

① 펄스 반사법
② 투과법
③ 공진법
④ 관통법

해설

관통법은 자분탐상법(MT) 중의 하나이다.

07 산소병의 내용적이 40.7L인 용기에 압력이 100kgf/cm²로 충전되어 있다면 프랑스식 팁 100번을 사용하여 표준불꽃으로 약 몇 시간까지 용접이 가능한가?

① 16시간 ② 22시간
③ 31시간 ④ 41시간

해설

가변압식인 프랑스식 팁 100번은 시간당 소비량이 100L임을 의미한다.

$$\text{용접 가능시간} = \frac{\text{산소용기의 총가스량}}{\text{시간당 소비량}} = \frac{\text{내용적} \times \text{압력}}{\text{시간당 소비량}}$$

$$= \frac{40.7 \times 100}{100} = 40.7\text{시간}$$

08 피복 아크용접봉의 피복제에 들어있는 탈산제에 모두 해당되는 것은?

① 페로실리콘, 산화니켈, 소맥분
② 페로티탄, 크롬, 규사
③ 페로실리콘, 소맥분, 목재톱밥
④ 알루미늄, 구리, 물유리

피복 배합제의 종류

배합제	용 도	종 류
고착제	심선에 피복제를 고착시킨다.	규산나트륨, 규산칼륨, 아교
탈산제	용융금속 중의 산화물을 탈산·정련한다.	크롬, 망간, 알루미늄, 규소철, 페로망간, 페로실리콘, 망간철, 톱밥, 소맥분(밀가루)
가스 발생제	중성, 환원성 가스를 발생하여 대기와의 접촉을 차단하고 용융금속의 산화나 질화를 방지한다.	아교, 녹말, 톱밥, 탄산바륨, 셀룰로이드, 석회석, 마그네사이트
아크 안정제	아크를 안정시킨다.	산화티탄, 규산칼륨, 규산나트륨, 석회석
슬래그 생성제	용융점이 낮고 가벼운 슬래그를 만들어 산화나 질화를 방지한다.	석회석, 규사, 산화철, 일미나이트, 이산화망간
합금 첨가제	용접부의 성질을 개선하기 위해 첨가한다.	페로망간, 페로실리콘 니켈, 몰리브덴, 구리

09 가동철심형 교류 아크용접기에 관한 설명으로 틀린 것은?

① 교류 아크용접기의 종류에서 현재 가장 많이 사용하고 있다.
② 용접작업 중 가동철심의 진동으로 소음이 발생할 수 있다.
③ 가동철심을 움직여 누설자속을 변동시켜 전류를 조정한다.
④ 광범위한 전류 조정은 쉬우나 미세한 전류 조정은 불가능하다.

해설

가동철심형은 미세하거나 광범위한 전류 조정이 모두 불가능하다.

6 ④ 7 ④ 8 ③ 9 ④ 정답

10 가스용접에서 전진법과 후진법을 비교하여 설명한 것으로 맞는 것은?

① 용착금속의 냉각속도는 후진법이 서랭된다.
② 용접 변형은 후진법이 크다.
③ 산화의 정도가 심한 것은 후진법이다.
④ 용접속도는 후진법보다 전진법이 더 빠르다.

저자쌤의 핵직강

가스용접에서의 전진법과 후진법의 차이점

구 분	전진법	후진법
열 이용률	나쁘다.	좋다.
비드의 모양	보기 좋다.	매끈하지 못하다.
홈의 각도	크다(약 80°).	작다(약 60°).
용접속도	느리다.	빠르다.
용접 변형	크다.	작다.
용접 가능 두께	두께 5mm 이하의 박판	후 판
가열 시간	길다.	짧다.
기계적 성질	나쁘다.	좋다.
산화 정도	심하다.	양호하다.
토치 진행 방향 및 각도	오른쪽 → 왼쪽	왼쪽 → 오른쪽

11 다음 용착법 중에서 비석법을 나타낸 것은?

① 5 → 4 → 3 → 2 → 1 →
② 2 → 3 → 4 → 1 → 5 →
③ 1 → 4 → 2 → 5 → 3 →
④ 3 → 4 → 5 → 1 → 2 →

해설
비석법으로도 불리는 스킵법은 용접부 전체의 길이를 5개 부분으로 나누어 놓고 "1-4-2-5-3" 순으로 용접하는 방법으로 용접부에 잔류응력을 적게 해야 할 경우에 사용하는 용착법이다.

12 일렉트로 가스 아크용접의 특징 설명 중 틀린 것은?

① 판두께에 관계없이 단층으로 상진 용접한다.
② 판두께가 얇을수록 경제적이다.
③ 용접속도는 자동으로 조절된다.
④ 정확한 조립이 요구되며, 이동용 냉각 동판에 급수 장치가 필요하다.

해설
일렉트로 가스 아크용접은 판두께가 두꺼울수록 경제적이다.

13 다음 중 일렉트로 슬래그 용접의 특징으로 틀린 것은?

① 박판용접에는 적용할 수 없다.
② 장비 설치가 복잡하며 냉각장치가 요구된다.
③ 용접시간이 길고 장비가 저렴하다.
④ 용접 진행 중 용접부를 직접 관찰할 수 없다.

해설
일렉트로 슬래그 용접은 용접시간은 짧으나 장비가 비싼 단점이 있다.

14 금속재료의 미세조직을 금속현미경을 사용하여 광학적으로 관찰하고 분석하는 현미경 시험의 진행순서로 맞는 것은?

① 시료 채취 → 연마 → 세척 및 건조 → 부식 → 현미경 관찰
② 시료 채취 → 연마 → 부식 → 세척 및 건조 → 현미경 관찰
③ 시료 채취 → 세척 및 건조 → 연마 → 부식 → 현미경 관찰
④ 시료 채취 → 세척 및 건조 → 부식 → 연마 → 현머경 관찰

해설
현미경 조직시험의 순서
시험편 채취 → 마운팅 → 샌드페이퍼 연마 → 폴리싱 → 세척 및 건조 → 부식 → 현미경 조직검사

정답 10 ① 11 ③ 12 ② 13 ③ 14 ①

15 강재 표면의 홈이나 개재물, 탈탄층 등을 제거하기 위하여 될 수 있는 대로 얇게 그리고 타원형 모양으로 표면을 깎아내는 가공법은?

① 분말 절단
② 가스 가우징
③ 스카핑
④ 플라스마 절단

해설
스카핑 : 강괴나 강편, 강재 표면의 홈이나 개재물, 탈탄층 등을 제거하기 위한 불꽃가공으로 가능한 얇으면서 타원형의 모양으로 표면을 깎아내는 가공법이다.

16 다음 중 용접봉의 용융속도를 나타낸 것은?

① 단위 시간당 용접 입열의 양
② 단위 시간당 소모되는 용접전류
③ 단위 시간당 형성되는 비드의 길이
④ 단위 시간당 소비되는 용접봉의 길이

해설
용접봉의 용융속도는 단위 시간당 소비되는 용접봉의 길이로 나타내며, 식은 다음과 같이 나타낸다.
용융속도 = 아크전류 × 용접봉 쪽 전압강하

17 정격 2차 전류가 200A, 정격 사용률이 40%인 아크용접기로 실제 아크 전압이 30V, 아크 전류가 130A로 용접을 수행한다고 가정할 때 허용 사용률은 약 얼마인가?

① 70% ② 75%
③ 80% ④ 95%

해설

$$\text{허용 사용률(\%)} = \frac{(\text{정격 2차 전류})^2}{(\text{실제 용접 전류})^2} \times \text{정격 사용률(\%)}$$

$$= \frac{200A^2}{130A^2} \times 40\% = \frac{40,000}{16,900} \times 40\% = 94.67\%$$

18 아크 전류가 일정할 때 아크 전압이 높아지면 용접봉의 용융속도가 늦어지고 아크 전압이 낮아지면 용융속도가 빨라지는 특성을 무엇이라 하는가?

① 부저항 특성
② 절연회복 특성
③ 전압회복 특성
④ 아크 길이 자기제어 특성

저자쌤의 핵직강

아크 길이 자기제어
자동용접에서 와이어 자동 송급 시 아크 길이가 변동되어도 항상 일정한 길이가 되도록 유지하는 제어기능이다. 아크 전류가 일정할 때 전압이 높아지면 용접봉의 용융속도가 늦어지고, 전압이 낮아지면 용융속도가 빨라지게 하는 것으로 전류밀도가 클 때 잘 나타난다.

19 용접기의 아크발생을 8분간하고 2분간 쉬었다면, 사용률은 몇 %인가?

① 25 ② 40
③ 65 ④ 80

해설

$$\text{용접기의 사용률} = \frac{\text{아크 발생 시간}}{\text{아크 발생 시간} + \text{정지 시간}} \times 100\%\text{이므로}$$

$\frac{8}{10} \times 100\% = 80\%$이다.

20 피복아크 용접봉의 피복제의 주된 역할로 옳은 것은?

① 스패터의 발생을 많게 한다.
② 용착금속에 필요한 합금원소를 제거한다.
③ 모재 표면에 산화물이 생기게 한다.
④ 용착금속의 냉각속도를 느리게 하여 급랭을 방지한다.

해설
피복제는 용착금속 위를 덮음으로써 냉각속도를 느리게 하며 급랭을 방지한다.

15 ③ 16 ④ 17 ④ 18 ④ 19 ④ 20 ④ 정답

21 피복 아크용접 결함의 종류에 따른 원인과 대책이 바르게 묶인 것은?

① 기공 : 용착부가 급랭되었을 때 - 예열 및 후열을 한다.
② 슬래그 섞임 : 운봉속도가 빠를 때 - 운봉에 주의한다.
③ 용입 불량 : 용접 전류가 높을 때 - 전류를 약하게 한다.
④ 언더컷 : 용접 전류가 낮을 때 - 전류를 높게 한다.

22 용접법을 크게 융접, 압접, 납땜으로 분류할 때 압접에 해당되는 것은?

① 전자빔 용접
② 초음파 용접
③ 원자 수소 용접
④ 일렉트로 슬래그 용접

해설
초음파 용접은 압접에 속한다.

23 다음 중 불꽃의 구성요소가 아닌 것은?

① 불꽃심
② 속불꽃
③ 겉불꽃
④ 환원불꽃

저자쌤의 핵직강

산소-아세틸렌 불꽃의 구조

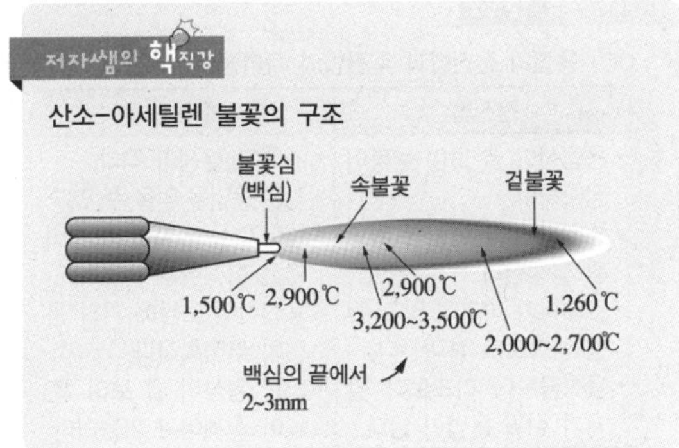

24 전자 빔 용접의 특징으로 틀린 것은?

① 정밀 용접이 가능하다.
② 용접부의 열영향부가 크고 설비비가 적게 든다.
③ 용입이 깊어 다층용접도 단층용접으로 완성할 수 있다.
④ 유해가스에 의한 오염이 적고 높은 순도의 용접이 가능하다.

해설
전자 빔 용접은 용접부가 작아서 입열량도 적으므로 열영향부(HAZ) 역시 작아진다. 그리고 용접 변형이 적고 정밀 용접이 가능하나 설비비가 많이 든다.

25 피복 아크용접에서 일반적으로 용접모재에 흡수되는 열량은 용접입열의 몇 %인가?

① 40~50%　　② 50~60%
③ 75~85%　　④ 90~100%

해설
피복 아크용접(SMAW)은 일반적으로 용접 입열량의 75%~85%가 용접모재에 흡수된다.

26 용해아세틸렌 가스는 각각 몇 ℃, 몇 kgf/cm^2로 충전하는 것이 가장 적합한가?

① 40℃, $160kgf/cm^2$
② 35℃, $150kgf/cm^2$
③ 20℃, $30kgf/cm^2$
④ 15℃, $15kgf/cm^2$

해설
용해아세틸렌 가스는 약 15℃의 온도에서 $15kgf/cm^2$의 압력으로 충전해야 한다.

정답 21 ① 22 ② 23 ④ 24 ② 25 ③ 26 ④

27 박판(3mm 이하)용접에 적용하기 곤란한 용접법은?

① TIG 용접
② CO_2 용접
③ 심(Seam) 용접
④ 일렉트로 슬래그 용접

해설
일렉트로 슬래그 용접은 후판(두꺼운 판)용접에 적합하다.

28 용접에 사용되고 있는 여러 가지 이음 중에서 다음 [그림]과 같은 용접 이음은?

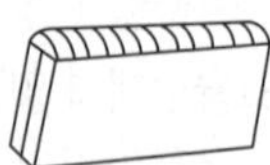

① 변두리 이음
② 모서리 이음
③ 겹치기 이음
④ 맞대기 이음

저자쌤의 핵직강

용접 이음의 종류

맞대기 이음	겹치기 이음	모서리 이음
양면 덮개판 이음	**T이음(필릿)**	**십자(+) 이음**
전면 필릿이음	**측면 필릿 이음**	**변두리 이음**

29 필릿용접에서 목길이가 10mm일 때 이론 목두께는 몇 mm인가?

① 약 5.0 ② 약 6.1
③ 약 7.1 ④ 약 8.0

해설
필릿용접에서 이론 목두께(a) = 0.7Z이므로,
0.7 × 10mm = 7mm가 된다.
※ 이론 목두께(a) = 0.7Z
용접부 기호 표시
• a : 목두께
• Z : 목길이(다리길이)

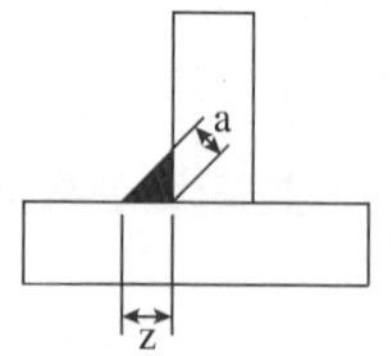

30 일반적인 CO_2 가스 아크용접 작업에서 전진법의 특징으로 틀린 것은?

① 스패터가 많으며 진행 방향 쪽으로 흩어진다.
② 비드 높이가 높고 폭이 좁은 비드가 형성된다.
③ 용착금속이 아크보다 앞서기 쉬워 용입이 얕아진다.
④ 용접 시 용접선이 잘 보여서 운봉을 정확하게 할 수 있다.

해설
탄산가스(CO_2) 작업 시 전진법을 사용하면 비드의 높이가 낮고 폭이 후진법보다 넓은 비드를 형성한다.

저자쌤의 핵직강

CO_2 용접의 전진법과 후진법의 차이점

전진법	후진법
• 용접선이 잘 보여 운봉이 정확하다. • 높이가 낮고 평탄한 비드를 형성한다. • 스패터가 비교적 많고 진행 방향으로 흩어진다. • 용착금속이 아크보다 앞서기 쉬워 용입이 얕다.	• 스패터 발생이 적다. • 깊은 용입을 얻을 수 있다. • 높이가 높고 폭이 좁은 비드를 형성한다. • 용접선이 노즐에 가려 운봉이 부정확하다. • 비드 형상이 잘 보여 폭, 높이의 제어가 가능하다.

27 ④ 28 ① 29 ③ 30 ② 정답

31 35℃에서 150kgf/cm^{2}으로 압축하여 내부용적 40.7리터의 산소 용기에 충전하였을 때, 용기 속의 산소량은 몇 리터인가?

① 4,470　② 5,291
③ 6,105　④ 7,000

해설
용기에서 사용한 산소량 = 내용적 × 기압 = 40.7L × 150 = 6,105L
용기 속의 산소량 = 내용적 × 기압

32 가스 가우징용 토치의 본체는 프랑스식 토치와 비슷하나 팁은 비교적 저압으로 대용량의 산소를 방출할 수 있도록 설계되어 있는데 이는 어떤 설계구조인가?

① 초 크　② 인젝트
③ 오리피스　④ 슬로 다이버전트

저자쌤의 핵직강

다이버전트형 팁은 저압에서도 대용량의 산소를 고속 분출할 수 있어서 보통의 팁에 비해 절단 속도를 20~25% 증가시킬 수 있다.

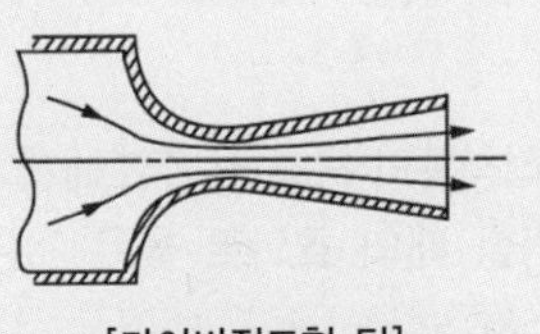

[다이버전트형 팁]

33 산소 아크 절단을 설명한 것 중 틀린 것은?

① 가스 절단에 비해 절단면이 거칠다.
② 직류 정극성이나 교류를 사용한다.
③ 중실(속이 찬) 원형봉의 단면을 가진 강(Steel)전극을 사용한다.
④ 절단속도가 빨라 철강 구조물 해체, 수중 해체작업에 이용된다.

해설
산소 아크 절단 작업에는 가운데가 비어 있는 중공의 원형봉을 전극봉으로 사용한다.

34 교류 아크용접기에서 안정한 아크를 얻기 위하여 상용 주파수의 아크 전류에 고전압의 고주파를 중첩시키는 방법으로 아크 발생과 용접 작업을 쉽게 할 수 있도록 하는 부속장치는?

① 전격방지장치　② 고주파 발생장치
③ 원격제어장치　④ 핫 스타트장치

저자쌤의 핵직강

고주파 발생장치 : 교류 아크용접기의 아크 안정성을 확보하기 위하여 상용 주파수의 아크 전류에 고전압(2,000~3,000V)의 고주파 전류를 중첩시키는 방식이며 라디오나 TV 등에 방해를 주는 결점도 있으나 장점이 더 많다.

35 용접기의 구비조건이 아닌 것은?

① 구조 및 취급이 간단해야 한다.
② 사용 중에 온도 상승이 작아야 한다.
③ 전류 조정이 용이하고 일정한 전류가 흘러야 한다.
④ 용접 효율과 상관없이 사용 유지비가 적게 들어야 한다.

해설
아크용접기는 역률과 효율이 높아야 한다.

36 용접구조를 설계 시 주의할 사항 중 틀린 것은?

① 용접 이음은 집중, 접근 및 교차를 피한다.
② 용접성, 노치인성이 우수한 재료를 선택하여 시공하기 쉽게 설계한다.
③ 용접금속은 가능한 다듬질 부분에 포함되지 않게 주의한다.
④ 후판을 용접할 경우는 용입을 깊게 하기 위하여 용접층수를 가능한 많게 설계한다.

해설
후판을 용접할 때 용접층수를 많게 하면 용접열이 모재로 그 만큼 많이 주어지므로 이에 따라 재료의 변형이 발생한다. 따라서 용접층수는 가급적 줄이도록 설계해야 한다.

정답 31 ③ 32 ④ 33 ③ 34 ② 35 ④ 36 ④

37 용접 퓸(Fume)에 대한 설명 중 옳은 것은?

① 인체에 영향이 없으므로 아무리 마셔도 괜찮다.
② 실내 용접 작업에서는 환기설비가 필요하다.
③ 용접봉의 종류와 무관하며 전혀 위험은 없다.
④ 가제 마스크로 충분히 차단할 수 있으므로 인체에 해가 없다.

해설
용접할 때 발생되는 fume(가스)은 인체에 유해성이 크기 때문에 실내 용접할 때는 환기설비가 반드시 필요하다.

38 다음 중 용융금속의 이행 형태가 아닌 것은?

① 단락형　　② 스프레이형
③ 연속형　　④ 글로뷸러형

해설
용융금속의 이행 방식 중 연속형은 없다.

39 재료의 인성과 취성을 측정하려고 할 때 사용하는 가장 적합한 파괴시험법은?

① 인장시험　　② 압축시험
③ 충격시험　　④ 피로시험

해설
재료의 인성과 취성의 정도를 측정하기 위해서 충격시험을 활용한다. 충격시험법의 종류에는 샤르피식과 아이조드식이 있다.

40 금속의 결정계와 결정격자 중 입방정계에 해당하지 않는 결정격자의 종류는?

① 단순입방격자
② 체심입방격자
③ 조밀입방격자
④ 면심입방격자

저자쌤의 핵직강
입방정계 : 단위격자의 각 축 a, b, c가 모두 같고, 축각 α, β, γ가 모두 90°인 것으로 그 안에는 체심입방격자, 면심입방격자, 단순입방격자가 있다.

41 금속재료의 경량화와 강인화를 위하여 섬유강화금속 복합재료가 많이 연구되고 있다. 강화섬유 중에서 비금속계로 짝지어진 것은?

① K, W　　② W, Ti
③ W, Be　　④ SiC, Al_2O_3

저자쌤의 핵직강
강화섬유 중에서 비금속계에는 탄화규소(SiC)와 산화알루미나(Al_2O_3)가 있다.

42 Cr-Ni계 스테인리스강의 결함인 입계 부식의 방지책으로 틀린 것은?

① 탄소량이 적은 강을 사용한다.
② 300℃ 이하에서 가공한다.
③ Ti을 소량 첨가한다.
④ Nb을 소량 첨가한다.

해설
입계 부식을 방지하려면 600℃ 이상의 고온에서 작업한다.

43 주석청동의 용해 및 주조에서 1.5~1.7%의 아연을 첨가할 때의 효과로 옳은 것은?

① 수축률이 감소된다.
② 침탄이 촉진된다.
③ 취성이 향상된다.
④ 가스가 혼입된다.

해설
청동(Cu+Sn)에 Zn을 첨가하면 가공이 곤란할 정도로 강도가 커지므로 수축률은 감소된다.

44 금속침투법 중 칼로라이징은 어떤 금속을 침투시킨 것인가?

① B　　② Cr
③ Al　　④ Zn

해설
표면경화법의 일종인 금속침투법에서 칼로라이징은 표면에 Al(알루미늄)을 침투시킨 것이다.

37 ② 38 ③ 39 ③ 40 ③ 41 ④ 42 ② 43 ① 44 ③ 정답

45 Al–Si계 합금의 조대한 공정조직을 미세화하기 위하여 나트륨(Na), 수산화나트륨(NaOH), 알칼리염류 등을 합금 용탕에 첨가하여 10~15분간 유지하는 처리는?

① 시효처리
② 풀림처리
③ 개량처리
④ 응력제거 풀림처리

저자쌤의 핵직강

개량처리란 Al–Si계 합금의 조대한 공정조직을 미세화하기 위하여 나트륨(Na), 가성소다(NaOH), 알칼리염류 등을 합금 용탕에 첨가하여 10~15분간 유지하는 처리방법이다.

46 알루미늄 합금, 구리합금 용접에서 예열온도로 가장 적합한 것은?

① 200~400℃
② 100~200℃
③ 60~100℃
④ 20~50℃

해설

알루미늄 합금 및 구리합금과 같은 비철금속을 가스용접할 경우 작업 전에 200~400℃의 범위에서 예열하는 것이 좋다.

47 구리(Cu)에 대한 설명으로 옳은 것은?

① 구리는 체심입방격자이며, 변태점이 있다.
② 전기 구리는 O_2나 탈산제를 품지 않는 구리이다.
③ 구리의 전기 전도율은 금속 중에서 은(Ag)보다 높다.
④ 구리는 CO_2가 들어 있는 공기 중에서 염기성 탄산구리가 생겨 녹청색이 된다.

해설

구리는 CO_2가 들어 있는 공기 중에서 염기성 탄산구리가 생겨 녹청색이 된다.

48 고 Mn강으로 내마멸성과 내충격성이 우수하고, 특히 인성이 우수하기 때문에 파쇄 장치, 기차레일, 굴착기 등의 재료로 사용되는 것은?

① 엘린바(Elinvar)
② 디디뮴(Didymium)
③ 스텔라이트(Stellite)
④ 해드필드(Hadfield)강

해설

해드필드강(Hadfield Steel)은 Fe과 C 이외에 Mn이 12% 함유된 고 Mn강으로 인성이 높고 내마멸성, 내충격성이 우수해서 파쇄 장치나 기차레일, 굴착기, 분쇄기 롤러용 재료로 사용된다.

49 그림과 같은 결정격자의 금속 원자는?

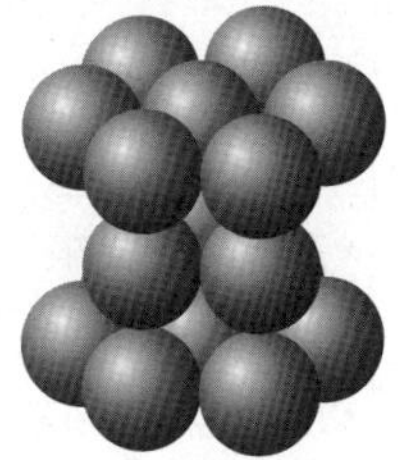

① Ni ② Mg
③ Al ④ Au

해설

그림은 조밀육방격자의 결정구조로 Mg이 이에 속하는데, 이 구조는 전연성이 작고 가공성이 좋지 않다.

50 담금질에 대한 설명 중 옳은 것은?

① 위험구역에서는 급랭한다.
② 임계구역에서는 서랭한다.
③ 강을 경화시킬 목적으로 실시한다.
④ 정지된 물속에서 냉각 시 대류단계에서 냉각속도가 최대가 된다.

저자쌤의 핵직강

담금질(Quenching)은 재질을 경화시킬 목적으로 강을 오스테나이트 조직의 영역으로 가열한 후 급랭시켜 강도와 경도를 증가시키는 열처리법이다.

정답 45 ③ 46 ① 47 ④ 48 ④ 49 ② 50 ③

51 KS에서 규정하는 체결부품의 조립 간략 표시 방법에서 구멍에 끼워 맞추기 위한 구멍, 볼트, 리벳의 기호 표시 중 공장에서 드릴가공 및 끼워맞춤을 하는 것은?

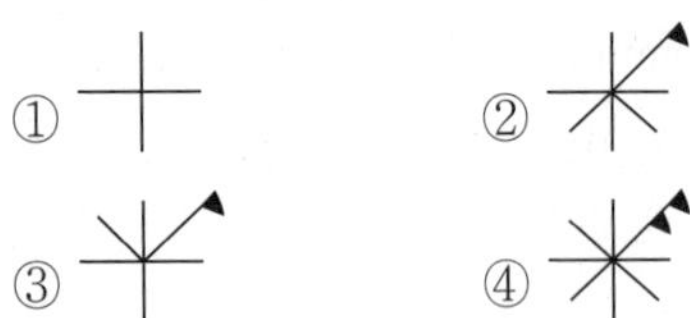

해설

공장에서 드릴가공 및 끼워맞춤을 하며 카운터 싱크가 없는 이음은 ①번이다.

저자쌤의 핵직강

[KS A ISO5845-1]

기 호	의 미
	• 공장에서 드릴가공 및 끼워맞춤 • 카운터 싱크 없음
	• 공장에서 드릴가공, 현장에서 끼워맞춤 • 먼 면에 카운터 싱크 있음
	• 현장에서 드릴가공 및 끼워맞춤 • 먼 면에 카운터 싱크 있음
	• 현장에서 드릴가공 및 끼워맞춤 • 양쪽 면에 카운터 싱크 있음
	• 공장에서 드릴가공 및 끼워맞춤 • 가까운 면에 카운터 싱크 있음
	• 현장에서 드릴가공 및 끼워맞춤 • 카운터 싱크 없음

52 보기와 같은 KS 용접기호의 해독으로 틀린 것은?

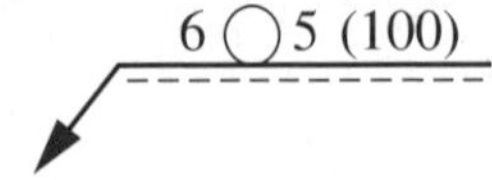

① 화살표 반대쪽 점 용접
② 점 용접부의 지름 6mm
③ 용접부의 개수(용접수) 5개
④ 점 용접한 간격은 100mm

해설

용접부가 화살표 쪽에 있으면 기호는 실선 위에 위치해야 한다. 반대로 화살표의 반대 방향으로 용접부가 만들어져야 한다면 점선 위에 용접기호를 위치시켜야 한다. 따라서 기호가 실선 위에 존재하므로 용접은 화살표 쪽에서 진행되어야 한다.

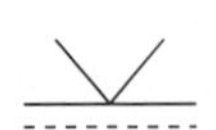

실선 위에 V표가 있으면 화살표쪽에 용접한다.

점선 위에 V표가 있으면 화살표 반대쪽에 용접한다.

53 KS의 분류와 해당 부분의 연결이 틀린 것은?

① KS A-기본 ② KS B-기계
③ KS C-전기 ④ KS D-건설

저자쌤의 핵직강

한국산업규격(KS)의 부문별 분류기호

분류기호	KS A	KS B	KS C	KS D	KS E	KS F	KS I
분 야	기 본	기 계	전 기	금 속	광 산	건 설	환 경
분류기호	KS K	KS Q	KS R	KS T	KS V	KS W	KS X
분 야	섬 유	품질경영	수송기계	물 류	조 선	항공우주	정 보

54 그림에서 나타난 용접기호의 의미는?

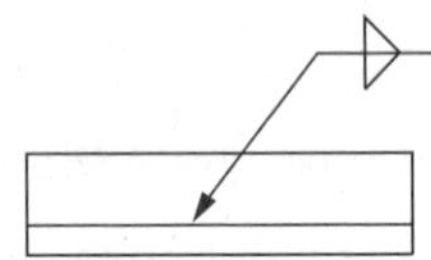

① 플래어 K형 용접
② 양쪽 필릿용접
③ 플러그 용접
④ 프로젝션 용접

해설

용접기호에서 기준선(기선)의 위와 아래에 필릿용접의 기호인 "◺"가 위치해 있으므로, 이는 양쪽을 필릿용접처리를 하라는 표시이다.

51 ① 52 ① 53 ④ 54 ② 정답

55 기계제도에서 물체의 보이지 않는 부분의 형상을 나타내는 선은?

① 외형선
② 가상선
③ 절단선
④ 숨은선

해설
숨은선은 점선으로 표시하며 물체의 보이지 않는 부분의 형상을 도시할 때 사용한다.

56 그림과 같이 기계 도면 작성 시 가공에 사용하는 공구 등의 모양을 나타낼 필요가 있을 때 사용하는 선으로 올바른 것은?

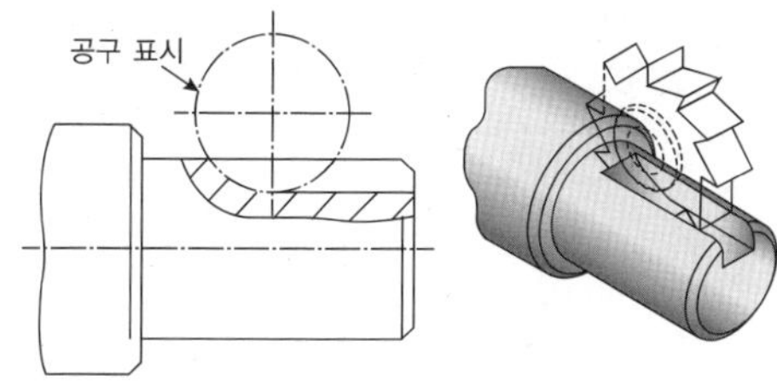

① 가는 실선
② 가는 1점 쇄선
③ 가는 2점 쇄선
④ 가는 파선

저자쌤의 핵직강

가는 2점 쇄선(—‐‐—‐‐—)으로 표시되는 가상선의 용도

- 반복되는 것을 나타낼 때
- 가공 전이나 후의 모양을 표시할 때
- 도시된 단면의 앞부분을 표시할 때
- 물품의 인접 부분을 참고로 표시할 때
- 이동하는 부분의 운동 범위를 표시할 때
- 공구 및 지그 등 위치를 참고로 나타낼 때
- 단면의 무게중심을 연결한 선을 표시할 때

57 호의 길이 치수를 가장 적합하게 나타낸 것은?

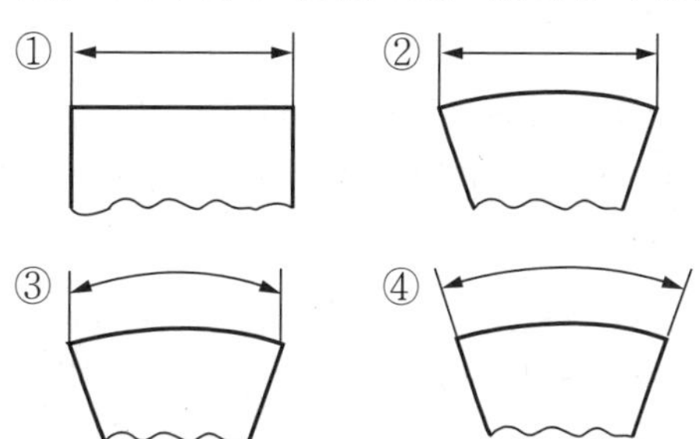

저자쌤의 핵직강

길이와 각도의 치수 기입

현의 치수 기입	호의 치수 기입
40	$\frown$42
반지름의 치수 기입	**각도의 치수 기입**
R8	105° 36′, 30°

58 그림과 같은 단면도에서 "A"가 나타내는 것은?

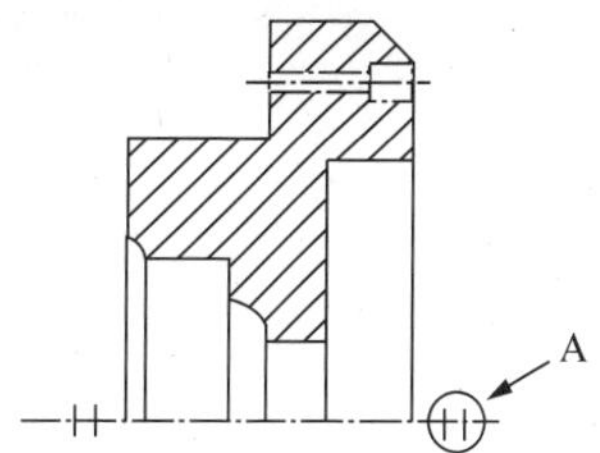

① 바닥 표시기호
② 대칭 도시기호
③ 반복 도형 생략기호
④ 한쪽 단면도 표시기호

해설
A는 대칭 도시기호로써 노란색의 가는 실선으로 중심선 위에 표시해 준다.

정답 55 ④ 56 ③ 57 ③ 58 ②

59 선의 종류와 용도에 대한 설명의 연결이 틀린 것은?

① 가는 실선 : 짧은 중심을 나타내는 선
② 가는 파선 : 보이지 않는 물체의 모양을 나타내는 선
③ 가는 1점 쇄선 : 기어의 피치원을 나타내는 선
④ 가는 2점 쇄선 : 중심이 이동한 중심궤적을 표시하는 선

해설

가는 2점 쇄선으로는 중심이 아닌 단면의 무게중심을 연결한 선을 표시할 때 사용한다.

60 그림과 같이 원통을 경사지게 절단한 제품을 제작할 때, 다음 중 어떤 전개법이 가장 적합한가?

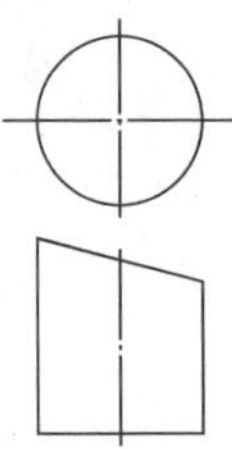

① 사각형법　　② 평행선법
③ 삼각형법　　④ 방사선법

해설

원기둥이나 각기둥의 전개에 가장 적합한 전개도법은 평행선법이다.

59 ④ 60 ② 정답

2018년도 제1회 **기출복원문제**

특수용접기능사 Craftsman Welding/Inert Gas Arc Welding

※ 2018년은 CBT(컴퓨터 기반 시험)로 진행되어 수험자의 기억에 의해 문제를 복원하였습니다. 실제 시행문제와 일부 상이할 수 있음을 알려드립니다.

01 다음 중 가연성 가스가 가져야 할 성질과 가장 거리가 먼 것은?

① 발열량이 클 것
② 연소속도가 느릴 것
③ 불꽃의 온도가 높을 것
④ 용융금속과 화학반응을 일으키지 않을 것

저자쌤의 핵직강

가연성 가스는 산소나 공기와 혼합하여 점화원인 불꽃에 의해 탈 물질을 연소시키는 가스로 연소속도는 빨라야 한다.

가연성 가스가 가져야 할 조건

- 발열량이 클 것
- 연소속도가 빠를 것
- 불꽃의 온도가 높을 것
- 용융금속과 화학반응을 일으키지 말 것

02 다음은 수중 절단(Underwater Cutting)에 관한 설명으로 틀린 것은?

① 일반적으로 수중 절단은 수심 45m 정도까지 작업이 가능하다.
② 수중 작업 시 절단 산소의 압력은 공기 중에서의 1.5~2배로 한다.
③ 수중 작업 시 예열 가스의 양은 공기 중에서의 4~8배 정도로 한다.
④ 연료가스로는 수소, 아세틸렌, 프로판, 벤젠 등이 사용되나 그중 아세틸렌이 가장 많이 사용된다.

해설

수중 절단에는 연료가스로 수소가스를 가장 많이 사용한다.

03 다음 중 저용점 합금에 대하여 설명한 것 중 틀린 것은?

① 납(Pb : 용융점 327℃)보다 낮은 융점을 가진 합금을 말한다.
② 가융합금이라 한다.
③ 2원 또는 다원계의 공정합금이다.
④ 전기 퓨즈, 화재경보기, 저온 땜납 등에 이용된다.

저자쌤의 핵직강

저용점 합금이란 특수합금의 일종으로 용융점이 약 230℃인 주석(Sn)의 용융점 미만인 낮은 융점을 가진 합금을 말한다. 가융합금이란 용융점이 200℃ 이하인 합금을 말한다.

04 화살표가 가리키는 용접부의 반대쪽 이음의 위치로 옳은 것은?

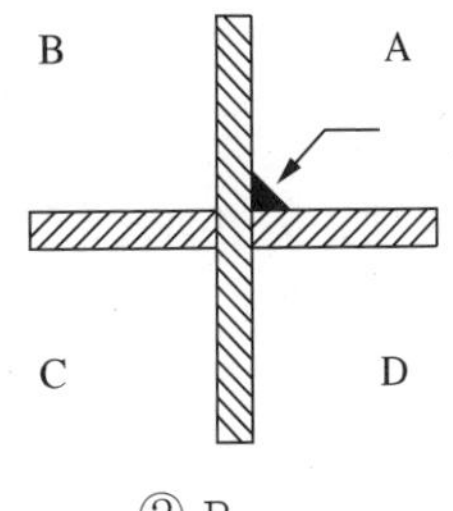

① A ② B
③ C ④ D

해설

화살표가 표시한 필릿 용접부 기호의 꼭짓점이 맞닿아 있는 세로 기둥을 기준으로 반대쪽인 B가 반대쪽 이음의 위치가 된다.

정답 1 ② 2 ④ 3 ① 4 ②

05 점 용접 조건의 3대 요소가 아닌 것은?

① 고유저항 ② 가압력
③ 전류의 세기 ④ 통전시간

해설
점 용접(Spot Welding)은 저항용접에 속하는데 이 저항용접에 필요한 3요소는 가압력, 용접전류, 통전시간이다.

06 액체 이산화탄소 25kg 용기는 대기 중에서 가스량이 대략 12,700L이다. 20L/min의 유량으로 연속 사용할 경우 사용 가능한 시간(Hour)은 약 얼마인가?

① 60시간 ② 6시간
③ 10시간 ④ 1시간

해설

$$\frac{\text{총가스량}}{\text{1분당 가스 소비량}} = \frac{12,700\text{L}}{20\text{L/min}} = \frac{12,700\text{L} \cdot \text{min}}{20\text{L}}$$

$$= 635\text{min} \fallingdotseq 10\text{시간}$$

07 용접에서 변형교정 방법이 아닌 것은?

① 얇은 판에 대한 점 수축법
② 롤러에 거는 방법
③ 형재에 대한 직선 수축법
④ 노내 풀림법

해설
노내 풀림법은 재료 내부의 잔류 응력을 제거하는 데 사용하는 방법이다.

08 교류 아크 용접기 부속장치 중 용접봉의 홀더의 종류(KS)가 아닌 것은?

① 100호 ② 200호
③ 300호 ④ 400호

해설
KS규격에 따른 용접 홀더의 종류에 100호는 포함되지 않는다.

09 베어링에서 사용되는 대표적인 구리합금으로 70% Cu-30% Pb 합금은?

① 켈밋(Kelmet)
② 톰백(Tombac)
③ 다우메탈(Dow Metal)
④ 배빗메탈(Babbit Metal)

저자쌤의 핵직강
켈밋은 Cu 70%+Pb 30~40%의 합금으로 열전도성과 압축강도가 크고 마찰계수가 작아서 고속, 고하중용 베어링용 재료로 사용되는 대표적인 구리합금이다.

10 공랭식 MIG 용접 토치의 구성요소가 아닌 것은?

① 와이어
② 공기 호스
③ 보호가스 호스
④ 스위치 케이블

해설
MIG 용접은 보호가스로 불활성 가스를 사용하기 때문에 가스용 호스가 사용되며 공기 호스는 사용되지 않는다.

11 서브머지드 아크용접용 재료 중 와이어의 표면에 구리를 도금한 이유에 해당되지 않는 것은?

① 콘택트 팁과의 전기적 접촉을 좋게 한다.
② 와이어에 녹이 발생하는 것을 방지한다.
③ 전류의 통전 효과를 높게 한다.
④ 용착금속의 강도를 높게 한다.

해설
서브머지드 아크용접(SAW)용 재료인 와이어에 구리를 도금하는 것만으로 강도가 높아지지 않는다.

5 ① 6 ③ 7 ④ 8 ① 9 ① 10 ② 11 ④ **정답**

12 서브머지드 아크용접에 사용되는 용접용 용제 중 용융형 용제에 대한 설명으로 옳은 것은?

① 화학적 균일성이 양호하다.
② 미용융 용제는 다시 사용이 불가능하다.
③ 흡습성이 있어 재건조가 필요하다.
④ 용융 시 분해되거나 산화되는 원소를 첨가할 수 있다.

해설
서브머지드 아크용접(SAW)에 사용되는 용제는 용융형 용제와 소결형 용제로 나뉘는데, 용융형 용제는 화학적 균일성이 양호하다.

13 논 가스 아크용접(Non Gas Arc Welding)의 장점에 대한 설명으로 틀린 것은?

① 바람이 있는 옥외에서도 작업이 가능하다.
② 용접 장치가 간단하며 운반이 편리하다.
③ 융착금속의 기계적 성질은 다른 용접법에 비해 우수하다.
④ 피복 아크용접봉의 저수소계와 같이 수소의 발생이 적다.

저자쌤의 핵직강
논 가스 아크용접은 솔리드 와이어나 플럭스 와이어를 사용하여 보호가스가 없이도 공기 중에서 직접 용접하는 방법이다. 비피복아크용접이라고도 하며 반자동용접으로서 가장 간편한 용접방법이다. 보호가스가 필요치 않으므로 바람에도 비교적 안정되어 옥외에서도 용접이 가능하나 융착금속의 기계적 성질은 다른 용접에 비해 좋지 않다는 단점이 있다.

14 납땜 시 사용하는 용제가 갖추어야 할 조건이 아닌 것은?

① 사용재료의 산화를 방지할 것
② 전기 저항 납땜에는 부도체를 사용할 것
③ 모재와의 친화력을 좋게 할 것
④ 산화피막 등의 불순물을 제거하고 유동성이 좋을 것

해설
전기 저항 납땜용 용제는 전기가 잘 통하는 도체를 사용해야 한다.

15 서브머지드 아크용접에서 맞대기 용접 이음 시 받침쇠가 없을 경우 루트 간격은 몇 mm 이하가 가장 적합한가?

① 0.8mm ② 1.5mm
③ 2.0mm ④ 2.5mm

저자쌤의 핵직강
서브머지드 아크용접(SAW)으로 맞대기 용접 시 판의 두께가 얇거나 루트면의 치수가 용융금속을 지지하지 못할 경우에는 용융금속의 용락을 방지하기 위해서 받침쇠(Backing)를 사용하는 데 받침쇠가 없는 경우에는 루트 간격을 0.8mm 이하로 한다.

16 플라스마 아크 절단법에 관한 설명이 틀린 것은?

① 알루미늄 등의 경금속에는 작동가스로 아르곤과 수소의 혼합가스가 사용된다.
② 가스 절단과 같은 화학반응은 이용하지 않고, 고속의 플라스마를 사용한다.
③ 텅스텐 전극과 수랭 노즐 사이에 아크를 발생시키는 것을 비이행형 절단법이라 한다.
④ 기체의 원자가 저온에서 음(−)이온으로 분리된 것을 플라스마라 한다.

해설
플라스마란 초고온에서 음전하를 가진 전자와 양전하를 띤 이온으로 분리된 기체 상태를 말하는 것으로 흔히 제4의 물리 상태라고도 한다.

17 아세틸렌가스와 프로판가스를 이용한 절단 시의 비교 내용으로 틀린 것은?

① 프로판은 슬래그의 제거가 쉽다.
② 아세틸렌은 절단 개시까지의 시간이 빠르다.
③ 프로판이 점화하기 쉽고 중성불꽃을 만들기도 쉽다.
④ 프로판이 포갬 절단속도는 아세틸렌보다 빠르다.

해설
프로판 가스보다 아세틸렌 가스가 점화하기 더 용이하고 중성불꽃도 만들기 쉽다.

정답 12 ① 13 ③ 14 ② 15 ① 16 ④ 17 ③

저자쌤의 핵직강

아세틸렌과 LP(프로판)가스의 비교

아세틸렌가스	LP가스
점화가 용이하다.	슬래그의 제거가 용이하다.
중성불꽃을 만들기 쉽다.	절단면이 깨끗하고 정밀하다.
절단 시작까지 시간이 빠르다.	절단 위 모서리 녹음이 적다.
박판 절단 때 속도가 빠르다.	두꺼운 판(후판) 절단할 때 유리하다.
모재 표면에 대한 영향이 적다.	포갬 절단에서 아세틸렌보다 유리하다.

18 CO_2 용접에서 발생되는 일산화탄소와 산소 등의 가스를 제거하기 위해 사용되는 탈산제는?

① Mn ② Ni
③ W ④ Cu

해설
CO2 용접 시 탈산제 및 아크 안정을 위해 넣는 원소
- Mn
- Si
- Ti
- Al

19 다음 중 플라스마 아크용접의 장점이 아닌 것은?

① 용접속도가 빠르다.
② 1층으로 용접할 수 있으므로 능률적이다.
③ 무부하 전압이 높다.
④ 각종 재료의 용접이 가능하다.

해설
플라스마 아크용접은 무부하 전압이 일반 아크용접보다 2~5배 더 높은데, 무부하 전압이 높으면 그만큼 감전 위험이 더 커지므로 이는 단점에 해당한다.

20 다음 중 심 용접의 종류가 아닌 것은?

① 맞대기 심 용접
② 슬롯 심 용접
③ 매시 심 용접
④ 포일 심 용접

해설
심 용접(Seam Welding) : 원판상의 롤러 전극 사이에 용접할 2장의 판을 두고, 전기와 압력을 가하며 전극을 회전시키면서 연속적으로 점 용접을 반복하는 용접법이다.
심 용접의 종류
- 맞대기 심 용접
- 포일 심 용접
- 매시(머시) 심 용접

21 모재의 열 변형이 거의 없으며, 이종금속의 용접이 가능하고 정밀한 용접을 할 수 있으며, 비접촉식 방식으로 모재에 손상을 주지 않는 용접은?

① 레이저 용접
② 테르밋 용접
③ 스터드 용접
④ 플라스마 제트 아크용접

해설
레이저 용접 : 레이저란 유도 방사에 의한 빛의 증폭을 뜻한다. 레이저 용접은 레이저에서 얻어진 접속성이 강한 단색 광선으로서 강렬한 에너지를 가지고 있으며, 이때의 광선 출력을 이용하여 용접하는 방법이다. 모재의 열 변형이 거의 없으며, 이종금속의 용접이 가능하고 정밀한 용접을 할 수 있으며, 비접촉식 방식으로 모재에 손상을 주지 않는다는 특징을 갖는다.

22 가스 가우징이나 치핑에 비교한 아크 에어 가우징의 장점이 아닌 것은?

① 작업능률이 2~3배 높다.
② 장비 조작이 용이하다.
③ 소음이 심하다.
④ 활용범위가 넓다.

저자쌤의 핵직강

아크 에어 가우징은 탄소 아크 절단법에 고압(5~7kgf/cm^2)의 압축공기를 병용하는 방법으로 용융된 금속에 탄소봉과 평행으로 분출하는 압축공기를 전극 홀더의 끝부분에 위치한 구멍을 통해 연속해서 불어내어 홈을 파내는 방법으로 홈가공이나 구멍 뚫기, 절단작업에 사용된다.
이것은 장비 조작이 쉽고 철이나 비철 금속에 모두 이용할 수 있으며, 소음이 크지 않으며 가스 가우징보다 작업능률이 2~3배 높고 모재에도 해를 입히지 않는다.

18 ① 19 ③ 20 ② 21 ① 22 ③ 정답

23 점 용접에서 용접점이 앵글재와 같이 용접 위치가 나쁠 때, 보통 팁으로는 용접이 어려운 경우에 사용하는 전극의 종류는?

① P형 팁 ② E형 팁
③ R형 팁 ④ F형 팁

해설
점(Spot) 용접 시 사용하는 전극 중에서 용접 위치가 나쁠 때 사용하는 팁은 평상형인 E형 팁을 사용한다.

24 프로판(C_3H_8)의 성질을 설명한 것으로 틀린 것은?

① 상온에서 기체 상태이다.
② 쉽게 기화하며 발열량이 높다.
③ 액화하기 쉽고 용기에 넣어 수송이 편리하다.
④ 온도 변화에 따른 팽창률이 작다.

해설
프로판 가스는 상온에서 기체 상태이며 쉽게 기화하기 때문에 온도 변화에 따른 팽창률이 크다.

25 교류 아크용접기 종류 중 코일의 감긴 수에 따라 전류를 조정하는 것은?

① 탭전환형 ② 가동철심형
③ 가동코일형 ④ 가포화 리액터형

해설
교류 아크용접기의 종류 중에서 코일의 감긴 수에 따라 전류를 조정하는 것은 탭전환형 용접기이다.

26 TIG 용접에서 청정작용이 가장 잘 발생하는 용접전원은?

① 직류 역극성일 때
② 직류 정극성일 때
③ 교류 정극성일 때
④ 극성에 관계없음

저자쌤의 핵직강
TIG(Tungsten Inert Gas Arc Welding) 용접에서 청정작용은 직류 역극성일 때 잘 발생한다.

27 용접작업을 할 때 발생한 변형을 가열하여 소성변형을 시켜서 교정하는 방법으로 틀린 것은?

① 박판에 대한 점 수축법
② 형재에 대한 직선 수축법
③ 가열 후 해머질하는 법
④ 피닝법

저자쌤의 핵직강
피닝법은 표면경화법의 일종으로 재료를 가열하지 않고 소성 변형을 시킨다.

28 일렉트로 슬래그 아크용접에 대한 설명 중 맞지 않는 것은?

① 일렉트로 슬래그 용접은 단층 수직 상진 용접을 하는 방법이다.
② 일렉트로 슬래그 용접은 아크를 발생시키지 않고 와이어와 용융 슬래그 그리고 모재 내에 흐르는 전기 저항열에 의하여 용접한다.
③ 일렉트로 슬래그 용접의 홈 형상은 I형 그대로 사용한다.
④ 일렉트로 슬래그 용접 전원으로는 정전류형의 직류가 적합하고, 용융금속의 용착량은 90% 정도이다.

해설
일렉트로 슬래그 아크용접은 용접 전원으로 교류의 정전압 특성을 갖는 대전류를 사용한다.

29 전기에 감전되었을 때 체내에 흐르는 전류가 몇 mA일 때 근육 수축이 일어나는가?

① 5mA
② 20mA
③ 50mA
④ 100mA

해설
체내에 흐르는 전류량이 20mA가 되면 근육 수축이 일어난다.

정답 23 ② 24 ④ 25 ① 26 ① 27 ④ 28 ④ 29 ②

30 TIG 용접에서 전극봉의 마모가 심하지 않으면서 청정작용이 있고 알루미늄이나 마그네슘 용접에 가장 적합한 전원 형태는?

① 직류 정극성(DCSP)
② 직류 역극성(DCRP)
③ 고주파 교류(ACHF)
④ 일반 교류(AC)

해설
TIG 용접에서 고주파 교류(ACHF)를 사용하면 직류 정극성과 직류 역극성의 중간 형태의 용입을 얻을 수 있으며 전극봉의 마모도 심하지 않다. 금속보다는 알루미늄이나 마그네슘의 용접에 가장 적합하다.

31 교류 아크용접기 종류 중 AW-500의 정격 부하 전압은 몇 V인가?

① 28V　② 32V
③ 36V　④ 40V

해설
AW-500의 정격 부하 전압은 40V이다.

32 AW 220, 무부하 전압 80V, 아크 전압이 30V인 용접기의 효율은?(단, 내부 손실은 2.5kW이다)

① 71.5%　② 72.5%
③ 73.5%　④ 74.5%

저자쌤의 핵직강

- 효율(%) = $\frac{\text{아크 전력}}{\text{소비 전력}} \times 100\%$
  여기서, 아크 전력 = 아크 전압 × 정격 2차 전류
  = 30×220 = 6,600W
- 소비 전력 = 아크 전력 + 내부 손실
  = 6,600 + 2,500 = 9,100W

  따라서 효율(%) = $\frac{6,600}{9,100} \times 100\% = 72.5\%$

33 피복 아크용접봉의 보관과 건조 방법으로 틀린 것은?

① 건조하고 진동이 없는 곳에 보관한다.
② 저소수계는 100~150℃에서 30분 건조한다.
③ 피복제의 계통에 따라 건조 조건이 다르다.
④ 일미나이트계는 70~100℃에서 30~60분 건조한다.

저자쌤의 핵직강

용접봉은 습기에 민감해서 반드시 건조가 필요하다. 만일 용접봉에 습기가 있으면 기공이나 균열의 원인이 되는데 저수소계 용접봉은 일반 용접봉보다 습기에 더 민감하여 기공을 발생시키기가 더 쉽다.

일반 용접봉	약 100℃로 30분~1시간
저수소계 용접봉	약 300℃~350℃에서 1~2시간

34 가스 절단 작업을 할 때 양호한 절단면을 얻기 위하여 예열 후 절단을 실시하는데 예열불꽃이 강할 경우 미치는 영향 중 잘못 표현된 것은?

① 절단면이 거칠어진다.
② 절단면이 매우 양호하다.
③ 모서리가 용융되어 둥글게 된다.
④ 슬래그 중의 철 성분의 박리가 어려워진다.

해설
가스 절단 시 예열불꽃이 강하면 절단면이 거칠어진다.

35 가스용접봉의 성분 중에서 인(P)이 모재에 미치는 영향을 올바르게 설명한 것은?

① 기공을 막을 수 있으나 강도가 떨어지게 된다.
② 강의 강도를 증가시키나 연신율, 굽힘성 등이 감소된다.
③ 용접부의 저항력을 감소시키고, 기공 발생의 원인이 된다.
④ 강에 취성을 주며 가연성을 잃게 하는데 특히 암적색으로 가열한 경우는 대단히 심하다.

해설
가스용접봉의 성분 중 인(P)은 강에 취성을 부여하며 가연성을 잃게 하며 암적색일 경우에는 가연성이 거의 없어진다.

30 ③　31 ④　32 ②　33 ②　34 ②　35 ④ **정답**

36 CO_2 가스 아크용접에서 복합 와이어의 구조에 해당하지 않는 것은?

① C관상 와이어
② 아코스 와이어
③ S관상 와이어
④ NCG 와이어

해설
CO_2 가스 아크용접용 복합 와이어의 종류에 C관상 와이어는 포함되지 않는다.

37 TIG 용접 시 텅스텐 전극의 수명을 연장시키기 위하여 아크를 끊은 후 전극의 온도가 얼마일 때까지 불활성 가스를 흐르게 하는가?

① 100℃
② 300℃
③ 500℃
④ 700℃

TIG 용접 시 텅스텐 전극의 수명 연장을 위해서는 아크를 끊은 후 전극의 온도가 300℃가 될 때까지 불활성 가스를 흐르게 해야 한다.

38 그림과 같이 용접선의 방향과 하중의 방향이 직교한 필릿용접은?

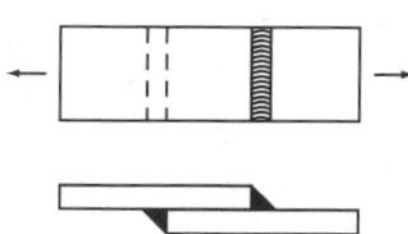

① 측면 필릿용접
② 경사 필릿용접
③ 전면 필릿용접
④ T형 필릿용접

해설
전면 필릿용접은 용접선의 방향과 하중이 작용하는 방향이 서로 직교한다.

하중 방향에 따른 필릿용접의 종류

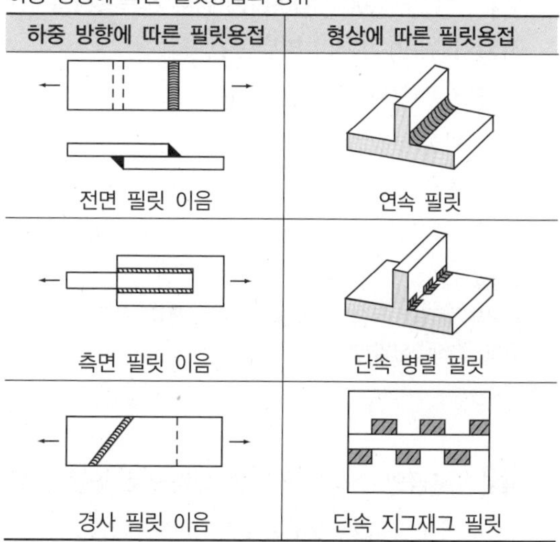

하중 방향에 따른 필릿용접	형상에 따른 필릿용접
전면 필릿 이음	연속 필릿
측면 필릿 이음	단속 병렬 필릿
경사 필릿 이음	단속 지그재그 필릿

39 알루미늄 합금재료가 가공된 후 시간의 경과에 따라 합금이 경화하는 현상은?

① 재결정
② 시효경화
③ 가공경화
④ 인공시효

해설
시효경화 : 알루미늄 합금재료가 가공된 후 시간의 경과에 따라 경화하는 현상

40 구리에 40~50% Ni을 첨가한 합금으로서 전기저항이 크고 온도계수가 일정하므로 통신기자재, 저항선, 전열선 등에 사용하는 니켈합금은?

① 인 바
② 엘린바
③ 모넬메탈
④ 콘스탄탄

해설
콘스탄탄은 Ni(니켈) 40~50%과 구리의 합금으로 전기저항성이 크나 온도계수가 일정하므로 저항선이나 전열선, 열전쌍의 재료로 사용된다.

정답 36 ① 37 ② 38 ③ 39 ② 40 ④

41 용접부품에서 일어나기 쉬운 잔류응력을 감소시키기 위한 열처리 방법은?

① 완전풀림(Full Annealing)
② 연화풀림(Softening Annealing)
③ 확산풀림(Diffusion Annealing)
④ 응력제거풀림(Stress Relief Annealing)

해설
응력제거풀림은 용접부 내부에 존재하는 잔류응력을 감소시키기 위한 열처리 방법이다.

42 포금의 주성분에 대한 설명으로 옳은 것은?

① 구리에 8~12% Zn을 함유한 합금이다.
② 구리에 8~12% Sn을 함유한 합금이다.
③ 6-4황동에 1% Pb을 함유한 합금이다.
④ 7-3황동에 1% Mg을 함유한 합금이다.

저자쌤의 핵직강
포금(Gun Metal)은 구리합금인 청동의 일종으로 Cu에 8~12%의 Sn(주석)을 합금시킨 재료이다. 단조성이 좋고 내식성이 있어서 밸브나 기어, 베어링의 부시용 재료로 사용된다.

43 고주파 담금질의 특징을 설명한 것 중 옳은 것은?

① 직접 가열하므로 열효율이 높다.
② 열처리 불량은 적으나 변형 보정이 항상 필요하다.
③ 열처리 후의 연삭 과정을 생략 또는 단축시킬 수 없다.
④ 간접 부분 담금질법으로 원하는 깊이만큼 경화하기 힘들다.

해설
고주파 경화법은 고주파 유도전류에 의해서 강부품의 표면층만을 직접 급속히 가열한 후 급랭시키는 방법으로 열효율이 높다.

44 암모니아(NH_3) 가스 중에서 500℃ 정도로 장시간 가열하여 강제품의 표면을 경화시키는 열처리는?

① 침탄처리
② 질화처리
③ 화염경화처리
④ 고주파 경화처리

해설
열처리의 일종인 질화법은 재료의 표면경도를 향상시키기 위한 방법으로 암모니아(NH_3)가스의 영역 안에 재료를 놓고 약 500℃에서 50~100시간을 가열하면 재료 표면의 Al, Cr, Mo이 질화되면서 표면이 단단해지는 표면경화법이다.

45 다음 중 탄소량이 가장 적은 강은?

① 연 강 ② 반경강
③ 최경강 ④ 탄소공구강

저자쌤의 핵직강
- 연강 : 0.15~0.28%의 탄소함유량
- 반경강 : 0.3~0.4%의 탄소함유량
- 최경강 : 0.5~0.6%의 탄소함유량
- 탄소공구강 : 0.6~1.5%의 탄소함유량

46 황동에 납(Pb)을 첨가하여 절삭성을 좋게 한 황동으로 스크루, 시계용 기어 등의 정밀가공에 사용되는 합금은?

① 리드 브래스(Lead Brass)
② 문쯔 메탈(Muntz Metal)
③ 틴 브래스(Tin Brass)
④ 실루민(Silumin)

해설
리드 브래스는 연함유 황동이라고도 불리는데, Pb이 3% 정도 함유되어 쾌삭 황동의 일종이다.

41 ④ 42 ② 43 ① 44 ② 45 ① 46 ① 정답

47 물과 얼음의 상태도에서 자유도가 "0(Zero)"일 경우 몇 개의 상이 공존하는가?

① 0 ② 1
③ 2 ④ 3

해설

물과 얼음의 상태도에서 자유도가 0이라면, 액체와 기체, 고체 이렇게 총 3개의 상이 공존한다.

48 탄소 함량 3.4%, 규소 함량 2.4% 및 인 함량 0.6%인 주철의 탄소당량(CE)은?

① 4.0 ② 4.2
③ 4.4 ④ 4.6

해설

CE(Carbon Equivalent, 탄소당량) : 철강재료에는 탄소의 함량에 따라 그 성질이 크게 달라지는데, 탄소의 영향에 따른 강재의 단단함과 용접성을 나타내는 지표로 사용한다.

$$\text{주철의 CE} = C + \frac{Mn}{6} + \frac{Si+P}{3} = 3.4 + \frac{2.4+0.6}{3} = 4.4\%$$

49 고Ni의 초고장력강이며 1,370~2,060MPa의 인장강도와 높은 인성을 가진 석출경화형 스테인리스강의 일종은?

① 마르에이징(Maraging)강
② Cr 18%-Ni 8%의 스테인리스강
③ 13% Cr강의 마텐자이트계 스테인리스강
④ Cr 12~17%, C 0.2%의 페라이트계 스테인리스강

저자쌤의 핵직강

마르에이징(Maraging)강

18%의 Ni이 함유된 고니켈합금으로 인장강도가 약 1,400~2,800MPa인 초고장력강이다. 석출경화형 스테인리스강의 일종으로 무탄소로 마텐자이트 조직에서 금속간화합물을 미세하게 석출하여 강인성을 높인 강이다. 500℃ 부근의 시효처리만으로도 고강도가 얻어지며, 열처리 변형이 작다는 특징을 갖는다. 고체연료 로켓이나 초고속 원심분리기, 각종 금형용 재료로 사용된다.

50 알루미늄과 알루미늄 가루를 압축 성형하고 약 500~600℃로 소결하여 압출 가공한 분산 강화형 합금의 기호에 해당하는 것은?

① DAP ② ACD
③ SAP ④ AMP

저자쌤의 핵직강

알루미늄 분말 소결체(SAP ; Sintered Aluminum Powder)

Al에 산화막을 증가시키기 위하여 산소분위기 내에서 알루미늄을 분쇄하여 알루미늄과 알루미늄 분말을 가압 형성하여 소결 후 압출한 알루미늄-알루미나계 입자의 분산강화합금이다.

51 용접부의 보조기호에서 제거 가능한 이면 판재를 사용하는 경우의 표시 기호는?

① [M] ② [P]
③ [MR] ④ [PR]

해설

"[MR]"은 Material Remove의 약자로 제거 가능한 이면 판재를 나타낸다.

52 원호의 길이 치수 기입에서 원호를 명확히 하기 위해서 치수에 사용되는 치수 보조기호는?

① (20) ② C20
③ [20] ④ $\frown{20}$

해설

호의 길이를 명확히 표현할 때는 치수 보조기호를 사용하여 (⌒)와 같이 나타낸다.

53 미터나사의 호칭 지름은 수나사의 바깥지름을 기준으로 정한다. 이에 결합되는 암나사의 호칭지름은 무엇이 되는가?

① 암나사의 골지름
② 암나사의 안지름
③ 암나사의 유효지름
④ 암나사의 바깥지름

정답 47 ④ 48 ③ 49 ① 50 ③ 51 ③ 52 ④ 53 ①

해설
암나사의 호칭지름은 암나사에 끼워지는 수나사의 바깥지름으로 하며, 수나사의 바깥지름은 암나사의 골지름과 같다.

54 다음 중 기계제도 분야에서 가장 많이 사용되며, 제3각법에 의하여 그리므로 모양을 엄밀, 정확하게 표시할 수 있는 도면은?

① 캐비닛도
② 등각투상도
③ 투시도
④ 정투상도

정투상도는 기계제도 분야에서 가장 많이 사용되는 투상도법으로 제3각법에 의하여 그리므로 모양을 엄밀하고 정확하게 표시할 수 있다.

55 다음 중 단독형체로 적용되는 기하공차로만 짝지어진 것은?

① 평면도, 진원도
② 진직도, 직각도
③ 평행도, 경사도
④ 위치도, 대칭도

해설
단독형체를 갖는 기하공차는 모양공차에 해당되는 평면도와 진원도이다.

56 그림과 같은 입체를 제3각법으로 나타낼 때 가장 적합한 투상도는?(단, 화살표 방향을 정면으로 한다)

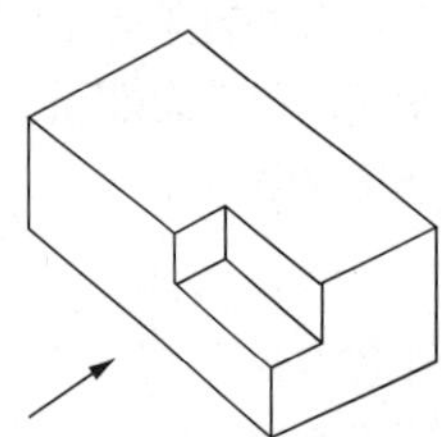

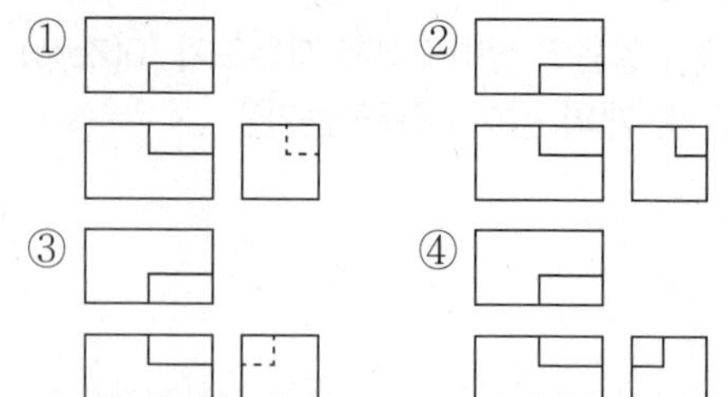

저자쌤의 핵직강

우측면도란 물체를 화살표 방향의 오른쪽 측면에서 바라보는 형상으로 왼쪽 윗부분에 작은 정사각형 모양으로 파여진 부분의 경계선은 실선으로 보인다. 따라서 정답은 ④번이 된다.

57 배관의 간략 도시방법 중 환기계 및 배수계의 끝부분 장치 도시방법의 평면도에서 그림과 같이 도시된 것의 명칭은?

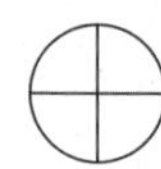

① 회전식 환기삿갓
② 고정식 환기삿갓
③ 벽붙이 환기삿갓
④ 콕이 붙은 배수구

58 그림과 같은 관 표시기호의 종류는?

① 크로스
② 리듀서
③ 디스트리뷰터
④ 휨 관 조인트

해설
양쪽 끝부분에 접속구가 있고, 가운데 배관이 휘어져있는 이 관의 명칭은 "휨 관 조인트"이다.

54 ④ 55 ① 56 ④ 57 ④ 58 ④ **정답**

59 구멍에 끼워맞추기 위한 구멍, 볼트, 리벳의 기호 표시에서 현장에서 드릴가공 및 끼워맞춤을 하고 양쪽면에 카운터 싱크가 있는 기호는?

①

②

③

④

해설

양쪽 면에 카운터 싱크가 있고 현장에서 드릴가공 및 끼워맞춤을 하는 표시는 ④번이다.

60 관용 테이퍼 나사 중 평행 암나사를 표시하는 기호는?(단, ISO 표준에 있는 기호로 한다)

① G

② R

③ Rc

④ Rp

해설

관용 테이퍼 나사 중 평행 암나사는 "Rp"를 기호로 사용한다.

정답 59 ④ 60 ④

더 많은 정보와 지식을
듣꾸담꾸